ADR | 探索家

数学与艺术

mathematics + art

[美] 琳恩 · 盖姆韦尔 著

[美] 尼尔 · 德格拉斯 · 泰森 序

[英] 李永学 译；刘玥 校译

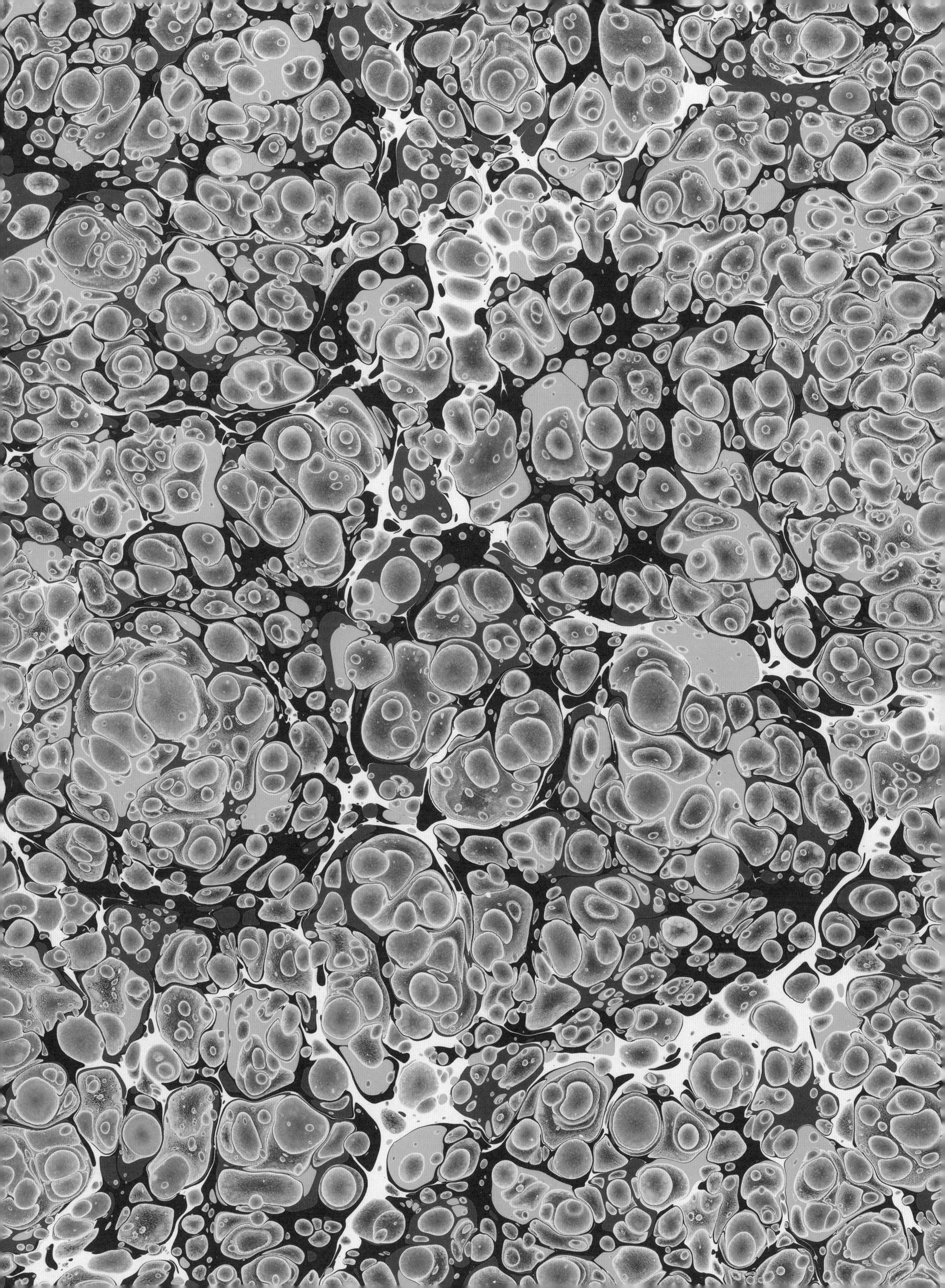

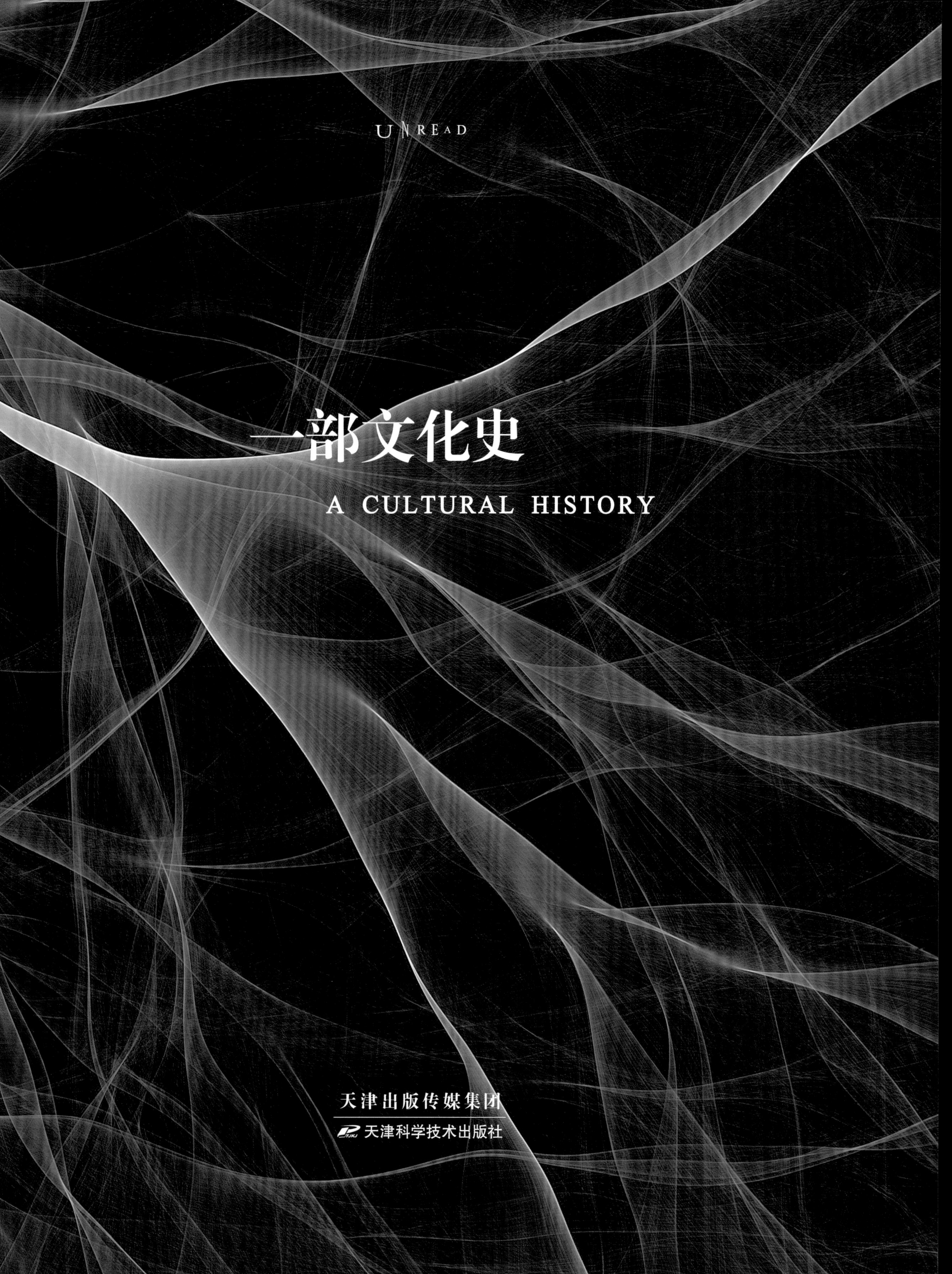
UNREAD
一部文化史
A CULTURAL HISTORY
天津出版传媒集团
天津科学技术出版社

This translation is made possible by
the School of Visual Arts in New York

封面图片

杉本博司（日本人，1948— ），《数学形式009》，2004年。明胶银版照片，149.2厘米 × 119.3厘米。© 杉本博司。图片由纽约佩斯画廊提供。

书脊插图

安德里亚斯·施派泽1927年的著作《有限阶群论》第四版（1956）的卷首插图。经海德堡施普林格科学与商业媒体许可使用。

封底图片

《敦煌星图》，公元649—684年。纸上水墨图，24.4厘米 × 20厘米。© 大英图书馆理事会。

扉页对开底图

埃里克·J. 海勒（美国人，1946— ），《传输 VI》，约2000年。数字打印。图片由艺术家提供。

序言对开底图

埃里克·J. 海勒（美国人，1946— ），《菩提》，出自“传输”系列作品，约2000年。数字打印。图片由艺术家提供。

著作权合同登记号：图字 02-2023-042 号
Mathematics and Art: A Cultural History by Lynn Gamwell

审图号：GS（2023）1144 号

图书在版编目（CIP）数据

数学与艺术 / (美) 琳恩·盖姆韦尔著；(英) 李永学译. -- 天津：天津科学技术出版社，2023.12（2025.1重印）

书名原文：Mathematics and Art: A Cultural History

ISBN 978-7-5742-1150-6

Ⅰ. ①数… Ⅱ. ①琳… ②李… Ⅲ. ①数学－关系－艺术－普及读物 Ⅳ. ①O1-05

中国国家版本馆CIP数据核字(2023)第082244号

数学与艺术
SHUXUE YU YISHU
选题策划：联合天际
责任编辑：刘颖
出　　版：天津出版传媒集团
　　　　　天津科学技术出版社
地　　址：天津市西康路35号
邮　　编：300051
电　　话：（022）23332695
网　　址：www.tjkjcbs.com.cn
发　　行：未读（天津）文化传媒有限公司
印　　刷：北京雅图新世纪印刷科技有限公司

关注未读好书

客服咨询

开本　710 × 1000　1/8　印张　71　字数　1 000 000
2025年1月第1版第4次印刷
定价：498.00元

本书若有质量问题，请与本公司图书销售中心联系调换
电话：(010) 52435752

献给我的丈夫查尔斯·布朗

献给我的朋友刘玥
感谢她对本书中文版的极大贡献

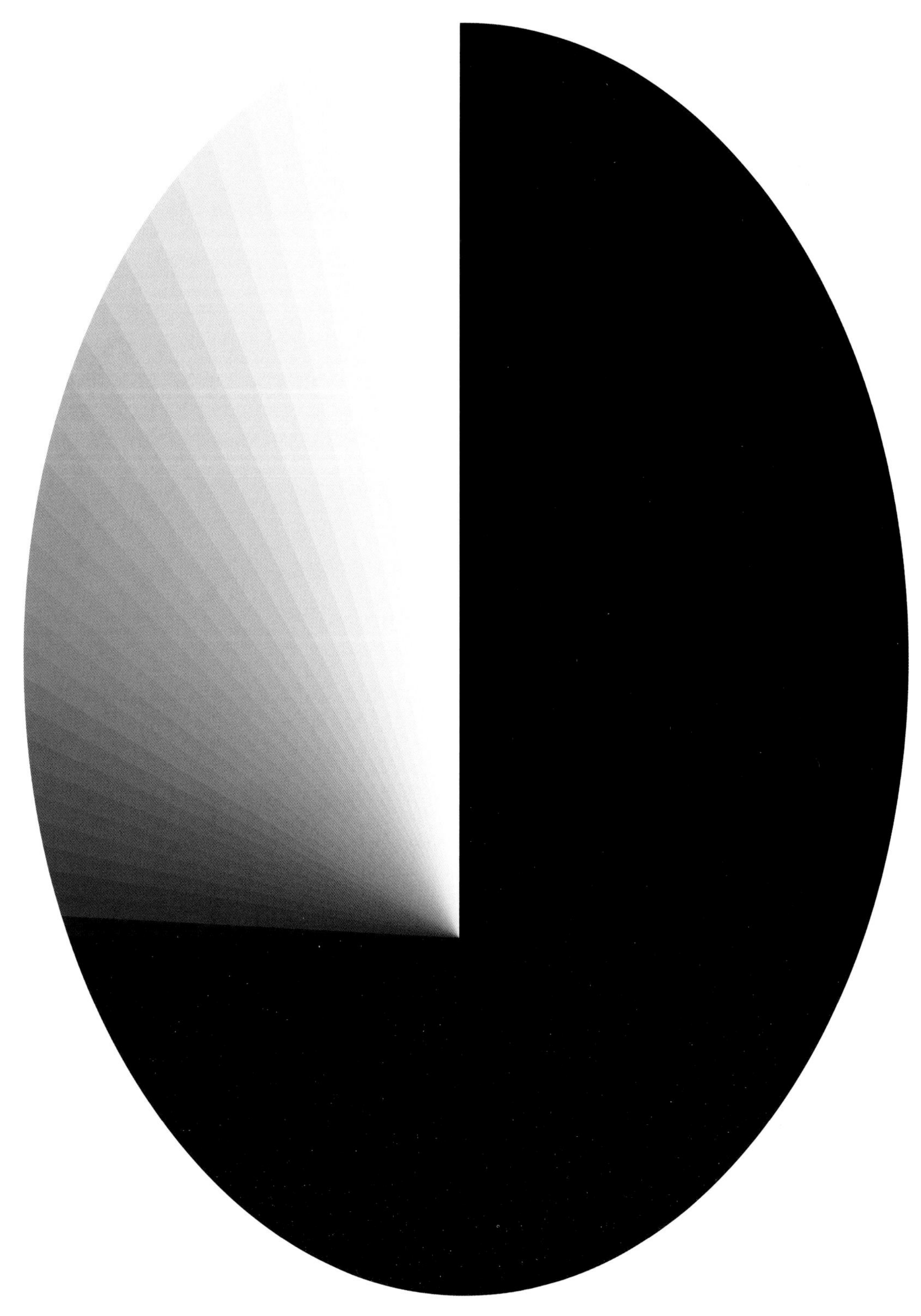

卡尔·格斯特纳（瑞士人，1930—2017），《孕育了光明的黑暗》，2000年。布面丙烯，高101.6厘米。©卡尔·格斯特纳。瑞士巴塞尔的埃斯特·格雷塞尔收藏。

这幅作品的标题来自歌德的悲剧《浮士德》（1790—1832）。魔鬼出现在浮士德的书房里后，浮士德问："你叫什么名字？"魔鬼说他来自"黑暗（混乱、非理性），孕育了光明（秩序、理性）的黑暗"。他警告浮士德说，到最后，所有光明都会被熄灭，但浮士德满心就想知道现实的本质到底是什么，便把灵魂交给魔鬼，换来了无限的知识。

歌德创作《浮士德》时，德国正处在浪漫主义时期。当时的知识分子认为，启蒙运动提出的那种充满确定性的发条式宇宙是去人性化的，而且获取知识的成本太过高昂，导致灵魂——人类的价值——可能会永远消失。这类浪漫主义情绪一直隐藏在日耳曼文化的坚忍外表之下，而正是这种文化环境后来催生了现代数学和抽象艺术。

目　录

在某种程度上，纯数学是逻辑概念组成的诗篇。我们寻求的是最普遍的运算概念，希望能以简单、逻辑、统一的形式将各种形式关系尽可能集合进来。在这种追求逻辑美的努力中，我们发现，要想更深入地理解自然规律，精神公式不可或缺。

——阿尔伯特·爱因斯坦，1935年5月4日致《纽约时报》编辑的信

序言

数学是宇宙的语言。

如果按传统的学习顺序排一下，那么我们的数学通常包括算术、代数、几何学、三角学、微积分，以及其他十几门让数学爱好者兴奋不已的科目。但是，我们沉浸在公式和概念中时，却往往容易忘记——或者可能也从没有人跟我们讲过——所有的数学发现，其实都源自我们想搞清楚周围世界到底如何运作的渴望。比如，艾萨克·牛顿之所以发明微积分，其实是因为他那个时代的数学工具无法处理行星轨道的问题。

但有时候，情况也会反过来。数学家出于纯粹的好奇而创立了新的数学分支，之后物理学才发现这正是自己需要的工具，便会通通借用过来。比如，非欧几何——简言之就是曲面上的几何学——早在19世纪初就诞生了，一个多世纪之后，阿尔伯特·爱因斯坦发现需要用到它，便直接从书架上抽出了相关著作，用这门新学科描述了广义相对论中有质量物体造成的时空弯曲。

是的，我们在头脑中想象、操控各种数学符号，然后尽量把真实的事物抽象成纯粹的逻辑表达。可如果我们相信数字和圆只存在于头脑中的话，那这种想象和操控在描述——小到原子核，大到宇宙本身的内容和结构——所有尺度上的自然行为时，未免又有效得有些过于惊人，甚至到了一种不合常理的程度。

若再把这个想法推进到哲学层面，我们可能会好奇数字和圆到底是什么，以及是从哪里来的。也许，数学并不是在简单地描述宇宙，它就是宇宙本身。就像数千行计算机代码构建出了令人沉迷的电子游戏虚构世界一样，假若我们撩起宇宙的帘子，是否会发现后面其实只有一个个的方程式，正在疯狂地计算我们经历的所有现象？

对科学家而言，数学的价值显而易见。考虑到我们对自然运作规律的了解无一不得益于数学的强大力量，数学能成为（并且会继续成为）哲学家、艺术家无法抗拒的灵感源泉，似乎也不那么让人意外。毕竟，艺术家的职责之一不正是帮助我们这些艺术的门外汉去理解周围和内心的世界吗？只要数学依然在影响着这些世界，那么观察敏锐的艺术家便会情不自禁地去接受和表达这种我们所有人都感受到的影响。

尼尔·德格拉斯·泰森

2015年6月于纽约

自斗十二度至女七度於辰在丑為星〻紀〻者言統己万物之終故曰星紀吳越之分也

前言

不要轻视符号！……如果没有符号，我们几乎无法进行概念式思考。所以，把同样的符号应用于不同但类似的事物，我们实际上表示的便不再是个体，而是共性：概念。

——戈特洛布·弗雷格，《概念表示法的科学理由》，1882年

非专业读者在阅读数学书籍时常常感到失落，因为其中的奥秘往往都是以外行难以理解的专业语言写成。所以，我写本书的目的，就是要以非数学语言，结合清晰简明的符号和图形，来描述推动数学前进的思想（如数、无限、几何和模式）；探讨数学符号、图表、规律——本质上是抽象概念的形象可视化——在人类历史进程中如何启发了艺术家，如何因其抽象性反而成了精确思维的通用语言，让世界各地的建筑师利用它们设计了高大宏伟的城市。

当石器时代的早期人类在岩石上凿出图案时，数学实践便开始了，并随着人类在天地间对数与形的探索而得以持续发展（图0-1）。从古至今，贯穿这一历史的一条线索就是数学哲学与数学实践的差别。数学哲学是柏拉图这类人物的研究领域，他们会问：某种知识是什么？这属于认识论问题。也可能问：什么是数？数以何种意义存在？这属于形而上学问题。数学实践则是欧几里得这类"实际研究型数学家"的研究领域，他们会问：三角形的内角和等于180°吗？这属于几何问题。也可能问：质数是否有规律？这属于算术问题。偶尔也有同时涉足两大领域的人物，如启蒙运动时期的学者戈特弗里德·莱布尼茨，就曾以柏拉图的传统风格撰写过一部有关形而上学的书籍《单子论》（1714），还发明了二进制记数法。

古代数学依赖于简单的抽象和概括，很容易融入人们的思维模式之中。但在过去的几个世纪中，随着数学实践日趋专业化，公众越来越不容易理解数学的细节了；因此，我在这部书中所描述的数学思想对文化的冲击，大多属于哲学性质。然而，实际的数学研究会通过间接的形式影响我们。例如在莱布尼茨的时代，二进制记数

0-1. 敦煌星图（细部），公元649—684年。纸上水墨画，24.4厘米×20厘米。©大英图书馆理事会，Or.8210/S.3326 R.2.(8)。这份天象图记录了北极附近的可见天空。大熊座位于图下方，其中最亮的七颗星组成了北斗七星。这幅星图出自中国唐代的一本星图册，是世界上已知最早的星图册，共记录了1339颗恒星，涵盖了北半球能够看到的全部天空。

法是玄奥的专业概念，只有不多的学者知晓，但到了今天，任何受过教育的人都对二进制记数法在计算机中的应用耳熟能详。当数学实践因应用而广为人知时，数学概念便会进入艺术家的工作室，给他们带来启示。

第二条贯穿数学史的线索，是对自然界的理性解释（认为它按照决定性的因果法则运转）同对此类模型及相关数学的反对（认为它们去人性化）之间的矛盾。在古代，人们可以在希腊理性主义哲学家德谟克利特与柏拉图之间的争论中感觉到这种矛盾：前者认为无生命的原子组成了机械的宇宙，而后者则认为宇宙有生命、有意志。到了近代，启蒙运动对理性的信赖，推动了微积分的发明与伊曼努尔·康德的德国唯心主义的发展，但也激起了康德哲学继承人的反抗，如第二代唯心主义哲学家弗里德里希·谢林和黑格尔，因为他们更加信任感受与直觉。

在本书第一章中，我将对数学与艺术之间的关系进行综述，会从人类史前一直讲到理性、客观性、可普遍化的知识达到最高峰的启蒙时期。我将集中关注以柏拉图为起源的西方传统：在他看来，数字与球形这类抽象物体是独立于人类思维的存在——这个柏拉图主义观点在数学与科学的哲学与实践中产生过重要影响。我还会介绍古代与中世纪的柏拉图主义在西方的起源，包括它同古典有神论及基督教神学的宗教联系，以及在人类不断追求知识的背景下，柏拉图主义在现代世俗文化中演变出的变种。查尔斯·达尔文于1859年出版的《物种起源》，加速了西方有组织宗教的没落，以及“反形而上”学术氛围的出现。尽管数学家因为柏拉图主义长期以来与宗教教义的联系而开始对其敬而远之，但大多数从事研究工作的数学家依旧承认的一点是，现代数学起源自柏拉图的哲学思想。

柏拉图宣称存在两个世界。第一个是由苹果、柑橘这类真实物体组成的自然世界，存在于时间与空间内，人们可以通过看、听、触碰这些感性知觉认识它。第二个世界则是“理型（Forms）”的世界，其中包括抽象物体，如数字和球形。这个世界独立于时间与空间而存在，人们通过认知、直觉或者神秘领悟了解这个世界。苹果与柑橘存在于“外在世界”当中，独立于人的思维存在，数字与球形也一样，类似地存在于一个“数学的外在世界”当中。因为数字与三角形是完美而永恒的，所以人类可以通过客观必然性和主观确定性来认识这些抽象（数学）物体。非永恒且不完美的植物和动物、大地与天空，是永恒的数字与完美的几何的具体化，给自然带来了基本的统一性。但因为自然物体只是抽象物体的不完美体现，所以人类关于自然的（科学）知识便带有与生俱来的片面性和易变性。

柏拉图进一步认为，这两个世界之外还有一个超越凡俗的神圣理性统治着一切，即“善”——一位神秘的匠神，正是他把柏拉图的理型加之于原始的混乱物质上，创造了大地与天空。柏拉图认为，善是宇宙最高目的的来源。反对柏拉图观点的是原子论者德谟克利特和门徒卢克莱修，则描述了一个运动的、物质的确定性宇宙。

卢克莱修在公元前1世纪发表了《物性论》，首先提出了原子的随机偏转一说，为自由意志（没有被征服、不受囚禁的感觉）开辟了存在的空间。但柏拉图认为，原子确实存在偶尔的偏转，可运动中的无生命原子不足以解释外在世界，因此他认为，宇宙由有感知的粒子组成，也就是所谓的单子（monads，即希腊文的“一”，其中沉浸了世界灵魂与神圣理性）。我将会重点讲述柏拉图的门徒欧几里得关于证明的公理化方法的发展（这一方法总结在他大约公元前300年的著作《几何原本》中），以及柏拉图为什么认为艺术是对自然的模仿。我还将追溯罗马帝国崩溃之后有关数学与艺术的西方经典观点发生了哪些变化，包括它们在公元4世纪和犹太-基督教神学的融合过程，以及中世纪伊斯兰教学者如何在阿拉伯译本中保存了希腊的文字资料。

我还会回顾古代亚洲数学的发展，尤其是中国的《九章算术》。这部作品成书于公元前100年之前，由佚名作者编纂整理，共包含246个数学问题，是两千多年间东方数学思想的基础教育课本，其地位与欧几里得的《几何原本》在西方的地位相当。人们通常认为，希腊数学以抽象推理为主，而中国数学就事论事；但事实并非如此，我总结了最近一些学者的意见，得出的结论是：中国数学虽然没有抽象，但有归纳，只不过中国数学家没有发展出普遍的证明法而已。

与英国学者李约瑟及之后的汉学家一样，我也认为东方数学专注于特例（抽象的范例），西方数学专注于抽象、普遍的公理化方法，而两者之间的差别就源于两个地区的古代宇宙观。无论存在的基础是被归结为某种无法检测的神秘力量，还是世界灵魂，抑或单子、原子，人们最终对现实的构想都同思考数学的方式有关。在中式思维中，自然世界由各个部分和谐、平衡地按照自然之“道”自行组合在一起，但道是无法被人理解的。道家从来都不认为存在某种能被人探索的数学世界和能被人发现的自然定律。也正因如此，在上古时代与封建王朝时代，中国数学与科学一直都未能超越基本发展阶段。而西方的创世神话则设想了一个位格神（巴比伦人的是马杜克，希伯来人的是亚伯拉罕的神，柏拉图的是匠神），正是他向混乱中注入了秩序，宣布了自然的规律。千百年来，大批西方人士一直在寻找这样的神创秩序，其中一些人则由此得到了有关自然规律的知识，如古代巴比伦天文学家发现了黄道，启蒙时代的约翰尼斯·开普勒发现了行星运动的几何模式（图0-2），艾萨克·牛顿发现了万有引力定律。

介绍完历史背景，我会把目光转向近代和当代。在第二章中，我将批驳一个广泛流传的错误观点：欧几里得的“黄金分割”（约等于1.618）是优美比例的关键，艺术史上的伟大瑰宝（如金字塔、帕特农神庙、达·芬奇的《蒙娜丽莎》）中都应用了它。但后来，达尔文给出了确凿证据，证明人体并没有固定的形式，而是随着时间推移在不断进化。所以，许多以人体为基础的比例体系，在这之后都被废弃不用了。而当人们发现人的身体与灵魂方面有越来越多的特点，可以通过生物学、生理

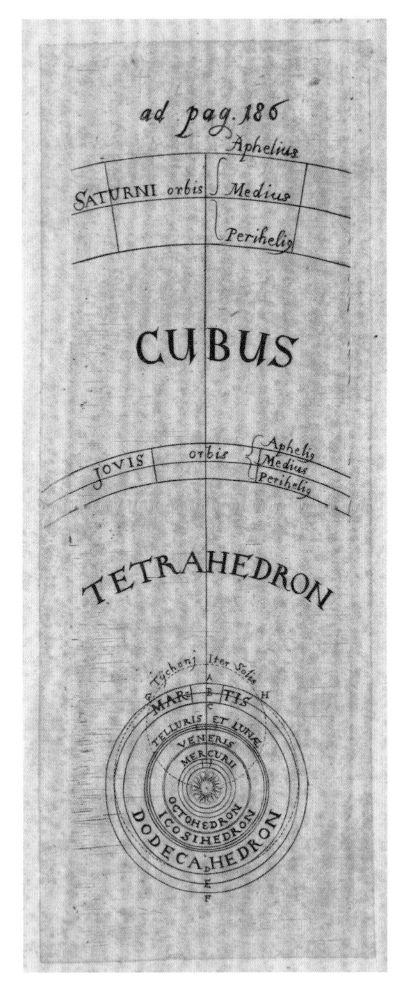

0-2.德国天文学家约翰尼斯·开普勒所著《世界的和谐》（1619）中的太阳系几何结构示意图，出现在原书186—187页。木刻版画。音乐部，表演艺术分馆，纽约公共图书馆，阿斯特、雷诺克斯与蒂尔登基金会。
1596年，开普勒提出假设，认为行星沿一个环绕着看不见的立方体、正四面体和其他规则立体形的圆形轨道运行。但发现实际观察并不符合这一假定后，他又在天空中寻找其他几何形式，最终于1609年确定了行星的轨道是椭圆形。

学和心理学的强大说明能力来解释之后，神学便只能让位于科学。这在人类信仰方面造成了颠覆性的变革，让人们不再相信那位曾在四千年间推动了西方数学发展的造物主的存在。这种翻天覆地的重新定向，促使许多人开始构想一种能适应世俗化时代的信条。

除部分内容外，本书第三至第十章将以现代数学和抽象艺术出现的德语文化圈为中心展开。在德国、奥地利、俄罗斯、东欧、瑞士、荷兰和斯堪的纳维亚地区，许多学者与艺术家都会说德语，都把德国唯心主义视为共同的思想传承，所以在这层意义上，他们都具有“德国特色”。

在第三章中，我将介绍启蒙主义理性（康德）与浪漫主义想象（谢林、黑格尔）之间的论战。那是一场理性与直觉的斗争，具有鲜明的德国式特色：勒内·笛卡尔区分了精神与物质，而启蒙运动的杰出哲学家康德则宣布人只能了解精神（他本人的想法），不能了解物质（比如外在世界中的月球）之后，斗争阵营便划分出来了。德国浪漫主义者、第二代德国唯心主义者、自然哲学家谢林和黑格尔对康德的宣言发起反击，批驳康德的唯我论，拒绝接受启蒙主义的精神—物质二元论，并复兴了古老的柏拉图主义观点，即任何事物都是由单子这种有感觉的物质组成的。这些自然哲学家描述了单子的层级结构，认为其顶端是非人类的超级智慧，即所谓的“绝对精神”，而这种绝对精神就相当于组成宇宙的有感粒子的逻辑结构。

另一个19世纪的德国哲学派别是亚瑟·叔本华、索伦·克尔凯郭尔、弗里德里希·尼采等人提倡的生命哲学，主张哲学的焦点不应该是枯燥的抽象理论，而应该是生命的主观价值与目的。其他19世纪的反叛者背弃了确定性演算，发展出概率理论，认为这种理论能够用来描述人生中那些随机的不确定事件。为了回应理性科学的兴起，格奥尔格·康托尔创立了集合论和有关无限的哲学，而其最终成果便是神圣的“绝对无限”。20世纪第二个十年，俄罗斯也出现了类似的浪漫主义起义，反对毫无灵魂的微积分，如数学家帕维尔·阿列克谢耶维奇·涅克拉索夫便想利用概率论来“证明”人类具有自由意志；而东正教僧侣、数学家帕维尔·弗洛伦斯基则在莫斯科大力普及康托尔的超限数理论，启发了至上主义流派的诗人、画家，让他们用符号来表达无限的意义。

康托尔创造的无穷和的非欧算术，德国与俄罗斯数学家发明的非欧几何，在19世纪末引发了所谓的数学基础危机。我将在接下来的三章中探讨人们在此后三十年间对这个决定性转折点做出的反应，即形式主义、逻辑主义、直觉主义。在第四章中，我把戴维·希尔伯特的形式主义数学观念描述为一种公理系统，即由抽象、未定义、可替换符号构成的自洽、独立的体系。在详细说明了这一概念如何进入俄罗斯文学界之后，我将介绍俄罗斯构成主义艺术家如何接受了形式主义美学，用未定义的色彩与形式在自主、想象的领域创作油画、雕塑。德国逻辑学家戈特洛布·弗雷格和他的后继人、英国数学家伯特兰·罗素，以逻辑主义（认为数学建立在逻辑之上）为前提，发展出了现代符号逻辑学（第五章）。逻辑主义逐步演变为英国分析哲学，雕塑家亨利·莫尔、芭芭拉·赫普沃思、作家T. S. 艾略特、詹姆斯·乔伊斯的作品都受到了该哲学影响。希尔伯特和罗素都抱持着现代版的柏拉图主义观点（把柏拉图的理型放在康托尔的集合论中来解释），但重要的直觉主义数学家、荷兰人布劳威尔却声称，抽象物体（如圆形、三角形等）都只存在于人的头脑中（第六章）。进一步发展了拓扑学的布劳威尔，是19世纪末横扫荷兰的德国浪漫主义思潮中的一分子。在这一思潮的鼓励下，数学家、艺术家纷纷离开城市，去乡村生活，接触自然，并开始相信自己的直觉。业余数学家M. H. J. 舍恩马克尔斯认识布劳威尔，也经常去艺术家公社，正是他把这些直觉主义理念带给荷兰风格派画家特奥·凡·杜斯伯格和皮特·蒙德里安。

20世纪初的数学家在挖掘各个学术领域的基础时，以爱因斯坦为首的科学家则在探索自然界的对称，如质量与能量的对称——二者可以互相转化（$E=mc^2$）。科学家用数学中的群论来描述这样的对称（第七章）。瑞士苏黎世的两位数学家赫尔曼·外尔、安德里亚斯·施派泽撰写了有关群论的科普作品，结果启发了以马克斯·比尔为首的瑞士具体艺术家，令他们创作出了具有惊人对称性的艺术作品。

为数学寻找基础的工作促使数学家创建了一批原理（公理），分别于1889年、1899年、1908年、1910—1913年为算数、几何学、集合论、逻辑学奠定了基础。希尔伯特根据这些成果，猜想现有基础之下或许还有更深的一层，也就是一套适用于所有数学分支的根本公理，所以激励数学家同行去进一步探索（第八章）。德国在“一战”中战败后，尽管出现了浪漫主义对精确科学的强烈抵制，但数学家们还是承担起了这项任务。

在第八章中，我还将介绍量子物理在20世纪20年代的诞生，并按照科学史学家马克斯·雅默、保罗·福曼的思路，探讨浪漫主义对“哥本哈根解释”的影响。无论那时还是现在，谁也没有对量子力学的实际应用（为我们提供了今天这个由计算机与智能手机组成的科技世界）有所争执，但尼尔斯·玻尔及门徒维尔纳·海森堡等学科奠基人对它做出的哲学解释，却至今尚存争议。当时，浪漫主义对理性主义的反抗十分流行，这些物理学家受此影响，认为他们的数据有着内在的盖然性，证明了在真实世界最基础的层面上确实是概率为王，用海森堡的话来说，就是“量子力学证明了因果律的最终失败”（海森堡，“不确定性原理”，1927）。

接着，我会介绍之后发生的激烈争论：一方以玻尔、海森堡等德语文化圈的物理学家为代表，声称自然从本质讲不可预测，现实只存在于观测者的意识中；另一方则是坚守决定论的反对派，包括法国物理学家路易·德布罗意、深感恼火的爱因斯坦在内，都认为存在一个独立于人类观察的外在世界，或者用爱因斯坦的话来讲，就是“即使我不看月亮，月亮也依然存在”。在第八章的最后，我会介绍一下20世纪20年代德国艺术家与包豪斯设计学派在创作中表现出来的以理性和直觉为基础的乌托邦愿景。

那些受到希尔伯特激励的数学家一直都坚信，确实存在一套适用于所有数学分支的根本性公理正等着被人发现。但1931年，维也纳青年逻辑学家库尔特·哥德尔证明了这样一套公理根本不可能存在，因为在人造符号语言中存在着固有的局限性（第九章）。1921年，既支持直觉主义者布劳威尔，也拥护生命哲学家的维也纳人路德维希·维特根斯坦在著作《逻辑哲学论》中，也得出一样的结论，揭示了自然的口头语言存在其固有的局限性。荷兰版画家莫里茨·科内利斯·埃舍尔、比利时画家勒内·马格里特虽然与这些研究成果同处一个时代，而且作品中也同哥德尔、维特根斯坦的证明一样包含着悖论，但如此便认为他们受到了哥氏和维氏的启发，我觉得缺乏历史证据。事实上，这些艺术家、数学家共同的思想源头是19世纪的哲学家，比如谴责体系建立者、沉醉于谜团的尼采。当然，哥德尔、维特根斯坦的证明在20世纪中期得到普及之后，他们的著作确实启发了很多艺术家，如贾斯培·琼斯、谷文达。

在第十章中，我首先会介绍哥德尔1931年的定理之所以重要，不仅是因为其令人吃惊的结果，还在于他为得出这一结果而发明的新方法，即通过计算进行的证明（计算机的研发正有赖于此）。哥德尔并没有进行传统的演绎证明，而是将数学陈述编码后来计算他的定理。在这个新方法的启发下，英国青年数学家艾伦·图灵通过思维实验，探索了能进行计算的机器（“论可计算数”，1936）。三年之后，英国对德国宣战，图灵以密码学家的身份加入了英国政府设在布莱切利园的秘密机构，协助建造真正的机械计算机，来破解德军的恩尼格玛密码机。“二战”结束后，图灵等人在这类简单机器的基础上继续开发，最终催生了计算机行业。

“二战”期间，德语文化圈受到了毁灭性打击，进而导致所有遭受惨痛损失的人在信念上对理性、客观性、可普适知识这些启蒙运动的理念产生了动摇。我将在第十一章中介绍相关情况。不过，在那些没有遭到毁灭性打击、德国唯心主义传统也不根深蒂固的国家（如法国、英国、美洲各国），1945年之后的艺术家仍然对启蒙思想抱有信心，故而创造出了整齐有序、手法超然、表现了人类理性力量的几何抽象艺术。这些国家战后成长起来的一代科学家成竹在胸，坚信自己能通过对次原子粒子的微观世界和宇宙的宏观世界更加深入的探索，最终找到稳定且可预测的规律（图0-3、0-4）。

在第十二章中，我会讲述“二战”后计算机在英美的迅猛发展，以及数学家和艺术家如何将电脑应用到各自的工作领域：数学中的运用包括分形几何（1975）与第一个计算机辅助证明（1976）；艺术中的运用则包括数字摄影以及电影中用计算机

对页

0-3. 猫眼星云（NGC 6543）的光晕，摄于2008年。照片来自史蒂芬·宾尼维斯、约瑟夫·珀普瑟尔，希腊克里特岛斯金纳卡斯山卡佩拉天文台。

猫眼星云是一颗类太阳恒星，但不知为何失去了外包层，结果便形成了这种“光晕”。这簇星云位于3000光年以外的天龙座。

动画制作的"特效"。

相较之下，柏林与哥廷根的数学与科学中心在1945年之后则乱成一团，曾在战时逃离德国的犹太人西奥多·阿多诺、马克斯·霍克海默回到祖国后，撰写了《启蒙辩证法》(1947)，首次深入分析了人们如何对启蒙思想失去信心（这一状况后来被称为后现代主义，第十三章）。在本书的最后，我会谈一谈后现代主义对"真理""确定性"等术语的批判为何基本上（不是完全）没有影响到数学——原因就是这些概念本来便在数学史中根深蒂固、难以动摇。确实，正是因为它的确定性，数学才在现代文化中占据了独特地位，使得它与自然世界的相互影响成了一切科学和技术的基础。

我在本书中介绍的数学与艺术的互动中，几乎都是艺术家从某种数学研究中得到了灵感，而非数学家受到了某件艺术作品的启发（不包括那些努力追求优美与雅致这种美学特质的数学家，因为他们并不是受到了具体某件作品的影响）。不过，我还是发现了一些特例，比如19世纪的法国工程师让-维克托·彭赛列，就曾以文艺复兴时期的建筑师菲利波·布鲁内列斯基的直线透视法为基础，创立了射影几何学。介绍相关影响时，我尽量避开了学术语境的模糊表达，竭力指明了数学家的研究与艺术家的创作所具有的特殊联系，如某份历史档案或者某种数学知识在艺术家中的普及。有时在情况已知且合适时，我会运用心理学方法来介绍某位数学家、艺术家的性格或者思想背景；在其他情况下，则会把他们视作特定文化环境的产物，因此更倾向于使用社会学手段。

0-4.猫眼星云（NGC 6543）的中心，2004年。美国国家航空航天局、欧洲航天局、哈勃欧洲空间局信息中心和哈勃遗产团队（STScI/AURA）。

这一团闪光的云状物位于猫眼星云的中心，由一系列时间相隔1500年的脉冲形成。在此期间，这颗恒星至少喷射了十一道气体光环。最外层可见光环的直径为1.2光年。

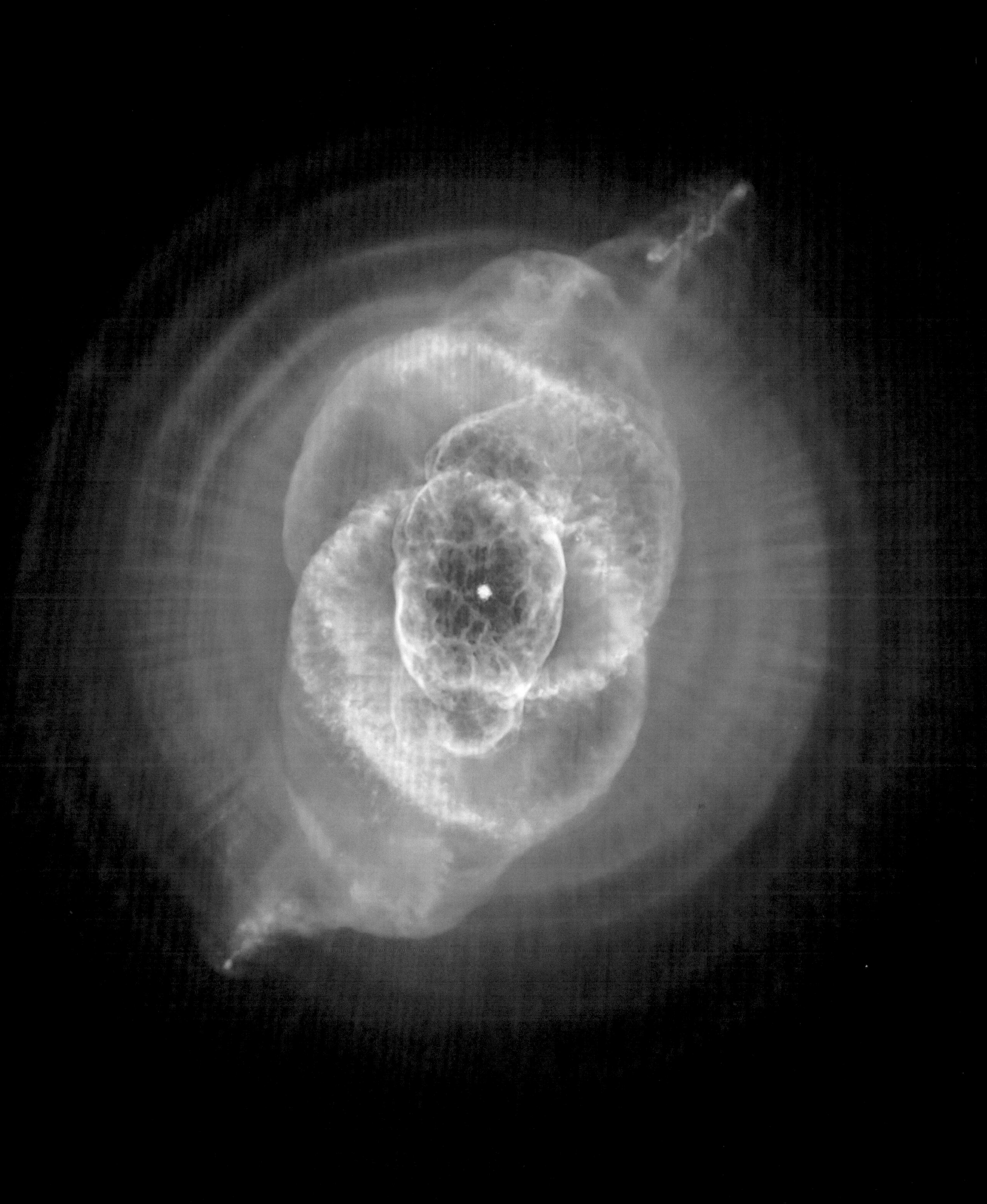

ICI: CRIE: DEX: CIEL: ET: TERRE: SOLEIL: ET: LVNE: ET: TOZ: ELEMEN

第一章
算术与几何

在说到形式美的时候，我指的并不是动物或者绘画的那种美……而是直线与圆的那种美，是用规、矩和尺子画出的直线与圆所形成的平面形与立体形的那种美；我确信，这些东西不但与其他事物一样具有相对的美，而且具有永恒、绝对的美。

——柏拉图，《斐莱布篇》，公元前360—前347年

什么是数？人类如何知道它们？什么是艺术？人们为什么要唱歌、跳舞、画画？生物学家与人类学家通过描述智人在模式感知、快感追求上的进化，为这些难题找到了满意的答案。

识数能力，即知道一串香蕉或者捕食者有多少，能让动物在生存竞争中享有优势。生物学家已经证明，与人类幼儿一样，今天的许多鸟类与哺乳动物天生也具有分辨少量分散物体数目（1、2、3、4、"许多"）的能力，并且能进行这些简单数目的加减运算。[1]智人数数的能力建立在主管计数与推理的神经回路上面，而这种回路甚至可以在鸟类与啮齿动物身上找到。这就意味着，早期人类从猿类进化而来的时候，便已经从遗传中获得了计数、加法、减法的语前机能，而这正是算术的基础。

人类的类猿祖先（还有今天的猿类）敲打石头的边缘来制造工具，不过他们敲出的痕迹并没有显示出对称的样式（图1-2）。但大约140万年前，现代人的祖先直立人从树上下到非洲热带草原上生活，学会了直立行走，并制造出了第一批外观对称、两边平衡的扁平石器（图1-3）。[2]又过了一百万年，智人开始用石片制造三维对称的工具，而到了30万年前，则又凿出了极为对称的圆形工具（图1-4）。这意味着在140万年前到30万年前这段时间内，人类的感知/认知系统得到了进化。对于今天的人类来说，识别平面二维形状方面（直立人需要这一能力来实现外观的对称）已经不需要大脑皮层的高强度运行，但识别左与右，感知三维形体，并在脑海中旋转它们，判断不同部分是否能精准叠加（智人需要这种能力来雕琢圆形石器），仍然需要大脑皮层的高强度运行，而大脑的这一部分则是最近才进化而来。[3]人类学家猜

1-1.《教导圣经》手抄本中描绘的创世故事，法国，约1208—1215年，原作为羊皮纸金箔蛋彩画。奥地利维也纳国家图书馆。

造物主用一支圆规从混沌中画出宇宙的球形边界，然后创造了红色的太阳和金色的月亮。接下来，他将用圆规画出位于宇宙中心的那块大地。此图为《教导圣经》的卷首插图——该《圣经》手抄本包含了经文释义和道德解释，是13世纪初的巴黎修士为法国皇室专门创作的读本。

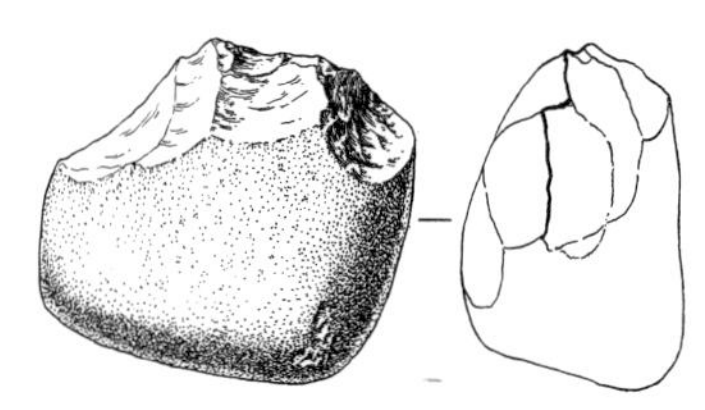

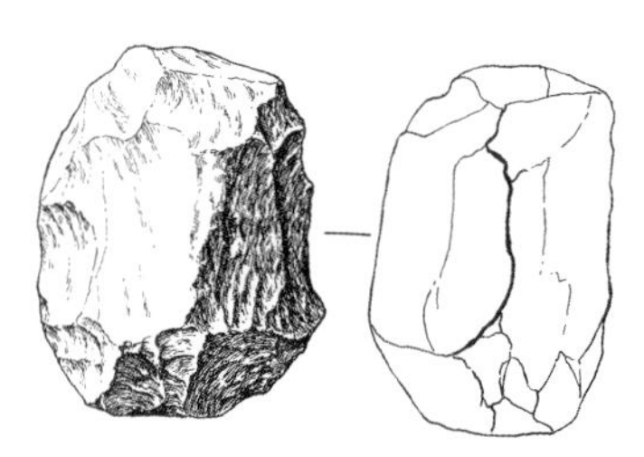

1-2.不对称工具，180万年前。选自玛丽·D.李奇的《奥杜威峡谷》（剑桥大学出版社，1971），卷3，页27图9，页29图11。经允许使用。

用鹅卵石做成的砍斫工具的正面与侧面（上），岩浆岩制成的双刃斫具的正面与侧面（下）。

测，这种空间感知/认知系统的进化是智力综合提升的一个方面，原因或是繁殖选择，因为潜在配偶可能会把制造对称工具的能力，视为智慧与健康的一项指标。[4]今天，新生儿的神经系统已经拥有认识与处理简单图形的能力，而在成长过程中，孩子会发展出区别更为复杂的图形的能力，而这正是几何的基础。

根据下面将要述及的人类学理论，直立人开始直立行走时，这种身体姿态的变化不仅促进了感知/认知系统的发展，还促进了审美行为的进化。[5]直立行走的女性原始人的子宫和产道转向垂直方向（而不是像较为低等的哺乳动物那样是水平方向）后，使得智人的大脑进化得更大，最后胎儿因重力而“过早”呱呱坠地。即使在出生之后，智人婴儿的大脑仍在生长，其颅骨缝要再经过十二个月才能闭合。在此期间，母亲在照顾孩子方面投入了大量的时间与精力。其他家庭成员和朋友与婴儿互动时，会通过欢快的声音或有节奏的动作（如拍手或者摇晃身体）来引起婴儿的反应，而反应灵敏的婴儿则会对好听的声音报以微笑或者轻柔的“咿咿呀呀”，或者与成人一起有节奏地做出玩耍的动作，加入这场“表演”当中——所有这些都是审美行为——进而从与其互动的亲戚、邻居那里得到更多、更久的关注。换言之，在生命的第一年中，会“表演”的婴儿得到了更多的照顾，茁壮成长起来。通过这种方式，审美行为进化成了人类与生俱来的特质。

尽管简单的算术能力早在千百万年前便已经固化在人的大脑中，但直到大约30万年前，人类的认知硬件才进化至能够理解与处理平面与立体图形的程度（几何的基础），产生了追求快乐和亲密关系的语前愿望（艺术的基础）。到了大约20万年前，无论大小还是形状，智人的大脑都已进化完全。

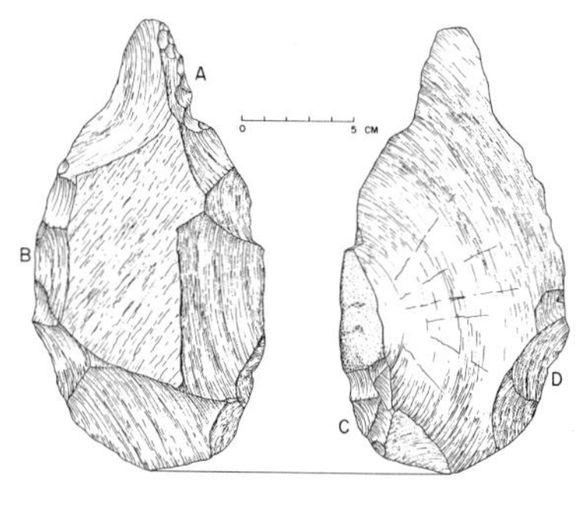

1-3.具有对称轮廓的手斧，140万年前。托马斯·韦恩供图。

到了大约4万到1万年前时，非洲、欧洲、亚洲的人造物突然显示出象征性思维的大量证据（图1-7、1-8），使用算法（一步步操作以完成一项任务）的迹象也在此时出现了，例如在骨头上凿出有规律的孔洞（图1-6）。[6]这些抽象体系必须在某种文化语境中逐渐发展起来，并代代传承下去，因为尽管婴儿在出生时就拥有认知三维形体、寻求快乐、组织句子的神经回路，但儿童无法自发产生数学、艺术、语言能力。为了发展这些抽象的认知技巧，儿童需要模仿族群中的其他人。在大约公元前1万年到公元前2500年的新石器时代，算法已经被应用在装饰图案上（图1-5），复杂的群落组成了永久性社群，进化动力则从生物体本身的需要转向了文化发展的需要。

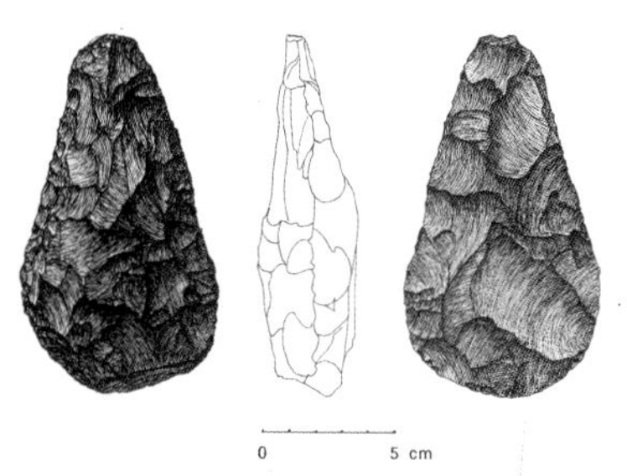

1-4.圆形对称的工具，30万—15万年前。托马斯·韦恩供图。

数学的古代基础：抽象与归纳

到公元前3000年，生活在尼罗河、底格里斯河与幼发拉底河、黄河流域的人们已经开始用各种符号来记数。例如，用|表示1，用||表示2，用|||表示3，等等。为

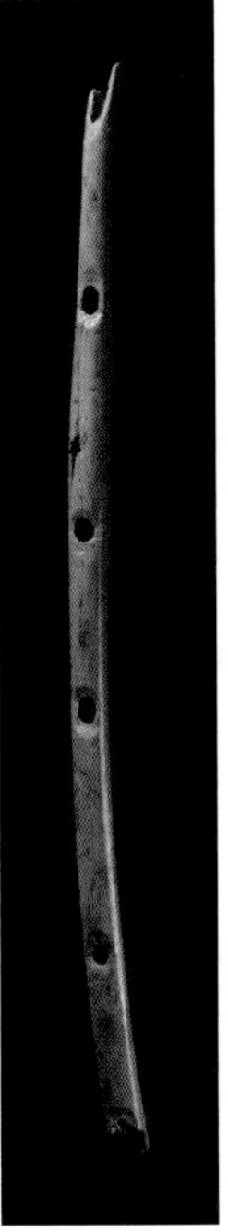

上左

1-5.储物罐，甘肃仰韶文化半山类型陶器，中国甘肃或青海，约公元前3000—前1000年。该陶器上绘有红黑条纹，高40厘米，直径35厘米，无把手。亚洲协会，纽约，约翰·D.洛克菲勒三世夫妇亚洲艺术收藏，1979.125。

上中

1-6.骨质长笛，发现于德国乌尔姆附近多瑙河谷的菲尔斯洞中，长约21.6厘米，距今4.3万—4.2万年。

该长笛的制作者生活在中欧地区，按照解剖学的观点，可能是那里的第一批现代人。鸟类的骨头纤细中空，且非常结实，所以特别适于制造笛子。这支长笛的材质为秃鹫翅膀中的骨头，制作者在上面凿了一排调音指孔，还在骨头一端切出了“V”字形双边切口，应该是用作吹口。这说明长笛是沿竖直吹奏，就像现代的八孔竖笛那样。这支笛子以及多瑙河附近洞中发现的其他笛子，是世界上已知最古老的乐器，全都是在骨头上按照类似的孔洞模式制成。

上右

1-7.野牛壁画，法国拉斯科洞穴，约公元前1.5万年，旧石器时代晚期。

右

1-8.一位克鲁马努人的墓葬，俄罗斯松希尔，距今3万—2.8万年。莫斯科考古学会。

这位早期现代人下葬时所穿的长袍上缝有三千颗珠子，每颗都是用象牙雕琢而成。他所属的克鲁马努部落（属于智人）生活在欧洲中西部与俄罗斯。

了避免符号过多，他们还发明了其他符号来代表更大的数字，如埃及人用∩代表10，于是12便可以写作||∩。其他符号（简单的图画）则可用来表示物体（如埃及象形文字中，⌓表示一条面包，两条面包就是||⌓）。十进制记数法在古代计数系统中最为普遍，无疑是因为人类开始时是用手计数，而一双手正好有十根手指。

埃及等古文明已经掌握了整数（1、2、3…）、比例（今天写作1 ∶ 2、1 ∶ 3、

门纳墓

门纳的封号是“两界之主的田野书吏”，掌管着王室产业中一切的农业活动。图1-9-2（或图1-9-1）左上角坐着的那个便是门纳，正在盯着农民播种、收割、运送作物。画面最上层中央，他手下的测量员在测量土地面积，以便预估农民应该缴纳的税额。图右上角的农民则必须要缴税，否则就得挨鞭子。测量员站在绳子的前端和后端（图上部，另见彩色详图1-9-3），各人肩膀上还挎着一卷绳子。绳上按有规律的间距打结，将绳子拉紧绷直后便可测量长度。前方测量员拿着绳子，绳子有一部分卷着，手里握着结结处。后方测量员拿着绳子另一头，那里也结着一个结。

埃及人的长度测量单位叫作腕尺，最初以前臂的长度为标准，但腕尺的实际长度大于大多数人的前臂长度，约为52厘米；1腕尺下分7掌4指。图中两结的间距似乎是3腕尺。测量员由一个带包的男孩陪同，包里或许装着绳子。另外还有两位书吏带着石板记录背后那片农田的大小。一位拄着拐棍的老头和两个男孩跟着测量员一起走，遇到了一对运送食物与饮料的夫妻。

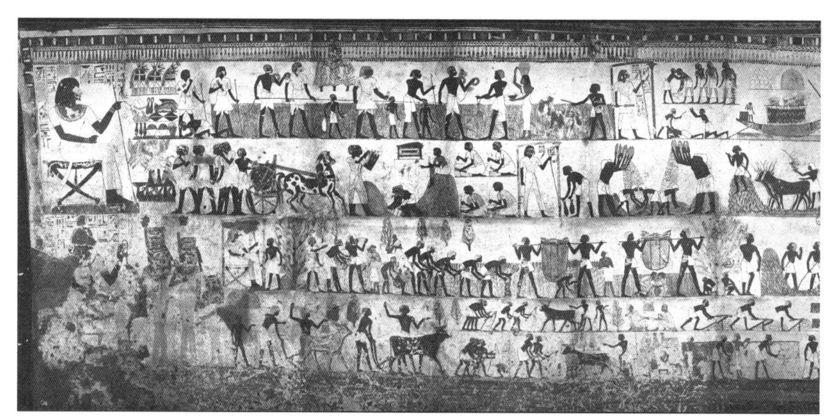

对页

门纳墓，谢赫·阿卜杜勒·古尔奈，底比斯墓葬群。埃及第十八王朝，公元前15世纪末至前14世纪初。

1-9-1.门纳墓黑白照片，约1920年，拍摄于大都会艺术博物馆考察期间（1907—1935）。纽约大都会艺术博物馆，编号T807。

1-9-2.门纳墓黑白照片，约1920年，拍摄于英国考察期间（1902—1925），考察由罗伯特·L.蒙德领导。牛津大学格里菲斯学院，编号为蒙德11.22。

1-9-3.美国艺术家查尔斯·威尔金森是大都会艺术博物馆考察队的成员，工作是记录古代绘画并为其填色。大约在1920年，威尔金森记录了门纳墓左墙上方这幅体现收割场景的绘画（76厘米×186厘米）。纽约大都会艺术博物馆，罗杰斯基金会，1930年。

上

1-10.莱因德纸草书，约公元前1650年。在纸莎草上用墨水书写，高31.7厘米。纸草书的这一部分包括问题49—55（右）与问题56—60（左）。©大英博物馆受托人，编号10057*r*。

莱因德纸草书发现于底比斯，用祭司体（象形文字的一种简化形式）书写，其中包括一些已知最古老的几何图形。据埃及考古学者估计，这些图形中体现的几何知识至少比纸草书的历史早一千年，可以追溯到埃及古王国时期，即建造金字塔的时期。

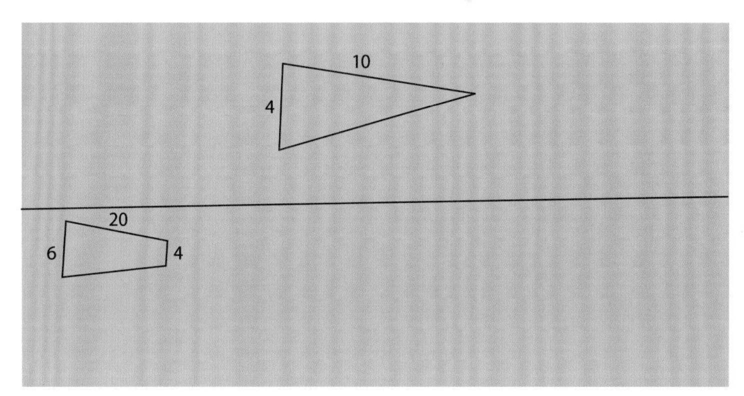

1-11.莱因德纸草书问题51与问题52的细节与图示。

这些问题讲的是如何计算土地的面积。图上部是一个底为4单位、高为10单位的三角形。假定高垂直于底（尽管纸草书上的图示略有偏差），根据边上所附文字，三角形的面积为20单位，与现代的三角形面积公式所得计算结果一样（$A=\frac{1}{2}bh$，A为面积，b为底，h为高）。

图下部讲的是如何计算梯形（用平行于三角形底边的直线截去上面一部分得到的图形）的面积。此处梯形的下底与上底分别为6单位与4单位，高为20单位。算得面积为100单位，等同于现代使用梯形面积公式所得计算结果一样[$A=\frac{1}{2}(b+c)h$，其中b与c分别为梯形的上下底，h为高]。

右

1-12. 左塞尔的阶梯金字塔，埃及塞加拉，由伊姆霍特普（埃及人，约公元前2650—前2600）设计，建于公元前2631—前2611年。

左塞尔金字塔是埃及第一座金字塔，也是世界上现存最古老的纪念性石质建筑。通过将一层比一层小的马斯塔巴（mastaba，梯形六面体状的墓室）垒起来，建筑师伊姆霍特普设计了这座法老的坟墓。最先放下的基础坟墓石块横向延伸，以后的各层"台阶"垂直向上垒筑。从莱因德纸草书可以看出，当时的人已经懂得计算梯形面积的规则，其他记载则记录了埃及建筑师也知道如何计算截锥体的体积。因此，当古埃及王国的奴隶开始建造这座马斯塔巴式陵墓时，完全能估算出要用多少物料。

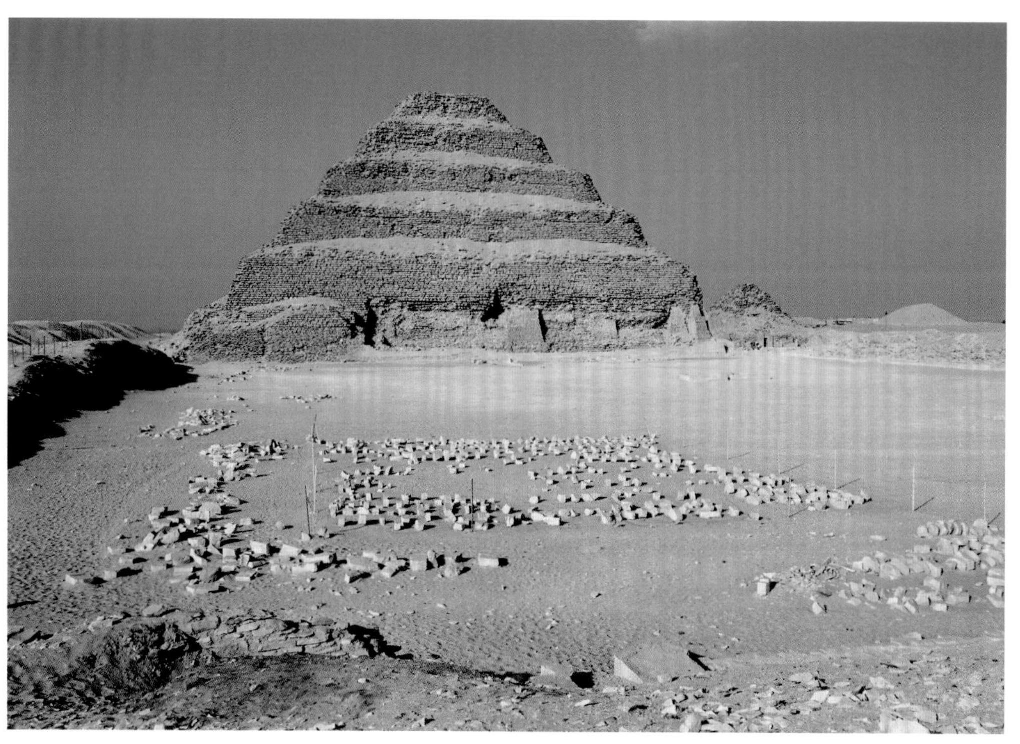

下

1-13. 埃及古王国时期的典型石室陵墓为截锥体。

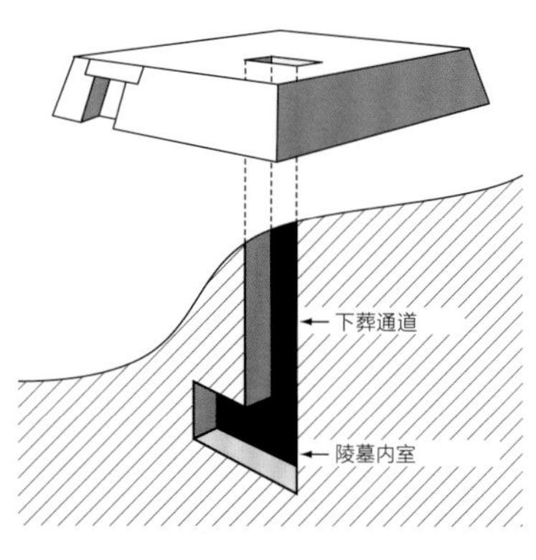

1 ∶ 4…这样的比例形式，或者写作1/2、1/3、1/4…这样的分数形式），以及算术中最基本的加、减、乘运算。古人也开始用三角形和矩形来进行土地的测量和房屋地基的直角放样。例如，埃及测量员会仔细记录下尼罗河沿岸的农田面积，然后在每年洪水退去后，再利用几何学重新分配河谷的土地（"几何"一词的希腊文就是"测量土地"的意思）。测量员能够计算各块土地的面积（图1-9、1-10、1-11），测量不同建筑物的体积（图1-12、1-13）。

计数与测量的抽象过程，即从经验法则迈向普遍解和证明，是走向纯数学的必要步骤。希腊文化于公元前6世纪到公元前4世纪实现了这一过程。埃及测量员能够计算特定土地块的面积，但没有超越单纯计算的层次，进入抽象思维的范畴，去得出一个求一切三角形或矩形面积的证明。[7]公元前6世纪，开创了爱奥尼亚学派的希腊哲学家、米利都的泰勒斯，踏出了关键的一步：超越单纯考虑特例的层次，将算法推广到普适范畴。根据古代记录，泰勒斯将埃及的测量方法带到了爱奥尼亚，在那里"探讨了一些具有普遍意义的问题"，[8]而且证明了直角三角形和等腰（在希腊文中意为"两腿相等"）三角形的性质（图1-14）。[9]泰勒斯的门徒、同样来自米利都的阿那克西曼德，则在公元前6世纪宣称，宇宙的结构以比例与对称为基础，有关自然界的关键事实（如日月星辰的位置等）都可以用数表达。[10]阿那克西曼德的观点标志着科学世界观的开始，自然世界从此被视作数学规则的具体表现，能够被人类的理性所认识了。

那第一个演证等腰三角形的人，无论他是泰勒斯或者是谁，他的心头都有一道光芒闪过。

——伊曼努尔·康德，《纯粹理性批判》，1781年

那么，人类想象力的这种从具体对象到一般规律的飞跃，是如何取得的呢？古希腊哲学家抱持的观点，即自然世界是数学结构的具体表现，根源于古代神话。那

些神话颂扬的是神性战胜混沌；理性精神将秩序与规则加之于原始物质的混乱之上后，世界便诞生了。在巴比伦人的创世神话中，代表秩序的神明马杜克将代表混沌的女神提亚马特撕成两半，上半造天，下半造地，并且规定了日月星辰的位置，又“把一年分成几段，为十二个月各设了三颗星”（《埃努玛·埃利什》，约公元前1500—前1100）。希伯来先知的上帝则“将地立在根基上”，为了约束河流与海洋，“定了界限、使水不能过去”，并建立起一套管理自然界的法则（《旧约圣经·诗篇》，约公元前1000；本章开篇图1-1）。[11]公元前8世纪末，希腊诗人赫西俄德告诉人们，天与地从原始深渊（卡俄斯之渊）中分离出来后，深渊被爱欲之神厄洛斯合上，宇宙中从此便有了和谐（《神谱》，约公元前700）。

巴比伦人、犹太人、希腊人都致力于寻找那个加之于混乱之上的结构，并一点一点在星辰运行和数字中逐渐找到了规律和模式。这些古人尽管有着不同的文化视角，但关注的都是同一个自然界，思索的也是同一个数学外在世界，所以他们对于自然的观察和有关数学的看法才得以在不同文化之间转换，并在千百年后，最终随着知识体系的不断积累与完善，成为西方科学与数学的基础。

公元前6世纪末期，希腊本土的雅典公民推翻了世袭权力的贵族和窃取权力的僭主，在克里斯提尼的领导下，创立了一种新政体：民主制度。历史上，这种政体向来被视作一种科学方法，因为它具有反独裁主义思想，假定了所有人都生来平等，并且看重人类的理性。政治改革在克里斯提尼领导下，于公元前508—前507年开始：人们以“所有人具有相同能力”这一假定为前提，通过抽签方式选出一批希腊男性公民担任公职。希腊公民践行“法律面前人人平等”的原则；法庭上没有法官，只有公民组成的陪审团（从大批人选中抽签产生）。国家政策由公民大会决定，所有公民都可以参加这个公开论坛，然后畅所欲言，投票参与决策。就像在科学或数学中那样，希腊民主中的真理，也是通过理性辩论来决定，而非以政府权威为基础，或者按老规矩办。

在这种政治环境下，新一代希腊公民创造出了雅典黄金时代的艺术与文学成就，包括帕特农神庙的建造、菲狄亚斯的雕塑，以及埃斯库罗斯、索福克勒斯、欧里庇德斯的戏剧。随后，从公元前5世纪末期到公元前4世纪，曾由泰勒斯和阿那克西曼德在爱奥尼亚首创的科学方法，在雅典得到发扬光大，并由苏格拉底、柏拉图、亚里士多德进一步发展到抽象和归纳的非凡水平，最后由欧几里得引向了高潮。

公元前5世纪、公元前6世纪的希腊宗教，崇拜的是神话英雄如赫拉克勒斯，自然神如天空与雷霆之神宙斯，公民神如宙斯的女儿、雅典的守护神雅典娜·帕特农。雅典人曾经认为宇宙中的各种现象是源于这些人格化神祇的喜怒无常，但到了黄金时代，人们逐渐认识到，自然世界是客观力量的产物，而这些客观力量可以被人类

1-14. 泰勒斯定理。

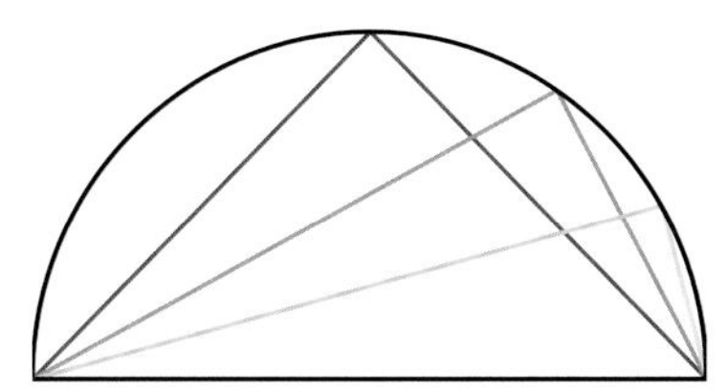

半圆上的任何圆周角都是直角。

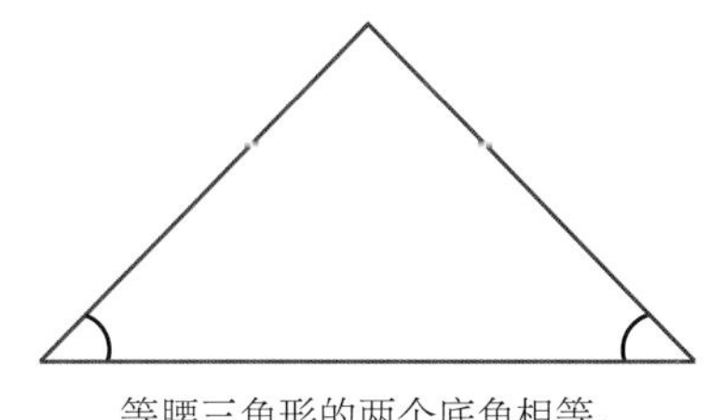

等腰三角形的两个底角相等。

多数人统治原则依据的是最公平的条件，即法律面前人人平等。其次，它要求得到的是暴君永远不会允许的一种东西：人们通过抽签来当选官员，要对自己的管理负责，审议意见对民众公开。因此，我提议，我们废除君主制，增加人民的权力，因为我们的力量来自广大人民。

——希罗多德，
《历史》，
公元前450—前420年

思维认识。之后，伯罗奔尼撒战争（公元前431—前404）爆发，持续数十年的内战摧毁了雅典，让希腊诸岛陷入了贫困，更严重破坏了人们对雅典娜·帕特农的信赖。

随着人们对希腊神话信仰的动摇，一股涌动在希腊哲学家间的怀疑主义暗流开始浮出水面。早在公元前6世纪末，赫拉克利特便曾宣称，永恒不变的真理并不存在——"万物皆流动"。根据这一点，他的门徒普罗塔哥拉推断，每个人的观点都是对事态同等有效的描述——"人是万物的尺度"。普罗塔哥拉对宙斯与雅典娜的存在公开表示了怀疑："至于神明，我无法说他们存在或者不存在。因为阻碍我认识这一点的事情很多，例如问题晦涩、人寿短促。"[12]政治家、诗人克里提亚（柏拉图的亲戚）甚至提出，希腊神话中的神明是由某位政治家发明的，目的是要加强对公民的控制："尽管法律禁止人们公开施暴，但他们还是在私下这样做；然后，我认为，就出现了一位具有远见卓识的聪明人物，首先发明了让凡人恐惧的神祇，于是就有了某种能够让宵小之辈害怕的东西，尽管他们的行为、言论或者思想是私密的……至于这些神祇的住处，他选择了能对大部分人造成最大震慑的地方……就是我们头顶的天穹，我们能够看到闪电与可怕的雷霆震怒的地方。"[13]

谁说天上有神？不，没有！没有人蠢到相信那些古老的故事。不要让我的话影响你的判断；你自己去看吧。暴君的政权虐杀了成千上万的人，劫掠了他们的财物，背弃了自己誓言的人让城市遭到了洗劫；而且，在这样做的时候，他们要比每天默默虔诚度日的人更加快乐。

——欧里庇得斯，

《柏勒洛丰》，

约公元前430年

在这种对赫拉克勒斯、宙斯、雅典娜的怀疑气氛下，某些雅典公民意识到，科学世界观对奥林匹斯众神构成了威胁。爱奥尼亚哲学家阿那克萨哥拉的遭遇便是一个例子。他于公元前5世纪从自己的家乡克拉左美奈（今土耳其境内）出发，前往雅典公开讲学，探讨运用理性寻找真实世界结构的问题。他将宇宙描述为无生命的物质，经由有目的的努斯（Nous，即理性）发动之后，整个自然界便开始依照可预测的方式运行了，而人类则能够理解这种方式，并用物理（非神明）的方式加以阐述：太阳是一块炽热的石头，月球是一块土。[14]市政领袖担心这样的学说会严重威胁到希腊神话中那些神明的权威，便逮捕了阿那克萨哥拉，后又将他逐出雅典。[15]五十年后，雅典政府审判哲学家苏格拉底，指控说"他不像别人一样相信太阳与月亮是神明，反而说太阳是石头，月亮是土"。[16]苏格拉底不肯逃离雅典，被迫在公元前399年饮下致命的毒堇汁而死。

你们为什么要侮辱神明，窥视月亮女神的居所？

——阿里斯托芬，

《云》，

公元前5世纪后期

除了用科学方法来理解自然世界外，希腊文化还在所谓的神秘崇拜中发展出了第二种传统：对世界的了解与其说是通过理性，不如说来自神秘的顿悟，或者说直觉。理性与直觉被人们同时应用于科学手段与神秘手段中，其中的差别只在于强调的程度不同。狄俄尼索斯教、俄耳甫斯教、毕达哥拉斯教等神秘教派的成员，通过观察自然界的周期性现象，如黑夜之后是黎明、冬天过后是春天，认为人类的生命也具有周期性，死亡之后将迎来重生。狄俄尼索斯教派（或称酒神教派）的人观察了葡萄树的生命周期：葡萄树能够结出鲜美可口的葡萄，葡萄经过压榨再酿出醇香醉人的美酒，让人仿佛置身于冥世来生。酒醉清醒之后，他们把葡萄酒洒到地上，致敬新的生命循环。"生—死—重生"循环也是俄耳甫斯（传说中的诗神与音乐神）

教派崇拜的一部分。俄耳甫斯曾为了寻找自己奉为挚爱的欧律狄刻而进入冥府，然后重返人间。

萨摩斯的毕达哥拉斯生活在公元前6世纪晚期的意大利半岛上，是那里一个神秘教派的传奇领袖。该教派的成员远离社会，过着苦行僧式的生活。但与其他神秘教派领袖不同的是，毕达哥拉斯对数的隐藏意义发表过诸多见解。公元前5世纪和公元前4世纪，他的门徒也对数学做出了重大贡献。[17]毕达哥拉斯本人从未著书，但门徒的著作中记录了他的思想。例如，来自意大利南部克洛顿的菲洛劳斯声称，宇宙由火、水、空间、时间这类无限的连续物质构成，而这些物质受到数量、形状、形式的制约，组合在一起便形成了“哈尔摩尼亚”（harmonia），即和谐的整体（《论自然》，公元前5世纪）。为说明这一过程，菲洛劳斯给出了毕达哥拉斯发现的一个音乐例子：如果音乐家在振动的弦上面上下滑动一根细棒，便会产生连续的声音（图1-15左）。但这个无限的连续声音却受到了整数比的限制，因为主要的协和音程——八度、五度、四度，可以分别用1 ∶ 2、2 ∶ 3、3 ∶ 4这些最小整数的比来表达。如果有人拨动一根琴弦，但却伸手压到琴弦中间将其一分为二，则再次拨动琴弦便产生八度和音，而聆听者则会感受到结尾时刻那种令人愉快的感觉，即一种共鸣。于是，菲洛劳斯声称，数的关系决定了音乐与灵魂的和谐（图1-15右、1-16）。不按整数比组合的音调会形成不和谐音，而这种不和谐音会让人不舒服。由于自然世界和人的内在（灵魂）是由数构成的，所以按菲洛劳斯的观点，我们只有通过研究数，才能真正地认识世界和我们自己。

1-15. 音乐中的和谐比率，出自意大利音乐理论家、作曲家弗朗奇纳斯·加弗里厄斯的著作《音乐理论》（1492），18页。木刻版画。音乐部，表演艺术分馆，纽约公共图书馆，阿斯特、雷诺克斯与蒂尔登基金会。

在这部文艺复兴时期的音乐理论著作中，图左边正在表演某种乐器的毕达哥拉斯，通过在6根琴弦上悬挂不同重量的重物，来给乐器调音。当重物的重量从4个单位增加到16个单位，琴弦也被拉得越来越紧，弹奏时发出的音调便越来越高。图右边则是毕达哥拉斯与学生菲洛劳斯表演二重奏，后者的长笛长度是毕达哥拉斯的两倍，合在一起可发出一个八度和音，产生令人满意的“解决”（指不和谐音向和谐音的过渡）。

追求科学方法的哲学家相信人的理性；但参加了神秘教派的希腊人却坚信，自己的生命受制于命运的非理性力量，故而盲目而漫无目的，就连试图合理地控制自己的人生都毫无希望。所以，神秘教派的成员便追随酒神狄俄尼索斯一类人物，放纵狂欢，沉浸在仪式的疯狂中。一想到自己的人生具有某种隐含意义，他们便觉得人生中遭受的苦难好像没那么严重了。而所谓的隐含意义（或者说谜团），他们最初加入教派时，便已经通过某种秘密形式（如谜语、悖论或者荒诞的话语）得知，只是要想明白谜的含义，不能通过理性，而是要靠顿悟，或者说灵光乍现。同时，教派还会对新入教者许诺说，他们的高尚品性会在来世换得回报。

神秘崇拜的源头可能是那些与春种秋收有关的节日，如公元前6世纪伊洛西斯城对农业女神得墨忒耳和女儿、丰收女神珀耳塞福涅的崇拜。珀耳塞福涅被冥王哈迪斯劫持到地下世界后，得墨忒耳去恳求丈夫宙斯，雷霆之神最终允许丰收女神每年春天回到母亲身边，但到了秋季还得回到黑暗的地下世界。鉴于伊洛西斯城神秘教

1-16.费奥多尔·布朗尼科夫（俄罗斯人，1827—1902），《毕达哥拉斯者赞美日出》，1869年。布面油画，99.7厘米×161厘米。莫斯科特列恰科夫国家画廊。

在这幅油画中，俄罗斯浪漫主义艺术家费奥多尔·布朗尼科夫表现了毕达哥拉斯主义者按照自己在自然中观察到的周期性节奏，来演奏弦乐器：太阳在东边升起，接着沿弧形轨迹从头顶上方经过，最后在西边下落。

任何我们已知的事物都包含数。没有数，我们便无法理解或者认识任何事物。

——菲洛劳斯，《论自然》，公元前5世纪

派中的雅典人既崇拜得墨忒耳和珀耳塞福涅，也崇拜宙斯和雅典娜，所以该教派并未招来城邦官员的震怒——说到底，他们只关心奥林匹斯众神的权威得到维护。公元前5世纪后期，也就是伯罗奔尼撒战争期间，很多雅典人生活陷入贫困，伊洛西斯城的神秘教派便将重点从分享秋季的丰收转向了死后的天堂生活。后来出现的各个神秘教派，每逢乱世时也会如法炮制。[18]

许多神秘教派都允诺成员可获得永生，且特别以珀耳塞福涅、俄耳甫斯这类曾经访问冥府之后并归来的人物作为宣传重点。伊洛西斯教、狄俄尼索斯教、俄耳甫斯教等神秘教派，都是靠这类非理性的荒诞说法来改变成员，但打动毕达哥拉斯信徒的密语，却与数有关。毕达哥拉斯派的成员惊人地发现了音乐中竟然有数学基础，而菲洛劳斯还将音乐的和谐与灵魂的和谐进行了类比——这一点独属于毕达哥拉斯主义。毕达哥拉斯派中最杰出的数学家，当数菲洛劳斯的学生、柏拉图的同代人阿契塔。公元前4世纪初，阿契塔通过观察当时的乐师如何为弦乐器调音，分析了好几个整音阶的数值比，将老师有关音乐的数值分析提升到了复杂的新高度。[19]

后来，柏拉图将自己从苏格拉底哲学中学来的那种理性的科学方法，同毕达哥拉斯派的实践结合到一起。在他早期的对话中，苏格拉底论证了通过感觉来了解自然界，本身有其局限性。柏拉图受到启发，决心超越那些从无常且不完美的日常世界中获得的不可靠且感性的认识，去追求永恒且完美的抽象世界中有关数与球体的可靠且理性的知识。柏拉图也是一位思想深刻的政治哲学家，曾在青年时代投身伯罗奔尼撒战争，对抗斯巴达；他在孩提时代便认识苏格拉底，并目睹了他的审判。雅典人通过抽签决定陪审团，给他睿智、有德的老师定罪，让柏拉图对这样的民主实践产生了深深的怀疑。除了确定性之外，柏拉图还想获得正义，并在毕达哥拉斯主义中找到了这一点，即人死之后，善恶有报。将苏格拉底和毕达哥拉斯的方法结合在一起后，柏拉图建立了一种能够满足自己目标的哲学：确定性与正义。

柏拉图曾几次前往意大利，访问过叙拉古的僭主狄翁，并卷入了当地政治。他还结识了数学家阿契塔：公元前361年，柏拉图遭到狄翁的儿子、继承人狄俄尼索斯二世的威胁，后被阿契塔派来的船救走——阿契塔当时是邻城塔兰托的重要政治家，也是当地毕达哥拉斯派的成员。

柏拉图与阿契塔开始了思想领域的交流，从阿契塔那里学到了音乐和谐与灵魂和谐的类比。“天体和谐论”传统上被认为是毕达哥拉斯的思想，但很可能是由柏拉图本人提出的，因为这个观点最早出现于《理想国》[20]和《蒂迈欧篇》[21]中，而这两部作品都是柏拉图从意大利回来之后才撰写的。柏拉图在对话中清楚表达了关于两个世界的成熟学说：具体、短暂的世界可以通过感观来了解，而抽象、永恒的世界则要通过理性来了解。毕达哥拉斯派没有做过这种区分，他们研究的只是眼前这个可以感知世界中的数。所以，柏拉图还批评过阿契塔，说他只注重音乐中的特例——指建立在音乐家如何调试七弦琴基础上的“听到的和谐”——没有突破这个范畴，得出数学比例在音乐中最一般的形式（《理想国》，530d—531c）。

柏拉图还在《理想国》中全面阐述了自己成熟的政治哲学。他将正义的人定义为品德高尚、灵魂有序的人。所谓有序的灵魂，就是各部分统一成比例匀称的整体（《理想国》，443e—444b、462a—462b）——换言之，这样的灵魂中就包含了数学比例。通过类比，柏拉图提出，和谐的社会也是各部分在整体中的统一。因此，要想成为英明的统治者，也就是所谓的哲人王，就必须按照计划接受教育，其中有十年还要学习纯数学（《理想国》，537e）。柏拉图继续论证，作为一个有道德的人，最重要的是要正义，因为美德或许不会带来通常意义上的奖赏，甚至截然相反，有可能还会招来苏格拉底遭受的那种惩罚，但人是不朽的，所以他的美德将会为他在死后换得回报。

在《理想国》结尾，柏拉图借苏格拉底之口讲述了阵亡战士厄尔的故事。躺在火葬堆上的厄尔复活过来，向人们讲述了自己在冥界的经历。在那里，人们要为自己的行为接受判决，正义与公正的人会被接引着走向美好的天堂，而邪恶的人则会被投入恐怖的地狱。苏格拉底最后说：“如果你们听从我的劝告，相信灵魂不死，并且相信它有能力耐受一切恶德、承当一切善端，那么我们就将永远坚持一条向上的

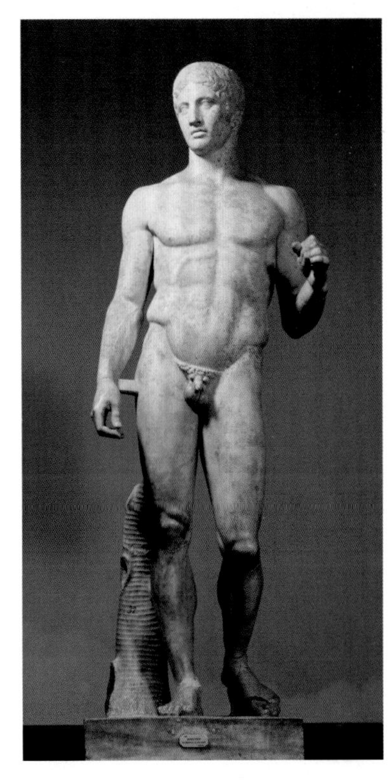

1-17. 阿哥斯的波利克里托斯创作的铜像《持矛者》，图为罗马时代的大理石仿品，2.12米高，约公元前440年。那不勒斯国家考古博物馆。

波利克里托斯在《规范》中论述了人体的完美比例。这部著作在罗马陷落后失传，但有一些思想得以流传下来，比如“美是通过许多数字一点点表现出来的”。据珀加蒙的伽林记载，波利克里托斯曾创作过一件雕塑来说明他的比例系统，而今天的学者认为上图中这尊罗马雕塑几乎可以确定是波利克里托斯《持矛者》铜像的大理石仿品。原作曾被“艺术家称为‘规范’，因为他们会像遵照法条行事一样，照着那尊铜像来画素描”。

路，任何情形下都能在智慧的襄助下一心追求正义。这样，我们就将使我们既和自己友善，也和神祇和睦，不论是我们尚在此世逗留的时候，还是当我们将来获得了来自正义的奖赏之后——那时，就像那竞技中的优胜者一样绕场凯旋……”[22]

除了在比例上寻求音乐之美外，希腊人还把数学作为视觉艺术的审美关键，比如雕塑家波利克里托斯为男体完美比例所设定的规范（图1-17）。[23]事实上，几个世纪以来，很多古典传统的艺术家都曾试图创造一个能够保证优美的数学体系（第二章）。

柏拉图的理型

在柏拉图的雅典学园中，几代哲学家都认识到，人能够获得一些只存在于数学对象和其他理型中的知识（图1-18）。这个关于数学对象的观点，后来成了西方数学的核心，也是当今数学家的共同看法。柏拉图认为，苹果、柑橘这类真实物体存在于时间和空间中，人们可以通过感受（观察、触摸）来认识它们。而如正方形、立方体这类抽象对象（图1-19、1-20）则存在于时间和空间之外，人们只能通过认知来认识它们。苹果、柑橘存在于不受人类思维支配的外在世界中，而正方形、立方体也同样存在于一个数学外在世界中。因为正方形和立方体是完美的、永恒的，所以人类可以通过客观必然性和主观确定性来认识它们。[24]

他们利用可见的图形来讨论，但实际上，他们脑海中想的却是这些图形象征的东西。比如，他们并不是要讨论画出来的某个具体的正方形和其中的对角线，而是正方形本身和对角线本身；其他情况也同理。他们画出的图形或制作的模型都是实际存在的事物，在光线下有影子，在水中有倒影，但现在它们要充当象征物，让学生能通过它们来看到只有思维才能理解的那些真实。

——柏拉图，

《理想国》，

公元前380—前367年

柏拉图认为，数学对象真实存在，但因为它们是非物质的，所以不会随意同物质的自然世界产生联系。数学外在世界是独立的存在，不同于我们探索的某个数学领域（如几何学）或为此而发明的研究方法（如算法）。人类的探索与发明属于文化史，但数学实在却存在于历史之外，或者说存在于时间与空间之外。因此，柏拉图那个数学理型的世界，同会数数或者能在脑海中旋转图形的那些动物的进化没有关联。就像在原始海洋中，一只变形虫遇到了两只单细胞动物，加起来一共是3只生物，但它们的智慧远没有进化到能够认识“3是质数，只能被1和它本身整除”这一永恒真理的程度。

柏拉图的观点是经典数学观的基础，他的方法也奠定了相关经典科学观的基础：自然界具有基本的统一性，是数学模式的具体表现。但由于自然世界是数与形的不完美表现，所以人类有关天地的知识必然具有片面性和易变性。柏拉图还将视觉艺术定义为对自然的模仿，是“理型的不完美表现”的复制品——跟永恒的完美隔了两层。柏拉图进一步宣称，自然世界与数学世界之上还有一个统治二者的超级存在，即神圣理性，也就是“善”。在他看来，神圣理性是宇宙更高目的的源泉。早些时候，无论是研究科学领域还是研究神秘传统的哲学家都曾引入过这类概念，比如具有科学思维的

柏拉图学园

在下面这幅四边饰有滑稽面孔和水果的镶嵌画中，柏拉图正在和学生们交谈。该作品原为某个生活在庞贝的希腊富人家的装饰画，创作于公元前1世纪。画左侧那个顶上摆着装饰瓶的大门口，象征着柏拉图学园的入口，据说在入口上方写有柏拉图的警句：

不懂几何者勿入。

画中央那棵橄榄树意在让庞贝城博学的居民想到，当年的学园坐落在雅典附近的一片橄榄林中，右上角则是雅典卫城的城墙。七位蓄须的哲学家正在讨论面前那个盒子里的几何体——一个带有网格的球。学者一般认为左三便是柏拉图。他坐在那里，手拿一份摊开的莎草纸手卷，正用一根棕色的长棍指着那个球，与他对面而坐的人则用手指着球。这群人后面有根柱子，柱顶上安着日晷。画中人物与球体同晷针一样都投下了影子。

下

1-18.《柏拉图学园》，镶嵌画，公元前1世纪，原作位于意大利庞贝的居民T.西米尼乌斯·斯特帕努斯的别墅。那不勒斯国家考古博物馆，编号124545。

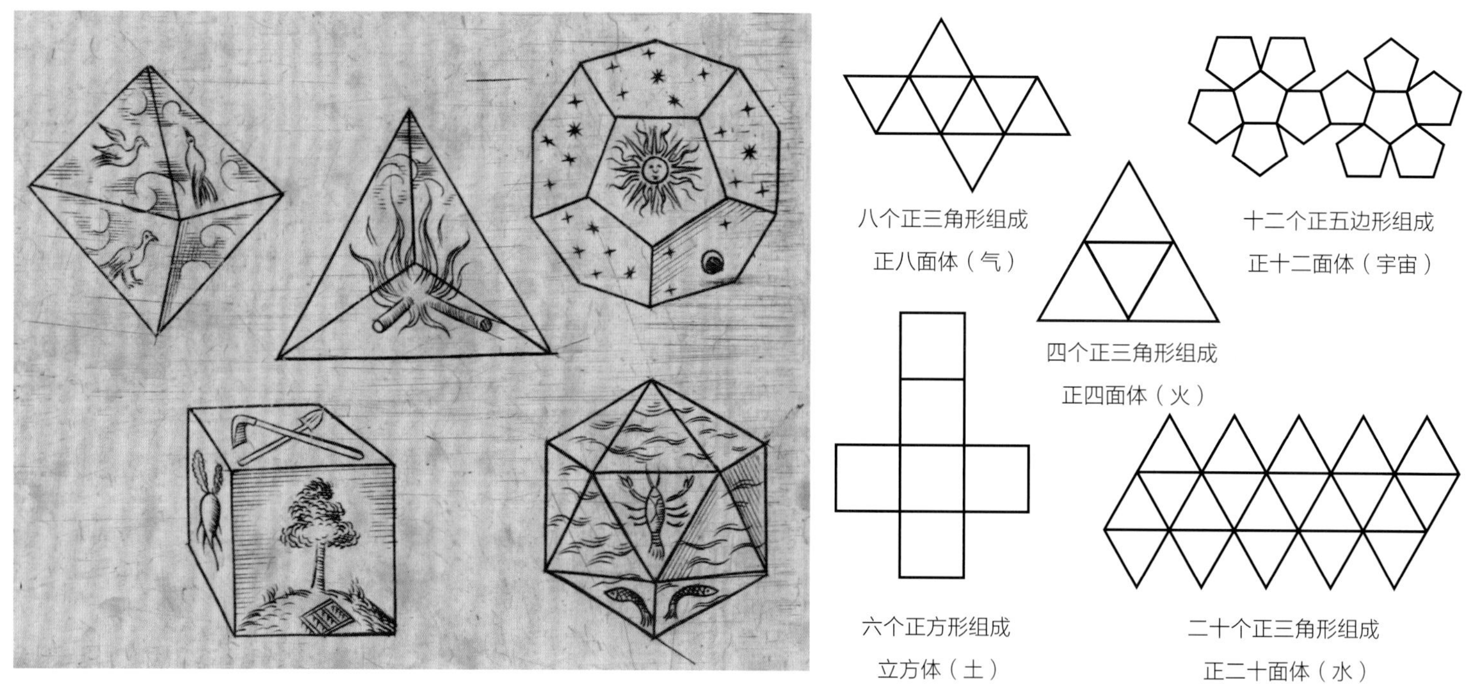

1-19. 柏拉图立体（上右）。约翰尼斯·开普勒《世界的和谐》（52—53页）中的木刻版画（上左）。音乐部，表演艺术分馆，纽约公共图书馆，阿斯特、雷诺克斯与蒂尔登基金会。

柏拉图立体共有五种，各面均为正多边形。尽管其中一些早在柏拉图之前便已经被发现，但他在自己探讨宇宙的对话《蒂迈欧篇》（公元前366—前360）中，最先把它们归为了一组——五种正多面体——并介绍了与这些立体相关的元素如何构成了天与地。开普勒据此绘制了五幅图，来说明柏拉图怎样把其中四个同气、火、土、水联系到一起，又把其中最大的正十二面体同整个宇宙联系到了一起。

爱奥尼亚哲学家阿那克萨哥拉便曾经假定，宇宙是在一个具有目的的思维推动下开始运行的，在这之后，日月星辰便以完全不具有人格的机械方式运动；而毕达哥拉斯派的信徒、来自爱利亚的巴门尼德则相信，神圣智慧（“太一”）通过创造数1、2、3、4而限制了原始虚空。这几个数加起来是10，由此为起点，太一创造了自然界。

但是，这些前苏格拉底哲学家并没有解决宇宙论中最基本的问题：既然神圣理性是地球生命的来源，那如此不朽、完美的理性为什么要创造（或者导致）一个变化不定、满是瑕疵的世界呢？柏拉图通过神秘主义传统解决了这个矛盾：他认为，“善”不是纯粹的智慧，不是某种理念的抽象结构，而是一个理想化的“人”。换言之，柏拉图将理性神化，让“善”变成了一个有情感（感觉、欲望）的神，进而将理性与自然界联系到一起。

柏拉图在《蒂迈欧篇》中借助神秘创世者的故事，引入了神圣理性的概念。这位创世者被称作“匠神”，是“善”的化身，“希望一切事物尽可能接近他本人的样子”，于是便向原始的混沌中注入了完美的理想模式，即“理型”，从而创造了天与地：“他希望一切事物都尽可能美好，不存在瑕疵，因此神明接管了一切看得见的事物（非静止，以不和谐的方式进行无规则运动的事物），使之从无序变为有序。因为他断定，无论从哪个角度来看，有序都更为美好。”[25]由此，柏拉图的匠神便把善同和谐、有度、有序画上了等号。为了实现他对善的渴望，匠神创造了自然界，作为理型的不完美复本——理型中包含了美好、平等、宏大，以及五种正多面体（也叫柏拉图立体，图1-19、1-20）。匠神将几何的理型加之于事物之上后，也将终极的理型（善）加之于宇宙之上，确保了宇宙具有了目的。[26]

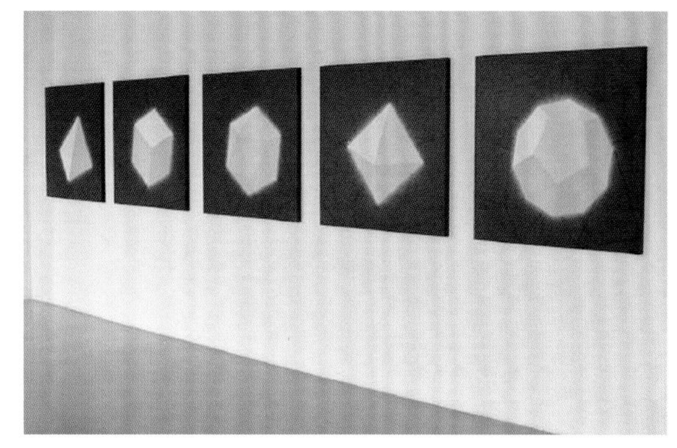

1-20.鲁内·梅尔兹（德国人，1935— ）的《柏拉图立体》的装置场景（上）：从左至右依次为正四面体、正六面体、正二十面体、正八面体、正十二面体；左为其中的正六面体，2002年。布面水彩，每幅100厘米×100厘米。图片由艺术家及安吉莉卡·哈坦画廊提供，斯图加特。© 2014 影像艺术收藏协会，波恩/艺术家权利协会，纽约。

顾名思义，六面体就是有六个面的多面体。左立方体即为一例。德国当代艺术家鲁内·梅尔兹所绘的这个立方体，发着光飘浮在黑暗中，是意在表现出柏拉图所描述的那种感觉，也就是抽象物体是超凡出尘的存在。

德谟克利特的机械宇宙

古希腊的爱奥尼亚人开创了科学世界观，但将其发扬光大的却是一位神秘教派的成员：公元前5世纪末，毕达哥拉斯学派的德谟克利特提出了自然主义观中最具影响力的学说——原子论。

在毕达哥拉斯思想中，数字1具有特殊地位，因为它限制了无限、原始的虚无；理解数字关系的规律是认识宇宙和谐秩序的关键。毕达哥拉斯派认为，天地之间的每一种事物都是由有感觉的粒子构成的，而这些粒子又都是由单子构成的。单子通过越来越复杂的模式组合在一起，就形成了自然界。

爱利亚学派的巴门尼德受毕达哥拉斯的影响，也认为宇宙由这种单一物质构成，故而是统一的整体，即“太一”。他还进一步论证说，若宇宙是统一的整体，那改变就是不可能发生的。可如此一来，我们又该如何解释周围这个变化不定的世界呢？他的门徒德谟克利特给出的回答是，自然世界由小到肉眼根本看不见的永恒微粒组成，这种微粒叫作原子，而原子永远不会改变，只会在虚空中重新排列。

只有按人的意见来看才有冷和热，实际上只有原子和虚空。

——德谟克利特，
公元前5世纪末—前4世纪初

不过，德谟克利特也提出了一条有别于毕达哥拉斯主义的重要修正：巴门尼德认为单子是有感觉的，而德谟克利特认为原子是无生命的。他和别的原子论者曾试图为所有现实状况找到契合“原子在虚空中运动”这一说法的解释。例如，在排除

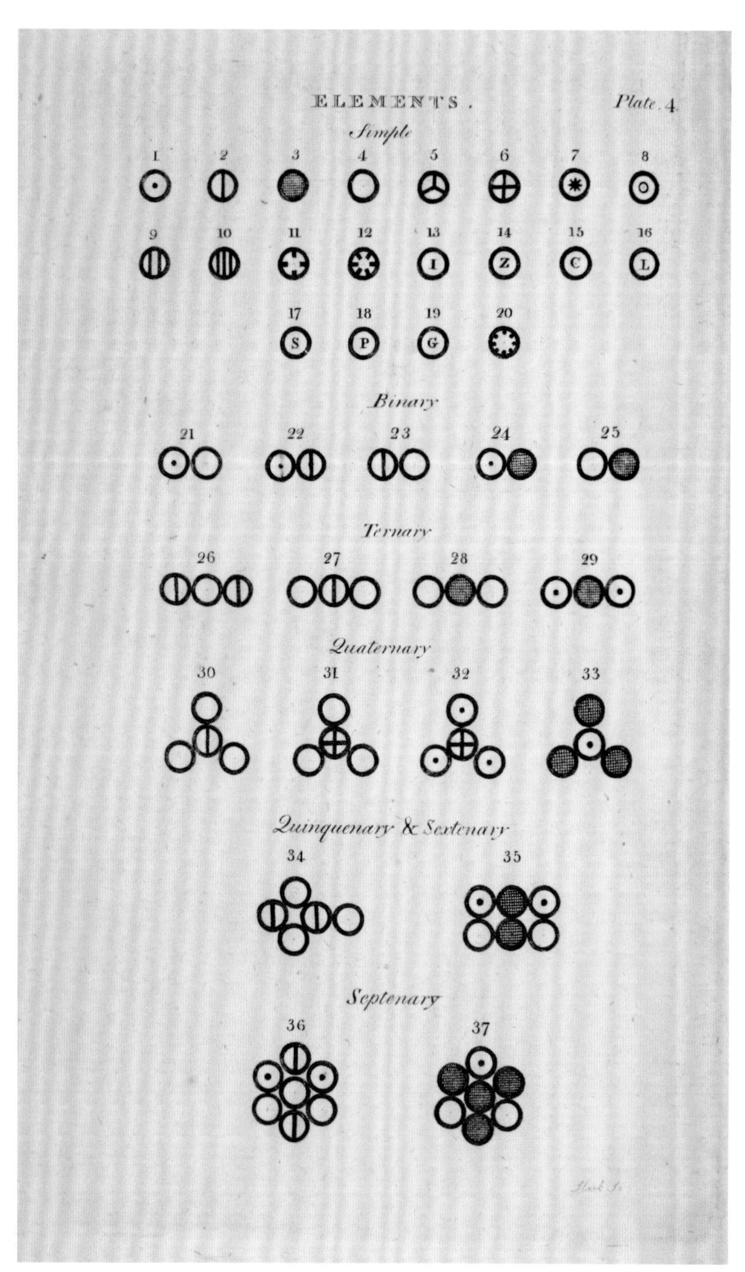

1-21.约翰·道尔顿的“元素”，《化学哲学新体系》(1808)。化学遗产基金会，奥斯默化学历史图书馆，费城。

德谟克利特认为，物质由原子这种离散且不可分割的单元组成。19世纪初，英国化学家约翰·道尔顿修正了这一哲学观点，为现代原子理论的提出奠定了基础。他曾写道：“一切均匀物体的终极粒子在重量、形状等方面都完全相同；每个氢粒子都与其他氢粒子一模一样。”

了来自宇宙的目的之后，德谟克利特认为，人类的思维（心智、灵魂）同火一样，也是由球形的原子构成，所以二者才同样既温暖又活跃。[27]换言之，原子论者认为，世界在本质上是不变且统一的，遵循着永恒且普适的规律，每一种变化的现象都能通过原子在其中的运动过程来解释。

就这一点而言，德谟克利特的原子论作为一种科学观，对西方思想产生了巨大影响（图1-21）。不过，古代的原子论者虽然也对数学有兴趣，但并没有发展出一种同他们用来解释自然世界的原子论有关联的抽象的数学对象观。

如前所述，柏拉图同样认为世间万物是由一种物质以不同的排列方式组合而成，但同毕达哥拉斯、巴门尼德一样，他也觉得组成宇宙的基本物质不是无生命的微粒，而是有感觉、有生命的粒子（单子）。鉴于整个宇宙都由同一种物质单子构成，所以人就是宇宙的缩影，由世界灵魂这一共同的精神驱动——根据毕达哥拉斯和柏拉图的观点，世界灵魂同样是永恒的超自然存在。[28]

许多人由此受到启示，试图与这个有生命的宇宙融为一体，故而与此有关的泛神论传统也有着十分悠久的历史。这种古代泛神论宣称，短暂无常的自然界是个统一体，因为世间万物都由同一种物质组成，而且自然世界是神圣的，因为其中的一切——从最小的卵石到最远的星辰——都被神圣理性赋予了活力。

相较之下，原子论就没有催生出任何的泛神论传统了，因为人们显然无法从原子论中得到启示，生出什么跟没有生命的粒子及其机械运动融为一体的欲望。此外，原子论者描述的宇宙既没有目的，也不包含神圣理性，所以原子的排列更与价值无关了（不美、不善）。

之后的许多个世纪中，德谟克利特这个“宇宙由运动的无生命物质构成”的机械模型，一直在同柏拉图的“宇宙是有生命、有目的、充满了世界灵魂和神圣理性的有机体”学说互相抗衡。然而，尽管古人都将自然世界描述为数学模式的表现——原子论用了科学的方法，柏拉图主义用了理性与神秘结合的方法——但把数学同神圣联系到一起的，却只有柏拉图主义。

公理化方法：欧几里得的《几何原本》

曾在学园求学十年的哲学家亚里士多德同老师柏拉图一样，也认为圆形和三角形独立于人的思维存在，但不一样的是，他认为圆形和三角形并不独立于它们在现实对象中的具体化而存在。[29]在亚里士多德看来，基本真理（“第一原理”）的发现，并不是通过一个感官外世界（理型世界）的沉思，而是通过对日常可见世界的归纳。通过观察一个知识领域（诸如大地与天空）的可感知物体，人们便能够归纳出这一领域的第一原理，也就是核心命题，继而再从中推导出其他真理。他还宣称，宇宙并非由柏拉图的匠神创造，而是由另一位神——“第一推动者”创造。[30]

无论某类知识的基石是柏拉图通过直觉而推断出的理型，还是亚里士多德通过缓慢的归纳过程得出的第一原理，但确定性的基础一经奠定，柏拉图与亚里士多德便都能通过逻辑推理的方法，来从前提导出结论，从而得到进一步的知识。柏拉图在公元前4世纪初期到中期创作的对话中，通过明确论证的前提（假定）、规范论证的方法（推理），一步步保证了哲学论证的正确性。假定一旦被明确陈述出来，便可接受检查，而如果被证明有误，便可重新来考量。公元前4世纪末到前3世纪初曾生活在亚历山大港的欧几里得，也是柏拉图的追随者。他将老师关于哲学推理要以清晰、有序为目标的主张，运用到了数字与几何的推理上，最终发展出从前提开始进行数学推理的证明方法，即公理化方法。[31]

欧几里得的公理法

欧几里得在公元前300年左右开始编写《几何原本》时，目的是要构建一个包括定义、公理、公设的系统。公设是这一系统的基本假定，公理和公设中的数学术语则用定义明确，而定理则是用推理规则从公设来证明。

定义

欧几里得共给出23条定义，比如下面这几条：

（1）点不可再分割。

（2）线只有长度，没有宽度。

（3）线的两端是点。

（23）平行直线在同一平面内向两端无限延长且不能相交。

公理

（1）等于同量的量彼此相等。

（2）等量加等量，和仍相等。

（3）等量减等量，差仍相等。

（4）彼此重合的物体全等。

（5）整体大于部分。

公设（假定）

假定以下成立：

（1）过两点能作且只能作一直线。

（2）线段（有限直线）可以无限延长。

（3）以任一点为圆心，任意长为半径，可作一圆。

（4）凡是直角都相等。

（5）同平面内一条直线和另外两条直线相交，若在直线同侧的两个内角之和小于两个直角之和，则这两条直线经无限延长后一定在这一侧相交。

1-22. 欧几里得对毕达哥拉斯定理（勾股定理）的证明，内容为：在直角三角形中，直角所对斜边边长的平方等于两个直角边长的平方和（《几何原本》，卷1，命题47）。

欧几里得的证明是一个抽象与概括的经典例子，由于其中的图解看起来像个风车，所以这一证明现在也被称作“风车证明”。欧几里得作了一个直角三角形，然后在其三条边（x、y、z）上分别作正方形，然后要证明两个小正方形的面积之和等于最大正方形的面积。用代数方法来表示便是$x^2 + y^2 = z^2$。

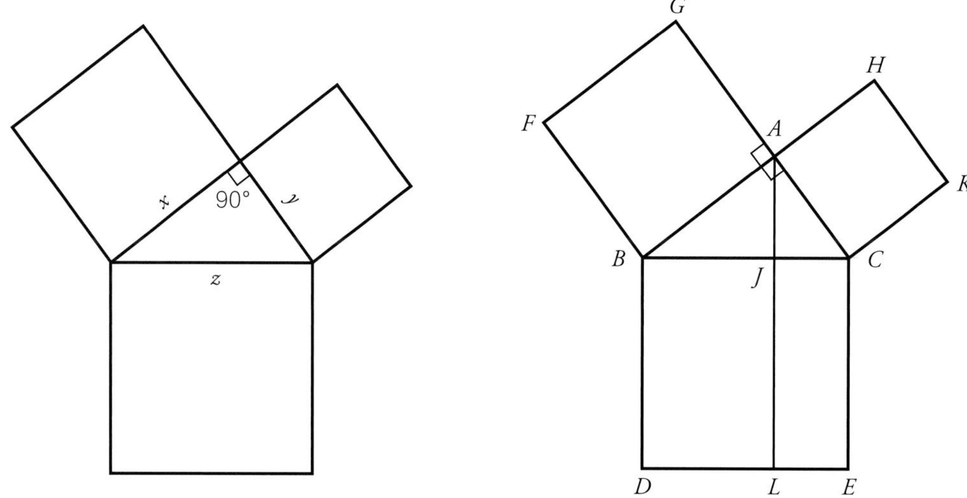

首先，欧几里得利用角GAB与角BAC都是直角，证明了GAC是直线（这一点在后面的证明中还要用到）。然后他从A点出发，作出CE与BD的平行线AJL，将大正方形分成矩形$BJLD$和$JCEL$。他的策略是证明$BJLD$的面积等于左上方的正方形$FGAB$的面积，而$JCEL$的面积等于右上方的正方形$AHKC$的面积。

从左方开始，欧几里得作三角形FBC和ABD。因为角FBC和角ABD都是由角ABC加一个直角构成，所以角FBC与角ABD相等。又因为BF与BA、BC与BD分别是两个正方形的边，所以BF与BA、BC与BD的长度也相等，也就是说三角形FBC和ABD的两条短边对应相等。由此，根据已证明的定理命题4——“两边及其夹角对应相等的两个三角形全等”——他便可以得出三角形FBC和ABD全等。

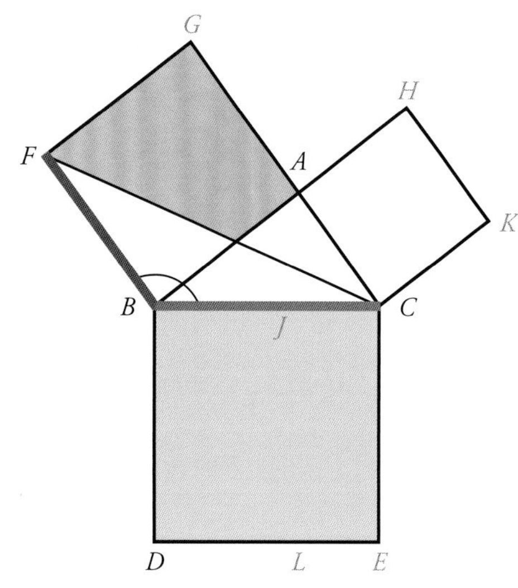

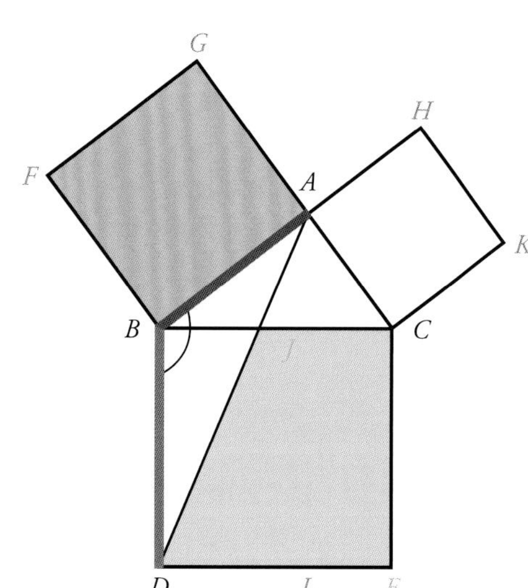

接着，欧几里得又得出这两个三角形分别为与它们有共同边的平行四边形面积的一半：由于GAC平行于BF（前面已经证明），BD平行于AL，所以三角形FBC与正方形$FBAG$、三角形ABD与长方形$JBDL$分别在同一对平行线之间，根据命题41——“如果一个平行四边形与一个三角形有共同的底边，且都在同样的两条平行线之间，则平行四边形的面积是三角形的两倍”——可得出三角形FBC为正方形$FBAG$的一半，三角形ABD为长方形$JBDL$的一半。

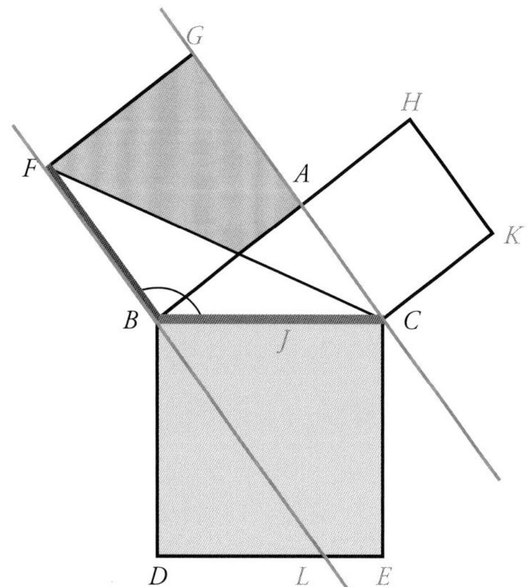

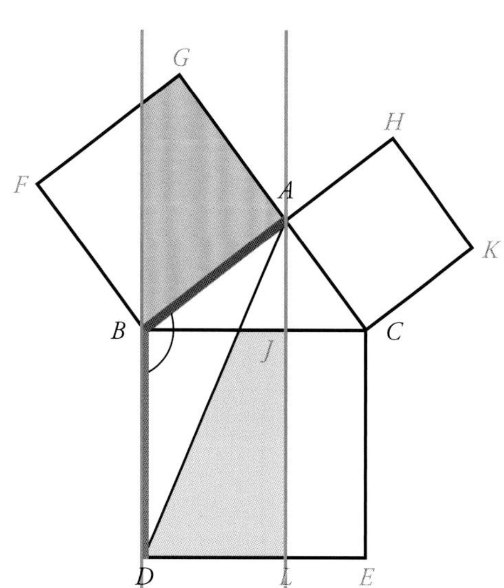

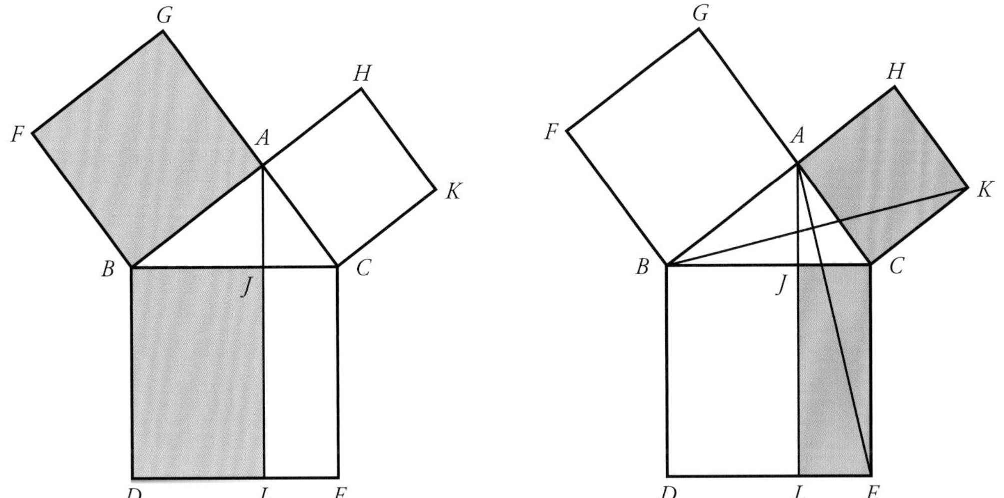

如果一半相等，则整体也相等，所以*FBAG*与*JBDL*面积相等，同理可证右侧的*ACKH*与*JCEL*面积也相等，

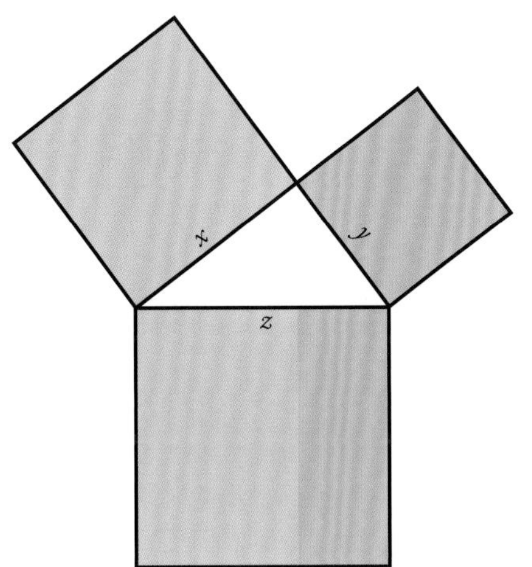

所以下面整个大正方形的面积便等于上面两个小正方形的面积之和。用现代的表达式即为$x^2 + y^2 = z^2$。Q.E.D.（拉丁文“quod erat demonstrandum”的缩写，意为“证完”）。

下

1-23.立陶宛裔美国人画家本·沙恩（1898—1969）的《毕达哥拉斯学院》，作于1953年。水墨画，约21.6厘米×48.3厘米。安妮塔与亚瑟·卡恩收藏，纽约。

1-24. 鲁内·梅尔兹，《埃拉托色尼筛法》，1971年。布面水墨。图片由艺术家及安吉莉卡·哈坦画廊提供，斯图加特。©2014 影像艺术收藏协会，波恩 / 艺术家权利协会，纽约。

公元前3世纪，希腊亚历山大港的图书馆馆长埃拉托色尼教给了人们一种寻找质数的方法：在第一个大于1的整数，也就是2上画圈，在2之后每隔1个数划掉一个数；在3上画圈，在3之后，每隔2个数划掉一个数；跳过4，因为已经被划掉了，所以4是合数；在5上画圈，然后每隔4个数划掉一个数；继续这样做；这一过程叫作筛法，可以把圈住的质数与划掉的合数分开。埃拉托色尼还有另一个发现，详见29页小版块。

从古代起，数学家便观察到了质数的规律。比如我们把整数按10个一行排列（如图所示），就会发现质数基本上都在划掉的偶数列与5的倍数列之间的那些列。在《埃拉托色尼筛法》系列作品下排中间的画里，梅尔兹从1、2、3…开始，白色方块表示质数、黑色方块代表合数，将整数按90个一行排列。因为90是偶数，所以质数便组成了垂直的白色带。下排最左的画里是89个整数一行排列，下排最右的画是91个整数一行，所以会形成倾斜的白色带。中排中间的画起始数字较大，上排中间的画起始数字更大；这两幅画中，每行整数的个数都是10的倍数。这九幅画的排列方式，形象化地说明了质数（白色方块）的规律：随着整数越来越大，质数出现的频率也越来越低。不过，数学家虽然观察到了质数的许多规律，但要找到能够预测出下一个质数的总体规律，目前还没能实现。

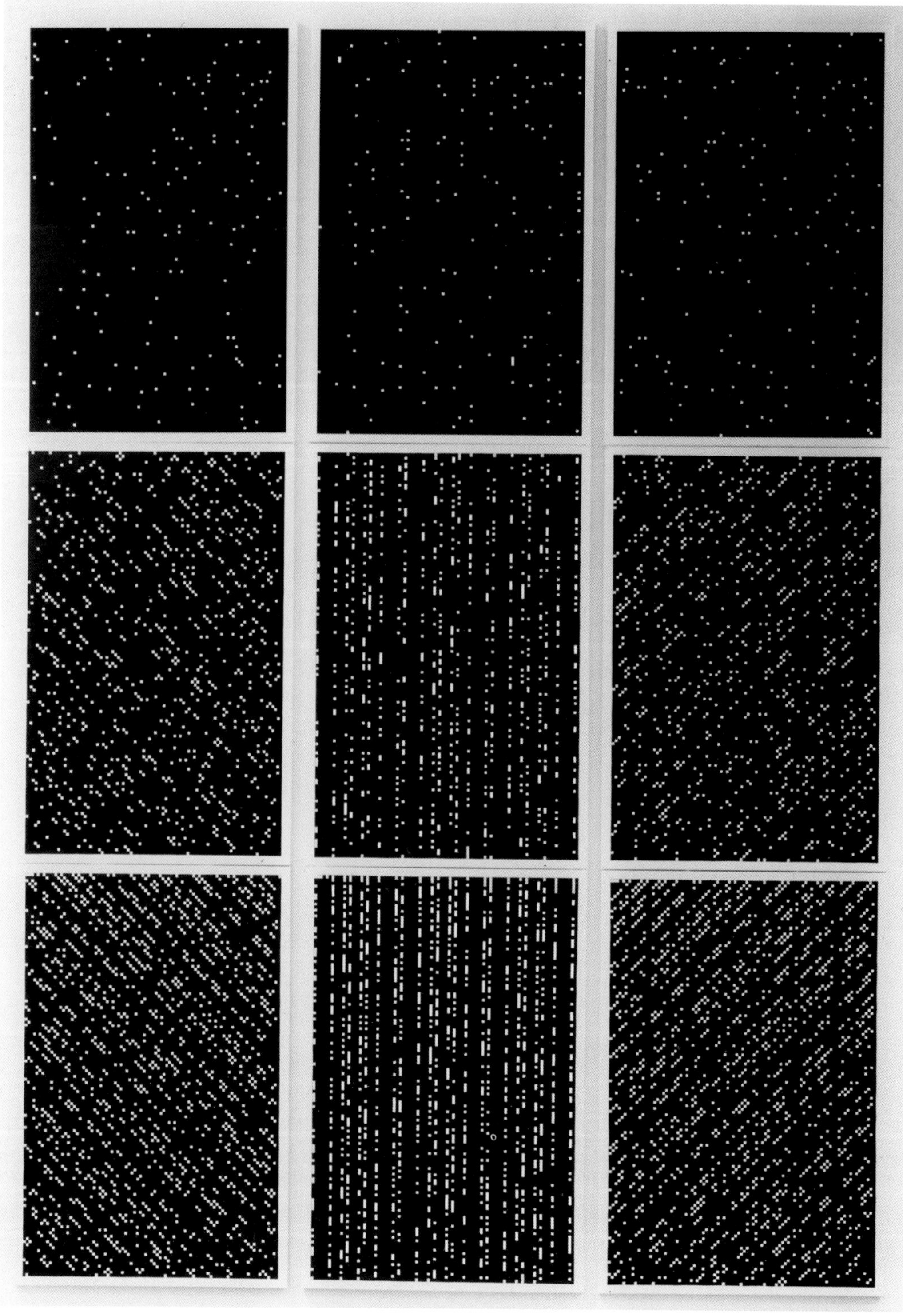

1	2	3	~~4~~	5	~~6~~	7	~~8~~	~~9~~	~~10~~
11	~~12~~	13	~~14~~	~~15~~	~~16~~	17	~~18~~	19	~~20~~
~~21~~	~~22~~	23	~~24~~	~~25~~	~~26~~	~~27~~	~~28~~	29	~~30~~
31	~~32~~	~~33~~	~~34~~	~~35~~	~~36~~	37	~~38~~	~~39~~	~~40~~
41	~~42~~	43	~~44~~	~~45~~	~~46~~	47	~~48~~	~~49~~	~~50~~
~~51~~	~~52~~	53	~~54~~	~~55~~	~~56~~	~~57~~	~~58~~	59	~~60~~
61	~~62~~	~~63~~	~~64~~	~~65~~	~~66~~	67	~~68~~	~~69~~	~~70~~
71	~~72~~	73	~~74~~	~~75~~	~~76~~	~~77~~	~~78~~	79	~~80~~
~~81~~	~~82~~	83	~~84~~	~~85~~	~~86~~	~~87~~	~~88~~	89	~~90~~
~~91~~	~~92~~	~~93~~	~~94~~	~~95~~	~~96~~	97	~~98~~	~~99~~	~~100~~

合数与分解质因数

观察大于1的整数，我们可以看到一些数能够写成几个大于1的整数的乘积形式，如12就可记作12＝3×4＝3×2×2；但有些数却不能，如5。可以用大于1的整数的乘积形式来表示的自然数，叫合数；无法用大于1的整数的乘积形式来表示的自然数，则叫质数。最小的10个质数为：2，3，5，7，11，13，17，19，23，29。

任何大于1的整数，要么是质数，要么是合数。如果一个数是合数，人们便可以将它表示为两个小些的整数的乘积，而这两个数便是它的因数（指能够整除另一个数，且余数为零的数）。这些因数可以是质数，也可以是合数；如果是合数，则还可进一步分解为大于1的整数的乘积。欧几里得证明，这一过程可以持续进行，一直到合数被唯一地表示为几个质数的乘积。例如：

合数		质因数
6	＝	2×3
15	＝	3×5
46	＝	2×23
19110	＝	2×3×5×7×7×13

欧几里得证明了这一定理：任何一个合数都可以被唯一地分解成有限个质数的乘积。在现代数学中，这个证明被称为算术基本定理（《几何原本》，卷7，命题32；卷9，命题14）。

欧几里得几何中的证明，本质上就是“思想实验”（虽然这个说法要到19世纪才出现）：用图解来代表抽象对象（如圆形或三角形），然后在脑海中进行思考。图解是定理中所断言的核心概念的可视化，而欧几里得的证明就是在描述如何构建这一图解。与柏拉图一样，欧几里得明白这些图解既代表着存在于时间与空间之外的完美理型，也代表了理型在现实世界中的具体表现。所以，欧几里得及其同道（欧氏在《几何原本》中还收录了许多同道的证明）奉为圭臬的一条原则便是，公理系统的基础前提必须为真，针对永恒的理型世界和万变的自然世界进行推理时，得出的结论才能同样为真。

欧几里得会首先表述不证自明的前提，换言之，就是对于任何理性的人来说，以经验或者推理能力为基础，能够凭直觉便知道为真的前提。他的目的是要以准确的书面形式来表述这些前提，以便让人们去检验、认同、使用它们。欧氏数学结构的基石是定义（如“线的两端是点”）、公设（如“凡是直角都相等”）、公理（如“整体大于部分”）。[32]他接着会证明每一个命题或者说定理，而证明的每一步都是以前提（定义、公理或者公设）或者已经证明过的定理为基础。就像从基石开始砌墙的泥瓦匠一样，欧几里得用演绎结构的方法来证明每一个定理，保证了其中每一层都不会丧失有效性，把数学构建得如同一座耸入云天的大厦。例如，欧几里得证

欧几里得对于质数有无穷多的证明

欧几里得的证明表明，对于任意一个由有限个质数组成的集合，一定可以找到不属于这个集合的质数。作为一个例证，他使用了A、B、C三个质数组成的集合，但这一方法可以用于任何有限质数集合。

欧几里得说：设数字$N = A×B×C+1$，这个N要么是质数，要么是合数。如果是质数，则一定不在上述集合之内，因为它大于A、B、C。如果是合数，则可以写成它的质因数的乘积。但任何质因数必定不是A、B、C，因为N被原集合中的任何质数除时都会余1。所以，质数的任何有限集合必不会囊括所有质数（《几何原本》，卷9，命题20）。

例如，考虑最小的3个质数的集合（2，3，5）：

$$
\begin{aligned}
N &= 2 × 3 × 5 + 1 \\
&= 30 + 1 = 31
\end{aligned}
$$

31是质数，且大于原集合中的任何质数。

现在考虑最小的7个质数的集合（2，3，5，7，11，13，17）：

$$
\begin{aligned}
N &= 2 × 3 × 5 × 7 × 11 × 13 × 17 + 1 \\
&= 510\,510 + 1 = 510\,511
\end{aligned}
$$

510 511是合数，其质因数为19、97、277，它们都不属于原集合。

明了在任何直角三角形中，两条直角边的平方和等于斜边的平方，也就是毕达哥拉斯定理（以现代方式表达则是$x^2 + y^2 = z^2$，其中x、y分别是两条直角边，z是斜边；图1-22、1-23）。[33]

《几何原本》共十三卷，涵盖了平面几何（矩形、三角形、圆形）、数（整数、比例）、立体几何（立方体、棱锥体、球体）。欧几里得挑出了质数（只能被其本身与1整除的数），把它们作为数字的构建单元（图1-24）。他随后又证明了没有任何一个有限的质数集能包括所有质数；换言之，质数有无穷多。

宇宙的几何模型

约从公元前700年开始，生活在底格里斯河与幼发拉底河河谷的巴比伦天文学家，以更早的记录为基础对可见天空的情况进行了详细、持续的记录。[34]巴比伦人总结出天体运行的规律，并以此来预测夏至、冬至的日期（图1-25）。到公元前5世纪，他们进一步认识到，月亮与太阳一样，也是东升西落，而且在夜间，运行路径也跟太阳在白天的路径差不多（图1-26）。人们称这一宽泛的路径为“黄道”。巴比伦人由此学会了预测日食，同时还注意到星座也伴着太阳、月亮、行星，每年在同一条路径上穿过黄道（图1-27、1-28）。发现这一规律之后，巴比伦人便把黄道分成十二等份（每月一个），创立了黄道十二宫（图1-29、1-30、1-31）。[35]

柏拉图教学生从数学角度去理解宇宙的设计问题时，不太重视观察的作用，但却坚称，理论模型最后必须要能解释观察到的事实。尼多斯的欧多克斯（约前408—前355年，曾师从柏拉图学习哲学，师从阿契塔学习数学）曾以不动的地球为中心，为宇宙构建了第一个成熟的几何模型，在一定程度上解释了某些行星的表观逆行（图1-32）。[36]与他同时代的阿利斯塔克则认为，宇宙的中心是太阳，不是地球，地球与其他行星绕着太阳转。但阿利斯塔克早被人遗忘了，而欧多克斯的模型却因为基本原理得到了亚里士多德的支持而绵延了一千年。

欧几里得的公理化方法在数学中取得巨大成功后，希腊化时期的一些希腊人便把演绎法视为获得知识的唯一途径。结果，他们只是错误地根据基本原理和公理来推导自然规律，却没有通过观察来最终确认这些规律是否正确。此外，由于希腊哲学家坚信真正的知识只能来自沉思，认为体力劳动很粗鄙，进而十分轻视纯数学在相关劳动实践中的运用，所以造成了科学与工程学进步缓慢。

但公元前3世纪时，叙拉古的阿基米德克服了这一偏见，不再将描述自然世界的公理视为永恒的真理，而是只作为可以预言事实的假设，继而通过试错法来对预言进行证明或证伪。大约在公元前260年，阿基米德证明了杠杆平衡的一个基本定理：已知石块的重量，他就能计算出移动它要用多大的力、多长的杠杆，以及在杠杆后摆放第二块石头（支点）的最佳位置（图1-33）。阿基米德的同代人、亚历山大港图书馆馆长、来自昔兰尼的埃拉托色尼，结合自己对木杆阴影的观察，最终利用欧几里得的定理正确计算出了地球的周长（29页小版块），充分展现了数学与观察结合在一起之后所能爆发出的非凡威力。

公元前2世纪，罗德岛的喜帕恰斯整理编纂了巴比伦人的天象记录，并补充了大量自己的观测结果（图1-34）。欧几里得曾在《几何原本》中告诉人们如何计算三角形的未知部分：若两个角及其公共边已知，则三角形的其他部分便可确定。天文学家对三角形特别感兴趣，因为如果把某个天体当成三角形的未知部分，那我们便能用欧几里得的方法来测量该天体有多远了。同理，天文学家还喜欢研究角：如果你观察到两个天体，那么只要测出你从一个看向另一个时脑袋转了多少度，就能计算出二者的距离——如果你正对其中某颗星，那么头的转角便是直角三角形的一个角，而直角三角形各边的比例固定不变。喜帕恰斯通过计算角与边的比例，制定出了精确的三角函数表，创立了三角学。

喜帕恰斯正是通过这一方法计算出了地球与月球的距离。他首先在不同地点观测月亮，记下了月球相对于静止的（表面上看起来是如此）恒星的位置。观测点改变时，相对于远处的物体，近处的物体看上去好像发生了移动，这一现象叫作视差。

右上

1-25.太阳每天东升西落，似乎是沿着一个巨大的半圆在空中运行。在北半球的夏季，随着太阳升得越来越早、落得越来越晚，白昼越来越长。最终，太阳会在夏至日到达天顶。这一天，赤道附近竖直摆放的晷针不会投下任何影子。到了冬天，白昼越来越短，太阳的运行轨迹更靠近地平线，使得晷针投下的影子较长。在冬至日，白昼达到最短。

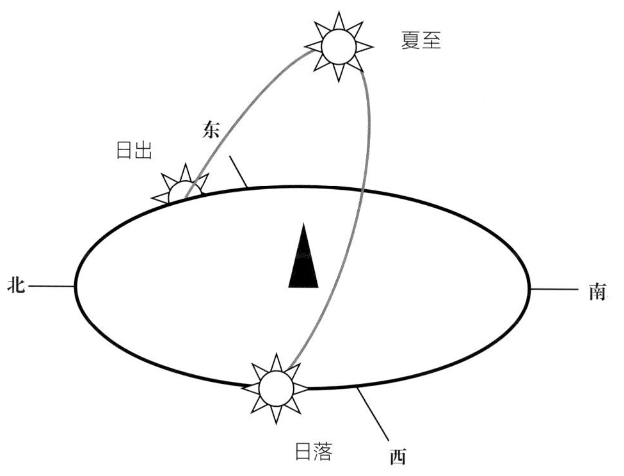

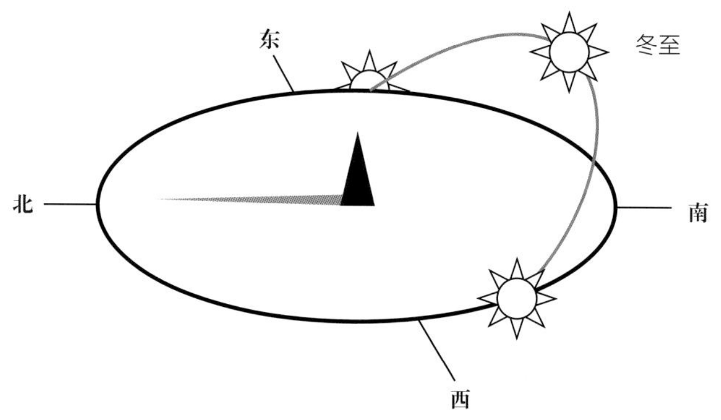

右下

1-26.月亮每天从东向西运行，路径与太阳的很接近。月亮会表现出不同的相位，从细细的月牙慢慢盈成圆圆的满月，之后再亏回月牙，最终在某夜里完全消失不见，变成“暗月”（新月）。巴比伦人曾记录说，行星在天空中似乎也追随着太阳和月球的脚步。太阳、月亮、行星在天空中的路径多少互相倾斜，在我们头顶粗略构成了一条黄道带，而非一条狭窄的路径。

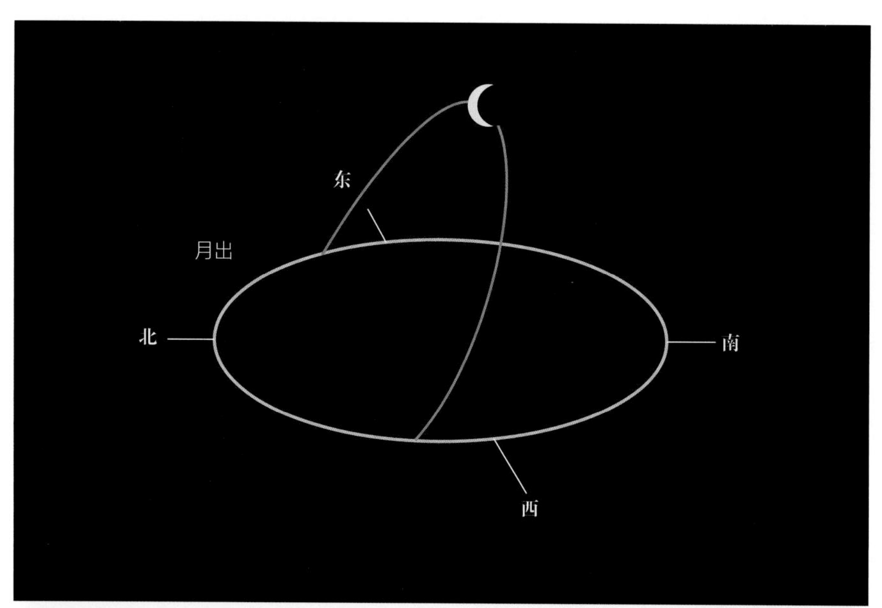

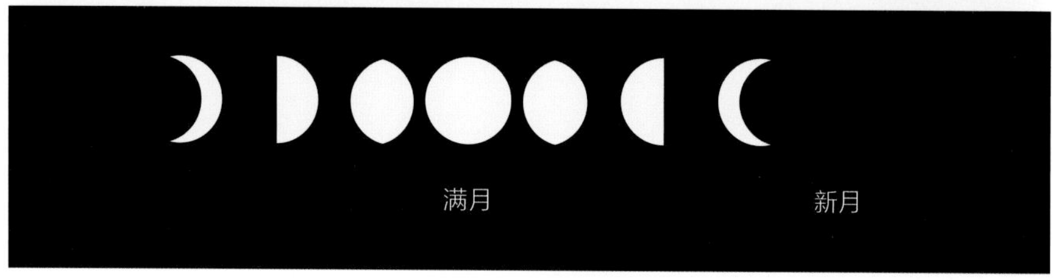

对页

1-27.这四幅图向我们展示了公元前5世纪末巴比伦人观察到的天空——与今天的略有不同。这是因为地轴的方向一直在缓慢变化，即所谓的“地轴进动”——大约每2.6万年会在天空中画出一个近似圆。

A 6月末的新月出现后的第二天早上，巴比伦天文学家聚在一起观察日出，恰好能在黎明时分的地平线上看到一组恒星，即双子座。

B 随后一个小时内，双子座缓缓向上移动到右方，同时太阳也升到了巨蟹座的位置。随着天光放亮，恒星逐渐消失了。

C 大约30天后的7月末，新月再次出现后的第二天早上，巴比伦人观察到，黎明时分出现在地平线上的星座成了巨蟹座。

D 随后一个小时内，巨蟹座跟着双子座升到右方，太阳则在狮子座的位置升起。

右

1-28. 巴比伦人注意到，日出时的星象会在十二次新月过后重新开始。于是，他们便把黄道带上的群星分成十二个星座，每一个对应一次新月；把黄道分为360个单位，大致对应一年中的天数，即12个月 × 30天。（右展示的是星座在夜空中的顺序，不是它们在天文观测中的实际形象。）

巴比伦人的时间周期观念影响至今，比如现在的钟表面盘上1小时被分成了60分钟，1分钟被分成了60秒，便是拜他们发明的“六十进制”所赐。

对页

1-29. 黄道十二宫

这幅图以逆时针顺序展示了各星座在夜空中出现时的样子（比如，从5月的双子座到6月的巨蟹座，再到7月的狮子座）。图中日期是基于古代的观察，由于地轴进动的原因，会与今天观察到的略有不同。例如，今天太阳在巨蟹座升起的时间是7月下旬，不是6月下旬。这十二个星座的标志图为木版画，出自意大利占星家圭多·波纳提的手稿《天文学之书》（1277）的首个印刷本。1491年，巴伐利亚印刷商艾哈德·拉特多尔特在德国的奥格斯堡出版了《天文学十大论文》，其中一本便是《天文学之书》。此外，欧几里得《几何原本》的首个印刷本同样由他出版（图2-19）。这幅黄道十二宫中央的圆是托勒密宇宙模型中的地球（图1-35）。

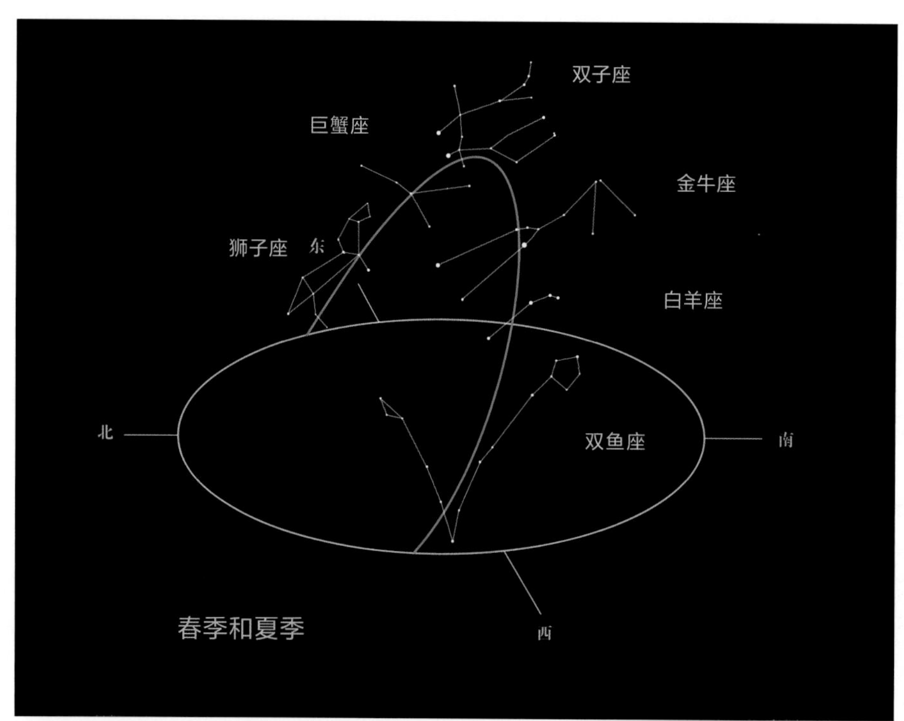

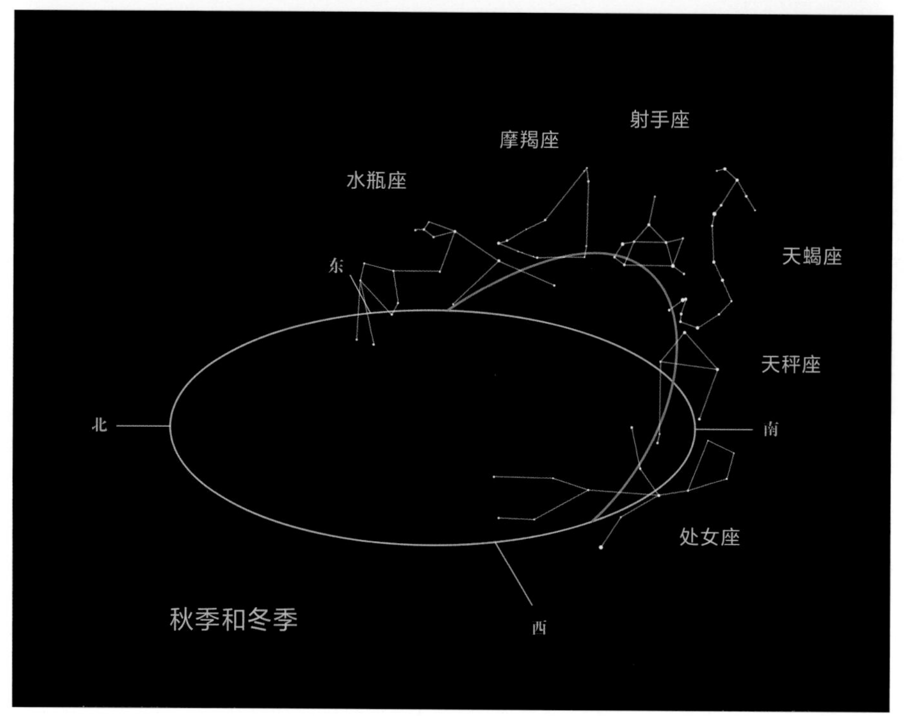

相对于观察者，较近的物体似乎移动得多，较远的物体移动得少。确定了视差之后，喜帕恰斯便利用三角学算出了月球与地球的距离约为地球直径的30倍。大约在50年前，埃拉托色尼曾算出地球的周长约为4万千米，也就是说直径大约为1.28万千米，那么月球距离地球则为30 × 1.28 = 38.4万千米。这个计算结果很正确，也让天文学家第一次通过确凿的证据认识到了宇宙其实非常大。

公元前4世纪，欧多克斯曾提出一个宇宙模型，说宇宙就像一系列的同心球，地

巨蟹座
6月22日–7月22日
双子座
5月23日–6月21日
金牛座
4月21日–5月22日
白羊座
3月21日–4月20日
双鱼座
2月20日–3月20日
水瓶座
1月21日–2月19日
摩羯座
12月23日–1月20日
射手座
11月22日–12月22日
天蝎座
10月23日–11月21日
天秤座
9月23日–10月22日
处女座
8月23日–9月22日
狮子座
7月23日–8月22日

右上

1-30.丹德拉神庙的黄道十二宫图，埃及，公元前1世纪中期。仿原始石刻制作的铜版画，出自《埃及记述，或是法国军队远征期间在埃及的观察和研究大观》（1821—1829）。特别收藏，宾厄姆顿大学图书馆，宾厄姆顿大学，纽约州立大学。

托勒密王朝时期（公元前305—前30），埃及人正处于希腊和罗马文化的影响之下，借鉴了巴比伦人的黄道十二宫，用浅浮雕技术在丹德拉神庙的天花板上创作了这幅画。画中的四位女神与八位鹰头人支撑着圆形天空，四位女神分别站立在北、南、东、西四面，鹰头人则呈跪姿。圆形天空的圆周上站着黄道十二宫36颗旬星的人物形象，每颗旬星掌管10天，合起来便是360天。埃及的36颗旬星围绕着巴比伦黄道十二星座，占据了天花板的正中央。可以看到，巨蟹座在中心下方略靠左的位置，狮子座在巨蟹座的左下方，骑在一架蛇形雪橇上。行星和星座的代表也挤在黄道环的中央。

右下

1-31.阿尔法犹太教堂的黄道十二宫图，以色列耶斯列谷。镶嵌画，公元6世纪。

这幅黄道十二宫图是以色列一座犹太教堂地板的一部分。该教堂建于公元6世纪，由于当时近东正在拜占庭帝国的统治之下，所以风格中融合了犹太和希腊罗马文化：名称用希伯来文标记的十二星座，环绕着希腊神话中的太阳神赫利俄斯。太阳神头戴阳光做成的王冠，驾着驷马战车穿过星空。四角上带翅膀的人物则分别象征着夏至、冬至，以及秋分、春分。

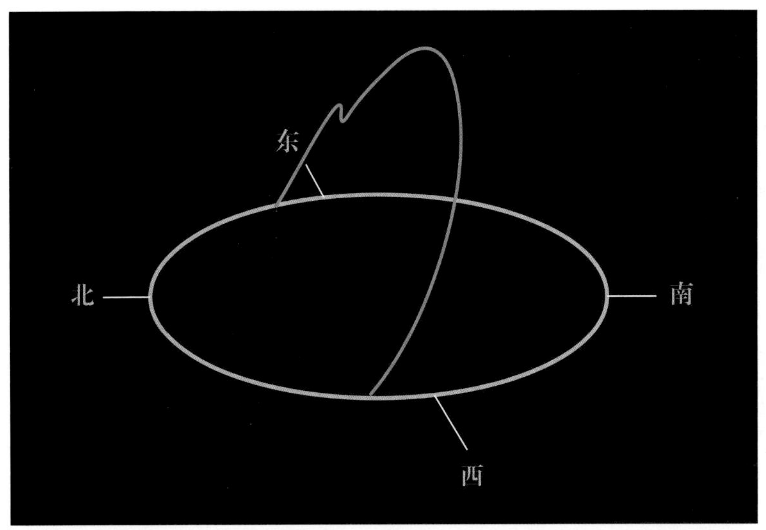

左上

1-32.行星的表观逆行。

行星像太阳一样，看上去也是东升西落，但每个行星都有不同的表观逆行规律：其间似乎会暂时立定，接着倒转方向，重新开始沿黄道运动。

左下

1-33.“给我一个支点，我就能撬起地球。”阿基米德的这句名言，由亚历山大港的帕普斯引自《犹太教堂》（约公元340），卷8。版画，《力学杂志2》（1824）的封面。宾夕法尼亚大学珍本和手稿图书馆。

地球周长的测量

为估算地球的周长，埃拉托色尼使用了欧几里得的一个定理：“一条直线与两条平行线相交，所形成的内错角相等。”

当时生活在亚历山大港的埃拉托色尼听说，在南边约805千米外的赛伊尼城（今阿斯旺），日晷的指时针在夏至日正午不会投出影子。而在亚历山大港，日晷的指时针在夏至日正午时有影子，埃拉托色尼经过测量，得知阳光偏离垂直入射的角为7度。此外，他知道地球是球体，并正确地推测出了太阳射向地球的光束几乎平行，所以若以地心为等腰三角形的顶点，那么亚历山大港与赛伊尼城之间的距离即为顶角所对的边，根据上面的定理，则这个顶角也是7度。

埃拉托色尼从巴比伦人那里知道了一个圆有360个单位，所以计算出地心那个7度的角是一个整圆的7/360或者说大约1/50，所以亚历山大港与赛伊尼之间的805千米也应该是一个圆的1/50。由此，埃拉托色尼计算出了地球赤道的周长为50×805千米＝40 250千米（埃拉托色尼当时使用的单位叫“斯塔德”，1斯塔德约合185米），和赤道的实际周长40 075千米很接近。知道地球的周长后，埃拉托色尼又运用圆的相关知识，算出了地球的直径约为12 874千米，与实际直径也相当接近。

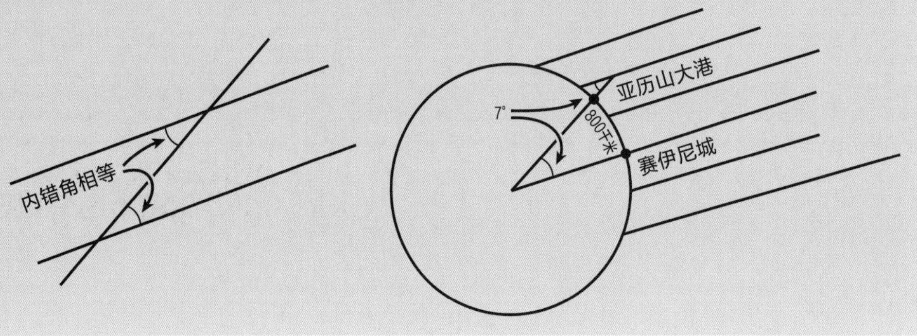

1-34.《法尔内塞的阿特拉斯》，公元150年，罗马时代仿公元前2世纪希腊原作的大理石雕像，高2.13米。那不勒斯国家考古博物馆。

公元前129年，喜帕恰斯完成了一份星表，并为此发明了一套包括天赤道和黄道的坐标系。他制作的星表和天球仪在古时候非常有名，但罗马城陷落后便遗失了。2005年，美国天文学家布拉德利·E.谢弗证明了这座雕塑中阿特拉斯所扛的天球，正是喜帕恰斯遗失的天球仪中某个天球的复制品。希腊原作的雕塑家一定参考了喜帕恰斯的天球，因为他们是同代人，而且球上的星座位置同公元前125年时的天象相符，而且球面上镌刻的也是喜帕恰斯标志性的坐标系。

球在最中央一动不动，恒星则镶嵌在最大球体的内表面上，透明的球体带着太阳、月球、行星，围绕地球旋转。喜帕恰斯给这个模型增加了一个结构——本轮——来解释行星的表观逆行（图1-36）。

公元2世纪，亚历山大港天文学家、喜帕恰斯的追随者托勒密推论认为，如果天空是完美的领域，那么天体应该是球体，做匀速圆周运动（图1-35）。在他的《数学汇编十三卷》中，托勒密总结了欧多克斯和喜帕恰斯的地心说模型，还有他自己的发现，和他在亚历山大港图书馆找到的大量希腊人收集的天文学数据。在希腊文明衰落、罗马帝国陷落、亚历山大港图书馆被焚毁之后，[37]欧几里得和托勒密的希腊著作原本依然在东方的拜占庭帝国被不断抄录与研究，并一直持续到了拜占庭帝国衰落前。

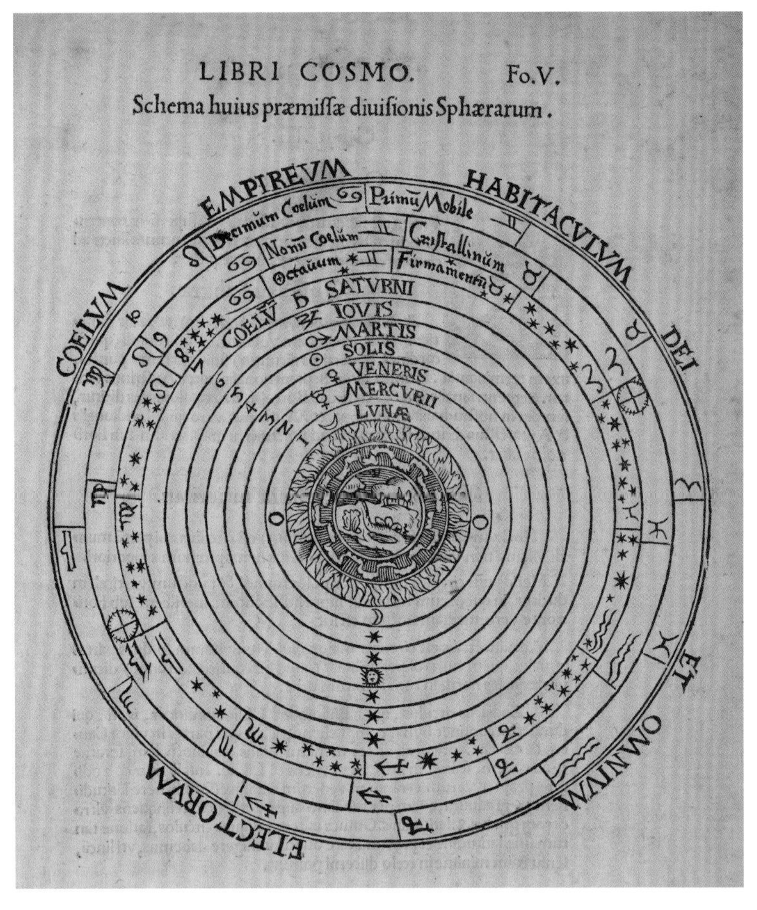

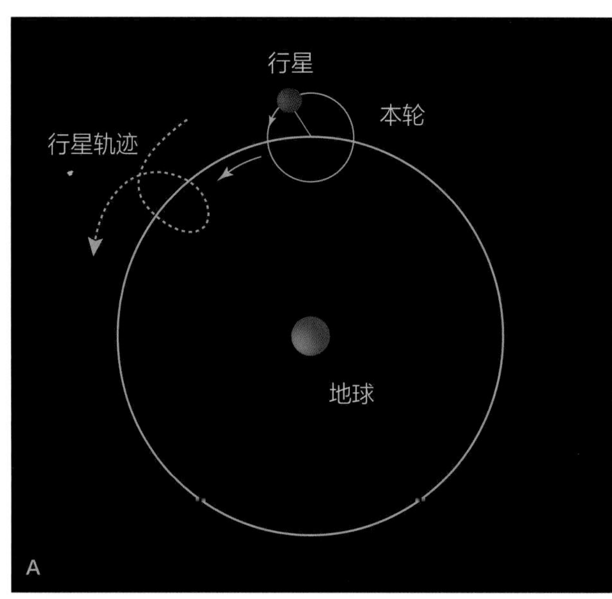

上

1-35.托勒密的宇宙模型，出自彼得鲁斯·阿皮亚努斯的《宇宙志》(1539)。纽约公共图书馆珍本部，阿斯特、雷诺克斯与蒂尔登基金会。

托勒密的宇宙模型以静止的地球为中心，被一个个透明的同心球体包着(由亚里士多德所谓的以太构成)，球面内依次为月球(球层1)、内行星(球层2、3)、太阳(球层4)以及其他行星(球层5—7)。再往外是恒星的球层(球层8)，即恒星天。恒星天分为12个部分，一一对应黄道十二宫，例如正上方的♊(双子座)，并沿逆时针方向转向♋(巨蟹座)、♌(狮子座)等。恒星天是亚里士多德-托勒密宇宙模型的终点，因为根据亚里士多德的学说，无论空间、时间还是虚空，都无法在物质世界的最外层之外还存在。早期基督徒在希腊宇宙模型的基础上，又在恒星天之上加上了两重天，来讲述他们的创世故事。后加的两个分别为水晶天(球层9)和原动天(球层10)。

右上、右下

1-36.喜帕恰斯解释火星的表观逆行。

A 喜帕恰斯猜想，每个行星会沿本轮(较小的圆形轨道)旋转，而本轮的中心则围绕不动的地球，沿均轮(较大的圆形轨道)旋转。

B 按照喜帕恰斯的解释，火星沿本轮和均轮的运动结合在一起(黄色数字1—7)导致了火星的表观逆行(白色数字1—7)。

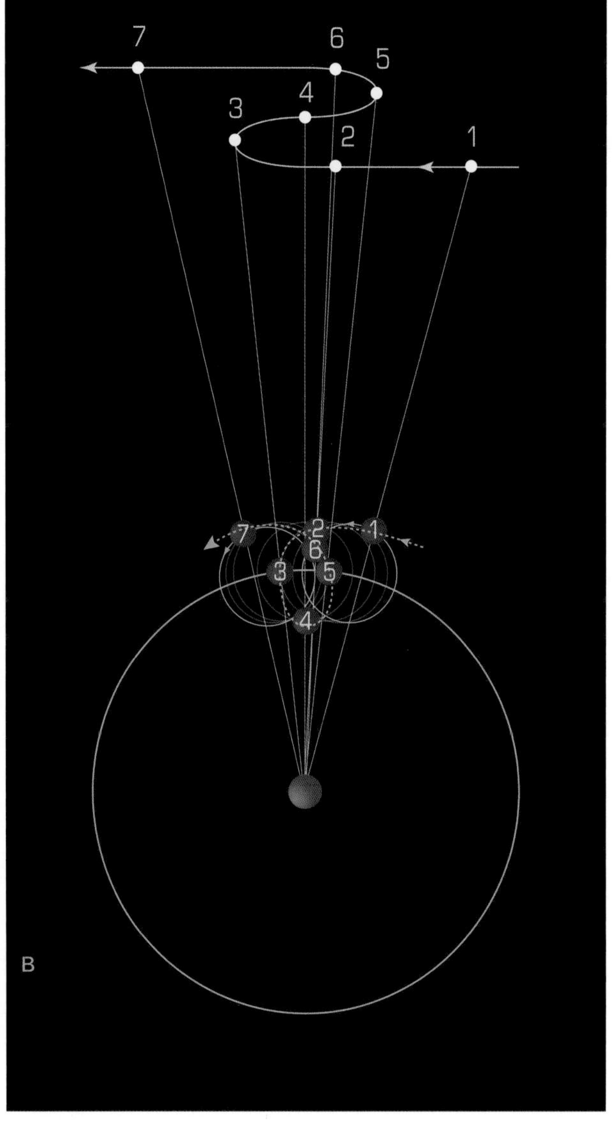

伊斯兰数学：代数与阿拉伯数字

中世纪时，欧几里得与托勒密的知识传承在西方中断了，但伊斯兰学者却把拜占庭留存的希腊文本译成阿拉伯文，间接将他们的著作保存了下来（图1-39）。公元9世纪，阿拔斯王朝的哈里发在巴格达建立智慧宫，供学者取阅、译介外国的数学与哲学著作（尤其是古希腊的典籍）或出版他们自己的著作。前文提过的托勒密十三卷著作在今天被通称为《天文学大成》（*Almagest*，阿拉伯语，意为“至大”），便是源自他们。[38]伊斯兰学者在希腊数学的基础上不断创新，其中就包括从印度数学中引入了零和进位制的概念（图1-37）。

欧几里得的数学中缺少能够处理一般算术运算的符号。大约在公元825年，伊斯兰数学家阿尔·花刺子模发现可以用字母代替数字来表达一般性质。例如，$x + y =$

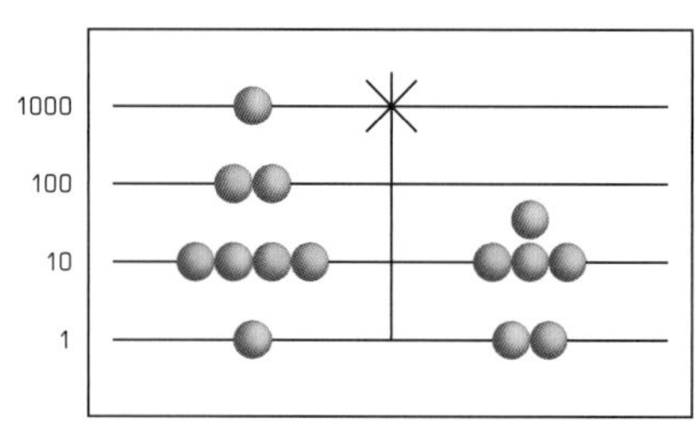

上

1-37.算板是算盘的一种，装有可移动的计数单位（珠子或者石子，有时候就会挂在金属丝上），可分别代表个、十、百、千位。尽管算板在印度数学家发明零和小数点几百年之前就已被广泛使用，但其中早已暗含了十进制的概念和位值制记数法。比如上图所示的例子中，在两行之间放一颗珠子代表半数，即5、50或500。所以左边的珠子合起来表示1241，右边的珠子则为82。

右

1-38.《算术的化身》，出自15世纪德意志加尔都西会教士格雷戈·赖希的《哲学珠玑》（1503），霍夫顿图书馆，哈佛大学，Typ 520.03.736。

算术的化身正主持一场竞赛，参赛一方是波爱修斯，一位早期基督教学者，写过许多数学与音乐方面的著作。画中的他面露微笑，正在用阿拉伯数字计算；参赛的另一方则是毕达哥拉斯，面露难色，还在用老式的算板。板上的数字为1241和82（如上图所示）。算术的化身穿着新式服装，裙子中央的皱褶上绣有阿拉伯数字1，下面是级数3、9、27和2、4、8。

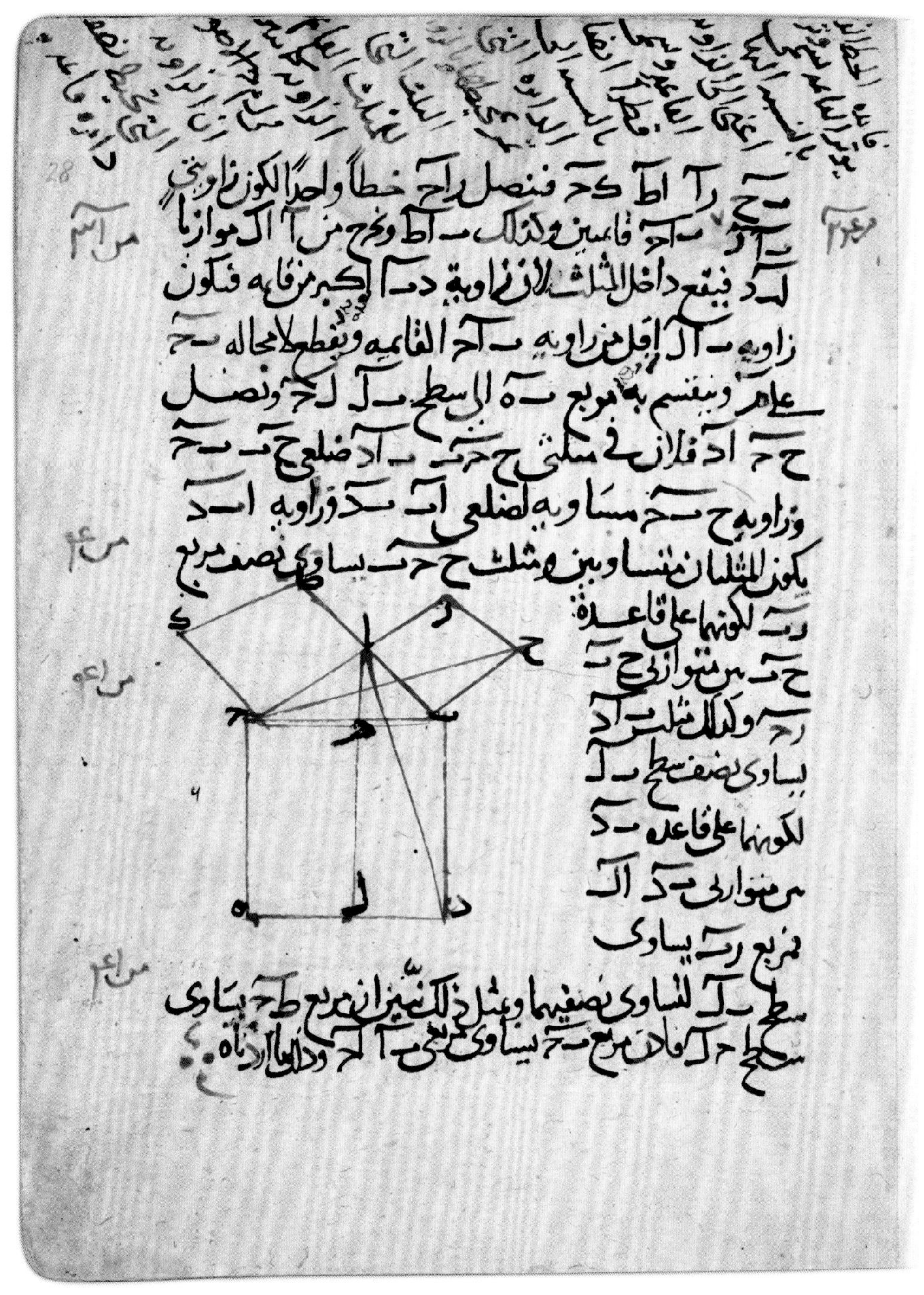

对于科学的那种喜爱……神对学者展示出的那种和蔼与恩赐，在保护、支持他们阐述晦涩理论与克服困难时展示出的敏捷都鼓励了我，让我撰写了一本小书，仅就算数中最容易且最有用的部分，来讲一讲如何用“还原”和“对消”（的规则）进行计算。

——阿尔·花剌子模，
《印度的计算术》，
约公元825年

$y+x$表示两个数的和与相加顺序无关，其中的x和y为变量，可以用任何一对数字替换。就这样，阿尔·花剌子模将算术一般化，发明了“代数”（阿拉伯语为al-jabr，意思是“复原”），[39]由此我们便可以问：x等于几时$2+x=5$？

阿尔·花剌子模的著作《印度的计算术》影响深远，让人们看到了通过印度数字系统的简写符号来进行长竖式加减运算有多么容易（虽然这些符号一般被称为“阿拉伯数字”，但其实源自印度；图1-38）。此外，他在智慧宫工作期间——13世纪之前，该机构一直都是全国性的学术中心（图1-40）——还竭力推广了小数点的使用。几百年后，西方人终于摒弃了罗马数字，改用阿拉伯数字和小数点；到1500年

左上

1-39. 欧几里得《几何原本》的阿拉伯语译本，纳西尔丁·图西译，1258年。牛皮纸上墨水书写，17厘米高。©大英图书馆理事会。

13世纪伊斯兰学者纳西尔丁·图西根据拜占庭希腊原版译介的《几何原本》，是最权威的阿拉伯语译本（他还在其中做了评注）。

1-40. 雷扎·萨汉吉（伊朗出生的美国人，1952— ）、罗伯特·法索尔（美国人，1960— ），《阿布·瓦法的七边形》，2007年。数码打印，33厘米×33厘米，由艺术家供图。

美国当代数学家雷扎·萨汉吉、罗伯特·法索尔共同创作的这幅作品，是为了纪念阿拉伯数学家阿布·瓦法（940—998）。阿尔·花剌子模去世一个多世纪后，智慧宫依然是一座繁荣的学术研究中心，此时活跃于巴格达数学界的阿布·瓦法，不但在三角学方面做出了巨大贡献，还在巴格达天文台工作期间把这一学科应用到了天文学上。此外，他还撰写了颇具实用性的《工匠能用到的几何》，其中包括如何作正七边形（图1-40的中间部分）。在这幅作品中，萨汉吉和法索尔用波斯文字在七边形周围重复了七次阿布·瓦法的名字。

左右，阿拉伯数字和小数点已经在近东、北非、欧洲地区普遍使用。与此同时，文艺复兴初期的佛罗伦萨建筑师菲利波·布鲁内列斯基，以阿拉伯物理学家、数学家伊本·海什木（约965—约1040）的七卷光学研究著作为基础（书中第一次正确描述了“视觉”，详见第二章图2-7），发展出了直线透视作图法。

新柏拉图主义与早期基督教

回顾数学文化史的时候，一定不能忘了数学哲学与数学实践的区别。比如，当柏拉图问出“我能否只凭思考便做到主观确定”（认识论），或者“什么是球体？在哪种意义上存在完美的球体”（形而上学）时，他探讨的是数学哲学。而当“职业数学家”欧几里得问“是否所有的直角都相等”（几何），或者“质数的个数是有限还是无限”（算术）时，他探讨的则是数学实践。数学的哲学与实践都曾启发过艺术家、作家、神学家以及广大文化领域的其他人。但在几百年间，随着数学实践变得愈加专业，其内容细节也愈加超过了普罗大众的理解能力，所以相对而言，数学哲学的相关话题更能引起人们的兴趣。

柏拉图将理性神化，让善成了一位有感情、有欲望的神之后，就将价值观（伦理学、美学）引入了数学。[40]柏拉图认为，比例存在好与坏（和谐与不和谐）的区分，而且从伦理学的角度来看，个人与社会的善其实相当于各部分以和谐比例达成了统一（《理想国》，443e–444b、462a–b）。对于今天的读者而言，柏拉图将伦理学与美学引入数学的做法或许十分奇怪，因为根据现代生物学的说法，价值判断主要依靠思维。换言之，思维只有进化到了一定程度，才能对伦理和美学做出价值上的判断。比如在原始海洋中，变形虫与两只原始动物相遇了，但并不能相互从对方身上感受到美或善——它们都只是"存在"而已。

数学（理型）与价值观（善）的这种融合始自柏拉图，后随着古典哲学与犹太-基督教神学在公元4世纪的融合，进一步扩大到了整个西方思想界。但同柏拉图一样，受他启发的神学家也只讨论数学哲学的话题，并不把数学付诸实践。

虽然亚伯拉罕的神与柏拉图的善原本是两个区别很大的概念，但希伯来与希腊传统的学者还是将二者混合在一起，把柏拉图的神圣理性转化为了希腊化时代晚期的希腊社会和早期基督教社会的文化基体。《旧约》中的先知是一神论者，相信有一位无所不能的创世者与立法者，而且这位亚伯拉罕的神受到了犹太文化、基督教文化、伊斯兰文化的崇拜。但柏拉图却是多神论者，认为太阳、行星和善全都很神圣。此外，与亚伯拉罕的神不同的是，柏拉图的匠神并非无所不能，反而还得引诱混沌去呈现理型，因故自然世界总会是理型的不完美体现。以色列人崇拜亚伯拉罕的神，建造了所罗门神殿；希腊人崇拜雅典娜女神，修筑了帕特农神庙；但柏拉图并不崇拜善，在他建立的学园里，善只是知识的对象。

柏拉图认为，人们可以直接通过直觉来获得有关理型的某些知识："这与其他知识领域不同，是某种不可言说的东西；只有在长期与之共同生活、对它全情投入的情况下，真理才会突然灵光一闪，像跳跃的火星点燃了火焰那样照亮你的灵魂。而它一旦灵光闪现，便可以随之自行发展了。"[41]通过像比例这样的数学方法，人们可以自主地从凡俗走向抽象，因而超脱尘世。比如你听到七弦琴上奏出的和谐音符（琴弦在可见世界中按照和谐的比率振动）时，便能感受到宇宙的和谐，因为琴弦正在同遥远的外在世界产生和谐的振动。或者你研究世俗中的三角形时，便可知晓外在世界的三角形理型。通过研究数字和圆，我们便可以掌握数学理型的某些知识，再由此掌握善的知识。

公元前347年，柏拉图去世，他的外甥斯珀西波斯成为雅典学园的新掌门人。斯珀西波斯发展了柏拉图的教义，假如善是数学意义上的和谐与均衡，就如毕达哥拉斯派的巴门尼德主张的那样，自然世界是由"太一"衍生的数字所创造，则善就是"太一"。[42]斯珀西波斯曾多次试图证实自己的舅舅跟毕达哥拉斯学派有渊源，所以他把柏拉图的思想同公元前5世纪声名显赫的巴门尼德联系到一起，很可能便是这类尝试之一。但这种看法并不为柏拉图主义者的圈子接受，故而长期无人理会，一直

也许对于想看到它的人而言，天上早已设立好了样板，而他看到之后，便可照着自己来建一个了。

——柏拉图，

《理想国》，

公元前380—前367年

到公元3世纪时，才重新被新柏拉图主义哲学家普罗提诺提起来。柏拉图最有影响力的学生亚里士多德，也曾发展出了自己的神圣理性概念——第一推动者。同“太一”一样，第一推动者也是一位完美、永恒的神，而且让宇宙运转起来之后便从自然界中退出了。

柏拉图把真实世界分成了较低层次的人类世界和较高层次的神圣领域之后，勉励学生要将注意力向更高的层次聚焦，要学习纯数学，并且要投入大量的时间来思考：“思想专注于真正现实的人，无暇降低层次去关注人间俗事，无暇参与俗世纷争，无暇被嫉妒与仇恨浸染。他思考的是一个秩序永恒且和谐的世界，那里的一切都由理性主宰，都不会犯‘错’或被‘错’所伤；而且就像见贤思齐那样，他必定也会照它的样子来塑造自己。”[43]

亚里士多德同样提出过类似建议，说人的最高志向应该是对第一推动者的沉思：“如果理性比人神圣，那么遵循理性来生活就比一般人的生活神圣。我们一定不能像建议我们如何生活的那些人一样，因为我们是凡人，终将有一死，便只着眼于人间俗事，而是要尽力让自己不朽，绷紧每一根神经，按照心中的至善来行事；虽然它看起来小，但在力量和价值方面却远超其他一切。”[44]

听着柏拉图和亚里士多德的这些名言，我们现在站到了中世纪欧洲修道院的门槛上。古典思想与基督教思想在古典时代晚期的融合之后，虔诚的信徒也开始把他们的祷告朝向了更高的层次。新柏拉图主义哲学家普罗提诺效仿斯珀西波斯，把柏拉图的“善的理型”同巴门尼德的“太一”概念画上了等号。普罗提诺首先阅读了柏拉图有关巴门尼德的对话。在那篇对话中，柏拉图指出“太一”这个概念中有一处不甚明确的地方被巴门尼德忽视了，那就是“太一”到底是一个始终不变的整体，还是由多个部分组成的统一整体？柏拉图描述了这两种不同的可能性及其结果。若照第一个假定来说，“太一”是一个无法分开的整体，没有任何属性，那即使它自己的存在都无法在其中得到体现：“‘太一’根本不存在……而如果一个事物不存在，你就没法说有任何东西‘属于它’，或者‘是它的’。因此，它既不会有名称，也不会有关于它的解释、知识、感觉、意见。”[45]照同样的方法，柏拉图又阐释了根据第二种假定会得出的逻辑结论。了解了这两种可能性之后，普罗提诺便把“善”同柏拉图在第一种假定中描述的“太一”画上了等号，（错误地）暗示了柏拉图本人其实认为第一种假定是正确的。在普罗提诺那个时代，希腊已经成为罗马帝国的一个省，遭受着异族的统治和野蛮入侵的威胁，导致人们对人类理性的信心降到了低点，所以当普罗提诺强调说人类思维无法找到描述“太一”的语言——依据的其实是柏拉图的断言，他曾说过自己这门哲学的核心真理无法用语言来表达——进一步将不可言喻性同神圣思维联系到一起时，他的希腊同胞心中便生发出了极大的共鸣。[46]

生活在公元5世纪的普罗克洛斯是普罗提诺的门徒，也是古希腊最后一批哲学家之一。他曾教导雅典的学生说：个人的灵魂（“心智”或者“思维”）可以通过学习几何而与“太一”融为一体。在评论欧几里得的《几何原本》时，普罗克洛斯曾建议说，追求智慧的人要专注于研究圆形与三角形的几何图示（“图形”），因为它们反映了纯粹的理念（“理型”）。经历了这一过程之后，思维（灵魂）就能够认识纯粹的抽象真实，并与之融为一体。[47]

在罗马时代后期与基督教时代初期，学者们继续以算术、几何、音乐、天文这“四艺”（拉丁文为*quadrivium*，意思是“四路交汇之处”）为课程体系来研究古代经典。“四艺”的说法最先由毕达哥拉斯学派提出，后被柏拉图采纳，用在他的学园中。公元前1世纪，博学多才的罗马学者马库斯·特伦提乌斯·瓦罗为了帮助学者清楚地把他们学到的东西表达出来，又在这四门学科的基础上添加了三种必须掌握的技能：语法、修辞、逻辑（三艺），从而形成了完整的“七艺”。

早期基督教神学家与中世纪神学家虽然没有实践数学，但还是会研究相关经典，以期在其中找到神学的暗示。他们就抽象对象的存在论地位进行的哲学辩论——为了回答如下问题：数字与球体在哪种意义上存在——构成了现代数学的哲学背景。他们针对这个问题给出的不同回答，形成了三大传统。第一个是唯实论，由基督教时代初期的圣奥古斯丁提出，据他所言，抽象对象存在于柏拉图主义的领域。中世纪后期，法国神学家皮埃尔·阿伯拉尔提出了概念论，认为抽象对象只存在于人的思维当中。14世纪初，英格兰修士、逻辑学家奥卡姆的威廉则宣称，抽象对象只不过是记号或者名称，他的这种观点被称作唯名论。唯实论、概念论、唯名论这三大学术传统，最终构成了一场现代辩论的基础。不过，这场辩论的辩题虽然和以前一样，但各方的称呼却有了变化，成了逻辑主义（第五章）、直觉主义（第六章）、形式主义（第四章）。[48]

希波的奥古斯丁（圣奥古斯丁）接受过七艺教育，尤其爱读柏拉图和普罗提诺的著作。他生活在北非的希波利基亚斯（今阿尔及利亚的阿纳巴），与“沙漠神父”（基督教苦行修士，始于公元3世纪，隐退到尼罗河三角洲西北部的沙漠修道院中修行）属于同一时代。皈依基督教后，圣奥古斯丁成为一位牧师，后来成为主教，并将经典世界观与基督教世界观融合到一起，创立了新的神学派别：“如果那些自称为哲学家，特别是柏拉图主义者的人所说的东西确实是真的，也顺应我们的信仰，那我们便不需要惧怕他们；恰恰相反，我们还应该把他们说的东西拿过来，就好像从不义的占有者手中夺过来一样，转而为我们所用。”[49]圣奥古斯丁还说，研究异教经典本身并不是目的，而是认识基督教神性的手段，因为“真正的智者不会被各种不同的现实状况分神，而是会尝试把那些状况统一为某种简单、真实的整体。一旦完成了这项工作，他们便能有条不紊地单纯通过信仰逐步上升，臻至神圣真实，并且沉思之，了解之，保留之”（图1-41）。[50]

亚吕皮乌：数学这门学科应当归功于毕达哥拉斯，由他所创的可敬且近乎神圣的学科，难道不是被你带到我们眼前的？你不但向我们阐释了他的人生准则，还向我们展示通往科学的道路——或者更确切地说，是展示了科学的田野，及其清澈透明的海洋……

圣奥古斯丁：我必须承认，你说得对。

——圣奥古斯丁，

《论秩序》，

公元386年

1-41.桑德罗·波提切利（意大利人，约1445—1510），《书房中的圣奥古斯丁》，1480年。壁画，152厘米×112厘米。佛罗伦萨奥格尼桑蒂教堂。

在这幅壁画中，圣徒学者奥古斯丁身穿修士袍，正坐在书房中抬头遥望，周围是学习古典知识所需的工具：左上方是一个演示托勒密地心说的浑仪，右上方是一座重量驱动的钟。书架上放着书，右边翻开的那本是一部几何论著。书中的文字大多难以辨认，但艺术史学家理查德·斯泰普尔福德通过翻译其中一个能看清的短语，推断出了这幅画要表现的是奥古斯丁在宗教信仰上的转变。画中的书可能是波提切利根据自己在美第奇家族图书馆中看到的书来画的，而摆放的方式则可能遵照了美第奇按主题分类的习惯；蓝色装帧（用昂贵的天青石染料着色）为神圣书籍，深红色皮封为诗歌。桌上放着一座双面阅读台，一面放着一本宗教圣书，另一面放着一部诗集。通过这些元素，波提切利让圣奥古斯丁所处的场景达到了基督教精神与古典主义、神圣与凡俗、直觉与理性的平衡。文艺复兴时期的艺术理论家乔尔乔·瓦萨里赞扬波提切利抓住了奥古斯丁虔诚的凝视与学者的专注（1568）：“通过圣徒的表情，他清楚地表现了思维的力量与洞察的敏锐性，这一点在大多数情况下可以在那些沉思好学的人身上看到，因为他们总是沉浸在对高尚题材的研究与对朦胧探索的追求中。”

对于我们的伦理表达和宗教表达到底是什么意思，我们还没有找到正确的逻辑分析。有人催促我来找一找，结果我好像灵光一闪，马上就清清楚楚地意识到，不但我想不出任何说明来描述我所谓的绝对价值，我还会拒绝任何人一开始以其意义重大为理由而可能给出的每一项意义重大的说明。换言之：我现在明白了这些无意义的说法之所以没有意义，并不是因为我没有找到正确的表达方式，而是因为无意义本身就是它们的本质。

——路德维希·维特根斯坦，
《关于伦理学的演讲》，
1929年

圣奥古斯丁支持柏拉图的观点，认同人们能够通过单纯的思考来证悟永恒且必然的真理，也就是抽象对象。而且和柏拉图一样，他也宣称人们可以通过眼睛来认识现实世界，但要想了解神圣的数学王国，却只能通过灵魂（心智或者思维）来沉思。[51]圣奥古斯丁喜欢沉思数字和形状，是因为他认为神性会通过自然中的几何形式现身：“纵观天地间，它（理性）发现，只有美能带来愉悦：美中有形状，形状中有比例，比例中有数字。它问自己，现实世界中由智慧构想出的这条或那条直线、曲线以及其他线在哪里。结果发现现实世界的水平远不及理性世界，任何真实存在的事物都无法与思维所能看到的东西相比。它一一地分析了所有形状，然后将其纳入了一门叫几何的学科中。”[52]尽管语言不足以描述善，但奥古斯丁认为，圆是最对称的几何图形，在所有图形中能够最好地表达最高层次的真实。[53]

自古代以来，那些不承认知识来自理性思维之外的思想家，便一直在抱怨柏拉图及其门徒的前后不一致：一方面，柏拉图说无法用语言来描述善，普罗提诺也类似地说过“太一”不可言喻；但另一方面，他们又确实在用语言描述这些神圣实体——哪怕用的是自相矛盾且富有诗意的语言。但无论如何，终极的个人现实是不可言喻的这一信念，在西方思想中深深扎下了根。

亚洲数学：不含抽象的归纳

《周髀算经》是中国最古老的天文学和数学著作，约成书于汉朝，但其中包含了年代更为久远的天文学计算成果、用三角测量距离的方法之数学成果，以及勾股定

弦圖

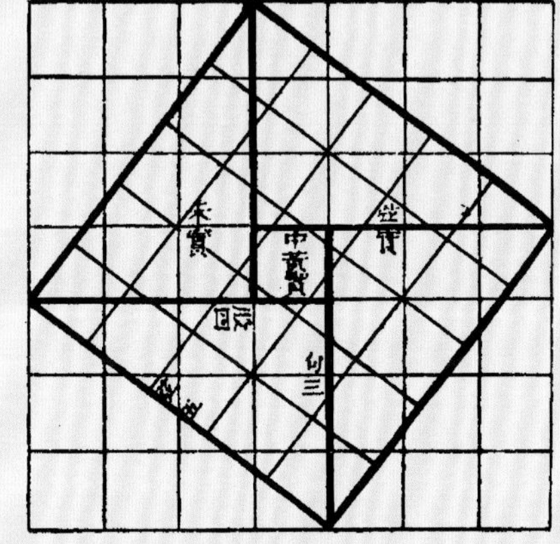

勾股定理

在中国，直角三角形也被称为“勾股形”，指的是木匠所用曲尺的两臂。中国的证明方法基于一种特定的三角形，其边长分别为3、4、5。勾股证明的精髓便是左图，相关讨论则由公元前11世纪的周公与商高之间的对话组成。

1-42.《周髀算经》注文中对勾股定理（毕达哥拉斯定理）的证明，汉朝，公元前206年到公元220年。李约瑟研究所，剑桥，英国。

下图所用的颜色说明了这一定理的证明过程。大正方形由四个相邻的直角三角形组成，边长都是3、4、5，中间留出一个白色正方形，用以补足三角形各边长度的差。用现代的表达式即是$x^2+y^2=z^2$，其中z是斜边。大正方形的面积为25（z^2）。

按照图中箭头所指方向移动两个三角形，可以形成两个较小的正方形，面积分别是9和16，由此便可证明了$x^2+y^2=z^2$。

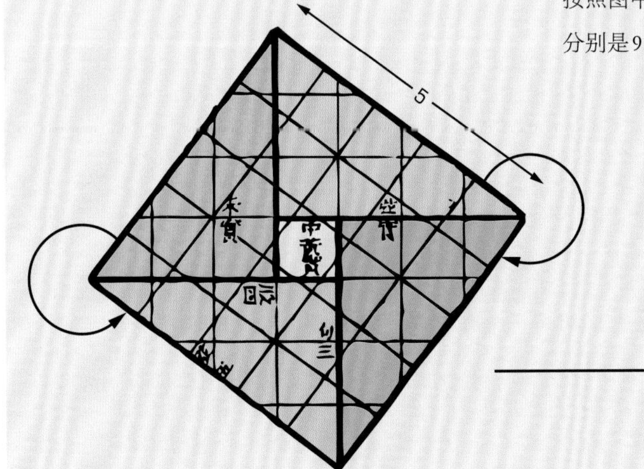

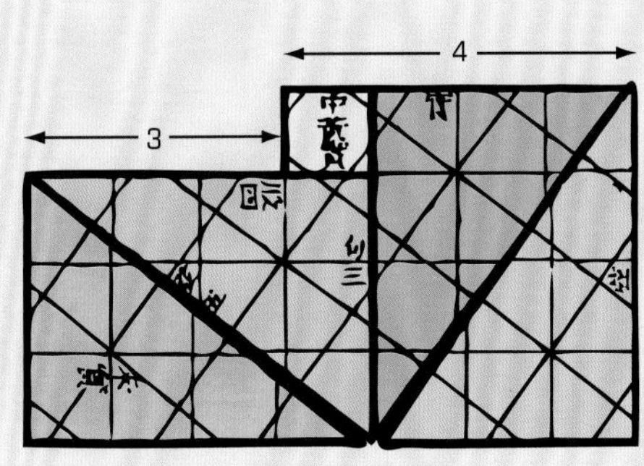

理（毕达哥拉斯定理）的证明。

中国古代最重要的数学著作则是《九章算术》，两千多年来一直是亚洲的数学基础教育课本，就像欧几里得《几何原本》在西方那样。《九章算术》顾名思义分为九章，共包括246个数学问题，成书于公元前100年以前，大约在公元前200年至公元50年间经人修订整理，后又在公元3世纪到7世纪期间被添加了注解。《九章算术》主要讲的是数学的方法与应用，如《方田》讲了如何利用平面图形测量土地，《粟米》则介绍了怎么按照比例规则来折换粮食。书的每一章开头都会先以一个简单的问题为引子，再逐步展开，介绍的应用也会越来越复杂。

中国人特别擅长数字组合。这一点在《洛书》（图1-43）中体现得尤为清楚：横线、纵线、斜线上的各数之和都相等。传说从洛河里爬出来一只神龟，龟背上刻着《洛书》，然后神龟将其交给了夏朝（约公元前2070—约前1600）的创建者大禹。这个三阶幻方（每排三个数字）象征了中国古人的现实观，即世界包含了阴与阳这两种力量，以及金、火、水、木、土这五行（图1-43、1-44、1-45）。与这一体系类似。其他古代文化也曾有过类似为自然界中的事物归类的努力，如毕达哥拉斯派曾通过各种对立的范畴来描述世界（有限与无限、奇与偶、一与多、男与女等），亚里士多德则提出了四大元素（土、气、火、水）加上“第五元素”（以太）。尽管相关传说的起源年代已经失考，但可以肯定的是，中国人最晚在公元前5世纪就已经知道了《洛书》的三阶幻方，而且到公元13世纪时，中国数学家已经开发出了更复杂、更高阶的三维幻方。

1954年，英国学者李约瑟出版了《中国科学技术史》系列的第一卷后，中国人对数学的广泛贡献才终于开始受到东西方学者的注意。李约瑟是一位政治上很活跃的人道主义者，在冷战期间发起这个宏大的研究项目，是希望更多的人能够了解数学和科学，以及跨越国界的知识积累，进而让全世界人民团结起来。[54]在这个系列中，李约瑟通过把社会、政治、经济方面的因素分离出来，为东方和西方为何能在不同时期发现同样的数学和科学真理提供了解释。他指出，古代中国是官本位社会，从公元前2100年左右夏朝建立到公元前256年周朝灭亡，一直处于诸侯与王权的统治之下；从公元前221年秦始皇统一中国到1911年清朝灭亡，则一直处于皇权统治之下，所以中国的数学更专注于实际应用方面，如土地测量、历法编制、账目记录等。

自李约瑟的著作出版半个多世纪以来，有关中西方数学的对比已经变得司空见惯，说中国数学讲求实际应用，惯于分析个案，故而总结积累了大量的算法；而希腊数学则偏重理论，更多从特殊性开始，归纳出一般性，故而后来才有了欧几里得的演绎证明法。但随着《九章算术》分别于1999年、2004年首次被翻译成英文与法文，学者们近来也开始提出一些更为细致入微的见解。[55]比如《九章算术》的法文版译者林力娜就主张，中国的数学著作中会讨论实用规则的有效性，这在一定程度上可以算作某种非正式的证明。按照希腊数学的观点，归纳总是与抽象有关，但林力娜认为，归纳与抽象其实可以分开。她将中国的数学描述为不含抽象的归纳，从某种意义上讲，中国古代数学著作中从来没有用抽象的术语来陈述其中的规则，但讨论的具体案例实际上被当成了范例，暗含了一种更为普遍的推论。[56]的确，目前还没有发现什么书面证据能证明中国的数学家发明过缜密的证明方式，或者将他们的一道道例题组成了一个类似欧几里得公理法的数学系统。但是，他们也确实曾经给出过如勾股定理的图解这般清晰明白的例子，而且比起直截了当的“证明”，我们能从中了解到更丰富的内容。这种从具体图解中得出一般性推论的例子，我们在有关勾股定理讨论的最后就能看到。据《周髀算经》记载，商高向周公陈述完定理后，总结道：“是故知地者智，知天者圣。智出于句，句出于矩。夫矩之于数，其裁制万物，唯所为耳。”[57]在中国人的思维中，“万物”指的就是宇宙中的一切事物。在李约瑟之后，东西方学者——且不论对李约瑟是褒是贬——讨论亚洲数学的历史时，都会仿效他的方法，将其置于更为广阔的历史语境当中。[58]

除了将影响中国数学发展的独特社会、政治、经济因素分离出来，李约瑟还考量了中国的宗教观与哲学观——毕竟，人们思考终极现实的方式与他们思考数学的方式有着直接关系。所有从古代亚洲发源的宗教或哲学，无论是创世神话还是宇宙论，里面都不存在一位将秩序加之于混乱、强制执行自然法则的神灵。因此，李约瑟及其后的学者认为，亚洲的数学与科学之所以未能越过初级阶段，关键就在于儒家、道家或者印度教、佛教中从来都没有出现过类似的设想，认为有一个永恒、超验的数学外在世界供人去探索，或者有什么自然法则供人去发现。[59]

公元前6世纪时，孔子创立了儒家学说，其中有关如何对待他人的内容，虽然属于伦理学范畴，是一种道德教义，看起来并不包含什么数学的东西，但其实孔子探讨的是群体中的个人在森严的等级制度下应该如何和谐有序地共处。[60]从传统上来讲，孔子哲学中包括神奇的易学系统，在《易经》这部占卜书中有详细描述。该系统起初只是一些有关动物、天气、人类情感的预言和谚语，但到了孔子生活的那个时代，已经发展成为一种探赜索隐、预测未来的方法。《易经》推演出的六十四卦（图1-46、1-47、1-48）有好几种排列方式，其中一种进入了儒学正典并沿用至今，通常被认为由伏羲创造——伏羲是中国古代神话传说中的人物，曾在公元前29世纪（埃及塞加拉阶梯金字塔之前大约二百年）统治中国。尽管同毕达哥拉斯或柏拉图的体系一样，《易经》最初是古人认识自然界数学规律的一种尝试，但后来却“退化”成了替新事件分类的方式：为事件指定一个数字，再通过该数字相关的文字说明来给出解释。如此一来，《易经》便陷入了僵局，似乎不再进一步鼓励人们探索自然。不过，它的抽象形式仍然给这一系统戴上了权威的光环，所以在之后的两千多年中

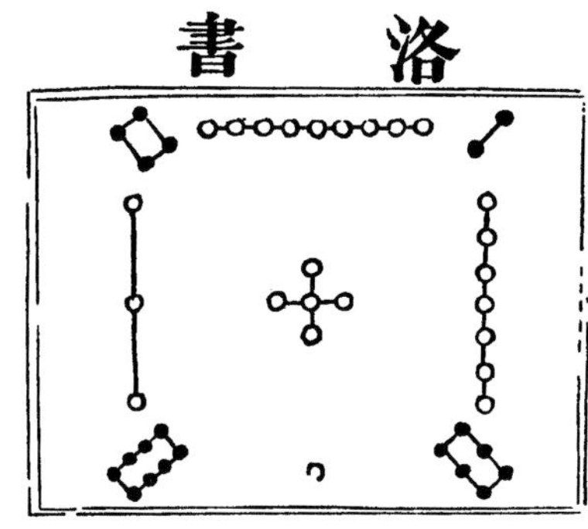

1-43.洛书，出自朱熹的《周易本义》（公元12世纪），由胡渭于1706年在《易图明辨》一书第一章中重新刊出。李约瑟研究所，剑桥，英国。

《洛书》（幻方）代表着古代中国对现实世界的看法，其中包含了阴阳这两种对立的力量。阴是雌性本源，由偶数代表，以黑点表示；阳是雄性本源，由奇数代表，以白点表示。

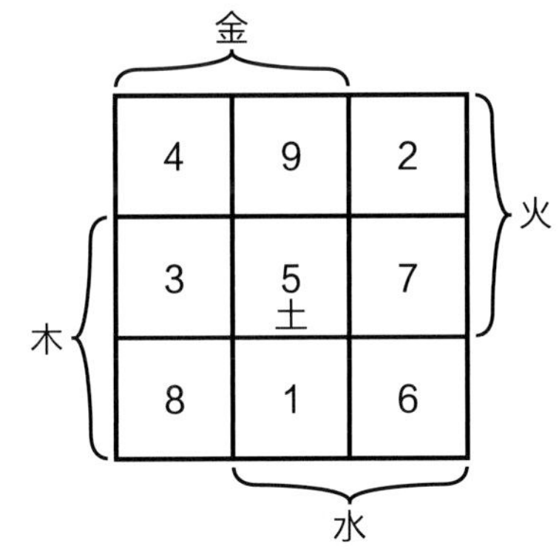

1-44.图中的四个阴阳对（奇偶对）排布在边缘，分别代表金、火、水、木；数字5则位于中间，代表土。

1-45.阴与阳

阴是雌性或负本源（特点是被动、寒冷、黑暗），而阳是雄性或正本源（特点是主动、温暖、光明）。现象世界通过这两种宇宙力的分解和融合形成。

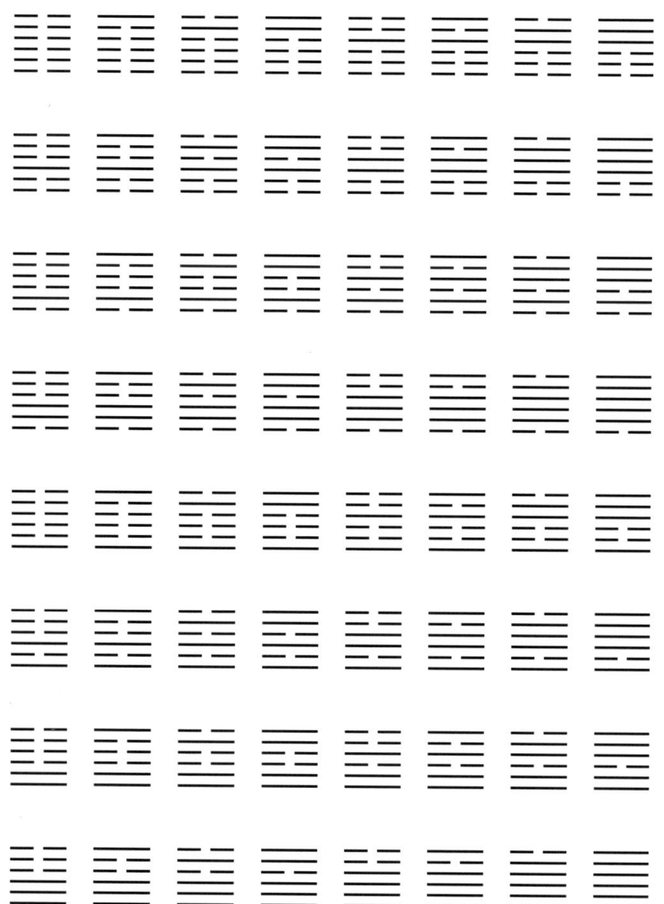

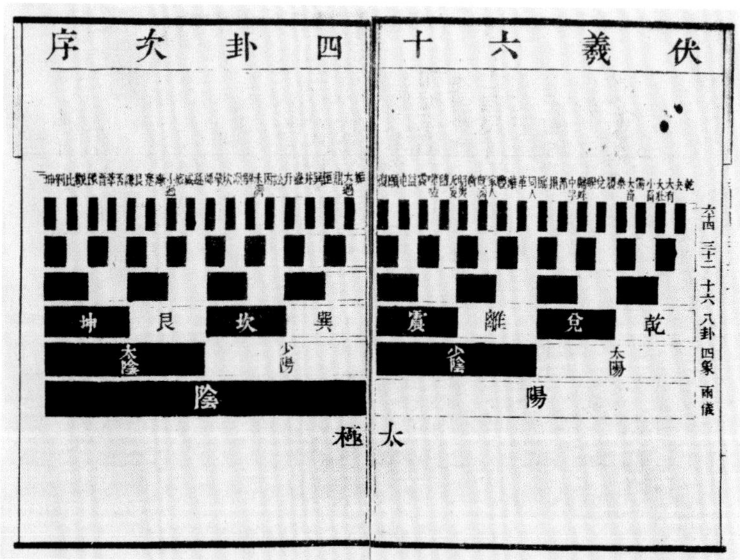

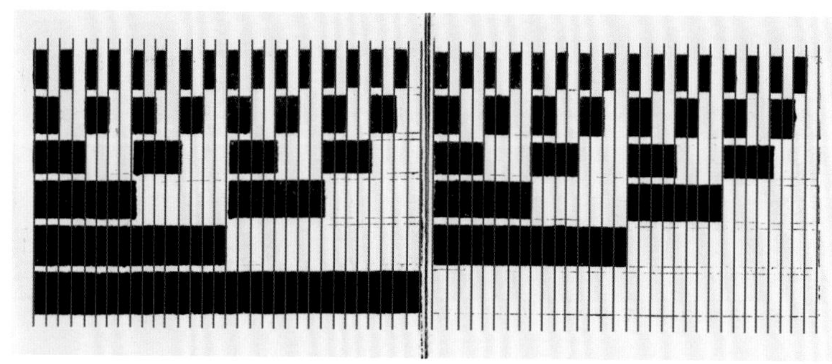

左

1-46.伏羲六十四卦。

《易经》中包括了六十四幅图，即所谓的六十四卦，每卦都由六行或完整或断续的平行线（阳爻、阴爻）组成。每一幅图都有一段简单的文字，一般认为是周文王所作。传统上的《易经》占筮仪式，需要煞费苦心操作特制的小木棍，摆出以上六十四卦之一，耗时很长。但当代人使用《易经》时已经舍弃了这种仪式，比如在亚洲街头很常见的算命摊位上，只要把硬币扔出去，便可以很快得到一个数字。而数字一旦定下来，算命先生便会根据顾客的问题确定其中的含义，给出相关的解释。例如，与第一卦（右下方角落的六行完整的平行线）相关的文字预测的是："元亨利贞。"六十四卦的解释文字都是这种内容所指不甚明确的风格，所以才需要有人按照特定的情况解卦。

右上

1-47.伏羲六十四卦次序图，原出自朱熹的《周易本义》（公元12世纪），由胡渭于1706年在《易图明辨》第七章中重刊。李约瑟研究所，剑桥，英国。

右下

1-48.伏羲六十四卦次序图。

伏羲六十四卦次序图的阅读次序从右下角开始，从右至左，从下至上。故老相传，这种安排出自伏羲，基于图1-47所示的次序图。最下一行（白色）代表宇宙中无形的混沌（太极），到了第一层便分裂形成阴（黑暗）和阳（光明），但每一个都在隐秘状态下保留着自己的对立面。到了下一个层次时，黑暗与光明会再次分裂。这种阴阳之分持续进行，其过程不存在逻辑性结尾，但传统上到了第六层便会结束，形成六十四卦。

这张图告诉我们六十四卦的推演过程。图中的白色可视作整线（阳爻），黑色可视作断线（阴爻）。我们首先沿垂直方向画线，将全图分为六十栏，即六十四卦；每栏共有六行，即六爻，然后从右下角开始，从下往上、从右往左一一看过去，便是伏羲六十四卦次序了。

对页

1-49.范宽（中国人，约950—1032），《溪山行旅图》，约1000—1020年。绢本设色立轴，206.3厘米 × 103.3厘米，台北故宫博物院。

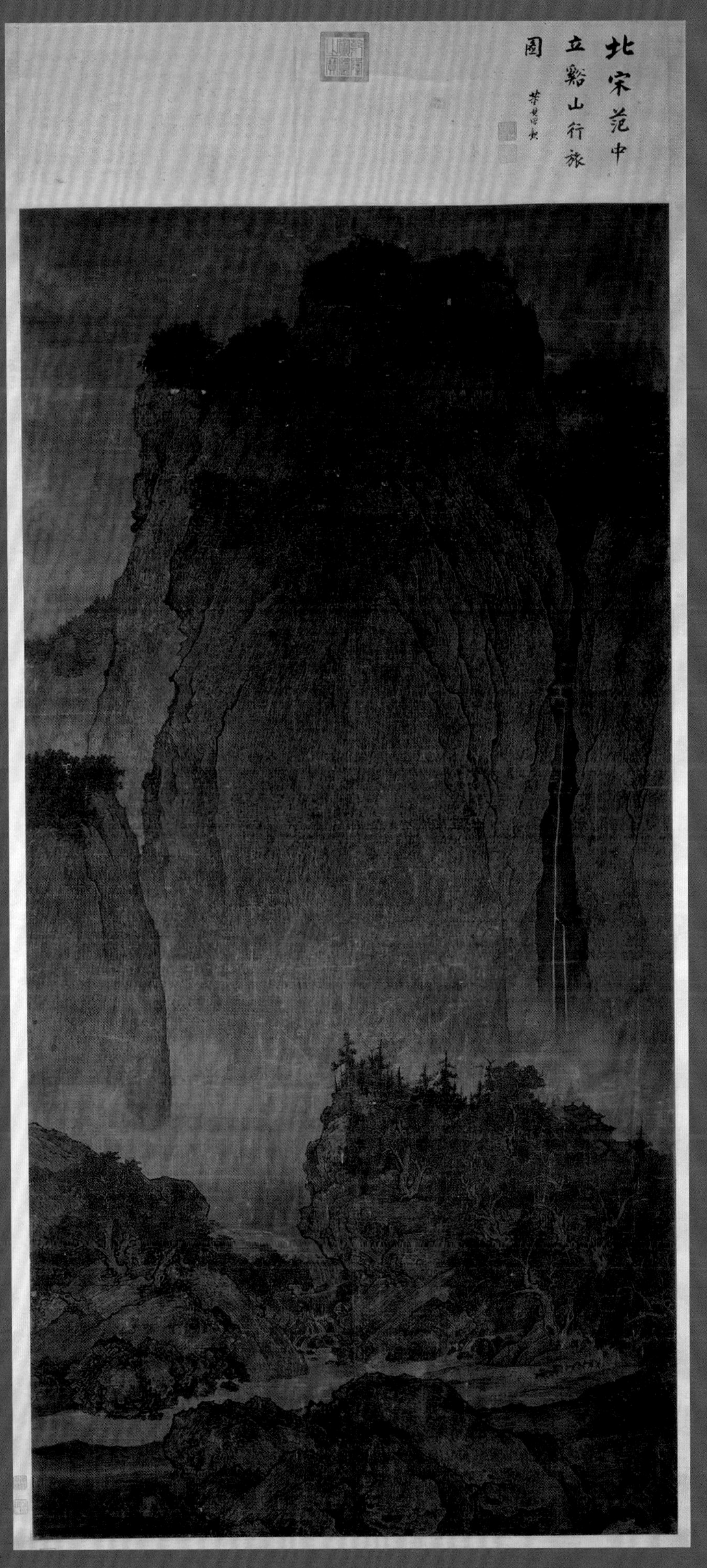

人法地，地法天，

天法道，道法自然。

——老子，

《道德经》，

约公元前4世纪

依旧吸引了很多亚洲人。

道家崛起时，中国正值战国时期（约公元前475—前221），政治环境极度动荡。人们为了躲避战祸，纷纷离开城市，去往农村生活，与和平、和谐的自然世界为伴。道家哲学的创始人老子大约生活在公元前4世纪，与欧几里得是同代人。老子认为天地并没有得到什么超自然存在的帮助，而是按照自然的法则，自发从无形的虚空中产生、形成。“道”可以按字面意思理解为“道路”，但实际上有着更宽泛的意义，指的是“自然秩序”。要了解“道”，就要与宇宙保持和谐，而宇宙是一个自给自足的有机统一体，人类只是其中很小的一部分。这种观点在中国宋朝（960—1279）的山水画（图1-49、1-50）中尤其表现得淋漓尽致。在一些创世神话中，某种超自然存在设计了世界的秩序，引得人类苦苦求索，但道家哲学里并没有这样的创世神话。按照道家的观点，自然非常复杂，根本不存在人们能发现的简单规律；事实上，终极实相根本无法被人类知晓。继承发展了老子思想的庄子则提出，自然界的运行依靠的是某种客观且不可抗拒的机械装置，即隐藏的“机缄”：“天其运乎！地其处乎！日月其争于所乎？孰主张是？孰为纲是？孰居无事推而不是？意者其有机缄而不得已邪？意其运转而不能自止邪？”[61]

印度教的兴起时代差不多与希腊数学的发展时代相同。印度哲学家将世界划分为两种：一种为虚幻、易逝、能被感知到的物质世界（外在世界），一种为完美、无限、只包含纯粹思维的精神世界（无性别的宇宙精神）——梵天。而对于梵天，人类只能通过思想来认识。但同柏拉图的理型论不同的是，印度教的梵天（纯粹、无形的非人类思维）是一种无固定形式的原始虚无。因此，在西方发展出仅凭思维本身来认识数学外在世界的传统时，印度人则发展出了通过冥想来了解无形宇宙精神（梵天）的传统。

梵天的概念大约在公元前800年开始出现在许多梵文典籍中，人们把它们统称为“奥义书”。这些典籍同时也为神职机构与世袭社会阶级提供了理论基础，最终催生了印度的种姓制度。佛祖释迦牟尼生活在公元前6世纪末至前5世纪初，原本是古印度北部迦毗罗卫国（今尼泊尔南部地区）的一位王子，放弃了优渥的生活，苦行修道，成为宗教改革家。他反对种姓制度，认为人人皆可开悟，通过智慧到达涅槃的彼岸。每个人都要经历出生、死亡，再转世投胎，回到尘世之中，但每个人也可以通过冥想和苦行，来逃脱无限的轮回，与宇宙精神（梵天）达成永恒的统一。遵循释迦牟尼的训诫，追随者们纷纷远离尘世生活。佛教僧人先是在印度修寺建庙弘扬佛法，后来又沿丝绸之路一路往东去了中国。佛教传入后，中国人将“道”与“梵”融合在一起，使得“道法自然”成了佛教开悟的关键。

道教与佛教随贸易通商向西传入波斯后，可能还对希腊思想产生了一定影响。东西方的宗教监管存在巨大差别，比如西方宗教里有位格神，东方宗教里却没有，

1-50.宫岛达男（日本人，1957— ），《不断变化，连接万物，持续永恒》，1998年。发光二极管、集成电路、电线、塑料、铝板、铁，288厘米×384厘米×13厘米。东京都现代美术馆，图片由艺术家和白石当代艺术有限公司提供。

同中国宋朝的山水画家一样，日本当代艺术家宫岛达男要表达的也是一种道家哲学：不断变化，连接万物，持续永恒。观者站在一套忽明忽灭的灯光网格前，每一个发光二极管都与另一个以某种方式相连，一个熄灭时另一个就会点亮。观者能凭直觉感受到图案背后存在某种规律，但因为实在太复杂，并不能分辨出来。这件艺术作品以此将自然界各个动态、变化的部分，如树木、石头、云彩等，形象化地表现为了一个和谐的整体。

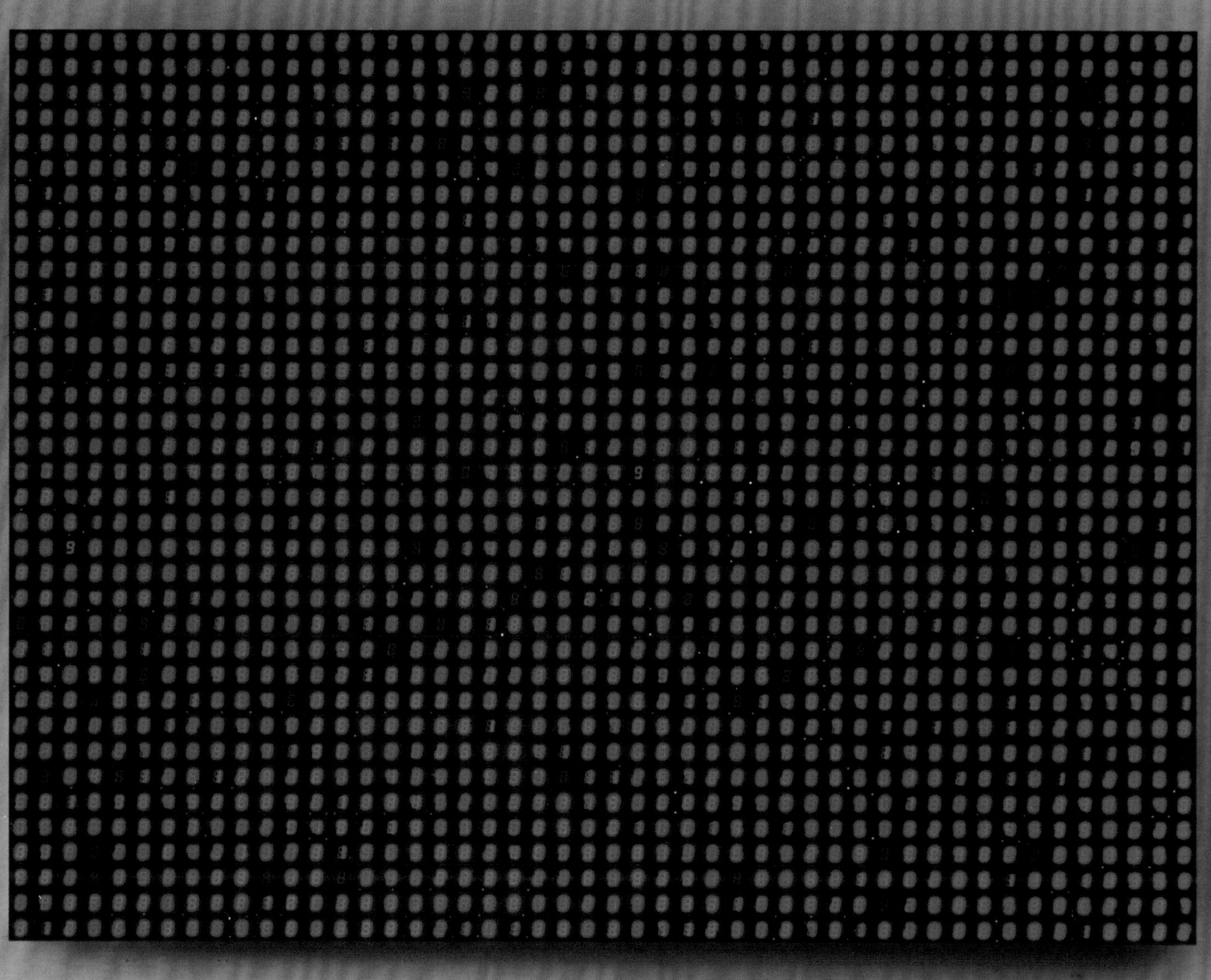

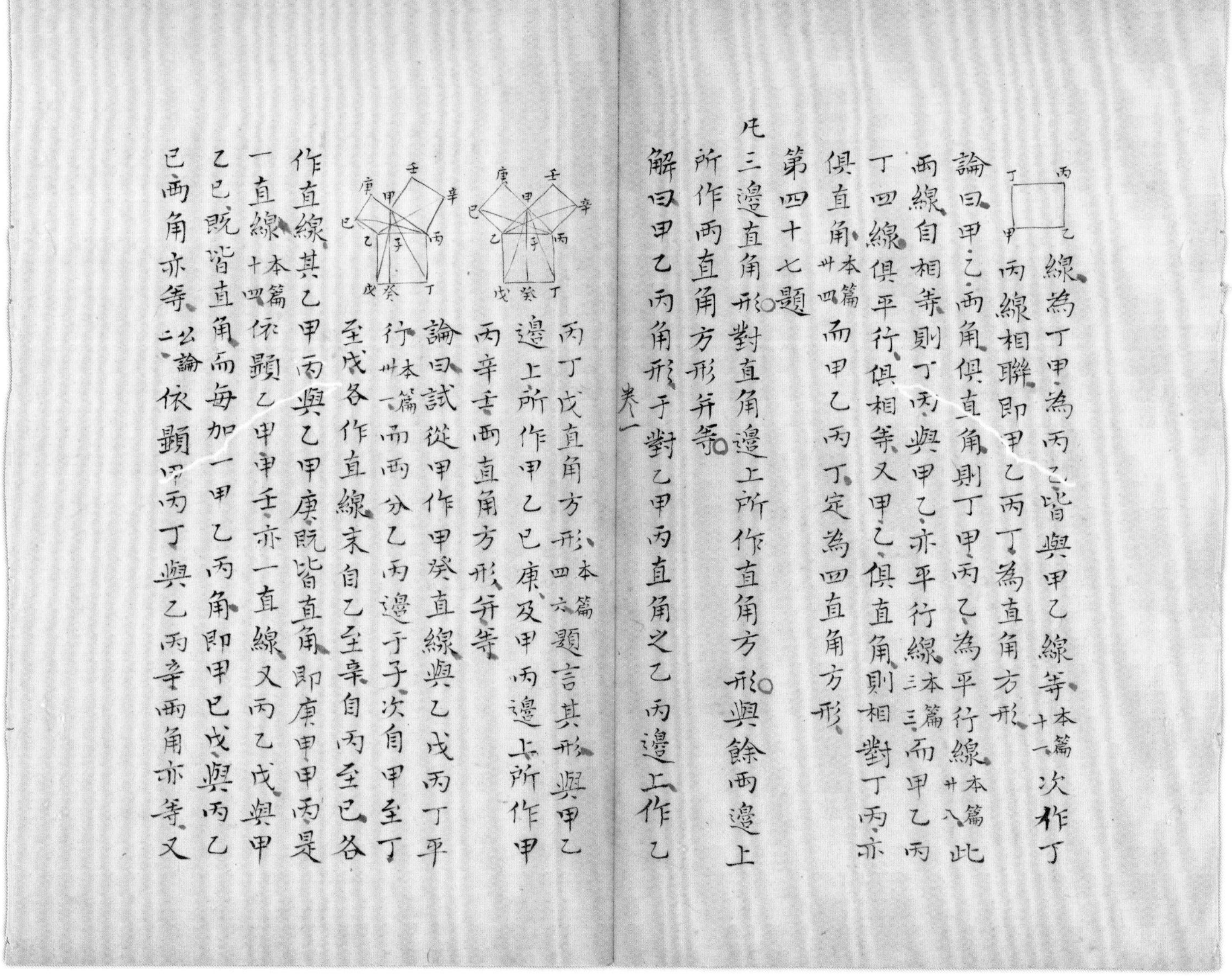

線為丁甲為丙乙皆與甲乙線等本篇十一次作丁
丙線相聯即甲乙丙丁為直角方形
論曰甲乙丙角俱直角則丁甲丙乙為平行線本篇廿八此
兩線自相等則丁丙與甲乙亦平行線本篇三三而甲乙丙
丁四線俱平行俱相等又甲乙俱直角則相對丁丙亦
俱直角本篇卅四而甲乙丙丁定為四直角方形
第四十七題
凡三邊直角形對直角邊上所作直角方形與餘兩邊上
所作兩直角方形并等
解曰甲乙丙角形于對乙甲丙直角之乙丙邊上作乙
卷一
丙丁戊直角方形本篇四六題言其形與甲乙
邊上所作甲乙己庚及甲丙邊上所作甲
丙辛壬兩直角方形并等
論曰試從甲作甲癸直線與乙戊丙丁平
行本篇卅一而兩分乙丙邊于子次自甲至丁
至戊各作直線末自乙至壬自丙至己各
作直線其乙甲丙與乙甲庚既皆直角即庚甲甲丙是
一直線本篇十四依顯乙甲甲壬亦一直線又丙乙戊與甲
乙己既皆直角而每加一甲乙丙角即甲乙戊與丙乙
己兩角亦等一公論依顯甲丙丁與乙丙辛兩角亦等又

1-51. 欧几里得《几何原本》的中文译本，由利玛窦与徐光启共同翻译，1607年。图为19世纪的复制品。澳大利亚国家图书馆。

中国数学家证明了勾股定理（图1-42）大约1500年之后，耶稣会传教士利玛窦与中国学者徐光启又向他们介绍了这一证明的希腊版本：1607年，二人将《几何原本》前六卷译成了中文。

但学者们还是注意到了二者有许多相似之处，比如西方的神秘传统中有希腊的神秘崇拜、新柏拉图主义、早期基督教，东方的道教和佛教则有自然神秘主义、冥想实践、转世重生信念等。有关这一主题的文献汗牛充栋，根据大部分专家的看法，东方思想对西方神秘传统的影响似乎不太可能，但也不能排除其可能性，因为大量证据表明，东西方在古代便早有交流。[62]据历史学家希罗多德的记述，希腊哲学家曾在公元前5世纪到过埃及，并在那里学到了灵魂轮回的（印度）教义。希罗多德与苏格拉底是同代人，故而可以认为他提到的这些前苏格拉底哲学家中，应该就包括曾向人传授过这一教义的毕达哥拉斯。[63]公元前327年亚历山大大帝南征印度之后，印度思想便开始在古典文献中被广泛提及。印度的苦行僧（所谓“裸体修行者”）为了追求开悟，舍弃了衣食等物质享受，引发了希腊和罗马哲学家的极大兴趣。公元3世纪时，希腊传记作家第欧根尼·拉尔修曾编写《名哲言行录》，介绍他了解的所有希腊与罗马哲学家，而开篇便把裸体修行者列为哲学的鼻祖之一。[64]新柏拉图主义哲学家波菲利曾在公元3世纪记录道，自己的老师普罗提诺在亚历山大港接受教育时，便曾试图从旅行或书本中学习东方智慧。[65]尽管影响的直接途径和优先级尚难确定，但历史学家一般还是会在地中海与东方思想的广义语境下，来考察希腊的神秘崇拜、早期基督教、佛教、道教思想。

公元7世纪，伊斯兰教在中东兴起，东西方贸易的通道由此中断，商业贸易与知识交流也关上了大门。到文艺复兴时期，通商重新恢复，耶稣会传教士于16世纪末抵达中国与日本，了解了宋朝的印刷术和明朝的制瓷术后，发现其在发展程度上远远超过了西方。当然，他们也把欧几里得的《几何原本》引介（或者说再次引介）到了亚洲（图1-51）。

西方古典文化的重生

公元1世纪左右，希腊沦为罗马人的殖民地，人们对理性力量的信仰受到了严重动摇；而罗马沦丧于蛮族之手后，人们则干脆对理性彻底失去了信心。公元500年左右，东正教僧侣、神秘主义者伪狄奥尼修斯大法官（之所以这样称呼他，是因为他著述时假借了狄奥尼修斯的名字）构建了一个极端版的不可言喻性，说“太一”太过超验，太过不可理解，只能用否定法来间接认识。这种所谓的否定神学主要阐述了“太一”不是什么。“太一”的追求者要踏上一条名为“否定之路”（via negativa）

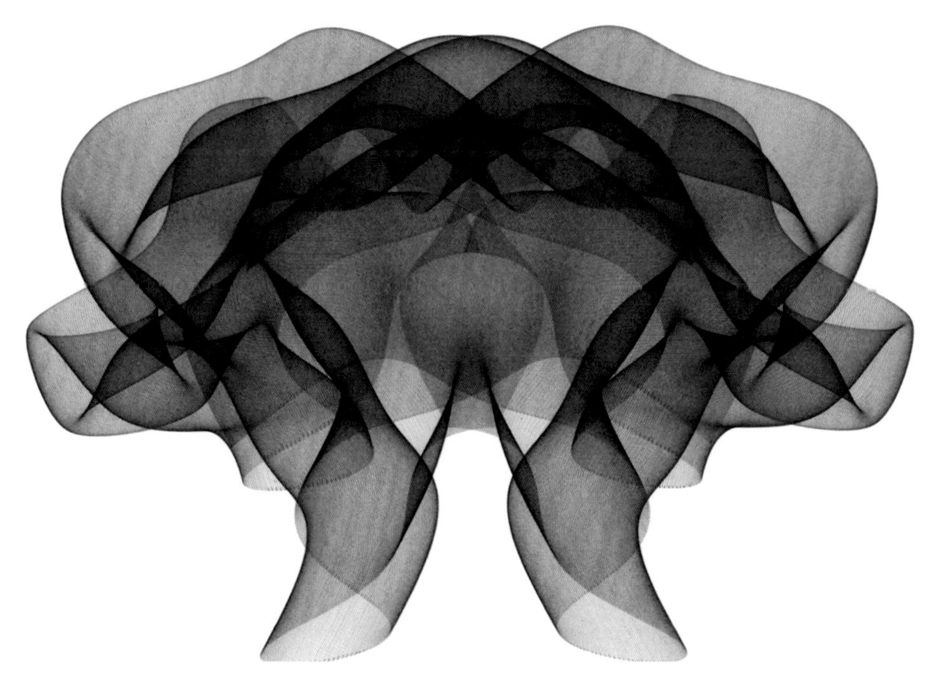

1-52. 罗曼·凡罗斯科（美国人，1929— ），《不知之云》，1998年。笔式绘图仪绘，29.2厘米 × 36.8厘米。图片由艺术家提供。

美国当代艺术家罗曼·凡罗斯科以这幅计算机绘制的作品，向14世纪英格兰的一位无名僧侣致敬。这名僧侣著有《不知之云》一书，内容主要是给伪狄奥尼修斯神秘传统中的冥想提供灵性指导。按书中的说法，纯粹的存在没有具体形象或者实际形态，所以最终无法被我们理解。凡罗斯科曾就读于宾夕法尼亚州圣文森特本笃会神学院，1955年取得哲学学士学位后，学习了计算机编程与美术方面的课程，但仍然保持着同神学院的联系和对哲学的兴趣。1995年，凡罗斯科与他人共同建立了“算术家”一个国际性的艺术家团体。他们的艺术作品就像中世纪圣歌和计算机绘图一样，都是通过不断重复简单的规则（算法）创作而成。

的内心旅程，驱除所有的先入之见，因为只有在此之后，神圣真理才会显身（图1-52）。同奥古斯丁一样，伪狄奥尼修斯也进行了数学类比，把无限的神（太一）与数字1作了比较。按照他的神学视角，伪狄奥尼修斯把1设想成了一个生成一切数字的单子："因为即使在一个单子中，每个数字都已事先以单元的形式存在其中，每个单子都逐个包含了所有数字。"[66]伪狄奥尼修斯发现，观察、倾听、触碰世间的美好事物能有助于他把精神提升至不可见的非物质领域，并称之为"神秘解释法"（anagogicus mos）："要想把精神提高到属天等次的那种非物质描述和沉思，我们就只能使用与之相称的物质引导，将可见的美视为不可见之美的映像。"[67]图像和几何图形这类借助光线便能被眼睛看到的物体，尤其能让人有身临其境之感，因为它们映射了神圣之光："一切美好、完美的礼物都来自上天，从光之父那里降临人间。"[68]

上、对页

1-53.《几何原本》手抄本的第一页与部分细节，约1309—1316年，底本为12世纪的拉丁语译本，由巴斯的阿德拉尔德根据阿拉伯语译本转译，法国巴黎。牛皮纸，蛋彩画。©大英图书馆理事会。

这份14世纪的抄本，是现存最古老的《几何原本》拉丁语译本，由英格兰僧侣阿德拉尔德从阿拉伯语译本转译，大约在1120年翻译完成。页眉处的文字意思是"欧几里得几何著作第一部分"，右侧边栏绘有几何图形。正文第一行的内容是"点不可再分割"；几何则化身为一位妇人，在彩色"P"中（详见上图）第一次出场亮相。她正在用欧几里得的工具——三角板（直尺）和两脚规（圆规的一种）——给一群僧侣上课。两个认真听讲的学生手指着图形，妇人则在用圆规测量。但为阿德拉尔德的译本画装饰图的僧侣却不怎么专心，把注意力从几何转向了四边的装饰，画了一些鸟雀，还有一只兔子，页面下方有两个怪物一边用尾巴平衡住身体，一边决斗；页面上方则是一个脚为蹄状的怪物射中了一只灰狐狸，而他的猎狗正狂追不舍。

12世纪初，随着古典文化在西方的普遍复苏，人们对理性的信心也逐渐恢复了。古代经典著作虽然在西方一度失传，但阿拉伯人此前曾翻译过欧几里得的《几何原本》和托勒密的《天文学大成》，并将这些经典在巴格达的智慧宫中保存了下来（图1-53），所以当第一批由阿拉伯语转译为拉丁语的经典著作重新出现后，激起了人们的极大兴趣。在巴黎附近的沙特尔，人们修建了一座新的主教座堂。1142年，沙特尔的蒂埃里出任了该教堂下辖学院的校长。在他的领导下，沙特尔成了一座著名的人文科学研究与古典文化复兴的中心。蒂埃里建议，要研究宗教典籍，就要先全面阅读古代经典，"人要获得造物主的知识，其实还拥有四种推理方法：算术、音乐、几何、天文学"（图1-54、1-55）。[69]蒂埃里的著作中有很多内容都是从神学角度在探讨数学，而且他和伪狄奥尼修斯一样，也认为神等同于"太一"（数字1）："一生各数，数有无穷，故一之力是无穷的，一是全能的。"[70]

在中世纪的西方，建筑师都喜欢把他们设计的罗马式教堂的天花板解读为天穹的象征，比如拜占庭的圣索菲亚大教堂（532—537）便是从俗世的四方地基向上逐渐变成

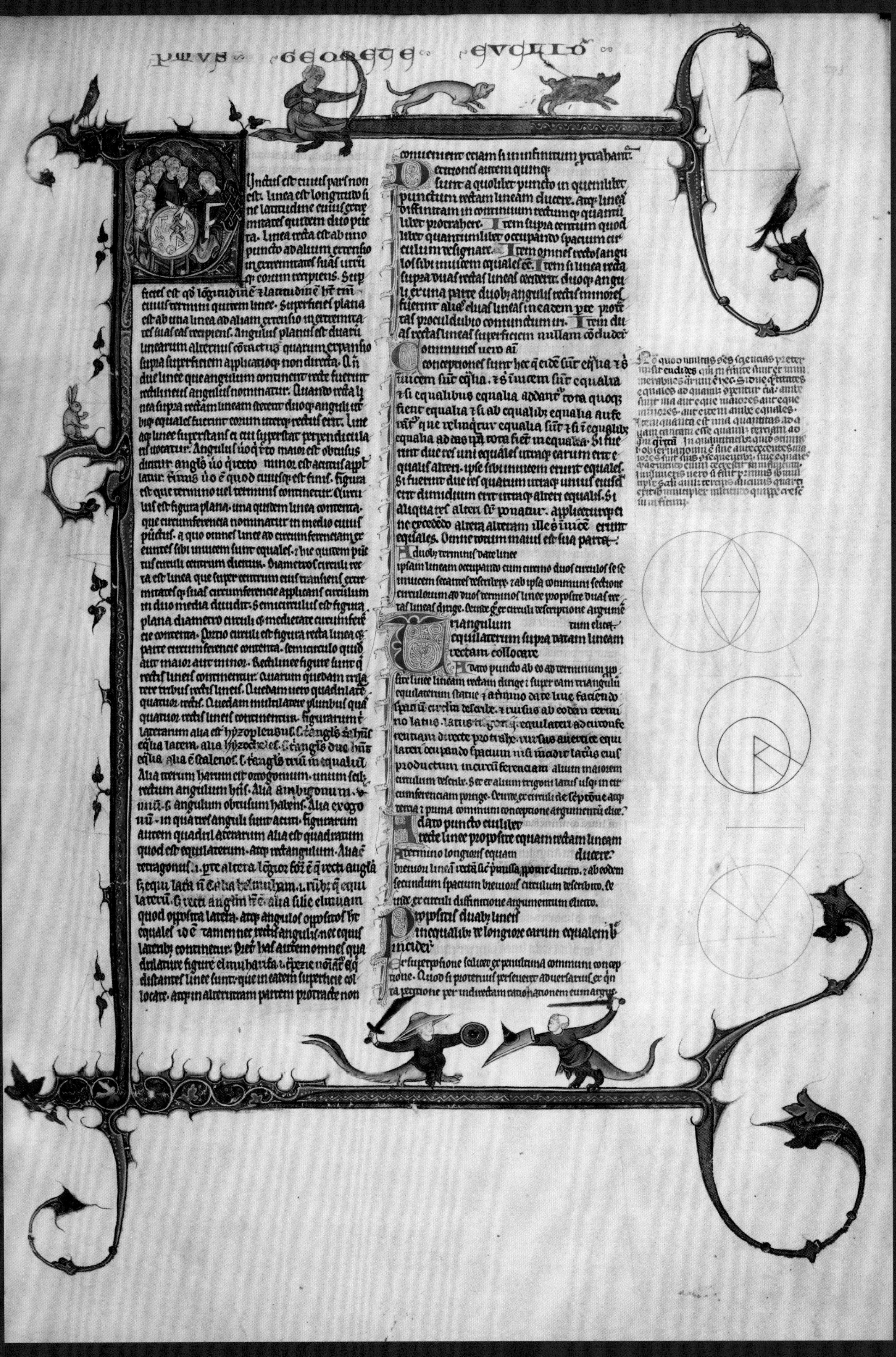
Primus geometrie Euclidis

右

1-54. 沙特尔大教堂西立面，12世纪。

对页

1-55. 沙特尔大教堂西立面南门，1145—1155年。

教堂下辖学院的校长蒂埃里主持了西立面的建筑工程。在南门上（右图）的拱形门饰内，建造者放置了代表七艺的雕像。七艺是蒂埃里教学的核心，包括逻辑（亚里士多德，A）、几何（欧几里得，C）、音乐（毕达哥拉斯，G）。该大教堂是第一座，也是唯一一座包含七艺形象的罗马式或哥特式教堂，只是这些形象出现的地方往往是彩色玻璃或手稿装饰这类不怎么显眼和神圣的地方。

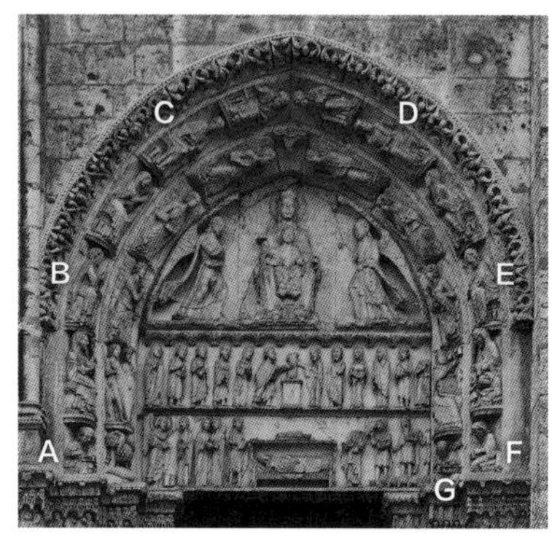

A. 亚里士多德（逻辑）

B. 西塞罗（修辞）

C. 欧几里得（几何）

D. 波爱修斯（算术）

E. 托勒密（天文）

F. 多纳图斯（文法）

G. 毕达哥拉斯（音乐）

我们说神性是万物的存在形式时，并不是指神性是一种必须依托物质而存在，就好像我们所说的三角形或四边形那样。

——沙特尔的蒂埃里，12世纪

A

C

G

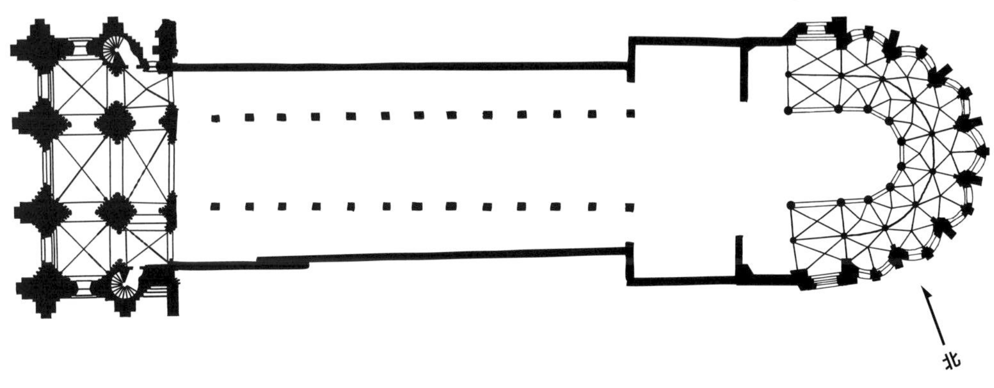

对页

1-56. 圣但尼教堂的回廊，建于1140—1144年。

回廊的修建由修道院院长叙热主持，完成于12世纪；唱诗席的上部（图左上，包括镶有玻璃的拱廊、高窗、礼拜堂的拱顶），则建于13世纪之后。

左上

1-57. 圣保罗像，圣但尼教堂回廊，12世纪三四十年代。彩色玻璃。

《旧约》中的两位先知扛着几袋粮食，送给了耶稣的追随者使徒保罗（右侧推磨者）。保罗把他们带来的谷粒碾成了更易消化的面粉，一如他在众多书信中重新解释十诫（被收入《新约》中），以便让《旧约》中的摩西律法更容易被基督徒接受那般。

左下

1-58. 圣但尼教堂的实际建筑平面图，12世纪。

12世纪初，圣但尼教堂有着厚重的砖墙，中殿上方覆盖着罗马风格的桶形拱顶。1135—1140年，修道院院长叙热开始重建西侧，修筑了两间侧厅，形成了一个新的入口和门厅。然后他又将目光转向东侧，开始从一层的回廊修建新的唱诗席，左为平面图。建于1140—1144年的肋拱、大块的彩色玻璃、融为一体的回廊（图1-56），为哥特式建筑风格的流行拉开了序幕。

了神圣的圆形穹顶。但由于罗马式建筑内部暗如洞穴，庞大的石质穹顶要由厚墙支撑，所以在12世纪早期，这种风格的教堂在法国逐步被哥特式教堂取代了。哥特式教堂的中殿通透，轻质的穹顶搭在肋拱和飞拱上，不再需要用墙来支撑，所以人们便在墙上打出窗户，装上彩色玻璃，让阳光来照亮内部。这种重大转变肇始于12世纪三四十年代的圣但尼教堂重建工程（位于法国北部，在巴黎附近），其主持者为圣但尼修道院的院长叙热（图1-56、1-58）。

凑巧的是，圣但尼修道院名义上的守护圣徒正是伪狄奥尼修斯，而他的一部希腊文原始手稿就存放在修道院的图书馆，还被人译成了拉丁文。[71]于是，叙热才有机会读到了伪狄奥尼修斯的“否定之路”神学，并从中受到启发，使用可见的实物

右

1-59.格哈德·里希特（德国人，1932—），《永恒之窗》，2007年。彩色玻璃，科隆大教堂（始建于1248），南侧耳堂。

对页

1-60.托马斯·施特鲁特（德国人，1954—），《科隆大教堂》，2007年。显色印刷，第十版，200.34厘米×61.29厘米。图片由艺术家和纽约玛丽安·古德曼画廊提供。©托马斯·施特鲁特。

第二次世界大战期间，科隆市遭到了猛烈轰炸，好在该城建于中世纪的大教堂幸免于难，仅有南侧耳堂的彩色玻璃窗被震碎。2007年，科隆大主教管区为了换下战后安装的普通玻璃，委托德国艺术家格哈德·里希特设计了新的窗户。里希特采用了超越时间而存在的形状——方形与矩形——来装饰彩色玻璃，故称之为“永恒之窗”。

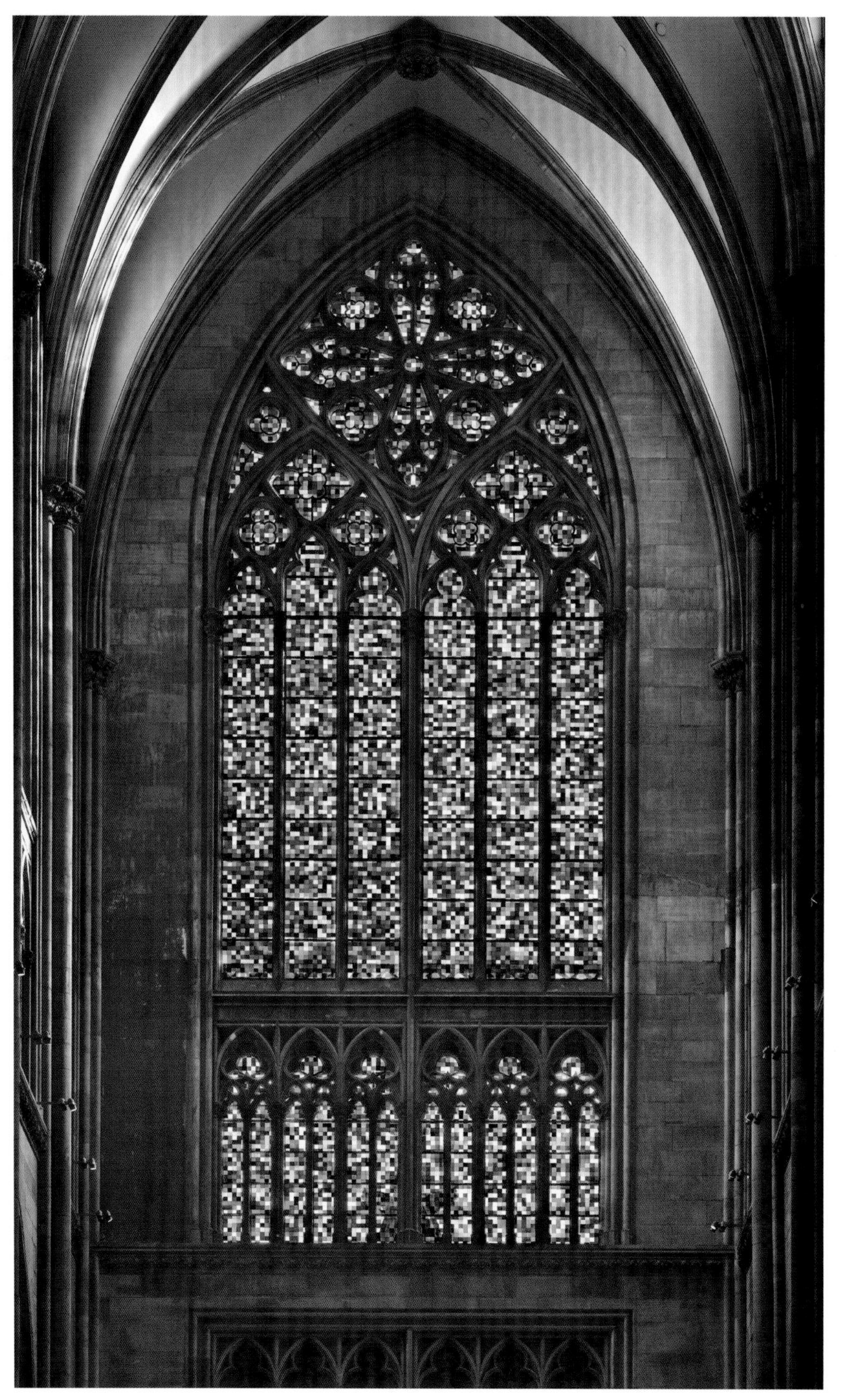

（建筑物中的石头和玻璃），来超越至更高层次的不可见神圣实相。叙热循着伪狄奥尼修斯的神秘解释法，宣称只要对着唱诗席上方的彩色玻璃窗冥想，虔诚的信徒便能从（不完美的）物质世界被带到（完美的）非物质世界中去：“因此，无论在高处还是低处，我们都邀请来自不同地区的大师，用许多双神奇的手绘制了各种绝美的新窗户……其中一扇描绘的是推磨盘的使徒保罗和扛着粮食来磨坊的先知，激励我们要从物质走向非物质。”（图1-57）[72]叙热发现，望着石柱和拱门沉思，也能起到类似的转变作用。[73]

上

1-61. 拉斐尔（意大利人，1483—1520），《雅典学院》，梵蒂冈签字厅，1508—1511 年。壁画。© 梵蒂冈博物馆。

左下

1-62.《雅典学院》局部，毕达哥拉斯的写字板。

下

1-63. 毕达哥拉斯的音乐比例。

毕达哥拉斯画的是四弦竖琴，写字板上方写的则是 ΕΠΟΓΛΟΩΝ（音调）。每根弦上都标有对应的比例：VI，VII，VIII，XII，给出的音程是八度、五度、四度，并用希腊字母写在两根弦之间，代表1 ∶ 2、3 ∶ 2、4 ∶ 3。在竖琴下面，音程的数字关系（1 ∶ 2、2 ∶ 3，3 ∶ 4）组成了一个三角形，其和为10——毕达哥拉斯主义者眼中的神圣数字。毕达哥拉斯的五度相生律在西方音乐曾一度被普遍使用，到18世纪之后才被抛弃：因为音乐家开始采用十二平均律，即将一个八度音阶分为十二个半音，以便让所有音程听上去都很协调。

右下

1-64.《雅典学院》局部，欧几里得正在石板上作图。

拉斐尔画欧几里得时，请的模特是自己的同代人、负责重建圣彼得大教堂的建筑师多纳托·伯拉孟特。壁画中的欧几里得（伯拉孟特）正在绘制两个叠在一起的等边三角形。拉斐尔或许是想通过这个对称图形（尽管并没有出现在欧几里得的《几何原本》中）来表明，古代的几何学正是伯拉孟特能为圣彼得大教堂绘制出对称平面设计图的原因（第二章图2-6）。

在圣但尼教堂，唱诗席被放射状的小礼拜堂所环绕，这种设计的灵感或许来自数学与神学之间的另一种古老联系：天体只会沿着完美的均轮与本轮运行，也就是托勒密在《天文学大成》中记载的行星轨道。[74]沙特尔大教堂在1194年被大火烧毁后，负责重建工程的建筑师便借用了圣但尼教堂的哥特式风格来建造北塔。而到13世纪，亚眠大教堂和科隆大教堂的建成，则标志着哥特式建筑艺术达到了顶峰（图1-59、1-60）。

在文艺复兴的高潮中，基督教中的柏拉图主义在意大利罗马的梵蒂冈得到了表达。画家拉斐尔在他的著名壁画《雅典学院》（1508—1511；图1-61）中总结了这一基督教神学的古典来源。在壁画中央，着红袍的柏拉图和着蓝袍的亚里士多德正在讨论如何获得知识。柏拉图向上指，意思是应该通过沉思“理型”的方式来获得；而亚里士多德则向下指，意思是应该通过观察自然世界并进行归纳的方式来获得。争论双方的两侧各有人物呈现，左边是毕达哥拉斯，代表了算术（图1-62、1-63）；右边是欧几里得，代表了几何（图1-64）。

科学定律：伽利略的运动定律和开普勒的行星运动定律

在拉斐尔的壁画中，柏拉图和亚里士多德都拿着各自的著作（以文艺复兴时期的风格装订）：柏拉图拿的是他那部有关宇宙的对话录《蒂迈欧篇》，亚里士多德拿的则是《尼各马可伦理学》。亚里士多德曾在这本书中写道：“政治意义上的正义有些源自自然，有些源自惯例。源自自然的正义对任何人都有效力，不论人们承认或不承认……有些人认为所有的正义都源自惯例，因为凡源自自然的事物都不会改变，在哪里都有一样的影响，比如火不论在这里还是在波斯都会燃烧，但人们发现正义的概念却会变化。”[75]对此，13世纪的意大利神学家、哲学家托马斯·阿奎那在其著作《神学大全》的著作中做了总结：这种永恒法与惯例之间的区别构成了基督教伦理学的基础。阿奎那认为，亚里士多德所谓的自然法则（永恒法）优先于一切人造的惯例法：“人类的法只有带着正当理性时，才具有法的性质；而且很显然，在这个意义上，它的正当性来自永恒法。但只要偏离了理性，便可被称为不义之法，不具有法的性质，而是具有暴力的性质。”[76]在文艺复兴时期，意大利的伽利略·伽利雷、德意志的约翰尼斯·开普勒都曾试图理解主宰自然界的永恒定律。二人满怀信心地将自然定律从神的意志领域转移到了人的理性领域，促进了西方科学与技术的发展。

在古典时期，柏拉图与亚里士多德的追随者根据定律或者基本原理推导出了一些有关地球与天空的事实后，便没有再继续了（因为按照他们的观点，这些事实其实早已得到了证明）。但伽利略和开普勒重新采用阿基米德的方法，将每一条物理或天文学定律都视为假设，再根据这些假设对事实做出预测，并采取关键的附加步骤，比如观察和实验，来证实或者证伪每个预测。伽利略通过在比萨斜塔上丢下两个大小相同但重量不同的球，形象地证伪了亚里士多德那条历经千年却无人质疑的所谓“不言自明”的基本原则，即较重的物体要比较轻的物体下落得较快。当时，一群人聚在现场，亲眼见证了两个球同时落地的场面。

从1589年开始，伽利略通过一系列实验，系统阐述了有关运动的假设。在这些实验中，他使用了滴漏（水从大容器中流入一个玻璃器皿）来测量铜球从斜面滚下的速度。按他的理解，宇宙就像一个由惯性质量体组成的发条装置，除非受到外力

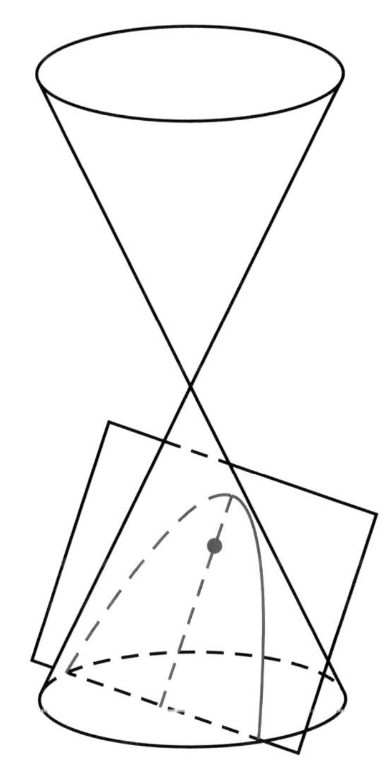

1-65.抛物线。
在《圆锥曲线论》（约公元前200）一书中，佩尔加的阿波罗尼奥斯就曾描述了一种分割（“切割”）圆锥以得到不同曲线的方法，即所谓的圆锥曲线，比如用一个沿不平行于圆锥轴的平面切割圆锥，就可以得到抛物线。

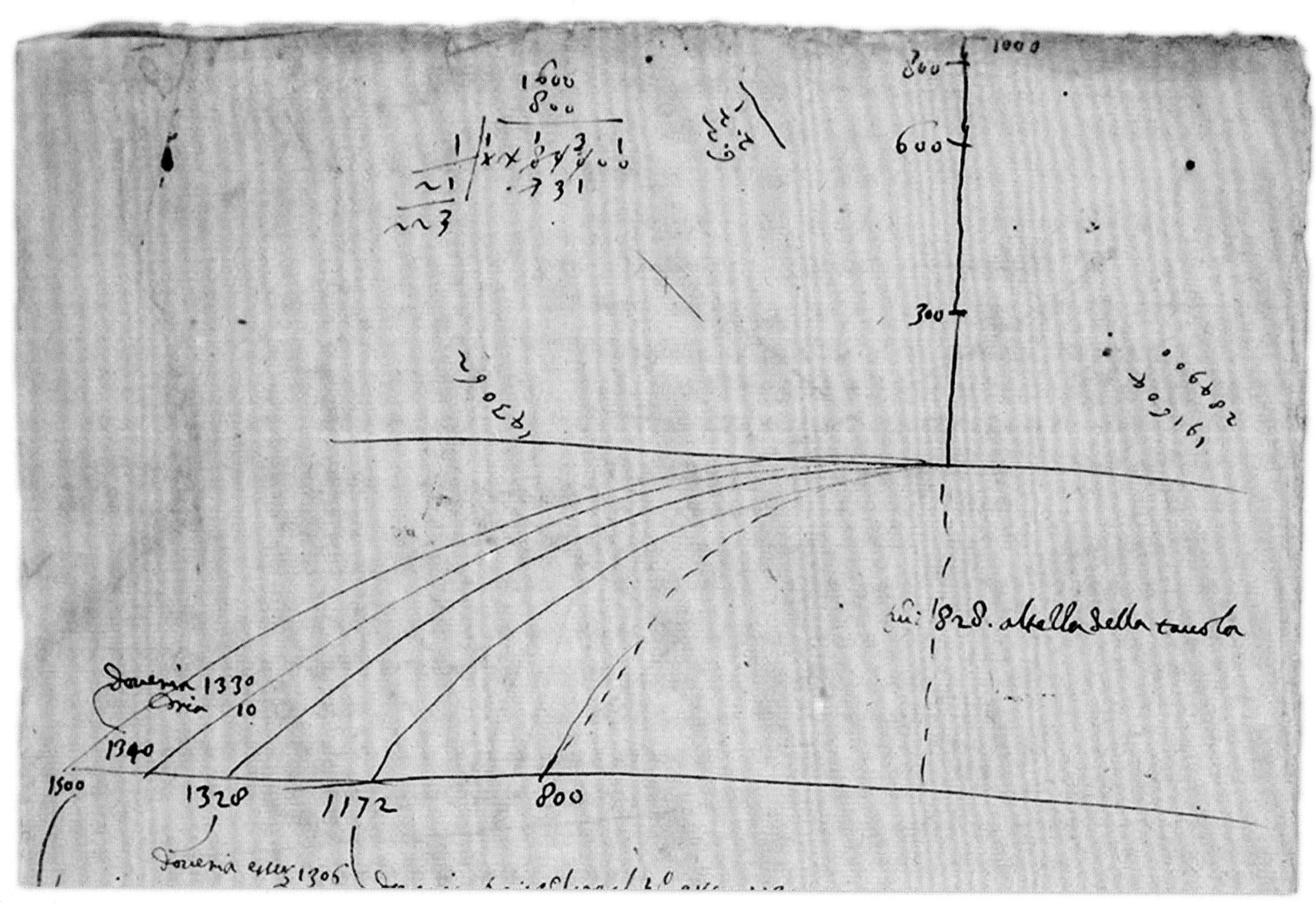

上

1-66. 伽利略·伽利雷（意大利人，1564—1642），关于抛物体抛物线路径的笔记，1608年。

1608年夏，伽利略画了这份抛物体抛物线路径的草图。他将一个黄铜小球从斜面滚下后，在桌子边缘沿水平方向抛出——实验所用的长度单位是punti（“点”，1点约等于0.94毫米）。伽利略将实验装置放在桌子上，桌面距离地面828点（以垂直虚线标记于右下）。他首先将斜面抬高至300点，小球滚下后继续在桌面滚动了一小段距离，然后飞离桌面，落在800点处的地上。随后他把斜面继续抬高到垂直实线上的高度（600、800、1 000点），发现小球的动量越大，沿抛物线路径就飞得越远（分别在1 172、1 328、1 500点处落地）。

对页

1-67. 阿尔泰米西娅·真蒂莱斯基（意大利人，1593—1652），《友第德割下何乐弗尼的头颅》，约1620年。布面油画。199厘米 × 162厘米。佛罗伦萨乌菲齐美术馆。

阿尔泰米西娅·真蒂莱斯基与伽利略在1611年结识，此后保持了几十年的通信。在这幅油画中，真蒂莱斯基描绘了美丽的犹太寡妇友第德的故事：在夜色的掩护下，她和侍女潜入亚述将军何乐弗尼的大营。何乐弗尼的军队已经做好准备，将在拂晓摧毁她们的城市伯修利亚。在迷惑了酒醉的何乐弗尼之后，友第德扯过他的佩刀，砍下了他的首级（《圣经·友第德传》13:7-8）。在真蒂莱斯基的画笔下，将军的血液沿抛物线轨迹喷出，符合伽利略有关抛物体运动的研究。

的作用，否则它们的运动状态就不会发生变化。伽利略发现，除非有另一个力作用在它身上，否则静止的小球便会一直保持静止状态，而运动的小球则会沿着一条直线匀速滚动。他猜想，下落物体的速度会在下落过程中不断增加，于是设计了一个实验，来测量小球在相等时间间隔内滚过的距离。他根据实验的结果预测，小球滚过的距离与所用时间的平方成正比[小球在2秒钟内沿斜坡滚下4英尺（1英尺≈ 0.3米），在3秒钟内滚下9英尺，在4秒钟内滚下16英尺，以此类推]。借助滴漏与落锤，伽利略让时间的流逝成了一种可以被准确测出的量。

在伽利略的时代，人们认为炮弹射出去后，会沿直线运行，然后垂直落地。但伽利略在思考抛物体的飞行路径时，将两种运动结合到了一起（向前的匀速直线运动和垂直向下的加速运动），结果发现二者合起来会形成一条抛物线（图1-66）。早在一千多年

拱的应力线是什么？

伽利略对悬链的描述是错误的，但他认为悬链体现了一种特定的曲线，这一点却是正确的。其他人很快便发现，悬链形成的不是抛物线，而是看上去与之类似的悬链线。如图1-68，英国自然哲学家罗伯特·胡克对悬链（由于自重而受拉）与砖石拱（由于负载而受压）的应力线之间的形状进行了类比（《关于太阳仪和其他仪器的描述》，1675）。苏格兰数学家戴维·格雷戈里第一次用数学描述了悬链线，并评论道："在一个垂直平面内，悬链被倒转后，仍将保持其形状而不下落，形成一条非常细的拱……任何其他形状的拱之所以能够支撑，这是因为在其结构内包括了某种悬链。"换言之，如果在组成拱及其扶壁的石块中（中间三分之一处）存在悬链线，那么这个拱就能稳稳立住。

在伽利略、胡克、格雷戈里用数学描述出拱的应力线之前（也就是17世纪之前），所有的石质建筑，从罗马竞技场庞大的圆拱到科隆大教堂高耸的拱顶，在修建时都只能反复试错，所以许多以拱形为基础的石头拱顶后来都塌了，其中著名的例子包括圣索菲亚大教堂的穹顶（558年倒塌）和法国博韦大教堂的中殿（1284年倒塌）。1666年，一场大火摧毁了伦敦的中心区，将圣保罗大教堂化为一片瓦砾。新教堂的建筑师克里斯多佛·雷恩爵士接受了朋友罗伯特·胡克的建议，在建筑直径为102英尺的拱形圆顶时，遵循了悬链曲线的规律，结果时至今日，圣保罗大教堂的拱顶以及之后按照这一标准建筑的所有石砌拱顶都稳固如初。

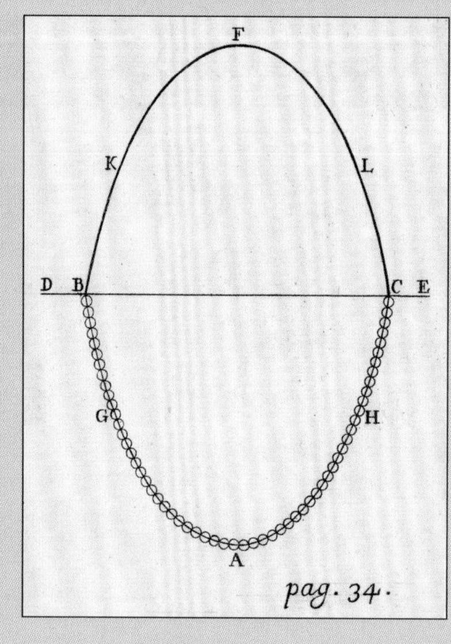

1-68. 罗伯特·胡克的悬链，见乔瓦尼·波伦尼，《梵蒂冈大圆顶的历史记录》（1748），34页，图12。艺术与建筑藏品，米莉亚姆与艾拉·D. 瓦拉赫艺术、版画、照片分馆。纽约公共图书馆，阿斯特、雷诺克斯与蒂尔登基金会。

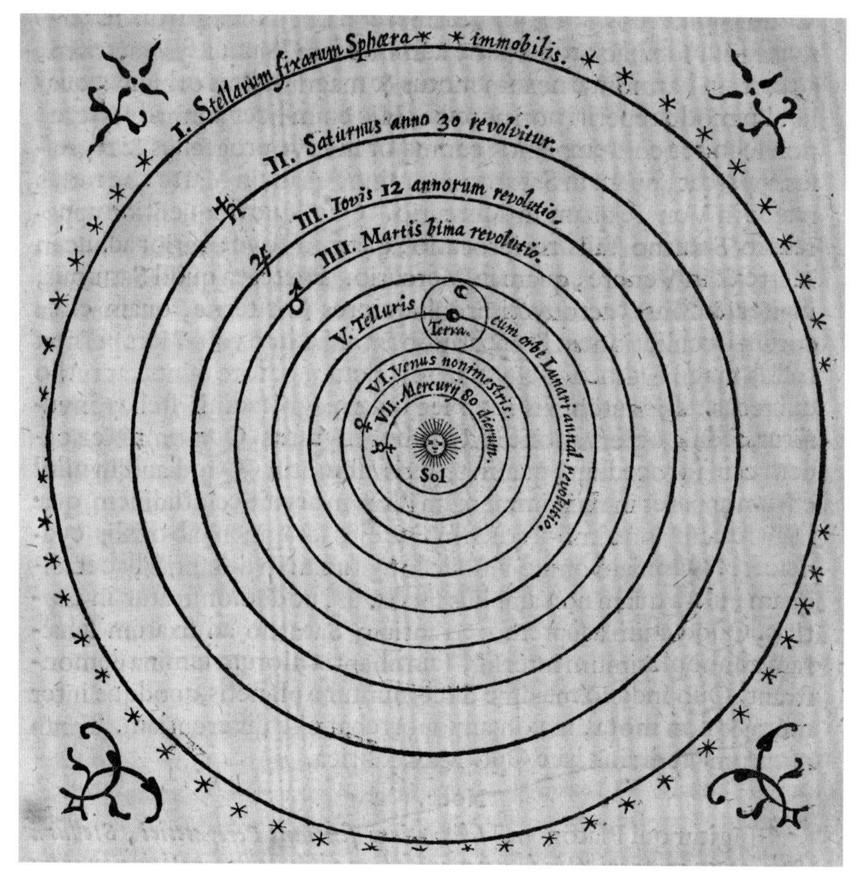

1-69. 尼古拉·哥白尼，宇宙模型，《天体运行论》1543年。科学、工业与商业分馆，纽约公共图书馆，阿斯特、雷诺克斯与蒂尔登基金会。

哥白尼把太阳放到了宇宙的中心，周围环绕着同心球，携带水星、金星、大地（地球及其卫星月球）、火星、木星、土星围绕太阳旋转。最外层球体是固定星辰（恒星）的不动球面。对于那些早已接受了经过基督教改动后的亚里士多德-托勒密模型（图1-35）的人来说，不仅地球被哥白尼降级成了一颗行星，就连"上帝居住的最高天堂"也不复存在了。

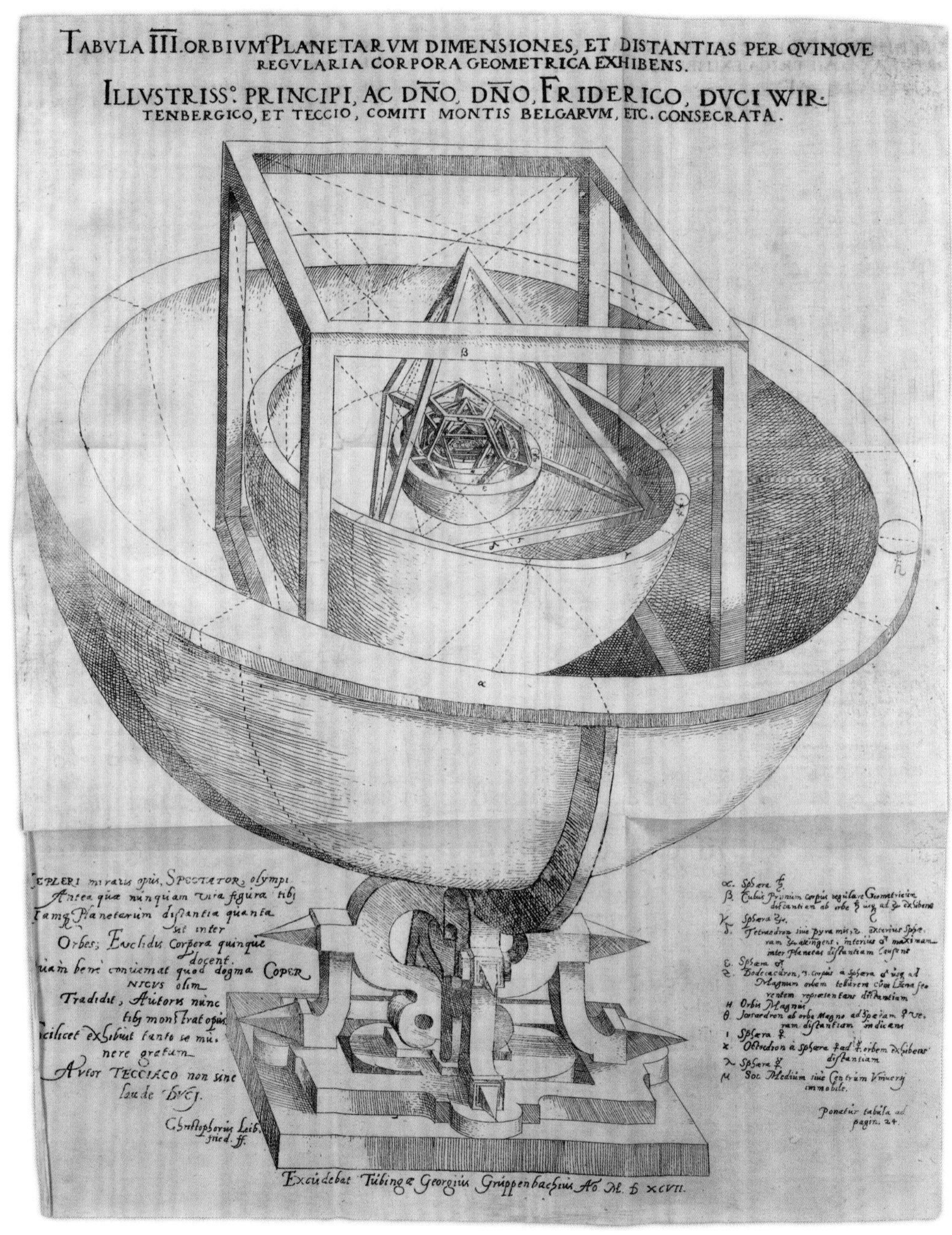

1-70. 约翰尼斯·开普勒的宇宙模型，《宇宙的奥秘》，1596年。纽约公共图书馆珍本部，阿斯特、雷诺克斯与蒂尔登基金会。

由于当时有六颗（已知）行星和五种柏拉图立体，因此开普勒认为这些数字有关系。或许在每一对行星“之间”都有一个立体，使得六颗行星全都沿着各自的球面围绕太阳旋转，而球面的直径由五个立体的形状决定。土星的公转轨道球面外接立方体，立方体内接木星的轨道球面，木星轨道球面再外接正四面体，正四面体又内接火星的轨道球面。火星和地球之间的是正十二面体，地球和金星之间的是正二十面体。开普勒的计算前提是行星运行在带有本轮的圆形轨道，并于1596年发表了这篇科学论文。但随后，他发现这个模型不符合观察结果，最终只得将其放弃。

前，古希腊人佩尔加的阿波罗尼奥斯就已经研究过抛物线的性质（《圆锥曲线论》，约公元前200；图1-65），但他没有考虑其实际应用。但伽利略通过实验证明，抛物线描述的正是抛物体的路径。伽利略的朋友、宫廷画家阿尔泰米西娅·真蒂莱斯基看过他画的抛物线图后，将相关发现融入了自己的画作《友第德割下何乐弗尼的头颅》（约1620；图1-67）之中。[77]

除了从数学角度来描述运动外，伽利略还分析了建筑材料，为现代结构工程学打下了基础。他正确地判定了悬臂梁的断裂点是其高度与宽度之积的函数。根据伽利略的公式，建筑师便依照横梁的长方形截面，计算出任何材质的横梁的断裂点（《关于两门新科学的对话》，1638）。在《对话》一书中，伽利略还对悬链曲线进行了推测，但错误地认为这也是抛物线（图1-68）。

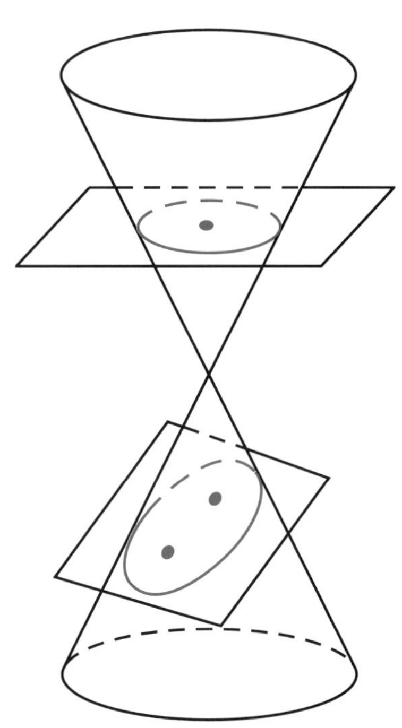

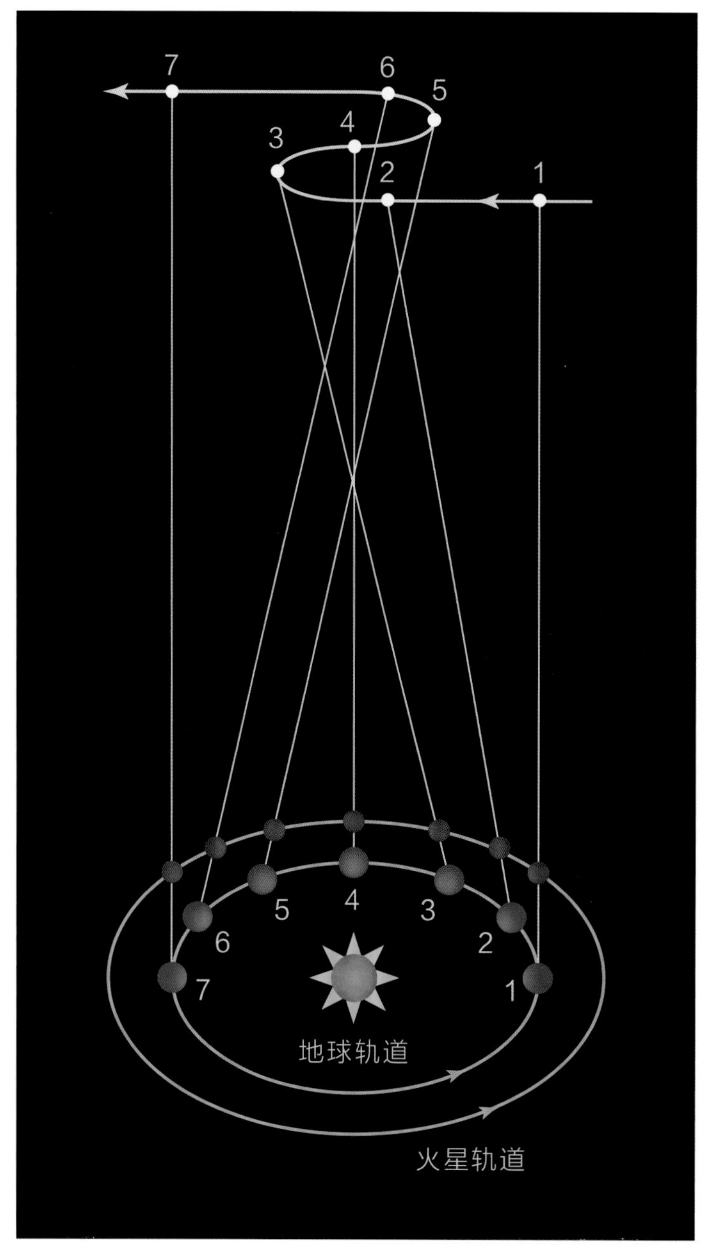

上

1-71. 椭圆。

阿波罗尼奥斯切割圆锥的方法能够生成椭圆，椭圆上任意一点到椭圆内两个固定点（焦点）的距离之和保持恒定。当这两个焦点重合时，椭圆便是圆。圆是椭圆的特例，圆周上任意点与圆内一点（圆心）距离相等，也就是说，圆是只有一个“焦点”的椭圆。

右

1-72. 开普勒对火星逆行现象的解释。

因为地球的公转周期短于火星的公转周期，所以当地球周期性地追上这颗外行星时，相对于星座的位置，火星看上去就好像停下来后逆行。而一旦被地球超过后，这颗红色的行星看上去便继续向前运动了。

16世纪初，波兰天文学家尼古拉·哥白尼推翻了亚里士多德的另一条基本原则，将太阳而非地球放到了宇宙的中心（图1-69）。在哥白尼的启发下，开普勒决心证明行星在圆形轨道上围绕太阳运转。为检验这一假设，他建立了一个同心立体的哥白尼太阳系模型——行星围绕太阳旋转（《宇宙的奥秘》，1596；图1-70）。

丹麦天文学家第谷·布拉赫曾在布拉格天文台观察行星运动达20年之久，并留下了详细的记录。在获准使用这批数据之后，不知疲倦的开普勒从中总结出了一个规律，即每颗行星的运行轨道并不是圆，而是椭圆，即阿波罗尼奥斯的另一种圆锥截面（图1-71）。按照这个新理论中，太阳其实位于椭圆轨道的一个焦点上。开普勒提出，在相同时间内，行星与太阳的连线扫过的面积相等。行星与太阳较近时速度较快，远离太阳时则速度较慢。此外，开普勒还发现了行星轨道大小与公转周期之间的准确关系，并将这一比率称为“调和定律”，因为“天体的运行必然是一种永恒的和谐，但这种和谐指的是思想而不是声音”。[78]换言之，围绕太阳公转的行星形成了一种音乐般的天体模式——就像一首天体协奏曲。

后来经过他人的改进，开普勒的日心说模型成功解释了以前那些天文学家一直未能说明的可见天空的几何特征。太阳系就像一个圆盘，各颗行星的椭圆轨道大致位于黄道面上。行星绕着自己的轴自转，同时围绕太阳公转。如果我们在北极上方鸟瞰，就可以发现这些行星全在沿逆时针方向公转。太阳看上去每年都在黄道带内

开普勒的非凡成就很好地证明了知识不能单从经验中得出，而是只能通过将理智的发明同观察的事实进行比较来得出。

——阿尔伯特·爱因斯坦，《约翰尼斯·开普勒》，1930年

开普勒的行星运动三大定律

1609年，开普勒发现了行星运动的前两条定律（适用于围绕太阳公转的单个行星）。又过了大概十年，他在1618年5月15日最终发现了重要的第三条定律，把各行星都纳入太阳系之内。认为太阳系只有六千年历史的开普勒，这样描述了发现第三条定律时的狂喜：“这就是我25年前就已获得的模糊征兆；是我16年前确定的终生研究目标；是我将自己最美好的年华贡献于其中的事业——就是它，我终于让它天下皆知了。现在，自从18个月前那个黎明开始的一刻，自从3个月前青天白日出现的那一刻，当傲世的朝阳照耀着我神奇猜测的那一刻，没有任何东西能够阻挡我前进。我可以自由自在地为我的狂喜而欢呼……惊世的成果已经确定，我将写下这本书，是被今人读还是后人读，都没有关系，甚至可以在一个世纪之后迎来第一个读者，因为就连上帝也要等待六千年，才有人见证他的伟业。”（约翰尼斯·开普勒，《世界的和谐》，1619）

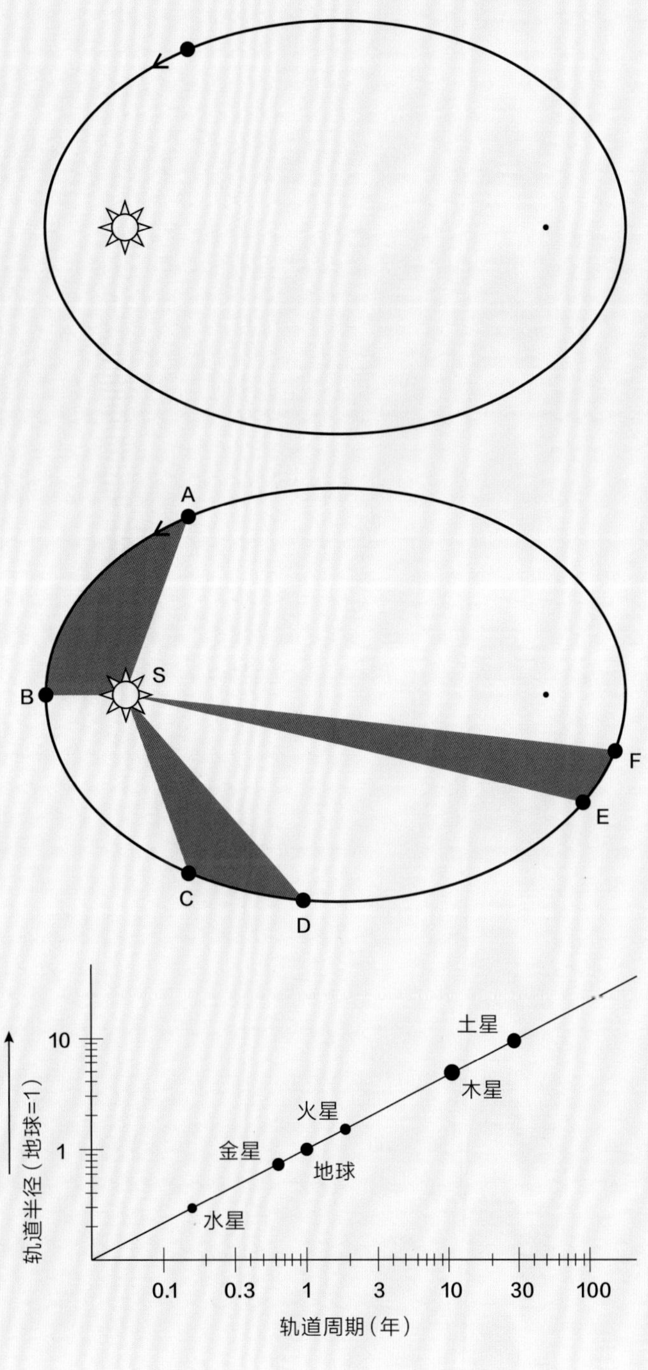

第一定律

行星以椭圆轨道绕太阳公转，太阳在椭圆的一个焦点上。

第二定律

行星与太阳的连线在相同时间内扫过的面积相等。行星靠近太阳时加速，远离太阳时减速，行星在轨道上*A*、*B*两点间，*C*、*D*两点间，*E*、*F*两点间的运行时间都相等，图中阴影部分*SAB*、*SCD*、*SEF*的面积也都相等。

第三定律

各行星轨道的半长轴与其公转周期有着严格的比率。如果将每条轨道的半长轴的立方除以行星公转周期的平方，各行星的这一数值相等。换言之，T^2/R^3是个常数。即尽管各行星的大小、速度、轨道极为不同，但这一数值却恒定不变。

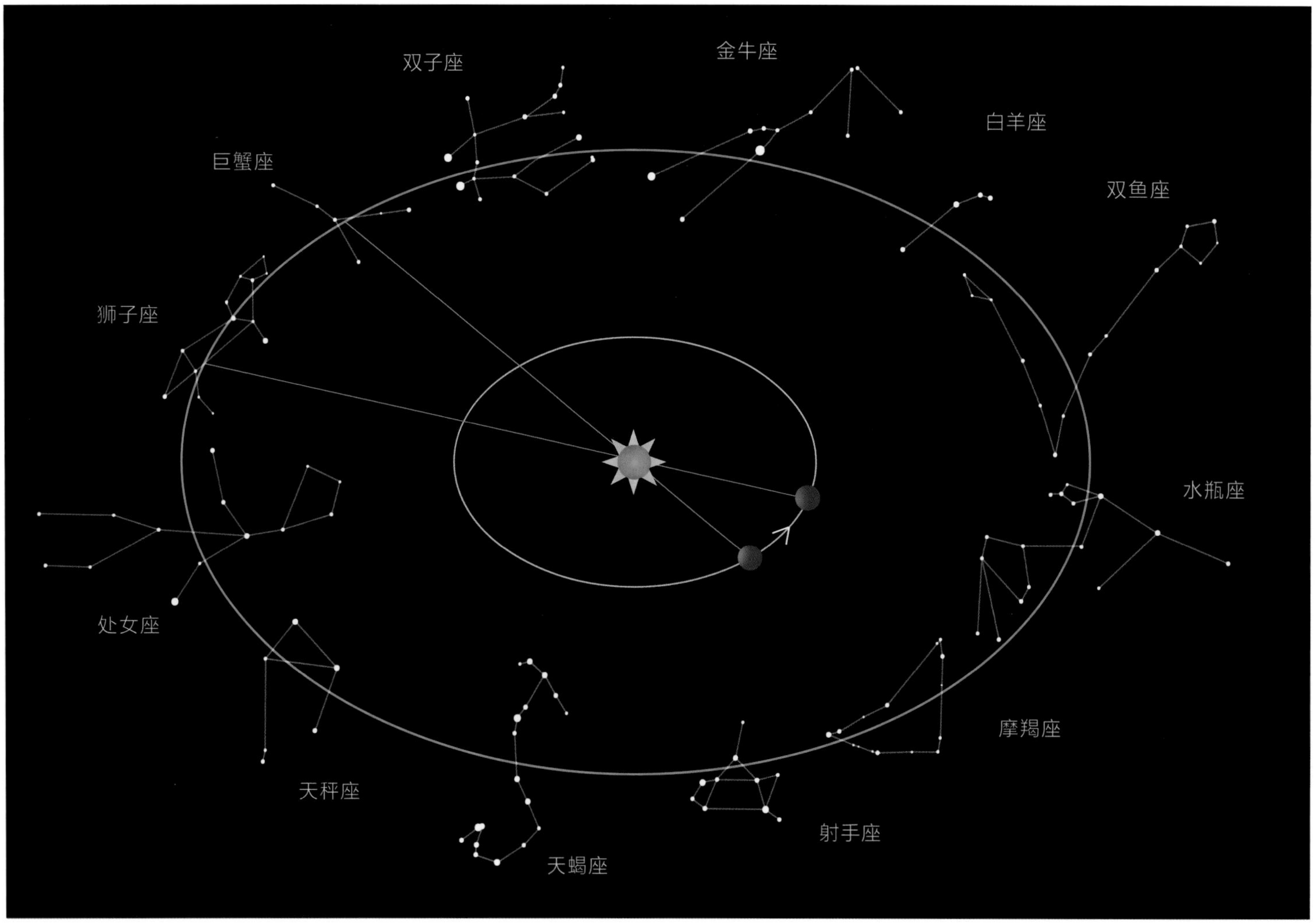

双子座
金牛座
白羊座
巨蟹座
双鱼座
狮子座
水瓶座
处女座
摩羯座
天秤座
射手座
天蝎座

北极星
可见天空（北纬40°）
地球
北纬40°
赤道
黄道
天球
从北纬40°
看到的地平线
黄道
北极星
东
北
南
西

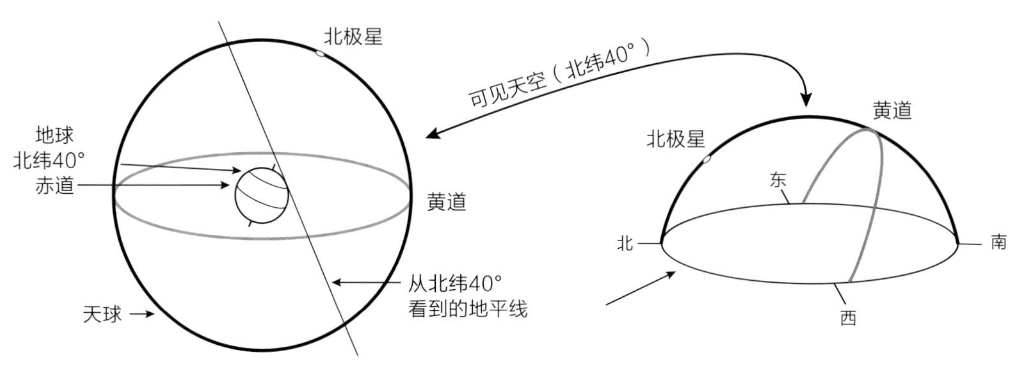

上

1-73.开普勒的日心说模型。

黄道是一个想象中的路径，太阳、月亮和黄道星座都沿着这条运行路径横越天空。图中所示是各星座的正确顺序，但不是人们从某个视角观察到的样子。

下

1-74.北纬40° 的可见天空。

西班牙、希腊、土耳其、中国、朝鲜、日本、美国北部都在北纬40° 附近。整个天球其实就是把地球上任何位置的可见天空投射在了一个假想的球面内部。

向西运动，但其实是地球每年都围绕太阳公转一周（图1-73）。由于地球绕着自己的轴自转，所以我们头顶上的星空看起来似乎沿着北方天空的一个固定点，即北极星旋转；地球上的北极正对天空中的北极星。根据观测者所处纬度的不同，天空中黄道的倾角也不同（图1-74）。开普勒的模型也解释了为什么人们在地球上以星座为背景观察时，行星会不时发生逆行（图1-72）。

就这样，开普勒和伽利略清楚地说出了现代科学世界观的核心理念，即自然之中含有数学结构，而人类可以发现它们。从启蒙时代开始到今天，每当科学家无法搞清楚某个现象的物理本质，便会首先试着从数据中寻找规律，并用数学语言将其描述出来。

牛顿的万有引力定律

伽利略不知道是什么让铜球落到地上，开普勒也不明白是什么让行星一直在自己的轨道上运行。地上的物体与天上的物体都有着圆锥曲线的运行路径，这之间存在某种联系吗？是否有共同的根源？为了回答这些问题，牛顿通过伽利略的研究结果总结出了三大运动定律，又结合开普勒的发现，最终证明了地球上抛物体的抛物运动、行星与月球的椭圆运动都由同一种力引起，那就是引力。

照传统说法，牛顿看到一个苹果落地后，生出了万有引力的想法。他怀疑月球和苹果被吸向地球是受到了同一种力的作用。可要是这样的话，月球为什么没掉到地球上？牛顿做了一个思想实验。他想象着有人在山顶发射了一枚炮弹（图1-75）：如果只装有少量火药，炮弹便会大致按照抛物线轨迹落在不远处的山谷中；如果火药再装得多一些，那么炮弹在落地之前就能飞得更远；如果装上足够多的火药，那么炮弹就永远都不会落地。鉴于炮弹的路径是弯曲的，而地球的表面也是弯曲的，所以炮弹最终会进入一条轨道，绕着地球公转。牛顿猜想，月球的情况可能就与这枚炮弹类似：月球因为惯性而前进，同时受地球引力而下落，故而沿着一条接近圆形的椭圆轨道环绕地球。

牛顿推而广之，将这个想法扩展至具体的炮弹、行星、月球之外，宣布了一条大自然的一般规律：宇宙中的所有物体（从一粒细砂到最遥远的恒星），都被其他物体的引力吸引；换言之，引力将整个宇宙维系在了一起。牛顿用数学方法描述了引力，提出物体间的引力与它们的质量之积成正比，与它们的距离之平方成反比。我们现在会把牛顿的万有引力定律写成代数形式：

$$F = C\left(\frac{m_1 m_2}{d^2}\right)$$

其中F为引力，m_1和m_2为两物体的质量，d为两物体重心的距离，G为引力常数。[79]引力的这一数学表达为科学家提供了一个强大的工具：只要用实际数据（如月球的质量）代替公式中的变量，就可以计算出抛物体的路径。如果数据正确，那么抛物体的路径也会准确。这就是为什么1968年时，美国的航天工程师无须学习新的物理学知识，仅凭万有引力定律这一有力的武器，便规划出火箭的运行路线，将人类送上了月球。

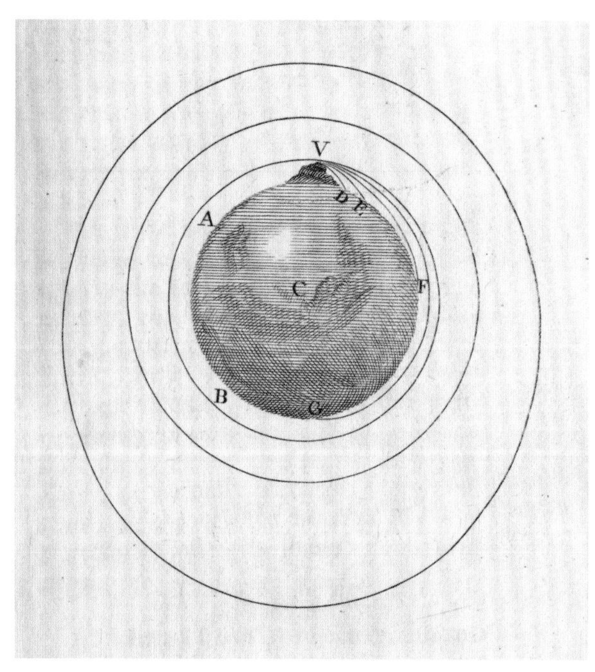

1-75.炮弹从山顶以不同速度射出后的轨迹。艾萨克·牛顿,《论宇宙的系统》(1728),图为第6—7页中间的未编号插图。科技、工业及商务分馆,纽约公共图书馆,阿斯特、雷诺克斯与蒂尔登基金会。

伽利略对于下落物体的描述、开普勒的行星运动定律、牛顿的万有引力定律,凸显了科学和数学的一个重要区别:科学定律(如牛顿的万有引力定律)描述观察到的(物理)数据,而数学公理(如$x+y=y+x$)则是在特定数学体系内做出的假定。这一区别在古代被模糊了,但却是现代思想的一个标志。如果数学公理在该体系内有效,推理过程也无误,那么得到的结论便成立。伽利略、开普勒、牛顿的研究为数学在科学方法中的运用提供了极好的例证:首先,用数学语言来描述观测到的现象,然后再用总结出的科学规律对可观测事件进行预测,最后再拿观测结果来证实或者证伪那个科学规律。在大多数情况下,之后的科学家最终都能找到物理原理来解释观测到的现象,但有时候,即使用数学描述了某种现象,其中的物理原理也找不出来。[80]伽利略、开普勒、牛顿都曾给出了引力效应(小球下落、行星运转)的数学描述,但无法解释引力的物理原理。

引力到底是什么?是什么东西从月球上伸出来,跨过真空,拉扯地球上的海洋?牛顿能准确计算出引力的效应,但这个力的物理本质对他而言却一直是个谜:“我还未能从现象中找到造成引力的这些性质的原因,而且我也无法做出任何假定。”[81]但确实有某种东西——称之为“力”也好,“引力”也好——造成了海洋的潮汐和行星的运动,牛顿尽管无法解释引力到底是什么,但能够测量它,并通过数学语言描述其作用:“引力确实存在,而且它的作用不但遵守我给出的定律,还能广泛解释所有天体的运动,这就够了。”[82]换言之,宇宙的运行看

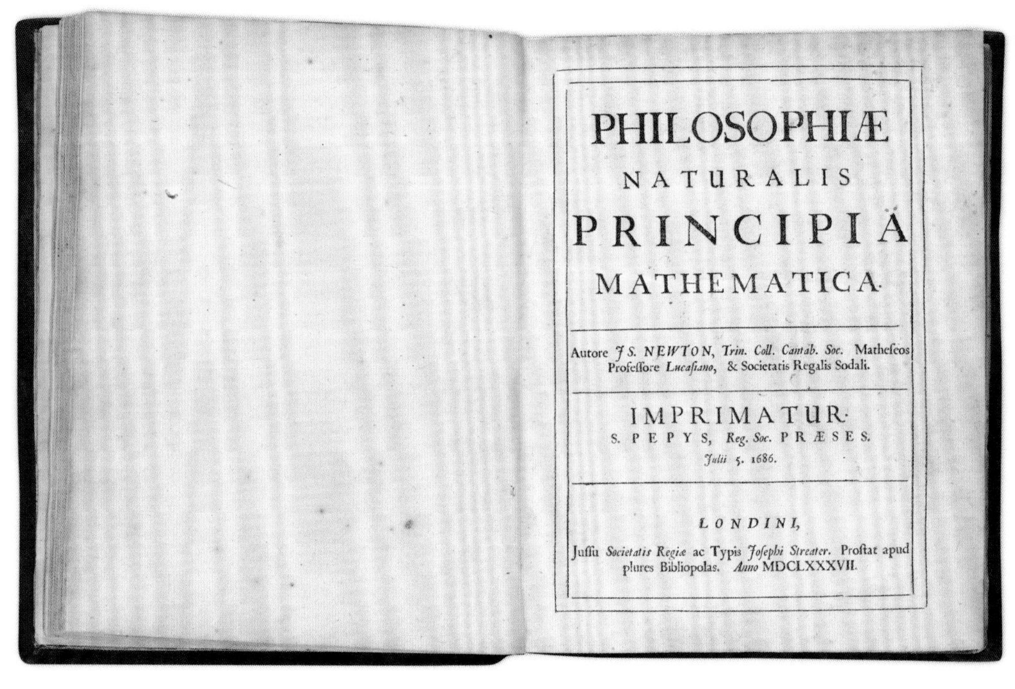
PHILOSOPHIÆ
NATURALIS
PRINCIPIA
MATHEMATICA.

Autore J S. NEWTON, Trin. Coll. Cantab. Soc. Matheseos Professore Lucasiano, & Societatis Regalis Sodali.

IMPRIMATUR.
S. PEPYS, Reg. Soc. PRÆSES.
Julii 5. 1686.

LONDINI,
Jussu Societatis Regiæ ac Typis Josephi Streater. Prostat apud plures Bibliopolas. Anno MDCLXXXVII.

1-76.艾萨克·牛顿,《自然哲学的数学原理》,埃德蒙·哈雷编辑(1687)。纽约公共图书馆珍本部,阿斯特、雷诺克斯与蒂尔登基金会。

起来好像确实受到了这种叫引力的东西影响。为了强调他给的是引力如何影响物体的数学描述，而不是对引力机制的物理解释，牛顿把他出版于1687年的科学巨著命名为了《自然哲学的数学原理》(图1-76)，并开宗明义地指出："我旨在给出这些力的数学概念，未考虑其背后的物理成因。"

他手里，
拿着金制的圆规。
上帝，
在那无穷宝库中已将它准备，
画出所有的造物，
和这个寰宇，
一只脚放在中心
另一只脚旋转，
向那广阔、深沉、混浊中画去，
说道：周边就是这么遥远，
世界就是这么辽阔。
这就是你们的疆域，
这就是你们的大地。

——约翰·密尔顿，《失乐园》，1667年

有神论、无神论、世俗主义

科学在启蒙运动期间的崛起，使西方的宗教信仰发生了重大转变，进而影响了将数学和神性联系在一起的传统。纵观历史，任何有有神论(相信位格神)的地方也都有无神论(不相信位格神的存在)。但无神论在西方基督教世界中广泛出现，却要到19世纪之后，也就是查尔斯·达尔文给出决定性证据，证明了人类不是亚伯拉罕的神创造，而是"源自一种有尾多毛的、很可能树栖的四足动物"之后。[83]开普勒、伽利略、牛顿都生活在达尔文之前，而且研究的主要是天文学，故而并没有以任何直接或明显的方式，与认为宇宙秩序由神圣造物主设立的亚伯拉罕诸教产生冲突。(1633年，天主教宗教裁判所虽然对伽利略做出了臭名昭著的异端判决，但所控罪行跟无神论没有关系，涉事方都是虔诚的有神论者，而是因为伽利略在介绍自己的研究成果时充满了挑衅，而教皇乌尔班八世又要僵硬地执行教义，才造成了如此严重的后果。[84])

德国新教徒开普勒在总结他的几何探讨时，曾宣称："思考这些公理……是崇高的行为，是柏拉图式的行为，是类似基督教的信仰，是在直窥形而上学与灵魂理论。"[85]罗马天主教徒伽利略则宣布，上帝写了两本书：一本是用希伯来语和希腊语书写的《圣经》，一本是用数学语言写的自然之书。而且他还断言，自然之书"一直敞在我们面前，供我们凝视。人要想读懂书的内容，就得先理解写书的语言，能读懂所用的字母。自然之书的书写语言是数学，三角形、圆及其他几何形体便是这种语言的字母，没有它们，人连书中的半句话都明白不了；没有它们，人只能在黑暗的迷宫中乱走"。[86]也就是说，在伽利略看来，他是数学家，自然界是他的领域，不受乌尔班八世的那些神学家管辖。

几何……与上帝同在，并通过在神圣思维中闪耀异彩……为上帝装饰世界提供了规律……以便让世界变得最好、最美、最接近造物主本身。

——约翰尼斯·开普勒，《世界的和谐》，1619年

伽利略还进一步宣称，鉴于数学能给出确凿无疑的结论，所以他那些三角形和圆的知识实际上与神学知识一样崇高："数学科学本身，也就是几何和算术，……神圣智慧知道的命题更多，达到了无穷的程度，因为它本就知道一切。但说到人类智慧确实能够理解的几个命题，我相信，人的这些知识在客观确定性上等同于神明，因为在这一方面，人成功理解了必然性，而必然性是这世界上最确切的东西。"[87]开普勒和伽利略的同代人、巴洛克建筑师弗朗切斯科·博罗米尼呼应二人的观点，把

右

1-77. 弗朗切斯科・博罗米尼设计的罗马圣依华堂内部透视剖面图，版画，由多梅尼克・巴里耶尔雕刻（1720）。纽约皮尔庞特・摩根图书馆。

这一左右对称的教堂建在一座毗邻罗马繁忙街道的小院中。下部的层拱将壁柱连在一起，壁柱上又设置了一系列壁龛，总体构成的复杂图案则反映了城市生活的复杂。

下

1-78. 圣依华堂的平面和拱顶的图解。

博罗米尼的建筑中隐含的几何要素在最后的设计中不算很清楚，而是要像宇宙的神圣几何结构一样需要被发现。组成圣依华堂的平面与拱顶的凸凹线和直线通过一个等边三角形构成，六个圆的圆心则分别位于三个顶点和三条边的中点上。

对页

1-79. 圣依华堂（1642—1660）的拱顶。

站在小圣殿的中心，观察者可以向上看到简单的几何图形，其中布满了星辰和亮光。六个窗户顶部为智天使（生有两翼，主智慧），其上则为炽天使（生有六翼，主爱），共同环绕着灯笼式天窗的基座。从灯笼式天窗倾泻而下的金色光线是圣灵的神圣象征，同时也暗示了（按照开普勒和伽利略的理论）光芒四射的太阳位于宇宙的中心。

VIII

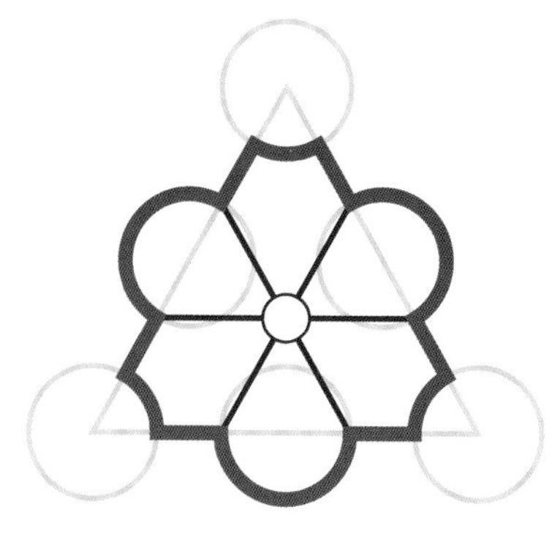

教堂的设计看成了宇宙神圣几何结构的缩影，下面是人间的复杂图案，上面是天国的简单形状（图1-77、1-78、1-79）。[88]

信仰英国国教的牛顿则认为，宇宙事件发生在绝对时间与绝对空间这个终极参照系之内，而这一参照系同上帝一样永恒、遍在：“太阳、行星、彗星组成的最完美的体系，必须听从一位睿智而强大的存在，才能持续运行……至高的上帝便是永恒、

INITIVM SAPIENTIAE
TIMOR DOMINI

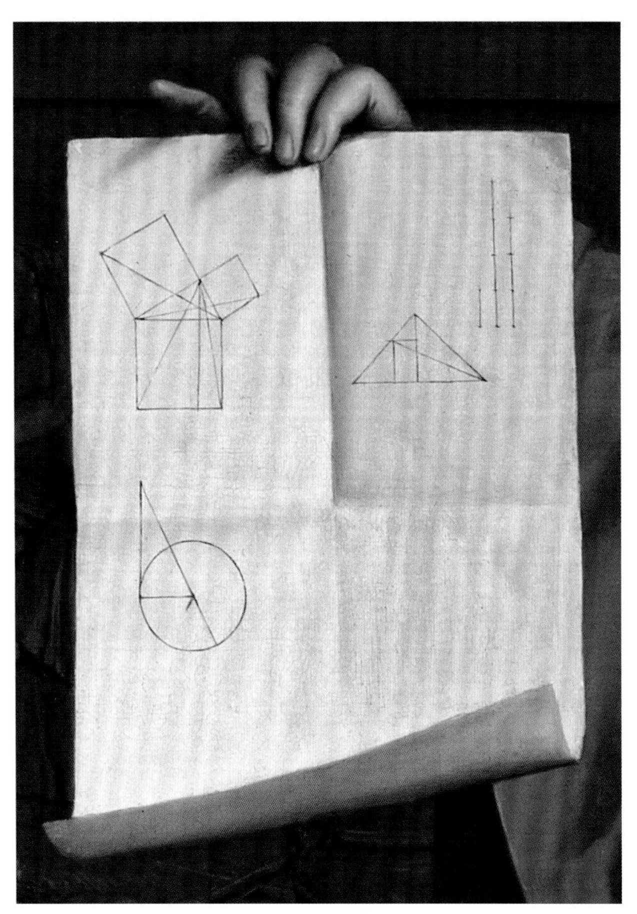

1-80.洛朗·德·拉海尔的追随者,《几何寓言》,1649年之后。布面油画,101.6厘米×158.6厘米。托莱多艺术博物馆,由利比基金会资助购买,由爱德华·德拉蒙德·利比赠予,1964.124。

画中这位身穿古代服饰、手拿直角直尺和圆规的女子,是几何的化身,象征着17世纪中叶启蒙运动的开端。在她拿的那张纸上,我们可以看到三个来自《几何原本》的图形,分别为:卷1命题47(毕达哥拉斯定理,左上)、卷2命题9(右上)、卷3命题36(左下)。背景中一条铅垂线靠在埃及风格的斯芬克斯像基座上,暗示了抽象的希腊几何其实源自实用的埃及数学。带有纬线与经线的地球仪,则暗示了几何在17世纪与18世纪已被广泛应用在制图与航海中。不过,地球仪上的蛇象征的是什么就不太清楚了。

无限、绝对完美的存在。”[89]牛顿的目标是要描述神圣的数学结构,但他发现的万有引力定律,却推动了世俗科学文化在人类历史上的首次快速发展,让数学脱离了传统上与神性的联系。达尔文分别在1859年、1871年发表了《物种起源》和《人类的由来》后,科学家开始质疑牛顿的绝对时间与绝对空间,以及上帝是否存在(第三章)。数学虽然在19世纪、20世纪逐渐与宗教分离开来,但在世俗社会中的特殊地位却丝毫未变,就是因为数学能为人类提供数字、圆形、球体这类抽象对象的特定知识。人类从纯数学与自然体系的相互作用中所积累的知识，是一切科学技术的基础。没有什么能比这些知识更深刻地塑造、影响了人类文化。

除了宗教信仰的变化，科学的兴起在历史上也一直被认为同民主制度、世俗主义的出现有关（世俗主义从政治角度来讲是指道德和正义只应当以人在现世的福祉为基础，不应当建立在对上帝或来世的信仰上）。公元前6世纪末，雅典人发明了民主政体，并一直沿用至希腊化时代。后来，罗马人将其纳入他们那部概述了分权与制衡的共和国宪法。但公元前44年，罗马元老院指定了尤利乌斯·恺撒担任终身独裁官，古代世界的民主政治由此宣告结束。恺撒遇刺后，公元前27年，元老院又赋予其养子盖乌斯·屋大维特权，并为之赐号“奥古斯都”。而帝国崩溃后，罗马的统治权又落到了少数有权势的人身上（国王、教皇、皇帝、独裁者）。直到启蒙运动时的思想家重新将目光聚焦在人类理性之上后，君主制才遭到动摇，民主理想才得以复兴（图1-80、1-81）。英国、美国、法国发生的革命，是现代数学、科学、世俗主义的政治起点：1642年、1776年、1789年之后，民主改革席卷了西方，经过革命教育的公众对权威变得警惕起来，也不再认同什么天定的自然法则。数学的真理可以通过合乎逻辑的辩论和证明来确立，而且能被任何愿意去了解详细过程的人证实；同理，自然的真理可以通过实验来确立，而实验过程也可以平等地被任何人观察到。此外，民主革命也是现代文化的精神起点，因为它们启发了人们对自由与个人主义的热切追求，而在现代人眼中，这二者正是人类境况的核心。

1-81.乔瓦尼·弗朗切斯科·巴尔别里，人称“圭尔奇诺”（意大利人，1591—1666），《圣母升天》中的一幅天使图。纸上红粉笔画，30.5厘米×22.2厘米。私人收藏。

意大利巴洛克艺术家圭尔奇诺所绘的这个智天使介于神圣与凡俗之间，从超然之境俯身而下，带来了天国的音讯，但这个小男孩又没有翅膀，头发蓬松，身姿丰满，所以也是这个世界的生灵。

公理：等于同量的量彼此相等。

——欧几里得，

《几何原本》，

约公元前300年

我们认为以下真理不证自明：人人生而平等。

——托马斯·杰斐逊，

《独立宣言》，

1776年7月4日

今天，抱有世俗世界观的人已经不再认同柏拉图主义的宗教观（不再相信自然由神圣理性指引），但其中大多数人在一定意义上还算柏拉图主义者，因为他们仍然认同经典的科学观和数学观（相信自然体现了数学模式，认为数学对象是永恒与完美的存在）。即使到了现代社会，从认识数字与几何形式并为其赋予意义的角度来讲，人们依旧天然地渴望同超验的数学外在世界发生强烈的精神联系（通过直觉）。时至今日，数学依旧不断为伟大的艺术提供灵感，因为正如柏拉图所言，抽象对象拥有“永恒且绝对的美”。

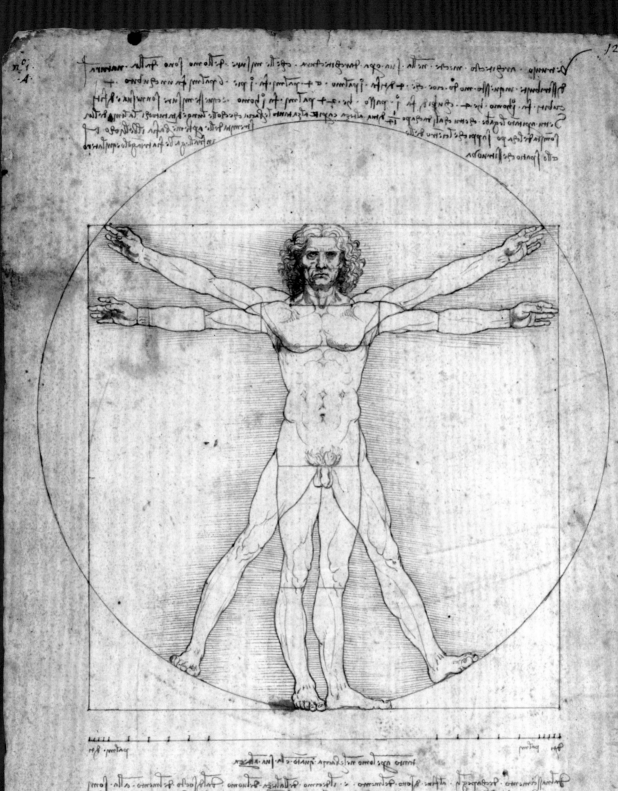

第二章

比例

决定我们比例的数字既不是人能认识的，也无法用合理的量来表达，而总是神秘不可解，故被数学家描述为无理。

——卢卡·帕乔利，《神圣比例》，1509年

细胞与组织、外壳与骨骼、叶子与花朵，都是大千世界的一部分，正因为它们都服从物理定律，组成它们的例子才能够移动、成形、整合。而它们的形态首先是数学问题。

——达西·温特沃斯·汤普森，《生长和形态》，1917年

在古典时代，毕达哥拉斯主义者和柏拉图都认为宇宙具有优雅的几何秩序。他们在音乐协和中发现数字规律后，便认为这是宇宙和谐的一种反映，并由此树立了古典主义的美学标准——整体中各部分关系和谐即为美。古代与文艺复兴时期的比例体系（部分）建立在人体的尺寸上，则是因为人体各部分的和谐比例被认为是神圣造物主自身形象之美的永恒体现。

在《几何原本》中，欧几里得说明了构造无理数（不能写作两整数之比）的方法，文艺复兴时期的教士卢卡·帕乔利便从中选取了一个无理数——黄金分割比——并宣称这是全能上帝的隐喻，因为神性超出凡人有理的认知，故而是无理的。就这样，帕乔利将欧几里得的比例同神学挂上了钩，但无论他还是古人都没有把这个比例同艺术或美联系起来。

这种联系的建立还得到19世纪初。当时，一些德国科学家将这个比例称作“黄金分割”，后来这个说法被阿道夫·蔡辛用在了他1854年的著作《人体比例新体系》中，并逐渐流传开来，最终被误传成一个伪史实：古代、中世纪、文艺复兴时期的艺术家与建筑师曾用黄金分割来确定理想的比例。科学在启蒙时代的崛起，被视作威胁到了人作为神性化身的特殊地位，所以“黄金分割”的概念在德国浪漫主义时代流行开来之后，便为公众提供了一种让人无法抗拒的观念：一个传承自欧几里得的简单比例，把人类置于了造物的核心位置上，用完美的比例将整个宇宙、自然、艺术统一到了一起。

2-1.列奥纳多·达·芬奇（意大利人，1452—1519），《维特鲁威人》，1492年。纸上钢笔画，34.4厘米×25.5厘米。威尼斯学院美术馆。

列奥纳多阐释了维特鲁威关于理想比例的描述。维特鲁威曾说：“人体的中心点自然是肚脐。想象一个人躺在一个圆内，肚脐在圆心的位置，把胳膊和腿伸开后，手指和脚趾恰好会触到圆周。我们不仅可以在人体中画出圆形，还可以画出方形，即如果量一下脚底到头顶的高度，再和臂展的宽度比较一下，那么就会发现高宽相等，恰似平面上用直尺确定方形一样。”（维特鲁威，《建筑十书》，公元前1世纪）为了说明人体既可以外接圆形，也可以外接正方形，达·芬奇绘制了这幅组合图，但只能把正方形画在圆下方，所以二者的中心无法重合。在图上方，列奥纳多罗列了维特鲁威有关人体比例的计算，并在图下方附上了自己的一些测量，同时在头、胳膊、腿上用淡淡的线做出了标记。（文字是从右往左反着写的，因为他用的是镜像书写法。）在图下那条线段上，达·芬奇分出了若干单位：线段的两端分别标注了六掌，最外面的两掌又进一步被分成了四指。

蔡辛的“新体系”问世后不到十年，查尔斯·达尔文便将智人拉下圣坛，放到了比例随时间不断变化的生命之树上。到1900年时，新艺术主义建筑师和设计师已经不再寻求某种永恒不变的人类理想比例，而是开始在植物与动物中寻找通过自然选择这一漫长试错过程形成的有机规律。

随着科学世界观的确立，人们开始对传统的西方天启宗教神学产生了怀疑，但德国学术界的学者却依然对“黄金分割”这个陈旧概念抱有顽固的幻想。19世纪末，包括雅各布·布克哈特、海因里希·沃尔夫林在内的一些颇具影响力的艺术史学者，追随蔡辛的脚步，错误地声称艺术家与建筑师曾利用黄金分割设计出了艺术史上的伟大丰碑，如埃及的金字塔，以及意大利文艺复兴时期、巴洛克时期的一些经典建筑。到1900年，黄金分割已经被重新命名为“菲”（phi），因为人们错误地认为希腊雕塑家菲狄亚斯曾按照这个比例设计了雅典帕特农神庙中的雕像。正是在这种情况下，彼得·贝伦斯、瓦尔特·格罗皮乌斯的同道以及包豪斯设计学院的一众德国建筑师，将黄金分割写进了现代建筑学教科书。直到今天，这个错误的观念依然在被教授。

2-2.阿尔布雷特·丢勒（德国人，1471—1528），《人体比例四书》（1528）中的人体。苏格兰国家图书馆。

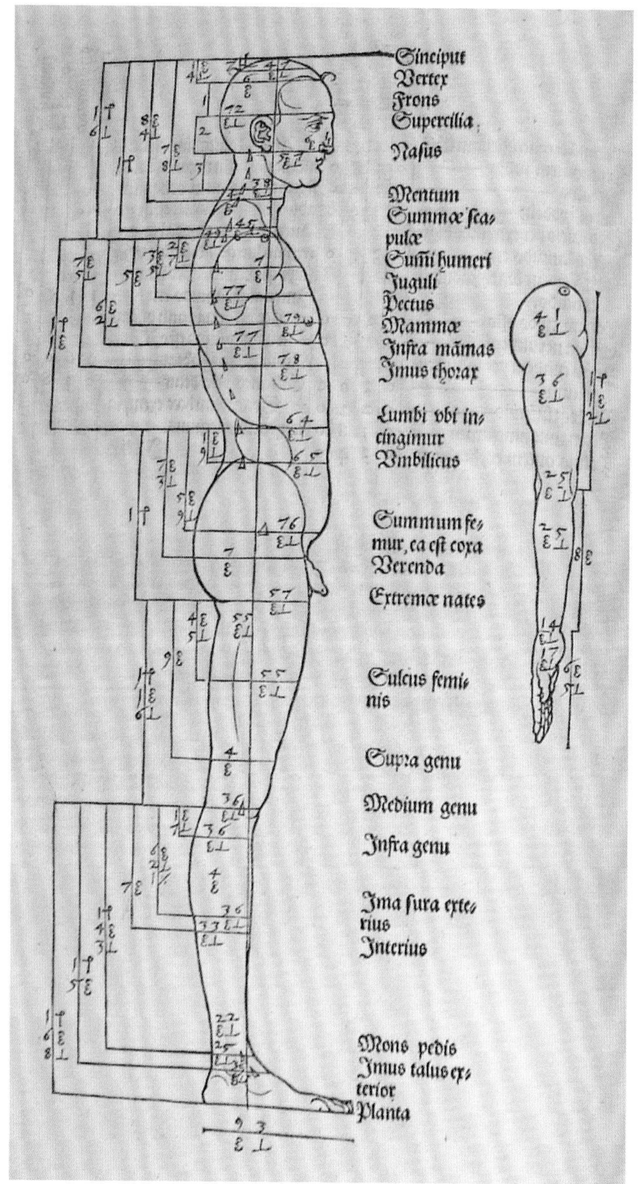

古典艺术中的比例

希腊古典时代的雕塑家波利克里托斯（公元前5世纪）曾在著作中描述过男性人体的理想比例，并将其应用到了一座青铜塑像上。后来，他的著作虽然失传了，但那尊青铜塑像的大理石复制品尚存留于世（第一章图1-17）。与波利克里托斯一样，罗马建筑师维特鲁威（公元前1世纪）也将人体视为部分与整体和谐关系的范例，并这样描述了面部、手、头三者与身高之间的关系：“大自然以如下方式构造了人体：面部从颏到额顶和发际应为（身体总高度的）十分之一，手掌从腕到中指尖也是如此；头部从颏到头顶为八分之一。”[1]（《建筑十书》；本章开篇图2-1）。整个中世纪，人们都在运用这个简单的规则——人的身高等于八个头长——从事艺术创作。

在文艺复兴初期，意大利建筑师莱昂·巴蒂斯塔·阿尔伯蒂对维特鲁威的方法提出了挑战，不再用头作为测量单位，而是改成了用脚。他说，一个理想人体的身高为六个脚长（《论雕塑》，约1464）。在文艺复兴全盛期，德国的阿尔布雷特·丢勒为了证实1 ∶ 6这个比例，不辞辛苦地测量了二百多个人体，

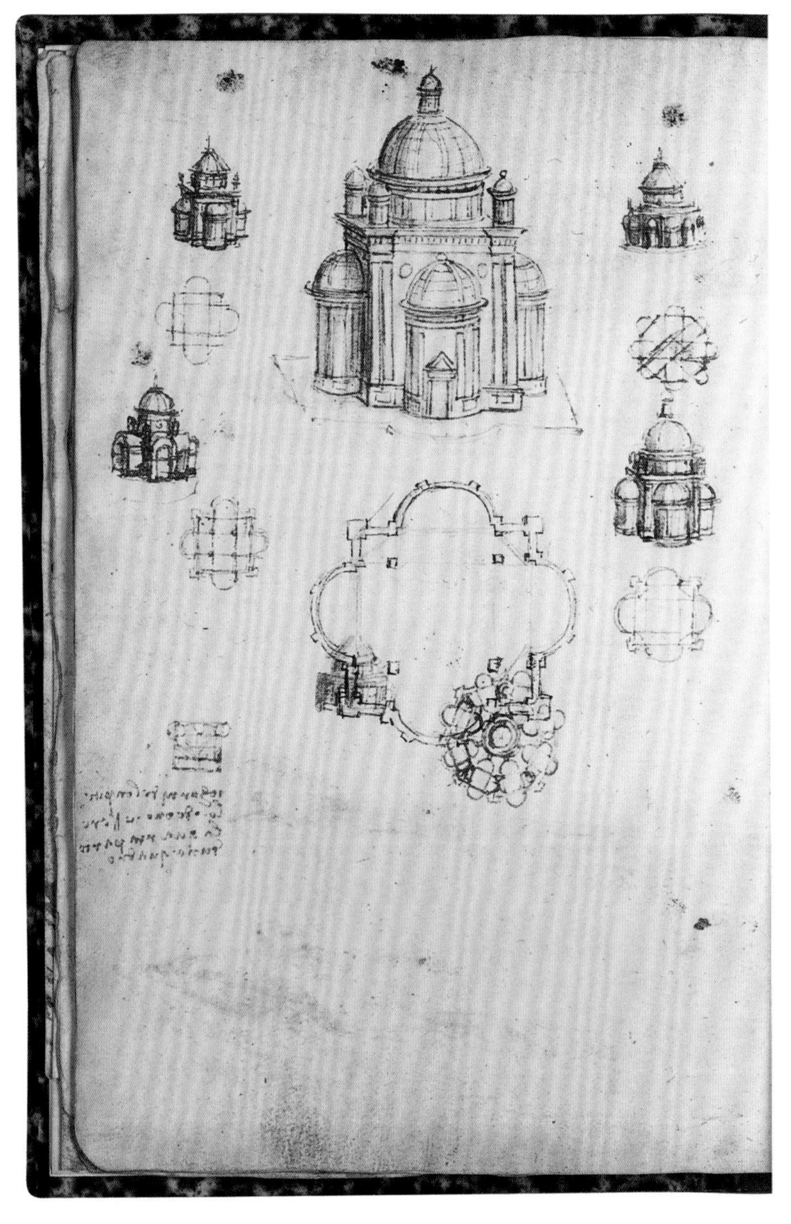

左

2-3. 列奥纳多·达·芬奇（意大利人，1452—1519），教堂设计，1487—1490年，《艾仕本罕手稿》。巴黎法兰西学院图书馆。

列奥纳多·达·芬奇设计过许多对称的教堂，但没有一座实际建成。1975年，美国数学家乔治·E. 马丁证明，基于意大利文艺复兴时期可用的建筑表现形式，达·芬奇已经系统确定了添加小礼拜堂来让设计保持对称的所有可能的方法。

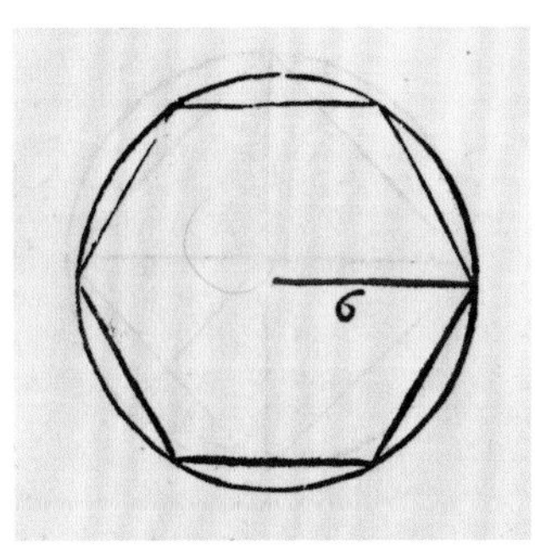

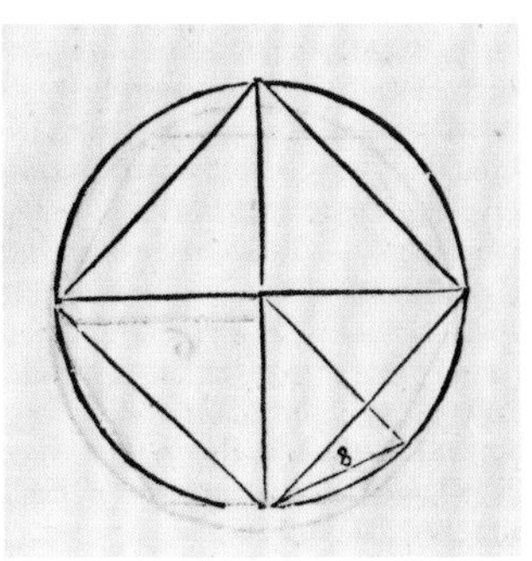

下

2-4. 多边形在圆形内的建构，莱昂·巴蒂斯塔·阿尔伯蒂，《论建筑》（1485）。艺术与建筑藏品，米莉亚姆与艾拉·D. 瓦拉赫艺术、版画、照片分馆，纽约公共图书馆，阿斯特、雷诺克斯与蒂尔登基金会。

阿尔伯蒂于1452年完成了《论建筑》一书的手稿，当时约翰内斯·古腾堡正在德国的美因茨第一次用活字印刷术印刷《圣经》。古腾堡的技术迅速传播到了佛罗伦萨：1485年，阿尔伯蒂的这些木版插图的书在那里印行了第一版。

最终采纳了阿尔伯蒂的说法（《人体比例四书》，1528；图2-2）。此后，这个比例便被人们视作标准，一直持续到了19世纪。

阿尔伯蒂之所以热衷于对称的建筑——要么是圆形建筑，要么是等臂十字建筑——是因为维特鲁威曾宣称，理想的人体可以内切一个圆。阿尔伯蒂也认为圆是最完美的图形，其次是一些圆内接多边形（图2-4）。列奥纳多·达·芬奇曾设计过一些教堂，其建筑平面图为半正多边形（图2-3）。文艺复兴全盛期最重要的建筑任务，是多纳托·布拉曼特重建罗马的圣彼得大教堂，而他最初的设计平面图也是对称的（图2-6）。

维特鲁威只告诉了人们建筑应该反映人体的理想比例，但没有准确说明建筑物应该体现什么样的比例。为了探究这一点，文艺复兴时期的建筑师测量了许多历史遗迹，可依旧没能给出合适的答案。建筑物的比例究竟该精确到何种程度？对此，建筑师提出了新的意见：一部分人认为，仅接受可公度比，例如音乐比率（如八度音1 ∶ 2）；另一部分人认为，也能接受只能取近似值的不可公度比，如圆周率。文

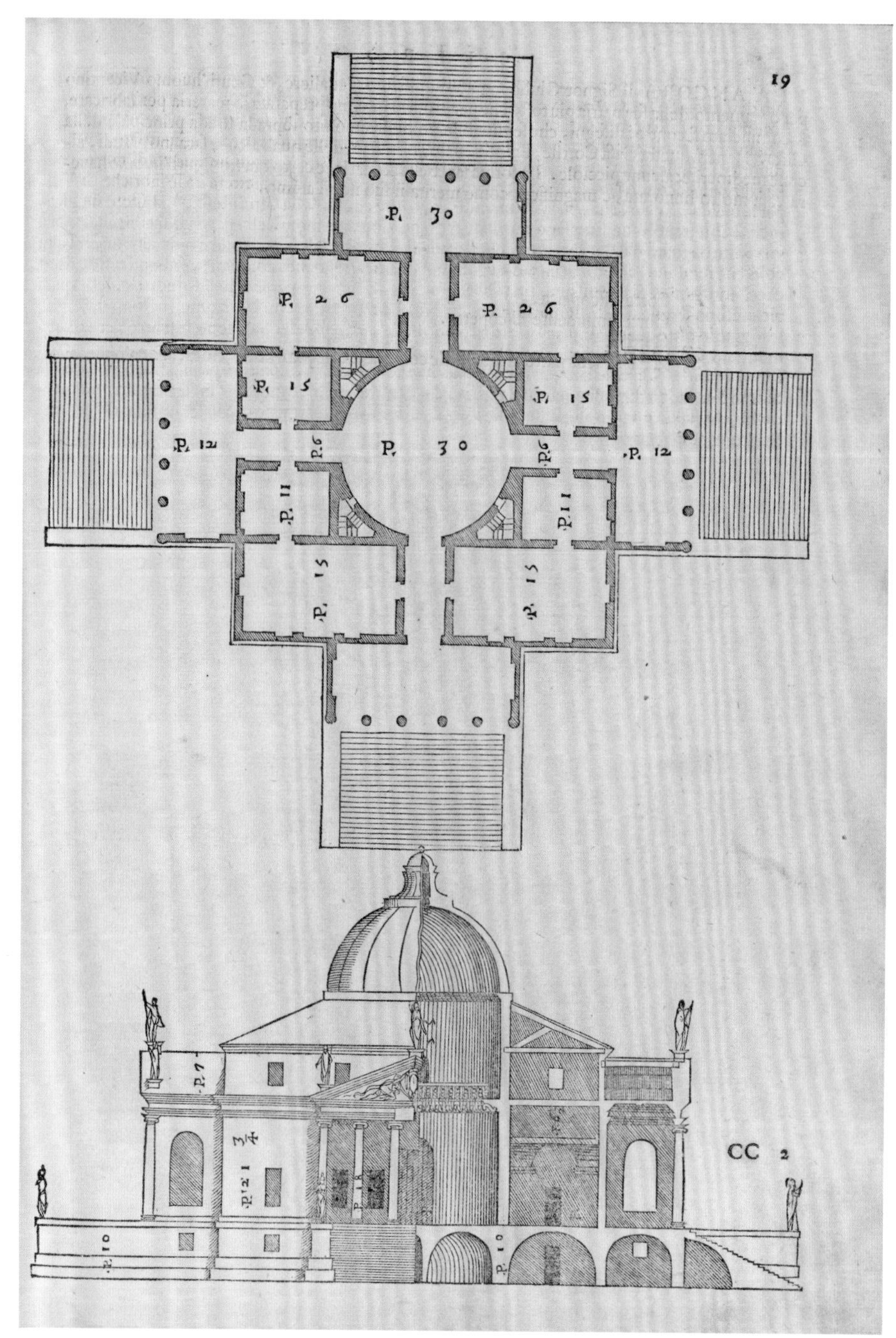

右

2-5.安德烈亚·帕拉第奥（意大利人，1508—1580），圆厅别墅的平面图和剖面图。意大利维琴察。该建筑物于1566年动工，帕拉第奥死后由温琴佐·斯卡莫齐接手，1585年竣工。帕拉第奥，《建筑四书》，纽约公共图书馆，阿斯特、雷诺克斯与蒂尔登基金会。

阿尔伯蒂最有影响力的追随者安德烈亚·帕拉第奥设计了带有对称平面和立面的砖石建筑，包括别墅、宫殿、公共建筑和教堂。他的古典风格曾被广泛模仿，后来到19世纪，钢材的发明才最终让砖石建筑走向衰落。

下

2-6.多纳托·布拉曼特（意大利人，约1444—1514），罗马圣彼得大教堂平面图，1505年设计，1506年动工。

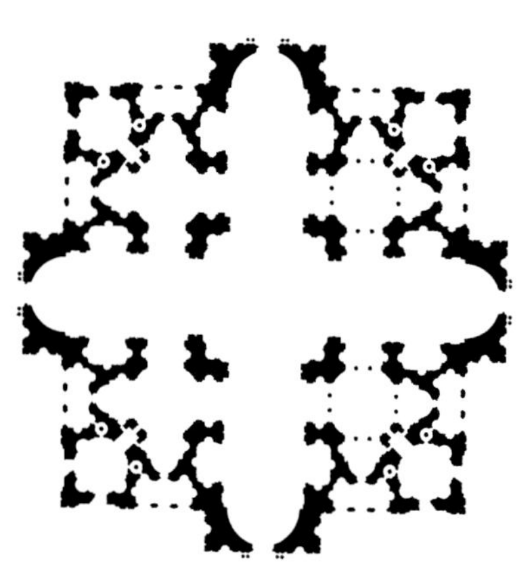

艺复兴初期的数学家对这两种比例都很熟悉。阿尔伯蒂提出了一种模块化方法，那就是把建筑物设计为整体单元的组合。这种方法贯穿了整个文艺复兴时期，并成为19世纪古典复兴的理论依据（图2-5）。

线性透视法

为了解决相对视角导致的表观失真，文艺复兴早期的建筑师菲利波·布鲁内列斯基发明了线性透视法，用来在二维平面上绘制三维建筑物。阿尔伯蒂在他的著作

《论绘画》（1435）中整理了布鲁内列斯基的成果：观者眼睛到被观物体之间的连线形成了一个视觉锥体，这个视觉锥体会被竖直的像平面（可以把它想象为一块玻璃）所截取。这一理论的基础，实际上源自阿拉伯数学家伊本・海什木11世纪的著作《光学书》。海什木第一个正确构建了视觉的理论模型，指出眼睛只是被动地接收光源（火焰、星辰）所发出或者物体（苹果、月球；图2-7）所反射的光线。布鲁内列斯基的贡献则是确定了观者的眼睛在三维空间中的位置。在他还是一位青年学徒时，人们其实已经在使用地平线与消失点这两个概念来说明观者眼睛在上下、左右两个方向的位置了，但布鲁内列斯基发明的这种革命性方法，能够测出观者在向前或向后运动时第三维的缩小速率。所以在文艺复兴早期，艺术家已经不再描绘圣人们飘浮在远方金色雾气中的形象了，因为他们拥有了线性透视法这种工具，能让耶稣与使徒们就显现于此时此地，显现于眼前的自然世界之中（图2-8；78—79页小版块）。

皮耶罗・德拉・弗朗切斯卡在世时更广为人知的身份是数学家，曾写过《论绘画中的透视》《算盘论》《论五大正多面体》等著作。《论绘画中的透视》是第一部关于透视法的实用手册，详尽说明了如何用透视法绘制平面图案（如镶砖地板）、简单立体（如房子）、复杂立体（如人类的头部）的方法。皮耶罗的这部著作大约成书于1480年，在16世纪的绘画创作中一直应用甚广。皮耶罗在画作中以非常多的元素和强烈的秩序感，表现了准确的透视计算，《鞭打基督》（约1455—1460；图2-9）便是其中一个例子。《算盘论》则类似于一部基础教科书，可能是为某个朋友或者赞助人所作，主要包括了算术方面的内容，但同时也涉及了一些代数与几何方面的知识（图2-10）。[2]在《论五大正多面体》的题献中，皮耶罗把这本著作献给了乌尔比诺公爵圭多巴尔多一世。圭多巴尔多一世于1482年获得

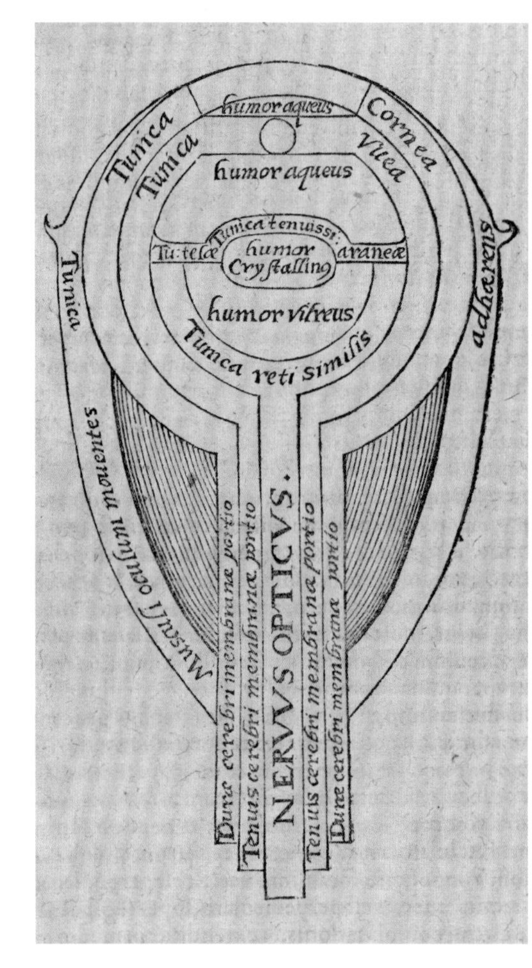

右上

2-7. 眼睛的结构，海什木的《光学书》。纽约公共图书馆珍本部，阿斯特、雷诺克斯与蒂尔登基金会。

海什木声称，光线通过角膜、瞳孔、虹膜、晶体进入眼睛，并在通过眼房水之后到达视网膜，视网膜与视觉神经相连，最终产生了视觉。除了视觉研究外，他还解释了暗箱现象和彩虹的成因。《光学书》大约于1200年被翻译为拉丁文，手抄本于15世纪初在意大利广泛流传。图为《光学书》的第一版印刷本，由16世纪德国数学家弗里德里希・里斯纳编辑。

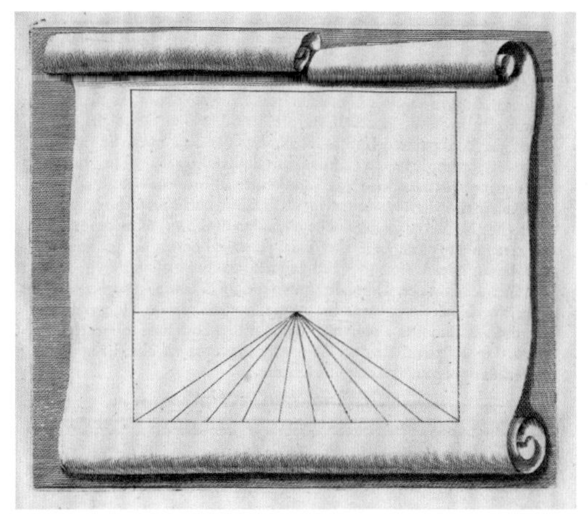

右下

2-8. 莱昂・巴蒂斯塔・阿尔伯蒂，《论绘画》，1651年。艺术与建筑藏品，米莉亚姆与艾拉・D. 瓦拉赫艺术、版画、照片分馆，纽约公共图书馆，阿斯特、雷诺克斯与蒂尔登基金会。

这本工作手册由阿尔伯蒂手写，原本并不含插图。右边这幅插图由佚名画家为早期的印刷本所绘制，表现了逐渐远去的平行线在地平线上的消失点处汇聚。

如何画一个透视网格

在一个“思想实验”（人们自19世纪开始这么称呼）中，阿尔伯蒂让艺术家想象自己只用一只眼睛看某个物体（比如立方体）。从睁开的眼睛中发出的视线产生了一个所谓的视觉锥体。用一个透明画面截取这个视觉锥体，可以形成一个立方体的投影。如果观者移动位置，这个图像也会随之改变，因为立方体的形变是由观者位置决定的。因此，如果想要正确地画出物体，艺术家就必须考虑观者在三维（上下、左右、前后）空间中的位置。

A 上下维度 站在海边时，人们可以看到大地与天空在地平线处相接，这是因为观者站在地球上，而地球是个球体，所以地平线永远与观者的视线齐平。如果观者向上移动，便能看得更远，地平线也会出现在更高的地方；如果观者向下移动，地平线则会变低。在一幅画中，地平线的高低由观者的上下位置决定（观者的轮廓用灰色线描出）。

左右维度 想象我们正在画2英尺×2英尺（约为61厘米×61厘米）方砖所组成的网格图案。首先，我们描出各块方砖的左右边缘。方砖越来越远，看上去也越来越小。如果地板是水平的，网格的平行线将在地平线上的一点（“消失点”）汇聚。这一点位于观者的正前方；观者向左移动，这一点则移向左边，向右移动，消失点同样会移向右边。

B与C 前后维度 我们已经知道方砖在退入远处背景时会变小，但究竟小多少呢？布鲁内列斯基在一块镶砖地板上走动时，注意到方砖变小的速率在观者较近或较远两种情况下并不相同。如果观者比较近，方砖从大向小的转变会十分迅速；如果观者较远，则变化较缓。为了计算绘画中这种变化的速率（图B），布鲁内列斯基让艺术家将画的底线延长至一边，并像镶砖地板那样，每两英尺画一条线。然后假想将像平面转动90°，分别鸟瞰图画的想象空间与观者的真实空间（图C）。假设有一位观者，图B是从侧面看他，图C是从上方看他。侧看时观者高6英尺，正在观察镶砖地板。然后，我们从观者的眼睛分别向2英尺外的第一块方砖边缘、4英尺外的第二块方砖边缘、6英尺外的第三块方砖边缘等依次画出视线。

现在就可以测定消失速率了。首先，我们要确定观者与像平面之间的距离。如果观者站在画面的8英尺外，则我们画一条表示画面的线，意思是在8英尺处截取视觉锥体（如图B所示），相当于把像平面移到8英尺标记处（如图C所示）。通过截取视觉锥体，我们可以得出消失速率。然后，我们再延长水平虚线到图B右侧，画出地板的横条线。可以看出，如果把像平面移近观者，比如离他4英尺，将大大增加消失速率；如果像平面远离观者，消失速率则会变缓。

D 运用线性透视法，艺术家可以先画网格，然后再做格子的投影，从而正确地按比例透视缩短任何形体，如方砖地板花样等。而且，艺术家还可以计算出任何物体（如两个人）在想象空间中的大小：如果知道了物体的真实尺寸（在像平面上的测量数据，即在真实空间与想象空间的边界上的测量数据），就能用合适的比例来计算它在想象空间内的尺寸了。以上这些有关布鲁内列斯基和阿尔伯蒂方法的解释，源自阿尔伯蒂的《论绘画》中对线性透视法的文字描述（书中无插图）。

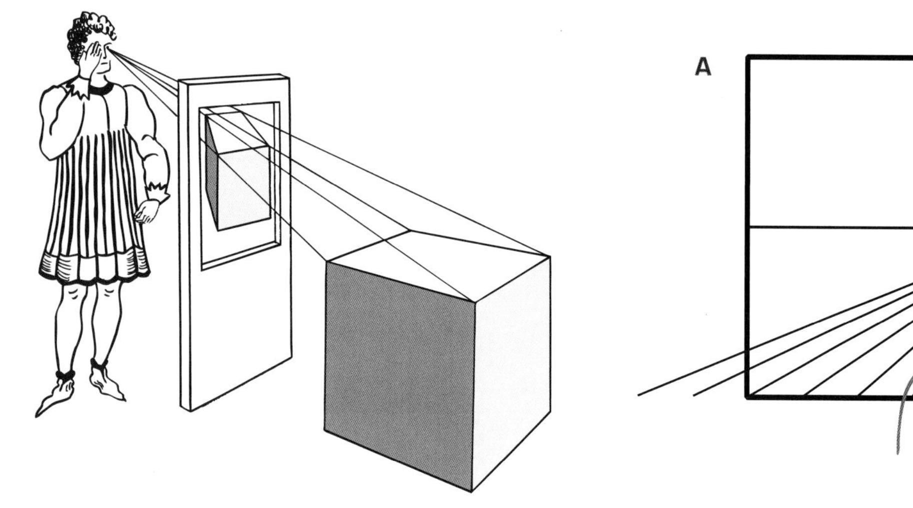

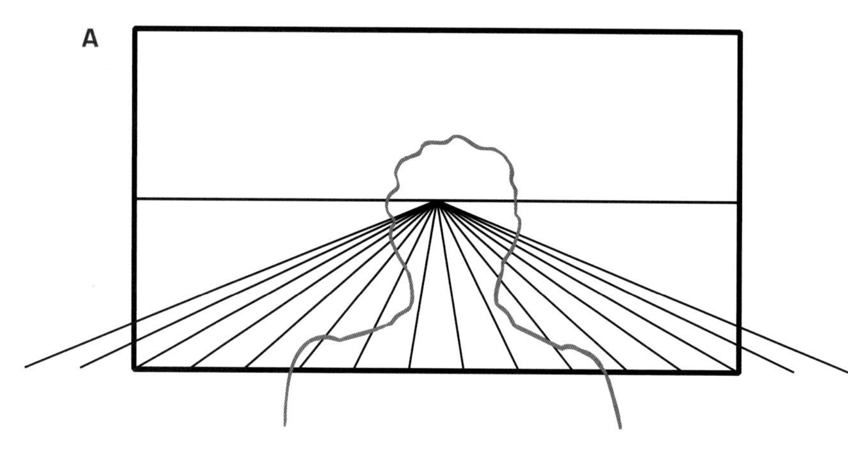

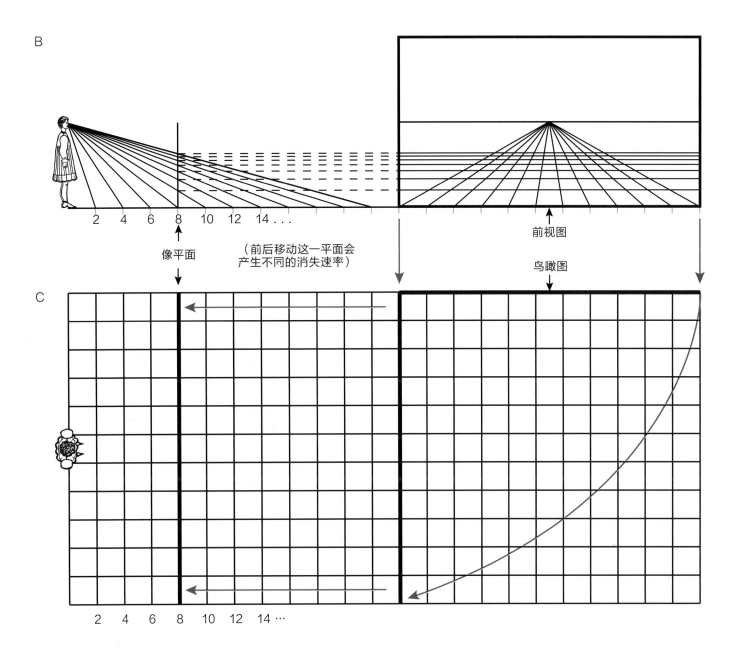

B

2 4 6 8 10 12 14 . . .

前视图

像平面

（前后移动这一平面会产生不同的消失速率）

鸟瞰图

C

2 4 6 8 10 12 14…

D

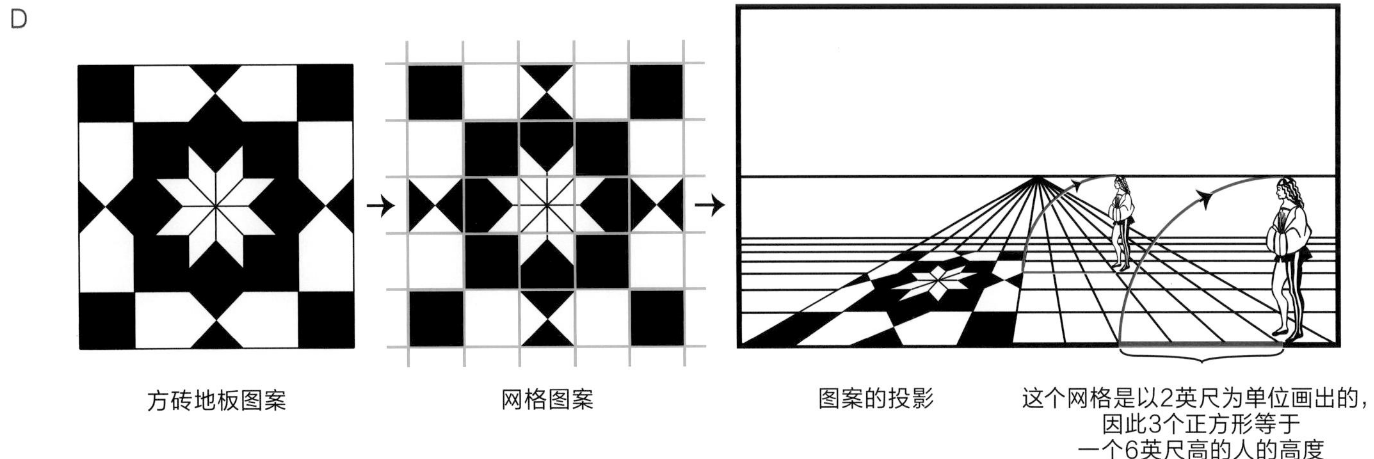

方砖地板图案

网格图案

图案的投影

这个网格是以2英尺为单位画出的，因此3个正方形等于一个6英尺高的人的高度

2-9. 皮耶罗·德拉·弗朗切斯卡（意大利人，约1415—1492），《鞭打基督》，约1455—1460年。板面油画混蛋彩画，58.4厘米×81.5厘米。马尔凯国家美术馆。

皮耶罗的透视技巧表现在镶砖地板、方格天花板、左侧背景的楼梯和右后侧的建筑物上。尽管八个人物的头部与观者的距离大有不同，但皮耶罗准确地计算了视觉上的变化，因此他们在图中的大小完全合乎比例。画面中充满理性的静止场面，与基督被钉上十字架前遭受鞭打的暴力主题恰成对照。正襟危坐的罗马官员见证了这一酷刑，但并没有对右侧三位不知名人士多加注意。1953年，鲁道夫·威特科尔和B. A. R.卡特细致重构了油画中的建筑空间，并得出结论："皮耶罗在这幅绘画中为了描绘三维设计而应用的透视方法，达到了数学意义上的精确，且数学象征在设计中处处可见。"在这里，威特科尔和卡特指的是化圆为方这一未解的难题（作一个正方形，使其面积等于已知圆面积；画中的基督就站在一个正方形内的圆中）。皮耶罗与库萨的尼古拉生活在同一时代，曾阅读过后者的著作。想要了解库萨的尼古拉神秘主义传统中象征性地运用数学之谜的其他例子，读者可参阅威特科尔和卡特合著的《皮耶罗·德拉·弗朗切斯卡〈鞭打基督〉中的透视》。

了这一爵位，所以可以推测出这部专著的完成时间必定是在皮耶罗生命最后的十年中。不过，这部著作只讨论了几何问题，其中包括几个原创的问题，比如给定立体形求体积相等的球体。

阿尔伯蒂对古典主义传统有所继承，因而偏好对称设计，主张消失点应被置于画面中心，从而达到左与右、上与下之间的对称。列奥纳多·达·芬奇的《最后的晚餐》（图2-10）也体现了这一思想。不到一个世纪，意大利的线性透视法便首先传到了欧洲北部，然后又传遍了整个西方。德国艺术家汉斯·霍尔拜因创作了一幅画来表现他的线性透视技巧。在这幅作品（图2-14）中，有些部分只能以极偏的角度观察，属于所谓的"歪像描法"。线性透视法产生了非同一般的影响，到1600年时，人们甚至开始时常以对这项技巧的应用来衡量一位艺术家是否具有雄心壮志了。今天，全世界的艺术家仍在使用文艺复兴时期发明的线性透视法，不仅创造出奇妙的空间错觉（图2-15、2-16），有时还会利用镜面来进一步增强这种错觉（图2-17、2-18）。

神圣比例

在《几何原本》中，欧几里得将一条线段分割为两条线段，使较长线段与较短线段的比等于整条线段与较长线段的比。[3]从数学的角度来说，这个比是一个常数，即无理数 Φ（近似值为1.618）。欧几里得并不认为这一数值具有任何特殊含义，只是把它称作“中外比”，但在文艺复兴时期，不少数学家还是炮制出了一批新的哲学文献，来探讨这一在实际数学研究中意义从未改变过的比例。13世纪，意大利数学

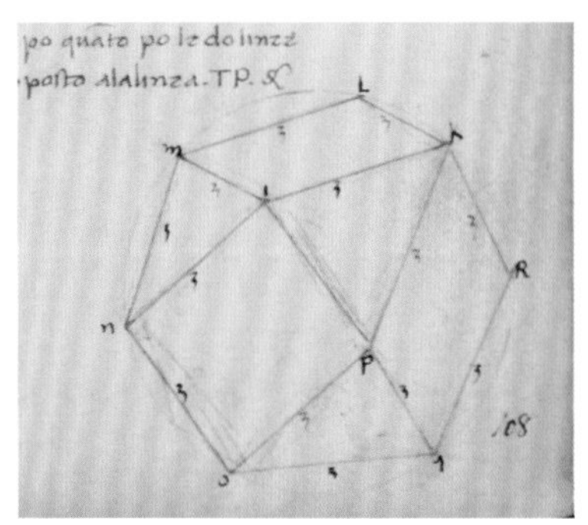

上

2-11.皮耶罗·德拉·弗朗切斯卡，《算盘论》，15世纪中叶。佛罗伦萨老楞佐图书馆。

皮耶罗在这份手稿中描述了四个多面体。根据公元前5世纪亚历山大港的帕普斯的记录，阿基米德曾罗列了组成这个立体的三角形、四边形、五边形的个数，以此来描述这些多面体的性质。在这幅图中，皮耶罗更进一步，通过画出各顶点周围各面的位置，逼真地描画了一个阿基米德体：由八个三角形和六个正方形组成的半正多面体。

下

2-10.列奥纳多·达·芬奇，《最后的晚餐》，1494—1498年。石膏面油画混蛋彩画，4.6米×8.8米，米兰圣玛利亚感恩修道院。

艺术家使用线性透视法时，可以根据这个建筑空间的设置来决定适于这个空间背景的人物尺寸，但这也引出一个问题，那就是凹陷的建筑环境背景如何才能不干扰观者欣赏画面前景中展开的叙述？达·芬奇的解决办法是，利用左右两侧墙上平铺的深色长方形（挂毯）来创造幽深的空间感，并把远去的线条组成的消失点汇聚在基督身上，从而让观者的注意力集中于画面前景发生的事件。达·芬奇还利用透光的背景窗，把基督与彼得置于主位，后者身体前倾，正在做手势。因此，当观者遥望画面深处的风景时，余光会瞟到画中人物的轮廓，从而将视线转回到前景中的故事：耶稣说出“你们中有一个人要背叛我”之后，门徒十分震惊（彼得做出了反抗的手势）。

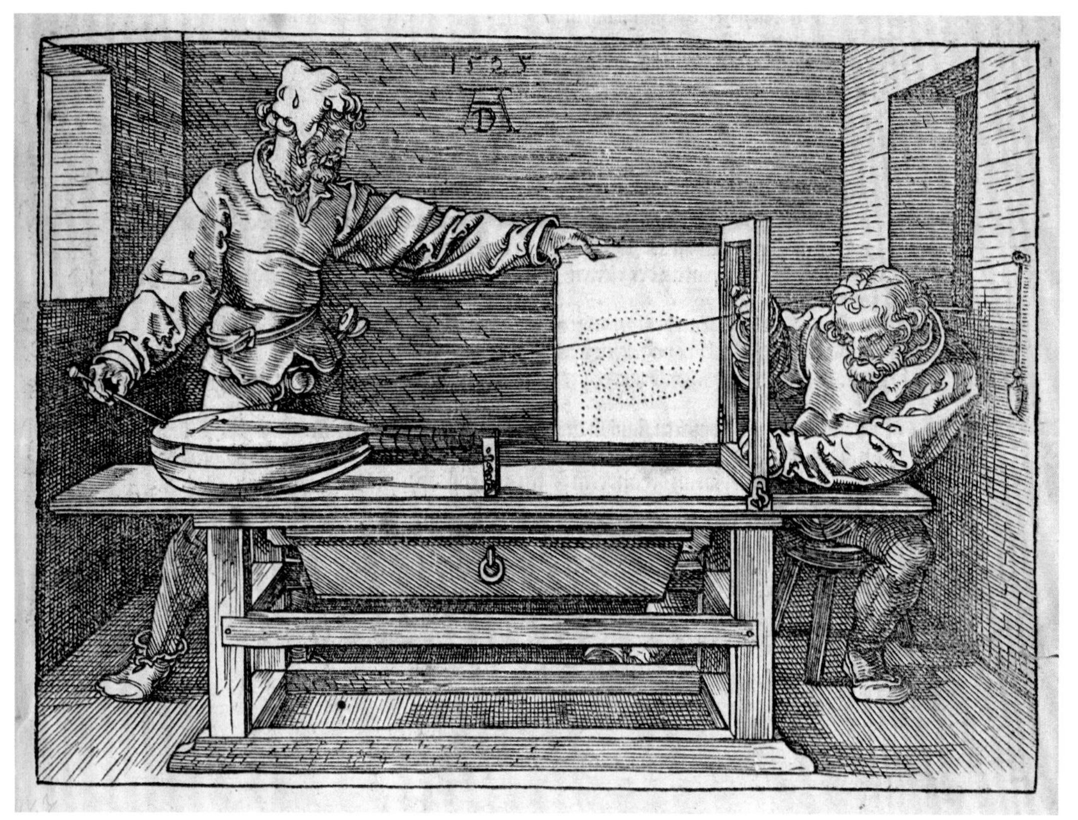

在写这本评论绘画的小书时，为了让论述更加清楚，我要首先交代一下那些在数学家看起来与此学科相关的种种来源。解释清楚这些问题之后，我会继续尽最大努力，从自然的基本原则开始解释绘画的艺术性。

——阿尔伯蒂，

《论绘画》，

1435年

上

2-12. 阿尔布雷特·丢勒（德国人，1471—1528），《如何用透视法画鲁特琴演示图》，出自《线性透视使用圆规、直尺的度量指南》，1525年。

丢勒在1494—1495年、1505—1507年两次访问意大利期间，学会了文艺复兴时期的透视法原理。第二次访问归国后，丢勒出版了一本手册，演示了画鲁特琴的透视方法：首先，在右侧墙上放置一个钩子，以此作为图画的视角；之后从钩子（代表视角）处拉一条绳子（代表视线），穿过一个透明的网格与鲁特琴连接。确定了鲁特琴上的各点之后，图中那个站立的人松开绷紧的绳子，将画合上，让坐着的人在打了格子的像平面上做出这一点的标记。重复这一过程多次，便可以画出鲁特琴的轮廓了：尺寸会根据给定的视角被正确缩短。

对线性透视法的批判

达·芬奇完成了《最后的晚餐》之后，便不再使用线性透视法了，因为他在布鲁内列斯基和阿尔伯蒂的理论中发现了一处前后不一的地方。画面是平的，但如果把观者的视场定义为与一个视角（眼睛）等距离的所有点，那么画面应该是球面。为了对比平面与球面的透视画面，列奥纳多绘制了观者位于*h*点观察*a*、*b*、*c*这三个圆柱体的鸟瞰图。观者的视线被两个画面截取，一个是平的（*d-e*），而另一个是弯曲的（*f-g*）。如果画面是平的，依据布鲁内列斯基和阿尔伯蒂的理论，圆柱体远离观者而去时，看上去将会变大（变宽）——但实际并非如此。但如果画面是曲面，则根据列奥纳多的想法，圆柱体正如实际情况一般会随着远去而变小（变窄）。

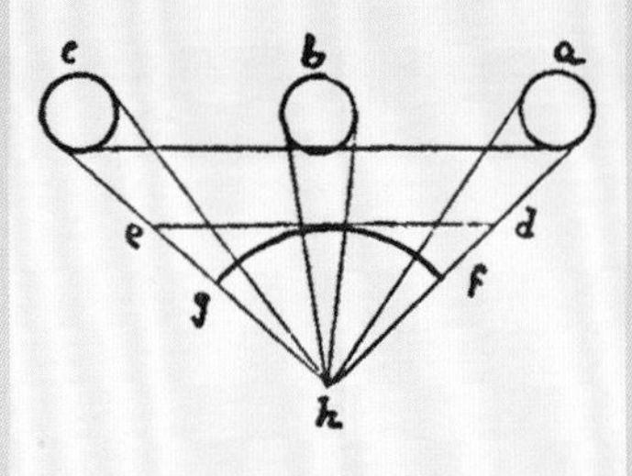

2-13. 列奥纳多·达·芬奇，关于透视法的草图，1513—1514年，由让·保罗·里希特复制于1881年。美术史学家里希特在其出版的意大利语、英语对照的达·芬奇著作中，将达·芬奇的镜像文字改正过来，重画了字母*a—h*。

2-14. 汉斯・霍尔拜因（德国人，约1460—1534），《大使们》，1533年。橡木面油画，207厘米×209.5厘米。伦敦国家美术馆。

在这幅双人像中，霍尔拜因在前景底部绘制了一个变形的头骨。只有将画提起，水平放置在视平线上，并闭上一只眼，从画作左下角观察，才能看到其正常形状。法国的丹特维尔家族想为他们在英格兰的庄园定制一幅画作，便委托霍尔拜因绘制了这幅肖像。其中，法国驻英国大使让・德・丹特维尔盛装打扮，穿着红色的丝绸衬衣和貂毛衬边的大衣，手握佩刀；他的朋友、拉沃尔主教乔治斯・德・塞尔夫则身穿神职人员的锦缎长袍。这幅作品带有北方文艺复兴虚空派的传统风格，画中的头骨是一个冷峻的提醒，意在让沉浸于转瞬即逝的艺术与科学欢乐中的人们不要忘记人生苦短，死亡迟早会降临。画中央架子底部的鲁特琴、长笛，旁边摊着的宗教改革时期的赞美诗集，似乎是在暗示观者：亨利八世（霍尔拜因的赞助人）于1533年再婚，导致英国与罗马教廷决裂，引发了政治与宗教动乱。鲁特琴的左边有一本半打开的算术书，里面夹着一把T字尺，书后则放着一个地球仪。桌面上从左至右依次摆着一座星象仪和几个测量器具，分别是筒状的袖珍日晷（所谓"牧羊人日晷"），木质的通用二分仪晷（左边悬着一个铅锤），用于测量天体角度的白色四分仪，以及多面体日晷（左图）。在文艺复兴时期，后面那个星象仪常被信奉托勒密学说的天文学家用来测定恒星或行星相对于黄道的位置。

对页

2-16. 西尔维·顿莫耶尔（法国人，1959— ），《静物与幻方》，2011年，布面油画，66厘米 × 50.8厘米。图片由艺术家提供。

这件作品描绘的是益智游戏和几何物体，背景为两部16世纪的数学作品，其一为阿尔布雷特·丢勒的《忧郁I》（1514），其二为温佐·亚姆尼策的《正多面体透视图》（1568）。有人认为，丢勒的版画跟柏拉图的《大希庇阿斯篇》有关（约公元前380—前367年，探讨了“美无法定义”）。手持圆规端坐的天使（几何的化身）未能成功制作出象征着柏拉图主义完美宇宙的正十二面体，正转而制作不规则的多面体（画面左侧）。在此之上，丢勒刻下“忧郁I”，意为几何女神因柏拉图放弃寻找美而感到忧郁。与丢勒一样，亚姆尼策也生活在纽伦堡，是神圣罗马帝国皇帝的宫廷金匠。1568年，他出版了《正多面体透视图》一书，书中包含120幅插图，均为五种柏拉图立体组成的几何图形，其理论基础是柏拉图有关宇宙学的对话《蒂迈欧篇》和欧几里得的《几何原本》。

上

2-15. 克劳德·卡恩（法国人，1894—1954），《自拍像》，约1927年。银盐黑白版冲印，11.7厘米 × 8.8厘米。底特律艺术学院。

超现实主义艺术家克劳德·卡恩出生时，名字叫露西·施沃布，25岁时给自己取了“克劳德·卡恩”这个中性的名字。在照片中，卡恩表现了自己的多种面貌：有时是花花公子，有时是妙龄少女，还有时则像这张引人注目的自拍那样，梳着男性发式的同时保留着女性的妆容。观者凝视着照片中的卡恩，卡恩也凝视着观者。她手里拿着一面能够反射出房间内部景象的凸面镜，观者能从镜中观察到相机的反射，暗喻观者自身的图像也被捕捉进了卡恩的眼睛、镜头以及凸面镜之中。这让人想起扬·范艾克在《阿诺菲尼的婚礼》（1434；伦敦国家美术馆）中对凸面镜的运用。

1 14 7 12
15 4 9 6
10 5 16 3
8 2

对页

2-17.奥拉维尔·埃利亚松（丹麦出生的冰岛人，1967— ），《行为冻结》，2005年。镜面箔膜、铝、石灰石与玄武岩材料，冰岛雷克雅未克艺术博物馆内。照片来自该馆。

冰岛当代艺术家奥拉维尔·埃利亚松用玄武岩与石灰石铺砌了雷克雅未克艺术博物馆的地板。所用图案是一种可形成错视的内克尔立方体，看起来既像是从地板中突出来，又像是没入了地板中。图案按照线性透视法原理排列，保持立方体的表面平行，即所谓平行投影。内克尔立方体于1832年由瑞士晶体学家路易斯·内克尔第一个正式提出，故此得名。但实际上，人们从古代起便一直在利用这种错视立方体来制作镶砖地板，如公元前200年庞贝农牧神之家中的地板便是如此。为了反射地面的图案，埃利亚松还用镜面箔膜覆盖了天花板，使观者沉浸在视觉幻象中难以自拔。

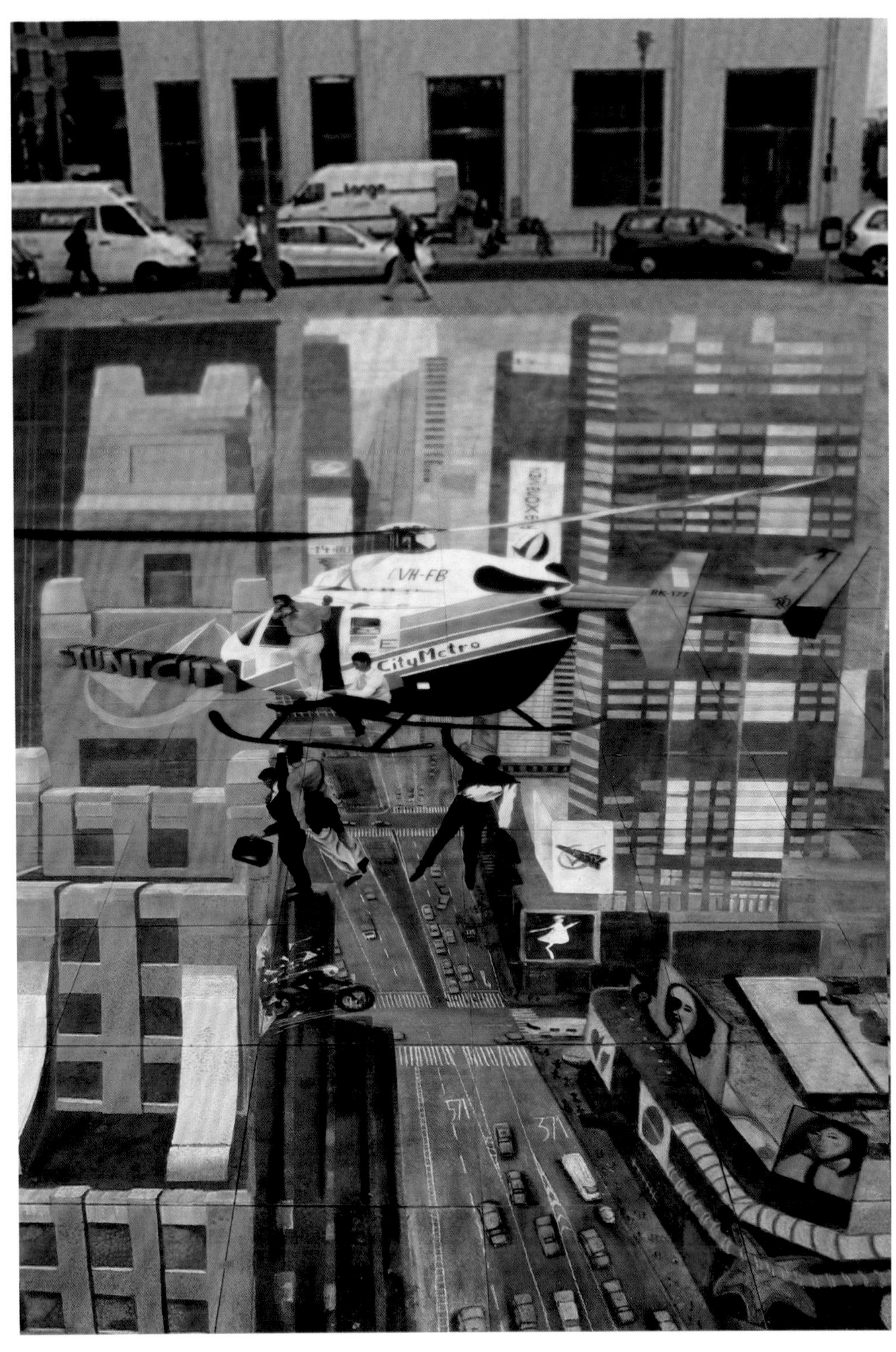

上

2-18.埃德加·穆勒（德国人，1968— ）、曼弗雷德·施塔德（德国人，1958— ），《特技城市》，2005年5月。涂鸦，水泥墙面粉笔画，柏林波茨坦广场，依照伦敦睿狮广告传播公司的一则广告制作。图片由艺术家提供。

德国涂鸦艺术家埃德加·穆勒、曼弗雷德·施塔德用彩色粉笔在水泥墙上创造了这幕视觉幻象。其下部表现的是柏林的波茨坦广场。观者可以看到下方街道上的黄色出租车，以及勇敢的特技表演者手里拎着手提箱，正在搭乘一架直升机去上班。

家、天文学家约翰尼斯·坎帕努斯（约1220—1296）修订了12世纪由阿拉伯文译本转译而成的拉丁文版《几何原本》。在某定理的注文中，坎帕努斯留下了一条记录，首次将中外比同哲学联系在一起："所以，一条线段按照中外比分割，将会产生令人赞叹的效果。那些哲学家曾赞美过的许多事物，都与它具有和谐的关系。这是永恒的根本原理所决定的，即使是看上去风马牛不相及的事物，也能够有理地联系到一起。尽管这些事物的量级和形式都不相同，但却能够产生某种无理的和谐。"[4]坎帕努斯其实是在说这个比率可以用于构造某些几何图形，包括正五边形和正十二面体。许多几何图形中都暗含着中外比，因此他便得出结论，中外比能够使迥然不同的事物产生某种和谐（"无理的和谐"）。

1482年，艾哈德·拉特多尔特以坎帕努斯修订过的译本为底本，成功出版了《几何原本》的首个印刷本（图2-19）。该书销售十分火爆，导致市场上很快又出现了其他版本的坎帕努斯译本，如1509年由意大利天主教方济会教士、数学家卢卡·帕乔利的版本。或许是受到坎帕努斯关于中外比论述的启发，帕乔利挖空心思玩弄文字游戏，炮制出了"无理"一词在数学、音乐、神学领域的特殊含义，声称中外比象征着全能的上帝。中外

对页

2-19.《几何原本》首个印刷本的开篇版面（1482）。此版本以12世纪的拉丁文译本为基础，于1260年经诺瓦拉的约翰尼斯·坎帕努斯修订。原译本转译自阿拉伯文，译者可能是巴斯的阿德拉尔德。纽约公共图书馆珍本部，阿斯特、雷诺克斯与蒂尔登基金会。

15世纪40年代，古腾堡发明了西方的活字印刷术，但印刷商尚无法解决几何图形的印刷问题。活跃于威尼斯的巴伐利亚印刷商艾哈德·拉特多尔特（1442—1528），成功出版了欧几里得《几何原本》的首个印刷本，并在该书题献中感谢了赞助人、威尼斯总督莫塞尼格，还强调了印刷这些几何图形的重大意义与困难，但并没有透露他的印刷方法（至今也无人知晓）。文艺复兴时期接连出现的《几何原本》其他版本，则往往采用木板印刷的方式来呈现几何图形。页面右侧的图形从上至下依次为：线、点、平面；角（锐角、直角，垂线与斜线）；圆及其部分（直径，半圆）；三角形（等边三角形、直角三角形、钝角三角形）；矩形、正方形、平行四边形。

欧几里得的中外比

将一条线段分割为两段，使较长线段与较短线段之比等于整条线段与较长线段之比（《几何原本》，卷6，命题30），则为中外比：因为有三条线段，两条为"外"（最短的线段y和最长的线段$x+y$）、一个为"中"（长度居中的线段x）。

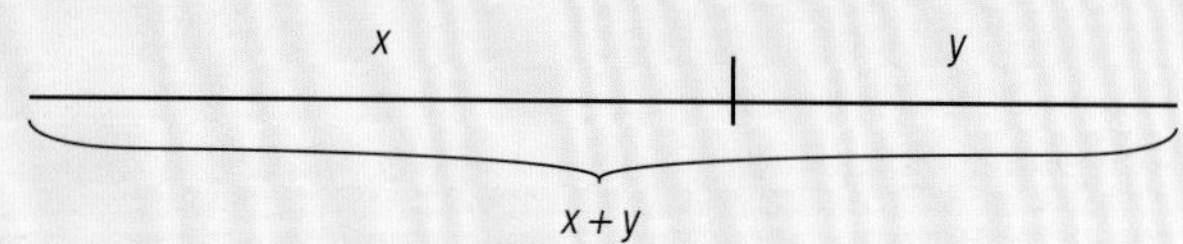

用代数方法将这一比例表示则是

$$x/y=(x+y)/x$$

x与y之间不可公度，即x除以y会得到一个无限不循环的小数；较长线段是较短线段的1.5倍多，即1.618 033 988 749 894 848 2…

这个比值是个无理数，因为它无法被表达成两个整数之比。换言之，一对整数（如8和5）之比（1.6）可以是这个比的近似值，但却不是准确值。同样，8与5之比也近似于13与8之比（1.625）。

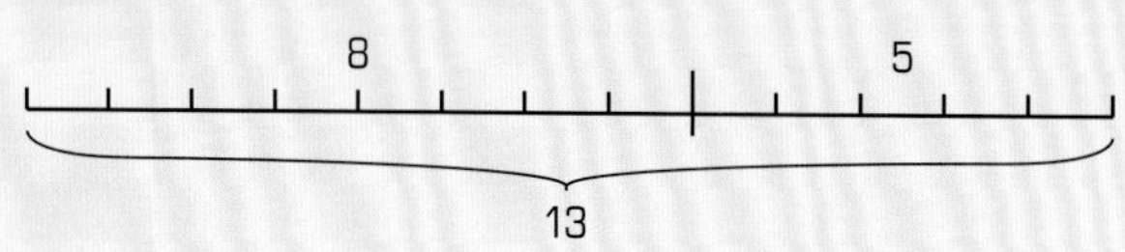

Preclarissimus liber elementorum Euclidis perspicacissimi: in artem Geometrie incipit quā foelicissime:

PUnctus est cuius ps nō est. ¶ Linea est lōgitudo sine latitudine cui9 quidē extremitates sŭt duo pŭcta. ¶ Linea recta ē ab vno pŭcto ad aliŭ breuissima extēsio i extremitates suas vtrŭqz eoꝝ recipiens. ¶ Supficies ē q̄ lōgitudinē ⁊ latitudinē tm̄ hz: cui9 termi quidē sŭt linee. ¶ Supficies plana ē ab vna linea ad aliā extēsio i extremitates suas recipiēs ¶ Angulus planus ē duarŭ linearŭ alternus ꝯtactus: quaꝝ expāsio ē sup supficiē applicatioqz nō directa. ¶ Quādo aŭt angulum ꝯtinēt due linee recte rectiline9 angulus noiat. ¶ Qñ recta linea sup rectā steterit duoqz anguli vtrobiqz fuerīt eq̄les: eoꝝ vterqz rect9 erit ¶ Lineaqz linee supstās ei cui supstat ppendicularis vocat. ¶ Angulus vō qui recto maior ē obtusus dicit. ¶ Angul9 vō minor recto acut9 appellat. ¶ Termin9 ē qd vniuscuiusqz finis ē. ¶ Figura ē q̄ tmino vl' termīs ꝯtinet. ¶ Circul9 ē figura plana vna q̄dem linea ꝯtēta: q̄ circŭferentia noiat: in cui9 medio pŭct9 ē: a quo oēs linee recte ad circŭferētiā exeŭtes sibiīuicez sŭt equales. Et hic quidē pŭct9 cētrŭ circuli dr. ¶ Diameter circuli ē linea recta que sup ei9 centꝝ trāsiens extremitatesqz suas circŭferētie applicans circulŭ i duo media diuidit. ¶ Semicirculus ē figura plana diametro circuli ⁊ medietate circŭferentie ꝯtenta. ¶ Portio circuli ē figura plana recta linea ⁊ parte circŭferētie ꝯtēta: semicirculo quidē aut maior aut minor. ¶ Rectilinee figure sŭt q̄ rectis lineis cōtinent quarŭ quedā trilatere q̄ trib9 rectis lineis: quedā quadrilatere q̄ q̄tuor rectis lineis. q̄dā mltilatere que pluribus q̄z quatuor rectis lineis continent. ¶ Figurarŭ trilaterarŭ: alia est triangulus hñs tria latera equalia. Alia triangulus duo hñs eq̄lia latera. Alia triangulus triŭ inequalium laterŭ. Haꝝ iterŭ alia est orthogoniŭ: vnŭ .s. rectum angulum habens. Alia ē ambligonium aliquem obtusum angulum habens. Alia est oxigonium: in qua tres anguli sunt acuti. ¶ Figurarŭ autē quadrilateraꝝ Alia est q̄dratum quod est equilaterŭ atqz rectangulŭ. Alia est tetragon9 long9: q̄ est figura rectangula: sed equilatera non est. Alia est helmuaym: que est equilatera: sed rectangula non est.

De principijs p se notis: ⁊ pmo de diffinitionibus earundem.

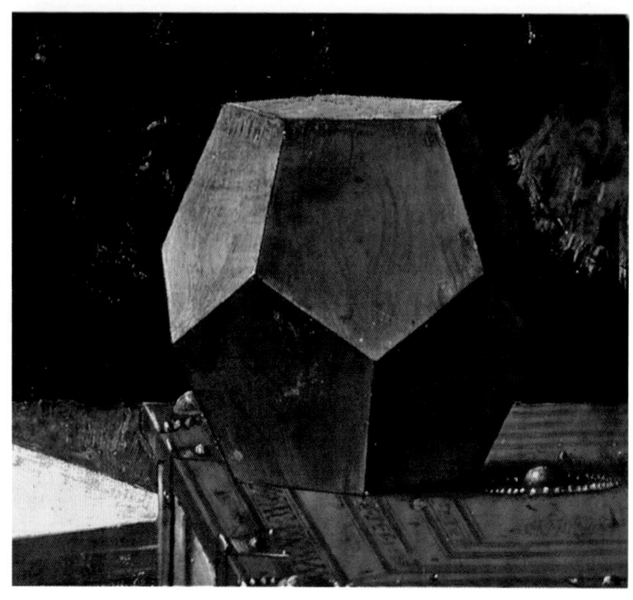

上

2-20. 雅各布・德・巴尔巴里（意大利人，约1460—1516），《卢卡・帕乔利》，1495年。布面油画，99厘米×120厘米。那不勒斯卡波迪蒙特博物馆。

画作中，天主教方济会教士卢卡・帕乔利正指着小黑板上的一个几何图形，黑板的边角上则写着“欧几里得”。桌上陈列着一些作图工具：分角器、圆规、笔，还有擦黑板的海绵以及书名不清的书。画的左上方悬挂着一个用含铅玻璃板制成的半正多面体，由八个三角形和十八个正方形面组成（小斜方截半立方体），里面注了一半的水。帕乔利后面那位衣着奢华的男子身份不明。

左

2-21. 上述画作中的正十二面体。

正十二面体是五种柏拉图立体之一，由十二个正五边形组成，可通过中外比分割线段法画出。

比之所以被称为“无理”，是因为它无法用两个整数之比来表示；所以，帕乔利便据此将中外比视为神性的象征，理由是神性处于我们所能达到的理性边界之外，无法用我们现有的语言来描述。帕乔利甚至认为，由于组成正十二面体的每一个正五边形都是由中外比构造而来，所以中外比同时还象征着天堂（图2-20、2-21）——这个联系是他在柏拉图的《蒂迈欧篇》中发现的。

帕乔利的《神圣比例》（1509）中除了以上观点，书中还收录了他的老师皮耶罗·德拉·弗朗切斯卡的一篇讨论正多面体的数学论文（原文是拉丁文，帕乔利把它译成了意大利文）。[5]这部书是帕乔利在米兰期间编成的。1496年，他来到米兰，在斯福尔扎宫廷中任职，后结识了自1482年起就定居在此的列奥纳多·达·芬奇：因为达·芬奇当时正受卢多维科·斯福尔扎的委托，要为圣玛利亚感恩修道院绘制一幅壁画（《最后的晚餐》，1495；图2-10），正好想找个几何老师，来帮他搞清楚线性透视法。为了报答帕乔利的指导，达·芬奇为帕乔利的书绘制了若干几何插图，如中空的正十二面体（图2-22）。但是，帕乔利不厌其烦地赞美神圣比例的崇高性时，只关注了它的神学象征意义，并没有将其和美学联系在一起，也没有宣称艺术家会使用它来创作——没有任何证据表明列奥纳多曾经用过中外比。实际上，在有关建筑学的一章中，帕乔利还对阿尔伯蒂的观点——设计者只能使用有理比——明确表示了赞同；换言之，在帕乔利看来，艺术家不应该使用神圣比例。

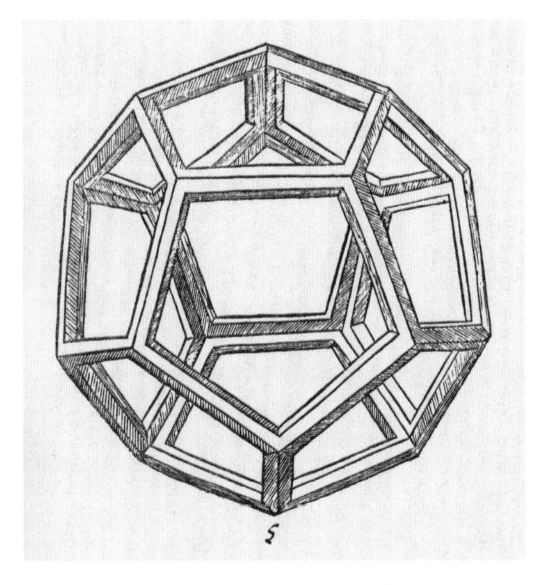

2-22.中空的正十二面体，卢卡·帕乔利的《神圣比例》中由达·芬奇所做的木刻插图。

黄金分割

人们普遍认为，中外比从古典时代起就被运用在了艺术领域。但这其实是个误解：中外比同艺术与美产生联系，是在19世纪中叶的德国。1835年，德国数学家马丁·欧姆的著作《纯初等数学》发行了第二版，中外比首次在书中被改称为“黄金分割”，并被40年代的其他数学著作采用。[6]德国心理学家阿道夫·蔡辛读过这些数学文献后，把这个说法用在了他的著作《人体比例新体系》中，宣称这一比例在很大程度上决定了某个整体内的各部分之间关系是否和谐。在“新体系”的开头，蔡辛详细介绍了历史上那些哲学家与艺术家有关比例的著作，提到了数十位作者，包括柏拉图、普罗提诺、阿尔伯蒂、达·芬奇、康德、黑格尔。不过，这十多个人里并没有坎帕努斯和帕乔利，说明蔡辛显然不知道给中外比冠以神圣之名的，其实只有这二人。

蔡辛在书中宣称，黄金分割“是构成自然界与视觉艺术中一切美感与完整性的基础，而且从一开始，黄金分割就是所有表现手法和形式关系的模型，无论宇宙还

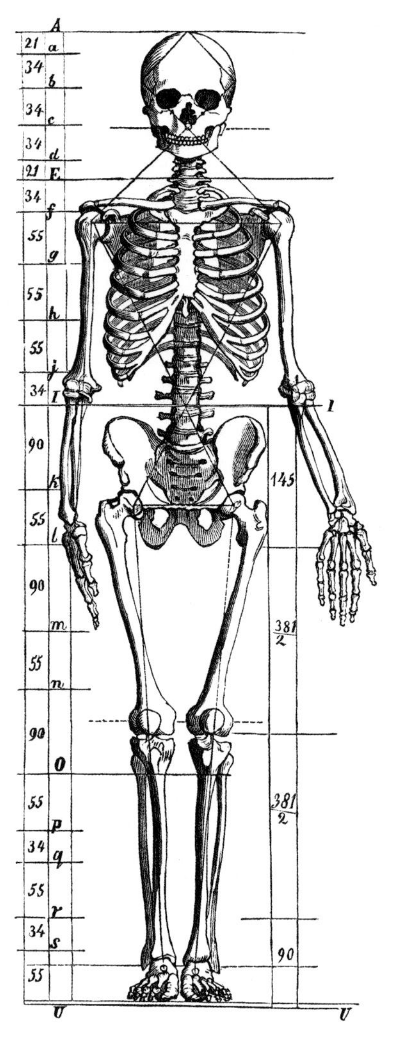

是个体、有机还是无机，来自听觉系统还是来自视觉系统。然而，只有在人体当中，黄金分割才能最完美地体现出来”。[7]换言之，蔡辛认为黄金分割是一条自然律，是人类与生俱来就拥有的特质。所以纵观历史，艺术家总会有意无意地运用这一法则。为证明这个说法，蔡辛宣称自己已经在艺术与建筑领域发现了许多例子，包括一座古典雕塑和一座哥特式大教堂（图2-23）。但某个艺术家是否在作品中运用过黄金分割，是一个必须要有历史证据支撑的命题，比如艺术家本人的陈述或是建筑师本人的图纸。某件作品中是否蕴藏黄金分割，无法通过相关测量数据来证明。这是因为如果像蔡辛那样，只挑出有利的数据，漠视其他一切不利的数据，那么在任何物体上其实都能“发现”黄金分割的影子。[8]事实是，我们根本在历史上找不到一丝一毫的证据能证明曾有哪个艺术家或者建筑师在19世纪晚期之前有意运用过黄金分割比例。[9]

当然，如果黄金分割是人与生俱来就懂的，那么艺术家与建筑师很有可能下意识地运用过，只是没留下任何历史记录而已（比如艺术家有意识在陈述中提过或者绘图时用过）。所以，黄金分割到底是不是与生俱来就懂的呢？19世纪70年代，实验心理学的创始人古斯塔夫·费希纳就做了一系列实验，想看看人类是否真的如蔡辛所言，在看到符合1.618比例的形状后会在视觉上感到更愉悦。在一次实验中，费希纳给受试者展示了按不同比例分割的线段，发现受试者并没有更喜欢1.618这个比例的线段。另一次实验中，费希纳让受试者观察不同的矩形，结果发现只有35%的

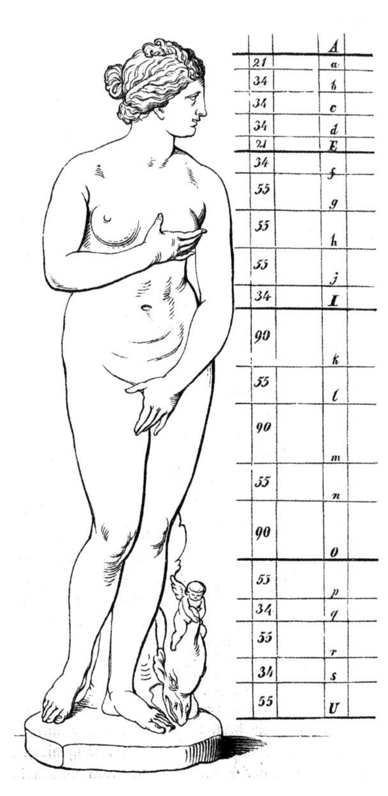

2-23.男性的身体比例（左上）；希腊或者罗马时代的雕像“美第奇的维纳斯”（左下）；马尔堡的圣伊丽莎白教堂（右），出自阿道夫·蔡辛的《人体比例新体系》。

蔡辛的著作是那种研究历史时把理论视为既定结论而非假设的典型案例。他测量了上述骨骼、塑像和教堂的立面，意在找出其中黄金分割：找到一处，便留下一个记号；对那些不符合他理论的部分则视而不见。竖栏中的那些数字——以及总体而言，插图中的距离——是斐波那契数列（1，1，2，3，5，8，13，21，34，55，89——姑且认为他把89四舍五入为90了）。

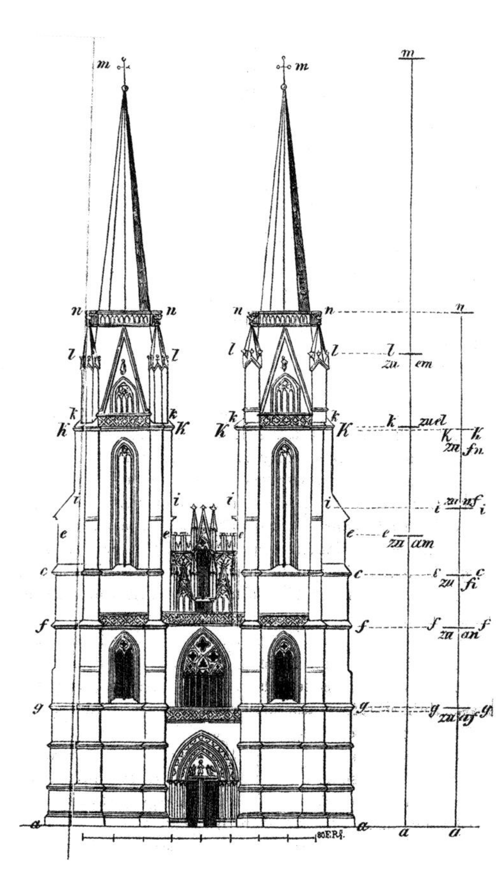

调查对象更喜欢长宽比为1.618的矩形，即所谓的“黄金矩形”（《实验美学论》，1871）。换言之，费希纳的实验数据不支持（更遑论“证明”）黄金分割能带给人更多美学享受的说法。不过，费希纳有关黄金分割具有先天美学吸引力的（不存在的）“证明”还是为心理学提供了研究资料，让心理学家至今还在这个问题上争论不休。[10]

19世纪后半叶，由于一些德国学者宣称黄金分割曾被用在吉萨的胡夫金字塔等名胜古迹的修建上，所以有关这一比例的错误观念，便在迅速兴起的艺术史领域成了保留节目。[11]慕尼黑应用技术大学是一所久负盛名的工程大学，在该校任教的建筑史学家奥古斯特·蒂尔施运用蔡辛的理论，研究了古典与文艺复兴时期的一些建筑，试图找出黄金分割曾在设计史上被运用过的证据。1883年，蒂尔施发表了《建筑学中的比例》一文，宣称建筑中的完美比例来自形式（如黄金矩形）的重复。为了证明自己的观点，蒂尔施使用了“建筑参考线”（结构线）分析了帕特农神庙和圣彼得大教堂。[12]但和蔡辛一样，蒂尔施也完全没有给出任何历史证据来支持自己的说法，都是只挑有利的数据，在帕特农神庙和圣彼得大教堂中“寻找”那些能够肯定他看法的矩形（图2-24、2-25），对于不符合的数据则视而不见。

瑞士学者雅各布·布克哈特是德语区的艺术史权威，1844—1893年间曾先后在巴塞尔大学、苏黎世联邦理工学院任教。读过那篇文章后，他致信蒂尔施，说那篇文章“说服了他，令他激动不已”。[13]布克哈特的学生、年轻的瑞士艺术史学家海因里希·沃尔夫林，也极为尊崇蒂尔施的论点，盛赞该文为Lex Thierschica（拉丁语，意为“蒂尔施定律”），并开始将反向参考线运用在建筑物的分析当中，而其中一个例子便是他对罗马文书院宫等建筑物的比例研究（图2-26、2-27）。[14]沃尔夫林在自己出版于1888年的艺术史经典著作《文艺复兴与巴洛克》中写道：“比例的和谐远非随心所欲，而是由黄金分割决定，这就是我们经历的所谓‘纯’比例。也就是说，它完全令人满意，因而是完全自然的。”[15]几年之后，布克哈特在自己的经典

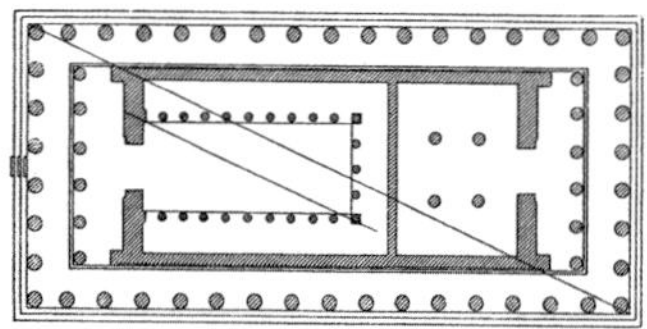
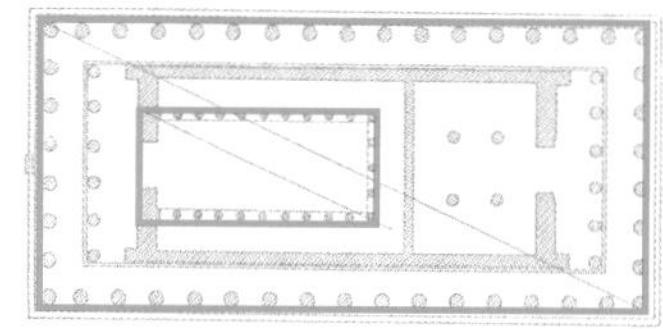

2-24. 雅典帕特农神庙平面图（左），出自奥古斯特·蒂尔施的《建筑学中的比例》（1883）。

蒂尔施在左侧的帕特农神庙平面图上画出了“参考线”，从中选出了两个矩形，来证明建筑师伊克提诺斯和卡利特瑞特曾用这两个长宽比一样的矩形（一个是台基，另一个是内殿；右图）成功实现了他们的经典设计。

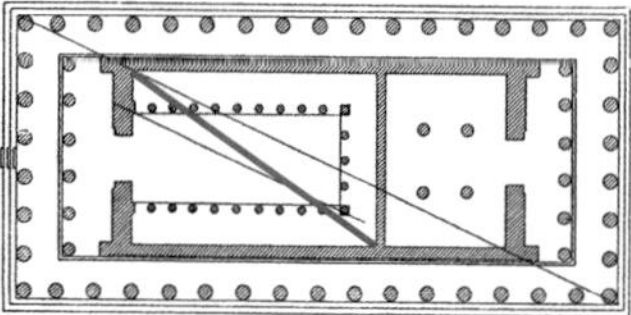
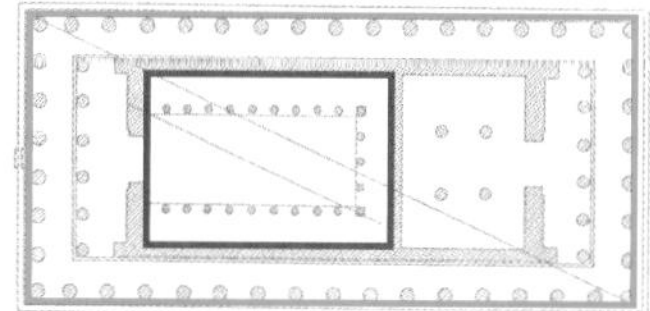

上图中的红色矩形是被蒂尔施忽视的诸多矩形之一。

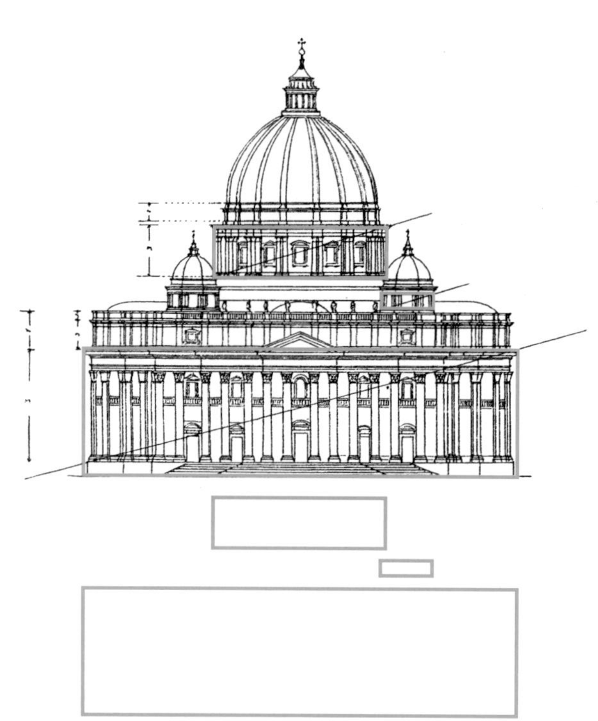

2-25. 罗马圣彼得大教堂，原出自奥古斯特·蒂尔施的《建筑学中的比例》，后由雅各布·布克哈特翻印于著作《意大利文艺复兴时期的文化》中（1891）。

蒂尔施自称，他运用参考线证明了圣彼得大教堂的建筑师在设计教堂正立面时，曾使用了相同比例的矩形。图中蓝框表示的是他特意挑选的那些矩形，其余的都被忽视了。从图左侧我们可以看出，蒂尔施似乎是想证明教堂正立面的几个水平分区重复了1 ∶ 3这个比例。

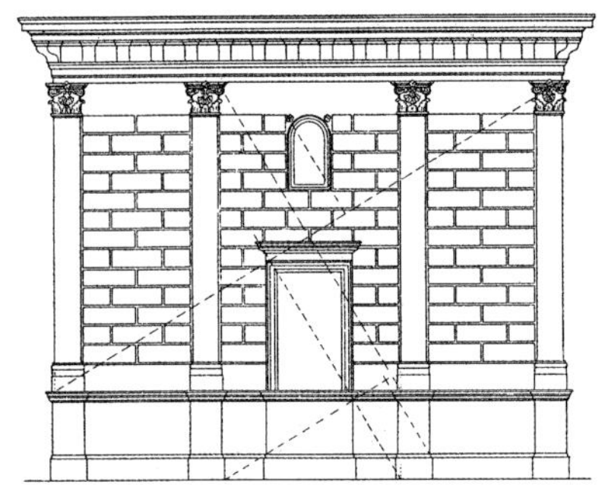

2-26. 罗马的里亚里奥宫（人称“文书院宫”）顶楼，出自海因里希·沃尔夫林的《文艺复兴与巴洛克》。

蒂尔施使用对角参考线来证明这些水平矩形之间存在比例关系。沃尔夫林将这一思想推而广之，证明如果人们在门窗（图中的竖直矩形）的相对方向画线，这些线将与蒂尔施的线以90° 角相交。沃尔夫林声称，这是判断一座建筑物是否具有和谐比例的客观标准。

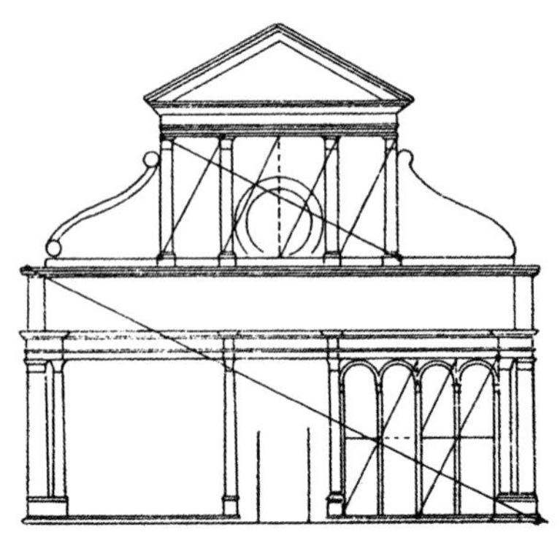

2-27. 新圣母大殿，佛罗伦萨，出自海因里希·沃尔夫林的《论比例理论》（1889）。

1888年12月12日，布克哈特写信给沃尔夫林，赞扬了他所绘的佛罗伦萨新圣母大殿立面图，以及罗马的法尔内西纳别墅图：“多么优美的杰作啊！法尔内西纳两翼与主建筑之间水乳交融！这就证明了蒂尔施定律适用于新圣母大殿的立面！你的发现如此之多，而且还会有更辉煌的成果。”

著作《意大利文艺复兴时期的文化》的第三版（1891）中，增加了有关比例的内容，而且不仅采纳了蒂尔施的论点，还重新绘制了蒂尔施有关文艺复兴时期建筑的分析图（图2-25）。[16]布克哈特写道：“纯数学的方法永远无法推导出不变的原理……然而，人们近来发现了一条应用十分广泛的比例定律，那就是黄金分割……正如欧几里得所证，黄金分割是一个常数比，符合黄金分割的几何图形彼此相似……黄金分割最早出现在希腊和罗马建筑物中，后来在文艺复兴早期重获新生，再次为人们所重视。”[17]布克哈特非常认同蔡辛有关黄金分割属于先天特质的说法，就此总结道：“在建筑领域，黄金分割的理论和实际应用，究竟哪个在先、哪个在后，还是说根本就是无意识行为，似乎已经无从考证。但他们观察到了这一点，却是毋庸置疑的事实，因为意大利文艺复兴时期最灿烂的建筑之中都闪耀着黄金分割的光芒。”[18]

但是事实，完全没有任何历史证据能证明意大利文艺复兴时期的建筑师曾使用过1.618这个比例。

沃尔夫林接替了布克哈特在巴塞尔大学的教席，后又在柏林大学和苏黎世的一些大学任教，最终成为20世纪初最有影响的艺术史学家之一。虽然他在1914年时还依旧赞扬过蒂尔施建立的整体内各部分的和谐定律，[19]但在20世纪头20年研究过完形心理学，开始依照五种转换方式（通过数学中的群论来描述；第七章）来分析从文艺复兴到巴洛克的风格转变之后，他对黄金分割的热情早已冷却下来。比如，他在1915年出版的《艺术史原理》中谈及文书院宫（图2-26）时，便既没有提到蒂尔施定律，也没有提到黄金分割，而是根据阿尔伯蒂有关“美是整体与各部分的统一”的经典定义描述了该建筑的比例。[20]

不过，蒂尔施有关比例的观点后来能进入现代主义艺术家的视野之中，却要归功于包豪斯学院的创办者瓦尔特·格罗皮乌斯（包豪斯起初在魏玛，后来迁至德绍，最后又搬到了柏林；第八章）。1903年，年仅20岁、正在慕尼黑应用技术大学读书的格罗皮乌斯，曾经听过蒂尔施的讲座，深受影响。[21]蒂尔施的儿子、建筑师保罗·蒂尔施后于1906—1907年间，到格罗皮乌斯的老师彼得·贝伦斯名下的建筑公司设在杜塞尔多夫的办事处工作。之后，毕业于魏玛包豪斯，并在德绍包豪斯创建期间担任格罗皮乌斯助手的恩斯特·诺伊费特，在其建筑学经典著作《建筑设计手册》（1936）中，着重介绍了黄金分割，并给出一份以蔡辛的理论为基础的图解。该书多次再版，至今还在印行，向新一代建筑师宣传着黄金分割的错误观点。事实上，1936年版中的这幅图解（图2-28），最终还被印在了该书2002年平装版的封面上。无独有偶，在金伯利·伊拉姆出版于2001年的平面设计教科书《设计几何学：关于比例与构图的研究》中，黄金分割也占据了核心地位。[22]当今的这些信徒，不但在延续黄金分割的传说，事实上还正在以此为基础设计新的体系。

德国天主教神学家彼得·伦兹（德西德里乌斯神父）是蔡辛学说的另一位追随

者。1868年，在图特林根附近的博伊龙本笃会修道院，伦兹等一些教士艺术家共同创立了一所学校，用以培养创作祭坛画、壁画、镶嵌画的教士。伦兹秉承19世纪末天主教的普世教会精神，认为世界上的所有宗教中都能让人在神秘灵光闪现时瞥见神性的妙谛，而与时间同为不朽的几何形式，正是永恒真理的最佳象征。19世纪60年代，伦兹曾在柏林研究过一批埃及雕塑，想测量出它们所用的比例。在此期间，他恰好读到了蔡辛的《人体比例新体系》，便把黄金分割的说法纳入了自己的著作中，并将其同基督教和埃及的图像研究结合在一起（图2-29）。[23]从伦兹同教士P. 约翰尼斯·布莱辛（研究音乐和谐的数学原理）在19世纪70年代初的通信中我们可以清楚地看到，这些本笃会的神职人员对于寻找礼拜式艺术中所隐含的数学规律有着极大的兴趣。[24]

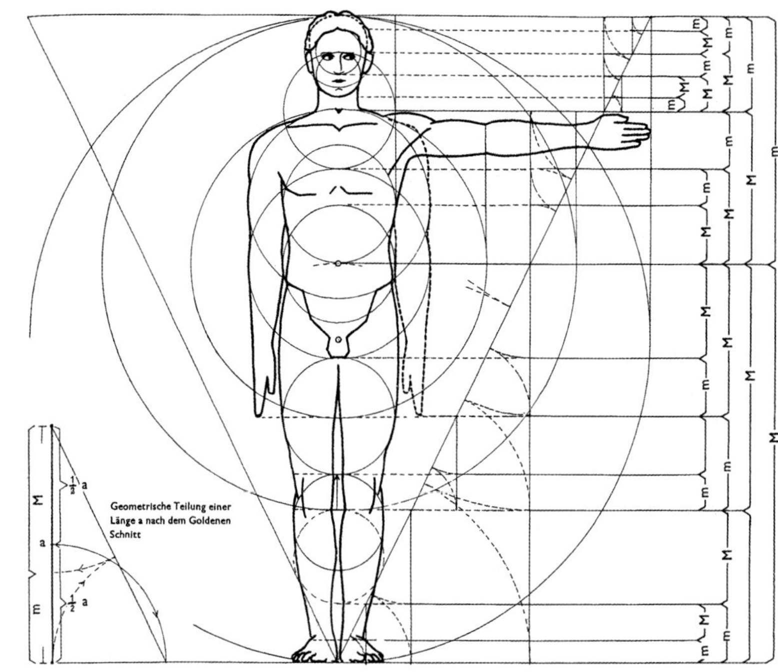

2-28.“基于蔡辛理论的人体比例测量”，出自恩斯特·诺伊费特的《建筑设计手册》。
左下方的文字为“对一条线段进行黄金分割”。图右的线段按照黄金分割进行了分割，m代表较短的那段，M代表较长的那段。这个比例以肚脐为分割点，将人体一分两半，进而又在人体各部分进行了更细致的划分。诺伊费特大力提倡建筑师使用黄金分割，说这样他们的建筑就能延续（传说中）使用过这一比例的那些杰出艺术家（如金字塔的设计师和达·芬奇）的传统了。

19世纪晚期，乔治·修拉等法国艺术家虽然对数学与科学很感兴趣，也从德国人那里知道了黄金分割，但并没有用在自己的创作中。修拉的朋友查尔斯·亨利是《科学美学导论》（1885）的作者，也是最早认识到帕乔利、蔡辛、费西纳等人谈论的都是同一比率的人之一。[25]他曾强调：“当代艺术家完全忽视了黄金分割与和谐比例。”[26]反而是对神圣主题感兴趣的纳比派艺术家，因为相信黄金分割与神性有关，将其运用到了作品之中。不过，纳比派艺术家的美学目标其实并不统一。其中几位，包括派系领军人物保罗·塞律西埃，在宗教信仰与艺术创作之间建立起了强有力的联系。他们主要受到了法国神智学者爱德华·许雷的影响，认为摩西、毕达哥拉斯、耶稣、佛陀等伟大精神导师的教导中都存在普世性的泛神论主题。[27]所以，我们在一些纳比派艺术家的作品中可以看到一种世界性宗教的融合，例如保罗·朗松的《基督与佛陀》（约1890）。

荷兰艺术家扬·韦卡德在法国生活时，曾同保罗·高更和纳比派艺术家有来往，后来去了博伊龙的修道院，成为一名本笃会修士，师从彼得·伦兹。博伊龙艺术学校对于虔诚的强烈表达和对于图案的辉煌装饰吸引了塞律西埃。他于19世纪90年代初离开了法国西北部的布列塔尼，在修道院短期停留后，跟随伦兹学习色彩理论和比例体系。[28]后来，他又分别于1896年与1904年，与纳比派艺术家莫里斯·德尼一起，两度造访博伊龙艺术学校（图2-30）。德尼如此描述了修道院对塞律西埃的影响：“塞律西埃没有失去自我，也没有背弃布列塔尼人，但他从博伊龙引入了一种新元素——美学体系中的数学元素，而这种元素将一直影响他的创作。”[29]塞律西埃在1910年绘制了一个金光闪耀的几何

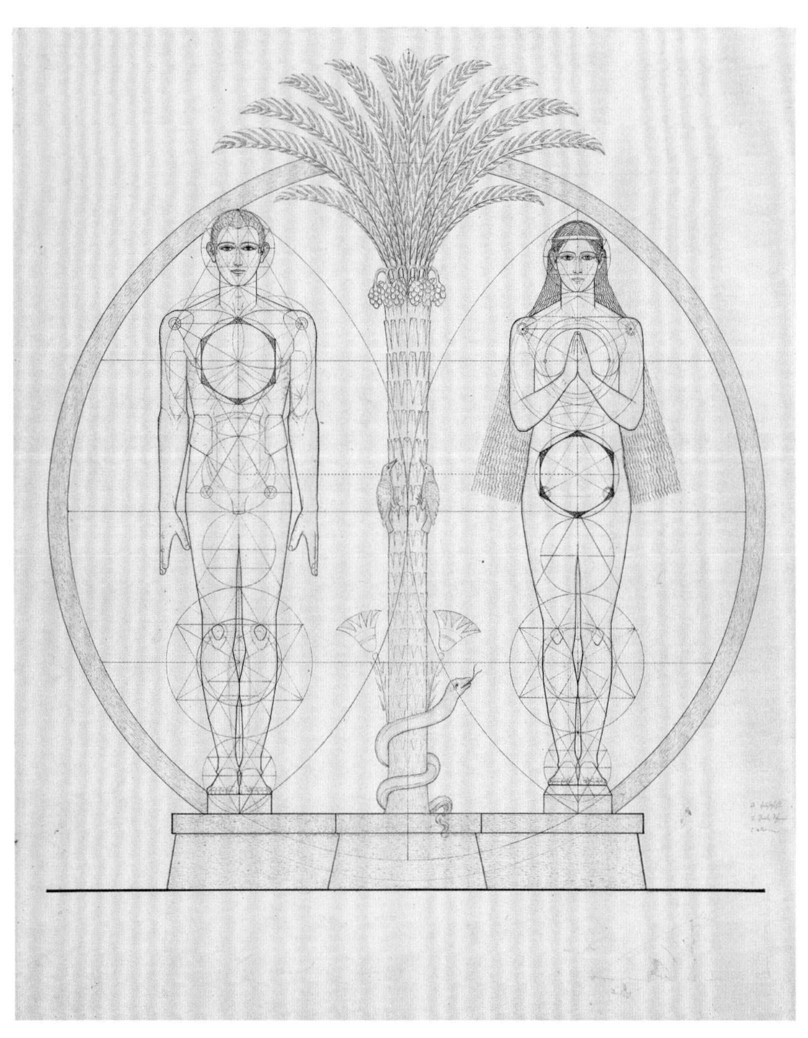

2-29. 彼得·伦兹：《男人与女人的比例体系》，1871年，纸上钢笔画。德国博伊龙圣马丁本笃会修道院档案馆。

图形，好似飘浮在天堂之中。这是柏拉图主义的体现，寓意几何与神性的融合——这在世俗时代实属罕见（图2-31；试比较第一章的图1-20）。

彼得·伦兹对于几何的运用，深深地影响了德尼。[30]德尼提倡一种能够超越表象、揭示内在抽象秩序的艺术，他在1890年写道："记住，一幅画在呈现出一匹战马、一个裸女或某个小故事之前，首先是一个按一定秩序上色的平面。"[31]德尼在1914年购买并修复了圣日耳曼昂来（巴黎附近）的一座修建于17世纪的小修道院，并在1919年创立了法国版的博伊龙艺术学校——神圣艺术工作室。1921年，塞律西埃在自己颇具影响的绘画手册《绘画ABC》中收入了黄金分割的内容，将其作为艺术家"普世性语言"的一部分。在这一语境下，他强调了黄金分割等涉及美学的几何定律，更多的是一种具有启发性和哲学性的典范，而非绘画中能够用到的实用方法。[32]

在巴黎，人们对于黄金分割的热情因为大受追捧的罗马尼亚作家马蒂拉·吉卡而再度升温：他曾于1927年和1931年重新整理了蔡辛、蒂尔施等人的理论并出版。吉卡在这个问题上的贡献，是他正确地认识到了帕乔利的神圣比例和蔡辛的黄金分割其实是同一比例，只是名字不同罢了。但他也错误地宣称，达·芬奇曾经使用过这一比例（《自然与艺术中的比例美学》，1927）。

我斗胆说到艺术中的数学时，人们面露微笑，好像在说我是个傻瓜。在我们的社会中，人们常把数学与艺术看成像科学与宗教一样对立。

——保罗·塞律西埃，致扬·韦卡德的信，1902年8月25日

1948年，西班牙画家萨尔瓦多·达利在洛杉矶见到了时任南加州大学美术系主任的吉卡，并为其魅力所倾倒。[33]达利是少数在著名的巴黎国立高等美术学院中接受过科班训练的先锋派艺术家之一，懂得如何像绘画大师那样用油彩作画。在整个20世纪30年代，达利都在责备他的超现实主义艺术家同道，认为他们缺少他那样的专业技巧。达利结识吉卡时，正在撰写一部工作手册："我现在45岁了，我想画一幅杰作，把现代艺术从混乱与懒惰中解救出来。我要把这部书奉献给这个神圣的事业，献给所有对真正的绘画充满使命感的年轻人。"[34]达利十分赞成吉卡的观点，也认为像以前的绘画大师，尤其是达·芬奇，懂得如何运用数学法则来实现艺术之美。吉卡送了达利自己的几本书，二人还开始通信，成了朋友。达利则在工作手册中增加了对吉卡观点的总结。[35]

20世纪40年代后期，达利将艺术创作的重点从弗洛伊德的潜意识转到了核物

上

2-30.莫里斯·德尼（法国人，1870—1943）：《博伊龙的教士》，1904年。布面油画，97厘米×146厘米。法国圣日耳曼昂来莫里斯·德尼小修道院博物馆部。

当德尼与扬·韦卡德一起访问博伊龙修道院时，德尼画下了这幅肖像画。三位教士坐在工作室中：白须老人是彼得·伦兹，正用圆规画一个几何图形；戴兜帽的是巴塞罗那本地人弗兰克萨·阿达尔韦特，正在聆听伦兹的教导；身穿白色教士服的是韦卡德。背景中置有一张绘画桌、一幅钉在墙上的草图、一个石膏模型、一个放在右边的圣母像。窗外射入的光线照在一幅很大的画上，画中的人物是圣本笃和两个年轻门徒，正好与德尼的主题相吻合：一位本笃会修士和两个年轻门徒。

右

2-31.保罗·塞律西埃（法国人，1864—1927）：《金圆柱》，约1910年。纸板油画，38.2厘米×27.7厘米。雷恩美术馆。

理，创作了一些混杂着神秘色彩与原子世界的作品，比如《比基尼岛的三尊狮身人面像》（1947）。所谓“比基尼岛”是指南太平洋上的比基尼环礁岛，美国曾于1946年开始在那里进行核武器试验。通过学习物理，达利得知固体物质由带电粒子组成，而这些粒子则由电磁力结合在一起。因此，从亚原子的角度看，物质的内部主要是虚空。达利将物理学中的湮灭现象同灵性联系在一起（《反物质宣言》，1958），并同时采纳了吉卡的观点，认为数学也可以与灵性联系起来。达利同时还阅读了帕乔利的著作，[36]发现数学还可以与神性联系在一起（这一点吉卡忽略了）。尽管读过之后，达利显然应该知道达·芬奇只不过是为帕乔利的著作画了些几何图形做插图，这位创作过《最后的晚餐》的大师自己从没有使用过黄金分割，更别说提倡了。但达利依然对黄金分割痴迷不已，认为达·芬奇确实在艺术创作中使用过这个比例，进而决心要“创作一幅杰作来解救现代艺术”，向达·芬奇致敬，用自己的作品向世人证明达·芬奇的绘画技艺依旧延存于世。达利希望将黄金分割体现在艺术之中，来象征永恒的真理。因为根据帕乔利的观点，这一真理“总神秘不可解，故被数学家描述为无理”。

达利传世之作《最后晚餐的圣礼》（1955；图2-32）的灵感来源，正是达·芬奇的《最后的晚餐》（图2-10）——前文提过，达·芬奇创作《最后的晚餐》期间，正在跟帕乔利学习线性透视法，这幅作品也是他唯一运用线性透视法创作的主要作品。达利使用了一张长宽比为1.618的矩形画布，并以吉卡的一份以黄金分割为基础的图解，确定了各门徒所在位置构成的金字塔结构（图2-33）。背景中的几何构造袭用了达·芬奇为帕乔利绘制的中空正十二面体（图2-22），因为在柏拉图的对话录《蒂迈欧篇》中，这个立体正是宇宙的象征。[37]

卢卡·帕乔利在他那本令人难忘的著作中宣称黄金分割为神圣比例。他那本著作是所有美学论著中最重要的一部。

——萨尔瓦多·达利，《成为画家的50个秘密》，1948年

在天主教的圣餐礼中，按照字面意义，面包和葡萄酒（可以在达利画中的桌子上看到）会变成基督的身体与血。达利将基督的身体放在画面中央（透视构图的“消失点”），好似在渐渐消失，象征着圣餐变体论。场景上方有一个象征着天堂的正十二面体，其上那个正伸开双臂的形象，则代表了耶稣的受难和升天。也就是说耶稣具有物质和精神的双重属性：既是个肉身、有限的人，又是不朽、无限的上帝之子。达利称自己的风格为“核神秘主义”，意指当时的科学世界观与传统宗教图像学的结合。

不过，达利并没有像蔡辛和吉卡所推崇的那样，用黄金分割来保证作品的美感与完美比例，而是像帕乔利所提倡的那样，用它来象征神性。因此，《最后晚餐的圣礼》是现代艺术中使用神圣几何的一个罕见例子，是达利出于怀旧心理向那幅绘画大师在信仰时代创作的作品致敬。但达利也在画作中表现过神圣与亵渎混合的杂音，比如他那幅看上去像他妻子加拉的圣母画像（《利加特港的圣母》，约1950），就属于这种情况。说到底，达利与其他艺术家一样，在尽力创作适合核时代的艺术时，缺少清晰的精神目标，所以在努力驱除现代艺术中的“混乱”时，反而增加了这种混乱。

吉卡的另一位追随者是瑞士建筑师勒·柯布西耶。在职业生涯的初期，勒·柯布西耶曾运用简单的几何形式，在巴黎建造了拉罗什别墅（1923—1925；图2-34）。1927年，勒·柯布西耶读到了吉卡的书后，虽然没有依照黄金分割去设计建筑物，但却在事后用

黄金分割检验了自己的设计，如1927年的“加歇别墅”。[38]

1946年，勒·柯布西耶设计了一种叫作“模度”的工具（类似于两面分别印有英制与公制长度单位的卷尺），两面都标上了斐波那契数列的数字，以便英国和欧洲大陆的建筑师都能按照黄金分割律来设计建筑。勒·柯布西耶认为，斐波那契数列与常人的关键位置（如脚、肚脐、头、抬起的胳膊；图2-35）的比例相关。[39]他建议建筑师可以用模度来设计（比如门的）高度与宽度，从而把黄金分割自然地融入整体结构之中。尽管这个工具并未被后来的建筑师采用，到今天早已被遗忘了，但

上

2-32. 萨尔瓦多·达利（西班牙人，1904—1989），《最后晚餐的圣礼》，1955年，布面油画，166.7厘米×267厘米。华盛顿国家艺术画廊，切斯特·戴尔藏品，1963.10.11。© 2014 萨尔瓦多·达利，加拉-萨尔瓦多·达利基金会/艺术家权利协会，纽约。

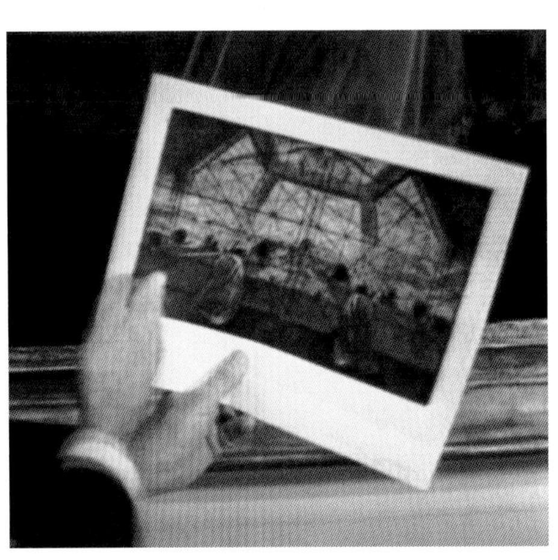

下

2-33. 达利在《最后晚餐的圣礼》画作前，向人们讲解那份来自吉卡的比例图解。华盛顿国家艺术画廊。

右上

2-34.勒·柯布西耶（原名查尔斯-爱德华·让纳雷，瑞士人，1887—1965）同堂弟皮埃尔·让纳雷（瑞士人，1896—1967）共同设计的拉罗什别墅，1923—1925年。勒·柯布西耶基金会，巴黎。© 2014 F.L.C./ADAGP，巴黎/艺术家权利协会，纽约。

右下

2-35.勒·柯布西耶的“模度”（1945），出自马蒂拉·吉卡的《勒·柯布西耶的模度和黄金分割概念》，原载《建筑评论》1948年2月刊。已获使用许可。© 2014 F.L.C./ADAGP，巴黎/艺术家权利协会，纽约。

勒·柯布西耶设计了一个比例系统工具，称其为“模度”，并在上面给出了一个以普通男子身高（1.829米，即图解左侧的AB）为基础的斐波拉契数列，以及男子伸手向上时从地面到指尖（2.26米，AC）为基础的另一个数列。接着，他又给出了一份几何“证明”，指出人体的脚、肚脐、头、胳膊这四部分都与黄金分割有关。

我们可以用几何作图法将一条线段分成中外比。在中间的图上，长度AD（男性的脚到肚脐的距离）给定，以AD为一边作正方形。如图所示，以AD边的中点为圆心、该点至对边端点的长度为半径作弧，交AD的延长线于B点，以此确定B点（男子头处）的位置。由此，长度DB即可使DB ∶ AD =AD ∶ (AD+BD) 成立。

在图的右侧，从男性伸出手臂后的高度A'C'开始作图。肚脐D' 是A'C'的中点。如图，分别以A'D'和D'C' 为边作两个正方形，拼成一个矩形，并画一条对角线。以矩形左上顶点为圆心、该点至C' 点的距离为半径作弧，交对角线于一点。接着，以A' 点为圆心、A' 点至这个交点的长度为半径作弧，交A'C'于E，A'E的长度即可使EC' ∶ A'E = A'E ∶ A'C'的关系成立。

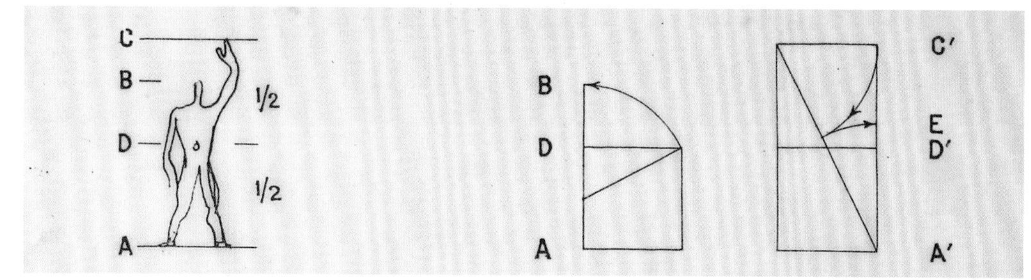

1951年在米兰举行的一场有关比例的建筑史展览中，模度却同阿尔伯蒂的《论建筑》（图2-4）一起作为重要展品展出过。[40]

和达利一样，勒·柯布西耶也把比率1.618归于超自然力。在马赛公寓落成典礼的献词中，勒·柯布西耶仿佛已将模度形容为建筑的化身：“模度决定了整个建筑物的建造，模度与整个建筑的比例是1 ∶ 15，使建筑具有小调音阶般的优雅；我向它致敬……以上是我们向模度的感谢词。”[41]在他漫长的职业生涯中，勒·柯布西耶一直都坚信黄金分割是好设计的关键。

达尔文之后的比例

受查尔斯·达尔文的《物种起源》一书影响，19世纪后期的科普作家都曾大肆赞扬过动植物自身结构中所蕴含的奥秘，同时认为人类可以从这些自然界的发现中找到规律。例如英国教士J. G. 伍德便曾声称："几乎每一项人类的发明，都能从自然中找到原型。"（《师从大自然：人类发明》，1877）而匈牙利裔的德国植物学家拉乌尔·弗兰采则在他的多本著作（如《发明家一般的植物》，1920）中提出建议，说建筑师要通过研究自然来理解形态。弗兰采曾于19世纪90年代写过有关原生动物及其他海洋微生物的著作，还出版了《宇宙》系列第一部带插图的生物学通俗读本。他非常关注生物系统中的几何结构，因为这些结构在进化过程中产生了特定的用途，如罂粟花的形态能使之均匀地传播花粉；某些海洋微生物的螺旋形体态则能帮助它们在水中运动（图2-36、2-37、2-38）。弗兰采称这类自然结构为"生物技术结构"，用以同人造结构区分。他提出，生物已经进化出结晶状、球状、圆锥状、丝状、杆状、螺旋状（第八章图8-15）这七种基础几何形式，解决了支撑重量与移动流体之类的技术难题。

达尔文的进化论也激励了19世纪的英国植物学家，促使他们去寻找控制植物生长的自然定律。植物学家发现，植物花叶在一个受限空间内变得繁密时，会产生一种按照斐波那契数列排列的图案（在斐波那契数列中，后一项与前一项的比值会逐渐趋近于1.618）。这种图案在植物学中被称为花叶序，可以在向日葵、雏菊、菠萝、松果、西蓝花等植物中看到这一规律。[42]英国植物学家亚瑟·哈里·丘奇、达西·温

左、右上

2-36.带有鞭毛的海洋微生物和一只船的螺旋桨，出自拉乌尔·弗兰采的《发明家一般的植物》。一般研究部，表演艺术分馆，纽约公共图书馆，阿斯特、雷诺克斯与蒂尔登基金会。

右下

2-37.罂粟和盐瓶，出自拉乌尔·弗兰采的《发明家一般的植物》。一般研究部，表演艺术分馆，纽约公共图书馆，阿斯特、雷诺克斯与蒂尔登基金会。

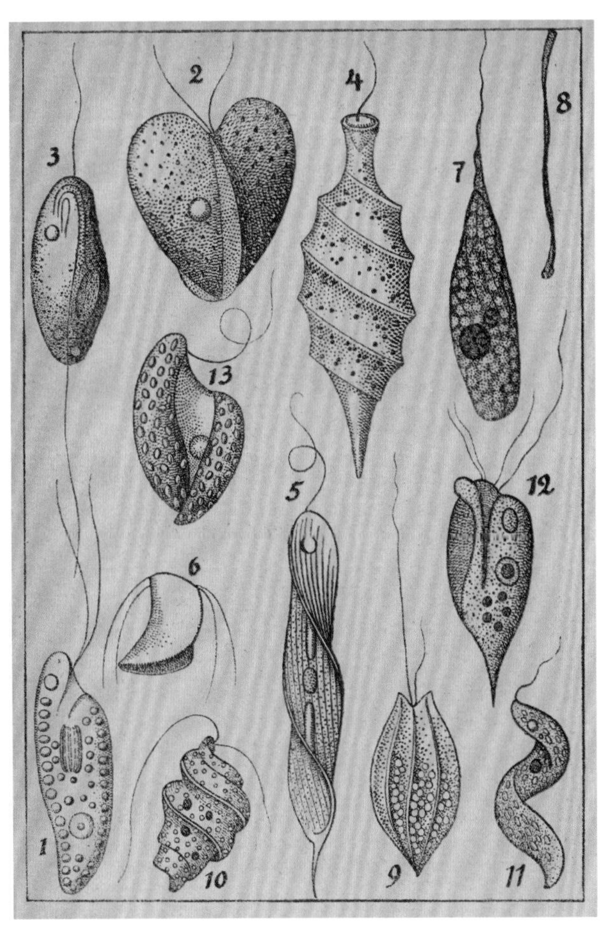

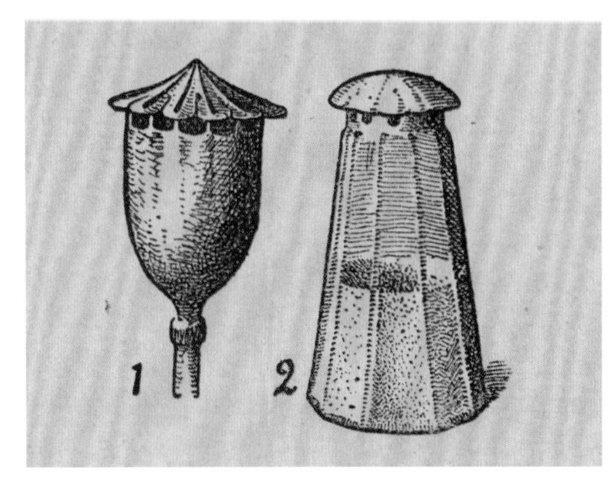

特沃思·汤普森分别在著作《花叶序与机械原理之间的关系》(1901)和《生长和形态》(1917)中解释了花叶序以及动物的壳与角上的特殊图案之所以会形成，实际上源自外力的影响与有机体生长时受到的几何限制(图2-39、2-40、2-41、2-42)。

达尔文提出进化论之前，艺术家会在古典图像中寻找理想中的比例，如达·芬

(算术中的)斐波那契数列和(几何中的)中外比

约翰尼斯·开普勒第一个注意到了斐波那契数列(算术)与欧几里得中外比(几何)之间存在相近之处。例如，斐波那契数列中后一项除以前一项的结果都接近1.618，而且数字越大，接近度越高(开普勒，《世界的和谐》)。

与此类似，如果按照斐波那契数列画一系列矩形，那么这些矩形长宽之比也约等于1.618。将这一系列套叠起来之后，便可得到一个按照中外比分割、具有自相似性的螺旋线。

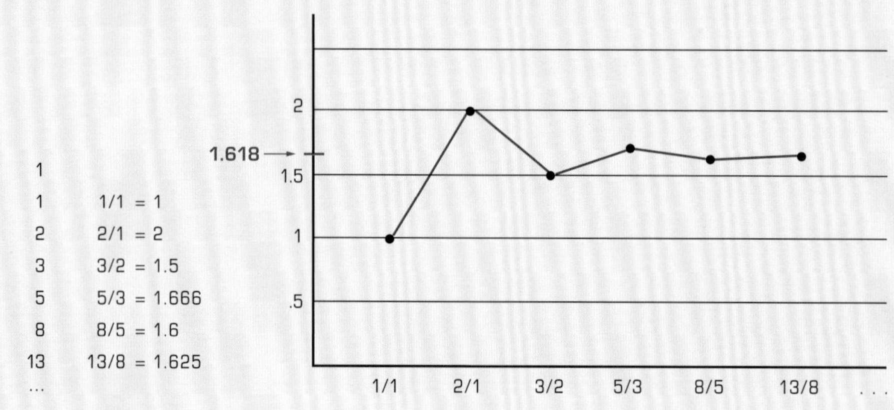

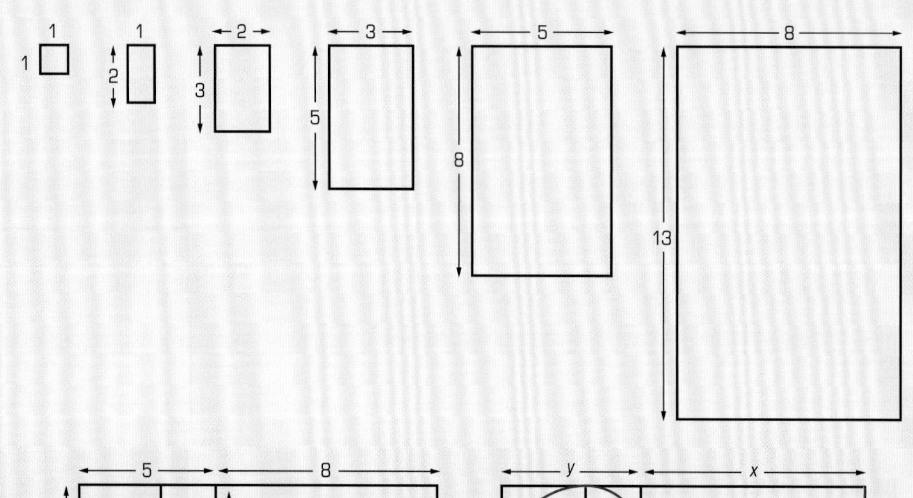

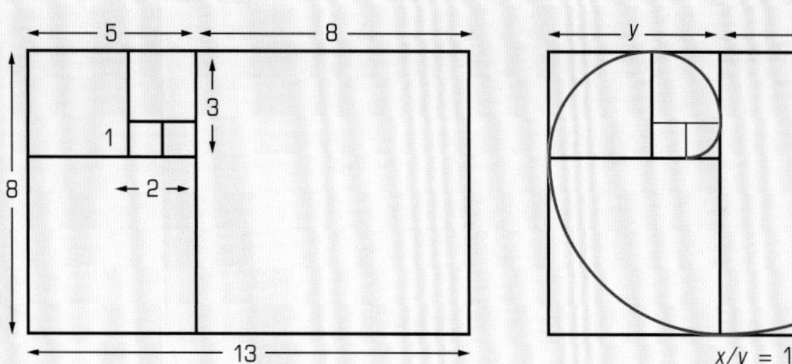

对页

2-38. 弗兰兹·埃克塞瓦·卢茨(奥地利人，1941—),《鱼和齐柏林飞艇的体积》，1993年。釉面彩绘，图片由艺术家和海德堡克劳斯·茨奇拉基金会提供。

弗兰兹·埃克塞瓦·卢茨兼通工科与艺术，作品中带有拉乌尔·弗兰采和恩斯特·海克尔的传统风格。卢茨曾这样形容这幅作品："远在科技出现之前，自然便已经对理想形态有所认知……鱼和齐柏林飞艇都需要利用自己的理想形态来尽量减少水流的阻力。"

GRAF ZEPPELIN
D-LZ 127
Y
X

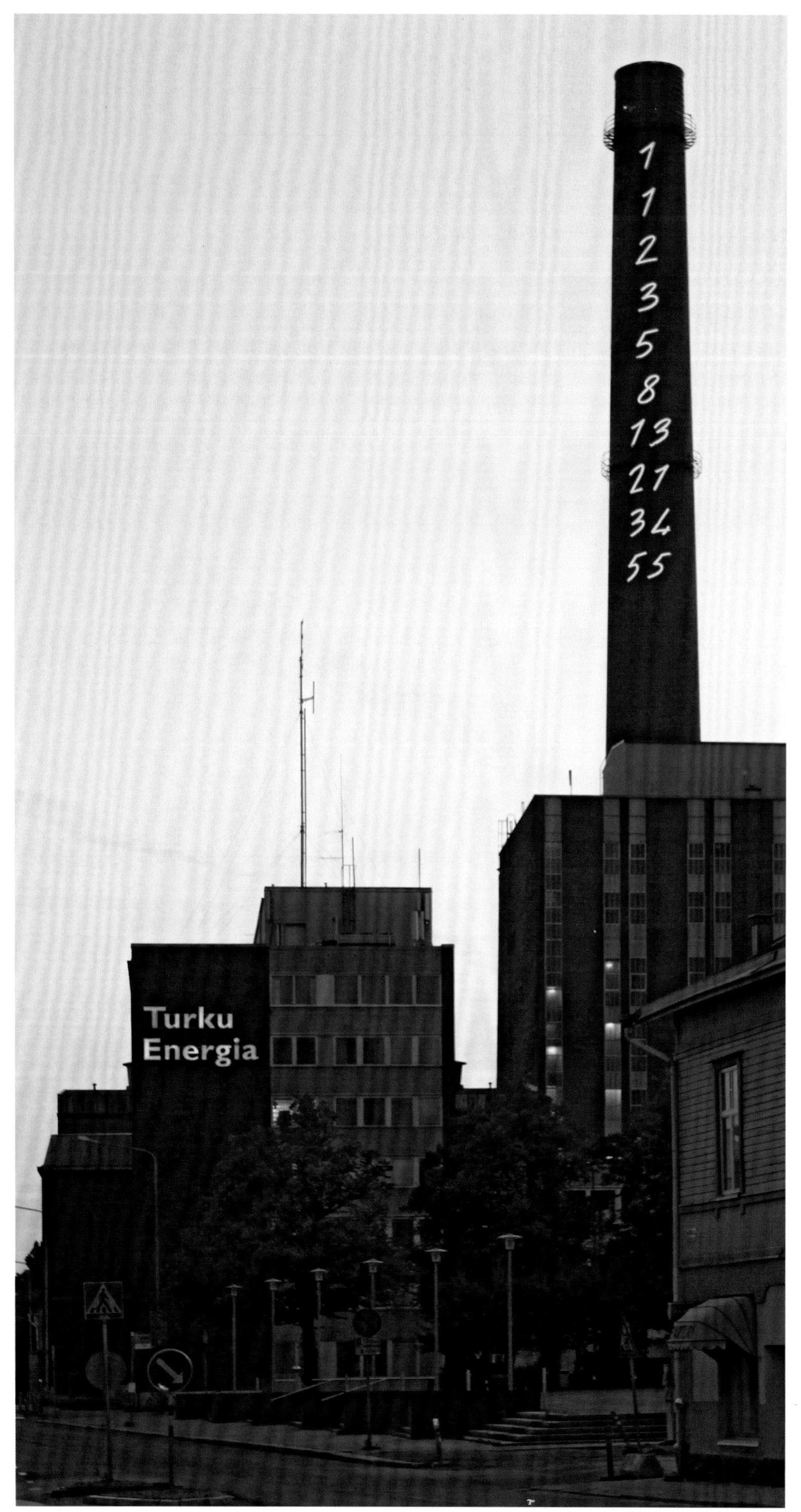

斐波那契数列

中世纪数学家列奥纳多·斐波那契（约1170—1250）生活在港口城市比萨。由于父亲是一位与北非联系密切的商人，所以斐波那契同时掌握了印度的阿拉伯数字和罗马数字。成为数学家之后，他提倡西方人应采用阿拉伯数字作为计数方式。在一部普及阿拉伯数字与十进制的书中，斐波那契论证了使用阿拉伯数字进行计算更为方便（《算盘之书》，1202）。他在书中所举计算例子，便是后人所谓的斐波那契数列。数列以0和1开始，其中的每一个数都是前两数之和，如0+1=1，1+1=2，1+2=3，2+3=5，依此类推，最终便可形成数列1，1，2，3，5，8，13，21…尽管斐波那契做出了很大努力，但西方人还是要到几百年后才会弃用罗马数字，转而使用阿拉伯数字。到大约1500年时，阿拉伯数字已经开始在整个近东、北非、欧洲地区广泛使用（第一章图1-38）。

左

2-39. 马里奥·梅尔茨（意大利人，1925—2003），《数字阶梯》，1994年。霓虹灯数字，每个2米高，位于芬兰图尔库能源发电厂的烟囱上。图片由发电厂提供。

意大利当代艺术家马里奥·梅尔茨将这个以他同胞命名的数列创作的作品，如左图所示，用霓虹灯管制成让数字发着橘红色的光，暗示了数字的非物质性。

对页

2-40. 马里奥·梅尔茨，《斐波那契数表》，1974—1976年。炭笔、丙烯、金属漆、霓虹灯管，帆布基底，267厘米 × 382厘米。伦敦泰特美术馆。

21
13
2
4
1
3
5
8

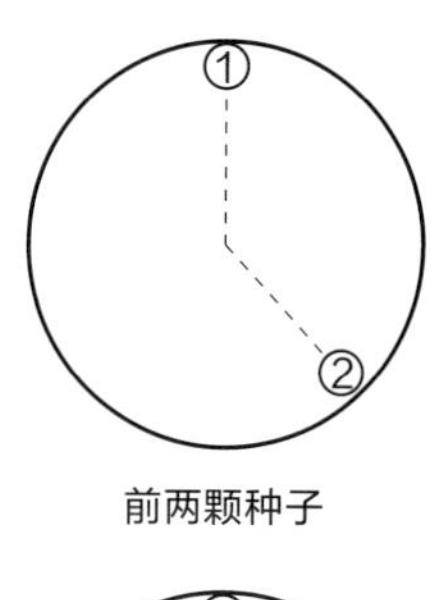

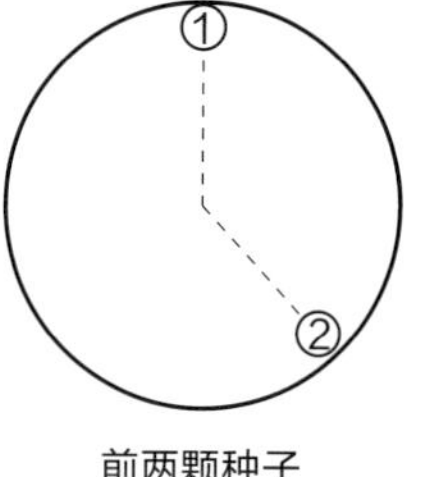

前两颗种子

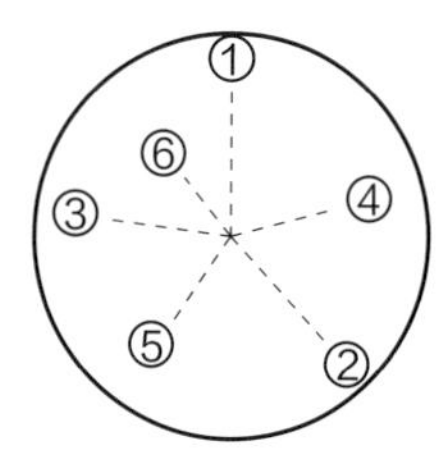

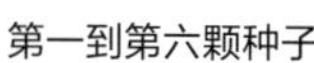
第一到第六颗种子

2-41. 向日葵上的花叶序。

花叶序是一种植物的生长图案，由种子、花瓣、细枝等在有限空间内围绕一个轴不断生长而形成。在有些（并非全部）植物中，花叶序确实符合1.618（约1.62）的比例。是否会符合这个比例，主要取决于最早长出的两颗种子如何分配有限空间。比如向日葵中心的头两颗种子会将圆形分为两块“饼”，而两块“饼”的大小之比是1.62。每种自带花叶序的植物中，DNA早已决定好了前两颗种子的位置。更多的种子进入已经分开的空间时，会选择种子最少的位置，进而形成一种“花叶序”模式。这种模式通常由两个（种子、花瓣、细枝）系统组成，以各自相对的方向生长。由于空间已经在最初时按照1.62的比例划分过，这两个系统会在植物生长时一直保持着这一比例，所以这两个系统中螺旋形的总数目（按顺时针方向与逆时针方向转动的螺旋）的比例也为1.62，而且是连贯的斐波那契数字。

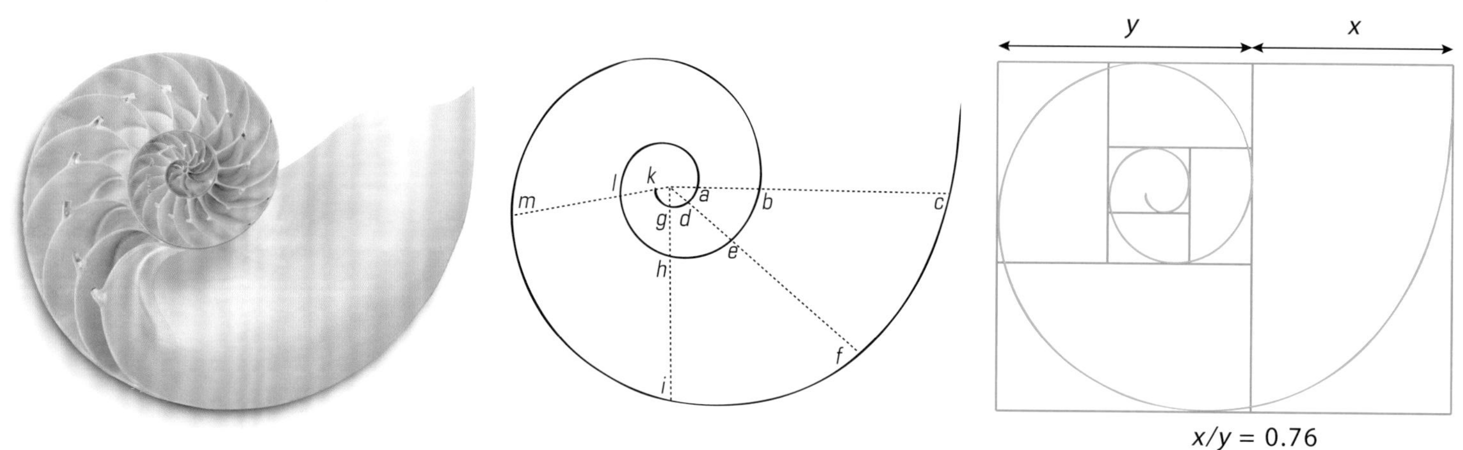

2-42. 鹦鹉螺的壳（左）及其螺旋形（中），出自达西·汤普森《生长和形态》(1971)。

就像人们在一些壳和角上能够看到的那样，动物中同样存在因为相同单元的添加而出现生长图案的情况。组成这一图案的元素的比例有时大约是1.62(和带有花叶序的植物相同)，有时不是。比如鹦鹉螺的壳就不是，其壳的宽与开口的比例（如右图所示）并非1.62，而是0.76(右)。

奇那幅通过嵌在正圆中（图2-1）来反映神性的永恒不动的《维特鲁威人》。但在今天的多元文化背景下，艺术家都接受过进化生物学的教育，所以明白每个人都在生物谱系树上占据着独一无二的地位，每个人的身体也会在一生中不断变化（图2-43）。

以某种永恒不变的理想人体为基础的比例体系，已被渐渐抛弃；关于黄金分割的传说，也随着历史淡去了[43]，因为艺术家与建筑师都慢慢明白了自然界中的图案与比例，实际上是由自然选择在漫长的进化过程中造成的结果。

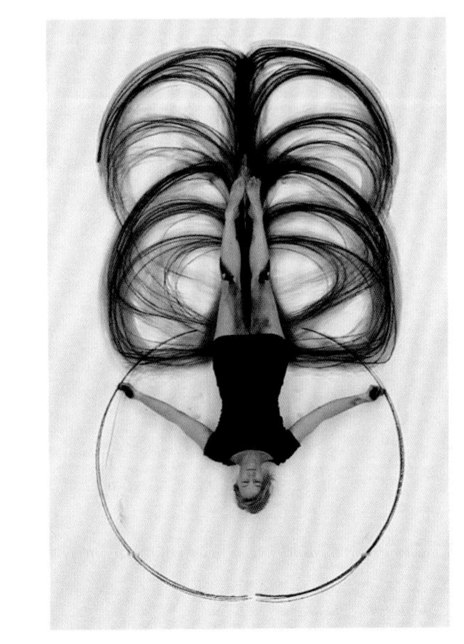

上、右

2-43.希瑟·汉森（美国人，1970— ），《放空的动作》系列中的动态绘画，2013年。纸面炭笔，355.6厘米×355.6厘米。图片由艺术家和奥基画廊提供，美国爱达荷州凯彻姆。

舞者、行为艺术家希瑟·汉森躺在一张大纸上，用炭笔记录下手、脚和身体的动态。因此，她的动作被抽象——放空——成了不包含任何意义的图案，但这些图案独属于她，故而在完美的左右对称中体现出了细微的差别。

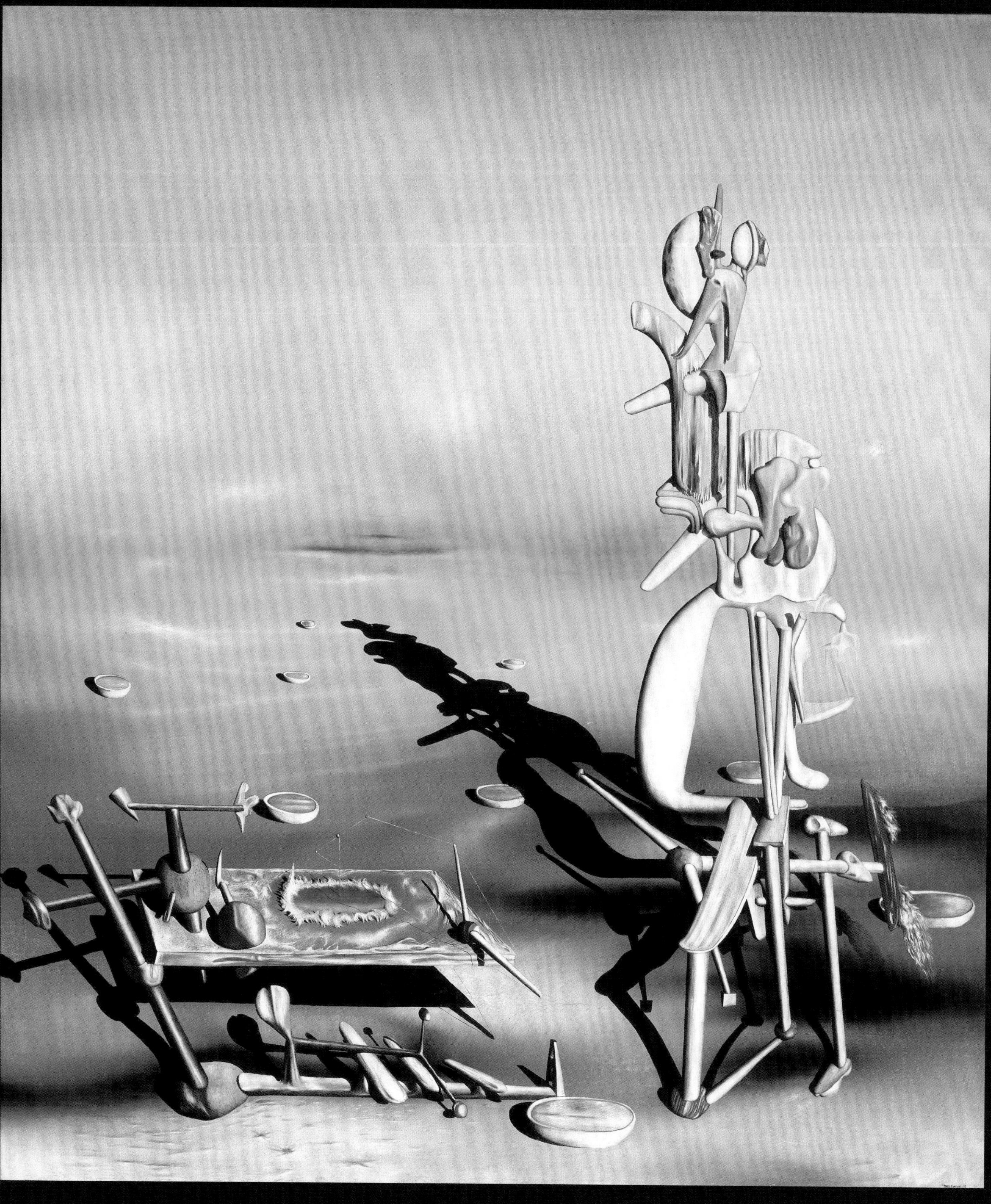

第三章

无限

除了想象或梦境中的旅途，一场令人安然的漫步需要坚实的地面和顺畅的道路。无论这条道路通向何方，都必须畅通无阻。

——格奥尔格·康托尔，《对超限理论的贡献》，1887年

古希腊哲学家对于无限（有限的缺席）的概念十分谨慎，只愿意用“非有限”的说法来替代。例如，欧几里得在证明质数的数量时，只是说无法在一个有限的质数集内穷举。而中世纪学者在讨论“永恒”的概念时，大多数人则遵从了亚里士多德的主张，考虑的更多是“潜无限”（一天之后还有另一天，直至未来），而非“实无限”（所有天一起同时存在）。但是在文艺复兴初期，天主教的枢机主教、来自库萨的学者尼古拉，却被“实无限”思想深深吸引，因为在他看来，实无限充满了神秘感，可以用来描述基督教上帝的无限本质。

17世纪时，艾萨克·牛顿、戈特弗里德·莱布尼茨分别发明了微积分，用来计算物体在空间或时间中通过无数个点时的运动。他们诠释了求极限的过程，相关计算也很精确，但有关极限的定义却还是有些模糊。直到19世纪后期，德国数学家格奥尔格·康托尔才最终得以准确地定义出无限集合的大小，并阐释了相关运算的细节，由此使得超限算术作为一个崭新且惊人的概念进入了数学领域。康托尔观察到，在向一个无限集合添加一个元素时，集合的基数（与集合中元素个数相关的数字）并不会变。康托尔的超限算术与欧几里得算术的不同之处在于，在康托尔的算术中，整体并不大于部分。

在一些哲学家沉迷于无限的同时，另一些哲学家则在思考艺术的本质。柏拉图给诗歌和绘画所下的定义，说“诗的模仿跟画的模仿一样，都是对表征的模仿”（《理想国》，596e–602c）。换言之，诗歌或绘画都是对日常事物（如树）的描绘（“模仿”），但相对于真正的树（树的完美理型）来讲，我们日常见到的树本身也只

3-1. 伊夫·唐吉（法国人，1900—1955），《无限可分性》，1942年。布面油画，101.6厘米 × 88.9厘米。奥尔布赖特·诺克斯艺术馆，纽约州水牛城，现代艺术屋基金会，1945年。© 2014 伊夫·唐吉遗产 / 艺术家权利协会，纽约。

法国超现实艺术家伊夫·唐吉描绘了这样一个梦境：一个有如骨架般的结构从一些盛满了蓝色物质的白碗之间耸立而起，产生了具有现实主义色彩的阴影构成。这些碗的排列分布向雾气迷蒙的地平线延伸着，它们越来越小——呈现出无限可分的形态。

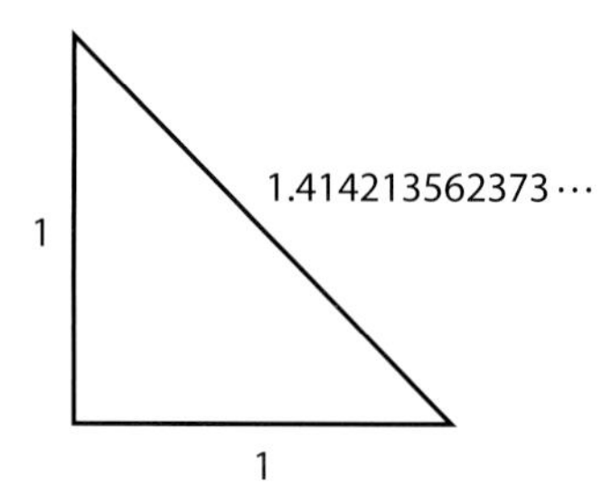

3-2. 无理数：$\sqrt{2}$。

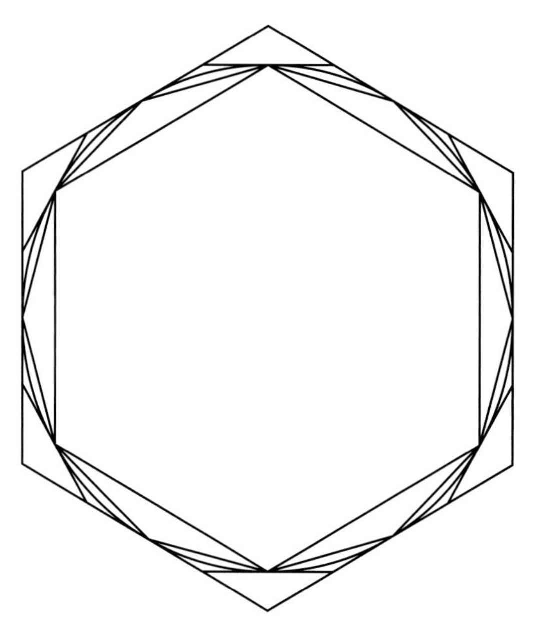

3-3. 阿基米德用穷竭法求圆周率 π，公元前3世纪。

公元前4世纪，尼多斯的欧多克索斯开创了一种求曲边形面积的方法：作曲边形的内接多边形，使多边形的边数不断倍增，多边形和曲边形两者不断逼近，从而将求曲边形面积问题转化为更容易的求多边形面积问题。一个世纪后，阿基米德也采用这种方法，利用圆内接与外切正多边形的夹逼来计算圆的面积。阿基米德知道，圆面积必然介于圆内接正六边形面积和圆外切正六边形面积之间，而两者面积都是容易求出的。为了得到更精确的值，他从正六边形做起，割到正十二边形、正二十四边形……一直割到圆内接与外切正九十六边形，得到 π 的弱近似值 $^{223}/_{71}$ 与强近似值 $^{22}/_{7}$。

是一种不完美的再现（“表征”）。所以，柏拉图对于模仿的热情不高，认为这已经同永恒的“理型”隔了两层，而且他还不忘再强调一句，说“模仿的产物要远远低于真理”。亚里士多德也认同柏拉图关于模仿的诸多论述，但不认为理型能够脱离具体事物而独立存在，所以表征性艺术并不低级。

亚里士多德将柏拉图相对负面的意见进行中和后，艺术作为模仿的意义——对自然界的模仿，遂成为西方古典美学的基础。人们曾长期把植物与动物理解为自身不会发生演化的神创物，但这种观点在达尔文的《物种起源》（1859）发表之后发生了巨大的变化。按照《物种起源》的描述，自然界犹如一张动态力量构成的网，不存在预设的目的或意义。19世纪90年代，为了响应这个新观点，艺术家开始使用各式各样的色彩或形式语言，来象征不可见的有机体、自然进程的推动力以及潜藏的心理力量（图3-1）。[1]数学从一开始就围绕着数字规律与几何形式展开，其性质一直是抽象的；在长达两千年的历史中，艺术在西方文化中则一直被视为对自然的模仿；但抽象艺术是一种无物象艺术（指不描绘任何具体物体），它的出现是为了表达科学世界观，而这种世界观仅有几百年的历史，所以抽象艺术是现代独有的现象。

许多现代抽象艺术家因数学的抽象性而被强烈的吸引。早在20世纪初的莫斯科，艺术与数学之间就曾有过交集。康托尔发表了无限集合的理论后，继续探索其哲学含义，并进行宗教化解读：将超限数等同于一个至上般的存在，并称之为“绝对无限”。康托尔在无限方面的研究受到德国学术界许多学者的批评，但他的数学实践以及哲学、神学方面的理论在莫斯科却很受欢迎。俄国数学家帕维尔·弗洛伦斯基、诗人阿列克谢·克鲁乔内赫、画家卡西米尔·马列维奇通过作品表现了他们希望扩展思维，来获得“绝对”意识的渴望。

19世纪时，数学家和科学家一直在争辩人的行为究竟是（像行星运行轨道那样）由严格的因果律决定，还是由自由意志引导，故而（像湍流的涌动那样）具有一定不可预测性？人的命运是预先注定的，还是人可以自由选择，且要为自己的选择负责？尽管两种观点都与一神论相符，但具有犹太-基督教观念的欧洲人（尤其是俄罗斯人）更偏向自由意志，其中一位叫帕维尔·涅克拉索夫的俄国数学家，甚至还试着用概率论来解决这一争论。

有理数与无理数

希腊人沿用了埃及人的整数（1，2，3，4…）和分数（如1/2、3/4、5/16）概念。整数与分数合起来被称作有理数，即所有能被表示为整数之比的数。毕达哥拉斯学派曾十分崇尚整数，所以很自然地认为世界上只有有理数。

但试想一下，两条直角边都是1的直角三角形，那么斜边长多少？根据毕达哥拉斯定理（斜边的平方等于两条直角边的平方和），每条直角边的平方都等于1，那斜边的平方就是2，其长度就是2的平方根（图3-2）。[2]分数$7/5$（用小数表达为1.4）的平方约等于2，因为1.4×1.4=1.96；1.41的平方更接近一些，因为1.41×1.41=1.9881；而1.414213562773就更加接近了，因为它的自乘积等于2.000000001131102011499。但绝对没有哪个分数或有限小数（无论小数点后有多少位）自乘后能准确地等于2。公元前3世纪，欧几里得把无法表示为两个整数之比的数命名为“无理数”，意指与人类理性不符，带有一定的贬义。后来，古人又发现了一个无理数，那就是圆的周长与直径之比π。巴比伦人用$3\frac{1}{8}$作为π的近似值，希腊数学家阿基米德则计算出它在$3\frac{1}{7}$（约为3.1429）和$3\frac{10}{71}$（约为3.1408）之间。π无法表示为整数之比，而是一个无限不循环小数，人们只能通过各种求极限的方法来取得越来越精确的π值（图3-4、3-5）。

德谟克利特曾提出原子论，认为空间与时间可以被分割为离散的单位（原子）。公元前5世纪，为了反驳这一哲学观点，芝诺构建了几个关于无限的悖论。其中一个是假设阿基里斯和乌龟在一条被分成无数段的跑道上赛跑，如果乌龟的出发点比阿基里斯靠前一些的话，那么阿基里斯无论跑多快都不可能赢得比赛。为了超过乌龟，阿基里斯必须首先来到乌龟出发的地方，但等他到达时，乌龟已又向前挪动了一段距离。阿基里斯就这样一次又一次必须先到达乌龟领先的地方，可待到那时，乌龟又已经向前挪动了一段，拉开了双方的差距……以此类推，直至无穷。希腊人当然明白（在真正的外在世界中）阿基里斯能够追上乌龟并赢得比赛（图3-5），但他们实在找不到什么办法来解决这种涉及“无限”的难题，所以只要有可能，希腊数学家便会尽量避免无限的话题。

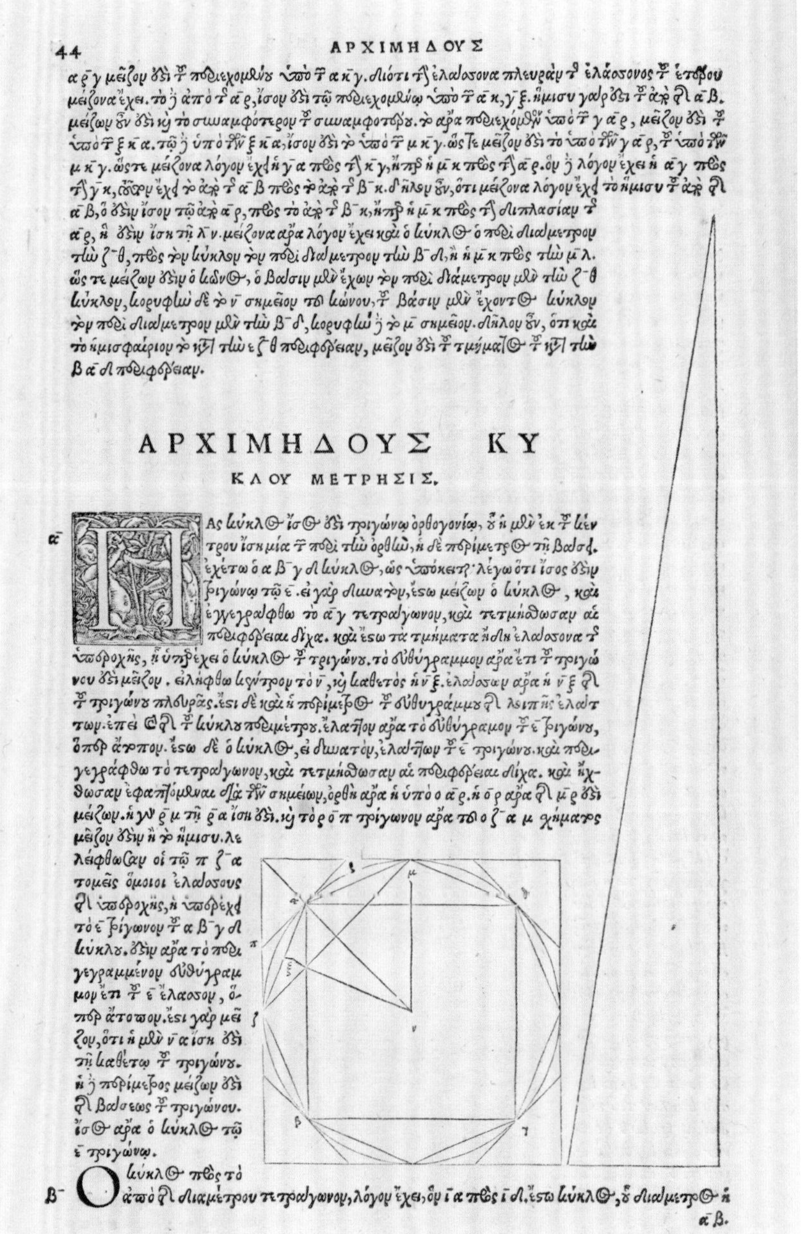
44 ΑΡΧΙΜΗΔΟΥΣ

ΑΡΧΙΜΗΔΟΥΣ ΚΥΚΛΟΥ ΜΕΤΡΗΣΙΣ.

3-4. 阿基米德的穷竭法，出自希腊文和拉丁文《阿基米德全集》，哈佛大学霍顿图书馆。

从这幅阿基米德著作早期版本的插图中可以看出，阿基米德的穷竭法已隐含了极限的概念。插图展示了为逼近圆周而将多边形边数加倍的一般过程。阿基米德从正六边形而非正方形开始，是因为假如从正方形开始的话，最终无法得到正九十六边形。

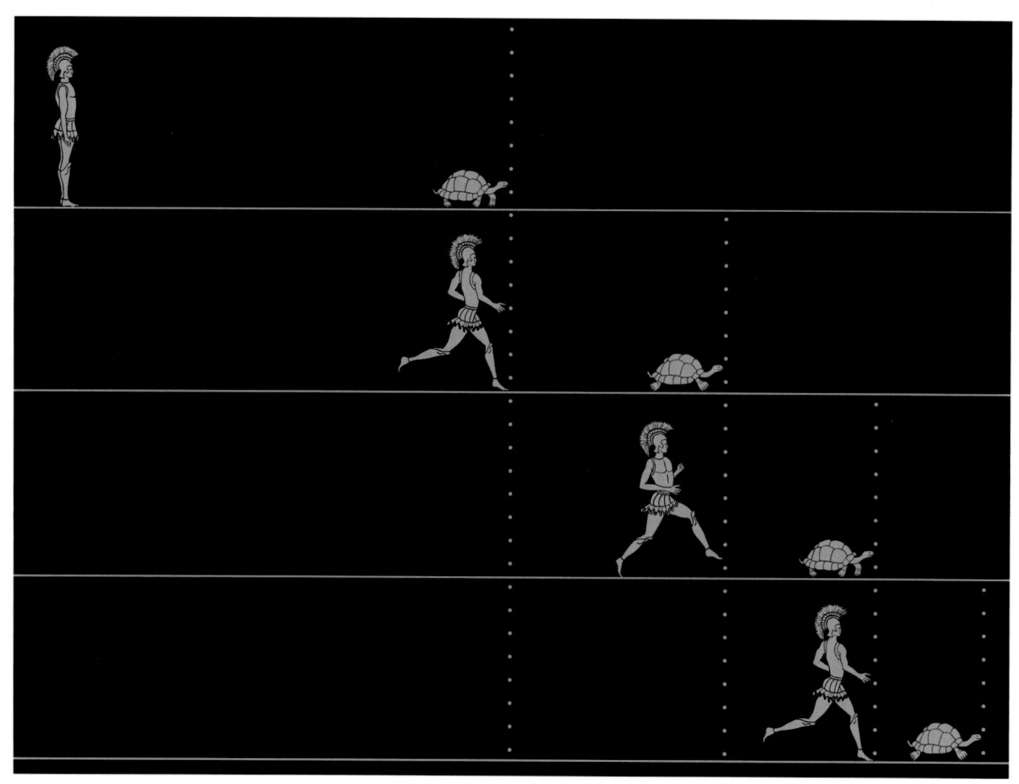

3-5.芝诺悖论：阿基里斯和乌龟赛跑。在一条由潜无限多个离散的点组成的跑道上，阿基里斯永远都无法追上乌龟。芝诺的这一悖论涉及空间和时间的无限可分性问题，通过这种归谬法，芝诺证明了空间不能被视为由无数个离散的点组成。

几何与代数的结合

9世纪时，阿拉伯数学家阿尔·花剌子模发明了代数。事实证明，代数是计算物体在时间与空间中运动的重要工具。15世纪中叶，航海者开始冒险进入那些没有任何地标来指路的海域，但可以根据按照新兴的定位导航科学绘制出来的地图，通过图上的两个坐标来确定自己的位置：一个是纬度，显示的是与赤道南北相隔的距离；一个是经度，显示的是与某个指定点（如英格兰的格林尼治）东西相隔的距离。不过，这种地图并未准确体现出地球的球形特征；航海者需要一种图上的直线能与罗盘航向对应的导航图。1569年，佛兰德制图学家杰拉杜斯·墨卡托发明了一种将球体投影到平面上的数学方法。在墨卡托的地图上，罗盘航向成了直线，航海家只需简单地将直尺放在起点和终点上便可确定（图3-6、3-7）。

17世纪，勒内·笛卡尔第一个采用了制图学中的坐标系统来计算物体的运动，并将这种坐标系统转变为代数坐标系，即笛卡尔坐标系（见114页上方的小版块）。笛卡尔注意到，就像航船的位置可以由坐标的变化来确定一样，含有两个变量的方程（如$y=2x$）的解，也可以用一系列有序数对来表示。在笛卡尔坐标系中，用点表示这些数对，再把点连起来，便可得到了一个“运动”的几何图形，其中y值随x值的变化而变化。在其著作《谈谈方法》（1637）的附录中，笛卡尔将此进一步推广，指出如果方程中所有变量的次数都不高于1（如$y=2x$），则其所对应的图形都是直线，这样的方程就是“线性方程”；如果一个变量是二次的，那就是二次方程（如$y=x^2$），

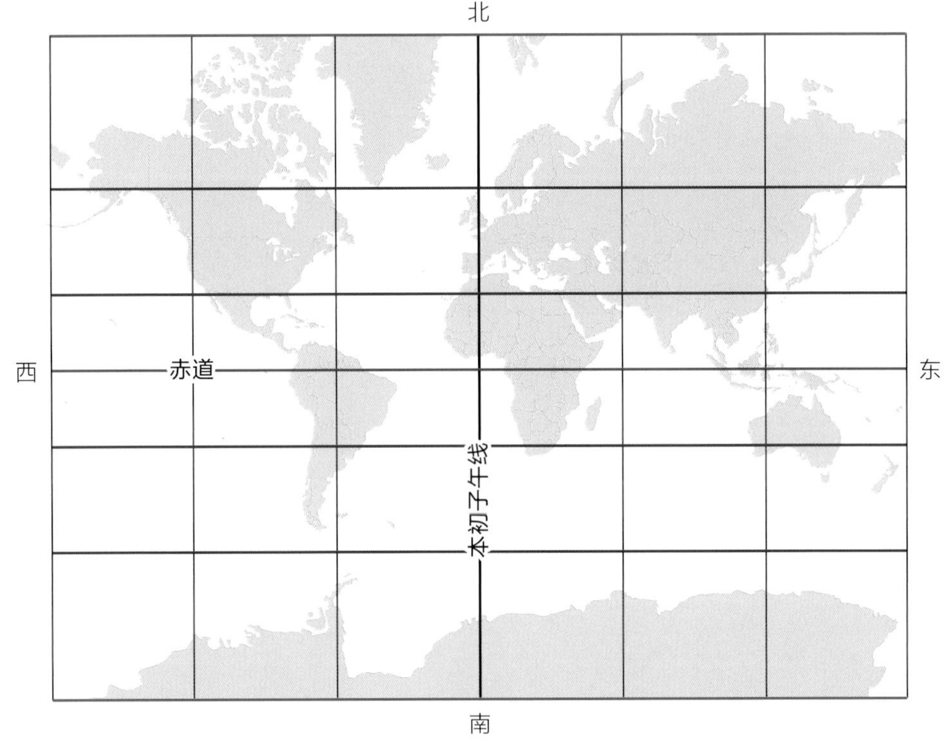

3-6. 墨卡托的世界投影地图。

墨卡托从地球中心的假想点将各大洲投影到了一个同地球赤道相切的圆柱体上。投影之后，子午线（地球表面过南北极的圆圈）成了等间距的平行经线。东西向的平行圆圈则表现为纬度：任意两条纬线离赤道越远，则间距越大。投影完之后，墨卡托就得到了一张平面地图。

3-7. 阿德里安 - 于贝尔・布吕，在“墨卡托投影世界地图”上标注的某次航程，《通用地图册》（1842）。手工上色版画，39 厘米 × 52 厘米。戴维・拉姆齐地图收藏，inv. no. 2741.015。© 2000 制图学协会。

虽然墨卡托地图在靠近两极的地方会严重失真，但瑕不掩瑜，它具有“等角”特性，投影后的大陆轮廓无论是角度和形状都没有发生改变。这一点很关键，因为这就意味着在地图上作的任意一条直线，都可被视作指南针所指的方向。于是，行驶在远海上的航海家就可以用画直线的方法来确定航线，然后沿罗盘所指的方向行驶了（图上的例子是从巴西到葡萄牙的航线）。绘制这幅世界地图的法国制图者将穿过巴黎的经线作为本初子午线。

从巴西到葡萄牙

纬度	经度
0°	西经 50°
北纬 10°	西经 42°
北纬 20°	西经 33°
北纬 30°	西经 22°
北纬 38°	西经 12°

笛卡尔坐标系

借用制图学中的坐标系统，笛卡尔把代数方程的解“绘制”了出来。二元方程的解可以列成一系列有序数对，如下方的小版块所示。让点代表这些数对，然后将点相连，便得到了这个方程的图像。

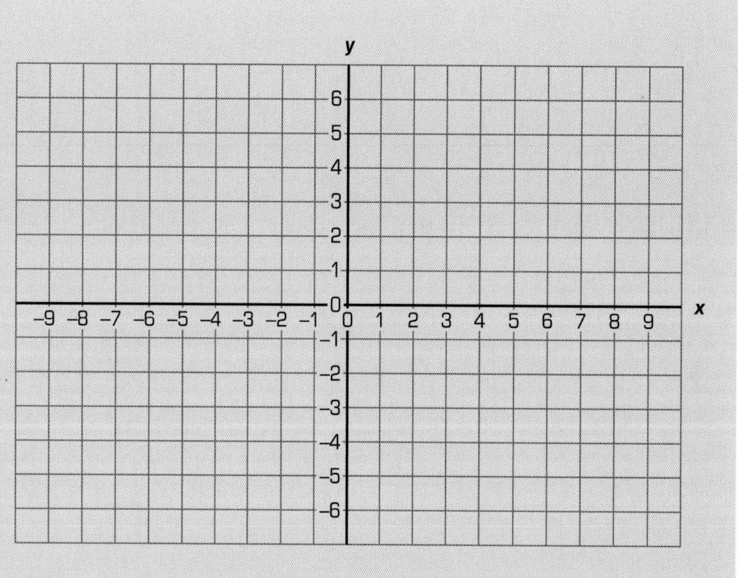

线性方程和二次方程的图象

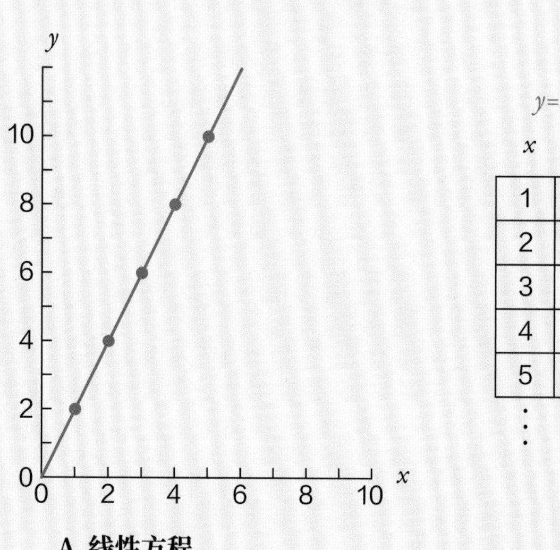

y=2x

x	y
1	2
2	4
3	6
4	8
5	10
⋮	⋮

A.线性方程

在$y = 2x$这样的方程中，x和y的次数都是1，形成的图形是直线，故称线性方程。

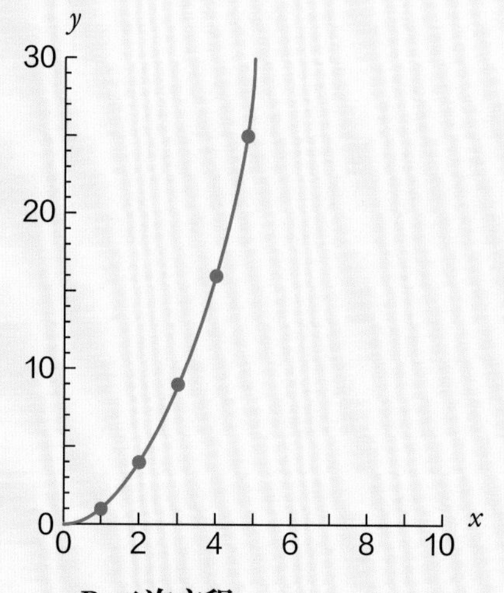

$y=x^2$

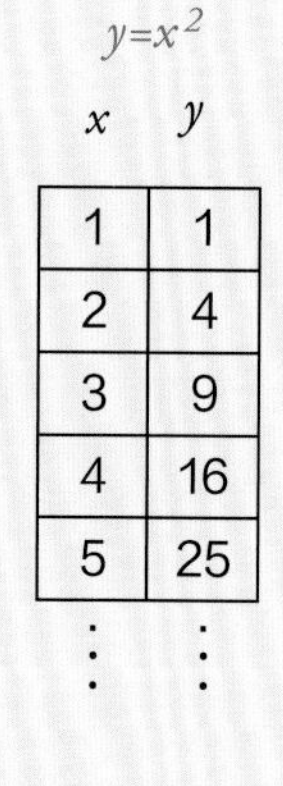

x	y
1	1
2	4
3	9
4	16
5	25
⋮	⋮

B.二次方程

如果有一个变量的次数是2，如$y = x^2$，则这个方程为二次方程，其图形是曲线。

抛物线和椭圆的图像

A. 抛物线

一条抛物线是所有满足如下条件的点的集合：这些点与一条直线和一个不在直线上的固定点（抛物线的焦点）的距离相等。在这个图中，从焦点到抛物线上一点的距离d_1和从该点到直线的距离d_2相等。

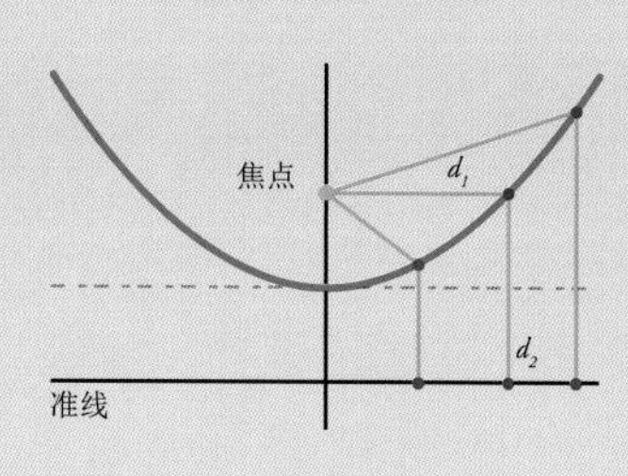

B. 椭圆

一个椭圆是所有满足如下条件的点的集合：椭圆上任一点，它与椭圆内两个固定焦点的距离之和恒定。换言之，椭圆上任何一点，它与椭圆焦点的距离之和（$d_1 + d_2$）是一个常数。

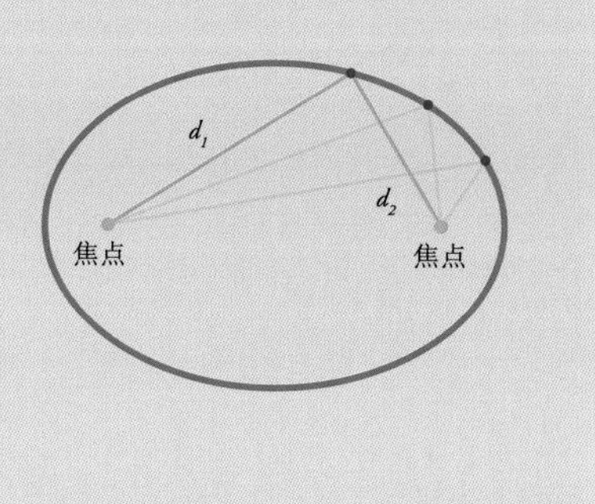

则其对应的图形是曲线。

反过来，笛卡尔指出，几何中的直线、角、曲线也都可以在坐标系中表示，代表它们的点可转化成一列数对（坐标），而这些数对可以表达为一个由x坐标和y坐标构成的公式。古典时代晚期，希腊人已经开始研究圆锥曲线，即由一个平面截取对顶圆锥所得到的曲线，包括抛物线和椭圆（第一章图1-65、1-71）。在《圆锥曲线论》这部著作中，佩尔加的阿波罗尼奥斯总结了圆锥曲线的相关定理，与欧几里得在《几何原本》中总结圆的相关定理的方式大同小异。笛卡尔用他的坐标系表明，曲线可以用图表来表示，且其数对的坐标x和y可以转化为方程。就这样，通过笛卡尔的新工具，抛物线和椭圆被表达为了代数方程。简言之，笛卡尔统一了代数和几何，创造了一个新的数学分支——解析几何。从此之后，代数方程可以用几何方法来求解，几何定理也可以用代数方法来证明了。

微积分：量度变化的现象

17世纪的数学家特别重视对月球运动的测量，因为月球运动对于海上导航而言至关重要。借助墨卡托地图，航海者可以通过白天观察太阳的最高点或夜晚观察北极星或南极星的位置来估计船所在的纬度。但要测量船的经度——在本初子午线以东或者以西的位置——航海者则不但需要观察月球的位置，还必须得知道准确的时间。在摇曳的船只上，以重力为基础的水钟和摆钟都不够精准（直到18世纪中叶，不受大海风浪影响的航海经纬仪发明后，经度的精准测量才成为可能。在此之前，航海家要定位都得依赖月球）。月球绕地球公转时，轨道并不是正圆，而是椭圆，而且会受到地球及大洋的引力而加速或减速。1669年，牛顿发明了新的数学工具来描述物体的运动，即微积分。同时，莱布尼茨也自主创立了另一种形式的微积分，所以后世将牛顿和莱布尼茨共同定为了微积分的发明者。在下面的内容中，我们将继续讲述牛顿发明微积分的故事，但会结合后人的改进与所用的符号，以现代的形式描述微积分。

牛顿首先使用笛卡尔坐标系将随时间变化的现象表示为曲线图，并把某个时刻定义为曲线上的一点，那么，任意时刻的变化率就等于曲线在相应点处切线的斜率。当然，某一“时刻”和空间中的某一“点”都只是理想概念，因为在实际情况中，测算连续运动的物体在某时刻的位置，无法做到绝对精确。在这种情况下，牛顿独具匠心，引入了“极限”的概念来尽可能地逼近那一时刻（曲线中的点）。例如，为了船沿航线行驶，航海家或许需要知道它在午夜时分的位置。牛顿给出了一个得到所需精度的方法；求出午夜零点前后1秒的位置，求出前后1/10秒的位置，前后

测量变化中的现象

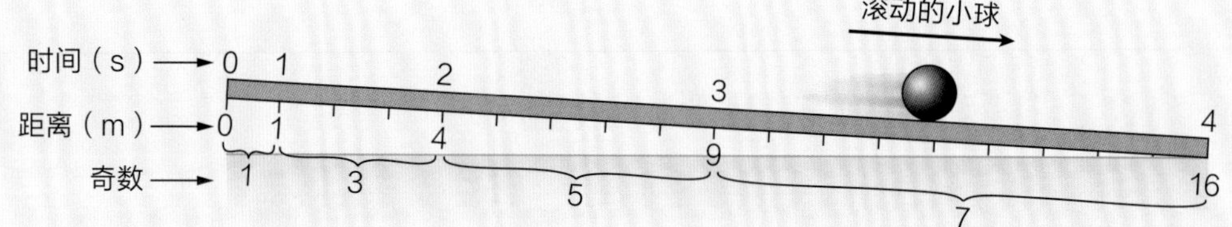

要测量变化中的现象，首先在图中表示它的运动路径。

以实心铜球沿斜面滚下为例：按照伽利略的方法，我们可以调整倾斜角度，使铜球沿着斜面滚动得足够慢，便于用滴漏测出它的速度。在上图例子中，斜面的坡度很平缓，垂直高度只有水平长度的1/16。做好实验准备后，让小球在0时刻从斜面上端滚下，并在开始的1秒内在斜面上滚动1米、2秒钟内滚动4米、3秒内滚动9米……总之，铜球的运动距离（D）和运动时间（T）的关系是：$D=T^2$。相邻两秒钟之间的距离是连续的奇数：1，3，5，7，9，11，13…

然后，我们就可以画出铜球沿斜面滚动的距离相对于时间的图像了。

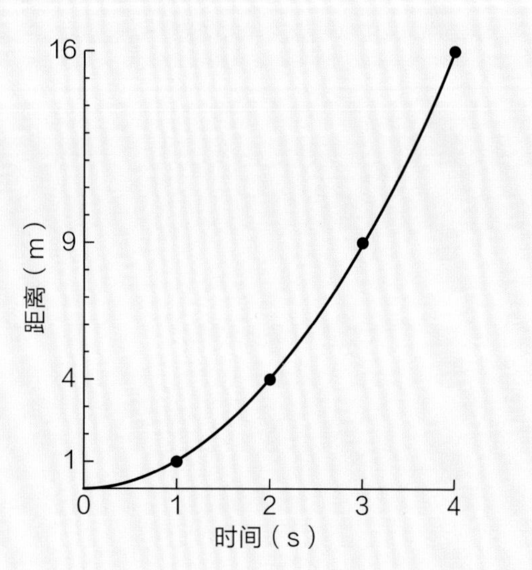

1/100秒，前后1/1 000秒，以此类推（见116页的小版块）。牛顿的微积分还提供了一种测量变化总量的方法，即计算图中曲线下方的面积（见117页下部小版块）。后面这种方法会让人联想到本身已经暗含了极限思想的阿基米德穷竭法。今天，经典物理学（或称牛顿物理学）、爱因斯坦的相对论、20世纪的量子物理学全都是以微积分为基础的。

在创立微积分时，牛顿和莱布尼茨都“复活了”古老的“无限”问题。如果已知月球在午夜时的准确坐标，那下一时刻它将向什么方向运动？在午夜12点到12点01分的1分钟内，还可以无限地细分至12 : 001，12 : 0001…，直至无穷。为了解决这个问题，莱布尼茨给出的方法是设想一个空间或时间的无限小增量，这个增量小于任何给定的值，但大于零。牛顿在研究中则使用了“流数”的说法。换言之，空间或时间中的一个无限小增量并非真正的无限小，工程师可以根据需求为它设定数值。尽管二人的方法略有差别，但得到的结果是一样的。一些批评家嘲讽说“流数”概念如同幽灵一般缥缈，其实牛顿自己也很清楚概念的模糊性，但他还是选择了这个说法，因为航海家可以通过微积分在流动的大海上计算出船只的位置，进而避免在暗夜中触礁。

微分

微分描述的是曲线上某点的斜率，即某一时刻的变化率。曲线上某点的斜率，等于曲线在那一点的切线的斜率。

要确定I点的斜率，首先要标出曲线上附近另一个点J。在这个例子中，两点间相隔3秒钟。连接这两点。这条线的斜率就近似等于I点上切线的斜率。

在运动时间（x坐标）内距离的变化（y坐标）为15，我们称其为曲线的垂直高度。铜球在这段时间内每秒钟走过的平均距离等于垂直高度/运动时间=15英尺/3秒=5英尺/秒。

要得到更准确的斜率，可以改变J点的位置，使之更靠近I点。极限情况是当J点趋近于I点，也就是r趋于零的时候。

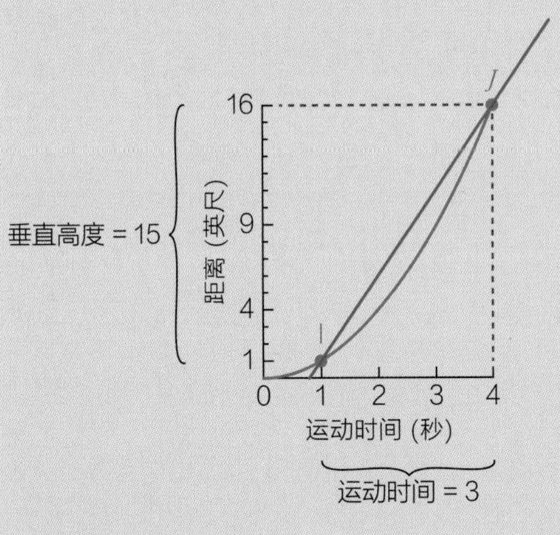

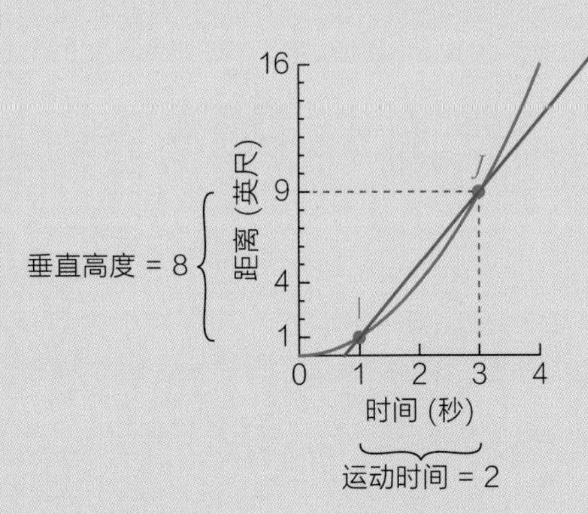

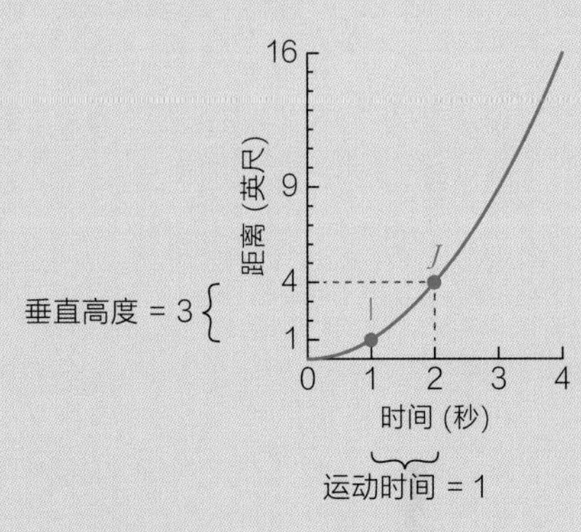

$$\frac{\text{垂直高度}}{\text{运动时间}}=\frac{16-1}{4-1}=\frac{15}{3}=\frac{5}{1}=5\text{英尺/1秒}$$

$$\frac{\text{垂直高度}}{\text{运动时间}}=\frac{9-1}{3-1}=\frac{8}{2}=\frac{4}{1}=4\text{英尺/1秒}$$

$$\frac{\text{垂直高度}}{\text{运动时间}}=\frac{4-1}{2-1}=\frac{3}{1}=3\text{英尺/1秒}$$

一般（理想）公式是：

$$\lim_{r\to 0}\frac{\Delta y}{\Delta x}=I\text{点的斜率}$$

此处Δx代表x的变化量，Δy代表y的变化量。这个公式的意思是："当r趋近于零时，y与x的变化量之比等于I点的斜率（I时刻的变化率）。"

积分

积分描述的是曲线下的面积，即所有变化的总和。这里的基本思想是将曲线与坐标轴围成的曲边梯形分割成无数个矩形，从而求出总面积。

矩形的面积等于宽乘以高，所以要求总面积，把所有矩形面积加起来即可。一般（理想）公式是：

$$\lim_{\text{宽}\to 0}\sum_{k}\left(\text{宽}_k\times\text{高}_k=\text{面积}\right)$$

意思就是"当矩形的宽趋近于零时，所有矩形的宽分别乘以各自的高，所得的面积之和等于曲线下的面积"。

宽度可以不断被切成两半，来获得更近值，以此类推，直至无限。但在实践中，宽度的设置和任务所需的精确程度相关。宽度越接近于零，矩形总面积也就越接近曲线下的面积。

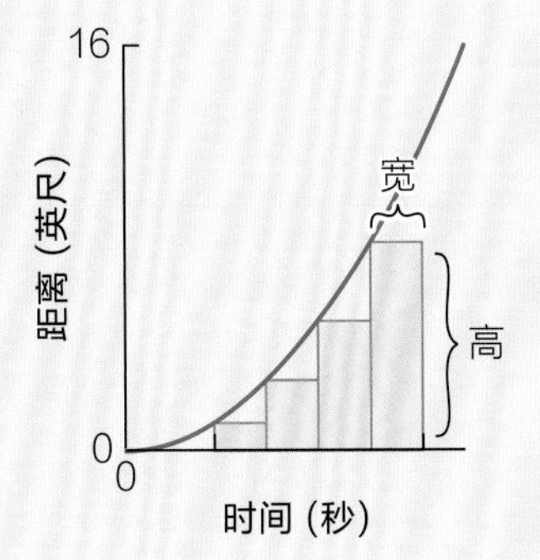

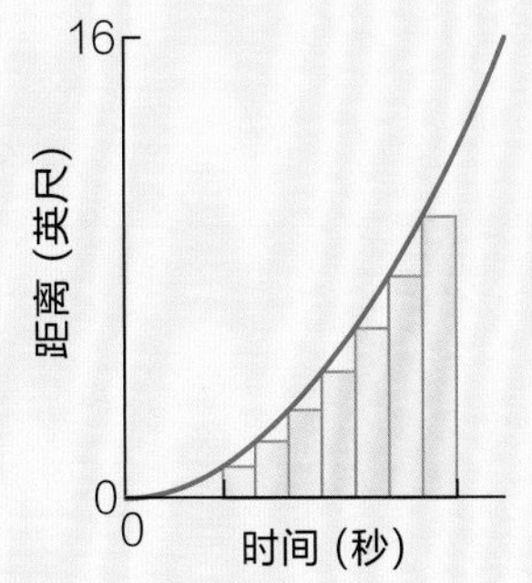

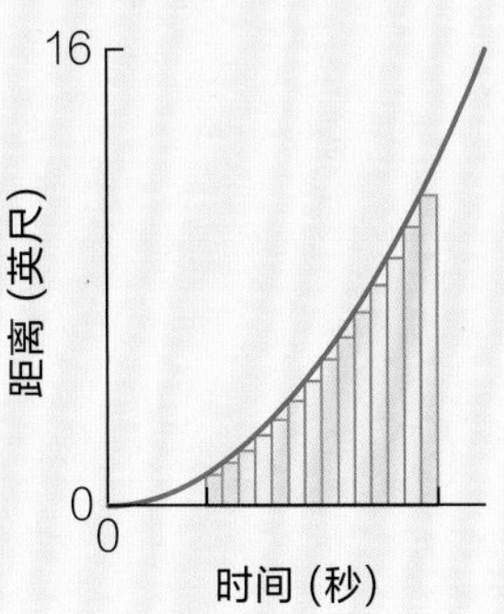

但我想，一个能够理解二阶或三阶流数的人，没必要对任何神学观点都斤斤计较……若一个人不承认信仰对象的神秘，却又承认科学对象的神秘，那怎能算是一种理性的表现呢？

——乔治·贝克莱，《分析学家：或致一位不信神的数学家》，1734年

高维几何

17世纪，牛顿和莱布尼茨利用笛卡尔坐标系来描述事件随时间的变化；18世纪，德国数学家卡尔·弗里德里希·高斯对笛卡尔坐标系做了进一步类推，使之成了一个更好的工具。高斯注意到，一条线可被看作一个一维空间，从这个意义上讲，可以用一条坐标轴上的一点来描述直线上某处。同样，一个平面也可被看作一个二维空间，用x轴与y轴组成的坐标系来描述平面图形。所以，他便提出可以再引入一个z坐标，用x轴、y轴、z轴组成的三维坐标系来描述立方体等三维图形。

高斯认为，如果再加上一个变量，即代表时间的w坐标，用四维坐标系来描述点随时间在三维空间中的运动，就是很自然的一步了。[3]在19世纪中叶，苏格兰科学家詹姆斯·克拉克·麦克斯韦曾用四维几何描述了气体分子在三维空间内随时间的运动（《气体的动力理论》，1866）。从理论上来说，可以有n维空间，可以用n元有序数组描述其中的点，所以到19世纪40年代，已有多位数学家发展出这样的体系，来描述四维或者n维空间了。[4]由于这些体系都使用了欧几里得的五个公设（第一章17页的小版块），所以被认为是欧几里得《几何原本》的推广，故而被称作高维欧氏几何。通过设定多个变量，n维几何可被用来记录任何系统的数据，如六维几何就能记录包括高度、南北向、东西向、时间、湿度、温度这些变量在内的天气状况。

我们可以把宇宙现在的状态视为其过去的果和未来的因。如果某位智者能够知晓某一刻所有自然运动的力和所有自然构成的物体的位置，假如他能够对这些数据进行分析，那么从宇宙中最大的物体到最小的粒子的运动都将会囊括于一条简单的公式中。对于这位智者来说，没有什么不确定性，未来会如同过去一般，清晰地呈现在他的眼前。

——皮埃尔-西蒙·拉普拉斯，《关于概率的哲学随笔》，1812年

概率论

麦克斯韦不仅用四维几何描述他的气体动力理论，还在那本著作中引入了统计学方法，用于物理实验中原子和分子的测量。统计学在17世纪被发明之后，很快便被城市管理者与精算师采用了，但当时的科学家却不觉得这个学科与宇宙的确定性有什么联系——因为在他们看来，宇宙中根本没有随机事件。所以当原子理论在19世纪发展起来之后，法国数学家、天文学家皮埃尔-西蒙·拉普拉斯还试图在测量微观世界时继续保持宏观世界中才有的精确度，但麦克斯韦认为，这就像追踪观察蒸汽中每一个水分子的运动一样，根本不具备可行性，所以必须将统计学的基础——概率论请进科学的殿堂。

概率论诞生于17世纪。当时，法国的梅雷爵士安托万·贡博对一个古老的博弈发生了兴趣：两人拿出相同的赌金，来玩一场博弈游戏，胜者将通过商定的轮次决出，如五局三胜。但如果胜负还未决出，赌局便中断了，那他们应该如何分配赌金呢？梅雷爵士向朋友、数学家布莱兹·帕斯卡求助，帕斯卡最终给出了一种数学方法来分配这笔赌金。1654年，经过和同胞、数学家皮埃尔·德·费马多次通信讨论

这个问题，帕斯卡认为，可以通过概率论来计算出任何大量随机事件的平均结果。比如，抛硬币得正反面的结果不好预测，因为每次抛硬币都是一个独立事件。但是，多次抛硬币的平均结果却能预测出来，得到正面的次数很可能极其接近于总抛掷次数的一半。帕斯卡把这类随机事件想象成了一个不断变大的三角形（图3-8、3-9、3-10）。

帕斯卡和费马时代的数学家十分担心自然语言（日常使用语言）过于模糊多变，不宜用于科学，于是便开发出了最早的人工语言。1685年，莱布尼茨发明了一套准确的符号和相关操作机制，使得命题的真假仅凭计算便能够判定（《发现的艺术》，1685；第五章），从而创建了现代逻辑学。在他的系统中，命题要么100%为真，要么100%为假。但莱布尼茨意识到在“明天会下雨”这类命题上，真实性却无法计算，因为它们无法100%为真或为假。受帕斯卡的启发，莱布尼茨提出了“概率推理”（probabilistic reasoning）理论，并给朋友、瑞士数学家雅各布·伯努利寄去了一份帕斯卡三角。1684—1689年，伯努利对帕斯卡三角形进行了抽象化和推广，最终得到了大数定律（《猜想的艺术》，1713；去世后出版）。根据大数定律，重复次数增多时，一个事件（如抛硬币）的相对次数将趋于稳定。伯努利设想，在相同条件下，随着试验重复次数的增加，抛硬币时正反出现的频率将会趋近稳定（正反面

分子统计方法所用的数据是大量分子的总体。在研究这种数量关系时，我们面对的是一种新的规则，即平均规则。在实际应用中，我们可以相当有把握地运用这种规则，但这些规则却不如力学定律那般绝对准确。

——詹姆斯·克拉克·麦克斯韦，《分子》，原载《自然》，1873年

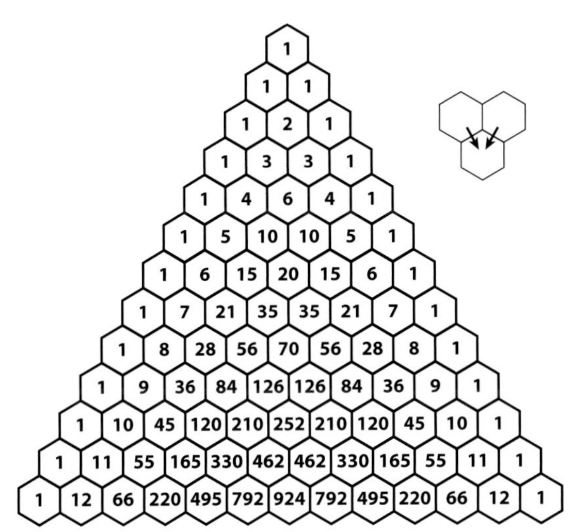

3-8.帕斯卡三角形，《论算术三角》（1653）。

三角形中的每对数字之和都等于该对数字下面的第三个数字。人们抛硬币猜正反时，每次都有两种可能性，所以这类游戏就叫运气游戏。在考虑运气游戏的胜算时，帕斯卡得出了图中的规律。

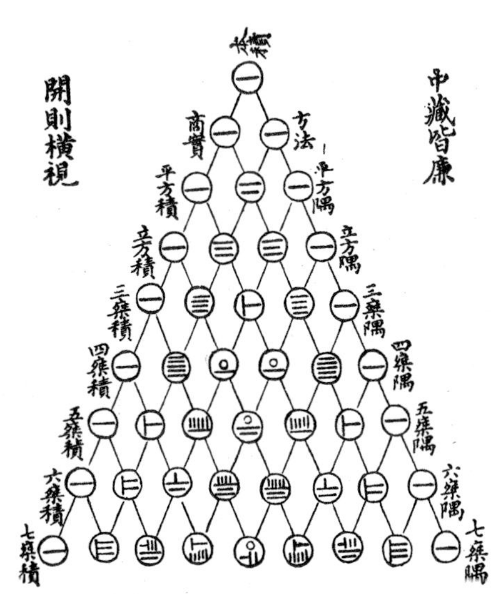

3-9.杨辉三角，出自公元1303年朱世杰所著的《四元玉鉴》。英国剑桥李约瑟研究所。

中国的杨辉三角与帕斯卡三角完全等同，以宋朝数学家杨辉（1238—1298）的名字命名。这种三角在波斯（今伊朗）则被称为海亚姆三角，得名于数学家欧玛尔·海亚姆（1048—1131）。海亚姆同时也是一位诗人，他有一部诗选被译成了英文，名为《鲁拜集》。

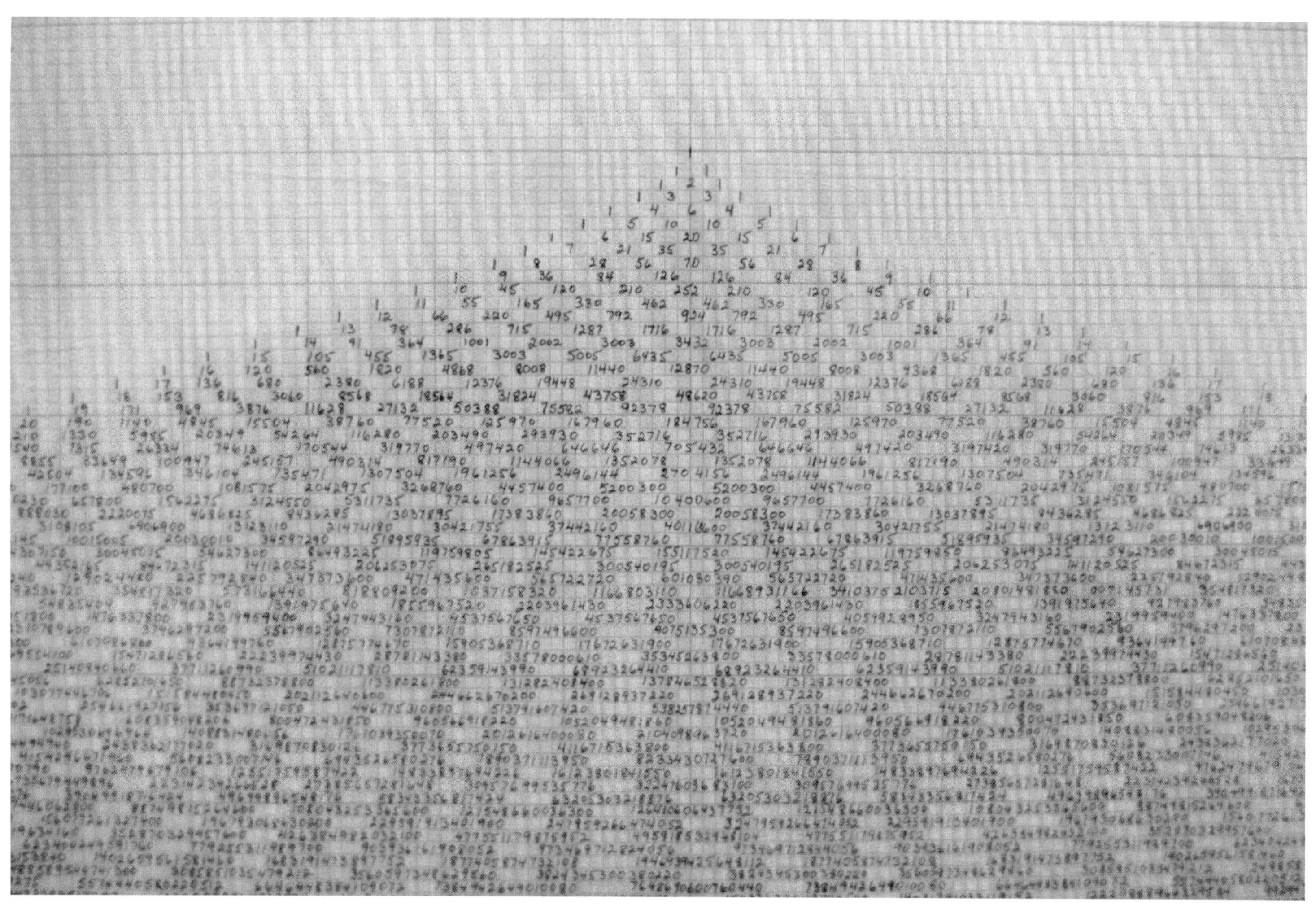

3-10. 阿格尼丝·德尼斯（匈牙利裔美国人，1931— ），《帕斯卡三角》，"金字塔"系列之三，1974年，印第安水墨纸画。38.1厘米×487厘米。俄亥俄州立大学收藏，1980.017.000。图片由艺术家提供，卫克斯那艺术中心。

各为50%）。伯努利希望能把概率论运用到实际生活当中，比如保险统计与估计税率等。实际上，"统计"（statistics）一词源自拉丁文的*Statisticus*，意为"有关国家的"。就这样，伯努利发展出了一种严格的概率思维逻辑，使得在缺少部分证据的情况下，我们也依旧能够通过概率来判断某个表述（如预报天气或进行道德判断）是真是假。[5]

康托尔的实无限和集合论

19世纪，科学家开始探索热、光、电的微观世界之后，不得不使用数学工具来描述另一种物理现象：波。法国数学家、物理学家约瑟夫·傅里叶定义了一个级数，用来研究固体的热传导问题。后来，这个方法被推广到一切具有周期性振荡的现象上，包括声波在空气中的传播。傅里叶证明了任何复杂的波（如弹钢琴时一个和弦的声波）都可以被分解为简单的波（如击打音叉产生的声波）。通过傅里叶变换，任何周期函数（如复杂声波的数学表达式）都能被分解为一组简单的三角函数的总和

（如一组纯音的数学表达式；《热的传播》，1807）。傅里叶级数既可以在图中表示（几何形式，如图3-11），也可以用三角函数表示（代数形式）。

康托尔开创集合论的首要动力，便来源于他对傅里叶级数的研究。康托尔首先提出了这样一个问题：两个傅里叶级数在什么情况下会在各方面完全等同？我们先前提过的他那些有关无限的研究（超限数和超限算术），实际上是他在研究与这个问题相关的三角函数时得到的"副产品"。作为研究工作的一部分，康托尔定义了数学中最基本的概念——数——并展示了数其实源自集合中元素的数目计算（图3-13）。19世纪初，英格兰数学家乔治·布尔等人便曾讨论过类和集合，[6]但只有康托尔目光如炬，认识到可通过一一对应的方法来比较不同集合的大小（图3-14、3-16）。比如，整数集合与偶数集合都是无限集合，在比较两者的大小时，康托尔便将整数集合中的数字"1，2，3…"与偶数集合中的数字"2，4，6…"一一对应，由此证明了整数集合与偶数集合大小相等（图3-15、3-19）。是的，康托尔把一个无限集合（如整数集合）定义为了一个可以与它的真子集（如偶数集合）形成一一对应关系的集合。

芝诺和欧几里得都认为整体大于部分。但康托尔指出，这一原则仅对有限集合为真（例如，全体人类的数量大于希腊人的数量），但对无限集合则为假（例如，整

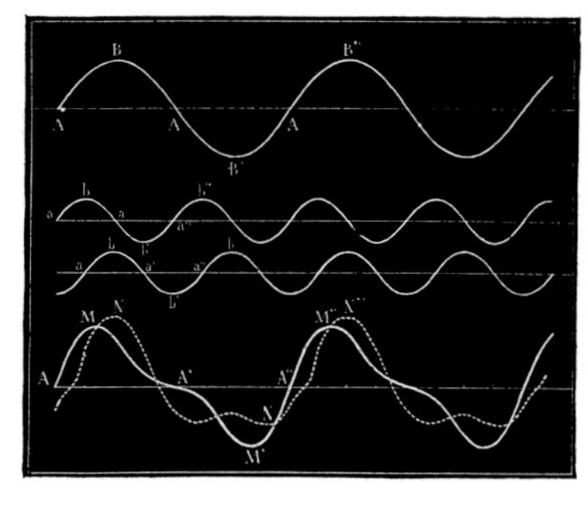

上

3-11. 纯音与复合音，阿梅代·吉耶曼的《世界物理》（1882）。

上面三列声波是纯音，最下一列是复合音；分别按下钢琴上的三个琴键，即可得到三种纯音：第一列波长较长，音调较低；第二、三列波长较短，音调较高。三个纯音下的复合音则由同时按下以上三个琴键产生，是三个纯波叠加而成的复杂波形。运用傅里叶发现的方法，任何连续的周期函数（复合音）都可被分解成一组简单的周期函数（三个纯音）。

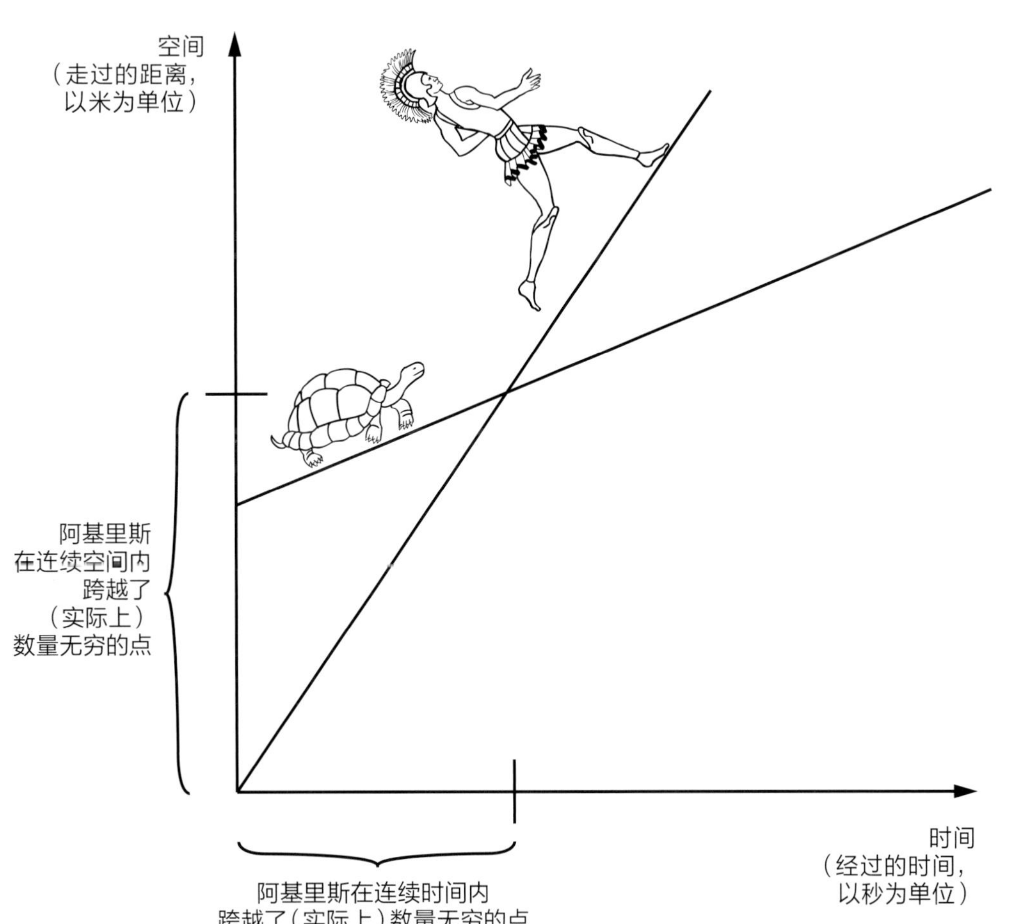

左

3-12. 阿基里斯在赛跑中超过乌龟。

阿基里斯追上乌龟后，舒服地坐在龟背上。"这么说，你已经到达我们这场赛跑的终点了？"乌龟问，"虽然比赛路程由无数段组成，可你还是跑到了？我可记得有个聪明人还证明过这不可能做到呢。""但确实可以啊，"阿基里斯答，"我不就办到了？"

——刘易斯·卡罗尔，
《乌龟对阿基里斯说了些什么》，
1895年

右上

3-13. 康托尔的集合的数字。

右下

3-14. 康托尔比较集合基数（集合中元素数目）的方法。

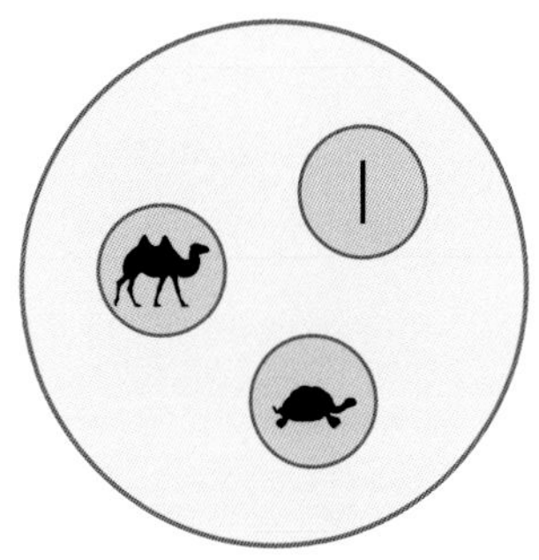

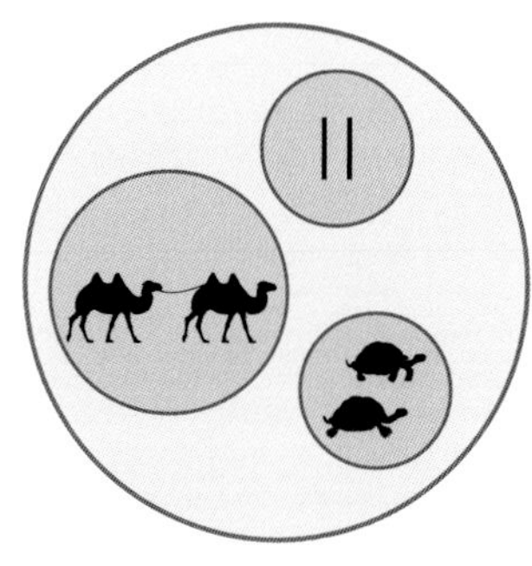

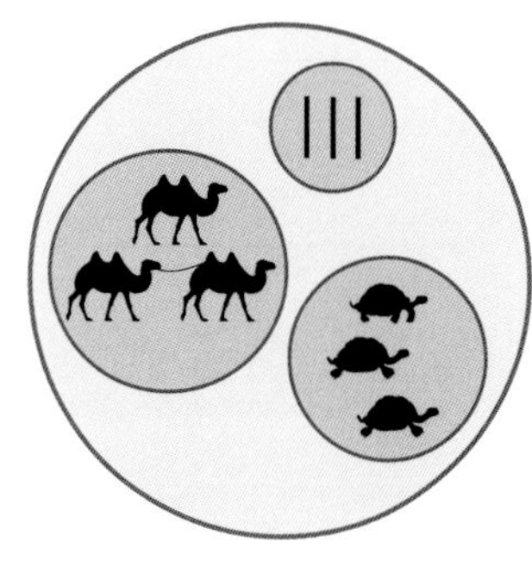

下

3-15. 大小相等的无限集合（或称“超限集合”）。

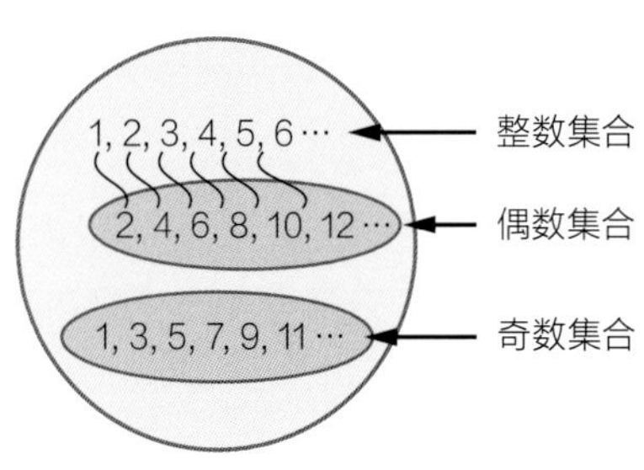

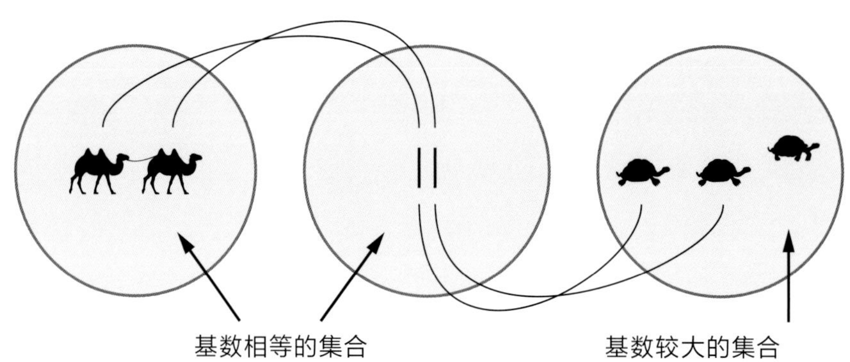

数集合可与偶数集合一一对应）。古希腊原子论者的空间与时间，分别是空间中单个点的集合和时间中单个事件的集合，都属于潜无限；芝诺让我们明白了这个观点会导致悖论，因为如果我们认为那些点是一个接一个连续出现，没有尽头，那么跑道上的阿基里斯和乌龟之间的距离即使越来越小，也永远都会存在。但康托尔把空间（或时间）视作由点（或瞬间）组成的无限集合后，芝诺的那种悖论就能避免了，因为每个无限集合都是一个完全的整体，是个实无限。取极限和从总体上考虑无限，是解决芝诺悖论的关键。笛卡尔坐标系可以作为解决这一千古之谜的好工具，用横纵坐标分别表示时间和空间，我们便能从图中了解阿基里斯是如何超越乌龟了（《一般集合论基础》，1883；图3-12）。

我发现，集合论假设和探讨的数是无限的，即使有一位永生者，也一辈子无法数尽。这个想象界域的密码是一个希伯来字母，而我没有进入这座精致迷宫的密码。

——豪尔赫·博尔赫斯，《秘数》，1981年

康托尔还进一步认识到，所谓的无限其实多种多样，换言之，一些无限集合的大小并不相同。首先，他展示了有理数是可数的；他在一张图解中给出每个有理数，再随着箭头，将每一个有理数与一个整数配对，以此来“计算”它们的数量（图3-18）。如此一来，所有整数的集合与所有有理数的集合便建立了一一对应的关系——也就是说，这两个集合大小相等。

集合的基数指的是在这个集合中元素的个数。例如，由单词“square”中的字母组成的集合的基数是6。任何有限集合都有一个有限基数，而任何无限集合都有一个超限基数。康托尔发现了有着不同基数的无限集合，并用希伯来字母$\aleph$来代表无限集合的基数，用下标指出无限集合的“等级”。康托尔把自然数集合的基数称作$\aleph_0$（读

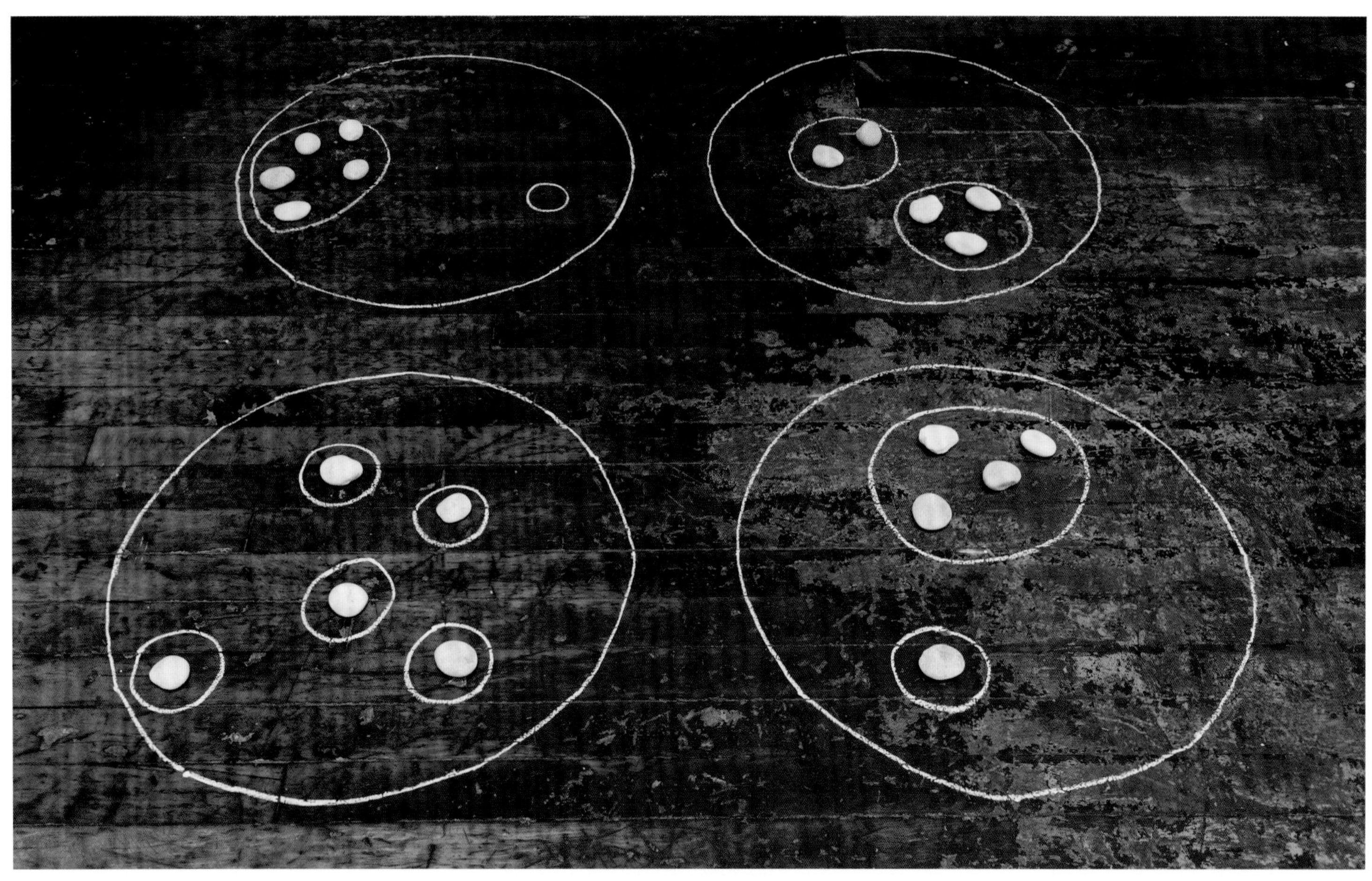

作“阿列夫零”），是最小的无限基数。偶数集合与自然数集合大小相等，因此偶数集合的基数也是$\aleph_0$。

有理数与无理数总称为实数。根据数值的大小，将实数排列在一条几何线段上，便得到了实数轴。实数在数轴上紧密挨在一起，轴上没有空隙：任何两点（两个与之对应的实数）之间必有另一个点（另一个实数）。换言之，实数轴上的点是连续的，因此康托尔称其为“连续统”。

康托尔证明了实数集的无限“等级”高于自然数集（1，2，3…），因为它无法与正整数形成一一对应，所以是不可数的；也就是说，实数集是不可数集。康托尔用$\aleph_1$来表示实数集的基数，$\aleph_1$大于$\aleph_0$。康托尔猜想，$\aleph_1$和$\aleph_0$之间没有别的基数——即所谓的“连续统假设”。康托尔毕生都想证明这个猜测，但未成功，直到几十年后，数学家库尔特·哥德尔和保罗·寇恩才解决了这个猜想，并且证明了如果只使用当年康托尔掌握的集合理论，这个假设根本无从判定。[7]

康托尔还思考了一个像2这样的数字的阿列夫次幂（$2^{\aleph}$）会是哪种类型的集合。经过证明，他发现2的$\aleph_0$次幂会产生一个无限“等级”高于自然数集的集合，且两者无法一一对应，所以$2^{\aleph_0}$大于$\aleph_0$。而$2^{2^{\aleph_0}}$则会产生一个更高“等级”的无限集合，以此类推（图3-17）。

3-16. 梅尔·波切内尔（美国人，1940— ），《五乘四》，1972年。地面粉笔画、石子，场域装置尺寸可变。图片由艺术家提供。艺术家梅尔·波切内尔在地板上画了四个集合；每个集合的子集中都有总共五枚石子（从左上角依顺时针方向）：5+0=2+3=4+1=1+1+1+1+1。在这四个集合中的石子可以一一形成对应，因此，这四个集合的基数相同。

$\aleph_0 + 1 = \aleph_0$

——詹姆斯·乔伊斯，

《尤利西斯》中的注释，

1922年

右

3-17.康托尔建立了一个有关“无限集合”的“爬梯”，以包含$\aleph_0$个元素的集合为开始，然后持续以2的前一个（无限）基数次幂向上，越往上基数的阶越高。

下

3-18.康托尔关于有理数可数的证明。康托尔绘制了这张图解，其中包含了所有的有理数（每个可以表示为两个整数比的数）。康托尔按照箭头的标示进行计数。

⋮

$2^{2^{2^{\aleph_0}}}$

$2^{2^{\aleph_0}}$

$2^{\aleph_0}$

$\aleph_0$

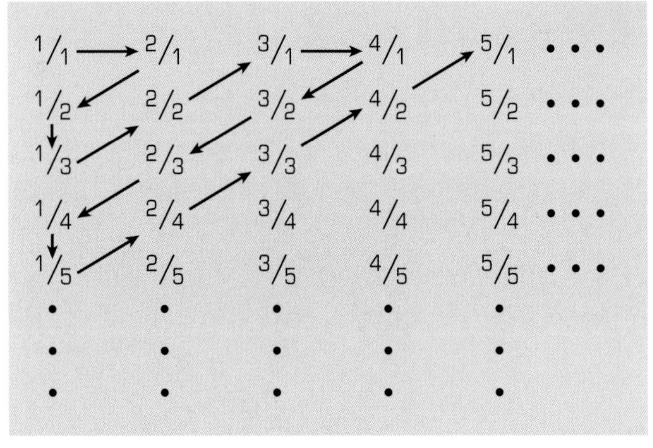

无限与“绝对”

文艺复兴时期，天主教神学家与哲学家开始使用“绝对”一词来称呼亚伯拉罕教的上帝或某种构建外在世界基础的普世实在。以“绝对”之名呼之，是为了强调其至高无上的性质，为万物之根基，不同于其他相对的从属性存在。于是，人们开始把“绝对”和“无限”两个词相提并论，认为更高级的存在以及构成存在的组成都具有无限的特质。

15世纪的德国天主教枢机主教、库萨的尼古拉将哲学中的无限观点引入了神学体系，建立起无限绝对的神学概念。亚里士多德曾经指出，因为每一天都无法同时存在并显现在我们眼前，所以未来还有多少日子在等待我们只是一个潜无限。他警告道，一个事物同时存在的无限集合——实无限（如芝诺那条跑道上的无数个点）——是不可能存在的。中世纪的大部分学者都认同亚里士多德的观点，所以讨论永恒时均没有提到实无限。但在文艺复兴早期，库萨的尼古拉却将实无限作为了自己神学理论的核心，将上帝描述为一种实无限，一个无论任何时刻都无所不能、无所不知、无所不在的精神实体。以数学概念中“最大的数”为参考，他将这个精神实体喻为了“绝对最大”。[8]

就我们目前对数学的认识而言，“最大的数”并不存在。尼古拉坚称最大的自然数客观存在，显然是在用数学类比来阐释他的神学概念。因为他平生并没有研究过数学，更遑论对这个领域做出过贡献了。尼古拉建议把数学作为构想“绝对最大”的辅助工具时，身份是神学家：他首先研究了有限的数与形，然后又思考了无限总和与延展。[9]为了解释他所说的“最大”，尼古拉提出了“无限球体”的比喻：这一球体有无限大的直径，且球心无所不在。按照尼古拉的说法，这个物体自相矛盾的性质（比如该球体的直径和半径都是无限大，所以直径和半径矛盾地相等），符合其终极的不可理解性。[10]亚里士多德摒弃了实无限，但尼古拉却用它来描述人的精神之旅，意思是人必须承认自身是有限的，永远不能理解“绝对最大”。尼古拉宣称，凡人生命短暂、智识有限，故而只能理解无限的一个片段（《论有学识的无知》，1440）。尼古拉还认为，“绝对最大”创造了无限的宇宙，而这个宇宙中囊括了无数个小世界。一个世纪之后，意大利多明我会的托钵修士焦尔达诺·布鲁诺也提出过类似的观点，认为上帝创造的宇宙超过了夜空可见的边界，是一个无限延伸的宇宙（《论无限、宇宙与诸世界》，1584；图3-20）。[11]后来，宗教裁判所判定布鲁诺犯有多项异端罪，其中一项罪名就是他相信存在多个世界。1600年，布鲁诺被送上了火刑架。

对页

3-19.保罗·克利（瑞士人，1879—1940），《等于无限》，1932年。布面油画，木板基底装裱，51.4厘米×68.3厘米。纽约现代艺术博物馆，通过莉莉·P.布利斯遗产获得。©2014艺术家权利协会，纽约。

克利使用代表无限的符号“∞”的变体，表现了“等于无限”这一观念。“∞”最早由17世纪的约翰·沃利斯引入，起初被称为“双扭线”（源自拉丁文的*lemniscus*，意为“绸缎”）。

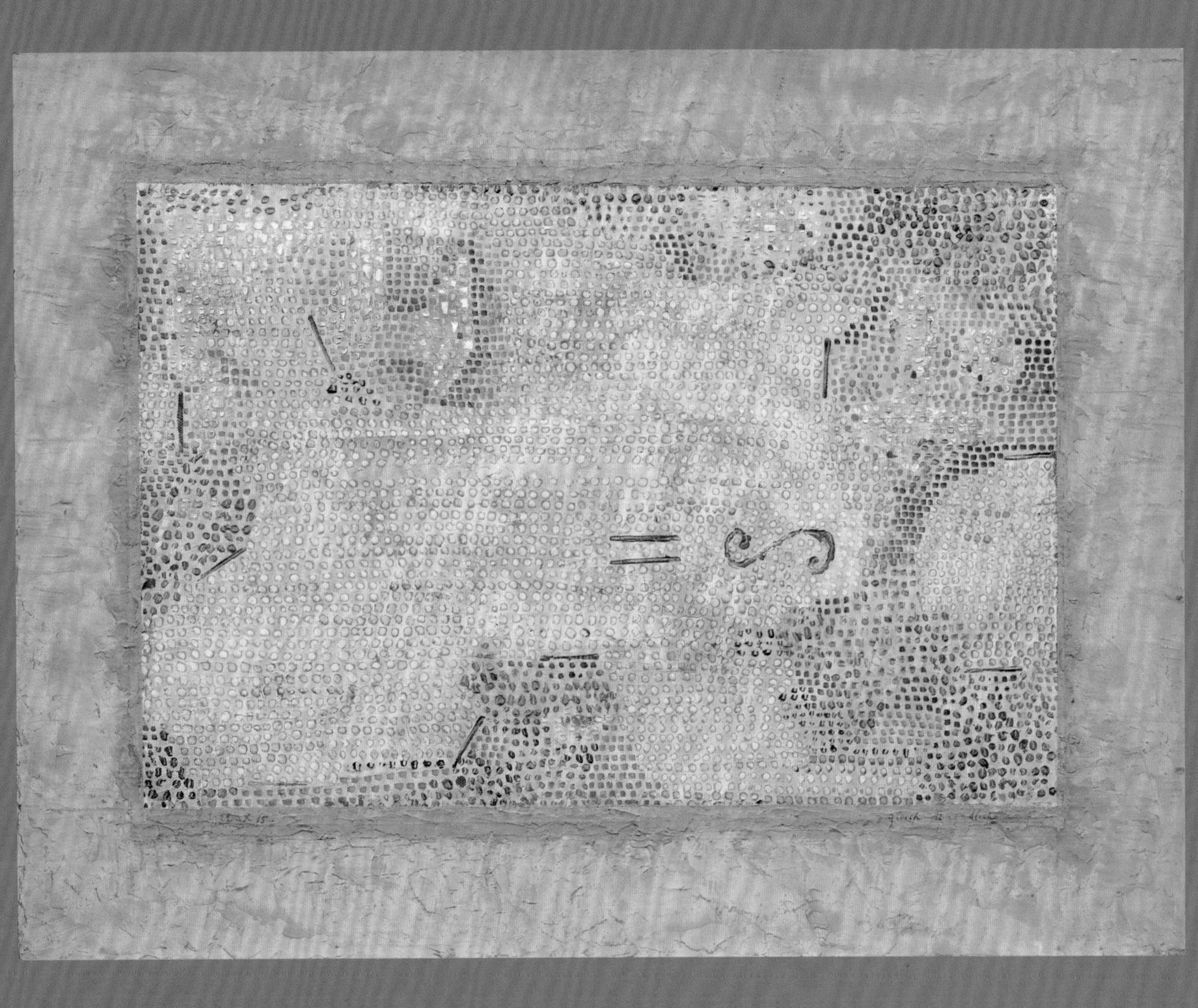

3-20.一位男子远眺地平线的尽头，出自卡米伊·弗拉马利翁的《大气：大众气象学》(1888)。
在这部19世纪的气象学著作中，一位中世纪的神职人员像布鲁诺一样，想象了那些在天穹中固定出现的星辰以外的别的太阳、别的世界，以及——按照希伯来先知以西结的说法——一台由灵体驱使、“轮中套轮”，且能够同时向四个方向前行的战车(《旧约·以西结书》1:16—21)。

八年之后，伽利略发明了天文望远镜，使得宇宙学开始脱离神学臆测，进入了真正的天文学领域。不过，科学家中的后起之秀，如牛顿，还在使用“绝对”等神学术语。牛顿为宇宙中的事件构建了一个终极框架，即绝对时间与绝对空间，认为这个框架是神圣且永恒不变的。[12]绝对时间是实无限；牛顿把时间想象成一条无限长的线，向后延伸至过去，向前延伸至未来，每一秒钟都被清楚地标记在这条线上。绝对空间则是一个稳恒不动的框架；出于实际考虑，牛顿的绝对空间就是由恒星组成的天穹，行星与其他天体都在这个框架之内运行。

我们的智识与真理的关系就像一个多边形与（外接）圆的关系；多边形与圆的相似程度随着多边形的角的增加而增加；但是，除非把多边形改变得与圆完全等同，否则无论角的数量再怎么增加，即使是无限增加，多边形也始终无法等于圆。

——库萨的尼古拉，
《论有学识的无知》，
1440年

尽管开普勒、伽利略、牛顿都坚信他们发现的数学结构是由亚伯拉罕的“上帝”所制定，但由于他们发现的那些定律描述的都是自然力而非超自然力，所以他们的新学说最终被称作了“自然哲学”。开普勒的行星运动定律、伽利略的运动学定律、牛顿的万有引力定律，描述的都是一个完全机械的、非人为的宇宙模型，由非自发的、外在驱动的物质组成（承袭自古希腊原子论者德谟克利特）。所以，对于那个时代的许多人来说，这就引出了一个问题：在这个充满了因果决定的世界中，人要如何维持自身的自由意志与价值观念（伦理与美学）？

公元前1世纪中叶，原子论者、德谟克利特的门徒卢克莱修已经探讨过这个问题。为了给自由意志（思维不觉得像是“某种被征服的东西一样受拘束”[13]）在充满因果决定的物质世界中留出一席之地，卢克莱修引入了“偏斜”(*clinamen*)的说法，即原子的随机偏转（《物性论》，公元前1世纪）。17世纪时，开普勒和伽利略的同代人笛卡尔提出了另一种解决方法：运动中的物体（如公转的行星或沿斜面滚下的铜球）遵循着新兴的自然哲学发现的各种因果定律，但必朽的凡人意识和永恒的神性意识不是物质的，而是精神的。按照笛卡尔的观点，精神独立于身体之外，遵照来自超自然领域的非因果性道德规则（《第一哲学沉思集》，1641）。可如果精神与物质是不同的事物，那它们怎么是相互作用的？比如意识是如何驱使你的手翻动这本书的？启蒙时代杰出的哲学家伊曼努尔·康德认为这个问题没有答案，因为笛卡尔的言论已经在精神与物质之间划出了一条不可逾越的鸿沟。严格来说，人可以通过“感性直觉”（视觉、触觉）产生精神感受（看到下雨，感觉湿润），但却无法感知物性的“先验对象”（如外在世界中飘落的雨滴）。

同牛顿一样，身为基督徒的莱布尼茨也对德谟克利特的机械宇宙深感不安，但也不太认同笛卡尔的心物二元论，认为这种哲学会将二者割裂，导向唯我论。于是，他的解决办法便是摒弃德谟克利特的观点，复活毕达哥拉斯和柏拉图的哲学，认为宇宙是一个变动不居、有目的性的有机体，处处体现着世界灵魂与神圣理性。按照毕达哥拉斯的观点，天地间的万物都由单子这种有感受力的粒子组成（第一章）。所以莱布尼茨也宣称，组成的宇宙不是心灵与物质这两种物质，而是只有一种，那就是单子。单子是有知觉的粒子，而且既是精神的，也是物质的。莱布尼茨认为，单子呈现出了一种复杂的递进阶级，从岩石至植物，再至动物，至人本身，至人类思维，最终达至神圣精神。在莱布尼茨看来，神圣绝对便是所有单子的无限总和，是宇宙间的一切（《单子论》，1714）。

莱布尼茨撰写《单子论》时，正值欧洲人首次接触到中国哲学。在罗盘和墨卡托地图的指引下，商贸航船载着寻找灵魂的耶稣会传教士抵达了远东地区。这些传教士发现，此时中国的政治观/哲学观其实是儒家、道家、佛家学说的结合体，大约形成于11世纪（图3-21）。由于他们感兴趣的是其中的儒学，认为道家与佛教是异教迷信，所以便把中国哲学称为“新儒学”。不过，虽然新儒学中融合了儒、道、释三家的学说，但像莱布尼茨这样的西方读者，并不总会把它们严格区分开来，而是将其放在一起考虑，统称为“中国哲学”。

1687年，莱布尼茨结识了曾去过中国的耶稣会教士白晋，后开始深入研究中国哲学。1701年，他收到了白晋的一封信，其中附有一份《易经》的六十四卦方圆图（图3-22）。[14]许多年前，莱布尼茨曾发明了只用0和1两个数字来表达所有数字的二进制记数法，所以读到白晋有关《易经》卦象（第一章图1-46、1-47、1-48）的介绍后大为吃惊，认定其实中国古代帝王伏羲在很早以前就发明了二进制。[15]但事实上，这个观点缺乏支持证据，古代中国学者只是找到了一种自然而然的布卦方式，而这种方式恰巧在结构上和二进制记数法相似罢了。

同时，莱布尼茨还注意到，西方的毕达哥拉斯和柏拉图的哲学，其实与新儒学

不仅雨点纯为现象，就连雨点的形状，乃至它所降落的空间，都不是其自身，而仅仅是我们感性直观的变形或其基本形式。至于先验的对象，则永远不是我们能知道的。

——伊曼努尔·康德，

《纯粹理性批判》，

1781年

3-21.《虎溪三笑图》，宋代，青绿设色绢本，台北故宫博物院。

宋朝建立后不久，官方学者开始有意识地融合儒、释、道三教，以期建立一种包容一切、经世致用、确立天人关系的学说。这一融合的主旨是“三教合一”，倡导与自然进行交流，并将此作为启蒙之路。

这幅宋代画作的主人公从左至右依次为道士陆修静（406—477）、和尚慧远（334—416）、儒生陶渊明（365—427），分别代表着三种不同的信仰。三人刚刚走出一片有老虎出没的树林，但因为相谈甚欢，丝毫没有意识到周遭的危险，直到出来后方才觉察，不禁为自己的好运而大笑。16世纪晚期，耶稣会教士来到中国后，把这种三教合一的学说称为“新儒家”。

中的道家思想有共通之处。[16]莱布尼茨非常赞赏中国人秉承的那种彻底的自然主义观，不像德谟克利特或笛卡尔那样，只是把植物与动物描绘为一种需要超自然上帝或“意识”赋予生命的惰性机械。“这样说来，现在这些中国阐释者更令人满意，也更值得赞赏。因为他们把上天及其他事物的统治简化为了自然原因，不像无知的大众那样，要么乞灵于超自然的奇迹（更确切地说是超肉体的奇迹），要么乞灵于从天而降的救星。”[17]在信奉毕达哥拉斯主义、柏拉图主义、道家思想的人看来，自然的相互作用并非源于机械的因果律（类似牛顿的发条宇宙）的作用，而是来自事物的共振（类似弦乐器的发音方式）。

与莱布尼茨生活在同一时代的犹太裔荷兰哲学家巴鲁赫·斯宾诺莎，也曾阐述过一个泛神论版的单子论（他这个版本中的单子叫“上帝/自然”），认为宇宙蕴含的秩序完全可以被预测，可以被人类思维发现。斯宾诺莎借用欧几里得在《几何原本》中使用的格式，从前提、公理、定义开始，在其重要著作《伦理学》（1677）中一步步为自己的这个学说给出了证明。

从理性主义的启蒙到自然哲学与生命哲学的浪漫

同莱布尼茨和斯宾诺莎一样，德国第二代唯心主义哲学家弗里德里希·谢林和

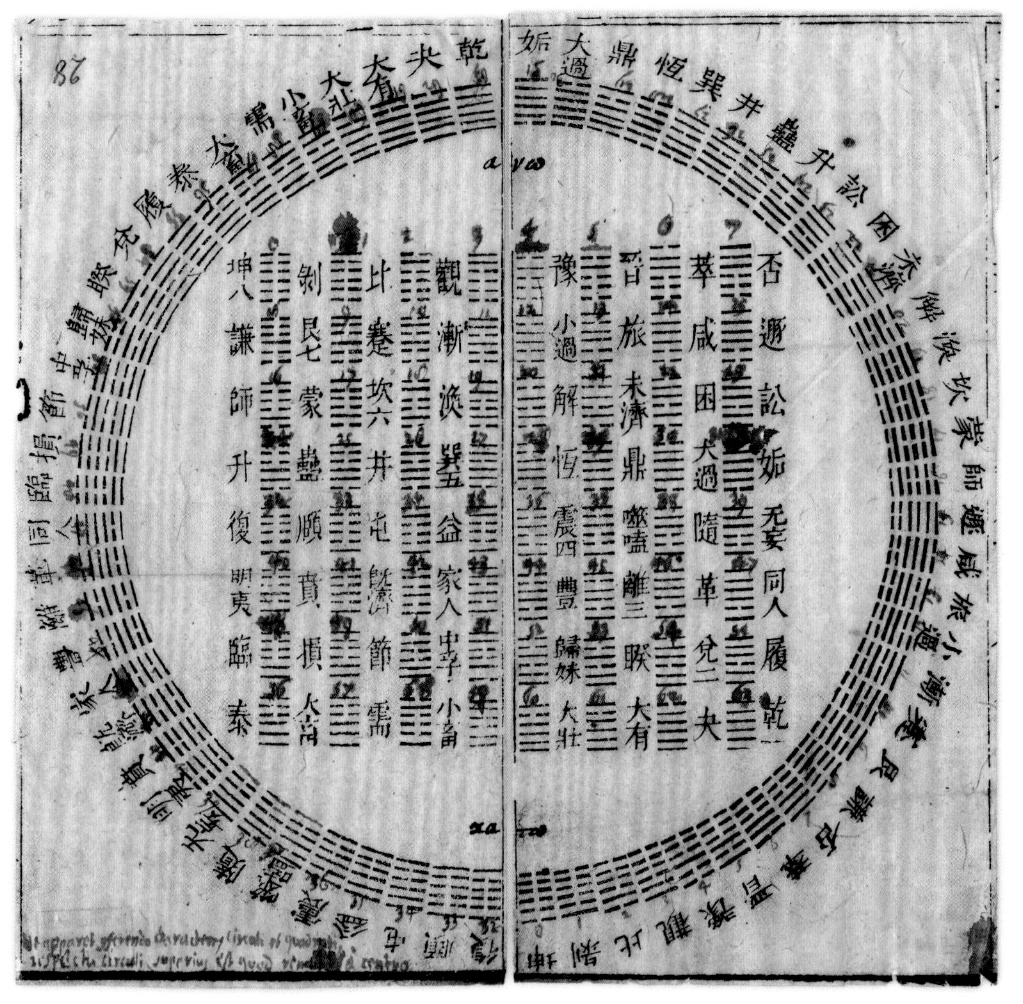

3-22. 莱布尼茨持有的《易经》六十四卦方圆图。戈特弗里德·威廉·莱布尼茨图书馆暨下萨克森州州立图书馆，汉诺威。

莱布尼茨用棕色墨水在六十四卦上部标了序号。可以清楚地看出，他是按照从左至右、从上至下的西式习惯阅读这些卦象的。莱布尼茨用0表示阴爻（断开的线），用1表示阳爻（连续的线），得到了由二进制前64个数组成的一个序列（000000=0，000001=1，000010=2，000011=3，…，111111=63）。白晋在中国生活过，阅读时或许像东方从右至左、从下至上，和莱布尼茨的正好相反，但其实只要用0表示阳爻，用1表示阴爻，其结果和莱布尼茨的完全一样。

乔治·威廉·弗里德里希·黑格尔，往往被人们称为“自然哲学家”，因为他们同样否定启蒙时代的心物二元论，复兴了古典主义的哲学观点，认为万物都由有感觉的单子组成。谢林和黑格尔认为，单子层级的顶端是一种非人的意识——宇宙精神，或称“绝对精神”。在他们看来，这就相当于宇宙的逻辑结构。牛顿的绝对时间和绝对空间类似于时间与空间的参考坐标；自然哲学家的“绝对”（上帝）也提供了一个框架，但这个框架更像是一种隐喻（认为这是他们的“存在的根基”）。而且，同库萨的尼古拉所谓的绝对神性一样，谢林和黑格尔也将绝对视为包含了一切的实无限（所有单子有序排列的整体），且是一个精神实体，人类思维只能理解其中很有限的一部分。

此外，谢林和黑格尔也认识到了道家的终极实在（老子的“道”）实际上同自然哲学中的不可言喻的“太一”（柏拉图）或“绝对精神”（黑格尔）有类似之处。对此，黑格尔在1816年的一次讲演中提道：“中国人认为，事物缘起的最高力量是无，是空，是总体的不确定性，是抽象的普遍性，也叫‘道’或理性……希腊人将‘绝对’（上帝）称作‘太一’，近代人将‘绝对’称为最高的存在……同样是一种否定，只不过以肯定的方式表达了出来。”[18]

百物去其所与异，而从其所与同，故气同则会，声比则应。

——董仲舒，
《春秋繁露·同类相动》，
公元前2世纪

物质的每一部分都可以被视为长满植物的花园或游鱼遍布的池塘。而某棵植物上的每个枝芽、某个动物的每个肢体以及每滴体液中，同样也有这样的花园或池塘。

——戈特弗里德·莱布尼茨，
《单子论》，
1714年

很明显，无论从语言层面还是实际层面来看，我们都的确可以将绝对哲学追溯到库萨的尼古拉，因为他处处都在使用“绝对”这个词。

——威廉·哈密顿，

《关于哲学与文学的讨论》，

1853年

19世纪后期，加拿大精神病学家理查德·莫里斯·巴克提出了一种更高的“宇宙”意识，与黑格尔的绝对精神和佛教的梵天在本质上十分接近，相当于二者的世俗版本。作为一名受过良好教育的医师，巴克受达尔文进化论的影响很大。他提醒读者，现有的物种仍然在进化，人类已经进化到了具有自我意识（包括理性、直觉、想象）的阶段；同时又预测，在进化的下一个阶段，人类将产生更为复杂的思维功能，即终极实在的“宇宙意识”（《宇宙意识：关于人类意识进化的研究》，1901）。

不过，包括叔本华、克尔凯郭尔、尼采等在内的生命哲学家却认为，概念系统（如康德在关于知识的“三大批判”中所述的世界观）能描述的东西十分有限。生命哲学家认为，哲学家不应该讨论抽象理论，而是要将注意力集中在当前能为生命赋予价值与目的经验上。19世纪时兴起的实证主义认为，社会应该建立在能够给出某些确切知识的科学原理之上。叔本华、克尔凯郭尔、尼采对此也表示了反对。出于对理性的怀疑，他们依赖于直觉，强调知识的完整性与统一性，对道家的冥想修习持开放态度——事实上，叔本华经常在著述中提及东方哲学。[19]

神智学是东西方思想交汇的产物，由俄国神秘主义术士海伦娜·彼得罗芙娜·布拉瓦茨基创立。但这其实是一门把两种观点杂糅起来的伪科学：一种是德国唯心主义中的“人类思维最终可以进化到认识绝对精神的程度”，另一种是佛教中的“任何个体都应尝试脱离肉身、同梵天合一”（《秘密教义》，1888）。布拉瓦茨基将她的理论命名为“神智学”，并借鉴了佛教的框架。19世纪的学者对她不屑一顾，认为她只是一个从神秘学角度歪曲解读东方思想的外行。但无论如何，神智学还是使得亚洲思想在布拉瓦茨基的祖国得到了普及，并借由她的追随者，传播至西方。

英国数学家查尔斯·辛顿研究过高斯的高维几何（描述的是数学外在世界中的四维物体）之后，认为现实物质世界中同样存在四维物体（《什么是第四维度？》，1884）。布拉瓦茨基的门徒、俄国神智学者彼得·邬斯宾斯基利用辛顿的这个假定，宣布第四维度就是“绝对”的神秘领域。但人类生活在三维世界中，怎么可能感知四维空间？这时，邬斯宾斯基又拿来巴克的观点，宣称要感知第四维度的绝对，人就必须发展（“进化”）出一种新的神秘直觉，一种更高等的意识形式（《第三工具》，1911）。从19世纪80年代到20世纪20年代，克鲁乔内赫、马列维奇等一些早期现代艺术家在神智学的启发下，曾试图创造符号，来描述邬斯宾斯基的四维绝对。[20]

康托尔的无限哲学

19世纪后半叶，随着把宇宙视为类似发条装置的科学世界观的兴起，自然哲学逐渐被视为一种已经过了时的浪漫主义哲学，康托尔的思想开始成熟起来。当时的德国知识界，为了应对所谓的缺乏灵魂的机械主义科学观带来的威胁，发起了一场浪漫主义的复兴运动，作为虔诚的路德宗信徒，康托尔很快成了运动的一分子。除了从事数学研究，康托尔还试图从哲学角度来回答问题，这一点从他的著作《一般集合论基础》(1883)的副标题便可看出："一位数学哲学家对超限理论的研究"。[21]在这部集合论的奠基性著作中，康托尔秉承了柏拉图哲学的传统（认为宇宙是一个变动不居、有目的性的有机体），宣称自己十分认同柏拉图、斯宾诺莎、莱布尼茨的宇宙观。[22]不过，他也对柏拉图的主要竞争者德谟克利特表示了欣赏，因为他的原子论（机械的宇宙由运动的惰性粒子组成）虽然引发了一些哲学问题（如笛卡尔的心物二元论），但最终还是带来了巨大的成果（如牛顿的万有引力定律）。

康托尔发誓要创造出新的数学工具来描绘柏拉图的有机宇宙："除了从机械的角度来解释自然（虽然拥有数学分析所能提供的所有帮助和优势，但其片面性和不足之处已经被康德揭露出来了），我们至今都没有试着更进一步，以同样严谨的数学分析，从有机的角度来解释自然。而要想给出这种有机的解释，我认为，我们就只能回过头去，继续那些思想家（柏拉图、斯宾诺莎、莱布尼茨）的研究和努力。"[23]换言之，古典数学利用欧几里得的直线、球体、椭圆，为月球、太阳系或吉萨金字塔这类规整的自然或人造物体提供了"机械的解释"，而康托尔自己则要通过继续研究集合论，为自然提供一种"有机的解释"，试图解释山峰、植物、动物等不规则、不规整，无法用欧几里得体系来描述的复杂形态。

《基础》一书出版后的1884年，康托尔患上了重度抑郁症，不得不入院治疗（他余生都饱受抑郁症困扰）。[24]同年，瑞典期刊《数学学报》的主编、康托尔的密友、数学家哥斯塔·米塔-列夫勒，邀请他推测一下超限集合论在科学研究中的可能应用。[25]当年秋天，康托尔回复说，希望自己能为有机、有生命的宇宙给出数学描述："我正研究集合论在有机性上的应用，也就是那些机械式原理无法解释的有机性……为此，我们需要新的数学方法，而这种方法就潜藏在我正研究的集合论中。"[26]他还向米塔-列夫勒透露，集合论的应用已经成为他的动力，"过去十四年来，我脑子里一直想的都是如何更准确地解释自然中的有机形式。这才是我为什么探索集合论这个乏味而又吃力不讨好的领域，对其念念不忘的真正原因"。[27]

康托尔秉承了19世纪的宇宙观，认为自然界由物质与以太构成，并且和地质学家查尔斯·莱尔、生物学家查尔斯·达尔文一样，认为物质则由原子、细胞或单子（借用了莱布尼茨的术语）之类的基本单位构成。[28]那时的科学家认为以太这种介质占据着牛顿的"绝对空间"，弥漫在虽然静止但极易发生振动的整个宇宙当中。以太的概念当时之所以能深入人心，是因为物理学家研究电磁现象和光学现象时，认为电磁波需要某种介质才能够穿越地球大气和外层空间，而这种介质就是以太。康托尔假设了物质是原子、细胞或单子的集合，等于$\aleph_0$："试想，在某一给定时刻的宇宙中的所有活细胞，都朝着各个方向无限扩大——当然，这也只是万千无限中的一个个体缩影——那么，人们就可以问，这样一个物质总量的‘幂次’（基数级）是多少，而我能严格地证明这个基数级是1（$\aleph_0$），不会更高。”[29]康托尔还进一步假定，以太是所有连续的以太原子或者单子的集合（“所有持续运动粒子的庞大的游乐场”[30]），是更高的无限，等于$\aleph_1$：“物质原子的总和的幂次是1（$\aleph_0$），以太原子的总和的幂次是2（$\aleph_1$）。”[31]

虽然“单子”和“以太”的说法已经被扔进了科学的垃圾桶，但如何用数学来合理描述复杂的有机形式，至今依旧困扰着我们。一个世纪后，康托尔所表达的渴望，得到了波兰裔法国数学家本华·曼德勃罗的印证：“自然模式的不同长度尺度的数量是无限的。这些模式的存在，激励着我们去探索那些被欧几里得搁置在一边、被认为是‘无形式可言’的模式，去研究‘无定形’的形态学。”[32]不过，曼德勃罗要观察的并不是无定形物体（如山峰、植物、动物），而是这类物体简单、重复的形成过程（如晶体的生长模式、细胞的分裂）。

为了描述这种过程，曼德勃罗创立了一个新的数学分支——分形几何（《大自然的分形几何学》，1977）。他将康托尔的一个超限集合（“康托尔尘”，可通过重复简单的算法得到；第十二章，图12-23）视为分形几何的第一个例子。[33]康托尔当年没有一种可以快速运算的工具，只能用纸和笔，但曼德勃罗却通过计算机充分探究了那些在进化过程中已经重复过千百亿次的运算。

1879年，教皇利奥十三世颁发了影响深远的通谕《永恒之父》，主张复兴托马斯·阿奎那的中世纪经院哲学，并支持自然科学的进步。所以，当康托尔在研究如何用集合论思想解释有机宇宙时，他的阿列夫数便吸引了一些正研究无限话题及相关基督教教义的天主教神学家。尽管康托尔信奉的是路德宗，但并不介意和天主教学者的对话。德国教士康斯坦丁·古特贝勒特是传播新经院哲学的领袖，包括他在内的许多神学家都希望能把天主教的教义同康托尔的理论调和到一起。收到古特贝勒特有关超限集合与无限上帝相关性的来信后，康托尔对于自己的研究可能产生的神学影响产生了浓厚的兴趣。[34]

批评者曾经质疑阿列夫数的存在，但1896年，古特贝勒特给出了一个答案：无限集合永恒存在于神（上帝）的意识之中，因为“整个过程总是处在‘绝对精神’的实际意识中”。[35]读到这样的声明后，耶稣会枢机主教约翰内斯·法兰士林十分担心，认为把神性同康托尔的超限数混淆在一起，可能会产生某种泛神论。毕竟，这种论调在科学世界观的兴起后，已经传播得越来越广，连教皇庇护九世都不得不正式对此表示了谴责（《谬说要录》，1864）。得知枢机主教的忧虑后，康托尔特意定义了一个无限的阶，将集合论中的高阶无限集合及宇宙万物全都包含在内，以此来代表犹太-基督教的上帝。他从库萨的尼古拉、牛顿、黑格尔那里化用了一个术语，将这个集合命名为“绝对无限”，继而把上帝放到了超越一切有限与无限集合的位置之上。[36]

莫斯科的数学界：接纳康托尔学说

从亚里士多德的时代开始，学者与神学家便因为逻辑悖论的原因而拒绝接受实无限的概念。康托尔的研究，使得这一传统从根本上受到了挑战，而他对此前尚属未知的更高阶无限领域的描述，更是于事无补，所以也难怪他的老师、德国数学家利奥波德·克罗内克会认为阿列夫（超限数）不过是康托尔的臆想，还直截了当地反对道：“上帝只创造了整数，其余一切都属人为。”[37]然而，就在西欧的数学家在为康托尔的理论纠结时，俄国的数学家却很容易就接受了。之后，俄国的艺术家和诗人也加入进来，开始一起寻找能够表现绝对（上帝）的方式。

从1864年成立的那天起，著名的莫斯科数学学会便是连接数学、哲学、神学问题的研究中心。一直以来，该学会的学者从东正教教义出发，对数学对象进行神秘主义角度的解读。他们反对古典数学，特别是精确的、可预测的微积分学，以及牛顿所主张机械的、确定性的宇宙观。他们倾向于使用概率论这类所谓的自由数学思想，来描述随机的自然与文化现象。他们支持沙皇，把基督教精神和自由意志与君主制联系到一起，故而世俗的马克思主义持怀疑态度。[38]莫斯科的数学家最自豪的是，他们的同胞尼古拉·罗巴切夫斯基发明了关于虚世界的非欧几何（《虚几何学》，1826；第四章）。

曾在1891—1903年间担任学会主席的尼古拉·布加耶夫，是19世纪后期的莫斯科最重要的数学家之一。同时，他也是一位哲学家，而且与黑格尔和康托尔一样，都赞同柏拉图的变动宇宙观及其现代表述——莱布尼茨的单子论。[39]他的数学研究对象是不连续函数，而这种函数描述的是无规律、不可预测的变化（图3-23）。从哲学角度来看，布加耶夫认为：“不连续就是不受约束的个性与自主的表征。不连续与宇宙源头、伦理、审美等方面的问题密切相关。”[40]布加耶夫坚定地相信自由意志，所以一直与俄罗斯东正教教会的神父进行着神学相关的对话。[41]

作为莫斯科大学的数学教授，布加耶夫将数学实践与数学哲学结合在一起，培养了好几代数学家。德米特里·叶戈罗夫在1887—1891年曾师从布加耶夫，1903年完成有关不连续函数的学位论文后，也加入了莫斯科大学数学系。在叶戈罗夫和学生的努力下，这所大学最终成为一座研究函数与集合论的中心。此外，叶戈罗夫还是俄罗斯东正教教会的终身长老。[42]

1900年，年轻的帕维尔·弗洛伦斯基进入莫斯科大学学习，师从布加耶夫，[43]并

实际上，集合论的创立者格奥尔格·康托尔所受的教育来自经院学者。

——菲利克斯·克莱因，

《19世纪的数学发展》，

1926年

同老师的儿子、诗人鲍里斯·N. 布加耶夫成为莫逆之交。鲍里斯·N. 布加耶夫是象征主义一代的重要诗人，常以笔名“安德烈·别雷”发表作品。象征主义者全不顾及日常世界的严酷现实，只在梦境与幻想中放任自流。别雷的第一部重要作品是散文诗《北方交响曲》(1902)，结合了象征主义风格的词汇发音与音乐方面的双重美感。在别雷的引介下，弗洛伦斯基也进入了象征主义文学界。1904年，他第一次用俄语阐述了康托尔的超限算术。不过，这篇文章并不是发表在学术刊物上，而是刊登在了莫斯科宗教与哲学学会出版的象征主义诗歌期刊上。在文章中，时年22岁的数学毕业生弗洛伦斯基描述了康托尔如何用希伯来字母$\aleph$来代表整个自然数集合中所有元素的数目，然后又叙述了超限数加法和乘法的法则：

$$\aleph + 1 = \aleph$$
$$\aleph \times \aleph = \aleph$$

弗洛伦斯基不仅清晰地为普通读者阐明了超限算术的基本原理，还从不连续数学的角度介绍了自己如何解读数学、艺术、诗歌中的符号(《关于无限符号：论康托尔的观点》，1904)。

1904年，弗洛伦斯基拒绝了莫斯科大学为他提供的数学研究生奖学金，转而进入莫斯科神学院，成了一名东正教修士。他在神学院期间，完成了一份有关俄罗斯东正教神学的硕士论文，题目叫《真理的柱石与基础》(1914)。这篇论文不但展现了弗洛伦斯基在西方哲学与神学方面的广博知识，也让人看到了他对当时的数学研究有多么精通。除康托尔外，他还在文中讨论了意大利数论学家朱塞佩·皮亚诺、英国逻辑学家伯特兰·罗素的研究。弗洛伦斯基的理论承袭自否定神学传统(其本源可以追溯到公元3世纪埃及的隐修团体“沙漠神父”)，认为神秘直觉会产生一种自相矛盾的真理，可以写作“A和¬A”(读作“A和非A”)，换言之就是命题以及命题的否定。

现代逻辑学兴起于这一时期的德、英两国(第五章)。在现代逻辑学中，人们可以根据矛盾前提推导出任何事物。但如果A与非A隐含一切，则推理的前提与结论之间的推导关系便不再有价值。然而，有人试图定义某些逻辑系统，以便用它们来解决前提中的不一致，将不一致处理成一对有意义的A与非A。因为它们尽管矛盾，但还是蕴含着信息。发展所谓的矛盾中的一致是为了研究不一致但拥有价值的信仰体系，包括弗洛伦斯基的这类宗教信仰、精神病人对现实的扭曲观点，以及科学史上一直发生的理论不一致现象。[44]

弗洛伦斯基不循常规，将数学应用于宗教哲学中，引起了俄罗斯知识阶层的注意。弗洛伦斯基的思想反映的是“世纪末”象征主义艺术家与诗人对理性的普遍不

严密科学基于坚实依据从而提出的真理，并不是在否定，而是在肯定我们走向统一与和谐的理想与渴望……自然是无情，但人类却探知到了宇宙运行更为深刻的概念，并以如下措辞表达着自己的宿命：“抬起头来，高呼自由！”

——尼古拉·布加耶夫，《数学与来自科学哲学观点的世界理念》，在苏黎世国际数学家大会上的演讲，1897年

信任。他们认为，有关生命（关于人、精神、位格神）的真理往往超越了理性：“理性同时也是不可解释的。要解释A，就是要先把它降为‘某种别的东西’；解释非A，也就是在解释不是A的非A……而生命是流动的，是非自我同一的，或许是理性的，或许是易于用理性来解释的（我们尚未发现情况是否确实如此）。但正因如此，生命与理性才不是一致的，生命是理性的反面，生命会将理性的有限性撕成碎片。”[45]弗洛伦斯基还讨论了在人类（有限体）与至上存在（无限体）之间的感情（他称之为“爱”），并认为这种感情只能通过创造一种新的逻辑，一种可以同超自然界域交流的“超逻辑”才能表达。

俄国1905年革命失败后，叶戈罗夫的学生尼古拉·卢津出现了精神危机，一度考虑放弃数学。[46]然而，读过弗洛伦斯基的著作《真理的柱石与基础》后，他大受启发，皈依了俄罗斯东正教，并开始研究新柏拉图主义者普罗提诺的学说（公元3世纪）。[47]普罗提诺认为，终极精神实在——太一——是无限的，所以无法被人类有限的思维描述。在卢津那个年代，俄罗斯东正教依然延续着中世纪否定神学的神秘传统，认为尽管无限上帝归根结底是无法解释的，但可以从否定面来描述它不是什么，哪怕这样的描述永远都是片面和不完整的。

康托尔与卢津都是柏拉图主义者，相信无限集合独立于人类精神而存在。[48]尽管有限的人类心灵无法完全理解无限集合与无限精神（上帝），但人类可以间接地在一定程度上描述它们。[49]卢津对康托尔集合论的贡献，就在于他专门描述了一些特定的集合，后被称为莫斯科学派的描述性集合论。

3-23.连续函数与不连续函数。

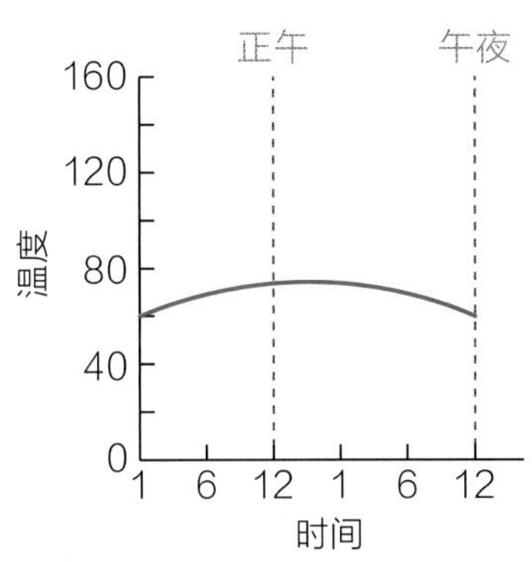

连续函数：气温是一天中时间的函数。在某天内，气温从大约午夜时的最低点上升至正午最高点的过程中，经过了两者之间的所有温度值。

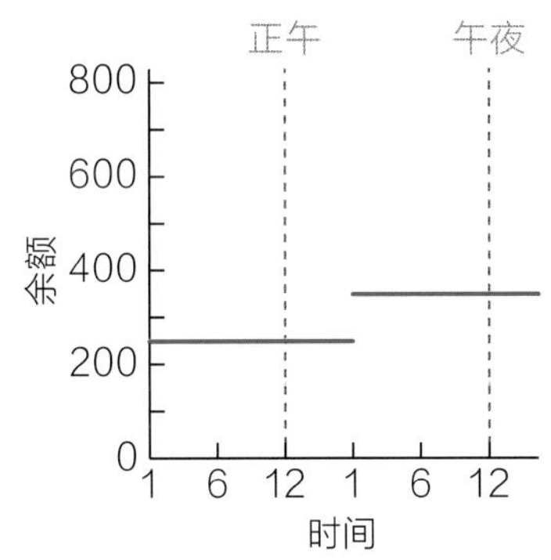

不连续函数：银行存款余额是提取/存入款项时间的函数。假定某位女士恰好于下午1时在银行账户中存入100美元。余额便于下午1时增加了100美元，而这种增加没有经过任何中间值。

至上主义

德国科学家古斯塔夫·费希纳发明了实验心理学，证明了大脑存在“不断进化的意识”（《心理物理学纲要》，1860），生存与繁衍的动物本能让人类寻求各种快乐，包括聆听美妙的声音（纯音乐）、欣赏色彩与图案（抽象设计）（《美学初探》，1876）。[50]俄国科学家、诗人、画家都接受费希纳的观点，相信观看色彩与图案带来的快乐，能够使心灵向更高的意识层次进化，而在这种高层次状态下，人就可以获得关于无限对象的知识——超限算术和绝对无限——他们曾在弗洛伦斯基著作中读到过相关内容。[51]为了表现他们对这一高阶绝对领域的认知，前卫派作家创作了词句无法理解的诗歌，前卫派艺术家则创作了没有实际内容的抽象绘画。

在圣彼得堡，神经学家、自学成才的画家尼古拉·库利宾，认识到艺术家在大脑进化中所扮演的特殊角色后，[52]创建了一个团体，其成员包括画家瓦西里·康定斯基、诗人韦利米尔·赫列勃尼科夫等。库利宾为自己的团体取名为“三角”，隐含了灵性升华达到顶点之意，康定斯基在著作《艺术中的精神》（1911）中借用了这一意象，以拥护这样的进化思想。与此同时，画家戴维·布尔柳克也组织了一个艺术家与诗人的前卫派团体，同“三角”展开竞争，其中心目的是通过融合意大利的未来主义与乌克兰的民间文化，来创作出全新的作品。布尔柳克将这个团体命名为“希莱亚”（Hylaea）——这是塞西亚的古希腊语名字，该地区曾在20世纪初属于乌克兰所有。

“三角”团体的另一位成员、诗人阿列克谢·克鲁乔内赫，也认同库利宾和康定斯基的观点，认为艺术家是精神进化过程中的先驱。艺术的作用在于能以违背常识的矛盾陈述来描述更高的实在。克鲁乔内赫拒绝平庸，写诗时抛弃了语法结构，把词语像珠子一样穿成一串，中间还穿插了无人可解的自造词。1912年，克鲁乔内赫促成了插图诗集《颠倒的世界》的出版，这本小书中的诗作出自他和赫列勃尼科夫之手，插图则由艺术家米哈伊尔·拉里奥诺夫、奥尔加·冈察洛娃、弗拉基米尔·塔特林绘制。为了让读者事先难以捉摸这本书的内容，诗集采用了横竖交替的排版方式，页面大小和纸张都不相同，文字与插图也由各种颜色的手书体、印刷体或橡皮图章组成。

据克鲁乔内赫说，布尔柳克为了增加难度，建议他写一首完全由自造词组成的诗。[53]克鲁乔内赫同意了，并在1913年写下*Dyr bul shchyl*。这首诗由若干字母堆砌而成，根本无法翻译。在诗的上方，克鲁乔内赫向困惑的读者解释道，他用一种“词义不固定”的新语言，写了三首诗（图3-24）。鉴于这种新语言超越了常识与世俗的逻辑，克鲁乔内赫将它命名为“zaum”（俄语，意为“超理性”）。[54]

克鲁乔内赫的这些诗是为谁而作？其实是为其他前卫派诗人而作——他是诗人们的诗人。他秉承着一种19世纪后期的生物学世界观，认为他的读者（其他诗人）的大脑比常人更为发达，进化得更高级。所以为了避免在普通层面上与人交流，他刻意选择了意义不明的自造词，只期待自己的诗被一小部分精英艺术家理解。按照他的说法，这些人的大脑已经足够发达，能够感知实无限，即绝对（上帝）。换言之，他的诗既不虚妄，也不神秘，而是达到了他所谓的“超限”，也就是更高级的理性。

作为莫斯科前卫文学圈的一员，克鲁乔内赫十分熟悉弗洛伦斯基曾阐释过的康托尔的超限算术，以及库利宾曾论述过的进化的精神。此外，他还阅读了神智学著作，了解到了邬斯宾斯基所谓的第四维度就是“绝对”（上帝）的神秘领域。按照邬斯宾斯基的说法，人可以通过“直觉逻辑”——即“无限的逻辑，狂喜的逻辑”——在一种意识的拓展状态中感知“绝对”。在这种状态中，“一切是A也是非A，一即是全”。[55]公元前4世纪，亚里士多德写下了演绎逻辑著作《工具论》；1620年，英国哲学家弗朗西斯·培根发表了归纳逻辑著作《新工具》；1911年，邬斯宾斯基则给他的书取名叫《第三工具》，显然是为了虚张声势，想要显示自己与二位先哲一脉相承。

1913年，克鲁乔内赫在《语言新途径》中表述了自己的观点，并在该文结尾援引了《第三工具》中“更高直觉”的说法：

> 过去的诗人用理性思想去理解语言，而我们则通过语言获得无杂质的理解力。
>
> 在我们的艺术中，我们已经完成了对未来语言的首次实验。艺术正走在意识进化过程的最前列。
>
> 在我们当前的灵性生命中有三个单元：感知、表现、观念（及想法），而第四个单元——“更高直觉”正在成形。[56]

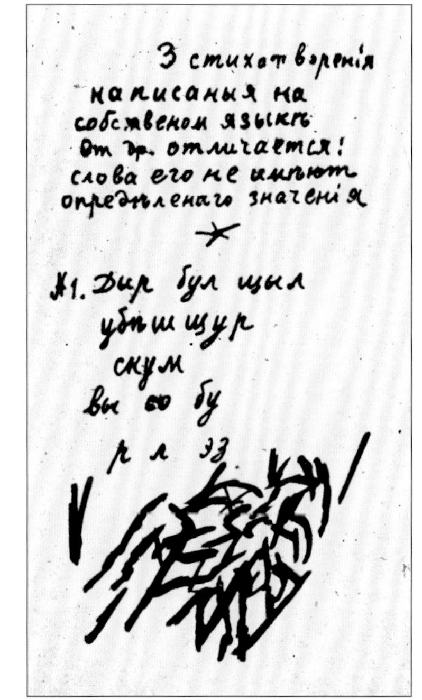

3-24. 阿列克谢·克鲁乔内赫（俄罗斯人，1886—1968），*Dyr bul shchyl*，米哈伊尔·拉里奥诺夫（俄罗斯人，1881—1964），平版印刷画，出自*Pomada*（1913）。
（上）克鲁乔内赫在星号上面写道：
三首诗以
我自己发明的
与众不同的语言写成：
这些词语并没有
确定的意义
（中）克鲁乔内赫用自造词写成的诗。
（下）米哈伊尔·拉里奥诺夫的画。

克鲁乔内赫称，他作诗是为了描述自己在超理性界域正在扩展的意识，按照库利宾等神经学家和邬斯宾斯基等神智学者的说法，这种意识状态实际上早就已经被进化生物学预言过了。1913年，克鲁乔内赫发表了一份宣言，名为《词本身的声明》，并在其中指出：“通过引入新词，我带来了崭新的内容，时间、空间等一切都不再重要了（在这方面，我的观点与库利宾相同）。”[57]用自造词写作的方式在整个俄罗斯文学界迅速传播开来，此后十年间，前卫派诗人们开创了几十种超理性创作风格。[58]

马列维奇受到克鲁乔内赫的*Dyr bul shchyl*影响，开创了绘画领域的超理性风格，用来描述他对超限界域正在扩展的意识。究其本质，这是两种理念的混合，一是康托尔和弗洛伦斯基的“能被高级思维所感知”的绝对无限，二是邬斯宾斯基受佛教启发而提出的“绝对”所处的四维空间。[59]马列维奇大约在1913—1915年间，创作了一些立体主义和未来主义作品，从标题不难看出，这些早期作品多以神智学思想为内核，涉及的是超理性界域。但到了1915年，他便放弃使用神智学的绘画语言，转而采用神学或哲学语汇，更多地指涉精神与宇宙方面的主题。[60]

在当时的前卫派画家中，很少人会像弗洛伦斯基一样公开表达对俄罗斯东正教的虔诚信仰。但前卫派艺术家也承认，传统的俄罗斯圣像画与他们的艺术之间的确有血脉相通之处（图3-25）。[61]马列维奇探讨自己在1911—1913年创作的风景和农民题材的油画时，还把那些由19世纪的“流浪派”创作的类似题材的现实主义画作，同传统拜占庭风格的东正教题材圣像画（蛋彩、金叶木版画）进行了对比：“从圣像画中，我领会了农民艺术中的情感特质，尽管我过去就深爱这种艺术，但直到研究圣像画之后，我才理解了它的情感深度……流浪派的一切自然主义都被圣像画家推翻了。圣像画家尽管有着高超的专业技巧，但并没有采用空间透视法和直线透视法，而是使用色彩与形态来传达关于他们想要表达的主题的纯粹情感认知。”[62]

马列维奇出生在基辅附近，父母都是波兰移民，本人是天主教徒。但和所有俄国人一样，他从小便熟悉东正教的圣像，那些圣像不仅象征着某种精神体，还被一些虔诚的人认为就是精神体本身。圣像画家用他们所绘的圣徒画像来表达对上帝的仰赖，而马列维奇则用象征超理性的几何图形，来表达新时代科学与技术的精神。马列维奇站在宗教与世俗的十字路口，延续了沙漠神父的那种神秘主义。

马列维奇称自己的风格为“反逻辑”，刻意与超理性进行了类比。[63]他使某些形象脱离了其常见的语境，将其和不相干的图像并置一处，如他的作品《母牛与小提琴》（1913）。然后，他又把图像与文字片段拼凑到一起，例如《一个在莫斯科的英国人》（1914；图3-26）中，画面顶部与底部的文字很容易拼在一起，意思是“З АТМЕНІЕ ЧАСТи ЧНОЕ”（日偏食）；右面小些的棕色字母则拼成了“СКАКОВОЕ О Б ЩЕСТВО”（赛马协会）。

很显然，画中的男子、鱼、文字三者间并没有什么联系。但到了这一步，马列维奇还没有找到克鲁乔内赫的超理性在视觉艺术上对应的表达，因为他仍在用惯常的图像与文字组合来创作（如日偏食和英国人）。不过，他很快就摆脱了所有来自外在世界的参考元素：“自然主义在我的评论中站不住脚，我在寻找其他的可能性——不是从绘画之外，而是从绘画观点的核心中去找寻。我相信，绘画迟早会通过它自身的特质而产生形式，终将脱离具象事物的吸引并与非图像的特质联结。对绘画本身的相信使我远离关于自然、自然主义这些迷惘的观点。关于圣像画的了解让我深信，圣像画不只是解剖和透视法的问题，也不只是如何精准再现自然的问题，而是艺术直觉的必要性，以及艺术真实的必要性。换言之，我认为那些需要进化为理想形式的真实都来自美学的深层。”[64]

1915年，马列维奇迈出重要一步，发明了真正意义上既非图像亦非文字的视觉符号。当时，他为一部名为《战胜太阳》的歌剧设计了服装和布景——克鲁乔内赫创作歌词，赫列勃尼科夫撰写序幕，自1881年起担任圣彼得堡宫廷乐团小提琴手的音乐家米哈伊尔·马秋申作曲。1913年夏季，几位合作者联合发表公告，宣布他们要“摧毁那些由墨守成规的因果律、软弱无力的常识，以及单调的‘对称逻辑’发展而来的思想陈旧的运动”。[65]克鲁乔内赫撰写了一本剧情介绍的小册子，而小册子的名称也颇具超理性风格，叫作《让我们抱怨吧！》。在歌剧的开头，两个高大强壮的男子走上舞台，其中一个说道：

> 太阳，你催生了激情，
> 在闪烁的光线之中，你火焰熊熊。
> 而我们用尘埃的面纱将你包裹，
> 让你在水泥屋里度过余生！[66]

对页
3-25.《弗拉基米尔圣母像》，12世纪初。木板蛋彩金叶画，104厘米×69厘米。莫斯科特列恰科夫国家画廊。

3-26.卡西米尔·马列维奇（俄罗斯人，1879—1935），《一个英国人在莫斯科》，1914年。布面油画，88厘米×57厘米。阿姆斯特丹市立博物馆。

随后，副歌部分详述了太阳毁灭的过程：

> 我们扯住根须，我们拔出了太阳。
> 油腻腻的根须，算术弥漫其间，
> 曾经在里面生长。[67]

马列维奇为克鲁乔内赫的歌词本所绘制的封面，是数字歪歪扭扭挤在一堆线条中间（图3-27），原因是这部歌剧讲述了太阳（启蒙的象征）的失败，其中不存在什么逻辑运算。对于幕布和每一幕的背景板，马列维奇则全部以正方形套正方形的方式设计，并在正方形中绘上像，以非逻辑的风格设计了每个图案，如带有一个窗户、多个烟囱、一个螺旋状楼梯的建筑物（图3-28）。但不同的是，在“失败的太阳”那一幕的背景板上，他没有设计任何图画或者文字，只保留了一个完全由艺术家自创的符号：正方形内的一条对角线（图3-29）。歌剧以战胜光明的庆典为结尾，合唱队吟唱道：

> 我们自由了。
> 太阳被摧毁。
> 你好，黑暗！[68]

1915年春季，马列维奇继续用自造符号和彩色矩形创作，开创出一种全新的无物象艺术风格，如《黑方块》（1915；图3-30），成功从视觉上对应了克鲁乔内赫的超理性。根据艺术史学家夏洛特·道格拉斯的考证，马列维奇创作《黑方块》时，其实想倒填创作日期，好让人们将其同1913年的话剧《战胜太阳》联系起来。事实上，马列维奇终生都有这个让人难以恭维的习惯，也就是为了编造光辉的职业神话而倒填作品的创作日期，所以后人才很难为他建立一份准确的作品年表。[69]马列维奇声称，他的无物象艺术比其他抽象艺术风格更至高无上，因此便把这种风格命名为至上主义。

马列维奇宣称，通过不再使用来自外在世界的指示符号，他成功获得了内在世界的意识，并且还把这种意识等同于纯粹感受："向无物象艺术高峰攀登的路途，实在是又艰难又痛苦……具象世界的轮廓——那些'我们所爱的、赖以生存的一切'都消失在视野之中……白底上的黑色方块，是无物象感受第一次以具象的形态展示。方块=感受，白底=空白。"[70]

3-27.卡西米尔·马列维奇,《算术——数的科学》，出自阿列克谢·克鲁乔内赫的*Vozropsshchem*（1913）。版画，12.7厘米×9厘米。华盛顿国会图书馆。

在创作于1915年春季的作品中，马列维奇切断了与可感知的日常外在世界的一切联系，因为他相信自己已然获得了超自然、超经验界域的知识——借用了数学中的多边形（主要是矩形）来作为象征。弗洛伦斯基在一部有关圣像的著作（《圣幛》，1922）中，描述了自己面对圣像时进入冥想的经历，说自己在那一刻看见的不再是有实相的物体，而是只需凭借直觉就能感知超然的真实。他如此形容道："那物象的圣幛（一道绘有圣像的墙）本身无法鲜活地见证些什么，但它的存在却指向了那精神世界，把那些向它们祈祷的人的注意力集中到了精神世界中，这种注意力的集中，是发展精神视觉最基本的要素……当这种情况发生时，代表物象的圣幛将在大规模的毁灭中自我消失，整个世界的边界都崩塌了，信仰和希望都崩塌了。在那之后，我们就能冥想，在纯粹的爱中冥想上帝的永恒荣光。"[71]

1819年，德国浪漫主义哲学家叔本华出版了他的代表作《作为意志和表象的世界》。[72]据马列维奇说，这本书的书名以及弗洛伦斯基的论述给了他莫大的启发，他也像沙漠神父那样深受吸引，进入了一个如沙漠般干涸的超自然界域："即便是我，当我离开这个'意志与表象的世界'时，也被一种近乎恐惧的怯懦情感绊住。因为我曾在这里生活与工作，也相信这种真实。但是，一种由解放非物象带来的狂喜将我推入这个'沙漠'当中：在这里，除了感觉，一切都是虚假的……所以，感受成

左上

3-28. 卡西米尔·马列维奇（俄罗斯人，1879—1935），为米哈伊尔·马秋申、阿里克谢·克鲁乔内赫创作的《战胜太阳》第二幕第六场设计的布景，1913年。纸本铅笔绘，21.4厘米×27.2厘米。圣彼得堡国立戏剧和音乐博物馆。

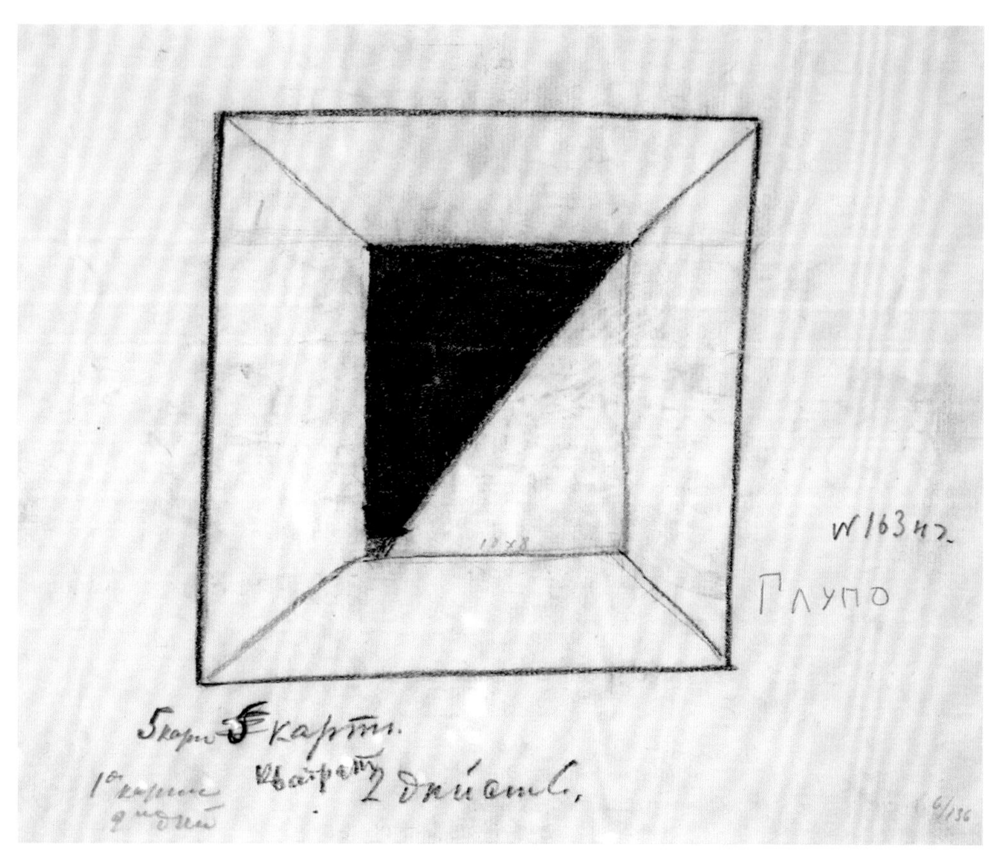

左下

3-29. 卡西米尔·马列维奇，为米哈伊尔·马秋申、阿里克谢·克鲁乔内赫创作的《战胜太阳》第二幕第五场设计的布景，1913年。纸本铅笔绘，21.5厘米×27.5厘米。圣彼得堡国立戏剧和音乐博物馆。

对页

3-30. 卡西米尔·马列维奇，《黑方块》，1915年。布面油画，79.5厘米×79.5厘米。莫斯科特列恰科夫国家画廊。

画这个方块时，马列维奇在表面均匀地涂上了一层黑色油画颜料，但年久之后，画作表面便产生裂纹，显现出了黑色颜料底下的各种颜色。这说明《黑方块》可能是他在另一幅画上叠加而作的。1990年，X-射线扫描证实了上述说法。

3-31.《0.10：最后的未来派展览》，1915年。展览目录封面，29厘米×22.8厘米。纽约现代艺术博物馆。
在“0.10”下面写下“НОЛЬ-ДЕСЯТЬ”（俄语的“十分之零”）的原因不明，可能是失误，0.10应该是“十分之一”。

了我生命的本质。”[73]

1915年12月，在彼得格勒（现圣彼得堡）举行的《0.10：最后的未来派画展》（图3-31、3-32）中，马列维奇的新艺术风格第一次向公众亮相。他展出了39幅至上主义画作，从上到下挂在墙上，犹如一面圣幛。在信奉东正教的俄罗斯家庭中，圣像一般好几幅一起高高挂在屋角，且要蒙好布帘，并在前面点上蜡烛。马列维奇显然认为《黑方块》是他最重要的至上主义画作，故而将其高高挂在了房间的神圣角落。几年之后，他回顾道：“我懂得东正教徒在角落处安放圣像的理由和真正意义。他们从不会在这个位置放置其他的图像抑或是罪人的肖像。最神圣的要占据角落的中心，次神圣的则占据其余墙面。这意味着，若要通向完美，除了走向角落，别无他途。”[74]

批评家亚历山大·伯努瓦在评价0.10展览时，曾谴责马列维奇亵渎神灵，就因为他把《黑方块》“刚好高挂在天花板下，那本是‘神圣的位置’……无疑，《黑方块》正是未来派的‘圣像’，他们要以《黑方块》来取代圣母玛利亚”。[75]伯努瓦自己也是一位颇有经验的艺术家、作家，所以在一定程度上，他的话也有几分道理。马列维奇确实认为《黑方块》是这个世俗时代的圣像，而且就像教堂用圣像宣传信仰一样，马列维奇也同样把《黑方块》当作了他的标志，并另外创作了四个类似的版本，用于不同的绘画语境中。[76]马列维奇还表示，等自己抵达神圣与世俗的分界点，也就是离世之时，要把一幅特定版本的《黑方块》悬于遗体上方（图3-33），把另一版本的《黑方块》则要放进棺材，陪伴他走进冥界。

不过，抛开马列维奇自我宣传的教条不谈，我们必须承认，就像他说的那样，他确实创造了属于现代主义的圣像。2007年，汉堡美术馆组织了一场题为《黑方块：向马列维奇致敬》[77]的重要展览，展出了全球范围内的艺术家从1915年至21世纪初创作的一百多幅画作，这些作品在不同程度上都受到马列维奇《黑方块》的启发。俄罗斯东正教教会的圣像画描绘的是旧时代的圣徒，而马列维奇的《黑方块》则象征着新时代的精神。尽管至上主义的“绝对”已经在科学面前逐步丧失了自己的领地，但马列维奇（剥除了宗教神秘色彩）的《黑方块》之所以仍然能在现今的艺术家之中激起共鸣，原因就在于在我们生活的世俗时代，正是正方形、圆、数字组成了数学、科学、技术的通用语言。

自由意志与概率

为了解决自由意志与决定论之间的争论，比利时数学家阿道夫·凯特勒推广了伯努利的大数定律，将之运用到人类行为的分析上。凯特勒指出，人拥有自由意志，

左

3-32.《0.10：最后的未来派展览》，1915年12月在彼得格勒开幕。照片。伦敦戴维·金收藏。

在这次展览上，马列维奇展出了他的至上主义画作，画中主要是着了色的矩形。根据展览目录，马列维奇共展出了39幅作品，我们在这幅照片中可以看到其中的21幅。

右

3-33.马列维奇的遗体在他位于列宁格勒的房间中供人悼念。影像资料。伦敦戴维·金收藏。

马列维奇的遗体停在一幅《黑方块》之下。这与东正教家庭中陈列死者遗体的形式大同小异，棺材都指向圣像悬挂的神圣角落。

能够做出个人选择，但在大量样本的情况下，这些无法预测的选择便会相互抵消，只留下能够反映社会习俗的统计规律。在1835年出版的《社会物理学》一书中，凯特勒指出："从总体上观察到的道德现象，与物理现象的规律是一致的……观察到的个体数目越大，个体的特殊性，且不论是在肉体方面的还是道德方面的，都会彻底被抹去，最后留下的只有一系列社会赖以存在的一般事实。"[78]大数定律是一种决定论，但凯特勒却认为，他开创的所谓"社会物理学"，实际上反而是在运用统计学来保护大数定律下的自由意志，所以他并不认同别人对他是决定论者的指责："盲目的宿命论才认为人类不适于拥有自由意志；可我与这种论调的距离何其远也。"[79]凯特勒将人类与社会的统计学规律，反映在了一幅与帕斯卡三角（图3-8）有异曲同工之妙的数据图中（图3-34）。

在俄罗斯，凯特勒的观点一度被布加耶夫一派的数学家所接受，而其中最感兴趣的则是布加耶夫的年轻同事、后来接替他担任了莫斯科数学学会主席职务的帕维尔·涅克拉索夫。1902年，涅克拉索夫发表了一份探讨"自由"数学（概率论）的大型科研报告，将"自由"数学同自由意志及俄罗斯东正教精神联系在一起，将"决定论"数学（微积分）同宿命论联系在一起。涅克拉索夫视自己为凯特勒社会物理学的继承人，但又比凯特勒更进一步，宣称凯特勒记录的一些行为在他看来属于自由选择（如新郎选择新娘），并且他已经用统计学证明了自由意志的存在。[80]虽然很快便有几位俄罗斯与德国数学家向涅克拉索夫指出，数学定理无法用来证明人类镜框的任何特质，[81]但这种将概率论同自由意志联系起来的观点，还是在德国的浪漫主义精神中扎下了根，并将持续百年。

没有神的大自然，
就像嘀嗒的摆钟，
死气沉沉，
屈从于万有引力定律。

——弗里德里希·席勒，
《希腊众神》，
1788年

尼古拉·A. 瓦西里耶夫是弗洛伦斯基的同代人，父亲是喀山大学的数学家亚历山大·V. 瓦西里耶夫。瓦西里耶夫以象征主义诗人的身份开启了职业生涯（《憧憬永恒》，约1900），后从1910年开始投身逻辑学研究，并开创了现代次协调逻辑理论。为了向罗巴切夫斯基的《虚几何学》（1826）致敬，瓦西里耶夫把自己的著作命名为

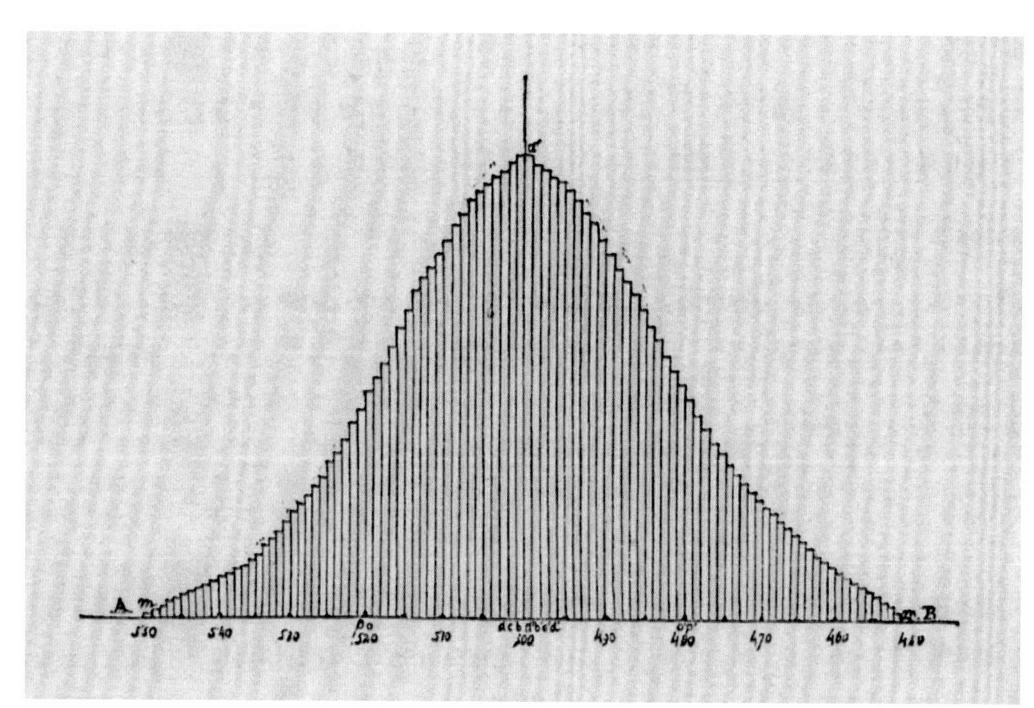

3-34. 正态分布曲线，阿道夫·凯特勒，《关于应用于道德科学、政治科学的概率论的书简》，1846年。

根据《爱丁堡医学与外科杂志》提供的数据，凯特勒得到了这条曲线。这些数据记录了5738名苏格兰士兵的胸围，其中最瘦小的为33英寸（约3名士兵），最壮硕的48英寸（1名），大多数的胸围则在39英寸（1075名）至40英寸（1079名）之间。在计算0%—100%的每种胸围的出现频率之后，凯特勒以胸围与出现频率作为数据，绘制出右边的二项分布曲线图。该曲线展示了大部分士兵的胸围都处于中间位置，极端情况迅速下降为零。凯特勒的二项分布表现为一个对称的“钟形”曲线，即所谓的正态分布曲线。

《虚逻辑学》（1912）。

第一次世界大战爆发之后，瓦西里耶夫应征入伍，但由于罹患重度抑郁症不得不退伍。之后，他到喀山大学担任了数学教授。1922年，他被勒令辞职，精神随之崩溃，只得入院治疗，最终于1940年在医院去世。20世纪60年代，瓦西里耶夫再次协调逻辑理论上的工作被重新发掘出来。现在，他已经被公认为多值逻辑（所谓“模糊逻辑”）的先驱——这项逻辑在处理部分真值时会用到，可以按照概率，把命题的真值设定在0（假）和1（真）之间。[82]

20世纪初，莫斯科数学学会的数学家在政治上逐渐分化为两派，一派继续拥护沙皇专制，一派则是活跃的马克思主义者，但在十月革命之后，从神秘主义角度来解读不连续函数、统计学、非欧几何等特定数学对象，最终变得不再合乎时宜了。

绝对的终结

我们是即将殆尽的火苗，不久便又重新开始燃烧。

——尼古拉·A. 瓦西里耶夫，《憧憬永恒》，约1900年

19世纪的天文学家认为，行星在绝对静止的以太中沿轨道绕行。以太弥漫于牛顿的绝对空间，而发条宇宙的时钟正嘀嘀嗒嗒走过绝对时间的分分秒秒。1887年，美国物理学家阿尔伯特·迈克尔逊与爱德华·莫雷试图测量地球相对于以太运动的速度，尽管不断提高实验仪器的精密度，但最后仍只能认定这一相对速度无法被探查到。

1905年，阿尔伯特·爱因斯坦提出了一个新的宇宙终极理论，即狭义相对论，

为迈克尔逊-莫雷实验给出了合理解释。爱因斯坦认为，迈克尔逊-莫雷实验之所以失败，是因为绝对空间根本不存在。换言之，根本没有什么静止不动的以太，更不用说以它来定义速度为何物了。在爱因斯坦描述的参照系内，所有的物体都在做相对运动，物体的速度与观察者的选取有关。在爱因斯坦所构建的宇宙体系中，绝对时间也不存在，因为任何物体的速度都无法超过光速，一旦接近光速，时间（运动物体上的局域时间）就会放慢。

在20世纪的第二个十年，克鲁乔内赫和马列维奇渴望进化他们的思维，企图获得神智学者邬斯宾斯基所提及的有关绝对四维空间的意识。但在1919年，英国天文学家亚瑟·爱丁顿领导的一次日食观测实验，证实了爱因斯坦广义相对论（1916）的时空观。在这种时空观中，第四维度是时间，关于四维空间的艺术探索也因此无疾而终。西方思想界出现了一个大转向，即不再相信某种超自然的第四维度，转而寄希望于用科学（观察与实验）来解释自然界的事件。俄罗斯前卫派的这次重定向，其实也是这个总趋势的一部分。到了20世纪20年代，艺术家对命理学和神秘学（炼金术、星相学、超感直觉，以及宣称“死者的灵魂可以与生者交流”的唯灵论等）的兴趣开始减少，转而对与数学相关的科学（天文学、化学、物理学等）予以了更多关注。

上帝死了！永远死了！是我们把他杀死的！

——尼采，

《快乐的科学》，

1882年

数学是完美、永恒的，而自然界是不完美且瞬息万变的，这一经典观念虽然并没有因为科学领域的扩张而被动摇，但人类对于思维的理解却永远地发生了改变。过去，超自然的无限精神或者灵魂，是由柏拉图理型中所指的“善”、犹太-基督中所指的上帝、黑格尔所指的绝对精神、康托尔所指的绝对无限所揭示的。但现在，它们都被取而代之了，因为新的精神科学（心理学）宣布，只存在自然的、有限的思维，而这才是人类内心世界的本原。要认识它，只能依靠内观。[83]这一话语权的转变，在西方文化中引发了颠覆性的重定向——人们不再信奉一个人格化的立法者，转而开始否定造物主本身的存在的——要知道，有关造物主的讨论，曾推动了西方数学四千年的发展。

这一翻天覆地的变化，促使许多人尝试为世俗时代制定一种精神上或心理上的——看你更倾向于哪种叫法——信条，其中就包括了相信神性存在于自然之中的泛神论传统重新被人提起。例如，路德宗神学家弗里德里希·施莱尔马赫为了探究能够与科学共生的新教教义，在其影响深远的著作《论宗教：对蔑视宗教的有教养者讲话》（1799）中便表达了一种泛神论的观点，涉及人类对无限的思考：“在宗教中，万物都在努力扩展鲜明的个体轮廓，但为了通过直观感受宇宙，尽可能地与宇宙合为一体，我们让那些轮廓在无限中渐渐消失……在有限中与无限合一、在瞬间中与永恒合一，这就是宗教的不朽。”[84]

将来可能有源于无神论的重要哲学、文学、音乐或艺术吗？

——乔治·斯坦纳，

《创造的语法》，

2001年

有些20世纪的西方艺术家则眺望东方，接受了道家和佛教的信条。在他们看来，

上

3-35.康斯坦丁·布朗库西（罗马尼亚人，1876—1957），《无尽之柱》，1938年。铁铸，29.33米高。罗马尼亚特尔古日乌。

作为纪念第一次世界大战中的罗马尼亚阵亡将士的纪念碑，布朗库西在故乡罗马尼亚地区的首府特尔古日乌创作了这座《无尽之柱》。整个柱体由17块菱形单元组成，顶部的一块只留有钻石形体的下半部分，以示这个柱体的未完成性，使观察者能够在想象中帮助它向上延续。

道家与佛教是以自然的方式来描述宇宙奥秘，而不是靠人为去设定一个至高无上的立法者，所以能够很好地融于现代的科学世界观之中（第十章）。

尽管经历了世俗主义的转变，心灵（精神，心智）的一个古老特点，却依然延续至今。正如古代与中世纪的人们无法用语言或符号描述“太一”一样，现代人发现，自己的内心世界也是无法言喻的。20世纪初，现象学的创始人、德国哲学家埃德蒙德·胡塞尔宣称人类的思维理论上能够无限地与理型结合（第八章），然而，由于人类不能永生，个人与理型的结合也只能是有限的。人类一直对无限这个主题魂牵梦萦，其根由或许是相形之下自身的有限性。许多为死者所建墓碑或纪念物，都鲜明地体现着肉体必然的消亡性与时间或空间的永恒性两者之间的对比（图3-35、3-36）。

达尔文于1859年发表《物种起源》时，已经知道了正是某种物理机制使生物自身的性状代代相传，但是他没能发现这种机制，而与他同时代的人曾发现了却未受到重视。直到1900年，生物学家才重新发现了达尔文所谓的机制，从而开创了遗传学。到20世纪40年代，人们更是找到了决定性的证据，证明了DNA是遗传信息的载体。1953年，DNA分子被确认是双螺旋结构；20世纪70年代，第一个基因组测序完成；2003年，人类基因组计划完成。随后，科学家开始了对表观基因组的研究，试图探讨后天的环境因素对基因表达可能产生的影响。随着对进化机制的理解更加深入，科学家现在已经确信，一个人不可能在其短短一生中进化出比父母那一代人更为发达的大脑，因而也不可能具备获得“更高意识”的

3-36.纪念之光，2013年，由88盏探照灯组成的两个15.2米 × 15.2米的正方形。纽约世贸中心大厦遗址。纪念之光是射向天空的一对光柱，为纪念2001年“9・11”事件死难者而设置的临时纪念碑。几个建筑师和艺术家团队曾多次组织相关悼念活动。

能力；不过，饮食、药物、放松、锻炼等因素，却能够对中枢神经系统造成化学上的改变，产生所谓的“被改变的意识”。于是，大脑研究的重点，便从更高意识转向了被改变的意识。

在20世纪初，随着进化生物学的发展，德语区的数学家和艺术家已经渐少谈及绝对精神的进化意识。但直到第二次世界大战，德国唯心主义学者群体飘散零落之后，关于某种绝对的信仰才彻底湮没。在此期间，20世纪初的数学家和物理学家已经深入亚原子领域刻苦钻研，构想着运动粒子与力的相关理论，然而这些理论，仍时时浮现出与概率论及自由意志之间的微妙联系……

当我短促的一生浸没在过去和未来的永恒之中，我的作为又沉没在无法认识的无限空间中，我就惊恐地看到自己所处的时空竟然是在此处而不是在彼处。因为根本找不到理由来证明我为什么是在此时此地而不是在彼时彼地……这些无限空间的永恒沉默使我恐惧。

——布莱兹・帕斯卡，

《思想录》，

1669年

第四章

形式主义

正如我们在这里表达的那样，公理化的过程相当于深化知识的每一个范畴的基础——如果我们想扩大、加高每一座大厦，并保持其稳定性，这样的深化就是必需的。

——戴维·希尔伯特，《公理化思想》，1918年

目标对准完整的一致性，这一图像应该是其先天特质（平整表面和正方形边界）的结果。

——弗拉迪斯瓦夫·斯特泽敏斯基，《绘画中的统一主义》，1928年

欧几里得《几何原本》（约公元前300年）中的第五公设是：

同平面内一条直线和另外两条直线相交，若在直线同侧的两个内角之和小于两个直角之和，则这两条直线经无限延长后一定在这一侧相交。

这条公设甫一问世，便引起了数学家的疑问。第五公设并不像欧几里得另外的四条公设那样不证自明，也无法由另外四条公设推导得出。到了19世纪初，两位年轻的数学家——俄罗斯的尼古拉·罗巴切夫斯基、匈牙利的亚诺什·波尔约——发现，假设第五公设不成立，那么他们便可以开创另外一种完全合理的非欧几里得几何。19世纪的德国生理学家赫尔曼·冯·亥姆霍兹，则给欧氏几何带来了另一个打击。他证明了只有经验与实验才能判断欧氏几何与非欧几何哪一种更准确地描述我们所处的世界，而不是依靠直觉。亥姆霍兹指出，尽管如伊曼努尔·康德所说的那样，空间的知觉是先天的（《纯粹理性批判》，1781），但无论欧氏几何还是非欧几何都不是真正先验的。恰恰相反，人们只能根据经验，通过在世界中活动和观察，来判断自己所在空间的几何。19世纪后期，维系几何与这个世界的纽带松动了，对于那些一度显而易见的事实，数学家的信心也有所动摇了。

这个时刻让数学的基础出现了危机。数学家纷纷行动起来，试图确定究竟哪些因素能够保证数学的确定性。我将按照历史学家的惯常方式，试着按照行为的意图，把这些数学家分为三组：形式主义、逻辑主义、直觉主义——划分依据则是他们各

对页

4-1.亚历山大·罗德琴科（俄罗斯人，1891—1956），《红》，1921年。布面油画，62.5厘米×52.5厘米。© A. 罗德琴科与V. 斯捷潘诺娃档案馆，莫斯科。© 亚历山大·罗德琴科遗产/RAO，莫斯科/VAGA，纽约。

罗德琴科追求艺术的本质，故而创作了现代艺术中第一批单色画：《红》、《蓝》（图4-16）、《黄》（图4-17）。他在把这三幅画作送交展览时宣布：“在这个展览会上，我要率先宣布：艺术是由三原色构造的。”

自的理论与现代柏拉图主义之间的关系，或者用通俗一点儿的话来讲，便是这些数学家如何看待独立于心灵之外的完美、永恒、抽象的对象（康托尔的集合）。形式主义的代表人物是德国数学家戴维·希尔伯特，逻辑主义的代表人物是英国逻辑学家伯特兰·罗素，他们都赞同现代柏拉图主义的观点，主张把传统数学（几何、算术等）建立在坚实的基础之上。为此，他们发明了具有创造性的新方法；希尔伯特检视了几何的抽象形式，而罗素则专注于算术的逻辑结构（第五章）。直觉主义的代表人物是荷兰数学家布劳威尔，相较之下，他则反对柏拉图主义，坚称数学对象是精神的产物（第六章）。

与此同时，19世纪末时，画家与设计师第一次创造了真正的非具象艺术，进而引发了艺术领域的危机。自古典时期开始，西方绘画便一直在呈现具体的事物，但这些画家与设计师创作的抽象绘画，却只包含颜色与形状。那么，这算艺术吗？于是，与现代的数学家一样，现代的艺术家也开始忙着回头检视艺术的根基，而不同的检视方法也同样催生了不同的艺术风格。在现代艺术家关于艺术的诸多定义中，核心区别只有一条，那就是艺术的本质是否是对自然的模仿。一部分人赞同关于艺术的经典理解，认为艺术的确是一种对自然的模仿；而另一些人则认为，绘画与雕塑表达中的刻意纯属多余，外在形式（颜色与形状）才是本质。在科学兴起的时代，艺术中关于模仿与非具象的争论，反映了学术问题向大众文化的渗透，产生了分别基于视觉和理论两种不同基础的艺术风格。

随着科学世界观在19世纪的兴起，法国诞生了以经验主义的哲学传统为基础、重视科学观察的实验室科学（例如，微生物学家路易·巴斯德通常都是先收集数据，再观察规律，最后在这个基础上创建理论）。另一方面，日耳曼地区的科学则主要从唯心主义哲学发展而来，具有高度理论化的特点（例如，古斯塔夫·费希纳的方法通常是先构想出某种理论，然后再设计实验，进行观察，进而肯定或否定预设的理论）。随着科学的普及，这些观念也融入了艺术家的创作实践之中。比如，巴黎的现代艺术反映的便是法国的实验室科学，都是以看得见的事物为基础，如印象派的风景描绘、野兽派的肖像刻画、立体主义的静物写生。这些流派的作品尽管非常抽象，但归根结底仍然是在模仿自然界中的物体。相较之下，从慕尼黑到莫斯科的艺术家则以理论为基础，反映的是德意志的理论科学，将看不见的理念符号化（如奥古斯特·恩德尔的纯觉知与马列维奇的绝对精神）或者干脆自己创造未定义的符号（如俄罗斯构成主义艺术家亚历山大·罗德琴科的颜色与构图），从而开创了形式主义的视觉派系。[1]

接触过形式主义数学之后，罗德琴科、弗拉基米尔·塔特林等人将其应用到了艺术创作的基础理论建构中。画家弗拉迪斯瓦夫·斯特泽敏斯基曾撰写过一份令人信服的阐述，探讨了现代形式主义艺术的主导叙事，主张将艺术彻底简化为其本质，也就是纯粹的形式。在以数学为基础的三大流派中，就对于视觉艺术的影响而言，形式主义要比其他两种更为深刻、更为持久：首先催生了19世纪初的俄罗斯构成主义，接着又在20世纪20年代波及了整个西方，最后在1945年后对全球的艺术都产生了影响。视觉艺术家对于形式主义的接受，反映在他们对数学哲学（而非数学实践）的兴趣。艺术家采纳了还原论的哲学目标后，创作出了非常简单的绘画和雕塑；但相比之下，在数学实践中，形式主义却让数学家的研究变得极端复杂（如形式公理系统）——这一点在艺术中并不存在。

如今，我们用“形式主义”这个词来描述数学及艺术中对形式（抽象结构）的强调，但这一术语在这两个领域的来源却并不相同。在视觉艺术的范畴中，“形式”一词自古以来指的就是对象的“形状”（与“颜色”相对），就像柏拉图的匠神创造地球时那样，“因此他将世界设计成圆球，从中心到圆周各点都相等”（《蒂迈欧篇》，33b）。[2]到抽象艺术在19世纪兴起之后，“形式”一词才被普遍运用到艺术领域。艺术评论家约翰·拉斯金曾写道：“人们显然具有区分颜色与形状的能力，能够将二者分别考虑。”（《现代画家》，1846）[3]在20世纪的第二个十年中，俄罗斯文学界的诗人与评论家从新兴的语言学领域借来了“形式主义”（俄语为формализм，德语为Formalismus）一词——在语言学中，形式主义是一种语言学研究的方法论，研究重点是语言的形式（语法），而非语言的意义（语义）。到20世纪中叶时，形式主义已经被广泛应用在整个艺术领域，用来称呼任何强调抽象结构（与模仿、翻译或者指代相对）的艺术技法。[4]

数学一直与形式（form）有关，但“形式主义”（formalism）却是个新词。1912年时，布劳威尔发明了这个词，用来嘲笑希尔伯特有关数学基础的研究方法，说“数学被简化为一系列毫无意义的关系，就是形式主义”（《直觉主义与形式主义》，1912）。[5]尽管希尔伯特本人一向避免使用这个说法，但他的同事却借过来，用以称呼希尔伯特的研究方法。就这样，“形式主义”流传了下来。

许多现代数学家都感受到了抽象艺术和他们所处的领域之间产生的共鸣。一些数学家开始与艺术家对话（第七章和第十一章）；另一些则自己开始创作抽象艺术，尤其是在计算机绘图和三维打印技术发明之后（第十二章），就像一个世纪前，照相机的发明大大刺激了业余爱好者进行现实主义艺术创作一样。此外，数学家还普遍在数学研究中融入了一些美学的理念（如美、纯粹）。不过，由于艺术家创作时通常运用的都是极为基本的算法或几何，所以从数学实践的角度来讲，数学家对于抽象艺术的兴趣并没有多大。

尽管数学非常抽象，且历史上的许多数学家都将数学定义为一种研究形式结构的科学，但希尔伯特却是第一个将几何视作一种在一个自洽、独立的结构中对抽象、未定义、可替换符号进行的形式排列，并探索了这种方式的全部蕴含。莫斯科、圣彼得堡、喀山的俄罗斯构成主义艺术家与诗人，认识到了自己与形式主义数学家（以及语言学家）具有共同的目标之后，也将他们的视觉与文字词汇简化成未定义的符号，将其构建为了独立结构。

20世纪初期，人们在探索数学和艺术基础的过程中，逐渐将注意力转到了“意义”的主题上。数学家在黑板上画正方形，艺术家在画布上画正方形——是什么决定了这些正方形的意义呢？它们所指的都是柏拉图的“理型”吗？自古以来，人们一直在探讨这类哲学问题，但形式主义在现代数学和语言学中的出现，以及不同风格的抽象艺术的发展，还是促使语言学家、心理学家、哲学家发表了大量著述，来探讨各种形式的语言，如自然语言（口头）、人工语言（数学）、视觉语言（图形）等。日耳曼地区的知识分子把这种对符号和标志的研究称为“形式主义”，法国人称为“构成主义”，英美高等教育体系内的相关人士则称之为“符号学”。这些同时出现的有关符号和语言的探究方法，有着相互纠缠的漫长历史，但鉴于本书的主题，我们实在没有必要去追究那些争论的来龙去脉，相关内容只会在讨论形式主义（或构成主义、符号学）的意义时偶尔提及。

非欧几何

千百年来，许多数学家都认识到了欧几里得不应该把第五公设当作不证自明，而是应当根据另外四条公设推导得出。之后包括11世纪阿拉伯学家欧玛尔·海亚姆在内的许多学者，其实都曾试图给出相关证明，但推导过程却总是存在这样或那样的漏洞。[6]

由于欧几里得的第五公设过于复杂，很多数学家都曾以更简单的形式进行表述，其中最广为人知的一种表述是：“过直线外一点，有且仅有一条直线与已知直线平行。”这就是著名的“普莱费尔公理”，以18世纪的苏格兰数学家约翰·普莱费尔命名——不过，大部分人比较熟悉的还是“平行公理”这个别称。

19世纪初，哥廷根大学的几位数学家，包括高斯在内，也曾尝试解决这个问题。但多次试图证明第五公设未果之后，高斯开始怀疑第五公设根本不可能由欧几里得的其他四个公设推导而来。换言之，第五公设似乎是一个独立的命题，也就是说或许可以仅用前四个公设发展出其他的几何学。这种想法非常激进，高斯不敢贸然发表，但他还是不断仔细斟酌这个想法，给学生讲课或与数学家朋友通信时也曾提过。其中，一个叫尼古拉·罗巴切夫斯基的俄罗斯青年数学家，非但没有被这个想法的极端性吓倒，反而发表了自己的成果（《虚几何学》，1826），大胆开创了非欧几里得几何。不久之后，匈牙利青年数学家亚诺什·波尔约也于1831年提出自己的非欧几

我越发确信，人的理性完全无法证明或者证伪欧几里得几何的必要性。

——高斯，

致威廉·奥伯斯的信，

1817年4月28日

欧氏几何与非欧几何

A. 欧氏几何与非欧几何的前四个公设相同，但第五公设不同。

欧几里得几何描述的空间曲率为0。欧几里得的第五公设："同平面内一条直线和另外两条直线相交，若在直线同侧的两个内角之和小于两个直角之和，则这两条直线经无限延长后一定在这一侧相交。"如图所示，如果$x+y$小于180°，两条直线M与N将在底线之上的某点相交。

这条公设是平面几何中的结论。在欧几里得几何中，三角形内角和等于180°。

B. 高斯、罗巴切夫斯基、波尔约的非欧几何描述的空间曲率为负。

仿照普莱费尔陈述欧几里得第五公设那样，高斯、罗巴切夫斯基、波尔约可以这样说："过直线外一点，可以做无数条与这条直线不相交的直线。"

这条公设适用于双曲几何，双曲几何描述的是一个伪球面，其曲率处处相等且为负值。在双曲几何中，三角形内角和小于180°。

C. 黎曼的非欧几何描述的空间曲率为正。

仿照普莱费尔陈述欧几里得第五公设那样，黎曼可以这样说："过直线外一点，任何直线都与给定直线相交。"

这条公设适用于球面几何，球面几何描述的是一个球面，它的曲率处处相等且为正值。在球面几何中，三角形内角和大于180°。

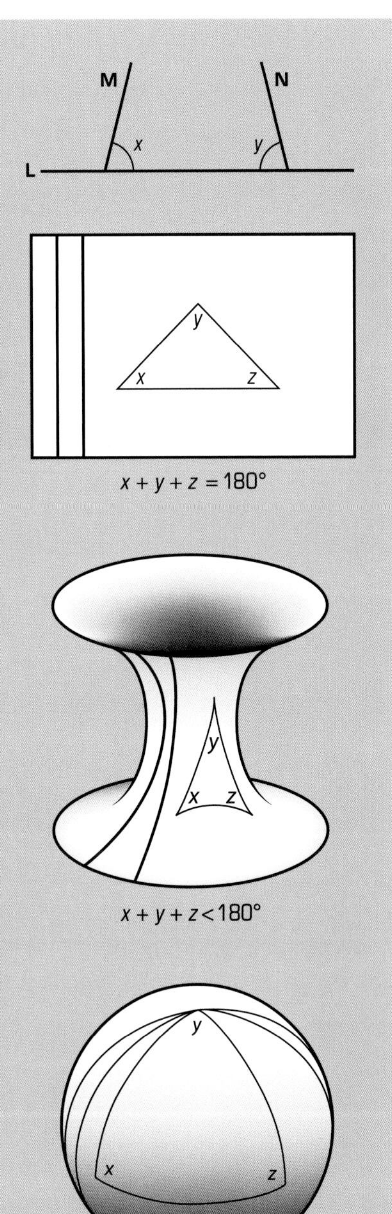

$x+y+z=180°$

$x+y+z<180°$

$x+y+z>180°$

何构想，并以附录形式发表在他父亲、数学家法尔卡斯·波尔约撰写的一本教科书后面。[7]

高斯、罗巴切夫斯基、波尔约都曾尝试采用反证法来证明第五公设。所谓的反证法，就是假设命题A的否命题¬A成立，再据此推理出明显矛盾的结果，从而得出这个假设不成立，故原命题A得证。然而，高斯、罗巴切夫斯基、波尔约在证明过程中都发现，他们并没有得到任何矛盾的结果，过直线外一点的确可以画出无数条与给定直线平行的直线！[8]他们能够顺畅地在相容的逻辑框架内证明一个又一个定理。因此，高斯、罗巴切夫斯基和波尔约各自独立地开创了一种非欧几何，其中欧几里得的前四条公设成立，但第五公设不成立。

> 我无中生有地创造了一个新世界。
>
> ——亚诺什·波尔约，致父亲的信，1823年11月3日

1854年，即高斯去世前一年，高斯的学生、后接替他在哥廷根大学教职的伯恩哈德·黎曼，在博士论文中讨论了另一种非欧几何：假设过直线外一点无法画出任何给定直线的平行线。换言之，任何直线都会与给定直线相交。正如高斯、罗巴切夫斯基、波尔约、黎曼指出的那样，在欧几里得体系内，第五公设既不能被证明，也不能被证伪，而是不可判定的。因此，欧几里得的第五公设独立于另外四项公设，可用其他的可能假设代替。就这样，几何便被划分成了欧氏几何与非欧几何。大约一个世纪之后，康托尔也遇到类似情况：他的连续统假设（“连续统 $=\aleph_1$”）同样被证明不可判定，可以用其他可能假说代替。于是，今天的集合论便被分成了康托尔集合论与非康托尔集合论，前者假设下一个大于 $\aleph_0$ 的超限数是连续统，而后者则假设在 $\aleph_0$ 和 $\aleph_1$ 之间存在着无穷多个超限数。

对于空间的感知：亥姆霍兹的经验几何

康德提出，欧氏几何的法则与人类大脑中先天的空间框架有关，而这一先天的空间框架使得人类拥有了观察几何的直觉性基础。[9]一个新生儿睁开眼睛，图像便自主进入了大脑生成的空间框架，并随着时间的推移，逐步成为儿童对三维世界认知的一部分。此外，人类思维中也存在类似的这类非永久性框架，可以为算术提供直觉性基础。[10]在康德看来，纯数学（几何与算术）知识是颠扑不破的真理，是先验的，因为对于时间与空间的直觉就源自人的思维。

既学习过德国唯心主义哲学，又接受过生理学教育的亥姆霍兹，希望通过实验来解答一个历史悠久的问题：我们怎么认知这个世界？他对于视觉的研究（《生理光学手册》，1856—1867）启发了印象派画家，使他们不再着重描绘外在世界中的静物和风景，而是将注意力转移到了对颜色的主观经验上，用即时的笔触抓住光在视网膜上所留下的短暂印象。亥姆霍兹对听觉的研究（《论音乐中谐和音的生理学原因》，1857）同样启发了青年风格派的设计师，对颜色与音乐进行了类比——因为二者都具有能够刺激神经的波（光波与声波）。19世纪60年代，亥姆霍兹研究了人类对空间的视觉感知后，得出这样一个结论：要想知道哪个更能准确地描述我们所处的现实世界，是欧氏几何还是非欧几何，人类只能通过经验才能确定。

然而，几何学完全是先验的，故可安心继续，不必乞求哲学来证明其基本空间概念具有纯粹且合理的血统。

——伊曼努尔·康德，
《纯粹理性批判》，
1781年

所以，人类到底是如何得知自己正身处一个三维世界呢？为了弄清这一点，亥姆霍兹做了一个思想实验：如果有一个平面（曲率为零的二维表面）世界，里面的居民都是扁平的智慧生物，那它们便将建立平面几何学，圆、正方形、内角和为180° 的三角形一应俱全。但亥姆霍兹认为，这个世界中肯定不可能存在球体和立方体，因为这些扁平生物根本没有三维空间的经验，所以也无法创造出这些立体图形。

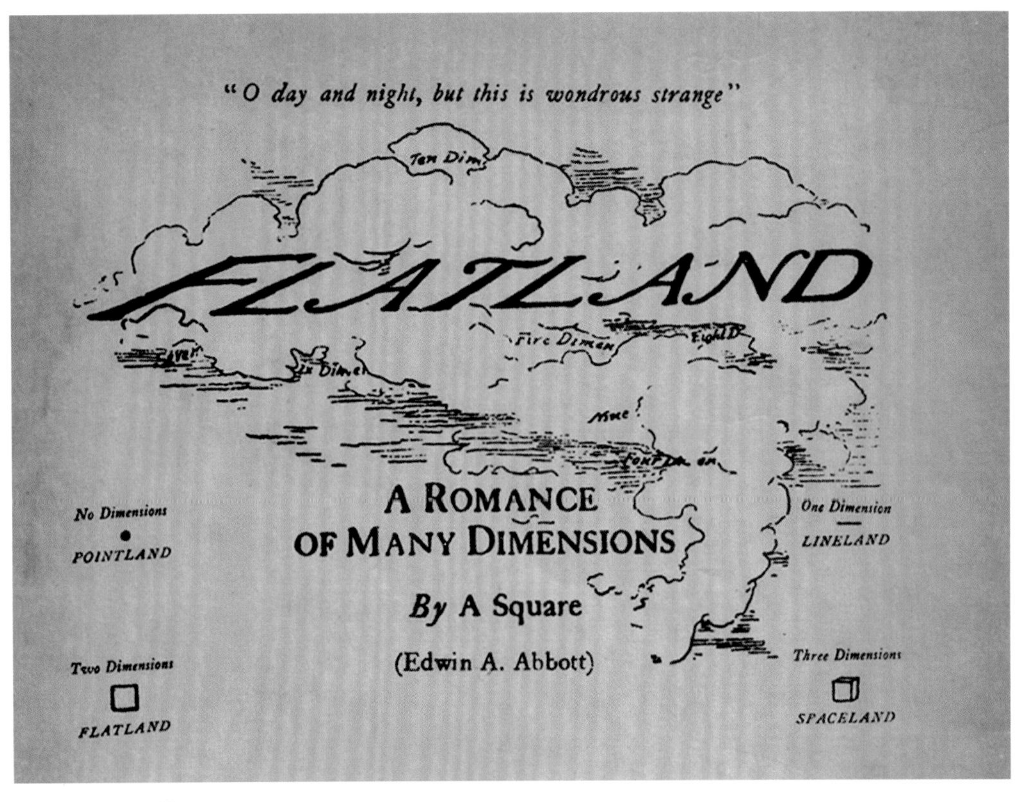

4-2.埃德温·A. 艾勃特，《平面国：多维空间的传奇》（1884）的封面。

1876年，亥姆霍兹做了一场科普演讲，名为《几何公理的由来与意义》。埃德温·A. 艾勃特受此启发，撰写了小说《平面国》，并对维多利亚时代的社会阶级划分进行了讽喻。故事发生在一个二维世界，其中居住着各种多边形，他们的社会等级由边数决定。故事叙述者是一个正方形，处于社会的下层。六边形和八边形是统治阶级，但居最高位的只能是拥有无穷条边的圆。圆以教士的身份统治着平面国，是心胸狭窄的专制主义者，并且还扮演着思想警察的角色，禁止平面国的居民想象三维世界。

艾勃特的这部讽刺作品启发了艺术家多萝西娅·洛克伯尼，她将一大张扁平的牛皮纸折叠起来，以折痕作为边界，创造了一个个"社区"（图4-18）。洛克伯尼的这件作品理论参考了拓扑学中对表面的研究。

然后，他又想象了一个状如蛋壳（曲率为正的二维表面）的世界，然后得出了与前面的例子不同的结论：生活在这个世界里的扁平生物能够建立一种三角形内角和大于180° 的球面几何。[11]

亥姆霍兹据此推断，人类已经建立了三维几何，是因为人类就生活在三维世界中。他让人们在实验室中判断形态与距离，通过这种对空间线索的测试，最终证实了这一假说。1868年年初，朋友、哥廷根大学数学教授、高斯的编辑恩斯特·舍林告诉他，黎曼曾在1854年的博士论文《论作为几何学基础的假设》中探讨过同一主题，只不过相关研究直到黎曼在1866年去世后才发表。[12]亥姆霍兹大为震惊，因为他对此一无所知。于是，舍林便给他寄去了黎曼的那篇博士论文。亥姆霍兹总结了自己的研究成果后，为了向黎曼致敬，给自己的论文取了个类似的名字《论作为几何学基础的事实》（1868；图4-2）。亥姆霍兹在论文的第一段中写道："我必须承认，黎曼研究的出版，使我失去了我的工作产生一系列结果的优先权，但这并不重要。对于这样一个深奥且至今具有争议的问题，看到黎曼这样优秀的数学家曾同样保有兴趣，已经为我独自研究提供了一个重要的正确性保证。在这条证明之路上，他是我的同伴。"[13]

亥姆霍兹通过生理学实验独自得出了与黎曼一致的结论，那就是欧几里得几何不是唯一一种对空间的可能描述。事实也确实如此。1915年，阿尔伯特·爱因斯坦扩展了十年前发表的狭义相对论，将引力纳入其中，开创了广义相对论，认为空间会被恒星或星系这类大质量天体的引力所影响，光在外层空间传播的最短路径不是

几何公理并非用于表示真正事物之间的关系。这一点明确后，我们再用康德的说法，将它们视为先验的、直觉性的形式。在这种形式中，任何经验内容都将契合其中，因为这一形式不会以任何方式事先限制或者规定内容的性质。这是真实的，并且，不仅是欧几里得的公理如此，球面与伪球面几何的公理也一样。

——赫尔曼·冯·亥姆霍兹，《几何公理的由来与意义》，1876年

直的，而是弯曲的。正是借助了黎曼的非欧几何，爱因斯坦才正确地描述了宇宙时空的扭曲。

柏拉图的理型与康托尔的集合

自古代开始，柏拉图有关数学对象的观点便成了西方数学的核心，并且直到今天也依然是许多从事实际研究的数学家的普遍观点。按柏拉图的观点来看，数字和球体等抽象对象独立于人的精神而存在。数学对象是真实存在的东西，但因其非物质性，且存在于时空之外，所以不会随意与自然的物质世界互相影响。人类通过认知来了解这些抽象对象。数学家描述的是一种客观现实（数学外在世界），数学的知识是不断累积起来的。鉴于数字与三角形是完美且永恒的，所以人类对它们的认识也必然是确定的。

经过了几个世纪，在柏拉图主义被希腊、基督教等文化接受之后，曾出现过许多变化（第一章）。19世纪后期，德国数学家、哲学家戈特洛布·弗雷格从康托尔集合论的角度，重新表述了柏拉图"数是理型"的观点，创造了现代版的柏拉图主义（《算术的基础》，1884）。弗雷格展示了如何用集合论所定义的数字来进行运算。这些集合是如何形成的？以数字3的定义来讲，就是一切被人断定"为3"的事物的集合。他在定义两个数"相等"时，使用了康托尔判定集合等价时使用的方法：两个数字仅在它们的集合之间存在一一对应关系时才相等。

欧几里得的《几何原本》被推下圣坛后，希尔伯特于19世纪90年代站了出来，虽然此时他还只是哥廷根大学的一位青年数学教授，但已经着手修补遭到破坏的数学基础。同弗雷格一样，希尔伯特也是一位现代柏拉图主义者，在他看来，数学描绘的是完美、永恒、独立于人类思维的抽象对象——集合。

希尔伯特的公理化体系：重建欧几里得几何的基础

上文已述，康托尔集合论就是柏拉图主义的现代形式。为将其建构在可靠的基础之上，希尔伯特首先着手整理欧几里得几何。《几何原本》中除了欧几里得本人的独创内容外，还包含了前人及同时代其他人的数学成果。欧几里得的目标是，从少数的几个基本概念、公理出发，通过演绎推理得出一系列命题，进而建立一个逻辑严密的公理化体系。尽管两千年来，人们都认为欧几里得已经成功实现了这一目标，但从高斯到希尔伯特在内的现代数学家都确信，欧几里得有许多命题并未真正得到证明，甚至包括个别最基本的前提。

比如，《几何原本》公设4是：凡直角都彼此相等。如果说公设4看上去不证自明，这是因为我们像欧几里得一样，心中早已预设了一个前提：空间是均匀的，无论一个直角的位置与方向如何，它的几何性质都不会改变。确实，空间的均匀不变性是欧几里得几何中最重要、最基本的前提。[14]

欧几里得把公设4放在公设5之前，显然是因为平行公设只有在所有直角都相等的情况下才有意义。[15]希尔伯特认为，平行公设之所以存在缺陷，是因为它包含未曾言明的前提，即空间的均匀不变性假设。在我们所生活的地球上，空间确实是均匀一致的，因为所有地方都处在同一天体（也就是地球）的引力场内。然而，我们抬头仰望夜空，把目光投向太阳系外后，就会发现那里的空间并不均匀一致，而是被无数恒星的引力扭曲了。欧氏几何是地球上发展出来的几何学。正如亥姆霍兹所说，地球上的几何实际上不是由数学决定的，而是由科学（经验和实验）决定的，对一个生活在蛋壳表面的二维智慧生物来说，“凡直角都彼此相等”的说法并不成立。生活在蛋壳上的生物无法在其所处世界的表面画出一个严格意义上的直角，因为他的世界并不是均匀一致的，鸡蛋表面曲率并不相同。

于是，希尔伯特切断了几何与现实世界（地球和太阳系）的联系，开始建立新的几何学。希尔伯特只考虑公理化体系中的公理彼此之间没有矛盾，也就是说，这些公理只使用未定义的符号，来描述某个体系的抽象结构。希尔伯特将公理化方法作为推导重要命题的途径，并像欧几里得所做的那样，将它们纳入了逻辑框架之内，但不再与外在世界产生关联。希尔伯特认为，几何学一旦经过形式化，整个体系便能够以一种清晰了然的方式，向那些愿意去了解其中细节的人展示它的相容性。

意大利数学家朱塞佩·皮亚诺为希尔伯特的方法提供了先期准备。1889年时，皮亚诺给出了一套特别简单、优雅的算术形式公理，从其中的第二公设“每个自然数都有一个后继数”，可以得到推论：自然数有无穷多个（《算术原理》，1889）。类似地，希尔伯特根据欧氏几何，提出了20条公理，作为一个自洽的体系。这些公理所描述的都是抽象（形式）结构中的数学对象，从而实现了欧氏几何的公理化。

不过，希尔伯特并没有像欧几里得那样去定义几何中的各个术语（如点、线、面等），而是从若干简单的命题出发，建立了一套可以代表任意事物的抽象体系，比如“设想有三组不同的对象”，并把它们命名为“点、直线和平面”。[16]希尔伯特在其他地方曾评论道：“我们必定可以用桌子、椅子、啤酒杯来代替点、线、面。”[17]希尔伯特的意思是这些术语是未定义的，可以被解释成任何东西，不论是点、线、面还是桌子、椅子、啤酒杯，都无关紧要，只要公理所表述的关系都成立就足够了。如果一个关于点之间关系的命题在课堂上是正确的，那么经过替换，一个关于桌子平行的命题在酒馆中也必定是正确的（图4-3）。希尔伯特揭示了公理化体系的内在

皮亚诺公理

意大利数学家朱塞佩·皮亚诺的形式体系包括3个不作定义的原始术语（0、自然数、后继数）、1条关于相等的定义和5项公理。公理含义如下：

（1）0是自然数。

（2）每个自然数都有一个后继数。

（3）0不是任何数字的后继数。

（4）不同的数字有不同的后继数。

（5）如果一个数的集合包含了0和集合中每个数的后继数，那么这个集合就包含所有自然数。

4-3.作为抽象体系的几何。
慕尼黑的酒馆，约1832年。雕版印刷。
巴黎装饰艺术图书馆。
在这个熙熙攘攘的小酒馆里，侍者正在为顾客服务，他们确信，如果1、2、3号桌是一条直线，而2号桌位于1和3之间，那么2号桌也位于3和1之间。他们之所以这样肯定，是基于这样一个公理：如果A、B、C是一条直线上的点，而B位于A和C之间，那么B也位于C和A之间。

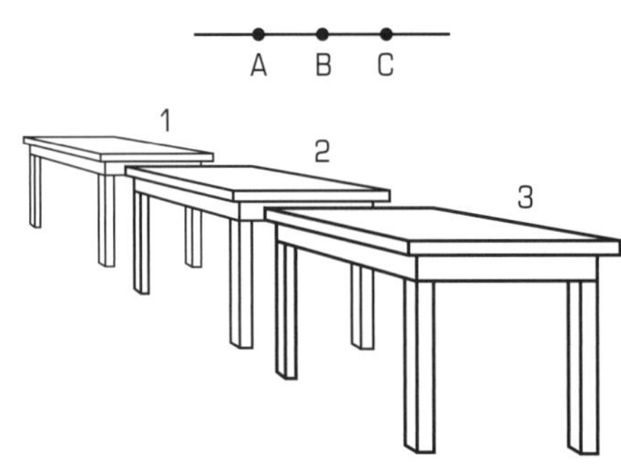

联系，将20条公理分为5组，分别是结合公理、顺序公理、合同公理、平行公理、连续公理。[18]

象棋是最古老的纯推理游戏，其中不存在运气因素，可作为公理化体系的另一个例子。象棋棋盘上有64个正方形格子，上面摆着32颗棋子。下象棋相当于一种特殊形式的演绎过程：棋子的初始位置相当于公设（或公理）；象棋的规则相当于推导的规则；棋子在棋盘上走出的每一步都相当于经过推导得出的定理。两名对弈者按照规则在棋盘上鏖战，率领麾下的黑白军团往来厮杀，从本质上讲，他们的所作所为与形式主义数学家没有区别。

今天的计算机则是形式公理体系的另一个例子。用0和1写成的计算机程序相当于公理和推导规则。在给定初始位置和输入（例如用键盘输入的数据）之后，输出完全取决于机械规则。事实上，数学家艾伦·图灵正是在人们就形式主义的范围和局限性发生激辩的背景下发明了计算机（第十章）。

欧几里得和希尔伯特的公理化体系的关键不同在于：欧几里得认为公理必须是真实的，他希望的是正确表述自然的外在世界和理想化的数学外在世界；而希尔伯特却认为，公理仅仅是一种假设（可能是真理，也可能是谬误），他只要求他的公理化体系中的公理能够构成一个永恒的相容结构。希尔伯特切断了数学与现实世界之间的纽带，成为历史上第一个将几何完全视为一种在一个自洽、独立的结构中对抽象、未定义、可替换符号进行的形式排列（《几何基础》）。由于在几何形式公理体系方面的卓越贡献，希尔伯特奠定了自己在形式主义数学中的领军地位，也使得哥廷根大学成了这门学科的大本营。

相容就意味着存在

弗雷格根据康托尔的集合论创造了现代形式的柏拉图主义。“柏拉图的理型仅仅是概念，还是真的独立存在？”这个由来已久的哲学问题现在被表述为了：“康托尔的集合依赖于精神吗？还是说独立于人类精神的存在？”弗雷格是柏拉图主义者，所以他的回答是：集合是独立的存在。在他看来，数学语言描述的是抽象对象（数字、圆、集合），而且绝大多数数学定理都是成立的。弗雷格认为，一句话只有在指代真实状况的时候才为真，所以如果某个数学定理为真，那么它对应的数学对象也必定存在。[19]

康托尔在其集合论奠基性著作《一般集合论基础》中，区分了“内在真实”（思考形成的概念）与“瞬间真实”（独立于思考的对象），认为任何具有完整定义而且逻辑上无矛盾的理念（固有真实）都对应着数学世界中的一个抽象对象（瞬间真实）：“以第一种方式存在的指定概念也具有一些甚至无穷多种瞬间真实的方式，在这种意义上，我毫不怀疑这两种真实总是同时出现……在发展这种理念时，数学只需要解释概念的内在真实，绝没有必要检查它们的瞬间真实。”[20]换言之，康托尔认为，在欧几里得构建了一个具有完整定义且逻辑相容的数学概念，比如将“球面”定义为“三维空间中离给定点的距离都相同的点的集合”后，便不需要进一步证明球面这种数学对象是否存在。欧几里得定义的相容性就是球面存在的证明。那么，存在于何处呢？柏拉图、欧几里得、康托尔、弗雷格都认为，就在数学世界当中，独立于人的精神存在。

康托尔创建集合论后没过几年，数学家便在其中发现了悖论。例如在弗雷格根据集合论定义了数字之后，年轻的伯特兰·罗素在1902年思考了一个所有不是自身元素的集合所构成的集合，从而发现了著名的“罗素悖论”（第五章）。如果概念中存在悖论（在康托尔的内在真实中），那么抽象对象（在瞬间真实中）中也必然存在悖论。哎呀，怎么会这样呢？绝对不可能！于是，数学家开始改进集合论，希望能解决这些悖论。这样做过之后，希尔伯特也和康托尔一样，将相容性定为了概念（在内在真实中）的关键特性，认为正是相容性确立了数学对象的存在（在瞬间真实中），正如希尔伯特在1903年致信弗雷格时所说的那样：“具有决定性意义的是我们要认识到，定义概念的公理不存在矛盾。”[21]对于现代的柏拉图主义者来说，相容决定存在。

与地理学家一样，数学家无法随意发明创造；他们只能发现真正存在的东西，然后将其描述出来。

——戈特洛布·弗雷格，
《算术的基础》，
1884年

存在就是作为一个变项的值。

——蒯因，

《论何物存在》，

1961年

20世纪60年代，美国哲学家保罗·贝纳塞拉夫对抽象数学对象的存在提出了反对意见，因为顾名思义，感官就无法感知到这些数学对象。换言之，抽象数学对象既然无法观察，也就无法通过科学方法来了解（《数字不可能是什么》，1965）。在20世纪七八十年代，美国哲学家W. V. 蒯因、希拉里·帕特南发表了一系列文章，来反驳贝纳塞拉夫。他们认为，算术、几何、统计学、微积分等在整个自然科学中都已经得到了广泛应用，在这种意义上，数学对象对于科学而言是不可或缺的，所以数学对象必然存在。他们这个观点，就是现代数学柏拉图主义中的“蒯因-帕特南不可或缺论”。[22]

在柏拉图主义者看来，数学对象的知识大多是通过一瞬间的顿悟得到的——“只有长期与之共生、全身心专注于数学对象，真理才会如跳跃的火花点燃了火焰一样，闪现在个体的灵魂上。”[23]在现代世俗语境中，通过感官得到抽象对象的知识被称为“直觉”。

今天，人们常把数学柏拉图主义称作“实在论”，因为数是实在的。但为了行文方便，我在本书中还会继续使用“柏拉图主义”这一传统术语。尽管康托尔关于无限的研究在开始时曾遇到过阻力，弗雷格的算术也遭到了一些人的挑剔，但如今世界上大部分数学家都完全认同集合与集合论就是数和算术的现代形式。

数学柏拉图主义在现代有很多变体，具体属于哪种主要取决于哪些抽象对象被认为是存在的实体。保守的人认为，自然数集合$\aleph_0$是存在的。更为开放的柏拉图主义者或许会认为，更高阶的无限集合（如$\aleph_1$）也存在。但只有激进的“绝对柏拉图主义者”（从希尔伯特的同事保罗·伯奈斯那里借用的词）[24]相信，存在着一个包含一切数学对象的集合，就连它本身也可以算作一个集合，与康托尔的绝对无限一样。当然，绝大多数柏拉图主义者都对后者敬而远之，因为它似乎总会引出悖论。

基于本书的主题，我们没必要详细引用各种文献，去探究抽象对象本体论层面的状态，所以简言之，除了少数我们需要指出的特例外，现代数学家都是“集合论柏拉图主义者”，也就是说他们仍秉承着经典的柏拉图主义观念，只是这种观念的基础是康托尔的集合论与弗雷格的算术。以L.E.J. 布劳威尔为代表的直觉主义数学家，可以说是主要的例外，因为他们相信数与形仅仅存在于思维之中——数学家仅凭思考便创造了它们（第六章）。

拒斥形而上学

如果抽象数学对象确实存在，那它们又是怎样的一种“存在”呢？在古代与中世纪的柏拉图主义者看来，抽象对象存在于理型的领域或者说“天国”之中；但是到了现代，世俗的集合论柏拉图主义者却没有沿袭前人的观点，没有从神学角度把抽象对象与理型或集合联系在一起。在接下来的内容中，我们将不断发现的一个情况就是现代的世俗思想中存在着强烈的反形而上学倾向。那么，到底什么是形而上学呢?

亚里士多德在他的著作《物理学》中介绍了由土、气、火、水组成的物质世界，此后又写了另外十四本书，论及宇宙的第一推动者和基本原理，存在、时间、空间的问题，以及“神圣事物”这一神学主题。在他去世一个世纪后，有人将这些书整理编辑后，将其命名为“形而上学”（metaphysics，“物理学之后”）。到了中世纪，形而上学仍然指的是有关第一推动者与“神圣事物”的问题。随着科学在启蒙运动时期的兴起，物理学发展成了今天这样的定量科学，进而改变了其研究领域：时间和空间这些课题从形而上学转入了物理学范畴，而其他一些课题则从物理学进入了形而上学，如自由意志与决定论。而到了现代，价值理论（伦理学与美学）也被涵盖在内，所以从最宽泛的意义上讲，现代版的形而上学指的是任何一种探讨终极实在的学说。[25]

一些知识分子往往对形而上学不屑一顾，是因为在他们心中，这个词的意义仍然停留在中世纪，探讨的不过是有关超自然“神圣事物”的问题，而所谓的“神圣事物”，就是超越凡俗世界的事物，不属于牛顿与爱因斯坦的研究范畴。一些现代新造词，如“metalanguage”（元语言）、“metamathematics”（元数学）等，则更使人倾向于认为形而上学“高于并超越了物理学”的范畴。

如果将形而上学定义为“超自然”或“超物理”，那么现代数学与科学中反形而上学情绪的根源便找到了，那就是柏拉图主义与宗教主义之间长达两千年之久的结合。事实上，所有世俗文化都对形而上学没有好感。现代世俗主义者都渴望彻底断绝这种联系。例如据伯特兰·罗素在20世纪50年代回忆，青年时代的他曾从形而上学的角度将柏拉图主义与宗教之间联系起来（但他后来又否认了这一点）：“我想拥有人们通过宗教得到的那种确信。我认为，与所有其他领域相比，数学最有可能给予我这种确信。”[26]美国数学家彼得·伦茨认为，尽管人们不想，但抽象数学对象的非物质性还是很容易让人把它同宗教联系起来：“相信这类对象的存在，就如同相信无法理解的神灵一样，是一种信仰行为。”[27]而英国数学家E. 布莱恩·戴维斯也曾抱怨道：“与现代科学相比，不受时空限制的数学领域的直觉知识，其实跟神秘的宗教共同点更多。”[28]确实，集合论柏拉图主义的创始人康托尔本人便曾为集合赋予了神学解释（“绝对无限”），将集合这类抽象对象纳入了形而上学（超自然）的范畴，结果激起了世俗主义数学家的反感。但是，世俗主义的数学家也持续遭受到了两个阵营的攻击：其一是以黑格尔为代表的德国浪漫主义自然哲学家，他们承认超自然存在，如黑格尔的绝对精神；其二是以尼采为代表的生命哲学家，他们在探讨人生

（伦理）与人类情感（美学）两大主题时，都不愿采用定量分析的科学方法，而是在形而上学框架内进行思辨。不过，这些攻击反而更加坚定了世俗主义数学家反对形而上学的立场。

今天的数学家在实际研究中仍会普遍用到集合理论，同时也会与其在形而上学（包括中世纪版本及现代版本）框架内的解释刻意保持距离，但如果人们不再认为数和球面是匠神或上帝所造，那么它们又是从哪儿来的呢？现代直觉主义者认为数学是人类精神的产物，而现代柏拉图主义者则认为数学世界中的数字和球体好似凭空降临，并非根据人类或机械的力量而定义或构建——但也急忙补充说，他们并不是指抽象对象是任何形而上的（超自然）存在。但是，这种话术并不能回避现代意义上的形而上学，因为宣称自己认为抽象对象是给定的，本身就是形而上命题，因为这相当于承认了抽象对象的来源是未知的。事实是，数学对象的起源是现代形而上学的重大谜团之一。[29]

在那些对形而上学过敏的实干家看来，有关抽象对象的来源与存在的哲学问题，不但与他们毫不相干，甚至还让人有些尴尬。有什么意义呢？谁在乎这些？前些年有一部标题本身就很能说明问题的书，叫《真数学的哲学》。作者认为，希尔伯特提出的那些有关数学基础的哲学问题，其实与“真”数学（数学实践）并不相关。[30]但是，对于那些努力在思考中把哲学与实践结合在一起的人来说，这些问题并非毫无干系。有关抽象对象的哲学问题，或许确实很难解答，甚至难以理解，但也确实吸引了许多古代与中世纪的人，而今天的一些世俗主义数学家、艺术家，也依然在追问类似的问题，表现出了一种想要在精神上——通过直觉或神秘主义——和数学外在世界建立联系的强烈渴望。数学研究通常由实际问题推动，这一点毋庸置疑，比如康托尔对傅里叶级数的研究、希尔伯特对欧几里得公理的研究，都是这种情况。但哲学问题同样也能推动研究，比如对终极实相的探索就一直在激励、鼓舞着科学探究，所以把形而上学从现代数学中驱逐出去，难道不会浇灭人们想要打开通往终极实相之门的热情吗？

我们所能拥有的最美好的经验，就是神秘体验。它是真正的艺术和真正的科学在摇篮时代就萌生的基本情感。

——阿尔伯特·爱因斯坦，《我的信仰》，1930年

形式主义美学：数学与艺术的自主性

其实早在希尔伯特之前，德国哲学家约翰·弗里德里希·赫尔巴特就已经明确阐述过用形式主义来表述科学世界观。赫尔巴特提出，包括数学与艺术在内的每个知识领域的目的，都是要将该领域的核心理念从主题中分离而出，再由像他这样的哲学家将这些概念统一（《论哲学研究》，1807）。[31]赫尔巴特是一位颇有影响的学者，曾于1809年接任哥尼斯堡大学的康德哲学教席，后又自1834年起在哥廷根大学

讲授哲学，直到1841年去世。19世纪40年代，年轻的黎曼正在哥廷根求学，师从高斯，了解到赫尔巴特的分析式观点后大受启发，决意要创立一门专注于分离基本概念的数学哲学，而希尔伯特后来也走的是这条路。[32]

赫尔巴特、黎曼、希尔伯特的研究，都以德国唯心主义哲学为指导。这门哲学的开创者康德曾鼓励学者建立一种全面、统一的世界观（或者叫生活哲学），将数学、科学、美学、伦理学这些独立学科都涵盖在一个宏大框架内。[33]康德曾经写过三本专著，其中《纯粹理性批判》（1781）讨论了数学知识的获得，《实践理性批判》（1788）讨论了科学知识的获得，而在《判断力批判》（1790）中则全面讨论了美学知识的获得。康德主张审美自主，宣称"星空真美"这类美学判断无关逻辑与道德，美学知识是一种即时的主观直觉。[34]

1900年，希尔伯特描述了他对数学统一的看法："我认为，数学科学是一个不可分割的整体，是一个有机体。它的活力取决于各部分之间的联系。因为尽管数学知识如此多样，可我们依旧能够清楚意识到其逻辑的相似性，意识到数学思想的整体关系，意识到数学各部分之间的无数相似之处。"[35]他对科学也持同样的看法，指出自然具有基本的统一性，是数学规律的体现："数学的有机统一是这门科学的本质中所固有的，因为一切有关自然现象的精确知识都是以数学为基础的。"[36]

赫尔巴特将形式主义思想应用于艺术，把每一种艺术视为统一、自主的领域；正如科学家分析数据是为了找出潜在的数学规律一样，艺术家也要专注于艺术表达的基本元素，如建筑的形式与结构、音乐的旋律和节奏。赫尔巴特认为，要保证美学判断的纯粹性，那判断依据便只能是艺术作品的基本元素，如音乐的调式和节奏，而不能依赖那些偶然或易变的元素，如歌词内容。赫尔巴特在1831年写道："那些开创了赋格曲式的老音乐家，或者再往前，那些创造了建筑空间秩序的老建筑师，他们想要表达什么呢？绝对没有任何要表达的具体事物，因为他们都只专注于艺术的本质。有些人之所以执着于艺术的内容，是因为他们偏爱表面的浮华，惧怕艺术的本质。"[37]

受到赫尔巴特的启发，捷克音乐评论家爱德华·汉斯立克撰写了第一部有关音乐的形式主义专著，并指出："音乐由一系列的声音和形式构成，只有这些才构成音乐。"（《音乐中的美》，1854）几年之后，亥姆霍兹解释了为什么人类会觉得某些符合数学比例的声音很动听。古代的毕达哥拉斯派已经发现，聆听者觉得一对音符（如八度和音）产生和谐的共鸣时，这两个音符就具有准确的数学比例（在这种情况下是1 ∶ 2；第一章）；缺乏这种比例的声音则会令人不快。为了给这种主观的和谐体验找到解释，亥姆霍兹试着从听觉器官（耳朵和听觉皮层）入手，最终确认了毕达哥拉斯数学比例是人类神经回路中的一个固有特质。1857年，他发表了经典音乐论文《论音乐中谐和音的生理学原因》，解释说人类（不自觉地）感到一些声音的顺序和形式具有和谐性（令人愉悦），是因为这些声音模式与耳朵和听觉皮层内神经的固有结构产生了共鸣。在论文的最后，他总结道：

我试图揭示其中隐藏的规律。这个规律决定了和谐组合的合理性，而且会在真正意义上被人“不自觉”地服从，具体说来就是它取决于高泛音，尽管神经可以感知到这些音符是否和谐，但通常都不会被有意传递给大脑。听者通常会在不自知的情况下，直接感受到音符之间是否具有相容性。这些音符让人感到愉悦的现象完全由感官决定，当然，这也仅仅是迈向音乐之美第一步。为了达到智识中更高层次的美感，音符之间的和谐性虽然只是手段，但却是最根本、最有力的手段。如果音调不和谐，听觉神经便会被互不相容的音乐节拍伤害。听觉渴望着音符能纯粹地流进和谐中，一心想赶快找到和谐，好感受到满意与宁静。于是，和谐与不和谐交替着推进与调试音调的流动，同时大脑会从这种非物质性的运动中，看到一种自身思想与情绪永恒流动的画面。正如翻滚的波涛一样，这种运动有节奏地重复着，又一直处于变化状态，吸引着我们的注意，催促我们前行。但是在大海中，是盲目的物质力量在起作用，所以波涛最终留给观者的印象只有孤独——然而在音乐作品中，这种运动却循着艺术家的情感流淌而出，时而轻柔地滑动，时而优雅地跳跃，时而狂暴地摇晃或穿透，或者努力与自然流露的激情抗争。声音的流动承载着原始的活泼，带着艺术家无意从自己灵魂中听到的情绪，进入了听者的灵魂中，使听者感受到自己从未想象过的情绪，最后被抬升到永恒之美的宁静当中。当然，这种永恒之美只有上帝选中的少数人才能获准传达，而这个话题已经来到了自然科学的边界，所以我必须在此结尾了。[38]

同赫尔巴特、亥姆霍兹一样，希尔伯特描述公理结构时，也表现出了形式主义的美学冲动，不但采用了“简洁”“纯粹”这类美学术语，还强调了公理的数量要尽可能少，表述要尽可能严格，并且十分重视有序、一致、和谐的结构。[39]形式主义传入俄国的其他领域后，这种追求纯粹的简化主义冲动依旧势头不减，先后影响了语言学、文学、视觉艺术。

俄罗斯数学与语言学中的形式主义

从19世纪末到20世纪初，莫斯科数学家在尼古拉·布加耶夫的领导下，曾从哲学与宗教的角度解释数字与几何图形（第三章）。但在19世纪80年代，喀山大学的亚历山大·瓦西里耶夫（尼古拉·A.瓦西里耶夫的父亲）组织了罗巴切夫斯基文集的首次出版（尼古拉·罗巴切夫斯基曾在喀山生活过），既让形式主义抢得了一处阵地，也让喀山大学成为罗巴切夫斯基非欧几何的一个研究中心。与此同时，在圣彼得堡，一批以巴夫尼提·切比雪夫为核心的数学家，让他们所在的城市成了世界概率论研究的中心。与此同时，西方的一些科学家正在对偶然现象进行研究，如詹姆斯·克拉克·麦克斯韦在1866年创立了气体的动力学理论。圣彼得堡的数学家没有把他们精细的统计方法与那些西方研究联系起来，而是把概率论作为了未加解读的形式结构来探讨。但在20世纪的第二个十年中，切比雪夫的追随者发现，新兴的亚原子物理学需要数学中的概率思想来提供支持，于是便把他们的统计方法引入了这一领域。[40]

20世纪初，德国与俄罗斯的语言学家也开始在研究中采用形式主义方法。此前的语言学家曾在基本发音、语法、词汇等方面，比较了古代语言及其现代变种，以期绘出语言分类与演化的树状图。后来随着查尔斯·达尔文在《物种起源》中以演化树状图的形式展示了物种之间的关系，以及在《人类的由来》（1871）一书中考察了语言，认为这是区分人类与其他物种的一个关键（图4-4、4-5）之后，这种生物学上的隐喻变得更加明显。[41]在19世纪末，受到形式主义数学的影响，语言学家研究消失的语言时，开始将它们看作形式结构，把其中的符号（象形或文字）视作解读不了的文本中未定义的变量和模式。最初，语言学家只把形式主义方法用在已消失语言的载体上，如刻有象形文字的泥板，而且他们的研究目标比较有限，并不是要弄清语言符号的含义（语义），只是想搞清楚泥板那些无法解读的符号中到底有什

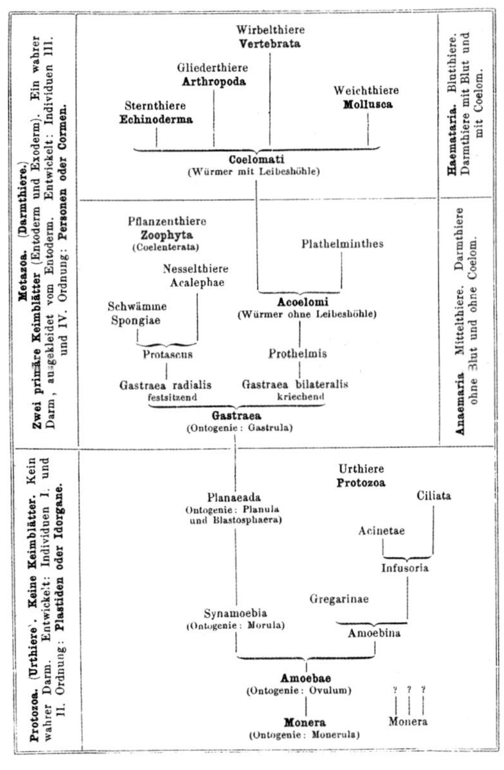

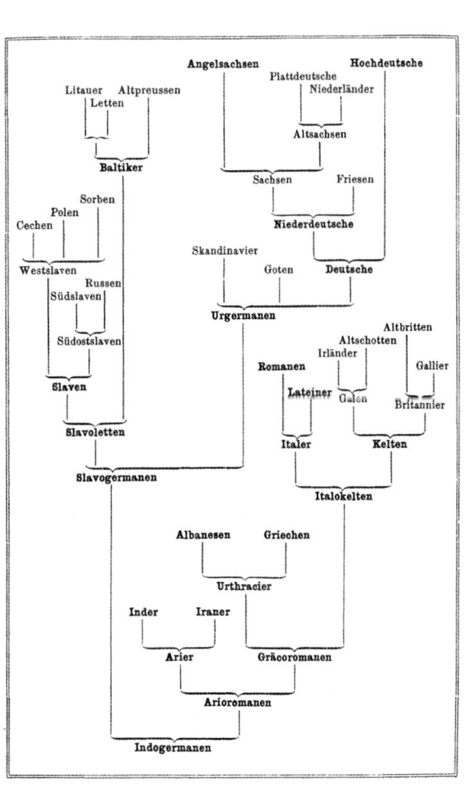

左

4-4.生命树，见恩斯特·海克尔的《人类起源，或人的进化》（1874）。

德国生物学家恩斯特·海克尔是查尔斯·达尔文的追随者。

右

4-5.语言树，见恩斯特·海克尔的《人类起源，或人的进化》。

19世纪的语言学家提出，西方与近东的语言从一种共同语言发展而来。在文字产生以前，这种语言的覆盖区域从印度次大陆一直延伸到欧洲，是一种失传的印欧语系母语语系。

么规律（句法）。

19世纪70年代，德国莱比锡大学的语言学家将这种形式主义方法推广到了现用语言的研究上。这个所谓的“青年语法学派”主要研究“音位”，也就是口语当中的最小语音单位，如英语单词“no”中的“o”，“loin”中的“oi”，“pit”中的“p”，“thus”中的“th”，都是音位。在选择音位时，他们挑出了语言中那些可以被视作未定义变量的部分，从理论上阐明了口语随着时间推移而发生的语音变化（例如从古高地德语到现代德语），就像几何中的推理规则一样，完全遵循了确定性规律。

波兰语言学家扬·博杜恩·德·库尔德内曾同青年语言学派学习，1870年取得莱比锡大学的博士学位，后在1875—1883年间担任过喀山大学的梵语和印欧语言学教授。这一时期，喀山大学的数学家已经在使用形式主义方法研究非欧几何。来到喀山后，博杜恩开始了他一生的研究，而研究的内容便是青年语言学派早有预言的有关语言的确定性规律。例如，博杜恩提出，在罗曼语族的演化过程中，“b”在一个元音后面时总是会变成“v”。尽管在今天看来，口头语言的变化规律似乎不太应该放在历史语境之外，按照类似演绎推理的规则来解释，但在19世纪后期，博杜恩的方法曾被广泛用于重建失传的印欧语言，以及解释口头语言的变化。[42]后来随着时间的推移，博杜恩才渐渐转变了看法，不再认为语音变化的规律一成不变，在1910年指出，他那些规律的预测其实更像天气预报：有可能但不是必然。[43]

博杜恩在俄罗斯构建语言的形式主义方法论，创立了后世所谓的喀山语言学派时，法国和瑞士也兴起了被称作“结构主义”的形式主义语言学，而其关键人物也是一位“青年语法学派”的学生——瑞士语言学家费迪南·德·索绪尔。1880年，索绪尔在莱比锡大学取得了博士学位，后在巴黎与日内瓦任教。1913年，索绪尔去世，他的学生阿尔伯特·薛施霭和查尔斯·巴利将自己在日内瓦听索绪尔讲课时所做的笔记结集出版，就是后来成为结构主义语言学奠基之作的《普通语言学教程》（1916）。

1900年，博杜恩前往圣彼得堡大学任教时，那里的数学系已经开始采用形式主义方法。他在那里教语言学一直教到1918年，对青年俄国诗人造成了巨大的影响。接触了俄国文学界之后，博杜恩认为，先锋派诗歌就是语音在使用过程中迅速改变的一个例子。[44]

形式主义批评及文学

形式主义诗人与小说家创作时通常强调语言结构（句法），但很少会强调诗仅仅是一种声音（音位）的结构，因为声音本身无法单独构成语言。句法（语法结构）

和语义（含义）合在一起才是语言。

20世纪初，莫斯科数学界的领袖尼古拉·V. 布加耶夫为他的数学方程式赋予了特定的哲学含义，但具有讽刺意味的是，他的儿子鲍里斯·N. 布加耶夫却成了俄罗斯形式主义文学批评思潮的倡导者，主张完全剔除诗歌的含义。小布加耶夫笔名叫安德烈·别雷，是象征主义诗歌的代表人物。在父亲的影响下，这位青年诗人赋予了数学更为宽泛的文化解释，通过强调诗歌的抽象结构，最终将形式主义方法带入了文学批评。就如形式主义语言学家那样，别雷专注的并非含义，而是未定义的声音模式。他分析诗的格律，比较重读与非重读音节，将韵律定义为偏离规范的规律，并以图表的形式揭示了这种模式（图4-6）。[45]

在别雷看来，表中的几何图形代表了诗歌的形式（韵律）本质。通过体现在几何图形中的韵律模式，他又比较了几位俄罗斯诗人的风格（图4-7）。别雷的成就基本上就是通过统计手段证实了其他批评家依赖多年审美经验才得出的判断：过分遵守规范的诗人（如托尔斯泰和早期的普希金），创作的是可预测的歌咏式韵律；不受规范束缚的诗人（后期的普希金）创造的则是更清新、更丰富的韵律（《象征主义》，1910）。[46]

1914年，18岁的罗曼·雅各布森入读莫斯科大学语言学系，踏进了别雷的文学圈子。此后，雅各布森开始用各种语言的音位来作诗。由于这些音位并没有实际意义，所以他的诗可以说是真正罕有的形式主义诗作，并且从语言艺术的角度来讲，十分类似无填词的音乐。那么，它们属于文学作品吗？如果说文学必须由语言（句法加上语义）构成的话，那它们绝对不能算是。上学期间（1914—1920），雅各布森以罗曼·阿尔加古洛夫为笔名，将这些形式主义诗歌发表在了一些未来主义期刊上。

1915年，雅各布森组织成立了莫斯科语言学小组，阿列克谢·克鲁乔内赫、韦利米尔·赫列勃尼科夫都与这个小组有所来往。在圣彼得堡，莫斯科语言学小组还有一个姊妹组织，其成员包括批评家奥西普·布里克、维克托·什克洛夫斯基（雅各布森的密友）。1914年，什克洛夫斯基出版了《词汇的复活》一书。在这部俄罗斯形式主义文学批评重要的早期著作中，他强调了词语的物理性质（声音与韵律），将自然世界（日常的、现实的世界）和文学作品的想象世界（自洽的、自主的世界）做了区分，宣称诗中的词语谈论的是想象世界，与作者的意图和过去的文学传统无关。俄罗斯形

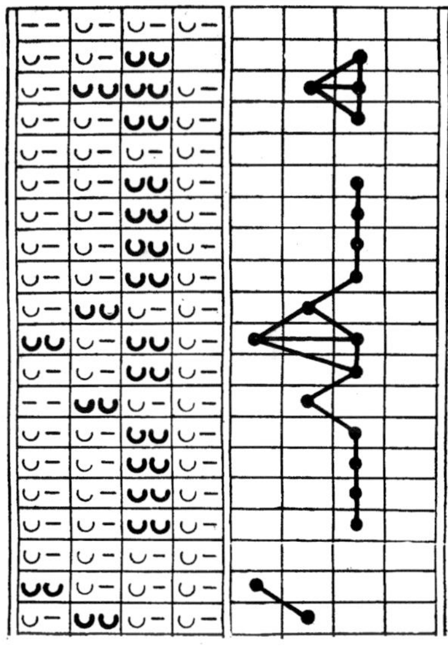

4-6. 安德烈·别雷为诗作中的重读模式所制的图表，见《象征主义》（1910）。

从古代起，西方诗歌便建构在以“非重读-重读”音节为基础的传统格式上。这种音节由一个非重读音节（U）加上随后的一个重读音节（—）组成，即U—，如“today”中的“to”非重读，“day”重读。19世纪末、20世纪初的俄语诗歌都以这种重读模式的四音部诗行写成，且每一句都有这种重读模式。U—U—U—U—。图左为诗人阿发纳西·费特的诗作。别雷在图右的表格中记录了他打破规则、用重读音节代替本该用非重读音节的地方。别雷在表左半部四列标出了每行应有的重读模式，在右半部四列用点标出了每一个违反重读四音部的地方。随后他把这些点连起来，便得到了一个几何图形。

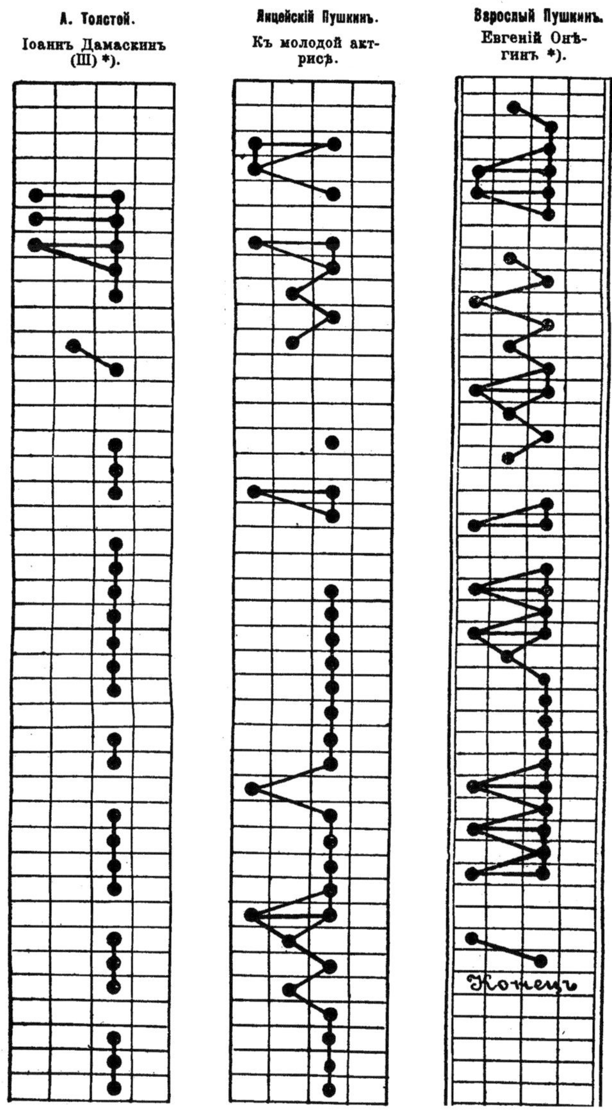

4-7.（从左至右）安德烈·别雷对托尔斯泰的作品《大马士革的圣约翰》、普希金的早期诗作《给一位年轻的女演员》、普希金的后期诗作《叶甫盖尼·奥涅金》的节奏模式分析，出自《形式主义》（1910）。

正如别雷在描述这些几何图形（三首诗的形式本质）时所说的那样，它们似乎拥有自己的生命："比较其中韵律相对丰富的例子（普希金的后期诗作）与韵律相对贫乏的例子（托尔斯泰的作品和普希金的后期诗作），我们可以清楚地看到，韵律丰富的图形要比韵律贫乏的图形复杂得多，其中的线条是断开的而不是直的，简单的图形时常组合在一起，产生更复杂的图形……普希金的韵律描述了断裂的线，我们可以在那里看到锐角、直角、水平线、M形（在第二与第三韵脚上形成了半重读的规律）。直角非常多，看上去已经像普希金后期诗作的重要特点了。"但等一等！这些诗歌意味着什么？在别雷的形式主义方法中，含义（语义）没有被考虑进去。

式主义学派对社会力量的影响不够重视，因而遭到当时一部分人的尖锐批评。但一种语言无论如何复杂，都只对应着一种语义；若形式主义诗人和家附近的菜贩都讲俄语，那诗中的词语依然是在间接谈论现实世界，只不过意思有了变化。所以，归根结底，雅各布森和什克洛夫斯基的形式主义方法是在强调文学意义的独一无二性，并不是要把语言同外在世界完全割裂。

赫列勃尼科夫是最早接受形式主义方法的诗人之一。他于1903年进入喀山大学数学系，但除了学习非欧几何和自然科学之外，也一直在写作，并在1908年发表了处女诗作。1908年到1911年间，赫列勃尼科夫又在博杜恩所领导的圣彼得堡大学语言学系学习了梵语和斯拉夫语。

上学期间，赫列勃尼科夫结识了诗人阿列克谢·克鲁乔内赫和弗拉基米尔·马雅可夫斯基、音乐家米哈伊尔·马秋申、画家兼批评家戴维·布尔柳克、艺术家瓦西里·康定斯基、叶连娜·古罗、弗拉基米尔·塔特林，以及神经学家兼业余画家尼古拉·库利宾。赫列勃尼科夫第一次与艺术家合作的作品是一首散文诗，由古罗和马秋申绘制插图，于1910年左右发表。赫列勃尼科夫专门研究的是词汇的发音，不管句法或语义。大学毕业之后，他以自己研发的音位组合规则，创造出了一种"新的通用语言"，十分类似之前博杜恩及其他语言学家重构失传的印欧语言的方法。

赫列勃尼科夫生活在俄国革命与第一次世界大战时期，所以曾给自己定下一个乌托邦式的目标，希望人类可以通过使用他创造的通用语言，将人们团结起来，和平与和谐地生活在一起。不过，他不是在怀恋亚当与夏娃于伊甸园之中使用的语言，也不是想要巴别塔建造之前的那种人类通用语。恰恰相反，他希望创造的是一种全新的语言，使得全世界的人可以在同一种科学观之下，说着如数学一般精确的语言，所使用的象形文字也能毫无歧义地表达所有人共通的概念。

但是，如何保证这种通用语言的精确性呢？赫列勃尼科夫认为，可以发明一套字母系统，"一套我们这个行星上的居民能共用的象形符号系统"。[47]这套字母系统由19个辅音组成（他认为元音是次要的，其功能只是辅助发音），每个都被赫列勃尼科夫分配了一个几何图形，例如西里尔字母表中的"b"（相当于拉丁字母表中的“v”）就是“让一个点沿弧线围绕另一点旋转，可以是一整个圆，也可以是其中一部分”。[48]他号召艺术家为他发明的字母创造一种字形：“艺术家用颜料勾勒出象形符号，为我们的思维过程提供基本单元……艺术家的任务将是为每种空间提供一个特定符号。每种符号都必须简单，能够清楚地与所有其他符号区分。或许可以借助颜色，比如用深蓝色代表m，用绿色代表b。”[49]

与雅各布森和什克洛夫斯基一样，赫列勃尼科夫也认为诗歌有其自主、独立的世界。在这个世界里，词语并非用作交流的实际手段，而是具有文学意义。他那些诗歌构筑的想象世界是相容的，就像某种非欧几何，是一个没有矛盾的自治王国：“如果说人们日常所用的活语言可以被类比为欧几里得几何，那么为什么俄国人不可以拥有一种其他人都无法拥有的奢侈呢？也就是说，为什么不去创造一种语言，就像罗巴切夫斯基几何这样，像一种属于其他世界的影子。难道说俄罗斯人无权享受奢侈吗？”[50]

出于这个目的，赫列勃尼科夫尝试所谓的自造词，如题为“начало”（《开始》，1908）的最后两行：

Ну же, звонкие поюны,（继续吧，让歌声震颤回响，）

Славу легких времирей!（万岁，清幽舒适的时光！）

结合上下文的话，赫列勃尼科夫的自造词其实不难理解。例如，“поюны”这个词是用俄语的“пою”（歌唱）加一个自造结尾而来，原来的动词变成了一个名词，故而“поюны”可翻译成名词“歌声”。而“времирей”则是用“врем”（时间的，是“время”一词的所有格）加上一个自造后缀而来。

在《笑的咒语》（1908—1909）这首诗中，赫列勃尼科夫给“смех”（笑声）加了前后缀，还创造了一些新词，如读音与смех相近的词，以及模仿笑声的自创象声词（相当于“呵呵”“哈哈”“嘻嘻”一类的词）。在这首11行诗中，赫列勃尼科夫以各种形式吟咏这些自造词，好像咒语一样重复不停，目的是使人联想到笑声。

与许多19世纪末的跨文化研究者一样，赫列勃尼科夫希望未来能够出现一种清楚且无歧义的通用语言。但很不幸，1922年时，年仅36岁的他抱着心愿尚未达成的遗憾，在贫困中去世了。而雅各布森则在1920年离开莫斯科，去了布拉格。赫尔巴特的形式主义哲学普遍影响了布拉格的语言学家和艺术批评家。事实上，正如前文所述，早在19世纪50年代，捷克批评家爱德华·汉斯立克便在赫尔巴特的启发下，撰写了第一篇形式主义音乐评论。就这样，在1926年时，雅各布森与他的捷克同人组建了布拉格语言学小组。这个由语言学家和文学研究者组成的国际团体，在之后的十年中，一直都是活跃的形式主义辩论中心。

目的不为其他，正是为了在这儿，在太阳的第三卫星上，创造一种所有人通用的书面语言，发明一种能被整个星球的人都理解、都接受的书面符号。与人类共存，最终与人类一同在宇宙中消失。

——韦利米尔·赫列勃尼科夫，《全世界的艺术家！》，1919年

词语本身像原子一样，拥有自身的运动规律与自我结构。赫列勃尼科夫并不是一位词语收集者，也不是一位财富拥有者，更不是一位哗众取宠者，而是在像科学家一样审视词汇的构成。

——罗曼·雅各布森，《现代俄语诗歌：韦利米尔·赫列勃尼科夫》，1921年

俄国的构成主义艺术：塔特林与罗德琴科

在赫列勃尼科夫的影响下，年轻的弗拉基米尔·塔特林成为第一位形式主义视觉艺术家。[51] 1908年，塔特林加入了布尔柳克的圣彼得堡先锋派圈子，并开始以俄罗斯未来主义的半抽象风格描绘人物与静物。不过，他很快就放弃了写实，转而追求艺术的形式主义本质。在发表于1912年的两篇论文中，布尔柳克探讨了如何将赫列勃尼科夫的形式主义推广至视觉艺术领域，并指出当时的画家已经开始关注媒介的本质："绘画已经开始只追求绘画本身的目的，开始为自己而活了。"[52]对于画家而言，绘画的本质是画面上的色块："一幅画应该是一个色彩构建的空间……绘画的本质，也就是那些组合元素，可以被解构为：线条、平面构成、色彩、物性（*faktura*，指将绘画或雕塑视为实物）。"[53]他还专门提到了赫列勃尼科夫，说他是现代诗歌"最出色的代表"，因为他也追求了同样的目标，通过自造词和声音，最终还原了诗歌的本质。[54]

1914年夏，塔特林去了巴勃罗·毕加索的巴黎画室拜访。毕加索曾以金属薄片与铁丝创作浮雕，如《吉他》（1914；纽约现代艺术博物馆）。塔特林受此影响，创作重心从油画转向了浮雕作品，以类似赫列勃尼科夫对待诗歌的方式，通过"反浮雕"（《角落的反浮雕》，1914—1915；图4-8）[55]来强调雕塑的物理本质。塔特林从金属薄片上切下简单的平面与立体（相当于赫列勃尼科夫的通用词汇），用"语法"把它们连在一起——所谓的"语法"就是穿透金属薄片的金属杆和受到拉力而绷紧的金属丝。《角落的反浮雕》所具有的工业外观和精确结构，使得任何仔细观察它的人都能领会其含义。

1921年，俄罗斯艺术家创造了"构成主义"一词来称呼这种方法，因为作品是由塔特林"构成"（构建）的。正如希尔伯特的"理论形式"和别雷的格律图表一样，塔特林的反浮雕将雕塑提炼成了其形式主义本质，即由各种力（平衡力、拉力、重力）维系在一起的符号（平面、角度、形状）。按照形式主义的说法，视觉艺术作品的本质是其作为一件实物的属性集合，即布尔柳克于1912年陈述的"物性"。在一篇题为《论物性与反浮雕》的论文中，批评家维克托·什克洛夫斯基强调道，塔特林将雕塑简化为它作为实体的本质："诗人和画家首要的努力目标，便是创造一个连续、可触摸的物体，一个有物性的物体。"[56]

就这样，到20世纪的第二个十年时，俄罗斯出现了两种截然对立的艺术观点：至上主义和构成主义。在莫斯科，诗人阿列克谢·克鲁乔内赫和至上主义者卡西米尔·马列维奇——呼应了尼古拉·布加耶夫从哲学-神学的角度来理解数学——使用矛盾、反逻辑的符号来代表无法言喻的绝对精神。在圣彼得堡，诗人赫列勃尼科夫和构成主义者塔特林则受形式主义数学与语言学的启发，致力于创造内部无矛盾且

相容的艺术。任何在1915年时前往圣彼得堡参观过《0.10：最后的未来派画展》的观众，都肯定明显感受到了马列维奇和塔特林不同的表现方式。对于那些希望获得俄罗斯神智学者彼得·邬斯宾斯基的宇宙意识的人来说，马列维奇的油画《黑方块》（第三章图3-30）象征着宇宙的终极概念——绝对。不过，曾在莫斯科大学取得了物理与数学双学位的艺术批评家谢尔盖·伊萨科夫，在评价塔特林的《角落的反浮雕》时，却只是描述了其中的物理性质："任何观众应该都能看出来的一点是，眼前的成果显然源自严肃和认真的思考，其目的则是为了解决一个特别困难的问题：物质和张力。"[57]

4-8. 弗拉基米尔·塔特林（俄罗斯人，1885—1953），《角落的反浮雕》，1914—1915年。木头、铁丝、线缆。照片摄于1915年，曾在圣彼得堡的"0.10展览"中展出过。俄罗斯国家文学艺术档案馆，莫斯科，no. 998-1-3623-3。
塔特林的反浮雕原作早已佚失，只有一部分照片存世，上图便是其中之一。

亚历山大·罗德琴科在喀山美术学院学习时，第一次接触到了形式主义，并在1914年参加了布尔柳克的讲座和马雅可夫斯基的诗歌朗诵会。[58]第二年，罗德琴科搬到了莫斯科，后受塔特林的《角落的反浮雕》启发，接纳了构成主义的美学。罗德琴科像个几何学者作图一样，开始用圆规和直尺来作画，并在1916年由塔特林组

4-9. 亚历山大·罗德琴科（俄罗斯人，1891—1956），《80号无物象绘画（黑上黑）》，1918年。布面油画，81.9厘米×79.4厘米。纽约现代艺术博物馆，由艺术家通过杰伊·莱达赠予。114.1936。©亚历山大·罗德琴科遗产/RAO，莫斯科/VAGA，纽约。

织的“商店”展览中展出了自己的作品。

十月革命之后，先锋派艺术家和作家重新定义了自己的角色。罗德琴科在积极拥护新社会的同时，[59]仍旧继续自己的艺术创作，一如既往创造那些由按规则排列的元素构成的自主的形式主义结构。在1917—1921年间，他曾专心探究了这种形式主义视觉艺术观的可能影响，尤其关注了将艺术对象简化为物质本质的问题。罗德琴科虽然没有受过数学与语言学方面的训练，但还是很快便接受了塔特林、赫列勃尼科夫等人的形式主义观点。正是由于罗德琴科的贡献，形式主义的美学才最终得出了这样一个合乎其内在逻辑的结论，那就是绘画和雕塑都可以被简化为未定义的符号。

在1918年的系列作品《黑上黑》中，罗德琴科所用的颜色只剩下黑色与各种灰。1919年，在莫斯科举行的“第十届国家展览会：无物象的创作与至上主义”中，他把《黑上黑》系列的一些作品与马列维奇的白色油画系列中同样创作于1918年的《白上白》（图4-10）放在一起展出。这种强烈的对比不禁让人想起了早在1915年时塔特林与马列维奇两人也曾遭遇过类似的对比。马列维奇将《白上白》视为迈向绝

4-10. 卡西米尔·马列维奇（俄罗斯人，1879—1935），《至上主义构图：白上白》，1918年。布面油画，79.4厘米×79.4厘米。纽约现代艺术博物馆。

对精神的重要一步，而罗德琴科将《黑上黑》视为一种未定义形状的组合。罗德琴科还特别把线的概念同康托尔的连续统概念联系到一起（把实数排在线段上，使得数值差对应点的距离）。连续统中没有间隙，是稠密的（任意两点之间总会有另一个点）。整个连续统中点的数目与线上任意较短线段上的点的数目相同，正如罗德琴科写到的那样："整条直线上的点与其上任何一部分上的点都有着相同的数目。也就是说，尽管我们的整个宇宙中有着不计其数的行星、恒星、星系，但即使与最短的线段相比，两者包含的点的数目也都相等。把线段上的点以另一种方式排列，便足以创造出一整个宇宙。"[60]

罗德琴科有关无限的世俗观点清楚地表明了他与马列维奇的区别所在。在马列维奇看来，无限是"无物象艺术的最高级"，对应着神智学中的宇宙意识（《非物象世界》，1927）。[61]在1918—1920年间，罗德琴科将几何线条作为绘画的基本元素（谓之"线性主义"），研究了一系列基本几何图例，如圆、正方形、三角形（图4-11、4-12、4-13）。这些作品由木头制成，表面涂有发着金属光泽的银漆，所以转动时可以反射光线。1921年，他还通过模块的重复叠加创作了一系列几何雕塑（图

上

4-11. 亚历山大·罗德琴科（俄罗斯人，1891—1956），《空间建构，第12号》，约1920年。上色的胶合板与金属丝，61厘米×83.7厘米×47厘米。图片约摄于1920年。© A. 罗德琴科与V. 斯捷潘诺娃档案馆，莫斯科。© 亚历山大·罗德琴科遗产/RAO，莫斯科/VAGA，纽约。

在"空间建构"系列中，罗德琴科将扁平的圆、正方形、三角形排列为同心结构，被悬挂起来时则可成为活动雕塑。

下左

4-12. 亚历山大·罗德琴科，《空间建构，第11号》，图片约摄于1920年。彩色胶合板、金属丝，61厘米×83.7厘米×47厘米。© A. 罗德琴科与V. 斯捷潘诺娃档案馆，莫斯科。© 亚历山大·罗德琴科遗产/RAO，莫斯科/VAGA，纽约。

下右

4-13. 亚历山大·罗德琴科，《空间建构，第13号》，约1920年。彩色胶合板、金属丝。拍摄时间不明。© A. 罗德琴科与V. 斯捷潘诺娃档案馆，莫斯科。© 亚历山大·罗德琴科遗产/RAO，莫斯科/VAGA，纽约。

4-14、4-15）。[62]这类研究可被应用到建筑、工业用品或其他实用物品的设计当中，罗德琴科也很快便会着手进行——不过在此之前，他先用三幅单色画《红》《蓝》《黄》，同纯图形艺术告了个别。

在先前的1918年系列《黑上黑》中，罗德琴科是在黑色背景上画出灰色形状。但到了1921年，他用一种颜色将整个画面统一，创作了名为《红》（见本章开篇图4-1）的单色画。此后，他又创作了单色画《蓝》与《黄》（图4-16、4-17），并把它

左

4-14. 亚历山大·罗德琴科，《空间建构，第20号》，1920—1921年。图片摄于1924年。© A. 罗德琴科与V. 斯捷潘诺娃档案馆，莫斯科。© 亚历山大·罗德琴科遗产/RAO，莫斯科/VAGA，纽约。罗德琴科用36个完全一样的"T"字形模块组成了《空间建构，第20号》。

右

4-15. 亚历山大·罗德琴科，《空间建构，第21号》，1920—1921年。图片大约摄于1924年。© A. 罗德琴科与V. 斯捷潘诺娃档案馆，莫斯科。© 亚历山大·罗德琴科遗产/RAO，莫斯科/VAGA，纽约。

下个对页左

4-16. 亚历山大·罗德琴科，《蓝》，1921年。布面油画。62.5厘米 × 52.5厘米。© A. 罗德琴科与V. 斯捷潘诺娃档案馆，莫斯科。© 亚历山大·罗德琴科遗产/RAO，莫斯科/VAGA，纽约。

下个对页右

4-17. 亚历山大·罗德琴科，《黄》，1921年。布面油画。62.5厘米 × 52.5厘米。© A. 罗德琴科与V. 斯捷潘诺娃档案馆，莫斯科。© 亚历山大·罗德琴科遗产/RAO，莫斯科/VAGA，纽约。

们作为三件独立画作（而非系列三联画[63]）在莫斯科的"5 × 5=25"展览上展出。罗德琴科按照其一向的形式主义主张将这些绘画简化至其本质：上了色的矩形表面。他声称，这三幅画是他的封笔之作："我将绘画推向了它的逻辑终点，并最终向公众展示了《红》《蓝》《黄》这三幅作品。在此，我宣布：一切到此为止了。"[64]罗德琴科的这种姿态，证实了他把自己视作了挖掘艺术基础的研究者，且这项任务有一个自然而然的终点。而在1921年分离出绘画的形式主义特点之后，他的挖掘工作便完成了——正如希尔伯特在1899年写出几何的形式主义公理后便不再寻找几何基础了一样。

从1915年塔特林的反浮雕到1921年罗德琴科的单色油画，批评家尼古拉·塔拉布金见证了莫斯科构成主义的发展历程，所以也认同罗德琴科的观点，即构成主义已经走到了终点。塔拉布金在介绍罗德琴科的《红》时，是这样描述的："一块接近正方形的小型画布上涂满了红色这一种色彩。但这块画布却有着极为重要的意义，反映了近十年间艺术形式的演变。只是这幅作品代表的不是某个阶段，之后还会有新的阶段，而是意味着漫长征途已经来到了最后一步，是最后一句话了，对于艺术家来说，在此之后，画作必须沉默下来，成为艺术家创作的最后一幅'图片'。"[65]在某些评论家的影响下，人们开始将罗德琴科的作品解读为虚无主义，表达的是绝望、消极、死亡等主题，[66]但实际上，根据艺术家自己对这一关键时刻的描述，我们可以看出他的形式主义意图其实是中立的。

到20世纪20年代初时，艺术家从事非物象创作已经有了几十年的历史，但他们的画布上依旧包含着浅空间和互相重叠的平面构成的幻象，或者同艺术家本人的情感或哲学绝对的象征性联系。但罗德琴科去除了最后一丝自我表达的残迹，进而抵达了形式主义还原的终点；他的单色画《红》什么都不表达，只代表作品本身。罗德琴科把艺术变成了一个独立自主的体系，为今天的形式主义艺术奠定了基础（图4-18、4-19、4-20）。

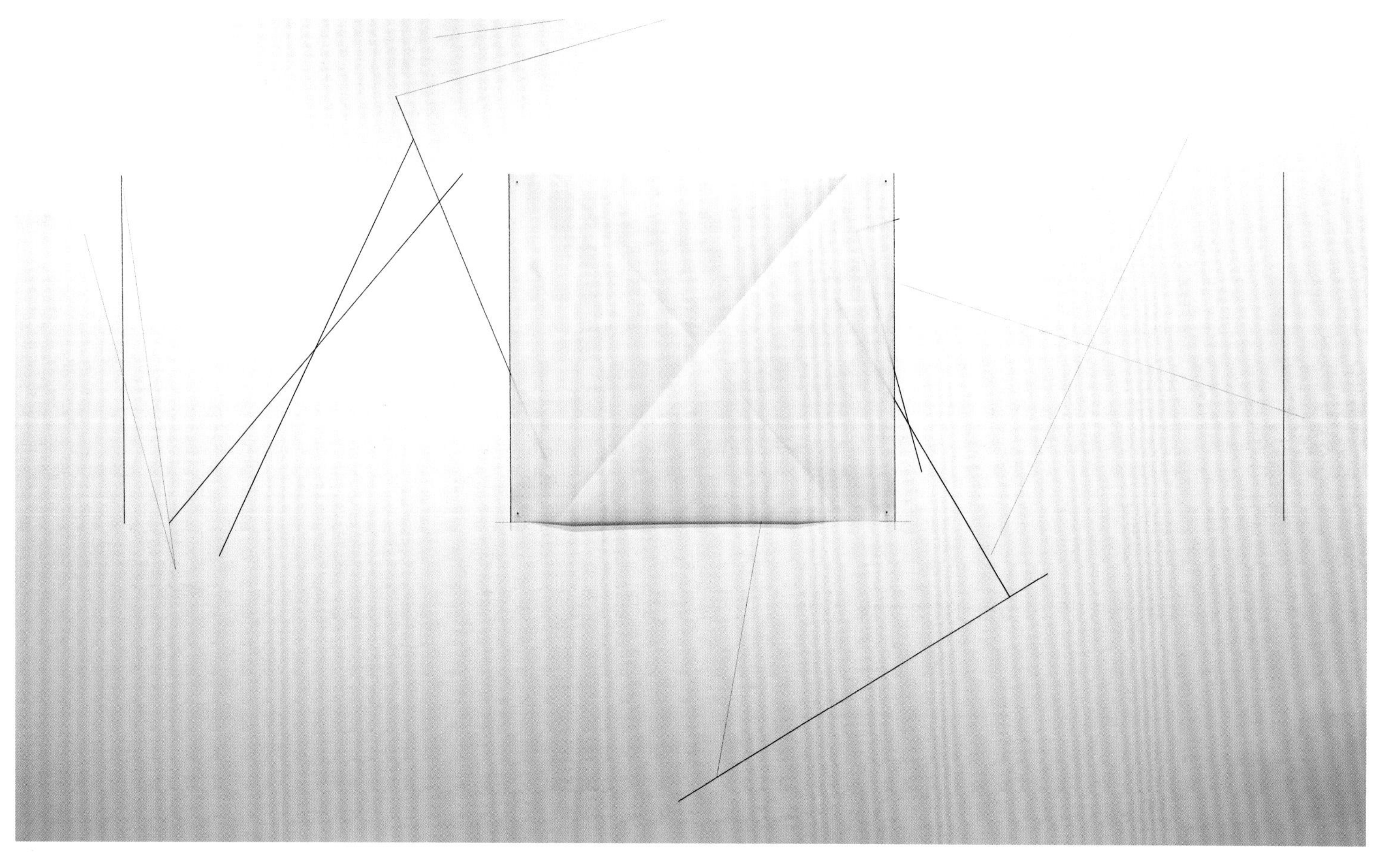

绘画如何能不关涉其他，只作为自身存在？

——多萝西娅·洛克伯尼，1973年

上

4-18.多萝西娅·洛克伯尼（加拿大人，1932— ），《自生的绘画：邻域》，1973年。聚酯薄膜、铅笔、彩色铅笔、毡尖笔在墙上绘。纽约现代艺术博物馆。

20世纪50年代，洛克伯尼在美国北卡罗来纳州的黑山学院跟随德国人马克斯·德恩学习时，接触到了形式主义美学。德恩是希尔伯特的学生，拥有哥廷根大学的数学博士学位。1900年，德恩的老师在巴黎国际数学家大会的讲坛上向听众发起挑战，要他们尝试解决23个难题，为20世纪的数学研究设立了奋斗目标。当时的德恩只是一名研究生，但率先解决了其中一道希尔伯特难题（直到今天，还有五道尚未解决——当然，到底还剩几道取决于你怎么理解“解决”一词）。德恩到法兰克福大学担任数学教授后，在1935年因犹太人身份受到纳粹迫害，被迫离职。之后，他和妻子取道西伯利亚大铁路逃离欧洲，抵达日本海沿岸，并搭乘轮船到达日本，最终在1942年抵达美国。身无分文的德恩和妻子为了维持生计，不得不从事各种工作，直到1945年，他才终于免于奔波，在黑山学院获得了终身教职，教授希腊文、拉丁文、哲学，以及一门名为“给艺术家的几何学”的课程。

从德恩那里，洛克伯尼学会了用未定义的点、线、面来创作。1973年，她在纽约百科特画廊的墙上完成了上图中的作品。她把一大张复写纸抵到墙上折叠，然后在折叠的边线上画出痕迹，在墙上留下碳线；用黑色与红色的复写纸重复这个过程后，就得到了上图中的图案。最后，她又将一张涤纶制成的白纸沿对角折叠，形成了X状的折痕。洛克伯尼不是用笔将线条有意画出来，而是遵循希尔伯特和德恩的形式主义传统，设计了一种（如同形式公理体系一样）客观、机械的算法程序来不断地折叠、划痕，进而生成图案。换言之，这幅画自己创作了自己。

对页

4-19.安东尼·麦考尔（英国人，1946— ），《呼吸》，2004年。视频投影仪、计算机、数字文件、喷雾机；持续6分钟。图像来自艺术家。

1973年，麦考尔将一台16毫米的投影仪对准了一个昏暗的房间，但没有把观众的注意力导向屏幕上的图像，而是导向一个圆锥形的光柱，并宣称这就是影片的本质（《以线勾勒锥形》，1973）。后来，麦考尔利用数字技术从上方投下线形图案，以类似方式创作了右图的“垂直影片”。光向下照向弥漫水雾的昏暗空间，照亮雾气中的水分子，形成一个容器。在这个投影（《呼吸》）中，地上的图案由两段椭圆曲线和一段波形线组成。在6分钟的投影过程中，两条曲线慢慢相互靠近又远离，容器的体积也不断扩大和缩小，而波浪线则缓慢地穿过曲线。尽管麦考尔不想把来自上方的光同宗教联系到一起，而是立志要创造未定义的影片，但事实是他把这个锥体命名为《呼吸》时，就已经不可避免地将其同数学对象联系在一起，而按照柏拉图主义的传统，数学对象本身就根植于一个有生命、会呼吸的宇宙中。

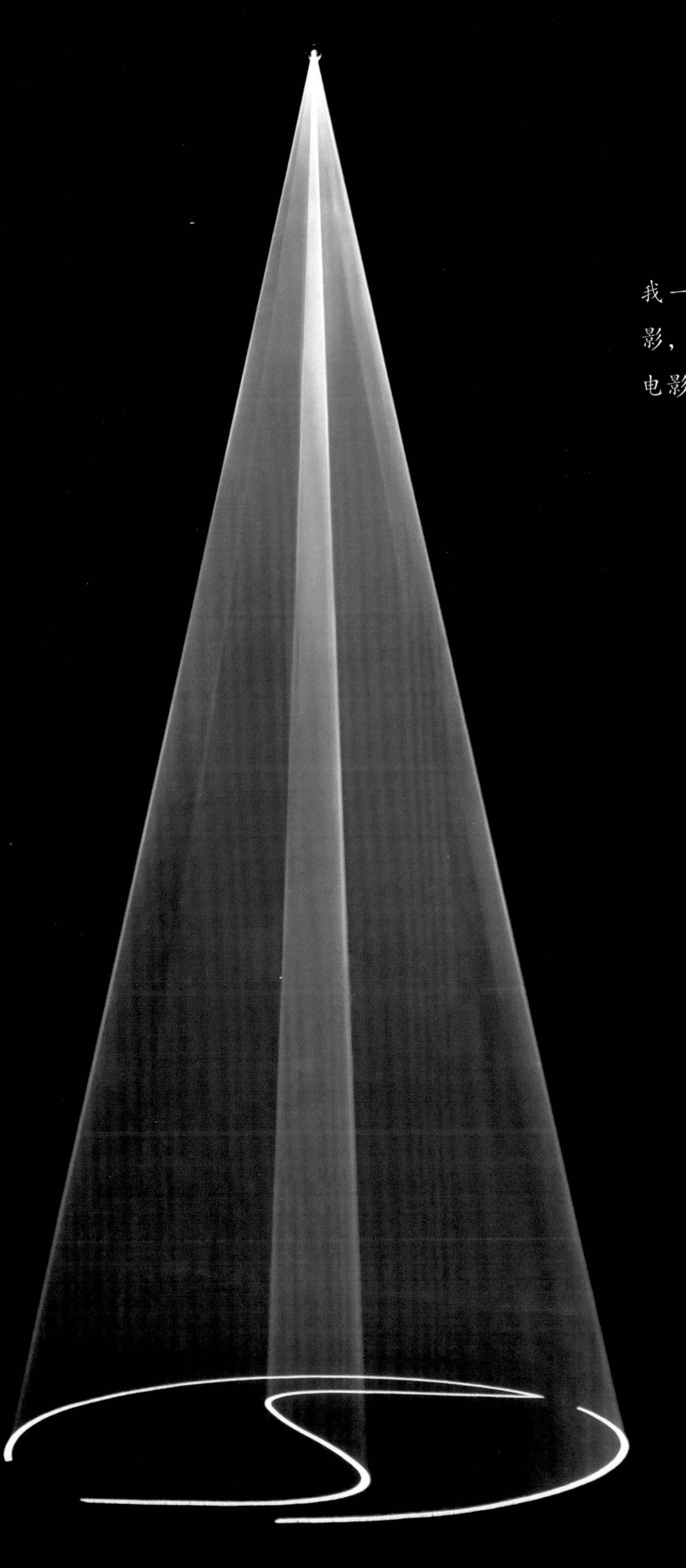

我一直在寻找一部终极电影，一部只作为自身存在的电影。

——安东尼·麦考尔，2008年

上、对页

4-20.约西亚·麦克尔赫尼（美国人，1966—　），《捷克现代主义的无限映射与反射》，2005年；对页为细节图。手工吹制的镜像玻璃物品与镜面玻璃盒，47厘米×143.5厘米×77.5厘米。© 约西亚·麦克尔赫尼。芝加哥唐纳德·杨画廊、纽约安德莉亚·罗森画廊。

同希尔伯特的《几何基础》和罗德琴科的《红》一样，麦克尔赫尼的雕塑也是一个由抽象、未定义、可替换符号组成的内部相容、对立的结构。八个带盖瓶子的形状，源自捷克斯洛伐克在20世纪30年代到90年代间设计的容器，与整个20世纪日耳曼语族文化中理想的纯设计形式类似。

麦克尔赫尼用透明玻璃吹出瓶子与瓶盖后，又把硝酸银溶液倒入再倒出，使瓶子的内壁附上一层银质的薄膜，变成了镜子。接着，他将这些瓶子放到镜面玻璃盒内，让光从上方照下来，使瓶子把所有的光线反射向无尽的远方。为了保证这一想象世界的自主性，麦克尔赫尼用一面特殊的“单向镜”遮挡了盒子的正面。这面镜子半反射、半透明，如果一面明亮，另一面不见光时，人们只能从不见光的那一面观察。而从上方照亮时，八个瓶子都位于有光亮的一面，照到它们身上的光线便反射回盒子中（如细节图左数第二个瓶子所示）。

观察者站在黑暗的一面时，就好像隔着普通窗玻璃一样，可以通过单向镜看到内部。但这不是普通的玻璃，所以盒子后面的观察者看不到自己在瓶上或镜中的镜像，因为来自黑暗一面的光线在单向镜上反射回观察者的空间，正如形式主义美学那样，让初始状态的瓶子不受污染地存在于一个独立的世界中。

“统一主义”在波兰：斯特泽敏斯基与科布罗

俄国画家弗拉迪斯瓦夫·斯特泽敏斯基提出了后来所谓的形式主义艺术主导叙事。斯特泽敏斯基是罗德琴科和塔特林的同事，生于明斯克，父母是俄国贵族。他受过良好的教育，曾在久负盛名的沙皇军校学习工程学，1911年毕业后当了军官。第一次世界大战期间，他被手榴弹炸伤，失去了一只胳膊和一条腿，在莫斯科一家医院里治疗、养伤时，结识了卡塔日娜·科布罗。当时的科布罗虽然还是一位学艺术的学生，但像其他富人家的女儿一样，也自愿来到医院给护士做帮手，在战争期间尽自己的一份力。到1918年时，斯特泽敏斯基也开始学习艺术，并和科布罗一起进入莫斯科和维特伯斯克的先锋派圈子，开始同构成主义产生密切联系。同罗德琴科一样，斯特泽敏斯基也将绘画简化为其本质：一个整体具有统一（unified）构图的平面——“统一主义”（Unism）——就如他的作品《统一式构图10》那样（图4-21）。[67]

由于在俄罗斯找不到工作，斯特泽敏斯基和科布罗便去了波兰，并于1924年成为波兰公民。就在这一年，波兰艺术家联合成立了“布洛克”（Blok），一个拥有自办刊物并定期举办集体展览的构成主义者团体。斯特泽敏斯基和科布罗认为，从根本上讲，艺术家的职责就是创作能被应用到实际任务中的抽象结构。但布洛克的其他成员则将自己视为“工程师”，希望通过设计实际物品（建筑、家具、海报、版面）来促进社会革命和大规模生产。这种意见分歧最终导致布洛克在1926年解散。不过，构成主义这一主题仍然在华沙、克拉科夫、罗兹的艺术社团中持续存在，继续兴盛了十年。

到1925年时，科布罗已经开创出了统一主义的雕塑。为创作整体具有统一性的作品，她会用模块化单元制作雕塑；同时，她融数学特色于其中，各单元以精确的比例进行安排，包括那个时代许多艺术家情有独钟的黄金分割（图4-22）。科布罗和斯特泽敏斯基于1931年出版了一份题为《空间构图：针对时空节律的计算》的小册子，以自己的作品为例，详细说明了应该如何运用黄金分割来进行设计布局（图4-23）。

在创作绘画与雕塑系列作品时，斯特泽敏斯基和科布罗颇具钻研精神。在1934年发表的一篇有关波兰结构主义的论文中，斯特泽敏斯基把他们的工作方法描述为在整体之中对单元进行的安排：“当代技术的基本方法是正规化，即模块的标准化和生产的连续性。也就是说借助于统一元素创作的艺术家，就是在使用数学的方法计算。”[68]与罗德琴科一样，斯特泽敏斯基和科布罗把他们的设计也运用到了实际物品的创造中：科布罗设计了一所幼儿园（图4-24），而斯特泽敏斯基设计了一种印刷字体（图4-25）。

4-21.弗拉迪斯瓦夫·斯特泽敏斯基（俄国出生的波兰人，1893—1952），《统一式构图10》，1931年。布面油画。波兰罗兹艺术博物馆。

在《统一式构图10》中，斯特泽敏斯基用刮刀搅动成团的颜料，平涂于画布表面。观者看到的不是一幅平面绘画，没法像透过窗户看到一个新世界一样看进这幅画中，而是被表面上那些边角厚到能够透出阴影的不透明纹案挡住了。尽管这些密布的纹案并非是同一种颜色——右边的略深些，形成了一个几乎无法看清的幻影形状——但斯特泽敏斯基为了呈现统一的感觉，选择了玫瑰色、橘黄色、土黄色这些在色调、明暗度、浓度上非常接近的颜料。

左

4-22. 卡塔日娜·科布罗（俄国出生的波兰人，1898—1951），《空间构图3》，1928年。置色钢材，40厘米 × 64厘米 × 40厘米，波兰罗兹艺术博物馆。

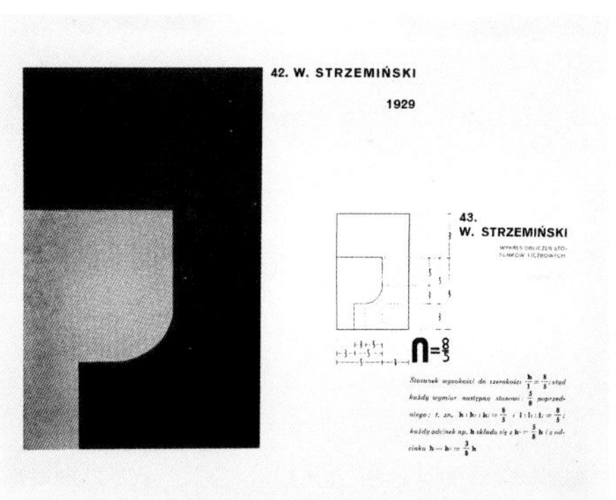

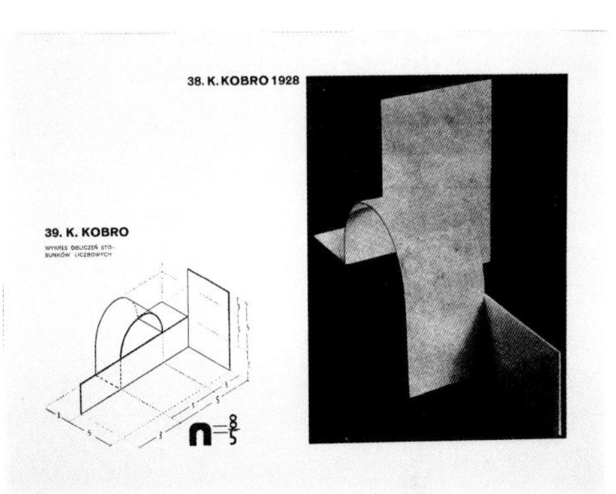

右上与右

4-23. 卡塔日娜·科布罗和弗拉迪斯瓦夫·斯特泽敏斯基，《空间构图：针对时空节律的计算》（1931）。

在这本小册子中，科布罗和斯特泽敏斯基描述了他们使用黄金分割的方法。他们用∩代表这一比率，并将其表达为8/5（约等于黄金分割率1.618…）。在科布罗的雕塑中，基座处水平放置的长条（8个单位宽）和右面的矩形面（5个单位高）成8 ∶ 5的比例。斯特泽敏斯基也用这一比例来设计他的绘画。

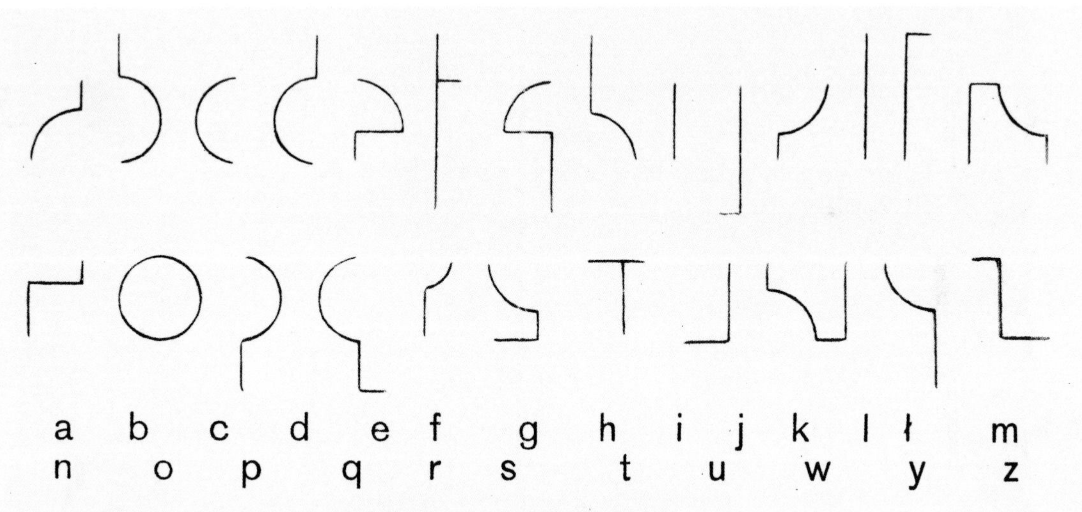

上

4-25. 弗拉迪斯瓦夫·斯特泽敏斯基设计的字母表，约1930年。纸上墨水。波兰罗兹艺术博物馆。

左

4-24. 卡塔日娜·科布罗设计的幼儿园，约1932年。波兰罗兹视觉艺术博物馆。

4-26. 弗拉迪斯瓦夫・斯特泽敏斯基（俄国出生的波兰人，1893—1952），《建筑构图 9c》，1929 年。布面油画，96 厘米 × 60 厘米。波兰罗兹艺术博物馆。

在20世纪的第二个十年中，俄国的形式主义批评家维克托·什克洛夫斯基、戴维·布尔柳克、尼古拉·塔拉布金，就曾阐述过现代艺术形式主义主导叙事的早期版本。由于他们遵循的是德国知识分子的传统，所以他们的看法反映的是赫尔巴特的形式主义美学。按希尔伯特等形式主义数学家的说法，他们所描述的东西实际上就是“公理化”某个领域——也就是确定该领域的基本假设（公理）。什克洛夫斯基、布尔柳克、塔拉布金通过这种简化分析过程，得出了与赫尔巴特相同的结论，那就是从形式主义的角度来看，艺术形式的本质就是它的物理（形式）属性；对于绘画而言，这种属性就是一个总体经过构图的平面；对于雕塑而言，则是一种简单的几何形式。

1924年，斯特泽敏斯基撰写了一篇极有说服力的文章，总结了形式主义的主导叙事，认为绘画艺术（把颜料涂到平面上）从文艺复兴时代到现代的发展历程，本质上就是被无情地还原为一个矩形平面的过程——换言之，就是把画布绷到矩形画框上。[69]对于形式主义美学而言，文艺复兴时期的艺术家使用直线透视法创造的幻觉空间，其实“与绘画的本质并不相容”。

斯特泽敏斯基认为，印象派的艺术家最早认识到了像平面就是平整表面这个事实，因为他们在创作时会使用相近的色调，“将无序的平面和空间图形通过相同张力的色彩联系在一起”。立体主义艺术家与未来主义艺术家则运用幻象般的浅空间，将“动态张力散布到了整个画面中”，从而把艺术引向了更为扁平的表面。但“立体主义和未来主义的形式一直在‘滑动’，故而无法充分与整个表面实现统一”。在他看来，立体主义与未来主义的作品之所以会具有不稳定的“滑动”表面，还是因为他们把主要精力都放到了模仿自然（也就是风景画、肖像画、静物画）这种次要的任务上。

斯特泽敏斯基认为，进一步简化绘画的关键，就是不再描绘自然世界，转而从事完全抽象的非具象艺术。“现在，造型艺术是时候诉诸本身的手段，（宣告）其真正独立的存在了……一件艺术品只有能够在可塑性方面自给自足时，只有本身形成了目的，不再向画面外寻找支撑价值的正当理由时，才能抵达自己的本质。”在斯特泽敏斯基看来，马列维奇是非具象艺术的先锋，但他并没有成功抵达彻底的简化，因为他的色彩形式构成仍然包含了“过多的方向倾斜”（用一种形式来平衡另一种形式）。

罗德琴科为了达到简化的平整，在他那些单色画中运用了统一的色彩；类似地，斯特泽敏斯基也在画布上使用了统一的厚涂法。在《建筑构图9c》（图4-26）等作品中，斯特泽敏斯基虽然也在绘画表面上划分出了区域，但是把色块对齐到了画布的边缘。总体经过构图的平面，是现代主义为绘画设定的主导叙事目标：“一幅画不应该是形式间的相互作用，而应该是同时发生的现象。”

与其他科学研究一样，我们可以在数学中发现两种倾向：一个是趋向抽象，人们追求清楚地阐述他们正在研究的物质迷宫中固有的逻辑关系，并用系统有序的方式把它们与物质关联到一起；另一个是趋向直觉理解，人们通过直觉，来更直接地理解他们所研究的对象，或者说与它们和谐共处，这种倾向强调的是各种关系的具体意义。

——戴维·希尔伯特，《直观几何》，1932年

形式主义、意义，以及形式主义的意义

自希尔伯特在19世纪90年代为形式主义数学奠定基础之后，有些数学家便一直认为他只知道“形式”而丢掉了数学的意义，把数学简化成了毫无意义的机械过程。例如，当时名气很大的法国数学家庞加莱便在一篇关于《几何基础》的评论文章中哀叹：“按照他的说法，甚至有可能把推理简化为纯粹的机械规则，而且为了创造一种几何，我们只要像奴隶一样把规则应用到公理上面即可，甚至连公理是什么意义都不需要知道。”[70]

把时间拉到近期，我们也依然可以看到，还是很多人在坚持不懈地反对希尔伯特的形式主义。例如，美籍英裔数学家弗里曼·戴森曾在2006年评论道：“伟大的数学家戴维·希尔伯特……信奉一种形式化的程序，其目标是使用一些有限的符号字母、一组有限的公理和推导规则，将整个数学简化为一套形式化的表述。这是字面意义上的简化，将数学简化成了一套写在纸上的符号，刻意漠视了赋予这些符号意义的想法与应用。”[71]

以上的这些批评，其实是源于对形式主义的误解。形式主义实际上是希尔伯特研究抽象结构的工具，并不是什么乏味、机械的推理过程（事实上，这个过程通常是由机器而非数学家来完成的）。批评者忽略了一个事实，那就是希尔伯特只是在特定的时期（19世纪90年代、20世纪20年代）使用过形式主义，而且是为了达到一个特定的目标：为经典的柏拉图主义数学建立一个坚实的基础。[72]

批评希尔伯特的人经常把“未定义”（meaning-free）与“无意义”（meaningless）这两个说法混淆。“未定义”（或“意义未定”）其实指的是结构的变量没有特定含义，但批评者却总是偏激地把它理解为结构本身没有任何意义。同任何纯数学实践一样，某个形式公理结构一旦确立之后，便可以被赋予特定的意义，从而与现实世界关联起来。希尔伯特称他的抽象结构为“理论形式”，并且认为只有被赋予意义之后，这些结构才会变得完整，才会变得非常有趣。1905年，受到爱因斯坦狭义相对论的启发，希尔伯特耗时十年研究了数理物理学，将原本未定义的变量赋予了特定的意义——亚原子粒子与力。[73]

罗德琴科、塔特林、斯特泽敏斯基、科布罗也都受到了批评，被指责将绘画与雕塑简化为装饰性的图案，最终让艺术失去了真正的内容。[74]这些批评者经常将形式主义与具象艺术之间的差别误认作形式与内容之间的差别，错误地认为非具象艺术除了空洞的形式之外再无其他。但其实同希尔伯特的形式主义数学一样，任何艺术形式都可以被赋予意义。俄国革命之后，艺术家便开始努力让他们的作品去适应新社会的需要。罗德琴科将他的颜色形式应用到了实际的设计任务中，如海报、纺织品、餐具，意在让日常生活变得更加富有效率、更加令人愉悦。1920年之后，他

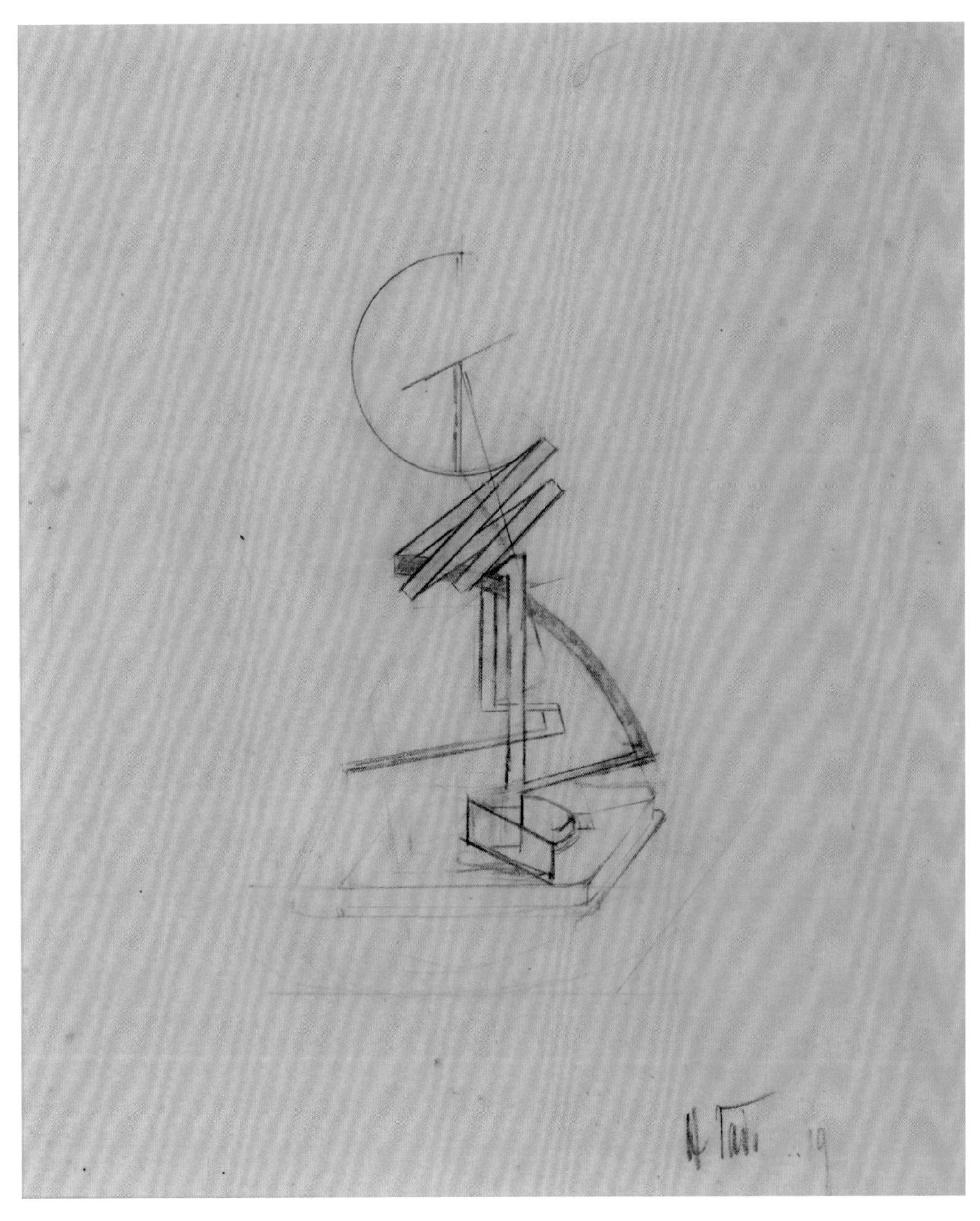

4-27. 瑙姆·加博（1890—1977），《为某物理与数学研究所的纪念碑所绘的第一份草图》，1919年，纸面炭笔，33厘米×22.9厘米。伦敦泰特现代美术馆，inv. no. T02156。© 妮娜与格雷厄姆·威廉姆斯。

加博设计了这座要为新俄罗斯的精密科学竖立的纪念碑（未建成）。革命之后，沙皇特权已经成为历史，精密科学将建立在人的理性之上。

加入莫斯科高等艺术暨技术学院，开始讲授建筑基础课。这所学校由列宁一手创建，旨在培养青年艺术家，为颜色与形式赋予实际意义，促使先锋艺术与工业结合到一起，从而保证生产工作的顺利进行。艺术家瑙姆·加博曾在德国受过教育，1917年返回祖国后，成为罗德琴科的同事，一起为新社会创作大众艺术——虽然在当时，科学与数学的地位要更高一些（图4-27）。

革命之前，先锋派的艺术家很少关心政治，但革命后，他们必须要重新定义自己的角色，因为新社会需要他们像众多默默无闻的普通建设者那样，创造出有实际用途的作品，而不是躲在工作室里表达自己的个性。[75]当然，默默无闻并不意味着其中作品的意义被抹杀了。正如罗德琴科在1925年造访巴黎期间认识到的那样，物美价廉的实用物品也能表达很多东西。当时他去巴黎，是为了给国际现代装饰与工业

手如垂线，眼如直尺，心如圆规，我们创造自己的作品，如同宇宙创造自身，如同工程师建筑桥梁，如同数学家构建轨道公式。

——瑙姆·加博、安托万·佩夫斯纳，《现实主义者宣言》，1920年

右

4-28. 亚历山大·罗德琴科（俄罗斯人，1891—1956），工人俱乐部的内部设计模型，1925年，为巴黎国际现代装饰与工业艺术博览会制作。图像记录。纽约现代艺术博物馆。© 亚历山大·罗德琴科遗产/RAO，莫斯科/VAGA，纽约。

对页

4-29. 亚历山大·罗德琴科，《拿莱卡照相机的女孩》，1934年。照片。© A. 罗德琴科与V. 斯捷潘诺娃档案馆，莫斯科。© 亚历山大·罗德琴科遗产/RAO，莫斯科/VAGA，纽约。

1924年之后，艺术受到的支持有所减弱，罗德琴科转而通过摄影，利用带有鲜明抽象特色的黑白结构，来表达“与人、与女性的新关系”。

艺术博览会苏联展区的一座工人俱乐部做内部设计（图4-28）。这座工人俱乐部是莫斯科高等艺术暨技术学院的作品第一次在西方露面。罗德琴科第一次跨出国门，来到巴黎后，目睹了商店正在出售的丝巾、珠宝、时髦服装等奢侈品，受了极大的文化冲击。在一封写给妻子、艺术家瓦瓦拉·史蒂潘诺娃的信中，罗德琴科评价道，巴黎人似乎成了这些奢侈品的奴隶。

罗德琴科设计的工人俱乐部内部，通过用普通木料构成简单的形式，向颓废的西方人发出了一道信号——“光芒自从东方而来……不仅是工人阶级的解放在释放光芒，人、女性、物品之间产生的新关系同样光芒四射。我们手中那些物品的属性，应该是平等的，应该是我们的同志，而不是像在这里一样，阴郁、黑暗，成了人的奴隶”（图4-29）。工人俱乐部里的那些桌椅“将具有新的意义，将成为人类的好朋友、好同志”。[76]

在这次巴黎国际现代装饰与工业艺术博览会上，苏联还展出了构成主义的另一个应用实例：塔特林的“第三国际纪念碑”（又称“塔特林之塔”，1919；图4-30）建筑群模型。当时，苏联人认为，一场席卷全球的共产主义革命已经一触即发，不但将横扫旧君主制、巨富银行家、教会组织，最后还会在科学思想指导下，创建一个世俗社会，实现财产的平均分配。根据构想，这个建筑群将在革命发生之后被用作世界政府的中心，所以塔特林设计时采用了圆柱体、圆锥体、立方体这些完美形式，用来象征永恒的真理。按照他的设计，这座建筑建成后不会静止不动，它的螺旋形钢架会随着星星的运行，围绕一条中轴旋转。[77]正如艺术批评家尼古拉·普宁在

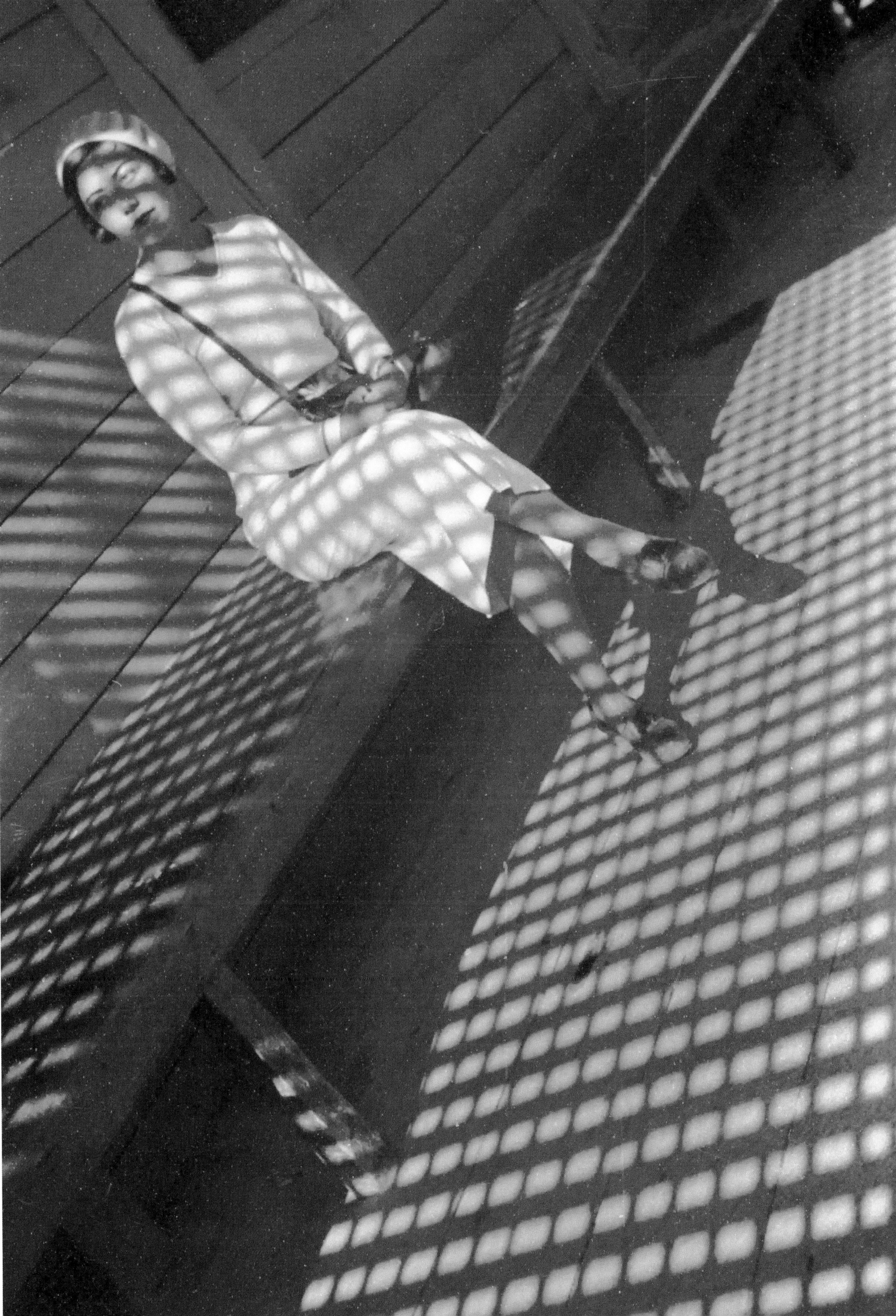

1919年评价的那样："螺旋是解放的理想表达：其底座固定在大地上，螺旋上升则象征着一切低级趣味将不再存在。"[78]但在列宁同志去世后，这个建筑构想最终还是被放弃了。

1927年，马列维奇前往柏林举办画展，并在包豪斯会见了瓦尔特·格罗皮乌斯和拉兹洛·莫霍利-纳吉，但不得不因故提前结束行程，返回莫斯科。[79]俄国人推翻了沙皇、建立起共产主义国家之后，尽管经历了种种曲折，但他们始终没有忘记的是，在1917年之后的一段时间里，艺术曾一度成为社会变革的有力工具，而罗德琴科和塔特林都曾将抽象的色彩与形式运用到实际的工作中，竭力让这个世界变得更加美好。

希尔伯特是一位柏拉图主义者，在数学基础遭到动摇的情况下，发明了形式主义方法。1935年时，曾在20世纪二三十年代同他有过密切合作的助手保罗·伯奈斯指出，大部分数学家实际上都是柏拉图主义者。[80]但大部分数学家不但没有准备好捍卫他们信仰的柏拉图主义，还有可能在压力之下，退回到形式主义立场，只承认自己相信抽象结构。正因如此，人们才戏谑地将那些活跃在公共领域的数学家形容为"工作日是柏拉图主义者，周末是形式主义者"。[81]根据柏拉图主义的观点来看，数学就是对完美、永恒的抽象对象的认知，所以从这个意义上来讲，希尔伯特远不只是一个形式主义者，因为他的主要目标是把形式主义当成一种工具，来为柏拉图主义的现代版本（康托尔德集合）提供基础。正如希尔伯特自己宣称的那样："康托尔为我们建造了一座乐园，没有人能把我们从里面赶走。"[82]

对页

4-30.弗拉基米尔·塔特林（俄罗斯人，1885—1953），《第三国际纪念碑》（又称《塔特林之塔》，未建成）示意图，见尼古拉·普宁的《第三国际纪念碑》（1920）。纽约现代艺术博物馆，由朱迪斯·罗斯柴尔德基金会赠予。

地球24小时绕轴自转一周时，北半球上空的各个星座看上去也同时围绕北极星旋转了一周。塔特林之塔中的外层钢结构指向北极星，所以塔特林之塔与北极星是相对静止的。正如所有天体围绕北极星旋转一样，根据设计构想，地球上的一切运动都会围绕着坐落于塔特林之塔开展，这座飞腾向上的塔要比巴黎的埃菲尔铁塔还要高出三分之一，是纽约帝国大厦的两倍。塔特林在其中设计了三座钢与玻璃结构的办公室大楼，每座大楼都将与宇宙保持着和谐的运动：底座（A）是一个圆柱形的大礼堂，其运动几乎难以察觉，每年旋转一周；中层（B）是圆锥状的写字楼，每周旋转一周；而顶端（C）是电报、电话、无线电业务所在的信息中心，每天旋转一周。在中心的上方是一块露天的屏幕，可以用于投影新闻公报，而在阴云密布的日子里，最新的消息还会被直接投射到云层上。

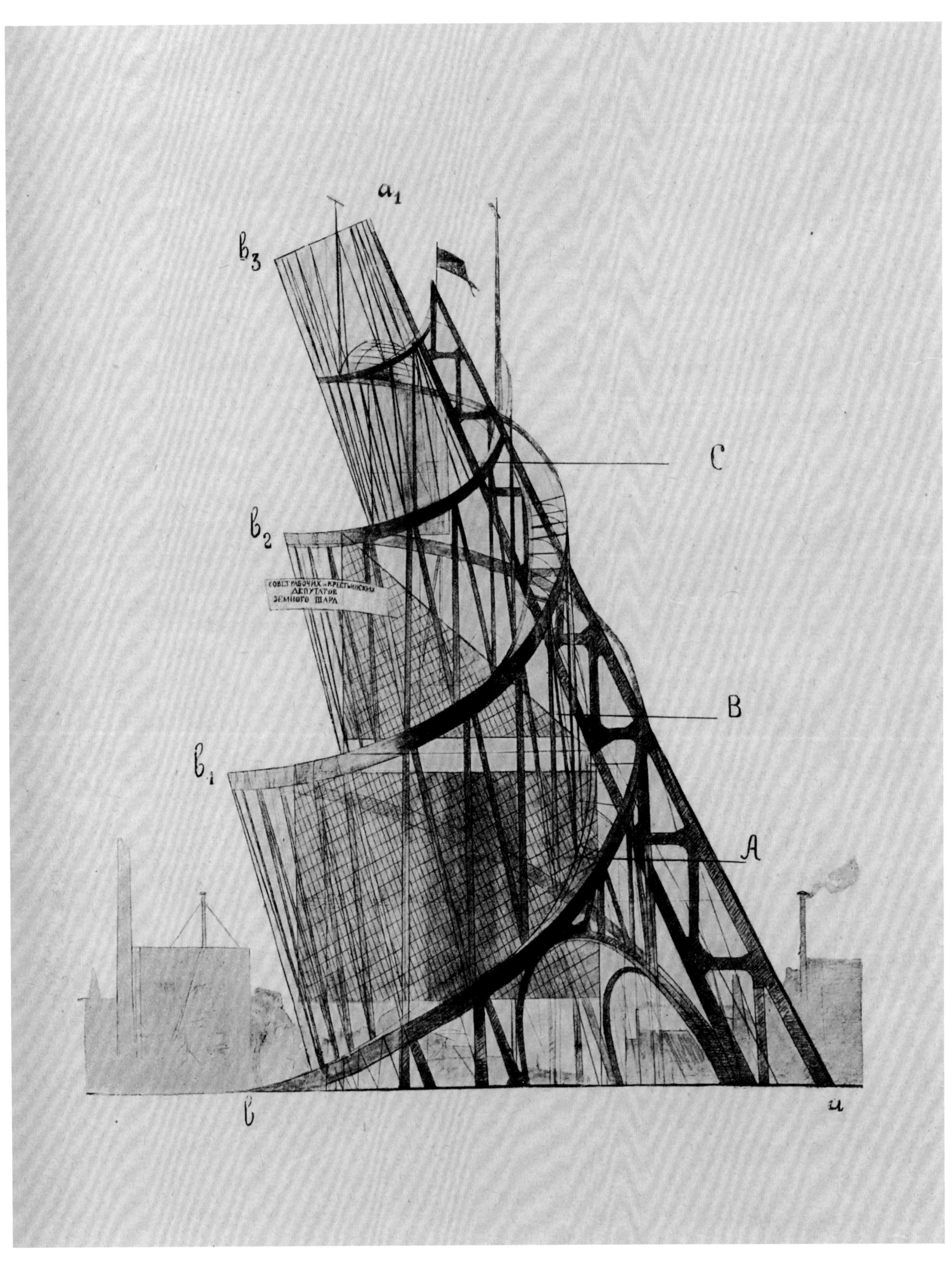
a_1
b_3
C
b_2
СОВЕТ РАБОЧИХ и КРЕСТЬЯНСКИХ
ДЕПУТАТОВ
ЗЕМНОГО ШАРА
B
b_1
A
b
u

第五章

逻辑主义

数学，如果公正地看，不仅包含了真理，还囊括了无上的美——一种如同雕塑一般冷峻的美，不会诉诸我们脆弱天性的任何部分，也不像绘画或音乐那般有华丽外衣，可是却纯洁得无与伦比，能达到只有最伟大的艺术才能臻至的严格与完美。

——伯特兰·罗素，《数学研究》，1907年

随着非欧几何的发现，数学家不得不重新审视数学的基础。以希尔伯特为首的形式主义数学家试图切断几何与自然的联系，来维护数学的根基；在他们看来，几何是一个自主的公理化体系。和希尔伯特一样，德国数学家戈特洛布·弗雷格（1848—1925）和年轻的英国数学家伯特兰·罗素（1872—1970）也信仰现代柏拉图主义，但与希尔伯特不同的是，他们认为传统口头辩论的依据，也就是用来描述理性思维的逻辑规律，可以为数学提供最坚实的基础。为了给现代柏拉图主义打牢基础，他们先是把数学简化为逻辑，然后证明了逻辑的一致性（不存在悖论）。所以，他们的思想源头不是欧几里得，而是最早给出逻辑定律（三段论）的亚里士多德，以及给出过逻辑运算“阿里阿德涅之线”（图5-1）的启蒙运动哲学家戈特弗里德·莱布尼茨。在他们二人的基础上，弗雷格发明了新的工具，为现代逻辑奠定了基础。

弗雷格和罗素认为，数学符号并非没有意义，比如算数中的“+”代表的是“加”这种运算，也就是集合的“并”，以及日常语言中“和”的意思。希尔伯特只给出了使用“+”的机械规则，却不曾提及它与“加”或“和”的关联。弗雷格和罗素则专注于“加”在算术中的意义、“和”在日常对话以及专业讨论中的使用，然后尽量用他们同等机械的规则来描述这些意义。换言之，弗雷格和罗素试图为“+”定出机械的规则，使得它可以被解释为“加”或“和”。他们的这种方法将有关数学这种人工语言与日常语言的问题混合在一起，被称作“逻辑主义”。

我们可以借助象棋来了解一下形式主义与逻辑主义的差别。在逻辑学家的眼里，

5-1.《克里特迷宫》，公元1世纪（或4世纪）。镶嵌画，约5.5米×4.6米，维也纳艺术史博物馆。

这幅镶嵌画是一座罗马风格别墅（位于今奥地利萨尔茨堡附近）地板的一部分。作品的左半部表现了克里特国王米诺斯的女儿阿里阿德涅在雅典英雄忒修斯进入迷宫前给了他一团线，作为交换，忒修斯答应让阿里阿德涅坐他的船离开克里特。在镶嵌画的中心，理性的化身忒修斯杀死了兽性的代表米诺陶，又在阿里阿德涅之线（象征逻辑）的引导下沿原路返回。不过，忒修斯虽然遵守承诺，带着阿里阿德涅乘船离开了克里特岛（图上部），但行至不远处的纳克索斯岛后，便抛弃了她（图右部）。

象棋的规则代表了士兵在战场上的行动。两军交战，都想抓住对方的王，其中的卒是步兵，只能一步一步向前走（一步一格），但骑士可以跳过其他棋子。而在形式主义者看来，这些棋子是未定义的符号，其运动由一套抽象的规则操控。但不管是哪种主义，象棋的规则都一样很机械。换言之，形式主义与逻辑主义的区别仅仅是哲学上的区别，并不会对象棋要怎么下产生实际影响。

与希尔伯特一样，弗雷格和罗素也是根据康托尔的集合来想象数学外在世界中的抽象对象。到20世纪初，在罗素领导下，寻找数学命题的逻辑结构已经成了英国剑桥大学数学研究的中心议题。罗素还与哲学家G. E. 摩尔合作，扩大了逻辑的解释范围：从如何思考数学对象，进一步拓展到了如何通过直接经验了解世界——既包括植物与动物的日常世界，也包括原子与力的科学世界。

最终，罗素和摩尔把人类如何认识世界这个由来已久的哲学问题，改造成了人们如何谈论世界的问题，并进一步分析了“断言”的逻辑结构。就这样，原本语言风格简明易懂的英美哲学开始了一次戏剧性的转变，从英国经验主义者戴维·休谟、约翰·洛克、约翰·斯图亚特·穆勒的传统，转变为了一种连受过高等教育的人都基本无法读懂的哲学思潮，也就是所谓的逻辑经验主义或者分析哲学（之所以说不太好懂，是因为这一流派的思想和观点只能通过该流派独有的专业语言风格与数学符号体系来表述）。

通过与罗素、摩尔素有来往的艺术批评家罗杰·弗莱，生活在伦敦布鲁姆斯伯里地区的一些作家、艺术家、知识分子逐渐了解到了这种数理逻辑观：瓦内萨·贝尔、邓肯·格朗特等艺术家试图借此来揭示可视世界下的基本形式，弗吉尼亚·伍尔夫等作家则运用逻辑架构来设计故事。20世纪二三十年代，逻辑渗透到了英国文艺界的各个层面，而其中受影响最明显的就是亨利·摩尔与芭芭拉·赫普沃思的雕塑，以及T. S.艾略特和詹姆斯·乔伊斯的写作。

论证的演绎逻辑：亚里士多德的三段论

公元前4世纪时，欧几里得发展出了数学证明的方法，亚里士多德则给出了口头论证的规则。在《工具论》一书中，他详细阐述了一种规定的论证形式，即三段论，创建了有记载以来的首个有效推理系统：逻辑（logic，来自希腊语的“logos”，意为“话语”）。某人想要论证一个观点时，要先陈述两个事实（含有一个共同概念的前提），且要假定二者都为真（不就基本假设的真假争来争去），那么根据前提便可得出一个必然的结论。我们来看一个例子：所有人都会死，苏格拉底是人，所以苏格拉底也会死。这个三段论的形式如下：

所有A都是B；C是A；所以，C是B。

结论的成立依赖于前提的成立。如果论证中有一个前提不成立（如所有人都是埃及人），那么尽管论证的结构依然有效，但结论的真实性就无法保证了。正如欧几里得根据具体的直角三角形类总结出了所有直角三角形的抽象形式那样，亚里士多德也在具体论证的基础上，给出了所有符合他规定的这一论证形式的有效结构。

两千多年来，亚里士多德的三段论一直都给人们提供了一种从一般前提得出具体有效结论的演绎方法。尽管有人批评这种方法太过僵化，但事实是，三段论几乎原封未动地被沿用到了19世纪初。

莱布尼茨的普遍语言和理性演算

如果一个人要使用逻辑（话语）来追求知识，那他怎么确定这些话语能被理解呢？西方这种人人都讲同一种语言的想法，实际上源自《圣经》中亚当为每种动物命名的故事（图5-2）。亚当和夏娃因偷食禁果被逐出伊甸园后，他们的后代仍然讲同一种语言。但上帝看到他们毫无敬畏之心，竟然想修建一座“通天塔”时，便决定“变乱他们的语言，使他们彼此语言不通”，还玩了个文字游戏，将塔重新命名为“巴别”（Babel，源自希伯来语的“Balal”，意为“变乱”；图5-3）。自此之后，这种普遍语言便失传了。

在古典时代，柏拉图的第一任老师克拉底鲁曾试图创造一种真实、完美的语言。在这种语言中，名字要通过模仿或象征所要指代的事物来反映出这个被命名物的本质。柏拉图举了一个例子，说某些声音跟事物有一定的相似性：“比如字母 ρ 会给人一种迅速、运动的感觉。”[1]英语中也有这样的例子，如“race”（赛跑）、“rush”（冲）、“run”（跑）中的字母r会让人想到呼啸而过的声音。柏拉图指出，如果世间万物变幻无常，那么给日常自然世界中的事物命名（进而获得知识）就不可能办到，所以他向克拉底鲁建议，名字应当用来表示永恒不变的理型，因为理型是真正知识的对象。[2]然而，作为赫拉克利特的门徒，克拉底鲁不但笃信导师所谓的“万物皆流动”，甚至还走极端地认为，绝对的变化就意味着任何事物都不可能具有同一性。结果，克拉底鲁找不到拥有稳定意义的语言，“最后觉得说什么都不对，就干脆只动动手指，什么都不说了”。[3]

17世纪，随着人们越来越认识到精确语言在科学论述中的重要性，戈特弗里德·莱布尼茨及同代人开始尝试开发有史以来的第一批人工语言，希望以此克服自然语言的多义性、模糊性、易变性。而在这众多的尝试当中，影响最深远的就是莱

克拉底鲁……认为赫拉克利特所谓的“人不能两次踏进同一条河流”根本不对；因为在他看来，连一次都不可能，更遑论两次了。

——亚里士多德，

《形而上学》，

公元前4世纪

布尼茨的成果。

5-2. 亚当为动物命名，约公元400年。牙雕。佛罗伦萨巴杰罗国家博物馆。

自少年时代起，莱布尼茨便立志要把所有的科学知识都组织到一个庞大的体系内，而这也成了他终生奋斗的目标。为了创造出这种结构，他发明了两个工具，而第一个便是普遍语言。凭着一腔年轻的热血，莱布尼茨尝试着给各知识领域的每个原始概念都指定了一个质数，然后打算让这些质数相乘，得出对应复合概念的合数。这样编码方式的优点能把复合概念通过类似“分解素因数”的方式拆解成若干原始概念，因为正如欧几里得证明的那样，每个合数都只有一组独一无二的质因数分解式（第一章21页小版块），所以这种体系中的复合概念不会存在歧义。但作为一种实用工具，莱布尼茨这种普遍语言的缺点也很明显，那就是数值很大的合数分解起来异常困难。（正因如此，我们今天才依然会先用质数来为信息加密，然后再进行电子传输，以便保证系统安全。）

如若莱布尼茨当初完成了普遍语言的研发，就等于创造了一种只在神话中才出现过的“亚当式语言”，可以让文字的结构真实反映出现实的结构。但进展到二十五六岁时，他最终得出了一个结论，那就是把所有知识领域的所有原始概念都分离出来，单靠人类思维是无法完成的。[4]

莱布尼茨发明的第二个工具叫推理演算。这套机械规则会从命题的主词、谓词中所包含的原始、复合概念出发，根据它们对应的质数和合数，来判定命题是否成立。如果一个命题成立，那么其谓词概念必定会包含在主词概念之内；而分解对应谓词概念的合数，则必定会得到与主词中的原始概念对应的质因数。莱布尼茨的看法是，假如他能发明一套准确的符号和机械规则，那么只需通过计算就能确定命题的真假。莱布尼茨曾尝试用金属齿轮建造一台能够计算的机器，并为此发明了一种适用于机器的语言系统，也就是我们熟知的二进制记数法——只用0和1便可表示所有数字。[5]

莱布尼茨的普遍语言是一种极端的空想，但他的推理演算却成了现代逻辑的先声。莱布尼茨将逻辑比喻为一种工具，理性的人能依靠它摆脱非理性的困扰，就像忒修斯依靠线团逃出传说中的克里特岛迷宫那样。按照希腊神话中的说法，克里特岛上有一座迷宫，里面住着牛头人身的怪物米诺陶，进入迷宫中的人都会迷路，最后只能死于怪物之手。但勇士忒修斯杀死了米诺陶，并借助克里特国王的女儿阿里阿德涅给他的一根线来标记路径，成功逃出了迷宫。

逻辑学从诞生伊始便一直在使用符号（亚里士多德的三段论就曾用字母来代替

5-3.老彼得·勃鲁盖尔（佛兰芒人，约1525—1569），《巴别塔》，1563年。橡树面板油画，114厘米×155厘米。维也纳艺术史博物馆。

条件），但莱布尼茨改进了其符号体系，让推理规律变得更容易理解了。尽管莱布尼茨的推理演算构想没有完全实现，但在他的启发下，后来的学者及时改进了符号体系，不但揭示了传统逻辑中的谬误，还使归纳成为可能。总而言之，莱布尼茨的逻辑演算为人们提供了一条阿里阿德涅之线，给19世纪符号逻辑的发展奠定了基础。

上帝没有用语言来创造人，也没有给他命名。上帝不希望用语言来约束人，但赋予了人这种被他用来创造世界的媒介。上帝把自己的创造能力留给人自行发挥后，便去休息了。而这种创造力的神性事实被卸除后，就成了知识。……人在乐园里讲的语言，必定是一种完美知识的语言……即便是善恶树也无以掩盖的一个事实是：伊甸园的语言具有完全的认知性。……人类的堕落标志着人类语言的诞生，命名由此开始受到影响。……人类被逐出伊甸园这件事，让语言成了一种中介，为其多样化奠定了基础，此后，语言的混乱便近在咫尺了。

——瓦尔特·本雅明，《论本体语言和人的语言》，1916年

符号逻辑

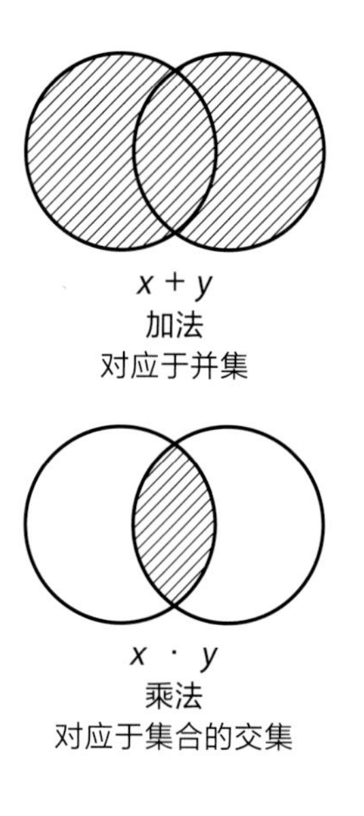

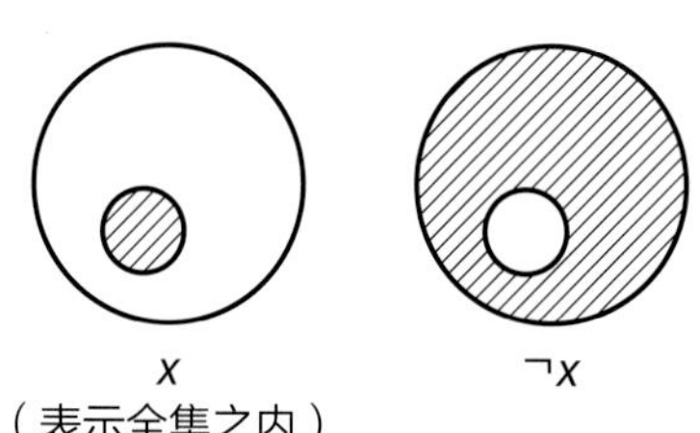

否定
对应于一个集合的余集

在19世纪的英国，面向大众的逻辑学书籍很受欢迎。这些书的写作宗旨是让英国公民通过自学理性知识来避免非理性的冲动行为。所以书里会教授三段论、归纳法，以及对比、类比论证等非正式方法。约翰·斯图尔特·穆勒的《逻辑学体系》（1843）明白晓畅，在长达一个世纪的时间里，都是英语世界最受欢迎的逻辑学读物。穆勒的同代人乔治·布尔自学数学知识后，把一部分逻辑简化为代数，成功设计出了第一种推理演算。

亚里士多德在研究命题时主要关注的是词项的逻辑性质与词项间的逻辑关系（词项就是指表达概念的语词，是构成简单命题的组成部分），但布尔却认识到了逻辑关系与某些数学运算颇有相似之处（图5-5）。他借助莱布尼茨的二进制，用1表示命题为真，0表示命题为假，证明了我们可以通过代数运算来取得有效的结果。布尔在《逻辑的数学分析》（1847）和《思维的规律》（1854）中介绍了他的推理演算，使得这两本书最终成了符号逻辑的奠基性著作。

布尔的方法简单来说就是从代数角度来对命题逻辑重新陈述，而英国数学家约翰·维恩在1882年以类似的思路，用重叠的椭圆来代表集合与命题，使得几何可以被用来表述逻辑关系了（图5-4）。鉴于学生上学时本身就要学习几何，所以这些图示开始被用来培养他们的推理能力（图5-6）。维恩的同代人、牛津大学的数学讲师刘易斯·卡罗尔则开发了另外一种表示方法，提议用重叠的矩形而非椭圆来代表类别。卡罗尔把逻辑学当成游戏，撰写了一本题为《逻辑游戏》（1886）的数学趣味读物，并在其中介绍了他发明的一种游戏：用九颗棋子在代表类别的矩形棋盘上角逐胜负。卡罗尔认为，玩他的游戏能让人“思路清晰，学会找到解决谜题的途径，养成清晰、高效的思维习惯，以及最重要的——发现谬误的能力”。[6]卡罗尔出版几何与三角学的著作时，用的是本名“查尔斯·L.道奇森”，但发表有关逻辑学的书时，用的则是创作《爱丽丝梦游仙境》时所用的笔名——“刘易斯·卡罗尔”。在这

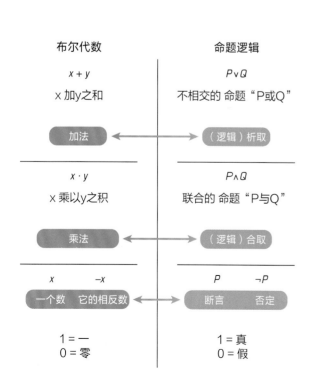

布尔代数		命题逻辑
$x + y$ x 加y之和 加法	↔	$P \vee Q$ 不相交的 命题“P或Q” （逻辑）析取
$x \cdot y$ x 乘以y之积 乘法	↔	$P \wedge Q$ 联合的 命题“P与Q” （逻辑）合取
x　$-x$ 一个数　它的相反数	↔	P　$\neg P$ 断言　否定
1 = 一 0 = 零		1 = 真 0 = 假

上

5-4. 维恩的图示。

下

5-5. 布尔代数与命题逻辑之间的比较。

布尔代数是一个简单的0与1的双元素算术。

对页

5-6. 温斯洛·霍默（美国人，1836—1910），《黑板》，1877年。纸上水彩画，49厘米 × 32厘米。华盛顿国家艺术画廊。

像从明净湖泊中
升起的闪光水珠
形成云雾，
把苍天的蓝色容貌遮住，
来自思想的言辞
也常使思想模糊，
喔，
剥去隐蔽真面目的
那层纱幕，
和一切不属于它们的光
色、忧容和笑颜，
直到真伪都赤裸着
面对自己的主，
领受他们各自所应得到
的一份褒贬。

——珀西·比希·雪莱，
《自由颂》，
1820年

上

5-7.“半斤八两”，刘易斯·卡罗尔的小说《爱丽丝镜中奇遇记》中的插图，约翰·坦尼尔绘，1871年。纽约哥伦比亚大学珍本藏书馆。

“我知道你在想什么，”半斤说，“但这并不是事实。”

“正相反，”八两接着说，“如果那是真的，那就可能是真的；如果它曾经是真的，那它就是真的过；但是既然现在它不是真的，那现在它就是假的。这就是逻辑。”

下

5-8.布尔代数、几何、集合、命题逻辑之间的比较。

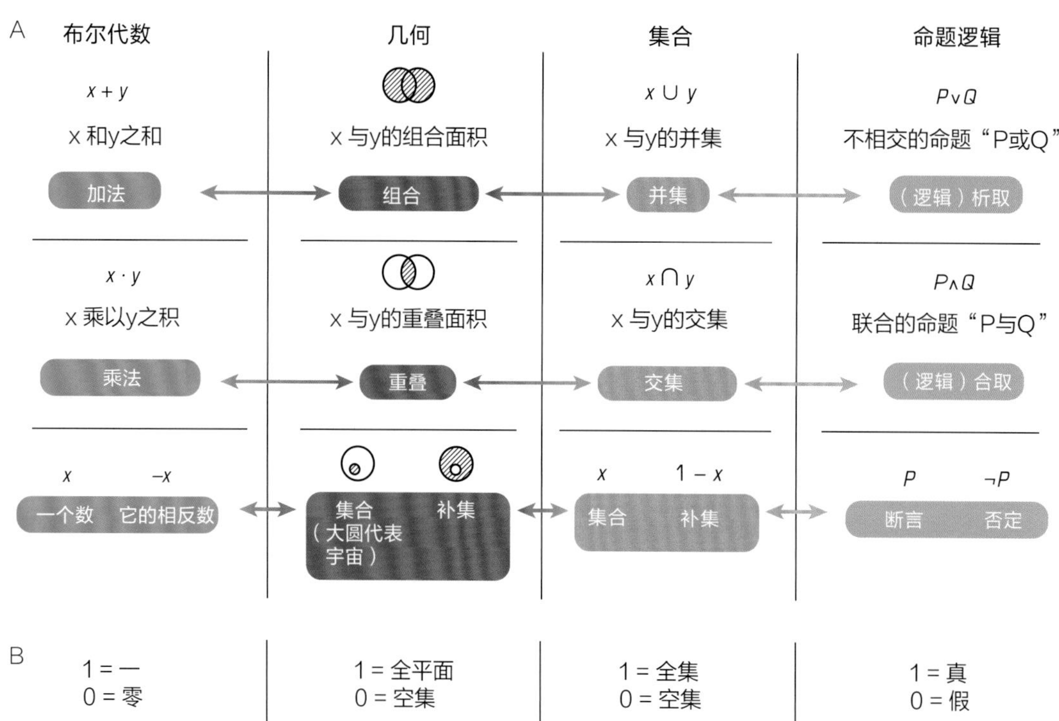

本书的续作《爱丽丝镜中奇遇记》里，爱丽丝在穿过一面镜子后进入了一个象棋棋局中，碰到了一系列有趣的逻辑难题（图5-7）。布尔、维恩、卡罗尔的成果证明了布尔代数、几何、集合论、命题逻辑之间的结构相似性（图5-8A），以及使用二进制数系来研究它们的可能性（图5-8B）。半个世纪之后，当计算机器开始用电流驱动时，由于电流只有两种状态（通电和不通电），所以计算机器使用的语言便是用布尔代数（二进制代码）写成的，其中：1=通电，0=不通电。

三段论、命题逻辑、谓词逻辑

A. 三段论

亚里士多德用字母A、B、C指代范畴。

形式如下：

所有希腊人都是人。	所有A都是B
所有人都会死。	所有B都是C
所以，	
所有希腊人都会死。	所有A都是C

B. 命题逻辑

用P和Q等字母来指代命题，后者是或真或假的论断。

样板命题：	指代字母：	读作：
所有希腊人都会死。	P	P
苏格拉底是希腊人。	Q	Q
有些玫瑰是红色的。	R	R

推论举例：		
如果希腊人都会死。 而苏格拉底是希腊人， 则有些玫瑰是红色的。	$(P \wedge Q) \to R$	如果P和Q成立 则R成立
希腊人都会死。	P	P
苏格拉底是希腊人，	Q	Q
所以，		
有些玫瑰是红色的。	R	R

在上面这个例子中，P、Q、R都是真命题，所以$(P \wedge Q) \to R$也是真命题。但这种体系有一个缺点，那就是人们无法深入到命题中，来说明命题之间的逻辑关联。谓词逻辑在一定程度上解决了这个问题。

C. 谓词逻辑

弗雷格意识到，使用"所有"和"有些"（或者是"存在着"）的系统表述法，可以让谓词逻辑更加有用。其他人接过了这种想法，引入∀来代表"所有"，∃代表"有些"（或者"存在着"）。

例如：	读作：
$\forall x$	所有x，或者对所有x来说。
$\exists x$	有些x，或者存在一个x。

为了分析论断的结构，弗雷格将主词进行了符号化：小写字母是变量（x，y，z）和常量（a，b，c），谓词则是大写字母，如G、H、M等。于是，命题"某人是希腊人"经过符号化之后，就可以表示为$\exists x(Px \wedge Gx)$，读作"某物是P（是人）而且是G（希腊人）"。尽管弗雷格的这部分表述方法被保留了下来，但其他部分没有被后人采用，下面的例子用了当前的标准表述法，由朱塞佩·皮亚诺发明。

演绎举例：	符号表示：	文字表达：
所有希腊人都是人。	$\forall x(Gx \to Hx)$	对于所有x，如果x是G，则x是H。
所有人都会死。	$\forall x(Hx \to Mx)$	对于所有x，如果x是H，则x是M。
所以， 所有希腊人都会死。	$\forall x(Gx \to Mx)$	对于所有x，如果x是G，则x是M。

再看一例：	符号表示：	文字表达：
所有希腊人都会死。	$\forall x(Gx- \to Mx)$	对于所有x，如果x是G，则x为M。
苏格拉底是希腊人。	Gs	s是G
所以， 苏格拉底会死。	Ms	s是M

命题逻辑与谓词逻辑都使用的连接词和推导规则：

连接词：	读作：	例如：	读作：
$\wedge$	与	$P \wedge Q$	P与Q
$\vee$	或	$\forall x(Fx \vee Gx)$	对于所有x x是F，或者x是G
$\to$	如果，则	$P \to Q$	如果P，则Q
$\leftrightarrow$	当且仅当	$P \leftrightarrow Q$	当且仅当P为Q
$\neg$	非	$\exists x(\neg Fx)$	某个x无F性质

样板推导规则：	读作：
$[(P \to Q) \wedge P] \to Q$	如果（如果P则Q）与P，所以Q。
$\forall x[(Fx \to Gx) \wedge Fx] \to (Gx)$	所有x（如果x是F则x是G）与x为F，所以所有x为G。
$[(P \vee Q) \wedge \neg P] \to Q$	如果（P或Q）与非P，所以Q。

谓词逻辑中的关系

关系

两个或更多对象间的关系可以通过使用两个或更多变量或常数来表达。

举例:	符号:	读作:
人人都相互畏惧。	$\forall x, y\ (Fxy)$	对所有x和y，x与y有关系F。
某人爱某人。	$\exists a, b\ (Lab)$	存在着a与b。且a与b有关系L。

量词和可以用以清楚阐述断言的结构。例如，可以通过使用量词消除某些命题中的模糊之处：

模糊断言：人人都爱某人。

替代逻辑结构:	读作:
$\forall x \exists y\ (Lxy)$	对于所有x，总有x爱的某个y。

换言之，每人都有一个（可能不同的）爱恋对象。

$\exists a \forall x\ (Lxa)$　　存在着某个a，所有x中的每一个都爱这个a。

换言之，存在着一个人人都爱的大众情人。

算术简化为逻辑

逻辑项目的目的是将一切数学简化为逻辑。罗素与怀特海证明，至少算术可以被简化为逻辑（《数学原理》，1910—1913），但必须求助于三项公理（无穷、选择、可化归），而它们的逻辑地位一直有争议。

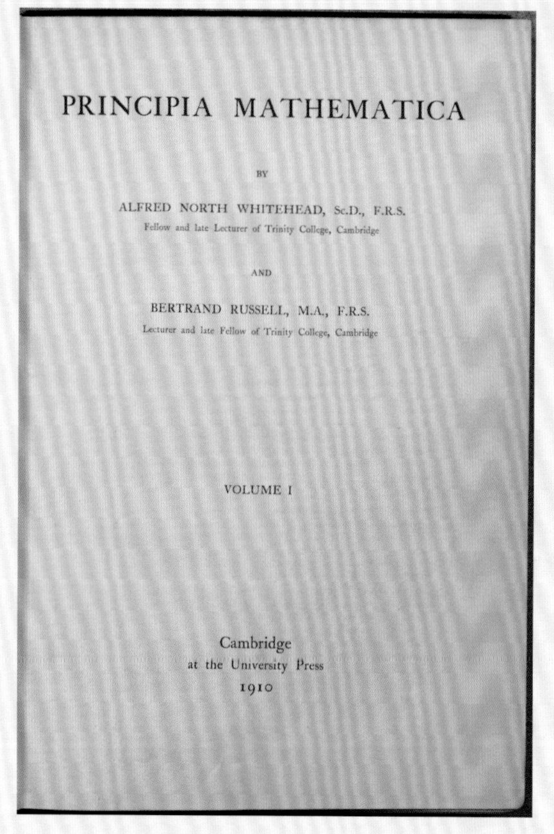

PRINCIPIA MATHEMATICA

BY

ALFRED NORTH WHITEHEAD, Sc.D., F.R.S.

Fellow and late Lecturer of Trinity College, Cambridge

AND

BERTRAND RUSSELL, M.A., F.R.S.

Lecturer and late Fellow of Trinity College, Cambridge

VOLUME I

Cambridge

at the University Press

1910

右

5-9. 阿尔弗雷德·诺思·怀特海、伯特兰·罗素，《数学原理》，1910年。麻省理工学院档案与特别收藏研究所。

弗雷格的算术和谓词逻辑

戈特洛布·弗雷格创建了一种符号体系改进了传统逻辑。他通过将句子的谓词（比如“会死”）符号化，用符号体系来表达句子的内在（逻辑）结构，所以人们也把他的体系叫作“谓词逻辑”。尽管弗雷格注重谓词，但他关心的并不是命题的主谓语法，而是它们的逻辑结构。弗雷格对“量词”的使用，实际上可以追溯到亚里士多德的传统逻辑中对“所有”与“有些”的区分。今天的逻辑学家会使用“∀”来表示“所有”，使用∃来表示“有些”或者“存在着”。[7]弗雷格还超越了传统的逻辑

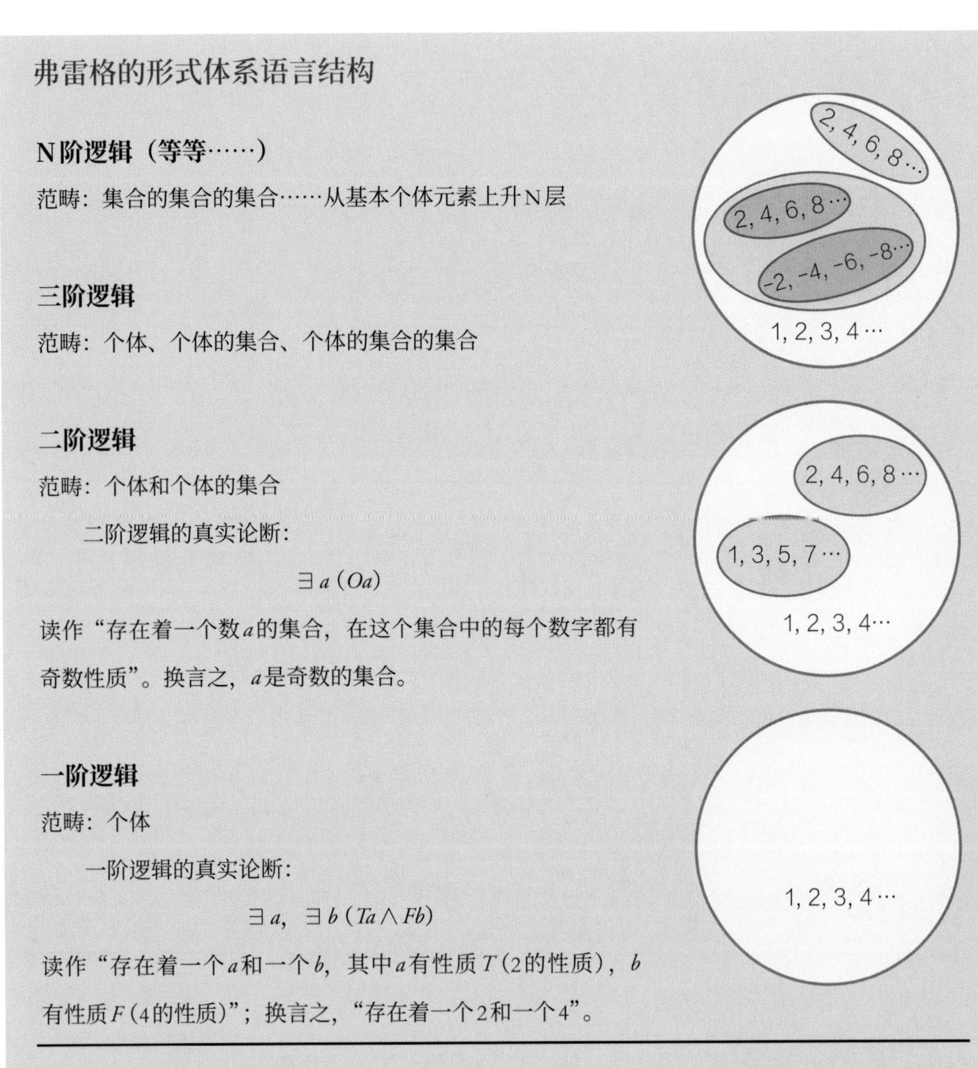
弗雷格的形式体系语言结构
N阶逻辑（等等……）
范畴：集合的集合的集合……从基本个体元素上升N层
2, 4, 6, 8…
2, 4, 6, 8…
-2, -4, -6, -8…
1, 2, 3, 4…
三阶逻辑
范畴：个体、个体的集合、个体的集合的集合
二阶逻辑
范畴：个体和个体的集合
二阶逻辑的真实论断：
∃a（Oa）
读作“存在着一个数a的集合，在这个集合中的每个数字都有奇数性质”。换言之，a是奇数的集合。
2, 4, 6, 8…
1, 3, 5, 7…
1, 2, 3, 4…
一阶逻辑
范畴：个体
一阶逻辑的真实论断：
∃a，∃b（Ta∧Fb）
读作“存在着一个a和一个b，其中a有性质T（2的性质），b有性质F（4的性质）”；换言之，“存在着一个2和一个4”。
1, 2, 3, 4…

语言描述　　　　范畴内元素种类的代表

学，开创了一种让关系符号化的方法，比如“x爱y”。

在弗雷格的谓词逻辑中，变量主要指个体，如数字等。他将谓词逻辑视为形式主义语言的最低层次，是“一阶逻辑”（见上方的小版块）。在二阶逻辑中，变量的定义域则被扩展为个体的集合，诸如奇数集合或偶数集合。而在三阶逻辑中，变量就成了集合的集合，依此类推。

弗雷格认定，无论欧氏几何还是非欧几何，都不足以成为数学的基础，因为几何知识源于空间直觉，因此是通过经验来获得的。但算术，尤其是有关自然数（1，2，3…）的算术，却是以纯粹理性（逻辑）为基础。就这样，通过分析人们在讨论康托尔集合论（第三章）中的数字时所采用的语言，他开始了算术基础的研究工作。比如，1是什么？就是含一个元素的所有集合的集合。

弗雷格非常希望证明所有数学分支都可以从逻辑规则中推演出来。既然数字和算术是数学的核心，那他如果能表明可以用逻辑联结词符号（如表示“与”和“或”的符号）来构建数和算术，接下来的一切就好办了。弗雷格借助康托尔的集合论，先指出如果把数字理解为集合，则仅当集合的元素间存在一一对应的关系时，数字才是相等的——在这个“相等”的定义之后，弗雷格引用了18世纪哲学家戴维·休谟的一段观点类似的话，所以他这种定义方式也被人称为“休谟原则”。接着，弗雷格发现了他可以仅用谓词逻辑，就从休谟原理推出皮亚诺公理（第四章159页的边栏）。尽管有人认为休谟原则并非逻辑真理，但它仍是一个基本定义，同时也为“算术是逻辑，而逻辑是数学的新基础”这一观点提供了支持。

语言学转向

> 因为词语只在命题的语境中才有意义，于是我们的问题便可归结为：为出现数字词的命题给出意义。
>
> ——戈特洛布·弗雷格，
> 《算术的基础》，
> 1884年

在建立谓词逻辑的过程中，弗雷格总是以深刻的洞察力和敏锐的思维转向口头语言，以帮助自己得出命题的逻辑结构。弗雷格不仅要把算术建立在逻辑的基础上，还要试图恢复人们对数学直觉的信心——因为欧几里得的第五公设被证明无法从另外四条公设推出后，这种信心便受到了动摇。希尔伯特在为数学寻找新的基础时，把“点”和“线”这类几何术语的内在意义都剔除了，但弗雷格却正好反过来，想要寻求算术语词在日常语言中的意义。比如我们说“碗里有三个苹果”时，到底是指什么？在柏拉图的对话集中，我们常能见到有关“圆”和“善”等语词到底是表示什么意思的讨论。弗雷格也遵循了同样的方法，持续关注日常语言中有关数的断言，分析其中的微妙差别，从普通人的角度去观察一般性事物，最后分离并得出普遍性原理。

在数学基础的过程中，弗雷格把注意力转向人们如何谈论数字后，便开启了所谓的“语言学转向”，进而创立了一门新的学科——语言哲学。[8]弗雷格开创的谓词逻辑，是形式演绎推理自亚里士多德以来取得的最大进步。这种新方法和语言转向，最终成了“逻辑实证主义”和语言分析哲学的催化剂。其中，逻辑实证主义曾在20世纪二三十年代的德意志知识分子阶层广为流行，而语言分析哲学则直到今天依然在英语学术界占据着主导地位。

英国的分析哲学

与此同时在剑桥大学，数学家阿尔弗雷德·诺思·怀特海已经开始研究逻辑与数学的关系。1891年，受到布尔的符号逻辑的启发，怀特海着手设计一种包括一切推理形式的符号体系（《泛代数》，1898）。在此期间，他门下来了一位才华横溢的学生，名叫伯特兰·罗素。他与同为剑桥学生的G. E. 摩尔都学过哲学，毕业之后又都留在了剑桥，成了同事。二人经常会面，讨论如何击败他们共同的敌人——侵入了剑桥大学与牛津大学哲学系的德国唯心主义。

哲学家F. H. 布拉德雷曾就读于牛津大学，毕业后留校工作。19世纪末，布拉德雷接纳了第二代德国唯心主义者的世界观，包括黑格尔认识绝对精神的目标，并沿袭黑格尔的哲学精神，宣称日常的感知与衡量或许会给思维造成矛盾（正题和反题，比如物体从这个角度看起来是正方形，从那个角度看起来就是长方形），但就最高层次的意识（合题）而言，人能认识到一个和谐整体——绝对精神——其中不存在任何矛盾（《逻辑原理》，1883）。剑桥大学哲学教授J. M. E. 麦克塔格特也是黑格尔哲学的信奉者（《黑格尔逻辑评注》，1910），但布拉德雷的观点却让他十分不安，因为在他看来，布拉德雷这种向“绝对”的攀升到最后只会获得一种非人（无神论）精神的知识。于是，在1910年，麦克塔格特开始撰写一部多卷本的庞大著作，为虔诚的信奉者提供了另一种选择：所有不朽的灵魂（曾经活过的所有人的思想）因爱的力量而永远结合在一起，并组成了“绝对”（《存在的本质》，1921—1927）。

德国唯心主义和浪漫主义在德语区点燃了巨大的热情，作为麦克塔格特的学生，罗素和摩尔也对二者着过迷。但这团火焰没有在他们更为冷静的英式灵魂中继续燃烧下去，到19世纪90年代后期，罗素和摩尔已经转而呼吁回归英国哲学与科学的特征：清晰明了的公式化概念，以及仰赖能亲眼所见的东西——“眼见为实”。弗雷格对语言的关注吸引了罗素，因为这和他与摩尔正在建立的分析方法不谋而合。但研究弗雷格的“数字即集合”理论时，罗素发现了一个矛盾。1902年，弗雷格正准备出版《算术的基本定律》第二卷时，收到了罗素的一封信。在信上，罗素问他是否考虑过“所有不属于自身的集合组成的集合”。[9]这个集合是否会包含自身？如果包括，那么它就不该不包括。如果不包括，那么它就该包括。这个要命的悖论竟然直接用他发表的公理推导就能推导出来，弗雷格非常崩溃，不得不着手修改他的公理（图5-10）。[10]

5-10. 弗雷格1902年在耶拿家中收到了罗素来信，出自《逻辑连环画》（2009），阿波斯多罗斯·多夏狄斯、克里斯托斯·H. 帕帕季米特里乌（文），阿雷卡斯·帕帕达托斯（图），安妮·迪唐娜（上色）。经许可后转载。

《逻辑连环画》以虚构的伯特兰·罗素为叙述视角，讲述了弗雷格在《算术的基本定律》第二卷（1903）出版前夕的决定性时刻。捷克数学家伯纳德·玻尔查诺（1781—1848）的集合论思想，曾为康托尔的理论奠定了基础。漫画作者在这里为了凸显“基础”这个主题，显然进行了一些艺术上的发挥，把这本1903年的著作改成了《算术的基础》。但事实上，《算术的基础》是弗雷格1884年那本著作的英译本书名（J. L. 奥斯丁译）。

“所有不属于自身的集合组成的集合”从定义上来讲具有自我指涉性，故而会导致悖论。其实早在公元1世纪，使徒保罗谈到克里特的埃庇米尼得斯时，就曾指出过自我指涉的逻辑危险：“克里特人的一个先知说：‘克里特人都说谎。’”（《提多书》1:12）可能存在的集合各式各样，即使往保守了说，从任何数学家都认可的集合

（如自然数的集合）算起，也有很多种。罗素悖论凸显了那类极端集合可能隐藏的危险——比如，某个包含了所有（能想象到的）数学对象的集合，本身也可以被视作一个集合。所以，罗素在《数学原理》(1903）一书试着将数学简化为逻辑时，便否决了任何按定义来讲具有自我指涉性的集合。[11]

在《数学原理》出版的同一年，摩尔发表了《伦理学原理》，提出了一种以分析“人际交往的乐趣和对美好事物的喜爱”为基础的伦理学和美学。[12]在弗雷格和罗素列出的完美数学对象（如圆）之上，摩尔又加入了柏拉图主义伦理学的理想观念——“善”。摩尔的论点是，正如完美的圆那样，纯粹的善在这个世界里无法被感知到，只能凭直觉认识。随着罗素《数学原理》和摩尔《伦理学原理》的出版，分析方法也确立了自己在英国哲学中的地位。

罗素和怀特海的《数学原理》

在寻找数学新基础的过程中，有人开始好奇能否只用几条基本的思想法则来推导出数学，但直到弗雷格发明谓词逻辑之后，这种推理才在技术上真正具备了可能性。而罗素在弗雷格的体系中发现悖论后，许多数学家便着手改进弗雷格的体系，以期能从无悖论结构下的逻辑公理来构建算术。罗素和怀特海完成算数推导这个大工程时，用到了P（命题）、V（或）、¬（非）三个基础逻辑术语，以及五个推理规则。[13]此外，为了完成这项任务，他们还提出了三个公理：无穷公理、选择公理、可化归公理。但有些批评者认为，单纯从逻辑上来讲，这三个公理并不为真。[14]不过，《数学原理》(1910—1913）尽管受到了一定质疑，但不可否认的一点是，这部著作确实完成了从逻辑推导算术的任务，进而证明了谓词逻辑的威力，使其开始在数学以外的领域（如语言学、经济学、计算机科学）中得到广泛应用。

罗素和怀特海非常自信地将这本书命名为《数学原理》，为的是呼应早先另一位剑桥大学数学家的著作标题——艾萨克·牛顿的《自然哲学的数学原理》。牛顿在他的“数学原理”中将天地间所有的运动都划归为了一种力（万有引力），而罗素和怀特海则用他们的“数学原理”证明了逻辑，也就是人类理性的法则，可以作为数学的基础：只需几项逻辑原语和假设，我们便能构建出算数。

逻辑原子论

罗素同怀特海一道用少量的逻辑公理构筑起数学大厦之后，又与摩尔合作，将这种新的逻辑工具应用到了其他哲学问题上，而他们希望解决的第一个问题便是“人如何认识世界”。罗素与摩尔认为感觉是最主要的手段，于是便先从分析感觉事实（如感知一个苹果）入手，将其分解成最小、最基本的单位（如看到苹果是红的、摸到苹果是圆的、闻到苹果是香的），并称之为“感觉材料”（sense-data；今天的哲学家则把这种意识经验称作“感质”，英文为qualia）。罗素和摩尔开始探索这个古老的问题时，正值世纪之交，剑桥大学里最热闹的话题是物质的结构，因为该校的物理学教授约瑟夫·约翰·汤姆逊刚刚在1897年发现了电子。罗素和摩尔从物理实验室那儿借来一个术语，将单个的感觉材料称作“原子事实”，将相关的描述称作“原子命题”，希望利用逻辑用具来分析这些要素，解决知识论问题。根据“真理符合论”，如果一个简单的句子为真，那么其中的原子命题（有关感觉材料的陈述）和原子事实（外在世界的事件）之间必定存在一一对应的关系。此外，如果用为真的原子命题恰当地构建一个复杂句（分子命题），那么这个复杂句也为真。[15]

20世纪30年代初，波兰逻辑学家阿尔弗雷德·塔斯基运用弗雷格、罗素、怀特海的逻辑工具，为真理符合论给出了非常明确的定义，后被人们广泛接受。为了避免一个命题在指涉自身真假时可能出现的悖论，塔斯基采用了一种类似弗雷格的语言层级，创造了形式化语言的无限结构。在这个结构当中，每一种语言都有一个比它高一层次的元语言域。在判定某个命题是否成立时，人们必须用比它高一层次的元语言（《形式化语言下的真理概念》，1933）。

只有在下雪时，“现在正在下雪”这句话才成立。

——阿尔弗雷德·塔斯基，

《形式化语言下的真理概念》，

1933年

逻辑与艺术：罗杰·弗莱对形式主义的批判

19世纪后期，随着英国工业化程度不断提高，英国的艺术家对工业化造成的影响也越来越感到不安，进而开始厌恶污染伦敦空气与水源的大烟囱和蒸汽机，以及工厂大批量制造出来的劣质产品。詹姆斯·麦克尼尔·惠斯勒等唯美主义艺术家主动退入了某种“美学堡垒”中，将社会隔绝在艺术之外，开始创作装饰性的城市与田园风俗画，最终在19世纪七八十年代将唯美主义运动推向了高潮。而19世纪末期的设计师则受到威廉·莫里斯倡导的工艺美术运动影响，开始向哥特式建筑和文艺复兴时期的建筑、装有黄铜器件的手工制木家具、雕版印制的各色墙纸借鉴装饰图案。

为了对抗这种怀旧情怀，毕业于剑桥大学的罗杰·弗莱决心让英国艺术走向现代化。为了实现这个目标，在20世纪第二个十年中，他组织了多场展览，展出了许多巴黎先锋派的代表作品。[16]弗莱与罗素、怀特海等哲学家往来密切，并以分析哲学的眼光来看待先锋艺术。弗莱在本科期间便加入了剑桥大学的学术精英团体“使徒社”，由于会员是终身制，所以1889年毕业后仍继续与该俱乐部保持着联系，进而结识了怀特海、罗素、摩尔等人。[17] 1894年，罗素同美国人艾丽斯·皮尔索尔·史密斯结婚——艾丽斯的姐姐玛丽·史密斯和姐夫伯纳德·贝伦森都是艺术史学家。罗素夫妇、贝伦森夫妇同弗莱及妻子海伦·库姆之间常有来往。[18] 1903年，弗莱同他人一起创办了艺术期刊《伯灵顿杂志》，并经常在上面发表探讨艺术与美学的文章。[19]此外在1906—1910年间，弗莱还担任过纽约大都会艺术博物馆绘画馆的负责人。

弗莱还参加了一个在伦敦、布鲁姆斯伯里区定期聚会讨论的团体。除弗莱外，布鲁姆斯伯里团体的成员还包括了曾与摩尔一起在剑桥研究哲学的克莱夫·贝尔、画家瓦内萨（贝尔的妻子）、作家弗吉尼亚·伍尔夫（瓦内萨的妹妹）、艺术家邓肯·格兰特等。1908年时，伍尔夫曾研读过摩尔的《伦理学原理》，[20]而罗素和怀特海的《数学原理》第一卷在1910年出版后，布鲁姆斯伯里团体也讨论了这部开创性研究著作可能产生的影响。尽管《数学原理》是以符号逻辑的术语写就，布鲁姆斯伯里团体内并没有人研习过相关内容，但他们还是从第一卷的前言和一些书评中弄清了它的大概内容。其中一篇书评刊载在1911年9月7日的《泰晤士报文学增刊》头版上，未具名的书评人尽管在开头宣称“也许整个英格兰也只有二三十个人能阅读这部书”，但接着还是以清晰、通俗的语言概括出了书的主题与意义。[21]布鲁姆斯伯里团体中有一部分人像弗莱一样，曾花时间学过一点标记法，所以能轻而易举地领会谓词逻辑在分析论证美学与伦理学这两个重点方面的威力。

根据分析哲学，弗莱创立了一种基于逻辑的艺术方法，用来分析绘画或雕塑的底层结构。与罗素相似，弗莱也将逻辑与直觉结合到了一起。罗素在1901年的一篇题为《神秘主义与逻辑》的论文中，[22]曾将自己的思考风格描述为直觉（神秘主义）与逻辑的结合，并解释了他作为一个逻辑学家怎样通过神秘直觉（纯粹的感知）知道了数学外在世界的存在。在了解到这种现实的终极秩序之后，罗素接下来又介绍了自己如何运用逻辑推理来确保自己的见解是可靠的知识。

弗莱也在以约翰·拉斯金为代表的英国美学传统中发现了类似直觉与逻辑的结合。拉斯金在著作《现代画家》（1846）中写道，艺术家（通过理性）利用抽象形式来构思，并且（通过直觉）创作出具有强烈道德主义暗示（这种暗示没有出现在罗素的作品中）的精神内容。[23]与拉斯金、罗素一样，弗莱也相信，人们可以通过直觉得到知识，并推测某些艺术家或许还能够通过直觉来感知现实的终极秩序：“我认为，艺术家如果愿意，可以采取一种神秘主义态度，宣布他所过的那种充满想象的丰富、完满的人生，或许比我们在有限生命中的存在方式更真实、更重要。”[24]

但是，非物质的超自然真实如何能够体现在物质的世俗绘画中呢？在1905年一篇题为《作为神秘主义者的曼特尼亚》的文章中，弗莱描述了意大利文艺复兴艺术

5-11. 安德烈亚·曼特尼亚（意大利人，1431—1506），《三博士来朝》，1496—1500年，布面胶画，54.6厘米×70.7厘米。洛杉矶J. 保罗·盖蒂博物馆，inv. 85.PA.417。

曼特尼亚用了柔和的色调来表现“神秘思想的强烈与奇异”。弗莱比较了曼特尼亚的方法与中国宋朝山水画家如范宽的技巧（第一章图1-49）：“曼特尼亚拒绝使用鲜艳、具有诱惑力的色彩，而是将表现方法简化为相对扁平且低饱和的色调，边界是极度纯净与完美的轮廓，进而找到了一种使人物显得神秘的精确方法。与中国伟大的宗教画画家相比，他自发地使用了几乎完全相同的技巧，相同的色调呈现，甚至相同的表面质感。这一点说明，我们能更加肯定地论证这种直觉是正确的。因为中国的画家也使用了相似的手法，使得神秘思想的强烈与奇异得以显现。”罗杰·弗莱，《作为神秘主义者的曼特尼亚》，原载《伯灵顿杂志》。

家曼特尼亚如何体现了“圣灵感孕说”的神秘主义观念，也就是精神与物质、神性与死亡的结合，最终“道成肉身”（《约翰福音》1:14）：“在更高维度发展的神秘主义几乎无法直接启发造型艺术，而是总倾向于消除差异，将除了神圣统一之外的一切都视为幻象。但艺术完全存在于不同对象之间的差异之中，必须强调事物的意义，而不是事物同绝对现实相比在本质上微不足道。因此，只有通过类比，人们才能谈论艺术中的神秘主义；只有通过隐喻，艺术家才能传达人们参悟真理的神秘体悟。尽管如此，有少数几位艺术家依旧可以穿透事物，使得隐藏在背后的那些朦胧难测的神秘真相呈现在我们面前。”[25] 弗莱认为，阿尔布雷特·丢勒和曼特尼亚就属于这少数几位艺术家：“他们对形式的表现从来不会模糊不清，而是一直是精准而确切……正如丢勒的《忧郁》和曼特尼亚的圣母……这种神秘的唯心主义符

合坦诚、严密的现实主义。”（图5-11；丢勒的作品《忧郁》，第二章图2-15）[26]

弗莱认为，法国与英国的现实主义画作（肖像画、风景画、静物画）也能够通过逻辑，来用一种适用于世俗时代的方式表现超自然境界。1910年11月，弗莱第一次为爱德华·马奈、克劳德·莫奈、保罗·塞尚等法国现代艺术家举办作品展（《马奈与后印象派》）。1912年，他又举办了巴勃罗·毕加索、亨利·马蒂斯的作品展（《第二次后印象派展》）。弗莱在有关展览的描述与分析中，借用了英国分析哲学的术语。比如，在1910年的展览介绍中，他说莫奈关心的是“外观”（感知数据），而塞尚关心的是“设计”（逻辑形式，见图5-12）：“印象主义让人们注意到了大自然的新奇特征，而塞尚通过对这些特征的处理……展示了如何从事物表象的复杂性过渡到构图所要求的那种几何的简洁性。”[27]

从本质上讲，弗莱就是把罗素的逻辑原子主义转化为了一种美学理论，来解释绘画和雕塑如何表现世界。比如塞尚在画室观察一组静物时，首先要分析水果、盘子、桌布、餐刀的摆放，将其转化成原子事实：一个白色平面（盘子和桌布）上的七个红色圆、三个绿色圆、若干紫色圆，以及一个薄薄的棕色长方形（苹果、葡萄和餐刀）。接着，塞尚再从这些事实出发，创造一个同构的绘画原子命题（画的“命题”是一张桌布上有十个苹果）。艺术家通过分析，将感觉材料分解成了绘画设计的基本元素（形式、颜色），但在弗莱看来，塞尚将这些元素纳入逻辑结构之后，参观者才感受到了情感上的冲击：“那么，我们或许从此就可以不用再追究是不是和自然相似，不用再把正确与否作为检验标准，而是只考虑自然形式中固有的情绪元素是否能够被发现。”[28]可绘画设计中的“情感元素”到底是什么样的情感？弗莱受摩尔《伦理学原理》的影响，也将逻辑、理性的秩序同善画上了等号，所以为设计赋予了一种在法国所没有的道德寓意；在巴黎看塞尚的静物画，能引发感官上的愉悦，但在伦敦看，却能带来道德上的提升。

在1912年组织的伦敦画展中，弗莱在贝尔的协助下，还展出了立体主义艺术家毕加索、乔治·布拉克和野兽派艺术家亨利·马蒂斯、安德烈·德兰的作品。弗莱认为，这些艺术家创造的不是仅用于实际目的的表象（感觉材料），而是发人深省的抽象逻辑形式：“他们希望通过清晰的逻辑结构与紧密统一的肌理来创作图像，使之可以像实际生活中的事物吸引我们做出实际行动那样，来生动地吸引我们客观、沉思的想象力。”[29]弗莱所举的“逻辑结构”例子，包括了毕加索的一张立体主义女子头像油画素描，以及马蒂斯的油画《舞蹈》（1909，纽约现代艺术博物馆）。

受到法国现代主义影响，瓦内萨·贝尔和邓肯·格兰特也在作品中强调“形式”。例如，在《弗吉尼亚·伍尔夫》（约1911—1912）中，贝尔走的是野兽派风格，将人物、椅子、背景全都变成了扁平的色块（图5-13）。贝尔和格兰特还尝试了纯粹的抽象绘画（瓦内萨·贝尔，《抽象绘画》，约1914，伦敦泰特美术馆；邓肯·格兰特，《抽象》，1915，伦敦安东尼·德奥夫雷画廊）。尽管弗莱更偏爱具象绘画，对抽象艺术没什么热情，但在他看来，视觉艺术的美学核心是绘画设计中的情感元素，而非对自然的模仿。[30]

5-12. 保罗·塞尚（法国人，1839—1906），《水果盘》，1879—1980年。布面油画，46.4厘米 × 54.6厘米。纽约现代艺术博物馆，戴维·洛克菲勒夫妇赠予。

1913年，有人约请弗莱写一本关于现代艺术的书，但他自己太忙，便把写书的事交给了克莱夫·贝尔。贝尔总结了二人的观点后，创造出“有意味的形式”这个说法，用来称呼弗莱的“绘画设计中的情感元素”（《艺术》，1914）。[31]这部专注虽然广受欢迎，但贝尔却把弗莱的微妙言辞简化为过分单一的武断偏见，比如：“一件作品中的具象元素可能有害，也可能无害，但从来都无关紧要。”[32]弗莱在评论这本书时，礼貌地说贝尔拥有“一种我所没有的自信”。[33]后来，弗莱将自己的诸多论文整理成集，指出了感觉材料及其在画布上的表现是整体视觉的一部分，而将这些视觉与图形原子按照逻辑组合为分子性场景，便形成了视觉上的设计（《视觉与设计》，1920）。正如弗雷格和罗素认为数学的本质就是逻辑形式一样，弗莱也认为艺术的本质就是视觉上的设计（理性秩序）。

弗莱的艺术批评后来被称为形式主义，也就是同时代的俄罗斯文学形式主义者同样在使用的说法。大家都用这个术语其实很恰当，因为就像希尔伯特、弗雷格、罗素（通过不同方式）得出了同一个公理化结构的基本观点一样，别雷、什克洛夫斯基、弗莱最后（出于不同目的）也都更强调形式大过内容。正如希尔伯特侧重于把数学视作一种形式的公理结构，俄国和德国的形式主义艺术家、诗人在创作时使用的形状和声音也不代表自然的外在世界。而弗雷格和罗素对逻辑与口头语言的关注，则启发了英国形式主义艺术家使用形式来描绘（“设想”）外在世界，譬如一些布鲁姆斯布里团体成员的肖像与风景画，以及亨利·摩尔和芭芭拉·赫普沃斯在20世纪20年代之后创作的雕塑。

她问他父亲的书讲了些什么。“主体与客体，以及现实的本质。”安德鲁这样回答。她说天哪，这是什么意思啊？他解释说：“就是你不在厨房的时候，去想象一张厨房里的桌子。”

——弗吉尼亚·伍尔夫，《到灯塔去》，1927年

弗吉尼亚·伍尔夫

鉴于语言可能会受到的影响，20世纪初的英国小说家、诗人、批评家都对弗雷格和罗素的逻辑及分析哲学产生了极大兴趣。但他们的作品中所反映出的心理学领域的发展，又同分析哲学难以调和。弗雷格和罗素是用词语和符号来表现可被观察的外在世界，而巴黎的让·马丁·沙可、维也纳的西格蒙德·弗洛伊德等神经学家则要求用语言来描述内在世界。

心理学对内在世界的强调，催生了一种全新的文学形式——“内心独白”，意在记录某人的意识在特定时间内的完整流动。这种写作方式被美国哲学家、心理学家威廉·詹姆斯称作“意识流”（《心理学原理》，1890；第八章图8-6）。巴黎的爱德华·迪雅丹、维也纳的阿图尔·施尼茨勒就采用这种手法，分别在小说《月桂树已砍尽》（1888）和剧作《帕拉塞尔苏斯》（1899）记录了普通人在波澜不惊的日常生活中的所思所想。[34]施尼茨勒因为笔下那些在维也纳不正常家庭中长大的人的内心独白，尤其受到了弗洛伊德的赞赏。[35]

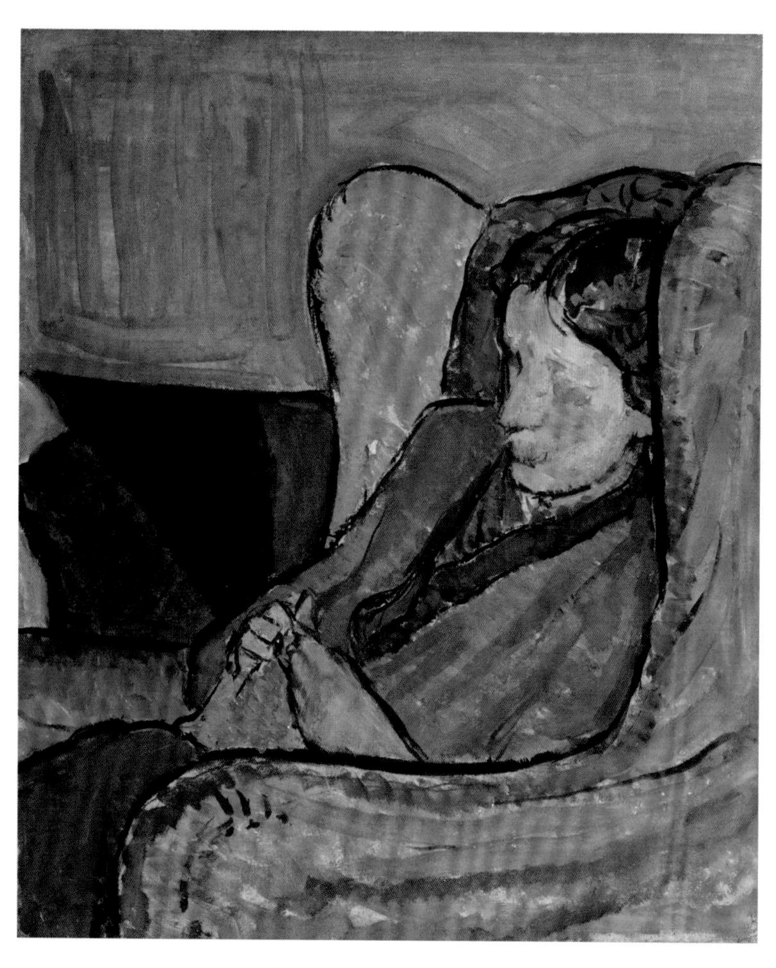

5-13. 瓦内萨·贝尔（英国人，1879—1961），《弗吉尼亚·伍尔夫》，1912年。木板油画，40厘米×34厘米© 伦敦国家肖像美术馆。

而在伦敦，弗吉尼亚·伍尔夫则将法国和奥地利流行的内心独白同英国分析哲学中的逻辑原子主义融合到一起，让笔下的人物把主观经验作为客观事实来叙述，使这类私人情感常常给人一种冷漠、无情的感觉。[36]根据逻辑原子主义的说法，“外部的”外在世界由许多人“内在的”感觉材料构成。与此类似，伍尔夫从人物的视角出发，把他们的个人想法与情感当作原子事实来叙述，进而构建出故事中的世界。比如在讲述拉姆齐一家坐船去参观附近灯塔的故事中，伍尔夫通过客人们的内心独白，构建出了一个客观事件：一次聚餐。在小说的这个部分，伍尔夫以“可我这一生都干了什么？拉姆齐夫人想着，并在桌子的上首就座……”开头，[37]餐桌旁的客人（看到拉姆齐夫人时）的所思所想则包括“她看上去那么苍老，那么疲倦，莉莉心想，那么孤傲”，[38]以及（看到餐桌上几位女子彬彬有礼的

交谈时）“她们说的都是什么废话！查尔斯·坦斯利一边这么想，一边把勺子放到盘子的正中间”（《到灯塔去》，1927）。[39]

英国雕塑：亨利·摩尔和芭芭拉·赫普沃斯

20世纪初，雕塑家创作时依然遵循古典传统，像希腊人那般模仿自然。利兹艺术学院的学生亨利·摩尔本来也可能按着这条老路走下去，但1921年，他偶然读到弗莱的著作，了解到了自然设计中的情感元素：“罗杰·弗莱的《视觉与设计》是我最幸运的发现。当时我去利兹工具书阅览室找另一本书，但偶然看到了这一本。弗莱在《黑人雕塑》一文中强调了非洲艺术的‘三维意识’特征及其‘对材料的忠实’。由此，我又跟着他看了别的书，去了大英博物馆。一切从这儿才真正开始。”[40]

视觉设计的抽象质感是一件作品的关键，但我认为，与之同等重要的是人类的心理元素。如果抽象质感与人类元素可以同时融合在一件作品之中，那这件作品必将具有更饱满、更深刻的意义。

——亨利·摩尔，1934年

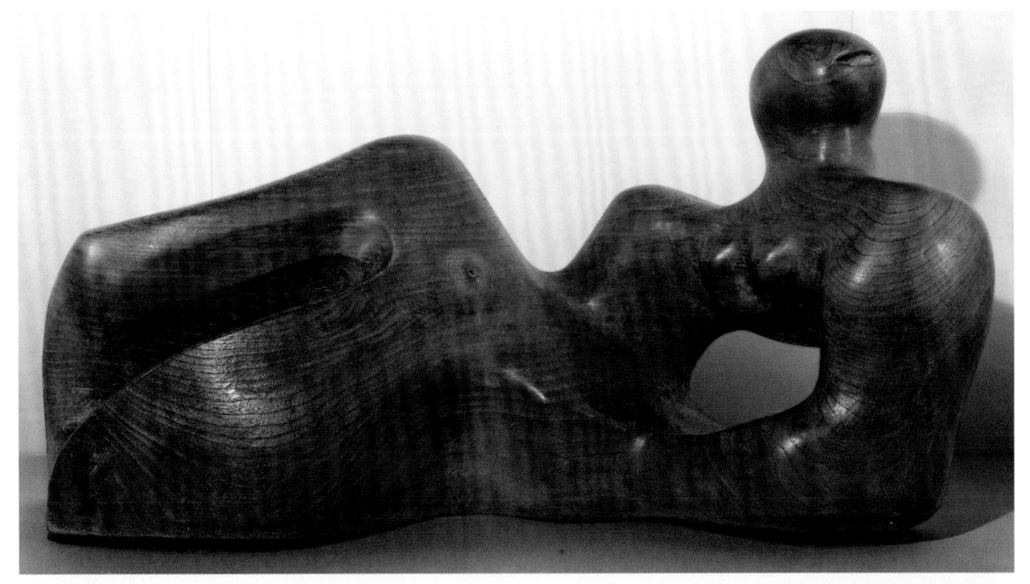

上

5-14.亨利·摩尔（英国人，1898—1986），《侧卧像》，1935—1936年。榆木雕塑，48.3厘米×93.3厘米×44.4厘米。纽约州布法罗城阿尔布莱特·诺克斯艺术画廊，当代艺术基金展厅，1939年。

摩尔使用了英国榆树这种具有独特纹理的本地材料，并按照纹路横向摆放，强调了人物的侧卧姿势。

下

5-15.芭芭拉·赫普沃斯（英国人，1903—1975），《人物》，1933年。灰色雪花石膏，石板底座，19厘米×14.6厘米×6.3厘米。伦敦泰特美术馆。

赫普沃斯按照大理石本身具有的斑驳图案来雕刻这些弯曲的形状，进而成功实现了她经常宣扬的目标：“形式与材料的统一”。

右

5-16.纳撒尼尔·弗里德曼（美国人，1938—2020），《三叶草躯干：峡谷之光》（及细节图），1995年。佛蒙特大理石，50.8厘米×35.6厘米×10.2厘米。图片由艺术家提供。

摩尔和赫普沃斯启发了纳撒尼尔·弗里德曼通过这件大理石躯干雕塑来探索三维形式以及空洞的美学特征。弗里德曼既是数学家也是艺术家，他曾这样描述过自己的雕塑手法："与数学一样，雕塑有关形式与空间。但通过研究芭芭拉·赫普沃斯和亨利·摩尔的作品，我发现雕塑还有关光与色彩。赫普沃斯启发我在石头上打开一个可以使光穿过的空洞。我在这件雕塑的中心设置了一个三叶形纽结的内部结构，然后在边缘凿刻成波纹状，让我想起了峡谷。直射或反射照入这个空间的光线，取决于太阳照射的角度，所以实际上有无穷无尽的变幻。"

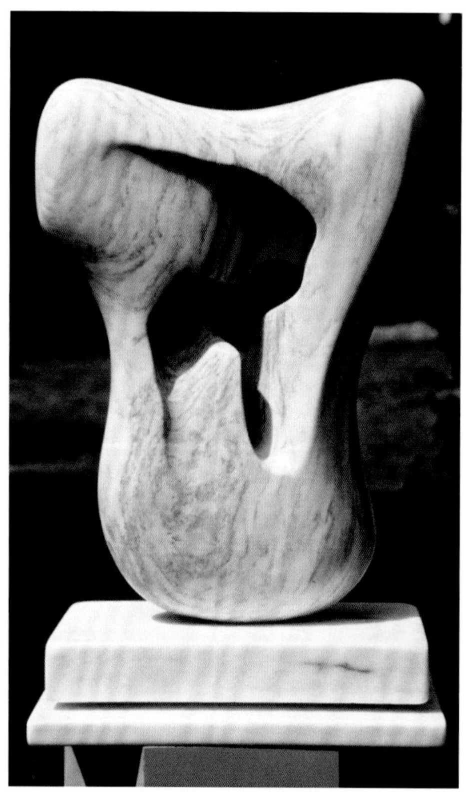

对页上

5-17.芭芭拉·赫普沃斯（英国人，1903—1975），《三种形式》，1935年。大理石雕塑。©伦敦泰特美术馆。

对页下

5-18.本·尼克尔森（英国人，1894—1982）。《1934》（浮雕），1934年。木板油画。71.8厘米×96.5厘米×33.2厘米。©伦敦泰特美术馆。©2014 安吉拉·维纶·唐特/版权所有/DACS，伦敦/艺术家权利协会，纽约。

摩尔创建了一套有机形式的定义，与纯几何的完全不同："直线、完美曲线、几何立体、完美球面、圆锥、圆柱、立方体，这些几何形式都被认为是完美的（柏拉图），但这种完美只能由机器制造，艺术家做不到。艺术要展现的是会犯错的人创造的种种不完美。"[41]到20世纪30年代中期，摩尔已经开始以简单、平滑的形式来构思雕像，就如漂在海上的浮木（《侧卧像》；图5-14）。与弗莱一样，摩尔认为抽象的有机形式要比现实主义的刻画具有更多的情感意义："现代雕塑家将希腊式的古典壮丽之美抹去，帮助他重新认识了形式的内在情感意义，让他不再只关注肉眼可见的表象价值。"[42]走出古典传统的视野后，摩尔转而开始关注前哥伦布时期的雕塑以及非洲的雕塑，还有塞尚这种为题材赋予了几何机构的现代艺术家的作品。

亨利·摩尔为家中第七子，其父为矿工，未接受过正式教育，全靠自学自修，所以摩尔也一生好学，思想开放，充满好奇心。芭芭拉·赫普沃斯则生于小康之家，父亲是受过高等教育的土木工程师，但她没有听从父亲的鼓励去上大学，而是选择了利兹艺术学校。赫普沃斯反感剑桥背景的布鲁姆斯伯里团体，[43]所以并没有读过弗莱或者G. E.摩尔的著作，她的创作灵感基本上来自自然及其他雕塑家的作品，而第一位给她启发的便是亨利·摩尔。20世纪20年代，二人在利兹上学时相识，后来又在1921—1924年间一起到伦敦皇家艺术学院学习。1929年，两位艺术家都已在伦敦汉普斯特德地区定居，且经常去对方的画室拜访。在作品《人物》（1933）中，赫普沃斯雕刻了一位呈斜倚姿势的母亲和孩子，像摩尔的雕塑一样，人物形象被简化为简单的起伏形态（肩膀、头、腿），看起来像连绵起伏的山峦（图5-15、5-16）。[44]

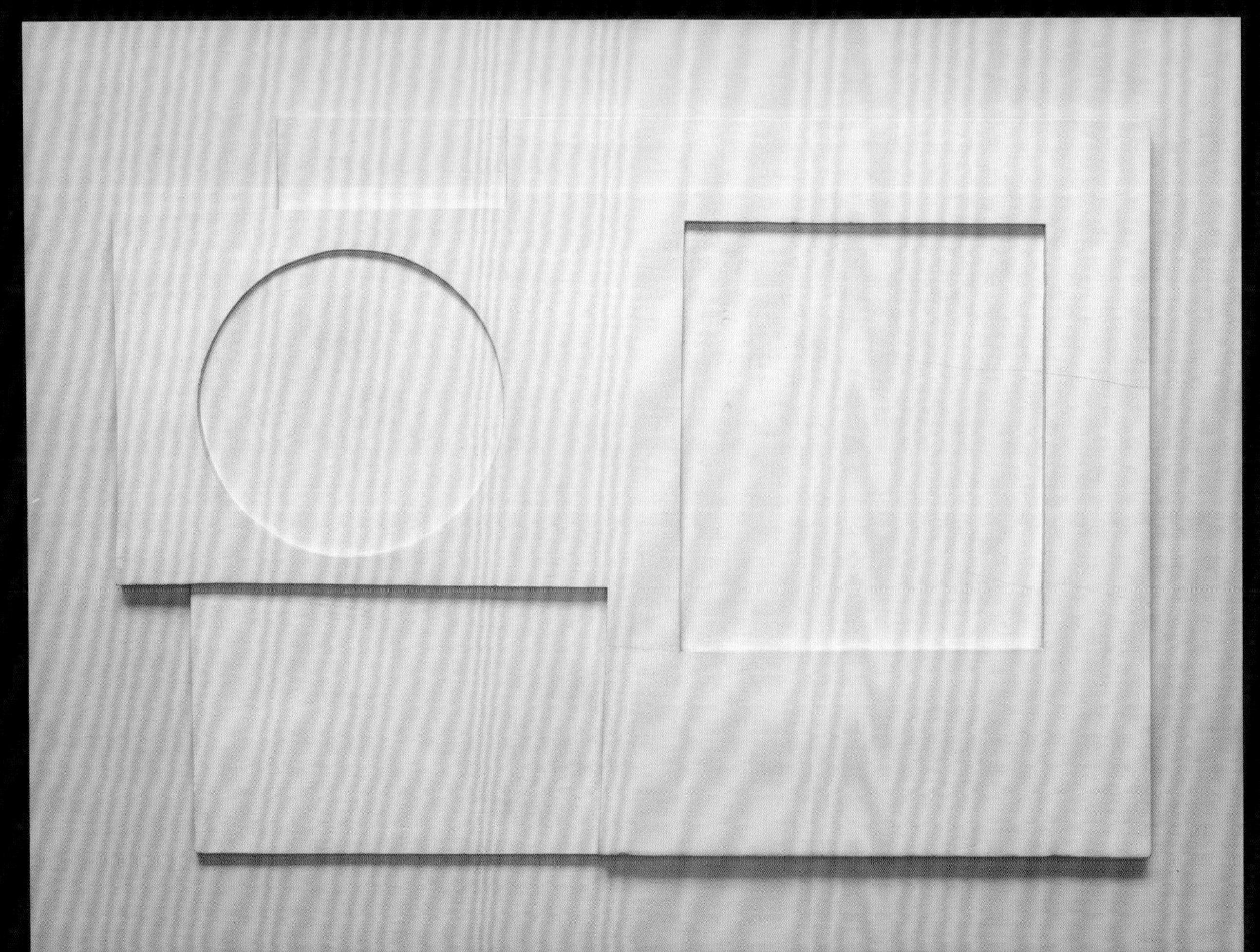

20世纪30年代时，赫普沃斯和丈夫、画家本·尼克尔森经人介绍，认识了正在伦敦流亡的构成主义艺术家拉兹洛·莫霍利-纳吉和瑙姆·加博，接触到了他们鲜明的几何形式，后开始将全白的正方形、圆、球面运用到自己的作品中。[45]在1933年时，赫普沃斯和尼克尔森拜访了让·阿尔普（汉斯·阿尔普）和康斯坦丁·布朗库西在巴黎的工作室。正是在他们的影响下，赫普沃斯才开始将纯抽象形式运用到了雕塑当中（《三种形式》，1935；图5-17）。在法国杂志《具体艺术》上，尼克尔森读到了荷兰艺术家特奥·凡·杜斯伯格的文章《走向白色绘画》（1930），这位专攻几何抽象艺术的荷兰风格派领军人物提倡仅以白色作画："白色！我们这个时代的灵性色……属于这个完美、纯粹而坚定的时代。"[46]之后在1934年，尼克尔森创作了第一幅全白的抽象拼贴画，并在接下来的半个世纪中，一直只用白色创作纸质抽象拼贴画与木刻浮雕（图5-18）。

20世纪30年代，弗莱之后英语世界中最有影响力的批评家赫伯特·里德也曾评论过亨利·摩尔的雕塑。里德担任伦敦维多利亚与阿尔伯特博物馆陶瓷馆的负责人时，在前往德国出差期间认识了艺术史学家威廉·沃林格，并透过他题为《抽象与共情》（1907）的博士论文了解到了用形式来表达情感的创作手法。沃林格的理论其实直接引自心理学家西奥多·利普斯的共情理论：观者对艺术品中蕴含的情感产生共鸣时，才会对艺术做出同情的回应。沃林格故此提出了一个理论：艺术家在和平繁荣的年代倾向于表现外在世界，但在动乱恐慌的年代则会逃避现实。

沃林格的观点引起了里德的共鸣，使他理解了"一战"后英国出现的抽象主义浪潮。[47]里德对弗洛伊德的精神分析也持开放态度，并通过这种在战争期间主要用于治疗炮弹休克的心理学方法，来解读德国的表现主义和国际上正兴起的超现实主义。在他那两部颇有影响力的著作《艺术的真谛》（1931）和《今日艺术》（1933）中，里德充分赞扬了亨利·摩尔在雕塑中使用的形式，[48]但在他看来，形式并不是理性的体现（弗莱），而是历史的表达（沃林格）和艺术家情感的表达（弗洛伊德）。但弗莱对德国的表现主义不为所动，痛恨一切不属于人类理性产物的艺术，所以轻蔑地将德国表现主义斥为"一种艺术坏习气"，[49]并对里德所倡导的从历史与精神分析角度来理解形式的方法表示了不满——但颇具讽刺意味的是，从1933年到1939年，弗莱那本用来谈论自己美学观念的《伯灵顿杂志》的主编正是里德。

许多现代艺术创作方法中对于无意识生活最低级、最无理的崇拜，是荒谬可笑的。只有与我们意识中的智识，以及有序的生活进行更高层次的交流时，科学与艺术才能成功结合。

——弗莱评里德的《今日艺术》（1933），原载《伯灵顿杂志》，1934年

英国文学中的形式主义：T. S. 艾略特与新批评主义

39岁那年，美国诗人T. S. 艾略特加入了英国国籍，但他第一次接触到分析哲学，却要回溯到1914年。当时，他正在哈佛大学读哲学研究生，选修了客座教授伯特

兰·罗素的符号逻辑课，但因为缺少数学与精确科学的背景，在这门课上表现不佳。不过，当年晚些时候，他又在英国见到了罗素，对方清晰的思维给他留下深刻印象，促使他下决心进一步研究分析哲学。[50]第二年的6月，26岁的艾略特不顾父母反对，同一个叫薇薇安·海伍德的姑娘私订终身，结果被断了经济来源。好在罗素及时伸出援手，让这对年轻夫妇住进了自己在伦敦的公寓，还为他们提供了财务支持。[51]从艾略特早年的诗歌（如《普鲁弗洛克的情歌》，1917）中可以看出，他已经开始接纳分析哲学的观点，并多次表达了对罗素才智的崇敬之情。[52]

与弗莱在艺术批评方面的做法类似，艾略特也尝试用逻辑原子主义来解释诗的语言如何表现其主题。艾略特认为，语言既为外在世界的事物命名，也为内在世界的情感命名，而这些情感就是客观事实（伍尔夫也持此看法）。对于艾略特而言，一件艺术品与它所激起的情感相互关联；也就是说，诗歌或戏剧是一种实物（纸上的文字、舞台上的表演者），它们的形式与所传达的情感相类似（同构）："在艺术这种形式中，表达情感的唯一方式就是找到一种'客观关联'，如一套物体、一种情境、一系列事件，这些都可以称为某种特定情感的公式。如此一来，当必定会触发感官体验的外部事实出现时，情感便能立即被激发出来了。"[53]艾略特认为，正如弗雷格和罗素的"原子"等术语对所有科学家来说指的都是同一种东西一样，一部文学作品在每位读者的内心激发出来的也应该是同一种情感。通过这种方式，艾略特将精确的数学表达（人工语言）引入了口头语言（自然语言）。在他看来，"《数学原理》在语言领域做出的贡献，可能要大过对数学的贡献"，正是因为罗素，英语才有可能成为"一种能够清楚、准确表达任何主题的语言"。[54]

1918年，出于某种原因，艾略特与罗素的友谊走到了尽头，[55]但他依然继续在分析哲学中获得灵感。[56]推出诗作《荒原》（1922）时，艾略特还迈出了很不寻常的一步，在诗中加入了大量的脚注，用来解释诗里的各种隐喻和文学掌故。这些脚注表明了艾略特是想让诗的每个读者都感受到同样的情感内容，因为在他看来，他的诗是世界文学中那些普遍情感表达的客观对应物，而非单纯在表达他本人或笔下角色的内心世界。但在1927年，艾略特皈依了英国国教，摒弃了世俗主义的科学世界观，此后的作品中也不再涉及符号逻辑与分析哲学，而是更多地关注人类的救赎，如《圣灰星期三》（1930）等。

与此同时，与艾略特同时代的英国人I. A.瑞恰慈一直在剑桥大学跟随G. E.摩尔学习，并接受了逻辑原子主义。1922年到1939年间，瑞恰慈在剑桥大学担任英国文学教授，后任教于哈佛大学，直至1963年退休。瑞恰慈开创了一种用来分析诗歌或小说的方法——即所谓的"文本细读"——让学生把文本拆分为最小单元（"原子"），然后再来分析各部分的意义。虽然自从亚里士多德的《诗学》以来，哲学家便一直在强调文学与措辞的形式性质，但直到英国分析哲学出现后，诗歌与文学批评才将形式分析到如此精细的程度。瑞恰慈与语言学家C. K.奥格登合著的《意义之意义》（1923）一书将意义区分为八种，如情感意义（表达感情的诗歌用语）和指称意义（指明对象的科学术语）。通过严格区分意义的微妙之处，瑞恰慈展示了他对分析哲学的深刻理解。

20世纪二三十年代，在诗人、批评家约翰·克劳·兰塞姆的倡导下，文本细读逐渐普及开来。兰塞姆自1937年便开始在俄亥俄州凯尼恩学院任教，并在那里创办了杂志《凯尼恩评论》。1941年，他出版了《新批评》一书，将瑞恰慈的方法命名为"细读"。"二战"之后，新批评主义已经主宰了英语世界的学术圈，四五十年代的大学本科文学课堂上也在讲授细读法。那些于60年代动荡环境中成长起来的一代人需要一种包括历史与政治的批评，所以新批评主义的拥护者便将细读的重点转到了种族、性别、权力的"论述"上。

詹姆斯·乔伊斯

弗雷格和罗素的逻辑也让爱尔兰作家詹姆斯·乔伊斯开始按照公理结构来创作小说——具体来说就是创建自己的语汇，并依照特定的规则来组织整部小说。[57]在《尤利西斯》（1922）中，乔伊斯记录了都柏林人利奥波德·布卢姆、妻子摩莉·布卢姆和他年轻的朋友史蒂芬·迪达勒斯在1904年6月16日这个平凡日子里的内心独白。《尤利西斯》的读者其实早就在乔伊斯的自传体小说《一个青年艺术家的画像》（1916）中见过迪达勒斯，并听他谈论了艺术作品的美感来自何处：

> "艺术家表现的美……会唤醒，或者说应该唤醒，会诱发，或者说应该诱发，一种美学静态，一种完美的怜悯或恐怖，这种静态被唤出、拉长，最后被所谓的美的节奏所融解。"
>
> "美的节奏是指？"林奇问道。
>
> "节奏，"史蒂芬说，"就是任何美学整体中的部分与部分之间，或者美学整体与某个部分或多个部分之间，或者任一部分与它所属的美学整体之间的第一种形式美学关系。"[58]

换言之，美就是一个整体内各个部分间的和谐关系。乔伊斯在谈《尤利西斯》的创作时，说自己就像在创作一幅"镶嵌画"。[59]通过残存的草稿、笔记、原稿真迹、校样可以看出，他先草拟了各个人物的思想，又在其中加入了一系列的联想，然后在书写到一半左右的时候，才列出一份提纲，来归纳整理混乱的手稿。这份提纲是组织材料的手段，但并不能提供理解小说意义的钥匙，因为这本小说讲的是思维过程。

乔伊斯将书分成了十八章，以对应荷马史诗《奥德赛》（公元前8世纪）中的事件；在每一章中，乔伊斯都会指定一个时间和地点、体内的一个器官、一种艺术、一个象征。每章的写作风格都不尽相同，且在一定程度上隐喻了该章的情节。由于乔伊斯是在写到一半时才制定提纲，所以只得回过头去整理前面的各章，使之同样也符合这种形式，结果使一些掌故读起来就好像是匆忙附加在了指定的器官、艺术、象征、技巧之上。在接下来的写作中，他继续把提纲当作“脚手架”，用“公理”创造出了后半部分的虚构世界。这个提纲就相当于小说的一组公理，也就是一套前后一致的规则，但这些同现实世界都无关（无论是布卢姆的都柏林，还是奥德修斯的爱琴海，或是读者自己的世界）。同罗素和怀特海的公理一样，乔伊斯的公理描述的是一个独立自给的世界。[60]

乔伊斯为笔下人物赋予了晦涩难解的主观体验，除了复杂的沉思外，还有一层又一层如纪录片细节一般烦琐的联想。但奇怪的是，这些人物的形象依然模糊不清，就像喋喋不休的陌生人。比如，他以百科全书式的风格用第三人称不厌其烦地描述了利奥波德·布卢姆和摩莉·布卢姆在婚姻中如何不忠于对方，但对于这对夫妇为什么会相互背叛，又完全没给出解释。书中有关数学的内容大部分都集中在第十七章《伊萨卡》（对应了《奥德赛》中奥德修斯的归家之旅）。这章讲的是布卢姆半夜把迪达勒斯领回家后发生的事，情节与骨架（器官）、科学（艺术）、彗星（象征）有关，叙述风格则为教理问答（技巧）。在写这章时，乔伊斯用到了大量科学与数学书籍中的数据，从罗素的《数理哲学导论》（1919）中撷取了大量笔记。[61]为了遵循本章指定的技巧，乔伊斯循着天主教初级教材中的规定问答形式来描述布卢姆和史蒂芬的行为。例如，先提出问题“他们临分手时怎样道别”之后，乔伊斯便用数学般精确的语言描述了二人分别的情景：“他们直立着，站在同一道门槛的两侧，告别时两只手臂的线在某点相交，形成一个小于两直角之和的角度。”[62]

我正在以数学教义问答的形式创作《伊萨卡》。

——詹姆斯·乔伊斯，
致弗兰克·巴帧的信，
1921年2月

就这样，乔伊斯借用数学概念与术语，在不必深度考虑其意义的情况下，为《伊萨卡》添加了一种“质感”。历代的作家都曾用过内心独白的手法，利用细节来丰富描述，给情节加上结构，而乔伊斯作为小说家，则最能代表心理学中的自由联想时期，以及信息时代的到来和公理化数学的世纪，因为在《尤利西斯》中，他把角色未经编辑过的晦涩想法，如档案资料一般琐碎的周遭环境细节，以及用来生成利奥波德·布卢姆、摩莉·布卢姆、史蒂芬·迪达勒斯所处想象世界的那份严格提纲，很好地结合到了一起。

受弗雷格和罗素的理想数学对象的启发，雕塑家摩尔和赫普沃斯抛弃了个体转瞬即逝的表象，转而捕捉人体最基本的形式。类似地，英国诗人与小说家也对这种以数字与集合如何运算的形式规范为基础的数学（而非以数字与集合是什么为基础的数学）产生了认同，伍尔夫、艾略特、乔伊斯等作家受相关分析方法的启发，不再叙述笔下人物是谁、有什么感受，转而只去描述他们做了什么、说了什么。

PASSIE BLOEM.
PIET

第六章

直觉主义

人只有意识到自己一无所有，也不会有任何东西，意识到绝对的确定性根本无法企及，只有彻底地屈服，牺牲一切，付出一切，什么都不知道，也不想知道，什么都不想要，舍弃与无视一切时，才能得到一切。

——L. E. J. 布劳威尔，《生活、艺术与神秘主义》，1905年

20世纪初，荷兰的数学界、艺术界中再次涌起一股德国浪漫主义的浪潮，一些知识分子、医师、画家、诗人因为排斥科技以及与之相关的唯物论，对逻辑与理性有所警惕，所以纷纷选择离开阿姆斯特丹，到乡村定居，希望能由此重归自然，追随自己的直觉，进而通过直觉来追求知识。比如，20世纪极负盛名的荷兰数学家布劳威尔就选择了在一间茅屋里长时间静默冥想，思索数字问题——这种做法后来成了“直觉主义”的重要组成部分。布劳威尔认为数字、圆、三角形都是人类思维的产物，所以批评起现代柏拉图主义来毫不留情。今天，人们也把布劳威尔的方法称作“构成主义”，因为拥护这种理论的人们是在用数字“构成”数学对象。除了从事数学哲学方面的研究，布劳威尔也进行数学实践，为拓扑学（研究几何图形在不断改变的情况下还会保持不变的各种性质）的发展做出了很大贡献。

与布劳威尔的社交圈有交集的荷兰艺术家，也和他一样相信直觉与冥想（图6-1）。负责布劳威尔与艺术家交流思想的中间人叫M. H. J. 舍恩马克尔斯，以前当过教士，也是一位业余数学哲学家。舍恩马克尔斯既认识布劳威尔，也经常出入艺术家公社，正是在他的启发下，皮特·蒙德里安和特奥·凡·杜斯伯格才开始利用几何图形与原色来象征自然中所体现的数学对象。

6-1. 皮特·蒙德里安（荷兰人，1872—1944），《受难花》，约1901年，纸面水彩，72.5厘米×47.5厘米。荷兰海牙市立博物馆。

在漫长的职业生涯中，蒙德里安一直都跋涉在精神的旅途上。他的早期作品反映的是父母信仰的加尔文宗（16世纪出现的新教派别，提倡禁欲主义）。29岁时，他画下了这位在两朵受难花之间冥想的女子。受难花（西番莲）这个名字来自耶稣在十字架上殉难前所受的苦难，花的三根雄蕊代表耶稣手脚上的钉子，卷须代表荆棘冠。三十几岁时，蒙德里安改信神智学；四十多岁，又转而信仰自然的能量，并用几何图形与基本色所创造的语言来象征这种能量。

荷兰的瓦尔登公社

1854年，美国政治哲学家亨利·戴维·梭罗出版了《瓦尔登湖》一书，讲述了自己在马萨诸塞州康科德市瓦尔登湖畔的独居生活。梭罗之所以这样做，其

实是在践行美国版的德国浪漫主义——“新英格兰超验主义”（New England Transcendentalism），因为按照其倡导者、散文家、诗人拉尔夫·瓦尔多·爱默生的说法，超验主义的核心就是人应当过一种亲近自然的简单生活，并通过直觉获得最高精神领域（绝对精神）的知识。爱默生是新教派别“一位论派”的牧师，相信上帝只有一位（而非三位一体），且自然具有神性的说法（从这个角度来讲，这个派别属于泛神论）。“Transcendental”（超验的或先验的）这个说法其实借自康德，只不过在康德哲学中，该词的含义比较具体，如空间和时间都是体验世界的“先验”前提，而爱默生借用过来后，则模糊了该词的含义：“凡属于直觉思维范畴的东西，在今天都通常被称为‘超验’。”[1]

三十多年后，荷兰心理学家、作家弗雷德里克·凡·伊登读到了梭罗的那部著作，并大受启发，在1898年创建了一个由艺术家与知识分子组成的公社，并将其命名为“瓦尔登”，以向梭罗致敬。该公社的成员抛弃了要求严格的加尔文主义，转而投向了一些具有浓重神秘主义传统的精神观（如早期基督教和佛教），希望将全世界的宗教统合成一种大哲学。他们吃着从印度学来的素餐，练习着冥想，还阅读柏拉图的对话录、基督教的《圣经》，以及佛教、道教的经典。在创建瓦尔登之前，凡·伊登曾是一名心理医生，而开始领导这个充满活力的公社后，他专注探讨的依然是人类思维的相关问题，如精神疾病的诱因、艺术创造力的根源、如何通过冥想获得知识，以及——布劳威尔加入了这个团体后——思维创造数学对象的能力。

凡·伊登与西格蒙德·弗洛伊德差不多生活在同一时代，在他学医的19世纪80年代初，精神病学家对于歇斯底里症（一种神经紊乱症）到底是由身体原因引起，还是由心理原因导致，一直无法统一意见。凡·伊登曾前往巴黎的硝石库医院，聆听当时很著名的精神病学家让-马丁·沙可的相关演讲。沙可认为该症由身体原因引起，只是具体的致病机理尚不明确，但同时又声称能够通过心理学方法，如暗示与催眠，来治疗其症状（如抽搐）。从医学院毕业后，凡·伊登便与年轻的荷兰精神病学家阿尔伯特·威廉·范兰特翰一道前往巴黎，投入了沙可门下学习。

但后来，他们听过沙可的竞争对手安布鲁瓦兹-奥古斯特·李厄保和希波莱特·伯恩海姆的演讲后，转而认同了二人所属的南锡学派的观点，即歇斯底里完全由心理原因造成（但这派的治疗手段也是暗示与催眠），并加入了南锡阵营。1887年，凡·伊登和范兰特翰返回阿姆斯特丹，创建了欧洲第一家治疗精神障碍的诊所——李厄保研究所，[2]使得南锡学派在荷兰得到迅速发展。[3]1900年，二人赶赴巴黎世界博览会（核心展品是新建成的埃菲尔铁塔），参加了一场有关催眠术的国际会议（沙可是会议的荣誉主席），并向与会者报告了李厄保研究所的成果。与他们同台做报告的人，还包括意大利犯罪学家切萨雷·龙勃罗梭，美国哲学家、心理学家威廉·詹姆斯，以及奥地利心理学家、精神分析学之父西格蒙德·弗洛伊德。[4]

6-2.文森特·梵高（荷兰人，1853—1890），《麦田群鸦》（1890）。布面油画，50.5厘米×103厘米。阿姆斯特丹梵高博物馆（文森特·梵高基金会），in. no. s149V/1962 F779。
1890年7月中旬，生命仅剩几周的梵高创作了这幅风景画。

自达尔文的《物种起源》（1859）出版之后，精神病学家就一直在研究精神病症是否可能源于一种大脑的遗传性器质退化。作为研究犯罪行为的医生，龙勃罗梭自然对这种精神退化的观念很感兴趣。于是，在他的著作《天才》（1888）中，龙勃罗梭将“创造力与精神错乱之间存在某种联系”这个古已有之的观点，从进化论的角度重新表述为了一切有创造力的人都罹患某种退化性精神病。《天才》出版之后十分畅销，在1888—1900年间多次被翻译成德语、法语、英语，版本多达几十种，美国导致了19世纪末的一些艺术家刻意跟风，主动标榜自己的疯狂，也让艺术批评家找到了抨击抽象艺术的理由，兴高采烈将其斥为精神错乱的一种症状。[5]凡·伊登当然也了解龙勃罗梭的观点，但在这个问题上却采取了较为审慎的姿态。比如，他在1890年年底的一篇文章中谈及刚刚在四个月前的7月29日自杀身亡、年仅37岁的荷兰画家文森特·梵高时，便认为梵高的精神疾病在其艺术当中体现为了一种澎湃的激情（图6-2），而对于这种激情，他非常欣赏。[6]

在阿姆斯特丹看了七年病人后，1893年，凡·伊登辞去了诊所的工作，全身心投入到了公社与文学当中。不过，他终生都保持着对心理学的兴趣，特别是关于梦的研究。[7]荷兰瓦尔登公社成立两年后，他去巴黎参加了一场心理学国际会议。其间，印度佛教徒贾格迪沙·恰托巴底亚耶的一场演讲，更加坚定了凡·伊登为东西方思想架设一座沟通桥梁的信心：“只有将这两种文明结合在一起，人类才能够获得迄今一直欠缺的真正的文化。”[8]

参加荷兰瓦尔登公社讨论的知识分子还包括数学家赫里特·曼诺利和他的学生布劳威尔。曼诺利师承第二代德国唯心主义的自然哲学传统，抱有一种神秘主义的泛神论观点，认为宇宙是有机的，其最高存在就是黑格尔的绝对精神。曼诺利也对东方思想很感兴趣，曾写过一部比较绝对精神与佛教梵天的著作（《佛教教义及其历史纵览》，1907）。为了理解东方思想对20世纪初荷兰文化的影响，我们有必要记住的一点是：11世纪时，中国人将他们的道家哲学同印度的梵天融合到一起，认为开悟（佛教）的关键是与自然的交流（道家），所以19世纪与20世纪的西方人（如曼诺利等）读到的佛教典籍，实际上包含着大量道家（自然主义）思想。

1902—1937年，曼诺利在阿姆斯特丹大学担任数学教授时，将自己的观念传给了包括布劳威尔在内的几代大学生。他和布劳威尔使用"mind"（心灵/精神/思维/意识）这个词时，兼具了该词在唯心主义和佛家/道家中的意义。比如，他们谈到康德关于心对时空结构的先验直觉时，就认为人通过内心思考便可直接、确定地认识数字。但二人也认为，对神圣思维（唯心主义的绝对精神或者佛教的梵天）的任何感知，都无法用言语或者符号来传达，因为这本就是不可言喻的；同理，有关数字、三角形这类数学对象的知识最终也是不可言喻的。可是大学教授要是无法使用语言的话，该怎么给学生讲数学？他上课时都干些什么？不是在黑板上写下形式证明，而是像告诫一样跟学生讲要怎样达到同样的精神状态，进而得到同样的领悟。[9]此外，曼诺利和布劳威尔还认为人和人根本无法交流任何深刻的数学见解，正如布劳威尔在1905年写到的那样："从来没有人能通过语言来表达他的灵魂。"[10]

"等于"和"三角形"这类抽象词汇很难引起误解，但即便如此，不同的人也永远不会以相同的方式思考它们。

——L. E. J. 布劳威尔，《生命、艺术和神秘主义》，1905年

凡·伊登则赋予了"心"另外一层含义，即无意识的精神。作为一位精神病学家，他认为这才是真正知识的终极源头。如同曼诺利、布劳威尔不信任自然语言和人工语言一样，凡·伊登也认为语言无法描述人的内在世界或者无意识的心理活动。1897年，凡·伊登仿照《几何原本》的风格写了一本专著，把他对语言局限性的观点总结成了一系列定理。[11]

布劳威尔：关于时间的原始直觉

布劳威尔对凡·伊登的乌托邦著作非常感兴趣。[12]上研究生时，他便在阿姆斯特丹附近购置了一块土地，造了一间小屋，开始过苦行僧般的生活。他积极锻炼身体，吃素食，每天都抽出一段时间来做静默冥想。随后几十年中，布劳威尔的学术成就为他带来了财富，哥廷根和柏林的名牌大学都邀请他到数学系任职，但他既没有离开他的小屋，也没有改变严苛的生活习惯。

曼诺利坚信有关数学的知识从来都是不完善、不可言喻的，所以教导学生对一切事物都始终要保持怀疑态度（《有关初等数学的方法与哲学评论》，1909）。布劳威尔吸收了老师的许多思想，如浪漫主义反智倾向、对东方思想的兴趣，以及数学

对象依赖于思维等。早在学生时代，布劳威尔就曾通过《生命、艺术和神秘主义》（1905）一文，介绍了他将终生奉行的数学哲学观。这部略显稚气的论文深受中世纪基督教神秘主义者雅各·波墨、埃克哈特大师及佛教的影响，其核心观点就是人可以靠直觉获得知识。[13]

在布劳威尔看来，人的计数能力其实源自一次次的事件经历："随着时间的流逝，一种当下的感受让位给另一种当下的感受时，意识还保留着已经过去的前一种感受，并且在这种当下与过去的区别中，逐渐从现在、过去以及静止中退去，变成了思维（mind）。"[14]人在"静止状态"陷入纯思维中时，不需要语言或符号辅助，便会产生一种"关于时间的原始直觉"。之后，思维便开始"从它深层的发源地向我们相互合作、寻求相互理解的外部世界过渡"。[15]布劳威尔研究数学的方法，正是回到那种"静止状态"里，在冥想中探寻数字的秩序与规律。他不使用语言或者符号，因为在他看来，他的核心见解根本无法用任何记号方式来描述。

有一种能力专属于人，伴随着人与自然的一切互动，那就是用数学来看待生活的能力……其中的基本现象是有关时间的简单直觉，在这种直觉中，重复可能以如下形式出现："事在时间中，然后又一件事"。由此造成的结果则是，生命的各个时刻分解成性质不同的事件序列，而这些序列又会在头脑中浓缩为数学序列。

——L. E. J. 布劳威尔，《数学的基础》，1907年

拓扑学

1909—1913年间，布劳威尔逐渐将注意力从哲学思考转向了数学实践，最终成为拓扑学的奠基人之一。所谓拓扑学，其实就是对线性透视法的概括（线性透视法前文讲过，就是将几何形状投影到平面上，然后计算出其相对于视角的变形，由布鲁内列斯基和阿尔伯蒂在15世纪初发明，见第二章第78—79页小版块）。布劳威尔的拓扑学研究，主要以法国数学家、工程师让-维克托·彭赛列的成果为基础。1812年，彭赛列参加了拿破仑的征俄战争，法军撤离莫斯科时死伤惨烈（图6-3），身为军官的彭赛列被丢在原地等死，后遭俄国士兵俘虏。在战俘营养伤期间，彭赛列为了转移注意力，便开始研究将线性透视法推广为射影几何的问题。他首先思考了各种投影，如投在墙上的影子以及用线性透视法绘制的建筑（图6-4），然后追问物体与其投影有何共同的性质。他不仅思考了物体在文艺复兴时期那种像平面（与水平方向垂直）上的投影，还思考了物体在倾斜或者旋转平面上的投影（图6-5）。彭赛列注意到：线段的投影还是线段，只是长度会变化；椭圆的投影还是椭圆，只是可能变得更圆或者更扁；曲线及其切线的投影依然相切。总的来说，彭赛列研究的东西是在连续变化时保持不变的几何性质（《论图形的射影性质》，1822）。

布劳威尔把彭赛列的射影几何推广到了可被拉伸或扭曲为任何形状的连续表面上（没有破洞或裂口；图6-6、6-7），即所谓"橡皮膜上的几何学"。此外，布劳威尔还把彭赛列的三维几何推广到了任意数量的维度中，进而创立了拓扑学。这种全新的几何学，可以描述任何维度中的任何连续空间内的图形。数学与艺术之间的交

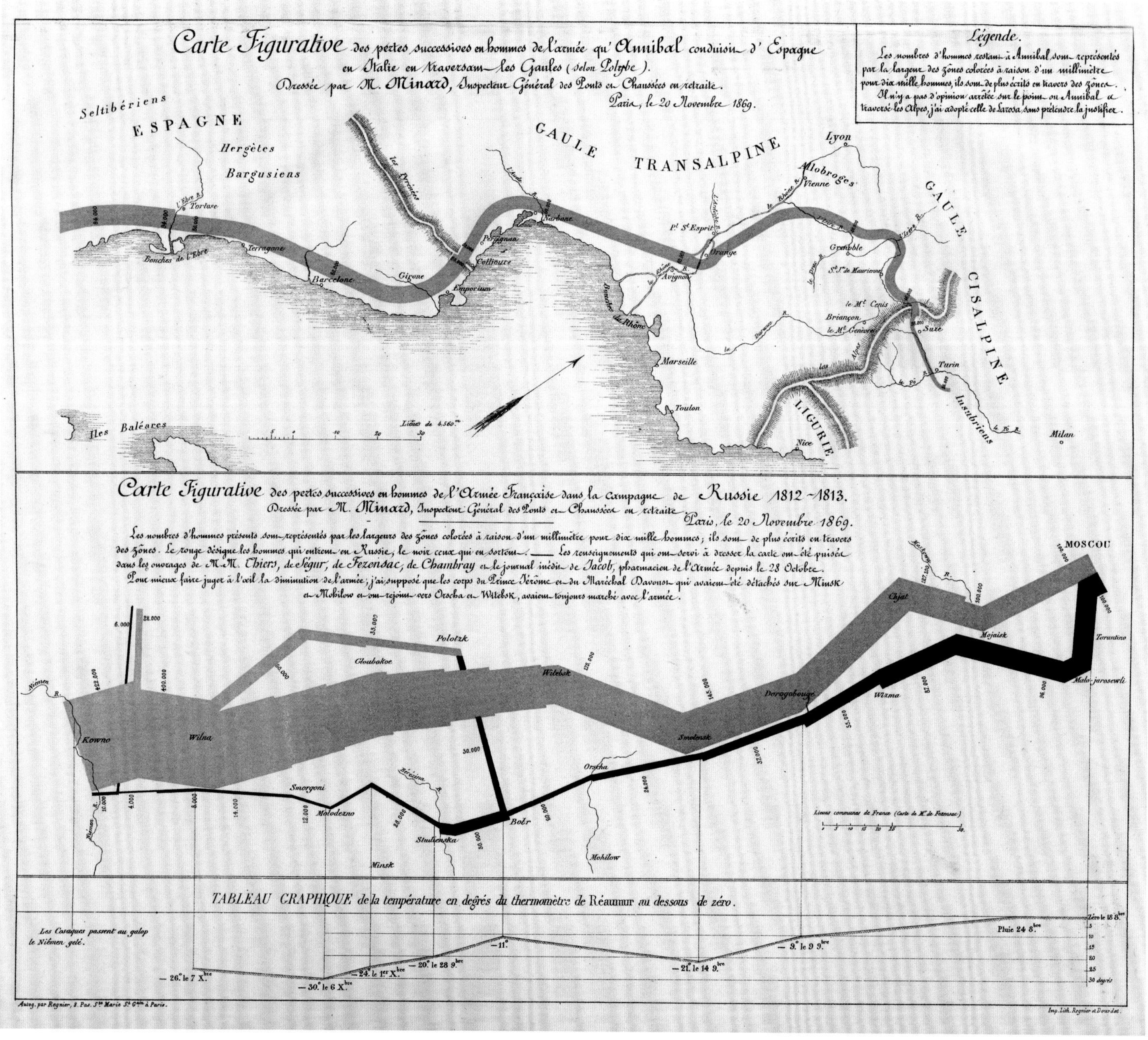

6-3.两幅流型图，约50厘米×60厘米，查尔斯·约瑟夫·米纳德绘，出自米纳德的《图表和形象地图（1844—1870）》（1870）。巴黎高科路桥学校，fol. 10975。

这两幅流型图是数据可视化的早期范例，由法国工程师查尔斯·米纳德绘制，内容为人类历史上伤亡最惨重的两次战争中士兵人数的减少情况。上图为公元前218—前201年的第二次布匿战争：来自迦太基（迦太基是一座"布匿人"的城市，在拉丁语中，腓尼基殖民者被称为"布匿人"）的汉尼拔试图征讨罗马帝国。下图为1812—1813年拿破仑的征俄战争。按照米纳德给出的图例（右上角），1毫米宽的棕线与黑线代表了1000名士兵。从图中可以看出，汉尼拔的军队从西班牙向意大利进军时，人数从9.4万人很快减少到了2.6万，其中最明显的变化发生在翻越比利牛斯山脉和阿尔卑斯山脉时，汉尼拔的37头非洲大象（图中未示）也大多因为海拔高、温度低而丧命途中。而法国军队跨过尼曼河进入俄罗斯时人数为42.2万，到兵败撤退则只剩下1万；米纳德还在图下部绘制了法军在冬季撤退时的气温。不过，今天的历史学家普遍认为汉尼拔的损失要比米纳德所示的更为惨重，拿破仑的损失则稍微低一些。

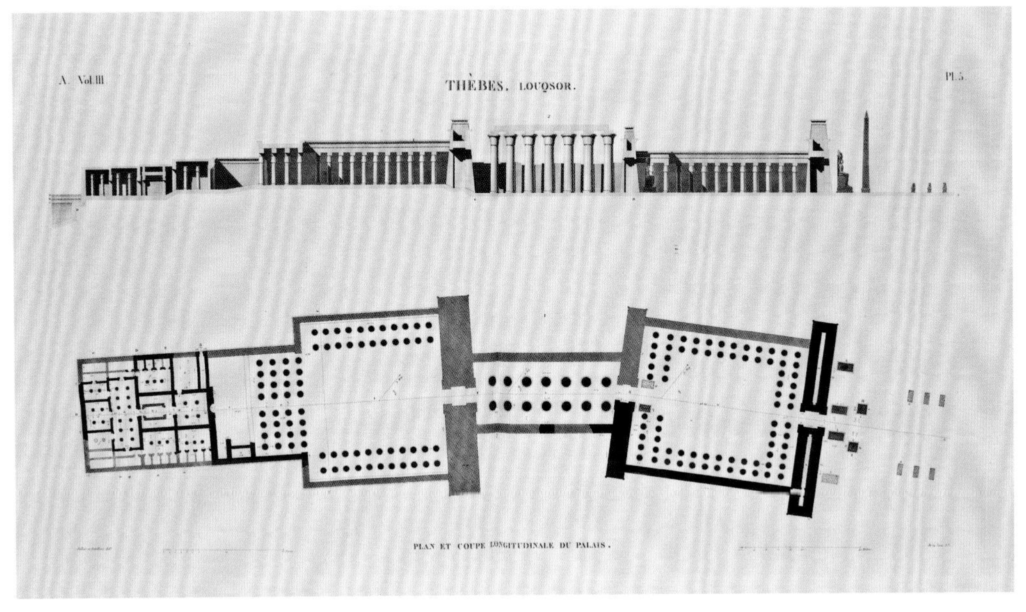

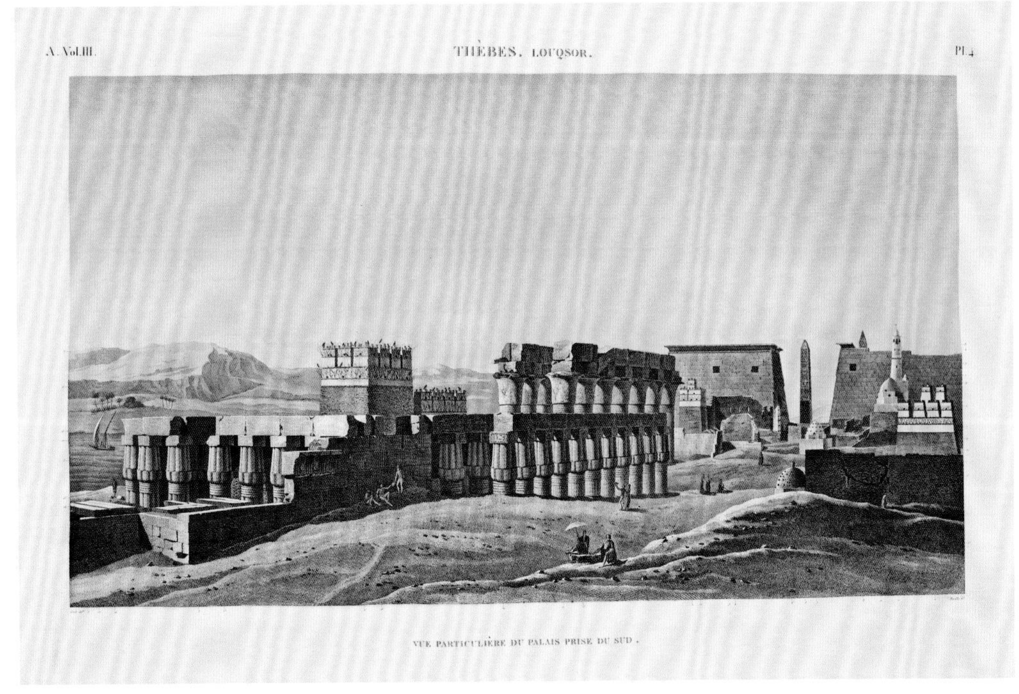

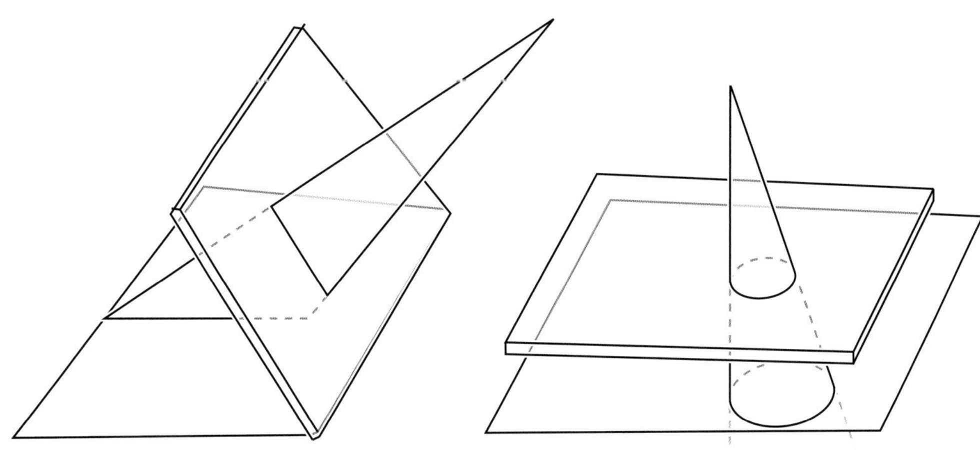

上、中

6-4. 底比斯的卢克索神庙，出自《埃及记述，或是法国军队远征期间在埃及的观察和研究大观》（1821—1829）。特别收藏，宾厄姆顿大学图书馆，宾厄姆顿大学，纽约州立大学。

拿破仑的军队每征服一个国家，随军的艺术家和工程师就会把法军夺取的艺术品与建筑资料登记造册。1798—1801年，拿破仑远征埃及，法军占领底比斯的卢克索神庙后，艺术家便利用线性透视法绘制了神庙的剖面图、平面图，以及三维立体图。相比之下，让-维克托·彭赛列的运气就不太好了，只能跟着拿破仑去远征俄罗斯。

下

6-5. 射影几何。

线段的投影还是线段，椭圆的投影还是椭圆。

上

6-6.吉姆・桑伯恩（美国人，1945— ），《爱尔兰基尔基县克莱尔》，1997年。大规模投影，数码印刷，76.2厘米×91.4厘米。图片由艺术家提供。

当代艺术家吉姆・桑伯恩的这件作品，是在夜晚将一组同心圆投射到约1千米外的岩石群上而形成。随后在月出时刻，他又用长曝光拍下了照片。

下

6-7.拓扑学。

拓扑学研究的是一个表面（如橡皮膜一样）受到拉扯但未破损的情况下有哪些性质保持不变。如图所示，当可能的变形发生时，原始平面上的某个点必定在平面受到拉伸后变换为唯一一个点，而且与它相邻的点在变换之后也必定会继续相邻。变换及反向变换（反向拉伸）都必须具有这些性质。威廉・詹姆斯在1890年建立的意识流模型，为布劳威尔的“橡皮膜上的几何学”提供了铺垫（第八章图8-6）。

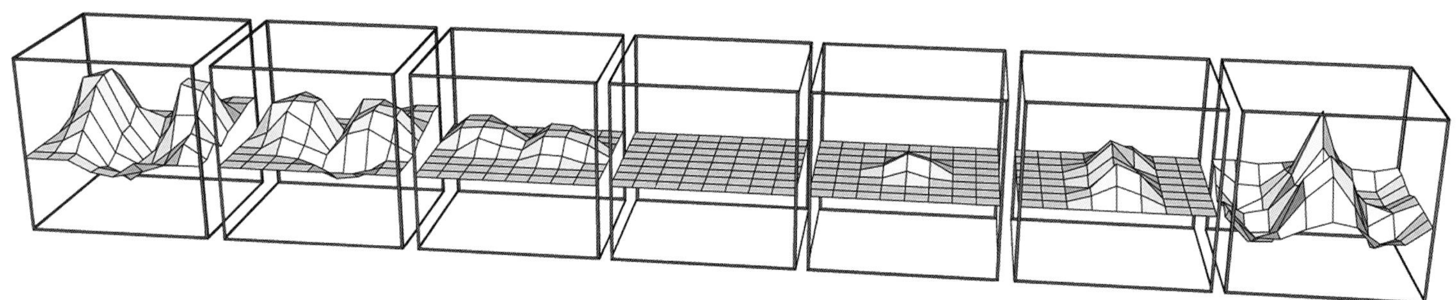

流往往都是单向的，一般是艺术家从数学中找灵感，所以拓扑学可以说是艺术反过来影响数学的一个罕见例子：先是建筑师布鲁内列斯基发明了线性透视法，后是数学家彭赛列、布劳威尔以此为基础创立了射影几何和拓扑学。

完成拓扑学的实践工作后，布劳威尔又回到了有关数学基础的哲学思辨中来，开创了直觉主义流派。布劳威尔认为，自然数（1，2，3…）是人唯一能凭直觉直接、确切知道的数学对象。数字是构建数学的基石，从这个意义上讲，我们可以用数构造任何（合理的）数学对象。例如，我们可以通过从1数到10，生成头10个数字，再通过给定的有限步骤（前一个数字加1）产生整数的无穷序列。

布劳威尔排斥数学的许多领域，认为它们不是由数字按照有限步骤构造而成的。他还否认排中律（对P与非P不能同时加以否定，而须承认其中必有一为真）的普遍有效性，他认为并非所有的数学命题都可以证明或证伪，除非事实上完成了对P的证明或对非P的证明。例如，设命题P为：π 的小数表达式中有无数个7。大多数数学家会同意P为真，但布劳威尔认为，证明P或非P的唯一方法是，要么证明 π 的小数表达式中有无限多个7，要么证明其中只有有限多个7。而且，任何这样的证明必须符合严格的可构造性要求。

符号学与意义学

第一次世界大战爆发后，凡·伊登与弗洛伊德通过信件讨论了武装冲突的起因，弗洛伊德随后还就此写了一篇论文（《战争与死亡的时代思考》，1915）。[16]凡·伊登后来确信，敌对冲突的一个起因是欧洲各参战国之间的交流受到阻隔。因此，他便将周围的知识分子组织起来，想要创造一门国际通用的语言，以促进世界和平。出于类似的动机，波兰学者L. L.柴门霍夫曾以罗曼语族的词素，创造了“世界语”（《世界语基础》，1905）；意大利数学家朱塞佩·皮亚诺则借用拉丁语、法语、德语和英语中简单的语法和词汇，创造了“国际语”（《国际语词汇》，1915）。凡·伊登等人创造国际通用语言的方法，主要以美国哲学家、数学家查尔斯·桑德斯·皮尔斯的理论为基础。19世纪60年代，皮尔斯曾指出，外在世界的一切知识都来自文字、图画、标志等符号形式。在所谓的“符号学”（Semiotics，来自希腊文，意思是“有意义的”）中，皮尔斯将每个符号都分成了三部分：符号本身（能指）、指代事物（所指）、二者关系（解释项）（《四种无能的某些后果》，1868）。皮尔斯希望通过分析这些语词的意义，来让语言变得更为精确。实际上，凡·伊登是从英国作家维多利亚·韦尔比的文章中辗转了解到了皮尔斯的符号学。韦尔比非常认同皮尔斯的学说，并撰文探讨了所谓的“意义学”（Significs），[17]并力促人们把英语当作一个不断变动的体系来研究，从而避免语言的模糊性与误导性（《什么是意义》，1903）。[18]

凡·伊登的朋友M. H. J. 舍恩马克尔斯出身神学院，于1900年被授予圣职，但不到两年便选择放弃对神许下的誓言，转而寻求一种新的精神观。他受到瓦尔登公社的吸引，并应凡·伊登之邀，来帮忙创造一门普遍语言。为了向韦尔比致敬，凡·伊登将这门语言命名为“意义学”。[19]

1915年，凡·伊登见到了布劳威尔。此时，布劳威尔已经因为创立拓扑学而举世闻名，凡·伊登将他招揽过来，是希望他能推进“意义学”的概念完善。[20]尽管布劳威尔一直认为人类只能进行浅层次的交流，但还是积极投身语言学研究，离开了他那间与世隔绝的小屋，走入了凡·伊登那群活跃的艺术家与知识分子中间。包括曼诺利在内的社员们一起研读过布劳威尔的《数学的基础》（1907）之后，都称赞这部著作探索了思想的最基本构成元素（数字），因而是“意义学”计划付诸实践的第一次尝试。1915年，布劳威尔发明了一种新的口语代码，即所谓的“直觉意义学”，其中包含的基础词语就类似数学中的数字，且被布劳威尔赋予了政治化解释：“在这个罪恶社会的活动中，谁也无法感受到善或幸福。那些想在社会活动之外寻求幸福的人，无法从现有的语言中找到任何能够让思想活跃起来的刺激物，因为通过最新的分析发现，这种语言只不过是社会用来管理劳动的命令符号……直觉意义学关注的是创造新词，进而为神圣新社会的系统活动创制一种代码，作为人们相互理解的基本手段。”[21]

第一次世界大战期间，凡·伊登还计划成立所谓的高等智慧学院，希望教导学生如何创造一个和谐的社会：“这将是一所真正独立的大学，不受某个特殊势力或者党派的影响，而是寻求人类的共性，致力于在所有宗教里寻找相通的和谐统一，并以迄今为止尚未在西方大学中得到系统研究的那些人类心灵的功能，如包括神秘主义、秘术，以及有关宗教和艺术的哲学，来深化科学的发展。”[22]凡·伊登还想让舍恩马克尔斯加入教师队伍：“他正是我们高等智慧学院需要的那种教师。”[23]但在同荷兰中部城市阿默斯福特的官员谈判中，由于各方无法在学校定址该市的一些问题上达成一致，凡·伊登的计划最终还是夭折了。

蒙德里安与象征主义

如同凡·伊登一样，一些艺术家也建立了乌托邦团体，比如荷兰象征主义者扬·托洛普就在栋堡乡下率领着一个艺术家团体。凡·伊登经常到那里去，并和托洛普成了好友。1891年，凡·伊登买了托洛普的一幅画，并称赞“相当好”。[24]

皮特·蒙德里安出身于加尔文宗家庭，这一点可以从他青年时代的绘画中看出，比如在《受难花》(1901；本章开篇图6-1)中，一位紧闭双眼的少年似乎就正在祈祷或冥想。1909年，蒙德里安与画家科内利斯·斯波尔、扬·斯莱特斯一起，在阿姆斯特丹市立博物馆举办了一场画展。蒙德里安的参展作品主要以风景画为主，但也可能展示了《受难花》，[25]以及一幅以沉思的少女为主题的类似画作(《虔诚》，1908；荷兰海牙市立博物馆)。[26]1909年1月8日，大众早报《电讯报》刊登了一篇关于本次画展的评论，批评家C. L.戴克在评论蒙德里安的风景画时，表达了与龙勃罗梭一致的观点，认为创造力与精神错乱之间确实存在一定关联，宣称包括《红树》(1908—1910，荷兰海牙市立博物馆)在内的风景画都是“疯子眼中的幻象”。[27]同日，凡·伊登在日记中写道，蒙德里安“已经彻底乱了方寸，陷入了严重的颓废中”。[28]一个月之后，凡·伊登发表了自己的展评，并重申了这一结论。[29]但此时，弗洛伊德提出了一个有关艺术的精神分析理论(《有创造力的作家与白日梦》，1908)，而随着他的精神分析法风靡荷兰，人们便不再像龙勃罗梭那样认为艺术是退化性精神错乱的一种(病态)症状了，而把艺术视为了被压抑欲望的一种(治疗性)表达。1914年，凡·伊登去维也纳拜访过弗洛伊德后，最终采纳了他的美学观，逐渐开始赏识抽象艺术，特别是亚努斯·德·温特的画作。[30]

蒙德里安后来之所以放弃加尔文宗的信仰，是因为他读到了法国神智学者爱德华·许雷的宗教史著作《伟大的开始》(1889)。为该书德语版撰写前言的则是奥地利神智学者鲁道夫·施泰纳。[31]19世纪90年代，施泰纳曾主编过德国浪漫主义哲学家、诗人歌德的一部科学作品选集。与许多持自然哲学精神观的人一样，他也认为人类正沿着知识的阶梯向上攀缘，而阶梯的顶点正是有关绝对精神的直觉知识。而且与神智学创始人海伦娜·彼得罗芙娜·布拉瓦茨基一样，施泰纳还在原有理论上加入了佛教中的轮回转世观，认为每次轮回都将带来更高级的意识。在1909年的著作《神智学》中，施泰纳宣称思考数学规律能够帮助求索者攀登阶梯，显然是考虑到了仪式性行为具有的镇静效果(这当然不是数学独有的)：“数学有自己严格的定律，不会因一般的可感现象而改变，因此可以为这条道路上的求索者提供良好的准备……一个人的处世思想本身也必须要按照‘陈述前提—形成结论’这一不变的数学方式进行。无论这个人去向哪里，无论他正在想些什么，都必须努力按照这一方式行事。之后，精神世界的内在法则便会流入他的身体。”[32]

1908年，蒙德里安搬到了栋堡，且在之后的八年中，每年都会在那里住上一段时间，故而同托洛普成了密友。1908年3月时，施泰纳曾在荷兰举行过一系列演讲，相关内容后结集出版。蒙德里安通过这本书了解到，[33]积极的神秘主义者双眼圆睁、精神集中，因此能未卜先知一般进入“更高的领域”，看到其中的物体都被星光壳或者说光晕环绕。[34]

1909年5月，蒙德里安加入了阿姆斯特丹神智学会，[35]后在1910—1911年的作

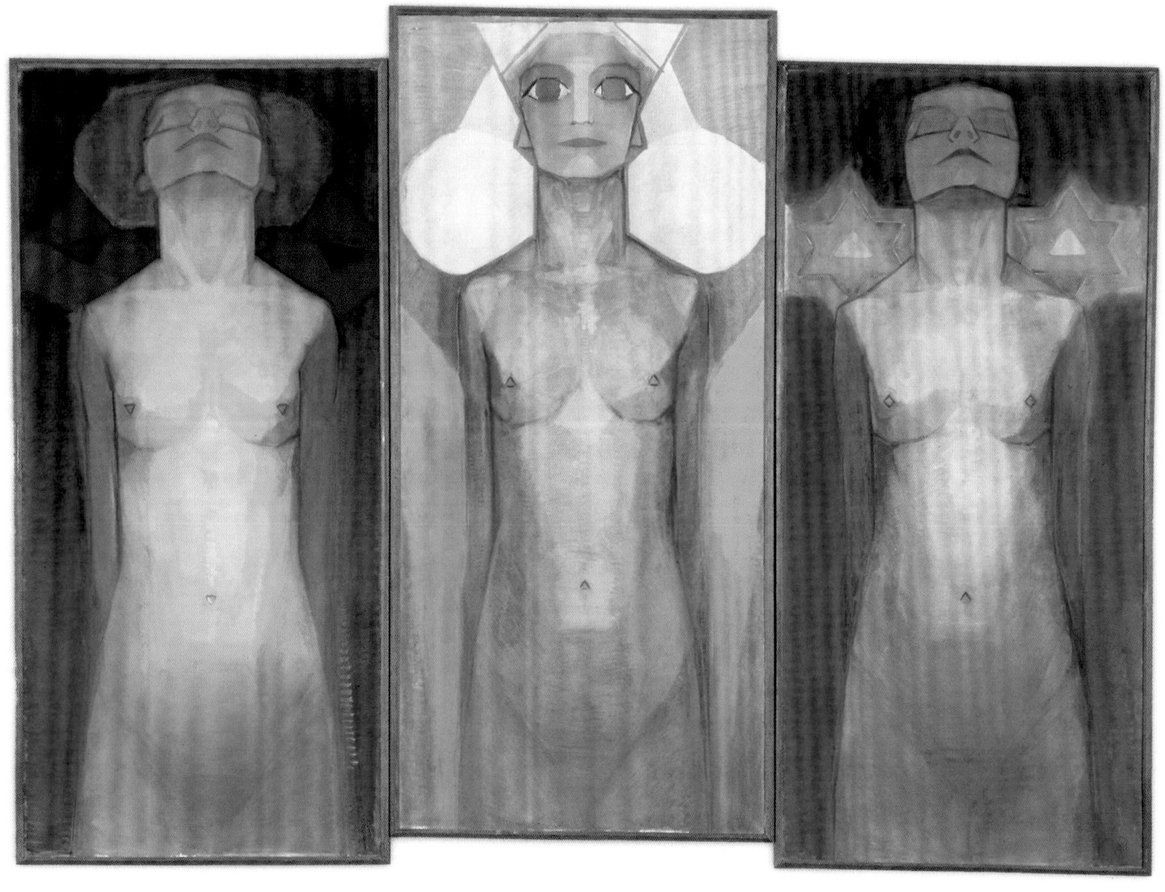

上

6-8.皮特·蒙德里安（荷兰人，1872—1944），《进化》，约1911年。布面油画，中幅183厘米×87.6厘米，侧幅皆为178厘米×85厘米。荷兰海牙市立博物馆。

下

6-9.亚历克斯·格雷（美国人，1953— ），《神学家：人类与神圣意识的结合将自身与周遭都编织进了时空的经纬》，1986年。布面丙烯，152厘米×457厘米。图片由艺术家提供。© 1986亚历克斯·格雷。

美国艺术家亚历克斯·格雷等近代神智学者或新时代思想者，主张通过冥想与药物来扩大意识状态。1953年，第一种有效对抗严重精神疾病的药品氯丙嗪（商品名为“冬眠灵”）上市；到20世纪60年代，各种致幻药物开始泛滥。这幅画描绘了格雷的一种泛神论观念，利用瑜伽、冥想、裸盖菇素（一种从蘑菇中提炼的致幻物；2006年，约翰斯·霍普金斯大学医学院通过实验证明了该物质确实能够致幻）来达到自身与万物的融合。

品《进化》（图6-8）中融入了上述神智学观点：一位被红色喇叭花环绕的少女（让人想到了他在1900年创作的《受难花》，那幅作品中的少女身旁则有两朵西番莲），精神上逐渐从（左图中）在尘世间的冥想演变到了冥想时（右图中）被六芒星（神智学协会的标志）环绕。按照古老的泛神论传统（如毕达哥拉斯与老子的学说），知识的目的（“太一”或“道”）就是对立事物的统一（用六芒星中的两个三角形来象征）：男人和女人、阴和阳、精神和物质的统一。或者借用海伦娜·彼得罗芙娜·布拉瓦茨基的话来说就是：“顶点指向上方的三角形代表着雄性特质，向下的代表雌性特质；而这两种典型的象征，同时也代表着精神和物质。”[36]在中间的框中，那位女子双眼圆睁，已经成为施泰纳所谓的那种积极神秘主义者；环绕在她头周围的小三角形和白色图案则象征着她已经开悟（图6-8、6-9）。

但后来，施泰纳觉得布拉瓦茨基的神智学实在是过于玄奥，所以最终选择另辟蹊径，借用西方科学的方法论，在1913年创立了所谓的“人智学协会”（结合了人类学与哲学的方法论），来对灵魂问题进行实证研究。

6-10. 皮特·蒙德里安，《大裸体》，1912年。布面油画，140厘米×98厘米。海牙市立博物馆。©2015蒙德里安/霍尔茨曼基金会。

1911年，蒙德里安在阿姆斯特丹举行的一场展览中，第一次看到了毕加索和布拉克的立体主义作品，后来又因为在1912—1914年间频繁往返于栋堡与巴黎，对立体主义有了更深层次的了解。蒙德里安曾以立体主义的风格创作过一幅女性画像，画中没有包含任何象征主义符号，只有单调的几何平面（图6-10）。毕加索和布拉克遵循的实际上仍旧是现实主义传统，描绘的依然是可见的风景、人物、静物，而且同塞尚一样，二人的创作风格从来没有转为彻底的抽象主义。但蒙德里安来到巴黎时，心中却另有目标，那就是（非物质的）绝对精神的表达。他评价说立体主义者没有把这种风格推进到其逻辑结论时，[37]实际上是把他自己的目标投射到了他们身上。之后，蒙德里安继续利用立体主义风格的平面，得出了他那个目标的逻辑结论，也就是对“绝对精神”的表达。

如果艺术超越了人类界域，就能在人类中培养超验要素，而艺术便会像宗教一样，成为人类进化的手段。

——皮特·蒙德里安，
速写簿中的笔记，
1913—1914年

1914年，蒙德里安在撰文阐述自己的艺术理念时，总结了他在象征主义时期形成的观点，比如用几何形式来象征“精神”：“通向精神有两条路：第一条是教义教授、直接修行（冥想等）之路，第二条是缓慢但稳定的进化之路。观众可以在艺术作品中看见几个女生的缓慢滋长，但艺术家自己并没有意识到这一点……想要接近艺术中的精神，人就需要尽量少使用现实的元素，因为现实是与精神对立的。那么，使用基础形状就变得相当顺理成章了，因为这些形状是抽象的，所以我们会发现自己面对的艺术也是抽象的。”[38]

舍恩马克尔斯

舍恩马克尔斯接受了神智学后，也同布拉瓦茨基和施泰纳一样，试图从科学中寻找依据，来支持他那些有关炼金术、占星术的神秘学观点，以及凭独自冥想便能开悟的佛教见解。在舍恩马克尔斯生活的时代，引力和电磁是天文学家、物理学家已知并在研究的两种力。牛顿在17世纪写出万有引力的数学表达式时，对于这种跨越遥远距离将太阳系维系在一起的力量到底是什么，其实并不清楚。19世纪初，科学家开始研究电和磁这两种能够在近距离内作用于物体的力。后来在1865年，詹姆斯・克拉克・麦克斯韦终于给出了这两种力的数学描述，不仅合理解释了观测结果，而且证明了二者实际上是同一种力（电磁力）的两个方面。和牛顿一样，麦克斯韦感到，某种现象没有物理描述而光有数学描述，是不完整的。但麦克斯韦坚信，未来一定会出现“成熟的理论，可以为物理事实给出物理解释，这种理论将通过探索自然本身来得到，数学理论所提出的问题将得到唯一的正确答案”。[39]但在舍恩马克尔斯的时代，引力与电磁力只有数学描述。（其实到今天依旧如此，人们仍然无法为这些力的作用原理给出解释。）

舍恩马克尔斯抓住牛顿和麦克斯韦的数学理论大做文章，宣称二人忽略了大自然的精神维度（《世界的新形象》，1915）。凡・伊登认为，舍恩马克尔斯“既以科学方式，也以诗意和宗教的方式解释了生命现象……我听过他的演讲，认为他的想法一定会让歌德非常欣喜。他填补了开普勒和牛顿留下的空白”。[40]开普勒和牛顿都认为行星是惰性的无生命球体，只是在受到力的作用之后才开始运动，但根据凡・伊登的说法，舍恩马克尔斯研究的不仅是引力这类物理的力，还包括能在开普勒和牛顿未能解决的“空白”领域发挥作用的精神（灵性）之力。

19世纪末，电磁力成了科学界的讨论焦点，电灯、电报等发明则开始改变人们的日常生活。按物理学家的描述，正负电力、南北磁极体现了自然的平衡，所以舍恩马克尔斯认为这恰好为他的哲学观提供了科学依据，即自然是两种对立力量的统一，如水平与垂直、雄性与雌性、阴与阳、精神与物质等。在1916年出版的《造型数学的原则》中，舍恩马克尔斯把这种观点形象化地表示为一对水平与垂直的直线（图6-11）：“水平线的本质是细的、柔顺的、横卧的、被动的，垂直线的本质是牢固的、坚韧的、竖直的、向上的、延伸的、主动的。”被动的（雌性的）水平和主动的（雄性的）垂直形成了统一整体：“对立面就是一个现实的不同部分，只有相对于彼

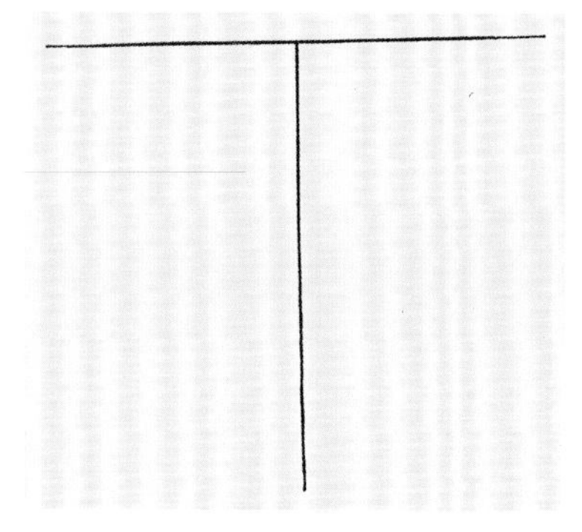

6-11.“十字”，见舍恩马克尔斯的《造型数学的原则》（1916）。

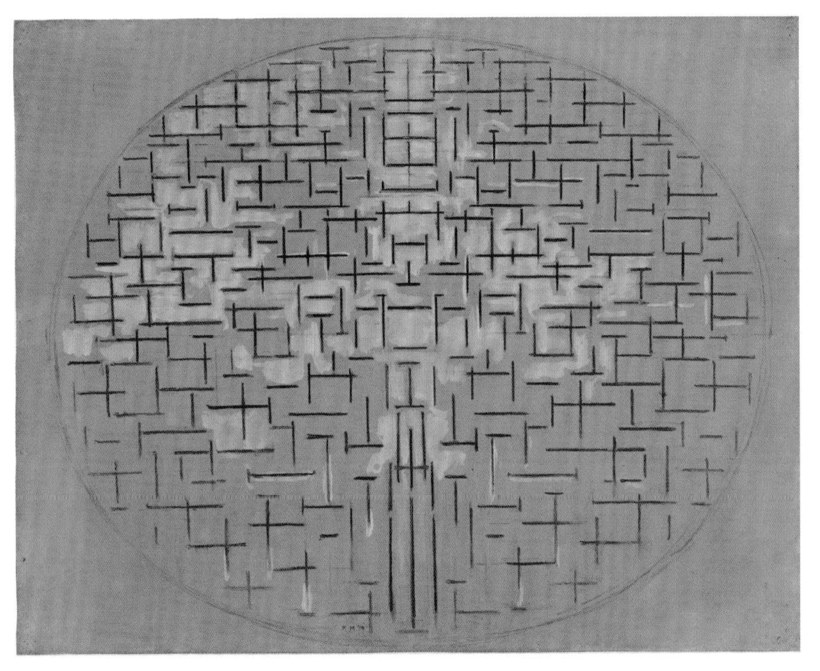

上

6-12. 皮特·蒙德里安（荷兰人，1872—1944），《码头与海洋5》，1915年，纸面炭笔与水粉，87.9厘米×111.7厘米。纽约现代艺术博物馆，西蒙·古根海姆夫人基金会。© 2015 蒙德里安/霍尔茨曼基金会。

下

6-13. 皮特·蒙德里安，《线条构图》，1916—1917年。布面油画，108厘米×108厘米。荷兰奥特洛的克勒勒-米勒博物馆。

此时才是真实的……所以，女性只有相对于男性而言才是女性，而男性也只有相对于女性而言才是男性。”[41]

1914年时，蒙德里安曾撰文探讨过他的艺术理念（该文在1917年被定名为《绘画中的新造型主义》）；1915—1916年，他想把文章修订一下，扩充成一本书稿的体量时，[42]认识了当时同样住在拉伦的舍恩马克尔斯。蒙德里安曾订阅过神智学周刊《统一》，所以很可能在舍恩马克尔斯为杂志撰写的文章里见过这个名字。没过多久，蒙德里安便接受了舍恩马克尔斯对于自然力量及水平与垂直线的灵性解释，并开始以更专业的科学术语，将“精神（灵性）”描述为了“自然之力”（蒙德里安用的是单数）：“这一普遍活跃的力令人费解，因此我们只能认为它是普遍存在的。”[43]为了表现这种力，蒙德里安创造了一种越来越具有数学意味的风格，具体说来便是用直线和90° 角这些平面几何图形来作画。1915年，蒙德里安创作了《码头与海洋5》，运用水平与垂直的线以代表大海，在下端中心处用垂直线来代表码头（图6-12）。后来，蒙德里安又将该图像进一步抽象化，创作了线条排布更加笔直的《线条构图》（1916—1917；图6-13）。在这幅作品中，蒙德里安依照舍恩马克尔斯的观点，几乎没有怎么表现可感知的世界，而是利用水平线与垂直线的平衡关系，象征了宇宙就是水平和垂直、雌性和雄性的统一。

作为凡·伊登那个圈子中的成员，舍恩马克尔斯和布劳威尔一样，相信直觉和冥想是发现确定性知识的途径。舍恩马克尔斯是布劳威尔和蒙德里安之间的桥梁，所以蒙德里安也十分信赖直觉与冥想。但舍恩马克尔斯、蒙德里安、布劳威尔三人关于抽象对象的起源，却存在分歧。布劳威尔认为数字和形式是头脑的产物，舍恩马克尔斯和蒙德里安则本质上算是柏拉图主义者，相信水平线与垂直线是永恒形式在自然之中的体现。

荷兰风格派

风格派是蒙德里安等艺术家在特奥·凡·杜斯伯格领导下发展起来的抽象风格画派，而在蒙德里安采纳了舍恩马克尔斯关于水平线与垂直线的数学语汇后，这些元素便成了“风格派”的核心。特奥·凡·杜斯伯格比蒙德里安小11岁，是一位自学成才的艺术家，大约从1909年开始创作表现主义风格画作。他曾读过黑格尔哲学，主张以表达绝对精神为目标，后在1912年和舍恩马克尔斯一同开始为《统一》杂志撰稿。尽管荷兰在第一次世界大战中选择了中立，但还是征召了年轻人去保卫边境，凡·杜斯伯格正是在这种情况下，于1914年被派往了荷兰与比利时的边界。在那里，他阅读了瓦西里·康定斯基的《艺术中的精神》（1911），并兴奋地接受了“艺术可以表达精神领域”的论点。结识了同为士兵的诗人安东尼·科克后，凡·杜斯伯格向他倾诉了创办艺术杂志的理想。1915年秋，凡·杜斯伯格回阿姆斯特丹休假时，在一场艺术群展中见到了蒙德里安的画作，后在他为《统一》撰写的展评中说，蒙德里安的作品让他感到了清澈与灵性。[44]1915年11月，他第一次给蒙德里安写信，二人便由此开始了合作。

1916年2月，凡·杜斯伯格去蒙德里安位于拉伦的工作室拜访时，还见到了舍恩马克尔斯和作曲家雅各布·范·东瑟雷尔，而这三个人都读过凡·杜斯伯格在《统一》上发表的文章。访问的第二天，凡·杜斯伯格给科克写信说：“舍恩马克尔斯博士最近出了一本所谓‘造型数学’的书，我觉得范·东瑟雷尔和蒙德里安已经完全被书中的原理迷住了。舍恩马克尔斯采用的是一种数学方法，他认为数学是衡量人类情感的唯一尺度，因此艺术创作应该永远建立在数学基础之上。蒙德里安就是运用这一原理，通过水平线与垂直线这两种最纯粹的形式来表达他的情感。”[45]与此同时，凡·杜斯伯格正试图从精神分析角度来进行艺术批评。亚努斯·德·温特是凡·伊登十分青睐的一位艺术家，在为德·温特的展览撰写的小册子中，凡·伊登将德·温特画布上的简单色块解读为了受压抑欲望的一种治疗性表达（特奥·凡·杜斯伯格:《德·温特和他的作品：一份心理分析研究》，1916）。[46]去蒙德里安的工作室拜访时，凡·杜斯伯格还带去了几幅德·温特的画作，但舍恩马克尔斯却表示自己已经超越了神智学，德·温特的艺术“不过是精神世界的简单表达而已”（这里的“精神”在神智学中专指神秘的超感觉物质）。蒙德里安认同舍恩马克尔斯的意见，表示这些画作“确实很美，但缺乏灵性”（这里的“灵性”则与科学相关）。[47]

6-14.皮特·蒙德里安（荷兰人，1872—1944），《构图》，1916年。木质布面油画，119厘米×75.1厘米。纽约所罗门·R.古根海姆博物馆，建馆藏品，49.1229。

蒙德里安采纳了舍恩马克尔斯的数学语汇后，开始在作品中使用尺子来画线，如1916年的《构图》（图6-14）。这幅画作表现的是某种不可见的实在（自然中的一种普遍的作用），而不是某种可见事物（如大海）的抽象。在这种意义上，这是一幅纯抽象作品。蒙德里安从符号象征向数学语汇主义的转变，反映了德语文化圈神智学本身的一种变化——从昔日布拉瓦茨基倡导的明显带有东方佛教色彩的哲学，转向了施泰纳所阐释的西方科学神秘主义。在1921年致施泰纳的一封信中，蒙德里安赞美了他的著作，并声称他本人的“新造型主义”是“人智学与神智学未来的艺术”。[48]风格派表达的不仅是一种宇宙精神（绝对、道、梵天），也是一种用数学来描述维持宇宙秩序的自然力的科学世界观。

到1917年年初时，凡·杜斯伯格本人也开始尝试利用水平线和垂直线来创作，后又以镜像和旋转的方式创作了相关图案的变体，或者用他的话来讲，“就像巴赫”那样（《构成 III》，1917；图6-15）。风格派艺术家将他们的设计应用到了实际项目中，比如凡·杜斯伯格就把《构成 IV》用在了建筑师J. J .P.奥德设计的一栋建筑物的彩色玻璃上，而曾经学过玻璃吹塑的巴特·范·德·莱克则将抽象画图案织进了地毯中（图6-16）。

1915—1916年，蒙德里安和凡·杜斯伯格在舍恩马克尔斯浑浊的思想海洋中发现了一点有关数学符号主义的宝贵想法，但在准备《风格》杂志的创刊号期间（1917年10月出版），两位艺术家却越来越对舍恩马克尔斯感到失望。凡·杜斯伯格撤回了向舍恩马克尔斯发出的撰稿邀请，而蒙德里安则抱怨道：“那就只能我们俩

右上

6-15.特奥·凡·杜斯伯格（荷兰人，1883—1931），《构成III》，1917年。彩色玻璃。荷兰奥特洛的克勒勒-米勒博物馆。

右下

6-16.巴特·范·德·莱克（荷兰人，1876—1958），《4号构图》，1918年。布面油画，56厘米×46厘米，荷兰奥特洛的克勒勒-米勒博物馆。

下

6-17.乔治·范顿格鲁（比利时人，1886—1965），《球面结构》，1917年，彩绘木料，17厘米×17厘米×17厘米；结构草稿。© 2014 ProLitteris，苏黎世/艺术家权利协会，纽约。

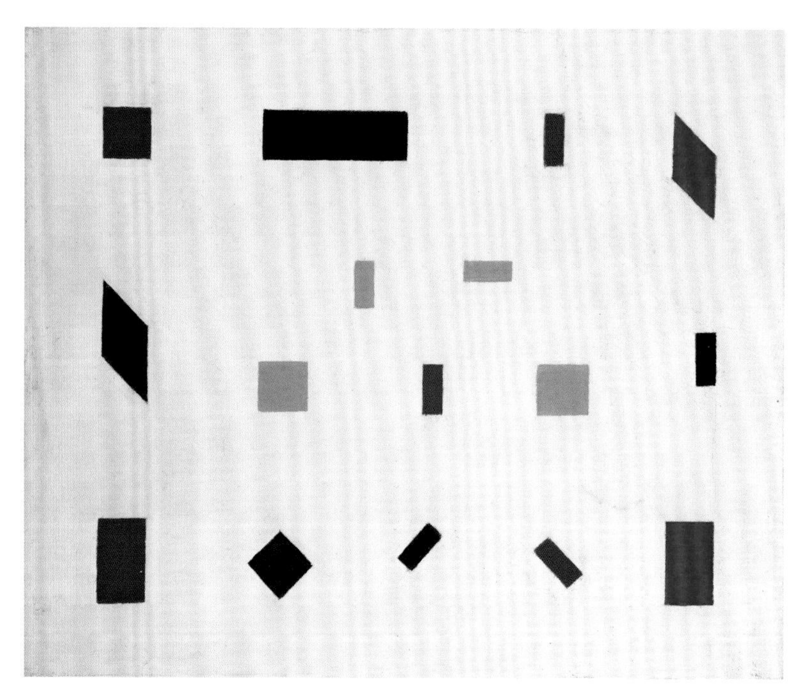

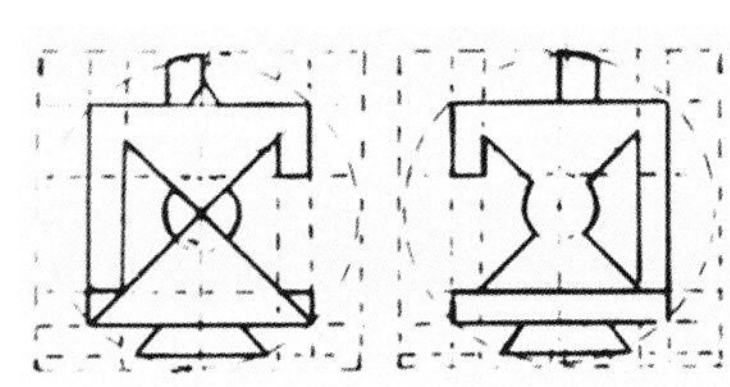

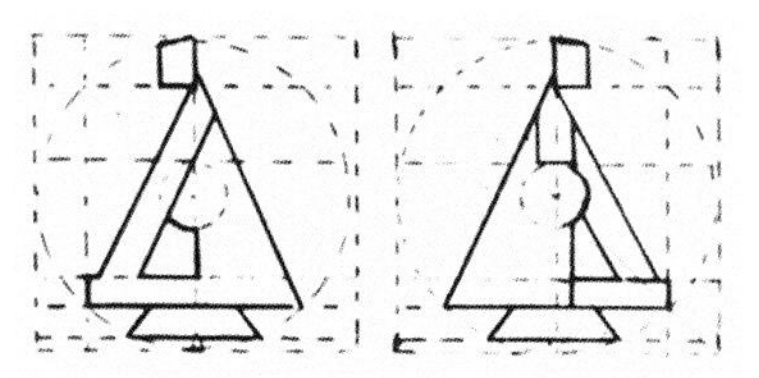

自己来写了……舍恩马克尔斯本来能帮上忙，但他的为人实在是太糟糕了——而且，我觉得他很不真诚。”[49]

1916年2月到拉伦拜访过蒙德里安后，凡·杜斯伯格又去见了奥德，希望新杂志中可以加入建筑相关的内容。[50]此外，他还希望团队中能有一位雕塑家，所以在1918年又结识了比利时艺术家乔治·范顿格鲁。尽管当时凡·杜斯伯格和舍恩马克尔斯已经不再是朋友，但他还是送了范顿格鲁一本舍恩马克尔斯的1916年著作。范顿格鲁过去创作雕塑时承袭的是罗丹的风格，现在则采纳风格派的美学观点，创作

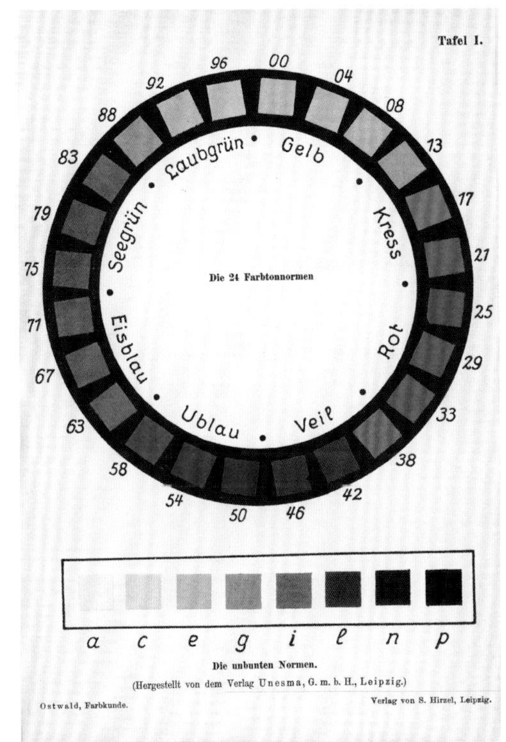

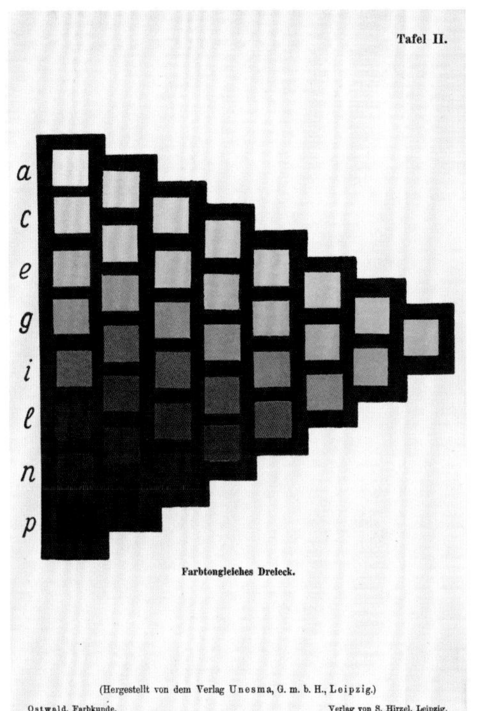

左

6-18.《灰色标度》和《24种标准颜色》，见威廉·奥斯特瓦尔德的《颜色种种》(1923)，图1。

奥斯特瓦尔德以8色为基础，对每一种颜色进行三等分，共分出24色相，明度列为8级，分别用*a*、*c*、*e*、*g*、*i*、*l*、*n*、*p*表示，每一个字母均表示特定的含白量和含黑量。奥斯特瓦尔德还将色环分为100个色调，如图中色环边缘的数字所示，其中24个主色调以色板表示。奥斯特瓦尔德就其色彩体系出版过多部书籍，其中第一部是1916年的《原色》。

中

6-19.《同色调三角形》，见威廉·奥斯特瓦尔德的《颜色种种》，图2。

奥斯特瓦尔德首先围绕中心横轴放置了24个设定好的主要色调，然后将其明度变化在纵轴上表现，亮度高的在上，暗度高的在下，以此构建出了这个三维色彩示意图。随后他又在此楔形图的顶端显示了所有色调能达到的最饱和色彩（此图中是左数第8号的橙色方块），接着又用黑、白、灰的不同比例与之混合，如图中字母所示。奥斯特瓦尔德的每一个色彩楔形图都包含36个混色正方形，每个正方形的色彩又由三个因素决定——黑、白与色调的浓度比例调和，三者总和为100%。

右

6-20.《等值色环》，见威廉·奥斯特瓦尔德的《颜色种种》，图3。

奥斯特瓦尔德认为，令人愉悦的和谐颜色可以通过把色盘上3、4、6、8、12位之间的色调放在一起得到。例如，在右下圆（na）中，8种色调在色盘上位置相隔为3（按照顺时针方向：00、13、25、38、50、63、75、88）。奥斯特瓦尔德认为，只有当色调数值接近时，放在一起的色彩才能产生和谐的平衡。根据他的观点，为了均匀色调而达到和谐，艺术家必须通过加入白色或黑色来调整色调的纯度。在此图中，虽然左侧三个圆的色调都与其他圆拥有相同的色彩排列（如“na”一样），但它们的纯度值不同。这一点从顶部最明亮的色盘至底部最暗的色盘可以看出。（奥斯特瓦尔德有关颜色和谐的论断并无实验证明，只是建立在个人观点的基础上。）

6-21.皮特·蒙德里安（荷兰人，1872—1944），《网格构图6：着色的菱形构图》，1919年。布面油画，49厘米×49厘米。荷兰奥特洛的克勒勒-米勒博物馆。

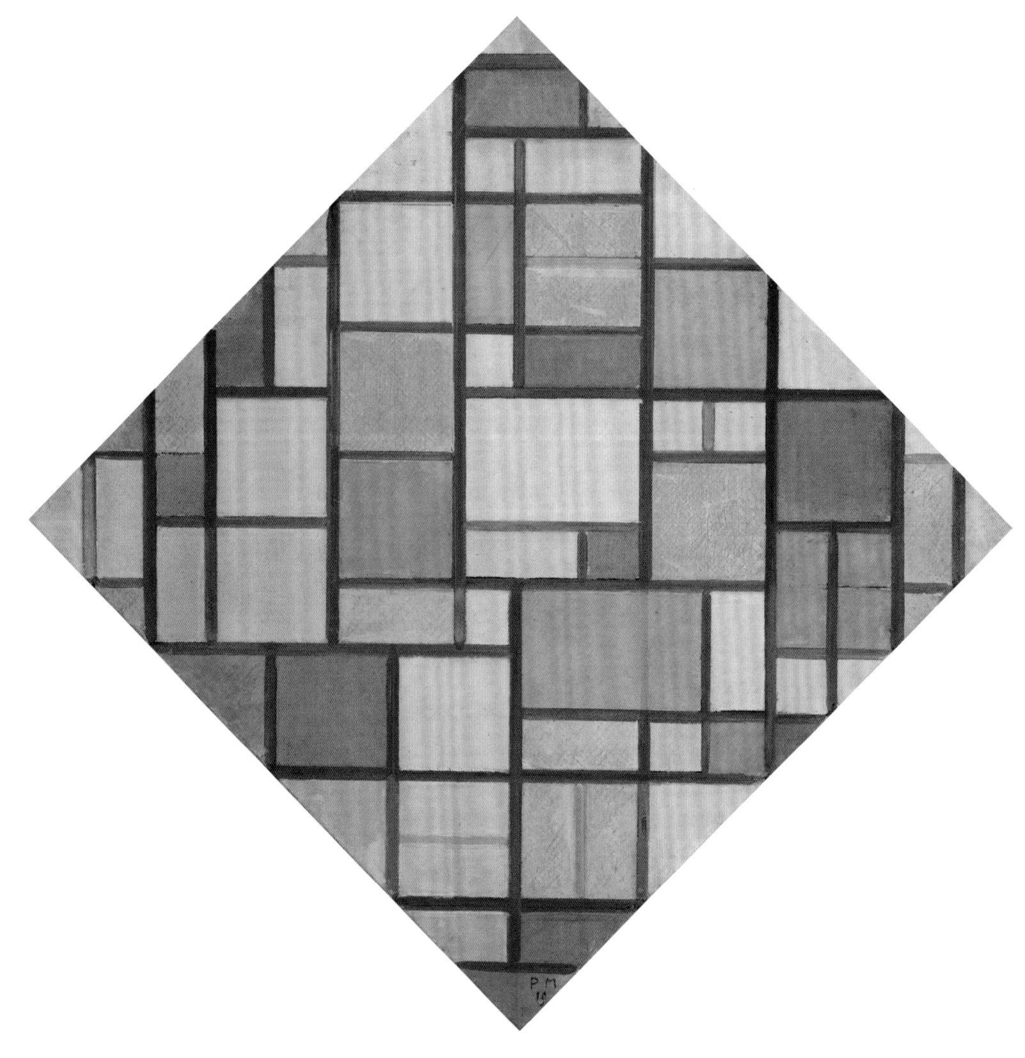

与数学一样，抽象实际上表现在一切事物当中……新绘画以自己的方式对普遍性做出了确定的造型表达。普遍性虽然被遮掩、隐藏着，但却可以通过事物的自然外观展现出来。

——皮特·蒙德里安，《绘画中的新造型主义》，原载《风格》，1917年

6-22.维尔莫什·胡萨尔（匈牙利人，1884—1960），《风格派构图》，为《风格》创刊号设计的封面，约1921年之后。布面油画，60厘米×50厘米。荷兰海牙市立博物馆。

了一件通过四次对称形成的雕塑作品，雕塑的每个顶点都能嵌在一个正方形或圆形内（图6-17）。此外，范顿格鲁还发表了一系列混合了舍恩马克尔斯观点的文章，宣称他的创作目标是通过平衡雕塑中的正负空间，来表现自然中正负力量的统一。

荷兰风格派艺术家认识到，色彩的奥秘也可以运用数学的方法来探索。1909年诺贝尔化学奖得主、德国化学家、业余画家威廉·奥斯特瓦尔德，自创了一种测量色相和色调（与黑色、白色的混合程度）的精确数字体系。1860年时，古斯塔夫·费希纳发现了感知主体能够分辨出的最小强度差异同刺激物强度的比例存在恒定关系，即所谓的费希纳定律。奥斯特瓦尔德对这一发现赞叹不已，进而设计了一种灰色标度，来显示不同级别色值的微弱差别（图6-18）。接着，他又为色环上的每一种色相创建了类似的标度（图6-19）。奥斯特瓦尔德宣称，这种体系可量化（以数字表示）色彩的混合（混有黑色与白色的色相）。之后，他提出了可以让色彩混合出和谐感的数学公式（图6-20）。

1916年，奥斯特瓦尔德出版《原色》一书，介绍了他的色彩体系，为《风格》杂志设计标志（图6-22）的匈牙利画家维尔莫什·胡萨尔在该杂志发表书评，对

6-23.皮特·蒙德里安,《红、蓝、黄构图》,1930年。布面油画,46厘米×46厘米。苏黎世美术馆。© 2015 蒙德里安/霍尔茨曼基金会。

这个体系给予了充分肯定。[51] 1920年,奥斯特瓦尔德本人也在《风格》杂志上发表了一篇文章,题为《色彩的和谐》。[52]蒙德里安将自己作品的主要色彩简化为了红、蓝、黄三原色,并且十分赞同奥斯特瓦尔德的观点,即如果将黑色与白色添加到红、蓝或者黄色中,得到的颜色仍可被视为原色。[53]奥斯特瓦尔德认为,为了创造和谐,可以使用一些色值相近的颜色(参考图6-20),蒙德里安采纳了这一建议,所以创作时不但使用了不同色度的灰,还在原色中加入了黑白色,使其变得更加柔和,如《网格构图6》(1919;图6-21)。[54]

尽管蒙德里安、凡·杜斯伯格以及其他风格派艺术家在第一次世界大战期间逐渐形成了类似的风格,但最终还是分道扬镳了。担任《风格》杂志的主编时,凡·杜斯伯格读到了意大利未来主义艺术家吉诺·塞维里尼探讨四维几何的文章,后于1918年在杂志上连载了该文。塞维里尼的文章是想通过展示立体主义、未来主义如何描绘物体在时空中的移动,来为二者建立几何基础。[55]凡·杜斯伯格读过相关内容后,便对未来主义艺术的活力和四维几何产生了兴趣;1918年6月时,尽管早已撤回了向舍恩马克尔斯发出的杂志撰文邀请,但凡·杜斯伯格还是充满热情地阅

在伟大的历史时期,数学是一切科学和艺术的基石。艺术家用基本几何形式表达自己时,作品具有的就不是"现代性",而是普遍性。

——特奥·凡·杜斯伯格,
《从直觉到确信》,
1930年

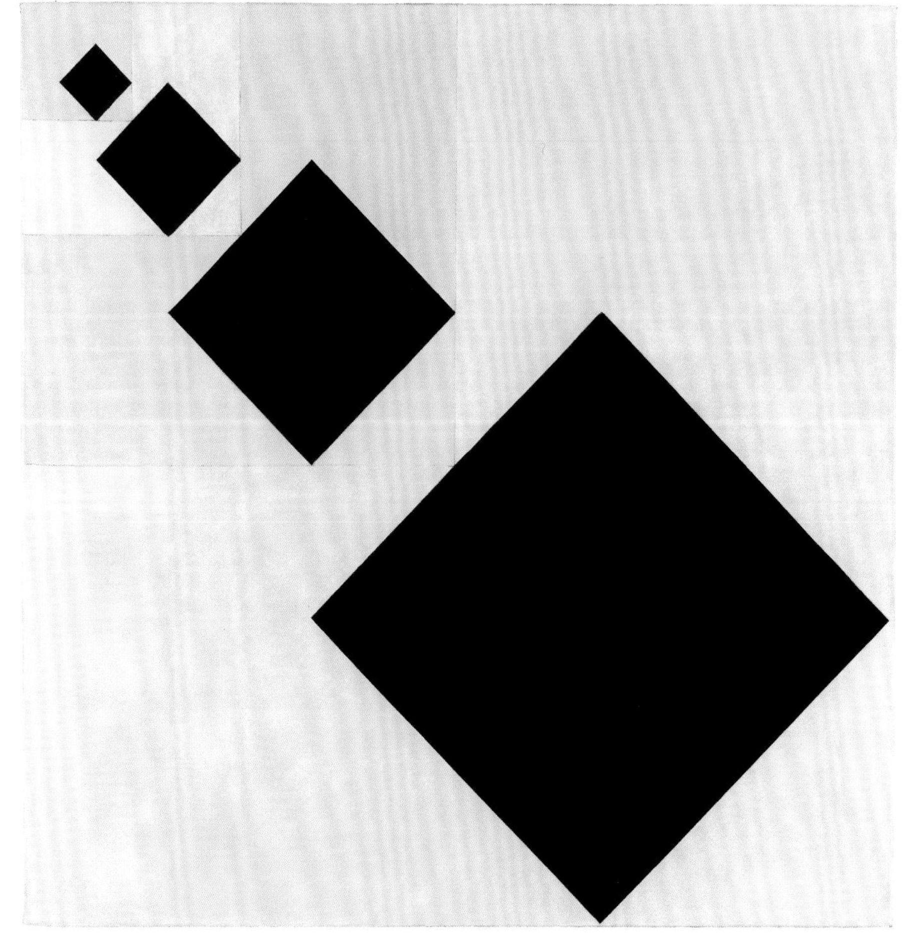

6-24. 特奥·凡·杜斯伯格（荷兰人，1883—1931），《算术构图》，1929—1930年。布面油画，101厘米×101厘米。温特图尔艺术博物馆，私人收藏永久租借，2001年。©瑞士艺术研究所，卢茨·哈特曼。

这件作品由一组面积呈等比数列的黑色正方形构成。等差数列或等比数列（如2、4、8、16）通常会在一条线上表示。2001年时，美国数学家戴维·皮姆在假定凡·杜斯伯格没有弄错概念后，对艺术家通过算术来实现几何构图的各种方法进行了探索。

读了舍恩马克尔斯的《世界的新形象》，并评论道："在我看来，这本书里最好的地方就是舍恩马克尔斯的时间与空间概念，以及对此的视觉再现。"[56]此外，他还阅读了舍恩马克尔斯的《造型数学的原则》，[57]并继续围绕几何主题进行创作（图6-24）。随着"一战"在1918年11月的结束，旅行重新成为可能之后，凡·杜斯伯格便去了德国传播风格派的理论。

与此同时，蒙德里安出版了其艺术理念论著的第一部分，并且为了向舍恩马克尔斯致意，特别将书名定为了《绘画中的新造型主义》。[58]此外，他还形成了一套成熟的新造型风格，创作元素主要是纵横的黑线以及原色的矩形，如1930年的《红、蓝、黄构图》（图6-23）。在此后的二十年中，蒙德里安继续以这种风格作画，还时常用灰色稀释原色的饱和度。在每一幅画作中，他都努力让线条与颜色之间取得平衡，以此来表达自然中的普遍力量。

大部分艺术家都像面点师或做帽子的人。只不过比较起来，我们用的是数学数据（欧几里得与非欧几里得）和科学，也就是说，用的是智力手段。

——特奥·凡·杜斯伯格，《评具象绘画的基础》，原载《具象艺术》，1830年

蒙德里安的艺术生涯也是他的精神之旅。他在青年时代放弃了要求严格的加尔文宗，转而接纳了神智学和科学世界观，认为几何抽象艺术可以表达自然中的普遍力量。尽管在信仰上没有从一而终，但他的艺术创作却和布劳威尔的数学哲学一样，始终植根于德国浪漫主义之中，反对分析派的理性主义，坚信自己的直觉。

1921年，荷兰意义学团体为创造国际性语言、建立乌托邦社会，进行了最后一

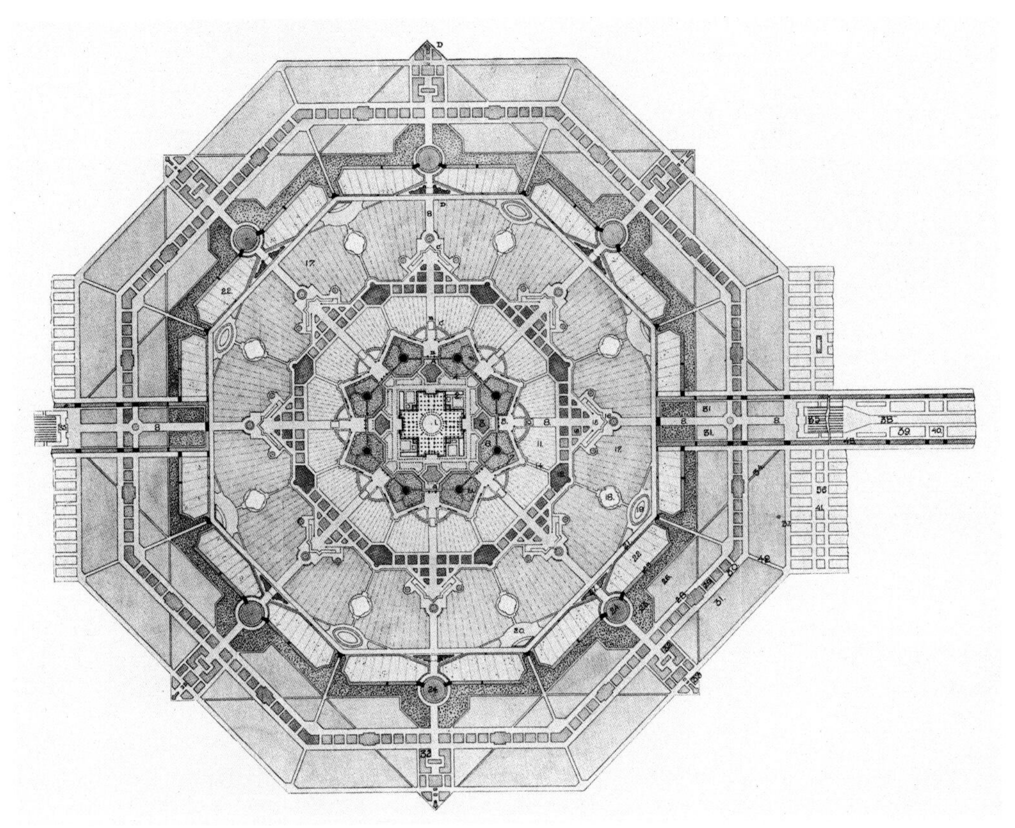

6-25.弗雷德里克·凡·伊登与亚普·伦敦，理想城市平面图（左）与鸟瞰图，见《光之城市中的神憩之屋》（1921）。出于对佛教的兴趣，凡·伊登与亚普·伦敦将《光之城市》设计为了一种用于冥想的对称几何结构——曼陀罗形，图的中心点代表纯粹圣洁的意识（宇宙精神）。在理想城的中心，凡·伊登与伦敦设置了八个拱顶庙宇（图上的正八边形），每个庙宇都代表着一种世界宗教。在正八边形的中心是一个有着巨大穹顶的神殿，是纯粹冥想的所在，比八大宗教建筑更加雄伟。

次尝试。但此时，凡·伊登因为弗洛伊德对宗教的否定态度，已经放弃了运用精神分析来解决冲突的想法，[59]转而同荷兰建筑师亚普·伦敦搭档设计了一座理想城市（未建成；图6-25）。[60]曼诺利则受到1917年俄国革命的启发，认为共产主义才是理想的社会结构，并呼吁同胞将其作为现代新信仰（《数学与神秘主义》，1925）。

“一战”快结束时，凡·伊登和布劳威尔越来越相信交战国之间的持久和平只有靠知识分子（而非政客）才能实现，所以在1918年到荷兰海牙会见了美国领事及其随员，向他们提出召开各参战国与中立国的学者会议，协商德国投降的条件。[61]但他们的建议没有人感兴趣，二人最终只得放弃他们的意义学计划。[62]

在有关数学基础的哲学辩论中，布劳威尔的直觉主义（构成主义）数学虽属少数派观点，却至今依然有人在研究。[63]不过，德国战败后，这个诞生过黑格尔和歌德的国度爆发了强烈的浪漫主义情绪，倒是让布劳威尔在20世纪20年代的哥廷根和柏林（第八章）收获了一大批追随者。

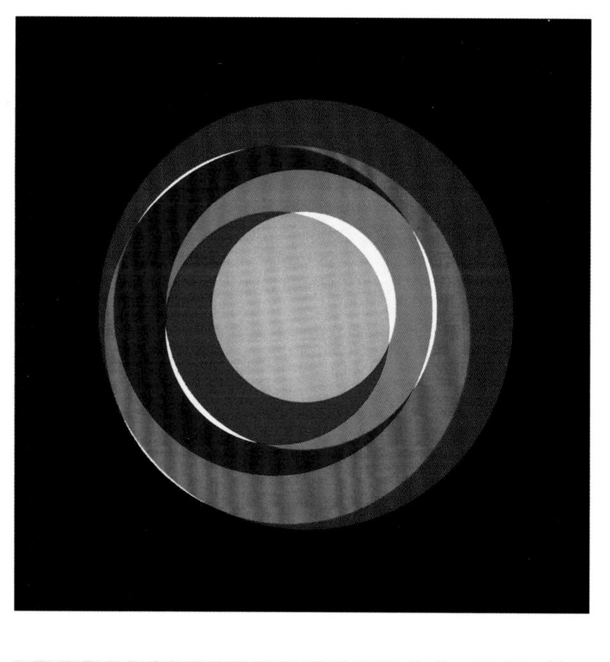

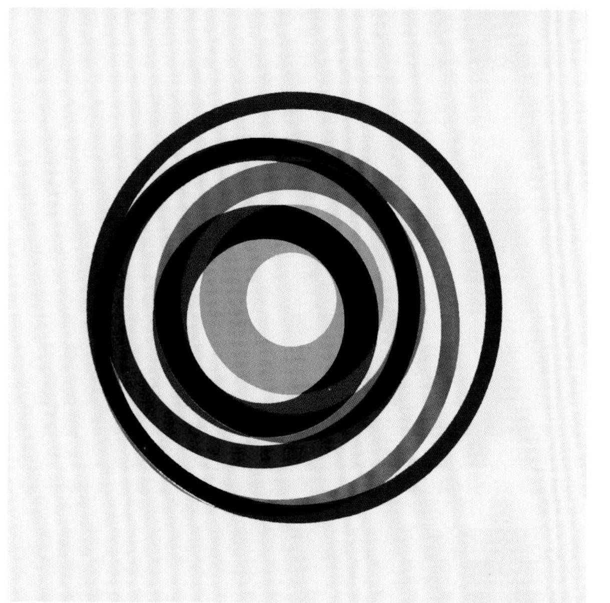
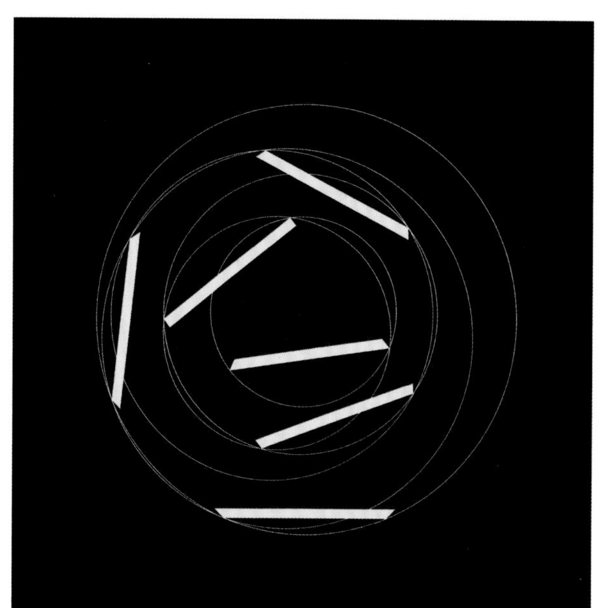

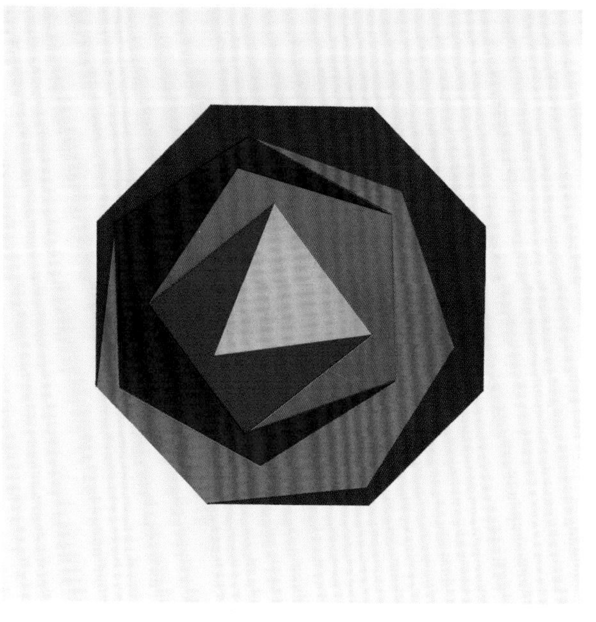

第七章

对称

迄今为止，我们的经验让我们有充分理由相信“自然”是可想象的具有最简单数学观念的体现。我坚信，我们能通过纯粹的数学解释来发现概念和将这些概念联系起来的定律，进而找到理解自然现象的钥匙……当然，经验仍是检验数学解释实际有效性的唯一标准。但创造性原则存在于数学之中。所以在某种意义上，正如古人梦想的那样，我相信纯粹思维能够理解现实。

——阿尔伯特·爱因斯坦，《论理论物理学的方法》，1934年

有关自然界最深层次的科学洞察，都是以对称为基础的解释。自古以来，博物学家便观察到了植物和动物中的两侧对称，以及冰和雪的六边形对称。用“对称”这个说法描述这些形状和形式，会涉及一条分界线或面。19世纪时，科学家终于理解了自然界中为何会存在如此多的对称结构。他们通过显微镜观察发现，自然界的基本组成单位（细胞、晶体）都是对称排布，而且总是成对出现。

“对称”在广义上则是指某一系统在经过某种操作后保持不变的性质。比如，科学家相信，自然规律（如万有引力和光速）就是对称的，因为它们在整个宇宙都同样适用，在任何地方都保持不变。

对称程度最高的几何图形是球体（在三维空间内，球面上所有的点到球心的距离都相等）。20世纪末，科学家得出结论——宇宙诞生时是完美对称的，从一个点爆炸形成了等离子球体。随着原始宇宙的膨胀，球体冷却，等离子体凝聚成第一批粒子，又进一步形成了原子、气体云、恒星。但在某个时间点上，宇宙最初的对称被破坏了，由此产生的不对称似乎是随机改变的结果，类似进化中的基因突变。今天的物理学家正在重建这一原始球状等离子体的样本，希望以此来确定宇宙最初的对称性程度现在还留有多少。

科学家利用数学中的群论来描述自然界的对称——既包括狭义上的对称（如两侧对称），也包括广义上的对称（不变性）。20世纪的头几十年，苏黎世的物理学家和数学家，如阿尔伯特·爱因斯坦、安德里亚斯·施派泽、赫尔曼·外尔，在尝试对自然力做出统一解释时，以及生物学家在描述生命化学中的对称结构（从葡萄糖分子到DNA）时，都用到了群论。

7-1. 马克斯·比尔（瑞士人，1908—1994），《同一主题的十五种变体》系列第6版，1935—1938年（图7-18）。© 2014 ProLitteris，苏黎世/艺术家权利协会，纽约。

从20世纪30年代起，瑞士艺术家开始创造与自然对称的数学描述相呼应的图案。同数学家、物理学家一样，“具体艺术”的创作者以色彩和形式作为美学构建的基本单位，再按能保持其比例与和谐的规则来排布（图7-1）。所以从和谐这个意义上来讲，这些艺术家说他们的作品是“对称的”。

晶体学

人类对自然基础结构的猜测，有好几百年的时间都集中在有着独特几何形式的晶体上。17世纪60年代，英格兰自然哲学家罗伯特·胡克透过显微镜观察岩石晶体中分离出来的微小碎片时，发现碎片表面呈现出了十分规则的几何形状，所以便推测晶体由小到肉眼不可见的球状粒子组成（图7-2）。

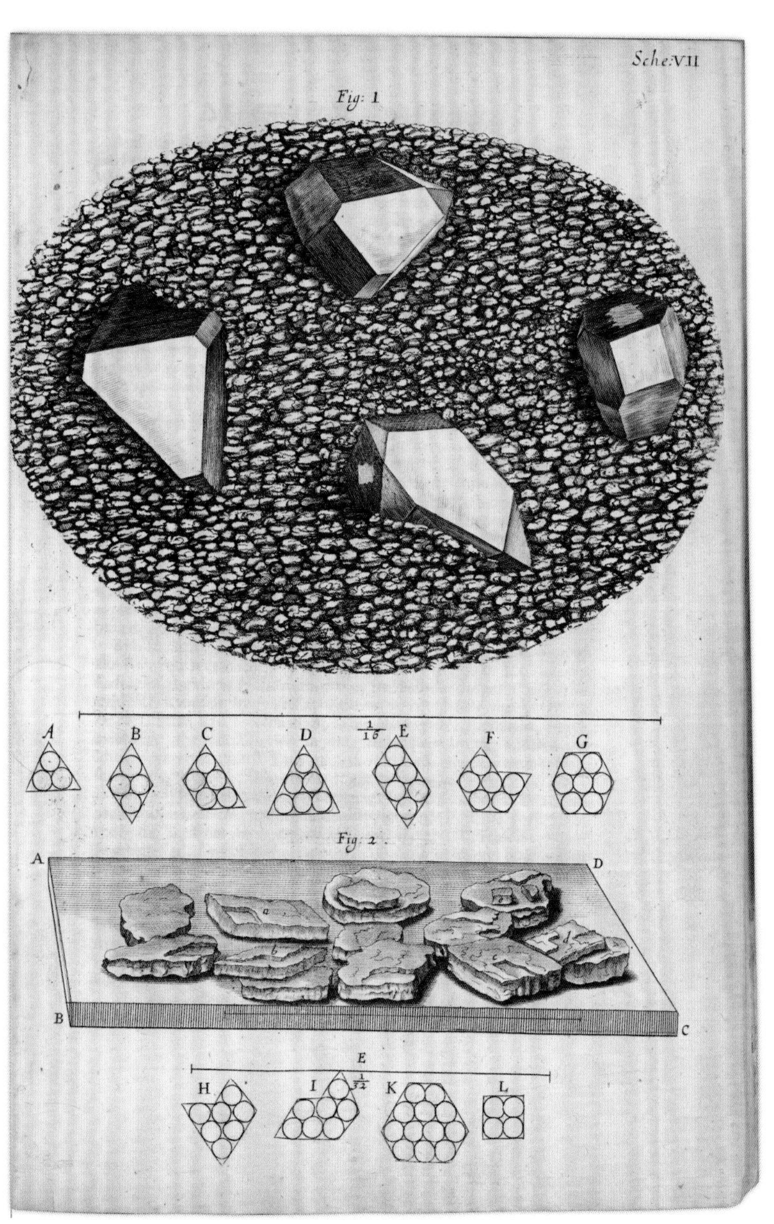

7-2. 晶体中的球状粒子，见罗伯特·胡克的《显微图集；或对放大镜探寻到的微体所做的生理学描述》(1665)。纽约公共图书馆珍本部，阿斯特、雷诺克斯与蒂尔登基金会。
这是胡克讨论“小钻石，或者说燧石火花”时的配图。

19世纪初，英国化学家约翰·道尔顿重新翻出了前苏格拉底时代哲学家德谟克利特的原子论（参见第一章），并将这些假想的“球形粒子”正式命名为“原子”。道尔顿指出，原子质量不同，且可以结合到一起构成分子。但与道尔顿同时代的法国化学家勒内·茹斯特·阿羽依却认为，晶体的最小构成单位应当是多面体，不是球体（图7-3）。后来，德国矿物学家克里斯蒂安·魏斯提出了一个重要理论：不同晶体的区别所在不是其几何形式，而是对称轴。

对称轴是一条穿过几何图形（如立方体）的假想线。具有对称性质的几何图形拥有一条或多条对称轴，围绕对称轴旋转一定角度后形状仍可保持不变（见对页的小版块）。

魏斯用点（代表分子）交叠而成的点阵来代表晶体内的分子，以及分子内（肉眼不可见）的原子。受这个模型的启发，数学家开始采用欧氏几何与五种柏拉图立体来研究晶体。欧几里得认为立体是固定的（无法转动），所以并没有描述它们的对称性质。为了将晶体解释为围绕某条轴对称的几何形式，19世纪的晶体学家需要借助一种新的数学工具，那就是群论。

立方体的旋转对称

单个立方体共有十三条对称轴。其中，三条对称轴穿过立方体两个相对面的中心点。当立方体绕这些轴旋转四种角度（90°、180°、270°、360°）时，其形态不会发生改变。用群论的语言来说就是：立方体关于这三条对称轴中的每一条都具有四重旋转对称性（总共十二个）。

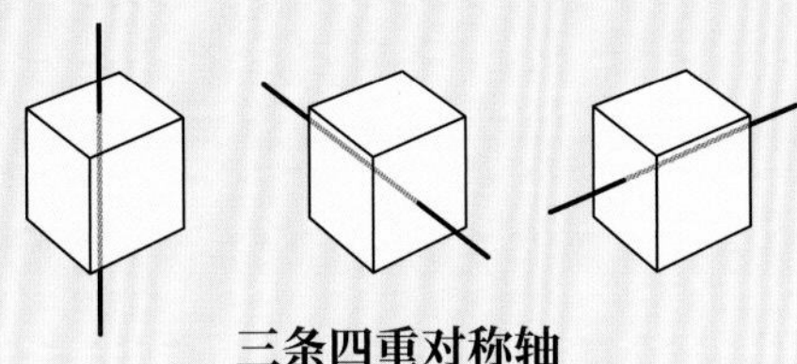

三条四重对称轴

另有四条对称轴是立方体的对角线。立方体关于这四条对称轴中的每一条具有三重旋转对称性（总共十二个）。

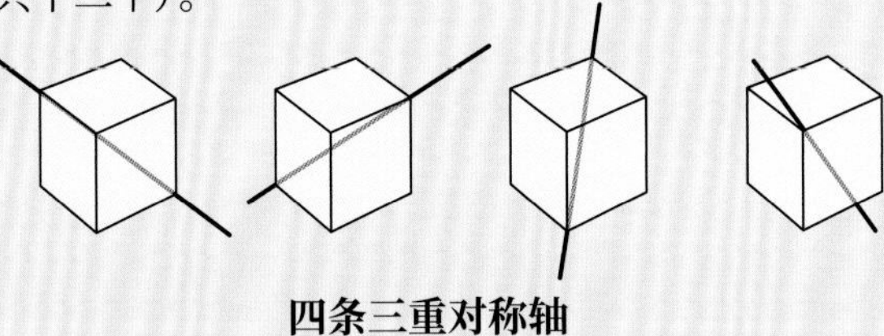

四条三重对称轴

还有六条对称轴穿过对棱的中点。立方体关于这六条对称轴中的每一条具有二重旋转对称性（总共十二个）。

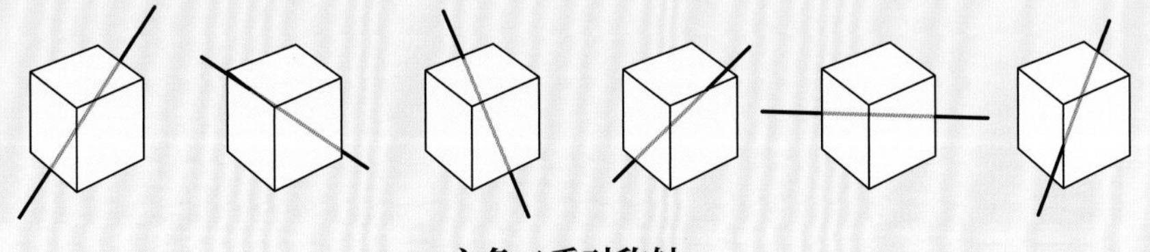

六条二重对称轴

总共算起来，立方体共有36个旋转对称。球体的对称性最为完美，它有无穷多条对称轴，绕其中任何一条旋转到任何位置都保持不变。

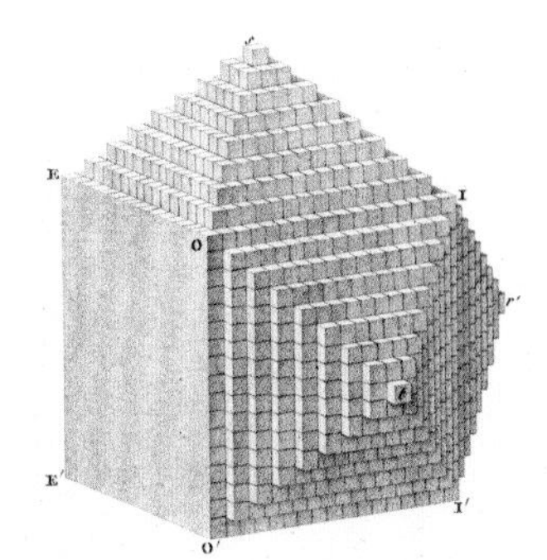

7-3.一个用分子多面体构建的菱形十二面体，出自勒内·茹斯特·阿羽依的《矿物学论述》（1801）。

阿羽依提出，晶体的最小构成单位有六种基本形式：平行六面体、菱形十二面体、三角十二面体、六方棱柱、八面体、四面体。

群论

1832年5月29日，法国数学家埃瓦里斯特·伽罗瓦在一次决斗中身亡，年仅20岁。这位青年学者为了研究某些代数方程的解，大约在1830年创立了群论。后来，他的群论论文辗转到了数学家约瑟夫·刘维尔的手里，经编辑整理，最终在1846年以《伽罗瓦理论》为名出版。几十年后，法国数学家卡米耶·若尔当在研究晶体分类时，意识到了伽罗瓦的代数群论不仅可以描述晶体，还可以描述任何对称系统，因为群论的考虑范畴仅为一个系统的结构（形式是抽象的）。若尔当发表了群论方面

你知道，我亲爱的奥古斯特，我探索过很多课题……但我快没时间了，而我关于这个宏大领域的想法还不够成熟。

——埃瓦里斯特·伽罗瓦，决斗前夜致奥古斯特·舍瓦利耶的信

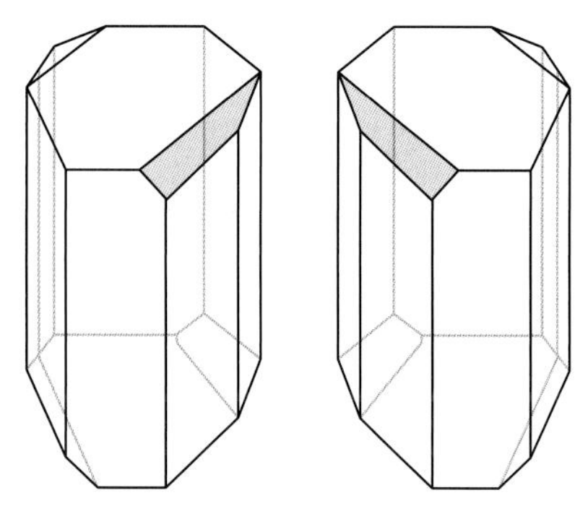

7-4.外消旋酒石酸晶体互成镜像。

老虎，老虎，火一样辉煌，
烧穿黑夜的森林和草莽，
什么样非凡的手和眼睛
才能塑造你一身惊人的
对称？

——威廉·布莱克，
《虎》，
1794年

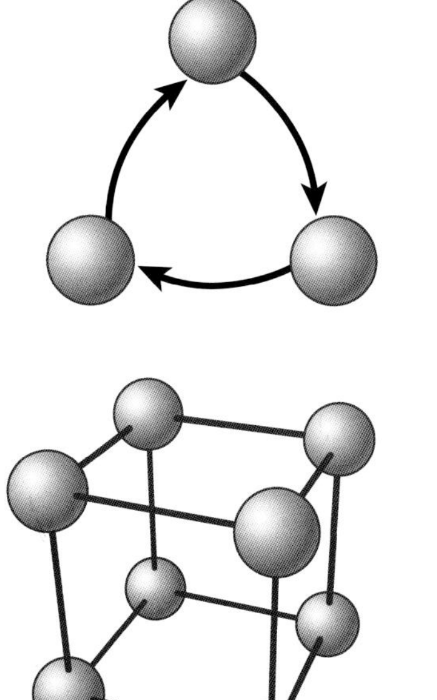

7-5.以群论描述的两种对称系统示意图。上面的系统有三个节点，只能在一个方向上变换。下面的系统有八个节点，能在两个方向上变换。

的第一份重要研究，并介绍了该理论在晶体分类方面的应用（《置换与代数方程论》，1870）。在若尔当成功运用群论为晶体分类之后，其他几何学家也纷纷开始描述以空间点阵及其对称性为基础的几何形式。

与此同时，法国化学家路易·巴斯德完成了有关晶体学的博士论文，在有机分子结构方面有了重大发现。巴斯德研究它们的晶体结构时，先将一束光照过冰洲石（最早在冰岛发现的一种透明岩石），得到了一种只在一个平面上振动的光，即偏振光。而当化学家再让一束偏振光通过晶体时，有时光会直接穿过（用化学术语来说就是"不旋光"），但有时偏振光的振动面会精准地旋转成特定角度，其大小则取决于偏振光在晶体内通过的路径长度和旋光性物质的浓度。这说明，光线被晶体中不可见的结构偏转了。

1849年，巴斯德研究了外消旋酒石酸（酒石酸的一种）的结晶。巴斯德让一束偏振光穿过一块晶体，发现它不具有旋光性。但用显微镜检查那些晶体时，他注意到它们呈现出两种不对称的镜像形式（所谓对映异构体），类似于一对手套的左右两只（图7-4）。巴斯德细致地将左旋光晶体与右旋光晶体分为两堆，每堆都制成溶液，等它们结晶后再让偏振光通过。结果显示，每块晶体都具有旋光性，但方向相反。就这样，巴斯德发现了对映异构现象。他推断，外消旋酒石酸是右旋分子和左旋分子的混合物，因此，其旋光效果在两种分子同时存在时便抵消了，让混合物看上去没有旋光性。到1900年时，生物学家已经在研究其他镜像分子对及其在生命系统中的作用了。

最抽象的几何：李群与克莱因的埃尔兰根纲领

非欧几何与高维几何的发现给数学带来了混乱，群论则帮助数学恢复了秩序。19世纪末，德国数学家菲利克斯·克莱因利用广义上的对称概念——即经过某种操作之后，系统的性质保持不变——最终证明了一切形式的几何（欧氏几何、非欧几何、高维几何）都具有这一共性。

克莱因首先扩展了彭赛列的思想。彭赛列的射影几何研究的是图形在射影变换（"影子"）下不会发生变化的性质（第六章图6-5），但在克莱因看来，不同几何的对称性其实可以被理解为和不同的射影有关，进而就能用群论来进行描述，最终确定不同变换群下的不变性。1869年，挪威数学家索菲斯·李在柏林与克莱因开始合作，希望能开创一种可以应用于几何的群论。1870年年初，他们前往巴黎，开始跟随卡米耶·若尔当学习。克莱因专注于研究那些能让某些特定图形保持不变的变换，定义了诸如"克莱因四元群"等结构（见对页的小版块）。

克莱因四元群

群论可用于描述某个特定物体或系统的对称性。在此，假设我们想要衡量某个矩形的对称性。为了做到这一点，我们要对矩形的各部分加以映射，而且可以对矩形实施在其形状保持不变前提下的“变换”手段。这儿显示了一组矩形进行变换的示意图。我们以如下方式进行映射：

步骤一：确定对象的相似部分。矩形的形状由各顶点（角）的位置决定。任何保持其形状不变的几何映射，都必须保证（编号）顶点最后依然是顶点。

步骤二：确定对象哪些变换后形状保持不变。具体到这个矩形来说就是，我们需要它的形状维持原状。这些变换的每一种都对应了编号顶点的一种置换。

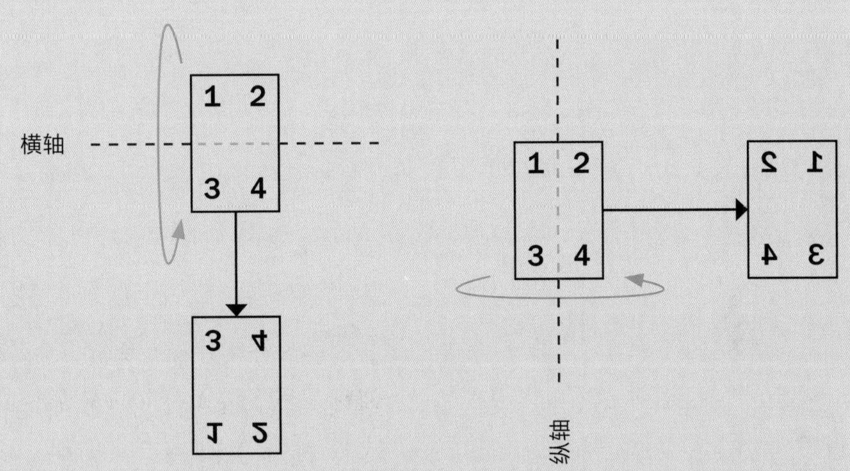

步骤三：对可能的操作的组合做出映射：

原型=Identity

绕平轴翻转=HFlip

绕纵轴翻转=VFlip

同时进行两种翻转（先绕水平轴翻转，再绕纵向轴翻转，或顺序颠倒）=HFlip VFlip

这一映射描述了将矩形的四种对称考虑为一个群时的情况。

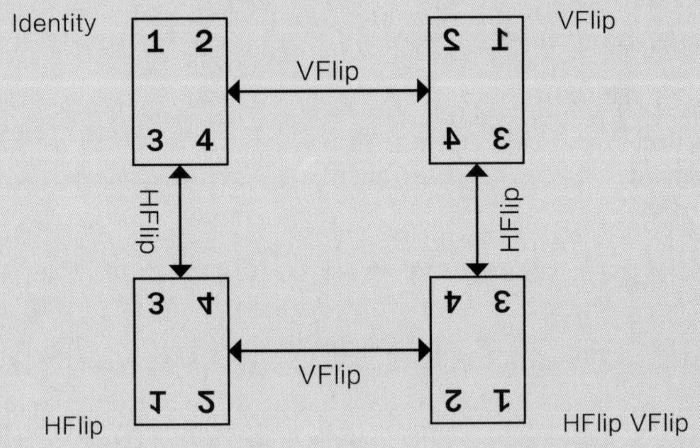

右边则是剔除了文字与数字后的映射图表，只留下了对于群论未加修饰的抽象表述。这个图标有四个部分（“结点”）和两个变换，一个由虚线表示，一个由实线表示。这些线上没有箭头，说明变换可以采取两种不同的方向。变换是确定的（不存在偶然因素），并且是可逆的。而且，这些变换可以以任何次序重复进行，但最终形状依旧保持不变，所以从这种意义上讲，它们是可积累的。1884年，菲利克斯·克莱因定义了四次对称群，称为“四元群”。

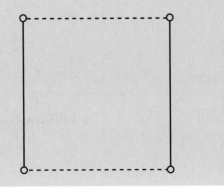

1870年7月，普法战争爆发，克莱因和李被迫中止了合作。克莱因回到德国，到埃尔兰根大学当了教授，但李却不幸在法国遭受了一番牢狱之灾。好在不久之后，李便获释并返回了挪威。1871年，他发表了《论一类几何变换》，描述了允许点从一个坐标系变换到另一种坐标系的群，即“李群”。次年，克莱因发表了《埃尔兰根纲领》，希望通过射影几何来统一各类几何学，其中最大的特点则是描述了几何图形在各种变换群下的不变性质。

物理学与宇宙学中的对称性

1905年时，爱因斯坦曾思考过这样一个问题：某个观察者若以光速与光一同前进，看到的光波会是什么样子？这个疑问促使他在后来提出了一项新的科学公理：任何物体的速度都不可能超过光速（约30万千米/秒）。在太空中飞行的物体永远不可能达到光速，因为当速度接近光速时，物体的长度将会收缩，质量将会增加，时间将会变慢[1]（狭义相对论）。

1907年，俄裔德国物理学家赫尔曼·闵可夫斯基向爱因斯坦指出，他的理论说明，给出高速运动的有质量物体的位置时，必须要把时间放进来一起考虑。所以，他建议将空间和时间变成一个概念——即时空——用四维时空，也就是三个空间维度再加上时间维度，来描述事件。爱因斯坦接受了这些建议，开始使用四维时空点阵来描述宇宙。

爱因斯坦的相对论在任何参照系下都可以准确地描述宇宙，从这种意义上来说，宇宙理应是对称的。任何四维坐标体系都可以变换为别的参照系，只要二者运行时的相对速度是恒定的。一切坐标系都在宇宙这个整体内相互关联。一个观察者在一个时空框架内的测量，可以转换为另一个观察者在另一个时空框架内的测量。当人们从一个惯性的（加速度为零）四维时空框架转入另一个时空框架，其中的物理定律（以及由此得到的观测结果）是不变的。

包括希尔伯特在内的许多数学家都对爱因斯坦的狭义相对论产生了兴趣。这里理论前面之所以加了“狭义”二字，是因为它描述的只是两物体以固定相对速度运动时的情况。希尔伯特马上便着手扩展爱因斯坦的理论，希望可以用它来描述相对加速或相对减速的参考框架。但最终，还是爱因斯坦第一个将该理论推广到了在引力作用下加速或减速运动的物体上，提出来了广义相对论（1916）。按照如爱因斯坦的相对论，物体的质量与能量可以相互转化，转换公式为$E=mc^2$——其中的E为能量，m为质量，c为光速。

18世纪末，法国化学家安托万·拉瓦锡通过实验证明了质量守恒定律（1789）。

19世纪中叶，赫尔曼·冯·亥姆霍兹根据他对肌肉和新陈代谢的医学研究，提出了能量守恒定律（1847）。爱因斯坦提出质能转换公式后，将这两个守恒定律合二为一，即质能守恒定律（1905）。1918年，希尔伯特的同事、德国数学家埃米·诺特证明了这些定律与其他守恒定律实际上都可以以群论来描述，因为变换后的质量、能量、质能都没有发生改变，这就是所谓的诺特定理（1918）。由此之后，在描述不变性这个更广泛的意义上，对称成了科学中最基本的原理。

基本自然力的统一

到1919年广义相对论得到证实时，爱因斯坦已经在尝试把他所熟知的两种力统一到一起：一种是维持宇宙运行的万有引力，一种是稳定原子结构的电磁力。物理学家认为万有引力与电磁力是确定的，同样的物理定律适用于宇宙的任何地方，与参考系无关，所以希望能找到一种可以统合一切的几何学，使得人们可以用统一场来从宇宙角度描述引力，从原子角度描述电磁力。

引力与电磁力确实具有许多相似之处，无论是实际观察还是理论猜想都证明了物体之间（如行星和它的卫星）的万有引力与其距离的平方成反比，而带电粒子之间（如质子和电子）的电磁力也遵循这一规律。[2]任何有质量的物体都会产生引力场，任何带电粒子都会产生电磁场，只不过这两种场的强度差别极大——电磁力的强度是引力的10^{36}倍。这些相似之处给了物理学家很大鼓舞。牛顿将引力解释为一种瞬时作用于整个宇宙的静态力，但爱因斯坦认为引力是空间曲率的结果，这种曲率的影响与电磁波一样，以光速传播。换言之，引力与电磁力都是动态力，它们的波都以光速传播。

爱因斯坦开始尝试统一这些力时，两位青年数学家则在改进爱因斯坦等人用来统一的数学工具——群论。瑞士的安德里亚斯·施派泽和德国的赫尔曼·外尔当年在哥廷根大学读书时，便一直关注着物理学的发展，因为他们的指导教授希尔伯特当时正在推广爱因斯坦的狭义相对论。两位学生最终都在希尔伯特指导下取得了博士学位（外尔是1908年，施派泽是1909年）。[3]1913年，外尔加入苏黎世联邦理工学院的数学系，与爱因斯坦成了同事——爱因斯坦曾于1912—1914年在该校物理系任教。对于数学和物理都有研究的外尔意识到群论在理解场对称性方面的重大意义后，也开始致力于统一引力与电磁力。1916年，施派泽回到苏黎世大学任教。尽管施派泽自己没有将群论运用到物理学上，但外尔一直在跟他同步自己的大统一进展。

虽然外尔大统一的努力没能成功，但他正确地认识到了群论可以成为物理学家的有力工具，对大统一理论的研究具有长远的意义。到了20世纪30年代，物理学家已经发现了在原子核内部起作用的另外两种力：让原子核成为一体的强力，以及让原子核衰变的弱力。运用群论这一基本数学工具，物理学家一直在尝试将这四种自然力统一到一起。虽然时至今日，这种统一还是没能实现，但依旧是物理学的核心目标之一。

装饰艺术中的对称性

施派泽和外尔为物理学寻求数学基础的同时，还将对称应用到了音乐和艺术上。施派泽对艺术的了解要比朋友更深入，所以第一个把群论应用到了艺术上，外尔等人紧随其后。

施派泽出生于巴塞尔的一个音乐世家，曾师从作曲家、巴塞尔音乐学院校长汉斯·胡贝尔学习钢琴演奏，终身以钢琴为伴。从孩提时代开始，施派泽便饱受视觉艺术的熏陶，比如他外祖母就曾委托瑞士象征主义艺术家阿诺德·勃克林在他家花园里创作了一系列壁画。[4]早年在巴塞尔上学时，施派泽便如饥似渴地阅读了雅各布·布克哈特、海因里希·沃尔夫林、恩斯特·卡西尔、欧文·潘诺夫斯基等人的著作，正是这些学者在19世纪末与20世纪初把艺术史发展成了一门正式的学科。布克哈特鼓励学生将绘画、雕塑、建筑等艺术形式置于更为广阔的文化语境中去讨论，要把古希腊与意大利的文艺复兴等时代视为整体，并强调每一种风格都体现了某种比例体系（第二章）。这些思想都被施派泽一一吸收了。

施派泽所具有的广阔文化视野，最终让他注意到了布克哈特的学生海因里希·沃尔夫林——1924年，沃尔夫林加入苏黎世大学的艺术史系，成了施派泽的同事。为了更好地理解文艺复兴艺术和巴洛克艺术，沃尔夫林既学习过19世纪的比例理论（第二章），也研究过他那个时代的心理学，所以在他的早期著作（《建筑心理学导论》，1886）中，我们可以明显看出19世纪后期德国心理学中的共情概念：人体具有对称性，故而人面对对称的建筑物时，会因为共情而产生美学上的愉悦。[5]但在他最有影响力的著作《艺术史原理》（1915）中，我们会发现，德国心理学的关注点此时已经从分析观者的主观感受，转向了分析艺术作品的客观形式（格式塔）。沃尔夫林认为，艺术从文艺复兴到巴洛克时期一共经历了五次转变（例如从线条性表达转向色彩性表达）："这个问题可能与某种规律的逐渐展开有关，与心理学和逻辑依据的某种影响有关。"[6]

到1945年去世前，沃尔夫林都一直是苏黎世大学最受学生欢迎的老师，施派泽也经常去听他的课。[7]沃尔夫林很喜欢用两个投影仪来同时展示主题相同但风格不同的作品（如肖像画）——这在后来成了艺术史教学的基本方式，即所谓的"幻灯片

7-6. 意大利文艺复兴时期与巴洛克时期的肖像画对比，见海因里希·沃尔夫林的《艺术史原理》(1915)。

左图是文艺复兴时期的画家布龙齐诺为托莱多的埃莉诺画的线描风格肖像（左），可以看出，平滑的笔触清晰地勾勒出人物的轮廓，在色块之间形成了明快的边界。相比之下，在巴洛克时期的委拉斯开兹用涂绘风格为西班牙女孩玛格丽塔所绘的肖像（右）中，一簇簇浓密的笔触与背景结合得天衣无缝。

对比”——进而探讨某个在文艺复兴时期以线描风格描绘的主题，如何被巴洛克时期的艺术家转变为了涂绘风格，施派泽一定很喜欢看到不变中的变化这样直观地展示出来（图7-6）。[8]

在苏黎世大学时，施派泽开了一门数学哲学的研讨课，讨论的课题之一是德国学者恩斯特·卡西尔的思想。20世纪初，卡西尔曾到哥廷根学习希尔伯特的形式主义数学，20年代至30年代初则主要在汉堡做研究。在卡西尔看来，历史学家其实可以利用形式主义方法来分析抽象结构。于是，他便开始试着在文化中辨别他所谓的“符号形式”，也就是希尔伯特的“理论形式”，先后雄心勃勃地分析了美学、伦理学、宗教教义以及科学世界观的抽象框架（《实体概念与函数概念》，1910）。爱因斯坦的广义相对论在1919年被证实后，卡西尔采纳了该理论的核心思想：对自然界的精确描述可以来自任何参照系（任何坐标系），且这些坐标系都互相关联（共同组成了宇宙）。卡西尔认为自己也可以将美学、伦理学、宗教、科学的符号形式统一到一个无所不包的文化相对论中。

在卡西尔追求这一目标的过程中，汉堡大学的瓦尔堡图书馆为他提供了极好的资源，因为这座由艺术史学家阿比·瓦尔堡创立的图书馆，拥有极其丰富的艺术史、神话史、宗教史资料。20世纪20年代中期，卡西尔在瓦尔堡图书馆首次举办了一系列关于文化相对论的演讲，这些演讲稿后来发表在了他的三卷本著作《符号形式的哲学》(1923、1925、1929）当中。1926年，研究文艺复兴艺术的年轻学者欧文·潘诺夫斯基开始在汉堡大学担任艺术史教授，并与卡西尔展开了密切的合作。次年，

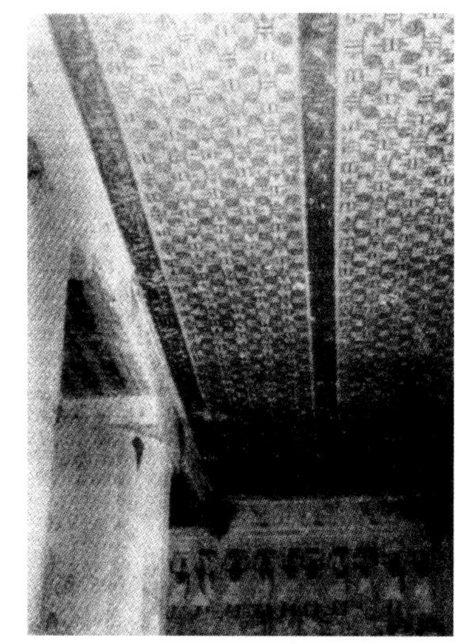

上

7-7.底比斯墓地的天花板图案，埃及第十八、十九王朝，见埃米尔·普里斯·达文尼斯的《从早期到罗马占领时期的纪念碑中的埃及艺术史》(1878)。彩色平版印刷。艺术与建筑藏品，米莉亚姆和艾勒·D.瓦拉赫艺术、印刷与照片分馆，纽约公共图书馆，阿斯特、雷诺克斯与蒂尔登基金会。

施派泽在著作《有限阶群论》中单色复刻了这些天花板纹案。类似的图案在门纳墓的天花板残迹中也可以看到（第一章图1-9）。

左

7-8.埃及某墓穴的天花板，见安德里亚斯·施派泽的《数学思维方式》(1945)，图1。经海德堡施普林格科学与商业媒体许可使用。

根据施派泽在书中所述，这张照片是他1928年在埃及旅行时拍摄的。

潘诺夫斯基发表了《作为符号形式的透视》(1927)一文，论述了绘画中的空间呈现方式如何反映了艺术家的世界观（时空坐标）——其中反映的实际上正是卡西尔的观点。

1923年，施派泽出版了《有限阶群论》，这是一本专门写给数学家的群论学术著作。1927年，他为本书第二版做修订时又增加了一章，通过群论分析埃及和近东装饰艺术，证明了这种艺术中确实蕴含着纯数学的内容。几年后，施派泽在面向普通读者的著作《数学思维方式》(1932)中，进一步针对这个主题进行了阐述。在描述了用重复图形（其中有17种可能的图案）组成的铺砖（密铺）之后，施派泽告诉读者，埃及人的装饰纹案其实就是某种算法（例如“旋转90°”）的重复应用，而这正是抽象思维的典型标志。

施派泽指出，从织物、垫子以及陵墓天花板上的装饰纹样来看，埃及的无名匠人已经发现了17种图案所有可能的重复模式，说明埃及人只凭直觉便掌握了某些原理，而这些原理到19世纪后便被归纳为了群论中的定理（图7-7、7-8）。换言之，就像欧几里得《几何原本》中的几何图示就包含了他的证明要素一样，埃及的几何装饰中也体现了数学规律。受到施派泽这些研究的启发，外尔在普林斯顿大学任教期间，举办了一系列探讨对称性与艺术的讲座，相关讲稿后在1938年以《对称》为名结集出版。[9]

后来，施派泽还在数学家沃尔夫冈·格雷森的陪同下，前往西班牙的格拉纳达，对14世纪的摩尔人王宫阿尔罕布拉宫中的伊斯兰装饰图样进行了研究。格雷森曾对塞瓦斯蒂安·巴赫的未完成作品《赋格的艺术》做过数学分析，施派泽受此启发，便试着用群论来分析巴赫的赋格作品，结果发现：巴赫创作赋格时，会先规定好音符的旋律模式，后在此基础上对乐谱进行镜像、旋转、反射等种种变换。后来，年轻的莫扎特也受到巴赫的启发，在他的音乐创作中融入了类似的对称模式（施派泽，《音乐与数学》，1926）。

除了分析埃及与伊斯兰艺术的纹案，施派泽还利用群论研究了古典建筑（包括庞贝古城中的一幅镶嵌画）、中世纪的叶饰、伊斯兰圣殿（如开罗一座建于公元15世纪的清真寺；图7-9）中的图案。他不断鼓励学生用群论去分析各种装饰性图案，比如有叫伊迪丝·穆勒的学生，便在她的博士论文中研究了阿尔罕布拉宫中的瓷砖图案（《格拉纳达阿尔罕布拉宫中的摩尔装饰的群论与结构分析》，1944）[10]——这些瓷砖还启发过荷兰版画家M. C.埃舍尔：1936年，埃舍尔到阿尔罕布拉宫研究了密铺的数学运算后，设计出了自己的相扣式瓷砖排列模式（图7-10、7-11）。[11]

施派泽以群论分析装饰艺术的方法，后来被人类学家借用过来为史前古器物的装饰图案分类。施派泽的哥哥菲利克斯·施派泽是人类学家，曾于1910—1912年到南太平洋实地考察新赫布里底群岛（今瓦努阿图共和国）的瓦努阿图石器时代文化。因此，安德里亚斯·施派泽对于这一新兴领域比较熟悉，而在菲利克斯·施派泽成为巴塞尔大学的人类学教授之后，更是通过哥哥一直了解着人类学方面的最新进展。施派泽、外尔、穆勒用群论来分析装饰艺术对称图案的方法，逐渐为德语和英语知识界所熟知。20世纪40年代，美国人类学家开始用群论来为美洲印第安人的陶器装饰图案分类；乔治·布雷纳德则用群论分析了史前陶器的图案（《原始传统设计中的对称》，1942）；安娜·O.谢泼德在其经典著作《陶瓷装饰艺术中独特的抽象设计》（1948；图7-12）中也提到了施派泽开创性的研究成果。1941年，法国犹太裔人类学家克洛德·列维-斯特劳斯离开纳粹占领的法国，前往美国，后在纽约公共图书馆做研究，一直到“二战”结束。分析了他人的现场考察数据后，列维-斯特劳斯采用布雷纳德和谢泼德的群论方法描述了他在数据中发现的规律，声称他证明了当时的社会体现了克莱因的四元群对称结构（《亲属关系的基本结构》，1949；图7-13以及253页小版块）。

最古老的表面装饰来自埃及。我们无从知晓这些装饰的规律是否与群的数学理论有关，但纹案中的图形排布无疑让几何学更进一步。由于希腊数学的影响，我们今天的数学理论大多以定理和证明的形式书写。但是，只有几何图像才是逻辑推理的真正精髓。

——安德里亚斯·施派泽，
《数学思维方式》，
1932年

这种装饰艺术以隐晦的形式囊括了我们所知的高等数学中最古老的部分。可以肯定，在19世纪之前，还没有人对底层问题中完整的抽象表述提供概念性手段，即变换群的数学概念；因此人们能够证明，埃及的手工匠人们已经隐约知道了17种可能的对称性。

——赫尔曼·外尔，
《对称》，
1938年

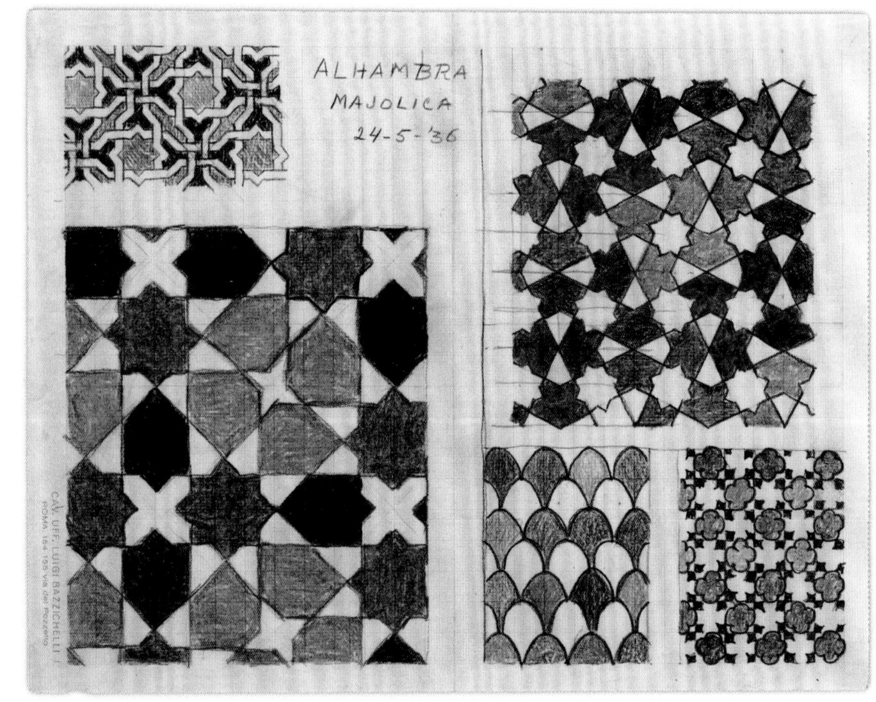

上左

7-9.伊斯兰密铺纹样，见安德里亚斯·施派泽的《数学思维方式》(1945)。经海德堡施普林格科学与商业媒体许可使用。

上右

7-10. M. C.埃舍尔（荷兰人，1898—1972），按阿尔罕布拉宫中的镶嵌艺术绘制，1936年。铅笔与彩色蜡笔。迈克尔·S. 萨克斯公司藏品，©2009 荷兰M. C.埃舍尔公司。版权所有。

右

7-11. M. C.埃舍尔，《天与水I》，1938年。木刻版画，44.1厘米×44.1厘米。©2009 荷兰M. C.埃舍尔公司。版权所有。

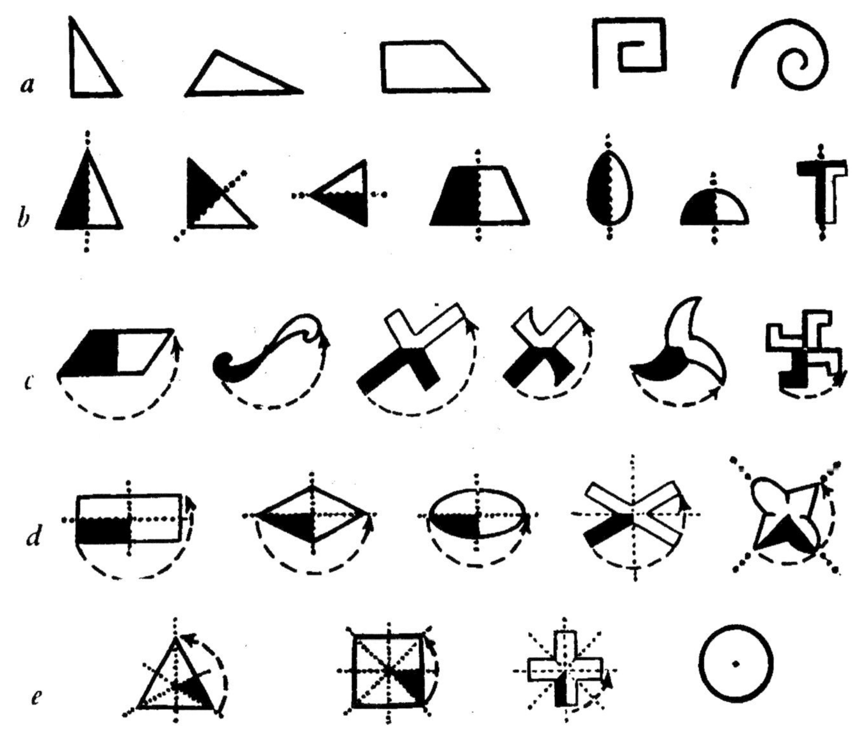

左

7-12.“简单图例说明有限设计中的对称”，见安娜·O.谢泼德的《陶瓷装饰艺术中独特的抽象设计》（1948）。经版权所有者许可使用。

按照谢泼德的分类系统，第一行（a）中的图形不对称，第二行（b）中的图形为左右对称，第三行（c）中的图形为旋转对称，第四行（d）中的图形具有径向对称和双轴对称性，第五行（e）中的图形则具有径向对称和三轴或多轴对称性。

下

7-13.婚姻关系示意图，见克洛德·列维-斯特劳斯的《亲属关系的基本结构》（1949）。经版权所有者许可使用。

A与C代表男性，B与D代表女性，列维-斯特劳斯用下图表示了可能的（异性）婚姻关系：（左）A与B结婚，B与C结婚，C与D结婚，D与A结婚；但因为婚姻是对称关系，所以也可以说是B与A结婚，以此类推（右）。

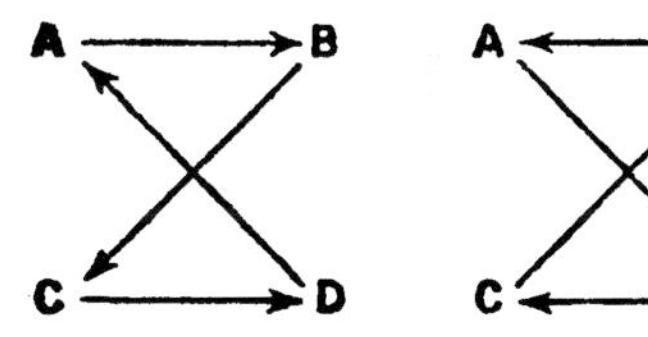

精神的对称：格式塔心理学

20世纪初，正当人们探索自然界的对称时，心理学家也在发现了人类的眼睛、耳朵、大脑中具有感知图案、区分对称性的内在机能——格式塔（Gestalt，德语，意为完整的结构）。部分科学家甚至大胆地猜测，在物理学、化学、生物学、心理学领域发现的对称，意味着自然界中存在普遍的整体性与统一性。

19世纪90年代，菲利克斯·克莱因曾经提出：什么样的变换能使椭圆与直线以不同视角投影后保持不变？与克莱因同时代的奥地利哲学家克里斯蒂安·冯·厄棱费尔则针对人类思维提出了一个相关问题，人从不同视角看某个几何图形时，头脑如何立即认识到“这些”图像其实都是同一个图形的变形（图7-14）？厄棱费尔推断这些图像的统一过程发生在头脑中，于是便开始研究导致这一现象发生的心智能力，并提出了一条不变性原则：圆和直线等简单的几何对象，虽然经过旋转、反射或比例变换后会产生扭曲，但仍能被识别出来。

厄棱费尔之所以创建这个理论，其实是为了反对同时代的奥地利物理学家恩斯特·马赫所持的观点。马赫认为，人类是通过不断积累离散的感觉材料“原子”（如不同色块或声音片段）来感知世界的（详见第八章）。但厄棱费尔则论证说，眼睛、耳朵、大脑会把光和声音当成一个整体来感知。人能辨别出一段乐曲，远非只是听到了声音“原子”（音符）的总和，在厄棱费尔看来，音符的集合体会被当作一个音乐模式来感知，是一个格式塔（旋律）。如果升八度或者变成另一个调，人们还是可以辨认出原来的旋律，因为旋律本身在这类变换下并不会发生改变（《论格式塔质》，1890）。

7-14. 从不同角度观察的圆和线。

20世纪初，厄棱费尔的学生马克斯·韦特海默与沃尔夫冈·科勒、库尔特·考夫卡一起，将厄棱费尔的观点完善为了一个以柏林为中心的心理学派——格式塔心理学。利用古斯塔夫·费希纳在19世纪开创的实验心理学，这些青年格式塔心理学家先让实验受试者观看图像，再让他们描述主观反应。例如，看到点阵的图片时（图7-15），大部分受试者会说看到了十字形，而不会说是十一个点。由此，韦特海默认为，这说明大脑在第一时间内感知到的是图案，然后才会把图案分解为离散的点，这跟马赫的观点正好相反。[12]亥姆霍兹曾最先描述了视觉的生理机能（《生理光学手册》，1856—1867），后来费希纳和弟子威廉·冯特等实验心理学家又以此为基础解释了视错觉，而韦特海默、科勒、考夫卡则将前辈关于视觉的解释从眼睛扩展到了大脑，（正确地）猜测大脑中先天就存在记录模式的神经基质。

科勒在柏林大学就读期间，除了心理学之外，还修读了物理学。同爱因斯坦一样，他的老师马克斯·普朗克也曾致力于创建一种统一理论来解释整个宇宙。科勒推测，“格式塔”的理念或许能提供一种方法，把心理学、物理学、宇宙学都统合到一种自然观当中，所以担任了柏林心理学研究所的所长之后，他曾尝试将格式塔概念从心理学推广到物理学上去。

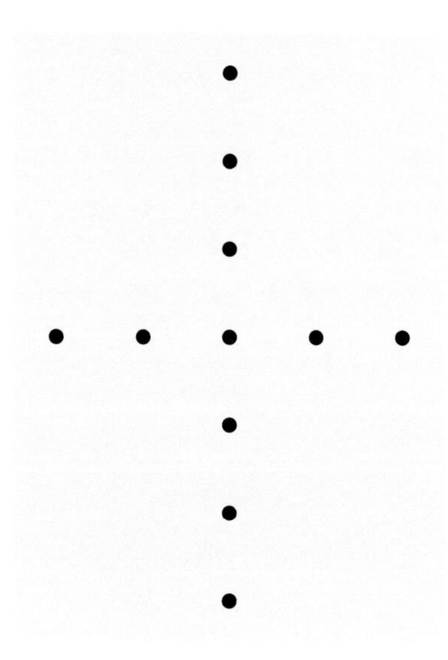

7-15. 用点阵进行的格式塔实验。

在19世纪末到20世纪初，人们对质量的理解发生了变化，牛顿的“质点”概念被“场”所代替，如麦克斯韦的电磁场（图7-16）和爱因斯坦的引力场。科勒注意到，心理学领域也发生了类似的变化，视觉感知也从“点”（马赫的感觉材料）转变成了“场”（格式塔的模式）。在物理学和心理学中，对于基本规律的探寻都揭示了一种倾向，那就是物理学和心理学的数据往往会呈现为最简单的形式。科勒以麦克斯韦的场域图为例，说明了能量分布的均匀性、简洁性、对称性（《静止与定态下的物理格式塔》，1924）。

20世纪20年代初，瑞士心理学家让·皮亚杰在日内瓦开展的一项人类认知能力研究，证实了格式塔学派的一些观点。早在1918年，皮亚杰为他的生物学博士论文做前期研究时就曾猜想，每一个生物体都是以零散的感官经验碎片为基础，最终建立起统一的世界观。皮亚杰回忆起大学时的数学课程时，曾这样说：“群论对我来说特别重要，因为它涉及了整体与部分的统一问题。”[13]

皮亚杰提出了一个理论，从幼儿期到青春期，儿童在不同年龄段有着不同的逻辑和描述能力；随着认知能力的逐步成熟，儿童构想世界的能力也会越来越抽象。1929年，他在《儿童的世界概念》一书中发表了自己的首批研究成果，这本书后来也成为儿童心理发展领域的奠基之作。同年，皮亚杰去了日内瓦大学执教，并在那里开展了一项长达十年的深入研究，研究内容为生物学、数学、物理学的主要概念，研究目的

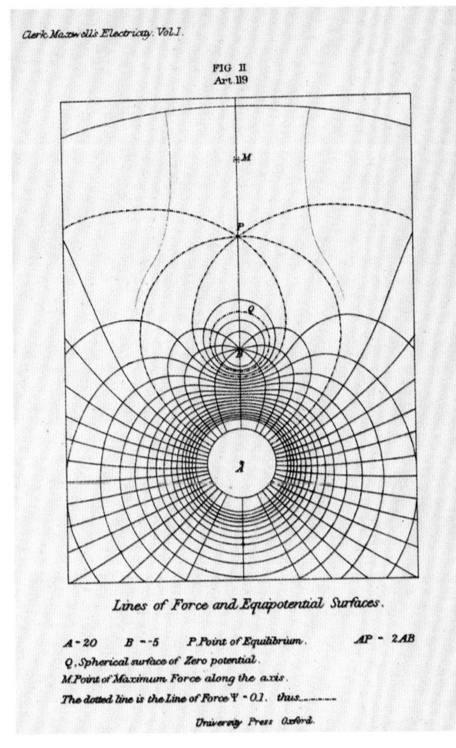

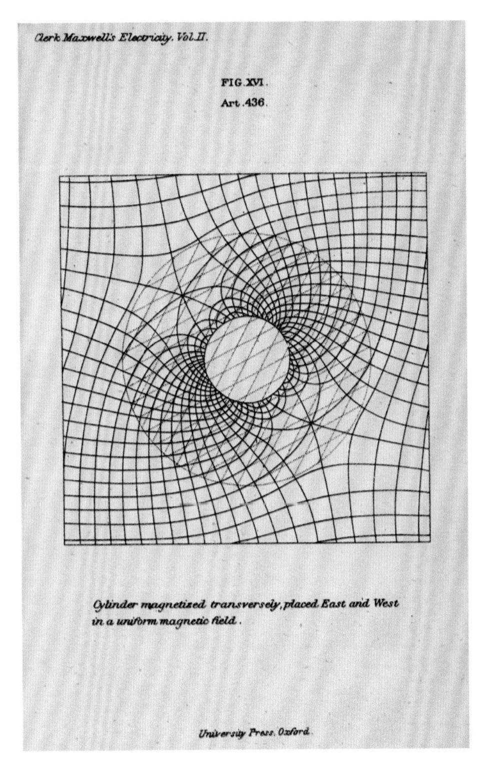

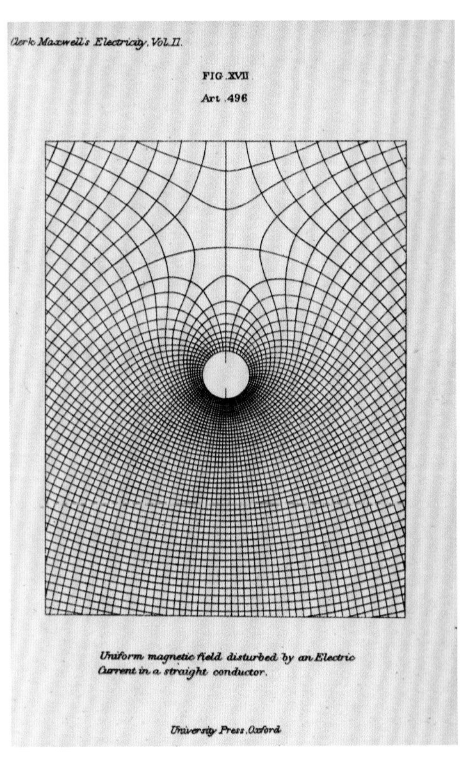

7-16. 力场图，见詹姆斯·克拉克·麦克斯韦的《电磁通论》(1873)。

则是为青少年时期对世界形成的成熟理解力构建起一个概念框架。

作为马克斯·韦特海默的好友，[14]爱因斯坦一直关注着格式塔心理学的发展。1928年，爱因斯坦给皮亚杰提了一个建议，叫他研究一下儿童如何形成时间与速度的观念。[15]爱因斯坦的意思是，在牛顿物理学中，时间是基础，速度要根据时间才能定义（速度等于位移除以时间）。但在相对论中，速度（光速）却是基础（常数），时间的流逝则具有相对性。后来，皮亚杰在1946年出版了两本书来探讨儿童如何发展出时间、运动、速度观念，最终回应了爱因斯坦的提议。[16]皮亚杰在认知发展方面的研究虽然受到了一些批评，但他在儿童如何发展出空间与时间观念方面所做的研究仍然可靠。[17]“二战”期间，皮亚杰一直留在中立国瑞士，但随着纳粹势力在20世纪30年代的崛起，韦特海默、科勒、考夫卡则先后离开祖国，前往美国，使得格式塔心理学的一些观点最终被纳入了普通心理学研究当中。

20世纪三四十年代的瑞士具体艺术

从20世纪30年代开始，苏黎世的一群艺术家受荷兰风格派运动以及俄罗斯构成主义美学的影响，开始创作具有对称图案的作品，这种风格后来被称为具体艺术。当时，荷兰、俄罗斯的代表性艺术作品经常会在瑞士展出，比如1937年在巴塞尔举办的构成主义国际大展上，参展艺术家就包括了皮特·蒙德里安、亚历山大·罗德琴科、弗拉基米尔·塔特林、弗拉迪斯瓦夫·斯特泽敏斯基、埃尔·利西茨基等。

此外，瑞士艺术家也从爱因斯坦（将自然视为一个统一结构）和施派泽（群论的相关著作）那里获得了灵感。

马克斯·比尔、卡米尔·格雷塞尔、理查德·保罗·洛斯、韦雷娜·罗温斯伯格都接受了形式主义美学，主张艺术品是阐述无意义符号的独立体系。1937年，这些艺术家成立了名为“大联盟”的团体，并于次年在巴塞尔组织了该团体的首场作品联展——“瑞士新艺术”（1938）。[18]

“二战”结束后，瑞士青年艺术家卡尔·格斯特纳也加入了这个团体，并开始利用算法来生成颜色模式（第十一章）。在瑞士具体艺术家当中，好几位同时也是平面设计师，而且不但对格式塔心理学和对称图形的视觉感知有一定程度的了解，[19]还很熟悉爱因斯坦、施派泽、外尔等人在对称和群论方面的通俗论著。这些艺术家共同创造了一种能够体现出对称的独特风格，一些作品十分讲究比例，往往左右对称，另一些作品则在根据某个算法发生具体变换后展现出了不变的特征。

同德国、荷兰、俄罗斯的前辈相比，具体艺术家运用算法创造出来的形式看上去要更为精确和统一。比如埃尔·利西茨基在作品*Proun*（自造词，由“肯定新事物项目”的俄语单词首字母组成，1922—1923；第八章图8-8）中，艺术家运用无意义的矩形、直线、曲线，在经验基础上凭直觉（用肉眼）确定了画面的整体构图。一个粗体黑矩形向左倾斜，形成了吸引观者的兴趣点，再用一个褐色的矩形和一条黑色的粗线构成视觉上的平衡；上部的曲线则同下部的曲线取得了一种平衡感。利西茨基在摆放这些形式时多少有些随意，或者具体说来，就是指他即使重新排布这些形状，构图看起来也依然是平衡的。

马克斯·比尔曾于1927—1928年在德国包豪斯设计学院学习，但在早期作品中，他也是通过目测来判断构图的平衡，如作品《变体》（1934；图7-17）。[20]到了20世纪30年代后期，比尔开始利用算法来决定作品画面的构图，例如系列版画《同一主题的十五种变体》（1935—1938；图7-18）。在这套版画中，形式由一种图案变换为另一种图案，但原有的设计规则仍保持不变，呼应了比尔熟悉的两个主题，即爱因斯坦宇宙学和格式塔心理学。

德语文化区的艺术家通过许多明白易懂的普及读物，如爱因斯坦所撰的《狭义与广义相对论浅说》（1917），了解到了爱因斯坦宇宙学的基本观点。[21]比尔在包豪斯时，课程中就有物理，而平面设计的相关培训中也包含了格式塔心理学。1924年，爱因斯坦收到包豪斯校长瓦尔特·格罗皮乌斯的邀请，加入了该校的董事会；1929年，科勒的柏林大学同事、格式塔心理学家卡尔·登克尔应约到包豪斯发表了格式塔心理学的演讲，后又于1930—1931年间在该校任教。[22]这些虽然都发生在比尔毕业之后，但足以说明包豪斯对心理学领域的重视。比尔在校期间，画家保罗·克利曾在包豪斯教授基础课程，他的教学笔记中包括了格式塔图形的练习（图7-19）。

7-17.马克斯·比尔（瑞士人，1908—1994），《变体》，1934年。帆布油画。©马克斯、比尼亚、雅各布·比尔基金会。©2014 ProLitteris，苏黎世/艺术家权利协会，纽约。

观察者的注意力会被吸引到底部紫色的图形、两个黑色的菱形、带有圆“眼睛”的深蓝色圆形上。与之形成对称的则是上部的图形：红色正方形中的菱形孔洞、黑色正方形中的白“眼睛”，以及右侧的H形图案。

创作《同一主题的十五种变体》期间，比尔通过瑞士建筑师勒·柯布西耶等艺术界人士结识了施派泽。[23] 1916年，施派泽和埃米·拉罗什结婚，从此进入了当代艺术家的圈子。埃米·拉罗什的兄弟是瑞士银行家拉乌尔·拉罗什，同时也是巴黎的现代艺术收藏家。第一次世界大战爆发后，法国政府开始没收并出售德国资产，毕加索与布拉克的经销商丹尼尔-亨利·卡恩韦勒的画廊也在其中，拉罗什便趁此时机买下了立体主义的一些主要画作。此外，他还从胡安·格里斯、费尔南德·莱热、阿梅德·奥占芳、勒·柯布西耶的法国代理人雷昂斯·罗森伯格手中购买了更多作品。到1928年时，拉罗什已经累计收藏了大约160件极具代表性的艺术作品。[24]此外，拉罗什还为勒·柯布西耶、奥占芳、比利时诗人保罗·德尔梅于1920年创办的艺术杂志《新精神》提供过资助。1921年，拉罗什雇用勒·柯布西耶，在巴黎建造

7-18. 马克斯·比尔（瑞士人，1908—1994），《同一主题的十五种变体》，1935—1938年。系列版画12幅，单幅30厘米×32厘米，成套发布（1938）。经版权所有者许可使用。©2014 ProLitteris，苏黎世/艺术家权利协会，纽约。

这一系列最初的主题轮廓见右图：3边、4边、5边、6边、7边、8边的多边形组成，位置略偏离中心。比尔运用变换的规则（将整体排布的方式变为点、线段、曲线、颜色等）创造了15种变体，同时保持了主题的不变性。

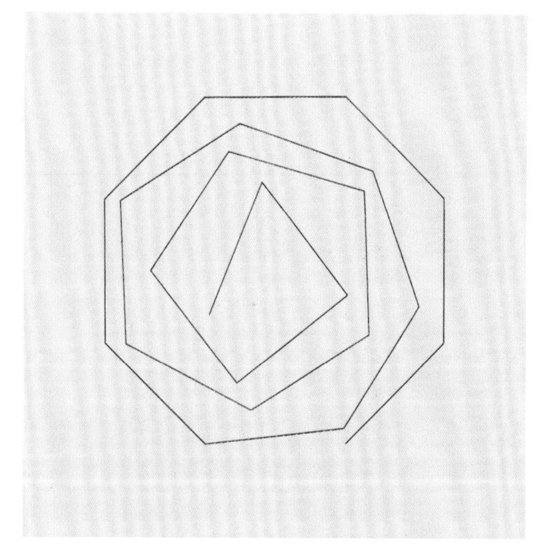

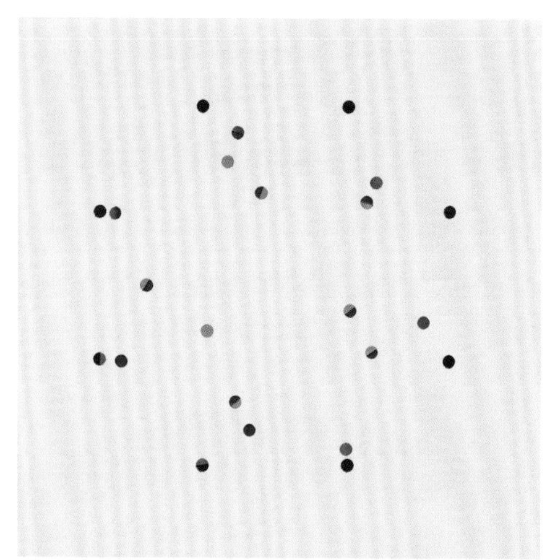

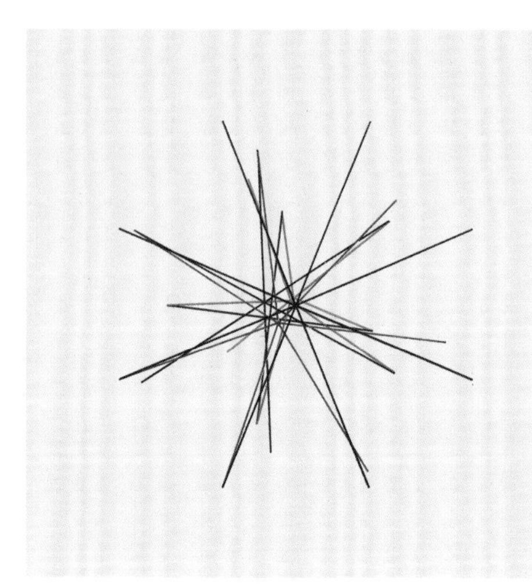

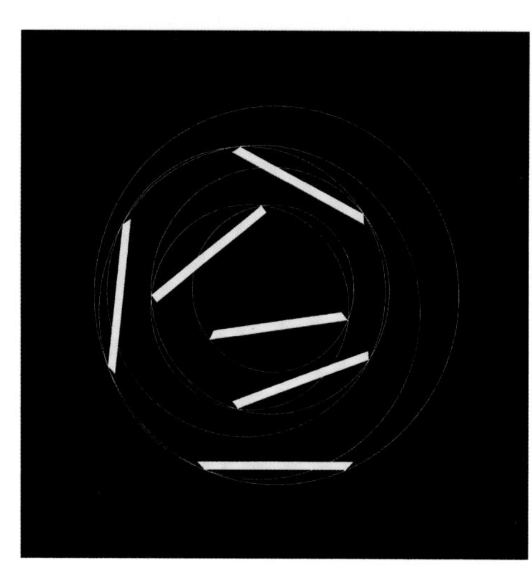

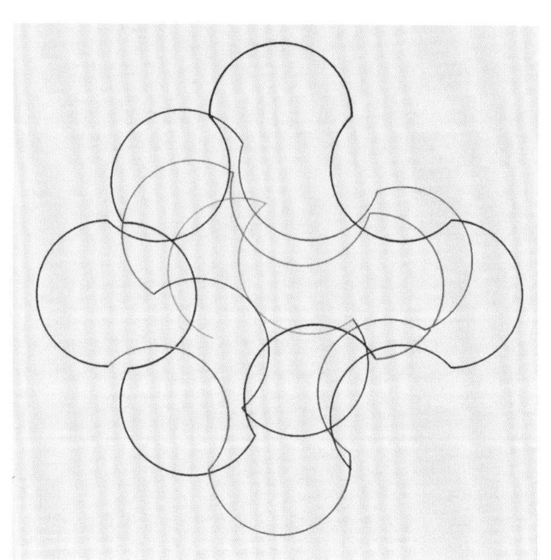

了拉罗什别墅，一处放置藏品的寓所（第二章图2-34）。

施派泽通过拉罗什结识了巴黎的艺术家，且拥有布拉克的一幅立体主义作品。[25]因为都对艺术和几何感兴趣，施派泽跟勒·柯布西耶成了不错的朋友，并且对他的建筑比例理论表示了肯定。1931年，在施派泽的推荐下，勒·柯布西耶获得了苏黎世大学数学哲学荣誉博士学位。[26]艺术家获得数学荣誉学位，是一个引人注目的事件，这时的比尔正在编辑勒·柯布西耶的作品集，所以肯定因此知道了施派泽的名

字。不过，勒·柯布西耶依然是黄金分割的坚定信徒（第二章），所以并没有对施派泽的数学（群论）表示出任何兴趣。[27]比尔之所以后来接触到群论，其实是因为另外两位友人，一位是瑞士心理学家阿德里安·蒂雷尔，[28]一位是瑞士历史学家西格弗里德·吉提翁，两人都曾读过施派泽的著作。

1936年，比尔为苏黎世美术馆组织了一场瑞士艺术家群展——《艺术中的时间问题》，共展出了包括勒·柯布西耶、让·阿尔普、索菲·陶波·阿尔普、阿尔伯

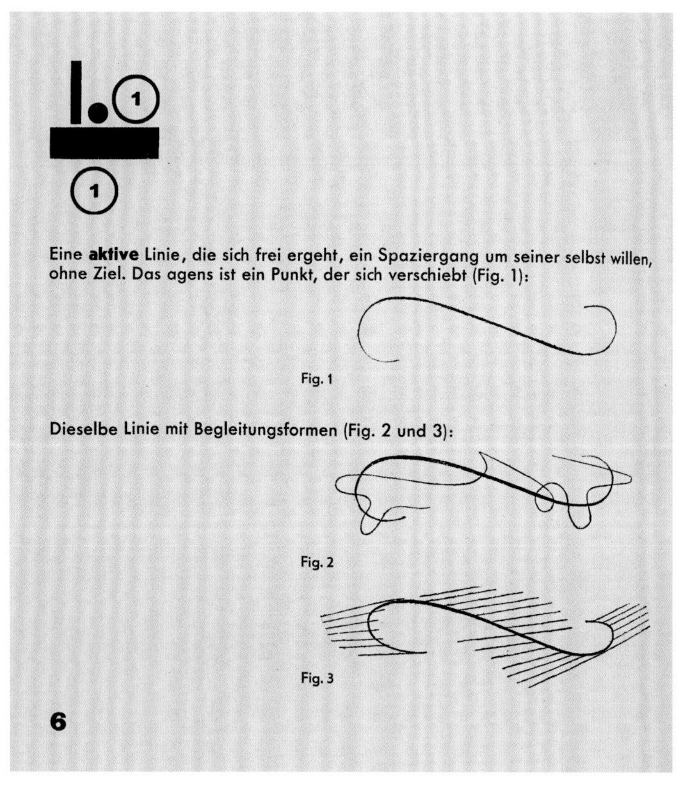

Eine aktive Linie, die sich frei ergeht, ein Spaziergang um seiner selbst willen, ohne Ziel. Das agens ist ein Punkt, der sich verschiebt (Fig. 1):
Fig. 1
Dieselbe Linie mit Begleitungsformen (Fig. 2 und 3):
Fig. 2
Fig. 3
6

7-19. 保罗·克利（瑞士人，1879—1940），《教学笔记》，包豪斯教科书第二册（1925）。纽约哥伦比亚大学艾弗里建筑与美术图书馆。©2014 艺术家权利协会，纽约。

克利画了一条无拘无束的线（图1），由一点指引，逍遥自在，没有任何特定目标地漫步在纸面之上。克利通过展示这条线的形式如何被弱化（图2），以及如何被强调（图3），说明了人如何感知统一场域中（格式塔）的图形及其背景。

托·贾科梅蒂、保罗·克利、理查德·保罗·洛斯、韦雷娜·罗温斯伯格以及比尔本人在内等42位艺术家的160件作品。当时住在苏黎世的施派泽，应该也去看了这场展览。[29]展览展出了比尔1934年的作品《变体》，但和其他百余幅作品一样，这件作品中的简单几何形式都仅凭肉眼排布，并没有用到什么算法，缺乏他在《同一主题的十五种变体》中所达到的那种独特的对称性。

在献给拉乌尔·拉罗什的《数学思维方式》一书中，施派泽指出，艺术与数学自古便联系紧密，到开普勒提出行星运动的第三定律时，这种关系更是达到了顶峰。开普勒的这个定律中指出，围绕太阳公转的行星一起构成了一个相互联系的系统——太阳系，这与音乐的构成形式存在类似之处（《世界的和谐》，1619；第一章63页小版块）。但18世纪后，随着科学的兴起，艺术与数学之间的隔阂逐渐加剧，所以施派泽在书中提出了批评："现代艺术根本不懂对称！"[30]施派泽开始写《数学思维方式》是在1932年，此时应该已经见过许多无物象艺术作品，但这些作品中没有一件是以对称性为基础来创作的。施派泽认为，现代艺术应该通过对称表现这个时代："群代表着构成整体的比率，曾在古代以'星球的和谐'这个充满诗意的名字成为寻找自然定律的准则，并为开普勒构建了世界的基本法则。这样的法则曾被古希腊人称为'逻各斯'，在今天则包括了从宏观与微观角度研究自然的方法。群概念既能帮助我们描述宇宙的形式，又能确定晶体中原子的可能排列方式。所以，艺术也应该建立在对称的基础上。"[31]

比尔曾接受过形式主义方法的训练，而且从"十五个变体"的设计来看，他或许也听从了施派泽的看法，所以才开始研究格式塔心理学中有关平行的说法以及"群的概念"。在《艺术中的时间问题》的展览手册中，比尔写一篇短文简单介绍了什么是具体艺术。同施派泽一样，他认为具体艺术应该表达和谐的法则："所谓的'具体'艺术，就是指作品脱胎于自身固有的手段与法则……而非对自然的抽象。具体艺术绘画与雕塑是由视觉感知单位（颜色、空间、光、运动）组成的，通过这些元素的塑造，新的真实得以产生。抽象概念过去只存在于精神领域，但现在却有了具体的形式，可以被人看见了。无论如何，具体艺术的最终呈现就是和谐法则与比例的纯粹表达。"[32]

1936年展览的名字出自导览手册中的一篇文章，由青年艺术史学家西格弗里德·吉提翁应比尔的约请撰写。吉提翁曾师从沃尔夫林，所以同老师一样，认为建筑是在表达文化对于时间与空间的理解；1922年，他在自己的博士论文《巴洛克晚

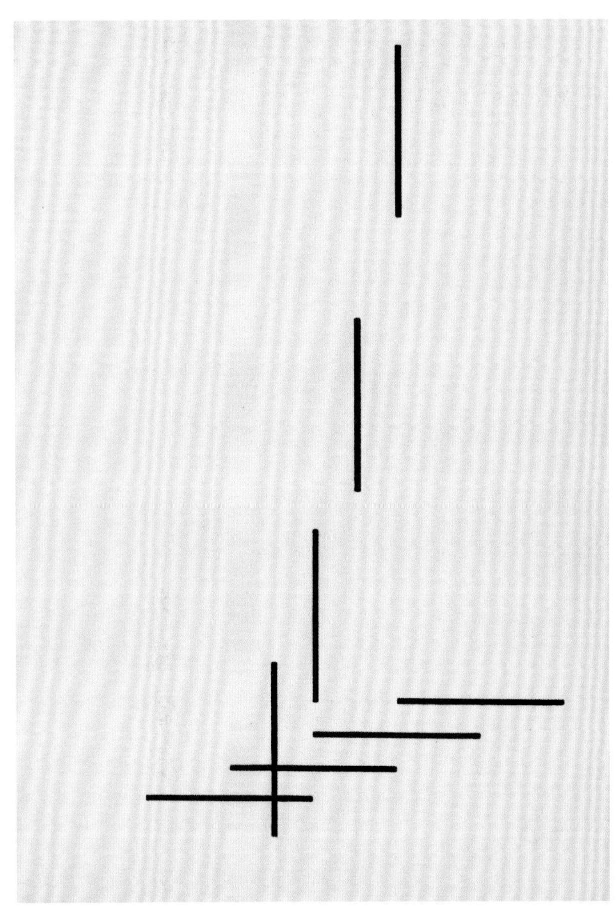

左

7-20. 马克斯·比尔（瑞士人，1908—1994），《X = X》之《无题》，1942年。一套十幅版画，每幅21厘米×15厘米。艺术与建筑藏品，米莉亚姆和艾拉·D. 瓦拉赫艺术、版画、照片分馆，纽约公共图书馆，阿斯特、雷诺克斯与蒂尔登基金会。©2014 ProLitteris，苏黎世/艺术家权利协会，纽约。

比尔在这套版画的介绍中写道，这些作品都建立在数学的基础上，但每一幅都是“带有自己的逻辑性与合理性的新形式”。

右

7-21. 马克斯·比尔，《四个方形序列》，布面蛋彩，120厘米×30厘米，1942年。温特图尔艺术博物馆，弗拉瓦·AG捐赠，1969年。©瑞士艺术研究所，卢茨·哈特曼。©2014 ProLitteris，苏黎世/艺术家权利协会，纽约。

期与浪漫古典主义》中也讨论了这一观点。施派泽在苏黎世大学和沃尔夫林做过一段时间的同事，曾向他学习了这方面的知识，所以在他20世纪30年代的著作中，也提到艺术应当反映所处时代的科学。显然，吉提翁一定了解施派泽的著作，因为施派泽同他的导师沃尔夫林既是同事也是密友。

在巴黎时，吉提翁跟勒·柯布西耶成了朋友，后在1928年一起创办了颇具影响力的国际现代建筑大会，以促进现代建筑的发展。在法国与瑞士的现代艺术界，吉提翁成了不可或缺的人物。为展览取名为“艺术中的时间问题”时，吉提翁显然是指时间的相对性，因为自爱因斯坦的相对论1919年得到证实以来，时间问题一直都是20世纪30年代的热门话题。1938—1939年，吉提翁在哈佛大学就现代建筑举行了一系列讲座（《空间、时间与建筑》，1941），旗帜鲜明地宣布现代建筑应当用来表达爱因斯坦的新时空观。所以，在比尔的圈子中，吉提翁成了又一个与施派泽观点一致的人。

到了20世纪40年代初期，比尔开始心无旁骛地用算法来创作，比如图7-21中的作品——除第一个正方形外，另外三个被依次分成了二、三、四部分。与此类似的还有一套题目为重言式的版画（《X = X》；图7-20）。1944年，比尔组织了一场名为《具体艺术》的大型非具象艺术国际展，展出了57位艺术家的大约200件作品，这些艺术家来自各个国家，有俄罗斯的罗德琴科、塔特林、斯特泽敏斯基，荷兰的

右

7-22. 6号展位上的马克斯·比尔作品，出自具象艺术展览的导览手册（1944）。©2014 ProLitteris，苏黎世/艺术家权利协会，纽约。

中间那个形如莫比乌斯环的雕塑，或许引起了施派泽的注意（第八章图8-30）。比尔称他的这个系列为《无尽之环》，得自无穷大的符号∞。莫比乌斯环最早由德国数学家奥古斯特·莫比乌斯于1858年发现，但在1972年的一次采访中，马克斯·比尔表示自己此前对此并不知晓，是他独立发现了莫比乌斯环："我被我的一项新发现迷住了，这个环只有一条边和一个平面。我很快就会有机会应用它了。1935年年末到1936年年初，我正在组装代表瑞士送往米兰三年展的参展作品。三年展允许我们创作三件雕塑，用以表征与强调这次展览中三个部分的独立性。其中一件就是《无尽之环》，我认为我是仅凭自身之力创造了它。没过多久便有人祝贺我，说我对埃及无限符号以及莫比乌斯环的重新诠释很有新意。"那位祝贺比尔的人或许指的是衔尾蛇标志，在古埃及《亡灵书》（约公元前1550）中，这个标志象征着永生。

蒙德里安和凡·杜斯伯格，法国的让·埃利翁和罗伯特·德洛奈，捷克斯洛伐克的弗兰提斯克·库普卡，英国的亨利·摩尔和芭芭拉·赫普沃斯，以及美国的亚历山大·考尔德。在巴塞尔艺术博物馆举行的展览开幕式上，馆长格奥尔格·施密特强烈建议观众"从精神及智识两方面去感受艺术家的表达"。[33]施密特跟施派泽和拉罗什都是朋友（经施密特从中协调，拉罗什将一些重要藏品捐给了巴塞尔艺术博物馆）。[34]施派泽此时已经从苏黎世迁来巴塞尔居住，所以很可能参观了展览，但估计会有些失望，因为展出的大部分作品都是通过肉眼构图（图7-22）。

在比尔的带领下，格雷塞尔、洛斯、罗温斯伯格都接受了来自群论和格式塔心理学的设计理念。格雷塞尔开始应用一些简单算法来创作，如在作品《红黄蓝序列》中将面积叠加，蓝色块在整体上占据了一个单位，黄色块在整体上占据了两个单位，红色块在整体上占据了四个单位（1944；图7-23）[35]——格雷塞尔有一本施派泽的《数学思维方式》、[36]一本外尔的《对称》（1955年的德文版）。

洛斯引入了群的概念以及对群元素的运算，并在20世纪40年代中期开始借助群论术语来描述自己的工作。构建一个群时，他会先确定与区域相称的单位；换言之，区域被划分后，单位就出现了。然后，他再通过准确的机械指令来确定线的布局，比如他在1947年大联盟展览中展出的作品《具体事物I》（1945—1946；图7-24）。但其他一些决定，洛斯则会凭肉眼来随性做出，如颜色的选择、线的左右位置，以及小正方形的位置。换言之，洛斯在创作过程中同时会使用机械方法（算法）和随性方法（肉眼）。[37]

洛斯在他的一本抽象几何艺术简史中说道，蒙德里安和罗德琴科都靠直觉（肉眼）来确定作品的构图，他本人的早期作品也是如此："图像元素的大小与数量只有

对页

7-23. 卡米尔·格雷塞尔（瑞士人，1892—1980），《红黄蓝序列》，1944年。布面油画，60厘米×35厘米。苏黎世卡米尔·格雷塞尔基金会。©2014 ProLitteris，苏黎世/艺术家权利协会，纽约。

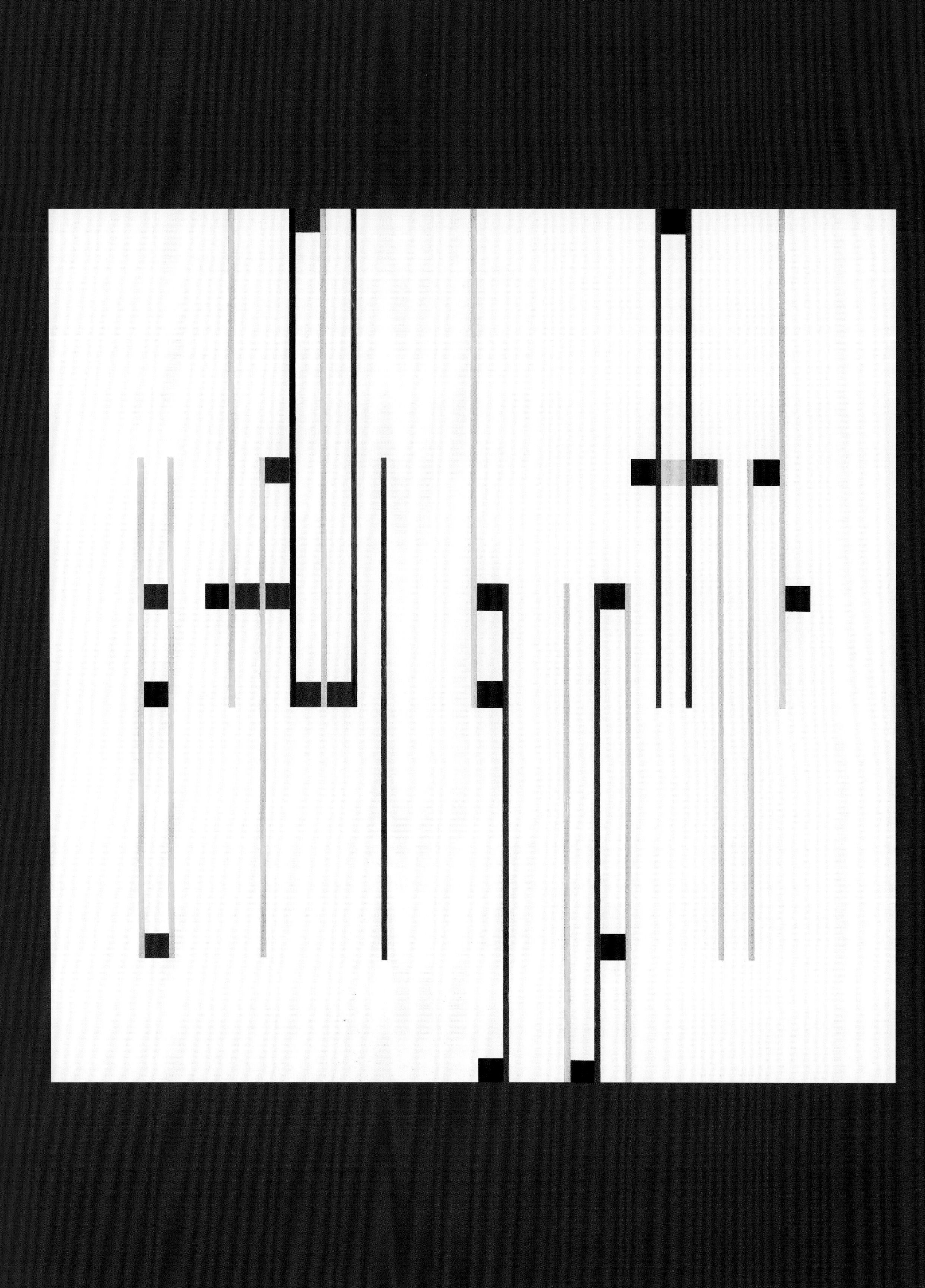

对页

7-24. 理查德·保罗·洛斯（瑞士人，1902—1988）。《具体实物I》，1945—1946年。胶合板油画，70厘米×70厘米。©理查德·保罗·洛斯基金会，苏黎世。©2014 ProLitteris，苏黎世/艺术家权利协会，纽约。

《具体实物I》的尺寸为70厘米×70厘米。艺术家一开始先设定了一个10厘米×10厘米的格子作为基础，然后布置了18条竖线，每条延长到40厘米，也就是基本格子的4倍长："在简化并分布画面中的元素后，这些色块组成之间的规律与关系便会自然地显现，并且可以通过色彩、位置、尺寸而发生变换。"《具体艺术中基础形状的发展》，出自为1947年10月18日至11月23日举行的展览所做的导览目录，《大联盟：瑞士现代艺术家协会》（1947）。

左

7-25. 韦雷娜·罗温斯伯格（瑞士人，1912—1986），《无题》，1944年。布面油画，60厘米×60厘米。私人收藏。©汉丽埃塔·科雷·罗温斯伯格，苏黎世。

部分可以给出理由，后者的系统化只是偶尔出现。画面构图的统一方法并不存在，而是大都基于主观意向及概念。"[38]洛斯的目标是通过统一方法（算法）使艺术创作彻底理性化（形式化），发扬几何抽象的传统，超越对直觉（主观意向）的依赖。

20世纪40年代中期，罗温斯伯格也开始在作品（图7-25）中引入规则图案，但她总会在格式中保留一些非对称性，并通过肉眼来设计一些元素，例如这幅作品中的红线。罗温斯伯格的作品诱使观者去"破解"谜一样的图案，但因为她的图案并不规则，所以谜底往往很难找出。

比尔用克莱因的四元群图总结了20世纪40年代中期具体艺术的状况（见274页小版块）。他根据自己在水平轴向和对角轴向安排的成对对立特征（两种"变换"），区分了不同种类的具体主义画作：几何/非几何；虚幻的"伪空间"/真实平面。尽管比尔的图示只是一种比喻，缺乏数学上的严谨，但依然体现了菲利克斯·克莱因定义的四元变换群。

好几位从事具体艺术创作的艺术家都是平面设计师，具体艺术那种明快清晰的形式可以很容易被转换为海报、宣传手册、书刊封面设计，比如比尔的作品（图

有可能机械性地重复元素和事实，是这个时代的标志。

——理查德·保罗·洛斯，《发展线》，1943—1984年

具体艺术的克莱因四元群

比尔为下图给出的说明是："此图展示了具体绘画的四个方向：一半是几何，一半是非几何；一半是伪空间，一半是二维方向。尽管这些趋向中存在着许多层次和个人解释，但具体绘画的核心因素可以被整理为这四个主要方向。"

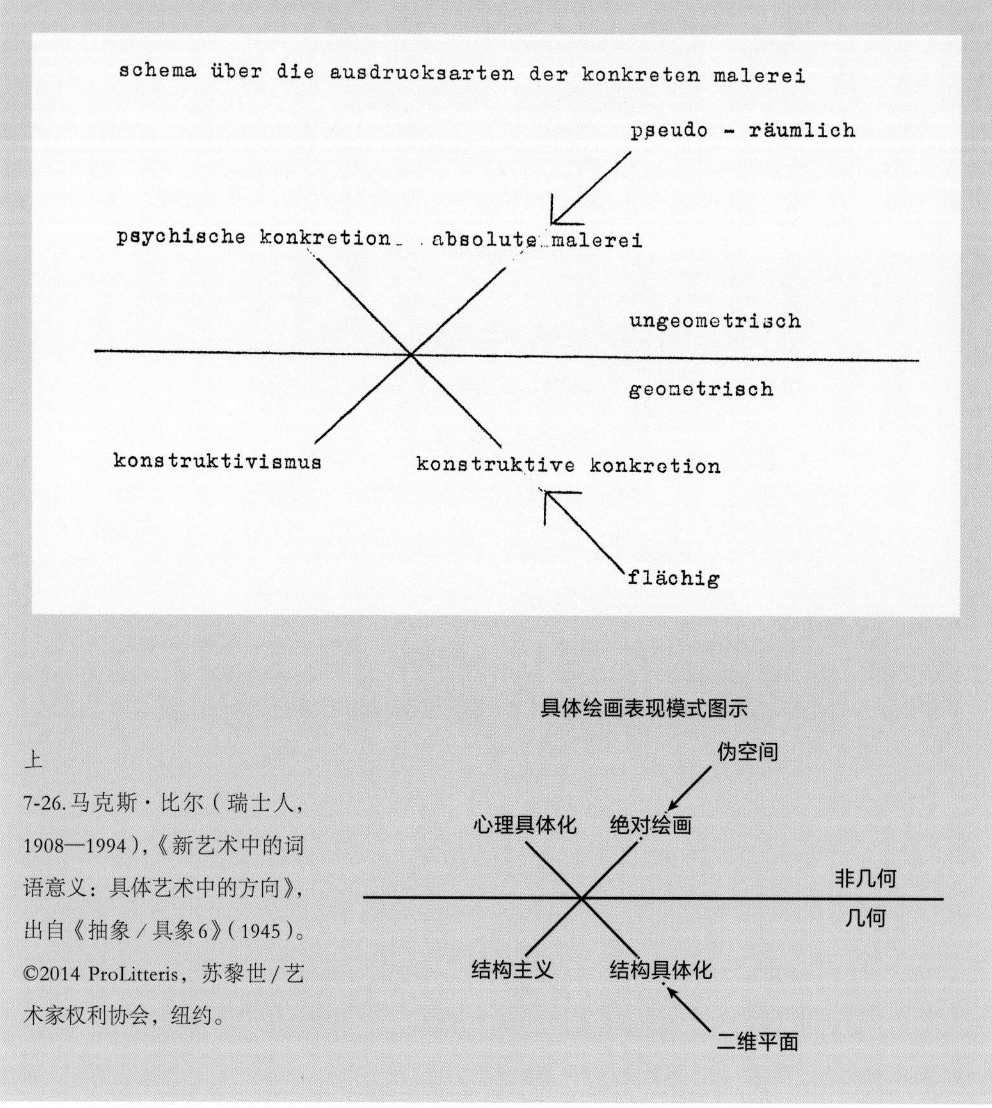

上

7-26. 马克斯·比尔（瑞士人，1908—1994），《新艺术中的词语意义：具体艺术中的方向》，出自《抽象／具象6》（1945）。©2014 ProLitteris，苏黎世／艺术家权利协会，纽约。

7-28）。洛斯曾以正方形模块为基础，为西格弗里德·吉提翁的妻子卡罗拉·吉提翁-韦尔克编辑的一本双语诗选设计过封面（图7-27），呼应了他之前的画作《具体事物I》（图7-24）。[39]

在20世纪初期的苏黎世，爱因斯坦、外尔、施派泽利用群论来描述自然的模式，在瑞士具体艺术家中间引起了反响，因为这些艺术家十分欣赏数学的纯粹与秩序，因而也在自己的创作中引入了群论。具体艺术在"二战"之后得以继续发展（第

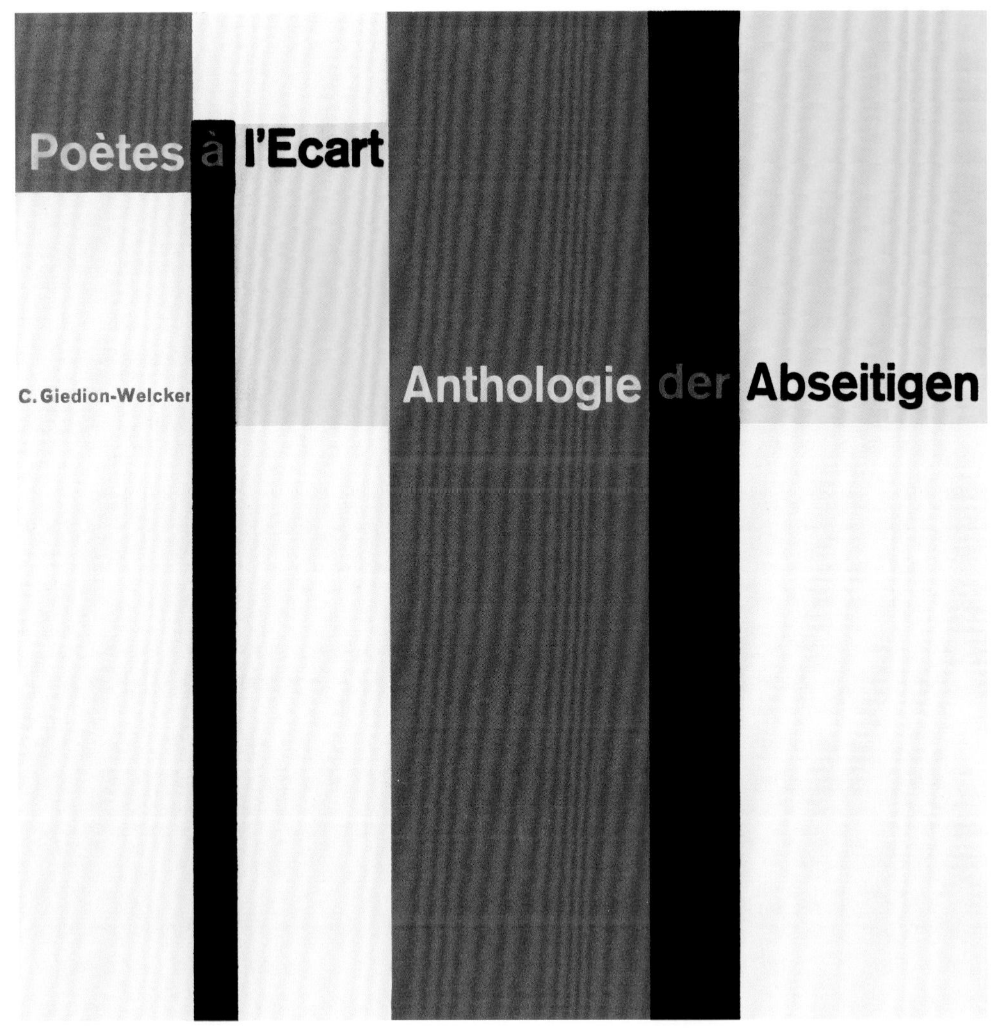

上

7-27. 理查德·保罗·洛斯为卡罗拉·吉提翁-韦尔克编辑的双语诗选《诗选：诗人离去》设计的封面，1946年。©理查德·保罗·洛斯基金会，苏黎世。©2014 ProLitteris，苏黎世/艺术家权利协会，纽约。

右

7-28. 马克斯·比尔（瑞士人，1908—1994），《五个正方形序列》，1942—1970年。©马克斯、比尼亚、雅各布·比尔基金会。©2014 ProLitteris，苏黎世/艺术家权利协会，纽约。

十一章），是因为除四位先锋艺术家外，还出现了一位后起之秀——卡尔·格斯特纳：通过算法生成彩色对称图案，格斯特纳把瑞士具体艺术中的对称推向了更高的层次。

在此期间，德国在"一战"中的失败触发了浪漫主义中的两个标志——感受与个性——的复兴，而尼尔斯·玻尔等物理学家有关亚原子领域充斥着偶发与不确定性的观点，更是为人类拥有自由意志提供了物理学根据。但在这种氛围中，爱因斯坦依旧坚持着决定论和确定性，希尔伯特勇敢构想着他宏伟的理性之塔，艺术家则为想象中的未来城市设计着由钢筋和玻璃组成的高大建筑。

第八章

“一战”后的乌托邦愿景

我的证明理论的基础思想，不过是描述我们的理解过程，将进行思考时实际依据的规则总结成一套规程而已。

——戴维·希尔伯特，《数学基础》，1927年

让我们一起期待、构想、创造属于未来的新构架，将建筑、雕塑、绘画在这个构架中融为一体。总有一天，这一梦想终会如新信仰闪耀的宝石一般，从百万劳工的手中缓缓升向天际。

——瓦尔特·格罗皮乌斯，《魏玛包豪斯学校方案》，1919年

1918年春，菲利克斯·克莱因无忧无虑地从哥廷根大学退休时，曾满怀信心地认为：“现在，我们大家都觉得这场波及了所有人的世界大战即将迎来胜利的曙光了，所以我们得问一问，幸运地赢得和平后会发生些什么。”[1]但到夏天时，战局开始逆转；到秋季时，德国军队已经节节败退，德国皇帝威廉二世则在11月9日最终退位——德意志帝国在失败中彻底崩溃了。

在新的魏玛共和国里，战败的消息引发了社会各个阶层的浪漫主义情绪。曾经为德国科技在战争中起到的作用而无比自豪的德国人，在战败后却把精确科学同压抑灵魂的工业化过程及其代表的机械决定论联系在一起。此时，不论德国浪漫主义哲学家黑格尔和弗里德里希·谢林的自然哲学，还是19世纪非理性主义者叔本华、索伦·克尔凯郭尔、弗里德里希·尼采的生命哲学，都在这种情况下得以复兴。战争爆发前的几十年，哥廷根大学教授埃德蒙德·胡塞尔以他对数学对象的感觉经验为基础，建立了一门新的哲学方法——现象学。1918年之后，胡塞尔的学生马丁·海德格尔把他的方法运用到人类行为与生活经验上，最终创建了一种纯理论版的生命哲学——存在主义。

魏玛德国在战后上下弥漫的那种悲观情绪，被德国历史学家奥斯瓦尔德·斯宾格勒很好地记录在了他1918—1922年的著作《西方文明的覆亡》当中（原书名给人一种末日天启的感觉，但英译版书名被改成了不温不火的《西方的没落》）。斯宾格勒在艺术与数学领域抱有极端相对主义的态度：“每一种新文化都有其自我表达的

8-1. 路德维希·密斯·凡德罗（德国人，1886—1969），玻璃摩天大楼模型，1920—1921年。柏林包豪斯档案馆。

8-2.奥托·迪克斯（德国人，1891—1969），《西尔维亚·冯·哈登像》，1926年。木板蛋彩油画，121厘米×89厘米。巴黎国家艺术博物馆蓬皮杜现代艺术中心。© 2014影像艺术收藏协会，波恩/艺术家权利协会，纽约。

在魏玛共和国，单片眼镜是德国军服上的佩饰，但西尔维亚·冯·哈登却把这个男性权力的象征戴在了自己身上。画中的她无人陪伴，独自坐在柏林的某家咖啡馆中喝着鸡尾酒，抽着香烟，且烟盒上还印着她的名字。迪克斯在街上看到冯·哈登后，便走向前去，询问这位被吓了一跳的陌生人能否给她画一幅肖像："这幅肖像要表现的是我们这个时代，所以不会描绘女性的外在美，而是要刻画她的心理状态。"（《回忆奥托·迪克斯》，1959）

新可能性，这些可能性会从出现到成熟，再到衰落，最后永远消失。世上不止一种雕塑方法，不止一种绘画语言，不止一种数学思维，不止一种物理学模式，而是有很多种，且每一种的最深本质都不相同，每一种都有其生之限期，且自足独立，一如每一种植物都有不同的花与果，不同的生长过程，不同的凋谢姿态。"[2]斯宾格勒声称，每一种文化的核心都是其独一无二的数学。图示能使抽象的概念形象化，所以对欧几里得的《几何原本》而言至关重要："古典数学最重要的部分便是构造（从广义上讲还包括基本算数），具体说来就是生成一个单一、直观的图表。"[3]但是，现代数学中的非欧几何空间根本无法直观展现，而是"一种纯粹的抽象，是灵魂想象出来的一种无法实现的假设，因为原有的感性表达方式已经越来越无法让灵魂感到满足，所以被激情地扫到了一边"。[4]

1918年之后，德国笼罩在宿命论的阴霾之下，奥托·迪克斯、乔治·格罗斯等艺术家通过新客观主义的表达方式，对生命进行了尖锐、直接的现实主义描绘（图8-2、8-3）。但新客观主义中的悲观色彩也得到了一定的中和：另一些德国艺术家为了创造更美好的世界，将他们精确、客观、理性的抽象视觉语言运用在了社会秩序的重建上。[5]这些艺术家纷纷去了柏林，因为尽管受到了战争的影响，但这座充满活力的工业之城，依然是世界的数学与物理学中心。荷兰的凡·杜斯伯格来推广风格派运动，俄罗斯的利西茨基与匈牙利的拉兹洛·莫霍利-纳吉来传播构成主义，其间结识了很多和他们一样拥有乌托邦理想的德国人，比如电影制片人汉斯·里希特，以及建筑师路德维希·密斯·凡德罗与瓦尔特·格罗皮乌斯。1919年，格罗皮乌斯创办了包豪斯设计学院，学生们在理性主义与浪漫主义的合力影响下，逐渐培养出了理性、实用的技能，并利用这些技能设计了能让格罗皮乌斯的未来城市愿景成真的图形、家具、建筑。

数字本身不存在，也不可能存在。如同存在多种文化一样，存在的乃是多个数字世界。

——斯宾格勒，
《西方文明的覆亡》，
1918年

19世纪末时，数学家提出了算术、几何、集合论、逻辑学领域的若干公理，为这一学科奠定了新的基础。20世纪20年代初时，希尔伯特提出假设，认为这个基础之下还有更深的层次，可能存在一套适用于所有数学分支的根本公理——寻找相关战争开始时，人们都希望自己打胜仗，敌人打败仗，看到敌人也在受苦会觉得心满意足。可到最后，人们会吃惊地发现每个人都是输家。

——卡尔·克劳斯，

《火炬》，

1917年10月9日

8-3. 乔治·格罗斯（德国人，1893—1959），《社会的支柱》，1926年。布面油画，200厘米×108厘米。柏林国家博物馆美术馆。

格罗斯用象征手法描绘了魏玛社会的四大支柱：军方、新闻界、政府、教会。画面下方，一位脸上带疤、缺只耳朵、戴着单片眼镜和万字符的纳粹军官，正怀念堑壕大战前的年代——那时，骑士骑着马面对面打仗。画面左侧的记者则攥着一支铅笔，脑子里的想法估计只配装进头上那只夜壶，他手里抓着几张报纸、一根沾有血迹的棕榈枝，是要提醒人们记住和平的代价。画面右侧是个醉醺醺、大腹便便的政客，脑袋里装着一堆热腾腾的屎，手里挥舞着德国国旗。画面最上方的士兵手持染血的刺刀和手枪，正和铁锹武装的工人战斗。此时，士兵下方的神职人员正闭目祷告，但这位面露喜色的神父根本不知道他为之祷告的社会已经燃起了熊熊大火。

公理的工作后被称为“希尔伯特计划”。但受到第一次世界大战后的反理性情绪影响，L. E. J.布劳威尔的直觉主义方法逐渐流行起来，一些数学家脱离了希尔伯特的“阵营”，最终引发希尔伯特与布劳威尔之间的公开争论，并最终演变为一场启蒙理性与浪漫直觉之间的象征性战斗。

在希尔伯特计划进行的同时，物理学家开始创建量子力学，对于同一组实验数据给出了两种完全不同的解释：一种是德国的哥本哈根解释，一种是法、美两国的德布罗意-玻姆解释。这两派对观测的作用有着不同的看法，且对现实的本质也存在根本性的分歧。哥本哈根学派得名于该派领袖、丹麦科学家尼尔斯·玻尔所居住的城市，这一学派认为自然世界中的一切都是随机发生，现实只存于观察者的意识之中。相比之下，法国的路易·德布罗意和美国的戴维·玻姆则认为，实验数据说明，质子与电子构成的微观世界，就和行星与恒星组成的宏观世界一样，遵循着不受人类观察影响的固定法则。

从现象学到存在主义

19世纪70年代，埃德蒙德·胡塞尔在莱比锡大学学习数学和哲学时，去听过威廉·冯特的课——冯特是古斯塔夫·费希纳的学生，曾创办了第一座实验心理学的实验室——所以便试着运用实验心理学的方法，将逻辑视为心理学的一个分支，来为受试者如何进行算术运算给出解释。戈特洛布·弗雷格反对这种做法，认为心理学属于思想领域（存在于头脑之中），而数学则属于数字和形式的领域（数学外在世界在弗雷格等柏拉图主义者看来独立于精神而存在）。评价胡塞尔的《算术哲学》（1891）时，弗雷格最后说道：“这本书让我明白了心理学对逻辑学的破坏已经达到了何种程度。”[6]

弗雷格的批判让胡塞尔非常沮丧，加上自己又对哲学感兴趣，所以胡塞尔在随后十年中转而潜心研究哲学，最终在1900—1901年出版了第一部有关数学和逻辑结构的著作《逻辑研究》，开创了“现象学”。胡塞尔的《算术哲学》一书主要以从受试者那里采集的各种数据为基础，但《逻辑研究》却完全建立在他自己对数字的感知基础上。1901年，希尔伯特读过《逻辑研究》后，立即邀请胡塞尔加入了哥廷根大学数学系。

1905年，胡塞尔得出了一个重要见解：一个人想要研究自己对某种现象的意识经验，必须跳出经验本身——用胡塞尔的术语来讲就是“悬搁”（epoché）或者说把经验“用括号括起来”。换言之，不关注世界中的某个现象，而是沉思自己在世界中的意识经验。例如，你正在读这段文字时，停下片刻，来思考“你自己正在阅读”（你能集中精力吗？思绪飘走了没有？），就是将自己对“面前这段话”的意识括在了括号里。思考了成年后的自己如何使用幼年时学到的数数能力后，胡塞尔发现，当他看到公园里的一棵树时，首先感知到的是树，然后才想到是“一棵”。换言之，胡塞尔认为，数字是基于感知经验的抽象。一般来说，心理经验具有“有关x的意识”这种形式，其中x为某种现象。胡塞尔确信，理解意识的途径就是考察人对现象的心理经验。因此，人们称他的方法为“现象学”。理论上，人可以在无限的表征层面上没完没了地把意识经验“括”起来。例如，“树”这个词可以代表公园里的一棵树，进而象征达尔文用来比喻物种进化的“生命之树”，依此类推，直至无穷。[7]胡塞尔创立现象学，起初是为了解释数学知识，但他很快便开始利用这个方法来解释自然世界的知识（与他同时代的英国哲学家伯特兰·罗素和G. E. 摩尔则采用类似的方法拓宽了谓词逻辑的范围，建立了逻辑原子主义）。1913年，也就是第一次世界大战前夕，胡塞尔出版了《观念》，提出了有关意识的普遍理论，这部书后来成了现象学的奠基性著作。

第一次世界大战后，德国那些受过教育的民众希望哲学能够发挥更大的作用，不要仅仅局限于在自我意识的思考中描述某个理想的抽象领域，所以最终将注意力转向了克尔凯郭尔、尼采等人的生命哲学。任何能跟得上克尔凯郭尔逻辑辩证过程的人，都知道他在19世纪时就已经动摇了黑格尔有关绝对精神知识（宇宙的逻辑结构）的断言。克尔凯郭尔曾写过一部戏仿体作品来嘲笑黑格尔的体系，利用倒转过来的逻辑辩证，引导读者怀疑、远离绝对知识（《或此或彼》，1843）。[8]“社会学之父”奥古斯特·孔德认为社会只有通过科学才能走向最后的实证主义阶段，但在尼采看来，退化无处不在，[9]而费奥多尔·陀思妥耶夫斯基也曾写过一个认为二加二等于五的非理性隐秘世界（《地下室手记》，1864）。20世纪20年代，胡塞尔的学生和学术继承人马丁·海德格尔使用老师的悬搁法，描述了个体在所谓存在主义下的存在（《存在与时间》，1927）。海德格尔身上还带有浪漫主义对理性的那种敌意，所以认为理性根本无力指引人去发现生命的奥秘。[10] 20世纪30年代，法国哲学家让-保罗·萨特也接受了现象学方法，后成为法国存在主义哲学的领军人物（《存在与虚无》，1943）。他通过自己的小说与戏剧（如1938年的《恶心》）大力推广这一哲学思潮。各种版本的现象学与存在主义的共通方法，都是密切研究第一人称视角下的意识，以便理解人类思维的原理。

我同意二二得四这家伙很不错，但我们从今以后要是什么都称赞的话，那二二得五有时候也特别可爱吧。

——地下人，出自费奥多尔·陀思妥耶夫斯基的《地下室手记》，1864年

希尔伯特计划

戴维·希尔伯特在爱因斯坦的相对论和其他数学物理问题上研究了二十来年，直到第一次世界大战后，才又回过头来继续思考哲学问题。此时，数学领域的关键公理都已就绪：朱塞佩·皮亚诺的算术公理（1889）、希尔伯特本人的几何公理（1899；第四章）、恩斯特·策梅洛的集合论公理（1908）、怀特海和罗素的逻辑公

我不相信任何体系的构造者，因而回避他们。求体系的意志意味着缺乏诚实。

——尼采，

《偶像的黄昏》，

1888年

怎么强调这些事件的重要性都不为过。20世纪30年代，布劳威尔和外尔这两位首等重要的数学家，深刻、彻底地意识到数学的本质、目的与内容。他们实际上是在建议数学严谨性的概念或者组成确切证明的东西应该被改变！

——冯·诺依曼，

《数学家》，

1947年

理（1910—1913；第五章）。到20世纪20年代时，希尔伯特终于有了充足的勇气来寻找一套适用于所有数学领域的公理，尝试在更深层次上建立一套数学基础，以便在确定的原理上建造一座整体统一的辉煌大厦。尽管20世纪20年代初的人们普遍不看好这种严密而宏大的德国式体系，但恰恰是在这样的背景下，数学家参与到了希尔伯特计划中来。

布劳威尔在战前便对希尔伯特的形式主义方法颇有微词，认为这会把数学变成一种无目的的机械过程，所以发明了“形式主义”一词来嘲弄（《直觉主义与形式主义》，1912；第四章）。在战后的反理性气氛下，布劳威尔发起了新一轮的攻击，讽刺希尔伯特将数学简化成了“公式游戏”——用公式来玩游戏。[11]而且，他还成功策反了希尔伯特最有才华的学生赫尔曼·外尔，让他站到了直觉主义这边来。外尔在十几岁时便读过康德的著作，[12]在哥廷根大学求学期间，又接触了胡塞尔等一群倡导自我反思的哲学家，所以非常相信直觉的重要性。而且和布劳威尔一样，外尔也对神秘主义感兴趣，读过中世纪基督教神秘主义者埃克哈特大师（德国浪漫主义者推崇的人物）的著作后，外尔更是对直觉信心倍增，将余生都用在了寻找一种无以名之的精神力上（他称其为“居住在不可穿透的寂静中的神性”）。[13]战争期间，外尔对亚原子领域的物理学和形式主义数学越来越感到不满，因为在他看来，这些都与“现实”“真理”毫无关联：“物理学完全没有涉及真正的物质和现实，反而只关注其形式结构。形式之于现实的意义，如同形式逻辑之于真理。”[14]所以在战后，外尔便加入了布劳威尔，开始一起呼吁用直觉主义方法来给数学进行一场全面的大检修（外尔，《数学基础的新危机》，1921）。

得意门生居然加入了布劳威尔阵营，让希尔伯特十分气恼：“外尔认为布劳威尔发动了一场革命，但其实不是，顶多只能算未遂政变。布劳威尔的手段非常陈旧，注定只能昙花一现，而我们有弗雷格和康托尔的理论保驾护航，当前统治数学的‘武力装备’非常精良。”[15]战后，外尔又开辟了一条“战线”，宣称希尔伯特的形式主义数学不过是“在那些现代艺术极端流派提出的虚空中随意进行的游戏”。[16]外尔并没有明说这个“现代艺术”是什么，但他说这话时是20世纪20年代中期，正住在苏黎世时，而在苏黎世能接触到的基本上都是荷兰风格派与俄罗斯构成主义的几何抽象艺术。

布劳威尔和外尔的反对确有几分道理，因为希尔伯特确实曾把“证明”重新定义为一个句法过程。但希尔伯特并非是盲目为之，而是因为他有深厚的哲学修养，可以后退一步，去反思公理方法本身的性质。尽管有着广阔的数学视野（直觉在其中扮演着核心角色），但希尔伯特只是在非常具体的目的上使用公理方法。布劳威尔将他的“直觉主义”同“形式主义”对立起来，实际上是因为曲解了希尔伯特的方法。希尔伯特本人曾经说过，元数学——他的“证明理论”——是以他有关机械推导的直觉认识为基础的："除了本身的数学价值之外，布劳威尔竭力反对的'公式游戏'，其实还具有更重要、更普遍的哲学意义。因为这个游戏必须要根据一些确定法则来进行，而这些法则表达了我们的思考技巧，所以它们可以形成一个能被发现、能被表述的自洽系统。我的证明理论的基础思想，不过是描述我们的理解过程，将进行思考时实际依据的规则总结成一套规程而已。"[17]

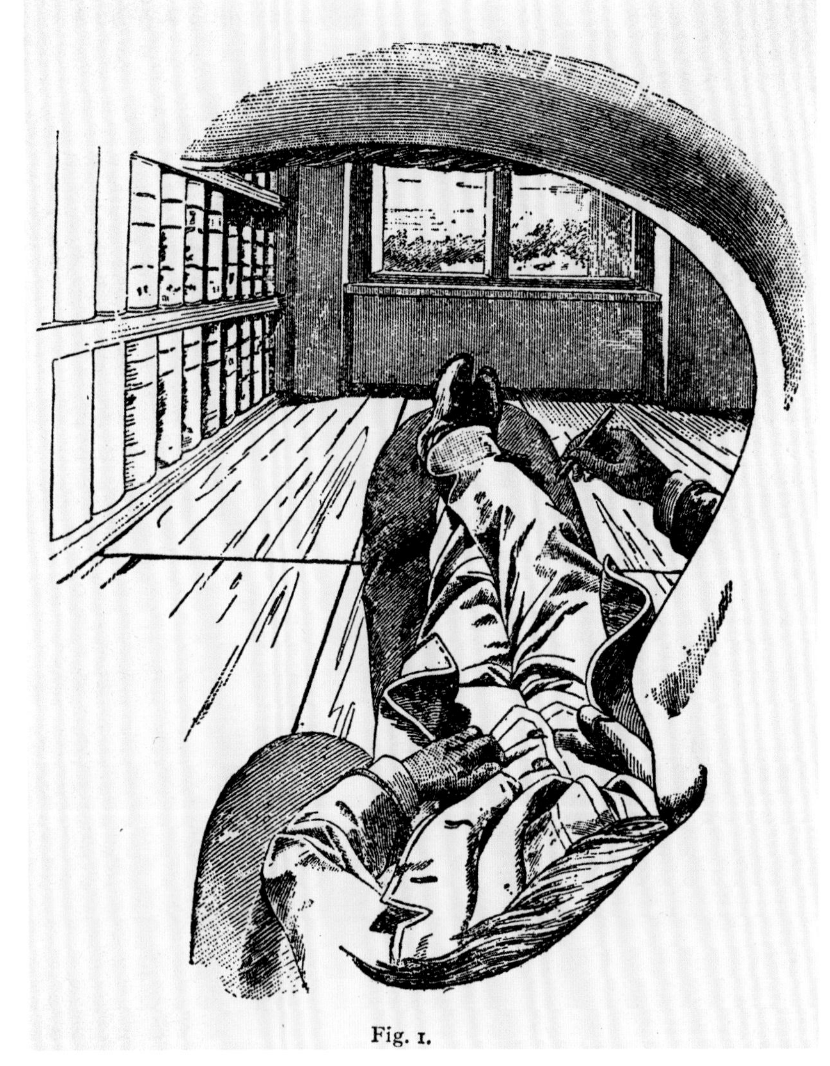

8-4.视场，出自恩斯特·马赫的著作《感觉的分析》(1886)。
图中人物的视场中到处都是感觉材料（对光和暗的感觉，对曲线与直线的感觉，对正方形与矩形的感觉），马赫认为这是知识的基本组成单位。
在该书的前言中，马赫介绍了物理学家为什么会对感知的生理机能感兴趣："我一直关注这个领域，是源于一个深刻的信念，那就是整个科学（尤其是物理学）的基础，即将从生物学当中（尤其是对感受的分析）迎来新的伟大阐释。"虽然20世纪的物理学并未朝马赫料想的方向发展，但他的话却预言了物理哲学的未来，也就是恩斯特·马赫学会（维也纳学派）的成员，以及提出了哥本哈根解释的尼尔斯·玻尔等物理学家所探讨的问题。

希尔伯特计划提出来时，物理学家也正在呼吁物理学领域建立一个类似的计划，将物理知识系统地组织起来。但是，物理学家根本无法就这个系统的最小组成单位达成一致。物理学家原本认为最小组成单位就是原子，但19世纪末时，他们发现原子实际上还具有亚原子结构，比如电子、质子、量子。物理学家恩斯特·马赫则认为，最小组成单位不是物质的，而是精神的（《感觉的分析》，1886）。马赫接受的是德国唯心主义教育，所以认为观念最为重要。此外，他还接受了实验心理学家古斯塔夫·费希纳的观点，认为"感觉到热""看到红色"这些简单感觉是知识的最小单位。费希纳把这些最小单位称为中性的经验"单子"——所谓的中性是指它们既不是纯精神的，也不是纯物质的，而是二者兼具（《心理物理学原理》，1860）。20世纪初，年轻的伯特兰·罗素也采纳了费希纳的中性单子观点，将其用在了他的逻辑原子主义中，并称之为"感觉材料"（第五章）。马赫认为感官知觉最为重要，所以宣称感觉到的事实，如看到红色、闻到香味等感觉材料，就是科学知识的最小组成单位（图8-4）。

人们为科学寻找通用语言的两种主要尝试（核心都与数学有关），正源自上述两种方法。马克斯·普朗克、爱因斯坦等物理学家开创了量子力学，从电子、质子、量子角度来描述自然。马赫和罗素等哲学家则发展出了逻辑实证主义，主要是从感觉材料的角度来研究科学的语言。量子物理学关注的是物质世界（电子、质子），问的是"一个碳原子中有多少质子"这类问题；逻辑实证主义则关注科学的语言（证实了电子与质子存在的感觉材料报告），问的是"'原子'这个词是否可以简化为'电子'和'质子'这两个术语"等问题。换言之，量子物理学家是在进行科学实践，逻辑实证主义者则是在讨论科学哲学。

逻辑实证主义和维也纳学派

马赫的职业生涯始于物理实验室。19世纪70年代，他证明了超音速运动的抛射体会产生冲击波，后又提出了“马赫数”（速度与音速的比值），用来作为亚音速或超音速物体的速度参数。除了研究物理，马赫还钻研了如何获得确定性知识等哲学课题。在法国大革命摧毁了旧君主制之后，19世纪政治哲学家奥古斯特·孔德曾指出，法国新的民主制度应当建立在科学原理的基础上，因为科学原理能够提供确定（实证）的知识。马赫读过孔德的著作后，继承了他的实证主义思想，并对有关感觉材料的命题的逻辑结构进行了分析，最终为后来出现的“逻辑实证主义”奠定了基础。

马赫将科学视为一个有序的知识体系，通过从语言学角度来分析科学命题，成功揭示了其逻辑结构和相互关系。马赫认为，如果一个科学命题表述的事件可以被观察所证明，那么这个命题就是有意义的。比如，“苹果是红的”可以被证明，因为这个说法准确表述了一项我们可以用眼睛看到的事实——红色。不过，马赫拒绝了“绝对精神是永恒的”这类命题，因为它们不是在表述某个能被观察到的事件，所以也无法证明，从科学角度来看就没有意义。此外，他还把牛顿的“绝对空间”观念也扔进了垃圾桶，原因是1887年时，阿尔伯特·迈克尔逊和爱德华·莫雷曾试图检测据称在绝对空间中无处不在的以太，但最后什么都没检测到。

“一战”后，一些数学家、逻辑学家、哲学家聚集到逻辑实证主义的大旗下，希望能创造一种以逻辑结构为基础的全新的普遍语言，将一切科学知识纳入统一框架内。这个逻辑实证主义团体的正式名称为恩斯特·马赫学会，但因为成员主要活跃在维也纳（马赫1916年逝世前也生活在维也纳），所以人们通常称之为“维也纳学派”。和同时代荷兰的“意义学”团体一样，维也纳学派也希望在“一战”这场“终结一切战争的战争”过后，理性对话能为世界带来和平。

科学家只能间接观察亚原子领域，所以日常感知与物理之间的联系迫切需要一种新的理解方式。1922年，普朗克的学生、德国物理学家摩里茨·石里克来到维也纳大学教授科学哲学，并开始主持维也纳学派的每周例会。1926年，鲁道夫·卡尔纳普也加入了这个团体，并成了它的代表人物。1910—1914年，卡尔纳普曾在耶拿大学听过戈特洛布·弗雷格的数学逻辑讲座，第一次世界大战之后，他以数学、物理学和心理学中的空间概念为题完成了博士论文。[18]石里克的核心圈子还包括社会学家奥托·纽拉特、在维也纳大学任教的数学家汉斯·哈恩及其年轻的学生库尔特·哥德尔。维也纳逻辑学家路德维希·维特根斯坦也参加过几次会议，但没有和这个团体走得太近。该学派的成员有三十多位，虽然彼此间有很多意见分歧，没有什么共同的信条，但都热衷于把所有科学知识组织到一个体系之下。

逻辑实证主义者的目标是让哲学适应科学时代，所以他们最大的敌人是形而上学与心理学，因为在他们看来，这两门学科中到处都是让思想混乱的模糊之处。为了从哲学中剔除污染，石里克以马赫为榜样，建立了一种证实原则，用以区分有意义和无意义的论断："命题的意义只能给出命题的验证规则才能得出。"[19]亚原子领域的解释问题，鼓励了逻辑实证主义者，因为在这个语境中，这一证实原则或许有其用武之地。但是，他们过度运用了这一标准，宣称任何无法通过验证的表述都是无意义的，因而直接摒弃了终极实在（形而上学的主题）、依存于心灵的价值世界（伦理学和美学的主题），以及人类的内心世界（心理学的主题）。任何无法通过证实原则的论断，例如"灵魂是不朽的，能够忍受一切善和恶"（《理想国》）等，都被认为是无意义的，甚至连错误都算不上。

这可不只不正确，甚至连错误都算不上！

——沃尔夫冈·泡利，1945年

卡尔纳普、纽拉特、哈恩都相信科学世界观可以促进文明社会的发展，所以在1929年，他们联合发表了《科学世界观：维也纳学派》。在这份宣言中，他们声称自己继承的是普罗塔哥拉、德谟克利特及其门徒伊壁鸠鲁的哲学传统。普罗塔哥拉是前苏格拉底时代智者派中的代表人物，主张人类的理性可以回答一切问题；而德谟克利特及其门徒伊壁鸠鲁则认为宇宙中的一切都源于惰性原子间的机械性相互作用。卡尔纳普、纽拉特、哈恩在宣言中表达了他们对人类理性力量的信心——这与同时代的维也纳心理学家弗洛伊德的观点形成了鲜明对比——乐观地拒斥心理学的非理性"深度"："要努力联合、努力协调不同研究者在不同科学领域的成就……要努力追求简洁明了的清晰表述，拒斥那种模糊的距离感和不可测的深度。科学中不存在'深度'一说；处处都是表面的：所有经验组成了一个复杂的网络，我们无法全部了解，通常只能领会其中一部分。但人能理解万物；人是万物的尺度。这个立场更接近智者派，而非柏拉图；更接近伊壁鸠鲁主义者，而非毕达哥拉斯主义；更接近那些代表凡人之躯和此地此刻的人。在科学世界观中，不存在解不开的谜团。"[20]

1928年，卡尔纳普出版了《世界的逻辑结构》，详细说明了与逻辑有关的感觉材料如何构造了经验与科学的世界。尽管卡尔纳普证明了任何描述外在世界的语言能够表达的内容，有关感觉材料的描述（私密意识经验的个体描述）同样可以表达，但他依旧会选择使用前者，因为比起说"我看到了白色。我感到我要有礼貌。我意识到我有某种欲望"，还是说"请把盐递一下"来得方便些。

如果不能上震天庭，那么我将下撼地狱。

——维吉尔，《埃涅阿斯纪》，公元前1世纪后期。弗洛伊德的《梦的解析》中的题词。

量子力学

20世纪初，物理学家最终确定了原子由带负电的电子（发现于1897年）和带正电的原子核（发现于1911年）构成。1899年，普朗克对黑体吸收与电磁辐射（光）

的实验结果做出了诠释。他假设了电磁波的能量并非连续释放，而是一份份的，每份都有一个精确的“量”（量子力学即得名于此）。光的能量增加时，其电磁波频率也会增加，二者之比是一个常数，也就是现在所谓的普朗克常数。1905年，爱因斯坦认识到，尽管光是一种电磁波，但同样可以将它看作一种具有能量的粒子，即“光子”，光子的能量公式为：$E=hv$，其中E代表光子的能量，h为普朗克常数，v是光的辐射频率。

到了20世纪20年代初，物理学家观察到电子似乎并不处于一个特定位置，而是如同云或者物质波那样扩散开来。奥地利物理学家埃尔温·薛定谔给出了一种描述物质波随时间变化的方程，即薛定谔方程。次年，马克斯·玻恩在此基础上指出，薛定谔方程其实描述的是电子位置（数学对象）的概率分布，而不是电子本身（物理对象）像波一样弥散。换言之，可以用波函数方程来计算电子出现在某个特定区域内的概率。因此，玻恩指出，根据特定时刻薛定谔方程所预言的一系列概率，就能够估计出电子所在的位置（图8-5）。

正如经典物理用牛顿的万有引力定律来描述太阳系、用麦克斯韦的方程来描述原子领域一样，量子物理则通过薛定谔方程等数学公式来描述亚原子领域。20世纪20年代提出的量子力学公式，对那些难以直接观察的亚原子领域事件进行了预测。在之后近八十年的时间里，这些公式已经通过严格的实验得到了反复验证，所以今天的物理学家可以放心使用它们来解决实际问题，如固态电子器件（电脑、手机、微处理芯片、晶体管）、激光器（用于条形码扫描器、光盘）等的设计。正如宇宙层面的引力作用一样，原子内部的量子作用迄今也只有数学上的描述，其潜在的物理机制尚不清楚。如果有一天物体不再往地上掉而是往天上飞，那物理学家就会质疑牛顿的引力定律，并质疑经典物理学是否成立；同样，如果原子不再吸收与发射离散的电磁辐射，物理学家同样也会质疑量子力学是否成立。但到目前为止，物理学家还没有发现相反的可观测证据，所以经典力学和量子力学依然有效，因为这些宏观与微观世界的数学描述所预测的事实，始终都能通过观测得到验证。

量子力学自20世纪20年代创立以来，在物理学的实际应用中无往不利，但有关它的种种哲学解释却极为古怪。量子力学最令人吃惊和发狂的地方正在于此：对于前者，早已众口一词；而对于后者，至今争议不断。其中一种有关量子力学意义的哲学解释——哥本哈根解释——可以算作科学史上尤为诡异的一章。

哥本哈根解释

自牛顿于1687年提出万有引力定律以来，科学家一直致力于以更精确的方式认

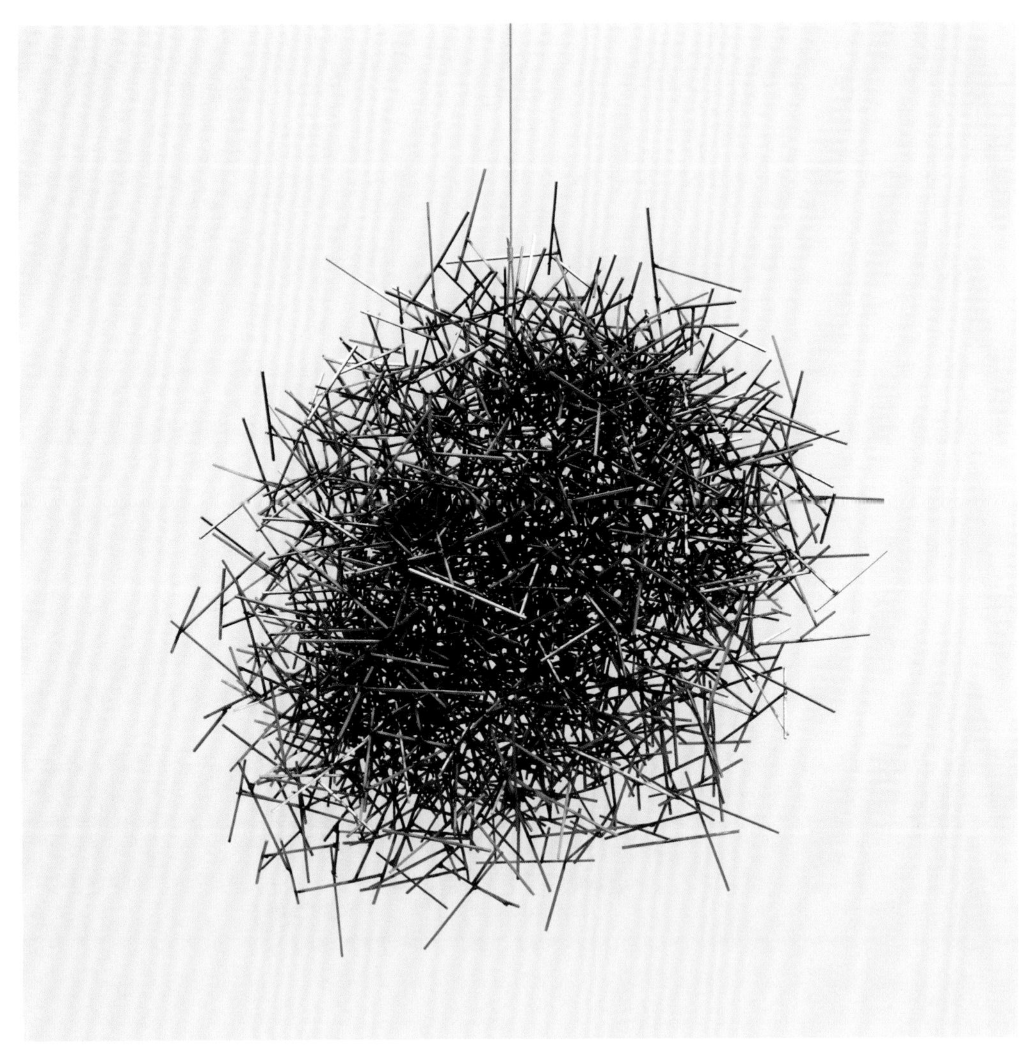

8-5. 安东尼·葛姆雷（英国人，1950— ），《量子云XXXVIII》，2007年。2毫米宽的不锈钢条，65厘米×65厘米×70厘米。© 安东尼·葛姆雷。图片由艺术家和纽约肖恩·凯利画廊提供。

识自然。到20世纪之初，物理学家、天文学家、生物学家都感觉通过不同领域共同构建的科学大厦就要接近完成了。但此时，一些前沿物理学家在深入研究了原子内部后，却提出此前长达二百多年的探索实际上既幼稚又过时，因为自然世界的终极真理是无从知晓的。尼尔斯·玻尔等人认为，科学家能够知晓的只不过是他们主观的意识经验——他们的观察——因为作为观察者，他们和被观察的事物之间存在一道鸿沟，而这条主体与客体之间的界限被笼罩在谜团之中，科学研究根本无法一窥其真容。除此之外，原子尺度的因果链中还存在着一处不可修补的断裂，所以从原则上来讲，我们根本无法为自然世界中的事件给出完整描述。自20世纪20年代被提出后，哥本哈根解释在量子力学中地位独尊，成了物理教科书中的金科玉律，直到1960年左右才逐渐衰败。

那么，现代科学的发展为何会产生如此奇怪的断层？我认为，若要从历史角度来理解哥本哈根解释的出现，我们就必须把科学史学家马克斯·雅默和保罗·福曼的相关研究结合起来：前者是从德国哲学的唯心主义传统与新兴的心理学角度来切入，[21]后者则将其放在了当时的魏玛共和国政治环境中来思考。[22]哥本哈根学派的成

8-6.意识流示意图。见威廉·詹姆斯的《心理学原理·思想之流》(1890)。

詹姆斯将在人脑中流动的思维与河中流动的水作了类比，并创造了“意识流”一词。他提出了如下模型：“如果我们将一个句子写在立体木质结构前面，并将时间刻度写在另一边，然后在顶部铺上一块印度橡胶，并且上面画出矩形坐标，然后让一个光滑小球在橡胶下面从0滚到‘昨天’(9)，那么在相继的时刻里，沿着这条对角线出现的隔膜凸起，就以一种足够简单的方式象征出了思想内容的变化……表明了在相继的时刻几个神经过程的相对强度，这几个神经过程和思想—对象的各个部分相对应。”(1:283)

尽管詹姆斯对自己能够测量思维很有信心，但又认为“内省观察”(指反思自己的思考过程)归根结底是徒劳的：“任谁都没法切开一个思想来观察其切面，因为他会发现对传递束的内省观察非常困难。思想的急流以极快的速度前进，几乎总是在我们能够捕捉到它之前就把我们带到了结论那里。而如果我们的意图足够机敏，并且我们也确实能把它抓住时，那它就立刻不再是自己了……在这些情况下试着进行内省分析，事实上就像抓住一个旋转着的陀螺去捕捉它的运动，或者以足够快的速度打开燃气灯来看看黑暗是什么样子。”(1:244)

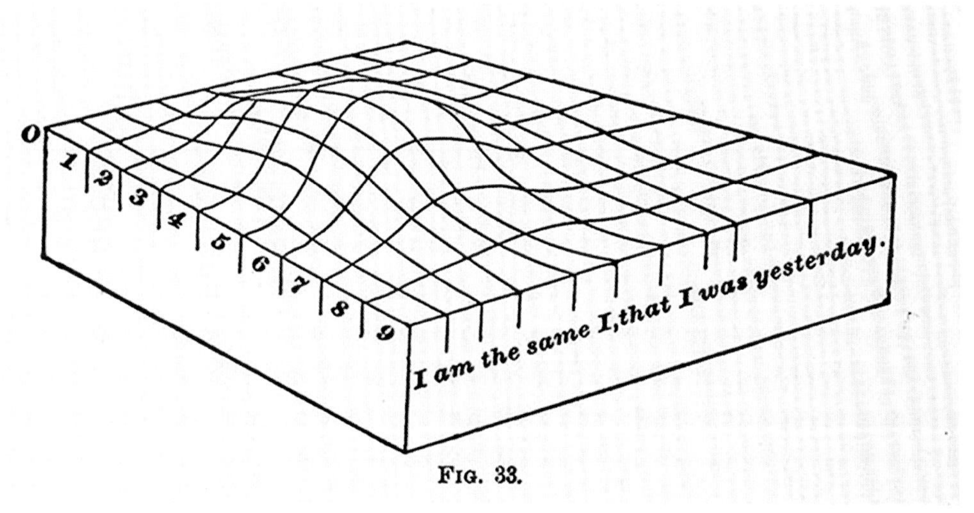

员本身都是物理学家，他们的首要兴趣是在实验室中发现了一个令人兴奋的由电子与量子组成的新世界。其中几位(并非全部)确实对这个发现同传统哲学问题的联系产生了一些兴趣，比如什么是确定的知识？什么是终极实在？但玻尔等人毕竟在知识论或形而上学方面无甚造诣，因此没能构建起一种拥有内在一致性的科学哲学，只是根据各自的文化背景，将各种哲学思想的碎片拼凑到了一起，比如德国唯心主义哲学、生命哲学、现象学与心理学中有关意识的理论，以及来自维也纳学派的哲学思想。

玻尔在哥本哈根大学读本科时，曾选修过一门哲学课，主讲老师是克尔凯郭尔研究专家哈拉尔德·霍夫丁。[23]玻尔继承了克尔凯郭尔对于科学的反体系态度，认为完整地认识自然是一项不可能达成的任务，因为人本身就是自然的一部分。[24]霍夫丁这样描述了克尔凯郭尔的观点：“一个(科学)系统只能作为整体的存在，被置身事外的人构想，但这样的人根本就不存在！”[25]换言之，科学家永远不可能成为“客观的观察者”。青年时代的玻尔同时还受到了威廉·詹姆斯的影响，在1905年接触到了他的心理学。[26](可能来自霍夫丁的推介，因为1904年时，霍夫丁曾到美国马萨诸塞州剑桥市拜访过詹姆斯。[27])通过詹姆斯的著作，玻尔认识到了意识的行为——即将他与被观察的事实联系在一起的主观经验——无法通过内省来研究(图8-6)。

如前文所述，20世纪初，物理学家提出了两种自然建构的基本单元。以普朗克为首的物理学家声称，我们必须以物质实体(原子、电子、质子、量子)来构建我们的自然观，但以马赫为首的哲学家则认为，构建自然的单元是精神实体(理念与感觉材料)。马赫等维也纳逻辑实证主义者所秉承的德国唯心主义观点，是玻尔等人思想的另一条脉络。第一次世界大战后，如我们所知，布劳威尔建立了以德国唯心主义为思想内核的直觉主义数学，并在外尔等亚原子物理学家之间流传开来。紧随马赫之后，玻尔通过赋予“单子”和“感觉材料”以新含义，使之符合了20世纪20年代的物理学语境，进而成功建立了一种以德国唯心主义为思想内核的科学理论。

在玻尔看来，自然界的基本构建单元是观察——这种说法被认为与对薛定谔波函数的诠释（物理系统的量子状态的概率性表达）相一致。换言之，自然界的基本构建单元是观察者心中的感觉，也就是理念。

哥本哈根学派将物理学的关注点从电子的物质世界（由波函数描述），转向了人们对波函数的观察（玻尔认为，这就是电子本身，所以谈论物质世界并无意义）。但爱因斯坦和薛定谔都对此表示怀疑，薛定谔公开抗议道："他们告诉我们没有必要区分自然物体的状态与我们对它们的认知，甚至是我们进一步研究才能获得的认知。在他们看来，本质上只存在认识、观察和测量。"[28]

哥本哈根解释（现实由人类对概率波的意识构成）其实源自一场持续不断的论战，其中一方是实验物理学的严谨理性，一方是生命哲学的精神焦虑，一方是新的内省心理学。这些倾向虽然早在1900年之前就已出现，但一直到1918年，外尔、玻尔、海森堡被浪漫主义大潮荡涤一新后——反对理性主义，颂扬直觉（外尔）、非理性（玻尔）、不确定性（海森堡）——才算真正兴起。[29]换言之，哥本哈根解释的主旨，其实早在相应的实验现象被证实前就已经形成了：大约从1925年开始，外尔、玻尔、海森堡便以他们的浪漫主义观念对实验数据进行了相应的哲学解释，而到1927年时更是达到了高潮，最终针对量子力学提出了哥本哈根解释。[30]

既是数学家也是物理学家的外尔，为这一现象提供了一个很好的案例：如前文所述，早在哥廷根求学期间，外尔便对意识研究（现象学）、神秘主义（埃克哈特）、数学（在希尔伯特指导下获得博士学位）都有兴趣；而在战争期间，他开始对人们把物理学当作描述现实的工具产生了不满（1917），后来又对希尔伯特的形式主义（主张数学对象存在于数学外在世界中）进行了批判，并于1918年加入布劳威尔的阵营（主张数学对象仅作为思维中的理念而存在）。所以，外尔在同玻尔等人诠释量子力学之前，其实早就摒弃了物理学在哲学（相对于实验）层面的因果基础，正如他在1921年所写的那样："我们必须尤为清楚地阐明，现阶段的物理学已经无法继续支持建立在明确定义上的自然因果律了。"[31]

科学史学家认为，玻尔的互补原理（自然本质的二元性）实际上源自他青年时代对克尔凯郭尔有关"定性辩证"知识（每个命题都存在一个反命题，每种思想在现实中也都有对立面）的信奉，也就是所谓的"或此或彼"。[32]玻尔认为，自然的基本构建单元本质上具有波粒二象性；[33]如果他决心去测量电子的波性质，那么就发现波，而他如果去测量其粒子性质，那么电子就会"坍缩"成粒子。

量子力学意味着什么？关于现实，量子力学能告诉我们什么？"一战"后德国的哲学与政治气氛影响了外尔、玻尔、海森堡对上述问题的回答。[34]他们后来给出的答案，反映了现象学、心理学、生命哲学以及维也纳学派的严密逻辑。按照逻辑实证主义者的证实原则，物理学中"电子位于x位置"，实际上就相当于"科学家发射一

这或许意味着，在感觉的数字宇宙背后藏匿着由因果支配的"真实"世界。但过分重视这一推断，于我们而言似乎既无用处也无意义。物理学必须要对不同感知之间的关系进行严肃的描述。

——维尔纳·海森堡，

《论量子理论运动学与力学的物理内涵》，

1927年

束伽马射线，在x区域打到这个电子”。如果像玻尔和海森堡那样，将证实原则运用到极致，那似乎就意味着电子在被观测前没有位置或者速度，是观测行为才使它的波函数“塌缩”到了特定的地点与时间。于是，玻尔认为，谈论一个客观观察者或自然中独立的观测行为都没有意义，正如他在1927年所写的那样：“一般物理意义上的独立现实，既不能归因于现象，也不能归因于观察的作用。”[35]海森堡采纳了石里克和卡尔纳普的证实原则，但也欣赏更敏悟的维也纳逻辑学家维特根斯坦[36]——维特根斯坦在《逻辑哲学论》（1921；第九章）中阐述了语言（包括口头语言与符号语言）的限制后，在某些情况下也会被划到维也纳学派里。维特根斯坦赞同克尔凯郭尔的观点，认为人无法脱离世界去描述自然的整体，[37]所以在《逻辑哲学论》的结尾这样写道：“若无法阐释，就必须保持沉默。”海森堡在思考原子现象时，或许正是采纳了维特根斯坦的这个说法，才创立了所谓的“矩阵力学”，将电子描述为了一种数学上的统计规律（数学对象），避免谈及（“必须保持沉默”的）“真正的”电子（物理对象）。[38]

人能做其所意愿的，但不能意愿其所意愿的。

——叔本华，

《论意志自由》，

1839年

海森堡也为“不确定性”这一术语赋予了新含义。[39]首先，他雄辩地指出，要测量一个物体，观察者必须以某种方式与它发生相互作用。例如，计数碗里的苹果数量时，观察者就必须看向苹果，苹果表面反射的光打在观察者的视网膜上，并通过神经传到大脑，观察者才能最终获得对苹果的感知。若要观察一个电子，科学家也必须与它发生相互作用，但电子的尺寸小于可见光的波长，人眼无法感知到，所以观察者必须使用一束波长非常短的电磁辐射（如伽马射线）来观察电子。波长短意味着能量高，所以伽马射线在此过程中会对电子产生干扰，就好像观察者向三个苹果投掷橙子来确定苹果的位置一样。换言之，观测电子的位置时，伽马射线改变了电子的动量。当伽马射线击中电子时，观察者便能发现电子所处的位置，但动量的传递改变了电子的路径，这样一来，观察者就难以知晓它原先所处的位置了。对一个电子位置的测量影响了其速度，所以我们只能知道它大约的动量；同样，测量一个电子的动量也会影响它的位置，所以我们也只能知道它大约的位置。海森堡认为，测量注定会存在一定程度的不确定性，这就是所谓的“不确定原理”（1927）。迄今为止，海森堡不确定性原理依然是20世纪物理学中一个无可争议的真理；以上描述的情况实际上类似于爱因斯坦运用概率论来测量液体中运动的粒子：观察者会影响数据，而每个粒子的位置都是不可知的（《热的分子运动论所要求的静液体中悬浮粒子的运动》，即“布朗运动论文”，1905）。

但接下来，海森堡就同爱因斯坦分道扬镳了，因为在他看来，电子的位置具有“不确定性”，不仅是指位置是“未知”的（物理学家只能运用统计方法来估计），而且根本上是“不可知”的，因为电子被观测之前并没有准确的位置，是观察者迫使电子（波函数）出现在（坍缩到）某个特定的时间和位置上。相比之下，爱因斯坦1905年的论文却认为，尽管观察者不知道所有粒子在液体中的位置（观察者的测量行为影响了粒子的位置，只能用统计方法来测量它们的位置），但每个粒子事实上都具有准确的位置。

海森堡基于自己对“不确定性”的新定义，得出了一个推论，那就是物理学家获得的数据并非由因果律决定，正如他在1927年那篇阐述不确定性原理的论文所说的那样：“量子力学证明了因果律的最终失败。”[40]为什么海森堡会把统计与“因果律”的失败（具有确定性的因果律根本不存在）牵扯在一起呢？毕竟，（海森堡用来描述电子位置概率分布的）薛定谔方程的结果其实是可预测的：电子的位置虽然如抛掷硬币那样涉及随机性，但平均下来，正如帕斯卡在17世纪证明的那样，它们一般会遵守概率论的法则，最终不可避免地呈现出某种规律——这一点你可以去问任何赌徒。[41]

海森堡（以及玻尔）之所以坚持认为概率意味着不可预测，实际上只是在延续了百年以来的一个观点：1835年时，凯特勒首先将统计学和自由意志联系到一起；19世纪末时，莫斯科数学学会成员在研究不连续函数时（第三章）又进一步强化了这种联系。此外，玻尔还受克尔凯郭尔的影响，拒斥了因果律。克尔凯郭尔认为，在人如何认识自己与终极现实（基督教的上帝，“至高永恒”[42]）这个问题上，不存在确定性的因果关系：“只要我们活着，我们就会囚禁在变化当中，永远面对着未知，因为谁也无法保证未来就会和过去一样。”[43]那么，做出选择就是一项“基于意志的决定……选择本身便是一次震动、一场跨越，预先假定了某些新事物（新特质）”。[44]玻尔提出哥本哈根解释时（1927）曾声称，量子力学证明了自由意志确实存在：“其精髓或许可以用所谓的量子公设来表达，即任何原子过程本质上都具有非连续性或者说独立性，而这与那些经典理论完全不符。”因此，玻尔认为不存在确定性的因果律：“这一公设实质上否认了原子过程的因果时空坐标……说明了该过程本身具有‘无理性’。”[45]但玻尔常常会把话说过头，比如两年之后他表示，尽管许多人注意到了“主宰精神生活的自由意志与环环相扣影响生理机能的因果链之间的差别”，但他向自由意志主义者保证，“通过探索量子作用，我们发现对原子过程做出详尽的因果追溯根本不可能……因为原子运动路径上存在一种根本上不受控制的干扰……根据量子理论反映的事实，我们可以确信……我们已经得到了阐述一般哲学问题的手段”。[46]

这个星期六是2007年7月7日——7/7/7。你相信运气或者迷信吗？

不。我相信数学。

——大西洋城热带赌场副总裁马里奥·迪朱塞佩答美联社记者维恩·帕里

1928年，马克斯·玻恩在德国《福斯日报》上发表的文章，附和了玻尔的说法。在概述了经典的拉普拉斯决定论后，玻恩向公众保证道，自由意志和“更高的力量”会在新物理学中拥有一席之地：“先前的物理学定律宣称，如果知道封闭系统在某一时刻的确切状态，那么自然定律就可以确定此后每一刻的状态。但这种对自然的决定论、机械论解释中，否定了任何形式的自由，也否定了来自更高力量的意志……

但是，新近的物理学发现了有大量经验数据支持的新定律，且这些定律并不符合决定论的模式。”[47]

以观察为出发点的玻尔和玻恩，竟然宣称在物理实验室里找到了人类自由意志的证据（克尔凯郭尔描述的选择），着实有些讽刺意味：他们通过观察，发现了电子是“自由的”，具体说来就是封闭系统中的亚原子粒子在活动时，不一定会受到先决条件的影响。但实际上，这跟人类的“自由意志”（有目的的行为与决定）关系不是很大，因为自由意志并非如人们所能想象的那样属于一种可观察的现象。玻尔和玻恩把微观世界中的随机运动同宏观世界中的自由意志联系到一起时，其实犯了哲学家所谓的“范畴错误”（像“电子是神经过敏的”“质子是君主主义者”之类的说法都属于这种错误）。[48]这样的错误让爱因斯坦不得不批评波恩道：“我实在忍受不了这种说法，说得好像暴露在辐射下的电子可以依照自由意志来做出选择一样，而且不仅可以决定什么时候跳，还能决定往哪儿跳。”[49]

任何事物在被观测前，都不存在。

——尼尔斯·玻尔，约1930年

1927年，玻尔和爱因斯坦就量子力学的哲学意义展开了一场著名论战。[50]到最后，玻尔、海森堡、外尔、玻恩阵营与爱因斯坦、薛定谔阵营的分歧集中到了“到底什么算是现实”的问题上。月亮与电子都独立存在，还是说它们只有在被观察时才存在？爱因斯坦和薛定谔认为是前者，因为他们想要保留牛顿物理学中的物理描述本质。正如薛定谔于1933年指出的那样，他之所以引入波动方程，是因为他“背负了拯救旧体系之灵魂的艰难任务”。[51]

我不看月亮的时候，月亮也在那儿。

——阿尔伯特·爱因斯坦，约1930年

德布罗意–玻姆解释

在哥本哈根解释被提出的同时，法国物理学家路易·德布罗意也为量子力学给出了一种保留了因果律的解释。德布罗意丝毫未受到德国浪漫主义的影响，独自在巴黎创建了他的理论。1927年，德布罗意在布鲁塞尔举行的第五届索尔维会议上公布他的解释（也是在这次会议上，海森堡发表了不确定性原理，玻尔提出了量子力学可以证明自由意志的存在）。但之后登台的奥地利物理学家、哥本哈根解释的旗手沃尔夫冈·泡利，尖锐批判了德布罗意的解释，从实质上封了他的口。[52]因果理论就此沉寂了二十年，让哥本哈根解释几乎独占鳌头。教授们告诉一代又一代青年物理学家，即使从“理论上”也不可能为量子现象给出确定性解释，就像美籍匈牙利裔数学家约翰·冯·诺依曼在1932年指出的那样：“因此，这并不像人们通常认为的那样，是一个重新解释量子力学的问题，因为只有在当前量子力学体系（实验数据）确实存在客观错误的情况下，才有可能否定哥本哈根解释，出现其他针对基本过程的描述。”[53]

但在1952年，美国物理学家戴维·玻姆却推翻了冯·诺依曼的说法，为量子力学给出了一个逻辑一致且与经验吻合的确定性新解释，主张物理学能够描述独立于观察者的客观现实，即外在世界。那时，世界上大部分物理学家都没有在意玻姆的研究成果，只有德布罗意、薛定谔、爱因斯坦给了他鼓励。耐人寻味的是，德布罗意和玻姆都不是德国人，受到的影响主要来自法语和英语文化中的经验主义和实用主义。[54]

德布罗意和玻姆的方法以爱因斯坦有关光电效应的论文为基础。1905年，爱因斯坦在这篇论文中证明了光在同物质相互作用时，会表现得像有质量的粒子（光子）；的确，光可以同时被视为波和粒子（波粒子）。德布罗意和玻姆分别于1924年和1952年提出了电子也具有波粒二象性，电子的传播性质与波相似。基本上而言，玻姆利用薛定谔的波函数方程（用来描述电子的位置与动量），从电子波的轨迹角度为其提供了一种粒子解释。电子（当作粒子来考虑时）会在导航波的引导下沿着自己的路径飞行，玻姆称这个导航波为粒子的“量子势”。[55]所以，玻姆认为，电子有明确的位置与动量，其客观实在性并不取决于观察者。

玻姆的理论在逻辑上一致，也不违背我们的经验，为亚原子事件层面的量子现象给出了一种决定论的解释。但玻姆不知道的是，其实早在1927年，德布罗意就在第五届索尔维会议上提出过类似的解释，只是随后又放弃了。有鉴于此，这种解释后来在20世纪50年代便被合称为了德布罗意-玻姆解释。

电子与光子的双缝实验是一项标志性的思想实验（见下页的小版块），展现了量子物理的奇异性。德布罗意-玻姆解释恰为这个实验提供了一种思路，但在20世纪50年代的物理学界，这一解释要么被忽略，要么受到了严厉的批判，而其中批判的急先锋，正是在1927年时就抨击过德布罗意理论的泡利。[56]泡利本人的观点其实主要受了物理哲学（而非实践）潮流变化的影响。20世纪30年代在苏黎世联邦理工学院任教时，泡利曾因精神崩溃而去找瑞士心理学家卡尔·荣格做治疗，结果对心理学的态度竟来了个一百八十度大转弯，不再傲慢地认为这门学科缺乏实证支持，转而用荣格的学说融入到了哥本哈根解释中。泡利分析起了荣格的原型理论，并尤其关注了他的共时性概念。所谓共时性，根据荣格的说法，就是指两件事在意识中通过意义而非因果关系被联系到一起。[57]荣格的父亲是一位新教神职人员，所以可能受此影响，荣格认为现代人之所以有那么多心理问题，主要还是因为人们把科学（物质、理性）与宗教（精神、直觉）分得太开了（《寻求灵魂的现代人》，1933）。

泡利对此深以为然，故而认为哥本哈根解释正好可以提供一把钥匙，让物质与精神重新实现统一。但是和玻尔一样，泡利也把事做过了头，将量子力学应用在了伦理学与心理学中：“（玻尔）会很高兴地看到，正如在物理学中那样，‘互补性’也会在解决冲突、融合对立面方面提供一个普遍模式……例如，玻尔曾尝试把它应用

双缝实验

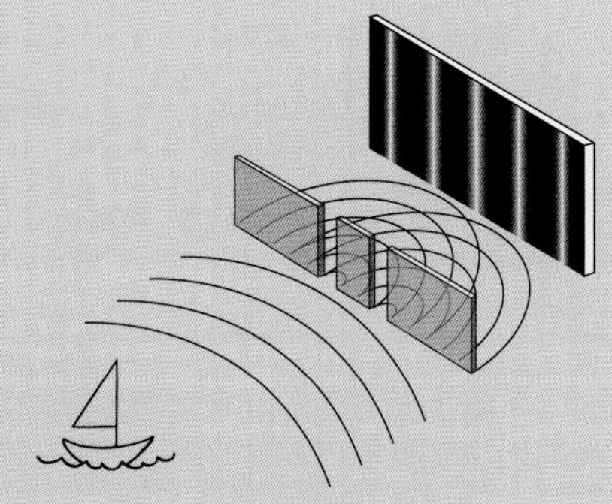

水波透过两条缝隙时会形成新的波，波峰与波谷有时会互相加强，有时会互相削弱，结果形成了干涉图案。

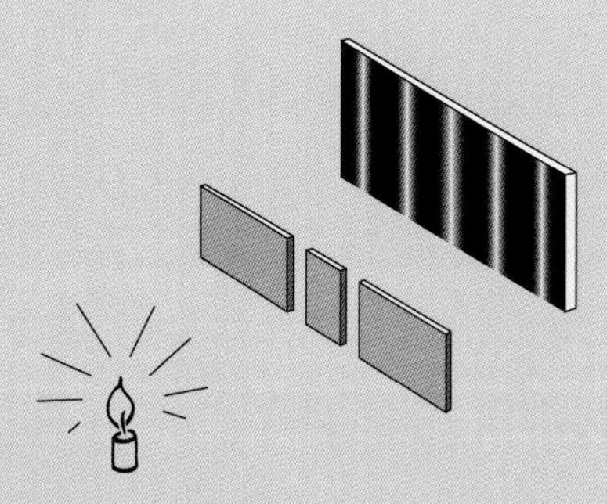

大约在1800年，英国物理学家托马斯·杨让光通过双缝，在记录仪屏幕上出现了干涉图案，证明了光是一种波。

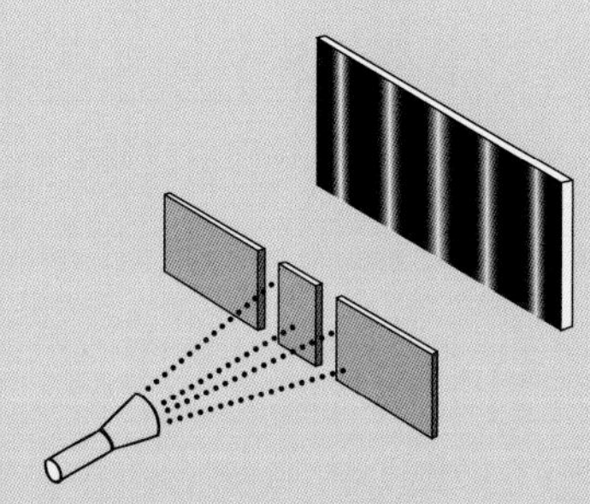

20世纪初，物理学家让一束电子通过双缝，结果发现和水波与光波一样，电子也能产生波动图案。

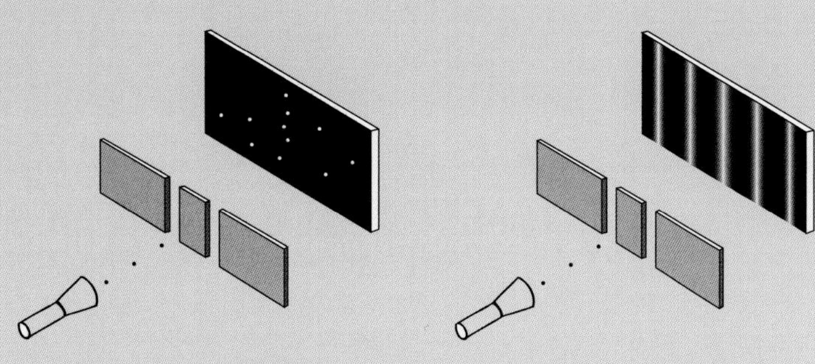

物理学家接着又让电子一次只通过双缝中的一道缝（左）。一段时间后，积累的电子痕迹也显示了干涉条纹（右）。难道穿过一条狭缝的电子与自己形成了干涉？还是说个别电子不知怎的通过了两条狭缝？

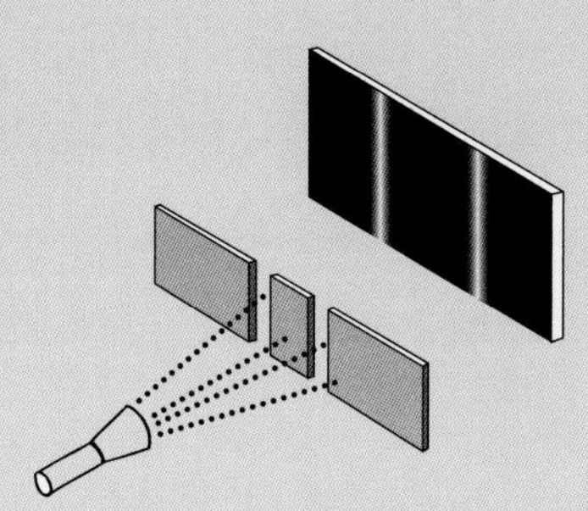

物理学家为了回答这些问题，将一个极小的检测器放在双缝附近，用机械方法观察一束电子。在这种设定下，每个电子只能通过一条狭缝，结果积累的痕迹只形成一条狭带，与人们预期中粒子会形成的一样，没有来自波的干涉条纹。

根据哥本哈根解释：每一个电子都会通过两道狭缝，并且在同一时刻以叠加的方式同时出现在两个地方。电子与自己干涉，产生了一种新的“量子概率”，而这与抛掷硬币那种经典概率具有本质上的不同——在经典概率中，每枚硬币的路径都是独立的事件。此外，观察行为也会影响每个电子的路径，决定了它会像波还是会像粒子一样表现。美国物理学家理查德·费曼认为，这种双缝实验是量子力学古怪特性最具代表性的例子。

> 我们选择考察的这种双缝实验，用任何经典理论都不可能、绝对不可能解释，这其中蕴含了量子力学的核心。现实中，这个实验包含了仅有的神秘性。
>
> ——理查德·费曼，《物理学讲义》，1963年

根据德布罗意-玻姆解释：电子只通过一条狭缝，但与它对应的波穿过了两条狭缝，由此波形成的干涉图案对在波指引下的电子生成了类似的图案。正如爱因斯坦预言的那样，量子和经典统计之间并无差别，同一个概率论支配着这两个领域。观察看上去对结果具有惊人的影响，会造成干涉条纹的消失；这种影响是决定“哪条狭缝”必定会涉及记录仪器与系统相互作用这一事实的结果，而任何这样的相互作用都会在不存在“一位观察者”参与的情况下影响实验结果（这一过程现在叫作“退相干”）。

> 就在量子力学的开创者为电子是“粒子”还是“波”的问题大伤脑筋时，德布罗意在1925年给出了显而易见的答案：既是“粒子”也是“波”……德布罗意详细地指出了（在双缝实验中）一个粒子的运动，只通过屏幕上的两个缝中的一个，但可以受到穿过两个缝传播的波的影响。而且这一影响让粒子没有达到波动相互抵消的地方，而是被吸引到了波动相互加强的地方。我认为，这一想法对我来说非常自然简单，可以以如此清晰和普通的方式解决波与粒子的两难处境，但这种想法却被广泛忽视，我觉得实在难以理解。
>
> ——约翰·贝尔，《量子力学中可说与不可说之事》，1987年

到伦理学（善与恶、正义与爱）之中。”[58]

20世纪50年代初，泡利曾坚称自己之所以不接受玻姆的理论，纯粹是“出于物理学的原因，与哲学偏见无关……只有建立在互补性原理上的量子力学解释，才是唯一可接受的解释”。[59]但是，根据1955年他在美因茨发表的演讲来看，原因显然不仅仅是物理学；他是捍卫自己建立在玻尔互补原理上的（荣格）生命哲学（其终极目标是把科学与精神统一起来）。在演讲开头，泡利首先介绍了毕达哥拉斯学派、道家、佛教、普罗提诺、圣奥古斯丁、歌德、荣格等人以二元对立（暗与光、雄与雌、奇与偶）为基础的各种现实理论，最后陈述了玻尔的观点：“根据尼尔斯·玻尔的构想，当代量子物理学也在原子对象的层面给出了对立互补，如粒子与波动、位置与动量等，而这些都需要建立在观察者的自由这一前提下。”

泡利继续说，如果人们能放弃理性的执念，那么这些矛盾都会在一种神秘领悟中自我消解：“无论如何，我们只能受令人恼火的对立面支配，别无他法。但也只有这样，研究者才能有意识地踏上一条心灵救赎之路。内心的反映、幻想或意念都逐渐作为外界感知的互补响应而进化，这样的演化表明，一种两极之间的相互交融也是一种可能的方式。”泡利在演讲结束时还称，哥本哈根解释其实是一种生命哲学：“就我个人而言，想象中互相调和的两极，也包括了由理性理解力和有关一致性的神秘体验共同组成的融合，是属于我们这一时代的或直白或含蓄的神话。”[60]简言之，泡利之所以反对玻姆，在一定程度上是因为德布罗意-玻姆解释对他和玻尔所说的“神秘体验”与“时代的神话”构成了挑战。

1949年，玻姆在研究陷入四面楚歌之时，又接到参议员约瑟夫·麦卡锡领导的众议院非美活动调查委员会的传唤。玻姆在政治上是左派，早年在加州大学伯克利分校读书时加入了当地的共产党支部。由于拒绝做证指控他人，玻姆被控藐视国会，但最终于1951年5月被洗去了一切罪名。受审期间，普林斯顿大学允许他带薪休假，但在他开释后并没有续签工作合同。玻姆由于无法在美国找到合适的工作，最终远走巴西，[61]后来又去了以色列，最后在1957年定居英格兰。身处英格兰的玻姆或多或少有些与世隔绝，终其一生都只能在物理学发展的边缘地带徘徊。一些学者认为，物理学界对玻姆的否定态度，在很大程度上其实与冷战背景或学派斗争有关——大部分学者倾向后者。[62]

20世纪50年代，爱尔兰物理学家约翰·斯图尔特·贝尔曾愤怒地抱怨说，他还是学生时，就听过玻恩和冯·诺依曼的教导，说没有什么学说可以替代正统的哥本哈根解释。但后来情况就发生了变化，贝尔回忆道：“1952年，不可能的事情在我眼前成真了。戴维·玻姆在论文中清楚地证明了……如何将非确定性描述变换为确定性描述。而且，我认为更重要的是，哥本哈根解释中所涉及的主观性问题，也就是必须要有‘观察者’的这一因素可以因此排除了。此外，早在1927年，德布罗意就已经在‘导航波’理论中提出了其中的基本理念。但为什么那时候玻恩没有告诉我这个‘导航波’？哪怕是指出其中的错误也可以啊？为什么冯·诺依曼没有考虑过这一点？……为什么教科书中完全没有提到这个构想？即使不把它作为唯一的解释，也可以当作一剂避免主流观点陷入自满的灵药，来让我们了解一下吧？至少能让我们明白，模糊性、主观性、非确定性并不是由实验数据决定的，而是通过深思熟虑的理论选择强迫我们接受的。”[63]这些都是很好的问题，后来在雅默和福曼里程碑式的研究以及由此催生的大量文献中，得到了广泛的探讨。[64]

量子纠缠

物理学家在20世纪二三十年代创立量子力学时，发现在某些条件下，亚原子粒子衰变时会放射出一对粒子，如果测得其中一个粒子自旋向上，则可测得另一个粒子自旋向下，由此便将这两个粒子所处的状态定义为“纠缠态”。爱因斯坦认为，这对粒子从一开始就有着成对的性质。但玻尔认为，在被测量之前，粒子的自旋方向只是“潜在的”，是测量行为最终决定了粒子自旋向上还是向下。[65]

为了证明玻尔这个观点是错误的，爱因斯坦与他在普林斯顿大学时的助手波多尔斯基和罗森共同构建了一个思想实验。假设一对纠缠态的粒子各自沿相反方向飞向左右都距离观察者很远的位置，然后想象观察者测量右方的粒子：假定它是自旋向上的，那么根据玻尔的哥本哈根解释，是这个观察者“造成了”粒子的自旋向上。而在遥远的左方，另一个粒子必定“瞬间”自旋向下。但在爱因斯坦和玻尔的时代，物理学家认为，对于一个局域系统的直接行为并不会改变遥远系统的性质，那么在这层意义上而言，宇宙就是局域的。假设宇宙具有局域性，再把相对论（任何事物的传播速度都不可能快于光速）和玻尔的观点（这对粒子在被测量之前不存在自旋）综合到一起，那么这个思想实验最后便会造成一个物理悖论（但不是逻辑悖论），即所谓的EPR佯谬（E、P、R分别为三人姓氏的首字母）。爱因斯坦认为，量子力学的哥本哈根解释会预测出这种自相矛盾的情况，所以它必定是不完备的。薛定谔称EPR佯谬中的粒子是“纠缠的”，而且他自己也曾于1935年提出过一种悖论，即所谓的“薛定谔的猫”。[66]

玻尔并不接受爱因斯坦的悖论，认为这位老科学家只是无法从过时的思维观念中自拔，仍以为确定性的宇宙中存在着“客观观察者”罢了。年轻些的物理学家则认为此事已有定论，不必为之驻足。20世纪50年代后期，玻姆和以色列物理学家亚基尔·阿哈罗诺夫发表了EPR佯谬的新版本，从自旋角度再次进行论述（即前述的自旋版本，《有关EPR佯谬的实验证明的讨论》，1957）。60年代初，约翰·贝尔在

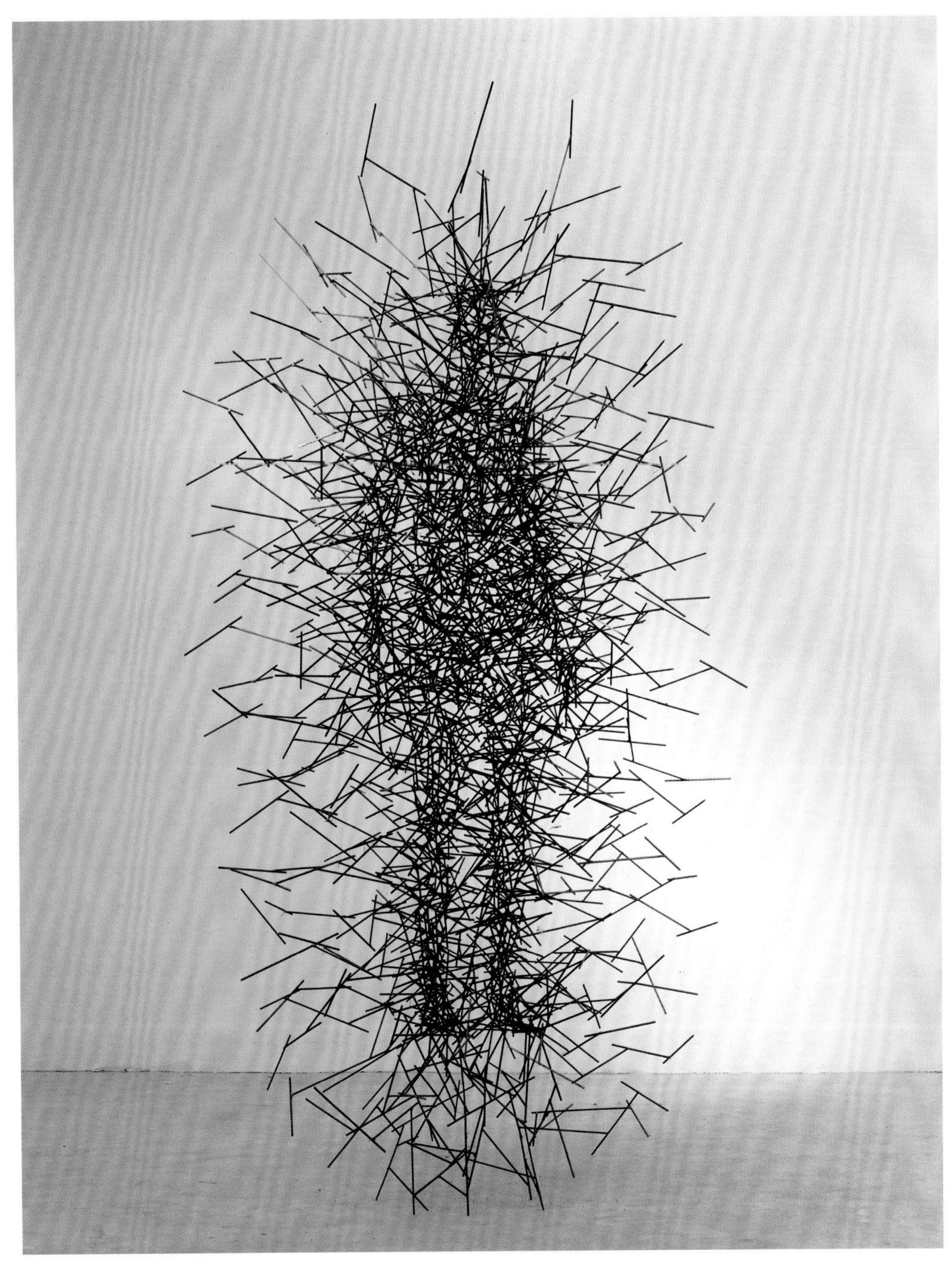

8-7.安东尼·葛姆雷（英国人，1950— ），《量子云V》，1999年。横截面为4平方毫米的轻钢条，274厘米×155厘米×119厘米。© 安东尼·葛姆雷。图片由艺术家和纽约肖恩·凯利画廊提供。

此基础上指出，可以通过数学手段来推导粒子纠缠的某种未知方式，并进一步提出爱因斯坦的思想实验可以在实验室中得以证实（贝尔不等式，1964）。到了20世纪80年代，科技的发展使得爱因斯坦的思想实验成为现实，而量子纠缠的诡异特性也从哲学争论变成了得以验证的事实。这意味着当前或将来对量子力学的任何解释，都必须涵盖量子纠缠这一问题。[67]量子纠缠的真正物理机制至今难解，像物理学中的许多问题一样，人们仅仅是用数学对这种自然现象进行了描述而已。

爱因斯坦称量子纠缠为“鬼魅般的超距作用”。假设真如玻尔所言，这对粒子之间则必定存在某种超光速的信息传递，一个粒子将自己的自旋方向“告诉”了远处的另一个粒子。然而，爱因斯坦不认同玻尔的这种看法。如果像爱因斯坦假定的那你相信掷骰子的上帝，而我相信客观存在的世界中的完备的定律和秩序，我正试图用完全自然的思辨方式去把握这个世界……甚至量子理论起初所取得的伟大成就，也不能使我相信基本的掷骰子游戏，尽管我完全知道我们年轻的同行把这解释为年迈的结果。

——爱因斯坦，致马克斯·玻恩的信，1944年9月7日

样，这对粒子从一开始（当人们在实验室中制造它们之时）就具有独立于人类观察的性质，那么它其实并不“鬼魅”。今天，当人们用“鬼魅”来描述量子纠缠时，这个词的含义也已有所改变，指的是“不明的物理原因”。这不禁让人想起17世纪时的科学家也曾倍感困惑，把引力视为一种“鬼魅般的超距作用”。但今天的人早已不再觉得万有引力定律有什么超自然精神的神秘特点，因为在三百多年的悠悠岁月中，科学家早已通过万有引力定律成功预言了月球、太阳、恒星的准确位置。不过，正如量子纠缠一样，引力到目前为止还是只能用数学描述，我们并不清楚其内在机制究竟为何。根据广义相对论，今天的人所理解的引力是源于时空曲率的一种现象。但时空也只有数学描述，我们可以理解其行为模式，但依旧无法解释行为模式背后的真正原因。

德国城市卡塞尔每五年就会举办一次当代艺术的国际展览——卡塞尔文献展。与此同时，其他的大型夏季艺术博览会还包括巴西的圣保罗双年展、意大利的威尼斯双年展、瑞士的巴塞尔艺术展，以及在美国迈阿密与中国香港举行的姊妹展览。2012年，作为当今多学科文化背景的一个象征（图8-7），奥地利政府没有像其他国家那样选派当代艺术家出席卡塞尔文献展，而是派出了维也纳大学的物理学家安东·塞林格，向世界文化舞台展示了五个证明量子纠缠的实验。当然，我们得到未来才能知道塞林格的物理课是否真的启发了参加卡塞尔文献展的艺术家。

俄罗斯构成主义的使者：埃尔·利西茨基

启蒙理性与浪漫表现主义之间的纠葛，同样影响了魏玛共和国的艺术领域。这一尖锐矛盾不但横亘在包豪斯学校的创办人格罗皮乌斯的心中，也是柏林其他知识分子，如利西茨基、凡·杜斯伯格和莫霍利-纳吉等人日思夜想的问题。

利西茨基于1921年来到柏林。他的早期作品受马列维奇的至上主义影响较大，但成熟期的作品风格则更接近构成主义。利西茨基出生在俄国西部的维捷布斯克（今属白俄罗斯），当地居住着许多犹太人，他本人属于传统的犹太社群。利西茨基此前曾赴德国学习建筑与工程，1914年战争爆发后返回了故乡维捷布斯克。他支持1917年的革命，但作为犹太人，他又十分担心单一的国家文化可能会导致民族认同的消失。[68]利西茨基的作品通常以犹太文化为题材，风格则大体上便具象，如他为莫西·布罗德宗的民间故事集《布拉格传奇》（1917）所作的插图。这本书取材于16世纪犹太社群进入布拉格的编年史。1918年，另一位维捷布斯克犹太人马克·夏卡尔被任命为维捷布斯克大众艺术学院院长。这是一所新成立的学院，以为新社会提供设计功能为使命。次年，夏卡尔聘请了利西茨基，1919年秋季又邀请了马列维奇到

学院任教。[69]

马列维奇此时在莫斯科早已成名，所以来到这座小城的艺术学校任教后，很快便组织起一个师生团体，致力于将他的至上主义风格应用于实际生活，从火车到茶杯的设计，不一而足。1920年春，马列维奇将这个团体转变成了“新艺术倡导者”组织（俄文缩写为UNOVIS），包括利西茨基在内的成员袖子上都佩戴着至上主义的标志——黑方块。[70]由于武断强势的个性和教条主义的教学风格，马列维奇同夏卡尔在教学大纲的问题上发生了权力斗争。到最后，学生们集结在了马列维奇周围，而夏卡尔面对空无一人的教室，只能黯然辞职，去了莫斯科。[71]

在此期间，利西茨基正在寻找一种能与犹太教协调相融的现代风格，经过比较，他选择了马列维奇带有精神意味的几何抽象主义，放弃了夏卡尔的具象叙事风格。正如利西茨基在1920年所写到的那样，至上主义艺术虽然无法象征传统亚伯拉罕教的至上存在（绝对），但却在某种程度上属于未来新观点和感知新方式：“对我们而言，至上主义并不意味着对一种绝对形式的认知，因为这种绝对形式本就是宇宙系统的一部分。相比之下，至上主义则首次全然展现了绝对形式那种纯净与透彻的意味，展现了人们从未体验过的新世界的蓝图。这个新世界产生自我们每个人的内在，如今正在成形的第一阶段。也正因如此，至上主义的方块才会如灯塔一般矗立在每个人心中。”[72]

在至上主义的影响下，利西茨基将绘画与建筑绘图结合在一起，开始创作抽象设计的作品，并将这种融合称为“Proun”（这是利西茨基的自造字，来自几个俄语单词的首字母缩写，意为“肯定新事物项目”）。和马列维奇一样，埃尔·利西茨基用几何形式作画，但他的画明显复杂得多，展现了他在建筑绘图方面的无比造诣（1922—1923；图8-8）。在他20世纪20年代的所有作品中，无论是书籍、杂志、海报、展览设计还是建筑，利西茨基都运用了他在Proun项目中建立的设计原则，比如他在自己设计的一本儿童书里，就曾鼓励并教导小读者如何画出两个生动的正方形（《六个构成中的两个正方形：一个至上主义故事》，1922；图8-9）。[73]

利西茨基曾在德国学习过建筑工程，也受过科学和数学方面的训练，所以十分熟悉爱因斯坦的广义相对论。该理论在1919年得到证实后，利西茨基次年写道，牛顿的绝对时空观已经过时：“所有测量与标准的绝对都被摧毁了。爱因斯坦的狭义相对论与广义相对论证明了我们在测量特定距离时的速度会影响测量单位的大小。”[74]对于生活在地球上的人来说，上与下由地球的引力场决定，但对于一个游离在外太空的观察者来说，空间方向的改变则要归因于空间受到了大质量天体的引力场扭曲。利西茨基通过把一些三维作品设计成在时间这个第四维度中移动，来象征时空。（《Proun：八个位置》，1923；加拿大渥太华国立美术馆）。为了向同胞罗巴切夫斯基致敬，利西茨基将1925年的一篇数学史论文的标题改成了《K和泛几何》，其中的

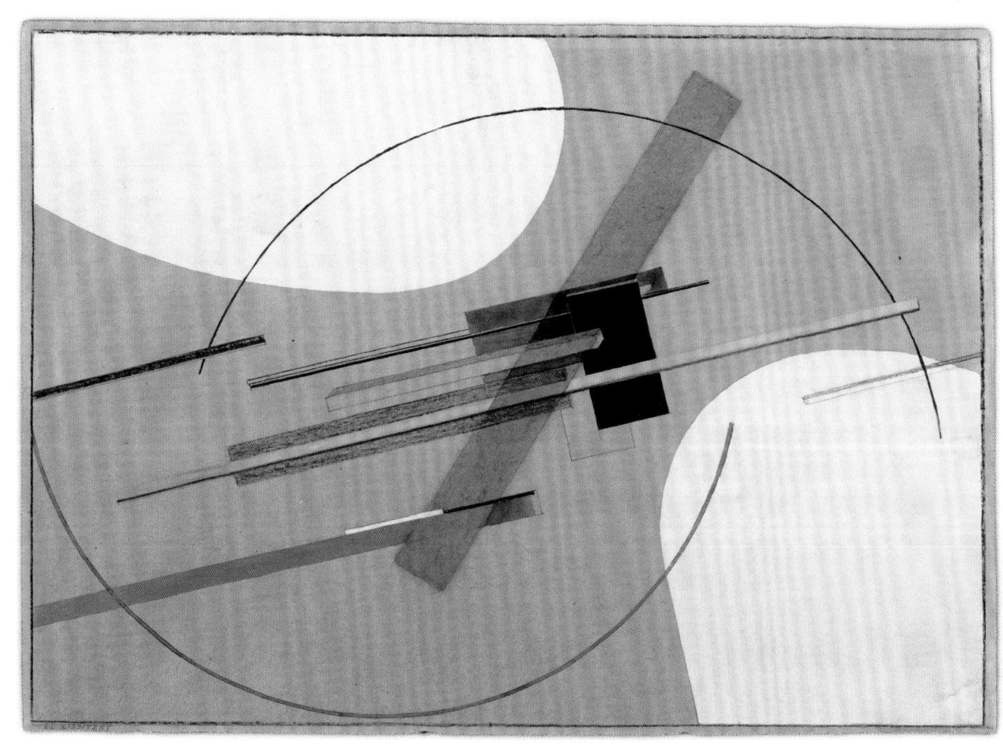

8-8. 埃尔·利西茨基（俄罗斯人，1890—1941），*Proun*，1922—1923年。水彩、水粉、印度墨、铅笔、蜡笔、清漆磨光纸，21.4厘米×29.7厘米。纽约古根海姆博物馆，来自凯瑟琳·S.德雷尔的遗产赠予，53.1343。

K代表德语中的“艺术”（Kunst），“泛几何”则是罗巴切夫斯基1855年的一部书的标题。[75]

利西茨基预见了一种新艺术：这种艺术形式会由不署名的工人艺术家集体创作，以此来表现新的共产主义。他在数学和艺术方面的思想，受到了斯宾格勒那本《西方文明的覆亡》（1918）很大的影响，该书预言了西方文化的末日和布尔什维克的崛起。[76]在1920—1921年的论文*Proun*中，利西茨基开头就引用了斯宾格勒的一句话，后又宣布“我们将数学作为人类创造力最纯粹的产物”，并像斯宾格勒那样总结了数学的历史。他为Proun项目总结了五个公理，如“脱离材料的形式＝零”，[77]并由此推导出，艺术必须通过某些材料（纸、木头等）才能创造出来；换言之，艺术无法作为无质料的思想存在。他作品中的那些结构都由平面几何构成，可以应用到建筑与设计中。作为一个共产主义新国家的教师，利西茨基设想了Proun应当由学生们匿名创作，然后提供给政府作为集体使用。他在文章的结尾处写道：“我们正在见证一种新风格的诞生，而这种风格的创造并非是单个的艺术家，而是无名的创造者们……人们正一同筑建起一座崭新的、如水泥般牢固的共产主义根基。通过Proun，我们将在一个普遍的基础上，为全球所有人建立一座单独的世界城市。”[78]

但成立后不到一年，“新艺术倡导者”便分裂成了两派：一派追求具有精神性的冥想艺术，另一派偏好能够服务社会的实用艺术。1921年，在两派中都有涉足的利西茨基离开维捷布斯克，到德国柏林担任文化大使，向西方资本主义社会宣扬共产主义。[79]1925年，马列维奇也离开维捷布斯克返回了莫斯科，成为罗德琴科所在的莫斯科高等艺术技术学院的教师。

给所有的孩子。

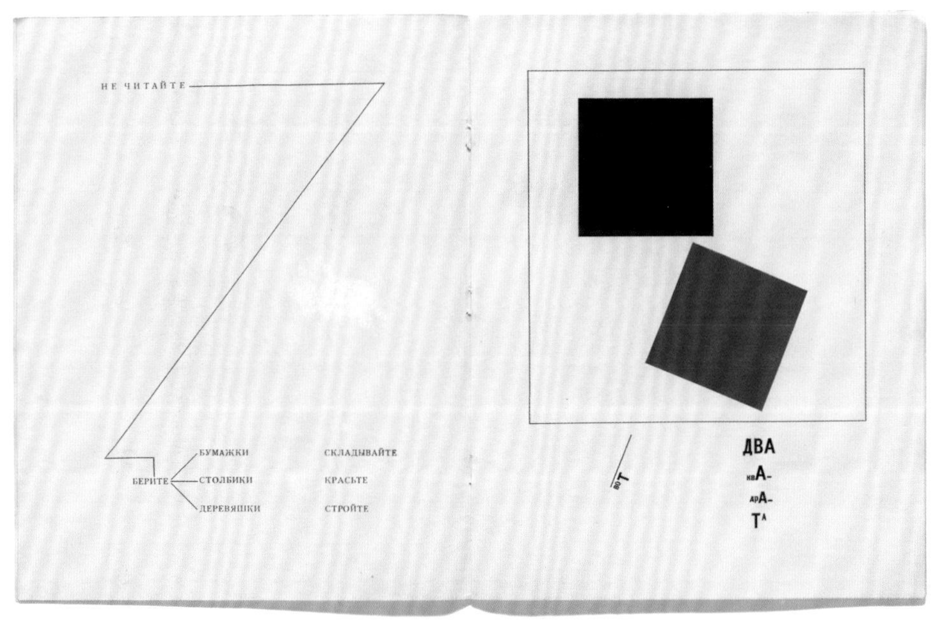

不要阅读。拿起纸张、木杆、木板。画图、涂色、搭建。

这里有两个正方形。

8-9. 埃尔·利西茨基，《六个构成中的两个正方形：一个至上主义故事》，1922年。凸版印刷的插图，每幅27.8厘米×22.5厘米，纽约当代艺术博物馆，由朱迪斯·罗斯柴尔德基金会赠予。©2014 艺术家权利协会，纽约。

20世纪20年代德国的几何抽象

1922年，凡·杜斯伯格来到德国，与利西茨基和德国抽象电影制作人汉斯·里希特一起在杜塞尔多夫的一次进步艺术家会议上，宣布成立了一个构成主义者的国际组织，进而在欧洲掀起构成主义形式美学的自发运动。同年，利西茨基与作家伊利亚·爱伦堡在柏林合作编辑出版了三语杂志《对象》(*Вещь/Gegenstand/Objet*，分别是俄语、德语、法语中的“对象”)。在创刊号社论中，利西茨基和爱伦堡写道，欧洲已经无法阻止来自俄罗斯的思潮，现在可以把构成主义美学带到西方来了：“我们正处于一个伟大创造期的前夜……我们认为达达主义的消极路线……已经过时。现在，是时候在清理一新的场地上开展一场新的建设了……当今时代的基本特点，就是构成主义方法论的胜利。”[80]在苏联时，利西茨基曾通过Proun来表现共产主义，但到了柏林以后，他便不再强调Proun的政治使命，只模糊地说是为了帮助人民走向未来，但未来到底是什么样，他并未明确指出。

在爱因斯坦的时空观被证实之后，凡·杜斯伯格批评蒙德里安仍在计算中将上下方向定为“静态垂直的引力轴”，[81]并宣布他自己要创造一种名为“基本要素主义”的新风格，把融入时间这个第四维度融入进去：“新造型主义富有表现力的可能性被局限在了二维平面中，而基本要素主义却可以在四维时空框架内实现造型主义的可能性。”[82]之后，凡·杜斯伯格离开阿姆斯特丹，前往柏林宣传基本要素主义，并在德国继续出版《风格》杂志。[83]在此期间，他见到了莫霍利-纳吉，读到了后者与阿尔萨斯的艺术家让/汉斯·阿普、奥地利的拉乌尔·豪斯曼、俄罗斯的伊万·普尼共同撰写的《基本艺术的倡议》。这些艺术家与凡·杜斯伯格的观点一样，都倡导通过纯粹、简单的艺术形式来表达时代精神，所以在1921年，凡·杜斯伯格把这份宣言发表在了《风格》上。

莫霍利-纳吉抵达柏林的时间是1920年。他在第一次世界大战期间，他曾在奥匈帝国的军队中服役，并身负重伤。回到布达佩斯养伤期间，他通过《今日》杂志，了解到了欧洲与俄罗斯的先锋艺术。1918年退役后，年仅23岁的莫霍利-纳吉找到私人老师，开始学习艺术。但在1919年8月，匈牙利共产党创始人库恩·贝拉领导的革命失败之后，支持共产主义革命的莫霍利-纳吉不得不逃离了匈牙利。他先去了维也纳，但很快便转往柏林，因为“与工业化德国高度发展的科技相比，我对奥地利首都巴洛克式的浮夸兴趣不大”。[84]在1920年年初，莫霍利-纳吉开始在柏林创作机械对象的作品（《桥》，1920—1921年，荷兰海牙市立博物馆）。但到了1921年，他已经转而尝试用未定义形式来创作，如《镍构造》（图8-10）等作品——曾在柏林举办的第一次个展中展出（风暴画廊，1922）。

以所谓的国际主义风格建造的玻璃钢摩天大楼，是“一战”后柏林乌托邦情绪的主要表达。[85]20世纪20年代，德国城市的天际线大多由中世纪教堂的高塔构成，如科隆大教堂，以及那些教区教堂低矮的钟楼。德国建筑师布鲁诺·陶特曾在旧式的中世纪教堂和现代的摩天大楼之间作过类比——二者都覆盖着玻璃。陶特宣称，属于过去的时代精神可以在当下的世俗时代重焕生机，只要在每一个城镇的中心建造“城市之冠”——玻璃塔即可，居民们可以到那里充实自身的精神世界，感受宇宙的和谐（图8-11、8-12、8-13）。[86]

自19世纪中叶以来，随着钢材和电梯的发明，人们建造了很多摩天大楼，但这些建筑的钢材结构都只能隐藏在砖石建造的非承重墙后。而如今，德国建筑师把建筑物的钢骨架结构暴露在了玻璃之下（本章开篇图8-1），以此来彰显新科技的风格。在创办于1919年的魏玛包豪斯设计学校，具有浪漫主义愿景的格罗皮乌斯教给学生一种系统、理性的设计方法，但就像中世纪的无名匠人行会一样，学生们只愿筑起属于未来的建筑，就像陶特的城市之冠一样，新的建筑都将被献给人类历史上第一个世俗化的科学时代。

通过利西茨基、爱伦堡等人，格罗皮乌斯了解到了俄罗斯艺术教育的发展状况。[87]凡·杜斯伯格见过格罗皮乌斯并造访了包豪斯之后，感到十分欣喜，于是便搬到魏玛，希望能在包豪斯谋得一份教职。但格罗皮乌斯对凡·杜斯伯格那种独断专行的个性有所担忧，所以没有聘用他。[88]事实证明，格罗皮乌斯没看错人，因为争强好胜的凡·杜斯伯格随即展开了"报复"，开始在魏玛的寓所教授与包豪斯所倡导的理念完全对立的设计课程，还到处发表演讲，批评包豪斯学校具有过分的表现主义倾向。1921—1923年，他继续在魏玛出版《风格》杂志，呼吁一种普遍抽象的艺术形式。凡·杜斯伯格蔑视当时欧洲各国的政治制度，认为它们不过是"语词"，而他要倡导一种由艺术家的兄弟情谊所构建的未来："国际化的思维是一种无法用言语表述的内在体验，不是由滔滔不绝的口头语句构成，而是由可塑的创造性行为和内在的智识性力量构成，通过这二者，我们可以塑造一个新的世界。"[89]但讽刺的是，这位自封拥有"国际化思维"的导师却无法与其他艺术家和谐相处。正如格罗皮乌斯当初拒绝他的入职申请时所说的那样："根据我的判断，他过于好斗、狂热，无法容忍任何不同意见，导致了他的观点非常狭隘。"[90]

8-10.拉兹洛·莫霍利-纳吉（匈牙利人，1895—1946），《镍构造》，1921年。镀镍铁件，35.9厘米×17.5厘米×23.8厘米，纽约现代艺术博物馆，由西比尔·莫霍利-纳吉赠予。©2014影像艺术收藏协会，波恩/艺术家权利协会，纽约。

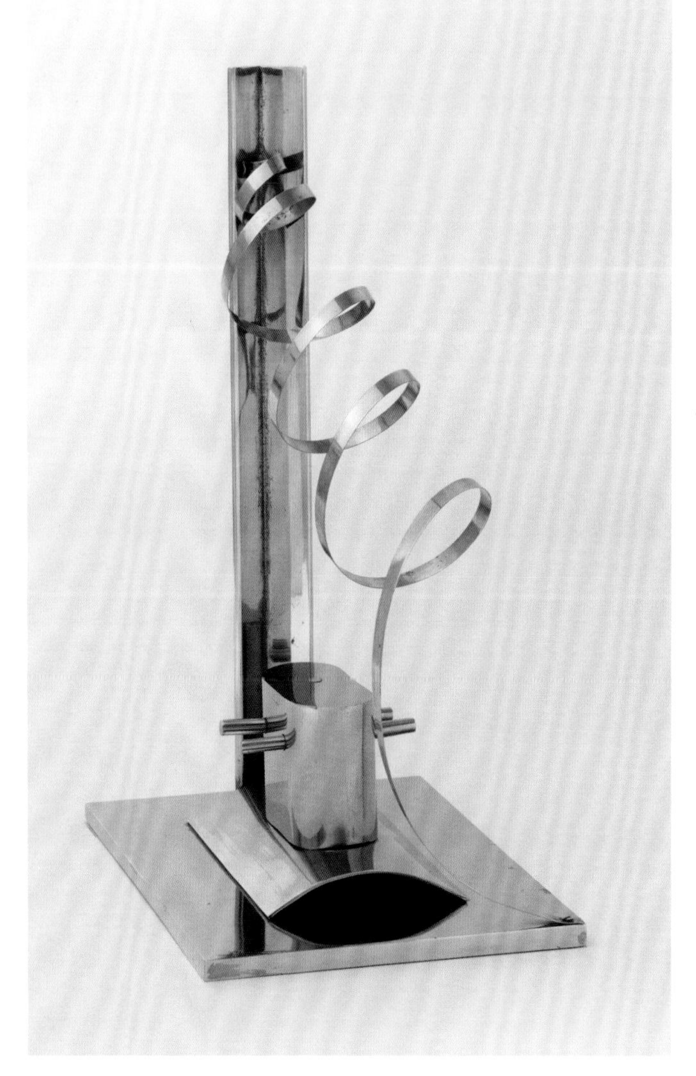

格罗皮乌斯刚把包豪斯设计学校创办好，启蒙理性与浪漫表现主义便在同一个屋檐下开始了旷日持久的论战（有时，这一思想斗争也在艺术家的内心世界发生），这一论战反映了广义上的魏玛文化内部的冲突。一些担任了教职的画家，如保罗·克利、瓦西里·康定斯基、约翰内斯·伊顿等，都与战前德国表现主义风格的"青骑士"团体有着千丝万缕的联系，他们的艺术同时象征着情感、激情或绝对精神。伊顿热衷于所谓的马兹达兹南教，其教义脱胎于古代波斯先知琐罗亚斯德的教旨，倡导健康的生活方式。[91]不过，马兹达兹南教的创始人出身不详，有说法认为他生于19世纪中叶，父亲是俄罗斯人，母亲是德国人，出生时名叫"奥托·哈尼什"，定居在芝加哥后，为了寻求一种普遍宗教，最终将东西方教义融合在一起，创立了马兹达兹南教。20世纪初，哈

上

8-11.扬·范艾克,《圣芭芭拉像》,为布鲁诺·陶特的《城市之冠》(1919)一书创作的卷首画。纽约州哥伦比亚大学艾弗里建筑与美术图书馆。

植物与动物本能地趋向太阳的温暖与光亮。陶特把人类对光的原始反应作为了重新燃起精神生命的火花。在中世纪的欧洲,直入天际的建筑一般是尖塔和钟楼,正如范艾克的作品中正在修建的尖塔一样,所以陶特选择了这幅画作为著作的开篇图。在基督教时代,圣芭芭拉因偏见与教条而在这座塔中坐牢,但在世俗时代,人类却将在陶特的城市之冠中通过数学与科学获得自由。

下

8-12.城市之冠东向视图,出自布鲁诺·陶特的《城市之冠》。纽约州哥伦比亚大学艾弗里建筑与美术图书馆。

正如中世纪礼拜者在教堂做晨祷时,会看到晨光照耀下的彩色玻璃闪闪发光一样,现代城市居民们将在他们的城市之冠下面对初升的太阳开始全新的一天。

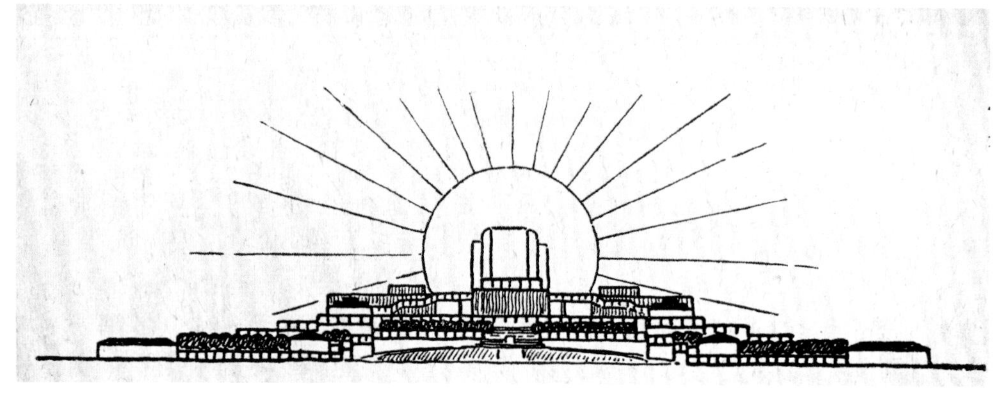

尼什以“奥托曼·查-阿德忽斯特·哈尼什”这个化名，在德国举办巡回演讲，伊顿及其学生都成了他的追随者，开始遵循他的教导生活，试图通过素食主义、呼吸疗愈以及在自然中行走来获得感悟绝对精神。不过，后来伊顿与格罗皮乌斯之间发生了权力斗争，经过短暂的交手，伊顿黯然离开包豪斯，莫霍利-纳吉受邀接替了他的职务。[92]

8-13.约西亚·麦克尔赫尼（美国人，1966— ），《城市之冠》，2007年。手吹玻璃，金属，涂颜色的木料，有机玻璃，电灯。4.26米高，装置于斯德哥尔摩现代博物馆。图片由艺术家和纽约安德里亚·罗森画廊、芝加哥唐纳德·杨画廊提供，ARG# MJ2007- 001。

约西亚·麦克尔赫尼创作这座玻璃塔，是为了向布鲁诺·陶特1919年（未能建成的）城市之冠致敬。

热衷于科技的莫霍利-纳吉认为艺术家的双手应该在艺术作品中隐身，比如他一次曾致电一家招牌公司，订购了三幅画作，但预先给出了作品的格式，还从公司的色卡中挑好了颜色——三幅尺寸不同（大中小）但内容一样的作品（图8-14）。[93]格罗皮乌斯大力倡导理性、科学的观念，还为此开设了一门课程，教导新生学习有关形式和颜色的“非个人的”（无意义的）语汇。莫霍利-纳吉接到的第一项任务便是改进这门基础课程。他积极推行形式主义美学，要求学生学习视觉元素的基本语汇（无意义的形式、颜色与纹理），以及将这些语汇在自主体系中的组合规则。受拉乌尔·弗兰采生物技术的启发（第二章图2-35、2-36），莫霍利-纳吉告诉学生自然界中拥有七种基本形式（图8-15），并把这一生物技术的概念应用在抽象雕塑中，比如他的雕塑《镍构造》终究包含了螺旋状、棍状、平面。此外，他还设计了一个由螺旋、棍状、球面组成的实用物件（《动态构成体系》，1922；图8-17）。[94]此外，他还在弗兰采的启发下，将科学摄影引入了平面设计当中（图8-16）。[95]克利和康定斯基接受了这位新领导的指示，也开始教学生使用具有普遍意义的“视觉语言”。包豪斯的两本教科书，即克利的《素描教学课本》（1925；图8-18）和康定斯基的《从点和线到平面》（1926；图8-19），就反映了这一点。[96]很快，形式主义美学还扩展到了包豪斯的戏剧与舞蹈领域（图8-20）。

1924年，凡·杜斯伯格离开魏玛，前往巴黎，并在那里继续出版《风格》杂志，直至1931年突发心脏病去世，终年47岁。1923年，利西茨基因感染肺结核，从德国去了瑞士疗养，并于1924年3月接受了肺切除手术，但之后因为无法延长签证，只得在1925年返回苏联。回到祖国后，利西茨基和罗德琴科一起制作了蒙太奇照片，将几何图形与照片结合在一起，实现了俄罗斯先锋艺术与社会现实主义的融合。[97]但到了20世纪30年代初，形式主义开始被认为是西方思想的渗透，创作纯粹形式的艺术变得危险起来，俄罗斯的抽象艺术就此终结。1941年，埃尔·利西茨基因肺结核在莫斯科病逝，罗德琴科则于1956年去世，终年64岁——在此之前的1954年，社会

我们的形式主义者早在革命开始前就效仿西方的形式主义……苏维埃艺术中的形式主义是资本主义的一种残存，是对苏维埃的敌视。

——波利卡普·列别捷夫，《反对苏维埃艺术中的形式主义》，1936年

右

8-14.拉兹洛·莫霍利-纳吉（匈牙利人，1895—1946），《搪瓷结构3》（所谓的“电话图像”），1923年。钢铁上的搪瓷，24厘米×15厘米。纽约现代艺术博物馆，菲利普·约翰逊为纪念西比尔·莫霍利-纳吉而赠予博物馆。©2014影像艺术收藏协会，波恩/艺术家权利协会，纽约。

下

8-15.弗兰采的七种生物技术元素：棱柱体、球体、圆锥体、平板、条、棒与螺旋形，出自拉兹洛·莫霍利-纳吉描的《新视觉：设计、绘画、雕塑和建筑之基础》（新包豪斯课本第一册，1938）。

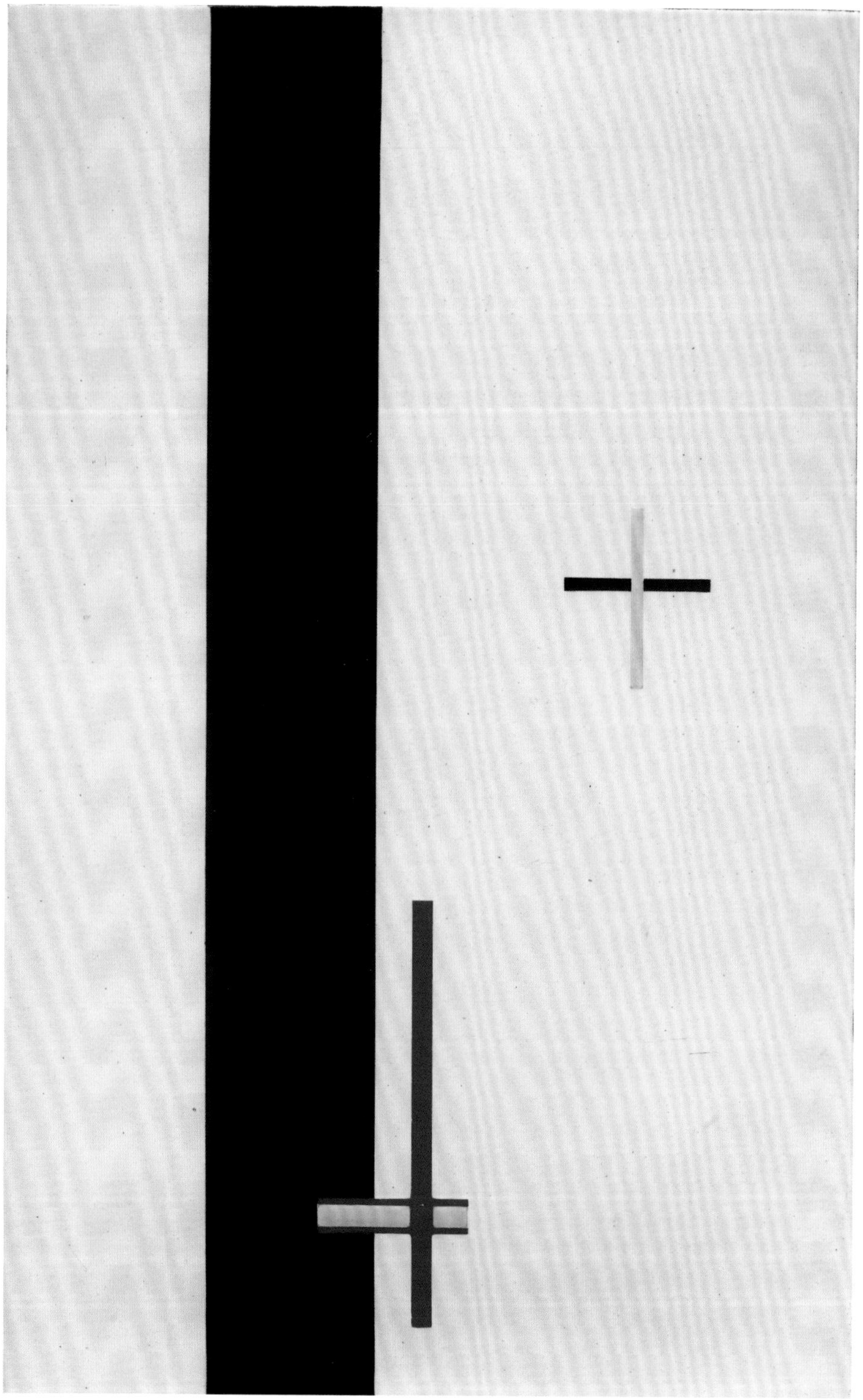

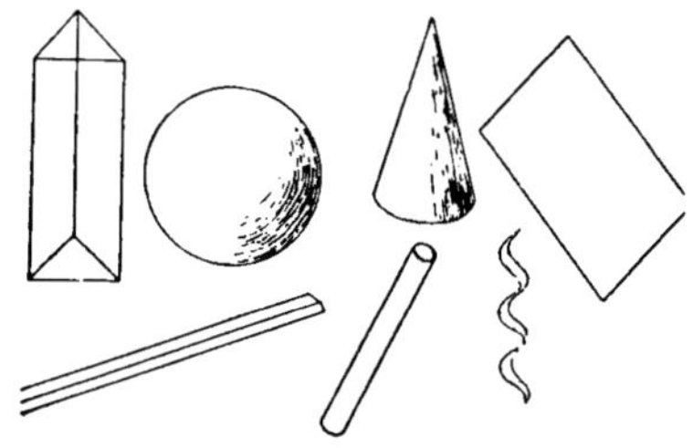

生物技术作为创作活动的方法论。自然科学家拉乌尔·弗兰采致力于这一问题的研究，并将他的研究与结论称为“生物技术”，其中的本质可用如下引言表达：“自然的每种过程都有其必然的形式。这些过程最终一定会导向一种功能形式……因此，人类可以以另一种完全不同于此前的方式来掌握自然的力量……每一丛灌木、每一棵树，都能够指示人类，启发人类，都能向人类展示有关创造发明、器械载体、技术应用等数不胜数的东西。”

——拉兹洛·莫霍利-纳吉，《新视觉》，1927年

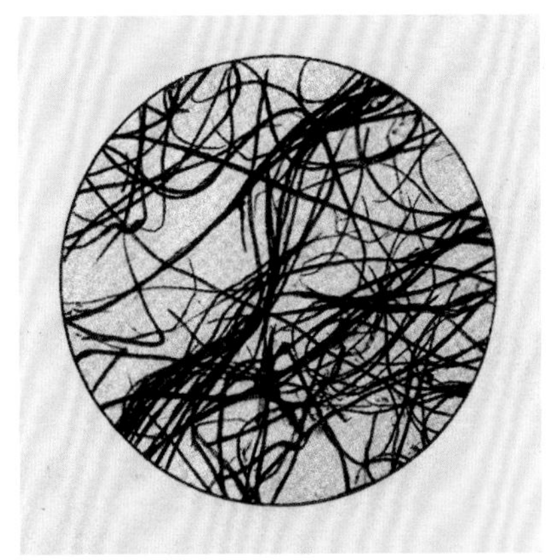

左上、左下

8-16.拉兹洛·莫霍利-纳吉，一张纸的显微照片展示了其中的纤维结构（上）；一张在唱片记录的卡鲁索高音C（下），见《从材料到建筑学》（1929）。©2014 影像艺术收藏协会，波恩/艺术家权利协会，纽约。

右

8-17.拉兹洛·莫霍利-纳吉，《动态构成体系》，1922年。铅笔、水彩与墨，抽象拼贴画，61厘米×48厘米。柏林包豪斯档案馆。©2014 影像艺术收藏协会，波恩/艺术家权利协会，纽约。

这究竟是什么？是一件未来主义建筑，还是一个游乐场设施？我们至今不知道它的功能，但根据莫霍利-纳吉的叙述，我们能清楚得知，他希望人们能在他的螺旋坡道上上下穿梭：“这个结构包括了一个外置的螺旋小道，本意是想作为普通的娱乐设施，也就设置了保护性的围栏。这个结构中没有台阶的介入，转而使用坡道的形式。”《新视觉》，新包豪斯课本第一册，达芙妮·M.霍夫曼译（1938）。莫霍利-纳吉也希望中心长棒来回转向，以及让整个结构转动。

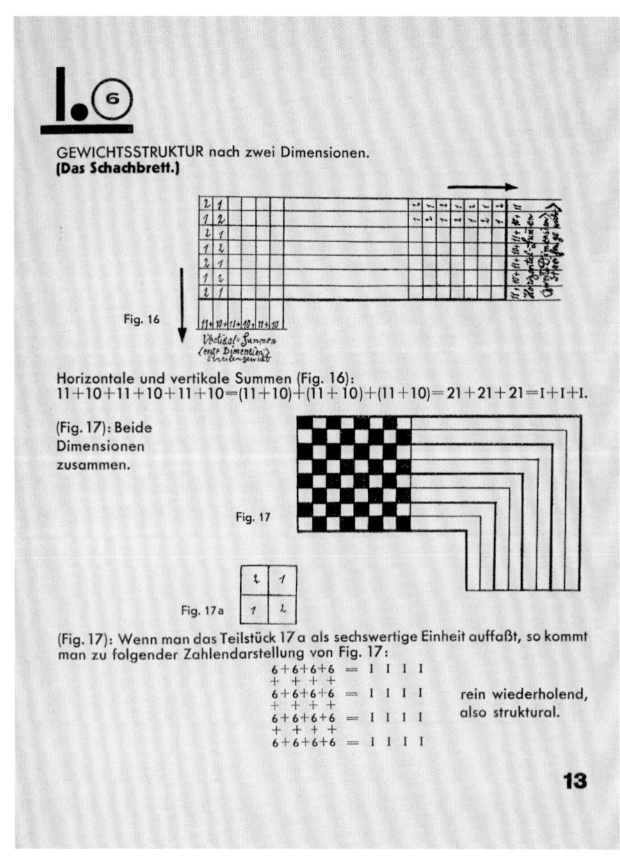

GEWICHTSSTRUKTUR nach zwei Dimensionen.
(Das Schachbrett.)

Fig. 16

Horizontale und vertikale Summen (Fig. 16):
11+10+11+10+11+10=(11+10)+(11+10)+(11+10)=21+21+21=I+I+I.

(Fig. 17): Beide Dimensionen zusammen.

Fig. 17

Fig. 17a

(Fig. 17): Wenn man das Teilstück 17a als sechswertige Einheit auffaßt, so kommt man zu folgender Zahlendarstellung von Fig. 17:

6+6+6+6 = I I I I
\+ + + +
6+6+6+6 = I I I I
\+ + + +
6+6+6+6 = I I I I
\+ + + +
6+6+6+6 = I I I I

rein wiederholend, also struktural.

13

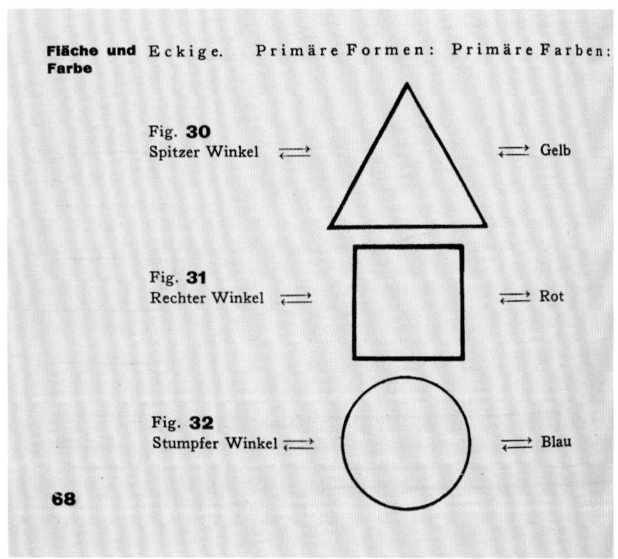

Fläche und Farbe Eckige. Primäre Formen: Primäre Farben:

Fig. 30 Spitzer Winkel ⇄ ⇄ Gelb

Fig. 31 Rechter Winkel ⇄ ⇄ Rot

Fig. 32 Stumpfer Winkel ⇄ ⇄ Blau

68

左上

8-18. 保罗·克利（瑞士人，1879—1940），《教学手记》，包豪斯手册2（1925）。纽约州哥伦比亚大学艾弗里建筑与美术图书馆。©2014 艺术家权利协会，纽约。

在一节关于定量结构的课上，克利首先构建了一个1s和2s交替的图案，并注意到行和列具有不同的视觉和数字权重，因为它们的和为11、10、11、10、11…但在一起时，行与列组成了一个统一的图案，可以用白色代替1，黑色代替2，产生所谓“棋盘”（图17）。由于这个格子由四个带有数字（相加等于6）的正方形组成（图17a），所以这是一个带有相同视觉权重（6）的纯粹重复图案。

左中

8-19. 瓦西里·康定斯基（俄罗斯人，1866—1944），《点、线、面》，包豪斯丛书第九册。纽约州哥伦比亚大学艾弗里建筑与美术图书馆。©2014 ADAGP，巴黎/艺术家权利协会，纽约。

康定斯基采取了与实验心理学家类似的做法，即向包豪斯的学生和教师散发印有三角形、正方形、圆形的纸张，请他们以自己的直觉和本能在三种图形中间填上最“恰当”的原色。在统计了结果之后，康定斯基宣布他证实了一条新的心理学“定律”：人类生来就会把基本图形与基本色关联起来；三角形中的锐角对应黄色，正方形中的直角对应红色，圆内的那种钝角则对应蓝色。不过，康定斯基的“定律”未经实验证明，只是建立在他小样本统计的基础上。

下左至右

8-20. 奥斯卡·施莱默（德国人，1888—1943），其文章《人与艺术角色》中的插图，原载《我向活人召唤》杂志（1926）。公共图书馆综合研究部，阿斯特、雷诺克斯与蒂尔登基金会。

奥斯卡·施莱默负责指导包豪斯的舞台工作，他指出，舞蹈的本质即动势的简化，因此表演时穿的服装要由基本的几何形式演化而来。施莱默将从左至右的这些表演服装解释为：行走的建筑（“在这个设计里，立体形式被转化为人体形式的各个部分”）、人体模型（“人体与空间相关的功能定律”）、去物质化的形式（“将人体各部分抽象为形而上学形式的表达：星形表示张开的手；∞表示交叉的手臂；十字交叉表示脊椎和肩膀”）、技术化有机体（“身体的运动定律……旋转，方向”）。

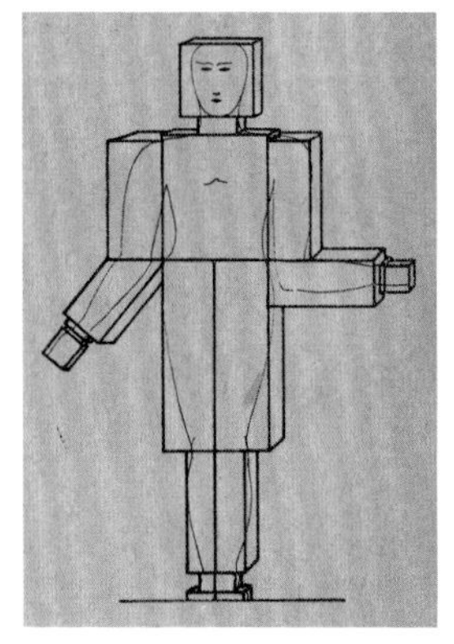
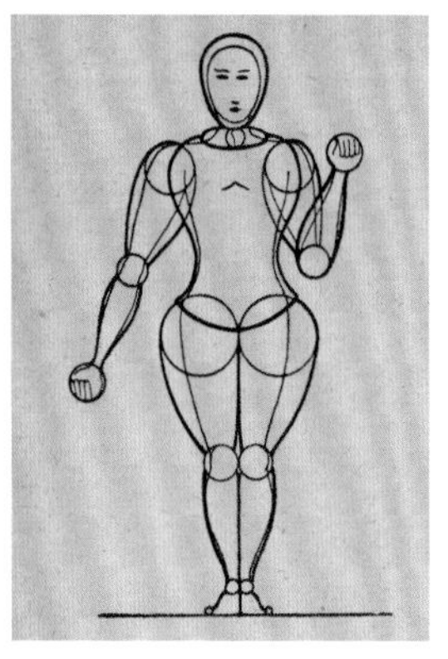
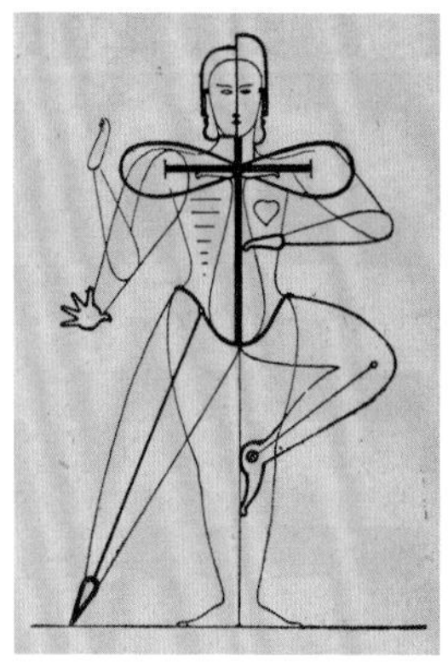
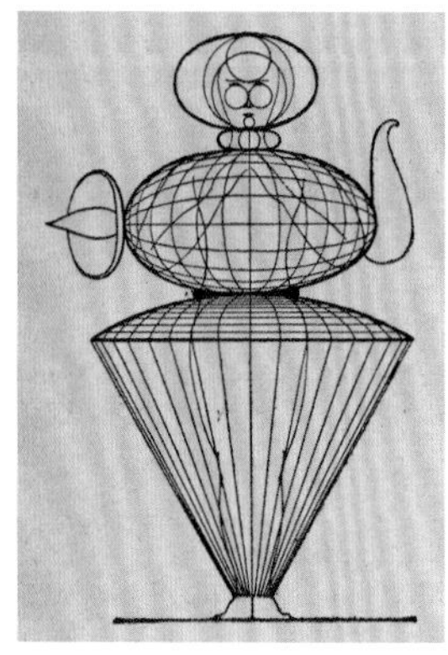

我将九九乘法表和字母ABC视作一切的开始，因为我将简单性视为任何基本变化的力量源泉。

——奥斯卡·施莱默，《舞蹈的数学》，1926年现实主义的主要支持者波利卡普·列别捷夫被任命为了著名的莫斯科特列恰科夫国家画廊总经理。[98]

脱离形而上学的设计

包豪斯的建筑师对建筑和机器或多或少都做过字面上的比较。格罗皮乌斯站在隐喻的一端，把建筑理解为一种类似机器的东西，具体说来就是既包含实用功能，也试图在理性与表现主义间获得平衡，利用建筑实用、实际的方面来表达世俗时代的精神——他十分希望学生能创造出这样一种信仰的结晶。[99]由于魏玛共和国政府越来越保守，1927年，格罗皮乌斯将包豪斯迁到了德绍，并聘用了与他观点对立的建筑师汉斯·迈耶。迈耶则从功能的角度认为建筑完全就是机器，所以他的建筑计划适配于大规模生产。迈耶预言，在工程师与社会学家的合作下，他的建筑学可以成为一门精确科学。

在设计瑞士日内瓦的国际联盟总部大楼时，迈耶安排了各个科学领域的专家（经济学家、统计学家、卫生学家、气象学家）为他提供数据，从而“推导”出该建筑物最有效的结构：“建筑不是一个美学过程……那么建筑师呢？他是艺术家，而且是组织专家！……建筑过程不过就是组织过程，把社会、技术、经济、精神组织到一起。”[100]较此而言，格罗皮乌斯和莫霍利-纳吉教给学生的方法就显得相对平衡一些，不但关心建筑物的功能性，还关心其中的居住者，并把二者很好地结合了起来；但迈耶的理念完全不同，主张极端的功能主义，这也导致了他与格罗皮乌斯和莫霍利-纳吉关系一度很紧张。不过，1928年年初，格罗皮乌斯和莫霍利-纳吉双双辞职后，迈耶便成了包豪斯的校长。

1929年，迈耶邀请鲁道夫·卡尔纳普来到包豪斯，为设计系的学生讲授科学世界观。迈耶与维也纳学派有共同的科学导向，对形而上学都怀有敌意，认为这只是德国浪漫主义的复兴。卡尔纳普曾对迈耶的学生说：“我的工作领域是科学，你们的工作领域是视觉形式；但这是一件事的两个面向。”[101]但是，这个说法只有像迈耶一样把“视觉形式”视为一种精确科学时，才能成立；如果像格罗皮乌斯一样将视觉形式理解为创造“新信仰的结晶”，这个说法便不攻自破了。

到20世纪20年代后期，许多现代建筑师（包括勒·柯布西耶、J. J. P. 奥德、密斯等人）已经开始用白色的纯粹形式作为视觉语言来进行创作，但迈耶等建筑师却坚持认为，这些正方形和矩形因为同形而上学（灵性）的结合而受到了污染。所以，迈耶希望能够像逻辑实证主义者那样，为这些白色的纯粹形式“消毒”，进而实现不包含形而上学内容的设计。[102]

这里现在变成了我们做革命者时所反对的那种地方，那种只注重最后的成绩而忽略人的整体发展的职业培训学校。对这样的地方来说，时间、金钱、空间、让步都不复存在……我与其他人甘之如饴地为之贡献了一切的构成精神，现在已被一种实用倾向取代……这所学校如今不再逆流而上，已然随波逐流。

——拉兹洛·莫霍利-纳吉，《给包豪斯学校的辞职书》，1928年

数学模型

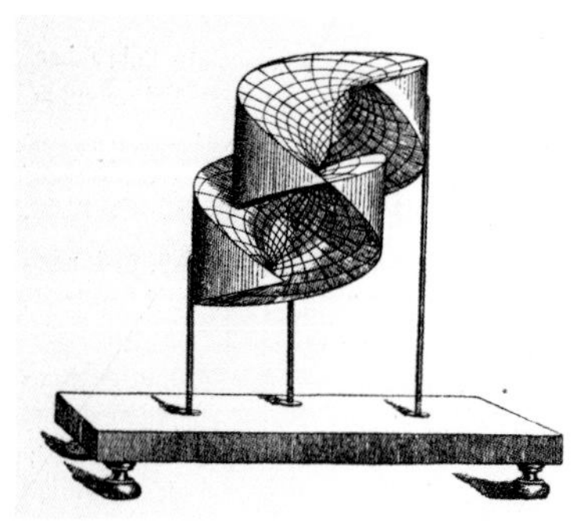

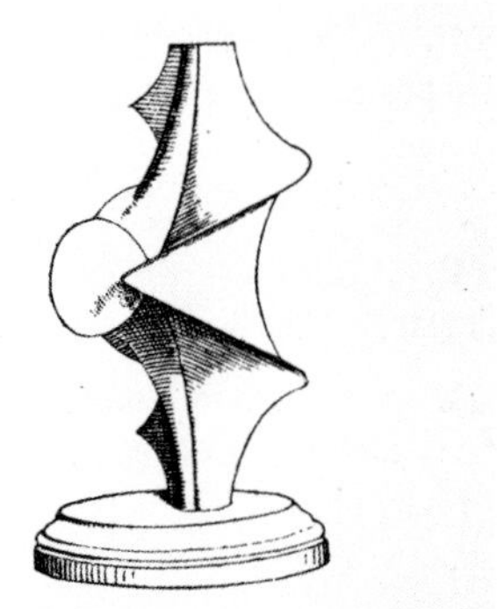

8-21. 数学模型，马丁·谢林的《数学模型目录》（1911）一书中的插图。

1933年，包豪斯学校被纳粹关闭，但大多数教职员此时都已搬离德国。格罗皮乌斯和莫霍利-纳吉逃到伦敦，加入了一个由各国流亡艺术家组成的团体，俄罗斯的瑙姆·加博也是成员之一。该团体在两次世界大战之间交流和探讨过许多思想，其中之一为数学模型。1887年，哥廷根大学的数学教育家菲利克斯·克莱因首次引入了三维模型来帮助学生理解数学概念（图8-21）。许多大学都大量收集这种三维模型，如巴黎的亨利·庞加莱研究所。此外，慕尼黑的德意志博物馆（图8-22）、伦敦的科学博物馆也曾展出过类似模型。

20世纪30年代后期，加博在伦敦以数学模型为基础、多种材料为媒介（如合成树脂和尼龙纤维），创作了许多雕塑（图8-23、8-27）。加博在1920年的《现实主义者宣言》中已然宣布，他的雕塑象征着自然中隐藏的数学结构。后来，他在40年代与伦敦批评家赫伯特·里德通信时也重申了这一点。[103]

莫霍利-纳吉曾受邀为1936年的英国科幻电影《笃定发生》设计布景，该片描述了1936—2036年的故事，由H. G. 威尔斯编剧。莫霍利-纳吉大量使用了双曲线、圆柱、圆锥，在这部颇为惊险的电影中来代表善恶双方使用的先进工程与技术（图8-24、8-26）。不过，流亡伦敦的艺术家创作未定义雕塑的同时，偶尔也会像莫霍利-纳吉这样为自己的作品给出解释。正是这批数学模型，启发了英国艺术家去创作具象雕塑。艺术家亨利·摩尔曾在伦敦科学博物馆看到这批模型后，创作了《弦形式的母子》（1938；图8-25），体现了两个相互依靠的人物形象。弦的影子投射在青铜曲面上，说明了射影几何中的一个原理：两根弦投影间的距离与两个弦的实际距离相等。芭芭拉·赫普沃斯也实验性地使用了弦形式，如作品《海》（*Pelagos*，希腊语，意为“海”；图8-26），她以这样的形式隐喻一波泛着白沫（白色部分）的巨浪，以及巨浪掀起海面溅起的水沫（弦）。《圆：国际构成主义艺术巡礼》是一本由加博、本·尼克尔森和建筑师莱斯利·马丁主编的合集，内容包括了论文与艺术家阐述。1937年，在这本书成功出版后，英国的构成主义艺术达到了高潮。[104]

美国人曼·雷在亨利·庞加莱学院拍摄了数学模型（图8-29），后把这些照片在巴黎的超现实主义展览中展出，还发表在了巴黎的艺术期刊《艺术手记》（1936）上。这一颇具影响力杂志由古典西方艺术史学家克里斯蒂安·塞沃斯创办，他借此机会写了一篇论文，谴责20世纪30年代用几何形式创作的艺术家缺乏“发自内心的对世界之美的感受”。[105]尽管塞沃斯并没有具体指出是哪些艺术家，但还是小心表示其中不包括康定斯基，因为康定斯基的作品灵感来自自然启发（显然，塞沃斯指的是康定斯基30年代在巴黎用显微镜创作的那批基于生物形态的抽象作品，例如1938年的《过分拥挤》；法国国立现代艺术美术馆）。塞沃斯认为，几何抽象艺术是对物

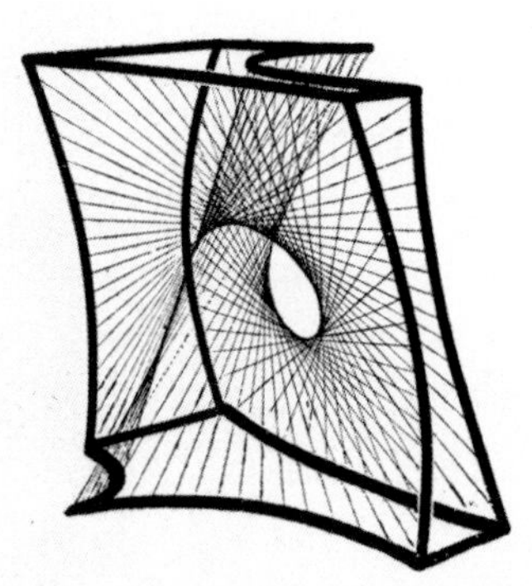

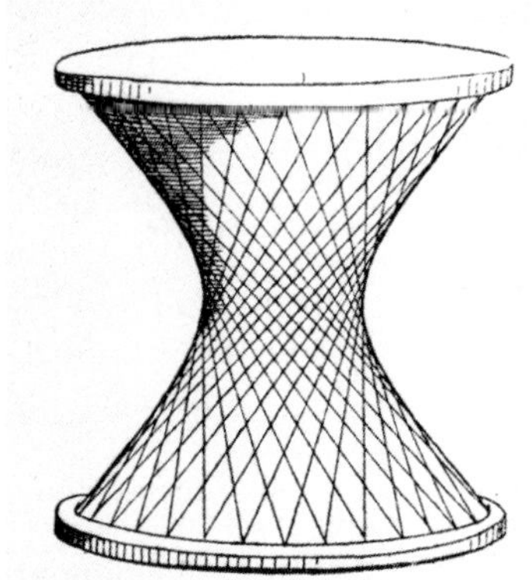

上

8-22. 德国博物馆的数学模型。来自《德国博物馆手册》(1907)。

右上

8-23. 数学模型，出自马丁・谢林的《数学模型目录》(1911)。

右下

8-24. 数学模型，出自马丁・谢林的，《数学模型目录》(1911)。

下左

8-25. 亨利・摩尔（英国人，1898—1986），《弦形式的母子》，1938年。铜、弦。长12.1厘米。亨利・摩尔基金会，LH 186F。

艺术家受数学模型启发创作了这件雕塑：“无疑，我以弦的形式创作的人物雕塑，都源自在科学博物馆时得到的灵感……我着迷于在那里看到的数学模型，并尝试寻找正方形与圆形间的形式区别……这并非是对模型展开科学角度的研究，而是想要透过鸟笼一样的弦，看见不同形式的相互交融。”(《亨利・摩尔：关于其雕塑的文字》，1968)

下右

8-26. 芭芭拉・赫普沃斯，《海》，1946年。染色木料和弦，36.8厘米 × 38.7厘米 × 33厘米。©伦敦泰特美术馆。

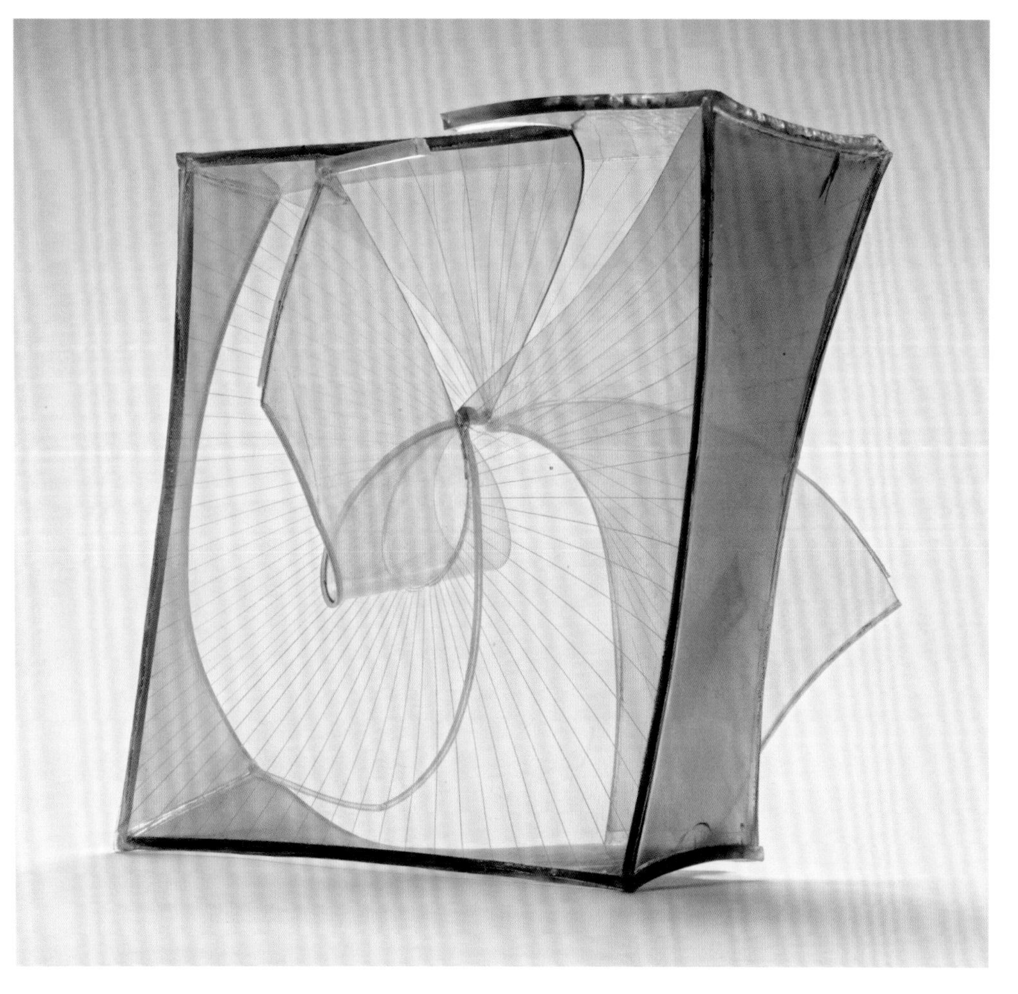

左上

8-27. 瑙姆・加博（俄罗斯人，1890—1977），《空间中的结构》，1937—1939年。醋酸纤维素薄膜，22厘米×27厘米×18厘米。伦敦美术馆，inv. no. T06978。©尼娜与格雷厄姆・威廉姆斯。加博在雕塑表面制造痕迹，创造了一种基于其本身所参考的数学模型（图8-23）的图样。

左下

8-28. 拉兹洛・莫霍利-纳吉（匈牙利人，1895—1946），为英国科幻影片《笃定发生》（1936，威廉・卡梅伦・孟席斯导演，H. G. 威尔斯编剧）设计的“特效布景”，18.6厘米×23.4厘米，纽约州罗切斯特市乔治・伊斯特曼艺术馆。©2014影像艺术收藏协会，波恩/艺术家权利协会，纽约。

对页

8-29. 曼・雷（美国人，1890—1976），《方程，巴黎庞加莱研究所》，巴黎庞加莱研究所，1934年。明胶银版照片，30厘米×23.3厘米，美国洛杉矶J. 保罗・盖蒂博物馆。©曼・雷基金会/ADAGP/艺术家权利协会，纽约。

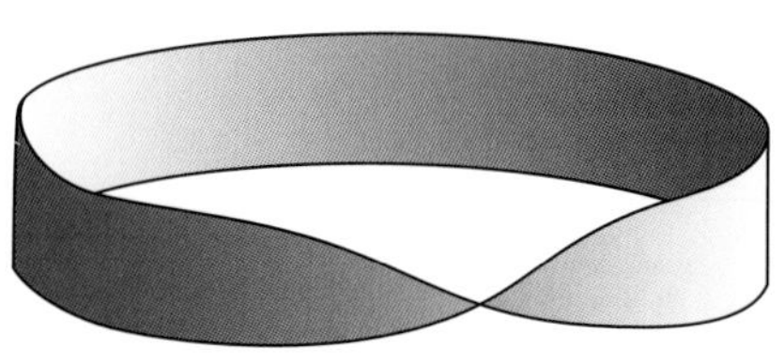

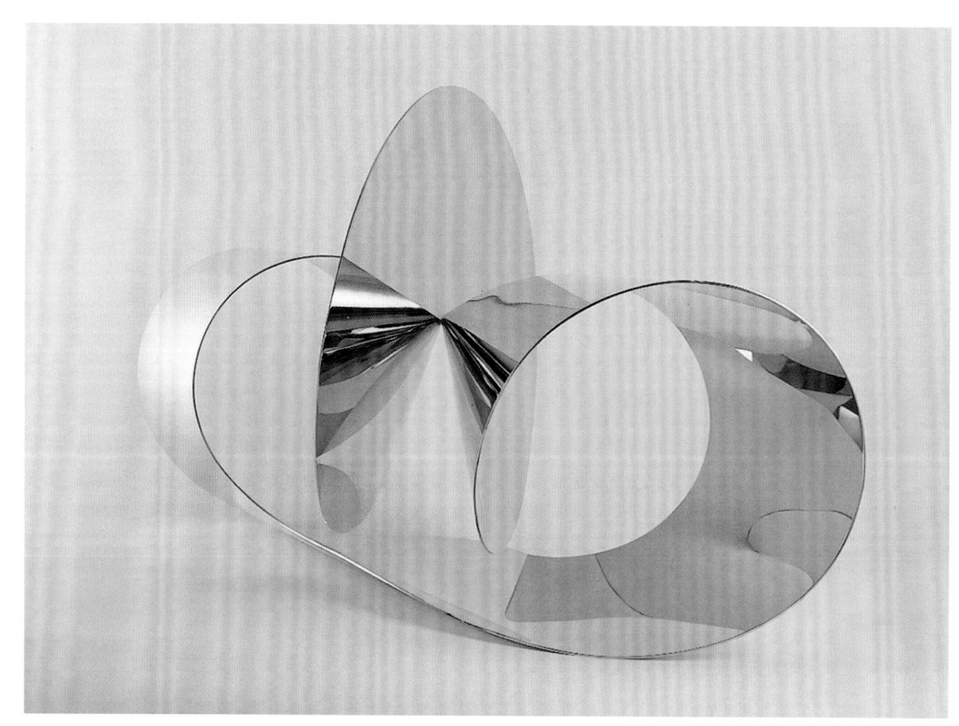

上

8-30.莫比乌斯环。

把一根纸条扭转之后两端粘到一起，便可以做成一个莫比乌斯环，形成只有一个面的二维平面，此结构同时涉及拓扑学。

右上

8-31.马克斯·比尔（瑞士人，1908—1994），《轮廓穿越中心》，1971—1972年。镀金黄铜，85厘米×42厘米×38厘米。©马克斯、比尼亚、雅各布·比尔基金会。© 2014 ProLitteris，苏黎世/艺术家权利协会，纽约。

这是一个基于莫比乌斯环所作的单面雕塑，正如艺术家比尔所写："自1968年以来，我新创造了五件单面的雕塑……现在正创作《轮廓穿越中心》（1971—1972）；我还有其他想法，有些甚至更复杂些，正等待一种有说服力的形式定律加以实现。"（《马克斯·比尔：无尽的丝带1935—1995》，2000）

右下

8-32.欣克·奥欣加（荷兰人，1969— ）、贝恩德·克劳斯科夫（德国人，1964— ），《钩编洛伦茨流形》，2004年。棉花，金属丝，直径91.4厘米。图片由艺术家提供。

为了描述气候不规律变化的表现，美国数学家爱德华·洛伦茨写下了描述这个特定双曲面的方程。奥欣加和克劳斯科夫意识到，洛伦茨的算法可被转用于适应三维的流形钩编结构。童年时代，奥欣加在荷兰便学会了钩编，于是她拿起钩针，一共织了25 511针，最终创作出这个洛伦茨流形。

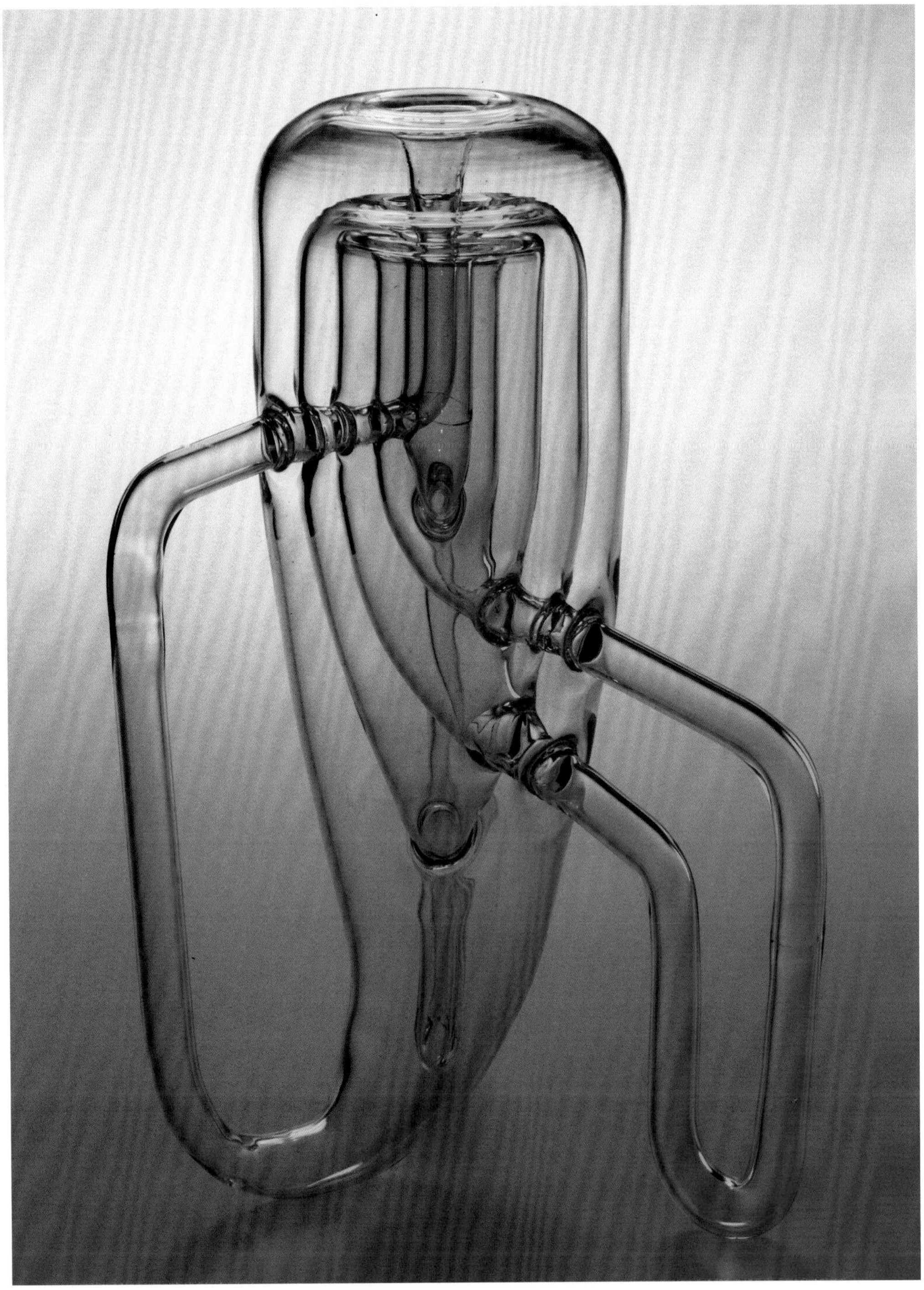

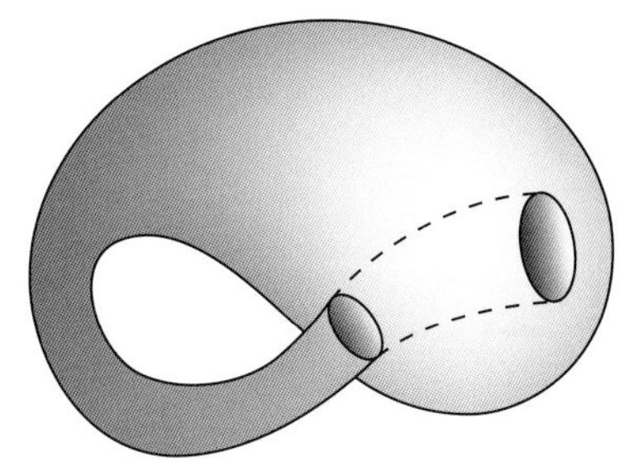

上

8-33. 克莱因瓶。

如果让一个圆柱的两端变形并再次结合，我们就可以得到一个只有一个表面却自相交的三维立体。即使这个形式是封闭的，这个“瓶”却没有任何内部的面。这个奇特的形式以发现者菲利克斯·克莱因的名字命名。

左

8-34. 艾伦·班尼特（英国人，1939—）《三重克莱因瓶》，1995年。吹制玻璃，约25厘米高。伦敦科学博物馆。

在这件别具匠心的玻璃吹制的杰作中，艾伦·班尼特制作出了三个层层嵌套的克莱因瓶。众所周知，如果在某个截面上将克莱因瓶切为两个，它就会变成两个莫比乌斯环。班尼特用带有金刚石刃的锯子从各个角度切开玻璃瓶，露出了其他截面。

质化工业社会的一种表达。他希望，现代艺术家能延续毕达哥拉斯、柏拉图以及新柏拉图主义者的传统，将数学与人类情感融为一体，也就是“将灵魂数学化”。[106]

数学模型也不断启发着马克斯·比尔等艺术家，他们以莫比乌斯环为基础，创作多个单侧曲面的雕塑作品（图8-30、8-31）。克莱因瓶的相关模型（图8-33）启发了英国玻璃工匠艾伦·班尼特，创造了一系列类似玻璃瓶（图8-34）。荷兰数学家欣克·奥欣加和德国的贝恩德·克劳斯科夫则研究了洛伦茨流形，也就是双曲几何中的一个面（见图8-32和第四章155页小版块）。在此期间，日本当代摄影师杉本博司

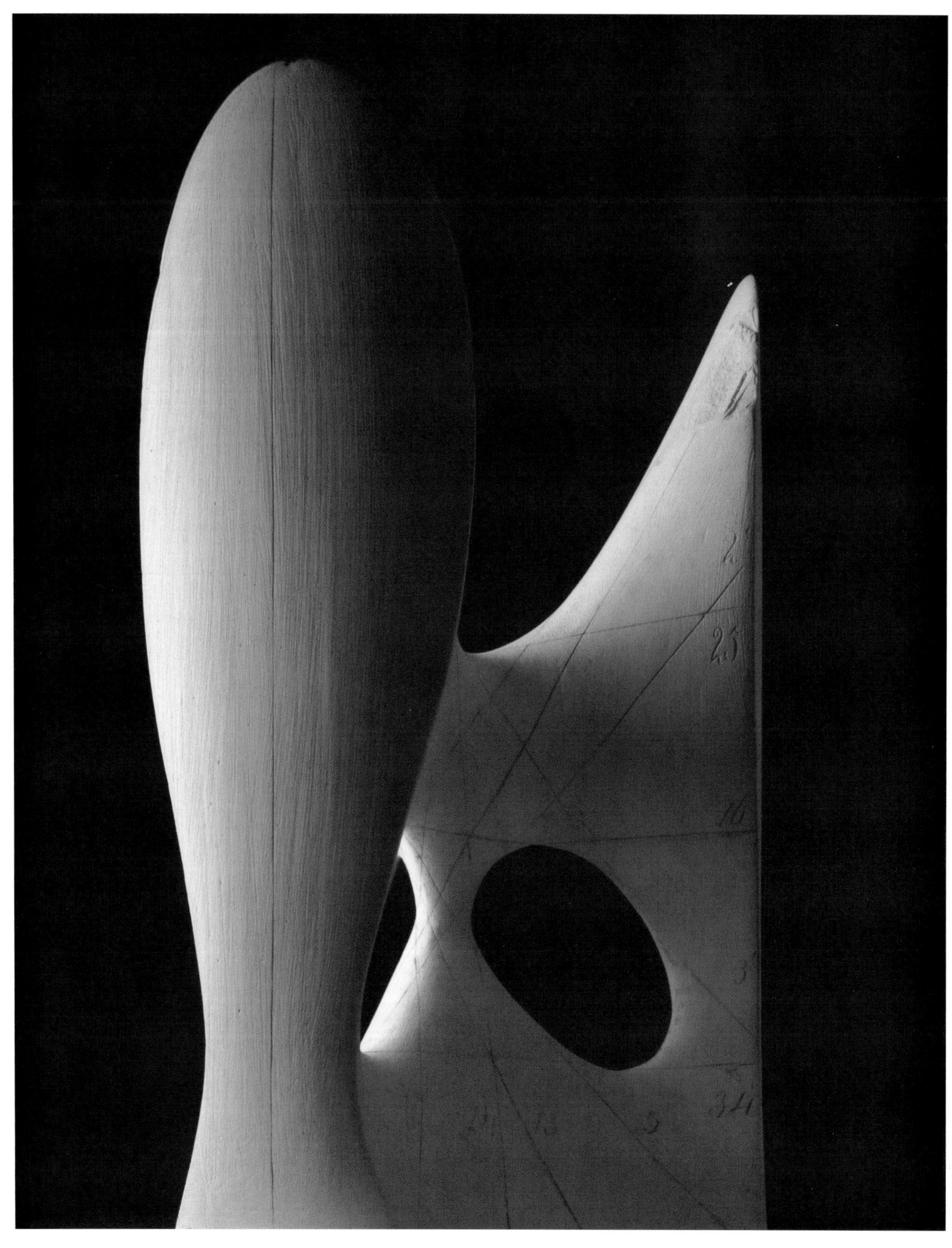

上

8-35. 杉本博司（日本人，1948— ），《数学形式0012》，2004年。明胶银版照片，149.2厘米×119.3厘米。© 杉本博司。图片由纽约佩斯画廊提供。

对页

8-36. 杉本博司，《数学形式0009》，2004年。明胶银版照片，149.2厘米×119.3厘米。© 杉本博司。图片由纽约佩斯画廊提供。

对页

8-37.拉兹洛·莫霍利-纳吉（匈牙利人，1895—1946），为伊利诺斯州芝加哥的新包豪斯设计的宣传册，1937—1938年，柏林包豪斯档案馆。©2014 影像艺术收藏协会，波恩/艺术家权利协会，纽约。

莫霍利-纳吉将这张照片用作了宣传册的封面设计元素。

将镜头对准了东京大学在1900年左右制作的一套数学模型，创作了一系列摄影作品（图8-35、8-36）。

芝加哥的新包豪斯设计学校

1931年，卡尔纳普离开维也纳，前往布拉格的日耳曼大学任教。随着魏玛共和国的崩溃与第三帝国的崛起，他只在那里停留了很短时间。后来，在芝加哥大学哲学家查尔斯·莫里斯和哈佛大学逻辑学家W. V. 蒯因的帮助下，卡尔纳普于1935年移民美国。从1936年至1952年，他一直在芝加哥大学担任教授（莫里斯的哲学系成了逻辑实证主义的国际中心）。在奥托·纽拉特、尼尔斯·玻尔、伯特兰·罗素等人的帮助下，卡尔纳普和莫里斯编辑了维也纳学派搜集的一些著作，完成了《统一科学国际百科全书》，其中第一卷由芝加哥大学出版社于1938年出版。

1937年，莫霍利-纳吉也来到芝加哥，被一群该市的慈善家聘用，出任了“新包豪斯”设计学校（图8-37）校长。结识卡尔纳普和莫里斯后，莫霍利-纳吉便邀请后者去新包豪斯教哲学。作为美国哲学家、符号学创始人皮尔斯的追随者，莫里斯觉得逻辑实证主义者和包豪斯的艺术家具有共同的目标，那就是创造统一的符号理论：“科学运动的统一对于艺术具有重大意义。符号理论的方法给予了科学式美学的可能，也给予了一种清晰明了的语言来阐述艺术，以及艺术与其他文化组成部分的关系……在科学技术的时代，如果一个艺术家能透彻地了解自然，了解自身作品的重要性，那么他或许就能从自身的局限中解脱，同时认识到，尽管艺术、科学与技术之间存在着无法克服的差别，但这一珍贵的差别也让这些领域得以互相补充和互相支持。”[107]

20世纪20年代，人们在德国实践的各种国际几何抽象风格，都具有共同的形式主义美学思想——由未定义的色彩和形式构成的独立体系，可以发展出无穷的变体。从芝加哥到东京，从约翰内斯堡到迪拜，如今世界各地的现代艺术博物馆、跨国公司和机场大厅里，都充斥着色彩缤纷的立方体、球和矩形装饰物，而这些都可以追溯到形式主义美学。同时，直入天际的玻璃钢筋摩天大楼也起源于这个时期。但魏玛共和国的乌托邦式政治愿景，与玻尔、希尔伯特、卡尔纳普宏大的科学与数学计划一同在20世纪30年代黯淡了下来。量子力学促进了科技的进步，但玻尔的哥本哈根解释打破了自然界统一的图景。此外，希尔伯特方案和卡尔纳普的逻辑实证主义都未完成，反而暴露了人工语言和自然语言的局限性。

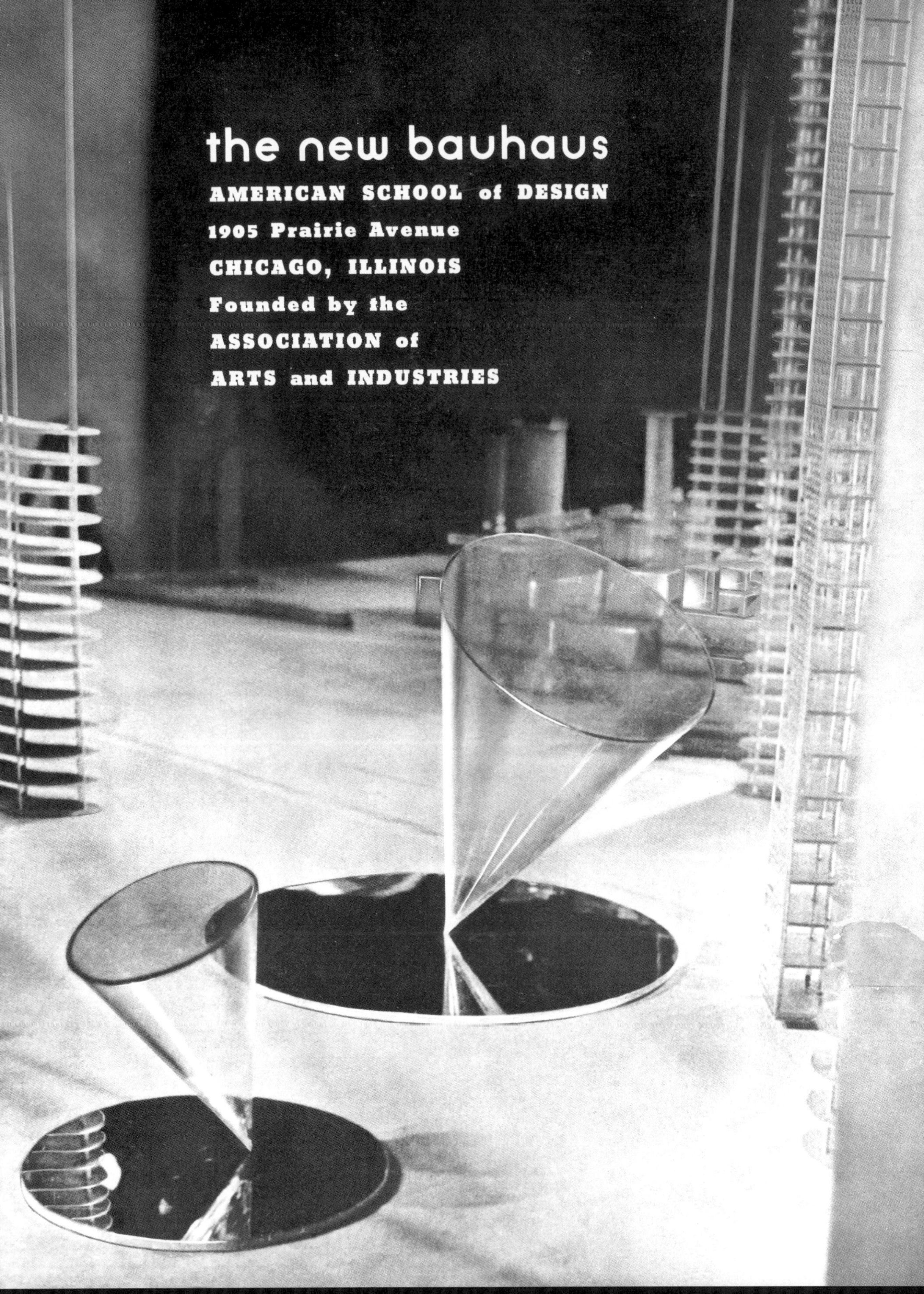
the new bauhaus
AMERICAN SCHOOL of DESIGN
1905 Prairie Avenue
CHICAGO, ILLINOIS
Founded by the
ASSOCIATION of
ARTS and INDUSTRIES

magritte

第九章

数学的不完备性

若无法阐释，就必须保持沉默。

——路德维希·维特根斯坦，《逻辑哲学论》，1921年

除了不解之谜，我还能热爱什么？

——乔治·德·基里科，1910年

19世纪90年代，戴维·希尔伯特为几何构想新的形式主义公理时曾声称，这些公理是完备的，因为初等几何中的每一条真命题都可以在他的形式体系中得到证明。换句话说，这就类似于设计出了一台原则上能计算出所有可能棋局的象棋机器。希尔伯特由此引入了如下两个命题的关键差别：一个是数学系统内部的命题（如某个几何定理），另一个是关于某个系统的“元数学”命题（如断言某个几何系统是完备的）。

随着科学世界观的出现，研究者经常会提出有关各自领域的问题，如天文学的核心假定是什么？然而，这类问题却属于该领域的边缘问题；某天文学家探讨天文学的本质时，这位科学家并不是在研究天文学，而是科学哲学。在所有科学中，只有数学能以自身的语言来探讨有关自身性质的问题。因为无论何时，无论什么主题，数学方法都可以提供系统的理性分析。一位研究元数学的数学家，就是在研究数学本身，自我反思是现代数学的一个基本特点。随着抽象（非具象的）艺术在19世纪后期的出现，艺术家也不禁开始发问：艺术的本质是什么？如同数学领域一样，艺术家以艺术的语言提出此类问题，所以到20世纪初，“元艺术”（关于绘画本质的绘画和关于影片制作的影片）就出现了。现代数学和现代艺术实践中这些固有的自我反思，正是两个领域的共通之处。

20世纪20年代初，正当德国浪漫主义复兴、反理性主义数学家L. E. J.布劳威尔大得人心时，希尔伯特向数学家提出了一项挑战：找到一套能作为数学基石的公理。年轻的奥地利哲学家路德维希·维特根斯坦和数学家库尔特·哥德尔，受布劳威尔对形式公理系统的批判所启发，证明了有些真理是自然语言与人工语言无法描述的。

9-1. 勒内·马格里特（比利时人，1898—1967），《人类境况》，1933年。布面油画，100厘米×81厘米。华盛顿国家艺术画廊，由收藏家委员会赠予。©2014 C. 赫斯科维奇/艺术家权利协会，纽约。

按照西方传统的理解，“人类境况”就是那些会招致灾难的好奇心，正如希腊神话中的潘多拉魔盒释放出邪恶祸乱人间那样。呼应着心灵哲学中的现代课题，马格里特将人类境况定义为自我意识——也就是人类思维拥有反思自身的能力——正如这幅画中画所表现的那样，自我意识为现实与幻觉的矛盾融合打开了一扇大门。

让许多人吃惊的是，希尔伯特那座建立在绝对确定性基础上的数学之塔，被证明了只是一个不可能实现的梦。维特根斯坦和哥德尔的证明都依赖的是数学与元数学之间的区别，以及数学语言描述自身的非凡能力。正如维特根斯坦和哥德尔表明的那样，如果一种自然或人工的语言达到了一定（很低）的复杂程度，自我指涉就会成为该系统的固有部分，进而为悖论的出现敞开大门。

文艺复兴时期，为了在理性的空间内设计有序的和谐场面，人们发明了线性透视法；20世纪初期，艺术家乔治·德·基里科、勒内·马格里特、M. C.埃舍尔则利用这种方法来创造非理性空间（本章开篇图9-1）。尽管这些艺术家并不知道维特根斯坦和哥德尔的证明，但同样展开了有关谜题和悖论的创作，原因正是数学家和艺术家都有着相通的思想源泉，如自然哲学家黑格尔和谢林，生命哲学家叔本华、克尔凯郭尔、尼采，以及小说家费奥多·陀思妥耶夫斯基，因为他们都认为，诸如康德设计的那种抽象概念系统能够表述的东西是有限的。在这类哲学批判所属的文化环境中，维特根斯坦和哥德尔横空出世，推倒了所有体系中最宏伟的那座——希尔伯特的数学之塔。

元数学、完备性、一致性

希尔伯特计划并非仅仅是要设计一套涵盖所有数学门类的公理化体系，更关键的是要证明两个有关体系的元数学命题：第一，体系是完备的，数学中的每个真命题都可以在体系内得到证明；第二，体系是一致的，这些公理不会导致悖论。

在19世纪之前，有关一致性的问题从来没在数学中出现过，因为近代以前的数学家认为几何和算术有一个不存在悖论的样板，也就是真实世界。例如，人们用算术来计算大米有多少斗时，就是把数字应用到了物质对象上，而物质对象存在与否显而易见，比如命题“这两斗加上那两斗，一共是四斗”描述的就是外在世界的事实。但数学与外在世界的联系在19世纪初被切断之后，新构造的那些公理体系的内部一致性问题便越来越无法忽视了。如果数学家试图通过给出一种解释来证明公理体系的一致性，这只不过是把问题转移到了模型上：模型是否一致？所以，希尔伯特才鼓励数学家在不诉诸模型的情况下去证明绝对一致性——换言之，在体系自身的语境中证明其一致性。举例来说，若要证明象棋的绝对一致性，就得想出一种方法，只运用象棋的规则和术语（如卒、马、64棋格等）来对游戏本身做出断言（“元象棋”命题），证明游戏的规则不允许自相矛盾的情况出现，比如一只卒子既在又不在某一格上。

我认为，这类问题……似乎形成了一个尚待开发却又非常重要的新研究领域。我在此敦促大家，为了向这一领域进军，我们必须把明确用于数学证明的概念本身作为研究对象，就像天文学家思考位置的运动、物理学家研究装置的理论、哲学家批判理性本身那样。

——戴维·希尔伯特，《公理化思想》，1918年

为了解决这个问题，希尔伯特更进一步地区分了数学本身（算术、几何、逻辑

等）和元数学（关于算术、几何、逻辑等的命题）。撰写1899年的几何著作时，希尔伯特就曾同时使用过文字和数学符号，但在罗素和怀特海的《数学原理》（1910—1913）出版之后，希尔伯特手头拥有了谓词逻辑这个技术工具，终于可以定义以完全机械的方式运算的推理规则，使用符号形式语汇来表达数学了。比如，我们可以利用谓词逻辑来表述一个大于y的数字x，记为∃xy（Lxy），读作“存在x与y，其中x与y具有关系L”。此外，更关键的一点是，我们还可以用谓词逻辑来表述元数学命题，比如“存在一个关于y的证明”（或者说“y是可证的”），便可以记作∃xy（Dxy），读作“存在x和y，其中x与y具有关系D”。

维特根斯坦宣布不可言说

路德维希·维特根斯坦生在奥地利一个极其富有、显赫的家族中，个性要强，非常上进。1910年，在英国曼彻斯特大学学习工科时，他读到了伯特兰·罗素的《数学原理》（1903）。虽然只有21岁，但他对书中总结的弗雷格那些有关语言和逻辑的观点并不认同，于是直接致信弗雷格，表达了反对意见。弗雷格看过信后，便邀请他到耶拿讨论逻辑问题。1911年见面后，弗雷格建议维特根斯坦转到剑桥大学跟随罗素学习，此时罗素刚刚出版了他的里程碑式著作《数学原理》（1910）第一卷。

这个建议的结果就是，1912年的罗素一边要撰写《数学原理》的第二卷，一边还得搜肠刮肚去回答这位新来的维也纳学生提出的尖锐问题。不过，1913年时，二人的讨论暂时告一段落，因为维特根斯坦去了挪威，并在那里离群索居一年，改进罗素的逻辑原子主义。[1]第一次世界大战爆发后，维特根斯坦加入了奥地利军队，于1916年和1918年分别在俄罗斯和意大利的前线作战。但即便如此，维特根斯坦也在帆布军包里带着自己的手稿，并在意大利一所战俘营内完成了《逻辑哲学论》。这本出版于1921年的著作，只有薄薄的80页，密密麻麻罗列了若干形似数学定理的命题——均由七大公理（其中第一条是“世界是一切发生的事情”）推导而来，并以十进制序号标示了各命题的次序及重要性。《逻辑哲学论》在书名上呼应了荷兰哲学家巴鲁赫·斯宾诺莎的著作《神学政治论》（1670），在格式上则与斯宾诺莎的《伦理学》相近，同样采用了欧几里得《几何原本》的那种演绎形式。[2]

在《逻辑哲学论》中，维特根斯坦对罗素的逻辑原子主义进行发挥，提出了意义的图像理论：原子命题“描绘”（图像）了原子事实，因为这些命题“映照”了所描述的逻辑结构。[3]例如，当图9-2中的人看到汽车时会说“汽车”（auto），是因为他的理性把储存在记忆中的单词同眼前看到的东西配到了一起。维特根斯坦也对语言的界限很感兴趣——在他的表述中，语言的界限就是能用词语或其他符号表达的东西。我们假设刚才提到的那个人看到汽车时，心里会很焦虑，因为他独断专行的父亲平时开一辆黑色奔驰。那么，他的这种不适感就不是来自对外在世界的感知，而是源于内心世界的感受：这种感受从内心深处升起，通过神经回路最后进入了脑干。他的理性无法找到一个能够准确描述这种感觉的词，因为这种感觉由中脑中负责情感的区域（脑杏仁核）产生，而这个区域的进化要远远早于负责语言的大脑皮层区域（布鲁卡语言区）。焦虑其实就是心理学家所谓的一种“语前”思维模式。在语言的范围之外的那些东西，也就是无法用语言表达的感受和直觉，被维特根斯坦命名为“神秘”：“的确存在着不可言说的东西。这会自己体现出来；它就是神秘的。”[4]维特根斯坦进一步把神秘知识描述为对现实整体性（统一）的确信：“世界和生命为一——我即我的世界。”[5]从这句话我们可以看出，维特根斯坦具有一定的泛神论（自然神秘主义）倾向，就像前代的毕达哥拉斯和斯宾诺莎那样。维特根斯坦甚至引用了斯宾诺沙的说法“从永恒的角度”（sub specie aeterni），进一步表示：

> 从永恒的角度来思考世界，就是把世界作为一个有限整体来思考。
>
> 世界是一个有限整体的感觉，是神秘的感觉。[6]

根据维特根斯坦的说法，我们可以谈论世界的一部分，但无法谈论“有限的整体”。这里的“有限的”，指的是“有边界的”或者是“被限制的”；换言之，世界是数量有限（而非无限）的事实。可世界既然是有限事实的集合，为什么还无法描述呢？为什么“神秘的”必须沉默？原因有两个：一个关于世界，一个关于语言。

关于世界，维特根斯坦认为，整个世界（从“宇宙”这层意义上）是所有事实的集合。为了想象这一集合，人们必须像克尔凯郭尔所说的那样“走出”宇宙，不再成为这些事实中的一项。在西方传统中，从时空之外俯视宇宙是神的视角。确实，维特根斯坦所谓的所有事实构成的广阔集合，很容易让人联想到康托尔的“绝对无限”——集合论整体向上的层次结构（康托尔的阿列夫上升阶梯），加上宇宙万物——在一神论传统中，这只存在于上帝的全知思维中。维特根斯坦把西方一神论中的不可言说性转化成了世俗集合论的语言：一个普通、有限的凡人走不出宇宙，因而也无法描述宇宙的整体。

关于语言，维特根斯坦借用了弗雷格的形式体系语言结构（第五章207页小版块），解释了世界为什么无法描述。根据维特根斯坦的图像理论，话语（语言中的断言）映照着组成世界的事实。这种语言的结构赋予了语言描述事实的能力，但结构本身却无法用语言描述。不过，人可以创造一种拥有更大范围的第二语言（元语言），来描述第一语言的结构（图9-3）。而第二语言的结构或许还能通过第三语言

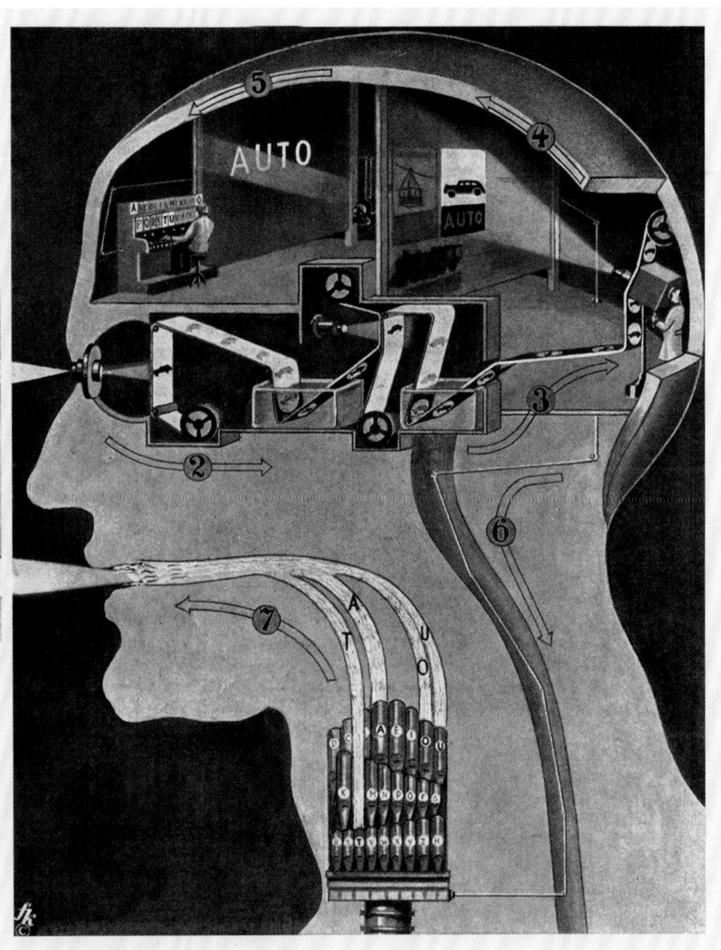

来描述，以此类推。但为了构想语言上升的整体结构，人们必须“跨出”意义之塔，不再使用任何语言。这十分类似古代雅典的克拉底鲁不再说话，只用手指指来指去的情况。维特根斯坦坚持认为，人们可以证明命题和事实之间的图像关系，但无法用语言来表述——直接驳斥了马格里特提出的悖论（图9-4）。维特根斯坦的结论是：人可以构想出整体层次的结构，但无法用话语描述，并以他第七个、也是最后一个公理结束了《逻辑哲学论》：“若无法阐释，就必须保持沉默。”[7]

维特根斯坦的成就，就是给出了一个极具洞察力的论证：口头语言（这里指分析哲学研究的语义和句法）可以描述人类经验的有限部分，但不能描述有关价值的直觉（伦理学与美学）或者内在世界的感受（其中一些可以用不那么严格、更偏向诗化的语言描述，另一些则确确实实无法用话语表达）。

在《逻辑哲学论》中，维特根斯坦还描述了自然神秘主义的一个传统论点：与世界融为一体的泛神论感受。神秘主义者将此描述为逃离尘世羁绊，与自然完全融合在一起：毕达哥拉斯派曾超越尘世，抵达了“世界灵魂”，而斯宾诺莎则到达了“绝对——太一”。维特根斯坦将自己与世界融为一体的感觉，描述为一种“超越绝对价值的体验”（《笔记》，1914—1916），而俗世的生活则是一场内在之旅（珍惜当下），在这场旅行中，他能感受到绝对的安全——“任何事情都不会伤害到我。”[8]他

9-2.“我们看到汽车并且说出‘汽车’时，脑子里发生了些什么？”出自弗里茨·卡恩的《健康与患病的人》（1939）。

在罗素、维特根斯坦、弗里茨·卡恩（设计了这份科普插图的德国内科医生）看来，语言的生成方式是一种完全机械的（逻辑的）方式。眼球中的晶体将汽车的图像投射到光敏的视网膜上之后，视网膜会把图像转化为神经脉冲，再由视觉神经传送到大脑后部的视觉皮层。在那里，一位身穿白大褂的技术人员（代表理性）正在检查存储的记忆，希望能为这个图像配上一个词语。找到之后，这位技术人员把“auto”（汽车）一词投射到一个坐在26个字母（A—Z）交换台前的操作员上方，操作员然后会把A、U、T、O四个字母传递到某个器官的相应管道中（也就是喉咙中的声带）。而后，auto的声音模式便从那人的嘴里发了出来。

9-3.维特根斯坦的意义之塔。

在语言1中，语词（“有两个点”）和图片（架上绘画描绘的这两个点）代表着（描绘）这样一个事实：这张纸下方有两个黑点。维特根斯坦认为，这个图像关系（在语词和事实之间，以及在图像与事实之间）可以展示出来，但不能用语言1表达，因为语言1的范畴（它的词语和图像所指的事物）是在世界中的事实（而不是词语、形象和事实之间的关系）。

语言2：走出系统之外，以便描述系统。如果人们创造了第二种语言（符号体系），他们可以描述这种图像关系，其中的范畴得到了扩大，包括了事实图像。

语言3：建立层级结构。然后可以创造第三种语言，其范畴进一步扩大，包括了事实图像的图像，以此类推。

避免自我指涉的悖论。注意，在这个系统中，自我指涉（指涉语言的一种语言）是不可能的。也就是说，例如，（文字的）说谎者悖论（“这句话是假的”）无法在维特根斯坦的塔式系统中形成，马格里特的（视觉/文字）的双关谜 *Ceci n'est pas une pipe*（这不是一个烟斗）也无法形成。

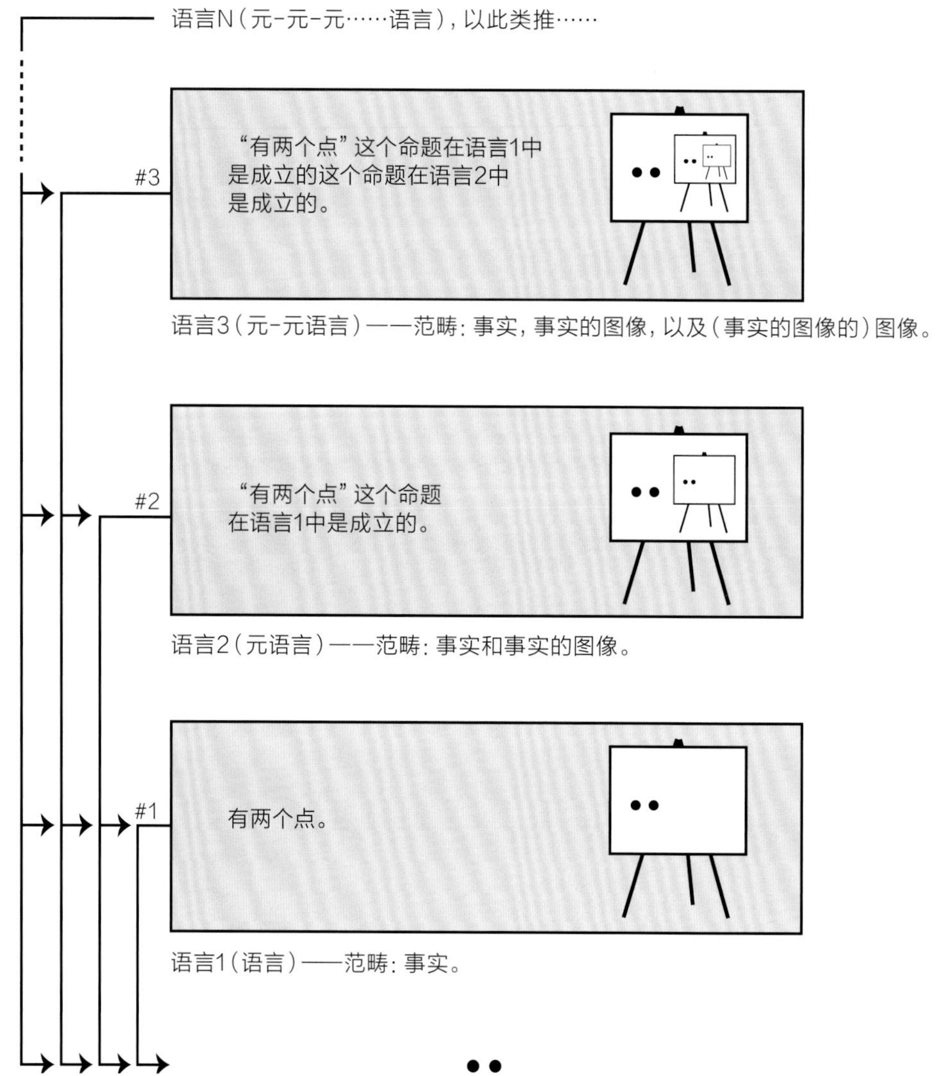
语言N（元-元-元……语言），以此类推……
#3
“有两个点”这个命题在语言1中
是成立的这个命题在语言2中
是成立的。
语言3（元-元语言）——范畴：事实，事实的图像，以及（事实的图像的）图像。
#2
“有两个点”这个命题
在语言1中是成立的。
语言2（元语言）——范畴：事实和事实的图像。
#1
有两个点。
语言1（语言）——范畴：事实。

描述了即便在战争中面对死亡的威胁时心里也有一种平和的感觉：“如果我们不把永恒性理解为时间的无限延续，而是理解为无时间性，那么此刻活着的人，也就永恒地活着。”[9]这种观点其实在16世纪荷兰画家耶罗尼米斯·博斯的作品中已有反映：在波斯为早期基督教神秘主义者圣安东尼创作的绘画中，尽管圣安东尼身边环绕着邪恶与危险的迫害者，但他心无旁骛，关注的依然是头顶的晴空与脚边静水中的倒影（图9-5、9-6）。

第一次世界大战之后，维特根斯坦返回了维也纳。当时，为了更好地服务科学，在鲁道夫·卡尔纳普领导下，维也纳学派的数学家、逻辑学家、哲学家一起创造了一种新的普遍语言（第八章）。逻辑实证主义群体都曾读过《逻辑哲学论》，维特根斯坦虽不是该团体的正式成员，但也曾参加过几次会议。在《逻辑哲学论》中，维特根斯坦描述了可被证实的句子所能陈述的内容范围。但逻辑实证主义者的态度则完全不同，他们主张证实原则，认为命题的意义就等同于给出其证实的规则；如果没有规则，这个命题就没有意义。运用这一标准，卡尔纳普以“没有意义”为由，

像拂去一只讨厌的苍蝇一样把形而上学拂到了一边，但维特根斯坦则带着一丝失落感，指出“神秘”不可证实（无法用词语或者符号表达）。维特根斯坦认为，因为世界确实存在，所以一切形而上学以及伦理学和美学问题都存在于世界内部，但对于好坏美丑的评判则来源于“外部”，因为价值判定依赖于人类思维，是人类强加到世界上的评判。[10]

《逻辑哲学论》出版之后，维特根斯坦不再研究逻辑和语言，而是去了奥地利的乡间小学教书。但1928年，他去维也纳听了直觉主义数学家的一场演讲后，重新受到了哲学的吸引。布劳威尔在演讲中批评了逻辑和语言研究的公理化方法，虽然他针对的是希尔伯特计划，但维特根斯坦清楚地意识到，这种批评同样适用于他的《逻辑哲学论》，因为整本著作的基础正是公理化方法。[11]于是，维特根斯坦返回剑桥大学，完成了博士学位，继续研究哲学。

9-4. 勒内·马格里特（比利时人，1898—1967），《形象的叛逆》，1929年。布面油画，60厘米×81厘米。洛杉矶县立艺术博物馆，威廉·普雷斯顿·哈里森夫妇赠予。©2014 C. 赫斯科维奇 / 艺术家权利协会，纽约。

马格里特在这块画布上画了一个烟斗，然后写下：这不是一个烟斗。这违背了维特根斯坦意义之塔的规则，因为这位艺术家画的烟斗映射了一个事实（世界中的一个烟斗），但他那句话指的却是画中的烟斗和世界中的烟斗之间的关系。维特根斯坦认为，人不可能在同一种语言内（在同一块帆布上）描述图像和事实之间的关系。按照维特根斯坦的规则，马格里特必须在此之上再创造语言（元语言），或者直接把“这不是一只烟斗”移出帆布，作为油画的标题。但马格里特并没有这样做，因为与维特根斯坦尽力避免悖论不同，他是想主动制造悖论，进而表明他的观点，那就是无辜的眼睛——（天真的）观察者认为图像等同于它所表现的事物——打开了通向“形象的叛逆”之门。

9-5. 马丁·施恩告尔（德国人，1430—1491），《受魔鬼折磨的圣安东尼》，约1470—1475年。版画，31.1厘米 × 22.9厘米。纽约大都会艺术博物馆，由菲利克斯·M. 沃伯格及家人在1941年赠予。

维特根斯坦之所以对布劳威尔的批评有反应，是因为他们都是以德国浪漫主义的方式来研究哲学。[12]但罗素和卡尔纳普不同，他们是以科学的方式来研究哲学，通过论证的支撑来构建由真命题组成的结构。他们的理论以证据为基础，他们自己则期望通过与其他哲学家对话来推动哲学进步。但维特根斯坦却跟自然哲学家（以及布劳威尔）一样，是通过研究哲学来获得自我认识；正如他在《哲学研究》（1953；去世后出版）一书的前言中所说的那样，他的人生就是一段自我反省与独自行进的旅程："可以说，这部书中的哲学评论，就好像是漫长、复杂的人生旅途中绘制的一系列风景速写。"[13]维特根斯坦也阅读了生命哲学的相关著作，[14]并在1947年指出科学的批评者在他所处的时代十分普遍，给人的感觉是他并不排除这些人有可能是对的："认为科技时代是人类终结的开始，并不荒谬；认为所谓的巨大进步和人类最终能掌握真理其实是错觉，并不荒谬；认为科学知识本身不存在什么美好或值得欲求的东西，追求科学知识的人类正在落入一个陷阱，也不荒谬。因为谁也没法绝对地说事情不是这样。"[15]

不论是早年在维也纳还是后来在芝加哥，卡尔纳普等人的目的都是将所有的科学真命题纳入一个有关自然的统一描述中。维特根斯坦证明了口头语言存在界限后，他们的回应是那就不去理会科学范围之外的问题。但在此期间，逻辑实证主义的目标进一步遭到了破坏，因为另一位奥地利青年、数学家库尔特·哥德尔证明了人工语言其实也有界限。与维特根斯坦一样，哥德尔受到了布劳威尔反理性观念的影响，而且在卡尔纳普看来，哥德尔关于数学非完备性的证明是"布劳威尔所做论断中的真理核心……即数学无法彻底被形式化"。[16]逻辑实证主义者或许可以绕过维特根斯坦的《逻辑哲学论》，但绝对无法随随便便地把哥德尔的数学证明贬斥为哲学诡辩。

我和科学家针对的不是同一个目标，我的思维方式与他们的也不同……因为我必须要抵达的地方，就是我现在所在的地方。

——路德维希·维特根斯坦，1930年

在维特根斯坦指出口头语言具有界限的十年之后，哥德尔证明了数学中也存在类似结果：一个系统内存在可以被视为正确的真理，但这些真理无法在系统之内推导而来。维特根斯坦证明了要想描述自然语言的结构，人们必须走到结构之外。哥德尔则证明了这一点在人工语言中也成立：在一个复杂到足以描述自然数的数学系统中，自我指涉无法避免；人们只有走出第一种语言之外，才能描述第二种语言。自从克里特的埃庇米尼得斯提出说谎者悖论以来，数学家已经对自我指涉非常谨慎

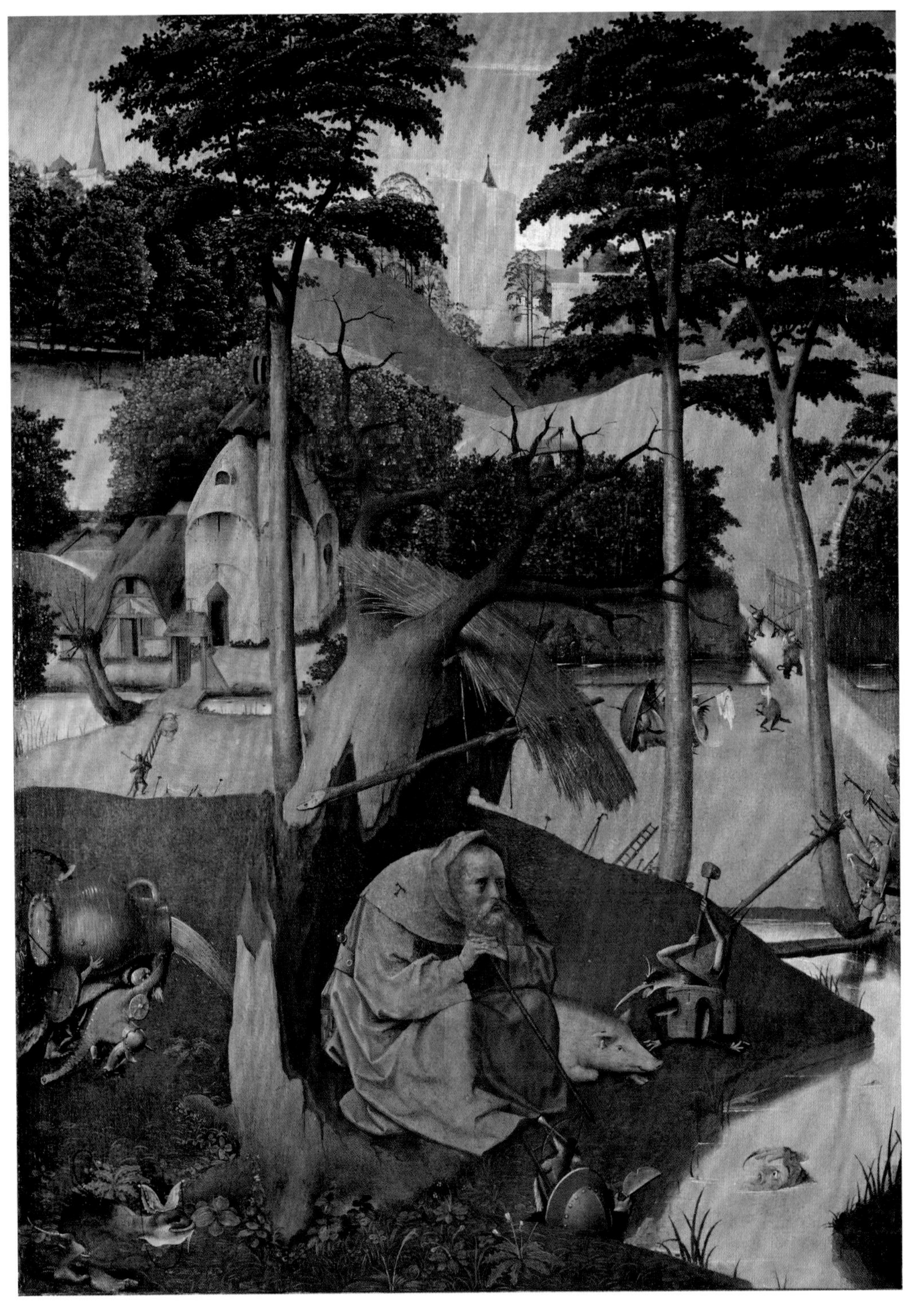

9-6.耶罗尼米斯·博斯（荷兰人，约1450—1516），《圣安东尼的诱惑》，约1490年。木板油画，73厘米×52.5厘米。©马德里普拉多博物馆。

安东尼（251—356）是来自亚历山大港的一位基督教苦行修士，属于“沙漠神父”的一员，在埃及三角洲受到了魔鬼的折磨。由于圣安东尼所受的折磨令人毛骨悚然，充满了色欲和可怕的细节，所以他的诱惑成了马丁·施恩告尔等艺术家最钟爱的主题之一（图9-5）。不过，博斯的这幅画有些不同寻常，其中安东尼平和的表情是兴趣中心，而那些致命威胁则隐藏在画面不明显的位置：右侧有个魔鬼举起大锤，他的左侧有个魔鬼朝他泼液体，他的面前有个魔鬼扔东西。但安东尼对这些危险不加理会，全神贯注地进入了折磨他的这些家伙永远无法抵达的永恒王国——由蔚蓝的天空和平静的水面来象征。维特根斯坦曾在“一战”期间留下的笔记中（1916年7月14日）描述了这种强烈的专注：“幸福的人一定没有任何恐惧，哪怕是面对死亡。幸福的人从不活在时间的长河中，只活在当下这一刻。”

了，因为它会导致悖论。但哥德尔证明了在任何能够描述整数的公理系统中（复杂程度其实非常低），自我指涉和悖论也本来就存在。所以，希尔伯特高耸入云的数学大厦和卡尔纳普的多卷本科学百科全书，永远不可能被证明是完备且一致的。

接受希尔伯特的挑战去证明算术完备性的那些数学家，采用了朱塞佩·皮亚诺1889年给出的公理（第四章159页的小版块）。在《数学原理》第一卷（1910）中，罗素和怀特海为命题逻辑和谓词逻辑分别给出了一套形式公理。他们证明了皮亚诺的算术公理在一个构建在谓词逻辑内的系统中是有效的，进而证明了算术可以建立在逻辑的基础上。但是，为了成功地做到这一点，罗素和怀特海不得不另行假定了一条逻辑（形而上学）公理，即无限公理（至少存在一个无限集合，如整数集合）。罗素和怀特海还进一步证明了如何把数字模式与其他数学领域纳入他们的公理体系内。根据罗素和怀特海的结果，1910年之后，参与希尔伯特计划的数学家便把关注转向了证明《数学原理》中为命题逻辑和谓词逻辑提出的两套逻辑公理本身具有完备性和绝对一致性。

十年之后的1920年，瑞士数学家保罗·伯奈斯和美籍俄裔数学家埃米尔·波斯特各自独立地证明了命题逻辑的完备性。[17]哥德尔则于1929年证明了一阶谓词逻辑（范畴是如数字一类的个体）也是完备的。那么，算术之类的二阶谓词逻辑（范畴有所扩大，成了一个体系，不仅包括个体，还包括个体的集合，如奇数集合和偶数集合）又如何呢？哥德尔想知道是否可以根据伯奈斯、波斯特和他本人的完备性结果得出“二阶谓词逻辑也是完备的”，但最终，哥德尔得出了一个出乎所有人意料的答案：不能。

哥德尔数：从证明到计算

哥德尔发明了一种程式性的步骤，可以将任何以算术的形式语言（尤其是用《数学原理》中的语汇）写成的公式翻译成一种独特的数字——现在被称作“哥德尔数”。然后他证明了在一项证明中，前提和结论之间的关系可以被映射到一个算术关系上，其一端为一连串推导前提（被视为一个整体）的哥德尔数，另一端为结论的哥德尔数。一个给定的结论会随着前提出现吗？哥德尔想办法把这个问题的答案简化成了前提哥德尔数与结论哥德尔数之间的算术关系是否成立。也就是说，哥德尔简化了“给定结论是否会随着给定前提出现”的问题，只需检查前提和结论的哥德尔数的相关算术计算即可。

哥德尔证明的方法与其结果同样出名，因为他将形式公理体系是否可以证明的问题，转化为了可以用算术计算的问题。通过用这种新证明方法获得的惊人结果，哥德尔把数学家的关注点转移到了计算上，最终推动了计算机的发展。

哥德尔对于数学不完备性的证明

哥德尔证明了罗素和怀特海的《数学原理》中的那套公理和规则是不完备的，具体说来就是其中存在某个公式，大家公认必然为真（在算术模型中解释时，公式

哥德尔数

哥德尔发明了一种新工具，可以把以形式语言（尤其是罗素和怀特海的《数学原理》中的语言）写成的公式和陈述翻译成独特的数字，人们称之为“哥德尔数”。《数学原理》中的语言用12个恒定的符号和3种变量表达逻辑和算术。

人们用头十二个自然数来表示PM中的12个恒定符号：

PM中的恒定符号	数字	《数学原理》的作者想要符号表达的含义
¬	1	非
V	2	或
→	3	蕴含
∃	4	存在着
=	5	等于
0	6	零
S	7	直接后继
(	8	左括号
)	9	右括号
,	10	逗号
+	11	加
·	12	乘

每一个数字变量都用一个大于12的不同质数表示：

x	13
y	17
z	18

每一个命题变元都用一个大于12的质数的平方数表示：

p	13^2
q	17^2
r	19^2

每一个谓词变元都用一个大于12的质数的立方数表示：

P	13^3
Q	17^3
R	19^3

例如：在公式“S0 = S0”（读作“零的直接后继等于零的直接后继”，或者简写为“1 = 1”）中的符号将赋予以下数字：（左侧数字部分请直接参考原文）

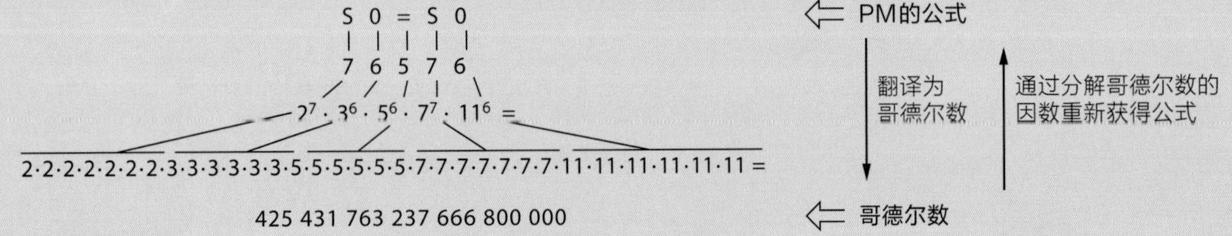

然后，以质数为底数（从最小的2开始，随后为3，5，7，11…以此类推），以符号对应的数字为指数取得相应的幂，然后把这些幂相乘，结果即为公式的唯一的哥德尔数。

如欧几里得证明的那样（第一章21页的小版块），这种以质数为基础的编码的优点是，一个大合数只可以用一种方式分解为它的素因数。于是，根据公式的哥德尔数，哥德尔可以得到原来的《数学原理》公式。

能满足一套给定的无矛盾公理)，但却无法根据公理推导而来。这个证明的核心是哥德尔对于一个特定自我指涉系统的构建(图9-7)。他的证明是说谎者悖论(一个克里特人说“克里特人都说谎”)的现代版，那个古老的悖论也可以表述为：“这句话是假的。”这个断言用写这句话的语言指涉了自身。而哥德尔的证明的不同之处是，他构建了能够将两种平行语言联系起来(《数学原理》中的形式语言和哥德尔数)的体系来实现自指。哥德尔尤其给出了一个诀窍，用哥德尔数字来指代《数学原理》中公式的元数学命题。

哥德尔随之指出了用《数学原理》的语言构造一个命题Q的方法，这个命题用算术语言表述即为：Q在《数学原理》的体系中是不可证的。命题Q既可能为真，也可能为假(它或可证，或不可证)。

考虑在第一种选项可能出现的情况：如果Q是可证的(真)，同时考虑它在逻辑上等价于《数学原理》体系中的一个算术陈述，声称Q是不可证明，那么这个体系就有了一个逻辑矛盾。因为第一个选项导致了这个(无法接受的)悖论，因此我们不得不假定Q是不可证明的。

现在考虑，如果Q不可证明(为假)会出现什么情况。我们知道，Q(《数学原理》的语言)在逻辑上等价于算术语言的命题“Q是不可证的”，因此命题“Q是不可证的”为真。于是，哥德尔给出了一个真命题，但它是不可证的。这就意味着，算术中的所有真命题都无法根据《数学原理》中的公理和规则来证明，所以这个系统是不完备的。的确，哥德尔证明了这一点，而且不仅仅是《数学原理》，任何可能生成自然数的一致的算术公理集合，都必定是不完备的(《论数学原理及其相关系统

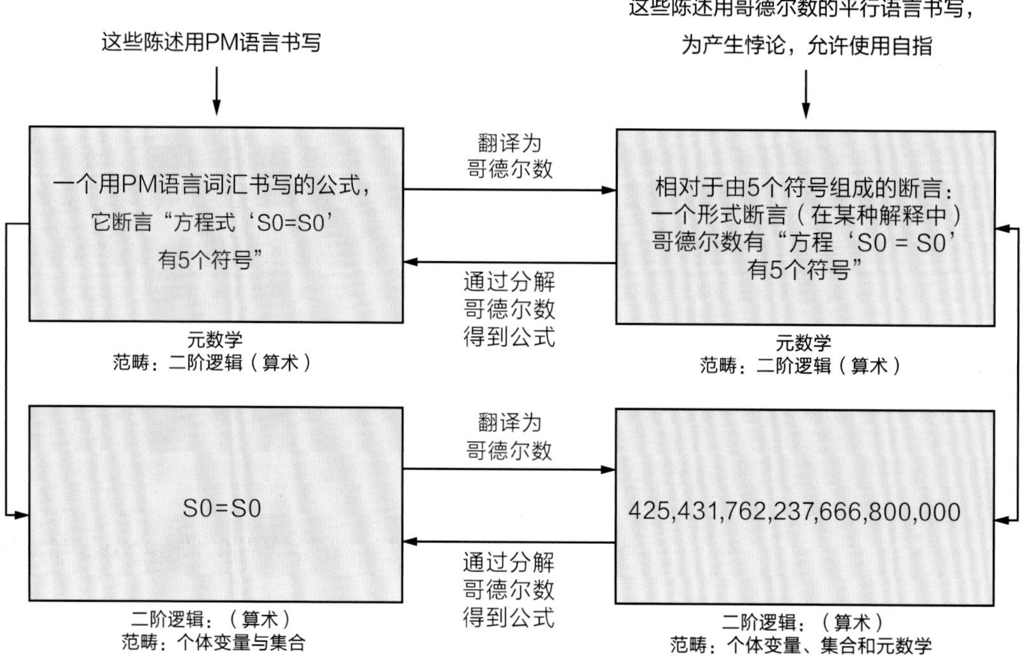

9-7.哥德尔的自指体系。

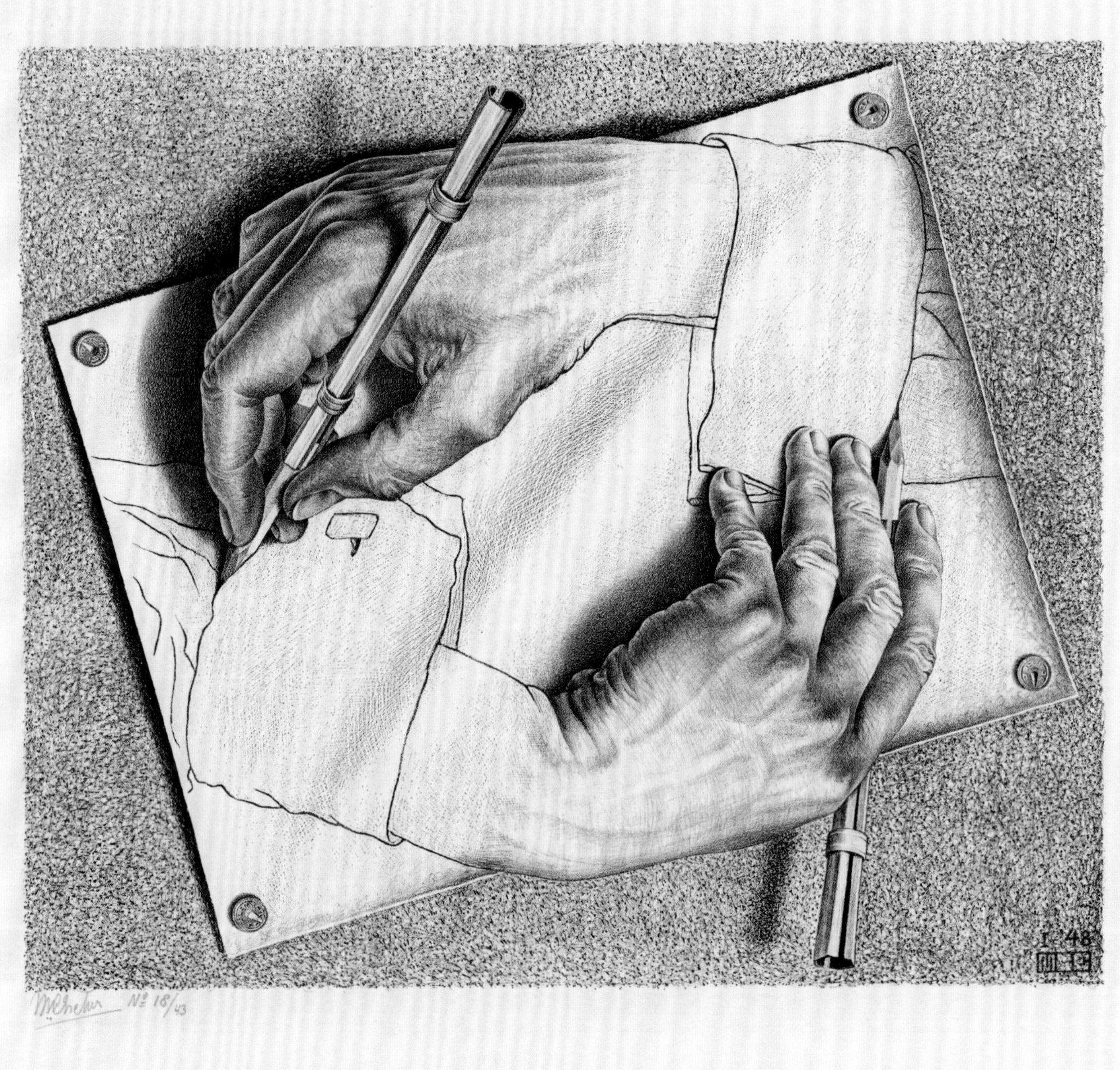

9-8. M. C.埃舍尔（荷兰人，1898—1972），《画手》，1948年。石版画，33厘米×28厘米。

哥德尔发明了“哥德尔数”后，使得算术成了一面关于算术的元数学命题的镜子。每个命题都包含着另外的命题。与哥德尔的新证明方法一样，在埃舍尔这幅石版画中，两只手代表的“层次”之间是对称的。

的形式不可判定命题》，1931）。[18]

哥德尔证明了数学的不完备性，结束了半个世纪以来数学家在形式公理的基础上重建数学的尝试，对希尔伯特计划造成了致命打击。几十年来，希尔伯特、罗素以及其他许多人，都曾竭尽全力想得到一组可以应用于算术乃至整个数学领域的公理。他们从未怀疑过这组公理的存在，全都相信在世纪末的公理体系中泛滥成灾的悖论皆由不正确的思维引入，但却从未考虑过这些悖论或许揭示了公理方法本身的局限。说谎者悖论和其他更早的悖论并没有证明不完备性；但哥德尔做到了这一点。就这样，哥德尔出人意料地证明了在一个形式体系内，形式证明方法存在固有的局限性。尤其是对算术而言，不可能存在完备且一致的公理集合。这说明，人类理性的产物永远不可能完全被形式化，正如哥德尔的证明，这类新的数学证明方法和论证原理永远在等待人们去发现。

维特根斯坦曾提出与口头语言相关的元语言层次结构的概念，哥德尔则把这一概念拿过来，用到了形式语言上。不过，二者有一个关键的差别。维特根斯坦设计意义之塔是为了防止自我指涉，使得我们无法用某种语言来谈论该语言本身（图9-3）。但哥德尔却通过在算术本身之内映射算术元语言的一切合理过程，绕过了这一限制（图9-7、9-8）。

维特根斯坦构建了一座无止境的上升之塔。哥德尔构建了一座两层的镜厅，其中第一层是算术语言，公理和定理位于这一层。这些公理和定理通过哥德尔数映射到镜厅的二楼，也就是元数学的居住地，但同时也被哥德尔反射到了楼下的算术语言中。

20世纪初期的元艺术

20世纪初出现了两个所谓的"为艺术而艺术"的例子。这种元艺术（反省艺术本质的艺术）的第一个例子——立体主义——回应的是寻找艺术基础的探索，这一探索与19世纪的心理学，尤其是人眼和大脑如何形成世界图像的研究有关。[19]赫尔曼·冯·亥姆霍兹在他的新视觉理论（《生理光学手册》，1856—1867）中宣称，人之所以能看到颜色，是因为光波照到了视网膜上，然后视网膜上的神经细胞向大脑后部的视觉皮层发射了电脉冲。评估过达尔文的进化论对人类心智的影响后，亥姆霍兹把视觉进一步描述为了一种终生的学习过程，大脑会持续地通过视觉符号来构建世界。这一有关眼睛和大脑进化论的有机新观点启发了塞尚，因为他的目标不仅是记录光在视网膜上的跳动，更是要在大脑中直接构建场景，"把自然当成圆柱、球体、圆锥来处理"。[20]塞尚去世后，毕加索、布拉克、格里斯继续探讨了人到底如何认知世界的问题。这些艺术家认为，思维构建世界的形象时——以及艺术家用作品描绘这幅图像时——是利用了大量的标志和符号，正是这些标志和符号创造了现实的假象。通过类比认知与模仿，毕加索、巴洛克和格里斯创作出了既是模仿（作为图像），也是有关模仿对象（关于描绘、抓住光学幻觉和视觉双关这类特点的元艺术）的画作。在巴黎的这些立体主义艺术家看来，视觉艺术的基础是观察，而核心则是模仿。

第二个元艺术的例子——超现实主义——则是为了回应德国哲学内部对科学的批评。由于维特根斯坦、哥德尔也听从了这种批评，所以尽管没有任何证据表明超现实主义艺术家读过相关的数学著作，但光是他们有关语言界限的证明就已经足够让德·基里科、马格里特、埃舍尔产生共鸣了。[21]这三位艺术家创作了既是图像，也是有关图像的绘画和版画，创造了悖论式的关于艺术的艺术。

德·基里科生于希腊，父母都是意大利人。17岁时，他进入了慕尼黑美术学院学习，在那里受到了德国浪漫主义艺术家卡斯帕·弗里德里希、象征主义艺术家阿诺德·勃克林、马克斯·克林格尔，以及德国文学的影响。1910年时，他搬到了佛罗伦萨（一年后又去了巴黎），读到了一本意大利语的哲学普及读物，了解到了康德、黑格尔、叔本华、尼采的思想。[22]德·基里科性格忧郁，故而受到尼采悲观主义的吸引；尼采曾宣称科学与世俗主义在19世纪的崛起，已经让人类脱离了伦理的系锚点。尼采提倡将自省作为在自身寻找系锚点的方式，并仔细地检视“善”“恶”这类术语的意义。尼采认为，这些术语并不是真实世界中存在的事实，而是某些人为了凌驾于他人之上而创造的概念。尼采声称理性认知存在着极限，在这极限外只有包含了真理元素中的不解之谜（《善恶的彼岸》，1886）。

上

9-9. 乔治·德·基里科（希腊出生的意大利人，1888—1978），《自画像》，1911年。布面油画，72.5厘米×55厘米。私人收藏，图片由罗马的乔治和艾萨·德·基里科基金会提供。©2014 意大利作家及出版家协会，罗马/艺术家权利协会，纽约。

棕色边框和上面镌刻的铭文都是基里科画上去的，并非实际画框的一部分。

1910年，年轻的基里科在一幅自画像中摆出尼采肖像的姿势，以表达他对这位哲学家的认同。同时，他在这幅画像的边框底部上写下了一句拉丁文：*ET QUID AMABO NISI QUOD AENIGMA EST ?*（除了不解之谜，我还能热爱什么？）——这呼应的是尼采那句格言：“幸亏人同时是谜语的创造者和猜测者以及事故的救赎者，否则我要如何忍受生而为人？”[23]（图9-9、9-10[24]）与同期那些热衷于切断和意大利古典主义一切纽带的米兰先锋派未来主义艺术家不一样，德·基里科想要重新思考古代神话，为其注入新的生命力，以便让它们适应现代文化，比如尼采重新阐释的迷宫神话就给了他很大启发。阿波罗（人类理性）派遣希腊英雄忒修斯，前往克里特岛杀掉人身牛头怪米诺陶（非理性的动物性冲动）。进入迷宫时，忒修斯随身带了克里特公主阿里阿德涅给他的一团线。杀死米诺陶之后，他便按照线的指引逃出了迷宫（第五章图5-1）。传统上，人们认为这个故事是在歌颂理性的胜利，比如莱布尼茨就曾声称他的逻辑演算正是阿里阿德涅的线团。

下

9-10. 古斯塔夫·舒尔茨（德国人，1825—1897），《弗里德里希·尼采像》，1882年。照片。魏玛克拉西克基金会，歌德与席勒档案馆，GSA 101/18。

但是，尼采却颠覆了这种惯常的价值观，转而为非理性的胜利欢呼，并将关注点集中到了故事的后半段上。阿里阿德涅把线团交给忒修斯时，提出的条件是他要答应带她离开克里特，忒修斯起初遵守了承诺，但船行至纳克索斯岛之后，便趁她熟睡时，把她丢在了那儿。此时，好色的酒神巴克斯恰好路过，看到这位熟睡中的年轻女子后春兴大发（图9-11）。在尼采喜欢的那一版故事的结局，阿里阿德涅在巴克斯的怀抱中醒来后，哀叹自己被抛弃了，但巴克斯答道：“我就是你的迷宫。”[25]事已至此，阿里阿德涅决定接受巴克斯，结果余生都过得很快乐。比起狡猾的忒修斯，尼采偏爱具有激情的巴克斯，但把最高的评价送给了阿里阿德涅，因为她能够在瞬间改换情人，从理性转为激情。[26]

9-11.提香，全名蒂齐亚诺·韦切利奥（意大利人，约1488/1490—1576），《巴克斯和阿里阿德涅》，1520—1523年。布面油画，176厘米×191厘米。伦敦国家美术馆。

酒神巴克斯领着一群嬉闹作乐的狂欢者，坐一辆由两头猎豹拉着的战车来到岛上，发现阿里阿德涅（左侧）正绝望地看着忒修斯的船越走越远。巴克斯一见到阿里阿德涅，便从战车上跳下来，希望能让她激情复燃——由她头顶上方那一圈星星组成的头冠象征。

在尼采的启发下，德·基里科在1912—1913年间创作了八幅阿里阿德涅沉睡塑像的油画。沉睡的阿里阿德涅是古典艺术的常见题材，往往会被描绘为被抛弃后还未苏醒，状态介于理性与激情之间（图9-13）。[27]为了营造一种理性抵达极限、非理性开始骚动的不安比喻，德·基里科以略不准确的笔触，将阿里阿德涅置于了一个几何空间中。在《离奇时刻的喜悦与谜团》（图9-12）中，左侧的凉廊和塑像的底座的透视消失点并不一致，使得塑像看上去有些向前倾斜。同哥德尔一样，德·基里科先是重新审视了由语词和规则（直线透视法，意大利文艺复兴时期的艺术特征）组成的符号体系，然后想办法利用那些规则来制造出悖论（凉廊和阿里阿德涅既在又不在同一个空间中）。

一幅图画让我们深陷其中，我们无法走出来，因为它横亘在我们的语言中，而语言似乎只是冷酷地向我们重复画的内容。

——路德维希·维特根斯坦，《哲学研究》，1953年

循着哲学家对于“思维如何反映世界”的追问，德·基里科也提出了一个相关的问题，那就是“图画如何描绘世界”。康德为了追求特定的知识，曾沉思过自己心灵的时间和空间架构是否是先验的，自那之后，自我意识便成了德国哲学的一项重要特征。德·基里科在创作时，怀有的正是这种自我意识。比如在《伟大的形而上学内部》（图9-14）中，几个画架上都摆着画，一幅画的是某疗养地的景色，另一幅描绘的物体看上去非常逼真，就好像卡在了画布上一样。后墙上似乎有扇窗户，可以看见外面阴沉沉的天空——还是说那是面镜子，映照出的其实是观察者所在的空

间？正如维特根斯坦的元语言层次塔一样，德·基里科的模仿绘画只能存在于一种图像语言（艺术家的特殊风格）“之内”，而无法存在于一切图像系统“之外”。

第一次世界大战爆发后，德·基里科离开巴黎，回到了意大利的费拉拉，同未来派画家卡洛·卡拉展开了密切合作。之后，卡拉吸收了德·基里科的风格，并同德·基里科及其兄弟阿尔贝托·萨维尼奥一起，创立了“形而上学画派”，并在战后开始通过《造型艺术价值》杂志宣传他们的创作理念。通过这本杂志和专题论著，以及20世纪20年代初期的各种展览，德·基里科的风格逐渐在北欧广为人知。不过，要说采纳了德·基里科这种扰乱符号体系的方法，且在表现形式上与他最为接近的画家，还要数比利时人勒内·马格里特。

马格里特的童年十分悲惨，因为父亲道德败坏，母亲在他13岁时纵身跳进了桑布尔河。[28] 18岁时，马格里特考入了布鲁塞尔皇家美术学院，并在1916年至1918年间尝试了立体主义和未来主义的绘画风格。他与德·基里科一样都喜欢哲学，大学期间阅读了尼采[29]、黑格尔、弗洛伊德[30]等人的著作。1923年，马格里特看到一幅德·基里科的作品（《爱情之

上

9-12. 乔治·德·基里科（希腊出生的意大利人，1888—1978），《离奇时刻的喜悦与谜团》，1913年。布面油画，83.7厘米×129.5厘米。私人收藏；图片由乔治和艾萨·德·基里科基金会提供。©2014 意大利作家及出版家协会，罗马/艺术家权利协会，纽约。

下

9-13.《沉睡中的阿里阿德涅》，公元1—2世纪，大理石，长238厘米。来自公元前3世纪希腊原件的罗马仿制品。梵蒂冈博物馆雕像长廊。

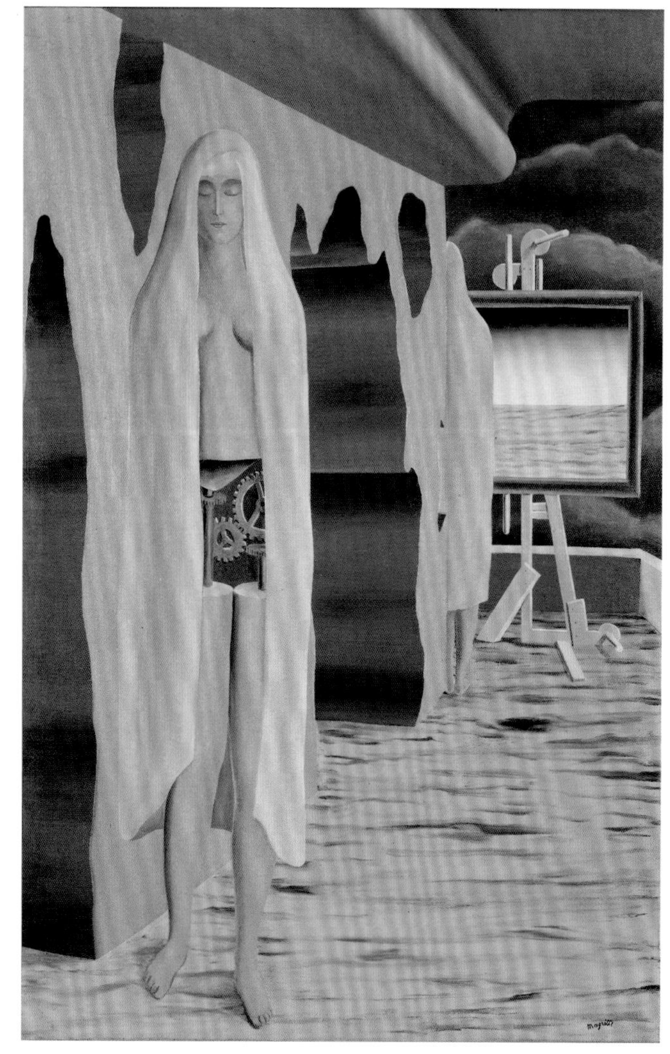

左

9-14.乔治·德·基里科（希腊出生的意大利人，1888—1978），《伟大的形而上学内部》，1917年。布面油画，95.9厘米×70.5厘米。纽约现代艺术博物馆，由詹姆斯·萨尔·索比赠予。©2014 意大利作家及出版家协会，罗马/艺术家权利协会，纽约。

右

9-15.勒内·马格里特（比利时人，1898—1967），《神奇年代》，1926年。布面油画，120厘米×80厘米。私人收藏。© 2014 C. 赫斯科维奇/艺术家权利协会，纽约。

歌》，1914；纽约现代艺术博物馆）[31]复制品以后，找到了自己的艺术创作方向，并购入了一部介绍德·基里科的专著。这部1919年出版的专著收录了十二幅德·基里科的画作，包括《形而上学内部》系列中的三幅，以及法国与意大利批评家的相关评论。[32]从马格里特的《神奇年代》（图9-15）等作品中，我们可以明显看出德·基里科的影响。画中的人物往往像没有生命的机器，在空间呈后退姿态，步步逼近身后的画中画，让人联想到德·基里科的那幅《伟大的形而上学内部》。马格里特通过在绘画和画中画里重复同样的前景，加强了不同表现层次的张力。

在《人类境况》（本章开篇图9-1）那幅作品中，表现层次则混合得更加不和谐，风景中甚至还包含了一幅它自身的图像。几十年来，象征主义者和超现实主义者一直都在有意地扰乱绘画传统，以期能够表达潜意识的神秘，但德·基里科和马格里特却把注意力集中到了显意识的神秘上，以看似符合现实的绘画中颠覆传统，以此来象征思维进行自我反思的能力。

1927年，马格里特迁居巴黎，并在那里创作了一系列包含文字的画作。他对语言的兴趣或许受到了自由联想的启发。所谓的自由联想，是弗洛伊德心理学中用来

解释梦境的一种方法，20世纪20年代在巴黎的咖啡馆里非常流行。接受自由联想治疗的病人在看到某幅图像或者听到某个词语时，要立即说出脑子里冒出来的任何想法。马格里特创作了几幅关于自由联想的画作，就像在解释梦境时所用的典型方法那样，把图像与不相关的词语并置（例如在1930年的《解梦密钥》中，一匹马的形象便和“门”这个词放到了一起）。但马格里特的兴趣并不在于弗洛伊德的潜意识，而是像基里科那样，希望用艺术家所发明的工具（轮廓剪影、敏感运用、重叠、透视法）去真实地描述世界，表现显意识的边界。[33]

马格里特为某超现实主义杂志写过一篇文章，比较了词语和图像分别如何指代头脑中的想法和世界上的物体（《词语和图像》，1929；图9-16）。1966年，法国哲

左

9-16. 勒内·马格里特，《词语和图像》（1929）中的插图。纽约现代艺术博物馆。©2014 C. 赫斯科维奇 / 艺术家权利协会，纽约。

马站在一幅马的绘画旁，一个男子说出了“马（cheval）”这个词。马格里特在绘画说明中警告说：“一个物体从来不会与它的名字或形象拥有相同的功能。”

左下

9-17. 勒内·马格里特，《两个谜团》，1966年。布面油画，65厘米×80厘米。私人收藏。©2014 C. 赫斯科维奇 / 艺术家权利协会，纽约。

右下

9-18. 米歇尔·福柯的著作《这不是一个烟斗》（1973）一书中对马格里特的作品进行了重新阐释，该书由一篇同名文章扩充而成（1968）。©1973 海市蜃楼出版社。

福柯指出，马格里特绘画中的“这不是一个烟斗”至少有三种理解方式：A.（烟斗的）图像与词语（烟斗）不是一回事；B. 词语（这）和图像不是一回事；C. 图像与句子（作为一个整体）不是一首图画诗（这种形式因为纪尧姆·阿波利奈尔曾在法国诗坛中流行一时）。福柯提出，如果用烟斗的斗来代替单词“une”中的“u”，就可以把它变成一首图画诗了。

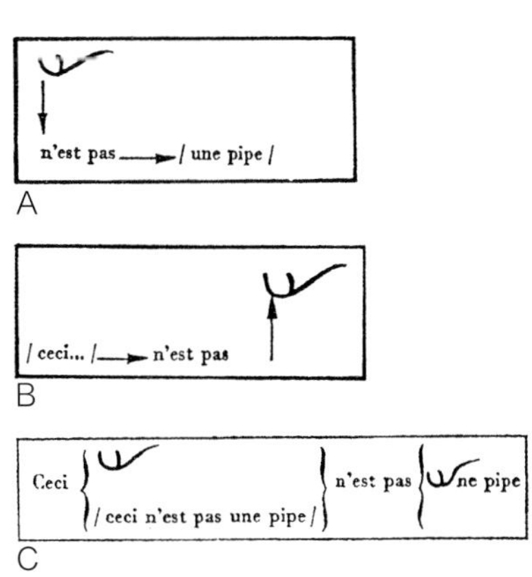

G岛上只住着两种人：总是述说真相的骑士和总是撒谎的无赖。此外，一些骑士被称为“有建树的骑士”（就是说在某种意义上，这些骑士“证明了自己”）。

——雷蒙德·斯穆里安，《这本书叫什么？》，1978年

学家米歇尔·福柯出版了一本名字类似的书，名为《词与物》（1970年版英译本被译作《事物的秩序》）。马格里特读了这本书之后，写信给福柯，指出二人对于“相似”有着不同的理解。福柯将“相似”描述为两种物体之间存在的关系，即一个是另一个的摹本，例如一幅树的绘画与一棵树很“相似”。但马格里特敏锐地指出了福柯思想中的一个关键特征，并反驳道，“相似”并非两件事物（绘画与树）之间的客观关系，而是存在于观察者头脑中的主观判断。[34]马格里特在信中还附了自己几件作品的复制件，其中一幅画中带有文字“这不是一个烟斗”（图9-4、9-17）。1968年，福柯发表了一篇短文回应马格里特，用索绪尔的结构主义语言学风格分析了“这不是一个烟斗”，后来又在1973年把它扩写成一本小书（图9-18）。[35]

在此期间，与马格里特同时代的阿根廷作家豪尔赫·博尔赫斯在作品中融合了超现实主义和存在主义的题材。作为逻辑难题的狂热爱好者，博尔赫斯曾写过以镜子、迷宫和悖论为主题的作品。在1941年的故事《巴别图书馆》中，叙述者生活在一个由无尽互锁的六边形组成的房间里，书架上的每本书都拥有相同的厚度（每本都是410页）。这些书用一套包含了25个符号的系列任意组合而成，大部分语词都没有意义。图书馆拥有所有藏书的目录，但却没有具体的指示图，所以没人能找到某本书的确切位置。于是，叙述者便永远在房间中漫游，到处寻找一本他能理解的书。这本书必定存在，因为这个图书馆囊括了25个符号所构成的所有组合。[36]可是，这本书到底在哪里呢？

不可能的物体

1958年，英国数学家罗杰·彭罗斯和父亲、遗传学家莱昂内尔·沙普尔斯·彭罗斯共同发现了一些不可能存在的物体，比如一段人们无论如何攀登都永远无法到达顶点的台阶（图9-25）。观察局部时，图像的每个部分都是可能合理存在；作为一个整体来看时，图像中的结构不可能存在，但大脑又说不清楚哪里不合理。可以说，这种视错觉就是说谎者悖论等文字谜语的视觉化对应物。

彭罗斯父子的不可能物体启发了荷兰版画家M. C. 埃舍尔。20世纪20年代初，正当风格派美学主导荷兰的现代艺术世界时，埃舍尔完成了学业，但他对风格派不感兴趣，而是喜欢描绘风景与人物。1922年，他迁居意大利，之后的十多年里一直在相对孤立的环境中探索具象风格。1936年，埃舍尔造访了西班牙格拉纳达的中世纪城堡与要塞阿尔罕布拉宫，见到了宫中图案复杂的密铺瓷砖（第七章图7-9、7-10），最终改变了艺术创作方向。

受到数学中密铺（平面图形的镶嵌）研究的启发，埃舍尔开始创作以数学原

理为主题的绘画，并继续学习其他数学内容，将抽象的想法表现为具象形式。他创造了一座不可能存在制高点的阶梯《上升和下降》(1960；图9-23)，还将彭罗斯父子发明的另一个图形——不可能三角形——融进了石版画《瀑布》(1961；图9-24)中。埃舍尔对“疯狂板条箱”极有兴趣——这是一种不知谁发明的不可能立方体(图9-26)——并以此为基础，创作了《观景楼》(1958；图9-22)。为了配合1954年召开的一次国际数学家大会，阿姆斯特丹市立博物馆组织了一场埃舍尔作品展，罗杰·彭罗斯由此认识了埃舍尔，而自此之后，埃舍尔也开始在数学家中间大受欢迎。

看过展览后，加拿大几何学家H. S. M.考克斯特写了一篇有关非欧几何马鞍形双曲面的论文，其中翻印了埃舍尔的一份密铺纹样(第四章155页的小版块)。[37]后来，考克斯特和埃舍尔开始了书信往来，但通信效果却十分令人沮丧。[38]艺术家在信中请对方“简单解释”一下某些图形该如何绘制，但数学家往往回复给艺术家一些根本无法理解的指导。再后来，埃舍尔见到考克斯特给出的一些有关非欧几何平面密铺

9-19. M. C. 埃舍尔(荷兰人，1898—1972)，《圆的极限I》，1958年。木版画，41.8厘米。©2009 荷兰 M. C. 埃舍尔公司，版权所有。

左上

9-20. M. C. 埃舍尔（荷兰人，1898—1972），《版画画廊》，1956年。石版画，38厘米×38厘米。

前来画廊参观的人要通过右下方的拱门廊进入。一个男孩进来后，停在画面左下角，右手边的作品是埃舍尔的版画《三个球面I》(1945)。他抬头看向港口中停泊的小船，顺着视线沿顺时针方向继续看，临水建筑物离开了画框，成为右下方带有拱门廊的建筑的一部分，而画廊就位于该建筑物内。荷兰莱顿大学的数学家巴特·德·斯米特和小亨德里克·W.伦斯特拉认为，埃舍尔无法解决中央部分的过渡问题，所以只能在那块儿留下了一个白色的圆，并用花押字（他的“无花果叶”）盖住。斯米特和伦斯特拉补全了埃舍尔缺失的中央部分，参见文章《埃舍尔〈画廊〉的数学结构》(2003)。

左下

9-21. 小戴维·特尼尔斯（佛兰芒人，1610—1690），《利奥波德·威廉大公在布鲁塞尔画廊中》，约1650年，约123厘米×163厘米。维也纳艺术史博物馆。

对页左上

9-22. M. C. 埃舍尔，《观景楼》，1958年。平版印刷，29厘米×42厘米。

左下方坐着的男孩手拿一个三维的疯狂板条箱，地上有一幅平面的疯狂板条箱素描。正如纽约中央公园的眺望台城堡一样，埃舍尔的《观景楼》描绘了远眺的游廊，同疯狂板条箱的板子一样，游廊圆柱在局部上无矛盾，但在整体上相矛盾。

对页右上

9-23. M. C. 埃舍尔，《上升和下降》，1960年。石版画，28厘米×35厘米。

对页左下

9-24. M. C. 埃舍尔，《瀑布》，1961年。石版画，30厘米×38厘米。

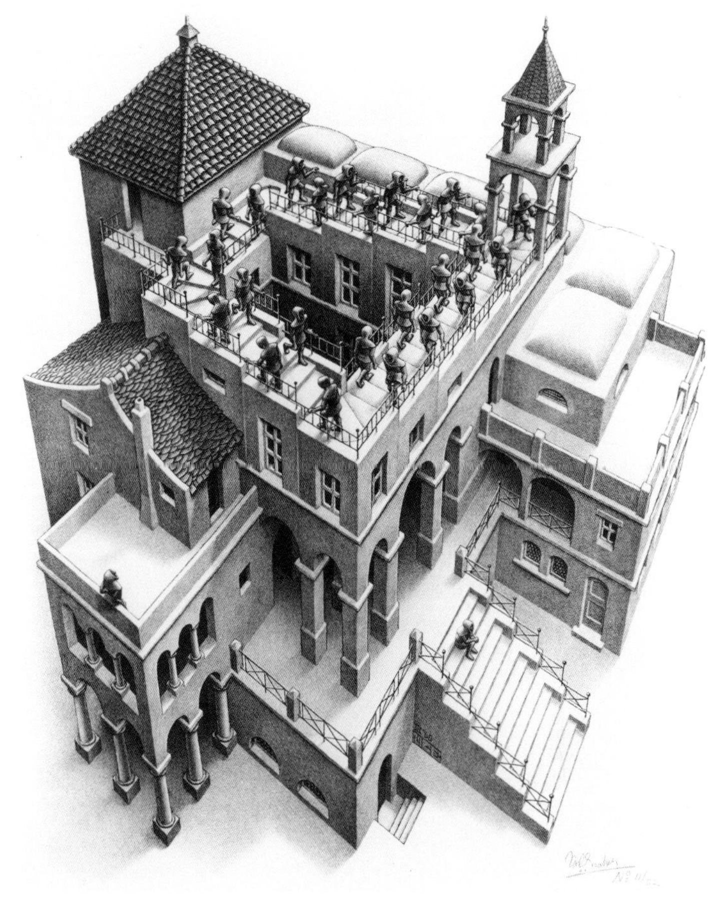

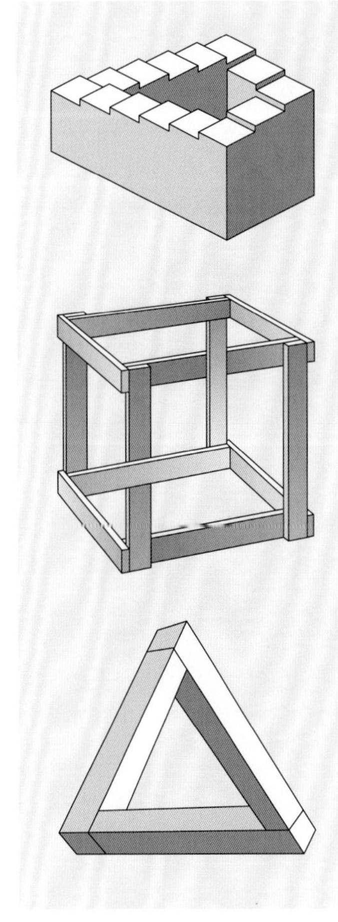

上

9-25.不可能台阶。

不可能台阶（上）和不可能的三角形（下）：最早出现在罗杰·彭罗斯和莱昂内尔·沙普尔斯·彭罗斯的论文《不可能物体：一种特别的视觉错觉》（1958）中。

中

9-26.疯狂板条箱。

哪块板在前，哪块板在后？局部的视觉线索没问题，但各部分之间却不协调，致使整个板条箱看上去自相矛盾。

下

9-27.不可能三角形。

文化的进化，就是把装饰从日常用品中移除。

——阿道夫·卢斯，《装饰与罪恶》，1908年

的图示后（纹案类似菲利克斯·克莱因的双曲面密铺模式；第十一章图11-8），借用其中的曲线图样，描绘了鱼在（欧几里得）平面内的游动。埃舍尔这样描述了考克斯特的反应："我给考克斯特寄去了一份彩色的游鱼（《圆的极限III》；1959），考克斯特回了一封热情洋溢的信，用了三页纸解释我实际上做了些什么……但遗憾的是，我完全看不懂。"[39]埃舍尔的作品专注于日常（欧几里得）世界中的拼图，如"圆的极限"系列（图9-19）就是用装饰图案填充图形（圆）："图案越来越小，一直到无穷小"[40]——类似阿基米德用穷竭法（第三章图3-4）和牛顿用积分学（第三章117页下方的小版块）推导那样。但考克斯特主要关注的还是非欧几何研究，[41]所以双方都是用各自的透镜观察对方，只能曲解了对方的工作。

除了不可能物体之外，埃舍尔和马格里特还从现象学家埃德蒙德·胡塞尔有关主体视角的精神活动的描述中受到了启发。胡塞尔在探讨意识中可能存在的表现层次时，曾以17世纪荷兰艺术家小戴维·特尼尔斯那幅描绘油画的作品为例（图9-21），指出人们欣赏这幅画时，就好像站在德累斯顿某艺术博物馆的画廊里，进而为这幅关于绘画的绘画增加了表现层次。[42]同理，人们站在纽约现代艺术博物馆里面欣赏德·基里科的另一幅自我反思的作品《伟大的形而上学内部》（图9-14）时，也会造成一样的效果。埃舍尔的《版画画廊》（1956；图9-20）甚至让反思的观察者提供了更多层次的画中画。

维特根斯坦的语言游戏

1926—1929年，奥地利建筑师保罗·恩格尔曼与维特根斯坦合作在维尔纳为他姐姐设计了一栋宅邸（图9-28、9-29）。正是在这个建筑项目进行期间，维特根斯坦聆听了布劳威尔的演讲（1928）。在布劳威尔的影响下，维特根斯坦回归哲学，创立了一种新的语言理论。在某种程度上，这个新理论可以被视为对

上、下

9-28.保罗·恩格尔曼（奥地利人，1891—1965）和路德维希·维特根斯坦（奥地利人，1889—1951）设计的维特根斯坦宅邸（外观与内部），1926—1929年，维也纳。玛格丽特·斯通博罗-维特根斯坦（图9-29）委托恩格尔曼设计一栋国际风格的房子。这种风格主要以简单朴素的几何形式为特色，曾被德国的包豪斯和恩格尔曼的老师、建筑师阿道夫·卢斯所推崇。卢斯因为为纯粹设计赋予了道德寓意而闻名于世，比如在他看来，装饰物就是对现代文化的犯罪（图9-30）。在姐姐的鼓励下，维特根斯坦最终从恩格尔曼手中接过了这个项目，设计了门窗等建筑物的内部细节。按照卢斯的简约美学精神，维特根斯坦不让姐姐在家中铺地毯、挂窗帘，或者摆放植物，认为这样会削弱房屋内部的简朴风格，损害设计的纯洁性。

他早期的那套严格且机械的语言图像理论的批判和非正式替代品。[43]在旧理论中，维特根斯坦认为口头语言具有语法规则和语汇；任何口头语言都是语言普遍形式的一个实例。就像数学大厦中的各个房间都紧靠着同一个公理体系基础一样，按照这种方法，语言之塔中的成千上万种方言也构建在同一种普遍语法之上。维特根斯坦在他的新理论中宣布，一种行为导向的视角或许可以帮助人们更好地理解自然语言，并将这种视角称作“语言游戏”。例如，一位德国建筑商和波兰助手被成堆的建材环绕，只能用“block”（德语中的“木块”）和“belka”（波兰语中的“木梁”）组成共同的词汇来交流。当建筑商说“block”时，助手会拿来木块；但他说“belka”时，则会得到木梁。这几个词和行为组成了他们的“游戏”，[44]或许完全就是他们的通用语言，一种只在建筑行业中存在的“方言”。维特根斯坦认为，所有类似的方言和语言都有着相互重叠的关系，即所谓的“家族相似性”，就像家族成员之间因为各种遗传特征（如身材、气质、发色等）看上去长得相像，但又不是所有人都具备完全一样的特征。根据维特根斯坦后来的这个理论，数学的统一性（用数字玩的“游戏”），也不是指算术、几何、代数、微积分都遵守同一条规则或公理，而是指具有家兄弟姐妹、堂亲表亲的那种相似性。[45]

将语言学模型从公理体系转向语言游戏，并不意味着维特根斯坦放弃了

上

9-29.古斯塔夫·克里姆特（奥地利人，1862—1918），《玛格丽特·斯通博罗-维特根斯坦》，1905年。布面油画，180厘米×90.5厘米。德国慕尼黑新绘画陈列馆。

1905年，玛格丽特与美国人杰罗姆·斯通博罗喜结连理，此画即为当时所作。这对夫妇婚后生了两个儿子。在1923年离婚后，玛格丽特请人修建了那栋宅邸（图9-28）。

左

9-30.约西亚·麦克尔赫尼（美国人，1966— ），《阿道夫·卢斯的装饰与罪恶》，2002年。吹制玻璃、木料、玻璃、电灯，柜子尺寸为124.4厘米×152.4厘米×26.6厘米。©约西亚·麦克尔赫尼。芝加哥唐纳德·杨画廊和纽约安得里亚·罗森画廊。

下

9-31. 贾斯培·琼斯（美国人，1930— ），《根据什么？》，1963年。布面油画、物体，223.5厘米×487.6厘米。洛杉矶县立艺术博物馆。© 贾斯培·琼斯/VAGA，纽约。

这幅画与马塞尔·杜尚的《你……我》（第11章图11-20）有着一样的主题，所以琼斯把这幅作品献给了杜尚。

对页

9-32. 贾斯培·琼斯，《彩色数字》，1958—1959年。布面蜡画及报纸，168.91厘米×125.73厘米。纽约州布法罗奥尔布莱特·诺克斯美术馆，1959年由小西摩·H. 诺克斯赠予。© 贾斯培·琼斯/VAGA，纽约。

琼斯这幅作品中展现的模式是一种计数结果：在一张拥有11×11网格的纸上循环记下从0到9的数字，左上角空了一格。每个数字都沿对角线下行，这十个数字作为一个完整的系列，沿水平方向跨越画面的顶部与底部，又纵向跨越画面的左右两边。

数学，因为游戏中自有数学趣味。在维特根斯坦思考语言游戏的几十年间，数学家冯·诺依曼和奥斯卡·莫根施特恩发明了博弈论，这个新的数学领域主要关注的是经济参与者之间的战略互动（《博弈论与经济行为》，1944），后来也被扩展应用到了其他领域。[46]不过，维特根斯坦从逻辑（分析与演绎）转向日常语言（语言游戏）之后，研究语言的方法确实变得更加非正式了。与年轻时提出的那些严格的公理不同，维特根斯坦在人生后期提出了一种更为非正式的方法，正如他写到的那样："哲学方法不止一种，事实上方法有很多，或者说疗法有很多。"[47]

英美有关语言的艺术

"二战"之后，维特根斯坦的著作被翻译成英文，并在英语艺术界广为流传。20世纪50年代，美国艺术家贾斯培·琼斯读过维特根斯坦的著作后，开始创作有关符号体系的艺术。[48]在大学和艺术学校听过一些课程后，琼斯转而开始自学，并表现出了异常严谨、清晰的思维。1954年，他创作了第一幅作品——一面美国国旗，之后又继续用数字等司空见惯的客观符号来创作。在他的作品面前，观者会产生一种由熟悉符号及其内在表现风格所带来的反差感。例如，琼斯用彩蜡在一层层报纸上（在数字的遮盖下几乎看不见）创作了《彩色数字》（图9-32）。[49]

和德·基里科、马格里特一样，琼斯也关注日常符号和物体，但不同的是，这

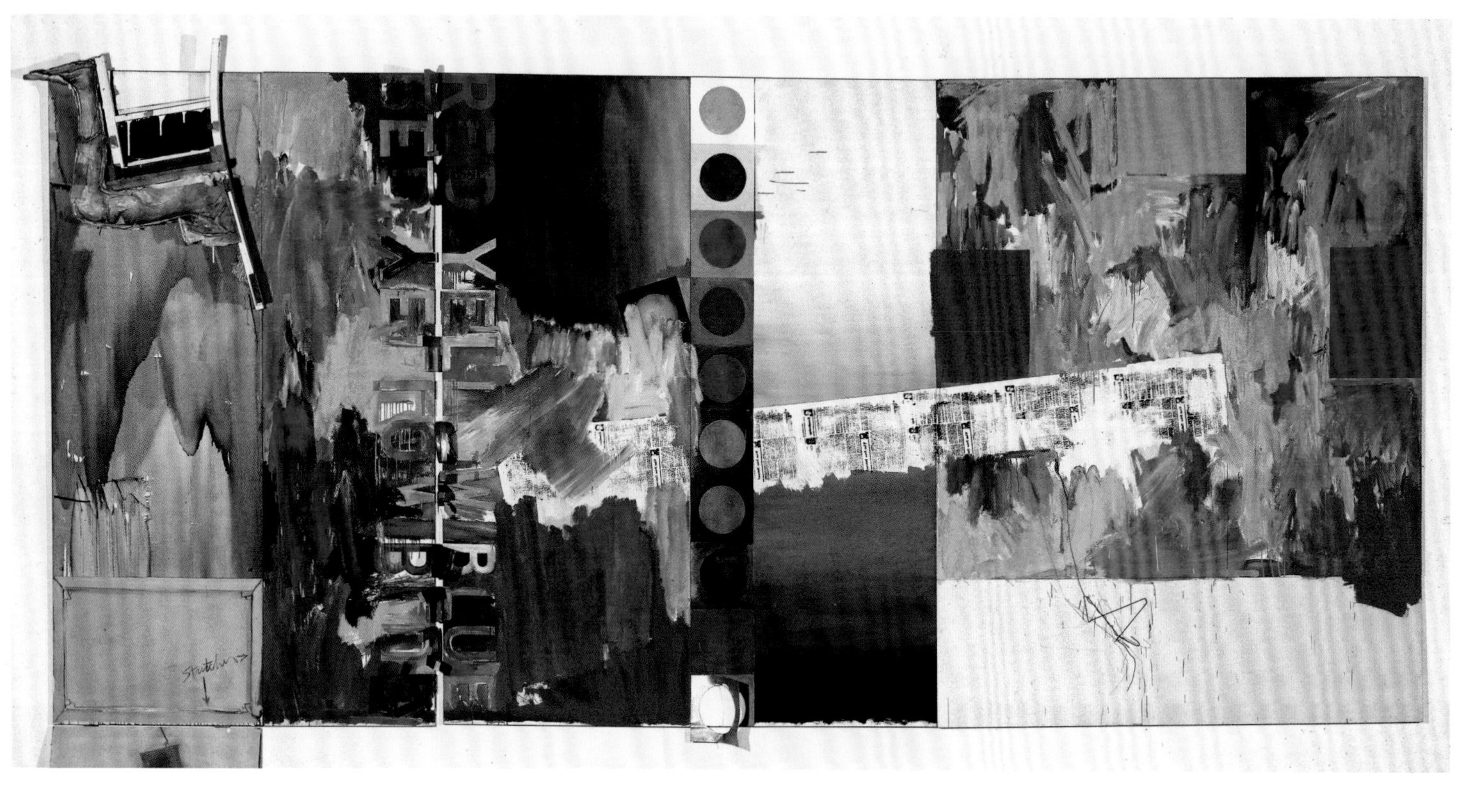

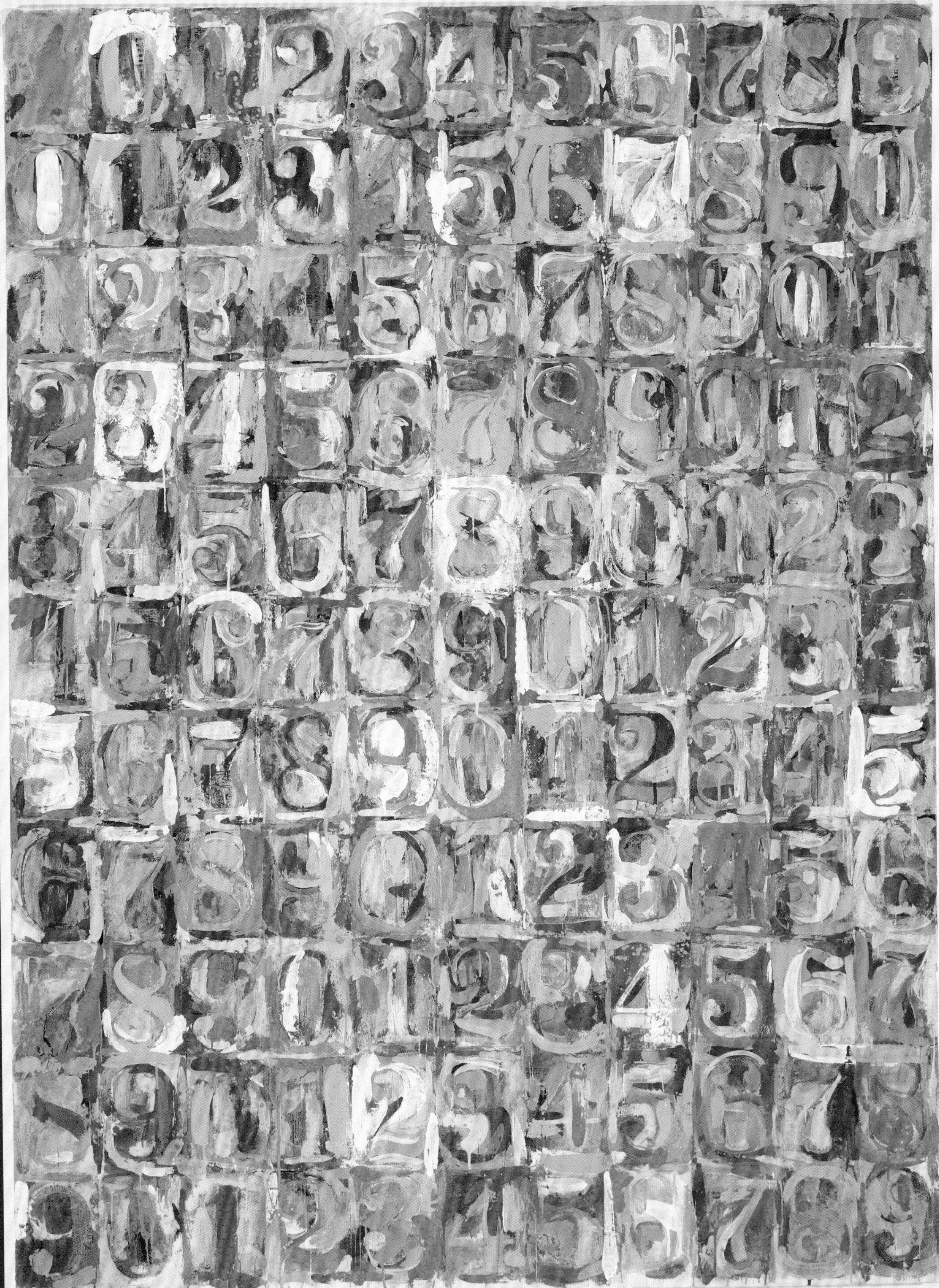

9-33.伊恩·博恩（澳大利亚人，1939—1993），《任何物体都无法意指其他物体的存在》，1967年。合成聚合物涂料、木料、镜子、字母，64.5厘米×64.5厘米×3.0厘米。澳大利亚悉尼新南威尔士艺术画廊，鲁迪·科蒙纪念基金，1990年。经许可后使用。

在这件戏仿英国哲学的作品中，伊恩·博恩在玻璃上印了一句话。这句话改述自18世纪经验主义者戴维·休谟的一个观点：人无法通过因果关系把对某物的想法同对他物的想法联系到一起（休谟，《人性论》，1739）。博恩接着又拍摄了镜子里的逆向文字，将休谟的观点进行了多重反射和逆转。

两位欧洲艺术家所受的影响来自德国哲学，而琼斯却主要受到以伯特兰·罗素逻辑原子论为基础的英美传统启发。琼斯读到维特根斯坦的早期著作后，了解了有关意义的图像理论：原子命题会将原子事实“图像化”，因为句子会“映射”被描述事物的逻辑结构。琼斯的《数字》便遵循了这个思想，与世界中的数字其实是同构的。此外，琼斯还会通过手绘方式和难以辨认却富有微妙层次的图像与文字，来唤起人们的情感反应，并同维特根斯坦的主张产生了呼应，即有些真理无法用语言和图像理论描述。最后，琼斯对于符号体系的作用原理这一哲学问题的兴趣，也同维特根斯坦后来的语言游戏哲学有关——即各种语言（地图、编码、图形、文字）都具有家族相似性。

如果概念艺术是纯粹的想法，那么真正的概念艺术家于我们而言将永远是未知的。

——特伦斯·帕森斯，1980年对作者的评价

在《根据什么？》（1963；图9-31）中，琼斯创造了一系列不同的视觉与语言表现方法，如素描、油画、版画、雕塑、铸件。每种媒介都会创造自己的符号体系，或者说自己的语言，而观者要想理解作品的不同部分，就必须知道记录该部分的系统属于哪一种。换言之，人们需要回答一个问题：“根据什么？”

琼斯对于标志与符号所蕴含的力量及局限性的研究，影响了一小群英国艺术家。1964年，琼斯在伦敦白教堂美术馆举办作品展，并在导览手册中提到自己读过维特

根斯坦的作品，所以“认为绘画是一种语言”。艺术家特里·阿特金森在这句话的启发下，开始学习英美分析哲学。[50]分析哲学家为了厘清“太一”“善”等概念的意义，对这些概念进行了分析，所以在1968年，阿特金森与迈克尔·鲍德温、戴维·班布里奇、哈罗德·胡瑞尔便效仿他们，共同组建了“艺术与语言”小组。成员会聚到一起，循着柏拉图学园那种古老的对话传统，讨论“什么是艺术”等问题。但根据该小组发言人、英国艺术史学家查尔斯·哈里森的说法，他们并不是在讨论艺术，而是这些讨论本身就是艺术：“对话、讨论、概念化成了他们主要的艺术实践。”[51]

不过，这些艺术家只是业余的分析哲学家，未曾在这个严密且要求很高的研究领域受过训练，所以不难想见，他们的文章里常常充斥着专业术语，但又缺乏分析哲学所特有的那种清晰思路。哈里森后来回顾小组的发展历程时，这样说道：“小组成立前后几年里的写作非常混乱、啰唆、冗长、难懂，反映出我们当时是在混乱的情境下努力地阐明混乱。”[52]小组的官方喉舌一本名为《艺术-语言》的期刊，但并不是那种看起来就很光鲜、时尚的艺术杂志，而是被艺术家故意设计成了《心灵》的风格——一本由牛津大学出版社从1876年开始出版的沉闷、严肃的哲学期刊。

艺术与语言学小组后来同其他艺术家建立了联系，如英国艺术家梅尔·拉姆斯登、澳大利亚艺术家伊恩·博恩（图9-33）、美国艺术家约瑟夫·科苏斯等。拉姆斯登和博恩住在纽约，共同组织了一个名为“理论艺术与分析学会”的讨论小组。[53]英国哲学家A. J. 艾耶尔曾撰写过一本介绍英美分析哲学的简明读本《语言、真理与逻辑》（1936），[54]指出了逻辑和数学中的断言因其形式而有效，并称之为“重言式”（如A=A、A=¬¬A都是重言式）。[55]科苏斯读过这本书之后，写了一篇文章来解释他如何以分析哲学为基础来进行艺术创作（《哲学之后的艺术》，1969），借用艾耶尔的术语，将艺术品定义为重言式：“艺术与逻辑和数学有一个共同点，那就是重言式；也就是说，‘艺术理念’（或‘作品’）与艺术是一回事，可以被当作艺术来欣赏，而不必到艺术语境之外寻求证实。”[56]科苏斯将字典中某个词的解释影印、放大后镶上框，挂到了墙上，创作了一套名为“‘艺术作为理念’作为理念”的系列作品（也就是他所谓的“重言式”）。比如其中一幅的内容展现的就是“理论”这个词汇在字典中的释义：“精神观察；思考”（《题为（“艺术作为理念”作为理念）“理论”一词》，1967，耶鲁大学美术馆）。但可惜的是，科苏斯制造出了一种表述上的混乱，而这种混乱恰恰是弗雷格和罗素当初创立现代逻辑学时想要防止的东西。科苏斯的艺术不是一种理念，而是理念在物体上的体现（挂在墙上的影印照片）。而且，他的作品也不是重言式。假定科苏斯心中所想的是，他给这幅作品取名为“‘理论’一词”，是明确了“理论”应该被定义为“精神观察；思考”，那么这件艺术作品/这个论断确实为真，但这仍然不是一个重言式，因为它并不一定会因其形式而有效。

美国艺术家索尔·勒维特创造了“概念艺术”一词，用来称呼他通过算法创作的艺术作品（第十一章）。艺术与语言学小组借用了这个说法，也将自己的创作称为“概念艺术”。1972年，该小组以《索引》为题，第五届卡塞尔文献展中展出了他们作为艺术的讨论——一套装满了他们业余哲学手稿的文件柜。[57]

9-34.谷文达（中国人，1955— ），《遗失的王朝神话》，C系列第五幅，《超越》，1996—1997年。溅墨书法绘画，335.2厘米×149.8厘米。©谷文达。

中国有关语言的艺术

英美有关语言的艺术在亚洲引起了广泛讨论。例如1974年，日本期刊《艺术俱乐部》译介了科苏斯的文章《哲学之后的艺术》后，获得了日本批评家峰村敏明的高度赞扬。[58]日本实验音乐家小野洋子、韩国视频艺术家白南准等亚洲艺术家去了纽约之后，加入了国际性的艺术家群体——激浪派，并尝试了英美的创作主题。其他的亚洲艺术家则依旧同祖国保持着密切的联系，并用他们自己的母语重新思考了语言哲学中的各种话题。

在中国古代，战国时期的学者曾对他们的语言进行了大量语义学研究。汉语是世界上现存最古老的语言，大约有三千个常用字，而这些字基本上源于象形文字，在几千年的历史中逐步变得越来越抽象化。公元前3世纪，中国历史上的第一位皇帝秦始皇统一文字后，汉语的语言哲学研究基本陷入了停滞。清朝灭亡后，在20世纪20年代，一群对西方科学与数学颇感好奇的知识分子邀请伯特兰·罗素前来中国进行巡回演讲，受到了各方的热烈欢迎，[59]西方的符号逻辑逐渐在中国扎下根来。

中国当代艺术家谷文达和徐冰都出生于1955年，成长期间既学习过繁体字，也学习过简体字，所以这也反映在了二人有关语言的艺术创作中。20世纪80年代，谷文达开始研究英美的语言哲学，尤其特别研读了罗素和维特根斯坦的著作，[60]并采纳了维特根斯坦的观点，开始创作以语言界限为主题的作品。他以不同时代的象形文字风格为基础，设计了并不存在的汉字（因此也无人能识）。比如在《超越》（图9-34）这幅作品中，谷文达就以国画的风格表达他对中国文人传统的敬意：群山之上飘浮着谷文达自造的一个字，象征了语言的界限——维特根斯坦所指的“神秘”，

9-35. 谷文达，《中国纪念碑：天坛》，《联合国项目》系列，1998年，由亚洲协会委托创作。装置安装于PS1当代艺术中心，装置元素包括由以汉语、印地语、阿拉伯语、英语为基础创造的伪字、世界各地的人的头发织成的纱布，十二张明代风格的椅子，两张明代风格的茶几。© 谷文达。

或者用谷文达的话来说，则是“遗失的王朝神话”，这也是他给这个系列所取的名字。

20世纪90年代，谷文达又开始创作《联合国项目》，一个在世界各国进行的装置作品系列展。他在当地的理发店搜集头发，然后并将其织成纱布，再在上面写上根据当地语言创造的无人能识的“伪字”。谷文达为这个项目取名“联合国”，旨在表达世界团结的寓意。谷文达认为，虽然这在政治上不太可能实现，但在艺术中却可以。他用人的头发作为创作媒介，则是因为头发是所有人都拥有的生物物质。不同地区的人发都略有差别，织成纱布的头发则寓意着人类“超越知识、超越民族、超越文化与种族疆界的团结”。[61]例如，在《中国纪念碑：天坛》（1991；图9-35）中，覆盖墙壁和天花板的发纱上写满了以汉语、印地语、阿拉伯语、英语为基础创造的伪字。展览空间的中央摆放着明代的茶几和椅子——在中国的传统文化中，人们会这样边喝茶边闲谈。谷文达为了强调这幅作品中所蕴含的沉思氛围，还在每一

右
9-36.在徐冰的装置艺术《文字写生·鸟飞了》中，“鸟”逐渐飞离了地上的定义。

对页
9-37.徐冰（中国人，1955—　），《文字写生·鸟飞了》，2001年，混合媒介装置作品展；雕刻的丙烯酸树脂字符、油漆。由华盛顿哥伦比亚特区亚瑟·M.萨克勒画廊委托，2001年；图中所示为2011年在纽约皮尔庞特·摩根画廊的中庭安装的部分。纽约徐冰工作室与纽约皮尔庞特·摩根图书馆。
徐冰用丙烯酸树脂雕刻了“鸟”字的定义，并把那些字摆在地板上。对于这件装置作品，艺术家是这样描述的：“紧接着，象征着鸟的字符就摆脱了文字定义的羁绊，飞出了装置的空间，在上升的过程中从简化字逐渐‘退化’为繁体字，并最终变成以鸟的实际形象为基础的古代象形字。在这个装置的最高点有一大群这种古代字符，既有鸟，也有文字，高高地飞进椽子之间，飞向空中打开的窗户，好像在试图挣脱人们用来定义它们的文字，最终获得自由。”

张椅子上都嵌入了一个显示器，不断播放云海翻腾的画面，意在象征参与谈话的客人都像坐在云端之上，已经超越了凡尘俗世的烦恼。[62]

徐冰则通过装置艺术作品《文字写生·鸟飞了》（2001；图9-36、9-37），表现了汉字的演变过程。徐冰先是在画廊的地板上，用简体字摆出了“鸟”字及其在词典中的定义，然后让这些抽象化的现代汉字逐渐“逆向演化”，从紫色的“鸟”字慢慢按照色谱的颜色还原为红色的飞鸟形象，最终（在比喻意义上）变成了真正的鸟儿，展翅高飞，逃离了语言的限制。[63]

1931年之后，数学家不再把科学想象为一座以公理为基础的高耸大厦，而是更接近一座杂乱延伸的古老城市，其中算术和几何占据了老城区。几百甚至上千年来，新的邻区拔地而起，成了代数、微积分、射影几何的领地，有些领域在圈地战争中分手，有些则通过联姻结合到一起。非欧几何和集合论开始被歧视为外来户，但后来终于赢得了完整的公民资格。最后到来的居民，是一批逃离工程学的机器人难民。但是，这些无思想的机器能够融入数学的日常生活吗？

u=1000000001011101001101000100101010110100011010001010000011010
1001101000101010010110100001101000101001010110100100111010010100100101110101 0
0011101010100100101011101010100110100010100010101101000001101001000001010 1101
000100111010010100001010111010010001110100101010000101110100101001101000001000
01110101000011101010000100100111010001010101101010010101101000001101010100101
1010010010001101000000000110100000001110101001010101011101000010011101001010101
01010101110100001010101110100001010001011101000101001101001000010100110100101
00100110100100010110101000101110100100101011101001010001110101001010010011101
01010100001101001010101011101010010001011010100001011010100010011010101010100
0101101001010100100101101010010010111010101001010111010100101001101010101000011
1010001001001010111010101001010111010101000001110101001000001101010101010010111
010100101011010001001000111010000000011101001010010101010111010010100100101011
10100000010101110100001000111010000001010100111010000101001110100000010001011101
00010000111010000100101001110100010000101101000101001011101000101001011010010
00001011010001010100100110100010101010111010010000011101001001010101011101010
10100110100100010101101001001001011010000000101101000001000110100000100101101
00000000011010010100010111010010101000110100101001010110100000100111010010101
00101101001001110101000000101011101010000001101010100010101011010010101011010
10000101011101010010010101110101000100101101010010000101110100000011101010010
00101101010010100110101010001011101010010100101110101010000010111010101000001
01110100000011101010100001010111010010101011010101000010111010100010101011101
01010010010111010101010000111010100000001110100100100001101001001000101101010
101010011101000000000101101001000011010101010100101110100100001101001000101010
111010000100011101000100001110100001101000000001011010000010010111010101001010
10110100010001001011101000001001110101010011010000010101011010000100001110100
100001000111010101010100111010000100100111010001001000011101000010100101101
000010100001110101010101011101000100100110100010010011010100101001011101000
10001010111010000000011101000100100101110100110100100100001011010101010011010
010100010111010000110101000010001011101010011010101001010010110101010011010010
01010111010011010010000010110100010101010001110100100001010110100000010011010
010001001011101001000011010100000010010111010010010100110100100101010110100110
10010010100101101001101001010000010110100100000111010100100110101010100001011
10100101000010111010010101010111010100010010110100100111010010101000101110100
01001110101000010110100100111010010101010101110100100011101001010101001011101
001000111010100000010101011100110101000001011010010011101010000001011101001011
010100000010101101001010010111010100001001011101000011010100010000101101010011
01010001000101101010101001011101010001010010110100010101010111010010000101011
01010001011101010010010101011101010100100101110101000111010100011101010010010
010111010100011101010010100010111010100010111010100000100101110101000111010001
01000101110100101001011101010010101001011101001010101010101101010000101010101
1010000100111010000101010101011101010100010101110101010001010111010000000111 01
010100010010111010000000111010101001000101110101000000011101010000010111010000011
1010010000000101110101000111010100100010101110101001101010101000101011101000001
10101010100101010110100000010011010101010010011101010011010101010010010110101
00110100100100111010000011010101010100101011010100010011010001010010101011101
00000110101010101010010110100010001110100010101010101011010001000111010000101
011101000100100001110100110100000000100111010000001001011101000100010100111010
00000100101110100101010101001011010000101010101110100010010100101110100000100
01011101010100101101000100010011101000001001010111010000001010101101000010001
110011110100001000001110100001001001110100000101001011101000000101001011010000
10001010111010000100010011010001000011101011110100001001001011101000010010010
111010000000010101110100001010100011010001001011101000010000011101000010011101
000100000010111010101001011010001000001011101000010101010111010000000101010110
1000100000101011101000100001010111010010000011101010010010011010000000101011101
00010001001011101010100001110101001010110100101010100001101000001010011010000
000111010000010010011101001011010010001010010111010101001101000101001001011010
10100110100010101000101100110101001001011101010100110100010101010101100110101
00010101011001101001000101010101110100010001110100100101010101011010010100101
00011010010000001011101000001101010100101010101101001010101101001000100010111
010001010101101010000001010110100010000011010010001010110100001001110101001010
10101011101001011010010010001010110011010010010010101011101001101001001001010
11010010110100100100100101101001011010010010100010110011010010010100101011101
00010101110100100101110011010010010101001011100110100101000101010111010001000
11101000010100101101001010001011101001010001010110100010011101001010001001011
10100010011101001010010001011100110100100010001110100010011101001010010101011
10011010010100000111001101010101010110100000001110100101010010101011101001000
11101001010100101011100110100001010010011001101010000011010000000111010010101
010010101110011010100010000110100000000111010001001010101011101000100011101010
10101010101011010000100111010010001001010111010010101000100110101000000010110
100100111010100001010111010010000110101000000001011010010001110101001001011101
00001101010000101010110101000101110101000010100101110101000101110101000101010
1011100110101000101011010000110101000100101 0

第十章

计算

只有机器才能欣赏另一台机器写下的十四行诗。

——艾伦·图灵，约1950年

1905年，爱因斯坦曾进行过一个思维实验：若观察者以光速追随一列光波前进，他看到的光波会是什么样的？爱因斯坦并非真的要进行这样的观察，因为人类根本做不到以光速前进。1931年，哥德尔也做过一个思想实验：想象一个机械程序，来把任何用数学符号写成的公式转译成数字（哥德尔数）。但是和爱因斯坦一样，哥德尔也从未打算用那些（庞大的）数字来运算，因为这本身就超出了人类大脑的能力。尽管如此，哥德尔还是用这样的数字成功证明了不完备性定理，促使数学家开始对计算（computation）做进一步的研究。“二战”期间，英国建造出简单的计算机，来破解德国军方的密码系统——“恩尼格玛”；而在战后，一代代工程师最终又把这些简单的战时机器发展成了计算机行业，为数学家、科学家、艺术家提供了一种拥有普遍语言的强大新工具（图10-1）。

1945年之后，世界进入“核时代”，许多人产生了一种紧迫感，希望尽快找到一种能让人类和平共处的方法。“冷战”及其引发的对于核战争的普遍恐惧，促使各国不得不致力于东西方关系的改善。有些人呼吁通过所谓的“长青哲学”，把所有传统哲学与神学中有关实在的真理综合到一起，并研读了日本禅宗学者铃木大拙和美国神学家托马斯·默顿的著作。另一些人则阅读了奥地利心理学家西格蒙德·弗洛伊德和卡尔·荣格的著作（二人主要是从所有智人都拥有动物性本能这个角度来解释人类的友爱）。本着国际主义的精神，众多知识分子和艺术家在追求永恒真理的过程中，跨越了文化的藩篱，并相互借用了传统符号，其中就包括了数学符号。

10-1. 罗曼·凡罗斯科（美国人，1929— ），《曼彻斯特金箔装饰的通用图灵机》的局部（全图参见图10-2），1998年。图片由艺术家提供。

罗曼·凡罗斯科利用笔式绘图机创作了这幅作品，以庆祝第一台由图灵逻辑驱动的计算机问世50周年。1948年到1951年间，图灵曾在曼彻斯特大学工作，这台机器正是由该校工程师建造。在绘制出这张计算机代码后，艺术家“装饰”了这张纸（镶贴金箔），就如中世纪僧侣在写字间里装饰手抄本一样。凡罗斯科表示：“这些图形会让人联想到中世纪的泥金手抄本。我想通过把通用图灵机的概念呈现为我们这个时代的珍贵文件，来纪念艾伦·图灵和他的图灵机模型。”

从可计算性到计算机

1928年，希尔伯特向数学家提出挑战，请大家解决所谓的“判定问题”：设计一种机械（步骤化算法）程序，来决定任意数学命题的真伪。“机械”这个术语已经在希尔伯特的形式主义阵营中使用了几十年，后来在20世纪30年代，英国青年数学家艾伦·图灵开始专注研究这个概念，并进行了下面这个思想实验：想象一个机器里有一卷无限延伸的纸带，纸带上划分出了一个个方格，有些里面什么都没有，有些里面包含了有限字母表中的某个符号。机器中的磁头能够在纸带上操作，如移向一个方格并改变其中的符号。磁头中的控制机制内储存了一套来自有限规则列表中的指令。机器停止运行后，便会读取纸带，并储存计算状态（包括当前的操作和纸带上当前所有符号的配置；见下方的小版块）。

用这个思想实验，图灵设计了现代计算机的基本要素，其中包括输入/输出设备（纸带与纸带阅读器），软件（在纸带磁头上的规则清单）和内存（计算状态的存储）。图灵机成了一切随之而来的计算机的基础，它们带有利用布尔在19世纪创造的二值代数设计的电子（开-关）电路（图10-1、10-2）。

图灵机

艾伦·图灵于1936年发明了图灵机，为所有可能的计算给出了一个机械过程。（想象的）图灵机的结构实际上模仿了（真实存在的）电传打印机的结构。电传打印机问世于19世纪后期，是一种能够发送与接收数据的电磁打字机，比如电报，但不需要操作者必须会使用莫尔斯电码。20世纪30年代，电传打印机已被广泛用于商业领域，但也可用来制作能够储存信息的穿孔纸带。图灵改造了电传打印机的结构，让他的这个机器中的纸带可以无限延伸（电传打印机中的纸带不是），并在上面划分出一个个方格，有些里面什么都没有，有些里面包含了有限词汇表中的某个符号；比如在下面的例子里，有限词汇表符号是{0，1}。机器中有一个磁头，能按照指示向左或右移动，或者停在纸带上的任意位置。磁头可以按照储存在它上面的有限列表内的规则来改变符号。例如，这台图灵机有三项规则：A、B、C；机器执行其中之一时，状态就是A、B或C。按照磁头上面方格中的符号，规则会指明：（1）要把符号变成什么（0或者1）；（2）纸带应该如何移动——向左（L）或者向右（R）移动一个方格或者保持不动（N）；（3）应该执行哪种状态（A、B或者C）。

符号	状态A			状态B			状态C		
	标记	移动磁头	下一状态	标记	移动磁头	下一状态	标记	移动磁头	下一状态
0	1	R	B	0	R	A	1	N	B
1	0	L	C	1	L	C	1	L	停止

在这个例子中，纸带磁头开始在0和状态A，按照状态A的规则采取行动，于是有图中所示的移动。

一旦机器停止，当前状态与纸上的标记就是输出。

图灵机带有计算机的基本原件：输入/输出装置（纸带与阅读器）、软件（磁头中的规则列表）、存储器（状态和纸上记录的存储）。

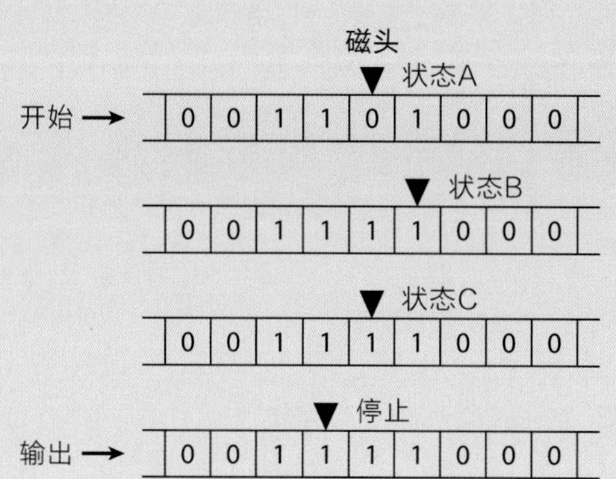

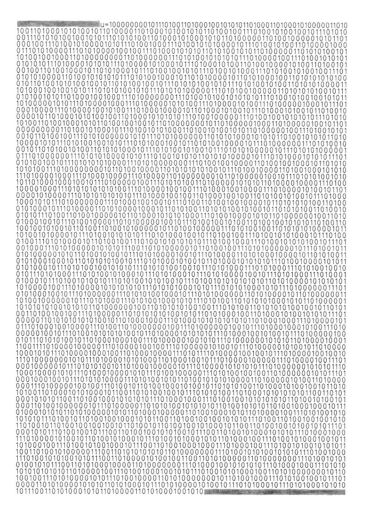

10-2. 罗曼·凡罗斯科（美国人，1929— ），《曼彻斯特金箔装饰的通用图灵机》，1998年。笔式绘图机绘制、金箔，系列第23幅，76.2厘米 × 55.8厘米。图片由艺术家提供。

创作这个作品系列时，凡罗斯科写下了一套可以创建形式语系的软件代码。在本幅作品（第23幅）中，艺术家先在右侧绘出了代码，后在左边绘出了代码对应的形式。

通过图灵机这个概念，图灵最终证明了希尔伯特的“判定问题”（对一切数学命题的判定过程）不可能办到。利用哥德尔在1931年证明数学的不完备性时把命题映射到数字上的方法，图灵把机器映射到数字上之后，提出了他的核心观点：机器（如图灵机）使用符号操作时，有可能出现自我指涉的结果，因为机器本身就是由符号（软件和存储器）描述的。事实上，图灵机可以按照自己的描述运行。为了证实希尔伯特的判定问题不可能办到，图灵提出了这样一个假设：某台图灵机（不妨认为它是“初始”机器）被应用于描述任何其他图灵机的数字时，可以告诉我们其他图灵机被输入任何给定的数字（任何正整数，其中一些为数学命题的编码）时，该图灵机是否会停机（做出决定）。这样一台“初始”机器如果存在，就可以为数学命题提供一个机械的判定过程，解决希尔伯特的判定问题。但图灵表示，如果确实有这样一台机器（也就是判定性问题的解），那么他就可以用这台图灵机构建另一台具有自相矛盾性质的图灵机。但自相矛盾的机械过程在逻辑上是不可能的，所以初始机器不可能存在——也就是说不存在判定过程——而停机（判定）问题也无法确定（《论可计算数及其在判定问题上的应用》，1936）。

图灵完成这项工作时，尚在美国普林斯顿大学做研究生，1938年春获得数学博

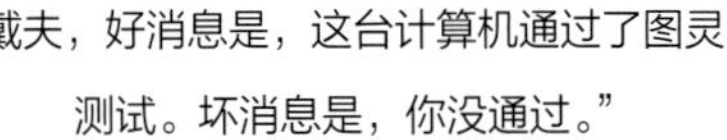

“戴夫，好消息是，这台计算机通过了图灵测试。坏消息是，你没通过。”

“我们在网上认识的。”

10-3. 图灵测试。

图灵测试可以确定一台给定的机器（无论是左上所示的超级计算机，或者是右上所示的机器人男友）是否表现出了智能行为。图灵测试由人类法官执行，以某种自然语言（如英语）与另一个人类和一台机器对话。三方互相看不见，彼此的交流只能通过书面文字来进行。如果法官无法判断哪个对话者是人类，哪个对话者是机器，那么该机器便可被视为通过了图灵测试；参见艾伦·图灵的文章《计算机与智能》（1950）。

（左）克里斯·马登绘，约2000年。经许可后使用。

（右）戴维·希普勒斯绘，2004年8月8日《纽约客》杂志。经许可后使用。

士学位后，才返回他的祖国英国。几个月后，英德之间爆发战争，英政府便邀请图灵加入破解德国军方密码的一支数学团队。1938年9月，图灵来到位于英格兰南部的布莱切利园，也就是英国绝密机构的所在地，受命成为破解德国U潜艇通信密码团队的首席科学家。德国人用恩尼格玛密码机为其信息编码——所谓的密码机就是一种电子机械装置，能够把信息的字母打乱，从而进行加密——布莱切利园的团队设计了一个特别的电子机械装置破译了被加密过的信息，为同盟国提供了大量关键情报，一直到打赢“二战”（见对页的小版块和图10-4）。

1945年后，图灵应英国工业界之邀，负责开发电子计算机。1950年，在一篇题为《计算机与智能》的论文中，图灵首先提出了人工智能的概念——思想的数学化——并提出了一种检验机器是否进行思考的测试（图灵测试；图10-3）。[1]在此期间，冯·诺依曼为图灵机添加了一项关键性能：存储自己的操作指令（软件）的能力，进而省去了每次开机时重新编写程序的步骤，而且这种程序（软件）能够存储保留，无须重设机器中的线路或者开关便可对其进行更新。这种程序及其程序语言，为后来通用计算机的发明奠定了关键基础。除了图灵和冯·诺依曼，其他早期计算领域的先驱——无论是莱布尼茨、布尔、弗雷格，还是康托尔、希尔伯特、哥德尔——都未能预见到他们的想法可以能够被用来建造通用数字计算机。[2]

自图灵、冯·诺依曼等人发明计算机以来，计算机的更新迭代便一直依赖着数学方面的持续进步，如各种数据的存储和检索、图像处理、统计等算法。计算机程序员编写出了越来越精巧复杂的软件，而计算机工程师则在尽力将计算机做得更小巧、更便宜、更可靠：20世纪40年代使用真空管，60年代使用晶体管，70年代使用集成电路和微处理器，最终让个人计算机走进了办公室、实验室和艺术工作室。今天的计算机一般由硬件、操作系统、软件和输入输出设备组成。

破解恩尼格玛密码

纳粹德国用恩尼格玛密码机通过代换字母密码为无线电通信加密。操作员在恩尼格玛机的打字键盘上打入明语电文的字母后，来自键盘的电子脉冲会通过由一套三个转子打乱的路径输入，每个转子都有26个位置。来自明语电文的每个字母进入右面的转子，通过电子连接向左移动，然后被反射回去作为输出，然后密码电文便会出现在恩尼格玛机的灯板上。操作员再把密码电文信息发给知道这三个转子设置的接收者，对方便可通过逆向操作来为信息解码了。

想破译恩尼格玛密码，首先需要理解这台机器的结构，其次要能确定特定信息的转子设置。1932年，在希特勒成为德国总理（1933年1月）之前，波兰青年数学家马里安·雷耶夫斯基弄到了一本恩尼格玛机的说明书。这本说明书是一位化名Asche（德语，意为“灰烬”）的德国叛国者卖给法国军方的。雷耶夫斯基与数学家亨里克·佐加尔斯基、耶日·鲁日茨基一起利用群论，最终重新构建出了恩尼格玛机的逻辑机构（线路和转子设置）。

1939年7月，就在大战一触即发之时，这三位波兰密码破译者在华沙遇到了法国和英国的同行，并向他们教授了相关技巧。两个月后，德国向波兰发动“闪电战”，雷耶夫斯基、佐加尔斯基、鲁日茨基不得不流亡法国和英国，后开始为盟军工作，直至战争结束。

确定某一天的转子设置的困难在于，可能的设置数等于位置数的阶乘。一个数的阶乘是从整数1开始所有小于及等于该数的正整数的乘积，所以若每个转子有5个位置，那就会有120个可能组合（5!=1×2×3×4×5=120），还算不那么复杂。但阶乘会呈指数级增长，比如10的阶乘就已经高达1×2×3×4×5×6×7×8×9×10=3 628 800。鉴于恩尼格玛机的转子通常每个有26个位置，每个位置对应着一个字母，所以其可能的设置数就是“26!”，约为403万亿万亿。恩尼格玛机在战争期间改进后增加了转子和插接板，经计算表明，一条信息具数以万亿计可能的编码。

1939年9月3日，英法对德宣战。次日，图灵来到布莱切利园报到，并开始集中研究波兰人发现的恩尼格玛机的一个弱点：某个字母无法为自身加密。图灵在设计寻找异常点的机械过程中正是利用了这一性质。例如他发现，几乎每一天都有一些德军指挥官会发出信息“Keine besondere Ereignisse（意思是‘没有特殊事件’或者‘无事可奏’）”。鉴于所有德军指挥官在同一天会使用同样的转子设置，这就为图灵提供了一个可以搜寻的比照点，比如电文中字母“e”的模式（_*__*_*_____*_**_*_______*）。如果在密码电文中找到了同样的模式，那就说明他很可能发现了明语中的字母“e”。实际的搜寻当然会由机器来进行，可以扫描比照点，继而快速检测成千上万种可能的转子设置。

德国人一直信心满满，认为恩尼格玛密码根本不可能被破解。但图灵和布莱切利园团队以及同盟国的人员最终还是破解了各种战役计划和部队调动的关键信息，平均每月能截获三万到八万件电文。到1945年战争结束时，盟国方面已经几乎能在一两天内就破解出全部的德国恩尼格玛密码电文了。德国投降后，潜艇司令员、海军元帅邓尼茨和空军首脑戈林才知道他们的密码早就被破解了。

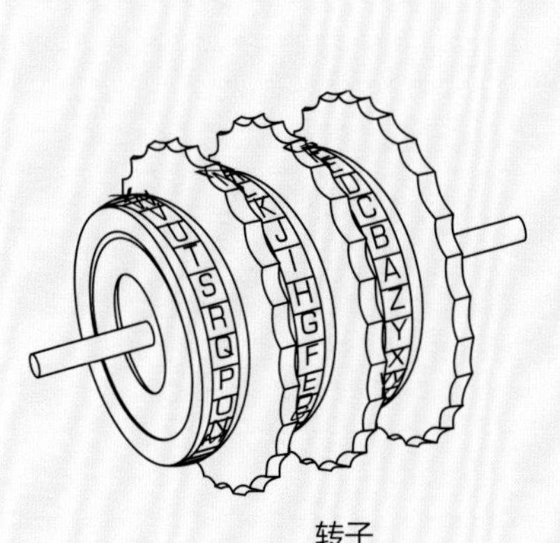
转子

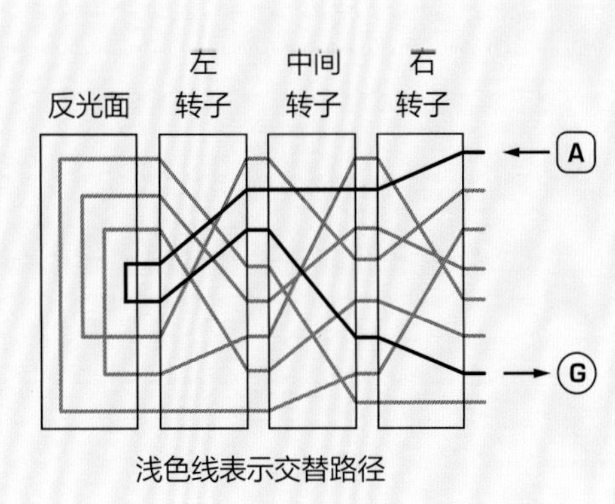

浅色线表示交替路径

右

10-4. 吉姆·桑伯恩（美国人，1945— ），《克里托普斯》，1989年。花岗岩、石英、天然磁石、铜、加密文字、水。3.6米×6米×3米。中央情报局，弗吉尼亚州兰利。图片由艺术家提供。

1990年，吉姆·桑伯恩赢得了为中情局新总部创作一件雕塑的委托。《克里托普斯》看上去像卷起来的薄铜片，上面镌刻着四段信息。在一位中情局密码学家的帮助下，按照美国政府机构的精神，桑伯恩把这些信息转为字母密码。这件雕塑坐落在中情局密码破译者工作间歇休息喝咖啡的中央院子里。三位不知疲倦的脑力劳动者破译了四段信息中的前三段。

1.“在阴影依稀和没有光线之间，存在着错觉的微妙差别。”

2.[这段给出了中央情报局总部的坐标和位置。]

3.[改述自英国考古学家霍华德·卡特有关挖开法老图坦卡蒙墓时的自述]“门道下方堆积着的古老瓦砾，被缓慢——非常缓慢地——清理完后，我用颤抖的手在左上角抠出一个小口，接着又抠出一个大点儿的洞，把蜡烛伸到里面，凑近观察里面的情况。”

4. 最后97个字母尚未被破解。

音乐中的公理化方法

计算机最早的美学用途之一是创作和制作音乐。古时候，毕达哥拉斯派发现了音乐和谐的数字基础，并认为这反映了宇宙的和谐。音乐与数学的这种关系在西方一直延续到了17世纪，当时的人们还会把音乐作为天文学和数学的一部分来研究；开普勒和牛顿将复调音乐（如巴赫的赋格曲等）视为宇宙神圣秩序的反映。但到了18世纪，音乐最终脱离了数学，第一维也纳乐派（莫扎特、海顿、贝多芬）开始将音乐视为一种纯艺术，旋律性音乐（如莫扎特的钢琴协奏曲或海顿的弦乐四重奏）被视为作曲家的精神表达。而到19世纪时，浪漫时代的调性音乐（如贝多芬的交响乐）已经被理解成了人类情感的倾吐。

在20世纪的头几十年中，维也纳作曲家阿诺德·勋伯格发明了一种新的作曲方法（“十二音体系”的无调性音乐），兼具了数学和表现主义两方面的特征。这位作曲家用半音阶中的12个音自由排列，每个音只用一次，以此构成作曲的十二音“基础小节”，代替了调性音乐中的旋律。勋伯格规定了应用于基本小节的三条规则，以得到其“镜像形式”[3]——十二音模式可以逆向（向后）、翻转（上下颠倒）或者翻转的逆向（图10-5）。接着，勋伯格又加了最后一条规则：初始模式以及三种变换可以从基本集十二音的任何一个开始，由此形成了一个具有四十八种可能的十二音序列。以这四十八种模式为基础，作曲家可以将它们以任意次序安排，最终完成作曲。

勋伯格的十二音技法与形式公理体系有着惊人的相似之处：十二音基本集像是一条公理，操作基本集的规则就类似于推理规则，而完成的作品则像一条定理。尽管音乐批评家经常发现可以利用数学工具来分析十二音作品，[4]但似乎并没有证据能够完全证明只接受过数学基本训练的勋伯格受到了当代数学的影响。就连音乐他也主要是自学成才，其间只跟维也纳作曲家亚历山大·冯·策姆林斯基学习过对位法。勋伯格以学校中的基本几何考虑音乐“空间”：“呈现音乐理念的二维或多维空间是一个小节……音乐理念的元素有一部分作为连续音融入了小节中的横向联结，另一部分则作为和声融入了小节中的纵向联结。”[5]

勋伯格很容易让人联想到音乐领域的数学大师巴赫——巴赫在开始一首赋格曲前，会首先叙述一个主题（一系列单音符）。勋伯格与巴赫之间的差别是，巴赫的主旋律是调性的（表现在音调的统一上），而勋伯格的主旋律是非调性的（十二音基本集不在一个音调上；没有指向一个音阶）。此外，巴赫通过对基本主旋律应用各种规则来完成赋格曲，勋伯格采用了其中的部分。[6]巴赫通过逆向、翻转或者逆向翻转来改变旋律，而且他会错开旋律的音高，让相同的模式从不同的音符开始。此外，巴赫还会错开旋律的时间，在正常音程后重复模式。最后，巴赫通过让曲调持续双倍而在时间上增大谱线，或者只持续一半来缩短谱线。

勋伯格作品的表现力可以从现代感知生理学的角度去理解。19世纪时，赫尔曼·冯·亥姆霍兹发现了听到某些整数比率的音符，如1 ∶ 2、2 ∶ 3、3 ∶ 4（八度和音、五分音和四分音），会让人有一种和谐的感觉，而听到不是这些比率的音符则会让人感到不和谐——这种和谐或者不和谐的感觉，是人耳与生俱来便拥有的一个特质（《论音乐中谐和音的生理学原因》，1857；第四章）。换言之，根据调性和谐谱写出的音乐（如巴赫的赋格曲或者莫扎特的小步舞曲），体现了以感性形式存在的纯数学，能在聆听者的内心世界引发共鸣。[7]

在勋伯格的时代，为了更具表现力，作曲家在创作时常常会用到不和谐音，比

没有比巴赫更完美的音乐家！无论是贝多芬还是海顿，甚至连最接近他的莫扎特，都从来没有达到过那样的完美。

——阿诺德·勋伯格，

《初步对位法课程》，

约1940年

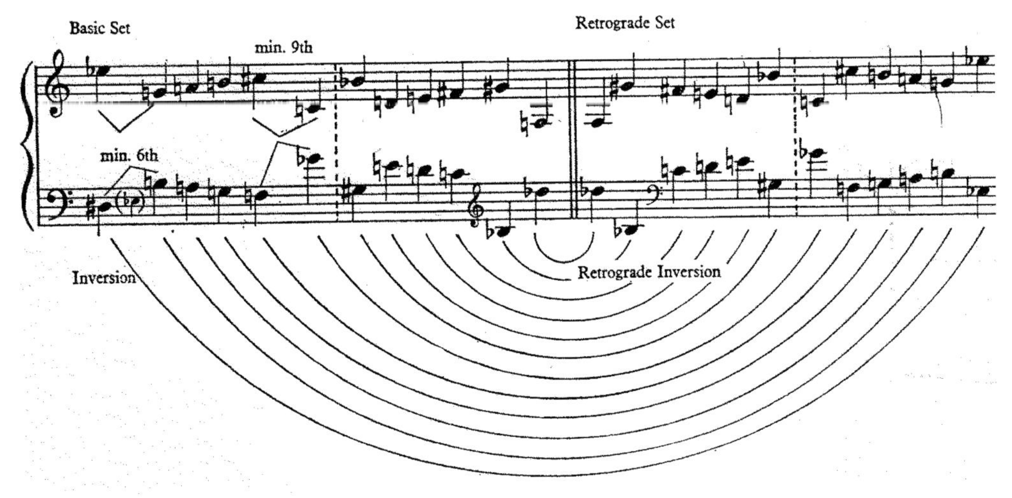

10-5.基础小节，逆向小节，翻转小节，以及逆向的翻转小节，阿诺德·勋伯格，《十二音作曲（I）》，1941年。见《风格与创意：阿诺德·勋伯格选集》（1941/1975）。

如创造一种不和谐的紧张感，再用一个和谐音的结尾化解。19世纪末，俄罗斯的亚历山大·斯克里亚宾、匈牙利的巴托克·贝拉等作曲家以及勋伯格，都曾背离旋律音调，创作了一些非调性音乐。但在1908年，勋伯格成了第一位完全放弃和谐、只以非和谐音来创作的作曲家。

历史学家通常认为这一现代音乐史上的关键时刻同勋伯格个人生活中的一次私事有关。[8]勋伯格结识奥地利青年画家奥斯卡·柯克西卡和理查德·盖斯特尔后，曾在1907年开始认真创作表现主义风格的作品。[9]1908年时，勋伯格的妻子玛蒂尔德曾短暂离开过他，与盖斯特尔同居过一段时间，而在她重新回到丈夫身边后，25岁的盖斯特尔便销毁了所有画作，悬梁自尽了。此后五年间，勋伯格创作了两部独角歌剧，分别为《期待》（1909）和《愉快的触碰》（1910—1913）。在这两部歌剧中，勋伯格彻底背离了调性，音乐里充满了不和谐的绝望表达（图10-6、10-7）。

除了表现动荡的个人生活之外，勋伯格的这些非调性独角歌剧其实也与同时代的西格蒙德·弗洛伊德有关（其著作《梦的解析》出版于1900年）。《期待》的词作者玛丽·帕彭海姆与弗洛伊德的病人贝莎·帕彭海姆是亲戚，弗洛伊德曾在其早期医案（《歇斯底里研究》，1895）中介绍过贝莎的病症。正如德国哲学家西奥多·阿多诺在1949年时指出的那样（阿多诺，《梦境笔记》），玛丽·帕彭海姆以（未加诠释的）梦境的内容为《期待》填了词："第一份非调性的作品是一种证词，它是心理分析式梦境的证词。"[10]

艺术家的工作是本能的。意识心理对此没有多少影响。

——阿诺德·勋伯格，

《和谐的理论》，

1911年

《期待》和《愉快的触碰》讲的都是对爱情的求而不得。第一次世界大战爆发后，勋伯格探索了相关的神学/哲学题材，即对真理的求而不得。勋伯格成长于犹太家庭，但24岁时皈依了基督新教的路德宗，并开始探索其他宗教，如瑞典的神秘教派和泛神论者伊曼纽·斯威登堡的观点。但到了20世纪20年代，他的精神追求逐渐指引着他回到了犹太教上。1933年时，因为犹太血统而被柏林的普鲁士艺术学院解职后，他正式回归了犹太教，后移民美国，并在南加州大学和加州大学洛杉矶分校一直任职到1951年去世。[11]

普罗大众被完全隔绝在新音乐的创作之外，故而对这种音乐的奔放特点感到很陌生。然而，这种音乐中最深刻的潮流，正来自那些大众特有的社会学与人类学基础。让他们震惊的不和谐，恰恰佐证了他们自己的状况；也正因如此，他们才觉得这种音乐无法忍受。

——西奥多·阿多诺，

《现代音乐哲学》，

1948年

1928年，勋伯格为一出有两个声部与合唱的歌剧《摩西和亚伦》写歌词，歌剧改编自《圣经》中有关两兄弟的故事。摩西登上了西奈山，亚伯拉罕的神在那里交给他一项任务，让他去告诉以色列的孩子们，有一个"无所不在、无所不知、无法察觉、无法想象的无限存在"，但摩西口齿不清，把台词说得结结巴巴。阿伦说话完全没问题，可因为没上过山顶，所以不知道说什么。这出歌剧的主题是人们无法用形象或者语言去描述深刻的真理。合唱队吟唱着禁止偶像崇拜："你不可制作偶像。因为偶像会禁闭、限制、束缚本该是无边无涯、无法诉诸形象的事物。"

1932年，勋伯格开始严格地按照自己的十二音技法为这部歌剧配乐，因为他坚信有无法表达的真理存在，但一直到1951年去世都未能完成。这部未完成的歌剧最

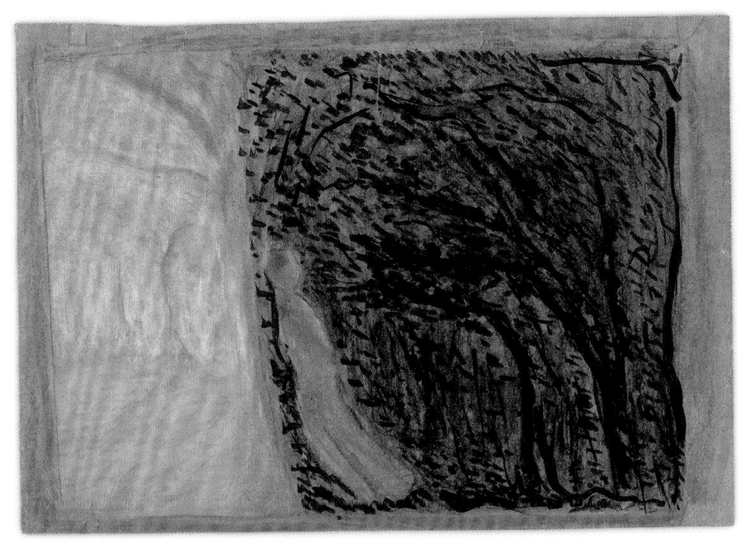

后以摩西的歌唱结束："词句啊，你的词句，我说不出来。"

勋伯格的门徒阿尔班·贝尔格和安东·韦伯恩继承了这种后来被称为"十二音作曲法"（序列音乐）的技法，而师徒三人也被合称为"第二维也纳乐派"。20世纪二三十年代时，这种方法仅在他们的圈子中流行，而且贝尔格和韦伯恩和老师一样，也没有明确把十二音作曲法同数学作过对比。但计算机在20世纪50年代出现后，他们的风格很容易便转译为了机器语言，所以十二音技法的遗产可以说就是计算机辅助创作的音乐。

与第二维也纳学派同时代的俄罗斯作曲家约瑟夫·施林格，则创造了一种直接以形式主义数学为基础的作曲法。施林格曾在圣彼得堡音乐学院学习过作曲，1917年革命之后，开始在圣彼得堡和莫斯科的艺术学院任教。他会把一行乐谱画在坐标纸上并进行分析（图10-8），然后根据机械规则来操作图形（图10-9）。利用这种方法创作乐曲后，施林格会经常为其赋予某种解释，如宇宙秩序或者政治观点。[12]事实上，证明这种形式主义作曲方法——施林格体系——不仅适用于音乐，也适用于所有艺术，成为了施林格一生的使命，他自己甚至还创作过包含对称、连续、排列模式的画作（图10-10、10-11）。[13]

英国物理学家迈克尔·法拉第和詹姆斯·克拉克·麦克斯韦发现电和磁之间的联系后（电磁学），发明家利用他们的发现制造出了最早一批电动机器，如以莫尔斯电码发送电脉冲的电报机（19世纪40年代）、传输声音信息的电话（1876），以及既能录音也能重新放送声音的留声机（1878）。到了19世纪末，音乐家非常迫切地想要把这些装置应用在自己的工作中，最终制作了一种无须把人或乐器的声波转换成电信号，而是直接产生电声的电子仪器。第一台这样的机器叫作泰勒明电子琴，由施林格的同代人莱昂·泰勒明于1920年在俄罗斯发明，之后的音乐机器则通常由受过音乐和数学训练的音乐家来设计。将这类音乐机器与形式主义美学联系到一起的

左

10-6. 阿诺德·勋伯格，《期待》的第17号布景设计，约1911年。纸面水彩，蜡笔和墨，31.4厘米 × 45厘米。维也纳阿诺德·勋伯格中心，inv.no. 169。

在他创作于1909年的《期待》中，一位年轻女性在黑暗舞台上漫步，寻找着她的情人，同时唱出了她的恐惧。在找到了他的尸体后，她终于精疲力竭，接受了没有他的生活，以一句"我曾追寻"结束了这出独角剧。

右

10-7. 阿诺德·勋伯格，《愉快的触碰》的第18号布景设计，1910年。纸板面油画，22厘米 × 30厘米。维也纳阿诺德·勋伯格中心，inv. no. 176。

在《愉快的触碰》（1910—1913）中，一个男子用歌声倾诉了他对一位水性杨花的女子的爱意。她在一场三角恋中投入了对手的怀抱，但他误以为女子已回心转意，便以纯金创作了一件辉煌的艺术作品。但这位艺术家很快意识到，他所创造的不过是一场闪光的幻梦，是以不值钱的金属创造的华而不实的小玩意儿，因为虽然那个女人回来了，却并不爱他。

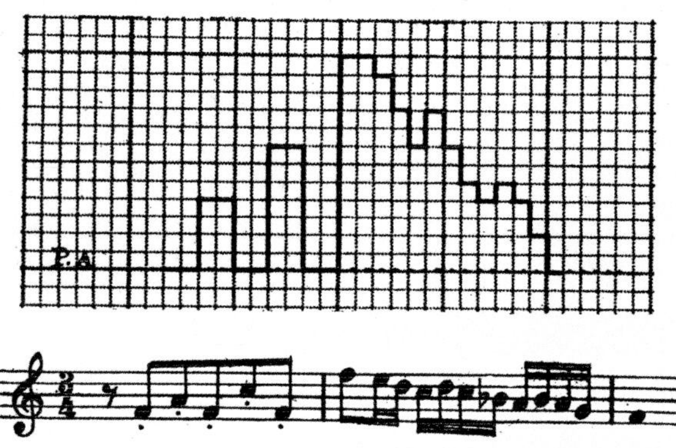

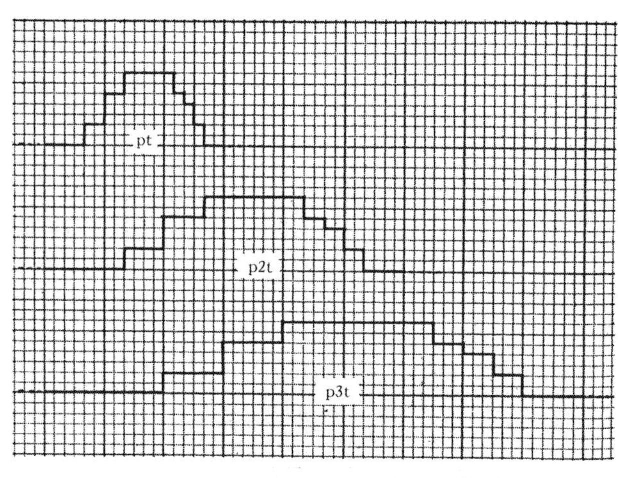

上

10-8. 巴赫的两部分创作的动态图示，第八号，出自约瑟夫·施林格的《音乐作曲的施林格体系》（1941）。

在这张图中，施林格用水平方向的正方形代表十六分音符，用竖直的正方形代表半音。

下

10-9. 时间扩展与音高延展，出自约瑟夫·施林格的《音乐作曲的施林格体系》（1941）。

基本理念，其实就是一段音乐相当于一个形式公理化的结构，其中包含了语汇（音符）、公理（一个旋律或者一个十二音基本集）和算法（变换规则）。

1916年，泰勒明作为大提琴手从圣彼得堡音乐学院毕业，后他又去了为军官开办的电子技术学校学习，完成了成为沙皇尼古拉二世帝国军队无线电工程师所要求的课程。1917年10月，他参加了布尔什维克，并在随后几年负责了苏联红军无线电站的管理，同时为了设计电子乐器，还进行了一番将电磁信号转化为声音信号的实验。1920年，他设计出了“以太琴”（以神秘的以太命名，人们认为它遍布于整个宇宙；但很快，人们便开始把这种琴称为“泰勒明电子琴”；图10-12）。1922年3月，列宁接见了泰勒明，对他发明的这种电子装置赞叹不已，并指出对苏联的发展而言，电气化是一项关键技术。[14]第一部为电子独奏乐器创作的交响乐曲是安德烈·帕先科的《交响乐的神秘》，由泰勒明琴与交响乐团于1924年在圣彼得堡演出。1928年，泰勒明在纽约大都会歌剧院举行了首场独奏音乐会，名为《来自以太的音乐》；次年，他的乐器在美国取得专利，开始由美国无线电公司投入商业生产。

在此期间，施林格办理了移民手续，并和泰勒明在纽约组建了一个工作室，一起为欣欣向荣的音乐录制工业和电影工业研制电子设备和乐器。1929年时，施林格为泰勒明琴和交响乐团创作了《第一组乐》；1932年时，泰勒明完善了他发明的“爱舞机”（terpsitone，得名于希腊的舞蹈女神Terpsichore）。这是一种具有互动功能的电子舞台，舞者能够用动作来控制电子音乐的声调。后来，施林格去了哥伦比亚大学任职，教授音乐、数学和艺术史，其数学模型和绘画模式现已成为哥伦比亚大学数学博物馆的永久展品。他还有许多私人授课的学生，如托米·多尔西、乔治·格什温、本尼·古德曼。格什温曾在1932年到1936年跟随他学习，并在此期间用施林格体系谱写了《波吉与贝丝》（1935）。[15]在纽约生活的11年间，泰勒明曾积极为苏联提供过一些低级别的情报，后在1938年被遣送回莫斯科，结束了音乐生涯，后半生成了一名电子工程师。[16]美国的流行音乐家继承了他的遗产，比如乐队“海滩男孩”就曾在20世纪60年代的泰勒明琴和摇滚乐团谱写过作品。

勋伯格移民美国后，去了南加州大学教书。新一代作曲家在那里学习了他的作曲手法后，使之最终在冷战背景下的美国发扬光大。拉蒙特·扬曾于20世纪50年代在洛杉矶城市学院跟随勋伯格在加州大学洛杉矶分校任教时的助手伦纳德·斯坦学习。扬在早期的作曲中广泛使用了勋伯格和韦伯恩的十二音技法，但随着20世纪60

上

10-10.约瑟夫·施林格（德国人，1895—1943），《绿色正方形》，“艺术的数学基础”系列之一，约1934年。纸板面蛋彩，30厘米×28厘米，华盛顿史密森尼美国艺术博物馆，由约瑟夫·施林格的夫人赠予。

下

10-11.约瑟夫·施林格，《被垂线分割的区域》，约1934年。不透明水彩，22厘米×30.5厘米。华盛顿史密森尼美国艺术博物馆，由约瑟夫·施林格的夫人赠予。

10-12.莱昂·泰勒明用泰勒明电子琴演奏。大约1920年。照片。©霍尔顿·多伊奇藏品/科尔维斯。

泰勒明电子琴上的竖直天线会发出无线电波范围内的混合频率电磁辐射，形成了均匀的波形。人体可以导电，所以当他的手在天线附近上下运动时，会对波形造成干扰，而这些波形的变化便可由电子仪器转换为人耳能听到的声波波长（声调）的变化，最后再通过扬声器输出。音符变化时形成了单一声调，会发出含混不清的声音或者滑音，即滑奏。音量则由演奏者的左手在一个垂直回路上方的前后通过动作控制。

1917年的革命之后，俄罗斯音乐家尼古莱·苏科洛夫移民美国，并于次年成为俄亥俄州克利夫兰交响乐团的创办音乐总监。1929年11月，苏科洛夫在该团指挥了约瑟夫·施林格《第一空中声组曲》的全球首演，莱昂·泰勒明担任了泰勒明电子琴的独奏。

年代的文化剧变，他也开始关注亚洲的音乐风格，最终迁往纽约，在那里成为所谓“极简音乐”的开山宗师。扬在第二维也纳乐派的序列手法中加入了很长的持续音，创造了一种永恒的感觉。在扬的《四个有关中国的梦》（1962）中，四位演奏者发出了极长的持续音，理论上它们可以永久持续。[17]

“二战”之后，计算机进入了市场，希腊建筑师、音乐家伊阿尼斯·泽纳基斯开始在计算机的辅助下创作十二音的作品。战争期间，他曾积极参与过希腊的抵抗运动；1947年，希腊保守党成立新政府后，他辗转流亡法国，并在巴黎得到了一份工作——在勒·柯布西耶的建筑公司工作做学徒。但很快，泽纳基斯便成为了公司的高层。1958年，勒·柯布西耶受荷兰飞利浦公司的委托，为其在布鲁塞尔世博会上设计展馆。于是，这位建筑师便与泽纳基斯合作，并且把项目的管理权交给了他。勒·柯布西耶和泽纳基斯为展馆设计的几何外形极其吸引眼球，由九个双曲抛物面组成（图10-13、10-14）。此外，他们还在展馆中装设了各种多媒体设备，突出了该公司电子产品的进步。在此之前，泽纳基斯就已经开始研究如何不用乐器来制造出音乐，所以很自然地就为飞利浦展厅创作了一首电子配乐，让参观者一旦踏入建筑就能听到。1959年，泽纳基斯离开勒·柯布西耶的公司，全面投身音乐创作，最终成为电子音乐这一新领域的领袖式人物。1966年，他在巴黎创办了“音乐的数学与自动化技术研究会”，并撰写了计算机辅助作曲开山著作之一的《形式化音乐：作曲中的思想与数学》（1971）。[18]

机械计算时代的艺术作品

我接收到了美好的感觉。

她让我兴奋。

——沙滩男孩，

《美好的感觉》，

1966年

计算机在20世纪下半叶对视觉艺术的冲击，非常类似19世纪30年代照相机发明后对艺术造成的影响。这些设备的发明者会最先探索它们在美学方面的可能用途，而创作风格多受技术影响的艺术家则紧随其后，把这些新的工具利用起来。19世纪，碘化银纸照相法的发明者威廉·福克斯·塔尔博特拍摄了风景和静物照后，将其作

右

10-13.勒·柯布西耶（瑞士人，1887—1965）和伊阿尼斯·泽纳基斯（希腊人，1922—2001），飞利浦馆，1958年布鲁塞尔国际博览会。勒·柯布西耶基金会，巴黎。©2015 F.L.C./ADAGP，巴黎/艺术家权利协会，纽约。

右

10-14.勒·柯布西耶和伊阿尼斯·泽纳基斯，飞利浦馆，1958年布鲁塞尔国际博览会。勒·柯布西耶基金会，巴黎。©2015 F.L.C./ADAGP，巴黎/艺术家权利协会，纽约。

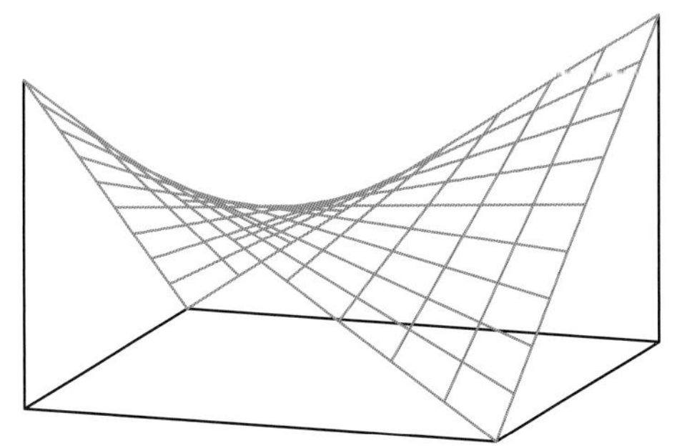

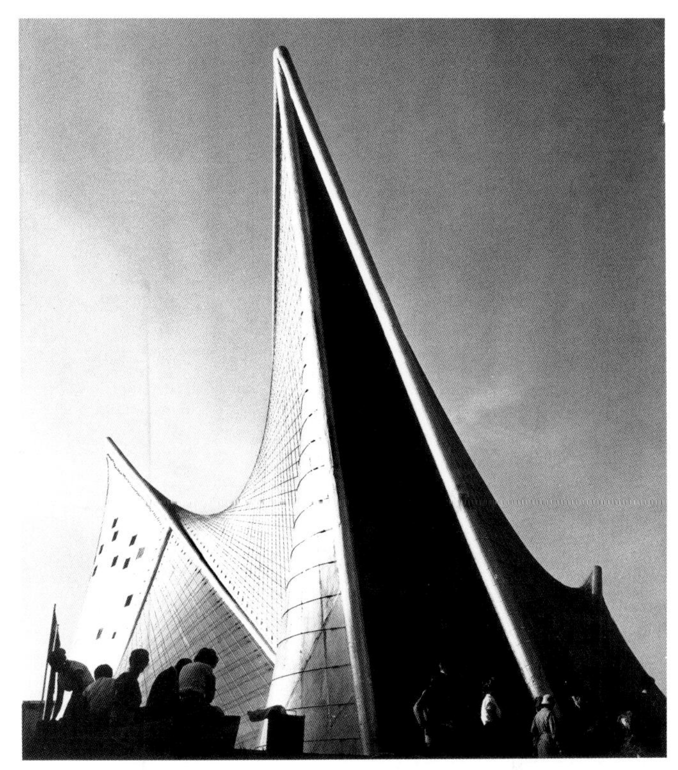

为插图放到了《自然的铅笔》（1844）一书中。不久之后，纳达尔（加斯帕德-菲利克斯·图尔纳雄的化名）和朱丽娅·玛格丽特·卡梅伦等肖像艺术家，开始使用照相机为人物拍摄肖像，埃德加·德加和托马斯·伊金斯等现实主义画家也对摄影趋之若鹜。

20世纪五六十年代时的计算机要运转起来，需要大量的真空管和晶体管，所以其价格和维护成本十分高昂，体积也非常庞大。因此，第一批用计算机进行艺术创作实验的数学家和计算机专家，基本都在公司和大学工作，因为只有这些机构才有购置与维持这种庞大机器的资本。[19]

马克斯·比尔的《同一主题的十五种变体》（1935—1938；第七章图7-18）既是计算机程序又是算法艺术作品。在这类作品中，艺术家会应用一套元素（颜色、图形）的规则来创造出一系列变体。如果艺术家想自己编写程序，而且想让输出中包含一些出人意料的惊喜，那么艺术家/程序员就可引入一个自由变量，如色彩的自由变量，而这个变量的值可以由随机数字发生器决定；换言之，色彩的选取完全随机。一般情况下，艺术家通过计算机来辅助创作算法艺术时，会在带有自由变量的程序输出了所有可能的变体（如果运行情况理想）之后，挑选出几件自己中意的作品，并将其余的丢弃。

早期有关计算机辅助艺术的批评，很容易让人联想到19世纪摄影技术出现后遭遇的抱怨——照片是由机器创造的，没有人味儿。[20]但随着时间推移，计算机辅助艺术就像摄影一样，也渐渐开始因其自身固有的特征而得到了人们的欣赏。比如，计算机艺术能

10-15.哈尔9000，电影《2001：太空漫游》(1968)中的关键角色。本片由斯坦利·库布里克执导，改编自阿瑟·克拉克的同名小说。© 特纳娱乐公司（隶属华纳兄弟娱乐公司）。版权所有。
哈尔是一台启发式算法电脑，能够监控“发现1号”太空船的所有系统，也具有语言表达、语音识别、读唇会意、人脸识别、表达情感与理性的能力，甚至还会下象棋。在《2001：太空漫游》的观众看来，哈尔通过了图灵测试。

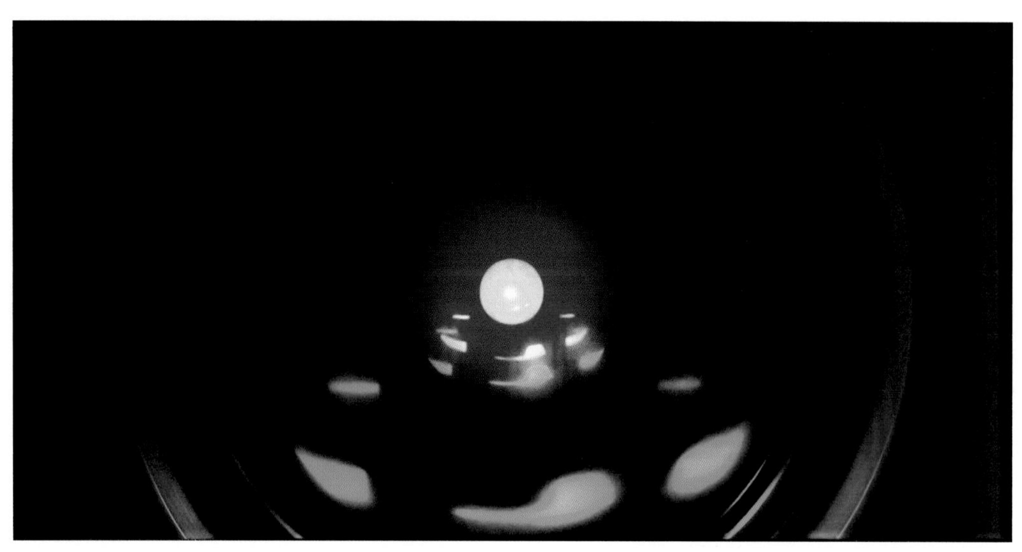

将抽象的想法形象化为一种严肃的美感，达到人类无法企及的精确程度（图10-15）。

马克斯·比尔的挚友马克斯·本泽，最早开始鼓励工程师和艺术家来利用计算机创作算法艺术作品。1937年，本泽在波恩大学获得了物理学博士学位，课题是关于爱因斯坦相对论和量子力学方面的研究。但此后，他却从事了科学哲学和美学方面的工作，而且在这两个领域基本上都是靠自学成才。1949年时，他到斯图加特高等技术学校（斯图加特大学）担任哲学系教师，并在这所以应用数学闻名遐迩的高等学府度过了整个职业生涯。作为一位多产的作者，本泽曾出版过八十多部哲学著作，包括多卷本著作《美学》(1954—1965)。他博览群书，把20世纪中叶的多种思想流派融会贯通，形成了有关普遍美学的宏大视野。为了能让瑞士的具象艺术“具有科学性”，本泽希望通过分析比尔的艺术，以及有史以来的一切艺术的元素（色彩、形式），来创立一套生成艺术对象的精确规则和评价标准。

1954年，本泽出版了《美学》的第一卷，提出了一个兼向瑞士数学家安德里亚斯·施派泽（第七章）表达敬意的夸张论点，宣称“对称是产生美学愉悦的唯一原因”。20世纪50年代，高等技术学校引入计算机后，本泽开始将其作为自己的美学模型，并阅读了美国数学家克劳德·香农的著作。“二战”期间，香农曾参与过密码破译的工作，是这方面的专家。1943年时，英国政府曾派遣艾伦·图灵前往华盛顿，向美国数学家通报布莱切利园的最新工作进展，所以有两个月的时间，图灵和香农都会经常会面，探讨两人都感兴趣的一个话题：语言如何转译为代码。战后，香农描述了如何为语言信息加密，使之能够以电子方式来传输的方法（《通信的数学原理》，1948）。本泽读过香农的著作后，将其语言交流方法运用到了艺术交流上，并把这种方法命名为“信息美学”。[21]

在后期的著作中，本泽曾试图通过测量艺术品的对称性，来寻找一种精确评价艺术的方法，最终借用了施派泽的追随者、美国数学家乔治·戴维·伯克霍夫创建的一个系统。伯克霍夫是哈佛大学的研究人员，曾与鲁道夫·E. 兰格合作，撰写过有关爱因斯坦相对论的数学基础著作（《相对性与现代物理》，1923）。20世纪30年代初，伯克霍夫请了一年假专门研究世界文化中的艺术与音乐，最后得出了与施派泽类似的观点：某个物体的对称度越高，就越加美丽。伯克霍夫给出了一种通过计算物体轮廓的对称程度，来量化物体之美的方法（《美学标准》，1933；图10-16）。

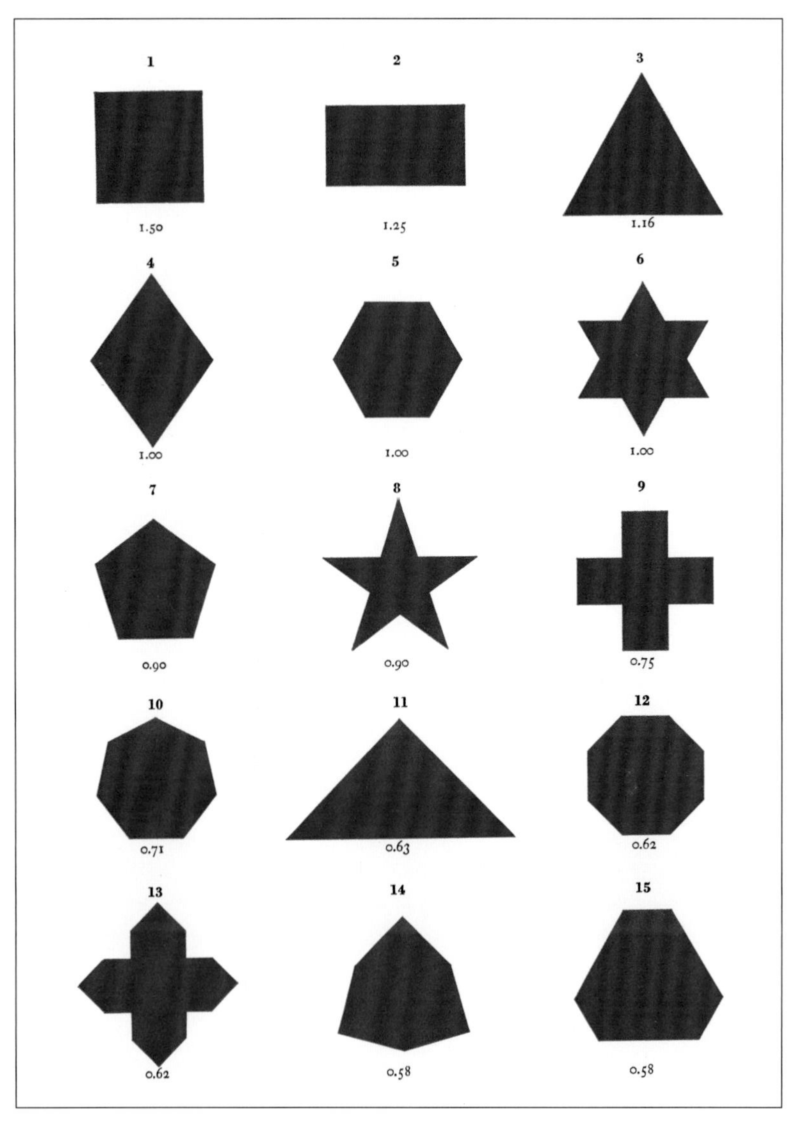

10-16. 乔治·伯克霍夫，“多边形的美学标准”，《美学标准》（1933）。

伯克霍夫将美学简化为一个简单的公式：$M = O : C$，意为“某种审美对象产生的美学愉悦（M）等于该审美对象的品级（O）与其复杂程度（C）的比”。伯克霍夫对这一公式做了解释：“这是对O阶审美对象中美学数量的直觉估计，与它的复杂程度C之间的比较，从中得出在人们考虑的这种类型中，不同物体的美学标准M的衍生感觉。”亦可参阅乔治·伯克霍夫的《美学的数学理论及其在诗歌和音乐上的应用》（1932）。

1941年，德国工程师康拉德·楚泽制造出了最早一批可存储程序的计算机；1964年，他又设计了一台绘图仪，用笛卡尔解析几何的方法，将方程“画”在坐标系上。这台仪器用齿轮箱来控制笔的运动，当笔滑过纸时，能在看不见的格子上画出密密麻麻的小点。位于埃尔朗根的西门子公司购买了一台这种绘图仪，并把为其编程的工作交给了青年数学家乔治·尼斯。尼斯为西门子编写了绘制技术图纸的程序，并在空闲时间编写了能够生成装饰性图案的程序。他曾在后来回忆了这段经历：“看到一幅又一幅图画从笔下倾泻而出，我不禁深感敬畏。我想：‘这是一种永远不会消失的东西。’”[22]尼斯还对计算的哲学影响产生了浓厚的兴趣，他开始在埃尔朗根大学攻读哲学研究生，并在斯图加特高等技术学校跟随本泽学习。尼斯将本泽的美学理论应用到了绘图仪的绘画创作上（图10-17），最终在1969年成为计算机制图学博士学位（哲学博士）的首位获得者。在此期间，高等技术学校也在1964年购置了一台绘图仪，并招募了一位名叫弗瑞德·纳克的数学研究生编写程序。纳克与尼斯不谋而合，也尝试将其作为美学工具，编写了一个使用随机数字发生器的画图程序。1967年，纳克获得了博士学位，论文主题为概率论，主要研究概率与随机数字发生器的哲学问题。纳克还最早为工作室艺术家设计编写了一个电脑程序：《生成美学I》（1968）。为寻找本泽假定存在的固有美学算法，纳克还分析了保罗·克利等艺术家的构图（《致敬保罗·克利》，约1965；不来梅艺术馆）。

1965年，本泽为高等技术学校的工作室画廊组织了一场为尼斯的绘制的计算机生成作品展，同年晚些时候，尼斯和纳克又在斯图加特的文德林娇俏画廊举办了联合展览（《计算机制图程序》）。人们认为，1965年的这两次展览开启了计算机艺术展览之先河，而且就像尼斯预言的那样，计算机绘图仪从此在艺术工作室中占据了一席之地。20世纪60年代中期，德国艺术家曼弗雷德·莫尔对本泽的美学进行深入研究后，采纳了算法创作方法，并学习了计算机语言，开始利用绘图仪来创作（图10-18）。[23] 20世纪60年代初期，美国产业界和学术界的工程师也开始尝试计算机生成艺术。正如本泽等艺术家一样，新泽西州贝尔实验室的工程师A. 迈克尔·诺尔也对找出艺术风格的规则产生了兴趣，在分析了皮特·蒙德里安的《线条构图》（1916—1917；第六章图6-13）等作品后，开始创作他自己的绘画（《计算机线条构图》，1964；不来梅艺术馆）。

10-17.乔治·尼斯（德国人，1926—），《碎石》，1965—1968年。计算机制图，绘图仪打印，纸面墨水，23厘米×13厘米。不来梅艺术馆。

1943年，奥地利物理学家埃尔温·薛定谔发明了"负熵"一词（这个词后来在生物学与物理学中被赋予了多种意义）。几年后，美国信息理论先驱克劳德·香农开始用"熵"来衡量一个人不知道随机变量的值时会丢失的信息（《通信的数学原理》，1948）。马克斯·本泽从薛定谔与香农那里借用了这个术语，提出美学物体会走向有序，并在熵减少的过程中令信息完整。作为本泽的博士研究生，尼斯在用计算机程序创作这幅《碎石》时，阐明了老师有关美学负熵的内容，即一个从上层无序走向下层有序的过程。

1937年，匈牙利出生的戈尔杰·凯普斯移民美国，并应同胞莫霍利-纳吉邀请，到芝加哥新包豪斯学校任教。凯普斯非常希望能把艺术同科学联系到一起，所以将计算机视为了能够弥合这条文化鸿沟的工具。1967年，凯普斯在美国麻省理工学院中创办了高级视觉研究中心。瑞典电子工程师比利·库律维与艺术家罗伯特·劳森贝格在纽约共同创办了"艺术与技术实验"，目标是促成十位艺术家（包括劳森贝格和约翰·凯奇）和贝尔实验室三十位工程师的合作。[24]这一尝试的最终结果，是1966年10月曼哈顿军械库艺博会中的一个表演系列，名为《九个夜晚：剧场与工程》。1.4万名观众现场目睹了诸多想法的实现过程，比如网球拍上安装了麦克风，当球打到弦上时，麦克风可以收集并放大混响。此外，球拍每次被击中后都会触发一个机械装置，关掉天花板上的一盏灯。就这样，球拍被击中36次之后，现场彻底陷入了黑暗，演出也由此结束（罗伯特·劳森贝格，《公开命中》，1966）。

20世纪60年代，克罗地亚首都萨格勒布出现了一项名为"新趋势"的艺术运动，主要探索计算机技术的美学潜力。1968年，该运动的领导者创办了多语杂志《比特国际》，使之成为计算机艺术的国际平台。[25]同年，本泽在伦敦现代艺术研究所举办计算机艺术展览。[26] 1970年，计算机辅助艺术首次亮相威尼斯双年展；1971年，巴黎现代艺术博物馆为曼弗雷德·莫尔的绘图仪作品举办了展览。20世纪70年代后期，计算机创作的艺术品已经成了"新媒体"艺术展览的"保留节目"，而随着互联网在90年代的来临，独立于传统艺术博物馆的网上机构，如"The Thing"（创建于1991）和"Rhizome"（创建于1996）等都在互联网上展出、促进、归档数码艺术。在今天的艺术世界里，计算机已经和照相机一样常见了。[27]

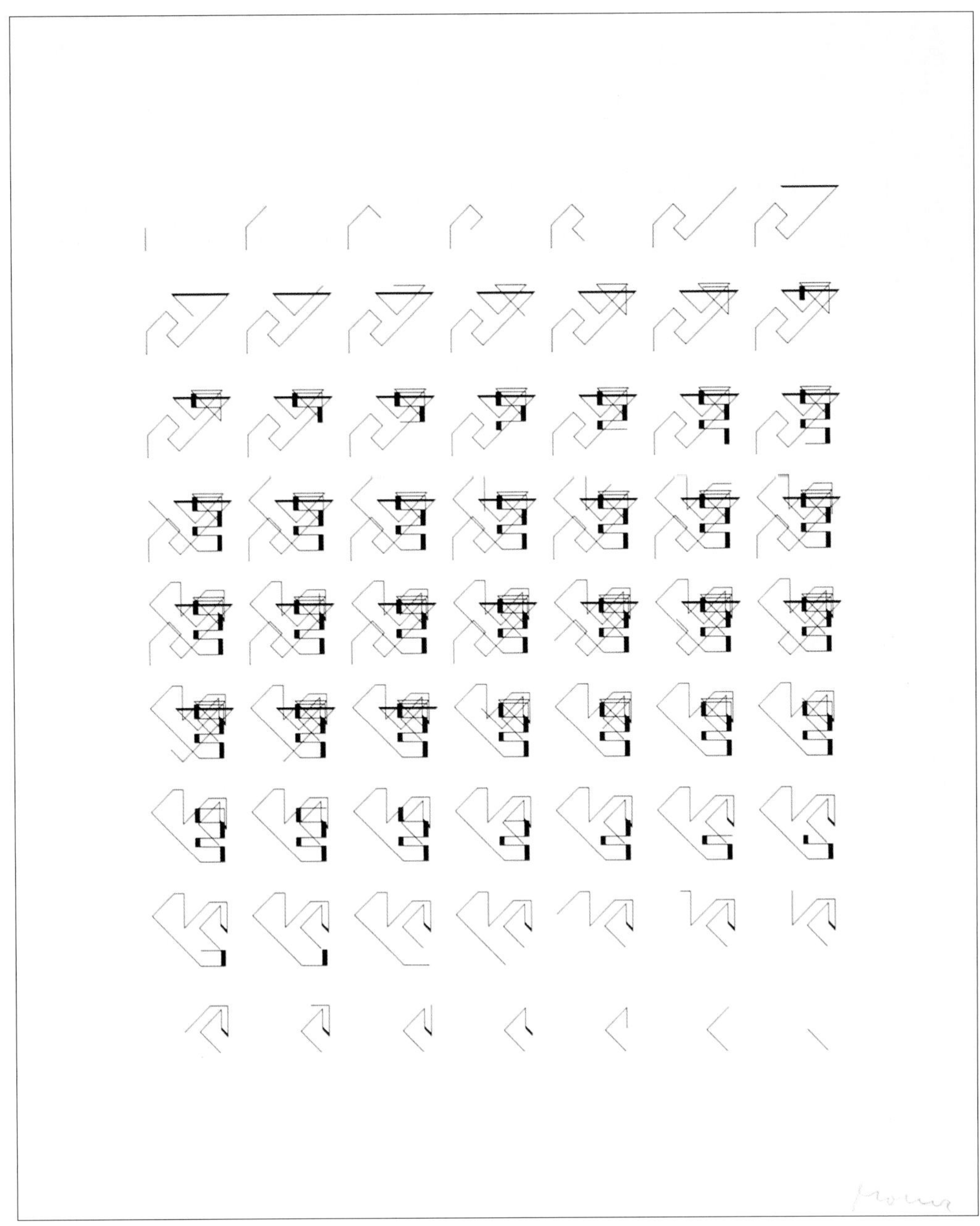

10-18. 曼弗雷德·莫尔（德国人，1938— ），《P-26F逻辑反转》，1970年。绘图仪、纸面墨水，56厘米×46厘米。图片由艺术家提供。

为了创作这一图像系统，曼弗雷德·莫尔从确定符号的基本元素开始，包括竖直线、对角线、水平线等。然后，他定义了一个七列九行的网格，并编写了一个能够随机选择符号置于第一行/第一列位置（左上角）的算法。这个算法接着选择了第二个符号，与第一个符号结合后向右移置入第一行/第二列位置，以此类推。这个随机过程也确定了线的长度与厚度。当推移到达网格中心点（第五行/第四列）时，算法便接着按照加入符号的次序从复合记号中去掉符号，于是到了最后一个位置（右下角）时便只剩下了一个元素。

机械缪斯正在扩展她的疆域，以覆盖创造活动的方方面面。

——约翰·R. 皮尔斯，贝尔实验室工程师，《艺术新星“机器”的肖像》，1965年

普世主义

到19世纪后期，普世主义世界观已经发展成为哲学和神学的跨文化研究，而其标志便是与1893年芝加哥世博会同期举办的第一次世界宗教会议。威廉·詹姆斯在会上宣布通过神秘直觉得到的知识是连接世界宗教的共同纽带，并同时展示了一份记录汇编，内容出自他的经典著作《宗教经验之种种》（1902），记载了拥有不同信仰背景的人的各种神秘经历。

研究灵魂的“新医生”为人类的兄弟情谊在心理学方面提供了一个世俗化解释，并为“神经症患者”提出了一种混合西方心理学和东方冥想的疗法。查尔斯·达尔文曾经宣称动物具有生存与繁衍的本能（《物种起源》，1859），作为这种观点的延

10-19. 仙崖义梵（日本人，1750—1837），《无题》（矩形、三角形、圆），江户时代，19世纪初。挂轴，纸上墨水画，28.4厘米×48.1厘米，东京出光美术馆。

佛教禅宗僧侣仙崖义梵创造了这幅名为《无题》的作品，左侧的题字是仙崖义梵的签名。铃本大拙认为仙崖义梵的这幅画就是对“冥想”的完美诠释：“圆代表着无限……三角形意味着一切形式的开始……正方形则是从三角形发展而来的，是两倍的三角形。这个加倍过程若是可以无限进行下去，便构成了这世间形形色色的一切，中国哲学家将这一切称为‘万物’，也就是‘宇宙’。”见铃本大拙的《仙崖义梵：禅宗大师》（1971）。

续，西格蒙德·弗洛伊德在《文明及其不满》（1930）一书中描述了智人为了能在文明社会中共同生活如何压抑了自身的侵略性与情绪。弗洛伊德不同意詹姆斯的意见，并且针对神秘经验给出了心理学解释。弗洛伊德认为，泛神论者渴望与自然合一，源于他们曾与周围环境合一的回忆——在母亲子宫中的回忆，以及出生后在母亲怀抱中的回忆。此外，弗洛伊德还对其他普遍信仰给出了心理学上的解释：比如人们将信任寄托在一个无所不能的位格神身上，是源于婴儿时期对已成年父母投射的过度崇拜；对来世的坚信，则是不愿以坚忍态度面对自身必死性而产生的妄想（《幻想之未来》，1927）。

日本学者铃木大拙是追寻人类普世观点这一领域的重要人物。在1893年的世界宗教议会上，铃木遇到了德裔美籍哲学家保罗·卡卢斯，后者在伊利诺伊州拉萨尔地区的敞院出版社担任编辑。世界博览会闭幕之后，铃木留在美国，并从1897年开始和卡卢斯一起在伊利诺伊工作。卡卢斯出版了一系列由铃木翻译的东方经典著作，铃木还为西方读者撰写了有关佛教的通俗读物。铃木将佛教、道教和儒家学说编织到一起，在半个世纪中俨然成为东方哲学在西方世界的主要发言人，不断往来于日本、欧洲、美国之间，1952—1957年间还曾在纽约哥伦比亚大学教授东方哲学。

铃木大拙属于佛教禅宗一脉，禅修者的目标是达到一种无怒无欲、与万化冥合的思想状态。这种思想状态即为“禅”，或称为“涅槃”（《禅与生活》，1956）。铃木在纽约时，将这些古代教义与西方心理学融合，强调通过气功和瑜伽来控制愤怒和欲望，并借助心理疗法来取得和谐与怜悯的体验。东方观点认为自然是复杂、和谐的有机体，西方观点则认为宇宙是简单的数学结构；铃木则把二者结合到一起，将18世纪后期的禅宗僧侣仙崖义梵的一幅墨笔画解释为宇宙的象征（图10-19）。有人批评铃木，认为他过分简化了东西方思想的差别，且不该向大众普及佛教，因为这会歪曲佛教教义（东方传统的佛教修行一般都在寺院内发生）。但必须承认的是，在犹太教/基督教/伊斯兰教传统普遍衰退的时代，铃木针对西方无神论提出的这种灵性/心理学的替代选择，确实在公众中激起了极大的反响。正如禅宗的美国解释者艾伦·瓦茨在1958年时所说的那样："对于寻求人与自然重新融合的西方人来说，禅宗存在着一种远远超越自然主义的吸引力——在马远和雪舟创造的风景中，灵性与世俗同时存在，并传达了一种自然的神秘。在他们的创作中，灵性与世俗永远相辅相成、缺一不可。在灵性与物质、意识与无意识遭到灾难性分裂的文化中，这样的世界观赋予人一种耳目一新的整体感。"（图10-21）[28]

日本与美国艺术中的东西方融合

核时代的到来，日本与美国是受到了最直接的影响，所以这两个国家的艺术家在表达普世观点时表现出了一种紧迫感。1945年8月，美国向日本投下原子弹时，松泽宥只有23岁。他深受触动，写下了融合东方哲学与西方物理学的诗篇《地球不朽》（1949）。从东京早稻田大学获得建筑学学位之后，他去了纽约哥伦比亚大学跟随铃木大拙学习哲学。学成回到日本，松泽宥开始信奉真言宗。佛教宗派真言宗主张对某些几何图形展开冥想（包括反映中国古人世界观的幻方；第一章图1-43）而达到涅槃。

1964年，松泽宥印刷了一张名为《ψ尸体》的海报（图10-20），如同幻方那样以9个符号为一组，其中部分内容是："文字由729个字符组成，729是9的立方。"[29]这份海报邀请观者集中精神观察图表，想象图中物体慢慢消失。海报上的文字发问："是什么让这样一件吓人的事情成为可能？这是一种'无所不能'的能力。也就是说，ψ具有让物体消失与再现的能力。这是个极为危险的真理。"[30]松泽宥海报标题中的ψ指的是薛定谔的ψ波。身体因与梵天结合而成为不朽，可以比喻为一具"ψ尸体"，因为它的原子已经非物质化，变成了动态的能量，与电子转化为ψ波类似。

的确，1945年8月6日，身在原子弹爆炸中心的广岛居民化为一团随风而逝的尘雾（核爆的力量破坏了人体内部原子之间的结合），没有留下一具可以埋葬的尸体——ψ尸体没有坟墓。此外，松泽宥《ψ尸体》海报中的文字还描述了一个消失物体的艺术展览。来参观松泽宥展览的人将进入一个空房间，房间地板上到处丢着传单："这里看上去几乎什么都没有。你无法感知到这里究竟有没有东西。因此，这里注满了虚无。在这种'虚无'中，扔在地板上的海报，在自如尸骨的纸上，字的颜色如血变黑了一般。"[31]如所有史上禅宗僧侣一样，松泽宥后来去了长野县群山中隐居，一直过着远离尘世的生活。2006年，在一众信徒——"涅槃派"的艺术家和

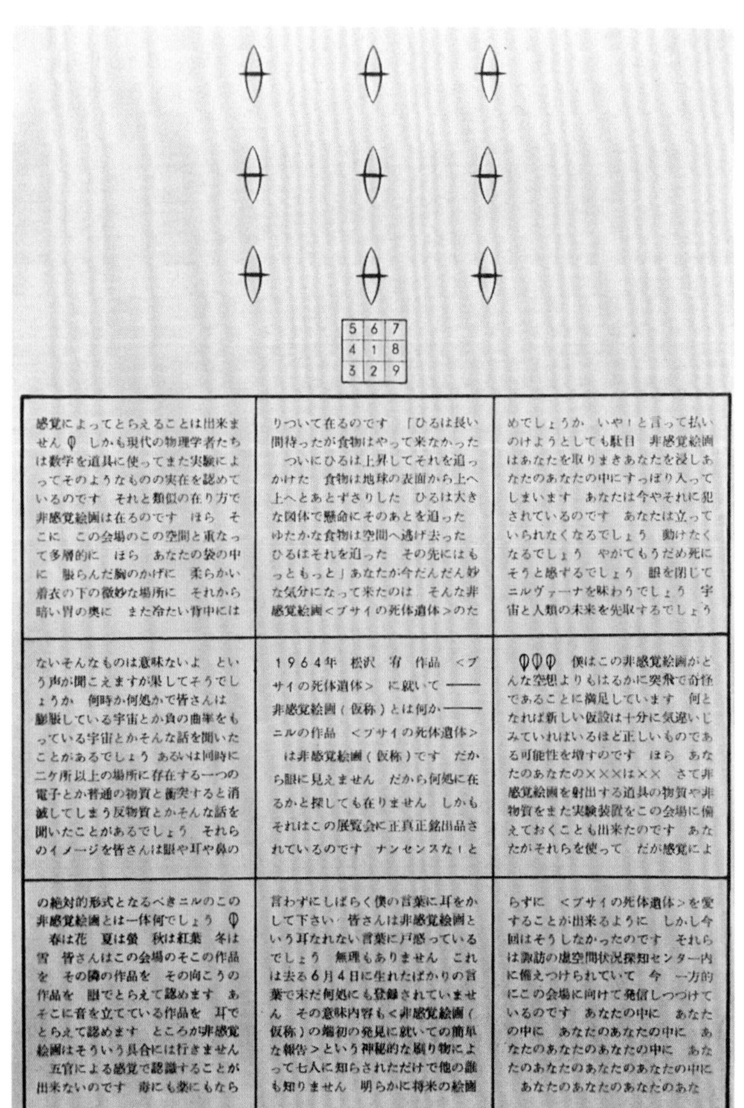

右

10-20. 松泽宥（日本人，1922—2006），《ψ尸体》，1964年。海报印刷。纽约皇后区艺术博物馆，inv. no. 1999.6。

在这张海报的标题中，松泽宥使用了希腊字母ψ——薛定谔波函数的标识。但在文字中，他又使用了希腊字母Φ（例如左上角正方形的第二行第三个字符），令人费解。较小的3×3方阵的数字没有按传统那样分布，而是把1放在正中，2放在1的下面；并让其中的自然数沿顺时针方向延续到9。

对页

10-21. 马远（中国人，1140—1225），《踏歌图》，宋代。绢本水墨画，192.5厘米×111厘米。北京故宫博物院。

画作上部的题诗："宿雨清畿甸，朝阳丽帝城。丰年人乐业，垅上踏歌行。"画作下部的农人踏歌陇上，展现了社会的和谐（儒家），以及通过天人合一（道家）的方式来实现顿悟（佛教）。

作家——的陪伴下，松泽宥溘然长逝。

到了20世纪50年代中期，日本的社会情绪已经从对原子弹破坏力和战败的绝望，转变为了对未来的乐观展望，人们希望日本能够摆脱帝国主义文化和好战的历史。1954年，吉原治良在大阪创建了具体艺术协会，其宗旨是无拘无束地创作表达精神欢欣的作品。1956年，吉原治良发表了具体艺术协会的宣言，描述了在毁灭中（例如建筑物被摧毁后变成的粗糙碎石）寻找美的方式。在生命的最后十年，里吉原治良创作了一系列象征禅宗顿悟的圆圈（图10-22）。

日本当代艺术家宫岛达男则将东方的传统哲学和西方的科学与数学进行了很好的融合（图10-23）。在《百万死亡》（图10-24）中，闪烁的数字如同夜空中的星辰，象征着佛教/道教的生、死和重生的轮回。他用从1到9变幻的数字象征人的生命：发光二极管灭掉象征死亡，重新点亮象征重生。个体的死亡不是悲剧，而是自然进程的一部分，但很多处于不同生命阶段的人同时死亡则不同，即所谓"百万死亡"——比如八万广岛人在不到一秒钟内同时死亡——宫岛达男用一大批灯同时熄

在一切结束之后，那些被毁灭的事物热烈而又亲切地接受了我们，用裂缝、用斑驳的表面吸引着我们。这难道不是物质在复仇，在重新获取它原有生命吗？

——吉原治良，《具体艺术宣言》，1956年

宿雨清畿甸
朝陽麗帝城
豐年人樂業
壟上踏歌行

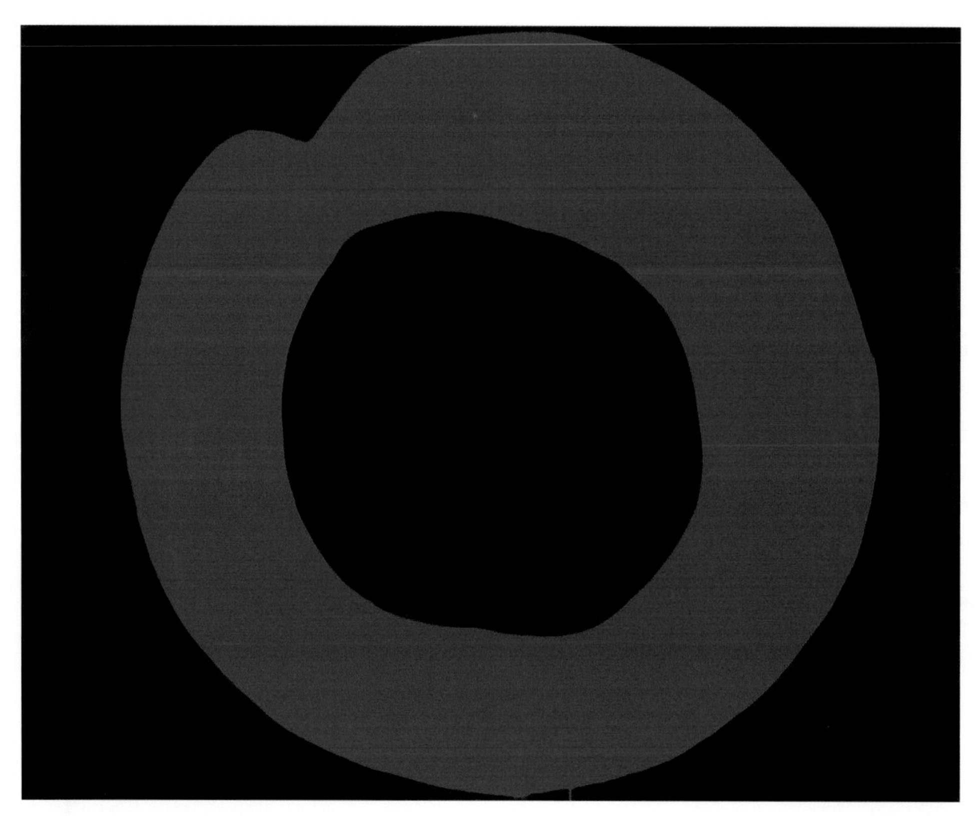

右

10-22. 吉原治良（日本人，1905—1972），《黑底红圈》，1965年。布面丙烯，181.5厘米×227.0厘米。兵库县立美术馆。©吉原伸一郎。

对页上

10-23. 宫岛达男（日本人，1957— ），《不确定汽车》，1993年，发光二极管、集成电路、发动机、电池。日本东京浴室画廊。
受到海森堡不确定原理的启发，宫岛达男编写了一个程序来引导两辆玩具汽车的行驶路径，体现了一种随机性。当汽车高速飞驰时，随机数字在车顶以红色与黄色显示；艺术家认为，这种模式“通过让自然数在空间内杂乱无章随性乱跑”，生成了一种不确定性。

对页下

10-24. 宫岛达男，《百万死亡》，1999年，发光二极管、集成电路、电线、传感器。1999年第48届威尼斯双年展日本展厅安装视图。图片由日本基金会提供。日本东京浴室画廊。

灭象征了这一点。

在此期间，作为对“二战”的回应，纽约艺术家阿德·莱因哈特呼吁艺术家重新审视他们在社会中的角色。[32]莱因哈特是托马斯·默顿的密友，二人曾在20世纪30年代中期的哥伦比亚大学一起度过了学生岁月。1941年，托马斯·默顿加入了肯塔基州的一座特拉普派修道院，开始将公元500年由东正教僧侣伪狄奥尼修斯创建的否定神学传统（第一章）同道教和佛教结合起来。[33]1959年，与铃木交流过后，默顿决定和对方一起创立了一种适合现代社会的宇宙观。[34]默顿认为在后来的天主教中，早期教会的很大一部分神秘灵性已经丧失殆尽，所以呼吁探索者要多进行冥想，以发展自我认知。

绘画是特殊的、独立的，是一种冥想和沉思……灵性、宁静、绝对、凝聚。没有自动化，没有事故，没有忧虑，没有发泄，没有运气。不偏不倚、物我两忘、沉思默想、超越尘寰。

——阿德·莱因哈特，1955年

从1944年到1952年，莱因哈特在纽约大学美术学院学习了亚洲艺术，还在此期间游历了亚洲、印度和近东地区。他的笔记本里写满了有关亚洲思想的评论：比如，道家自然观认为“道”是各个相互作用的部分所组成的统一系统，换言之，“道”就是自然本身的规律，就是彻底的神秘。[35]到了20世纪50年代后期，莱因哈特开始以亚洲和伊斯兰文化元素为基础，创作简单的几何图形作品。在他看来，人们应该凝神静志地慢慢沉思这类文化，从而实现澄心静虑。1957年，莱因哈特为默顿的修道院小室创作了一幅作品，名为《为T. M.所作的一幅小画》（图10-25）。这幅深蓝色的作品按照3×3的模式排列了九个几乎无法看清边界的正方形。默顿认为，这幅小画就像幻方或者十字形一样，“最具宗教精神、最虔诚、最能体现对上帝的崇拜”。[36]从1961年开始到1967年去世，莱因哈特创作了很多这种3×3模式的黑色正方形系列，并将

右

10-25. 阿德·莱因哈特（美国人，1913—1967），《为T. M. 所作的一幅小画》，布面油画，26.7厘米×20.3厘米。肯塔基州革责玛尼修道院。©2014 阿德·莱因哈特遗产/艺术家权利协会，纽约。

以幻方的布局为基础，莱因哈特用九个深蓝色正方形创作了这幅油画。每个正方形的色调和表面都与其他略有不同，让整个画面的模式依稀可辨。默顿大部分时间都在冥想中度过，就像修士一样生活在与世隔绝、不鼓励闲聊的特拉普派修道院里。

对页

10-26. 马克·罗斯科（美国人，1903—1970），《蓝与灰》，1962年。布面油画，193厘米×175厘米。贝耶勒基金会，里恩/巴塞尔，贝耶勒收藏。©1998 凯特·罗斯科·普里泽、克里斯托弗·罗斯科/艺术家权利协会，纽约。

如果说世界是虚幻的，那也是因为我们在让世界适应我们有限自我的偏见时误解了世界。这种对现实简单、直接的理解，对“众中之一”、对日常生活和周围世界中的“虚空”毫不掩饰的理解，是当今世界禅宗人文主义的基础。

——托马斯·默顿，《佛教和现代世界》，1967年

它们描述为“纯粹、抽象、主观、永恒、无空间性、无变化性、无关联性的独立图像……表达的东西除了艺术全无其他（绝对不是反艺术）”。[37]与莱因哈特同时代的其他美国艺术家也绘制了各种简单的几何模式，并把它们作为冥想的对象，比如艾格尼丝·马丁用油彩和金色叶子创作的精致格子（《灰石II》，1961；纽约长岛费雪兰道艺术中心）、安妮·特鲁伊特以墓碑为基础创作的几何雕塑（《二》，1962；耶鲁大学美术馆），以及理查德·塔特尔用纸或布料等便宜材料创作的几何图形（《八边形的布2》，1967；纽约现代艺术博物馆）。[38]

同莱因哈特一样，马克·罗斯科也对简单的几何图形很有兴趣，将它们视作一种思考的纯粹对象（图10-26）。罗斯科阅读过东方哲学著作，后在耶鲁大学二年级的哲学课上接触了柏拉图之后，也开始审视西方的哲学传统。他一直保持着对柏拉图思想的兴趣，不但在20世纪20年代写过一首有关柏拉图洞穴比喻的诗，还在30年代常用的一个笔记本（“草写本”）里提到了许多柏拉图的著作。[39]在柏拉图的洞穴比喻中，唯一的光源是闪烁的篝火，困守其中的囚徒只能看到投在黑暗穴壁上的影子，

从一个洞穴中
他们向外观察世界，
并艰难地
企图弄清一切……
他们智慧的火花在摇曳，
慢慢成长着，用自己的
头脑与动物本能，度过
了朦胧的暗夜，
然后，人类站直了身体，
对自己产生了了解。

——马克·罗斯科，
《思想之墙：走出过去》，
20世纪20年代

你或许会说我在做梦，
但我不是唯一做这个梦
的人，
希望有一天，你也能加
入我们，
到时世界就会大同。

——约翰·列侬，
《想象》，
1971年

所以便试图根据这些光影去领悟物质世界瞬息万变的本质。但一旦摆脱羁绊、获得自由，艰难地走到洞口之后，他们就会瞥见此前从未见过的那个阳光下的真实世界（《理想国》，514a–520a）。

美国作曲家约翰·凯奇也曾在哥伦比亚大学跟随铃木学习过三年。他从铃木那里学到的主要思想，是生活与艺术无法分开：泡茶是一种美学行为，每一种声音都悦耳。为了证明后一个观点，凯奇创作了钢琴独奏曲《4'33"》：在音乐会上，钢琴家没有打开琴盖，没有制造任何声音，而是静坐了4分33秒钟，观众只能听到音乐厅里的环境音。此外，凯奇还利用《易经》（第一章图1-46、1-47、1-48）来作曲，通过投掷硬币决定音符的模式与韵律（《变化的音乐》，1951）。凯奇希望听众在聆听他的曲子时可以放空大脑（“什么也不要想”），对听到的音乐不要抱有任何预想：“这时听众的耳朵把音乐传给一片空白的大脑时，大脑便可自由开始聆听，进而听到每种声音原本的样子，而非把它们当成一种或多或少是在模拟预想的现象。”[40]

下

10-27.沃尔特·德·玛利亚（美国人，1935—2013），《360°易经/643个雕塑》，1981年。576根木棒、木料并涂漆。安装于斯德哥尔摩现代博物馆，1989年。©纽约迪亚艺术基金会。

对页上、下

10-28.沃尔特·德·玛利亚，《闪电场》，1977年。400根不锈钢杆，直径5厘米，平均杆高6.27米，安装于新墨西哥州克马多市附近。©纽约迪亚艺术基金会。

这400根不锈钢杆实际上长短不一，根据地势的起伏最终组成了一个顶端齐平，长约1英里（约1.6千米）、宽1千米的矩形点阵，杆的间距约为67米。

20世纪50年代，立陶宛裔美国艺术家、国际艺术家组织“激浪派”的领导者乔治·马修纳斯，在纽约大学对艺术史进行了广泛研究后，最终得出了艺术史上充满了数学模式的结论，并且把这些据说存在的模式仔细绘制在了一张庞大的图表中（约101厘米×162厘米），描绘了从公元600年到1600年的各种欧洲风格相互联系的路径（《艺术史图表》，约1955—1960；底特律吉尔伯特和里拉西尔弗曼收藏）。[41]

同莱因哈特、凯奇一样，美国艺术家沃尔特·德·玛利亚也对东方思想有着强烈的兴趣，并将数字系统和几何形式作为了思考对象（图10-27）。他的《闪电场》是一个由金属杆组成的巨大矩形点阵，坐落在新墨西哥州乡间的田野中（图10-28），[42]观者可以在点阵边缘的一间小屋里停留24个小时，观察这些金属杆的外观从白天到晚上会如何在太阳和月亮的照耀下发生变

化。冥想之人即使有灵光乍现的时刻，也很罕见；同理，闪电（洞察力）只会在暴风雨（头脑风暴）来临时击中闪电场，但在荒芜的沙漠（空空如也的头脑）中，这种情况就极为罕见了。

量子神秘学

在“冷战”期间成长起来的那代人，对于原子弹的威力感到既畏怯又着迷。科学家和新闻工作者以亚原子物理为主题，在1945年后撰写了大批科普文学作品。他们中的大多数以清晰的说明性风格书写，但这些科普作家中有几位是哥本哈根学派的成员，所以和尼尔斯·玻尔和维尔纳·海森堡一样，继续以他们在20世纪二三十年代形成的宣传式风格写作（第八章）。玻尔和海森堡并没有像不带偏见的教授那样花时间去研究其他解释，而是把哥本哈根解释当作亚原子领域的唯一解释，灌输给了冷战时代的读者。[43]

1945年，英国军队拘捕了海森堡等一些曾为希特勒研制过原子弹（没有成功）的学者。海森堡在英国受审后，获准回到了西德的英占区。由于核物理越来越受重视，他也得以到威廉皇帝物理研究所（不久后更名为马克斯·普朗克物理研究所）担任了所长。在普及读物《物理学与哲学》（1959）中，海森堡声称哥本哈根解释是量子物理的唯一解释，俨然把自己当成了这场革命的领袖。[44]

海森堡的论断和风格启发了“新时代运动”的成员。作为神智学者海伦娜·彼得罗芙娜·布拉瓦茨基的后继者，[45]新时代运动的倡导者将海森堡的说法断章取义，在他们的神奇学说，即所谓的“量子神秘学”中反复引用这些见解，说它们从科学角度“证明”了人类的意识造就了物质世界。[46]虽然这个荒谬的结论同海森堡的极端实证主义观点只有一步之遥，但海森堡自己其实从未跨出这一步，只是众多神秘主义者读过他那些言辞含糊的科普著作后，误认为他的意思是人类意识导致了电子在外部世界的物理现实（空间和时间位置），致使他在20世纪60年代成了反文化运动中的明星人物。

神秘主义者把观察在量子力学中的作用，看成了是人类心灵导致物质世界的证据，就像佛教中的纯粹精神（梵天）一样。海森堡在《物理学与哲学》的副标题中用道德“革命”一词，连同玻尔的几段评论[47]，同样在反文化运动中引发了共鸣。加上玻尔还曾用道家的阴阳符号来代表互补性（电子的波粒二象性），[48]所以神秘主义者便把玻尔和海森堡这些缺乏考虑的措辞视为了来自科学殿堂的神谕，相信量子物理学正是普救主义者一直以来在寻找的那座能够连接东西方的桥梁。[49]

卡普拉的《物理学之道》……不过是物理学版的色情作品，充满挑逗意味，但无法贯彻执行。

——乔治·约翰逊，《纽约时报》，2011年6月19日

新时代信徒还借鉴了海森堡那种推销式的科学写作风格，声嘶力竭地鼓吹物理学与佛、道思想的结合。较早的神智学者缺乏学术素养，从未在知识分子中获得大

批追随者，但物理学家弗里乔夫·卡普拉读过海森堡的著作后，[50]出版了《物理学之道：近代物理学与东方神秘主义》(1975)，使得很多受过高等教育的读者都成了新时代运动的信徒。

卡普拉生于奥地利，在维也纳大学获得理论物理的博士学位后，去了美国加州大学伯克利分校的劳伦斯伯克利国家实验室从事科研工作，并加入了“基础物理学小组”——该小组成立于1975年，创始人是伯克利大学一群沉迷于物理学、冥想、热水浴缸的和致幻剂的科学研究生。[51]卡普拉的《物理学之道》打开了一道闸门，使得各种新时代物理学读物倾泻而出；如同古希腊人渴饮赫利孔山流下的知识之泉一样，一些知识分子将量子力学视作缪斯，开始肆无忌惮地进行各种已经超出了物理学范畴的揣测。

这种天真的伪科学报道还有很多例子，比如印度裔美国医生迪帕克·乔普拉就曾写道：“物质世界，包括我们的肉体在内，都是观照者自身的反映。正如我们创造了对世界的经验一样，我们也创造了我们的肉体。”按照乔普拉的观点，通过意识的威力，我们能够在“不朽的肉体和永恒的精神”中成功获得永生。[52]但是，并没有任何科学证据支持人类意识造就物质世界的说法。所谓的量子物理学与东方神秘主义之间的联系，实际上是对几千年佛教与道教修行传统的狭隘理解。

和新时代信徒一样，某些“后1945年”诗人和小说家也对哥本哈根解释断章取义，做出了有关文学目的的推论。比如，美国文学批评家N. 凯瑟琳·海尔斯就曾说过：“正如海森堡对科学的看法一样，文学也无关现实，而是关乎我们对现实的说法。”[53]按照海尔斯的观点，小说家的工作不是要讲述外在世界中发生的故事，而是要思考用来写作小说的语言。在20世纪60年代的巴黎，这种自我意识的写作风格与新小说结合到了一起，十年之后，在大学本科曾学习过物理的美国作家托马斯·品钦出版了一本小说，通过其中一个角色以唯我论的方式思考了小说的语言：“新的臆造似乎是在无意识中形成的。是否存在一种根茎，比任何人探寻过的根茎扎得都深，施罗斯洛普的黑色幽默只不过是这根茎上开出的花朵？还是说，他已经通过语言的方式抓住了命名式的德意志崇拜，将创造分类得越来越精细，分析它们，毫无希望地让名字与所指割裂？”(《万有引力之虹》，1973)[54]

“二战”期间，绝对精神在日耳曼文化的崩溃过程中受了致命的创伤，而量子神秘学正是绝对精神最后的挣扎。卡普拉和乔普拉分别在奥地利和印度出生、受教育，这两个国家都有着把德国唯心主义与佛教融合到一起的悠久传统。在“二战”之后庞大的人口迁移中，卡普拉和乔普拉最终成了美国公民，但二人的唯心主义幼苗并不能在当地的实用主义与经验主义土壤中良好生长。今天的小说家讲故事、科学记者报道新闻时，采用的都是说明式风格，目标是让公众得到信息；哥本哈根学派那种推销式的科学写作风格及其在某种程度上激起的反文化运动和“哎呀”式新闻报道形式，基本上已经隐入了历史的尘烟。[55]

只掌握少量知识
是件危险的事；
要深深地饮水，
否则便品尝不到
缪斯神泉的滋味。
浅浅一饮
只会迷醉头脑，
大量饮泉
才能让我们再次清醒。

——亚历山大·蒲柏，
《论批评》，
1711年

这本新小说没有再现什么，而是在寻找。它在寻找自己。

——艾伦·罗伯-格里耶，
《为新小说而作》，
1963年

第十一章

“二战”后的几何抽象艺术

现在，就让我们在公理概念的指引下，去查看一下整个数学宇宙吧……它的组织原理将是结构的层次概念，从简单到复杂，从一般到具体。

——尼古拉·布尔巴基，《数学的建筑》，1948年

我已经确信，在发展艺术的道路上，数学的思维方式很可能是其基础……艺术展现的不是事物的表面，而是更深层次的宇宙结构。艺术将今天世界中整体的观点呈现出来。艺术并不是在描述自然，而是在创造新的体系，是将更深层次的模式在人们眼前显现。

——马克斯·比尔，《当代艺术思维的数学方式》，1949年

“二战”期间，哥廷根、柏林、维也纳、哥本哈根这些现代数学和量子物理的活跃中心，都沦为了知识的瓦砾。1930年，戴维·希尔伯特从哥廷根大学退休，赫尔曼·外尔接替了他的职位；1933年，希特勒当选德国总理，外尔因为妻子是犹太人，不得不紧随爱因斯坦的脚步，逃往美国新泽西的普林斯顿——爱因斯坦当时已经在普林斯顿高级研究院找到了庇护。外尔在哥廷根的两位同事埃米·诺特和马克斯·玻恩，则成了第一批被德国大学开除的犹太裔教授；诺特去了美国，在布林茅尔学院任教，玻恩去了剑桥大学。鲁道夫·卡尔纳普的和平主义理念让他在纳粹德国陷入危难，于是他在1935年去了芝加哥大学。1943年10月1日，希特勒下令在丹麦逮捕犹太人，尼尔斯·玻尔只好逃离已被攻占的丹麦，前往美国，并参与到了制造原子弹的曼哈顿计划中。

数学与科学受到人们对理性、客观性、普遍化知识日益高涨的信仰所推动，但这些启蒙主义理念，在战败后被一分为二的德国却成了战争的受害者。50年代，人们在乌尔姆市建立了设计学院，为的是在西德重新开设包豪斯课程。这所学院吸引了许多外国学生，但德国学生却寥寥无几。在曾经遭到地毯式轰炸的东德城市德累斯顿、莱比锡、柏林，艺术家创作了有关疯狂世界的新表现主义艺术作品：在这样的世界里，人类正站在一座正在熊熊燃烧的桥梁上，而桥下是看不见底的原始深渊（图11-2）。

尽管在损失惨重的国家里人们信心尽失，但那些没有完全被战争摧毁的国家，

11-1.卡尔·格斯特纳（瑞士人，1930—2017），《色彩之声66：内向性》，1998年。酚醛树脂板面硝基树脂清漆画，119厘米×119厘米。图片由艺术家提供。

格斯特纳一层叠一层画了十二层彩色平面，以T字形排列的空洞给出了从一个色调走向另一个色调的均匀“步骤”。为了达到这种高强度的颜色，他还创建了一种十个高纯度基础色素的调色板。帮助他成功地做到这一点的是心理学家马克斯·罗森和瑞士制药公司汽巴—嘉基（现在的诺华公司，总部设在巴塞尔）的化学家汉斯·加特纳。

11-2. A. R. 彭克（德国人，1939—），《跨越》，1963年。亚麻布油画，94厘米×120厘米。图片由艺术家、亚琛路德维希论坛、亚琛路德维希基金会提供。©2014 影像艺术收藏协会，波恩 / 艺术家权利协会，纽约。

尽管启蒙主义的理想已经变得有些残破不堪，艺术家仍然表达了对这些理想的坚定信心，以超然的风格创作井然有序的几何抽象艺术，来彰显理性的力量。

几何艺术的创作地主要集中在瑞士、法国、英国和美洲地区，因为在“二战”当中，瑞士保持了中立；法国虽被纳粹占领，但并未遭受惨重的轰炸；英国则顽强地击退了入侵；美洲国家（美国、加拿大及拉丁美洲）虽然派出军队支援了被侵略国家，但本土并未遭受战争的蹂躏。世界进入核时代后，人们对于精确科学（尤其是物理）产生了极大的尊崇，所以1945年后，几何抽象艺术贴合着这种国际性的文化趋势，在这些国家开始繁荣起来。在苏黎世，年轻的卡尔·格斯特纳为具体艺术引入了精准的规程，不仅用来确定形式，还用来确定颜色，使得战前的具体艺术风格走向了更高的对称层次（图11-1）。在巴黎，一群数学家以尼古拉·布尔巴基为集体笔名，从德国引介来希尔伯特的形式主义，让法国数学脱掉了直觉主义的外衣。在布尔巴基的引领下，法国作家团结在“乌力波”（潜在文学工坊）的大旗下，开始追求文学的形式主义风格，而巴黎画家则发展出了欧普艺术。在伦敦，系统艺术的成员摆脱了英国现实主义传统，创造了一种纯形式、纯色彩的艺术。在圣保罗、里约热内卢、布宜诺斯艾利斯、加拉加斯，拉丁美洲构成主义的艺术家则创造了一种能够将几何抽象与有序的社会进步结合起来的风格。在纽约，索尔·勒维特圈子里的观念艺术家为创作数学对象设计了严格的规则，而极简主义艺术家则开始追求极简化的行为规范。尽管对称性是科学的女王，但在1957年时，自然母亲揭示出了一个引人注目的例外，即内在的不对称性，进而启发罗伯特·史密森创作出了不对称的现代主义象征——《螺旋的防波堤》（1970）。

"二战"后的瑞士具体艺术

"二战"期间，瑞士的国土被希特勒掌权的德国、墨索里尼掌权的意大利、被纳粹占领的法国三面包围着，所以具体主义艺术家便把手中崭新的画布视作了这一片混乱当中仅存的秩序的象征，在战后设计了各种功能性产品，希望能让欧洲社会从此走向和谐与和平。[1]

1945年之后，马克斯·比尔在瑞士建筑设计和平面设计领域独领风骚，并且越来越重视美术和应用艺术之间的联系。比如，他曾在1950年时这样写道："认识到新形式的设计师会有意无意对当代艺术潮流做出回应，因为每个时代的知识与灵性都只有在艺术中才能找到可视化的表达。"（图11-4）[2] 20世纪50年代初期，比尔搬到乌尔姆，帮助建筑师奥托·埃舍及其妻子英格·绍尔创办了乌尔姆设计学院，以纪念绍尔的弟弟汉斯和妹妹索菲——二人在慕尼黑大学读书时曾散发过反战主义传单，虽然只是非暴力反抗，但还是因此在1943年被纳粹杀害。1953年，乌尔姆设计学院正式成立，比尔成为首任院长，按照包豪斯学校的方式来安排课程，且以"良好形式"（图11-3）为主要教学特色。这个术语借自格式塔心理学，原本是指简单且通常对称的形式，[3]但在战后的岁月中，比尔为其赋予了政治内涵，希望能够催生一种有道德、有秩序的社会环境。[4]尽管战败的德国丧失了其他国家的尊敬，但比尔还是凭着自己在国际艺术界的卓越声望，吸引来了全球四十个国家的学生。德国本土学生寥寥无几，说明了德国的青年艺术家已经对乌尔姆教授的这种以理性为基础的有序风格失去了信心。[5]此外，虽然比尔自己致力于复兴母校那种手工艺创作方式，但其他教师，特别是阿根廷画家托马斯·马尔多纳多和荷兰建筑师汉斯·古格洛特，教授的却是适于大批量生产的技能，所以最终在1956年，为了抗议学校使命的改变，比尔辞去院长一职，返回了苏黎世。[6]

1945年，安德里亚斯·施派泽推出了《数学思维方式》一书的第二版（首版于1932

例如，在设计一个图样时，人们能够感觉到连续的部分是如何一个跟着一个的，人们知道什么是"好的"连续性，或怎样才能达到"内在一致性"，等等；人们能够仅凭其本身的"内在必要性"就认识到最终产生的"良好格式塔"。

——马克斯·韦特海默，

《感性形式组织法则》，

1923年

年）。他曾在这本书中指出，尽管群论到19世纪时才被发明出来，但人类在寻找自然的基本规律时，实质上一直找的都是对称模式，也就是自然的基本构成单元。1949年，比尔的好朋友阿德里安·图雷尔致信施派泽，对他这本著作给出了高度赞扬；与此同时，比尔也完成了《当代艺术中的数学思维方式》一文：这篇论文不仅反映了施派泽的书名，也思考了这位数学家所考虑的主题，即对自然底层结构的探索揭示了自然中存在的对称性。[7]同施派泽一样，比尔也注意到了巴赫的对称作曲模式，所以宣布瑞士具体艺术同样也建立在数学的基础上，并将其定义为人类思考（固有逻辑）和理解世界的一种方式（科学公理），以及对基本数学实在的探索："我现在确信，有可能发展一种以数学思维为基础的艺术……视觉艺术的主要源泉是几何，是形式在平面或者空间中的安排。数学是思考的基本方法，也是我们构想周围世界的主要手段。数学这门学科同时讲述了物体与物体、群体与群体、运动与运动间的关系。"[8]

接着，比尔还指出了作为数学的艺术和受数学启发的艺术之间的重要差别。照他的说法，受数学启发的艺术是指其创作过程类似数学实践："建立在数学原理基础上的当代艺术，并不是在用图表来解释数学公式，而且艺术家也很少使用纯数学。恰恰相反，艺术家是以自身具有美学根源的定律为基础，来创建出韵律和关系的模式。因此，艺术的进步其实与数学的发展很类似，每一项新进展的构想，都会以某位先行者的思想为基础。"[9]

除了探讨施派泽的数学哲学观点，比尔还注意到了数学在物理学和宇宙学方面的应用。在1947年的"大联盟"作品展上（洛斯早期利用群论创作的作品也在其中；第七章图7-24），比尔展出了一幅名为《无限和有限》（1947）的作品，借用了人们熟知的爱因斯坦宇宙学专业术语：空间具有有限的体积，但又像球面一样弯曲，所以没有边界。比尔在论文中给出了数学上的例子，如无限和只有一个面的二维物体（莫比乌斯带），又历数了从古代几何和现代有关弯曲时空的数学结构后，指出数学模式是自然界的基础，因而也是人类秩序理念的基础："以下这些事物虽然看上去与我们的日常生活毫无关联，但却具有极为重大的意义：数学问题的神秘；空间的费解；无限的近或者远；空间从一面开始，却以另一种形式结束于同第一面重合的另一面；不存在固定边界线的限制；流形构成的统一体；由于单一应力的存在而造成的非均匀性；力场；相交的平行线反向到达自身的无限；然后是正方形的稳定性，不受相对论影响的直线，以及在任何点都可以画出直线的椭圆。这些是一切人类秩序的基础模式，存在于我们认识的所有结构中。"[10]

比尔继续写道，在宇宙中存在的基础数学模式，就是具体艺术要表现的东西："这些模式为当代艺术提供了新的内容，但这种艺术并不是形式主义——虽然常常被这么误认为——也不象征美。恰恰相反，这些形式体现的是思想、理念、认知。这种艺术不是要描绘事物的表象，而是要描述宇宙的基本结构，要呈现的是我们今天

上
11-3.马克斯·比尔（瑞士人，1908—1994），《乌尔姆板凳》，1954年。胶合板。苏黎世设计博物馆设计部。©ZHdk。©2014 ProLitteris，苏黎世/艺术家权利协会，纽约。

右
11-4.马克斯·比尔，为《美国建筑》展览设计的海报，苏黎世装饰艺术博物馆，1945年。苏黎世设计博物馆海报收藏。©ZHdk。©2014 ProLitteris，苏黎世/艺术家权利协会，纽约。

的整体世界观。这种艺术也不描绘自然，而是要创造新的体系，让隐藏在深层的模式显现出来。”[11]因此，继施派泽之后，比尔也宣称具体艺术表达的是一种对自然的理解，也就是自然之中包含着各种数学模式，天文学、物理学都是以此为基础：“传统概念下的艺术和我们在这里描述的艺术之间的差别，本质上就类似于阿基米德定律与现代天体物理学定律之间的差别。”[12]

1951年，意大利米兰举办了一场以艺术与建筑中的比例为主题的研讨会，比尔、施派泽、鲁道夫·维特考尔（意大利文艺复兴运动与巴洛克艺术领域的著名专家）都在会上发表了演讲。[13]虽然比尔和施派泽早在20世纪30年代中期就已经熟悉对方的研究和作品，但此次共同参会是二人目前有据可查的最早会面。比尔之所以会对施派泽的想法有所反应，是因为他同施派泽一样，也把“数学思维方式”放到了更广义的文化语境中来审视，包括纯数学（完美的球面）、应用到自然中的数学（宇宙的时空坐标），以及应用到设计中的数学（具有良好结构的椅子）。比尔在乌尔姆向学生教授了最为实用的应用数学，以期能够通过最实用、便宜的建筑和设计，来帮助德国的战后重建。曾构想出各种奇异理论的爱因斯坦就出生在乌尔姆市，所以比

11-5. 马克斯・比尔（瑞士人，1908—1994），爱因斯坦纪念碑，1979—1982年。花岗岩，高6米。德国乌尔姆。©2014 ProLitteris，苏黎世/艺术家权利协会，纽约。

尔得知有人为了盖新楼要拆掉爱因斯坦的老家后，立即冲到现场，最后抢救出了房子的石头门槛，然后拖回自己家，摆在了花园里最显眼的位置。[14]许多年后，为纪念爱因斯坦，比尔又设计了一座雕塑，并说服乌尔姆市的父母官把这座雕像永久公开展出，以纪念该城最著名的子民（图11-5）。

20世纪50年代初，瑞士的具体派艺术家群体中既有韦雷娜・罗温斯伯格这种四十多岁的中年人，也有卡米尔・格雷塞尔这种七十多岁的老艺术家（第七章），但

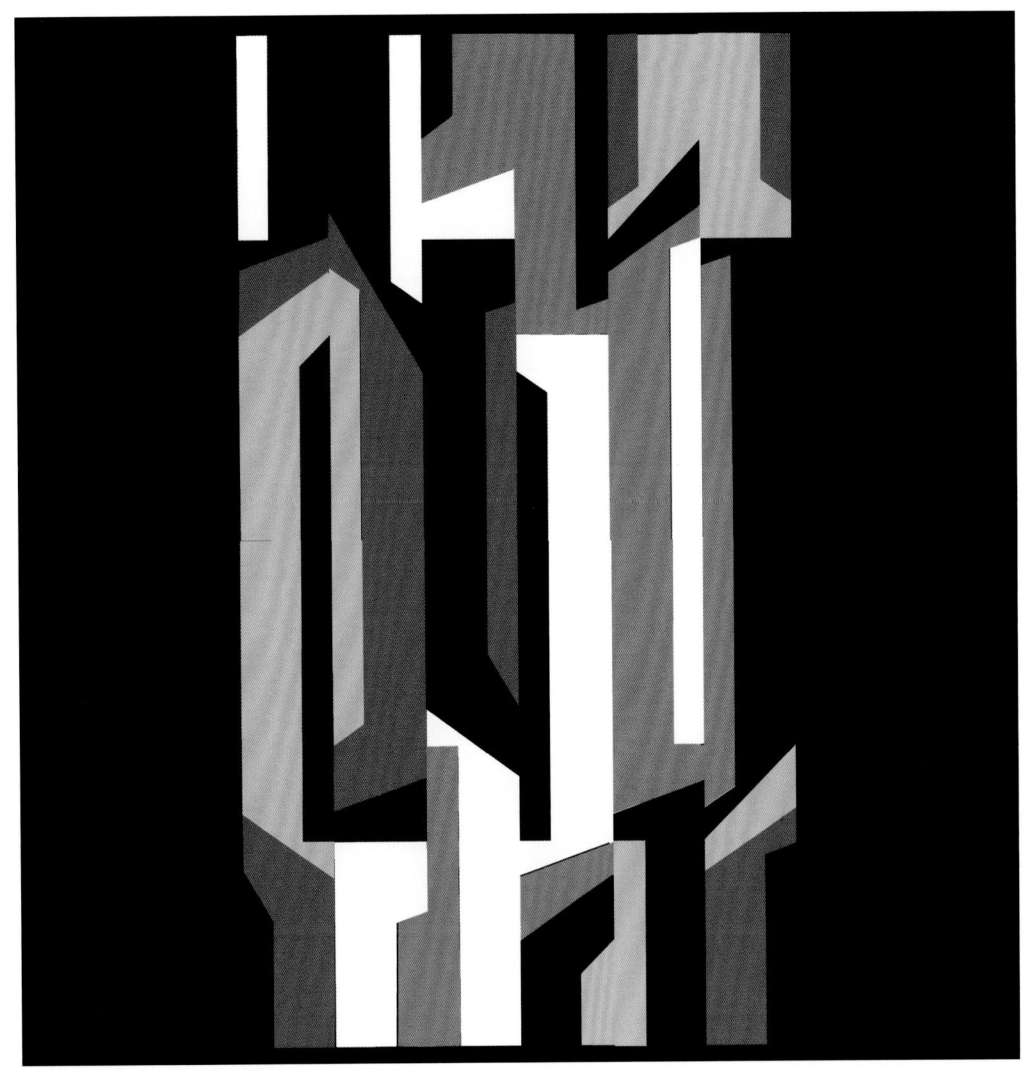

11-6.卡尔·格斯特纳(瑞士人，1930—2017)，《无视角1：直角的无尽螺旋》，1952—1956年。12块有机玻璃面板上的合成树脂漆，每块约9厘米×45厘米，用磁铁固定在黑色有机玻璃底座上，100厘米×100厘米。图片由艺术家提供。

同他们一样对算法、视觉透视和新宇宙学有着浓厚兴趣的卡尔·格斯特纳加入后，这个群体有了一位二十多岁的年轻人。[15] 1952年，格斯特纳创作了《无视角1》，一件由12个黑色与白色的组件固定在磁铁上组成的艺术品(图11-6)。格斯特纳以爱因斯坦有界无限的宇宙观为灵感，让12个组件可以由观者在固定框架内被重新摆放。作品的名称也在提醒观者，在爱因斯坦的宇宙观中，任何参照体系都能给出对自然界的正确描述，所以人类缺乏独特的视角——也就是说，人类是“无视角”的。在整个的职业生涯中，格斯特纳都把他的形式与色彩模式视为了内部自洽的美学系统，象征了自然界深层次的统一与完整性。

正如老一代具体主义艺术家所做的那样，格斯特纳也开始尝试创造新的形式规则。用新的眼光审视过这些前辈的全部作品后，他注意到了比尔、洛斯、格雷塞尔、罗温斯伯格都是用算法确定形式，用眼睛来选择颜色。于是，他决定扩大瑞士具体艺术的适用范围，融入确定颜色的精确规则，进而创造出一种统一的风格(本章开篇图11-1)。

在《蓝色偏心圆》这件早期实验作品中，格斯特纳绘制了五个偏心圆，制造出一组垂直的带状模式，接着又按从白到黑、从浅蓝到深蓝的顺序为其上了色。圆的

右

11-7.卡尔·格斯特纳（瑞士人，1930—2017），《蓝色偏心圆》，1956年。可转动铝盘、瓷釉，直径60厘米，图片由艺术家提供。

对页

11-8.安德里亚斯·施派泽1927年的著作《有限阶群论》第四版（1956）的卷首插图。经海德堡施普林格科学与商业媒体许可使用。

这张图由菲利克斯·克莱因绘制，用来说明双曲（鞍形）平面的密铺（第四章155页小版块）。颜色由施派泽添加。

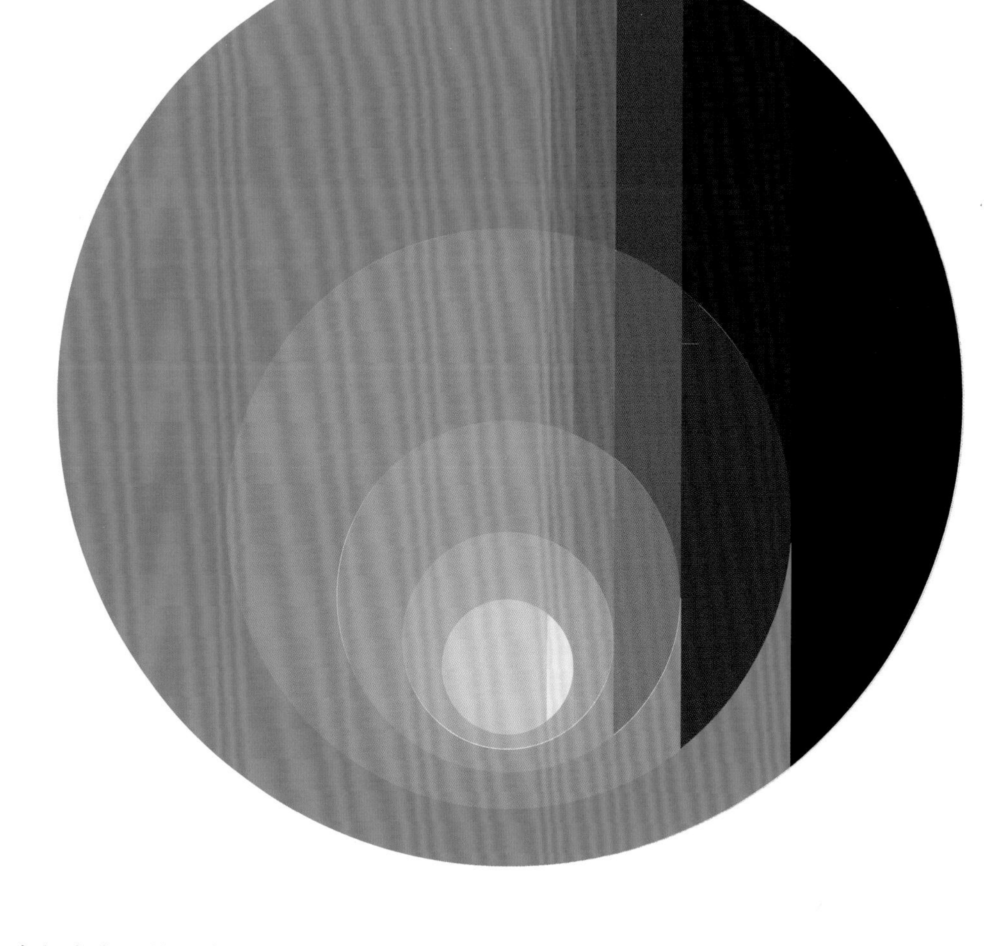

把任何物体放入万花筒，我们都能够得到美丽的图案。旋转万花筒能产生令人吃惊的效果。颜色显得特别鲜艳，不动的物体看上去也充满了生命。我们把少量物质变换为美丽的装饰，这是艺术的魅力。但其中的美学效果并非来自物体本身，而是来自对称。

——安德里亚斯·施派泽，《数学思维方式》，1932年

直径有客观的量度标准，因此格斯特纳能够准确计算出这些圆的渐变位置，但灰色与蓝色的渐变程度就只能估计了。圆的测量是一个永恒的事实（几何的一部分），但对绘画表面的测量却无法做到精确，因为颜料会有差异（化学的一部分），对色彩的感知也具有主观性（生理学与心理学的一部分）。可即便如此，格斯特纳还是决心要尽可能准确地获得色彩梯度。

1956年，格斯特纳设计了一个模块系统——一个由28组共196种色调组成的可活动调色板——来研究形式与色彩梯度的关系（图11-9、11-10）。已经71岁的施派泽看到格斯特纳的画作后非常高兴，因为这些作品体现了群论。[16]年纪较长的那些具体派艺术家都已经阅读过施派泽的著作，现在格斯特纳也开始在作品中使用施派泽的术语：群、排列、算法、不变性。

第二年，施派泽初版于1927年群论著作推出了第四版。或许是和格斯特纳交流之后受到了启发，施派泽给这版加了一张开篇图——一幅非欧几何空间的彩色图画（图11-8）。此外，他还增加了一个新的结尾，表示希望让这类图案能为现代艺术家“开辟新的可能”。

1957年，格斯特纳组织了一场名为《冷艺术？论绘画的现状》的展览，展出了比尔、格雷塞尔、洛斯、罗温斯伯格，以及包括他自己在内的其他青年艺术家的作

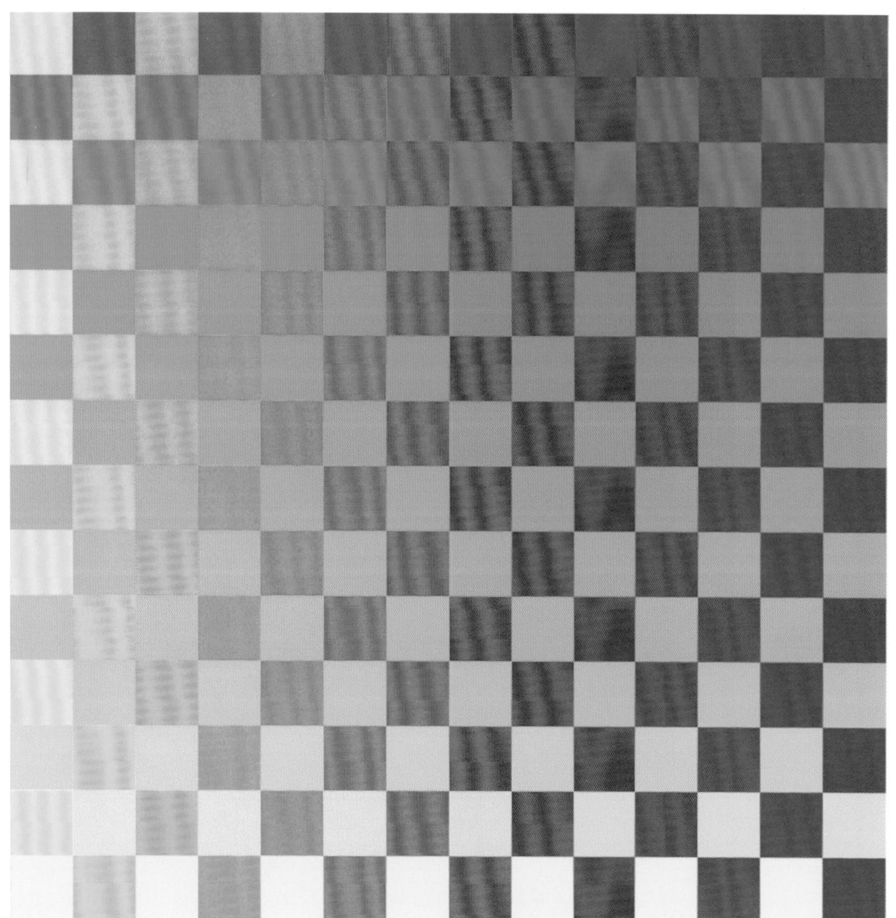

上

11-9. 卡尔·格斯特纳（瑞士人，1930—2017），《多种纯色》，1956—1958年。树脂玻璃立方体面墨水印刷，每格3厘米×3厘米，固定在48厘米×48厘米的镀铬金属框上。图片由艺术家提供。格斯特纳的196色调色板由28组正方形组成，每组7个。这里表现的是各种可能排列中的两种。

下

11-10. 卡尔·格斯特纳，《多种纯色》，1956—1958年。树脂玻璃立方体面墨水印刷，每格3厘米×3厘米，固定在48厘米×48厘米的镀铬金属框上。图片由艺术家提供。

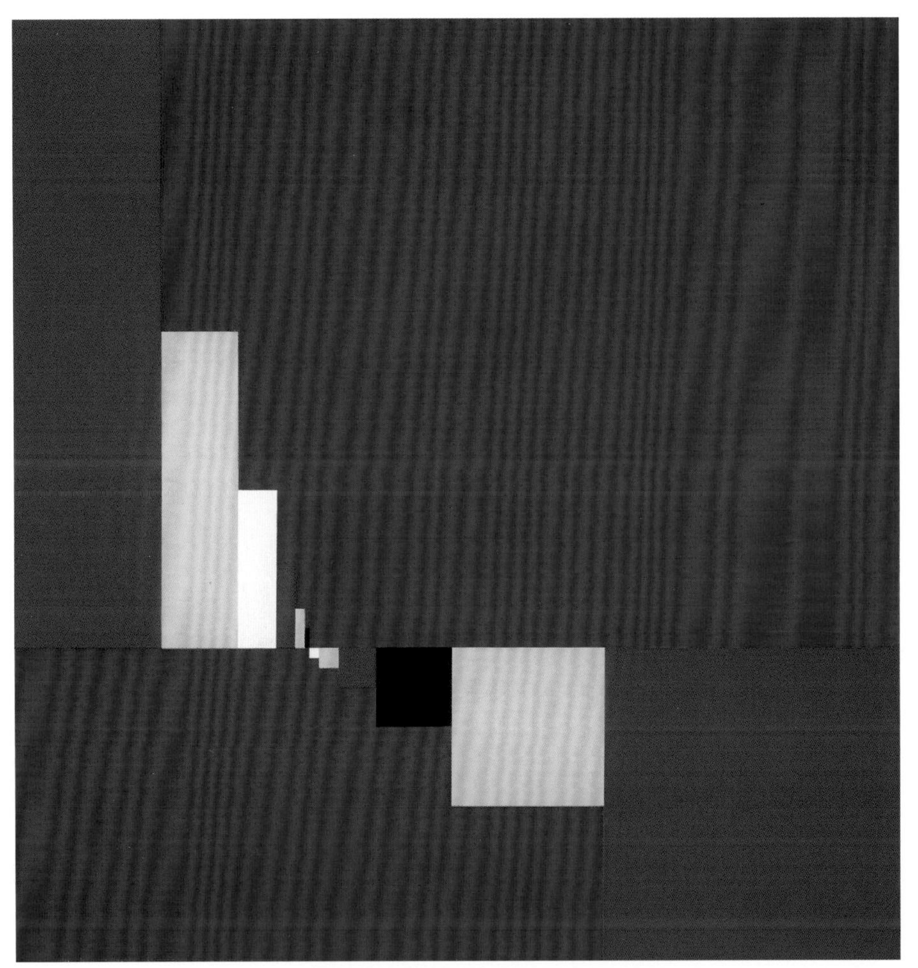

11-11. 卡米尔·格雷塞尔（瑞士人，1892—1980），《水平线上的对等》，1957—1958年。油画，96厘米 × 94.5厘米。温特图尔艺术馆。苏黎世卡米尔·格雷塞尔基金会。©2014 ProLitteris，苏黎世/艺术家权利协会，纽约。

品，系统回顾了20世纪50年代后期的具体艺术。在得到每位艺术家的同意后，格斯特纳还绘制了许多画作的创作草图。展品目录的参考文献包括了施派泽的《数学思维方式》（1932）和外尔的《对称》（1938）。老一辈艺术家的每幅作品都是用算法来建立的形式模式。例如，在1957—1958年的《水平线上的对等》（图11-11）中，格雷塞尔用基本单元（小的黑长方形和白正方形）作为视觉中心，然后让这些单元的区域翻倍，最终生成了画作。在1946年的《红色正方形》（图11-12）中，比尔先建立了视觉中心——白正方形中的红正方形（旋转90°）——然后按照食谱一样的公式在白色背景中填充颜色（图11-13）。格斯特纳则展出了《黄色偏心圆》（《蓝色偏心圆》的变体；图11-7），介绍了将形式渐变与颜色渐变结合的理念。

格斯特纳和施派泽成了终生的忘年交。1970年，施派泽去世，格斯特纳受到他运用群论研究伊斯兰密铺的启发，创作了“彩色线条”系列作品（图11-14）。对于这个系列，格斯特纳这样说道：“我感谢安德里亚斯·施派泽，是他给了我创作‘彩色线条’的启发……伊斯兰装饰品图案由一套能够转动、映射、置换的多边形组成。经过多重相交便形成了简单的对称。”[17]通过在伊斯兰瓷砖密铺图案中画一条线，格斯特纳确定了“彩色线条”的布局，创造了他所谓的“视觉迷宫”。

格雷塞尔、比尔、罗温斯伯格从来没有接受那种确定颜色的规则。格雷塞尔几

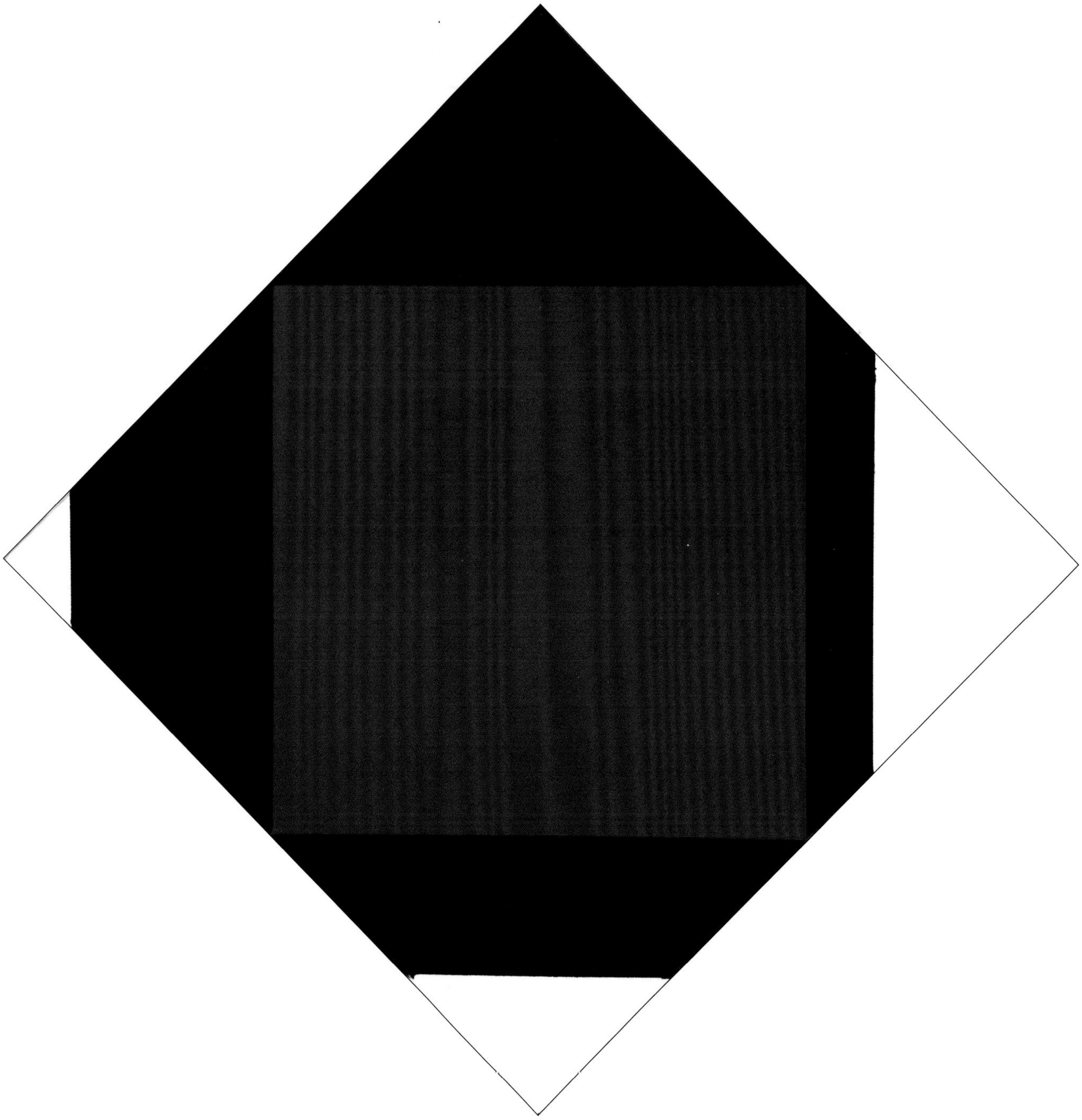

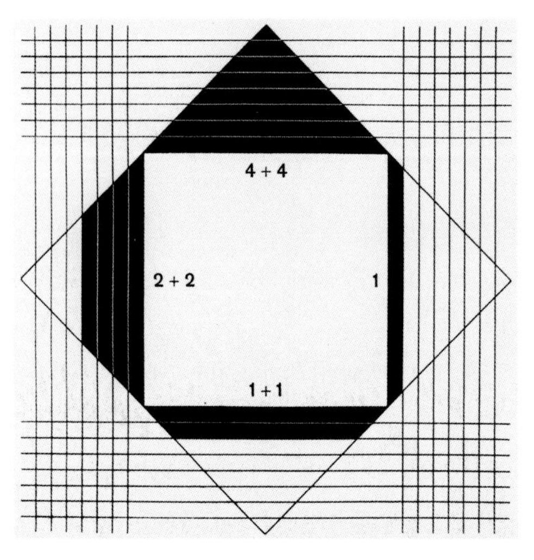

十年如一日地沿用了20世纪50年代形成的风格，如1974年的《红绿体积1 ： 1》（图11-15），正方形尽管离开了原位，但依然保持着严格的次序。罗温斯伯格还是在几乎单色的作品中应用不太规则的重复形式（图11-16），比尔则在图形艺术中探索了几何形式（图11-18）。只有洛斯最终接受了格斯特纳用算法确定色彩的理念，并在60年代中期完成了用颜色渐变法创作的第一幅作品。[18]至1988年去世前，洛斯一直沿用这种风格，创造了各种复杂的幻景（图11-17）。格斯特纳则继续探索这种由他首创的将形式和颜色严格整合在一起的创作方法（图11-19）。

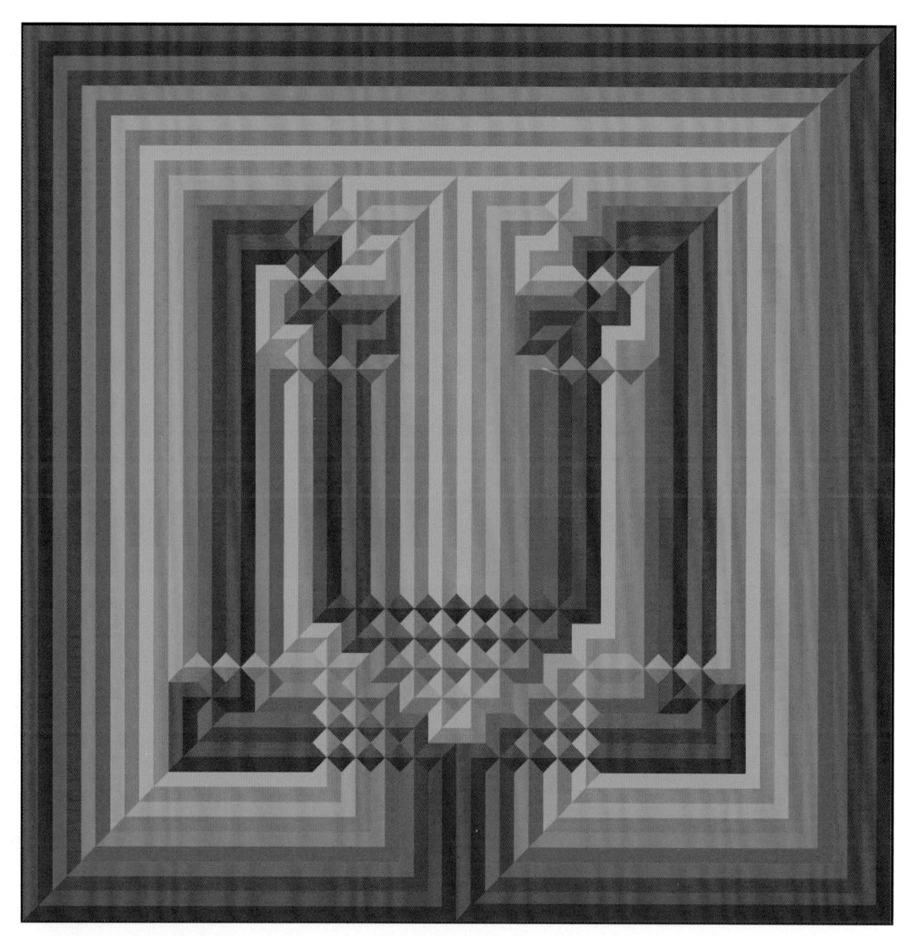

对页上

11-12. 马克斯·比尔（瑞士人，1908—1994），《红色正方形》，1946年。布面油画，对角线长80厘米（这是比尔制作的一份复制件，1946年的原作对角线长70厘米，已遗失）。© 马克斯、比尼亚、雅各布·比尔基金会。©2014 ProLitteris，苏黎世/艺术家权利协会，纽约。

对页下

11-13. 马克斯·比尔《红色正方形》的布局，出自卡尔·格斯特纳所编的《冷艺术？论绘画的现状》（1957）。

卡尔·格斯特纳为马克斯·比尔的《红色正方形》绘制了这份布局图，作为展览目录的一部分。

右上

11-14. 卡尔·格斯特纳（瑞士人，1930—2017），《彩色线条c-15/1-02》，2000年。西巴图尔树脂（浅浮雕）面丙烯、黑框，104厘米×104厘米。图片由艺术家提供。

右下

11-15. 卡米尔·格雷塞尔（瑞士人，1892—1980），《红绿体积1 ∶ 1》，1974年。布面丙烯，120厘米×120厘米。苏黎世卡米尔·格雷塞尔基金会。©2014 ProLitteris，苏黎世/艺术家权利协会，纽约。

下页对开左

11-16. 韦雷娜·罗温斯伯格（瑞士人，1912—1986），无题，约1978年。布面油画，75厘米×75厘米。私人收藏。© 汉丽埃塔·科雷·罗温斯伯格，苏黎世。

下页对开右

11-17. 理查德·保罗·洛斯（瑞士人，1902—1988），《有红色对角线的三十个系统颜色系列》，1943—1970年。布面油画，165厘米×165厘米。© 理查德·保罗·洛斯基金会，苏黎世。©2014 ProLitteris，苏黎世/艺术家权利协会，纽约。

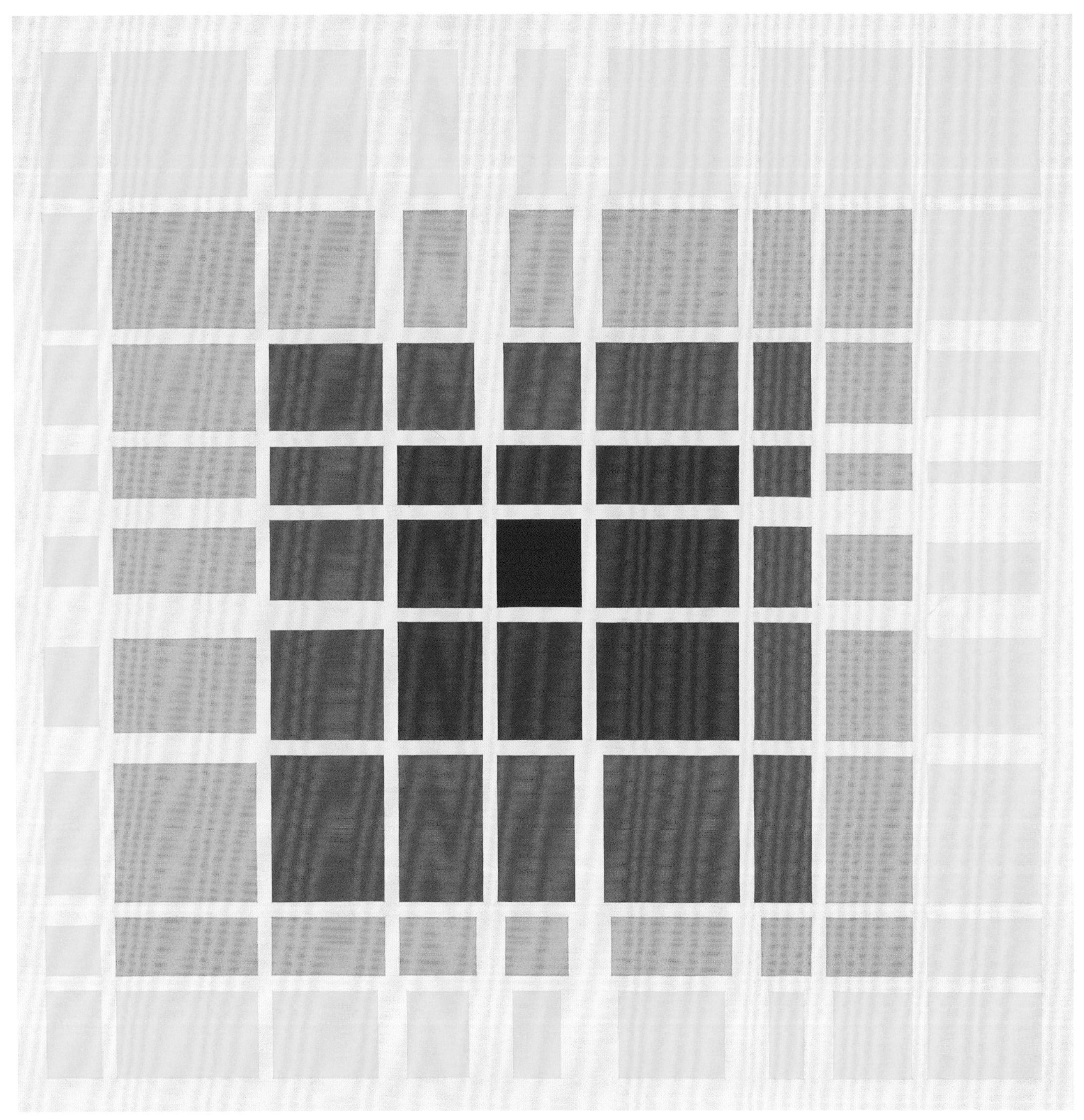

左

11-18.马克斯·比尔（瑞士人，1908—1994），慕尼黑奥运会海报，1972年。苏黎世艺术博物馆海报收藏部。© ZHdk。©2014 ProLitteris，苏黎世/艺术家权利协会，纽约。

对页

11-19.卡尔·格斯特纳（瑞士人，1930—2017），《色彩螺旋富豪榜 x65b》，2008年。铝薄板面丙烯，直径104厘米。瑞士巴塞尔的埃斯特·格雷塞尔收藏。

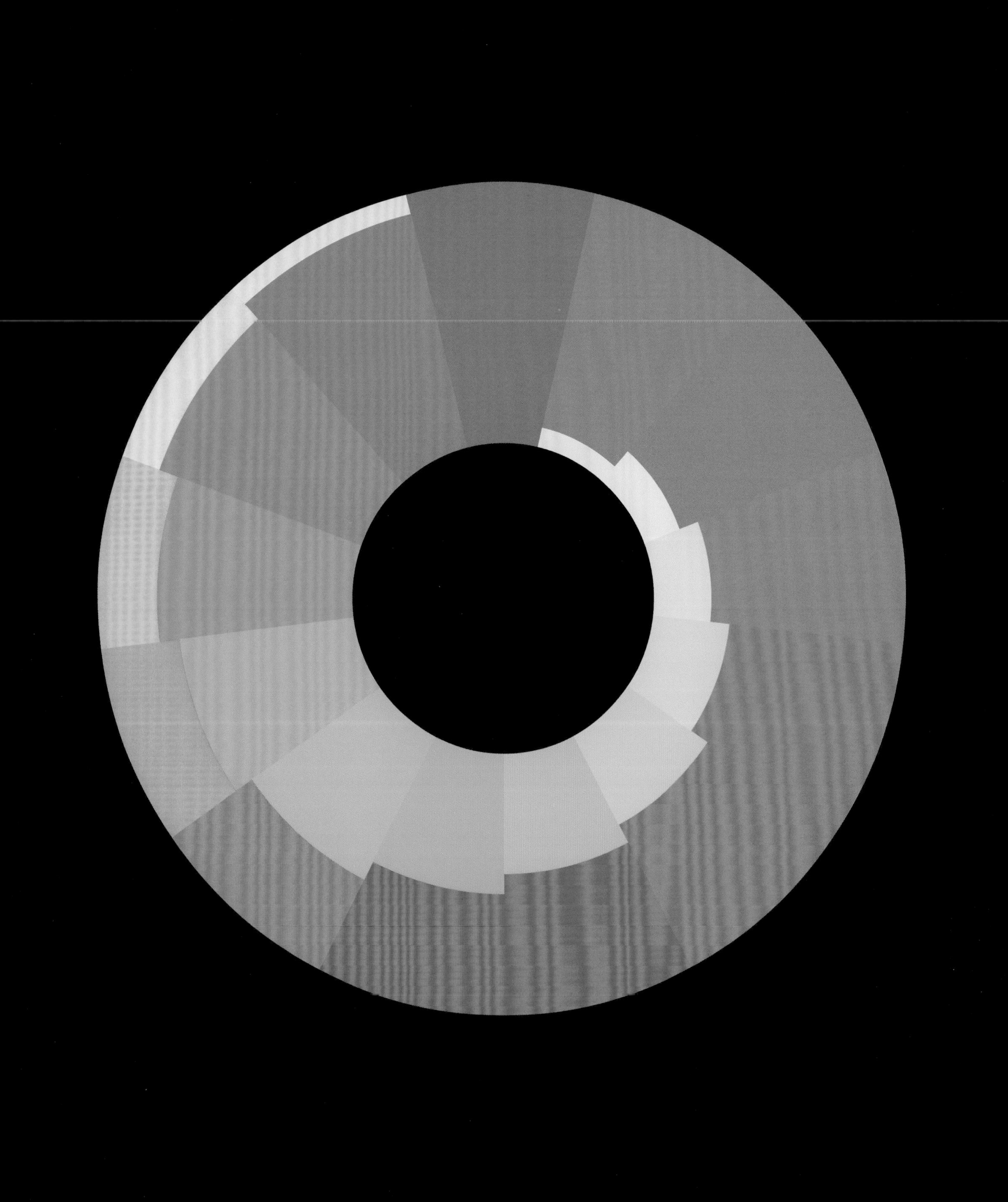

在数学世界的中心可以看到结构的几大类型，被称为母结构……在最原始的核心之外出现了一些结构，可以称之为多重结构。这些多重结构同时包括了两个或多个大的母结构，但这些母结构并非简单叠加在一起（这样不会产生任何新的东西），而是通过一个或几个公理有机结合在一起，进而建立起一种关系……沿着这条路走下去，我们最后就来到所谓的特殊理论。在这些集合元素中，原来在一般结构中不完全确定的元素，现在得到了更加明确的个性特征。

——尼古拉·布尔巴基，《数学的建筑》，1948年

法国形式主义数学：尼古拉·布尔巴基

20世纪初，亨利·庞加莱成了法国数学界的领袖。庞加莱采取的研究方法类似布劳威尔的直觉主义（第六章），所以对德国的公理方法十分警惕，力劝法国同行接受他和布劳威尔的直觉方法。庞加莱模糊了数学公理和科学理论之间的差别，宣称几何公理描述的只是我们周围的世界，而不是永恒的数学领域。因此，庞加莱认为几何公理只不过是约定俗成的惯例而已，并非不可更改的硬性规则。

读过庞加莱的几本通俗读物之后，超现实主义艺术家马塞尔·杜尚对几何和艺术的惯例作了类比；既然非欧几何和欧氏几何在数学中同样合理，那么印象派与达达主义在艺术中也同样合理。[19]美学不是真假或对错的问题，而是主观意见的问题。他的作品《你……我》（图11-20）便是这种观点的集中体现。在这幅作品中，杜尚呈现了一系列的绘图惯例：一张色表，一只写实的手（由画广告牌的人绘制），他通用三件现成物品创作的作品（《自行车轮》《开瓶器》《帽架》）投下的影子，以及左下方不规则米尺的轮廓（《三个标准的终止》）。[20]这一切意味着什么？每个观众都可以通过填上名称里缺失的动词，来创造合适的解释，如《你爱我》《你烦我》等。

1912年，庞加莱去世；1916年，索绪尔的《普通语言学教程》出版。自此之后，形式主义和结构主义开始在法国流行起来。20世纪30年代，一群青年数学家在巴黎高等师范学院起草了一份大规模改革法国数学的计划，呼吁引进戴维·希尔伯特在哥廷根大学领导实施的形式公理方法。[21]受到超现实主义诗人和艺术家前卫精神的启发，这些巴黎青年数学家就像在策划什么阴谋一样，搞起了秘密聚会。为了表达他们对德国形式主义“征服”法国直觉主义的愿望，他们还借用1870—1871年普法战争中一位法国战败将军的姓氏，以“尼古拉·布尔巴基”作为他们的集体笔名。

布尔巴基借用希尔伯特的建筑物比喻，将数学描述为一个由集合组成的庞大层

11-20. 马塞尔·杜尚（法国人，1887—1968），《你……我》，布面油画、瓶刷、别针、螺栓，69.8厘米×303厘米。耶鲁大学美术馆，由凯瑟琳·S. 德雷尔赠予。©2014 马塞尔·杜尚/ADAGP，巴黎/艺术家权利协会，纽约。

杜尚在绘画原本虚幻的表面质感上附加了几件真实的物品，以此来描述并强调虚幻的性质；三个（真实的）别针扎住了布面中间偏右的（虚幻的）裂缝，裂缝中钻出了一个（真实的）瓶刷。

次结构(《数学的建筑》,1948)。但布尔巴基对于形式主义(在法国被称作"结构主义")的信奉,其实远超希尔伯特。希尔伯特的目标只是在真实的外在世界(如物理实验室)中应用他的"理论形式",而布尔巴基却主张纯数学只能在象牙塔里研究,要同科学和社会隔绝开来。而且,希尔伯特还想把形式主义方法应用到已经存在的数学体系上,如欧几里得几何,来揭示其抽象结构。但布尔巴基则是从头设计各种未被解释的数学结构,且这些结构中的每一种都不是为了达到某种目的而采用的手段(不适用于任何主题),而是目的本身。[22]

从1939年开始,布尔巴基以严格的公理格式对数学概念进行综述,陆续出版了一套多卷本著作,且为了向欧几里得的《几何原本》致敬,还将其命名为《数学原本》。这部数学大全以极端抽象、文风干涩、完全不提及直觉、全无解释或者模型、极少图示而著称。在形式主义的狂热驱动下,布尔巴基又开始在1948年组织每月一次的公开演讲,同时出版了演讲所涉数学概念的知识普及册。此外,布尔巴基还领导了一次改革运动,倡导在小学数学课中用创造性思维实践项目来代替死记硬背(如记忆乘法口诀)。20世纪60年代,法国开始在学前教育中加入了集合论的内容,成为第一个教授幼儿园小朋友数字就是集合的国家。这一课程改革("新数学")很快便在发达国家普及开来。[23]

布尔巴基主张纯数学不应该被用在世俗事务上,但20世纪40年代末,在"二战"期间已经接纳了群论的人类学家克洛德·列维-斯特劳斯从美国返回巴黎后,却开始极力倡导人们在社会科学中运用数学方法。尽管列维-斯特劳斯采用的是索绪尔结构语言学中的方法,但却坚称语言结构主义秉承的是布尔巴基的精神。[24]其他法国知识分子也以列维-斯特劳斯为榜样,从结构语言学中把数学方法引入了各自的领域。这些人就是所谓的"后结构主义者",如心理分析学家雅克·拉康、哲学家米歇尔·福柯、文学批评家罗兰·巴特。他们都专注于各自学科的抽象结构,其中又以

你没法让2减3,
因为2比3小,
因此你要看十位上的4。
现在那里有4个10,
所以你让它变成了3个10,
经过重组,你让1个10
变成了10个1,
加上被减数个位的2,
现在就是12,
从12中减掉3,
得9。
明白了吗?

——汤姆·莱勒,
《新数学》,
1965年

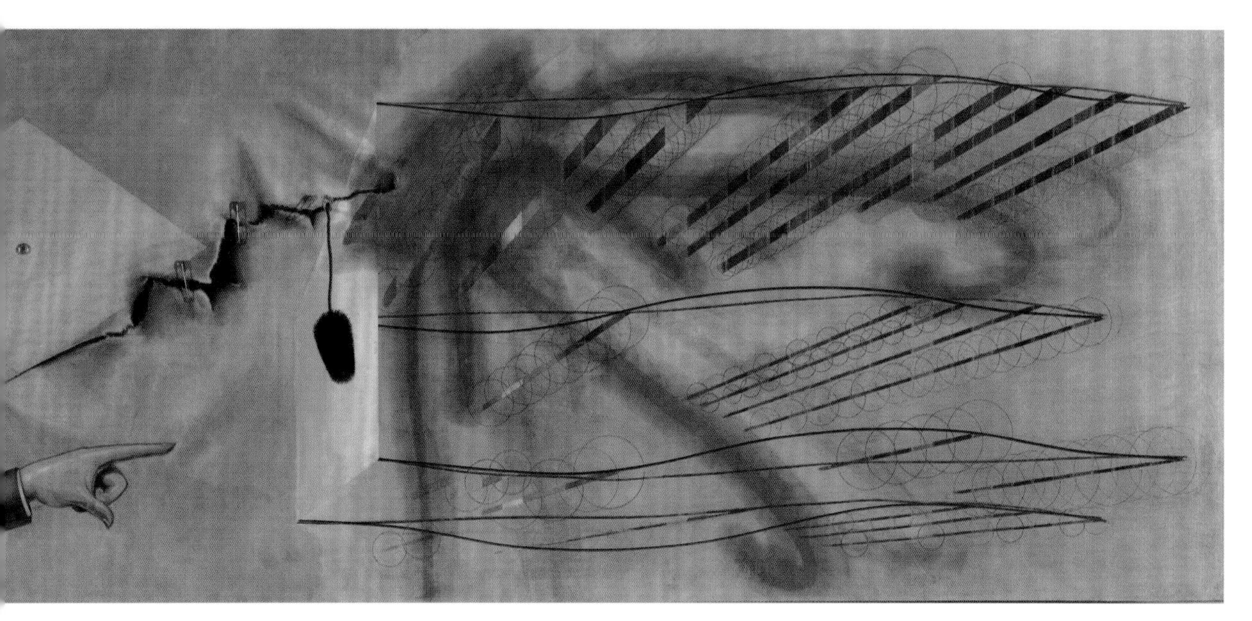

11-21.莫里斯·亨利（法国人，1907—1984），《构成主义者在草地上吃午餐》，原载1967年7月1日的《文学半月谈》。经许可后使用。

法国漫画家莫里斯·亨利戏仿爱德华·马奈的《草地上的午餐》（1862—1863；巴黎奥塞博物馆），在构成主义者接受了文化人类学的方法（例如克莱因四元群）之后（见466页小版块），给他们穿上了土著的服饰（从左至右依次为米歇尔·福柯、雅克·拉康、克洛德·列维-斯特劳斯和罗兰·巴特）。

拉康的《言语与语言在精神分析中的功能与领域》（1953；图11-21）为最早。不过，一个名叫乌力波的法国文学组织却与这些后结构主义者不同，直接从布尔巴基那里采纳了数学方法。

法国的文学形式主义：乌力波

这种与人有关的数学毅然决然地摆脱了“大数字”的无望。社会科学在数字的海洋中迷失了方向，一直无助地依附于这个“大数字”的筏子。它的最终目标不再是在单调的图表中绘制渐进和连续的运动……我们关注的不是一个拥有五千万居民的国家在人口增加百分之十后的理论后果，而是当“两人家庭”变成“三人家庭”后发生的结构性变化。

——克洛德·列维-斯特劳斯，《人的数学》，1954年

20世纪中叶，法国文坛经历了一场转变，从以直觉为基础的写作技巧转向了以布尔巴基精神的形式方法。直觉主义规程现在属于超现实主义者，所以他们对神经学家皮埃尔·让内在自动口语揭示的无意识思考方面的研究（《心理自动机制》，1889）非常感兴趣。1919年，超现实主义诗人安德烈·布勒东和菲利普·苏波开始尝试自动写作，也就是说不再有意识地去控制写什么，而是让文字直接从未经编辑的意识流中流淌而出（《磁场》，1919）。在超现实主义的第一份宣言中，布勒东把这一新风格定义为“纯粹状态下的精神自动化”（《超现实主义宣言》，1924）。艺术家发明了类似的自动化技巧，比如任由画笔漫无目标地在画纸上游走（让/汉斯·阿普，《自动作画》，1917—1918；纽约现代艺术博物馆）。

20世纪二三十年代，年轻的弗朗索瓦·勒·利奥内和雷蒙·格诺也曾尝试过随机诗文的写作。勒·利奥内后原本学的是数学和工程专业，但后来成了象棋大师，格诺则当了小说家，并且曾参与编写一份反布勒东的小册子（《一具尸体》，1930）。勒·利奥内和格诺十分认同布尔巴基的反权威立场，在20世纪60年代加入了他们，希望能通过形式主义（尤其是集合论）的方法来振兴文学。最终，他们成立了“潜在文学工坊”（Ouvroir de Littérature Potentielle），并从几个主要单词中分别取一个音节组了一个昵称：“Oulipo”（音译“乌力波”）。可以说，乌力波在某种程度上为文学赋予了“潜在”力量，因为他们的方法只会生成结构框架，具体的内容则需要有创意的作者来填充。[25]

十四行诗是勒·利奥内和格诺最喜欢的框架之一，因为它依赖的是一种形式主义结构；比如莎士比亚式十四行诗的韵脚排列是ABAB CDCD EFEF GG（图11-

22）。1961年，格诺以十首十四行诗的形式发表了乌力波宣言，每一首都印在一本书的右页上，然后切成十四条，每条上都有一行诗（图11-23）。格诺在前言中介绍道："这本书首先是一部作诗机器。"通过向右或者向左翻动这些纸条，读者可以浏览10^{14}（100万亿）首十四行诗，其中每一首的结构都正确，而且从某种程度上来说也读得通（《一百万亿首诗》，1961）。

乌力波诗人雅克·本斯则通过另一种十四行诗游戏，创作了他所谓的"无理十四行诗"，其韵脚排列为AAB、C、BAAB、C、CDCCD，形成了三行、一行、四行、一行、五行的格式（31415），即π的头几个数位。乌力波的成员还发明了其他

上

11-22. 威廉·莎士比亚，《十四行诗》（1609）。耶鲁大学贝内克珍本图书馆。

十四行诗第47

我的爱就像一场猩红热，
它总渴望病期能够耽搁。
常拿拖延治疗的药来喝，
让无常的病态胃口乐和。
理智是爱的医师主内科，
爱未遵医嘱他怒不可遏。
拂袖而去留下绝望的我，
欲即亡，医家规避没错。
理智无能为力退避三舍，
爱疯狂不安，医治没辙。
我像疯子一般狂想瞎扯，
胡编乱造，呓语甚啰唆。
曾发誓要想你明艳璀璨，
可你如地狱漆黑似夜暗。

下

11-23. 雷蒙·格诺（法国人，1903—1976），《一百万亿首诗》，1961年。

格诺的十四行诗让人想起莫扎特的曲子《音乐骰子游戏》（1792），是一首16小节的小步舞曲。莫扎特在其中只详细规定了最后一小节的演奏，其他15小节则由抛掷一对骰子得到一串15个数字，每个数字都对应着由莫扎特写的一个小节。16个小节一共有一百万亿多个可能的组合，且每个小步舞曲都具有完美的形式。

的文学规则，如M + n：其中的M是任何一种词，如名词、形容词或者动词，n则是任何正数；创作过程如下：在一段文字中，比如伏尔泰的一篇散文，每当出现选定的词（比如每个名词）时，作者就用指定的词典（比如1955年版的《拉鲁斯小词典》）中的第n个词取代它。希尔伯特有这样一句名言（第四章）："一定有可能用桌子、椅子、杯子替换所有几何陈述中的点、线、面。"而格诺对此做出的回应是用词、词组、自然段替换希尔伯特的《数学基础》(1899)中的点、线和面，从而得到一套文学的公理(《按照戴维·希尔伯特的方法得到文学的基础》，1976)。[26]

法国的光效应艺术

这种实验性的程序化绘画似乎回应的是以下两种需求：首先，公众需要成为艺术"创作"的一部分，以便消除艺术的神秘性，并且更好地理解它；其次，美学家，或者说既是数学家又是心理学家的科学人士，对新材料有需求。

——弗朗索瓦·莫瑞雷，《视觉艺术研究小组宣言》，1962年

"二战"之后，许多欧洲城市一片混乱，纽约尚未成为艺术之都，国际艺术的中心依然在巴黎。那里的艺术家以超现实主义的后期风格与抽象派的早期风格创作，人称"抽象绘画法"(Tachisme)。"具体艺术"的几何抽象从来没有全部消失，而且因为布尔巴基每月一次的公开演讲，在20世纪50年代的巴黎，不少艺术家对形式主义数学的基本概念也很熟悉。

1944年，丹妮斯·勒内同一群熟悉法国、瑞士具体艺术的国际艺术家一起开办了巴黎画廊(《具体艺术》，1945)。两年后，画家奥古斯特·埃尔班创建了新现实国际沙龙，在之后的十年中，这个沙龙的艺术群展与相关系列书籍《新现实》为欧洲抽象艺术提供了最大的平台。1949年，随着《今日艺术》的创办，法国几何抽象艺术又出现了另一种声音。

1950年，法国青年艺术家弗朗索瓦·莫瑞雷在圣保罗旅游时，偶然发现了他正在寻找的艺术路径。莫瑞雷抵达该市时，一场马克斯·比尔的作品回顾展刚刚闭幕，但该市的艺术家还在谈论这场展览。就这样，通过对比尔的这次间接了解，莫瑞雷踏上了逻辑与严谨的道路。20世纪50年代中期，莫瑞雷回到巴黎后，已经开始在所有创作中使用算法，而且在当时的巴黎，布尔巴基每月有关结构的演讲都能成为艺术界的热门话题。

莫瑞雷从小接受的是罗马天主教的教育，但成年后开始探索佛教的冥想练习，并阅读了美国神智学者G. I. 葛吉夫的著作。[27]莫瑞雷认为，在艺术创作时重复使用冥想这样的过程，能够不动用自我意识，只通过被动行为来为作品创造出有规律的模式。莫瑞雷起初对这种包含的偶然性感到不适，但能够利用诸如掷骰子这种方法系统性地生成随机模式后，他便把这类模式运用到了创作中。例如，在"四万个随机分布的正方形"(图11-24)中，他便按照电话簿中的奇数与偶数模式，在网格中填充了红色与蓝色的方块。

对页

11-24. 弗朗索瓦·莫瑞雷（法国人，1926—2016），《四万个正方形按电话簿中的偶数和奇数模式随机分布》，1960年。布面油画，100厘米×100厘米。图片由艺术家提供。© 2014 ADAGP，巴黎/艺术家权利协会，纽约。

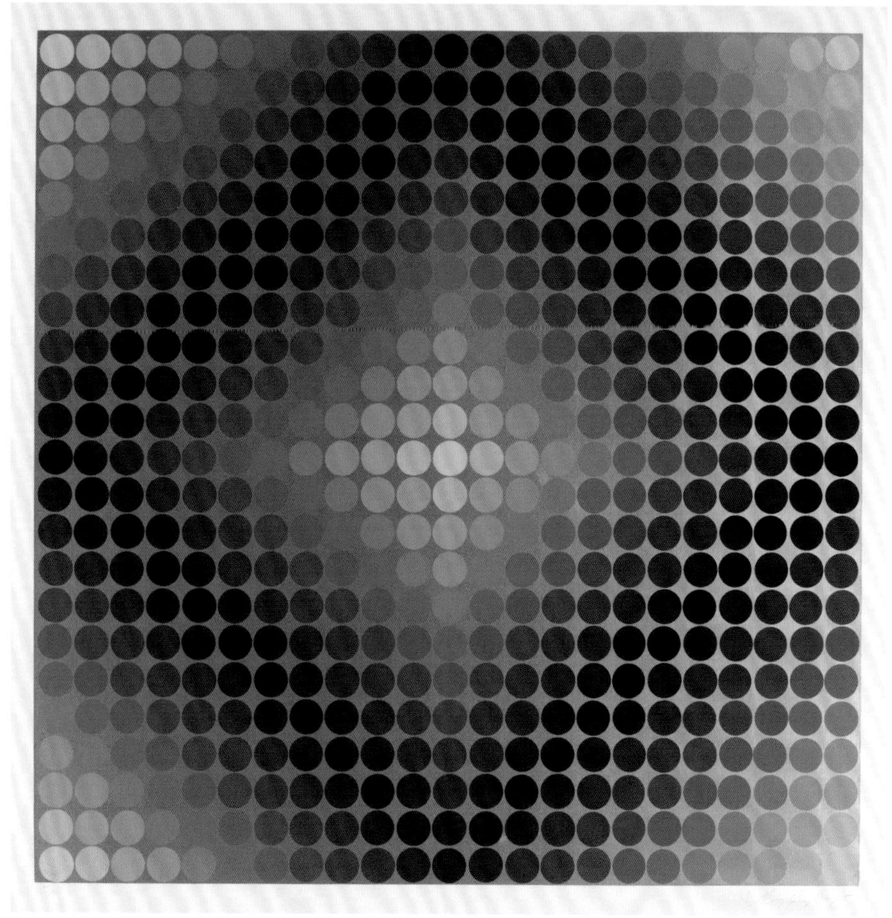

我们不再信奉浪漫主义的“自然”；我们的自然属于生物化学、天体物理学、波动力学。我们坚信，人类的一切创造都与宇宙的秘密结构一样，是形式主义的，是几何的。

——维克托·瓦萨雷利，1952年

左上

11-25.维克托·瓦萨雷利（匈牙利出生的法国人，1908—1997），《包豪斯研究A》，1929年。木板面油画，23厘米×23厘米。米歇尔·瓦萨雷利收藏，法国戈尔德斯博物馆。©2014 ADAGP，巴黎/艺术家权利协会，纽约。

左下

11-26.维克托·瓦萨雷利，无题，约1960年。丝网印刷，60厘米×60厘米。澳大利亚墨尔本维多利亚国家美术馆。

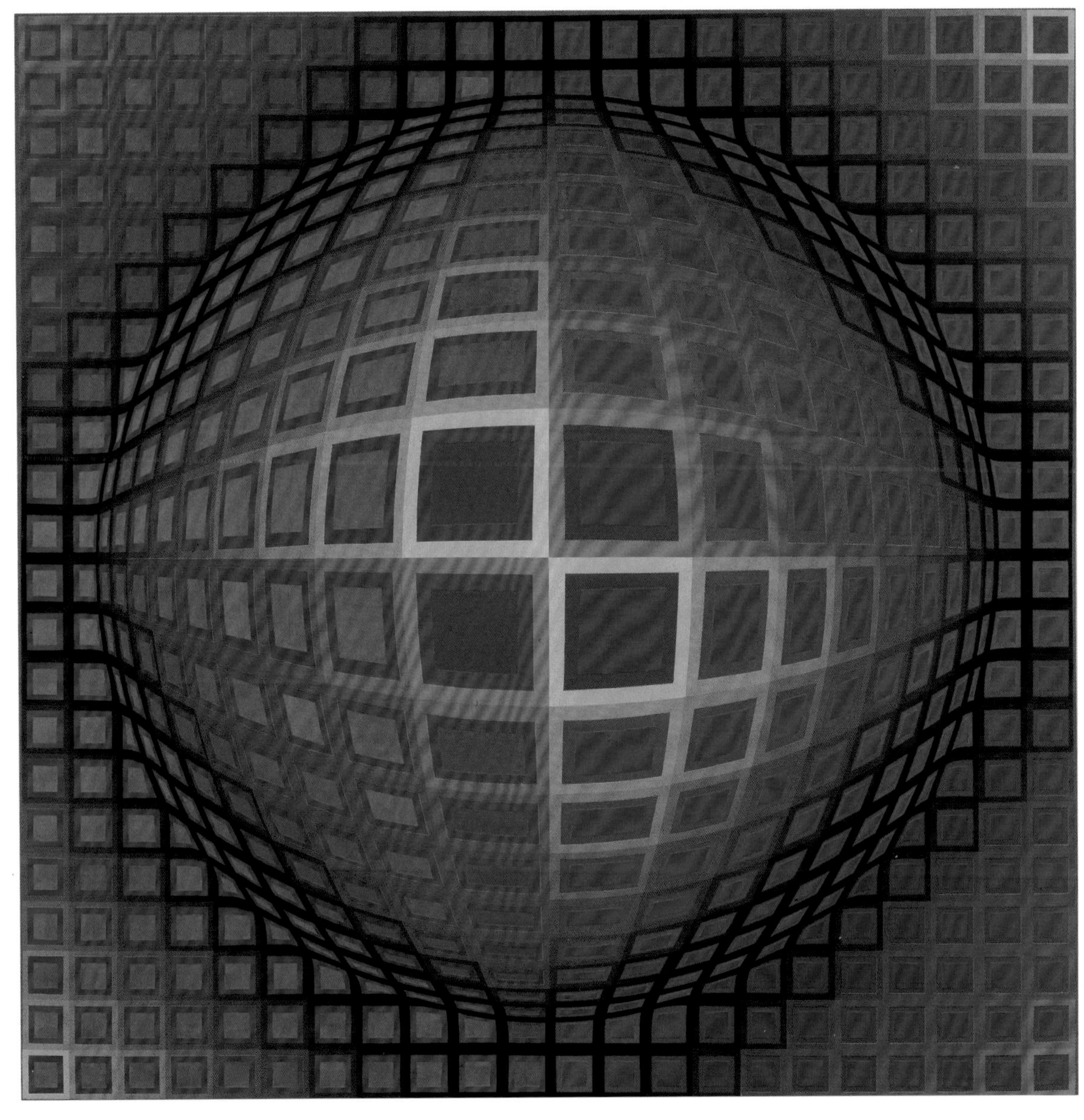

11-27. 维克托·瓦萨雷利（匈牙利出生的法国人，1908—1997），*Vega-Nor*，1969年。布面油画，200.02厘米×200.02厘米。布法罗奥尔布赖特·诺克斯艺术馆，1969年由小西摩尔·H. 诺克斯赠予。©2014 ADAGP，巴黎/艺术家权利协会，纽约。

莫瑞雷在巴黎认识的那些艺术家中，有个名叫维克托·瓦萨雷利的匈牙利人，曾于20年代后期进入布达佩斯的“讲习班”，在这所按照包豪斯学校课程开设的艺术学校里学习了视觉的基本语言（图11-25）。瓦萨雷利在巴黎做平面设计的十年间，不断尝试寻找自己的风格，而其中最令人瞩目的就是20世纪50年代献给马列维奇的黑白设计作品（《献给马列维奇》，1954；卡拉卡斯委内瑞拉中央大学收藏）。不过，超现实主义者马列维奇认为自己的形式解释为走向绝对精神的步骤，而瓦萨雷利的目标却是表现“自然的内在本质”（《黄色宣言》，1955）。此外，瓦萨雷利还认为观者的感受是审美经验的关键：“运动既不依赖构图，也不依赖特定的主体，而是取决于对观看这一过程的理解，应该把这一点本身视为唯一的创造者。1955年，瓦萨雷利在巴黎的丹尼斯·勒内画廊组织了一场名为《运动》的展览，展出了他本人、赫苏斯·拉斐尔·索托、亚科夫·阿加姆、让·廷格里等人的作品，让光效应艺术和动态艺术进入了大众的视野。20世纪60年代，瓦萨雷利又在作品中引入了颜色，并把颜色模式与曲面运动结合，创造出了惊人的视觉幻觉（图11-26、11-27）。

尽管光效应艺术走向了国际，但根基仍在巴黎。阿根廷艺术家胡里奥·勒·帕克、奥拉西奥·加西亚·罗西、弗朗西斯科·索布里诺也来到巴黎，与莫瑞雷、瓦萨雷利的儿子让-皮埃尔·瓦萨雷利（人称于瓦雷）、法国艺术家乔尔·斯坦一起在1961年成立了“视觉艺术研究小组”。顾名思义，这些艺术家不但会通过科学方法研究光学效应，还会像瓦萨雷利那样运用格式塔心理学的原理，关注形式和颜色的光学与动态效果。他们批判美学的精英主义，宣称自己的艺术属于普罗大众，因为观者的反应来自眼睛的固有特性（如视网膜的结构），而这些是全人类所共有的特性。莫瑞雷认为，观者通过观察炫目的形式来完成对艺术品的欣赏，而观者的参与“最终为我们的几何赋予了社会意义”。[28]自1976年起，法国艺术家贝尔纳·维勒便采用更具形式主义的方式，在作品中加入了如同印刷排版般的数学符号。维勒更关注符号表现的形式，而非意义（因为他自己也不知道其中的意义），比如在系列作品《饱和》（图11-28）中，他便用叠加的数学符号创造了多层堆叠的视觉形式。[29]

布尔巴基之死

尽管布尔巴基是个假想的人物，本该无所谓衰老，但可惜的是，他还是老了。1968年，在学生罢课、工人罢工的“五月风暴”过后，法国知识界突然对抽象结构失去了兴趣——不管是布尔巴基的还是列维-斯特劳斯的——转而要求一种能切合社会的哲学。到70年代中期，后结构主义在法国主流文化中迅速衰落，布尔巴基的影响也随之降低（原因是公众通常将其同结构语言学联系在一起，尽管二者有着不同的历史起源）。

有序的结构崩溃了。

——米歇尔·塞尔，

《赫尔墨斯IV》，

1977年

布尔巴基衰亡的另一个原因，则是因为后结构主义者过分扩大了其知识领域的疆界，由于布尔巴基已经同后结构主义被捆绑在一起，所以最终被某些后结构主义者挑起的愤怒扫到了一边。[30]20世纪初，索绪尔创立了结构主义，宣称自然（口头）语言中的词语没有固定的意义，其意义来自人们的使用，比如“真理”和“法则”等都是在特定文化语境才有定义。列维-斯特劳斯、拉康、福柯、巴特之所以成为后结构主义者，是因为他们十分关注文化现象的解释问题（如人类学家、心理分析学家、历史学家、文学批评家研究的问题），而这些问题的文化语境或许可以用索绪尔的语言学工具来分析。但法国后结构主义者在推广索绪尔的文字语言学时，将其应用到了所有符号上，并声称数学定理和科学定律都是文化习俗，没有描述外在世界。后结构主义者提出的这类主张，在当地学术界引发了激烈争论，招致了各学科铺天盖地的批评。[31]

对页

11-28. 贝尔纳·维勒（法国人，1941— ），《饱和3》，2002年。布面丙烯画，183厘米×183厘米。私人收藏，韩国首尔。©2014 ADAGP，巴黎/艺术家权利协会，纽约。

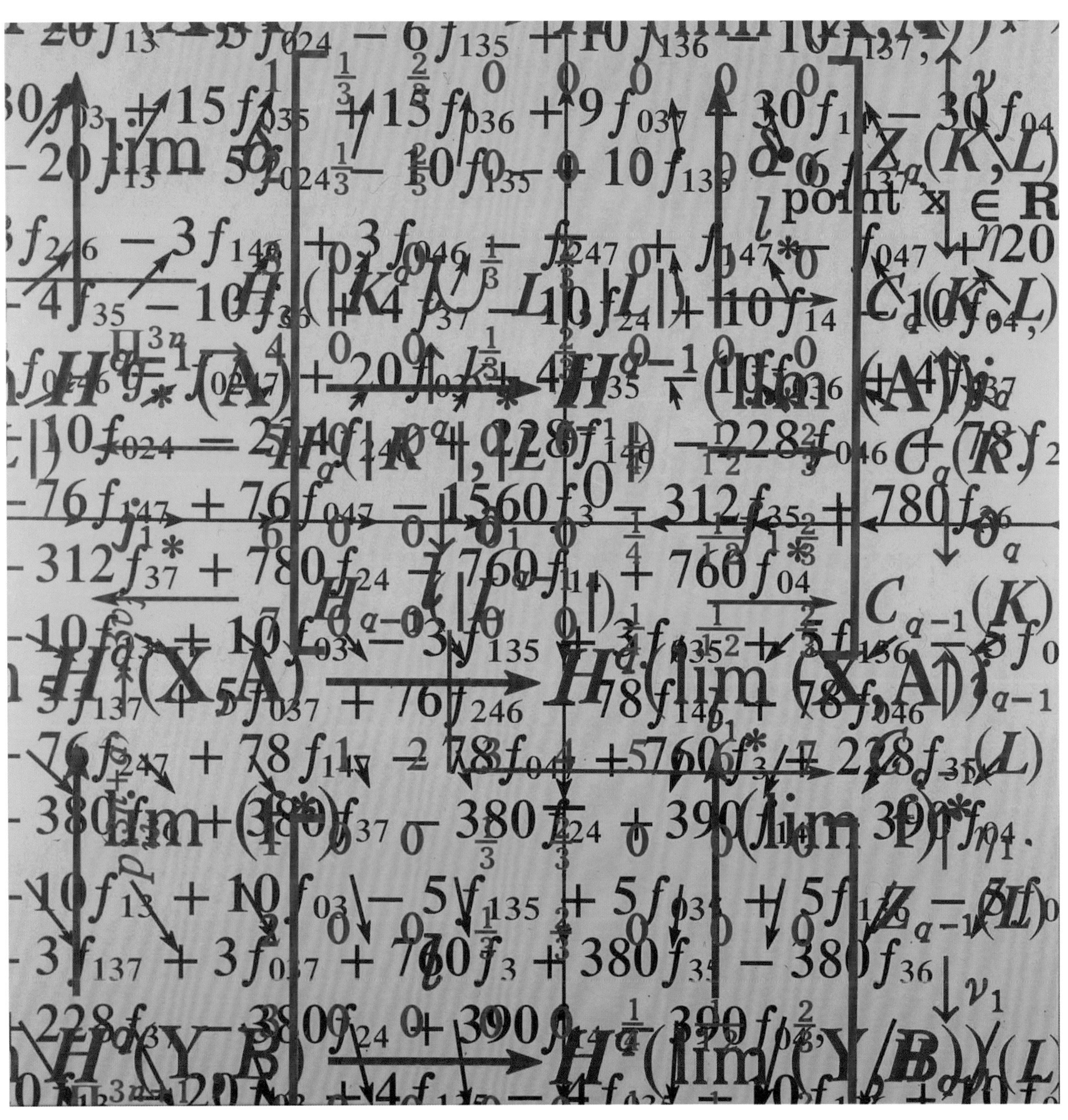

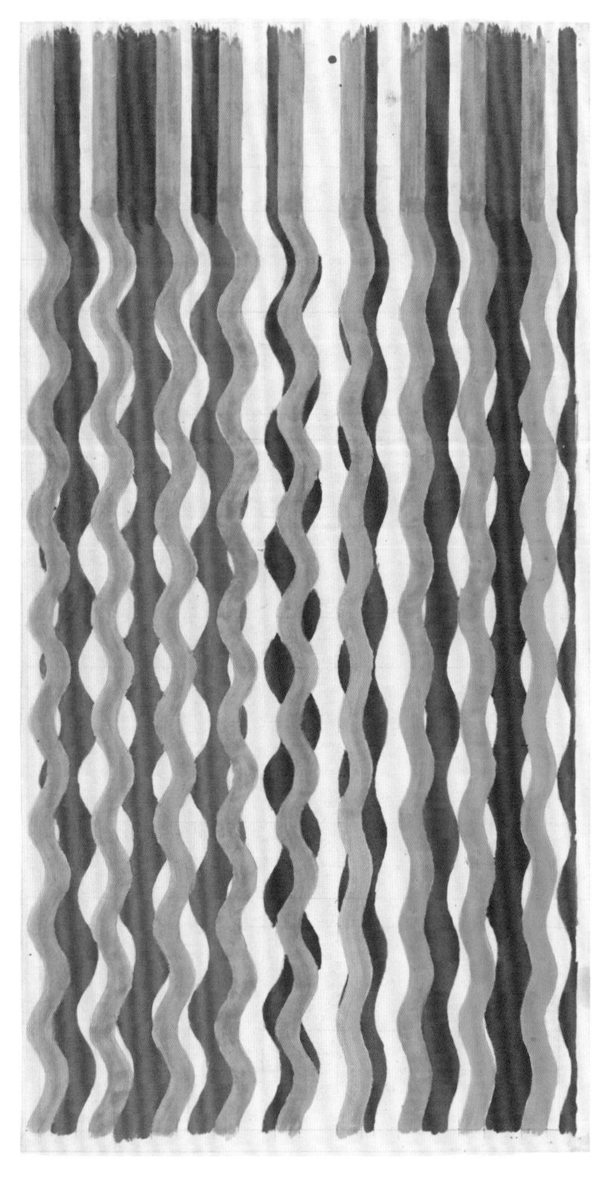

英国

1951年，批评家赫伯特·里德在伦敦组织了一场名为《生长与形态》展览，为英国过程艺术的兴起奠定了基础。里德以英国植物学家达西·汤普森分析生物过程的经典著作（《生长与形态》，1917；第二章图2-41）为基础，把艺术品的创作比作了有机体的生长过程（汤普森没有做过这种类比）。20世纪50年代中期，画家迈克尔·基德纳同年轻艺术家珍·斯宾塞、马尔科姆·休斯一起，在他们所谓的系统艺术（艺术的创作过程成了作品的主题）中呼应了这一观点想法。[32]他们编写算法，开始系统性创作这类不存在叙述内容的纯几何抽象艺术品，如《分相棕色绿色波》(图11-29)。

20世纪60年代中期，对刚刚在巴黎兴起的光效应艺术尚不了解的英国艺术家布里奇特·莱利，在相对独立的情况下发展出了她自己的几何绘画风格。1965年，她的作品同瓦萨雷利和莫瑞雷的作品一起出现在纽约现代艺术博物馆的《响应之眼》展览上，让她一举走上了国际舞台（图11-31）。[33]与法国同行相比，莱利的作品均由手绘完成，所以更依赖直觉，而非精确的公式。20世纪80年代，雕塑家西蒙·托马斯在伦敦皇家艺术学院学习过视觉艺术后，开始创作具有显著几何图案的雕塑，并先后担任了布里斯托大学物理系（1993—1995）和数学系（2002）的驻地艺术家（图11-30、11-31）。

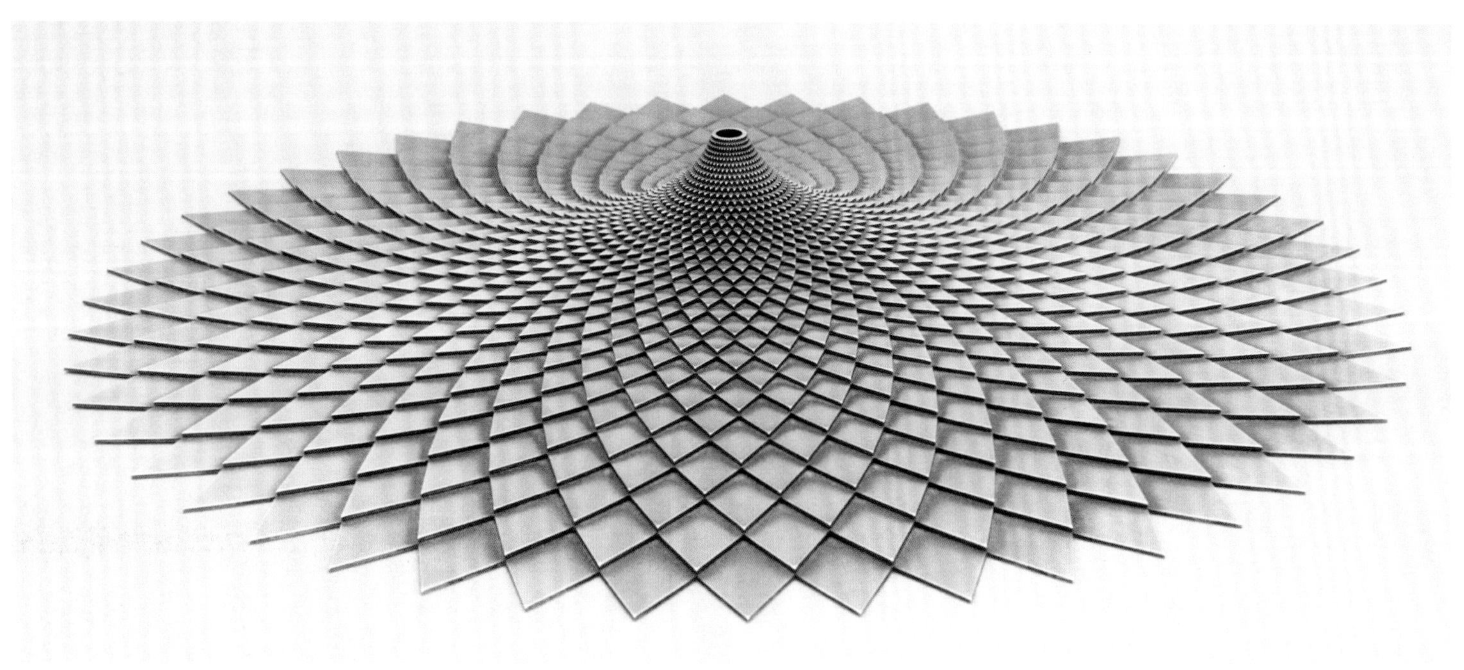

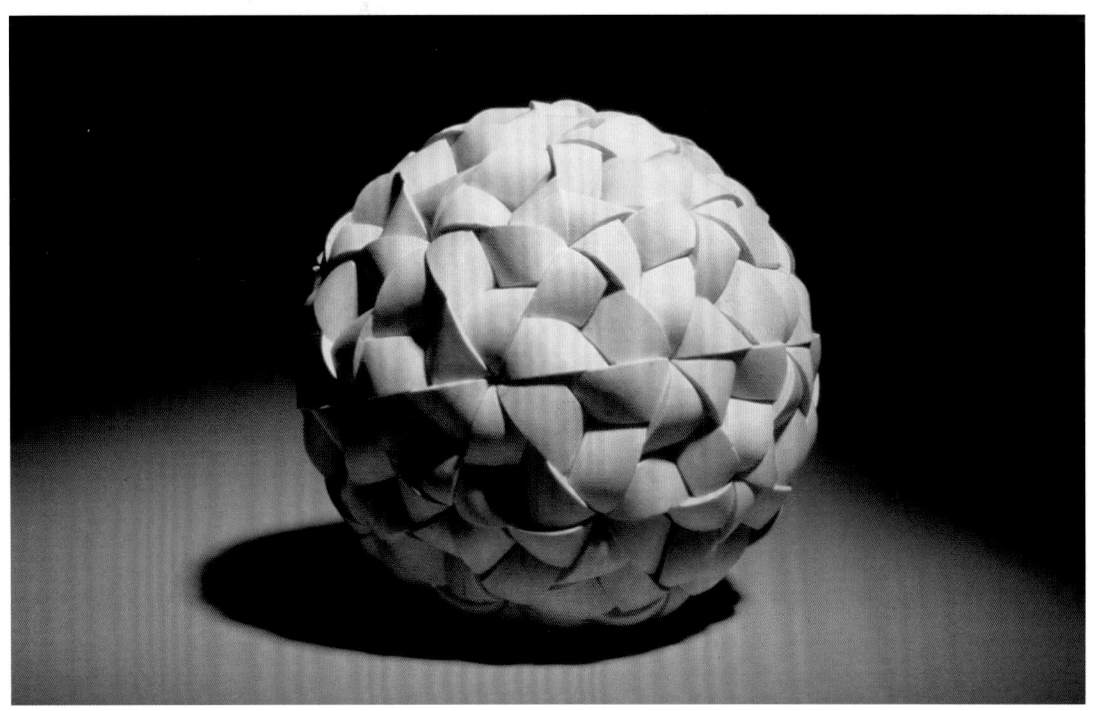

对页上

11-29.迈克尔·基德纳（英国人，1917—2009），《分相棕色绿色波》，1964年。纸上水粉铅笔画，56厘米×29厘米。©伦敦泰特美术馆

对页下

11-30.西蒙·托马斯（英国人，1960— ），《平面直线》，2005年。喷砂处理过的不锈钢，直径60厘米，高5.55厘米。图片由艺术家提供。

对于这件雕塑，艺术家介绍道：“它的几何基础是一个简单的方程，将几个按比例排列的元素组合在一起，形成一个一致性系统，就能生成非常清晰的事件。”

左上

11-31.布里奇特·莱利（英国人，1931— ），《流》，1964年。合成板面、高分子合成颜料，148.1厘米×149.3厘米。纽约现代艺术博物馆，菲利普·约翰逊基金。©布里奇特·莱利2015。版权所有，图片由卡斯滕·舒伯特提供。

左下

11-32.西蒙·托马斯（英国人，1960— ），《水晶球》，约2010年。水晶，25厘米直径。图片由艺术家提供。

这件雕塑的模式是将球面划分为若干个等边三角形面，再将这些面分成三等分。

拉丁美洲

许多拉丁美洲艺术家都很喜欢欧洲构成主义和具体艺术的精确风格和几何美学，而圣保罗、里约热内卢、布宜诺斯艾利斯、加拉加斯的政治家则把几何抽象艺术同稳定的社会进步联系起来。在乌拉圭，华金·托雷斯·加西亚从法国带回来的抽象艺术让当地的艺术家深受启发。年轻时，托雷斯·加西亚曾远赴欧洲学习，掌握了构成主义美学的深刻知识。20世纪20年代，他开始利用黄金分割来为作品赋予几何结构，但结识特奥·凡·杜斯伯格后，他转而接受了荷兰风格派的网格模式。不过，托雷斯·加西亚没有像风格派那样运用原色来创作，而是使用了相对柔和的土色调（图11-33）。[34] 1934年，托雷斯·加西亚回到乌拉圭后，提出了拉丁美洲版的构成主义——普遍构成主义，倡导艺术家用（包括前哥伦布时代的）国际性标志和符号来填充网格（图11-34）。1935年，托雷斯·加西亚及其追随者在他的家乡蒙得维的亚成立了构成主义艺术协会；[35]后来在1943年，他又在那里创立了名为“托雷斯·加西亚进修班”的艺术工作坊。20世纪40年代，来自蒙得维的亚的冈萨洛·丰塞卡进入了托雷斯·加西亚进修班学习，50年代又去了欧洲学习。他的石雕作品追求普遍构成主义的理想，兼具了前哥伦布时期文化与欧洲传统特色，可以像拼图一样契合在一起（图11-35）。

11-33.华金·托雷斯·加西亚（乌拉圭人，1874—1949），《彩色木质平面》，1929年。木板油画，43.2厘米×20.3厘米。卡门蒂森-伯尔尼米萨收藏，马德里卡门蒂森-伯尔尼米萨博物馆藏品。©2014 亚历杭德拉、奥雷里奥、克劳迪奥·托雷斯。

20世纪40年代初，巴西圣保罗大学引入了逻辑学课程，其中一位教师是来自美国的青年逻辑学家W. V. 蒯因（1932年在怀特海的指导下获得哈佛大学博士学位）。几何抽象艺术十分契合巴西的工业面貌，所以受到了政府的大力支持。1948年，圣保罗和里约热内卢在政府资助下开办了现代艺术博物馆；1951年，巴西政府又支持创办了圣保罗双年展。比利时艺术批评家莱昂·德冈创立圣保罗现代艺术博物馆后，以馆长身份策划的首场展览，便是95件国际性艺术品综览（《从具象到抽象艺术》，1949），之后又策划了马克斯·比尔回顾展（1950）。在1951年的第一届圣保罗双年展上，马克斯·比尔在几位一同参展的瑞士具体艺术家中脱颖而出，赢得了最高奖，进而影响了一整代的巴西艺术家，其中一些还专门跑到乌尔姆跟他学习。[36]

1952年，以瓦尔德玛·科代罗为首的圣保罗艺术家成立了“决裂小组”，发扬构成主义风格。[37]科代罗的母亲是意大利人，父亲是巴西人，自幼随父母在意大利长大。他先是在罗马学习艺术，后于1945年移居圣保罗，时年20岁。他提倡以完全客观的方式创作艺术，为视觉形式赋予算法，比如在作品《可视的理念》中，黑白线条图案互为镜像，并且描画出了相应的曲线（1956；图11-36）。

然而，构成主义美学在巴西最富戏剧性的表达，是建筑师奥斯

结构的思想是构成主义的基石，也是绘画的基石：绘画就是构成。

——华金·托雷斯·加西亚，
《普遍构成》，
1944年

左
11-34. 华金·托雷斯·加西亚，《普遍构图》，1937年。木板油画，108厘米×85厘米。巴黎国家现代艺术博物馆蓬皮杜艺术中心。©2014 亚历杭德拉、奥雷里奥、克劳迪奥·托雷斯。
《普遍构图》中包括了来自前哥伦布时期文化（太阳、男人、鱼、星辰）、古希腊文化（字母 α 、ω 和神庙），以及科学与数学（三角形、五边形、圆规、数字）的符号。

下
11-35. 冈萨洛·丰塞卡（乌拉圭人，1922—1997），《献给几何学家之墓》，1970年。田纳西粉红大理石，30.4厘米×50.8厘米×12.7厘米。图片由凯奥·丰塞卡提供。
两块小石板用皮带装订在一起，形成一本书的形式。翻开后，我们可以看到“书页”中镶嵌的一些几何图形，而这些图形都可以拿出来。翻开的书可以被视为“献给几何学家之墓”的墓碑。

卡·尼迈耶和城市规划师卢西奥·科斯塔对新首都巴西利亚的设计规划。当时，巴西荒凉的中部地区只有几座大农场，在那里建设一座新都城，是政治家儒塞利诺·库比契克乌托邦式的想法。库比契克生于巴西的一个穷苦家庭，母亲是捷克人，父亲是波兰人。长大后，他雄心勃勃地要完成自己的社会使命。1956年，他提出“五年内进步五十年”的口号，以此赢得了大选，成为巴西总统。此后不久，库比契克委托尼迈耶设计一座未来的新首都，并且要求用整齐划一的住房和公共交通设施来表现公民的身份平等。尼迈耶只用四年时间便完成了这一项目，以国际风格设计出钢铁、玻璃与钢筋混凝土建筑物，为这座城市赋予了惊人统一的外观（图11-37）。[38]

20世纪50年代后期，里约的一群巴西艺术家大胆提出了一种形式主义风格，但其中的形式并非未定义，而是渗透着情感的表达，即新具体艺术。诗人费雷拉·古拉尔为他们写下了宣言：“艺术不能只是一个关于先验概念的说明……这样的陈述或许会让人认为新具体艺术家想要回避客观性，并允许自身在主观的混乱中迷失。但事实上，我们追求的是一种更为深刻的客观性，它来自物质与人类感

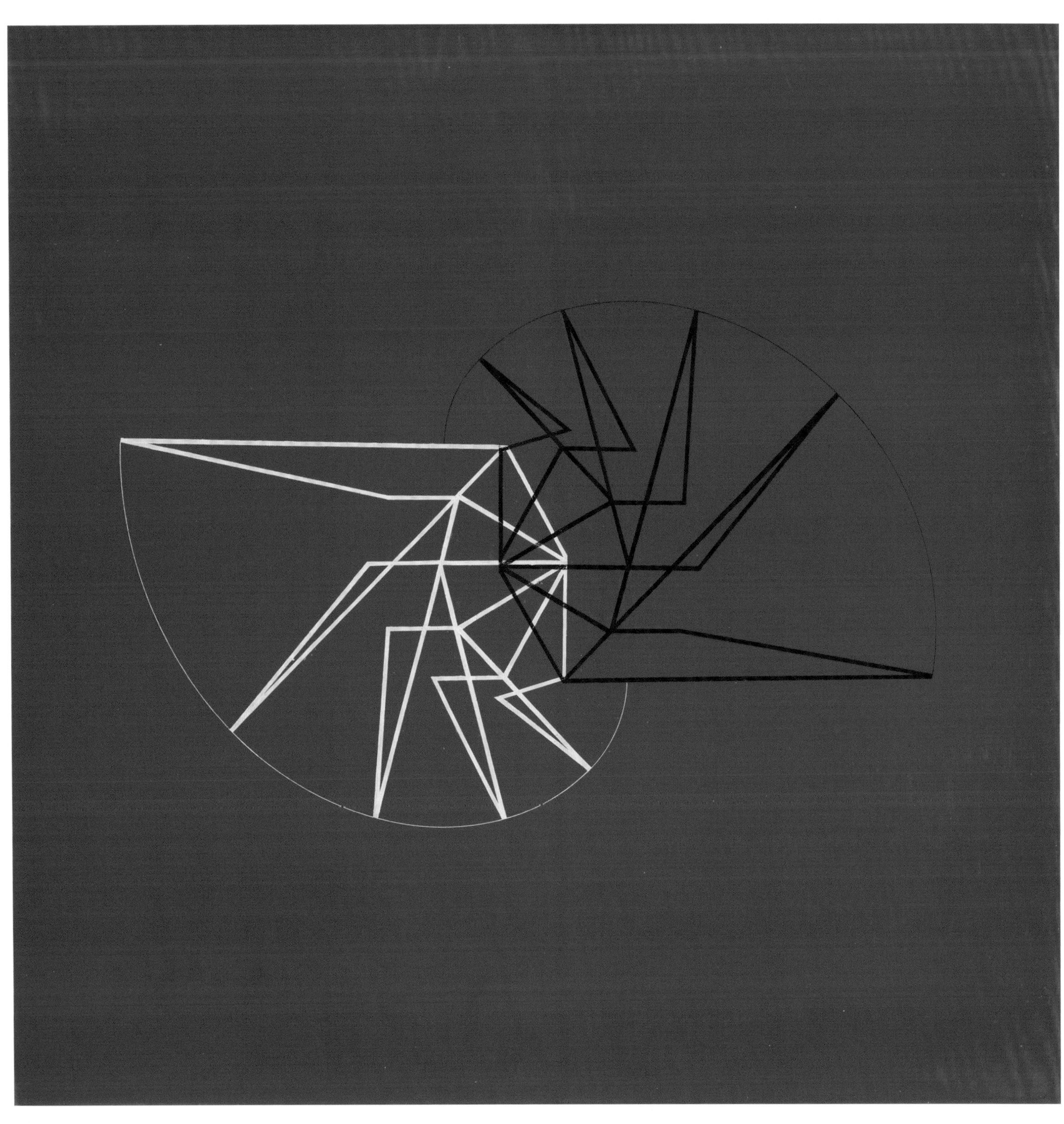

觉和思维的最终结合。”[39]一个典型例子是何里欧·奥蒂塞卡在网格上放置了精确的矩形，但每个的位置都有所偏斜，故而无法排列整齐，给人一种这些方形正在移动的感觉（《元模式》，1959；图11-38）。

“一战”前夕，妄想殖民的德国政府派遣一些物理学家去了布宜诺斯艾利斯，在拉普拉塔国立大学创立了一座重要的理论物理学中心，该中心一直活跃到了20世纪30年代初。[40]马里奥·邦吉从拉普拉塔大学毕业之后，又到加拿大西蒙弗雷泽大学读取了物理学博士学位。返回阿根廷后，他开始在母校教授物理学与哲学。20世纪50年代，邦吉组织过几个研读弗雷格和罗素著作的小组，成为最早在阿根廷提倡分

对页

11-36. 瓦尔德玛·科代罗（生于意大利的巴西人，1925—1973），《可视的理念》，1956年。胶合板上的丙烯酸颜料画，59.9厘米×60厘米。私人收藏。© 瓦尔德玛·科代罗遗产。

上

11-37. 奥斯卡·尼迈耶（巴西人，1907—2012），巴西国会，位于巴西利亚三权广场，1956年设计，1960年开放。

巴西政府行政、司法、立法机构都位于尼迈耶设计的三权广场上。照片中的建筑物属于立法院（国会）：左侧拱顶建筑内为参议院，右侧盘状建筑物为众议院，中间由两座长方柱体塔式办公楼连接。

下

11-38. 何里欧·奥蒂塞卡（巴西人，1937—1980），《元模式》，1958年。木板水粉，50.5厘米×68厘米。纽约现代艺术博物馆，通过帕特丽夏·菲尔普斯·德·西斯内罗为纪念保罗·赫肯霍夫而设立的基金购置。©2009 何里欧·奥蒂塞卡项目。

右

11-39. 吉拉·科希策（匈牙利出生的阿根廷人，1924—2016），《超释放》，1948年。定在木匣内的霓虹灯管、丙烯、树脂玻璃，65厘米×37.5厘米×17厘米。图片由艺术家提供。

对页

11-40. 托马斯·马尔多纳多（阿根廷人，1922—2018），《构图208》，1951年。布面油画，50.2厘米×50.2厘米。私人收藏。©托马斯·马尔多纳多。

析哲学和逻辑学的人之一。[41]阿根廷知识分子希望数学与科学教育能给国家带来经济与社会的稳定，而阿根廷艺术家则以精确的构成主义风格表达了对理性的信心。当时阿根廷有两个抽象艺术团体，一个是马迪小组，一个是具体艺术发明协会。1944年，两个团体共同出版了一期《阿图罗》杂志，最终在布宜诺斯艾利斯催生了十年的创造性艺术创作。马迪的组织者、画家吉拉·科希策在小组宣言中宣布，马迪艺术家将“以不朽的永恒价值构建艺术品”。[42]科希策对物理学和数学颇有兴趣，从1946年开始用霓虹灯管创作艺术品，并把闪耀的光解释为非物质能量的象征（图11-39）。

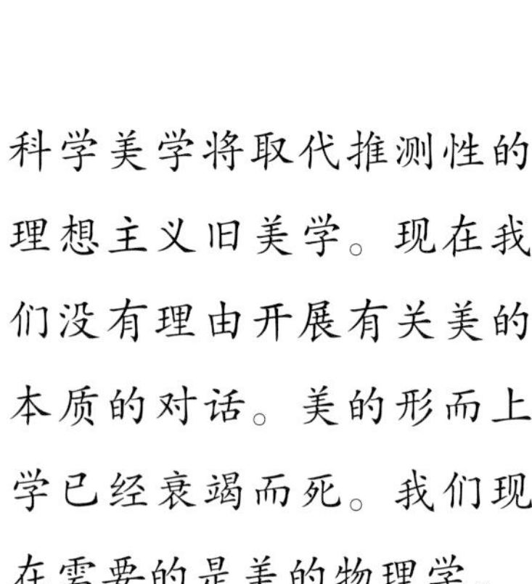

科学美学将取代推测性的理想主义旧美学。现在我们没有理由开展有关美的本质的对话。美的形而上学已经衰竭而死。我们现在需要的是美的物理学。

——托马斯·马尔多纳多等，《发明主义者宣言》，1946年

具体艺术发明协会的艺术家则致力于创造未定义的实体（“具体”）艺术品，例如托马斯·马尔多纳多的《构图208》（1951；图11-40）。平行于画作边缘的内部分割强调了画作真正的物理大小与形状。马尔多纳多想要在《构图208》中创造完全平面的形象，但观者往往会看到红色、紫色、米黄色的线浮在深绿色和蓝色的“背景”之上。马尔多纳多认同形式主义的主导叙事（第四章），他的创作目标是让绘画摆脱幻觉主义：“非具象艺术最大的缺陷是它无法完成新的构建，无法确定地消除幻觉。因此，我们要打破绘画的传统格式。”[43]20世纪50年代初，为了能“确定地消除

11-41. 罗德·罗斯福斯（乌拉圭人，1920—1969），《强调红色》，1957年。版面清漆画，69.8厘米×61.9厘米。由亚利桑那凤凰城的戴安·哈勒和布鲁斯·哈勒收藏。

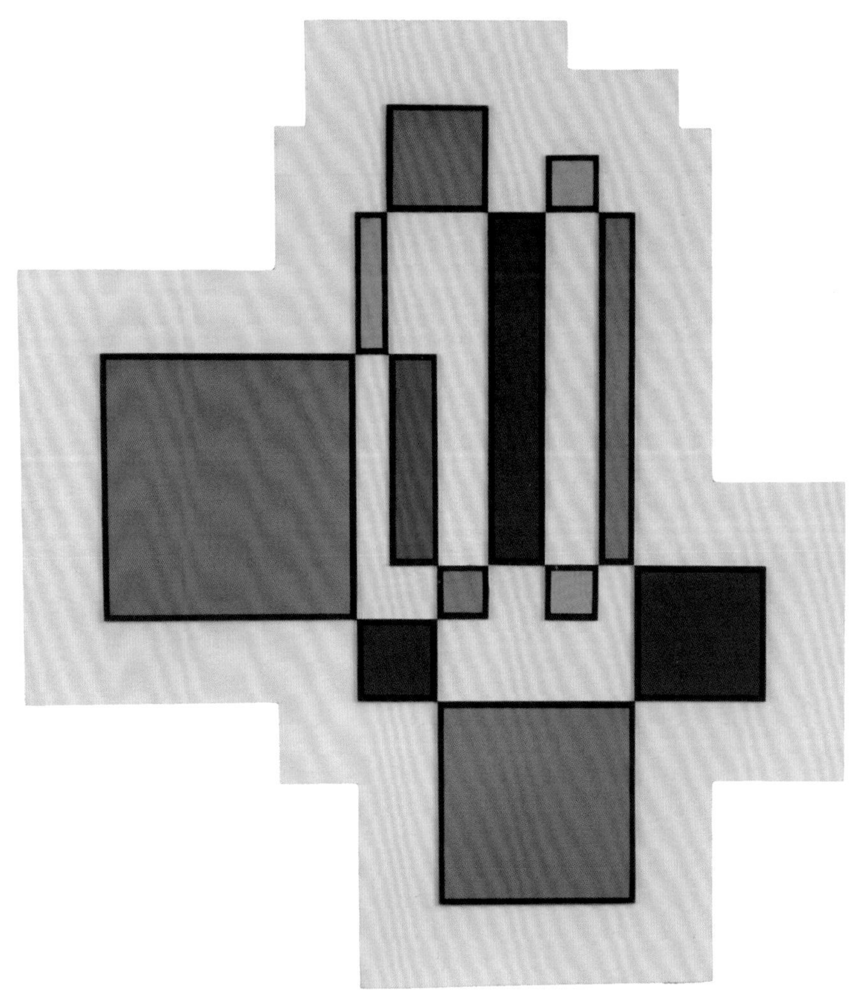

幻觉”，马尔多纳多同生活在阿根廷的乌拉圭艺术家罗德·罗斯福斯一起发明了成形画布。例如，观者通常不会把罗斯福斯的《强调红色》（图11-41）视为一扇通往幻想世界的“窗口”，因为他们能看到画布不规则的边缘，进而明白自己正在观察一件物理实物。[44] 1948年，马尔多纳多前往欧洲面见了马克斯·比尔，两位艺术家因为共同的兴趣爱好而建立起了长久的友谊。1954年，马尔多纳多开始担任乌尔姆设计学院的教员，经常在布宜诺斯艾利斯和乌尔姆之间往返，后来又在1964年至1966年间出任了乌尔姆设计学院院长一职。[45]

1964年，邦吉的追随者、哲学家托马斯·莫罗·辛普森在布宜诺斯艾利斯出版了《逻辑的形式、真实与意义》一书，这是最早介绍逻辑学和分析哲学的西班牙语著作之一。但在1966年，阿根廷发生军事政变，艺术与学术自由就此终结。在这场持续十多年的“肮脏战争”中，独裁政府大肆屠杀平民，文化生活也遭到了大规模摧毁。邦吉流亡到了蒙特利尔；马尔多纳多先到了欧洲，然后在美国落户。画家塞萨尔·帕特诺斯托等许多青年艺术家也离开阿根廷去了美国。帕特诺斯托于1967年移居纽约，后开始在70年代将来自前哥伦布时期的织物花纹融入了抽象格式当中（图11-43、11-44），形成了自己的独特风格。[46] 1983年，阿根廷恢复了文官政权，政

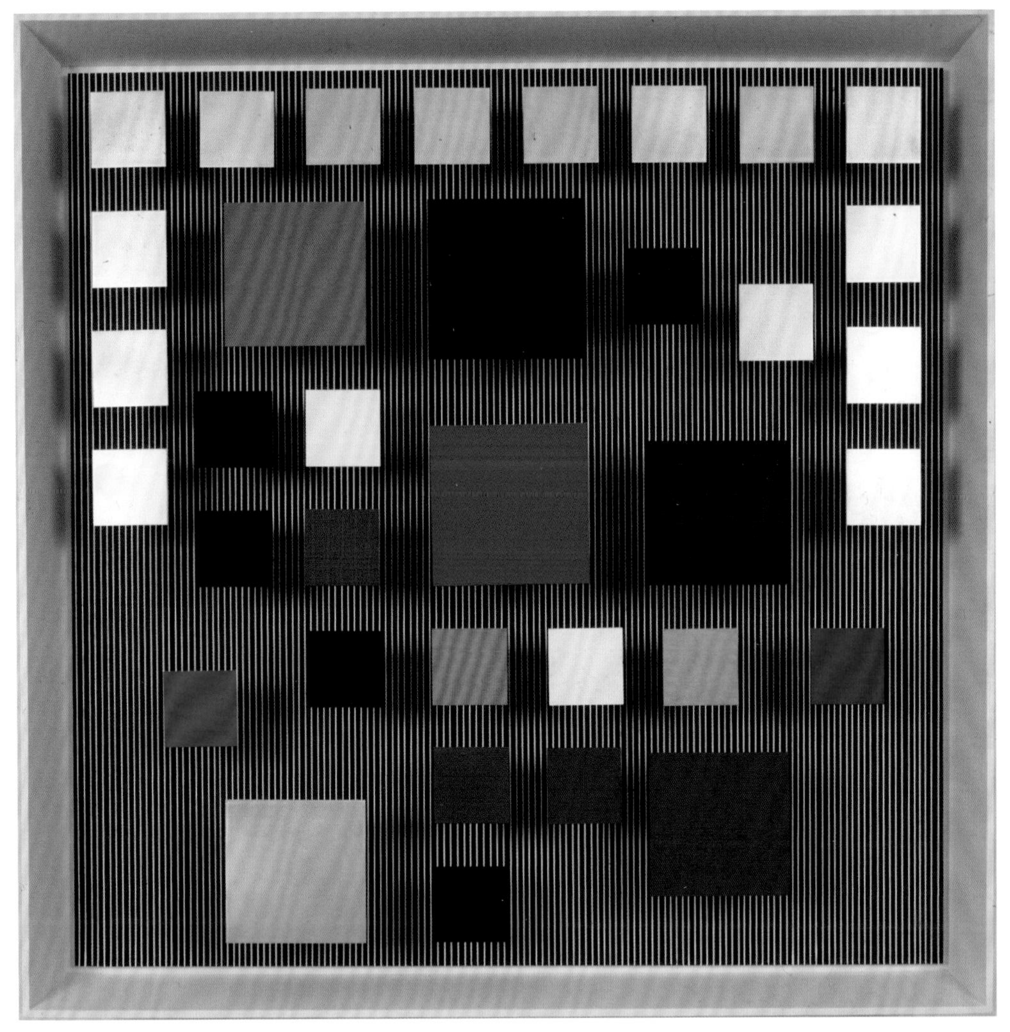

11-42. 赫苏斯·拉斐尔·索托（委内瑞拉人，1923—2005），《色彩空间中的矛盾21》，1981年。丙烯，金属板，镶嵌在板面上的木质元素，105厘米×105厘米×16厘米。索托工作室与西卡迪画廊。©西卡迪画廊，休斯敦，得克萨斯。©2014 ADAGP，巴黎/艺术家权利协会，纽约。

治动乱终于平复，但包括邦吉、马尔多纳多、帕特诺斯托在内的许多艺术家选择了继续侨居国外。

20世纪初，委内瑞拉因为石油储量庞大，变得富裕起来，但首都加拉加斯的艺术机构依然老套陈旧。一些进步的委内瑞拉艺术家前往巴黎，在那里成立了“不同政见者组织”，其中包括赫苏斯·索托和卡洛斯·克鲁兹-迭斯。从1952年到1958年，也就是马科斯·佩雷斯·希门尼斯高压统治期间，委内瑞拉的经济与文化得到了迅速发展，理想主义建筑师卡洛斯·劳尔·维兰纽瓦为委内瑞拉中央大学设计了新校园。在维兰纽瓦的邀请下，索托和克鲁兹-迭斯1952年从巴黎回归祖国，为这所新校园创作了公共艺术作品。维兰纽瓦还委托亚历山大·考尔德创造雕塑，委托维克托·瓦萨雷利创作壁画。因为他们的几何风格符合佩雷斯·希门尼斯心目中想要为委内瑞拉打造的工业和技术强国形象，[47]所以他们随后又接到了政府的其他委托，委内瑞拉由此成了构成主义当代艺术风格一个生机勃勃的中心。[48]

索托设计了具有动态特征的艺术品：观者移动时，艺术品似乎也在动，或至少看上去有了变化。例如，一件浮雕作品中，浮动的平面投下的影子会随着观者的位置而变化（图11-42）。索托还用悬浮的彩色金属圆筒创作了立体形，观者可以在它

对页

11-43.塞萨尔·帕特诺斯托（阿根廷人，1931— ），《王袍》，1982年。布面丙烯，167.6厘米×167.6厘米。图片由艺术家与埃斯特万·维森特当代艺术博物馆提供。

为了追求普遍构成主义风格，帕特诺斯托在作品中融合了几何抽象与安第斯象征主义风格，这幅《王袍》便是其中一例。

左

11-44.《彰显社会地位的上装纹案》，来自秘鲁印加，1450—1540年。羊毛与棉，90.2厘米×77.15厘米。©敦巴顿橡树园，前哥伦布时代藏品，华盛顿特区。

自13世纪至16世纪初，印加人在安第斯山脉的崇山峻岭之间建起了庞大的印加帝国。印加人生活在马丘比丘等海拔约为九千英尺的高山村庄中，没有文字，而是用绳结或在织物中编入图案来记事（《结绳文字》；第十二章图12-10）。这件上衣中的小型矩形几何单元（*t'oqapu*）可能是社会等级的一种象征，因为只有社会地位高的印加人才能以这种图案作为衣物的装饰。

们周围或者中间走动（“渗透力”系列；图11-45）。在克鲁兹-迭斯的系列浮雕作品《物理色变》中，艺术家使用了两面不同颜色的竖条，使得观者能在走动中看到颜色的变化（图11-46）。

北美洲

20世纪50年代，美国出现了两种几何抽象的创作途径：一种是以索尔·勒维特为首的算法途径；一种则试图将艺术化简为其真正的（物理）本质，抵达所谓的极简。[49]遵照算法途径创作艺术品的人中有一位叫乔治·里奇，曾于20世纪30年代到巴黎学习绘画，还加入了费尔南德·莱热和阿梅德·奥占芳的立体派圈子。“二战”期间，里奇担任过重炮教官，通过轴承和钢件磨炼了自己的技能。战后，他去了芝

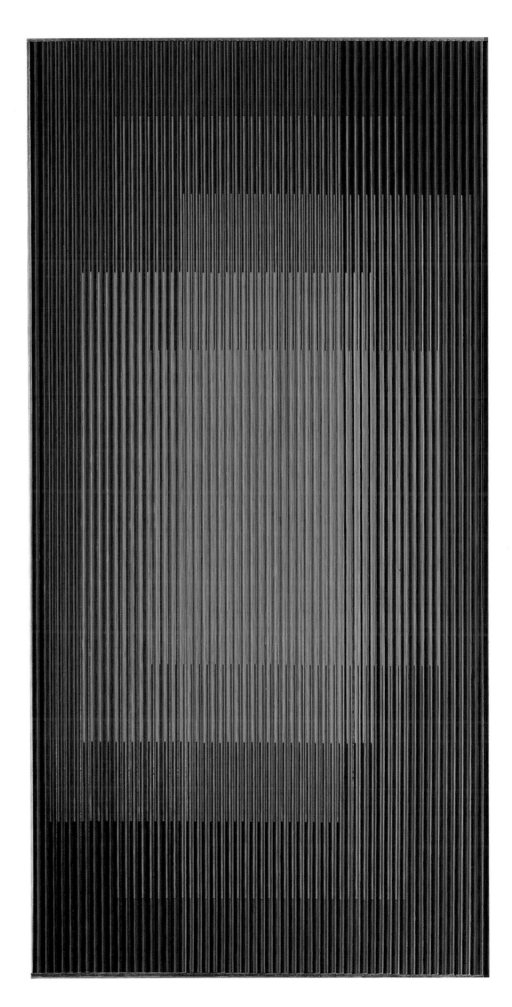

对页

11-45.赫苏斯·拉斐尔·索托（委内瑞拉人，1923—2005），《虚拟体积》，“渗透力”系列作品之一。现藏于加拿大皇家银行大厅内。

右

11-46.卡洛斯·克鲁兹-迭斯（委内瑞拉人，1923—2019），《物理色变394》，1968年。乙烯基颜料、胶合板、硬纸板、塑料、金属，121.3厘米×62.2厘米×6.4厘米。得克萨斯大学奥斯丁分校布兰顿艺术博物馆，1986年由艾琳·夏皮罗赠予。

下

11-47. 乔治·里奇（美国人，1907—2002），《三条红线》，1966年。钢材上漆和水压机设备，高11.2米。华盛顿特区赫什霍恩博物馆和雕塑园。©乔治·里奇遗产/VAGA，纽约。

对页

11-48. 查尔斯·比德曼（美国人，1906—2004），《27号作品：红翼》，1968—1969年。上漆的铝件浮雕，104厘米×74.2厘米×20.3厘米。明尼阿波利斯艺术学院，为纪念法耶·科尔·安德勒斯而创作，通过约翰·E. 安德勒斯三世夫妇的基金购置，inv. no. 74.53。©查尔斯·比德曼。

加哥的新包豪斯学校，聆听了瑙姆·加博的讲座，接触到了构成主义美学。到50年代时，里奇已经形成了自己的成熟风格：以简约的线条和平面来构建非机动的动态雕塑。比如在《三条红线》（1966；图11-47）这件作品中，三角形钢叶片随气流转动——从微风到大风——在内部配重的平衡下，会扫出三个大弧形。1967年，里奇出版了《构成主义：起源与演变》一书，详细介绍了俄罗斯构成主义、德国包豪斯学校，以及1945年后国际几何雕塑的历史。

20世纪30年代旅居巴黎期间，查尔斯·比德曼受到蒙德里安网格绘画（比如第六章图6-23）的启发，开始创作浮雕，但感觉自己始终无法融入法国艺术界。可是回到自己的祖国后，他同样觉得与纽约、芝加哥的艺术圈格格不入。于是在1942年，36岁的比德曼放弃了城市生活，迁往距离明尼苏达州雷德温市不远的一家农场，并如同隐士一般，在那里度过了自己的余生。到50年代时，他已经形成了自己的成熟风格：色彩鲜明的水平与竖直几何形状，聚集在单色平面的中心，向外突出（图11-48）。1960年3月，比德曼读过戴维·玻姆的一部物理学通俗读本（《现代物理学中的因果性与机遇》，1957）之后致信玻姆，探讨艺术与科学创造性方面的共同兴趣，并由此开始了长达十年的通信。[50]玻姆在一定程度上和比德曼一样，也是一位“流亡者”，在麦卡锡时代被迫退出美国学术界后，到英格兰过起了离群索居的生活（第八章）。玻姆开始与比德曼通信时，正在将思考范围拓展到物理学之外，探究广义上的秩序问题（包括文化秩序）。在后半生中，玻姆最终创立了一种有关秩序的整体哲学（《整体性与隐缠序：卷展中的宇宙与意识》，1980）。[51]

1948年，美国青年艺术家埃斯沃兹·凯利来到巴黎，并尝试了具体艺术家常用的表现形式（《窗口》，1949；法国国立现代艺术美术馆）。参观让/汉斯·阿普的工作室时，这位青年艺术家见到了阿普的抽象拼贴画《根据概率作图的正方形》（1916—1917；纽约现代艺术博物馆），后开始尝试在网格内使用随机方法来创作（图11-49）。[52] 1954年返回纽约后，凯利成了构成主义美学中又一位按照算法来创作的代表。这种循序渐进的方法在贾斯培·琼斯20世纪50年代的作品中体现得尤其明显。比如在《彩色数字》（1958—1959；第九章图9-32）中，琼斯便按照某种规则的内在逻辑将0到9十个数字进行了规律排列。本着这种精神，青年弗兰克·斯特拉也从原来纽约学派的行动绘画风格转向了有条不紊地绘制对称、统一的黑色条纹图案，最终创作出了一套名为《黑色绘画》的单色系列作品，如《旗帜高扬！》（1959；图11-50）。建立起这一体系之后，斯特拉的创作便有了某种预定性：条纹与画

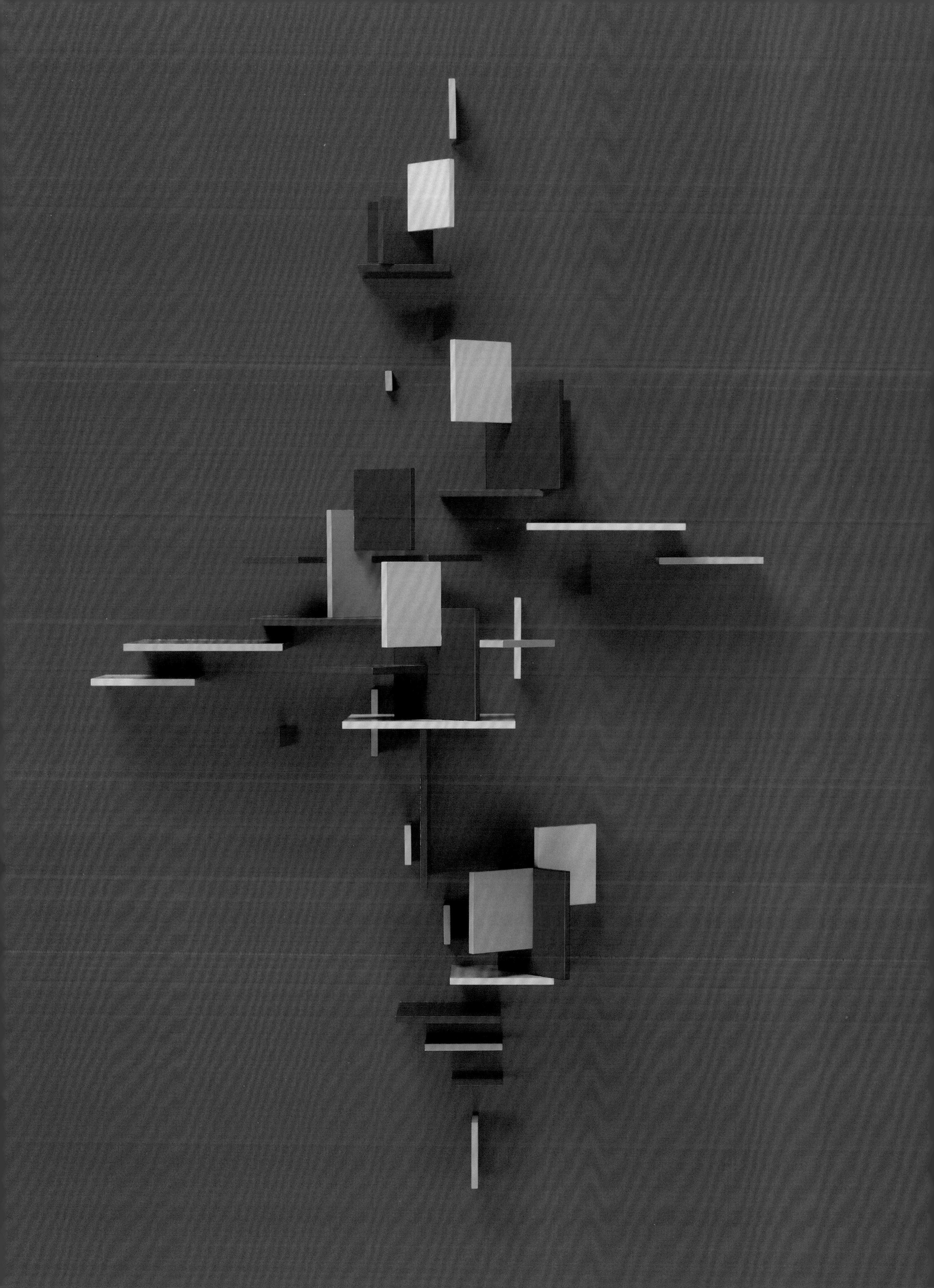

右

11-49. 埃斯沃兹·凯利（美国人，1923—2015），《由概率安排的谱系颜色VI》，1951年。黑纸、剪贴的彩纸、铅笔，94.6厘米×94.6厘米。现代艺术博物馆，通过爱德华·约翰·诺布尔基金会、赫伯特和纳内特·罗斯柴尔德基金，以及皮埃尔·马蒂斯夫人赠予的资金购买。©埃斯沃兹·凯利。

对页

11-50. 弗兰克·斯特拉（美国人，1936— ），《旗帜高扬！》，1959年。布面瓷釉，308.6厘米×185.4厘米。纽约惠特尼美国艺术博物馆；由尤金·M.施瓦茨夫妇赠予，通过约翰·I. H. 鲍尔购买基金、查尔斯和阿妮塔·布拉特基金、彼得·M.布兰特、B. H.弗里德曼、吉尔曼基金会公司、苏珊·莫尔斯·希尔斯、兰黛基金会、弗朗西斯和西德尼·刘易斯、阿尔伯特·A. 李斯特基金会、菲利普·莫里斯公司、桑德拉·佩森、阿尔布雷希特·萨尔菲尔德夫妇、珀西里斯夫人、华纳通信公司、国家艺术基金会提供的资金购买，75.22。©2014 弗兰克·斯特拉/艺术家权利协会，纽约。

布边缘平行，宽度等于画布框架杆的宽度。在完成《黑色绘画》后，斯特拉又开始创作《铝绘画》，用铝漆绘制了同样的条纹图案。为了防止人们对矩形画布做出幻想性解读，他采取了马尔多纳多与罗斯福斯在20世纪50年代的处理方式（图11-41），在画布边缘切出了缺口。斯特拉为其《黑色绘画》系列作品所取的名字，都会让人联想到死亡与灾难；比如《旗帜高扬！》其实是德国纳粹党从1930年到1945年的党歌，而《伯利恒医院》（1959；格兰斯通博物馆）指的则是世界上最早的精神病院之一、位于伦敦的伯利恒精神病院，其昵称“贝勒姆”（Bedlam）已经成为疯狂造成的混乱和骚乱的同义词。[53]在《铝绘画》中，斯特拉则通过历史地名、人名，为作品赋予了更为冷静的名字，历史地名、人名，如得名于中世纪一位通才的《阿维森纳》（1960；休斯敦梅尼尔博物馆收藏）。

索尔·勒维特的工作方法在所有美国算法艺术家中最为系统（图11-51、11-52）。从20世纪60年代初开始，他便通过建立语汇、进行运算，再排列组合的方式来创作艺术品。事实上，在勒维特看来，算法本身就是艺术品；算法的执行是次要的，可以由助手团队来完成。1967年，勒维特创造了“概念艺术”这一术语，以此来称呼那些通过算法创作的艺术。[54]勒维特强调了艺术家所用结构的简单性：“概念艺术与数学或者哲学无关，简单来说，就是算法。”[55]他也强调了数字和形式工作中的直

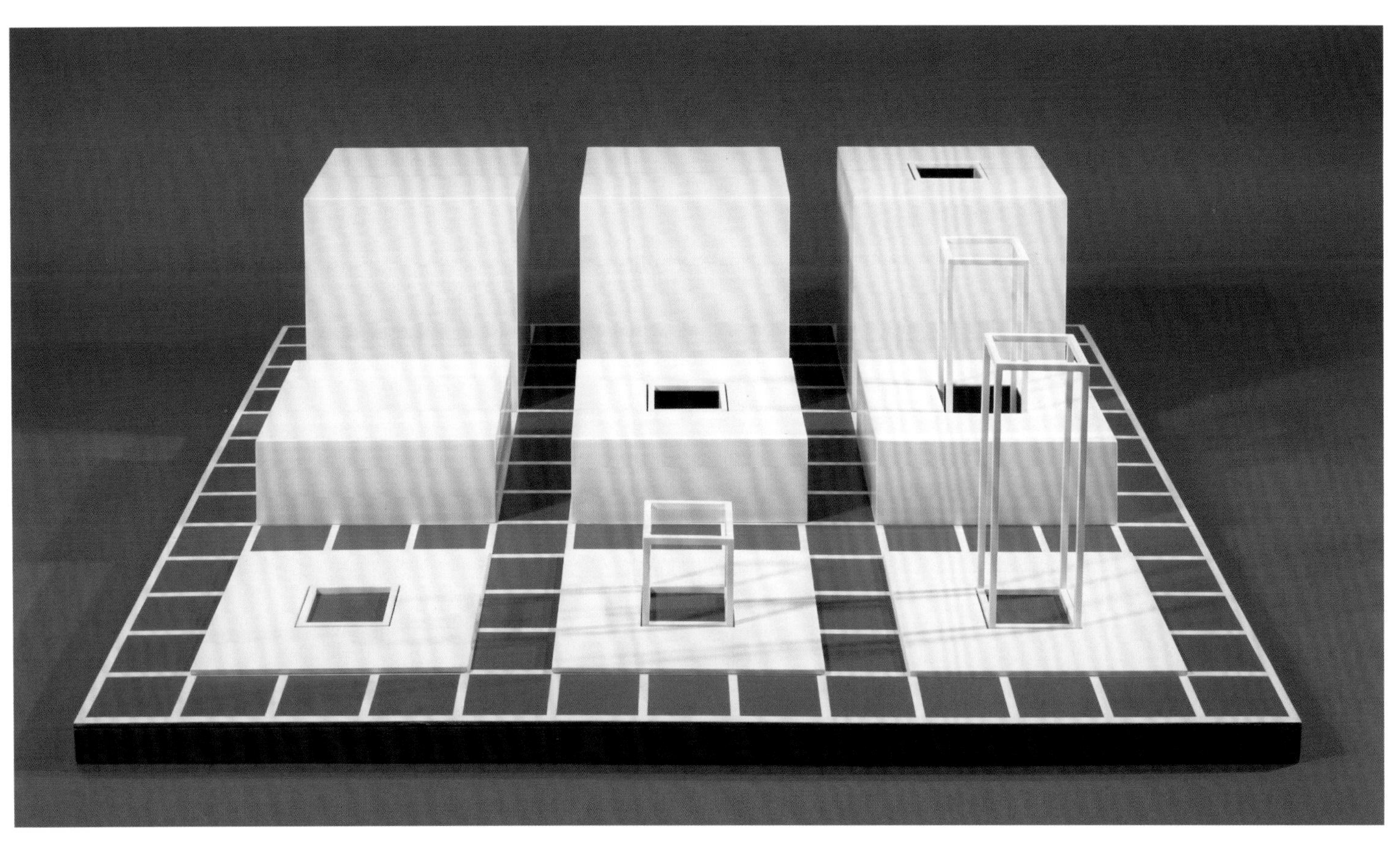

上

11-51.索尔·勒维特（美国人，1928—2007），《系列项目1，第C套》，1966—1969年。铝面焙烧瓷釉，22.9厘米 × 83.8厘米 × 83.8厘米。纽约佩斯画廊。©2014 勒维特遗产 / 艺术家权利协会，纽约。

对页

11-52.索尔·勒维特，《壁画56》，1970年（作为《四正方形构图》的一个细部展出，1971年，丝网印刷画）。黑铅笔画。康涅狄格州切斯特勒维特收藏。©2014 勒维特遗产 / 艺术家权利协会，纽约。

勒维特的算法是将一个正方形分为四等份，然后从左上角开始画上重叠的线：垂直、水平、从右至左和从左至右的对角。

艺术家使用概念艺术形式时，就意味着一切计划与决定都是事先做出的，执行运算其实是敷衍了事的工作。

——索尔·勒维特，

《有关概念形态的几段话》，

原载《艺术论坛》，1967年

觉性质："概念艺术家是神秘主义者而不是理性主义者，他们贸然的断言是逻辑推理所做不到的。"[56]

勒维特圈子中的许多艺术家探索过算法过程。1960年，卡尔·安德烈用九个木块（单个尺寸为12英寸 × 12英寸 × 36英寸）创作了他的《元素系列》，其条理分明的创作过程让人联想到了亚历山大·罗德琴科的《空间构造》系列（1920—1921；第四章图4-14、4-15）中装配木头模块的过程。利用群论变换，梅尔·波切内尔画出了一个立方体的三轴旋转（图11-53；可比较第七章251页的小版块），并在一间艺术画廊的地板上安放了几组石头（第三章图3-16）。此外，波切内尔创造了"系列态度"（serial attitude）这个说法来描述艺术家重复使用一套规则的工作方法（《系列态度》，1967）。[57]当然，偶尔也有美国艺术家因为受过良好的数学训练，如版画家马格里特·凯普纳，会设计出更为复杂的模式，远非勒维特圈子里那些艺术家简单的算术与几何图案所能比拟（图11-54）。

还有一些美国艺术家开始采用算法来描述宇宙的几何形式。1957年，苏联发射了第一颗人造地球卫星——"斯普特尼克"，掀开了持续十年、热火朝天的宇宙探索。为了满足公众对外层空间的神往心理，美国人创造了地球艺术——美国西南部沙漠中庞大的天

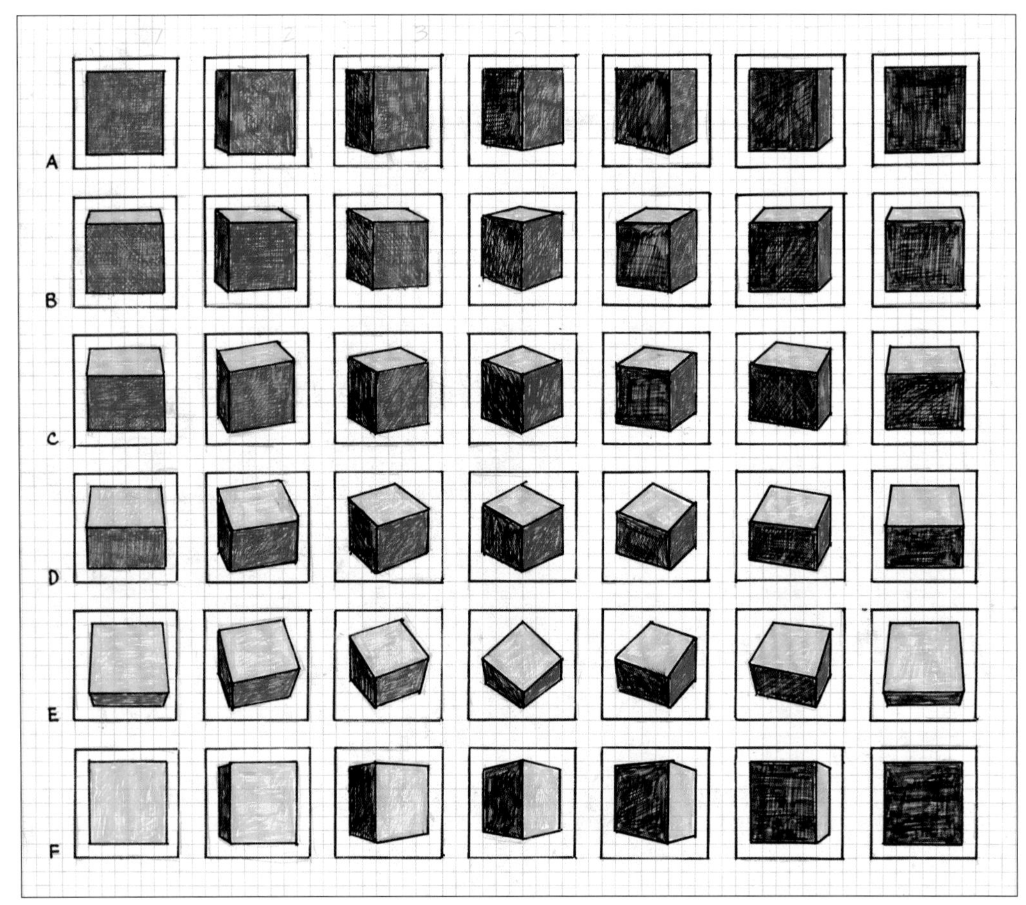

右

11-53. 梅尔·波切内尔（美国人，1940— ），《42帧彩色照片的投影图：一个立方体的三轴旋转》，1966年。纸面铅笔。图片由艺术家提供。

对页

11-54. 马格里特·凯普纳（美国人，1945— ），《幻方25》，2010年。档案喷墨打印画。45.7厘米×45.7厘米。图片由艺术家提供。

艺术家马格里特·凯普纳的这张版画以一个25阶幻方为基础。为了代表幻方中从0到624这些数字，凯普纳创造了一个以5为基数的视觉系统：将四个同心正方形放置在1、5、25、125位置，而不同灰度则代表数字0到4。凯普纳把0—624放入视觉编码时，就得到了625个独特的符号（以灰度嵌套的正方形），进而用这些符号来创作图案。同任何幻方那样，每行、每列和主对角线上的数字之和都应该相等；她这幅作品中的“魔幻常数”是7800。这个特定的25阶幻方包含了25个微型5阶幻方；这些微型幻方的行、列和对角线上的数的和是魔幻常数1560。此外，在其他一些5个正方形的组合中，行、列和对角线上的数的和也是1560，如用红色标出的十字形和X字形。

文台。[58]美国国家航空航天局建造了高科技的反射式天文望远镜和造型优美的宇宙飞船去征服外太空。地球艺术是低技术含量的户外雕塑，让人联想到了古代的纪念碑也会用作裸眼（而非望远镜）观象台。这类地球艺术一般都位于荒野之中，目的是鼓励观者采取一种反思的心态，思考人类在宇宙中的位置。南希·霍尔特的《太阳隧道》（1973—1976，犹他州大盆地沙漠；图11-55）的方向，与夏至与冬至的日出、日落方向一致，让人想到了英格兰的史前巨石阵这类古迹。[59]埃及金字塔中的许多地球与星辰之间的排列结构，则启发查尔斯·罗斯创作了《星轴》（始于1971，新墨西哥州；图11-56），其方向与地轴一致，对准了北极星。[60]

美国的极简主义艺术

现代思想认为，一个领域的基础一旦被公理化，相关工作就停止了，因为整个工作业已完成。例如朱塞佩·皮亚诺和戴维·希尔伯特在19世纪90年代为算术和几何写下形式公理后，后来的数学家便很少再涉足这一领域了。即使有人涉足，也是为了修正皮亚诺和希尔伯特原来的公理或者改变一下表述方式。[61]与此类似，在亚历山大·罗德琴科和瓦迪斯瓦夫·斯切姆斯基确立了形式主义的主导叙事，并将艺

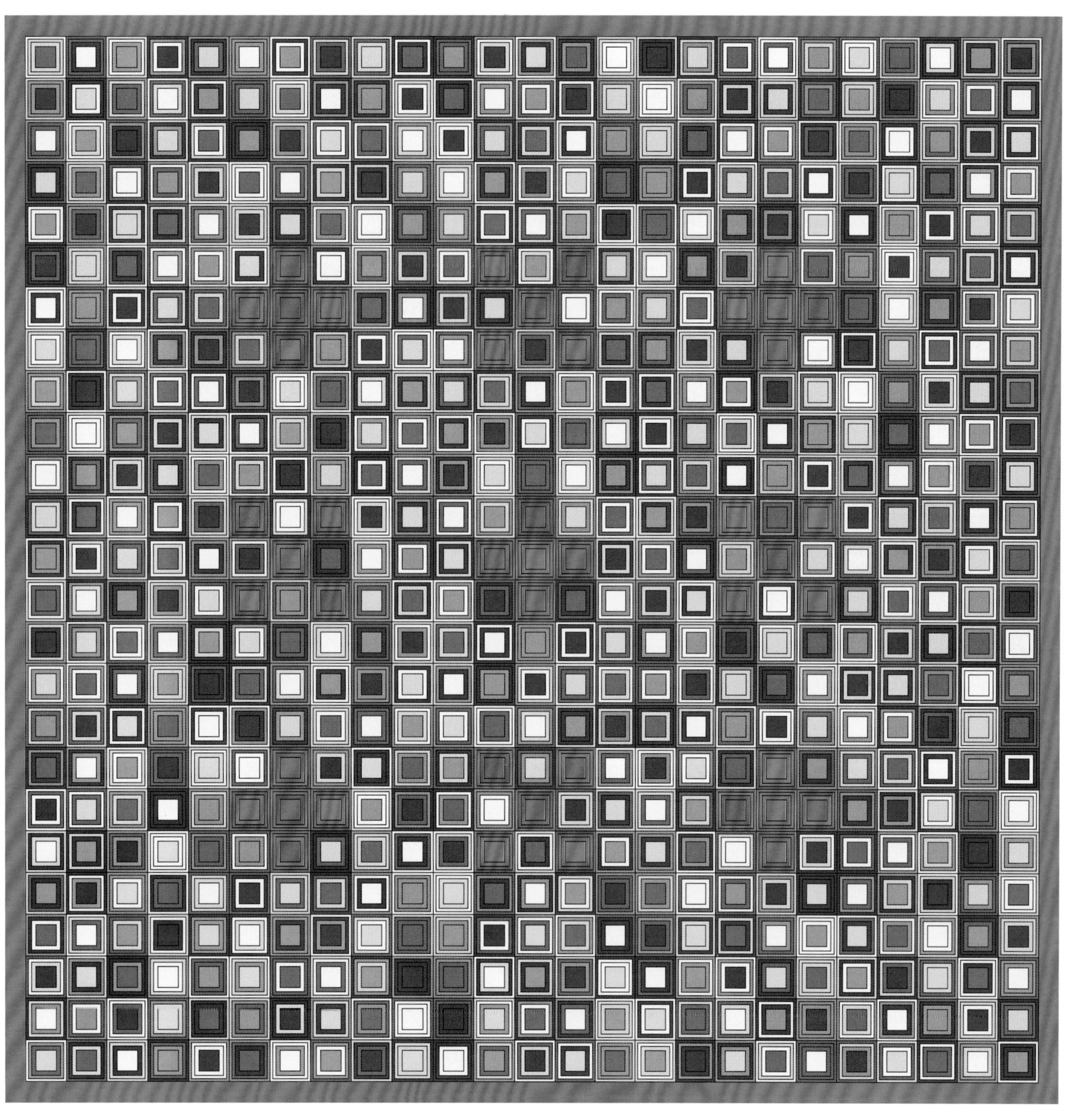

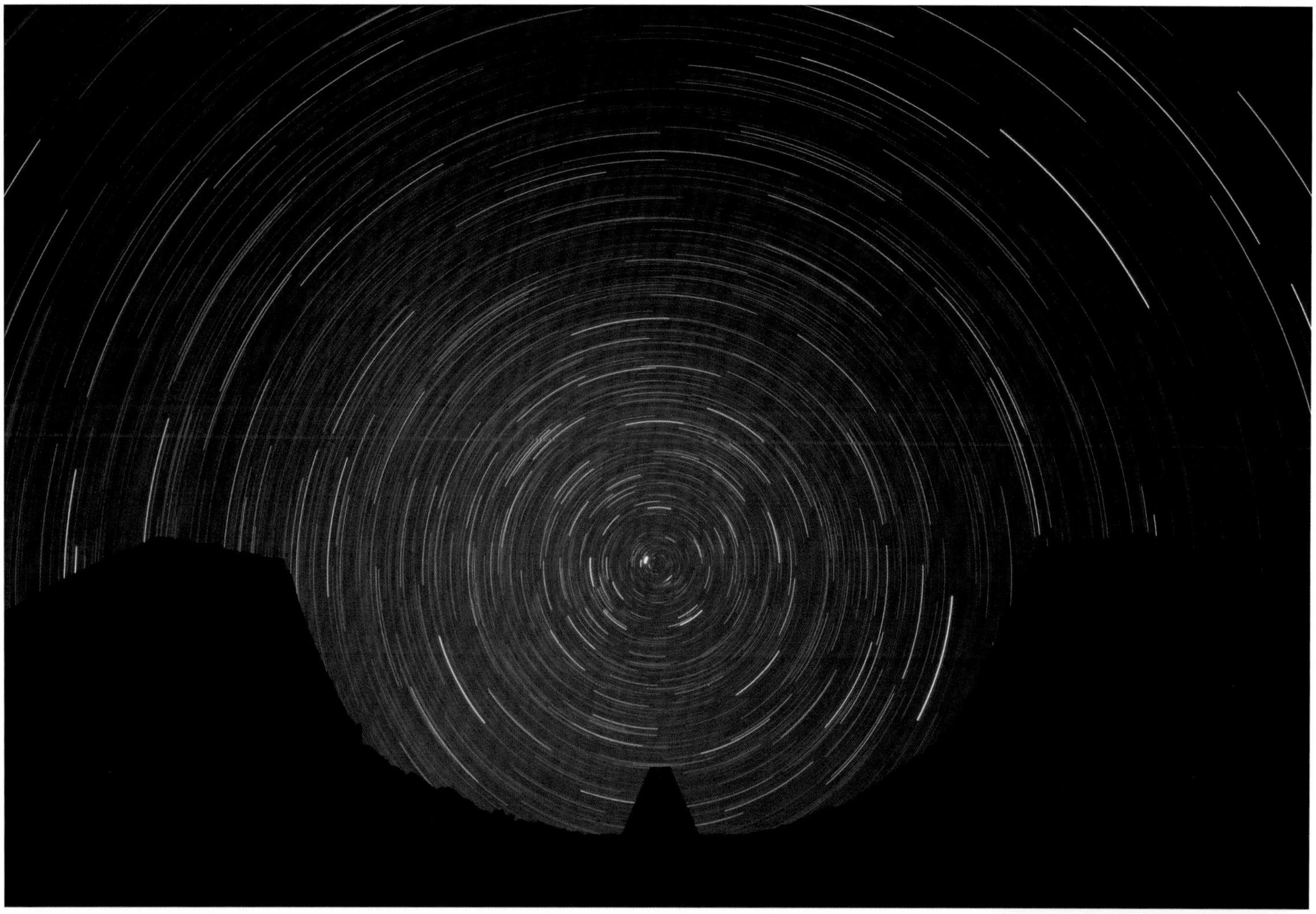

对页

11-55.南希·霍尔特（美国人，1938—2014），《太阳隧道》，1973—1976年。混凝土管，每个的外直径为2.83米。犹他州大盆地沙漠。图片由艺术家提供。©南希·霍尔特/VAGA，纽约。

霍尔特的《太阳隧道》由四个方位对准指南针上各点的庞大水泥管组成。右下部的照片显示夏至的日出。霍尔特在管子顶端凿了洞，通过这些孔洞落下的日光可以组成天龙座、英仙座、天鸽座和摩羯座的图案。艺术家曾如此描绘白天站在一根管子之内看着脚边星座的经历（左下）：“这是天空与人地关系的倒置——把天放到了地上。”

上与右

11-56.查尔斯·罗斯（美国人，1937— ），《星轴》中的“星辰隧道”和“小时密室”，1971年开始建造。新墨西哥州。©查尔斯·罗斯2011。©查尔斯·罗斯/VAGA，纽约。

观察《星轴》的最佳时间是晴朗的夜晚。上图用延时曝光在《星轴》台阶下拍摄：星辰围绕着静止不动的北极星转动，通过延时曝光，最终形成了一个模糊的圈。地球旋转时会轻微摆动，慢慢改变地轴的方向，在天空中勾勒出一个近似圆的形状，周期约为26 000年。地球的北极轴现在指向北极星，但随着时间的推移，将会指向不同的“极星”或不指向任何一颗星。观察者可以沿着星辰隧道中与地轴平行的台阶拾级而上；台阶上镌刻着26 000年的周期，台阶顶部一个孔圈会出一片圆形的天空，代表着每个台阶上的年份中北极星所处的位置。罗斯说：“星轴的创作初衷，是为了让我们意识到宇宙的运动与我们的关系。通过这件作品，人们将能够直接体验整个26 000年的极岁差周期。”

到了台阶顶部，观察者可以进入一间三角形的小时密室（右），然后透过一个三角形的窗户来观察夜空。整个夜晚，星辰似乎都在沿着圆形轨迹按照逆时针方向转动；罗斯计算了三角状开口的张角，使得星辰从三角形的左边移动到右边的时间刚好为一个小时。北极星位于三角形的顶点位置，也就是所谓的“星轴”。

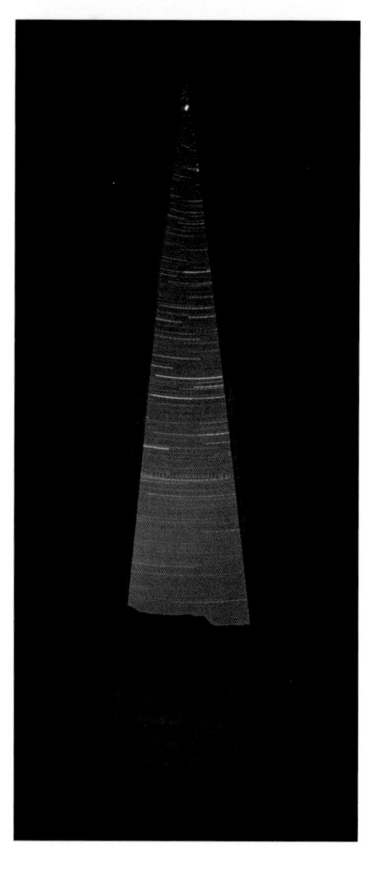

术简化为单色画布的本质和简单的几何实体，20世纪20年代之后的抽象艺术家便把这些艺术“公理”视为了前提；换言之，未定义的色彩与形式成了艺术的语汇。几何抽象有多种风格——风格派、至上主义、具体艺术、光效应艺术——艺术家以不同的方法安排色彩与形式，呈现出更多元的视觉面貌。但只有一种风格，即俄罗斯的构成主义，把艺术简化为了其自身的（物理、形式）本质，因为这个简化主义的过程具有自然的终点。或者更准确地说，这种风格在20世纪60年代之前是独一无二的。但在那之后，美国艺术家重新确立了形式主义的主导叙事，再一次用单色画布和简单的几何立体还原了艺术的形式主义本质，即极简主义艺术。那么，为什么在所有参与者，无论是艺术家还是批评家，都知道终点已经到达的情况下，还有艺术家要重新确立主导叙事呢？[62]

美国艺术家之所以会回到艺术基础的话题上，主要是为“二战”之后人们对新世界、新开始的热情期许所感染。当时，欧洲仍然处于动乱之中，很多难民都来到纽约，让这里成为了活跃的思想中心。在这一语境下，杰克逊·波洛克、马克·罗斯科、阿道夫·戈特利布、巴涅特·纽曼创造了一种新的抽象艺术风格——行动绘画。批评家哈罗德·罗森伯格以诗一样的语言描述了这些画作所表达的内容，而他的竞争对手克莱门特·格林伯格则主要强调它们的形式主义性质。到了20世纪50年代末、60年代初时，冷战已经接近尾声，新一代美国艺术家也不再像老一辈那样悲恸，转而开始创作更为冷静的几何抽象风格。1960年，许多流散者返回欧洲，但显而易见的是，世界的艺术中心已经从巴黎转移到了新兴的政治、经济大国美国的东西海岸。纽约艺术家与批评家深感自己站在了世界的新起点上，因而活力十足，提出了有关艺术基础的新问题。[63]批评家坚信找到艺术的本质有着至关重要的意义，所以在整个20世纪60年代，艺术出版物中都充斥着各种激烈的争论，而人们则期待着辩论的答案或许会在即将举行的某场画展或者新一期的《艺术论坛》中出现。

与十月革命之后的俄国相比，“二战”过后的美国有着截然不同的历史背景，所以尽管在事实上，构成主义和极简主义艺术家都是把艺术简化为了同样的元素（颜色和形式），但美国艺术家和批评家提出的元艺术立场，确实是莫斯科、圣彼得堡和喀山那些艺术家所没有的。俄罗斯的构成主义者经历过俄国革命及其后续的动荡后，将艺术简化为了未定义的符号，并把这些颜色与形式应用到了实际的设计任务当中。相比之下，美国的极简主义艺术家则生活在原子弹爆炸之后，而此时的俄罗斯和德意志文化已经遭到战争的严重破坏，“冷战”与动荡不安的20世纪60年代则促使西方文化进入了一个充满怀疑和恐惧的时代。罗德琴科和塔特林将视觉艺术简化到其物理本质（画布上的色彩，钢件上的形式），只是以此作为达到目的的手段，但美国的极简主义艺术家却更进一步，宣称艺术就是其物理和形式本质，认为色彩和形式不应被运用到充满意义的实际工作当中，或者以象征主义的方式来解释，也不该被

11-57. 唐纳德·贾德（美国人，1928—1994），无题，1982—1986年，100个光面铝立方体。得克萨斯州玛法市齐纳提基金会收藏。© 贾德基金会/VAGA，纽约。

赋予一种超验的指涉。美国艺术家这种“只关注事实”的做法，实际上在一定程度上反映了1945年后整个西方文化试图揭穿形而上学确定性的努力，也反映了现代世俗思想中弥漫的那种更为普遍的反形而上氛围。某些（不是全体）极简主义艺术家追求的目标，在我看来可被称作“极简纲领”，也就是创作出完全不包含任何意义（且不论是哪种意义上的“意义”）的绘画与雕塑——但罗德琴科、塔特林及其他早期形式主义艺术家从没有过这样的想法（第四章）。[64]正如19世纪末以希尔伯特为首的形式主义数学家那样，20世纪初的俄罗斯、波兰、德国、奥地利、瑞士抽象艺术家（即便是像工人匿名制作产品那样创作艺术品）创建未定义的语汇时，是要将其作为一种工具、一种视觉语言，来传达重要且深刻的内容——就像艺术一直以来所做的那样。

追求极简程序的美国艺术家没有组成什么固定团体；其中关键的代表人物是雕塑家唐纳德·贾德（图11-57）、罗伯特·莫里斯、丹·弗莱文、卡尔·安德烈。不过，有关极简主义艺术的文献通常还会提到其他一些艺术家，有些被我放在了书中其他地方讨论（因为我觉得他们的作品并未追求极简纲领），比如弗兰克·斯特拉（图11-50）、索尔·勒维特（图11-51、11-52）、梅尔·波切内尔（图3-16、11-53、

一件艺术作品的形式，来自这两个基本前提：材料（色彩、声音、词语）和构建。材料被构建成一个协调的整体，并获得其艺术逻辑和深刻意义。

——尼古拉·塔拉布金，
《关于绘画理论》，
1916年

11-61）。贾德、莫里斯、弗莱文、安德烈这几位极简主义者有着各不相同且持续变化的观点，但那些遵循极简纲领的艺术家则有一个共同的愿望：创造不含意义的作品：他们“努力清除自身的含义”，[65]致力于“字面意义上的内容排空”，[66]创作“拒绝象征”的抽象艺术。[67]20世纪60年代涌现出的批评家中，有抽象表达主义的资深捍卫者、形式主义者克莱门特·格林伯格，还有他的年轻追随者芭芭拉·罗斯和罗莎琳德·克劳斯，以及其他许多作家，包括许多本身也受过学术训练的艺术家。正如各种思想在活跃的知识氛围中会到处流动一样，艺术与哲学概念被提出之后，也会经常混在一起，但鉴于本书的写作意图，把它们区分明白其实不是很重要，所以我在这里只讨论跟数学和艺术历史有关的一个话题——未定义的符号——并说明为极简纲领根本无法企及的真正原因，就是如批评家一开始指出的那样，符号具有象征意义。[68]

大部分有关极简主义艺术的介绍都会从斯特拉的《黑色绘画》系列开始，但实际上他并没有追求极简纲领。完成这个单色作品系列后，斯特拉很快便开始创作多色图形背景幻象系列，如《同心正方形》（1962—1963）和《不规则多边形》（1966—1967）。尽管他依照极简纲领作画的时间很短，但在这短暂的邂逅中，斯特拉谈起极简风格来却能说得头头是道：“我总会和人发生争论。他们想要在绘画中保留旧有的价值，也就是总能在画布上找到的那类人文主义价值。如果你让他们把话说明白，他们总会说在画布上，除了颜料还有些别的东西。但我的画作所依据的事实基础是：画布上只有能看到的东西。真的就是一件物品……你看到的是什么，它就是什么。”[69]

马列维奇、康定斯基、蒙德里安以不同的方式，通过理论普遍化了他们的艺术，但在纽约，柏拉图和毕达哥拉斯神秘主义与此没有什么关联。

——劳伦斯·阿洛威，《系统绘画》，1966年

跟斯特拉短命的极简主义艺术宣言不同，同时代的雕塑家唐纳德·贾德和罗伯特·莫里斯则一直热情地按照极简纲领创作，各自都把雕塑简化为了简单的长方体，比如1966年在纽约犹太博物馆五号馆《原生构造》展览中展出的那些（图11-58）。贾德把他的立体雕塑描述为未定义的物理实体——“特定物体”。[70]作为极简纲领的发言人，贾德受过正规的学术训练，先是在哥伦比亚大学取得了哲学学士学位，后又完成了艺术史硕士学位要求的全部课程，最终成了著述广泛的艺术批评家。但是他缺少艺术训练，所以他的雕塑作品都是由工厂来加工制造。在漫长的职业生涯中，贾德一直对极简纲领抱有信心，几十年间一直采用工业方法来制造立方体，其中最令人印象深刻的就是他在20世纪80年代的100个光面铝立方体装置（图11-57）。

这种哲学家/艺术家/制图员/贵族的混合体，似乎又一次引导着我们走进了学园，一座减去了柏拉图的学园。

——布莱恩·奥多尔蒂，《减去柏拉图》，1966年

与贾德的未定义艺术不同的是，莫里斯宣称图11-58中的两个L形雕塑是艺术的未定义道具，是一个事件——是在犹太博物馆五号馆中走来走去的参观者对这些雕塑的感觉。[71]事实上，莫里斯的第一件雕塑（《柱》，1961）就是他在格林尼治村同贾德森舞蹈团一起表演时制作的一件道具。作为一位舞蹈演员，莫里斯对观众的动作特别敏感，而作为一个善于表达的作家（曾在纽约市立大学获得硕士学位），他

11-58. 1966年纽约犹太博物馆五号馆内《原生构造：年青一代的美国与英国雕塑家》的展览现场。© 贾德基金会 / VAGA，纽约。

五号馆中的展品从左至右依次为：唐纳德·贾德的《无题》（1966；四个独立的立方体）、罗伯特·莫里斯的《无题》（1965；L形梁）、罗伯特·格罗夫纳的《河中》（1965；悬挂在天花板上）。2014年，其他国家"1945年之后"的几何抽象艺术终于得到了姗姗来迟的认可，犹太博物馆馆长珍斯·霍夫曼组织了《其他原生构造》展览。其中展出的作品"与《原生构造》展览中的作品创作于同一时期（20世纪六七十年代），明显具有极简主义美学风格，且都来自那些长久以来被边缘化或者欠发达的地区，比如拉丁美洲著名艺术家何里欧·奥蒂塞卡和黎加·克拉克的作品，以及非洲、东亚、东欧、中东等地鲜为人知的艺术家的作品"。

使用了格式塔心理学家和现象学家的研究成果，特别是法国哲学家莫里斯·梅洛-庞蒂有关运动和视觉的著作《知觉现象学》（1945；英译本出版于1962年）。[72]莫里斯十分赞同贯穿这部学术著作的主题，宣称当我们看到某个物体，比如一个立方体时，"这种信念的性质和它形成的方式涉及'对于形状的恒定性'以及'对于简单的倾向性'两种感知理论。双目视差视界和视网膜、大脑结构相关的动觉线索、记忆追溯和生理因素……形状的简单并不一定意味着经验的简单"。[73]不过，莫里斯很快便不再使用L形梁这类极度简单的几何体来创作了，而是引入了会引起错觉的表面，如1965年的《无题（镜像立方体）》。在20世纪60年代末、70年代初，他又开始用可以任意下垂的毡布来进行创作，并在题为《反形式》的文章中对此做了介绍（《艺术论坛》，1968年4月）。

其他展出作品的极简主义艺术家并没有遵循极简纲领，而是为作品赋予了充满意义的联想。贾德和莫里斯没有为他们在五号馆中展出的作品命名，但罗伯特·格罗夫纳却给他那件悬在天花板上的黑色V形雕塑取了名字，叫作《河中》——根据诗人菲尔多西大约创作于977年至1010年的史诗《列王纪》，河中是古代伊朗游牧部落的故乡，大约位于现在的中亚地区。

有些参加了《原生构造》展览的艺术家则将自己视为在同俄罗斯的先辈们对话，尤其是罗德琴科、塔特林、马列维奇这三位——马列维奇的《白上白》（1918；第四章图4-10）自1935年起便开始在纽约现代艺术博物馆永久展出，该作品由创始馆长我认为，艺术正在褪去那种高高在上的神秘感，换上一种廉价售卖装饰品的常识性。艺术的象征性正在减弱，越来越少了。我们正在向下走向无艺术——一种心理冷漠装饰风的共同感。

——丹·弗莱文，

《几点评论》，

原载《艺术论坛》，

1966年

对页

11-59.丹·弗莱文（美国人，1933—1996），《V.塔特林纪念碑》，1969年。荧光成品装置，243.8厘米×77.5厘米×12.7厘米。洛杉矶当代艺术博物馆，由丽诺尔·S.格林伯格和伯纳德·A.格林伯格赠予。©2014 史蒂芬·弗莱文/艺术家权利协会，纽约。

丹·弗莱文用商店里直接购得的荧光成品完成了该作品。每个荧光灯发出幽静的冷光，营造出了一种“心理冷漠装饰风”，让人仿佛置身某个仓库当中。

小阿尔弗雷德·H.巴尔在开馆之初购得。[74]丹·弗莱文读过卡米拉·格雷的《伟大的实验：俄罗斯艺术，1863—1922》（1962）之后，从1963年开始创作了一系列霓虹墙作品（图11-59），向《塔特林之塔》（1919；第四章图4-30）致敬。在这个系列的作品中，弗莱文效仿塔特林，也开始启用“角落”（见塔特林的《角落的反浮雕》，1914—1915；第四章图4-8）。[75]吉拉·科希策在1943年首次采用霓虹灯创作时（图11-39），是通过手工铸模来制造氖管，但弗莱文则是直接从店里买来了标准的荧光灯成品件。1966年，罗伯特·莫里斯也谈到了他从俄罗斯艺术家那里得到的启示：“塔特林或许是首位将雕塑从表征性中解放出来的艺术家，通过形象（或者更确切地说是非形象），以及他实际上选用的物料，将它确立为了一种独立的艺术形式。”[76]

但是，另一些参加了《原生构造》展览的艺术家，则可以同抽象艺术的欧洲根源拉开了距离，建立起一种“相当荒唐的美国vs欧洲的对立状态”。[77]比如在1964年，贾德就曾宣称：“或许，我现在确实比过去更对新造型艺术和构成主义有兴趣，但我从来没有受到二者的影响。要说对我影响最大的，肯定还是美国的艺术趋势。”[78]斯特拉和贾德尤其看不上他们的劲敌马克斯·比尔，因为无论在欧洲还是拉丁美洲，人们对他的评价实在太高了。正如斯特拉在1964年所说的那样：“我发现所有的欧洲几何绘画——姑且称之为‘后马克斯·比尔’派吧——都很古怪，很沉闷……我把欧洲那些几何画家真正追求的东西称为‘关联式绘画’。他们整个创作理念的基础就是平衡。你在这个角落画个什么，然后在那个角落画个什么，以此来平衡画面。现在，‘新绘画’的特点被认为是对称的……是非关联式的。在新的美国绘画中，我们是力求把东西画到中间。”[79]贾德补充道：“这些（构图）效果往往含有欧洲传统中的所有结构、价值和情感。把它们全都丢进下水道我也毫不在意。”[80]

20世纪60年代中期，极简主义艺术通过在多家画廊的展出，逐渐被认可为一种风格，其中最风光时刻则要数1968年：当时在现代艺术方面最有发言权的纽约现代艺术博物馆，组织了一次名为《现实的艺术：美国，1948—1968》的大型展览，展出了31位美国艺术家的作品，并将极简艺术誉为“当今的‘现实’艺术”，还把这些作品风风光光送到欧洲，先后在巴黎大皇宫、苏黎世美术馆、伦敦泰特美术馆展出。在展览目录中，馆长尤金·古森盛赞了极简纲领：“作为今天的‘现实’艺术，这些新艺术与比喻、象征或任何一种形而上学全不相干……观者看到的不是符号，而是事实。”[81]古森还进一步声称，抽象表现主义和极简主义艺术是美国历史的独特产物，不具有任何欧洲或者俄罗斯艺术的历史基础。[82]此话一出，立即在大西洋两岸激起了一番嘲讽。[83]

极简纲领的主要批评者克莱门特·格林伯格，直接从字面意思上去理解斯特拉、贾德和莫里斯的“未定义”说法，认为极简艺术没有意义，故而大加鞭笞。格林伯格的形式主义并非源自戴维·希尔伯特、费迪南·德·索绪尔或者俄罗斯语言学家

罗曼·雅各布森的欧洲形式主义/结构主义传统（第四章），而是来自被罗杰·弗莱采纳的英美逻辑传统。弗莱是把伯特兰·罗素的逻辑学与约翰·拉斯金那种更依赖直觉的方法融合到了一起（第五章），[84]格林伯格与他（和拉斯金）一样，也主要依赖主观直觉来做出审美判断，找出艺术作品“设计中的情感元素”——弗莱的同事克莱夫·贝尔曾称之为“有意味的形式”。[85]格林伯格能从罗斯科的笔触形式和波洛克的滴漆形式中直觉地感受到情感元素，但斯特拉、贾德、莫里斯、安德烈的矩形与立方体却不能让他感受到热情，因为他们缺乏“有意味的形式”，没有传递情感的元素。因此，按照格林伯格的定义，在五号馆展出的那些极简艺术组品（图11-58），比如贾德和莫里斯的几何体（还有图中的那两扇黑门），都不是真正的艺术：“如果将极简作品视为艺术，那么几乎任何事物都是艺术品了，比如一扇门、一张桌子或者一页白纸……在这一刻，我们似乎还无法预期或设想一种近乎非艺术的艺术。”[86]许多观者也深有同感，抱怨说（无名工人）用一堆砖头等非艺术材料制造出来的未定义艺术品，抹去了艺术与非艺术的差别（图11-60）。

但从一开始，一些追随格林伯格的新一代形式主义者却认为：“别这么快下结论！”当时正在哥伦比亚大学攻读艺术史硕士的芭芭拉·罗斯发现，极简艺术能让观者进入一种冥想状态，而这种状态一直以来都与修道院传统有关：神秘主义者会踏上一段精神历程——“否定之路”——通过专注于虚无，来发现一切（第一章）。1965年，罗斯发表了《艺术基础ABC》一文，这是把极简艺术置于历史语境中的最早尝试之一。在文中，罗斯把极简艺术放到了神秘传统中考察：“我一直在讨论的这种艺术，显然是一种有关否定与放弃的负面艺术。这种旷日持久的禁欲主义通常是由沉思者或者神秘主义者来奉行……这些艺术家同神秘主义者一样，在作品中否定自我和个体的个性，似乎是想催生一种意识空白、物我两忘的无意义半催眠状态，而这正是东方僧侣和瑜伽修行者以及西方神秘主义者都在……追求的意境。”[87]

正如神秘主义者的行为最终必定会成为否定之路一样，一种“神灵沉默”条件下出现的神学、一种对超越了知识的未知之云的饥渴和超越了言谈的静默也必定会让艺术走向反艺术，即对“主体”（“对象”和“图像”）的消除，用随机取代意图，以及对沉静展开追求。

——苏珊·桑塔格，《沉默美学》，1967年

1966年，正在哈佛大学攻读艺术史硕士的罗萨琳德·克劳斯也写道，她在极简主义艺术中发现了其他类型的意义：感觉暗示与空间幻觉。克劳斯欣赏贾德的雕塑时，看到的是充满意义的标志，“惊人地赏心悦目，几乎可以说性感撩人”（《唐纳德·贾德的暗示和幻觉》，1966）。[88]在描述一件由拉丝铝和紫色搪瓷制成的无题作品（1965；纽约惠特尼美国艺术博物馆）时，克劳斯写道：“根据贾德本人的评论，他似乎只接受避免暗示和幻觉的艺术。然而，他那些雕塑的力量却来自一种增强的幻觉——不过不是图形的幻觉，而是经历的幻觉（lived illusion）。”[89]为了定义“经历的幻觉”，克劳斯也和莫里斯一样，援引了现象学家梅洛-庞蒂有关行动中的观察者如何感知物体的描述。[90]描述肯尼斯·诺兰德的壁画《穿过中心》（1965；宽约一米、长约六米，故观者需要来回走动才能看全整幅画作）时，克劳斯写道：“因此，它带给人的感官冲击是：人无法绝对了解这幅画作的真实形态，观者总是只能看到

11-60.卡尔·安德烈（美国人，1935— ），《等价物VIII》，1966年。120块砖堆成两层，每层60块。©2011伦敦泰特美术馆。在《等价物》系列作品中，卡尔·安德烈将120块建筑用标准板砖堆成了两层，每层60块，但是以不同的（“等价”）布局来码放（如1×60、2×30、3×20、4×15、5×12、6×10的矩形）。1976年，泰特美术馆购买了《等价物VIII》（6×10布局）后，一位批评家在1976年2月15日的《泰晤士报》上发出了“这是艺术吗？”的质疑，引发了一场热烈的公开辩论。左图为勇敢的讲解员在1976年那场大争论期间向游客介绍《等价物VIII》。

作品的轮廓，作品整体上具有高度的迷惑性，让人更肯定、更信服地去直接体验色彩本身。”[91]克劳斯的结论是：贾德和诺兰德不会或者说不能完成极简纲领：“在感官愉悦增加这个语境当中，两位艺术家都无法摆脱意义。”[92]

极简主义艺术除了具有罗斯和克劳斯描述的情感与感知意义，正如艺术史学家安娜·C.蔡夫描述的那样，在更大的社会背景之下，一切艺术都会具有政治意义。比如罗斯所描述的修道院氛围，在蔡夫看来，其实源自艺术品的展现方式——简单的物品，稀疏地摆放，礼貌、安静地欣赏——但这种摆放方式出现在大教堂里的时候，做主的人并不是艺术家本人，而是委托艺术家创作此类作品的富有赞助人。[93]蔡夫的观点是，没有几位极简主义艺术家符合罗斯有关“否定自我和个性”的描述，少数能够做到这一点的都是女性艺术家，如阿格尼斯·马丁、安妮·特鲁伊特、伊娃·海瑟。蔡夫认为，大部分极简主义艺术家都是贾德、莫里斯这样的男性，使用物料来传递的是一种力量与主宰的大男子主义审美。[94]此外，在规模这个问题上，历史学家一致同意，尺寸的大小对于极简主义雕塑来说很重要。[95]

极简艺术的另一层意义是经济层面的。贾德创作的那100个铝立方体是谁付的账？是迪亚艺术基金会。该基金会的创始人是德国艺术经销商海纳·弗里德里希和美国妻子费丽帕·德·梅尼尔。弗里德里希1938年出生在柏林，成长期间正值纳粹当权，他后来回忆道：“我早年经历过的全面毁灭，使得我想创造出那种不可毁灭性质的永恒性，特别是艺术家的创造性产品。”[96]弗里德里希曾在慕尼黑、科隆、纽约开设过画廊，后来遇到德·梅尼尔（总部位于得克萨斯州的斯伦贝谢公司的女继承人）后，便一起在1974年创办了迪亚基金会。成立这个基金会的灵感，出现在弗里

11-61.梅尔·波切内尔（美国人，1940— ），《语言是不透明的》，1970年。墙上油漆粉笔画，182.8厘米×121.9厘米。图片由艺术家提供。

德里希访问意大利的帕多瓦期间。他的心灵在那里受到了修建于文艺复兴早期的斯科洛文尼教堂（俗称阿雷纳礼拜堂）的强烈冲击。教堂内部有好几圈讲述耶稣与圣母玛利亚生平的壁画，由乔托大约创作于1305年。据弗里德里希称，阿雷纳礼拜堂“给了他创立迪亚，并将其发扬光大的真正灵感”，[97]因为教堂内部的壁画全由一位艺术家独自构思、完成，为世世代代的朝拜者永久保存着，所用资金则来自商人恩里克·斯克洛维尼（家族财富来自银行业，为了赎免放高利贷这项原罪而出资兴建了教堂）。

有了德·梅尼尔家族的庞大财富做后盾，弗里德里希发自内心地要成为斯克洛维尼与美迪奇家族那样的赞助人。他精心选择了包括贾德在内的一批艺术家，表示愿意为他们的艺术愿景提供无限支持，每一个“选定者”都得到了一笔固定薪金、一间工作室，以及未来会创建单人博物馆专门陈列其作品的承诺。在十年的时间里，贾德每月都会得到一笔薪金（最高的时候是1981年，每月有17 500美元），同时还有了自己的工作室，以及一座建在得克萨斯州玛法市的博物馆。迪亚基金会在那里投入了500万美元，为贾德购置、修葺地产，其中包括两座农场和一个占地340英亩土地的前陆军哨所（罗素堡）——这里后来成了贾德艺术博物馆（齐纳提基金会）所

我对欧洲艺术完全不感兴趣。我认为它已经完结了。

——唐纳德·贾德，1964年

在地，他那100个铝立方体（图11-57）就在该馆永久展出。[98]

除了坚信艺术赞助的力量之外，弗里德里希在帕多瓦时，还认识到了艺术拥有一种将观者带入超验领域的能力。[99]这种启示没有获得贾德的理解，但却得到了其他被选中的艺术家的支持，如弗莱文[100]、拉蒙特·扬、沃尔特·德·玛利亚（第十章）。20世纪80年代初，石油产能过剩，斯伦贝谢公司股价暴跌，但迪亚基金会依然在多个文化项目上挥金如土，所以1985年时，弗里德里希和德·梅尼尔不得不开始拍卖一些艺术品，并削减对艺术家的资金支持。贾德觉得弗里德里希背叛了自己（“我从一开始就不信任他。唯一的问题是我对他不信任的程度还不够”[101]），后以法律诉讼相威胁，最终通过庭外和解，夺回了自己作品的保管权，外加200万美元和得克萨斯的房地产权。[102]这个故事告诉我们：贾德那100个铝立方体的金融意义，就是它们对财富和权力的过度展示，（无意中）成了20世纪80年代西方资本主义的象征。

从更哲学的层面来说，极简纲领注定无法实现，是因为艺术的定义同伦理的标准一样，并不是某种先验的东西，而是在文化中逐步形成的。尽管贾德拥有哥伦比亚大学的哲学学士学位，[103]但从他发表的观点可以明显看出，他并没有掌握语义学（意义的理论）。尽管如此，他确实上过逻辑实证主义的课程，这门学问的代言人鲁道夫·卡尔纳普有一种“只要事实、反对形而上学”的态度，同贾德的观点在哲学上极为吻合。但在20世纪60年代的英美哲学圈里，有关意义的讨论通常都是以观点与卡尔纳普截然不同的路德维希·维特根斯坦的理念为基础的。与贾德同时代的贾斯培·琼斯和梅尔·波切尼尔（图11-61）都曾读过维特根斯坦的语言图像理论（《逻辑哲学论》，1921）和语言游戏的著作（《哲学研究》，1953）。[104]维特根斯坦关于语言游戏的基本观点是，词语和形象的意义是人们在社会环境中用文字和视觉符号玩“游戏”的后果。贾德这一代的一些艺术家，如罗伯特·莫里斯，也从弗洛伊德的心理分析和梅洛·庞蒂的现象学中学到了人类意识会与接触到的一切产生无穷的符号联想，因此艺术家无法强行让某个对象失去意义。[105]对于任何符号而言，比如贾德的立方体，每个人都可以随意玩个语言游戏（维特根斯坦），或者进行自由联想（弗洛伊德），并赋予它意义；或者，如果这个符号不能让观者产生兴趣，那就不理睬它，让大脑去别处漫步。

贾德从未动摇过自己的实证主义观，直到1994年去世时，也一直在马尔法“领导着”他的立方体。但是，到20世纪60年代末，莫里斯、弗莱文等人已经放弃了极简纲领，各走各的路去了。批评界也在变化，格林伯格对极简主义艺术的抨击让他失去了很多追随者，年轻些的批评家也不愿理睬罗杰·弗莱的英国形式主义和格林伯格。另一种传统，也就是俄罗斯的形式主义/法国的结构主义，在美国则以罗曼·雅各布森为代表。俄国革命之后，雅各布森离开莫斯科去了布拉格，后又在20

世纪30年代末逃往了斯堪的纳维亚。身为犹太后裔，他侥幸逃脱了来势汹汹的纳粹军队，最终在1941年抵达美国。雅各布森从1949年到1965年在哈佛大学斯拉夫语言学系任教，之后成为麻省理工学院的荣誉教授，一直到1982年去世。雅各布森、扬·博杜恩·德·库尔德内、费迪南·德·索绪尔等语言学家的形式主义/结构主义传统和俄罗斯的构成主义，都是在20世纪头几十年发展起来的，具有同样的文化背景，因此（不同于弗莱的形式主义），往艺术史学家的工具箱里放一些语言学概念

克莱因四元群：从人类学到精神分析和艺术

1872年，德国数学家菲利克斯·克莱因分离出了那些能够让几何图形保持不变的变换（第七章253页小版块），发明了四元群图解。四元群是他为了统一欧几里得几何和非欧几何所做努力的一部分。一百年后，经历过如下的迂回路线，克莱因图解开始出现在“十月”团体撰写的文字里。20世纪40年代，乔治·布雷纳德和安娜·O. 谢泼德将群论引入人类学中，最先使用克莱因四元群图解来分析人造装饰的图样（第七章图7-12）。“二战”期间以难民身份流亡纽约的犹太裔人类学家克洛德·列维-斯特劳斯，后来从二人那里借来群论，分析了以社会具有对应克莱因四元群的对称结构这一假设为基础收集的现场数据（第七章图7-13）。1945年，列维-斯特劳斯回到巴黎，立陶宛语言学家阿尔吉达斯·格雷马斯基于语言具有对称结构的假定（源自索绪尔的想法），将这一图解发展为一种工具，用来分析语言的意义。此外，格雷马斯（还比索绪尔更进一步）做出了一项重大假设，认为语言学结构对应于克莱因四元群（《结构语义学》，1966），并将克莱因四元群重新命名为“符号矩阵”。20世纪60年代，克莱因图解以这个别名进入了法国学术界，后又在20世纪70年代被引介到了美国学术界，其基础是一个（非常重大的）假定，即存在于潜意识（拉康的说法）、绘画（雅各布森的说法）和雕塑（克劳斯的说法）中的意义，全都具有四部分对称结构，同菲利克斯·克莱因在欧几里得集合和非欧几何中确认的结构一模一样。

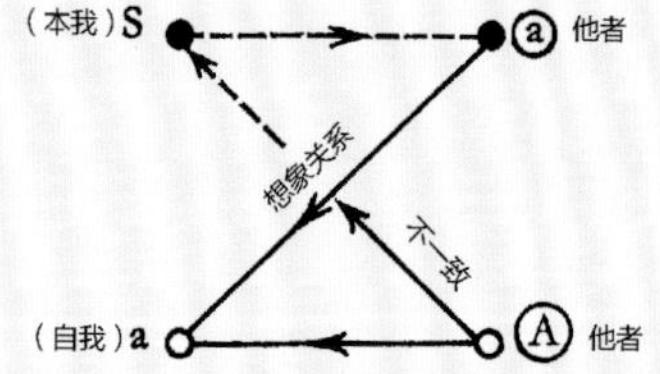

心理分析

图11-62. 雅克·拉康在《文集》中关于本我、自我、他者关系的图解。©门槛出版社 1966。经许可后使用。

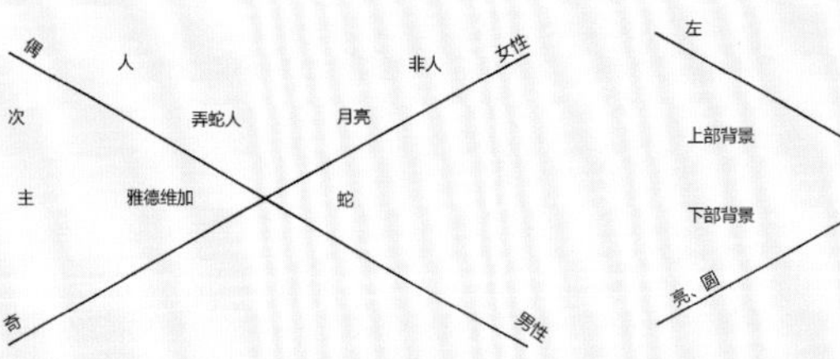

文学

11-63. 罗曼·雅各布森在文章《论威廉·布莱克及其他诗人-画家的文字艺术》（原载《语言学探索》，1970）中对亨利·卢梭的画作《梦境》（1910）中的语法主语（左）和图像构图（右）的图解。经许可后使用。正如马克斯·比尔曾在1945年用克莱因四元群分析视觉艺术一样，时任哈佛大学语言学教授的雅格布森，在上述论文中也用四元群分析了一幅画作。（论文的献词对象是他的朋友、美国艺术史学家、当时正在哥伦比亚大学教艺术史的迈耶·夏皮罗。）

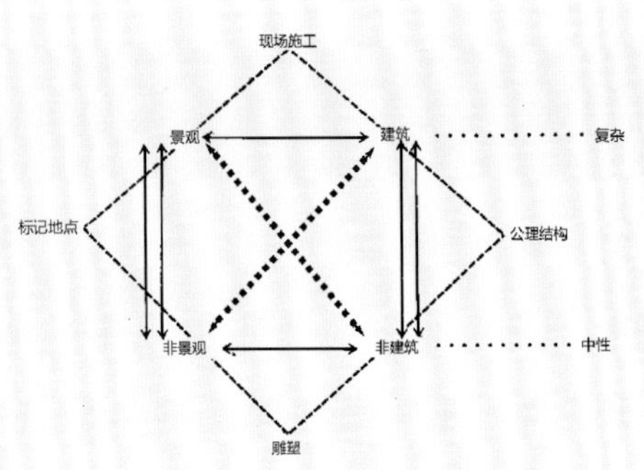

视觉艺术

11-64. 罗莎琳德·克劳斯在《扩展领域中的雕塑》（1979）中有关雕塑类型的图解。经许可后使用。

来极简主义艺术，是一个很有希望的想法，因为极简主义具有构成主义传统。1977年，克劳斯在《现代雕塑的变迁》一书前言中就进行了这样的分析，把结构语言学的方法与现象学中对运动的研究（书名中所谓的“变迁”）结合到了一起。[106]自启蒙时代开始，美学一直都是以康德的《判断力批判》（1790）为基础，但20世纪70年代，其他美国的艺术批评家与艺术史学也开始采用语言学和现象学工具，便逐步背离了美学这种传统的学院派艺术哲学，转而偏转理论。不过，70年代英美艺术批评中的这种反美学气氛，在一定程度上是源于人们对格林伯格的反感：格林伯格曾把康德誉为权威，结果却因此连累了康德。[107]

1976年，克劳斯和友人创办了《十月》杂志（名字来源于谢尔盖·爱森斯坦拍摄于1928年的一部反映十月革命的影片），[108]积极宣传俄罗斯的形式主义，以及索绪尔和他那一脉讲法语的后继者的结构主义理念。索绪尔这群后继者以克洛德·列维-斯特劳斯为首，还包括后结构主义者米歇尔·福柯、雅克·拉康、罗兰·巴特，以及克劳斯的学生哈尔·福斯特和本杰明·布赫洛。克莱因四元群被他们借来作标志（对页小版块），还被立陶宛语言学家阿格尔达斯·格雷马斯重新命名为了“符号矩阵”。[109]该团体在20世纪70年代中期将结构主义引介到美国学术界时，结构主义在法国的影响已经一落千丈：五月风暴之后，法国艺术家便似乎不再关心寻找抽象结构了。不过，美国人研读法国结构语言学的著作时，一种反本质主义的情绪却笼罩了纽约艺术界，假定艺术具有确定物理本质的极简纲领看起来也已经落伍了。

不对称：罗伯特·史密森

与极简主义艺术家同时代的罗伯特·史密森，认为几何不是极简，反而是“极繁”——充满了意义。这位艺术家虽然年轻，但想的问题却很古老：万物从何而来？我们为何而来？所以，他便开始学习哲学与神学：“我一直对起源和起点有兴趣……直到大约1959—1960年，因为T. S.艾略特，我对天主教产生了兴趣，我才没有继续被这些想法所困扰。”[110]在这些年里，史密森以自然有机的表现主义风格创作了一些神话、性和宗教题材的画作，如《绿色喀迈拉与圣痕》（1961；图11-65）。科普作家马丁·加德纳的著作《精巧的宇宙》（1964），以左右（“镜像”）对称观点描述了宇宙的起源，史密森读过之后大受启发，开始将关注点从宗教转向了科学，以简单几何形式的语汇来探索科学题材。[111]例如，史密森创作了《对映异构的小室》（1965，图11-66，并与第七章的图7-4比较），用一对表面为镜面的立方体暗示了存在于两个不对称镜像中的分子s。此外，史密森还研究了地质学，并对晶体表现出了特别的兴趣。[112]

11-65. 罗伯特·史密森（美国人，1938—1973），《绿色喀迈拉与圣痕》，1961年。布面油画，121.2厘米×144.7厘米。©罗伯特·史密森遗产/VAGA，纽约。

史密森的这幅作品融合了古典与基督教的形象：喀迈拉是希腊神话中喷火的狮面怪物，而它手上的圣痕则是耶稣被钉死在十字架上时的伤痕。

尽管在1964年改变了关注点，但史密森仍旧继续发出同样的疑问，并因此接触到了奥地利作家安敦·艾仁椎格的著作。艾仁椎格曾在维也纳研究过艺术、心理分析和格式塔心理学。1938年，奥地利同纳粹德国合并，艾仁椎格随即逃往伦敦——同期逃到伦敦的还有奥地利艺术史学家恩斯特·贡布里希和德国美学家鲁道夫·阿恩海姆。艾仁椎格运用整体思维方式，希望能通过揭示艺术的“隐藏秩序”就是对潜意识（弗洛伊德精神分析）和对立统一形式（格式塔心理学）的表达，寻求一种能把精神分析与格式塔心理学融合在一起的全新美学。艾仁椎格描述了几何抽象艺术表达潜意识的能力：“尽管抽象艺术今天已愈显矫揉造作，但其深埋于潜意识层次的源头却仍是无可怀疑的……在我们的抽象艺术中，一方面是高度的复杂性与对几何的热爱，另一方面却是潜意识中的基体中缺乏巨大的区分，两者之间存在着严重的短路。”[113] 1967年，艾仁椎格给出了“矫揉造作”的一个例子，尽管没有点名，但显然说的是极简主义艺术：“一旦与潜意识的基体脱离，抽象便真正变成了空洞的东西，接着就会转为空洞的‘泛化’。空洞的泛化轻松地到处乱跑，早已与深层的基底无关。”[114]

由于有着鲜明的几何形式和庞大的规模，所以极简抽象艺术常常会给人一种深奥的感觉，但其实，如果你撕开表面，就会发现已经见底了。史密森想要穿透“空洞”的文字表层，深深地下潜，一直到达艾仁椎格所谓的“潜意识层次”，并用符号

11-66. 罗伯特·史密森，《对映异构的小室》，1965年，复原于2003年。钢、镜子，两个部件，单个部件尺寸为61厘米×76.2厘米×78.7厘米。原作品的创作地未知；复原作品现由挪威奥斯陆当代艺术博物馆藏品。© 罗伯特·史密森遗产/VAGA，纽约，图片由纽约与上海詹姆斯·科恩画廊提供。

表现自然的原始形式。史密森这样描述了他在1964年向抽象主义的转变："我对这种以原始需要和潜意识深度为基础的原型直觉感兴趣。"[115]他在寻找这些特质时，正好遇上了当时科学与数学领域的两大事件：美国国家航空航天局的载人飞船登月；哥伦比亚大学的物理学家发现自然界深处的不对称性，即所谓宇称不守恒。

1968年10月，美国向月球发射了第一颗载人探测航天器，随后又在1968年12月和1969年3月两次发射载人航天器。这些航天器发射得到了大张旗鼓的宣传，宣称要征服"最后的疆界"，让人联想到了与早期美国殖民者对遥远边陲的垦殖。1969年，史密森在一场访谈中发表了他的意见，认为美苏两国太空竞赛的政治奇观掩盖了宇宙本身的那种威严感。史密森十分赞同17世纪数学家帕斯卡的说法："无限空间的永恒静寂，让我心怀畏惧。"15世纪的神秘主义者、德国的天主教枢机主教库萨的尼古拉也有过类似的感慨。史密森写道："我对宇宙秩序的理解主要基于帕斯卡的想法——宇宙是一个球体，任何地方都在它的范围之内，任何地方都不是它的中心……让人登上月球，这种需要本质上是一种以人类视角为中心的自私考虑。如果他们能像帕斯卡那样注视宇宙的无垠，你知道，一旦能够感受到那种恐惧，就能看到事物悲观的一面。"[116]史密森认为美国的太空计划只关注人类，过于狭隘了，他要

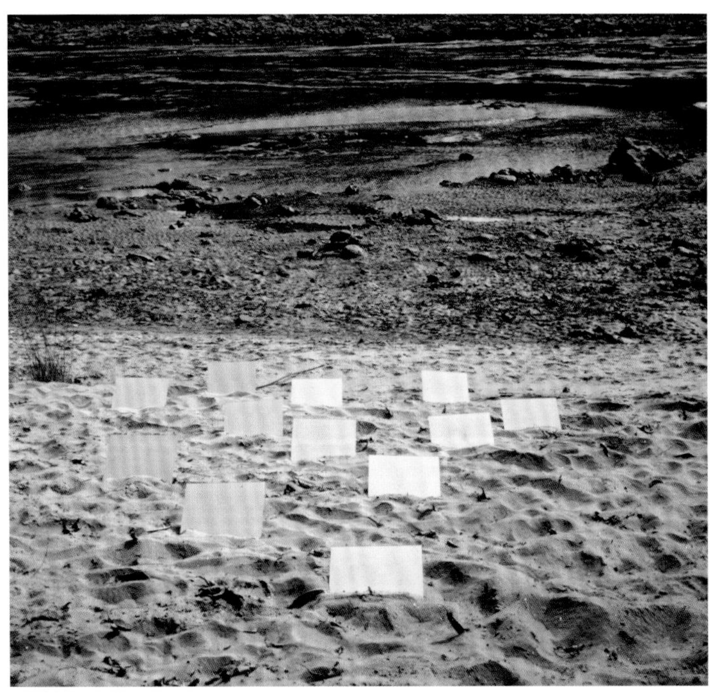

上左、上右

11-67、11-68. 罗伯特·史密森（美国人，1938—1973），《尤卡坦的镜面位移（2）》、《尤卡坦的镜面位移（6）》，1969年。左右分别为九张126制式显色显影透明胶片中的第二和第六张。纽约古根海姆博物馆。

下

11-69. 月球激光反光镜，61厘米×61厘米面板，上有100面镜子。美国航空航天局月球与行星研究所，照片编号AS14- 67- 9386。

1969年，阿波罗11号的宇航员在月球表面安放了第一台月球激光反光镜。后来阿波罗14号、15号的宇航员和苏联月球自动行走车1号和2号也曾在月球上安放反光镜。

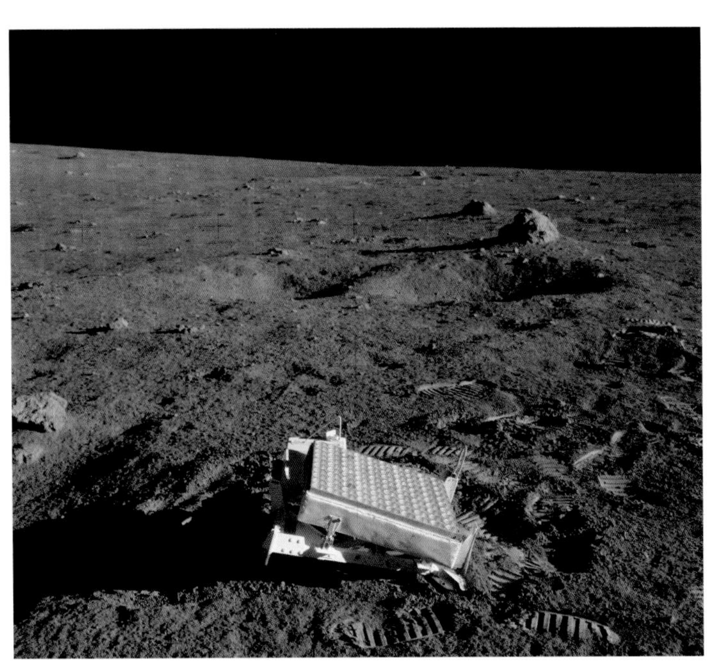

关注的是空间的广阔性，是浪漫主义风景画家感到的那种崇高性——就像库萨的尼古拉、帕斯卡，以及研究无限的近代重要数学家康托尔一样（史密森藏有康托尔关于超限数字的著作）。[117]许多现代天文学家，包括埃德温·哈勃，也对他们所做的宇宙探索抱有深深的浪漫情怀。[118]

1964年，就在史密森开始用镜子创作的同时，美苏两国科学家把月球表面当作镜子，根据从月球上反射的光测出了精确的地月距离（《把月球当成“太空镜子”》，原载1964年3月6日的《纽约时报》）。虽然月球的岩石表面会反射一些光线，但大部分光线都会被吸收，而如果月球表面能有一面更好的镜子，我们就能收获更多的反射光，于是美国航空航天局便有了让宇航员在上面放置特殊镜子的计划。

就在报纸上连篇累牍地刊登有关美国是否会在1969年5月或者6月尝试登月的猜测时，1969年4月15日，史密森带着一组12英寸见方的正方形镜子，也踏上了他的冒险之旅。在墨西哥的尤卡坦半岛上，史密森分别在九个地方将镜子朝着天空排成网格状（图11-67、11-68）。1969年7月21日，美国宇航员登上月球，放置了一个24英寸大小的网格，并将上面的100面镜子朝向了地球（图11-69）。这100面镜子被称作“反光镜”，因为它们能将光束沿与入射时相一致的路径反射回去。每一个反光镜都是一个透明的玻璃立方体，上面有三面相互垂直的镜子，形成了一个角落（角反射镜）。天文学家站在地球上的一架望远镜前，向月球上的反射镜射去一束激光，然后这束激光再被反射回同一架望远镜中。通过测量激光折返的时间，再乘以光速并除以2，天文学家便可以计算出球上的望远镜与月球表面的距离，误差只有几厘米。

月球与地球之间有着引力锁定，所以月球只有一面永远对着地球，因此美国航空航天局的月球反光镜总是指向地球，在地球与月球之间来回反射光。但史密森的镜子与此不同，总是对着天空，所以可以在地球旋转时反射日光，像一座灯塔一样，把光射入“无限的太空”。[119]就在美苏两国的科学家争抢着看谁能先把自己国家的国旗插上月球时，史密森确认为他的宇宙（尤卡坦半岛）不是一个被人主动侵略的地方，而是一个需要被动体验的地方，是一个有着异乡情调的“其他地方”，一个充满了神秘的“别处”：“别处。这就是尤卡坦的方式。尤卡坦就是‘别处’。”[120]

史密森从创作宗教题材的画作转向到特定地点创作有关宇宙的镜子雕塑，主要是源于加德纳的著作探讨的那些自然中的镜像与对称结构。不过，加德纳写《精巧的宇宙》的原因，以及该书的中心思想，并不是对称，而是不对称——宇称不守恒——在大自然宏伟的对称格局中，这是个令人吃惊的反例。

正如我们在第七章中看到的那样，科学家证实了质量守恒（安东尼·拉瓦锡；1789）、能量守恒（赫尔曼·冯·亥姆霍兹；1847）、质能守恒（阿尔伯特·爱因斯坦；1905）之后，对称便成了科学当中的一项基本原理。此外，埃米·诺特还利用群论证明了许多守恒定律其实可以理解为让宇宙中的质量、能量、质能保持不变的变换，从而指出了自然在深层次的对称（诺特定理；1918）。在亚原子领域，对称与数量守恒之间的类似关系也成立，尤其是量子领域的镜反射对称产生了宇称守恒——宇称是一切亚原子粒子都具有的一种量，可以是偶或者奇。20世纪30年代，科学家进入了量子领域，并证实了亚原子相互作用的左-右对称之后，认为整个自然界也都遵循对称原则。但出人预料的是，20世纪50年代后期，科学家发现了镜像对称的一个例外。

在粒子物理学中，关于 Φ 和 τ 两种粒子有一个令人烦恼的难解之谜。二者似乎完全等同，只是一个能分解为一批宇称为偶的粒子，而另一个分解为一批宇称为奇的粒子。两位华裔理论物理学家李政道与杨振宁向这个谜团发起进攻，提出了一个大胆的见解，认为如果这两种粒子实际上是分解方式不同的同种粒子，那么一切都会简单得多。[121]但如果情况果真如此，人们就必须抛弃宇称守恒，也就意味着亚原子领域的镜反射对称并非总是成立。[122]李、杨二人最早在1956年提出了这一见解，人们几乎无法想象这种对称的打破到底意味着什么。但到1957年年底，实验最终证实了他们的猜想。

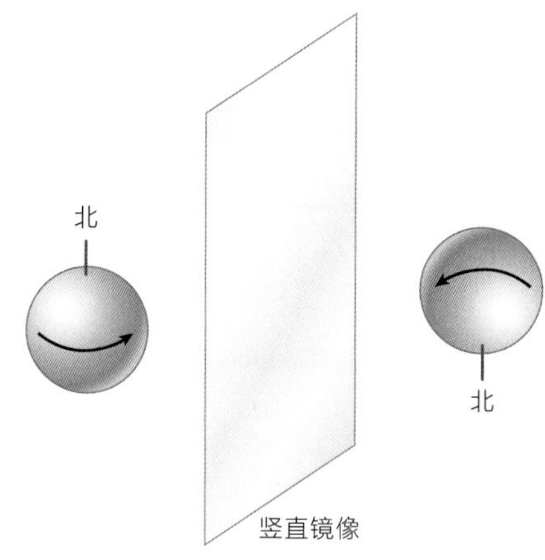

11-70.一个自旋的原子核及其镜像。

左边的原子核为逆时针方向自旋，经过竖直镜面的反射，右边镜像则为顺时针方向，但没有上下颠倒。因为原子核带正电荷，自旋时会产生磁场；这个磁场的北极在左边向上指，但在右边的镜像中向下指。宇称守恒相当于在镜射下的不变性。因此，如果宇称守恒，这些镜像中的原子核的表现将不会改变。

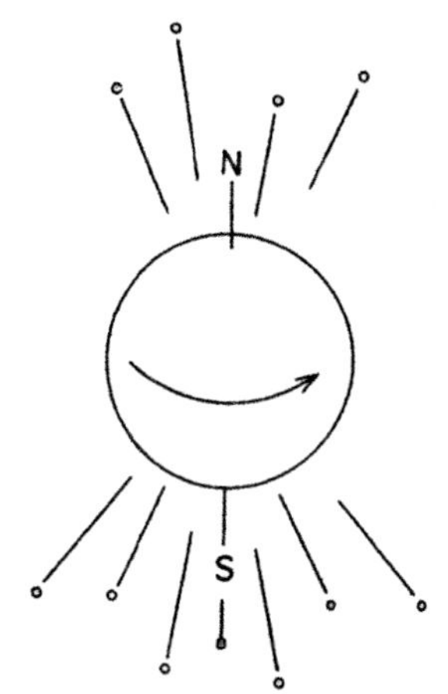

11-71.一个自旋中的钴-60原子核，出自马丁·加德纳的《精巧的宇宙》（1964）。

在这一钴-60原子核的图解中，核磁场的北极向上指。实验证明，电子从南极被甩出的可能性更大，也就意味着宇称不守恒。

11-72. 法国亚眠大教堂中的迷宫示意图，出自罗伯特·史密森的《伪无穷大与空间衰减》，原载《艺术杂志》(1966)。

证实宇称不守恒定律的第一个实验，由李政道在哥伦比亚大学的同事吴健雄完成。她是一位β-衰变专家，主要研究原子核通过放射电子（所谓β-粒子）的衰变过程。这些过程涉及弱核力，而这种力正是导致Φ和τ粒子衰变的媒介。李政道与杨振宁认为，自旋的原子核定义了空间中的一个方向，可称之为“北”。接着，他们进行了一个思想实验，想象在一面竖直的镜子上反射那个原子核；这将颠倒自旋的方向，因此“北”向自旋粒子的镜像是一个南向的自旋粒子（图11-70）。那么，想一下这个原子核衰变时释放出的β-粒子（电子）的分布：如果不是在上下两个方向对半分布，就不能视为来自镜像的原子核的β-粒子分布，因为镜像原子核的“北”指向南方，而镜像的几何方向并未改变。

吴健雄和同事们用冷却到接近绝对零度的放射性钴原子进行了实验；为了取得这样的低温，他们使用了美国国家标准局的设备。冷却之后，这些原子便会被置于强磁场中，使其南北轴取得确定的方向。到了1957年1月时，实验数据表明，在这样的实验环境中，β-粒子向下发射居多（图11-71），说明宇称在弱相互作用下不守恒，即在弱相互作用下镜像对称无效。换言之，钴-60的放射性衰变是自然对称的一个反例，实在是让人吃惊。

宇称在某些弱相互作用中不守恒现象的发现，更加证明了数学在科学探索中的核心角色。李政道和杨振宁认为某些弱相互作用或许会在某些情况下违反宇称守恒，所以他们必须想出一种原子核衰变由弱核力控制的情况，而钴-60的衰变正好符合要求。为了设计与实施她在放射性钴原子核衰变的实验，吴健雄根据李政道、杨振宁的数学描述，知道了她应该往哪里寻找需要的东西。

加德纳之所以能写出他那本经典著作，是受到了对称缺失（惊人又神秘的宇称不守恒）的启发，而史密森的《螺旋防波堤》(1970；图11-73)则是不对称的（其螺旋形状无法镜像重叠）。在创作这件作品时，史密森正在探求原始的原型符号，读到加德纳有关宇称不守恒的惊人描述后，他感觉自己或许发现了这样一个符号。放射性β-衰变是只能用数学描述的现象，因为不存在能够解释观察到的实验数据的物理学机理：β-粒子以非对称模式飞出的现象，具有极大的神秘性。

完成了《螺旋防波堤》之后，史密森评论道，自己的内心一直在进行着一场“有机物与晶体之间的拉锯大战”。当被问及哪一方获胜时，他的回答是：“我想它们可以算作不打不相识，但后来发生了某种辩证统一，然后二者的分歧化解了。”[123]（表现主义的、原生的）有机物与（理智的、几何的）晶体在《螺旋防波堤》中得到了统一：这是一条指向特定地点、标记明确的通道，让人想起了宗教朝圣者走过的另一条非对称之路——中世纪大教堂入口内的迷宫——史密森称之为“精神能够瞬间通过”的迷宫。[124]他所指的这座迷宫（图11-72）只有一条通路，也像《螺旋防波堤》一样，不可逆转地引向其中心，因为这并不是一座为了迷惑人而设计的迷宫。

人人都认为迈克尔逊与莫雷会检测到地球相对于固定的“以太”的运动。这个测试的负面结果令人如此不安。人人都预期吴健雄会在β-衰变过程中看到左-右对称，但结果自然再次让人大吃一惊。

——马丁·加德纳，

《精巧的宇宙》，

1964年

大教堂的迷宫是朝拜耶路撒冷之路的微缩版。去耶路撒冷朝拜是中世纪教徒盼望一生的经历。来到了盐湖那个遥远地点后，艺术朝圣者也怀着如此崇高的心情走向了史密森这件大地装置艺术的中心，凝视着天与地。就像艾仁椎格写到的那样，这可能会是一个超验的瞬间："一方面是高度的复杂性与对几何的热爱，另一方面却是潜意识中的基体中缺乏巨大的区分，两者之间存在着严重的短路。"[125]

11-73. 罗伯特·史密森（美国人，1938—1973），《螺旋防波堤》，1970年。泥土、盐结晶、岩石、水。约457米长、4.6米宽，伸入了犹他州的盐湖。纽约迪亚艺术中心。© 罗伯特·史密森遗产/VAGA，纽约。图片由纽约与上海詹姆斯·科恩画廊提供。

美国艺术史学家詹妮弗·L. 罗伯茨曾认为史密森的《螺旋防波堤》是在表达四维空间——"绝对"的神秘领域——俄国神智学者彼得·邬斯宾斯基曾在他的著作《第三工具》（1911）中有过描述（第三章）。[126]但事实上，她这个观点并没有史学证据支持。[127]恰恰相反，史密森年轻时曾对宗教神往，但成年之后的兴趣领域却很广阔，如心理学、文学、哲学，以及充满了让史密森着迷的传统神学/哲学问题的——不是陈旧的伪科学——那个时代真正的科学与数学。对于这些问题的深刻讨论，史密森并不需要过多的搜寻，因为加德纳已为他提供了答案。在对"神圣感"（也就是"对巨大奥秘的意识"）的讨论中，加德纳曾描述过他自己对于数学外在世界的感受："我同样相信这个'全然他者'的领域的存在。在这个领域，我们的宇宙只不过是一个无穷小的岛屿，而我愿称自己为柏拉图式的神秘主义者。"[128]

第十二章

数学与艺术中的计算机

自从欧几里得以来，数学证明便具有双重目的：证实某个命题是正确的；解释它为什么正确。这两个认识论功能或许会在未来发生分离。将来，计算机或许会负责证明，而数学家则提供人类可以理解的解释。

——达纳·麦肯齐，《看在欧几里得的分上，请问这到底是怎么回事？》

原载《科学》杂志，2005年

计算机在20世纪50年代问世后，数学家便一直好奇这些无思想的机器是否有一天不仅能以闪电般的速度求和，还能在实际证明定理时承担一定的工作。这一展望在1976年实现了：当时，美国数学家肯尼斯·阿佩尔、德国数学家沃尔夫冈·哈肯宣布，他们在计算机的辅助下证明了“四色定理”，一个历经百余年都无人能解的难题。其他计算机辅助证明也接踵而来，掀起了一场有关计算机在数学中的应用，以及严密的证明应该包含哪些内容的大辩论。到了20世纪80年代，科学家开始运用计算机采集与分析海量的数据，数学家本华·曼德勃罗发明了分形几何。此外，计算机还进入了艺术家的工作室，开始被用来创作计算机图形、数码照片和计算机动画片。

穷举法证明

肯尼斯·阿佩尔和沃尔夫冈·哈肯通过所谓的“穷举法”最终证明了四色定理：把需要证明的命题所有可能出现的情形一一列举出来（故数量有限），然后分别证明每一种情形，直至“穷尽”。例如，欧几里得就曾使用穷举证明法证明了质数有无穷多个（第一章22页小版块）；因为一个整数不是质数便是合数，所以他只需要证明这两种情况。如果组成命题的情形只有几种，人们可以像欧几里得那样直接通过手动来证明，但如果有数以百计或者数以千计的情形，那么一个人穷尽一生也可能无

12-1.埃里克·海勒（美国人，1946— ），《指数式电子流》，约2000年。数码打印。图片由艺术家提供。
物理学家、艺术家埃里克·海勒创作这幅图片的方法是：让一束电子流从右上角射出，在行进中间因碰撞的间接效果而呈扇形展开并分出枝杈；然后用图像软件处理了电子流的（黑白）数码记录并上色。

12-2.英格兰、苏格兰、威尔士的地图，出自威廉·法登的《帕特森公路地图册》(1801)。戴维·拉姆齐地图收藏，inv. no. 2014.007。©2000 制图学协会。英格兰各郡分别涂上了黄色、粉色、蓝色、绿色。

法完成所有这些计算。但是，这种情况因为计算机的问世而改变了。

1852年，英国青年弗朗西斯·格思里在为英格兰各郡的地图涂色时注意到，要想让所有相邻各郡的颜色都不相同，只需使用四种颜色。于是，他便去问研究数学的弟弟弗雷德里克，是不是任何地图都可以用四种颜色来填充？这一猜想从此进入了数学文献，成为最近一百多年来最著名的难题之一。直观地表述就是，根据这一定理，要将一个平面任意分为若干个连通的区域分划（如地图中那样），人们最多只需使用四种颜色，就可以让任何相邻区域的颜色都不相同（图12-2）。

证明四色定理的难点在于它适用于平面的任何分割（任何可能的地图），因此可能有千百万个形状各异的区域。阿佩尔和哈肯证明这一定理的方法，是证明不存在最简单的反例，即不存在不可约化的五色地图。1972年时，阿佩尔与哈肯开始了他们的证明工作：首先将定理分为不同的情况，确定了所有可能的地图都属于1936种情形中的一种。然后他们编写了一个程序，对每种情形进行测试（每一种平面原型的划分），检验四种颜色是否足够，确定其中没有任何一份地图需要第五种颜色。此后四年间，计算机运用这个算法，用1200个小时进行了几十亿次的计算，两位数学家也手动分析了多种情况。

阿佩尔和哈肯宣布他们在计算机的辅助下证明了四色定理后，引发了不小的争议。[1]反对的人认为，这种证明太过冗长，远非人的大脑所能追踪检查。确实，这个证明过程只能用另一台计算机、通过特殊的检查程序来核对；2004年，英国数学家乔治斯·龚提尔完成了这项工作后，阿佩尔和哈肯的证明才最终得到数学界的广泛接受。但有些人争论说，应该把数学家编写的这种算法（计算机程序）视为证明，而计算机的部分不过是机械的计算过程，而且计算机是用电子和机械零件组装而成的物体，可能存在缺陷。其他人则从审美方面提出了异议，认为无论是否使用计算机，穷举证明法都缺乏优雅证明那种简单明了的特性，还有人给穷举证明法起了个诨名，叫“蛮力证明”。[2]

1998年，另一个更加古老的著名数学问题也通过计算机辅助的穷举法得到了证明。1611年时，约翰尼斯·开普勒曾撰写过一部研究雪的书，把雪想象为由微小冰球组成的物体，并提出“小球在空间内最密致的排列方式是什么”的问题。他在书中描述了如何放置小球才能使球与球之间的缝隙最小、达到最高密度的最有效方法，从而给出了他认为的答案。假定一个大板条箱的最底层铺了一层排成网格状的小球，那么在第二层放置小球时，是应该把小球直接放在最下层小球的上方（图12-3-A），还是应该像水果商摆放橙子时那样，把小球都放在最下层四个小球中间的空当上（图12-3-B）呢？

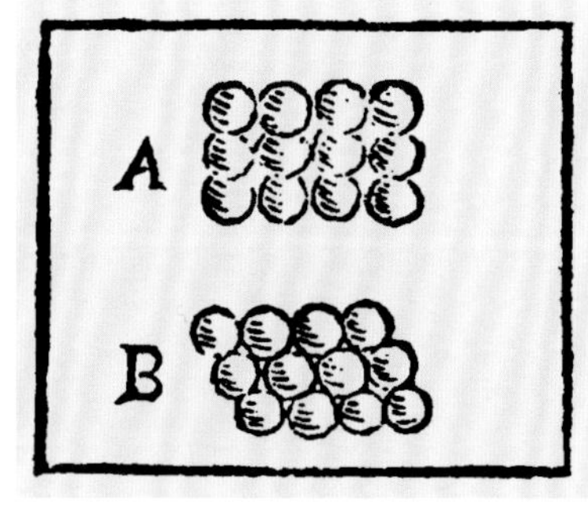

12-3. 约翰尼斯·开普勒，《论六角雪花》，1611年。

开普勒在这本有关雪的小论文册中提出，将球体（“球状颗粒”）放入一个容器中并得到最大密度的方法如图（B）所示：“每个颗粒不仅与同层的四个相邻颗粒接触，而且与上面四个和下面四个接触，因此每个颗粒都将和十二个颗粒接触，而在压力下，球状颗粒将变成长菱形。这种排列更类似正八面体和正四面体。这种填充会最为紧密，没有其他排列方法能把更多的颗粒塞进同一个容器中。”直到后来计算机出现，能为人们提供必要的帮助后，数学家才最终证明了开普勒的这个猜想。

开普勒认为，后一种方法能够获得最大密度，但他无法证明这一点。证明这一猜想的难点在于，它适用于所有可能的球体排列（无论是规则还是不规则）：不仅适用于一堆整齐码在一起的橙子，还适用于把小球胡乱丢进箱子后晃动它们并使之就位而形成的无数种方法。要用穷举法证明橙子摆放法最好，就必须证明其他一切方法得到的密度较低。1953年，就在计算机技术刚刚成熟时，匈牙利数学家拉兹洛·费耶斯·托特便指出，所有情形下的密度都可以通过有限数目（尽管非常大）的计算来得出，也就是说开普勒的猜想原则上可以通过穷举法来证明。

在工程师开发出了速度足够快、编程能力足够强、存储空间足够大的计算机，可以应付数目庞大的计算之后，美国数学家托马斯·黑尔斯制定了一个包括编写与运行程序在内的多阶段战略，来证明开普勒猜想。1998年，黑尔斯宣布自己证明了开普勒猜想，并把整个证明过程，包括250页的解释和3GB的计算机处理数据，全都公布在了互联网上，而人们如何接受黑尔斯证明的过程，或许可以让我们一窥计算机和互联网正给数学文化带来的冲击[3]：四色定理的证明在1976年宣布时，数学家们还接触不到互联网，但黑尔斯在1998年公布自己的证明时，全世界的数学家都已经可以立即下载到这一证明，并对其进行核验。

普林斯顿大学和普林斯顿高等研究院合办的《数学年刊》是世界上最权威的数学期刊之一。得知黑尔斯给出了相关证明后，这家杂志的编辑采取了非常规做法，联系上黑尔斯，说只要有一个独立评判小组对此证明给出评议，就可以发表一份证明摘要。最终，经过四年的高强度工作，由这一课题的世界级专家、匈牙利数学家加博尔·费耶斯·托特（拉兹洛·费耶斯·托特之子）为首的评判小组在2003年宣布，他们有99%的把握认为这份证明是有效的，因为他们无法把数以十亿计的每一个计算都进行验证。数学与科学之间的差别在这里就显现出来了：在《数学年刊》的编辑罗伯特·麦克弗森看来，“99%的把握”不足以让人满意，所以他只得写信给黑尔斯说：“我认为，评判小组给出的是坏消息。”[4]

黑尔斯得知结果后，宣布自己要开始一个新的项目：为开普勒猜想写一份完全形式化的证明，即一份不依赖（某个阅读它的人头脑中的）直觉，而是在每一个步骤都展现出清晰的逻辑，可以由机器编写、阅读的证明。黑尔斯召集了一个国际性团队，以互联网作为互通有无的工具，同他一起攻坚。这项工作预计大约能在二十年内完成证明，到那时，黑尔斯对于开普勒猜想的证明将可以通过自动证明核对软件来检验，从而打消任何残存的怀疑。[5]与此同时，在实用层次上，从事纳米技术（这其中的“小球”是原子）的全球工程师现在已经在应用黑尔斯及其合作者开发的球体有效放置理论，用来设计光碟中的信息存储和数据压缩，从而使其能更方便地在全球范围内传输。

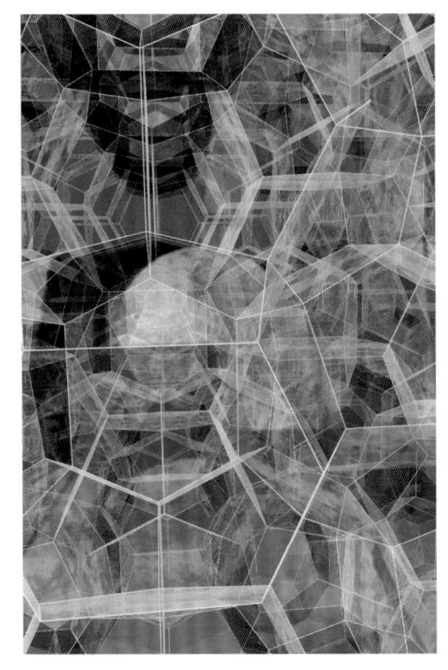

上

12-4.约翰·M. 沙利文（美国人，1963— ），《泡沫分划：韦尔-费伦结构》，1995—1999年。计算机图形，55.8厘米×83.8厘米。图片由艺术家提供。

柏林工业大学的数学教授约翰·M. 沙利文所属的研究团队证明了韦尔-费伦结构在表面积较小方面胜过了开尔文的等体积小室，但无法证明这种结构是真正的最佳方案；约翰·M. 沙利文，《比较韦尔-费伦等体积泡沫与开尔文的泡沫》（1996）。用计算机将韦尔-费伦空间可视化之后，沙利文又添加了颜色、修改了设计，把数学模型（如图泡沫内所示）变换为充满艺术感的计算机图形，从而创作出这幅以韦尔-费伦结构为灵感的图片。

下左

12-5.韦尔-费伦结构。

下右

12-6.中国国家游泳中心，2008年。

计算机可视化

除了帮助数学家进行穷举法证明，计算机还被用来研究空间几何。1887年，爱尔兰数学家开尔文勋爵提出了一个问题：如果把空间划分为小室（例如肥皂泡），怎样才能达到最优划分，让室壁的表面积最小？换言之，要让每个气泡的每个室壁都有最小表面。任何变形在这种情况下无论多小，都将增加表面积。开尔文猜想，最佳划分将是将空间分为具有单一同种结构的小室，一种由十四面的多面体（截角八面体的一种，包含6个正方形和8个六边形）构成的蜂窝状结构（开尔文结构）。但在1993年，都柏林圣三一大学爱尔兰物理学家丹尼斯·韦尔和他的研究生罗伯特·费伦在检查计算机模拟的泡沫时，发现了一个更好的解决方法：一种由两个不同形式但体积相等的小室组成的结构，即所谓韦尔-费伦结构（图12-4、12-5）。这种结构要比开尔文结构的表面积小0.3%。比如，中国国家游泳中心（水立方；图12-6）晶莹剔透的泡沫墙壁，就以韦尔-费伦结构为基础，由建筑师改进之后设计建造的。

20世纪60年代后期，美国数学家托马斯·班科夫开始使用计算机制图软件来为四维乃至更高维数的空间建立可视化模型。计算机会先在二维屏幕上建立一张图像，为了建立三维物体（例如一栋建筑物）的模型，三维空间上的每一个点都由一组三个数字表示；然后，计算机再旋转这个三维矩阵，依照三维空间内任何一点的视点，显示出建筑物的任何一个二维投影。类似地，四维物体上的任何一点也可以由一组四个数字来表示，而计算机也可以同样旋转这个四维矩阵，依照三维空间内任何一点的视点，在计算机屏幕上显示出它的二维图像（图12-7）；更高维数的物体以此类推。

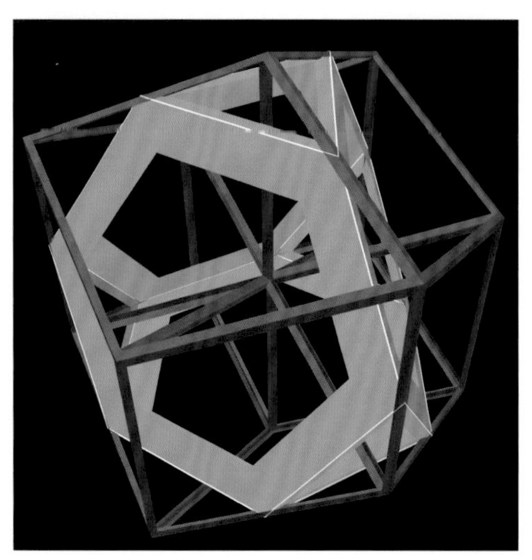

左

12-7.达维德·瑟沃尼（美国人，1962— ），《超立方体》，2002年。互动版本的静止帧，来自托马斯·班科夫和查尔斯·M.斯特劳斯1978年制作的计算机动画短片《超立方体》。

托马斯·班科夫的合作者达维德·瑟沃尼在1978年的计算机动画短片《超立方体》的2002年互动版中截取了这幅图片。该片由计算机科学家查尔斯·M.斯特劳斯和班科夫共同制作，用以说明四维立方体如何在三维空间内运动。

上

12-8.托尼·罗宾（美国人，1943— ），《四场》（细部），1980—1981年。带有金属丝的布面油画，2.56米×8.9米×38厘米。图片由艺术家提供。

为了将存在于较高空间维度中的物体可视化，人们通常将其想象为在较低维度平面上的“影子”。例如在线性透视法中（第二章78—79页小版块），三维立方体在二维平面上的投影可以被视为该立方体的影子。罗宾在《四场》（上图是作品的一个细部）中的目标，是为三维空间中的观察者勾勒出四维立方体（所谓超立方）的形象。艺术家首先用彩色模式画出了二维平面，然后在上面叠加了用彩色棒状线条构成的三维结构；平面和透明立体的形态都是从超立方得来的。艺术家的目的是让观察者能够以如下方式瞥到超空间：在近9米宽的壁画前后走动时，观者能够透过彩色棒状线条的迷宫，看到彩色平面、立体和影子持续的形态改变。

埃德温·艾勃特在1884年出版的《平面国：多维空间的传奇》一书中，曾经构想过平面物体与高维物体相遇的情景（第四章图4-2）；到了今天，正如班科夫所说的那样，通过使用计算机可视化，艾勃特当年的童话故事已经变为现实（《超越三维：几何、计算机图形和高维空间》，1990）。托尼·罗宾看到班科夫的模型之后，意识到其实可以利用计算机来绘制可视化的四维物体，遂在20世纪70年代与人一起创立了模型绘画小组。自那以后，罗宾便一直在四维空间内绘制立方体和其他立体图形。不过，与20世纪初期的那些前辈不同，他的作品同神秘的教义毫无关联（图12-8）。

当然，直到20世纪70年代，美国国际商用机器公司（IBM）的一位数学家发明了分形几何之后，计算机才真正成为空间几何的可视化工具，并开始了它在这一领域的广泛应用，其激动人心的程度与深远影响远超其他领域。

上

12-9.凯尔特结是单一绳索缠绕而成的封闭回路，即所谓的无尽结——这是数学家研究得最多的一种结（图12-15）。无尽结的绳索按照相互嵌套的方式打成，交替在自己的上端与下端穿过，直到回到初始位置重新开始。上图由两个无尽结相互嵌套组成。

右

12-10.《结绳》，印加时代，约1400—1532年，发现于秘鲁的拉古纳·德洛斯神鹰崖。棉绳，流苏平均长38厘米。秘鲁雷姆巴姆巴博物馆马尔奎中心。

印加人通过这样的结（*quipu,* 盖丘亚语）记录信息，故而为绳结赋予了数字逻辑的含义。印加帝国从厄瓜多尔延伸到智利，中心在秘鲁南部的安第斯山脉，传令人员将数字信息用结绳编码，传递到帝国的各个角落。图中所示结绳的主要绳索成曲线，打结的吊坠向外发散；传令人员携带时，会把主要绳索盘成螺旋形。数学史学家玛西娅·阿谢尔和罗伯特·阿谢尔已经在著作《印加人的数学：结绳密码》（1981/1997）一书中，破解了印加人的十进制系统和其象征大数的方式，而人类学家加里·乌顿和嘉莉·布雷津则在《古秘鲁人绳结语中的会计》（2005）一文中探讨了印加人的种种会计方法。

对页

12-11.基督页，《凯尔经》，约800年。泥金装饰牛皮抄本。都柏林圣三一大学，MS 58 fol. 34r。

这个抄本由凯尔特僧侣在约公元800年制作，在中世纪晚期与近代初期存放于都柏林北部的凯尔特修道院中。书中包含了由使徒马太、马克、路加、约翰撰写的《新约圣经》中的四福音书。马太首先介绍了基督的家系，接着在此图之后开始讲述其生平。基督名字的希腊文是ΧΡΙΣΤΟΣ，在此处被缩写为字母X（chi）和P（rho）。巨大的字母P占据了全页的重要位置，较小的X则位于右下方，两个字母上都有豪华的纽结修饰。

h generatio

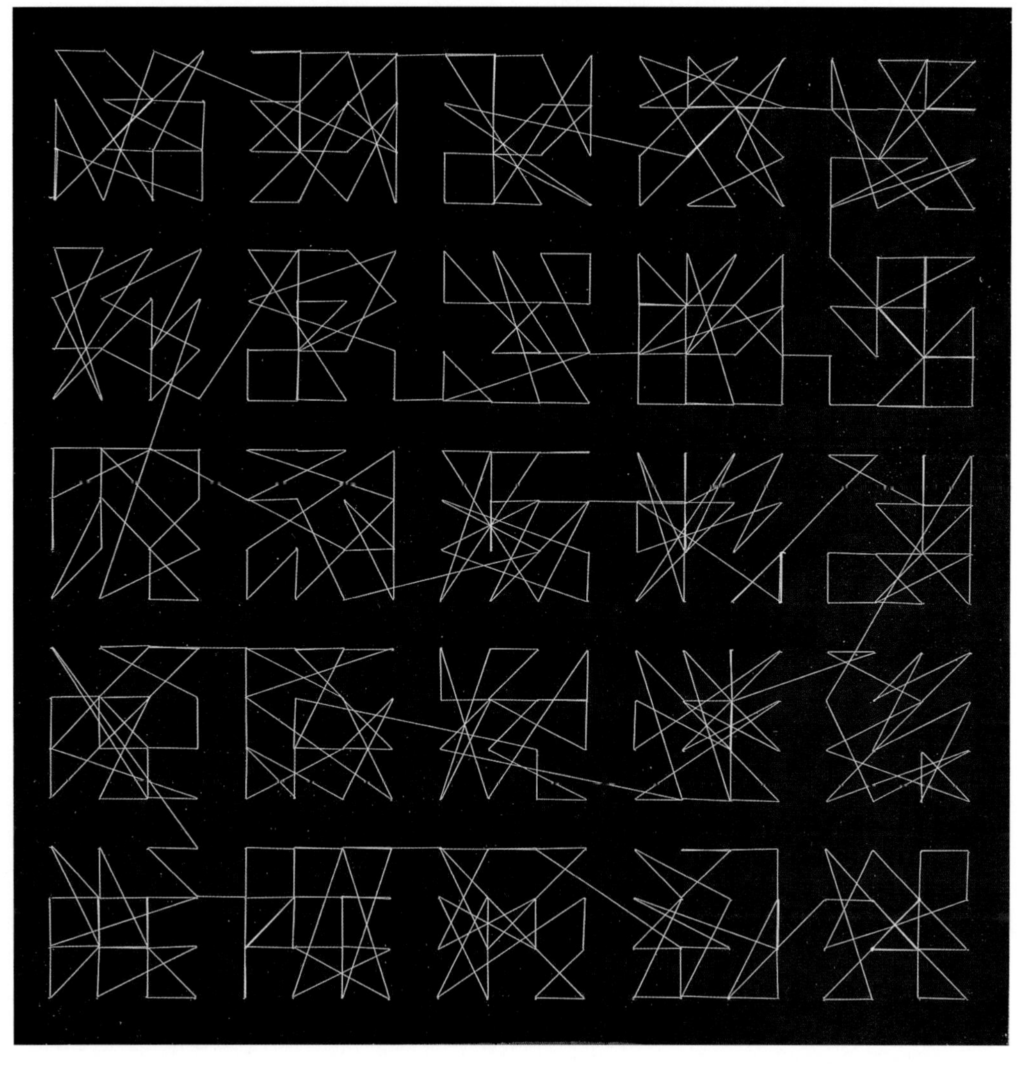

对页

12-12. 阿尔布雷特·丢勒（德国人，1471—1528），《第三结：圆形大牌在中央的绣花图样》，出自《六绳结》系列作品，日期不明。木版画，27.3厘米×21.4厘米。纽约大都会艺术博物馆，乔治·昆纳收藏，由乔治·昆纳夫人1975年赠予。

德国版画的水平在文艺复兴时期达到了十分先进的程度，比如丢勒的这幅作品就通过金属雕刻表现了极为精细的图案——当然，也只有丢勒敢在木板上雕刻如此复杂的花样。这幅作品复刻了列奥纳多·达·芬奇一幅匿名版画，原作已失传。

左

12-13. 维拉·莫尔纳（匈牙利出生的法国人，1924— ）。《致敬丢勒：一根线穿过400根针》，1989/2004年。未加处理的棉布、丙烯颜料、切断的针、40米长的线（中间打了一个结）。84厘米×84厘米。柏林数字艺术博物馆。

维拉·莫尔纳从匈牙利移民巴黎后，在1968年成了巴黎第一批尝试用计算机来创作的艺术家之一。一直对数学模式很有兴趣的莫尔纳创作了这个由400根针组成的图样，其基底为5×5的大格子，这些格子又由25个4×4的小格子组成，每个小格子上则有16根针。把针穿过棉布之后，她用一根线穿过这些针，并在线上"交叉"，打了一个结，以此向丢勒的《六绳结》致敬。

纽结

无论是出于实用目的，还是为了装饰，结的使用贯穿了整个人类历史（图12-9、12-10、12-11、12-12、12-13）。19世纪时，数学家开始通过数出绳股交叉点的个数来为结分类；到了20世纪初，纽结则成了拓扑学的研究对象（第六章）。正如布劳威尔所说，平面可以有任意数量的维度，所以拓扑学家便开始研究多维度的纽结。20世纪初，数学家还开始使用群论来研究密铺，如伊斯兰的瓷砖密铺纹样（其中许多都含有纽结；第七章图7-9）。数学家在研究纽结的时候，会把它们视为三维空间内的闭环（图12-15），而研究目标则是分离出从一个纽结向另一个纽结变换时那些保持不变的特性。

最近，人们又发现了纽结的拓扑结构在物理学方面的应用：能量弦可被视为纽结的线，每根弦都可以被假定为在多维空间内的某个平面上振动。纽结理论还被用到了蛋白质的研究上。每种蛋白质都由独特的氨基酸（总共有20种）链组合而成。一旦氨基酸的线性链形成后，氨基酸链本身会在一毫秒内打成纽结或者折叠起来，使得

上

12-14.朱利安·沃斯-安德列（德国人，1970— ），《环紫菌素》，2007年。有粉末涂层的钢制模，76厘米×86厘米×61厘米。图片由艺术家提供。

为了创作这个紫色的蛋白质雕塑，德国艺术家朱利安·沃斯-安德列用带有菱形孔洞的棒代表氨基酸。氨基酸链自身交叉形成一个结，这就是环紫菌素（Cycloviolacin）的最终形态。澳大利亚昆士兰大学的生物学家戴维·克雷克，一直在自己国家的丛林中寻找可能对人类有实用价值（如能对抗疾病）的蛋白质；2006年，他在一种本地特有的紫罗兰中发现了这种蛋白质。

下

12-15.在三维空间内作为闭环的结。

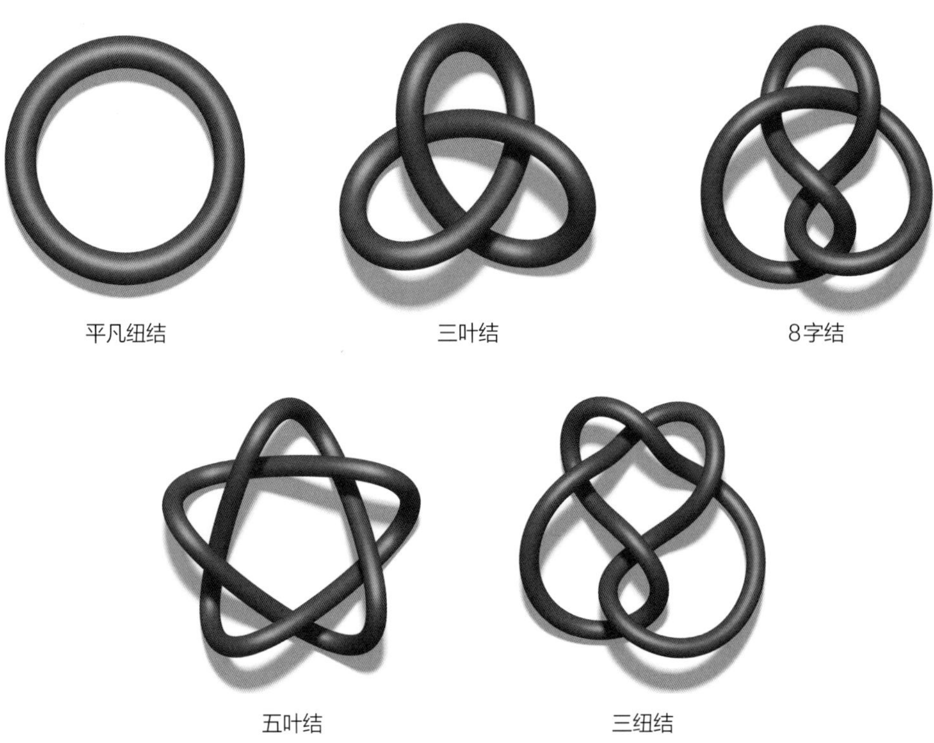

蛋白质呈现出最终的三维结构（图12-14）。生物学家在20世纪初开始研究蛋白质时，发现通过纸笔计算来分析它们的结构根本不现实，因为随着20种不同的氨基酸被添加到这条链上，蛋白质可能的形式数量会有大幅度的增加。例如，通过扭曲和折叠，一个由5个氨基酸链组成的蛋白质可能拥有的结构数会达到20^5（3 200 000），这个数字已经十分惊人了，[6]但如果组成典型蛋白质链的氨基酸不是5个，而是数以百计，比如血红蛋白就由574个氨基酸组成，那最后的结果将会是天文数字。

计算机的发明，最终让人们为蛋白质建立模型成为了可能。今天，由数学家、计算机科学家、分子生物学家组成的跨学科团队正在共同工作，希望能够打开进入蛋白质折叠这扇通往现代生物学核心奥秘的大门。

网络

有关网络的研究，始于18世纪瑞士数学家莱昂哈德·欧拉提出的一个问题：普鲁士的哥尼斯堡（今俄罗斯的加里宁格勒）坐落在普里高里河两岸，河中间有两座小岛，七座桥梁连接着小岛和城市（图12-16），那么是否可以从某一个地点出发，走过所有七座小桥，不重复也不遗漏，最后回到起点？欧拉找到了一种解决这个问题的技巧，即画出了一幅桥梁网状示意图，并由此证明了答案是否定的（《哥尼斯堡

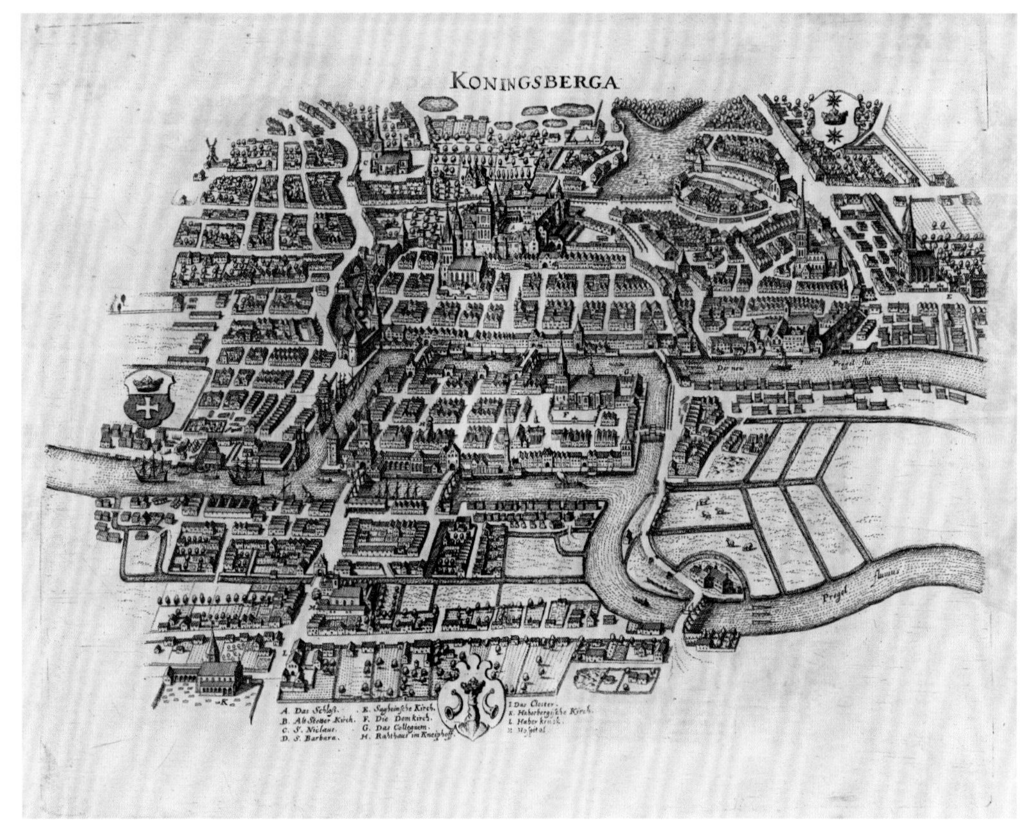

12-16.《哥尼斯堡七桥》，出自马丁·泽勒（德国人，1589—1661）的《普鲁士与坡米尔历地形》（1649）。纽约公共图书馆珍本部，阿斯特、雷诺克斯与蒂尔登基金会。

右上

12-17. 赫拉德·卡里斯（荷兰人，1925— ），《多面体网结构2号》，1972年。钢丝、硬纸板、亚麻、丙烯颜料，152厘米×150厘米×110厘米。卡尔斯鲁厄艺术与媒体中心。©2014 荷兰图片版权组织/艺术家权利协会，纽约。

右下

12-18. 罗伯特·博施（美国人，1963— ），《纽结？》，1963年。数码印刷，86.3厘米×86.3厘米。图片由艺术家提供。

美国数学家罗伯特·博施以五千座城市为例的旅行推销员问题之解为基础的连续路线，创作了这幅作品。在一定距离外观察，这幅作品似乎描绘的是一条粗粗的黑线在灰色背景上打了一个凯尔特结（图12-9）。但近看就会发现，“灰色”部分其实是黑色背景上的一条连续的白线。白线本身从未相交，所以是一个网状线，不是纽结，故而标题的答案应该是：“否。”

对页

12-19. 纳希德·拉扎（英国人，1980— ），《英里长绳》，2009年。绳子，整个作品的直径约50厘米。图片由艺术家提供。

在伦敦大学学院数学系担任了一年的驻校艺术家后，纳希德·拉扎创作了这件雕塑作品。在校期间，拉扎常与该系研究复杂体系和混沌理论的史蒂芬·毕舍普合作。据拉扎介绍：“《英里长绳》是用一根一英里长的绳子创作的三维图像。绳子被拧到了一定程度后，完全靠本身的应力形成了这样一种分形般的复杂形态。尽管观者能够看到雕塑的外部轮廓，但大多数结构却隐藏在如幽深洞穴般的内部空间里，连手指都无法伸进去。它通过高度触感的质地唤起了我们探查的愿望，但又用无限的细节让我们根本没法把它搞清楚。这让人联想到了空间的混沌、爱因斯坦的扭曲时空和DNA、蛋白质的神秘结构以我们当前还无法理解的方式缠绕着，反复缠绕着。”

上

12-20.互联网地图。鲁美塔公司，位于新泽西州萨默塞特。

新泽西州萨默塞特市的互联网绘图公司鲁美塔长期致力于收集路由信息，并将其在互联网上生成树形网络。上图展示了鲁美塔的一台测试计算机向所有在互联网上登记过或者公布过的45万多个网络发出信号后的最短外接路径。每个节点可能代表一个只有几台计算机的小网络，但也可能是有着数以千计主机的大公司。每个中继点都是一个路由器。上图只展示了通往每个目的地的最短路径，而非所有路径。

下

12-21.查尔斯·舒尔茨（美国人，1922—2000），《花生漫画》，©1963 花生全球有限责任公司，由环球点击公司发行。经许可在此使用。版权所有。

1古戈尔是10^{100}（1后面100个0），但这个说法除了是一个非常大但有限的数字外，没有其他特别的数学意义。查尔斯·舒尔茨的意思当然是施罗德原本想说，他和露西结婚的概率是1比10^{100}，但他把话说反了。如果某个事件发生的可能性是10^{100}比1，那基本上这事件会必然发生。如果露西要是对比率足够了解的话，其实完全可以抓住这个机会。

12-22. 帕斯卡·丹碧斯（法国人，1965— ），《谷歌_黑_白》，2008年。装在镜框上的透镜，共四块，每块1.80米×1.10米。©帕斯卡·丹碧斯。

艺术家介绍说："为了创作这些作品，我用搜索引擎下载了上千张符合黑、白等颜色关键词的图片……我把互联网搜索作为一个创造性过程来用：我不选择图片。让我感兴趣的不是单张图片，而是所有这些图片的大量积累，以及它们能够创造的不同视觉空间。"丹碧斯多层叠加、难以辨认的《谷歌_黑_白》在无意间传达了一种通常会在那些通过谷歌上网冲浪、复制粘贴的艺术家作品中找到的信息贫乏。

他只敲了一个名字：苏格拉底。他要搜这个……

于是（谷歌的软件工程师）马科斯说，让我稍微解释一下这上面的东西。看这里的数字：它们是在告诉你搜索引擎扫描了上万亿个网页，在0.1秒内找到了447万条结果……

谷歌是在收集知识，柏拉图会告诉你，知识本身是好事。

谷歌是在收集信息，柏拉图轻声说，是不是在收集知识这一点尚不清楚。

——丽贝卡·戈尔茨坦，

《谷歌时代的柏拉图》，

2014年

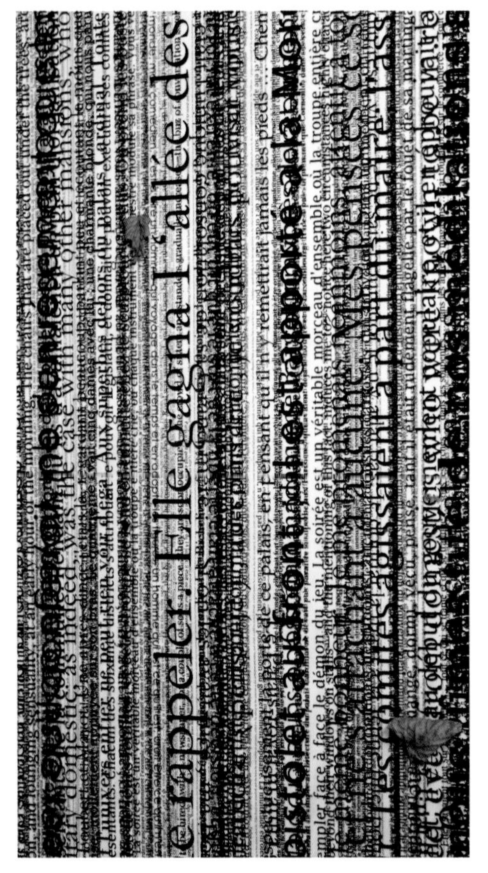

12-23. 帕斯卡·丹碧斯，《文本-文件》，2010年。印刷装置，252米×1.30米，巴黎皇家宫殿瓦罗伊斯画廊。©帕斯卡·丹碧斯。

丹碧斯在巴黎皇家宫殿瓦罗伊斯画廊的地板上铺设了这些文本。自法国大革命以来，这座建筑中的众多咖啡馆就一直是哲学家和作家的聚集地。丹碧斯将伏尔泰、卢梭、贝克福德、狄德罗、狄更斯、巴尔扎克、福楼拜、波德莱尔、让·科克托、安德烈·布勒东描写巴黎皇家宫殿的句子一层一层叠印在一起。观者在里面漫步时，既可以只看一行文字，也可以像浏览互联网一样跳行读。

七桥问题》，1735）。

随着19世纪铁路的发展，找到旅行的最佳路径开始更具实际意义，也成了一个室内游戏的题材。1930年，维也纳数学家卡尔·门格尔将这个问题描述为找出最佳传送路线的“信使问题”（很快也被冠以“旅行推销员问题”的称呼），使之最终进入了数学文献：已知一些城市以及两两城市间的距离，找出遍访每座城市并回到出发点的最短路径（图12-18）。为了满足各种实际应用的需求，如航空公司的路线安排和微芯片的电路设计，有关网络的数学研究在20世纪末、21世纪初得到了迅速发展（图12-19）。1989年万维网的诞生和1996年搜索引擎谷歌的上线，创造出了极其广阔的虚拟景观，每个都需要标注出来，才能找到最优路线（图12-17、12-19、12-20、12-21、12-22、12-23）。

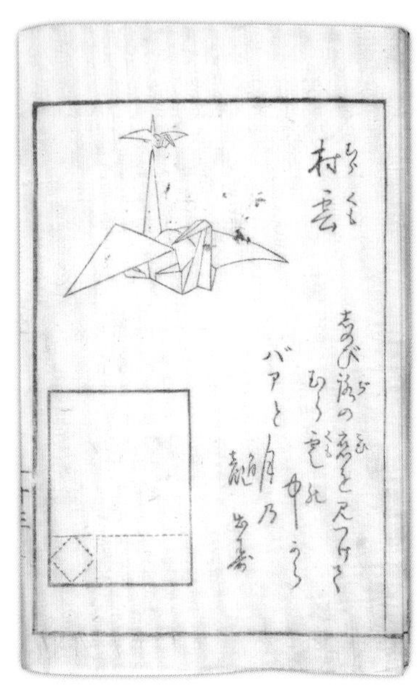

折纸艺术

公元1世纪时，中国人发明了造纸术。后来，这种技术被阿拉伯商人带到了欧洲；只要是有纸的地方，你就多多少少都能看到有人把它叠成各种物件。不过，直到17世纪时，折纸才被日本人变成一种艺术（图12-24）。20世纪，折纸艺术大师吉泽章最终把这门乡下人哄小孩的把戏，发展成了世界文化中的一个重要艺术形式。

折纸艺术之所以能吸引数学家的兴趣，是因为要折出特定的几何形式就得按照确切的规则来进行。20世纪末时，折纸艺术的公理已经被总结出来。1991年，日本数学家藤田文章公布了折纸的六大公理，其中第一条断言，在平整纸表面上的任意两点间可以且只可以折出一条经过两点的折痕。但另一位日本折纸艺术大师羽鸟公

上

12-24.《如何叠千纸鹤》，1797年。普林斯顿大学图书馆珍本图书与特别收藏部。

这部书介绍了千纸鹤（图中上部）的折叠步骤。下方的文字介绍了纸鹤发出的声音听起来既像鸟儿在展翅飞翔，又像打开折起来的纸。

右

12-25.戈兰·科涅沃德（克罗地亚出生的美国人，1973—　），《波浪》，2006年。纸。图片由艺术家提供。

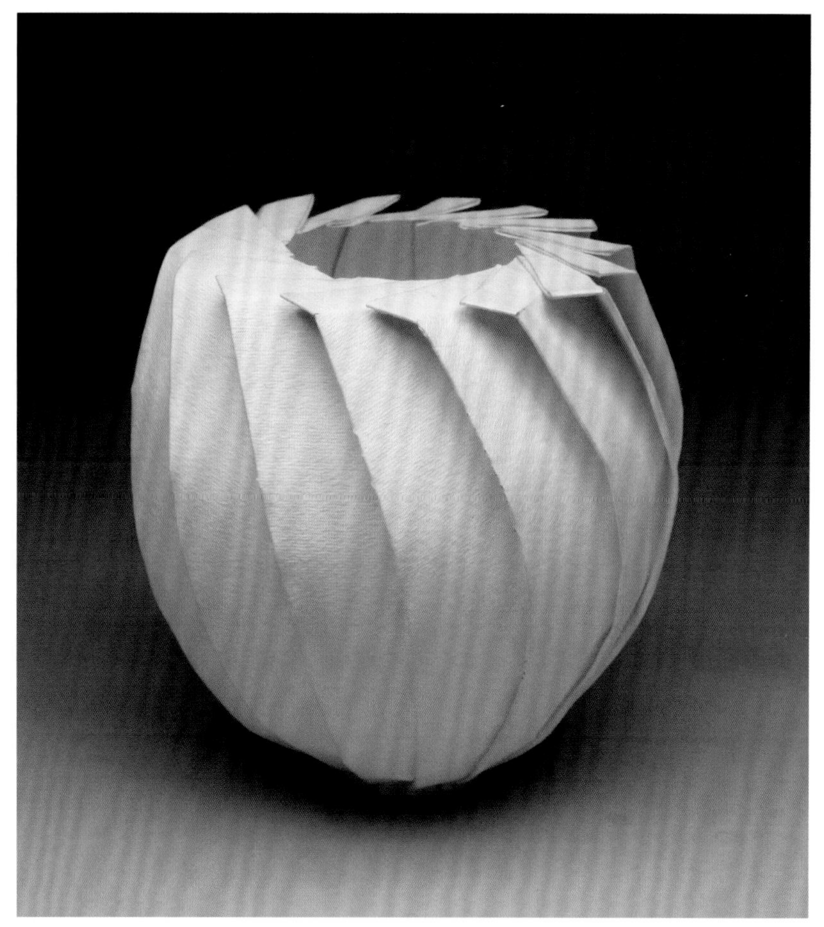

上

12-26.克里斯蒂娜·布尔奇克（波兰人，1959— ），《只是正方形》，2009年。纸，直径21厘米。图片由艺术家提供。

1983年，克里斯蒂娜·布尔奇克从克拉科夫的雅盖隆大学数学专业毕业，后开始从事折纸艺术。作为一位数学老师，她发现折纸是启发学生空间结构想象能力的有力工具。布尔奇克用210张边长21厘米的正方形纸片创作了《只是正方形》："从数学角度来说，这个模型是一个扭棱十二面体，是阿基米德立体形之一。这个模型是寻找最简单的模型（按皱褶线数目计）的结果。这是最简单的模型，因为其中没有皱褶。"

右上

12-27.罗伯特·朗（美国人，1961— ），《镶边盆15》，2008年。100%棉制水彩纸制作的15边形，未剪切，20.3厘米高。图片由艺术家提供。

作为曾在美国航空航天局喷气推进实验室工作过的物理学家，罗伯特·朗也喜欢研究折纸艺术的数学性质。

右下

12-28.埃里克·德迈纳（加拿大出生的美国人，1981— ）、马丁·德迈纳（美国人，1942— ），《无题（0264）》，出自《大地色系列》，2012年。蜜丹色纸，48.2厘米高。图片由艺术家提供。

除了研究与折纸有关的数学外，埃里克·德迈纳还和父亲、艺术家马丁·德迈纳一起创作了很多折纸艺术品。图中这件作品曾在纽约切尔西艺术区的弯曲褶皱雕塑展览上展出。二人在艺术陈述中介绍道："我们尝试过从雕塑（特别是折纸和吹玻璃雕塑）到表演艺术、视频、魔术在内的许多媒介。我们的艺术品主要是探索它们同数学之间的联系，目的是启发、理解，并在理想情况下解决那些悬而未决的数学问题。"

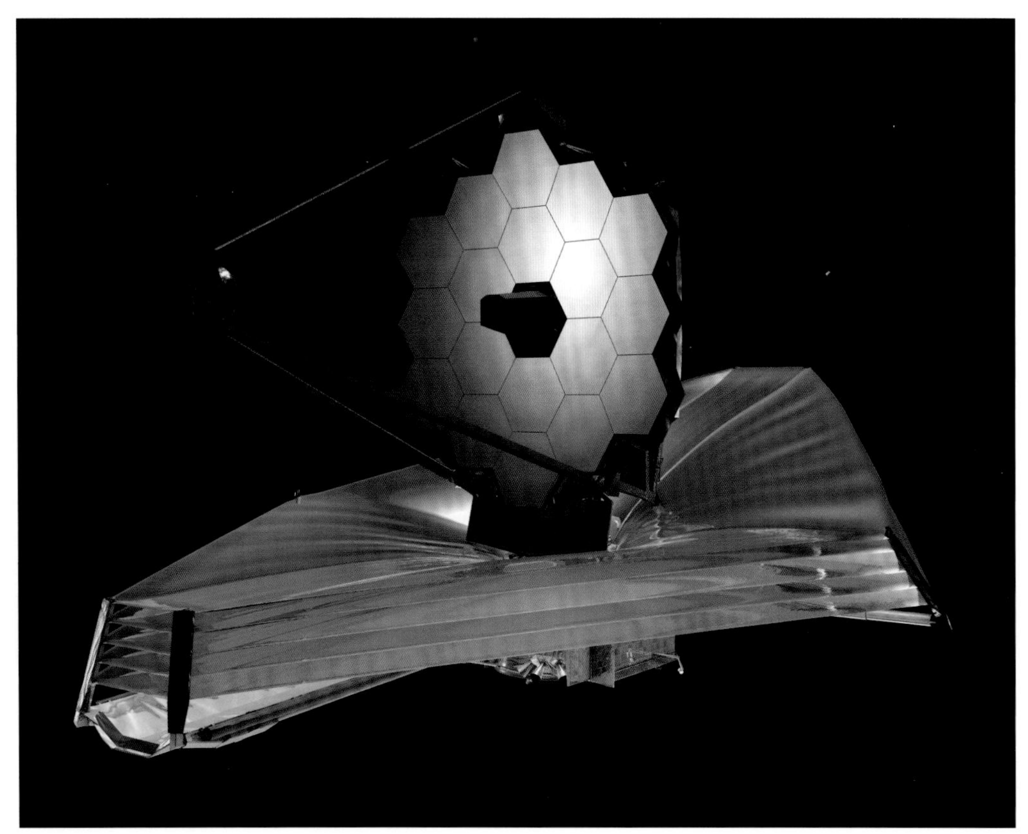

上

12-29. 詹姆斯·韦布太空望远镜的运载火箭内部图。美国航空航天局、阿利安太空公司、欧洲航天局。

上右

12-30. 詹姆斯·韦布太空望远镜（2021年年底发射升空）的模型图。美国国家航空航天局、欧洲航天局、加拿大航天局。

詹姆斯·韦布空间望远镜以参与过20世纪60年代阿波罗计划的美国航空航天局局长的名字命名，主镜的直径约6.5米，由一系列镀金的铍制成的六角形镜片组成，采集面积约是哈勃太空望远镜的5倍。为了让主镜温度保持恒定、避免弯曲变形，科研人员将其安装在了五层灰色遮阳板和一层粉红色的太阳能电池板上，以防止阳光直射。这台望远镜可以收集来自高红移天体发出的红色与红外光线，特别是宇宙形成初期的恒星与星系发出的光线。

士郎指出，藤田的六条公理中还漏掉了一条折痕，于是这条折痕便成了公理7（藤田-羽鸟公理，2001）。

折纸艺术的公理化鼓励了数学家编写算法来描述折叠、皱褶、编结形成的花样（图12-25、12-26、12-27）。埃里克·德迈纳以折纸艺术为题获得了计算机科学的博士学位；他的研究主要关注曲线折痕（图12-28），可被直接用来解释蛋白质的折叠方式。[7]为解决这一关键谜团，德迈纳与数学家和分子生物学家展开了广泛合作，而对于能否找到答案，德迈纳说："我是个乐观主义者。我相信，这个问题可以在我的有生之年解决。"[8]生物学家一旦搞清楚了蛋白质的折叠问题，便有望快速准确地设计出能够针对特定致病病毒的蛋白质了。

折纸在结构设计中也大有用武之地。为了方便部署，一些结构必须造得很小巧、很紧凑，但抵达目标地点后，又需要将其展开变大，这时制造者就会从折纸中寻找灵感。比如为冠状动脉设计的支架就是一个折叠起来的不锈钢缝管，进入病人的动脉之后便会打开，让支架牢固就位，使动脉保持畅通。除了心脏病专家，美国航空航天局的工程师为了设计哈勃太空望远镜的替代品，现在也在研究折纸艺术。这台以前航天局局长詹姆斯·韦布命名的太空望远镜被折叠起来后，搭乘一枚小型火箭离开了地球（图12-29）。到达距离地球150万千米的轨道（为地月距离的四倍）后，望远镜从"钢茧"中钻出来，然后像蝴蝶一样展开身体，开始了它探索太空的任务（图12-30）。

递归算法

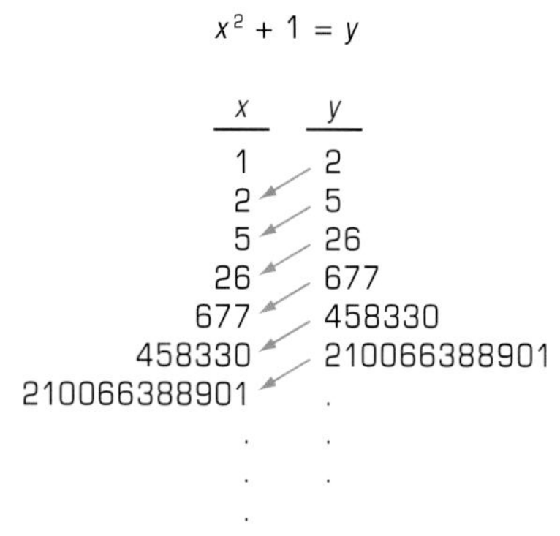

$x^2 + 1 = y$
x
y
1
2
2
5
5
26
26
677
677
458330
458330
210066388901
210066388901

12-31. 一种递归算法。

自从17世纪以来，数学家便一直在研究算法的递归应用，即将算法应用于某个数字，得出一个结果，然后又对该结果实施同一算法，再对新结果再次实施这一算法，以此类推。例如下面的方程：$x^2+1=y$。如果我们先从$x = 1$开始，那么$(1 \times 1)+1=2$，于是$y=2$。然后我们把这个结果反馈到方程中进行二次迭代，这时$x=2$、$y=5$（图12-31）。如果像我们在这个例子中这样对一个变量做幂运算，则结果中得到的数字会增加得非常快，通过手工运算实施多次迭代就会变得很不实际。随着计算机的出现，数学家有了研究递归算法的新工具。

19世纪80年代初，格奥尔格·康托尔发现了可以用递归过程来定义一个集合。例如要创建一个点集，可以先取一条在0与1之间由无穷多个零维度的点组成的线段。接着将这条线段三等分，去掉中间的三分之一，这三分之一的线段就形成了一个开集（线上所有点都在集合内，只有端点除外）。再在剩余两条线段上重复这一操作过程，一直继续下去，直至无穷（图12-32）。这个所谓的康托尔（三分点）集有一个诨名叫“康托尔尘埃”，其中包含了0 和1 之间所有未被这个无限过程去掉的点。[9] 尽管这条线段每经过一个步骤都会变短，但康托尔的点集在每一阶都有同样的无限基数。从康托尔尘埃的产生过程可以看出，递归算法的模式是自相似的，也就是说整体与每一部分都有着同样的形式。康托尔利用一维线段上的点定义了三分点集之后，20世纪的数学家还相继定义了康托尔尘埃的二维与三维版本，即谢尔宾斯基地毯（图12-33）和门格尔海绵（图12-34），二者也同样为艺术家提供了创作灵感（图12-37、12-38）。

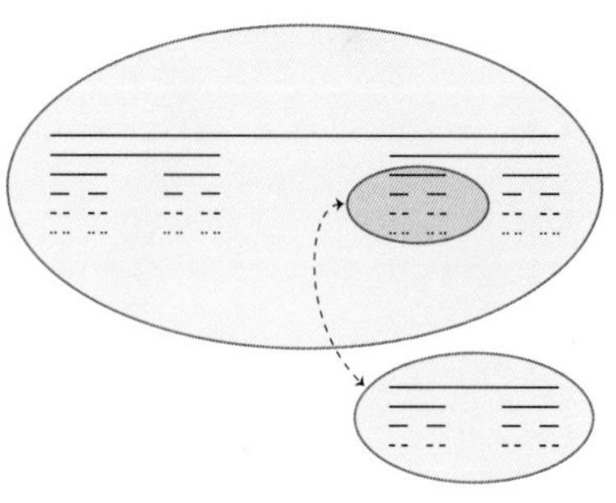

12-32. 康托尔的三分点集，又称“康托尔尘埃”。

康托尔给出了一个过程来定义这个集合：画一条线段并将其分为三等分，去掉中间的三分之一，然后对余下的线段重复这一过程。图中显示了这一过程的前六步。这一过程带有自相似性，即在越来越低的层次中，任何子集都有同样的结构。

1904年，瑞典数学家海里格·冯·科赫用递归方法创造了另一种图形：科赫雪花。他从一个等边三角形开始，将每条边三等分，以中间的三分之一作为一个等边三角形的一条边，再从这条边的两个端点向外作等边三角形的另外两条边，并重复这一过程，直至无穷（图12-35）。同康托尔尘埃一样，科赫的雪花也有自相似性，因为每个尺寸较小的层次都与较大的层次具有同样的特点。如果人们在给定点附近观察，就会发现这些图形具有局域的自相似性，但没有整体的自相似性。换言之，在科赫雪花中没有封闭、弯曲的形状，或者说没有“雪花”。图12-35是五次应用科赫规则后形成的图案。在使用纸笔的情况下，科赫无法再继续重复这一过程，但他可以进行思想实验，想象这一过程一直持续到某个极限。这个思维饰演的结果会在事先决定的任意小的程度上自相似，而且科赫可以在想象中用一台显微镜聚焦观察曲线上的某个点，并在每一个层次上看到同样的花纹。

20世纪的法国数学家加斯顿·朱利亚对复数有兴趣。复数是形如$a+bi$的数字，这里的i等于$\sqrt{-1}$，是一个虚数。在研究复数几何时，朱利亚问：如果对一个复数构

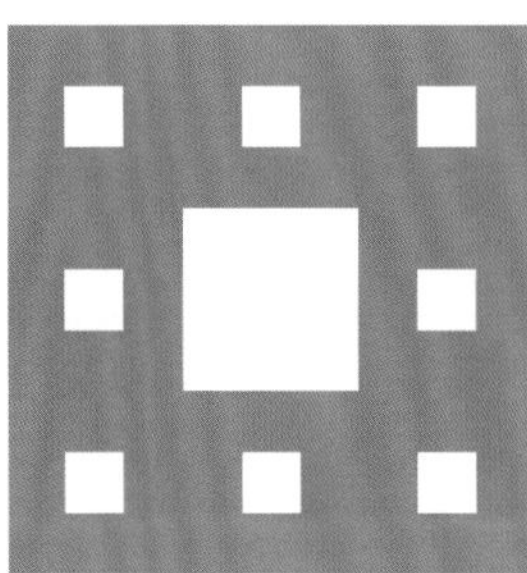
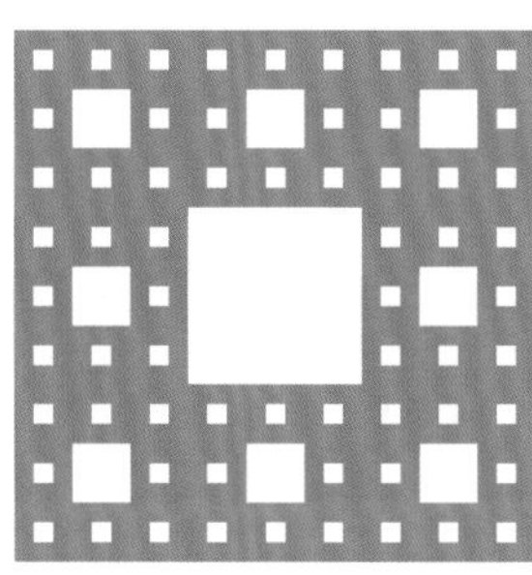
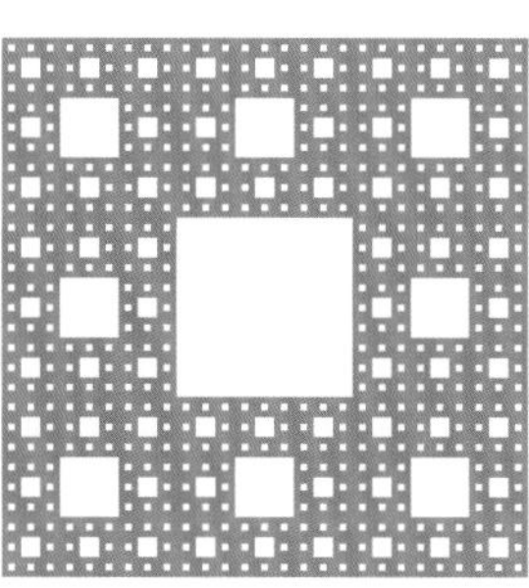

12-33.谢尔宾斯基地毯。

通过将康托尔的三分点集从一维线段推广到二维平面，波兰数学家瓦茨瓦夫·谢尔宾斯基创造了上图中的地毯。1914年，利沃夫大学（今属乌克兰）32岁的数学教授谢尔宾斯基偕家人访问俄国期间，第一次世界大战爆发，因为他们是波兰人，所以遭到了沙皇当局的逮捕，被关在维亚特卡。俄罗斯数学家德米特里·叶戈罗夫和尼古拉·鲁辛（同属描述集合论的莫斯科学派）得知此事后，设法将谢尔宾斯基一家营救出来，将他们安置在莫斯科一处舒服的避难所。1916年，谢尔宾斯基正是在这个住所中发现了他的“地毯”。1918年战争结束后，谢尔宾斯基返回祖国，开始在波兰大学任教，20世纪60年代时退休。

12-34.门格尔海绵。

奥地利数学家卡尔·门格尔最先撰文论述了“旅行推销员问题”；同时，他还建立了康托尔尘埃的三维版本，即“门格尔海绵”。门格尔于1924年在维也纳大学获得数学博士学位，之后受布劳威尔之邀请，前往阿姆斯特丹大学任教。他在那里与布劳威尔讨论了拓扑学问题，并发现了他的“海绵”。回奥地利之后，门格尔成为20世纪20年代维也纳学派的活跃人物。30年代时，他前往美国定居，从1946年至1971年一直在伊利诺伊理工学院任教，并和邻居鲁道夫·卡尔纳普一起编纂了《国际统一科学百科全书》。

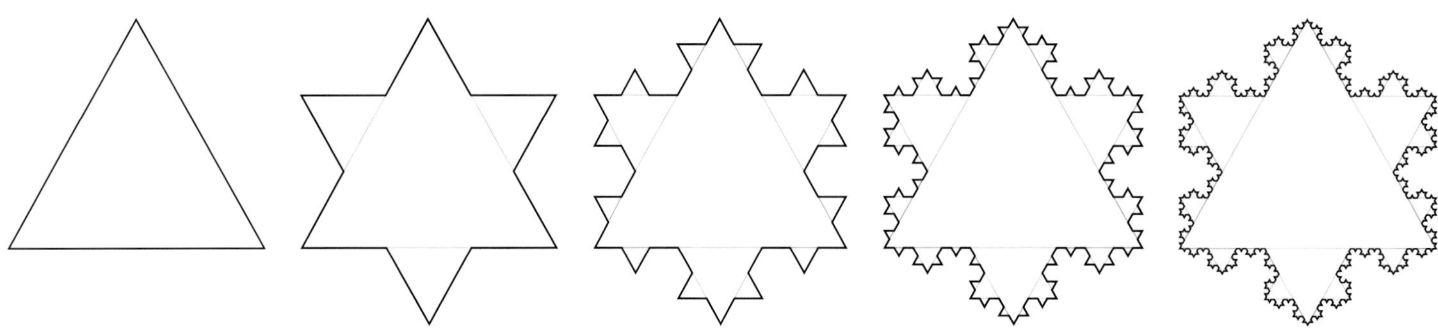

12-35.科赫雪花。

这是科赫曲线的前五步。在用纸笔重复规则的情况下，五次已经是极限了。

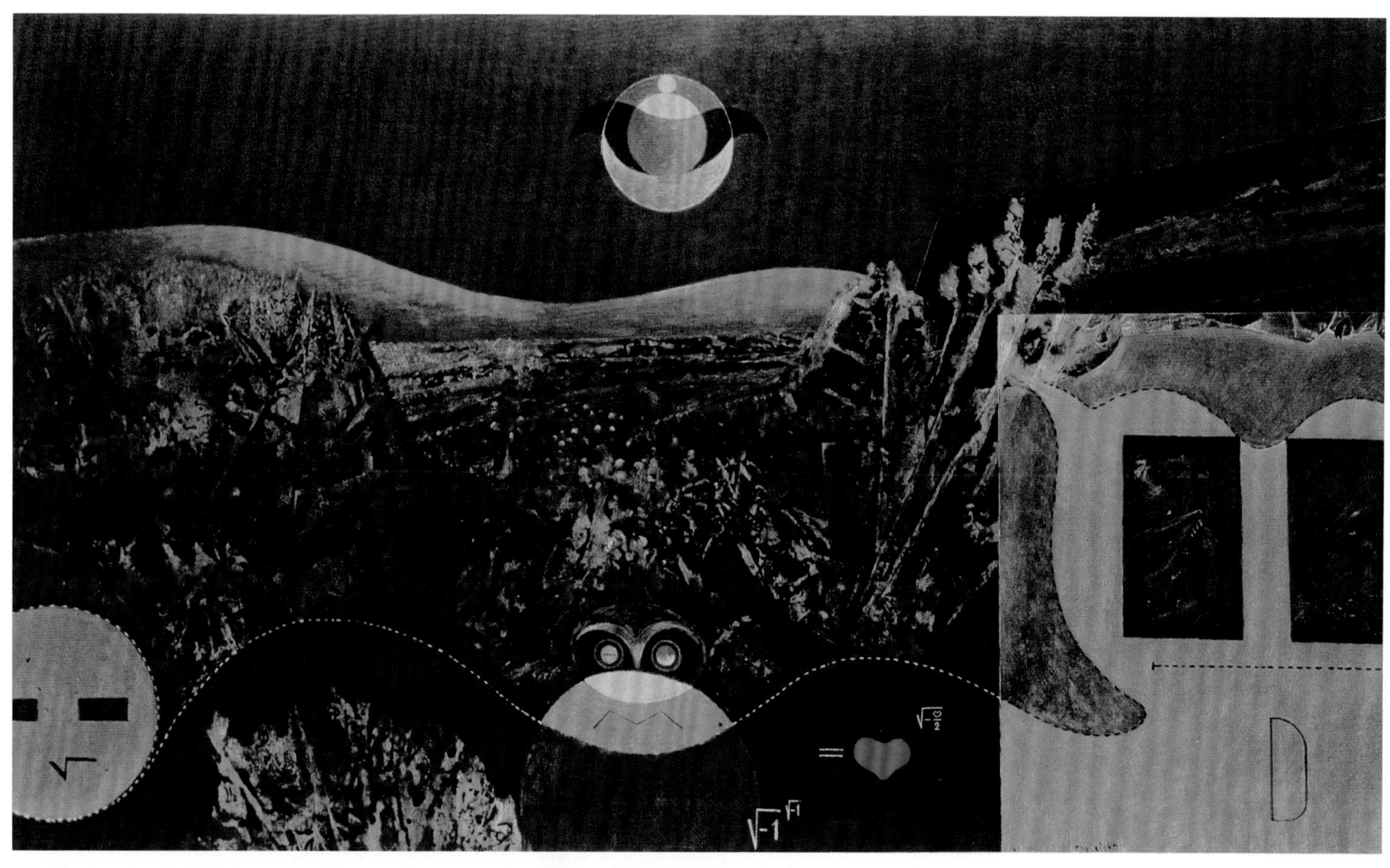

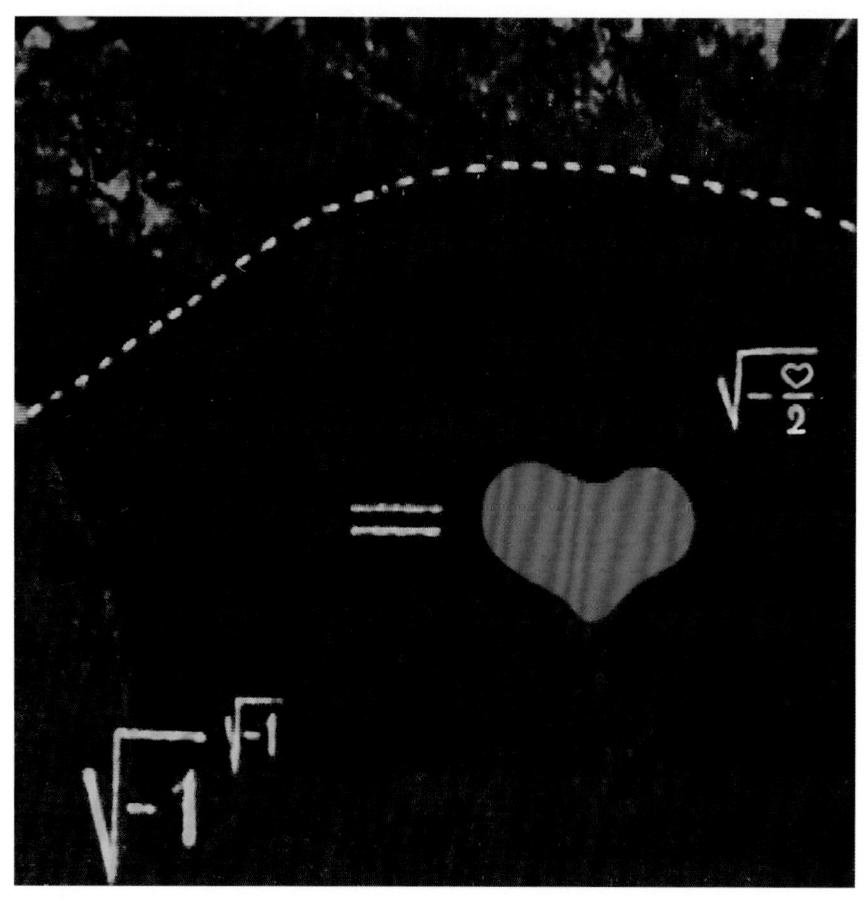

上与左（细部）

12-36.马克斯·恩斯特（德国人，1891—1976），《夜之位相》，1946年。布面油画，91.5厘米×162.5厘米。©2014 ADAGP，巴黎/艺术家权利协会，纽约。

1946年，恩斯特与美国艺术家多萝西娅·坦宁结婚，并到了亚利桑那州弗拉格斯塔夫附近定居。恩斯特正是在这里创作了这幅作品，将浪漫爱情（红心）同虚数$\sqrt{-1}$画上了等号。在月光下的旷野上，一只像猫头鹰的动物正在凝视什么，想象成倍增长：等式左边的$\sqrt{-1}$自乘了$\sqrt{-1}$次，为了让等式相等，右边的红心也经历了乘方过程（其中线条心和2分别代表爱和夫妇二人），爱情升华了。作品标题或许是暗指波的位相或者其他韵律振荡的位相，因为作为新郎，恩斯特肯定会希望“夜之位相”和谐同步。

下页对开左

12-37.让·克劳德·梅纳德（法国人，1951— ），《过量》，2001年。树脂玻璃上的数码纹样。120厘米×120厘米。图片由艺术家提供。

下页对开右

12-38.西尔维·顿莫耶尔（法国人，1959— ），《门格尔海绵上的反射》，约2010年。数码印刷，30.4厘米×30.4厘米。图片由艺术家提供。

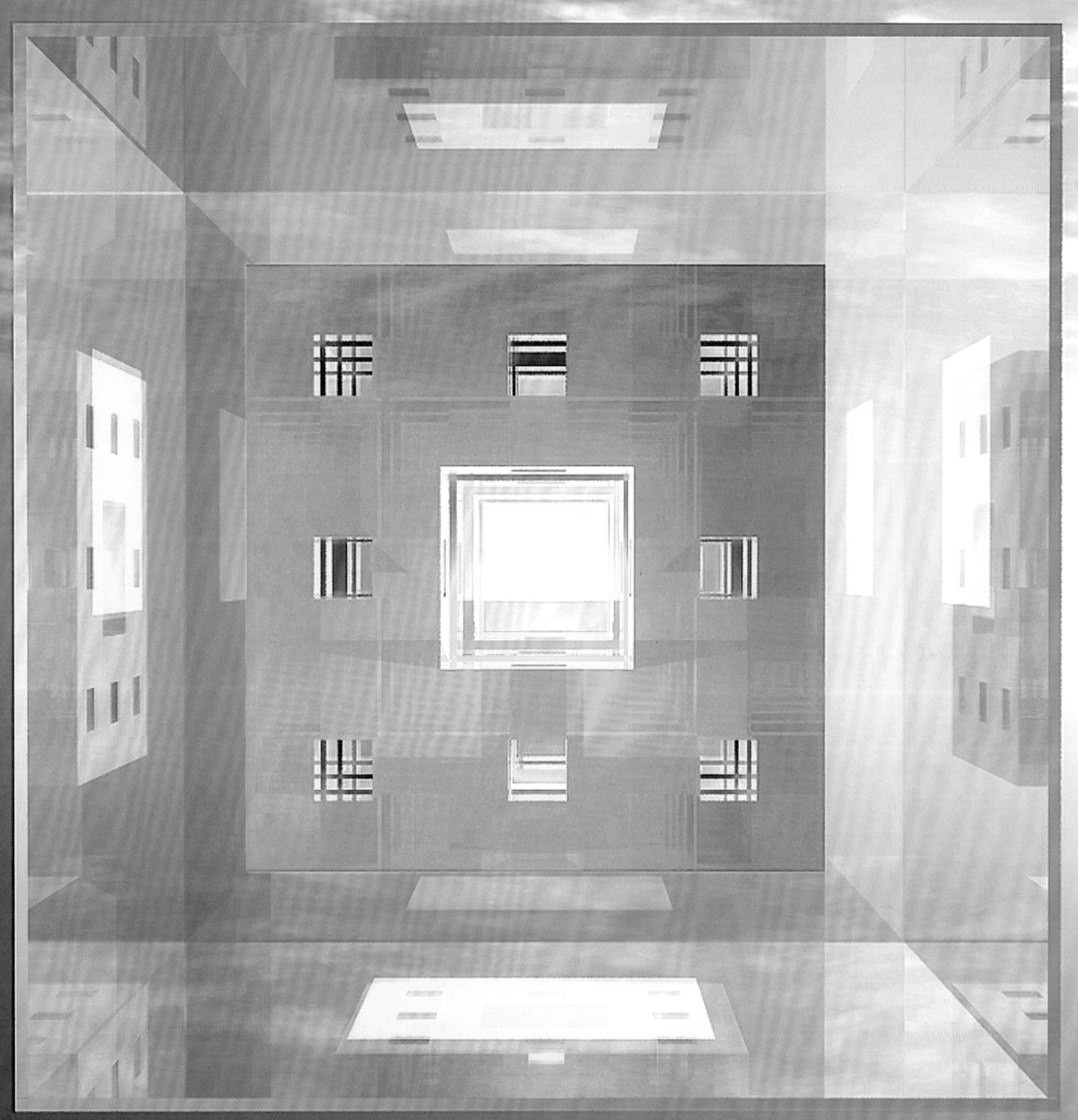

12-39.拉尔夫·贝克尔（德国人，1977— ），《计算空间》，2007年。绳子、山毛榉木材、塑料带、铝块、定制的电子产品、伺服系统、交换器。图片由艺术家提供。©拉尔夫·贝克尔。

这件大型的动态雕塑，由曾在科隆媒体艺术学院攻读过计算机科学专业的德国媒介艺术家拉尔夫·贝克尔创作。整件雕塑通过把木材、电线、金属管等组装在一起，变成了一台完全可操控的电脑。雕塑的名字源自康拉德·楚泽的经典著作《计算空间》。这件计算机雕塑在运算时，观者可以看到外围那些活动的木板和滑轮，但运算结果会被输送到内部的立方体，观者就无缘得见了。尽管《计算空间》的整个结构看起来是把它的工作过程都展示了出来，但实际上却是把计算像秘密一样藏进了内部。

成的平面执行递归算法，并在系统中引入微小的不规则性，使得每次重复执行递归算法时其迭代的部分都会略有不同，那会是怎样？换言之，如果使用一种不保持自相似性的递归算法，会得到什么结果？经过许多次迭代之后，比如几百次、几百万次之后，模式会是什么样子？为了让这个问题易于处理，朱利亚只能着眼于复数的简单代数运算，但计算过程依然冗长。第一次世界大战后，朱利亚开始发表有关这一课题的文章（1918），但直到“二战”期间计算机得到改进之后，关于这类系统的深入研究才真正开始。而整个世界等待着探讨递归函数所需要的工具时，朱利亚的同代人、德国超现实主义艺术家马克斯·恩斯特创作了一件作品，将爱比作了负1的平方根这个虚数（图12-36）。[10]

到20世纪60年代，计算机科学家已经证实了某些简单的递归规则（不保持自相似性的规则）可以导致系统中出现非常复杂的行为（混沌），而且正如朱利亚猜测的那样，这样的动态系统对于它们的初始状态非常敏感。尽管“复杂”和“混沌”常被当作同义词来描述缺乏自相似性的递归系统，但“重复”应用此类算法的结果有着完全的确定性，而“混沌”则是指（确定性）模式所具有的明显随机性。与此同时，德国的康拉德·楚泽（绘图仪的发明人，见第十章）和美国的爱德华·弗里德金提出一个想法：如果空间是由离散的点组成，时间是一秒一秒嘀嗒逝去，那么从理论上讲，我们或许可以为整个宇宙建立一个庞大的递归系统模型。[11]受到楚泽把宇宙描述为一个三维点阵（《计算空间》，1969）的启发后，德国当代艺术家拉尔夫·贝克尔创作了一件大型动态雕塑（2007；图12-39）向他致敬。

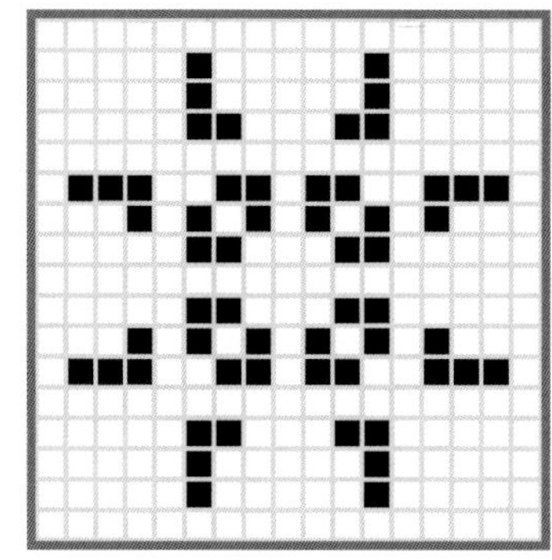

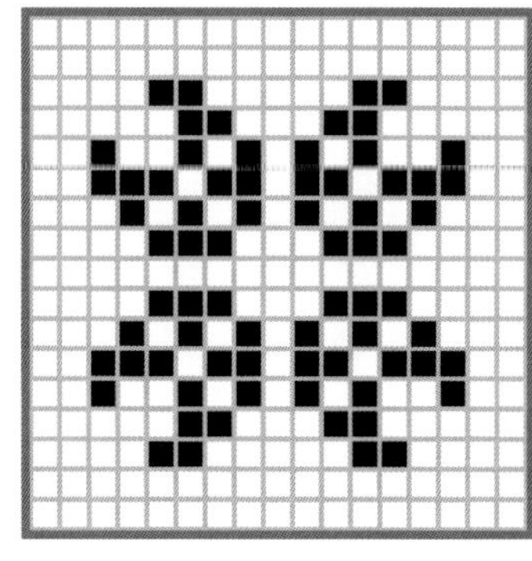

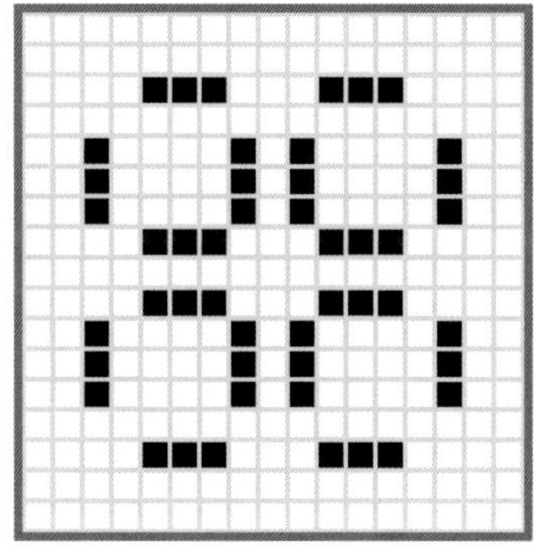

英国数学家约翰·康威认为，递归算法让人想到了细胞分裂这类生命过程。由于在英语中，“cell”这个词既有活体细胞（生命体的基本单位）的意思，也有计算机细胞（细胞自动机的基本单元）的意思，所以康威便利用这一巧合发明了一个计算机游戏，并取了一个带有双关意义的名字：《生命游戏》（1970）。（细胞自动机是一种计算机系统，其中的细胞会根据规则发生变化，而规则又会按照每个细胞的当前状态和相邻细胞的状态来确定其新状态。）游戏玩家需要先设置好细胞自动机的初始条件，并写下简单的“变换规则”，规定计算机细胞的颜色（黑或白）应该如何根据自身与相邻细胞的状态发生信息传递。随着时间一秒一秒地过去，相关细胞的颜色都会按照规则变化，看上去和通过显微镜看到的活体微生物惊人地相似。甚至最简单的变换规则都会创造无法预测的图样（图12-40）。美国艺术家利奥·维拉里尔以此为灵感，又创作了《生命游戏》的升级版本（图12-43、12-44）。注意到天气模式对变量初始值的细微变化也同样敏感之后，美国数学家爱德华·洛伦茨（洛伦茨流形的创造者；第八章图8-32）还首次把复杂模型应用到了天气预报上（《巴西的蝴蝶扇一下翅膀，就会在美国的得克萨斯引发飓风？》，1972）。

12-40. 约翰·赫顿·康威（英国人，1937—2020），《生命游戏》，1970年。细胞自动机。《生命游戏》是用无限的二维细胞网格做成的细胞自动机，每个细胞或者是死的（白色）或者是活的（黑色）。玩家设置最初的活（黑色）细胞图形，然后便可坐观宇宙的演变。在上图的例子中，每个细胞以如下方式自动对8个邻居的状态做出反应，生成了第一代：

任何活邻居数小于2的活细胞死。

任何活邻居数为2或者3的活细胞继续存活。

任何活邻居数大于3的活细胞死。

任何活邻居数恰好等于3的死细胞变为活细胞。

像嘀嗒作响的钟表一样，这些规则不断地按照有规律的韵律重复，生成以后各代。图中的例子显示了初始对称花样和看上去在演变中振荡的后两代创造了一个脉动的图样，就像海洋中的海蜇或者是外太空中的脉冲星。

12-41.理查德·珀迪（美国人，1956— ），《198》，2005年。木板上的蜡画，50.8厘米×81.2厘米。纽约南希·霍夫曼画廊。

受到史蒂芬·沃尔夫勒姆《一种新科学》的影响，理查德·珀迪使用与数字198的二进制形式相关的细胞自动机简单规则，通过厚涂颜料法手工创作了这件艺术品。

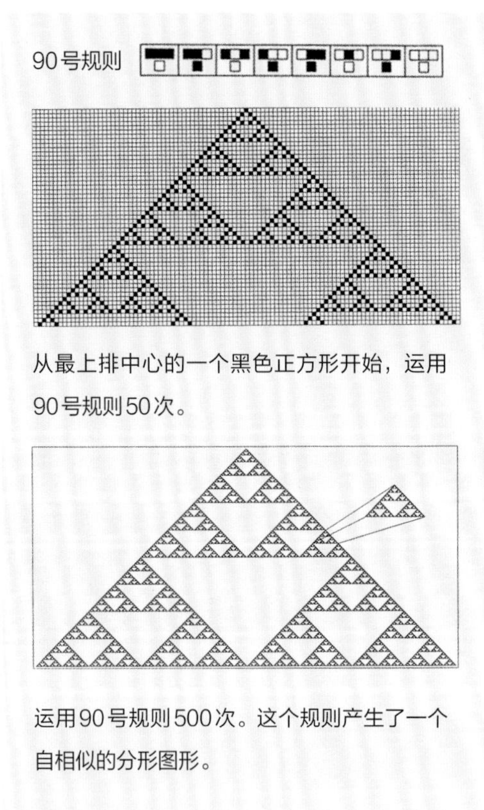

90号规则
从最上排中心的一个黑色正方形开始，运用90号规则50次。
运用90号规则500次。这个规则产生了一个自相似的分形图形。

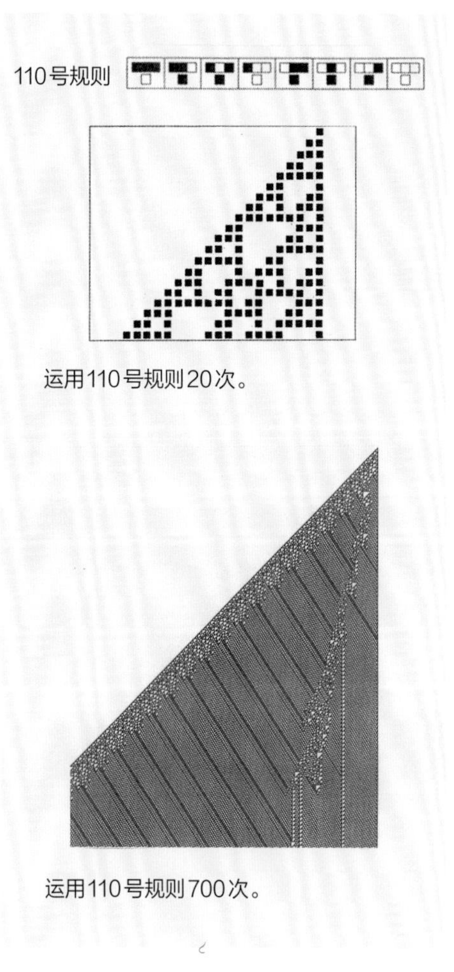

110号规则
运用110号规则20次。
运用110号规则700次。

12-42.史蒂芬·沃尔夫勒姆，《一种新科学》，2002年。©史蒂芬·沃尔夫勒姆。

规则：最上一行显示了三个细胞（中、左、右）的颜色模式（黑、白），这一模式决定了下一行中间细胞的颜色。

对页上

12-43.利奥·维拉里尔（美国人，1967— ）。《多元宇宙》，2008年。白色发光二极管、定制软件、电子硬件，约60米长。特定场地装置：华盛顿国家艺术画廊。图片由艺术家与纽约格林和洛佩兹画廊提供。

和约翰·康威的《生命游戏》一样，维拉里尔的《多元宇宙》也是一个细胞网格。康威的最终产品是电脑游戏，而维拉里尔作品的网格则扩展到了现有建筑上——一条自动人行道——极大地增加了规模，他的细胞光点则是发光二极管。行人站在人行道上前进时，就像在多重宇宙当中穿行。

对页下

12-44.利奥·维拉里尔，《海湾灯光》，2013年。白色发光二极管、定制软件、电子硬件，约2.9千米长。特定场地装置：加利福尼亚州的旧金山—奥克兰海湾大桥。图片由艺术家与纽约格林和洛佩兹画廊提供。

为了构建这个细胞自动机网格，维拉里尔在支持凌空桥面的钢缆顶端放置了白色发光二极管。灯光模式由计算机系统决定，包含了细胞的初始条件（发光二极管阵列，每个二极管发光或者关闭）和每个细胞随时间变化产生新状态的规则。作品最终呈现的效果是一系列沿着钢缆运动的抽象灯光图案，随钢缆在桥面的不同位置时上时下。维拉里尔的规则反映了天气、海潮、桥面交通的不同状况。不过，为了避免分散司机的注意力，这些闪烁的灯光只有在桥之外的地方才可以看到。

追随着楚泽、弗里德金、康威等人的脚步，英国数学家、著名的科学计算软件Wolfram Mathematica的设计师史蒂芬·沃尔夫勒姆提出，我们也可以为自然界建立一个模型，因为自然界的事物（如雪花、动植物等）都是由基本单元不断重复简单规则（结晶、细胞分裂等）后产生的。在沃尔夫勒姆看来，描述自然对象最好的方法，就是给出它们的生成规则（《一种新科学》，2002），也就是计算机编程中的指令。沃尔夫勒姆在著作中给出了许多图示，说明了简单的规则可以产生非常复杂的模式，使之流传甚广，并最终为艺术家所接受（图12-41、12-42）。

分形几何

20世纪70年代，本华·曼德勃罗发明了一种新的几何，称为“分形几何”（fractal geometry，其中的“fractal”来自拉丁文的“fractus”，意为“破碎”），用于描述由反复应用递归算法产生的动态有机系统中的复杂模式。曼德勃罗生于华沙的一个犹太家庭，叔叔佐列姆·曼德勃罗是法兰西学院的数学教授、布尔巴基的成员。1936年，为了躲避纳粹的迫害，曼德勃罗一家逃到了巴黎，叔叔负责起了侄儿的教育。“二战”开始后，全家又搬到了法国南部一个叫作蒂勒的乡间市镇。从1940年到1944年，曼德勃罗在纳粹占领的法国度过了青少年阶段，其间还得不断躲避对犹

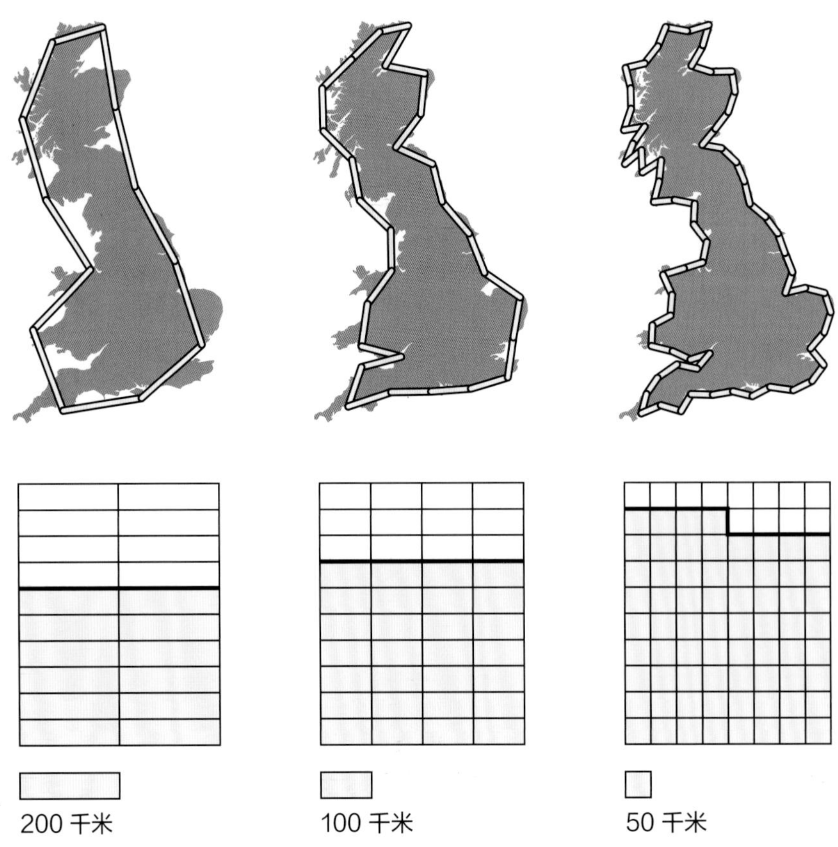

12-45.用不同的单位测量英国海岸线。刘易斯·理查森注意到，不规则形状的长度会随测量单位的减小而无限制地增大。例如，如果你用一把长200千米的尺子测量英国海岸线，然后把尺子切成两半再次测量，所得的结果会显著增加。

如果以200千米为单位测量，那么海岸线长12单位，长度为2400千米。

如果以100千米为单位测量，那么海岸线长28单位，长度为2800千米。

如果以50千米为单位测量，那么海岸线长68单位，长度为3400千米。

太人的追捕。在曼德勃罗的记忆中，这样的成长经历使他学会了机智而谨慎的为人处世之道。战后，他回到了巴黎，从1945年到1947年在巴黎综合理工学院跟随加斯顿·朱利亚学习，后于1952年在巴黎第四大学（索邦）获得了数学博士学位。

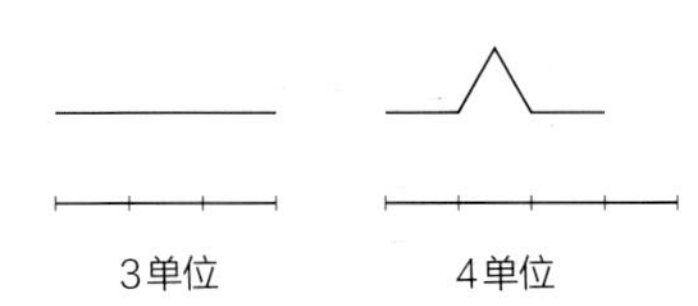

12-46.科赫雪花的无限周长。
科赫雪花的每条边都可被分为相等长度的3个单位。在每次迭代中，这3个单位被4个单位取代，使长度无限增加。

尽管布尔巴基在法国数学中占据着主导地位，但曼德勃罗却发现自己对其越来越无法认同。布尔巴基学派以非常抽象的形式主义著称；曼德勃罗则与之截然相反，更加重视图形，重视形象的几何结构。于是在1958年，时年34岁的曼德勃罗离开法国，携妻带子搬到美国纽约州北部，开始为IBM的沃森研究实验室工作，研究自相似随机过程和算法，试图以更深刻的方式将二者联系到一起。对于英国数学家刘易斯·理查森曾发现过的一个古怪现象，也就是国家的边界线长度会随测量单位不同而变化（图12-45），曼德勃罗经过思考后，在1967年发表的一篇题为《英国的海岸线有多长？》的里程碑式论文中，指出当被测物体的形状不规则时数学家必须重新思考测量问题，并提出了科赫曲线可以为测量英国这种岛国的海岸线提供方法。科赫雪花包含的是一个有界的有限区域，但却可以拥有无限的周长（图12-46）。所以按照曼德勃罗的想法，人们应该测量的不是海岸线（科赫雪花）的长度，而是它的不规则度（复杂程度）。

早在20世纪40年代，曼德勃罗听到老师朱利亚描述递归过程时，就曾想象过在网格上画出函数的一切连续迭代步骤，展示其走向极限形态的过程。换言之，这就相当于在透明的纸上分别画出递归函数所有（数不清的）迭代步骤，然后叠加在一起，看最后会形成什么样的图形。有了计算机这个工具后，曼德勃罗终于完成了这项工作；到70年代，计算机技术的先进程度已经足以让他运行好几千次的朱利亚迭代算法，并将最后的结果绘制到图票上。最后形成的图像就是一定时间内动态系统变化模式的形象化（图12-47）。

朱利亚曾编写过数以百计的递归算法，来描述从缓慢运动到迅速变化、从微小改变到巨大变化在内的许多不同的变化模式。后来，曼德勃罗把这项工作统合到一起，在一个主方程中描述了朱利亚有关变化的所有模式，即所谓的“曼德勃罗集合”。在计算机程序员的帮助下，他又在一张图上画下了重复应用他的主方程的结果，创建了从越来越小的尺度上观察自相似曲线的细节模式（图12-48）。就像圆是欧几里得几何中的典型图像，使静止的对称模式得以可视化一样，曼德勃罗集合便成了分形几何的典型图像，使得动态模式也得以可视化。1975年，曼德勃罗出版了法语著作《分形对象：形状、机遇和维数》，并在其1977年的英文版中对分形几何进行了进一步的阐释。

正如英国数学家罗杰·彭罗斯描述的那样，曼德勃罗集合是集合论这一柏拉图式领域的抽象物体的典型例证：“不知你见没见过计算机绘制的曼德勃罗集合图像？就好像你到了一个遥远的世界旅行。你打开你的传感设备，领略了这种复杂到难以

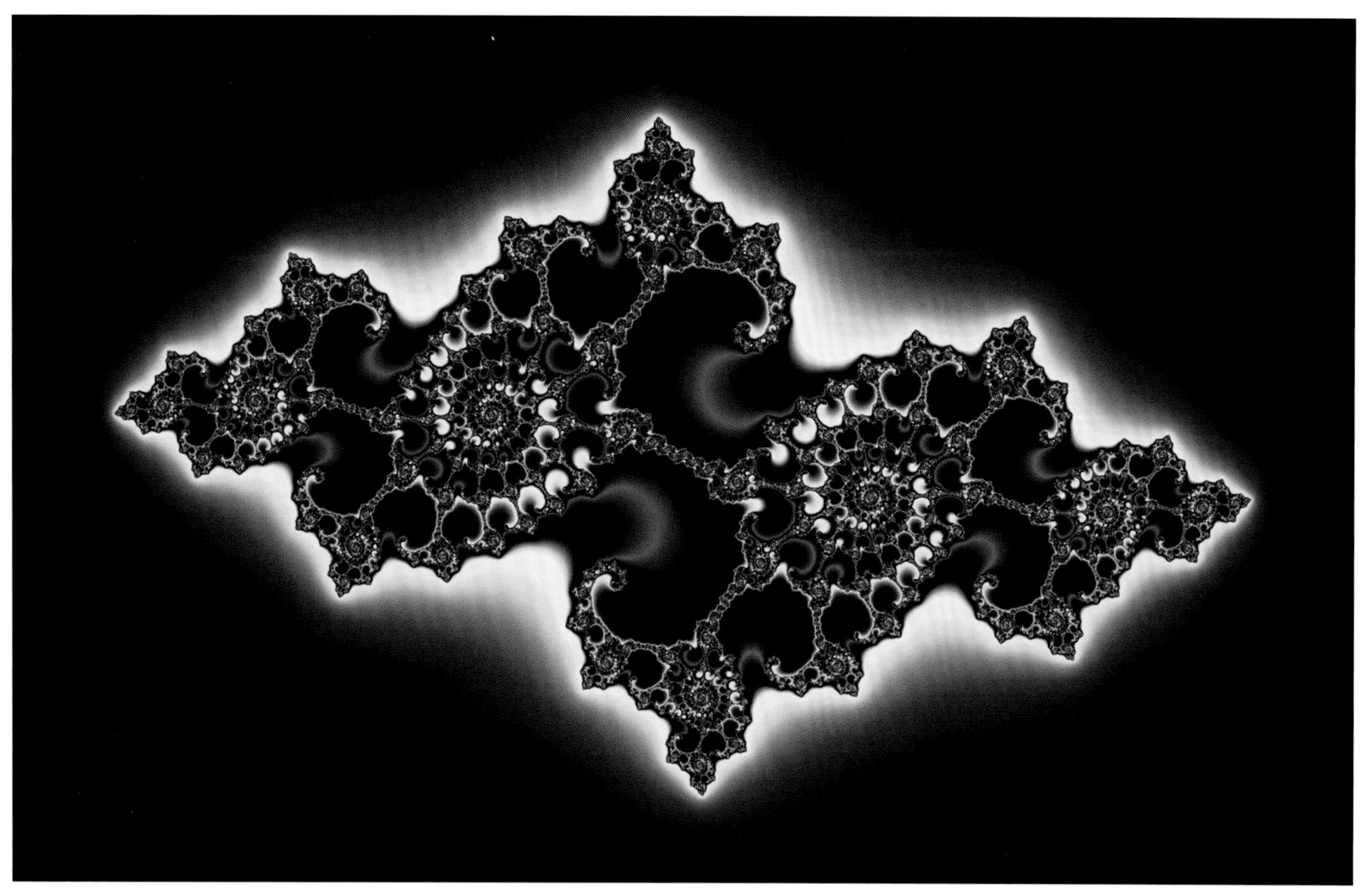

上

12-47.一个朱利亚集合。

对页

12-48.这张计算机图形展示了曼德勃罗发现的数学对象的一个部分，也就是所谓的曼德勃罗集合（左上）。电脑就像显微镜一样可以将图像不断放大，观察它越来越精细的部分。

置信的构型，其中包含了各种各样的结构，而你试图分辨它们究竟是些什么……非常精致，令人动容！然而，如果仅仅看那些方程的话，绝对没有人会想到它们竟然能够生成这种性质的图案。现在的这些图像并不是某个人想象出来的东西，大家看到的图像都是一样的。你确实是在用一台计算机探索这些东西，但这个和用实验装置去探索没有什么区别。”[12]

与欧几里得几何一样，分形几何也体现在了自然界中：自然通过一再应用这个简单、重复的过程，最终形成了我们的宇宙和生命形式。自然是由所谓“涌现系统”组成的，比如飘浮翻滚的云朵、流转不息的液体这类复杂模式，就来源（或者说“涌现”）于简单的相互作用的复合变化（图12-49、12-50）。山峰经历了成千上万年的演变，其间有过无数次沉积与风化的周期，最终形成了现在这种致密复杂的形式。曼德勃罗认为，描述山峰的最好方法，就是陈述让它成为现在这种状态的最简单的递归算法（图12-51、12-52）。

对于一些著名数学家对分形几何持悲观看法，曼德勃罗以非同寻常的方式进行回应，在1982年出版了《大自然的分形几何学》第三版，向受过教育的普通大众普及了相关内容。曼德勃罗借鉴了20世纪20年代由海森堡首创的科学记者的自我推销风格（第八章），将分形几何呈现在公众眼前，就好像在描述当年“欧几里得未曾

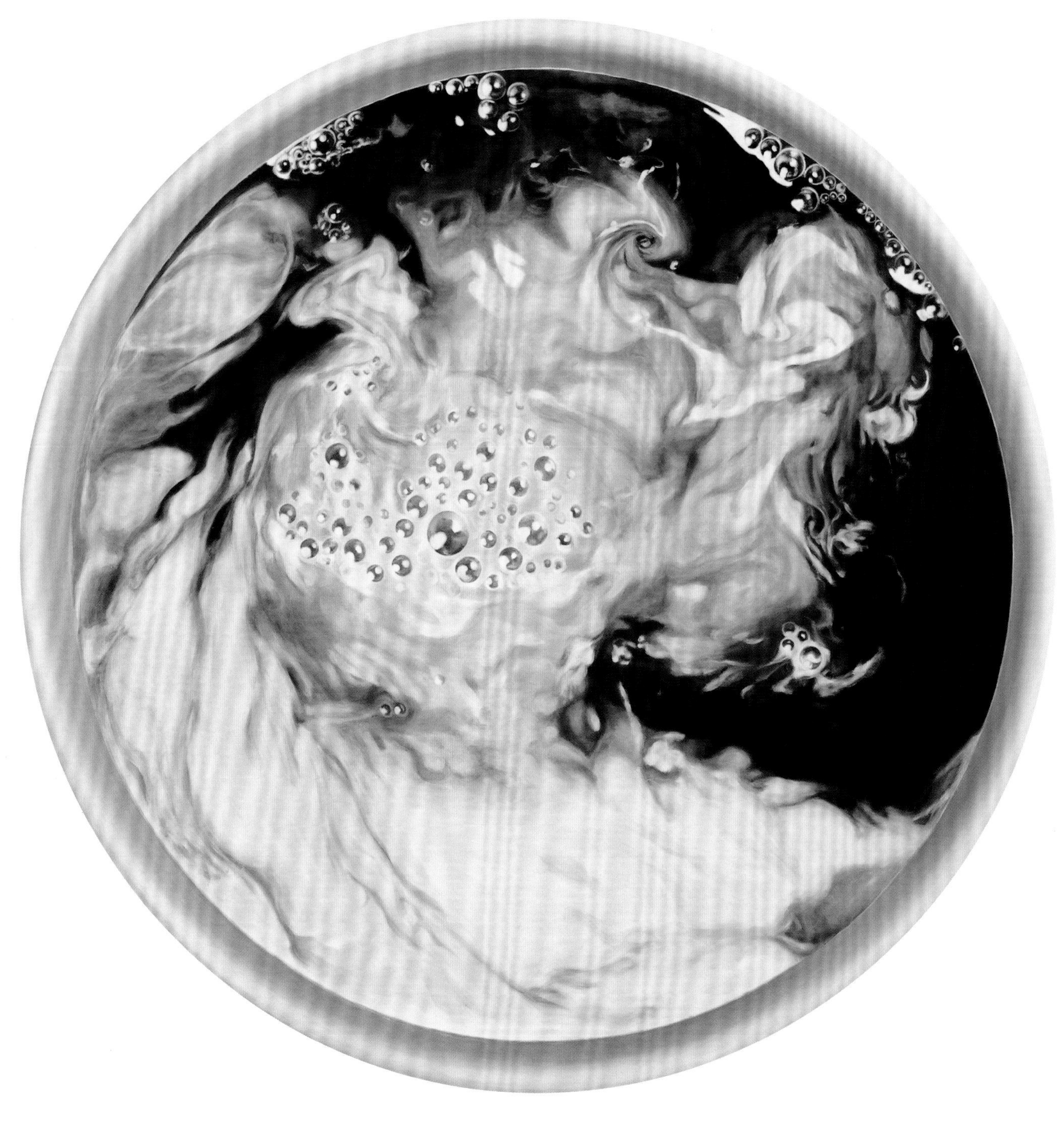

上

12-49.基思·泰森（英国人，1969—），《云之舞：咖啡中的云》，2009年。铝件上的油画，直径122厘米。©基思·泰森。照片来自纽约佩斯画廊。

对页

12-50.基思·泰森，《云之舞：哈利法克斯》，2009年。铝件上的丙烯画，198厘米×198厘米。©基思·泰森。照片来自纽约佩斯画廊。

注意到的形式”，[13]书中用大量插图解释了“无定形”的树木、山峦和云朵的数学结构。尽管这本书没有堵住批评者的嘴，[14]但却引发了公众对分形几何的巨大兴趣。[15]正当布尔巴基的形式主义方法开始走下坡路时，《大自然的分形几何学》的法语版出版了。法国哲学家让-弗朗索瓦·利奥塔对曼德勃罗大加赞赏，认为他是一位协助创造了“后现代科学”的数学家。[16]科学史学家对利奥塔大肆抨击，认为他不加批判地接受了曼德勃罗关于分形几何颠覆性特质的夸张论断。[17]德国数学家海因茨-奥托·佩特根十分欣赏曼德勃罗的宣传风格，最终于1985年在慕尼黑歌德学院主办了一场展览，展出了计算机生成的分形图像与大自然中的分形模式照片，并为其取了

上

12-51.艾略特·波特（美国人，1901—1990），《南极洲麦克默多海峡黑岛上的冰晶》，1975年12月17日。染料控制印染打印件（柯达印染），21.59厘米×26厘米。©1990 得克萨斯州沃斯堡阿蒙·卡特博物馆，1990年由艺术家赠予，51.521.2。

对页

12-52.查尔斯·布朗（美国人，1954— ），《瑞士罗莎峰》，2011年。喷墨打印，50.8厘米×50.8厘米。图片由艺术家提供。

云朵不是球体，山峰不是圆锥，海岸线不是圆形，而且树皮也不光滑，闪电也不是沿着直线凌空落下的。

——本华·曼德勃罗，
《大自然的分形几何学》，
1982年

一个不同凡响的名字——《混沌之美》。在德国各地巡展之后，佩特根又将这个展览带到了全世界四十个国家的歌德学院，引起了公众的巨大兴趣。例如1989年，展览在纽约歌德学院以《混沌前沿》之名成功举办后，新当代艺术博物馆的爱丽丝·杨随即组织了一场名为《奇怪的吸引子：混沌异象》的当代艺术展览。这其中的吸引子是一种动态系统经一段时间演化后形成的集合，如果动力系统是混沌的，其吸引子将具有分形结构，数学家称之为“奇异吸引子”。值得强调的是，在分形几何的语境下，佩特根和杨提到的“混沌”，指的是完全正常（不奇怪）、有序（非不可预测）的递归算法会得出明显随机的结果。

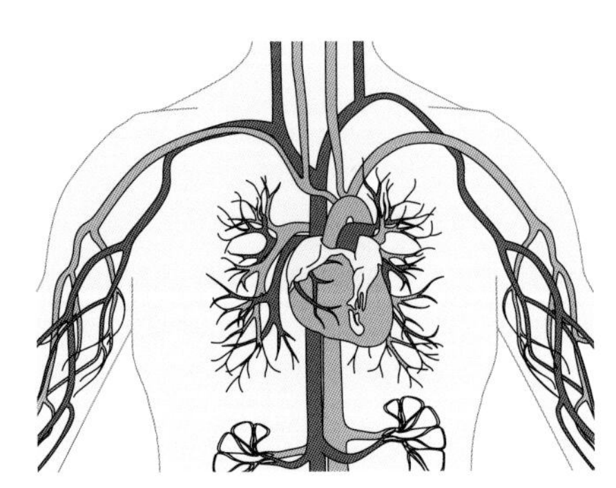

12-53. 人体的心血管系统。

科学、技术和艺术中的递归算法

分形几何使人们得以更深刻地理解自然，现已成为科技和艺术中的新工具。如同一棵枝叶茂盛的树，人类的心血管系统也具有分形结构（图12-53）。超声波成像可以很好地展示出人体脏器（如肾脏或肝脏）中血管的整体结构，但对于活体患者器官内那些微小肿瘤的纤细的血管结构，超声波就无法检测出来了。医学研究者彼得·伯恩斯发现，健康脏器的血管网络具有均匀有序的分形结构，而癌组织的血管却是粗糙无序的分形模式（图12-54）。所以今天，伯恩斯和同事正在试图建立健康与病态血管网络的数学模型。按照他们的理论是，这种模型可以让他们利用脏器血

A

B

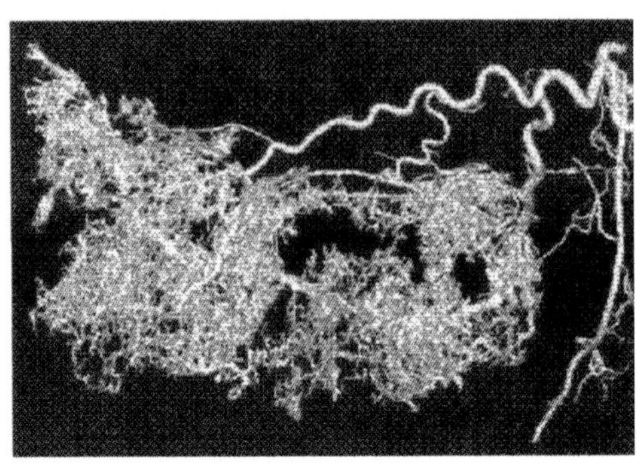

12-54. 健康与病态组织中的血流分形模式，出自拉菲·卡扎菲、彼得·伯恩斯、马克·R.汉克尔曼的论文《正常与非正常血管树中的传输时间动力学》，原载《医药学与生物学中的物理》（2003）。经许可后使用。

A. 计算机生成的肾脏血管树模型（左）和一只健康兔子的肾脏。

B. 计算机生成的肿瘤血管树模型（左）和一只老鼠身上的恶性肿瘤（神经细胞瘤）。

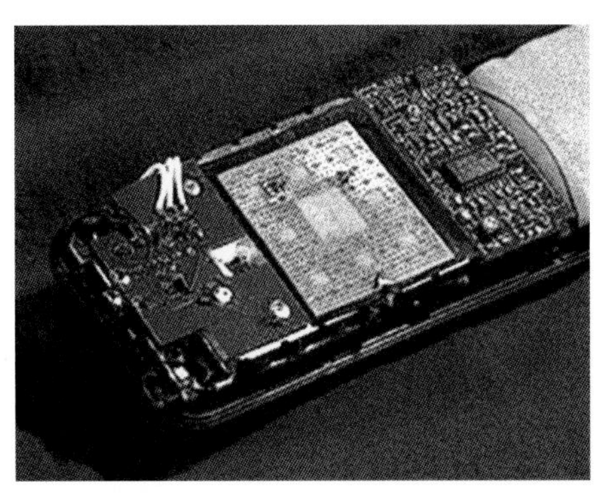

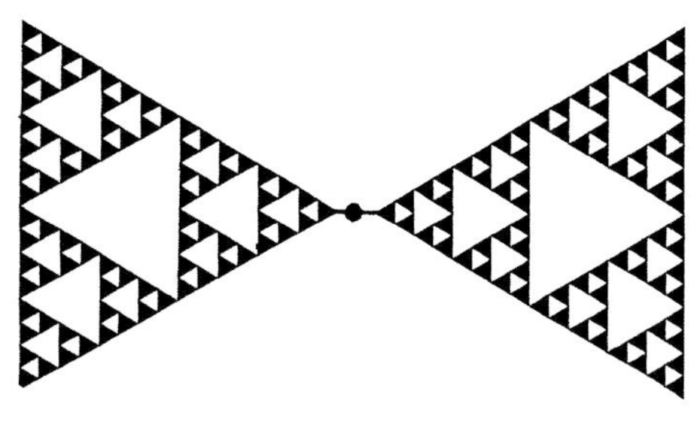

12-55.（左）手机中具有谢尔宾斯基地毯分形的正方形天线。照片来自美国马萨诸塞州贝德福德的分形天线系统公司。

（右）具有谢尔宾斯基地毯分形的三角形天线，出自纳森·科恩与罗伯特·G. 霍尔菲尔德的《天线中与频率无关的自相似性和几何要求》，原载《分形》（1999）。©2011 世界科技出版公司。经许可后使用。

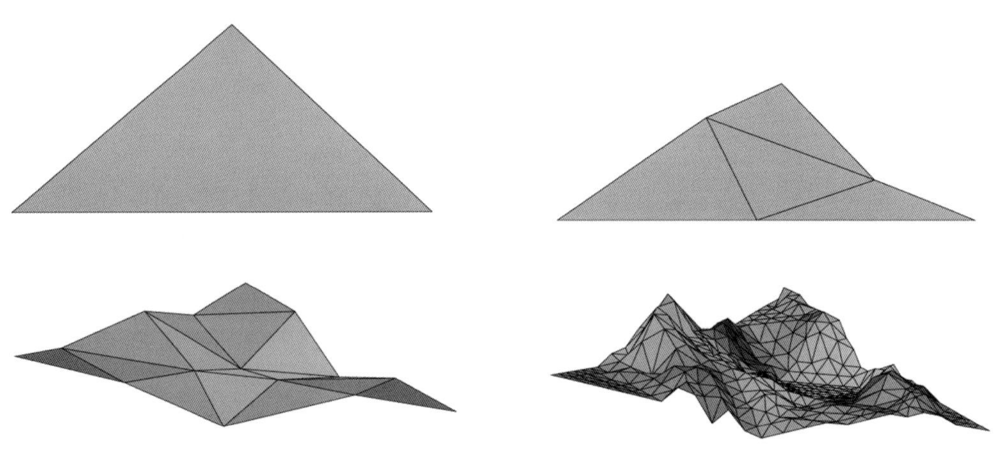

12-56.有了计算机之后，动画师可以在几秒钟之内完成一座山峰的模型，方法是在编程时，每次迭代中都引入随机变量，连续分割大三角形（可看作三维网格上的金字塔形）的边，将其变成小三角形。这些过程本质上是模仿大自然在造山时简单、重复的过程（沉积、结晶），从而制作出效果逼真的山峰。早期的手绘卡通片会通过叠加平面来模拟深度，通过在二维网格上左右移动来模拟运动。上图中山峰的计算机模拟则是在三维空间中进行，所以动画师可以通过在空间运动的某个人的视角来表现山峰。

下

12-57.“不同分辨率下的行星”，出自亚兰·富尼耶、唐·福塞尔、洛伦·卡彭特的《随机模型的计算机呈现》，原载《计算机协会通信》（1982）。经许可后使用。

分形几何可以用来为任何源自随机过程的自然物体建模。下面的插图展现了通过越来越多地运用递归算法，某行星上的大陆块从粗糙（低分辨率）走向精细（高分辨率）的过程。作者提出，远景观察用粗糙模型即可，但精细观察则需要高分辨模式。卡彭特和同事于1982年发表了他们的文章，也就是在这一年，卡彭特用这一技术在《星际旅行2：可汗怒吼》中制作了一颗人造行星。这三位动画师在文章的结尾说：“我们认为，认识到随机特性在现实世界中的重要性，将使计算机图形学中使用的建模技术变得更为灵活。”

管的大比例超声波成像来预测该器官内是否存在那种小尚且看不见的恶性肿瘤。[18]

20世纪90年代，美国射电天文学家纳森·科恩发现，比起直线和扇形的偶极（“兔耳”）天线，具有分形形状的天线（图12-55），不但更为小巧，接收的频率范围也更广。移动电话和笔记本电脑提供多种功能，如电话、电子邮件、全球定位系统，每一种都要通过单独的无线电频率发送，因此也需要由自己的天线来接收。科恩最终证明了接收多个频率最有效的天线是类似谢尔宾斯基地毯那种分形模式的天线，所以这种天线现已成为智能手机等无线设备的标准配置。[19]

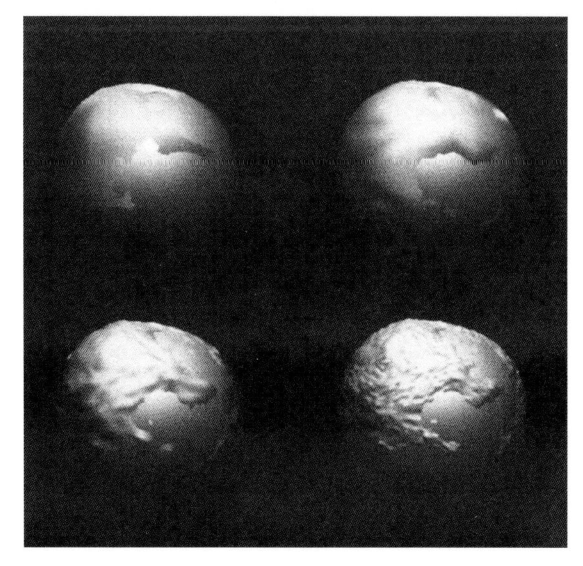

自19世纪90年代以来，动画师制作卡通片时都是手工绘制每一

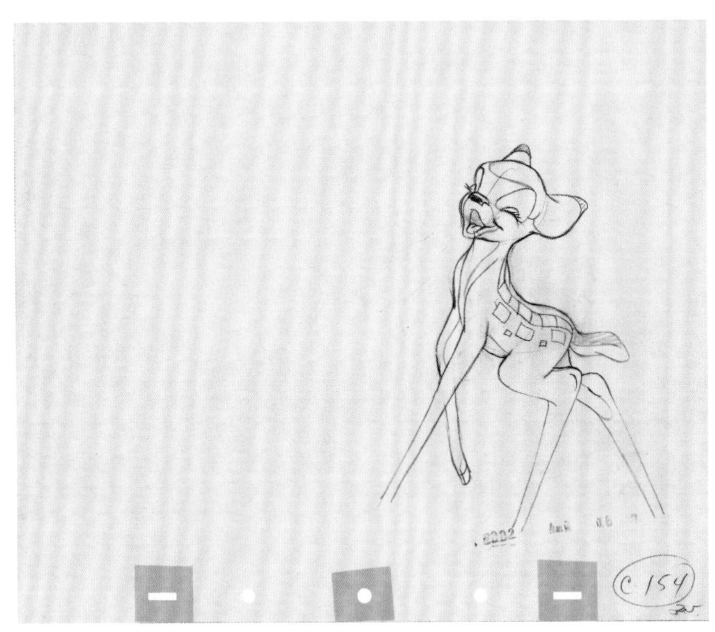

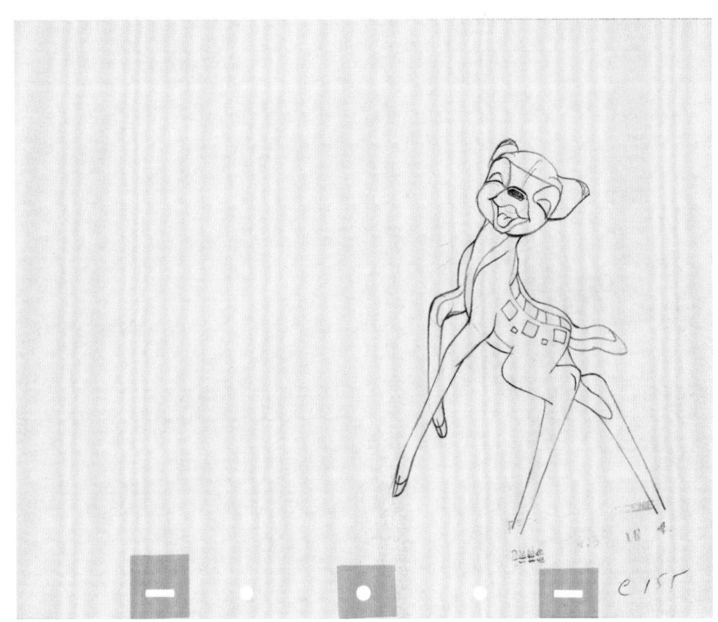

12-58.弗兰克·托马斯（美国人，1912—2004），1942年的动画片《小鹿斑比》。动画纸铅笔画。©迪士尼。为了绘制斑比走路的动画，弗兰克·托马斯将半透明的动画纸放在一张镶着玻璃的特制桌子上，玻璃后面装有光源，可以从背后照亮动画纸。每张纸在底部都有小洞，因而可以被固定在桌上。托马斯必须来回翻看这些画，保证动作和表情都是正确的，同时也符合导演确定的角色形象。不过，托马斯只负责绘制出关键画，助手会负责这些画之间的画，其中每一张都会跟前后的画略有差别。

迪士尼公司1942年出品的动画片《小鹿斑比》，根据奥地利作家菲利克斯·萨尔登小说《小鹿斑比：森林中的生活》（1923）改编。"一战"后，德国浪漫主义复兴，在此背景下，萨尔登讲述了大自然中的田园生活，那里有一位强大的森林王子，保护他的动物同胞不被猎人射杀。随着纳粹主义在20世纪30年代崛起，出身于维也纳著名犹太人家庭的萨尔登发现自己也和斑比一样，在自己的祖国受到追捕。1936年，希特勒下令封杀了小说《小鹿斑比》；1938年，德奥合并之后，萨尔登从维也纳逃往苏黎世，最终在1945年客死他乡。"二战"期间，迪士尼公司推出了《小鹿斑比》，这头勇敢的小鹿（比原著中那头忧郁的奥地利小鹿更可爱）用它的成长故事，赢得了美国观众的心——因为他们的孩子为了保家卫国，此时正在海外同穷凶极恶的敌人作斗争。

帧画面，一个简短的场景可能也需要数百张图画，所以动画师会尽量用简单的图形来绘制动物和布景的轮廓（图12-58）。到了20世纪70年代，计算机被用来创作图像艺术后，新一代的动画师在继承传统手法的同时，也紧跟时代，开始通过编写计算机程序，试着让简单、平整的形状在二维平面（显示屏）上动起来。

1978年，一位名叫洛伦·卡彭特的青年动画师意识到了分形几何在计算机绘图方面的潜力。为了在三维空间内绘出一个复杂的形体，卡彭特从山峰开始，第一步先绘出简单的几何形状（金字塔形），再将其三角形侧面切为更小的三角形，然后一再重复这一过程（图12-56）。1980年，卡彭特加入了位于旧金山的卢卡斯影业，并在那里为1982年的影片《星际旅行2：

12-59.《侏罗纪公园》（1993），史蒂芬·斯皮尔伯格执导，影片改编自迈克尔·克莱顿1990年的小说。© 环球影城授权有限公司。
在挖掘和研究了数十年的骨骼化石后，两位美国古生物学家（由萨姆·尼尔、劳拉·邓恩饰）突然站到了一只活生生的腕龙面前。他们左边那个穿白衣服的人是亿万富翁企业家（由理查德·阿滕伯勒饰），正是他建造了这座克隆恐龙的史前主题公园。在较早的那些恐龙影片中，如日本1954年拍摄的《哥斯拉》，这种已经灭绝的生物通常都是由真人穿上恐龙服装饰演，但在这部影片里，它们却是由电影制作者借助计算机创造出来的。本片最终获得了1994年奥斯卡“最佳视觉效果奖”。

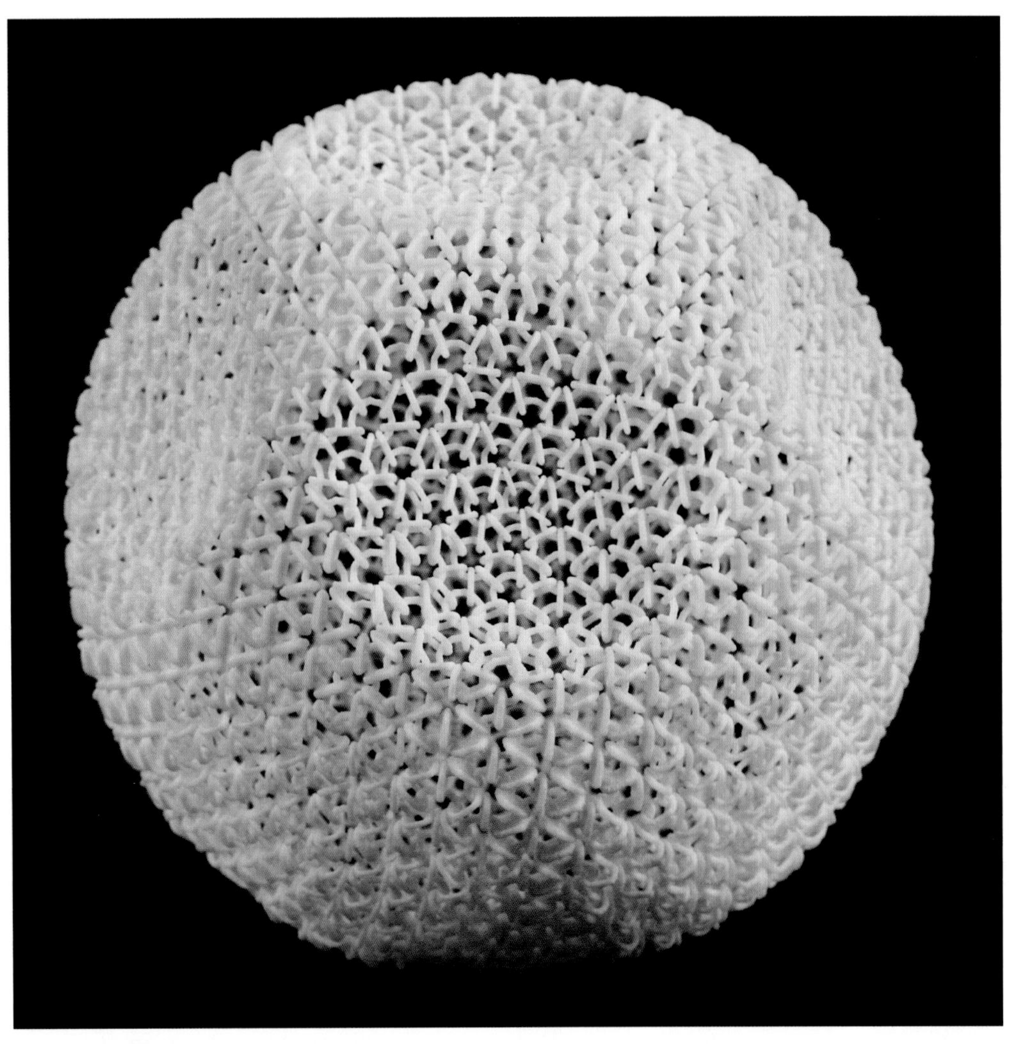

左上、左下（细部）

12-60.乔治·哈特（美国人，1955— ），《球与链》，2009年。尼龙、3D打印，15.2厘米。

这件链环相套的球体是用3D打印工艺创作的，通过极细的物质（尼龙）层的连续沉积，逐步地达到最终的形体状态。这位艺术家（同时也是计算机科学家）的工作是撰写一份描述链环相套球体的数字文件，然后由厂商制造这个球体。当物体转动时，各部分会由于自身的重量而解体。

对页

12-61.河口洋一郎（日本人，1952— ），《节日》，约2005年。计算机绘图。图片由艺术家提供。

对页上

12-62.马丁·多尔鲍姆（德国人，1971— ），《插入物1（科尔德拉山口）》，出自系列作品《小事物A》，2005年，克罗米拉打印、铝照片媒介/地亚赛克，75厘米×134厘米。图片由艺术家提供。

对页下

12-63.马丁·多尔鲍姆，《茶叶渣预言》，系列作品《30° 北—120° 东》的一部分，萨默塞特天鹅绒上的虹膜打印，33厘米×50厘米。图片由艺术家提供。

可汗怒吼》创作了一颗人造行星，使之成为第一部包含完全由计算机生成的连续镜头的故事片（图12-57）。分形几何很快便在计算机绘图领域流行起来，彻底改变了电影特效。动画师们以此为工具，创造了很多栩栩如生的生物，如1993年的科幻电影《侏罗纪公园》（图12-59）中的恐龙。

数学家、工程师、科学家通常利用计算机绘图程序来实现数据的可视化。如果他们愿意，还可以更进一步，朝隐喻性的方向发展，将数学或科学实践转为艺术尝试。[20]从20世纪80年代起，一些专业技术组织和公司，特别是数学家、物理学家、计算机科学家团体，便开始筹办展览，展示他们用计算机生成的作品，并从专业背景出发，进行相关的艺术探讨。美国数学家乔治·哈特曾为了探索多面体形态而在90年代搞起了木刻，在新的计算机绘图技术进入市场后，哈特又通过“打印”无法用手工制作出的三维物体，探索了更多的复杂多面体，比如由链环组成的球体（图12-60）。[21]

随着个人电脑在20世纪80年代的问世，有特定专业需求的数学家或艺术家不得不开始学习在机器上编程。为了创作出具有不断发展的有机形式的抽象艺术（图12-61），日本电脑动画师河口洋一郎开始自己编写程序，并在1982年这样写道：“自然界的动植物有着无法想象的形态、颜色和运动方式，这为我在计算机图形上的工作提供了许多想法。”[22]接着，计算机科学家开始设计现成产品，如计算软件Mathematica（第一版由沃尔夫勒姆研究公司于1988年推出）和图像处理软件Photoshop（第一版由Adobe公司于1990年推出）。这些不断更新、改进的程序，加上图形打印机，最终让计算机成了一个易于使用且应用广泛的美学工具。德国艺术家马丁·多尔鲍姆在他的计算机中设计了一个虚拟三维世界，创造了“无照相机”摄影法。通过这种方法，他用三维空间代替二维平面来“拍摄”照片。这一过程让多尔鲍姆可以在夜间拍摄运动物体（图12-62、12-63）——相比之下，传统相机在光线暗淡时必须经过长时间曝光才能拍出这种照片。

在哈佛大学物理和化学系任教的埃里克·海勒，主要研究在远离海岸的深水洋面上出现的疯狗浪，这些无法预测的巨浪甚至能够掀翻大洋邮轮。与此类似，电流通过半导体时内部流动的电子波也是一种畸形波，能够在电路交叉的地方突然出现，威胁仪器的正常运行。除了研究物理学之外，海勒也会利用有关波浪模式的实验数据创作图形艺术：把这些数据输入图像处理软件后，再为图像进行修饰、添加颜色（图12-1）。

20世纪后期，数学家、科学家、艺术家都逐步接受了计算机，使其成了他们手中强有力的新工具。

第十三章

后现代柏拉图主义

能够最普遍、最简洁地真实描述自然的方程，都是非常优雅、巧妙的……现在必定有一些怀疑论者要告诉我们，这些优美的方程或许与自然毫无关系。这是可能的，但也很不可思议，因为它们是那样简洁，总结了这么多我们已知的物理学知识，对我们已有的理论给予了如此多的启示。

——爱德华·威滕，《关于弦理论的观点》，2003年

"二战"结束后的数年中，有关数学统一性和自然整体性的德国式构想失败了，其哲学基础也因为德国各地学术社团的瓦解而分崩离析。学术界人士还在研究康德和黑格尔的著作，但只把它们当成历史文件，而德国唯心主义也不再是柏林、维也纳、哥本哈根等地咖啡馆里激烈讨论的鲜活哲学了。

这种统一世界观的沦丧被称为"后现代主义"，[1]由此造成的社会和文化后果，西奥多·阿多诺和马克斯·霍克海默这两位德国犹太人最先给出了透彻的分析。在流亡中度过战争岁月之后，阿多诺和霍克海默回到了他们的祖国，描述了一个在原子弹爆炸放射性余波中的世界："对于启蒙，最广泛意义的理解是人的思想进步，其目的一直是将人类从恐惧中解放出来，使之成为主人。然而，彻底经过启蒙的地球却充斥着胜利的灾难。"[2]

阿多诺和霍克海默不禁问道：曾经推动了数学和科学取得非凡进步的启蒙理性，是否也在一定程度上造成了奥斯维辛和广岛发生的那种可怕的权力展示？难道人类追求科学就是为了盲目地霸占地球及其生灵吗？正如陀思妥耶夫斯基笔下的地下人说过的那样，阿多诺和霍克海默也认为，"二加二等于四"这类抽象的真理与逻辑的理念并不是中性的、永恒的，而是表达了一种世界观，所以能成为阶级斗争的工具（图13-1）。

从20世纪50年代初开始，阿多诺和霍克海默便在美因河畔的法兰克福社会研究所工作。在那里，他们把批判性的自我反思作为方法，指出了一条走出西方文化废墟的道路。人们称这一学派为法兰克福批判理论学派。在动荡的20世纪60年代，阿多诺和霍克海默发起了一场反对逻辑实证主义的运动，声称鲁道夫·卡尔纳普只是

对页

13-1.威廉·布莱克（英国人，1757—1827），《亘古常在者》，1824年为再版的《欧洲：一个预言》（1794）创作的卷首画。蚀刻画、水彩、水粉纸画，23.4厘米×16.8厘米。曼彻斯特大学惠特沃斯艺术画廊。

浪漫主义诗人威廉·布莱克警告说，科学与数学赋予人类的力量可能会导致灾难，并敦促人们对理性的范围与极限保持清醒的认识。与这些观点和西方创世故事相呼应的是，布莱克的神话故事《欧洲：一个预言》（1794）以他创造的画中人物——理性与规则的化身"亘古常在者"开头，以他的对立面、先知洛斯——非理性与想象的化身——送儿子出征结尾，令人感到不祥；"用一声震撼整个自然直至最遥远的极地的呼喊，召唤他所有的儿子投身血腥的战争。"

只要元首愿意，二加二就等于五。

——赫尔曼·戈林，约1938年

13-2. 活体人脑内的神经纤维正中矢状面图像。托马斯·舒尔茨，波恩大学。德国计算机科学家托马斯·舒尔茨创作了这幅与将大脑分为左右半球的垂直（“正中矢状”）平面相交的神经纤维的图像。丘脑是位于大脑中心的不对称结构，是大脑下部与大脑皮层之间的接续站。这张图像揭示的正是神经纤维通过丘脑的神经通道向各个方向放射的状况。舒尔茨创作这一图像的技术与磁共振成像相关，后者的原理是：任何自旋的带电球体（氢原子中的质子或者太阳系中的某颗行星）都会产生磁场，其行为犹如一根条形磁铁围绕南北极正负轴自转。如果把人体的一部分（此处是头部）放到一个产生强磁场的大型环形磁铁内，每个氢原子核中质子的极轴就会随着磁场的正负区域而改变方向（不会造成伤害）。如果无线电波通过这个人的头部，就会暂时扰乱所有微小原子磁场的方向。在电波过去之后，每个质子又会与外磁场产生共振，重新定向。每个质子都会在运动时发出位置的信号，作用相当于一个微型无线电发射台。因为人的大脑中有一千亿个神经细胞，每个细胞中都含有数以十亿计的氢原子，其中每一个都会发出无线电信号，所以记录这些信号需要超级计算机才行。放射科医师会根据这些数据生成图像，也就是所谓的磁共振图像（本质上就是软组织中氢原子浓度的分布图）。舒尔茨所用的技术为扩散核磁造影技术，可以记录附着在神经纤维上的（水分子中的）氢原子在组织中运动（扩散）时的情况。

狭隘地关注事实，致使精确科学的语言同社会脱节了。社会实际上需要的是想象那些尚不是事实的情况，进而设想出一个更美好的世界。

20世纪50年代，数学与科学的中心从欧洲转移到了美国后，科学研究人员便不再采用理论性强的德国式方法。在普林斯顿、波士顿、纽约和芝加哥，具有各自不同背景的数学家和科学家的国际团体集合在一起，继续探讨那些古老的问题，比如人类是如何认识这个世界的？每个事物都是由什么组成的？20世纪50年代，生物学家把有关人类意识的争论从哲学中转到了神经科学上，发现了一种与梦境有关的脑电波模式，即所谓的REM（快速眼动）睡眠，并开发了第一种对精神分裂症这种主要精神疾病有效果的药物氯丙嗪（商品名为“冬眠灵”）。到了80年代，人们已经发明了多种无创伤性成像工具，如正电子发射计算机断层扫描（PET）、磁共振成像（MRI；图13-2），最终观察到了有意识的活人大脑的工作状况。这些成像工具之于神经科学，如同望远镜之于天文学一样重要。年轻的研究人员还通过由火箭发射出去的望远镜来收集数据，从地球大气层上方回溯历史，利用粒子加速器来探测亚原子领域，从而将宇宙学从哲学中转到了天体物理学上。

在今天的全球文化中，人们对于后现代主义的性质有许多相互矛盾的见解，但

13-3. 约西亚·麦克尔赫尼（美国人，1966— ），《最后的散射面》，2006年。手吹玻璃、镀铬铝件、电灯、钢缆、索具，直径3米，悬挂在地板上空15.2厘米。©约西亚·麦克尔赫尼，照片来自芝加哥唐纳德·扬画廊和纽约安德里亚·罗森画廊。ARG# MJ2006- 007。

约西亚·麦克尔赫尼与宇宙学家戴维·温伯格一起创作了这件球形雕塑，代表大爆炸时宇宙的形成：原始等离子体从密度无限大的一个点开始形成，并逐渐膨胀。在新宇宙出现的初期，任何形式的电磁辐射（包括可见光）都无法在高密度的等离子体内自由运动，只能扩散。大约38万年之后，原始等离子体已经膨胀稀释到了足够的程度，可以让电磁辐射发出光来，并沿着直线传播（在雕塑中形象化为从内球伸出的发出闪光的镀铬棒）。这一过程差不多相当于观察者在阴天时无法看到太阳；阳光无法穿透云朵，只能向各个方向散射，在组成水汽的小水滴上反射，直到阳光到达云朵边缘，即"最后的散射表面"，然后冲破云层，在明净的空气中直线传播，到达地球。正在地球上的观察者只能看到从不透明的云层中最后一个散射表面出现的光一样，天文学家也只能看到从不透明的原始等离子体的最后一个散射表面上流出的光。宇宙学家通过记录宇宙在38万年前最后一次散射表面出现的光子，绘制出了一幅光的地图。（这些数据由美国航空航天局在2001年发射的一颗卫星采集，即威尔金森微波各向异性探测器。）地图揭示了原始光的强度略有差异（在雕塑中由内球表面上有斑点的光象征），而这主要由膨胀物体的密度和温度差异造成。在大爆炸后的138亿年中，引力慢慢把这些高浓度物质聚集在一起，形成了今天宇宙中的恒星和星系（以雕塑外边界闪光的玻璃簇象征）。

大多数人都同意后现代主义观念具有两个特点：首先是"真理"和"确定性"这类术语并不描述客观实体，而只在人类思想的系统内才具有意义。数学作为一门科学，确定性的观念在它的整个发展历史中可谓根深蒂固；几千年来，信奉柏拉图主义的传统哲学家都描述了一个存在于时间与空间之外的永恒、完美的抽象对象领域，对于这个领域的存在，人类十分确定。鉴于独特的历史，数学基本上没有受到后现代主义批判的影响，但有些后现代主义思想家，如法兰克福学派的思想家，却对数学的真理与确定性提出了怀疑。

其次，后现代观点认为，不存在数学的统一性或者自然的整体性，也就是说，没有一个单一、自主的结构能够将数学和科学知识全部统合到一起。早在20世纪初期，哥德尔的不完备性证明便已经粉碎了人们建立一个纯数学的完整公理结构的希望；而哥本哈根学派对量子物理学的解释，也为建立对自然的统一数学描述设置了障碍，引发了有关观察在测量中所扮演角色的激辩，而这场辩论至今依然没有分出胜负。

万物皆流动，无物可常驻。

——赫拉克利特，

公元前6世纪末

对页

13-4. 马修·瑞奇（英国人，1964— ），《四种基本力》，2008年。亚麻布上的油画颜料和记号笔画，每幅为223.5厘米×195.6厘米。© 马修·瑞奇。照片来自纽约安德里亚·罗森画廊。

艺术家象征性地表现了自然界的四种力，从左上起按顺时针方向依次为：电磁力、强核力、弱核力、万有引力。

标准模型和寻找超对称

在广义相对论于1919年被证实之后，爱因斯坦开始尝试统一引力和电磁力，但直到1955年去世，他都未能实现这一难以捉摸的目标。在此期间，物理学家在20年代发现了作用于原子核内部的另外两种基本力：强核力与弱核力（图13-4）。使用群论这一关于对称的数学，今天的物理学家还在继续为统一这四种基本力而努力，因为群论可以在尺度变换时保持物理学定律的不变性。1954年，美籍华裔物理学家杨振宁和美国物理学家罗伯特·L. 米尔斯用李群描述了强核力，美国科学家史蒂文·温伯格和谢尔顿·格拉肖、巴基斯坦科学家阿卜杜勒·萨拉姆，则一起用群论统一了电磁力和弱核力。

在19世纪后期和20世纪初期，科学家已经发现了构成普通物质的亚原子粒子：电子（1897）、质子（1911）、中子（1932）。随后，在50年代装备了强大的粒子加速器之后，他们又逐步发现了许许多多不那么常见的亚原子粒子。1964年，日本物理学家西岛和彦、美国物理学家默里·盖尔曼分别独立提出：认识到物质存在一种由夸克和轻子组成的更低层次，且这一层次呈现出一种对称模式，能够用图表来展示之后，这一大批数目不断增加的粒子便可被组织成一个简单的框架，即标准模型，展示出我们今天已知的各代物质（图13-5）。[3]

"二战"之后，随着单一又庞大的哥本哈根学派开始崩溃，各种对量子力学的不同解释出现了。50年代，美国物理学家休·埃弗里特提出了所谓的多世界解释，假定除了我们熟悉的世界之外，还有着其他类似的世界（其他宇宙）在同一个时空内与我们平行存在。当我们实施某个量子实验，比如说发射一个有50%可能性被某个原子吸收的电子时，其实两种结果都出现了——这个电子在一个宇宙内被吸收，在另一个宇宙中穿过。于是，观察者在他的世界中检测到了电子被吸收，而平行宇宙对应的观察者则什么也没有检测到。埃弗里特之所以提出存在其他宇宙，是因为这种所谓的多重宇宙可以在微观世界中重建因果决定论（《量子力学相对状态构想》，1957；第十二章图12-43、第十三章图13-6）。

到了20世纪70年代，人们已经在量子力学的哲学基础方面做了大量工作；[4]到了80年代，新一代物理学家又重新开始尝试把量子力学和经典力学结合到一起，为自然界绘制出一幅天衣无缝的完整图像。物理学家将德布罗意-玻姆解释拓展为了今天的玻姆力学，与它并存的还有其他五六种很有竞争力的解释，如弦理论。[5]

弦理论家认为，像夸克和电子这样的亚原子粒子由更为基本的一维"弦"构成，且这些弦会随时间在多达十个维度的空间内振动。这样的观点再次激发了人们对更高维度空间的兴趣。在科学史上，许多研究先例都是从一些无人能解的数据开始，比如行星在夜空中的运动：研究者首先用数学描述这些数据，然后构建理论来

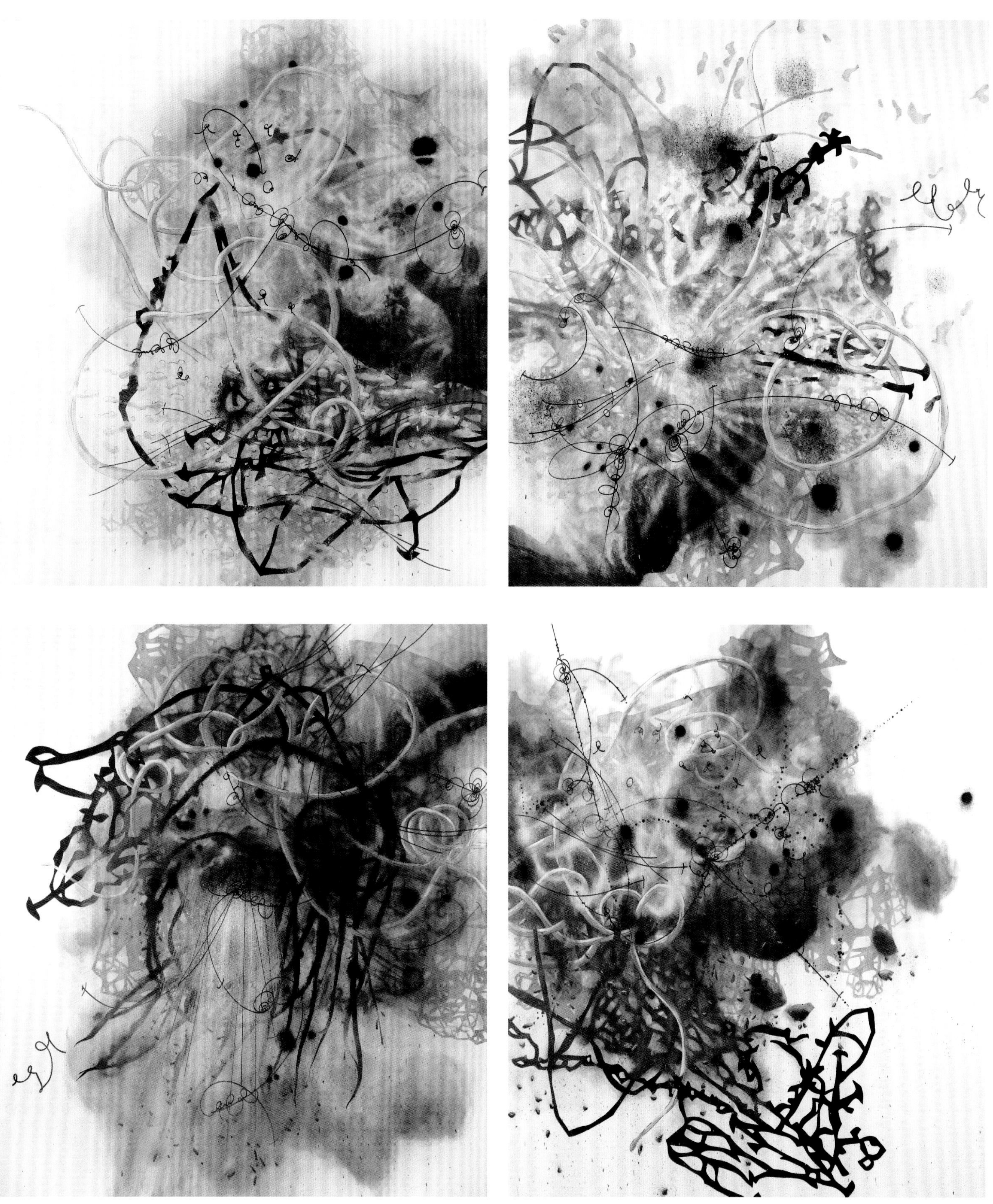

这种时间之网的时间线在许多个世纪中相互缠绕、交叉或者互不相干，其中包含一切可能性。我们并没有存在于大多数网格中。你存在于某些网格中而我没有，其他的网格中有我而没有你，还有一些网格中我们都在。在这个我比较幸运的网格中，你来到我的门前。而在另一个网格上，你穿过了花园，发现我已经死去。还有另外一个，我说了与此相同的话，但我只是一个错误，一个幻影。

——博尔赫斯，

《交叉小径的花园》，

1941年

解释数据中的规律，如开普勒的行星运动定律；接着，他们会推导（预测）可观测到的结果，从而证实或否定构建出的理论。由于假想的弦非常非常小，所以并不存在什么未经解释的数据，也就是说任何人都没有观察到弦，而是只有相关的数学描述。（据物理学家估计，弦的大小与氢原子相比，就如同氢原子的大小与太阳系相比。）于是，弦理论家（如美国物理学家爱德华·威滕）便只能写出有关弦的数学描述，再让实验物理学家通过这些描述来设计实验，进而观察可以证实或者否定弦存在的结果。历史上，科学家经常会采用已有的数学方式来描述他们的数据（如开普勒采用阿波罗尼奥斯的圆锥曲线来描述行星的椭圆轨道），但威滕和同事却颠倒了正常顺序，首先写下了数学描述——相关的数学后来又被其他数学家用到了其他研究上——也正因如此，1990年的时候，威滕成了第一个获得菲尔茨奖（相当于数学界的诺贝尔奖）的物理学家。[6]

1930年，英国物理学家保罗·狄拉克论证了按照对称原则，人们熟悉的带负电荷的电子应该有电性与之相反的反粒子——"正电子"。1932年，美国物理学家卡尔·安德森观察到了正电子，最终证实了自然界深层的对称性。弦理论进一步预言，宇宙还存在所谓的超对称：标准模型中的每种粒子都有一个伙伴粒子。物理学家认为，尽管今天这些"伙伴"已经很罕见，但它们在早期的宇宙中却很普遍。研究人员希望能通过重建组成早期宇宙的那种等离子体来寻找这些伙伴粒子。相关的等离子体只能在粒子加速器中制造，具体说来就是加速两束质子，让它们迎头相撞，其中一些对撞会产生原始等离子体（图13-7）。物理学家过去就曾在加速器中制造出这种等离子体，如在芝加哥附近的费米国家加速器实验室，而且他们还相信，现在有些伙伴粒子还没被观察到，是因为它们比已知的对应粒子质量更大。今天，世界上能量最大的加速器是欧洲核子研究组织的大型强子对撞机（LHC）。该组织于1954

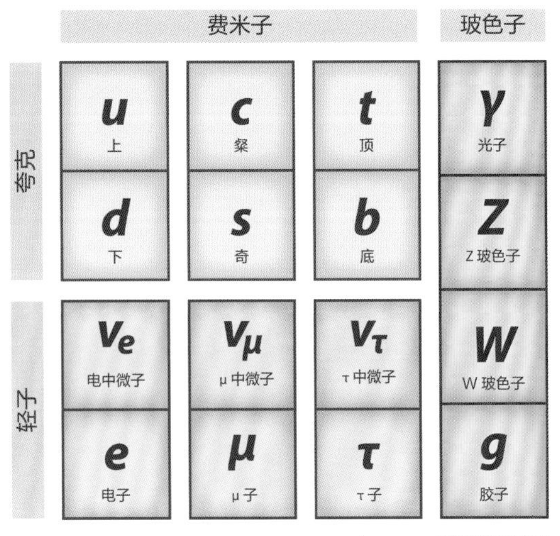

13-5.基本粒子的标准模型

标准模型是一个描述已知基本粒子如何组织、如何通过核力相互作用的理论。这个表格显示了三代物质，包括六种夸克和六种轻子。另外还有四种玻色子，它们是力的信使（载力子），其中每一个都可以传输不可再分的能量单元（能量子）。而且，还存在着一种以英国物理学家彼得·希格斯的名字命名的玻色子，它们并不传输力，而是赋予粒子质量的过程的一部分。

在标准模型中最轻的夸克被定名为"上"与"下"，它们以三个为一组，组成了每个原子核内的质子和中子。"三个为一组"让一位物理学家想起了詹姆斯·乔伊斯的《芬尼根守灵夜》中的一行诗句"向麦克老人三呼夸克"，所以便将其命名为夸克。与电子一起，三个一组的夸克组成了表中的所有单元。夸克由胶子携带的强核力结合起来，组成了带有单位正电荷的质子和电中性的中子。带有负电荷的电子围绕着原子核，形成了由质子和电子之间异性电荷间的吸引力维系的原子。光的量子叫作光子，携带电磁力。（这幅图中不包括引力。）

所以，我们熟悉的原子不过是由标准模型中区区几个基本粒子构成。初期的宇宙中含有大量其他粒子，但今天已经很罕见了。为了观察它们，物理学家必须在粒子加速器中创造稀有粒子，或者研究地球大气层中的宇宙射线，希望可以观察到那些凑巧从外太空飞来的稀有粒子。

年由十二个欧洲国家共同发起，总部位于日内瓦附近的法国-瑞士边境，目的是探讨核能的和平利用。2010年3月，LHC成功地实现了一次对撞，其中的粒子能量超过了以往任何对撞机的纪录。一个如质子这样的强子是由三个夸克组成的合成粒子，而LHC有能力将质子流的速度在相撞前加速到光速的99.999 999%。弦理论预言，LHC必定能够创造出伙伴粒子，从而证实自然的超对称性。除了统一自然力与证实超对称之外，弦理论的另一个目的是说明大约20个常数的值，其中包括光速、电子质量和引力常数，正是这些数值让宇宙成为了今天的样子。

13-6. 草间弥生（日本人，1929— ），《永恒消失后的余波》，2009年。多种混合媒介装置。图片由艺术家提供。© 草间弥生。

在一间布满镜子的昏暗大厅里，150盏灯悬挂在水面上空。每盏灯发出的光经过不断反射之后以略有改变的角度和大小创造出了另一个世界。

“我们是星尘”

爱因斯坦统一自然力的努力，最终促成了标准模型的诞生。许多人深深地相信自然界就是一个统一体，人类是其中的一部分；爱因斯坦的探索正是这种深刻信念

物理学家的任务，是看清更深层次内隐藏的非常简单、对称的真实。

——史蒂文·温伯格，1985年记者访谈

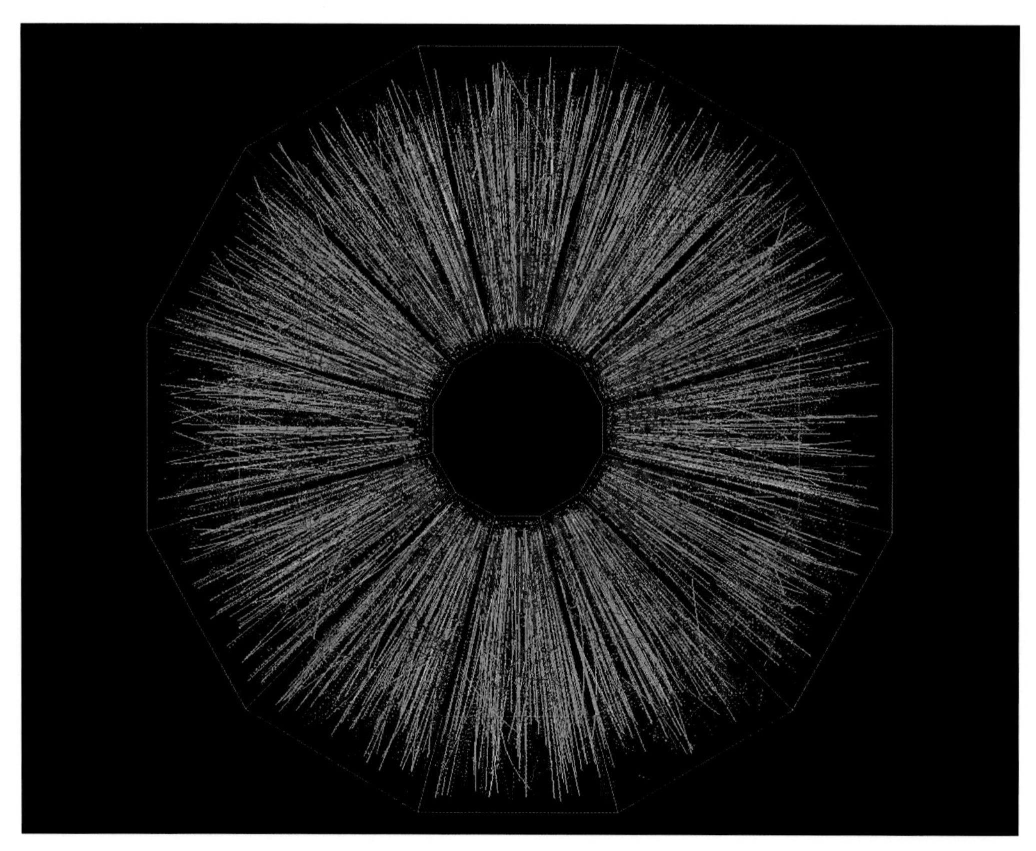

13-7. 黄金原子核的正面对撞。纽约长岛布鲁克海文国家实验室相对论重离子对撞机（RHIC）合作项目中的螺线管形电磁线圈跟踪系统（STAR）。

长岛布鲁克海文国家实验室中的相对论重离子对撞机，能够创造如同宇宙大爆炸之后几微秒内热而密的物质。RHIC通过让重离子碰撞来实现这一结果，而所谓的重离子就是指像金元素那样的大原子（原子核中包括197个质子和中子）的原子核。在接近光速的正面碰撞中，原子核会分裂成更基本的粒子，科学家便可以用如STAR这类检测器来研究它们。按照螺线管形电磁线圈的原理，STAR由一套同心圆柱组成，电流通过这些圆柱，沿着它们的轴产生了伴随加速器离子束路径的磁场。STAR非常善于捕捉细节，能够确认多达6000个粒子的位置，而且能够迅速清除内存，以记录每秒钟1000次碰撞的详情。

的体现。纵观人类历史，这种观点一直存在，只是形式有所不同而已，如毕达哥拉斯的泛神论、斯宾诺莎对“神性自然”的信仰、自然哲学的德国浪漫主义，以及爱因斯坦对自然体现了数学模式的确信（他把这称为他的“宇宙宗教信仰”）。[7]如同任何激情一样，这样的情感可以给人追求某种目标的能量，但也有可能会让人失去控制，就像弗洛伊德所说的那样，马可以把骑手甩下去。[8]这种突然涌出的浪漫主义情绪将理性从鞍座上抛下的情况，在现代一再发生。

今天，尽管后现代主义反对普遍真理，但当前世界还是再次出现了对这种统一的追求。许多生物学家和天体物理学家注意到，“二战”之后出现的某些科学突破，可以被解释为暗示了人类与所有生命形态及宇宙的统一。1953年，人们发现了细胞核中DNA的双螺旋结构，随后又绘制出了线粒体DNA的图谱，进而从分子层次上为以下说法提供了确凿的结论性证据：在生命之树上，智人彼此紧密相连，也同地球上的其他生物体息息相关。生物学家E. O. 威尔逊认为，这将让人类拥有一个世俗的创世神话：“进化的时代”（《论人性》，1978；图13-8）。[9]

1945年之后，大规模核聚变的实验成功，[10]证实了元素正是来自最初的那场宇宙大爆炸。元素周期表上所有的92种自然元素，都是在这次大爆炸以及随后的恒星核聚变中形成的（所谓核聚变就是两个原子核聚合在一起形成较大原子核的过程）。分别带有1个与2个质子的氢与氦，是在宇宙大爆炸后的余波中产生的；带有6个质子的碳、7个质子的氮、12个质子的钙这类轻元素的原子核，则是在恒星星核的热核反应中聚合而成的。但聚合过程中一旦形成像带有26个质子的铁元素这样大的原子，恒星就会变得不稳定，且如果质量足够大，还会在爆炸中塌缩，形成超新星（图13-9），并在瞬间释放出足够的能量，聚合成带有27个质子的钴或者92个质子的铀这类重元素。所有92种元素都能在地球上找到，是我们的太阳系形成于超新星碎片的铁证，而这意味着从原子层次上说，人类与宇宙息息相关，因为我们身体中所有的原子都是恒星的尘埃。

数学界也有一种类似的观点，如马丁·加德纳等柏拉图主义者就认为，数字和几何形式在自然界有所体现，就意味着在算术和几何层次上，物质世界与数学世界是统一的。[11]

“真实”、真理、确定性

数学在其漫长的历史中，一直与真理和确定性有着最紧密的联系，所以尽管“二战”之后有关文化相对主义的后现代辩论席卷了其他领域，但数学却基本上没有受到影响。

20世纪初，布劳威尔和庞加莱认为算术和几何是依赖于意识的人类发明，而且

我们是星尘。
是几十亿年的碳。
我们如黄金一般。

——琼尼·米歇尔，
伍德斯托克音乐节，
1969年

我们DNA中的氮、牙齿中的钙、血液中的铁，我们的苹果馅饼中的碳，全都来自坍塌恒星的内部物质。我们都是由星辰物质构成的。

——卡尔·萨根，
《卡尔·萨根的宇宙》，
1980年

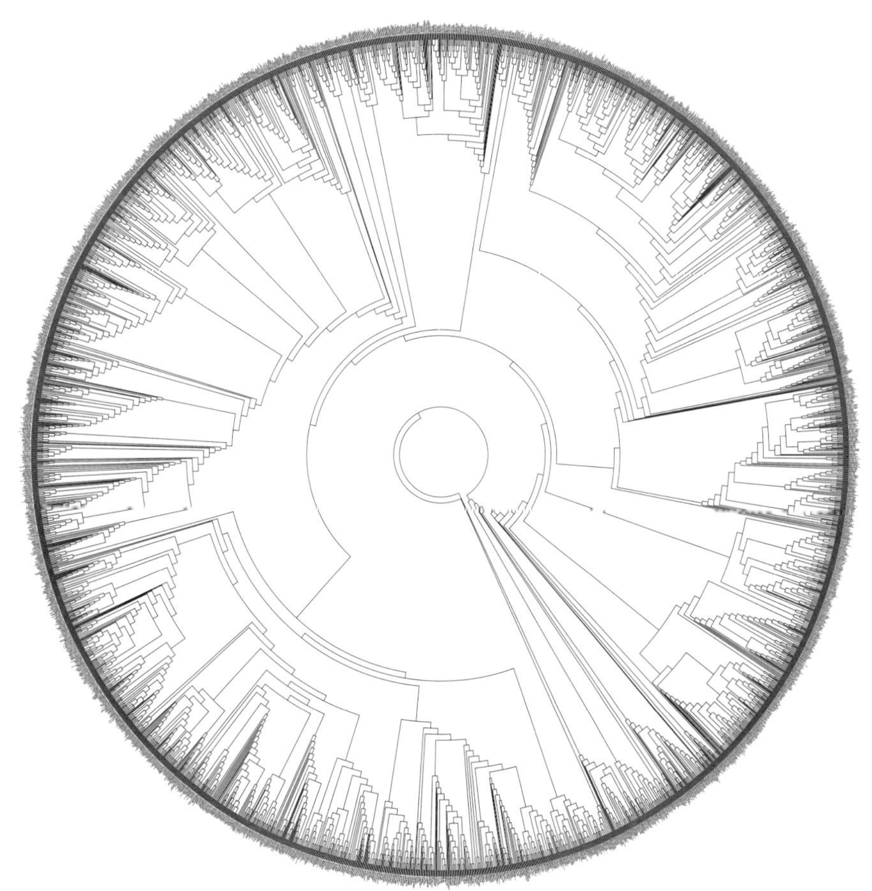

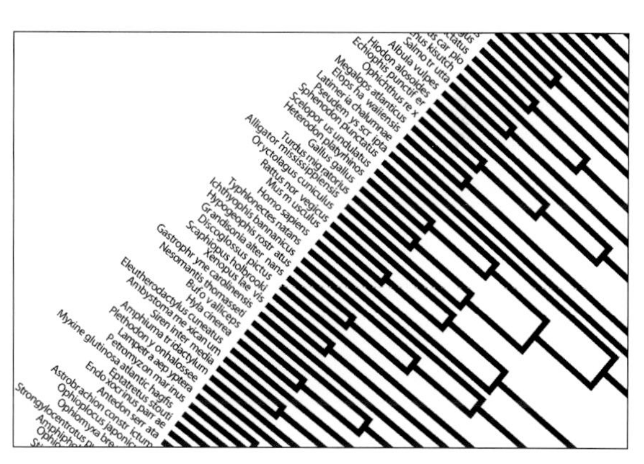

13-8. 生命之树，2003年。戴维·希利斯、德里克·茨维克尔、宾·居特尔，得克萨斯州立大学奥斯汀分校。
据估计，地球当前有900万物种，其中170万种有正式的描述与命名。这棵生命之树是生物学家在分析了其中大约3000种物种样品的遗传物质后绘制的。这些样品来自主要的生物类群：古生菌（最简单的生物形态，体内没有内膜）、细菌（最大的类群）、真核生物（带有细胞核的细胞，包括植物、动物和真菌）。图的中心代表树根（地球上所有生命最后的共同祖先），而树枝则显示了以3000根外枝条为端点的谱系之间的联系。

我们在宇宙中间，宇宙在我们之中。

——尼尔·泰森，《宇宙：时空之旅》，2014年庞加莱还强调了几何是一项社会习俗（第六章）。在他们那个年代，这是少数派的观点，但在1945年之后文化相对主义的思潮下，很多数学家也开始将数学描绘为依赖于意识的学科，比如匈牙利出生的美国数学物理学家尤金·魏格纳便认为，数学作为人类发明竟然能体现自然规律，实在没法解释（《数学在自然科学中不合理的有效性》，1960）。要是按照这种观点来看的话，月球是球体的这个事实，应该像中央公园的地下树根网络与纽约市的地铁系统具有同构性一样，让我们感到震惊才对。

从1938年到1978年在纽约大学担任数学教授的莫里斯·克莱因，是数学相对主义的另一位支持者，把数学是人类发明的说法教给了一代又一代的学生。克莱因在他那本光是听名字就能让人感到焦虑的教科书《数学：确定性的丧失》中曾这样说过："现在很明显的一点是，所谓的被普遍接受、绝无错误的推理体系——1800年的宏伟的数学，人类的骄傲——只不过是一个巨大的幻想。"[12]那么，是什么造成了人类文化的这个巨大损失呢？克莱因将罪责归到了戴维·希尔伯特和伯特兰·罗素头上，因为正是他们发动了那场有关数学基础的辩论："数学被誉为'最确定'的科学，可人们对于数学的基础却有着很大的分歧，这着实让人惊讶——或者说得委婉些，令人感到不安。数学的现状是对其迄今为止一直根深蒂固、广受称道的真理和逻辑完美性的巨大嘲弄。"[13]但如果我们接着读下去，就会发现克莱因其实根本拿不出什么历史证据来支持他这段令人沮丧的宣言。所以，我们可以松一口气了。事实上，回顾一下有关数学基础的辩论，我们就可以得出与此相反的结论；希尔伯特和罗素之所以决意要分离出正确的数学基础，恰恰是因为他们相信数学的永恒真理和确定性（第四章、第五章）。

类似的情况还有。1981年，美国数学家菲利普·J. 戴维斯、鲁本·赫什出版了数学史著作《数学经验》，但并没有把数学描绘为一门科学，而是将其称作人文学科："数学研究的并不是理想的、已然存在的非暂时性现实，也不是一种带有预定的符号和公式的象棋式游戏……而是类似于一种意识形态、宗教或者艺术形式。数学处理的是人类的意义，只可以放在文化语境之内理解。"[14]如果按照这个说法来看，为什么二加二在历史上的一切文化中都等于四，就有些难解释了——当然，两位作者并没有回答这个问题。

自20世纪80年代以来，那些关心自身学科可靠性的数学家，将注意力集中到了到底什么算严格意义上的证明这个问题上，探讨了直觉的作用、计算机的使用，以及所要求的严格程度等问题。使用计算机来实现证明的确定性，需要多次应用算法（故而会花费大量的计算机时间），所以有些人开始担忧在当今的数字世界里，要想获得确定性，就得付出很高的代价。以色列数学家多伦·泽尔伯格曾在1994年预言说，欧几里得公理法的严格逻辑将成为明日黄花。在他看来，那些未来以低费用或免费使用计算机辅助证明的数学家，只能无可奈何地接受结果大概率正确或不正确，

对页

13-9.《蟹状星云NGC 1952》。星云宽6光年，位于金牛座，距地球约6500光年。美国航空航天局、欧洲航天局、杰夫·海斯特和艾利森·洛尔，亚利桑那州立大学。

蟹状星云是一颗庞大恒星爆炸后的残留物。这次爆炸发生在公元1054年7月4日。在当时的夜空中，它看上去就像一颗新出现的星星——超新星——中国与日本的天文学家都曾记录过这个现象（欧洲当时处于黑暗时代）。这颗恒星塌缩时，也连带着把恒星中的原子核压到一起，形成了一个密度超大的核——本质上相当于一个直径大约30千米的庞大原子核。但当质子和中子聚合时，质子丧失了电荷，于是这个大核就成了一个固体中子，即"中子星"。巨大的质量意味着巨大的引力，所以光只能从磁极处逸出，进而形成双生光束，让它在自转时看起来就像一座灯塔。在爆炸过程中，原子也会被喷射出去，将在大爆炸中聚合的重元素送回宇宙里。这个残骸外层的颜色，可以让我们知道其气体云的构成元素包含了绿色的硫和红色的氧，中心的蓝光则来自绕着旋转核飞速旋转的电子。

但无法得到绝对的确定性，因为这只能通过大量的计算机时间才可实现：“绝对真理会变得越来越昂贵，所以我们迟早会认清一个事实，那就是基本上没有多少重大的结果能像以前那样得到可靠的确认。更有可能的是，我们最终将放弃完全依靠财力才能完成的任务，完成向非严格数学的转变。”[15]

对此，美国数学家乔治·E. 安德鲁斯回应道：“尽管令人目眩的相对主义已经在相当程度上摧毁了大学中的一些学科，但我在整个1993年夏季都坚信数学会对相对主义免疫……但随后，我的朋友与合作者……多伦·泽尔伯格写了一篇文章。他是一流的数学家，所以人们自然认为他这种未来学说法是建立在了坚实的基础之上。那有什么证据支持这种范式转移吗？到这儿之后，我的恼怒直接变成了恐惧。”[16]安德鲁斯等人对泽尔伯格上述言论的反应，给我们吃了一颗定心丸：看来那种全然没有了“以前那种确定性”的美丽新世界，并不会很快到来。

当今的科技日新月异，对真理的态度也在不断变化，但在最近有关证明理论的文献中，最引人注意的依然是那个心照不宣的假设——数学具有根深蒂固的确定性。现代数学的胜利就在于它能令人确信无疑地揭示与证明自身的局限性。正是数学这种准确性与严格性的特质，一直在启发着艺术家去采纳它的方法和概念。

确定性让数学这门学科在现代文化中具有了独特的地位，所以数学家都时刻保持着警惕，想要保护好这种确定性。在现代文化中，数学与自然界的相互影响构成了一切科学与技术的基础。这种确定、固定、可靠的特性，建立在柏拉图主义的两项假定之上，在过去的两千五百年之中一直是数学的哲学基础：第一点是，数学描述的是存在于时间与空间之外的非物质的抽象对象——换言之，它们在自然界有所体现，但与之没有互动；第二点是，人类可以通过思考认识这些对象。许多数学家尽管会采用这些柏拉图式的假设来指导自己的实际工作，但并不追求其中的哲学含义，实际上反映了现代思想中普遍存在的反形而上学情绪。那些更善于沉思的人或许会认为“数学从哪里来”这个问题无从回答，但依然会把它视作一个令人心生敬畏的谜。

在一定意义上，数学的确定性也建立在其实践的基础上，具体说来就是我们可以通过主观确定性认识其中的抽象物体，因为相关的数学概念和证明已经被持续不断地严格检查过无数次了。事实是，数学在漫长的历史中都为我们提供了一窥整个真理海洋的机会，正如牛顿在晚年所写的那样：“我不知道这个世界会如何看待我，但于我自己而言，我似乎就是一个在海边嬉戏的顽童，为了时不时发现一块更光滑的卵石或一片更漂亮的贝壳而欣喜不已，而真理的浩瀚海洋就在我面前，却尚未被人发现。”[17]

对页

13-10. 埃里克·海勒（美国人，1946— ），《传输II》，约2000年。数字打印。图片由艺术家提供。

这幅图像记录的是电子从中心向四面八方发射时形成的运动轨迹。这些电子随后向外形成了扇面并生出枝杈。

注释

第一章 算术与几何

1. 关于人类与动物的数字认知，见Stanislas Dehaene, *The Number Sense: How the Mind Creates Mathematics* (New York: Oxford University Press, 1997), 和他的论文"Single-Neuron Arithmetic," *Science* 297, no. 5587 (Sept. 6, 2002), 1562–1653。
2. 见Thomas Wynn, "The Intelligence of Later Acheulean Hominids," *Man* 14, no. 3 (1979), 371–91；Wynn 用人们长期以来确信的有关人类年份的估计讨论对称工具，对这些年份的估计为140万到160万年前。最近，人们在肯尼亚发现了直立人制造的对称手斧之后，将时间推到了176万年前；见Christopher J. Lepre et al., "An Earlier Origin for the Acheulian," *Nature* 477 (Sept. 1, 2011), 82–85。"Acheulian"是"Acheulean"的另一种拼法。
3. 二维形态的感知是由下颞叶处理的，位置在大脑中央，三维形体的感知则由大脑顶叶处理，位于大脑皮层中；有关形态与形体感知的实验数据，见Stephen M. Kosslyn, *Image and Brain: The Resolution of the Imagery Debate* (Cambridge, MA: MIT Press, 1994), and Thomas Wynn, "Evolutionary Developments in the Cognition of Symmetry," in *Embedded Symmetries: Natural and Cultural*, ed. Dorothy K. Washburn (Albuquerque: University of New Mexico Press, 2004), 27–46。
4. M. Kohn and S. Mithen, "Handaxes: Product of Sexual Selection?" *Antiquity* 73 (1999), 518–26.
5. 这一理论由人类学家Ellen Dissanayake提出，见*Homo Aestheticus: Where Art Comes from and Why* (New York: Free Press, 1992)。
6. 有关图1-6中所示长笛的发现，见Nicholas J. Conrad, Maria Malina, and Susanne C. Münzel, "New Flutes Document the Earliest Musical Tradition in Southwestern Germany," *Nature* 460, no. 7256 (2009), 737–40。
7. 根据莱因德纸莎草文件中的问题51，历史学家普遍认为，埃及人已经会计算任何特定三角形面积，但无法确定他们是否有对这种方法的证明；见Edward J. Gillings, *Mathematics in the Time of the Pharaohs* (Cambridge, MA: MIT Press, 1972), 138–39。
8. Proclus, *A Commentary on the First Book of Euclid's Elements* (fifth century AD), 65. 3–7, 352.13, trans. Glenn R. Morrow (Princeton, NJ: Princeton University Press, 1992), 52, 113. 泰勒斯未曾留下任何文字，其思想主要根据希罗多德、柏拉图、亚里士多德的记录重建。亚里士多德的学生欧德摩斯曾写过一部数学史，后来失传了。不过，普罗克洛斯曾经看过这本书，所以才能评论欧几里得的《几何原本》。
9. 对于这个以及其他被认为是由泰勒斯提出的定理，见Thomas Heath, *A History of Greek Mathematics* (Oxford: Clarendon Press, 1921), 1:130–37。
10. Charles H. Kahn, *Anaximander and the Origins of Greek Cosmology* (New York: Columbia University Press, 1994).
11. 有关这一创世图像的象征问题，见Katherine H. Tachau, "God's Compass and *Vana Curiositas*: Scientific Study in the Old *Bible Moralisée*," *Art Bulletin* 80, no. 1 (1998), 7–33。
12. 第欧根尼·拉尔修引用普罗塔哥拉的话，见*Lives of Eminent Philosopher* (early third century AD), 9:2, trans. R. D. Hicks (Cambridge, MA: Harvard University Press, 1950), 465。
13. Critias, Fragment I, in August Nauck, *Tragicorum Graecorum fragmenta* (1856), trans. Frederich Solsen, in *Plato's Theology* (Ithaca: Cornell University Press, 1942), 35.
14. 苏格拉底认为，阿那克萨哥拉有关自然的理论在雅典广为人知，只要花一银币就能买到一本; Plato, *Apology of Socrates* (ca. 395–87 BC), trans. Michael C. Stokes (Warminster, England: Aris and Phillips, 1997), 61。
15. 阿那克萨哥拉逃到了小亚细亚城市兰普萨库斯，并在那里创立了一个哲学学派。有关对阿那克萨哥的审判，见A.E. Taylor, "On the Date of the Trial of Anaxagoras," *Classical Quarterly* 11 (Apr. 1917), 81-87, and J. Mansfield, "The Chronology of Anaxagoras' Athenian Period and the Date of his Trial," *Mnemosyne* 32 (1979), 39–60; 33 (1980), 17–95。
16. Plato, *Apology of Socrates* (ca. 395–387 BC), 26d, trans. Michael C. Stokes (Warminster, England: Aris and Phillips, 1997), 61.
17. 从公元4世纪到20世纪中期，人们都把毕达哥拉斯定理归功于毕达哥拉斯，但20世纪中期的古典学者Walter Burkert证明了这个定理以及其他长期以来都冠以他名字的成就其实是追随者的功劳；见Burkert, *Lore and Science in Ancient Pythagoreanism*, trans. E. Minar (Cambridge, MA: Harvard University Press, 1972)。近来的学术研究表明，我们无法确定谁撰写了数字命理学的内容或者是谁以毕达哥拉斯之名做出了证明，因此在这部书中，我将这批人统称为"毕达哥拉斯派"。古希腊人当然认识到，毕达哥拉斯激起追随者全都对数字、数学和神秘教派实践有共同的信仰。Burkert在其著作的章节"The later non-Aristotelian tradition and its sources, Speusippus, Xenocrates, and Heraclides Ponticus"中证明了在柏拉图死后，学园的两位领袖人物是他的外甥与直接继任者斯珀西波斯和色诺克拉底，他们一起有意制造了骗局，称公元前6世纪的毕达哥拉斯——而不是公元前4世纪的毕达哥拉斯派人士（柏拉图的同时代人）——是毕达哥拉斯定理和其他数学成就（音乐的数学结构、球体的和谐）的发明者，目的在柏拉图的数学宇宙同古代权威之间建立早期联系，并给予柏拉图以早期的权威。最终，毕达哥拉斯及其追随者们形成了一个古代思想的整体——毕达哥拉斯派。有关这一古代文本错综复杂的当前见解，见*A Brief History* (Indianapolis, IN: Hackett: 2001) and Christoph Riedweg, *Pythagoras: His Life, Teaching and Influence*, trans. Steven Redall (Ithaca, NY: Cornell University Press, 2007)。
18. Christiane Sourvinou-Inwood, "Festivals and Mysteries: Aspects of the Eleusinian Cult," in *Greek Mysteries: the Archeology and Ritual of Ancient Greek Secret Cults*, ed. Michael B. Cosmopoulos (London and New York: Routledge, 2003), 25–49.
19. 有关阿契塔所有作品片段及其真伪的讨论和译文，见Carl A. Huffman, *Archytas of Tarentum: Pythagorean, Philosopher, and Mathematician King* (Cambridge, England: Cambridge University Press, 2005)。
20. 柏拉图在《理想国》(530d) 中引用了阿契塔有关音乐的句子（来自片段1），将之描绘为毕达哥拉斯派和谐的一部分。然后柏拉图继续讲述有关埃尔的神话，其中那位名叫埃尔的士兵描述了他关于宇宙结构的看法，认为它由八个同心球面组成，它们维系着固定的恒星，五个已知行星、太阳、月亮以及伴随这些的球面运动。塞任用形成一个音阶常数音调的八个音符歌唱; Republic (380–67 BC) 616–17, *The Republic of Plato*, trans. F. M. Cornford (Oxford: Clarendon Press, 1941/rpt. 1955), 345–46。
21. 在《蒂迈欧篇》中，柏拉图将世界灵魂的划分描述为进入和谐的间隔，这些间隔被称作毕达哥拉斯自然音阶，见*Plato's Cosmology: The Timaeus of Plato*, trans. F. M. Cornford (London: Kegal Paul, Trench, Truber, 1937), 54–57。
22. Plato, *Republic* (380–67 BC), 620, trans. 350. 正如柏拉图在《法律篇》中描述的那样："当（灵魂中的）改变更重大、更不公平时，这一运动进入深层次和据说更低的地方，人们把那里叫作'冥府'……哦，认为神灵忽略了自己的孩子或者年轻人：无论活着或者死去，那个变得更恶劣的人收到了恶劣的灵魂，而那个变得更好的人会收到更好的灵魂，去经历他们值得经历的事件。无论你或者任何其他不走运的人，都无法夸口自己能够逃避神灵的这个判决。"见904c–d, trans. Robert Mayhem in Plato, *Laws* 10 (Oxford: Clarendon Press, 2008), 36。
23. 有关试图重建波利克里托斯典籍的尝试，见J. J. Pollitt, "The Canon of Polykleitos and Other Canons," in *Polykleitos, the Doryphoros, and Tradition*, ed. Warren G. Moon (Madison, WI: University of Wisconsin Press, 1995), 19–24。
24. 有关柏拉图对话中数学对象本体论状态的讨论，见M. F. Burnyeat, "Plato on Why Mathematics is Good for the Soul," *Mathematics and Necessity: Essays in the History of Philosophy*, ed. T. Smiley (Oxford: Oxford University Press, 1999), 1–81, esp. sec. 7, "The Metaphysics of Mathematical Objects," 33–35。

自亚里士多德的时代起，学者便通常把数学对象称作“媒介”，意思是它们是讨论柏拉图理型的间接方式。在这篇论文中，Burnyeat认为柏拉图最终未能清楚说明这些对象的本体论状态（34页）。

25. Plato, *Timaeus* (366–60 BC), 29e, trans. 33.
26. 宇宙的秩序证明了它“被非凡的智慧所主宰”；*Philebus*, (360–47 BC), 28d–30d, *The Dialogues of Plato*, trans. B. Jowett (Oxford: Clarendon Press, 1871), 3:175–78。
27. Andrew Pyle, *Atomism and Its Critics: Problem Areas Associated with the Development of the Atomic Theory of Matter from Democritus to Newton* (Bristol: Thoemmes Press, 1995).
28. 柏拉图认为神圣理性必须有一个灵魂，因此活着的宇宙有一个世界灵魂。假定音乐和谐与灵魂和谐相类似，则柏拉图就是根据毕达哥拉斯派人士和谐理论中的比率和菲洛劳斯的比率创建了世界灵魂。
29. Aristotle, *Physica* (fourth century BC), *The Works of Aristotle*, trans. R. P. Hardie and R. K. Gaye, ed. W. D. Ross (Oxford: Clarendon Press, 1930/rpt.1970), 2: bk. 2, 193b–94b.
30. Aristotle, *Metaphysica*, (fourth century BC), *The Works of Aristotle*, trans. and ed. W. D. Ross (Oxford: Clarendon Press, 1908/rpt.1972), 8: bk. delta, 1072b.
31. Ian Mueller, *Philosophy of Mathematics and Deductive Structure in Euclid's Elements* (Cambridge, MA: MIT Press, 1981).
32. *The Thirteen Books of Euclid's Elements*, trans. Thomas Heath, 2nd ed. (Cambridge, England: Cambridge University Press, 1926), 1:153–55.
33. 毕达哥拉斯三元组是由一些三个数字对组成的集合，也就是满足毕达哥拉斯定理的数对，如3-4-5、5-12-13、9-12-15。1900年，德国数学史学家莫里茨·康托尔推测，埃及测量员（如图1-9中所示）或许会在他们的绳子上以毕达哥拉斯三元组的模式打结，以便在测绘一块土地时做出直角三角形；Moritz Cantor, *Vorlesungen über Geschichte der Mathematik* (1900; rpt. New York: Johnson Reprint, 1965), 1:105–6。康托尔承认，不存在支持他这个推测的古代证据，但历史学家还是把这一点作为事实来用。有关不同意康托尔推测的历史学家的名单，见Richard J. Gillings, “The Pythagorean Theorem in Ancient Egypt,” *Mathematics in the Time of the Pharaohs* (Cambridge, MA: MIT Press, 1972), appendix 5。此外，历史学家一直都认为大约在公元前1800年前后，埃及邻国巴比伦（今伊拉克）发明了一种生成毕达哥拉斯三元组的方法。对于这种看法的关键证据是一份19世纪出土的巴比伦陶泥板，上面有许多列数字（Plimpton 322 in the G. A. Plimpton Collection, Columbia University Library, New York）。2002年，Eleanor Robson证明了对于Plimpton 322的上述解释几乎肯定不正确，见 Robson, “Words and Pictures: New Light on Plimpton 322,” *American Mathematics Monthly* 109 (Feb. 2002), 105–19。
34. Otto Neugebauer, *The Exact Sciences in Antiquity* (Copenhagen: E. Munksgaard, 1951), 96.
35. 尽管人们长期以来都把巴比伦数学视为希腊数学的前身，但在今天后殖民地研究的氛围下，人们希望看到数学在每种文化中规范社会、理解世界的独特性。例如2010年，科学史学家Alexander Jones和Christine Proust在他们组织的一场名为《毕达哥拉斯之前：古巴比伦文化的数学》的楔形陶泥板展览中，就暗示了巴比伦人发现了希腊数学的关键元素(Institute for the Study of the Ancient World, New York University, Nov. 12 –D ec. 16, 2010)。Eleanor Robson在著作*Mathematics in Ancient Iraq: A Social History* (Princeton, NJ: Princeton University Press, 2008)中采纳了这种方法，追溯了数学从公元前4000年的中东地区开始，一直到公元前2世纪美索不达米亚本土文明结束的历史（当时楔形文字已经慢慢被废弃不用了）。
36. 欧多克索斯模型的主要古代源头是亚里士多德的*Metaphysics* (fourth century BC), bk. lambda, ch. 8 和 Simplicius (AD 490–560) 在 *On Aristotle On the Heavens*, 491–97上的评论。在这些源头的基础上，19世纪后期的意大利历史学家Giovanni V. Schiaparelli对欧多克索斯那个在一百多年前一直被认为正确的模型进行了详细的重建（*Le Sfere omocentriche de Eudosso, de Callip ed di Aritotele*, 1875）。欧多克索斯确信，宇宙由27个同心晶体球面组成，恒星镶嵌（“固定”）在不动的外球面上，其中透明的球面携带着行星土星、木星、火星、水星、金星（次序不对）、太阳、月球，而地球则在中心位置上。亚里士多德赞同欧多克索斯模型的原理，并进一步将之扩大为55个球面。根据Schiaparelli的重建，欧多克索斯模型的独特之处在于他用4个球体来驱动每颗行星，然后计算出了每颗行星每天、每年和逆行的运动；太阳和月亮则各需要3个，总共有27个。在过去二十年的一系列研究文章中，历史学家质疑了Simplicius模型的可靠性，进而也质疑了Schiaparelli模型的细节。见Henry Mendell, “Reflections on Eudoxus, Callipus and their Curves: Hippopedes and Callippopeds,” *Centaurus* 40 (1998), 177–275; Henry Mendell, “The Trouble with Eudoxus,” *Ancient and Medieval Traditions in the Exact Sciences*, ed. Patrick Suppes, J. Moravcsik, and Henry Mendell (Stanford, Calif.: CSLI Publications, 2000), 59–138; Ido Yavetz, “On the Homocentric Spheres of Eudoxus,” *Archive for History of Exact Sciences* 15 (1998), 67–114; and Ido Yavetz, “On Simplicius' Testimony regarding Eudoxan Lunar Theory,” *Science in Context* 16 (2003), 319–30。
37. 罗马皇帝恺撒（公元前48年）和奥勒良（公元3世纪）入侵亚历山大港，使得亚历山大图书馆遭受了持续的损坏。公元391年，狄奥多西皇帝在罗马帝国的废墟上颁布了摧毁异教徒建筑物的法令，更使这座图书馆受到了进一步的摧残。它的最终毁灭发生在阿拉伯征服埃及之后（公元642年），见Mostafa El-Abbadi, *The Life and Fate of the Ancient Library of Alexandria* (Paris: Unesco/UNDP, 1990), esp. 145–78。
38. 有关欧几里得《几何原本》的翻译历史，见Heath, *Greek Mathematics*, 1:206–12；有关托勒密《天文学大成》的翻译历史，见*Ptolemy's Almagest*, trans. G. J. Toomer (New York: Springer, 1984), 2–3。
39. 人们有时称亚历山大港的丢番图（公元3世纪）为“代数之父”，但正如托马斯·希思在他有关希腊数学代数概念研究的结论中所说的那样，丢番图没有使用能够给出从特殊走向一般的方法：“在丢番图的著作中，我们没有找到把方法陈述表述为应用于实例的内容。因此，我们找不到为不同类型方程的解系统排列出的单独规则和限制，而是只能从整部著作中费力寻找，把这里或者那里分散的指示收集起来，然后尽量将其明确表述出来。”Thomas Heath, *Diophantus of Alexandria: A Study in the History of Greek Algebra* (Cambridge, England: Cambridge University Press, 1885/rpt.1910), 58.
40. M. F. Burnyeat, “Platonism and Mathematics: A Prelude to a Discussion” (1987), in *Mathematics and Metaphysics in Aristotle/Mathematik und Metaphysik bei Aristoteles*, ed. Andreas Graeser (Bern and Stuttgart: Paul Haupt, 1987), 213–40; Andrew Barker, “Ptolemy's Pythagoreans, Archytas, and Plato's Conception of Mathematics,” *Phronesis* 39, no. 2 (1994), 113–35; and M. F. Burnyeat, “Plato on Why Mathematics is Good for the Soul,” in *Mathematics and Necessity: Essays in the History of Philosophy*, ed. T. Smiley (Oxford: Oxford University Press, 1999), 1–81.
41. *The Seventh Letter*, 341 CD, in Plato, *Phaedrus and the Seventh and Eighth Letters*, trans. Walter Hamilton (Harmondsworth, England: Penguin, 1973), 136.
42. Speusippus, Fragments 44 (Aristotle, *Metaphysica*, 1091 A29 –B3) and 46 (Aristotle, *Metaphysica*, 1075 A31–B 1), in Leonardo Tarán, *Speusippus of Athens*, (Leiden: Brill, 1981), 150–51. Fragments 44 and 46 are translated in Aristotle, *Metaphysica*, (fourth century BC) 8: bk. 3 (see n. 30).
43. Plato, *Republic* (380–67 BC), 500c, trans. 204.
44. Aristotle, *Nicomachean Ethics* (fourth century BC), bk. 10, 1177, line 30 to 1178, line 2, in Works, 9 (see n. 30).
45. Parmenides (380–67 BC) 142a, in *Plato and Parmenides*, trans. F. M. Cornford (London: Kegan Paul, Trench, Trubner and Co., 1939), 129.
46. 在引用了柏拉图关于“‘太一’超越了存在”的描述之后，普罗提诺也同意柏拉图在《巴门尼德篇》中关于“太一”无法描述的推论：“‘超越存在’这个词并不意味着它是一个特别的事物，因为它并没有做出有关它的正面描述，而且也没有说出它的名字，只不过是暗指它‘不是’哪些事物。但如果这就是这个词组的意思，这就意味着我们完全无法理解‘太一’：想要理解那种无边的本质是荒唐的。”见Plotinus, *Ennead* (ca. AD 253–7 0), 5:6, trans. A. H. Armstrong (Cambridge, MA: Harvard University Press, 1984), 173。
47. 普罗克洛斯写道：“于是，灵魂展示了它在认知方面的能力，在如同一面镜子一样的想象上投上了有关图形的投影；而在接受了这些灵魂内部关于想法的图形方式的表达之后，想象以它们的方式给予灵魂一个机会，将图形传向内部，并对它自己给予关照……它想要透视自身看到内部的圆和三角形，所有那些不是各自分开，而是全部相互融合在一起的事物，它想将所看到的事物合为一体，包括其中的复杂性；它想注视无法到达的场所和神灵圣坛中的那些秘密和无法理解的图形，它想发现未加修饰的神圣之美，看到比任何中心都更具整体感的圆，没有任何延展的三角形，以及每一件已经重新获得了统一的知识的其他对象。”见Proclus, *A Commentary on the First Book of Euclid's Elements*, trans. Glenn R. Morrow (Princeton, NJ: Princeton University Press, 1992), 113。

48. W. V. Quine, "On What There Is," *From a Logical Point of View* (Cambridge, MA: Harvard University Press, 1953), 1–19, esp. 14–15.
49. Augustine, *De doctrina christiana* (begun ca. 396 and finished 426), in *St. Augustine, On Christian Doctrine*, trans. D. W. Robertson (Indianapolis, IN: Bobbs-Merrill, 1958), 75.
50. Augustine, *De ordine* (AD 386), 16:44, in *St. Augustine, On Order*, trans. Silvano Borruso (South Bend, IN: St. Augustine's Press, 2007), 107–9.
51. “奥古斯丁：好吧，那么你是否用你的肉眼见到过这样的一个点或者一条直线，或者这样的宽度？埃伏第乌斯：没有，从来没有。这些事物不是物质的。奥古斯丁：但如果通过某种与真实的非凡亲和，可以用肉眼看到物质的事物，则情况一定是通过我们看到这些非物质事物的方法，灵魂不是一具肉体，也不像一具肉体。”见St. Augustine, *De quantitate animae* (*The greatness of the soul*, AD 387–88), 13:22, in *St. Augustine: The Greatness of the Soul*, trans. Joseph M. Colleran, (Westminster, MD: Newman Press, 1950), 39。
52. Augustine, *De ordine*, 15:42, trans. 105-7.
53. Augustine, *Quantitate*, 16:27, trans. 46.
54. 李约瑟将他关于所谓普世自然哲学的观点总结如下：“这里所采用的观点假定了对自然现象的研究，所有的人都有可能是平等的，现代科学的普世主义体现了一种他们都可以理解的通用语言，古代和中世纪的科学（尽管带有明显的民族印记）都关注了同一个自然世界，因此可被纳入同一个普世的自然哲学当中。这已经且将继续在人类中发展，随着人类社会组织和一体化的巨大进步，最终迎来世界合作的共同体，像水覆盖海洋一样将所有民族包括进来。”Joseph Needham, "The Roles of Europe and China in the Evolution of Ecumenical Science" (1964), *Science and Civilization in China* (Cambridge, England: Cambridge University Press, 2004), 7: part 2, 42. 李约瑟以生物学家的身份开启了职业生涯，想要找到一些方式把科学的机械世界观与宗教结合在一起。这里的宗教对他而言，其实意味着泛心论（单子论的19世纪版本），或者用他本人的话来说就是“斯宾诺莎的另一种版本”，见*Science, Religion, and Reality*, ed. Joseph Needham (New York: Macmillan, 1925), 219–58; the quote is on 259。
55. *The Nine Chapters on the Mathematical Art: Companion and Commentary*, trans. Shen Kangshen, John N. Crossley, and Anthony W.-C. Lun (Oxford: Oxford University Press; Beijing: Science Press, 1999), and *Les neuf chapitres: Le classique mathématique de la Chine ancienne et ses commentaries*, trans. Karine Chemla and Guo Shuchun (Paris: Dunod, 2004).
56. 林立娜曾在一系列出版物中表达了她对于中国数学的看法，如*La valeur de l'exemple: perspectives chinoises*, ed. Karine Chemla (Saint-Denis: Presses universitaires de Vincennes, 1997), and *Divination et rationalité en Chine ancienne*, ed. Karine Chemla, D. Herper, and M. Kalinowsi (Saint-Denis: Presses universitaires de Vincennes, 1999)。有关她对自己观点的总结，可参阅“Generality above Abstraction: The General expressed in terms of the Paradigmatic in Mathematics in Ancient China,” *Science in Context* 16 (2003), 413–14_58。
57. Trans. J. Needham and W. Ling in Needham, China, 3:23 (see chap. 1, n. 54). 在最近关于中国数学特例与普遍性的争论中，勾股定理的翻译成了其中的一个议题。在《九章算术》1999年英译本中，Shen Kangshen、John N. Crossley和Anthony W.-C. Lun将勾股翻译成了“直角三角形”。Mary Tiles在书评中批评道：“这一翻译模糊了一个事实，那就是人们对中国古人当时是否使用了角和三角形的概念还存有争议。‘勾’和‘股’指的是木工直角尺的两条边，而不是直接指几何中的直角三角形。没有讨论角度的测量。”见*Philosophy East and West* 52, no. 3 (2002), 386–89。
58. 尤其是在Sabetai Unguru发表于1975年的论文之后——他在这篇文中呼吁人们要关注数学的文化史，见“On the Need to Rewrite the History of *Greek Mathematics*,” *Archive for History of Exact Sciences* 15 (1975), 67–114。有关李约瑟之后的相关学术研究，可参阅几部纪念性论文集，但其中并不一定都是对他工作的赞美：*Chinese Science: Explorations of an Ancient Tradition*, ed. Shigeru Nakayama and Nathan Sivin (Cambridge, Mass.: MIT Press, 1973), 为祝贺李约瑟70岁诞辰所编，以及他1995年去世后出版的两部纪念文集：一为专注于中国以外的亚洲科学的*Beyond Joseph Needham: Science, Technology, and Medicine in East and Southeast Asia*, ed. Morris Low (Chicago: University of Chicago Press, 1999)；二为*Situating the History of Science: Dialogues with Joseph Needham*, ed. S. Irfan Habib and Dhruv Raina (New Delhi and New York: Oxford University Press, 1999)。有关非西方数学的综述，见 Marcia Ascher, *Mathematics Elsewhere: An Exploration of Ideas across Cultures* (Princeton, NJ: Princeton University Press, 2002)。
59. Joseph Needham, "Human Law and the Laws of Nature," in Needham, *China*, 2:518–83; A. C. Graham, "China, Europe, and the Origins of Modern Science," in *Chinese Science; Explorations of an Ancient Tradition*, ed. Shigeru Nakayama and Nathan Sivin (Cambridge, MA: MIT Press, 1973), 45–69, esp. 55–58; and in the same volume, Kiyosi Yabuuti, "Chinese Astronomy: Development and Limiting Factors," 91–103, esp. 92–94.
60. 文化历史学家D. L. Hall和R. T. Ames曾介绍过有关孔子思想秩序的独特概念，将东方的“美学秩序”与西方的“逻辑秩序”作了比较，见*Thinking Through Confucius* (Albany, NY: State University of New York Press, 1987), esp. "The Primacy of Aesthetic Order," 132–38。
61. Chuang Tzu, *The Writings of Chuang Tzu*, bk. 14: The Revolution of Heaven (ca. 300 BC), in *The Tao tê ching; the Writings of Chuang-tz; the Thâi-shan Tractate of Actions*, trans. James Legge (Taipei: Book World Company, 1891/1963 rpt.), 393.
62. 有关东方宗教与希腊神秘教派的可能关系，见F. M. Cornford, "Tao, Rta, and Asha," in *From Religion to Philosophy: A Study in the Origins of Western Speculation* (1912; Mineola, NY: Dover, rpt. 2004), 172–77, and Wilhelm Halbfass, "The Philosophical View of India in Classical Antiquity," in *India and Europe: An Essay in Understanding*, n.t. (translation of Indien und Europa, Perspektiven ihrer geistigen Begegnung, 1981; Albany, NY: State University of New York Press, 1988), 2–23。关于新柏拉图主义和印度哲学，见Paul Hacker, "Cit and Nous," *Neoplatonism and Indian Thought*, ed. R. Baine Harris (Norfolk: International Society for Neoplatonic Studies, 1982), 161–80。有关普罗提诺的学术文献综述，见同一部书中Albert M. Wolters, "A Survey of Modern Scholarly Opinion on Plotinus and Indian Thought," 293–308。有关古代基督教和佛教之间的可能联系，见Zacharias P. Thundy, *Buddha and Christ: Nativity stories and Indian traditions* (Leiden: E.J. Brill, 1993), 1–17。对东方思想和神秘教派代表之间可能有过思想交流这一点，Halbfass、Hacker、Wolters、Thundy全都表示怀疑，只有古典学者F. M. Cornford对此抱有谨慎乐观的态度。
63. “此前与此后都曾有希腊作家从埃及人那里借用过这种（灵魂轮回的）教义”，见Herodotus, The Persian Wars (fourth century BC) bk. 2:123, in *The Greek Historians: The Complete and Unabridged Historical Works of Herodotus*, trans. and ed. George Rawlinson and Francis R. B. Godolphin (New York: Random House, 1942), 1:141。
64. 同样，（亚历山大大帝手下的历史学家）Clitarchus在他的第12部书中说，天衣派教徒蔑视死亡；Diogenes Laërtius, *Lives and Opinions of Eminent Philosophers* (third century AD), I:6, trans. C. D. Yonge (London: Henry G. Bohn, 1853), 8。
65. “28岁时，普罗提诺感到了学习哲学的冲动，并经人介绍前往亚历山大城寻师……他迫切地想要结识波斯哲学团体中的人士，这在印度人中是普遍的。当戈尔迪皇帝准备征讨波斯人时，他入伍并参加了这次远征。”见Porphyry, *Vita Poltini (Life of Plotinus)* (early third century AD), 3:5ff, trans. A. H. Armstrong, in *Plotinus* (Cambridge, MA: Harvard University Press, 1966), 9。
66. Pseudo-Dionysius the Areopagite, *On Divine Names* (ca. AD 500), V: 5–6 , in *The Works of Dionysius the Areopagite*, trans. John Parker (Merrick, NY:

Richwood, 1897–99/rpt.1976), 1:77–78.

67. Pseudo-Dionysius the Areopagite, *The Heavenly Hierarchy* (ca AD. 500), I:3, in *Works of Dionysius*, 2:3.
68. Ibid., 2:1.
69. Thierry of Chartres, Tractatus de sex dierum operibus (twelfth century), in *Commentaries on Boethius by Thierry of Chartres and Others of His School*, ed. Nikolaus M. Haring (Toronto: Pontifical Institute of Medieval Studies, 1971), 568, sec. 30; trans. Peter Ellard in *The Sacred Cosmos: Theological, Philosophical, and Scientific Conversations in the Early Twelfth Century School of Chartres* (Scranton, NY: University of Scranton Press, 2007), 15.
70. Thierry, *Tractatus*, 568, sec. 31, trans. 108–9.
71. 5世纪神秘主义者伪狄奥尼修斯是圣但尼修道院名义上的守护圣徒，因为有三个人的身份被混淆在一起了：（1）雅典最高法官狄奥尼修斯，他在公元1世纪受圣保罗点化；（2）巴黎主教圣但尼，在大约公元250年殉教；（3）伪狄奥尼修斯，一位姓名不详的东正教僧侣，生活在公元5世纪，当时他为了给自己一个从1世纪开始的家族谱系而借用了雅典最高法官狄奥尼修斯的名字。圣但尼修道院建于公元7世纪，到了9世纪早期，狄奥尼修斯和但尼的传说开始被混淆，结果让巴黎的圣但尼得到了受圣保罗点化的殊荣。这两位历史人物后来合二为一变成了同一个，而"但尼"（Denis）这个名字本身源自"狄奥尼修斯"（Dionysius），也对二者的合并起到了一定帮助。1940年，欧文·潘诺夫斯基给出了这三个人的区分：814年，拜占庭皇帝迈克尔二世将一份5世纪神秘主义者伪狄奥尼修斯的希腊文手稿原件送给了查理曼大帝的儿子虔诚者路易，但后者误以为这份手稿由被圣保罗点化的狄奥尼修斯/但尼所写，于是把它存放在圣但尼修道院的图书馆里，人们在那里把它译成了拉丁文，也就是叙热读到的那本。然而，叙热对于作者身份的错误认定与作品对他造成的错误影响无关。潘诺夫斯基认为叙热继承了克吕尼的观点，即教堂应该用华丽的装修来反映天堂，而且他还使用了伪狄奥尼修斯的文字对抗来自西多会教士的批评，后者认为教堂内部的装修应该朴实；叙热的相关著作见 *On the Abbey of St-Denis and Its Art Treasures*, trans. and ed. Erwin Panofsky (Princeton, NJ: Princeton University Press, 1946)。包括我在内的大多数历史学者都同意潘诺夫斯基有关修道院长叙热的观点。有关反对伪狄奥尼修斯的文字对叙热影响的论证，Peter Kidson指出，"认真地说，叙热不能算是伪狄奥尼修斯的追随者"，见"Panofsky, Suger, and St-Denis," *Journal of the Warburg and Courtauld Institutes* 50 (1987), 1–17；Lindy Grant也认为伪狄奥尼修斯的文字对叙热的影响微不足道，见*Abbot Suger of St-Denis: Church and State in Early Twelfth-Century France* (London: Longman, 1998), 270–71。
72. Suger, *On the Abbey*, 73-75.
73. "于是，出于这座教堂的美丽带给我的欣喜，当五彩缤纷的石头让我不再关注外在事物，有价值的沉思让我思考了神圣美德的多样性，把物质的东西转移到非物质的东西上时，我仿佛看到自己来到了宇宙中某个奇怪的地方，那里既不完全存在于泥土中，也不完全存在于纯洁的天堂中；靠着上帝的恩典，我以一种神秘的方式从这个低级世界被带到了那个更高级的世界。"见Suger, *On the Abbey*, 63–65。
74. 这是中世纪历史学家Sumner McNight Crosby提出的有趣建议，见"Crypt and Choir Plans of St. Denis," *Gesta: International Center of Medieval Art* 5 (1966), 4–8。
75. Aristotle, *Nicomachean Ethics* (fourth century, BC), bk. 5, sec. 7, trans. Martin Oswald (Indianapolis and New York: Bobbs-Merrill, 1962), 131.
76. Thomas Aquinas, *Summa Theologiae* (A treatise on theology; 1265–73), trans. Fathers of the English Dominican Province (Westminster, MD: Christian Classics, 1911/rpt.1981), 2:105.
77. David Topper and Cynthia Gillis, "Trajectories of blood: Artemisia Gentileschi and Galileo's parabolic path," *Woman's Art Journal* 17 (Spring-Summer 1996), 10–13.
78. Johannes Kepler, *Harmonices Mundi* (Harmony of the world; 1619), 5:7, trans. E. J. Aiton, A. M.Duncan, and J. V. Field (Philadelphia: American Philosophical Society, 1997), 446.
79. 引力常数是一个物理常数。科学家认为物理常数（如重力和光速）在整个宇宙中都相同，不会随时间而改变。重力有固定的数值，根据测量两个已知质量的均匀球体间的吸引力计算所得。不过，这个数字测量起来很困难，因为重力很微弱。牛顿在描述万有引力时并不知道其强度，但坚信总有一天能够确定。引力常数最初由英国科学家亨利·卡文迪什测量得出。
80. 例如，罗伯特·波义耳给出的数学公式指出气体的体积与压强间存在反比关系。在假定温度恒定的情况下，如果体积减少一半，则压强会加倍。两百年后，随着原子理论的出现，科学家为气体给出了物理描述，解释了体积与压强的这种关系：容器内的气体分子会向四面八方随机运动，撞到器壁上再反弹回去，所以它们被压缩到原来体积的一半时，撞击器壁的次数也会翻倍，即压强加倍。
81. Isaac Newton, *Philosophiae Naturalis Principia Mathematica* (1687)， 这段引语来自"General Scholium"一文，是牛顿为Andrew Motte在1729年出版的第二个拉丁文译本（1713）中加入的一篇论文，trans. revised by Florian Cajori, ed., R. T. Crawford, in *Sir Isaac Newton's Mathematical Principles of Natural Philosophy and His System of the World* (Berkeley: University of California Press, 1947), 547。
82. Ibid.
83. Charles Darwin, *The Descent of Man and Selection in Relation to Sex* (1871), 2nd ed. (New York and London: Appleton and Co., 1883), 623.
84. 关于伽利略事件的学术见解，见论文集*The Church and Galileo*, ed. Ernan McMullin (Notre Dame, IN: University of Notre Dame Press, 2005)。
85. Johannes Kepler, *Harmonices Mundi*, 146.
86. Galileo Galilei, *The Assayer* (1623) in *Discoveries and Opinions of Galileo*, trans. Stillman Drake (Garden City, N.Y.: Doubleday, 1957), 237-38.
87. Galileo Galilei, *Dialogue Concerning the Two Chief World Systems* (1632), trans. Stillman Drake, (New York: Modern Library, 2001), 118. 伽利略在书里的话成了宗教裁判所指控他的一部分理由，比如"他错误地断言与宣布了在理解几何事物方面，人类与神圣智慧存在某种等同性"(Special Commission Report on the Dialogue, Sept. 1632), trans. Maurice A. Finocchiaro in *The Galileo Affair: A Documentary History* (Berkeley: University of California Press, 1989), 222。
88. 有关伽利略影响的文献极多，比如Anthony Blunt曾写道，"在博罗米尼的青年时代，伽利略的著作得到了人们的广泛研究，因此我相信，博罗米尼正是从他那里衍生出了自己有关自然的理念"，*Borromini* (London: Penguin, 1979), 47。另外一个更近的例子是John Hendrix, *The Relation between Architectural Forms and Philosophical Structures in the Work of Francesco Borromini in Seventeenth-century Rome* (Lewiston, NY: Mellen Press, 2002), 45, 93, and 121。此外，有人也认为开普勒对博罗米尼也有影响，见John G. Hatch, "The Science behind Francesco Borromini's Divine Geometry," *Visual Arts Publications* 4 (Jan. 1, 2002), 127–39。有关设计图和圆顶建筑下暗藏的几何元素，见Julia M. SmythPinney, "Borromini's Plans for Sant'Ivo alla Sapienza," *Journal of the Society of Architectural Historians* 59, no. 3 (Sept. 2000), 312–37。
89. Newton, *Principia*, 544. See also James E. Force, "Newton's God of Dominion: The Unity of Newton's Theological, Scientific, and Political Thought," in *Essays on the Context, Nature, and Influence of Isaac Newton's Theology*, ed. James E. Force and Richard H. Popkin (Dordrecht: Kluwer Academic Publishers, 1990), 75–102.

第二章 比例

1. Vitruvius, *On Architecture* (first century BC), III.i.3 in *Vitruvius, Ten Book on Architecture*, trans. Ingrid D. Rowland (Cambridge, England: Cambridge University Press, 1999), 47.
2. Judith V. Field, *Piero della Francesca: A Mathematician's Art* (Oxford: Oxford University Press, 2005), 122–23.
3. 比例在《几何原本》中出现之前，早就已经是希腊数学中的一个工具了。欧几里得最先给出了比例理论，但这个光环总被套在欧多索克斯身上。欧几里得/欧多索克斯的比例理论建立在"二者比例相等"这一概念之上，见Ken Saito, "Phantom Theories of pre-Eudoxean Proportion," *Science in Context* 16, no. 3 (2003), 331–47。

4. 坎帕努斯曾评价过《几何原本》中的一个定理（卷14的命题10），在他那个时代，人们认为这个定理是欧几里得提出的，但今天已经没有人这么认为了。当然，这无关紧要，因为他确实有可能对确属欧几里得所有使用了比例的定理做出过评论。拉丁原文的引言来自Pacioli版的Campanus' translation (Venice, 1509) 137v.；英文翻译源自Albert van der Schoot的文章“The Divined Proportion,” in *Mathematics and the Divine: A Historical Study*, ed. T. Koetsier and L. Bergmans (Amsterdam: Elsevier, 2005), 655–72；引言在第662页。

5. 文艺复兴时期的传记作家Giorgio Vasari曾批评说，帕乔利直接印刷皮耶罗的《论五大正多面体》而没有说明作者，属于剽窃行为：“卢卡大师声称这些书的作者是他本人，是因为皮耶罗死后，这些书落入了他的手中。”见Giorgio Vasari, *Lives of the Most Eminent Painters, Sculptors, and Architects* (1550/enlarged 1568), trans. Gaston du C. de Vere (London: Philip Lee Warner, 1912–15), 3:22。1509年距离上述书籍印制已经过去了50年左右，所以尽管证据不足，但我们还是可以做出有利于帕乔利的判定，毕竟著作权的混乱或许是因为当时还没有相关的规定。16世纪作家Daniele Barbaro在他的La prattica della Perspettiva (1569) 中借用了De Prospectiva Pingendi的一部分，并且还指出了这些方法确实来自皮耶罗。在他的Summa de Arithmetica (1494) 中，帕乔利也在未加说明的情况下引用了皮耶罗Trattato d'Abaco中的许多问题。

6. 有关数学文献中援引欧几里得的比率的详细编年清单，见Appendix I of Roger Herz-Fischler, *A Mathematical History of Division in Extreme and Mean Ratio* (Waterloo, Ontario: Wilfrid Laurier University Press, 1987), 164–70。

7. Adolf Zeising, *Neue Lehre von den Proportionen des menschlichen Körpers, aus einem bisher unerkannt gebliebenen, die ganze Natur und Kunst durchdringenden morphologischen Grundgesetze entwickelt und mit einer vollständigen historischen Uebersicht der bisherigen Systeme begleitet* (Leipzig: R. Weigel, 1854), v.

8. 有关在各种物体中找到了黄金分割的研究对统计数据的错误使用，见Roger Fischler, “How to Find the 'Golden Number' without Really Trying,” *The Fibonacci Quarterly* 19 (1981), 406–11。

9. 有关对于黄金分割的错误历史断言，见George Markowsky, “Misconceptions about the Golden Ratio,” *College Mathematics Journal* 23 (1992), 2–19。有关与黄金分割有关的伪科学，见Martin Gardner, “The Cult of the Golden Ratio,” *Skeptical Inquirer* 18, no. 3 (1994), 243–47。

10. 一个世纪之后，学者们仍然试图证明（或者否定）费希纳从未做过的那个断言，即1.618这个比率能给人以审美愉悦。例如，在英格兰的谢菲尔德哈莱姆大学分别担任物理学和工程学教授的Tony Collyer 和 Alex Pathan便在他们的文章“The Pyramids, the Golden Section, and 2π,” *Mathematics in School* 29, no. 5 (2000), 2–5中给出了肯定结论。而迈阿密大学俄亥俄牛津分校的两位心理学家Susan T. David 和 John C. Jahnke则在“Unity and the Golden Section: Rules for Aesthetic Choice?” *American Journal of Psychology* 104, no. 2 (1991), 257–77 中认为此结论不准确。

11. 比如，Friedrich Röber就曾声称他证明了古代建筑师曾使用黄金分割来确定吉萨金字塔的倾角与雅典帕特农神殿的内殿比例；见*Die aegyptischen Pyramiden in ihren ursprünglichen Bildungen: nebst einer Darstellung der proportionalen Vernältnisse im Parthenon zu Athen* (Dresden: Woldemar Türk, 1855)。不过，有关Röber的信息很少；有关人们试图确定吉萨胡夫金字塔几何模式的详细历史，见Roger Herz-Fischler, *The Shape of the Great Pyramid* (Waterloo, Ontario: Wilfrid Laurier University Press, 2000)。

12. 蒂尔施认为：“我们正在寻找一个与多种形式兼容，且曾在各种条件下得到了证明的定律。德国思想家蔡辛为找到这样一条法则迈出了第一步，他对黄金分割情有独钟……通过考察整个历史上的成功作品，我们在每座建筑物中都找到了一个重复出现的基本形式，而各个不同的部分都遵循这一基本形式。世界上存在着无限多的不同形式，它们本身或许并无美丑可言。要想成功地达到和谐，就必须在细部上重复这一主要数字。”见“Die Proportionen in der Architektur,” in Josef Durm, ed., *Handbuch der Architektur* (Darmstadt: Diehl, 1883), 38–77。

13. Jacob Burckhardt to August Thiersch, Sept. 27, 1883, in Jacob Burckhardt, *Briefe*, ed. Max Burckhardt (Basel and Stuttgart: Schwabe, 1974), 8:156.

14. Heinrich Wölfflin, “Zur Lehre von den Proportionen,” *Deutsche Bauzeitung* 23, no. 46, (1889), 278. 蒂尔施对沃尔夫林添加反向调节线的做法并不赞同，他警告说，这会使通过数学来分析建筑变得更加复杂，而且有时候是在牵强；*Deutsche Bauzeitung* 23, no. 55 (July 6, 1889) 328。但沃尔夫林不为所动，仍然坚持使用反向调节线。

15. Heinrich Wölfflin, *Renaissance und Barock* (Munich: T. Ackermann, 1888), 55. 在这本书的德文原版中，沃尔夫林在一个脚注（55, note 2）中承认蒂尔施给了他启示，但英文版译者Kathrin Simon却略去了这个注释，*Renaissance and Baroque* (Ithaca: Cornell University Press, 1966)。

16. 图2-24是布克哈特复制的16幅蒂尔施文艺复兴图解中的一幅，他在每一幅上都写上了“Nach A. Thiersch”（根据A. 蒂尔施原作复制）的字样，但这些在James Palmes翻译的英文版中被略去了。见*The Architecture of the Italian Renaissance*, ed. Peter Murray (Chicago: University of Chicago Press, 1985), 70–76。

17. 布克哈特也引用了蔡辛的*Neue Lehre von den Proportionen* (1854) 和蒂尔施的“Die Proportionen in der Architektur” (1883)；*Geschichte der Renaissance in Italien*, 3rd ed., ed. Heinrich Holtzinger (Stuttgart: Ebner and Seubert, 1891), 98–99；English translation as *The Architecture of the Italian Renaissance*, trans. James Palmes, ed. Peter Murray (Chicago: University of Chicago Press, 1985), 70。布克哈特首先在1868年出版了他的译本。1878年第二版是他主持出版的最后一版（他于1897年去世），1891年第三版的编辑Heinrich Holtzinger特地在序言中说明了第三版中有关比例的新段落由布克哈特撰写，且在布克哈特的要求下加上了蒂尔施的图解。见*Renaissance in Italien* (1891), vi。

18. Burckhardt, *Renaissance in Italien*, 98–99, trans. 70.

19. 1914年，沃尔夫林在慕尼黑音乐学院就德国文艺复兴时期建筑发表演讲时赞扬了蒂尔施。演讲稿收录于他1941年出版的论文集中，见Heinrich Wölfflin, *Gedanken zur Kunstgeschichte* (Basel: Schwabe, 1941), 115。

20. Heinrich Wölfflin, *Kunstgeschichtliche Grundbegriffe* (1915), 6th ed. (Munich: Bruckmann, 1923), 199–202.

21. Dietrich Neumann, “Teaching the History of Architecture in Germany, Austria, and Switzerland: 'Architekturgeschichte' vs. 'Bauforschung,'” *Journal of the Society of Architectural Historians* 3 (2002), 370.

22. 伊兰姆是佛罗里达州萨拉索塔林林艺术与设计学院的图形设计部主任。

23. Harald Siebenmorgen, *Die Anfänge der “Beuroner Kunstschule,” Peter Lenz und Jakob Wüger 1850-1875: Ein Beitrag zur Genese der Formabstraktion in der Moderne* (Sigmaringen: Jan Thorbecke, 1983), 162.

24. Lenz致Blessing的信转引自Siebenmorgen的*Beuroner Kunstschule*, 180。

25. Charles Henry, “Introduction à une esthétique scientifique,” *Revue contemporaine* 2 (Aug. 25, 1885), 441–69. 在这篇论文中，亨利讨论了蔡辛和费希纳有关比例的著作（444页），以及帕乔利有关神圣黄金分割的著作（453页）。

26. Charles Henry, “Correspondance (Letter to the editor),” *Revue philosophique* 29 (1890), 332–36. 有关修拉对黄金分割不感兴趣的问题，见Roger Herz-Fischler, “An Examination of Claims regarding Seurat and 'The Golden Number,'” *Gazette des Beaux-Arts* 125 (1983), 109–12。

27. Édouard Schuré, *Les grands initiés: esquisse de l'histoire secrète des religions* (Paris: Perrin, 1889).

28. 莫里斯·德尼记录了他同塞律西埃与博伊龙的接触，见他的*Journal* (Paris: La Colombe, 1957), 1:191ff。他也在*Paul Sérusier, sa vie, son oeuvre* (Paris: Floury, 1942), 74–93中讨论了这一问题。但德尼有关塞律西埃的这段独白被放进了塞律西埃的*ABC de la peinture* (1921)中，出现在37—112页；*suivi d'une étude sur la vie et l'œuvre de Paul Sérusier par Maurice Denis* (Paris, Floury, 1942)。有关纳比斯派与博伊龙艺术家之间的关系，见Annegret Kehrbaum, *Die Nabis und die Beuroner Kunst* (Hildesheim: Olms, 2006)。

29. Denis, *Sérusier*, 76.

30. 尽管事实上伦兹采纳了黄金分割，但仅在19世纪60至70年代使用过；到了90年代，当纳比斯艺术家去博伊龙拜访他时，他已经很少用了。Lenz, *Ästhetik der Beuroner Schule* (Vienna: Braumüller, 1898; *L'Esthétique de Beuron*, trans. Paul Sérusier; Paris: Bibliothèque de l'Occident, 1905)，但伦兹在书中并没有提到黄金分割。

31. Maurice Denis, “Définition du néo-traditionnisme” (1890), in *Théories, 1890–1910: du symbolisme et de Gauguin vers un nouvel ordre classique*

(Paris: Bibliothèque de l'Occident, 1912), 1.

32. Paul Sérusier, *ABC de la peinture* (Paris, Floury, 1921/rpt.1942), 15–20.
33. 马蒂拉·吉卡在回忆录中记录他们的会见, *The World Mine Oyster: Memoirs* (London: Heinemann, 1961), 302–3。
34. Salvador Dalí, *50 Secretos "Mágicos" para Pintar* (Barcelona: Luis de Caralt, 1951), 英译本为*50 Secrets of Magic Craftsmanship*, trans. Haakon Chevalier (New York: Dial Press, 1948), 5。
35. 达利的图书馆被保存在西班牙菲格雷斯加拉-萨尔瓦多·达利基金会的达利研究中心，其中收藏了吉卡的下述书籍: *Esthétique des proportions dans la nature et dans les arts* (1927) ; *Essai sur le rythme* (1938) ; *The Geometry of Art and Life* (1946), 这是*Le Nombre d'or* (1931)的英译本，以及吉卡翻译的*A Practical Handbook of Geometrical Composition and Design* (1952)。
36. 达利拥有帕乔利著作的西文译本*La divina proporción* (Buenos Aires: Losada, 1946)。达利认真阅读过帕乔利著作的证据是他曾复制了列奥纳多1509年为*Divina Proportione*所作的插图，但这些图并没有出现在吉卡的书里。而且，达利为*50 Secretos*所涉及的标题页中，使用了帕乔利的字母几何设计，这一设计发表在了*Divina Proportione* 中，但没有出现在吉卡的书里。
37. 吉卡向达利保证说，正十二面体确实象征着宇宙:"说到你向我提出的那些立体同宏观世界与微观世界对应的问题: 宏观方面的很清楚，柏拉图在《蒂迈欧篇》中提到的正十二面体是伟大创世者使用的宇宙模型。"19世纪40年代吉卡用法语写给达利的信，日期不明，现存于Centre d'Estudis Dalinians, Fundació GalaSalvador Dalí, Figueres, Spain。
38. 勒·柯布西耶的吉卡那本 *Esthétique des proportions dans la nature et dans les arts* 现存于巴黎勒·柯布西耶基金会。Roger Herz-Fischler根据勒·柯布西耶的绘图和著作给出了他使用黄金分割的年表,"Le Corbusier's 'Regulating Lines' for the Villa at Garches (1927) and other early works," *Journal of the Society of Architectural Historians* 43 (1984), 53–59。Roger Herz-Fischler, "The Early Rel ationship of Le Corbusier to the 'Golden Number,'" *Environment and Planning B* 6 (1979), 95–103。几年后，在第二本有关黄金分割的书中，吉卡描述了勒·柯布西耶建造的加歇别墅，并盛赞奥古斯丁·蒂尔施的"类比定律"。Matila Ghyka, "Le Corbusier and P. Jenneret, regulating lines, Villa at Garches" (1927), in Matila Ghyka, *L'nombre d'or: rites et rythmes pythagoriciens dans le développement de la civilisation occidentale* (Paris: Gallimard, 1931)。
39. Judi Loach, "Le Corbusier and the Creative Use of Mathematics," *British Journal for the History of Science* 31 (1998), 185–215.
40. Carla Marzoli, curator, *Studi sulle proporzioni: Mostra bibliografica*, exh. cat. (Milan: La Bibliofila, 1951), and Rudolf Wittkower, "International Congress on Proportion in the Arts," *Burlington Magazine* 94, no. 587 (1952), 52, 55.几年后，威特科尔写了一篇关于比例的历史论文，把自己从推崇黄金分割的人中摘出来，并描述了"米兰会议的破产"。在这次会议上，勒·柯布西耶展示了他的模度; 见"The Changing Concept of Proportion," *Daedalus* 89, no. 1 (1960), 199–215。
41. Le Corbusier, *L'Unité d'habitation de Marseille* (Souillac: Mulhouse, 1950), 26, 44.
42. John H. Conway and Richard K. Guy, "Phyllotaxis" in *The Book of Numbers* (New York: Springer, 1996), 113–24.
43. 但顽固的迷思死得往往很慢。2001年，杜克大学还授予了Tushaar Power音乐史博士学位，而此人的论文主题就是J. S. 巴赫对黄金比率的使用，见Tushaar Power, *J. S. Bach and the Divine Proportion* (PhD thesis, Duke University, 2001; Ann Arbor, MI: UMI, 2002)。

第三章 无限

1. 有关抽象艺术在科学世界观中的起源，见Lynn Gamwell, *Exploring the Invisible: Art, Science, and the Spiritual* (Princeton, NJ: Princeton University Press, 2002)。
2. 最早说毕达哥拉斯发现了2的平方根是无理数的现存著作为*On the Pythagorean Life*，由新柏拉图主义者扬布里柯撰写。他还在书中讲述了第一个敢在神秘教派社会之外谈及无理数的毕达哥拉斯派成员被带到海上，然后抛下船的故事。由于无法找到更早的根据，所以我们也无法辨别这一无理数发现事例中的事实与谬误; 见Walter Burkert的*Lore and Science in Ancient Pythagoreanism*，这是E. Minar的*Weisheit und Wissenschaft: Studien zu Pythagoras, Philolaos und Platon* (Cambridge, MA: Harvard University Press, 1972)一书的英译本。从另一方面考虑，历史学家D. H. Fowler曾指出，找不到公元三世纪之前有关2的平方根的说法，本身就证明了非整数比率这种数字的发现是在柏拉图和欧几里得时代的偶然事件，且没有让人感到惊慌失措; 见*The Mathematics of Plato's Academy: A New Reconstruction* (Oxford: Clarendon Press, 1999), 356–69。
3. 四维几何在18世纪由法国数学家约瑟夫-路易斯·拉格朗日提出。他一直致力于改进牛顿和莱布尼茨的微积分，认为人们要描述一个在三维空间中移动的点，诸如射向敌方炮楼的一颗炮弹，则不仅需要知道炮弹的空间位置，还要知道其时间点。因此，他提出了在三个空间变量上加入第四个"时间"变量，指出在某一时刻内一个事件在三维空间内的位置 (*Theory of Analytic Functions*, 1797)。
4. Arthur Cayley, "On Some Theorems of Geometry of Positions" (1846) in David Eugene Smith, *A Source Book in Mathematics* (New York: McGraw Hill, 1929), 527–29, and Hermann Grassman, *Die lineale Ausdehnungslehre* (1844), trans. Mark Kormes, in Smith, Source Book, 684–96.
5. Edith Dudley Sylla, "The Emergence of Mathematical Probability from the Perspective of the Leibniz-Jacob Bernoulli Correspondence," *Perspectives on Science* 6, no.1 and 2 (1998), 41–76.
6. Desmond MacHale, "Early Mathematical Work," in *George Boole: His Life and Work* (Dublin: Boole Press, 1985), 44–72.
7. 有关试图证明时空连续统假说的历史，见Paul J. Cohen, *Set Theory and the Continuum Hypothesis* (New York: W. A. Benjamin, 1966)。
8. Nicholas of Cusa, *De Docta Ignorantia* (1440), sec. 5, in *Nicholas of Cusa On Learned Ignorance: a Translation and Appraisal of De Docta Ignorantia*, trans. Jasper Hopkins (Minneapolis: Banning Press, 1985), 51. 1902年，伯特兰·罗素认为或许可以将所有集合（集合宇宙）的整体映射到序数系统（说明次序的数: 第一、第二、第三……）中，成为库萨的"绝对最大"。但罗素很快便意识到自己错了。见Bertrand Russell, "Recent Work in the Philosophy of Mathematics," *International Monthly* 4 (1901) 83–101，这篇文章后来以"Mathematics and the Metaphysicians"为题，收入了Bertrand Russell, *Mysticism and Logic: And Other Essays* (London: G. Allen and Unwin, 1917), 74–96, esp. 88–89。
9. Ibid., sec. 33, trans. 62.
10. Ibid., sec. 63, trans. 75–76.
11. 有关尼古拉斯和布鲁诺相信存在其他的世界，见Steven J. Dick, *Plurality of Worlds: The Extraterrestrial Life Debate from Democritus to Kant* (Cambridge, England: Cambridge University Press, 1982), esp. 23–43 and 61–105。
12. 在《自然科学的数学原理》第二版（1713）中，牛顿为"定义"加了注解部分，在其中区分了时间与空间在日常生活中与"可感知物体"相关的概念，和二者的数学概念:"绝对的、真实的、数学上的时间……（和）绝对空间，有自己的性质，与任何外在事物毫无关系"，见Newton, *Principia*, 6 (chap. 1, n. 81)。
13. Titus Lucretius Carus, *De rerum natura* (first century BC) trans. Cyril Bailey (Oxford: Clarendon Press, 1947), bk. 2, lines 216–93 :"但纯然的头脑不会感觉到做所有这些事情的必要性，也不会像忍受痛苦的被征服者一样受到限制，这是由并无确定地点和时间的最开始的微小转向（趋势）造成的。"
14. Letter from Bouvet to Leibniz, Nov. 4, 1701, in *Leibniz Korrespondiert mit China: der Briefwechsel mit den Jesuitenmissionaren (1689–1714)*, ed. Rita Widmaier (Frankfurt am Main: Vittorio Klostermann, 1990), 147–70.
15. Gottfried Leibniz, *Remarks on Chinese Rites and Religion* (1708), trans. Henry Rosemont and Daniel J. Cook (LaSalle, IL: Open Court, 1994), sec. 9, 73–74.
16. 除了约阿希姆·布维，莱布尼茨也会见了刚从北京回来休假的耶稣会传教士Claudio Filippo Grimaldi。这次会见后，莱布尼茨经常与Grimaldi和其他神学人士通信，讨论中国哲学，见Franklin Perkins, *Leibniz and China: A*

Commerce of Light (Cambridge, England: Cambridge University Press, 2004), 114ff。

17. G. W. Leibniz, *Discourse on the Natural Theology of the Chinese* (1716), sec. 48, in *Writings on China*, trans. Daniel J. Cook and Henry Rosemont (LaSalle, IL: Open Court, 1994), 116.

18. G.W.F. Hegel, "Oriental Philosophy" (1816) in *Hegel's Lectures on the History of Philosophy*, trans. E. S. Haldane and Frances H. Simson (London: Routledge and Kegan Paul, 1974), 1:12.有关德国浪漫主义的柏拉图题材，见Douglas Hedley, "Platonism, Aesthetics, and the Sublime at the Origins of Modernity," in *Platonism at the Origins of Modernity: Studies on Platonism and Early Modern Philosophy*, ed. Douglas Hedley and Sarah Hutton (Dordrecht, The Netherlands: Springer, 2008), 269–82。

19. Halbfass, "Hegel" and "Schelling and Schopenhauer" in *India and Europe*, 84-99 and 100–20 (see chap. 1, n. 62).

20. 从Linda Dalrymple Henderson的开创性著作*The Fourth Dimension and Non-Euclidean Geometry in Modern Art* (Princeton: Princeton University Press, 1983; 2nd rev. ed. Cambridge, MA: MIT, 2013)开始，关于这一点和与之相关的早期现代艺术神秘教派题材已有大量文献研究，亦可参阅她的相关总结，见"The Image and Imagination of the Fourth Dimension in Twentieth-Century Art and Culture," *Configurations* 17, no. 1–2 (Winter 2009), 131–60。

21. 有关康托尔在发展集合论方面不同于数学动机的心理与哲学动机，见I. Grattan-Guinness, "Psychology in the Foundations of Logic and Mathematics: The cases of Boole, Cantor, and Brouwer," in his *History and Philosophy of Logic* (1982), 3:33–53, and José Ferreirós, "The Motives behind Cantor's Set Theory: Physical, Biological, and Philosophical Questions," *Science in Context* 17, no. 2 (2004), 49–83。

22. Georg Cantor, *Grundlagen einer allgemeinen Mannigfaltigkeitslehre. Ein mathematisch-philosophischer Versuch in der Lehre des Unendlichen* (Foundations of a general theory of manifolds: A mathematico-philosophical investigation into the theory of the infinite; 1883), trans. and ed. William Ewald, in *From Kant to Hilbert: A Source Book in the Foundations of Mathematics* (Oxford: Clarendon Press, 1996) 2:878–920. 在这篇论文的尾注中，康托尔叙述了自己同柏拉图、斯宾诺莎和莱布尼茨一脉相承的关系。

23. Ibid., 893.

24. 康托尔的传记作家Joseph Warren Dauben曾介绍过康托尔的精神疾病的详情，见*Georg Cantor: His Mathematics and Philosophy of the Infinite* (Cambridge, MA: Harvard University Press, 1979), esp. 136 and 284。

25. 米塔-列夫勒在1884年11月14日致康托尔的信中提出了这个要求。这封信未曾发表过，藏于Archive of the Institut Mittag-Leffler, Djursholm, Sweden; Dauben, *Cantor*, 126, 331, note 17。

26. 康托尔1884年9月22日致米塔-列夫勒的信，*Georg Cantor: Briefe*, ed. H. Meschkowski and W. Nilson (Berlin: Springer, 1991), 202。

27. Ibid.

28. "按莱布尼茨的说法，我把构成化合物的简单自然元素称为单子或者单元"，见Georg Cantor, "Über verschiedene Theoreme aus der Theorie der Punktmengen in einem n-fach ausgedehnten stetigen Raume Gn," *Acta Mathematica* 7 (1885) 105–24, in *Gesammelte Abhandlungen mathematischen und philosophischen Inhalts*, ed. E. Zermelo (Berlin: Julius Springer, 1932), 261–76。

29. 康托尔致冯特的信，Oct. 16, 1883, Briefe, 142。

30. 康托尔致米塔-列夫勒的信，Nov. 16, 1884, Briefe, 224。

31. Ibid。康托尔在次年发表的论文中也有过类似的陈述："从这个角度来看，就出现了一个无论是莱布尼茨还是他的追随者都没有想到的问题。考虑到它们的元素，只要我们把它们视为有形的单子和以太单子，两种物质就都会得到基数。就此而言，我提出了一个假说，即有形物质的基数是我论文中的第一种基数，而以太物质的基数是第二种。"见"Über verschiedene Theoreme," 276。

32. Benoît B. Mandelbrot, *The Fractal Geometry of Nature* (San Francisco: W. H. Freeman, 1977/rev. ed. 1982), 1.

33. Benoît B. Mandelbrot, "Fractal Events and Cantor dusts," in *Fractal Geometry*, 74–82.

34. 有关康托尔和古特贝勒特的通信，见Georg Cantor, "Mitteilungen zur Lehre vom Transfiniten," (1887) in *Gesammelte Abhandlungen*,396–98。

35. "Über im absoluten Geiste ist immerdar die ganze Reihe im actualen Bewußtsein . . . ," C. Gutberlet, "Das Problem des Unendlichen," *Zeitschrift für Philosophie und philosophische Kritik* 88 (1886), 179–223.

36. 在1887年有关无限的那本重要著作的前言中，康托尔引用了枢机主教法兰士林信中的一段话。这位耶稣会教士在信中表示了对康托尔绝对无限概念的赞赏，见Georg Cantor, "Mitteilungen zur Lehre vom Transfiniten" (1887), in *Gesammelte Abhandlungen*, 378–439。

37. 无论从克罗内克发表的作品还是他的大事记中，我都找不到这段人们经常引用的话。在1892年为他发出的讣告上，克罗内克的朋友、美国数学家Henry B. Fine说克罗内克曾做过类似的评论，说曾听他说过"上帝创造了数字和几何，但人类创造了函数"，见"Kronecker and his Arithmetical Theory of Algebraic Equations," *Bulletin of the New York Mathematical Society* (现已更名为*Bulletin of the American Mathematical Society*) 1 (1892), 183。关于数学界对数学变得越来越抽象的忧虑（到1900年时达到了高潮），见Jeremy J. Gray, "Anxiety and Abstraction in Nineteenth-Century Mathematics," *Science in Context* 17, no. 1–2 (2004), 23–47。

38. Alexander Vucinich, *Science in Russian Culture* (Palo Alto, CA: Stanford University Press, 1963), 2:352–56.

39. Nikolai Bugayev, "Les mathématiques et la conception du monde au point de vue philosophie scientifique" (1897), trans. from Russian (n.t.), *Verhandlungen des ersten internationalen Mathematiker-Kongresses in Zürich von 9 bis 11 August 1897*, ed. Fernand Rudio (Leipzig: Teubner, 1898), 221.

40. Ibid., 217. See also S. S. Demidov, "N. V. Bougaiev et la création de l'école de Moscou de la théorie des fonctions d'une variable réelle," *Mathemata, Boethius series: Texte und Abhandlungen zur Geschichte der exakten Wissenschaft* 12 (Stuttgart: Steiner, 1985), 651–73.

41. Vucinich, *Science in Russian Culture*, 2:512, note 45.

42. Charles E. Ford, "Dmitrii Egorov: Mathematics and Religion in Moscow," *The Mathematical Intelligencer* 13, no. 2 (1991), 28.

43. 弗洛伦斯基的小传，见Nicoletta Misler的入门读物*Beyond Vision: Essays on the Perception of Art*, trans, Wendy Salmond, ed. Nicoletta Misler (London: Reaktion Books, 2002), 13–28。

44. Graham Priest and Richard Routley, "The History of Paraconsistent Logic," in *Paraconsistent Logic: Essays on the Inconsistent*, ed. Graham Priest, Richard Routley, and Jean Norman (Munich: Philosophia, 1989), 3–75.

45. Pavel Florensky, "Letter Two: Doubt," in *The Pillar and Ground of the Truth* (1914), trans. Boris Jakim (Princeton, NJ: Princeton University Press, 1997), 24.

46. Pavel Florensky, "Letter Four: The Light of Truth," in *The Pillar*, 67.

47. 根据卢津的描述，普罗提诺是一个"神秘人物……对于真正的世界观要求的深奥逻辑丝毫不陌生"（卢津致弗洛伦斯基的信，1909年4月12日），trans. Loren Graham and Jean-Michel Kantor, in *Naming Infinity: A True Story of Religious Mysticism and Mathematical Creativity* (Cambridge, MA: Harvard University Press, 2009), 93。

48. 在包括对阿列夫-1（康托尔无限第二层次）在内的数字的讨论中，卢津写道："让我们用心理学关心一下自己。我们在头脑中认为自然数是客观存在的。然后，我们认为所有自然数的全体是客观存在的。最后，我们认为所有第二层次的超限数的全体是客观存在的。"见trans. Graham and Kantor in the "Appendix: Luzin's Personal Archives," *Naming Infinity*, 207。Graham 和 Kantor宣称，弗洛伦斯基、卢津以及他们那个东正教下的"名字崇拜"派，相信上帝的存在取决于思维；正如Graham 和 Kantor所写的那样：对于他们来说，"上帝的名字是上帝"。我不同意Graham 和 Kantor有关名字崇拜的本体论描述，而是赞同神秘主义历史学家Bernard McGinn的观点。我会把这些东正教神秘主义者描述为吟唱着"耶稣基督"的名字让人想起上帝的存在，他们停止吟唱时，上帝便不再与他们同在，但上帝仍然独立于他们而存在，而且确实是超越了时间与空间的永恒存在。有关基督教神秘主义传统中“存在”的定义，见Bernard McGinn, “The Nature of Mysticism: A Heuristic Sketch,” in *The Presence of God: A History of Western Christian Mysticism* (New York: Crossroad, 1991), xiii–xx。取决于思维的神灵，就如同取决于思维的数学对象一样，会导致矛盾（就想想一个僧侣吟唱而另一个僧侣没有吟唱时上帝的本体状态）。机敏的弗洛伦斯基 和卢津当然会预见这样的悖论，但在他们的著作中并没有讨论过这类悖论，这就说明他们并非像Graham 和 Kantor所说的那样。

49. 正如卢津所写的：“我们要的是如下做法：假定我们面对所有自然数和第二层次的超限数的客观存在的整体，那么我们给每一个第二层次的超限数一个定义、一个‘名字’，而且要对所有我们考虑的那些超限数一视同仁。”见trans. Graham and Kantor, “Luzin's Archives,” *Naming Infinity*, 207。

50. 有关抽象艺术在日耳曼文化中的兴起，见Lynn Gamwell, “German and Russian Art of the Absolute: A Warm Embrace of Darwin,” *Exploring the Invisible*, 93–109 (see n. 1)。

51. 有关数学在俄罗斯现代主义中扮演的角色，见Anke Niederbudde, *Mathematische Konzeptionen in der russischen Moderne: Florenskij, Chlebnikov, Charms* (Munich: Otto Sagner, 2006)。作者专注于弗洛伦斯基、赫列勃尼科夫和荒诞派诗人Daniil Kharms所创作的有关无限、数字，以及符号的全景、测量和本体状态的题材。

52. 作为神经学家，库利宾十分熟悉支持这一前提的实验心理学。库利宾的临床著作包括：*Chuvstvitelnost. Ocherki po psikhometrii i klinicheskomu primeneniiu eia dannykh* (St. Petersburg, 1903)。

53. 在1959年与Nikolay Khardzhiev的面谈中，克鲁乔内赫做出了这个关于超理性起源的叙述，Gerald Janecek在他的著作中引用了相关内容，见*Zaum: The Transrational Poetry of Russian Futurism* (San Diego: San Diego State University, 1996), 49。

54. Gerald Janecek, “Zaum: A Definition,” in *Zaum*, 1–3.

55. P. D. Ouspensky, *Tertium Organum: The Third Canon of Thought, a Key to the Enigmas of the World* (1911), trans. Claude Bragdon and Nicholas Bessaraboff (New York: Alfred A. Knopf, 1968 ed.), 236.

56. Kruchenykh, “New Ways of the Word” (1913), trans. Anna Lawton and Herbert Eagel, in *Russian Futurism through its Manifestos, 1912–1928* (Ithaca: Cornell University Press, 1988), 70. 克鲁乔内赫论文的翻译者没有用我这里用的名字“Peter Ouspensky”，而是用了“P. Uspensky”(70页引言）和“Petr Uspenskii” (309页引言尾注）这个拼法。

57. Kruchenykh, “Declaration of the Word as Such” (1913), *Lawton and Eagel in Russian Futurism*, 68.

58. Gerald Janecek 在他的*Zaum*中搜集了超理性诗的一些例子。

59. 英国艺术史学家John Milner在著作*Kazimir Malevich and the Art of Geometry* (New Haven: Yale University Press, 1996)中讨论了马列维奇与许多种不同的几何之间的可能关系，其中包括毕达哥拉斯图解、斐波那契数列、四维几何、基于黄金分割的比例系统、中世纪炼金术士和现代神智学者使用的图解。尽管书中囊括了许多历史上的几何图形，还有Milner自己有关马列维奇一些画作的结构示意图，但作者表述得很模糊、很笼统，没有明确指出这些几何图形究竟与马列维奇的艺术有什么关系。作者还一再暗示说马列维奇利用几何象征了一种重要的隐藏含义，但也没有告诉读者这个隐藏含义到底是什么。

60. 出自Andréi Nakov的*Kazimir Malewicz: catalogue raisonné* (Paris: Adam Biro)，见作品F390–F481（约1913—1915），标题中包括了“超理性”和“非逻辑”这些术语。1915年，许多作品都提及了神智学者的“第四维”(*Painterly Realism of a Boy with a Knapsack—Color Masses in the Fourth Dimension*, 1915)，在此之后，正如可以在S421–S455（约1915—1918）中看到的那样，标题中包括了“宇宙”这个术语。有关马列维奇和神智学的内容，见Jean Clair, “Malévitch, Ouspensky, et l'espace néo-platonicien,” in *Malévitch 1878–1978*, ed. Jean-Claude Marcadé (Lausanne: L'âge d'homme, 1979), 15–30。作者认为，邬斯宾斯基曾在*Tertium Organum*中详细讨论过的柏拉图的洞穴比喻，其实为马列维奇等神智学者的观点提供了基础。

61. 有关俄罗斯圣像画与俄罗斯前卫派的关系，见Margaret Betz, “The Icon and Russian Modernism,” *Artforum* 15, no. 10 (1977), 38–45; R. Milner-Gulland, “Icons and the Russian 'Modern Movement,'” *Icons 88: To Celebrate the Millennium of the Christianization of Russia, an Exhibition of Russian Icons in Ireland*, ed. Sarah Smyth and Stanford Kingston (Dublin: Veritas, 1988), 85–96; and Andrew Spira, *The Avant-Garde Icon: Russian Avant-Garde Art and the Russian Icon Painting Tradition* (Hampshire, England: Lund Humphries, 2008)。

62. Kazimir Malevich, *Chapitre de l'autobiographie du peintre* (Chapter from an artist's autobiography; 1933), trans. by Dominique Moyen and Stanislas Zadora, in *Marcadé, Malévitch 1878-1978*, 164 (see n. 60). 在弗洛伦斯基的许多论文中，有一篇把美学与神学放到了一起，认为如果我们觉得俄罗斯东正教的非理性圣像视野看上去很幼稚，其实真正幼稚的是我们，因为我们假定了艺术家当时是想成功地对日常世界做出自然主义的表达。弗洛伦斯基认为，圣像画家试图真实描述的超自然领域空间是非理性的，或者说“颠倒的”；见Pavel Florensky, “Reverse Perspective”, *Beyond Vision*, 201–72 (see n. 43)。

63. 有关马列维奇的风格经历的这个短暂变化，见Christina Lodder, “The Transrational in Painting: Kazimir Malevich, Algoism, and Zaum,” *Forum for Modern Language Studies: The International Avant-Garde* 32, no. 2 (1996), 119–36。有关俄罗斯前卫派的算法和英国逻辑学家刘易斯·卡罗尔的《爱丽丝梦游仙境》中荒谬话语的比较，见Nikolai Firtich, “Worldbackwards: Lewis Carroll, Aleksei Kruchenykh and Russian Algoism,” *The Slavic and East European Journal* 48, no. 4 (2004), 593–606。

64. Malevich, *Chapitre de l'autobiographie*, 168.

65. 来自《战胜太阳》某场策划会的报告，召开于1913年，与会者包括克鲁乔内赫、马秋申、马列维奇；他们以《第一次俄罗斯未来派诗人代表大会》为题发表了这份报告，*Zhurnal za* 7 dney (Pb), no. 28 (1913), 606; trans. Gerald Janacek in *Zaum*, 111。

66. Aleksei Kruchenykh, *Victory Over the Sun* (1913), Act 1, Scene 1, in *Victory over the Sun: The World's First Futurist Opera*, trans. Rosamund Bartlett, ed. Rosamund Bartlett and Sarah Dadswell (Exeter: University of Exeter Press, 2012), 26. 书中收入了原版俄语剧本的一份复本，并配有英译。

67. Ibid., Scene 4, trans. 36.

68. Ibid. John Bowlt曾经认为，马列维奇发明的记号（黑色正方形和圆形）不仅是比喻，而且是对日全食的描述，与角本的主题相扣；见Bowlt, “Darkness and Light: Solar Eclipse as a Cubo-Futurist Metaphor,” in *Victory over the Sun*, trans. Bartlett, 65–77。

69. Charlotte Douglas, *Swans of Other Worlds: Kazimir Malevich and the Origins of Abstraction in Russia* (Ann Arbor, MI: UMI Research Press, 1980), 3, and Charlotte Douglas, *Kazimir Malevich* (New York: Abrams, 1994), 21–22. Andréi Nakov曾编辑过这位艺术家的分类目录，并抱怨他有个可怕的坏习惯，爱在作品上标注构思日期，而非画作实际完成的日期，所以让人难以为他建立准确的编年目录；*Malewicz: catalogue raisonné*, 37。

70. A. von Riesen 将马列维奇的俄语手稿译为德语，并以*Die gegenstandslose Welt*为题在*Bauhausbücher* 11 (Munich: Albert Langen, 1927)上发表。1959年，Howard Dearstyne 从德文转译为英文（俄语原稿已经遗失），题为*The Non-Objective World* (Chicago: Paul Theobald, 1959), 68, 76。Charlotte Douglas指出，马列维奇的术语“oshchushchenie”应该译为“知觉”（sensation）而不是经常被翻译成的“感觉”（feeling），否则会让人误以为好像马列维奇很在意情感；*Swans of Other Worlds*, 57–58。但我认为，这位艺术家著述极丰，且其中诗意十足，因此不应单纯拘泥于某些术语的含义，而且有时候马列维奇显然写到了他自己的感觉，而不是知觉。马列维奇确实写到知觉时，会专注于潜意识的物理刺激，其目的是发展他感知这种感觉的能力（直觉），然后象征性地表现在他的画作上。有关马列维奇以象征性手法表现的心理感知，见Christina Lodder, “Man, Space, and the Zero of Form: Kazimir Malevich's Suprematism and the Natural World,” in *Meanings of Abstract Art: Between Nature and Theory*, ed. Paul Crowther and Isabel Wünsche (New York: Routledge, 2012), 47–63。

71. Pavel Florensky, *Iconostasis*, trans. Donald Sheehan and Olga Andrejev (Crestwood, NY: St. Vladimir's Seminary Press, 1996), 63.

72. 有关马列维奇在叔本华那里的根源，见Kazimir Malevich著作的引言, *The World as Non-objectivity: Unpublished Writings 1922–25*, trans. Xenia

Glowacki-Prus and Edmund T. Little, ed. Troels Andersen (Copenhagen: Borgen, 1976), 7–10。

73. Malevich, *Non-Objective World*, 68.
74. Malevich, *World as Non-objectivity*, 354.
75. Alexander Benois, "Posledniaia futuristicheskaia vystavka," *Rech'* (Jan. 9, 1916) 3, trans. Jane A. Sharp in her essay "The Critical Reception of the 0,10 Exhibition: Malevich and Benau," in *The Great Utopia: The Russian and Soviet Avant-Garde, 1915–1932* (New York: Guggenheim Museum, 1992), 39–52. "Alekandr Benau" 是 "Alexander Benois" 的另一种拼法。
76. 马列维奇在1915年、1920年、1924年、1929年画过多种版本的黑色正方形；Nakov, *Malewicz: catalogue raisonné*, 37。他还在不同语境下画了50多幅黑色正方形，见Nakov的*Malewicz: catalogue raisonné*, numbers S-113 to S-174, 205–18。
77. 见展览目录，Hubertus Gassner, ed., *Das schwarze Quadrat: Hommage an Malewitsch*(Ostfildern: Hatje Cantz, 2007)。这次展览包括了斯洛维尼亚艺术团体IRWIN对马列维奇的致敬作品，他们在自己的装置艺术*Corpse of Art* (2003; 184–85, fig. 121)中重现了马列维奇的遗体告别仪式，让一位艺术家躺在那里扮演死者。有关马列维奇《黑色正方形》是单色绘画起源的讨论，见Yve-Alain, "Malevitch, le carré, le degré zero," *Macula* 1 (1976), 28–49。然而据记载，马列维奇的画作是在白色背景上画黑色正方形；创作第一幅单色画作的殊荣当属亚历山大 · 罗德琴科（第四章）。
78. Adolphe Quetelet, *Sur l'homme et le développement de ses facultés, ou Essai de physique sociale* (Paris: Bachelier, 1835), 12. 有关19世纪的概率论被普遍用来捍卫自由意志，见Theodore M. Porter, "Statistical Law and Human Freedom," in Porter, *The Rise of Statistical Thinking, 1820-1900* (Princeton, N.J: Princeton University Press, 1986), 151–92。
79. 这里的引文来自凯特勒1842年为*Essai de physique sociale* (1835)英译本所写序言，英译本名为*A Treatise on Man and the Development of His Faculties*, trans. R. Knox (Edinburgh: William and Robert Chambers, 1842), x。
80. Pavel A. Nekrasov, *Filosofiia i Logika Nauki o Massovikh Proiavleniiakh Chelovecheskoi Deiatelnosti (Peresmotr osnovanii sotsialnoi fiziki Ketle)*; Moscow: Universitetskaia tipografiia, 1902. Eugene Seneta, "Statistical Regularity and Free Will: L.A.J. Quetelet and P. A. Nekrasov," *International Statistical Review/Revue Internationale de Statistique* 71, no. 2 (2003), 319–34.
81. 见俄罗斯数学家 Dmitrii M. Sincov在柏林杂志*Jahrbuch über die Fortschritte der Mathematik* 33 (1902)上评论涅克拉索夫 *Filosofiia* (1902)一书的文章。Sincov还评论了另外几位俄罗斯人对涅克拉索夫这本著作的反应，并总结了他们的意见："用数学来证明自由意志这种形而上思想相当不可能。"见*Jahrbuch über die Fortschritte der Mathematik* 34 (1903), 66。
82. Ayda Ignez Arruda, "On the Imaginary Logic of N. A. Vasil'év" (1977), in *Non-Classical Logic, Model Theory and Computability*, ed. Ayda Ignez Arruda, N. da Costa, and R. Chuanqui (Amsterdam: North Holland, 1977), 3–24, and Valentin A. Bazhanzov, "The Fate of One Forgotten Idea: N. A. Vasiliev and his Imaginary Logic," *Studies in Soviet Thought* 39, no. 3–4 (1990), 333–42.
83. 然而，智利心理分析学家Ignacio Matte Blanco认为，弗洛伊德的无意识思想这一牵强的论点是一个无限集，因为如果人们假定婴儿觉得母亲是一切可能知识的来源，那么"我们就把母亲的乳房当成了一切的可能性，或者幂的同一基数，就如同把它们归因于所有可能的知识的类别"；*The Unconscious as Infinite Sets* (London: Duckworth, 1975), 180。
84. Friedrich Schleiermacher, *On Religion: Speeches to its Cultured Despisers* (1799), trans. Richard Crouter (Cambridge, England: Cambridge University Press, 1988), 139–40.

第四章 形式主义

1. 有关德国和法国的科学及其在艺术中的不同表达，见Lynn Gamwell, "The French Art of Observation," and "German and Russian Art of the Absolute," in Gamwell, *Exploring the Invisible*, 57–109 (see chap. 3, n. 1)。
2. Plato, *Timaeus* (366–60 BC), 33b, in *Dialogues*, trans. 3: 452 (see chap. 1, n. 26).
3. John Ruskin, *Modern Painters* (London: Smith, Elder, and Co., 1846), 2:193.
4. 有关聚焦于英国批评界的形式主义讨论，见Arnold Isenberg, "Formalism," in Isenberg, *Aesthetics and the Theory of Criticism* (Chicago: University of Chicago Press, 1973), 22–35, and Richard Wollheim, "On Formalism and Pictorial Organization," *Journal of Aesthetics and Art Criticism* 59, no. 2 (2001), 127–37。
5. L.E.J. Brouwer, "Intuitionism and Formalism" (1912), trans. Arnold Dresden, *Bulletin of the American Mathematical Society* 20, no. 2 (1913), 81–96.
6. 有关试图证明平行公理的历史，见Boris A. Rosenfeld, "The Theory of Parallels," in *A History of NonEuclidean Geometry: Evolution of the Concept of Geometric Space*, trans. Abe Shenitzer (New York: Springer, 1988), 35–109。
7. 有关非欧几何的发现史，见Marvin Jay Greenberg, *Euclidean and Non-Euclidean Geometries: Development and History* (New York: W. H. Freeman, 1993), esp. 869–74。有关波尔约最初发表的文章以及评论的复本，见Jeremy J. Gray, *János Bolyai, Non-Euclidean Geometry, and the Nature of Space* (Cambridge, MA: Burndy Library, 2004)。
8. 波尔约选择以普莱费尔公理形式研究欧几里得第五公设："过一条直线外任意一点可以作无限多条直线，但其中只有一条直线不与已知直线相交。"见Harolde E. Wolfe, *Introduction to Non-Euclidean Geometry* (Bloomington, IN: Indiana University Press, 1941), 24。
9. Immanuel Kant, *Critique of Pure Reason*(1781), A84/B116 to A92/B124, trans. Norman Kemp Smith (London: Macmillan, 1929), 120–25.
10. Ibid.
11. Hermann von Helmholtz, "On the Origin and Meaning of Geometrical Axioms" (1876), trans. Edmund Atkinson, in *Ewald, Kant to Hilbert*, 2:668–70 (see chap. 3, n. 22).
12. 这一插曲由亥姆霍兹的朋友、传记作者 Leo Königsberger记录，见*Hermann von Helmholtz* (1905), trans. Frances A. Welby (New York: Dover, 1905/rpt.1965), 254–67。黎曼已于1854年将这篇论文作为自己的哲学博士论文交给了他在哥廷根大学的教授。
13. Hermann von Helmholtz, "Über die Tatsachen, die der Geometrie zugrunde liegen" (1868), in Helmholtz, *Wissenschaftliche Abhandlungen* (Leipzig: Johann Ambrosia Barth, 1883) 2:618–39.
14. 正如Thomas Heath所说的那样："欧几里得更愿意直接将所有直角都相等这一事实作为一项假定加以陈述；因此，人们必须将他的假定视为等价于图形的不变性，或者说与此相同的说法，即空间的均匀性。"见Heath, *Greek Mathematics*,1:375 (see chap. 1, n. 9)。
15. 这是Heath的判定，*Greek Mathematics*, 1:375。
16. David Hilbert, *Grundlagen der Geometrie* (1899), trans. E. J. Townsend as *The Foundation of Geometry* (LaSalle, IL: Open Court; London: K. Paul, Trench, Trübner, 1902/rpt.1962), 4.
17. 外尔在为希尔伯特撰写的悼文中引用了这段话，"David Hilbert and his Mathematical Work," in *Bulletin of the American Mathematical Society* 50 (1944), 612–54。外尔称Otto Blumenthal是他关于希尔伯特这段评论的来源，并复述了这一逸事，说这一评论希尔伯特早在1891年便说过，见David Hilbert, *Gesammelte Abhandlungen* (Berlin: Springer, 1970), 3:403。
18. Hilbert, *Grundlagen der Geometrie*, 4–5.
19. Gottlob Frege, "The Concept of Number," in his *Die Grundlagen der Arithmetik* (1884), trans. by J. L. Austin as *The Foundations of Arithmetic* (Oxford: Basil Blackwell, 1953), 67–99.
20. Cantor, *Grundlagen einer allgemeinen Mannigfaltigkeitslehre*, 896.
21. 希尔伯特1903年11月7日致弗雷格的信，见Frege, *Philosophical and Mathematical Correspondence*, trans. Hans Kaal, ed. Brian McGuinness (Oxford: Basil Blackwell, 1980), 52。另见José Ferreirós, "Hilbert, logicism,

and mathematical existence," *Synthese* 170, no. 1 (2009), 33–70, esp. 55–59。

22. 以数学柏拉图主义为题材的一系列出版物中包括: W.V. Quine, "Success and Limits of Mathematics" (1978) in Quine, *Theories and Things* (Cambridge, MA: Harvard University Press, 1981), 148–55, and Hilary Putnam, "What is Mathematical Truth?" in Putnam, *Mathematics, Matter, and Method: Philosophical Papers*, 2nd ed. (Cambridge: Cambridge University Press, 1979), 1:60–78。有关对比蒯因、帕特南的柏拉图主义和贝纳塞拉夫的反柏拉图主义的深度讨论, 见Mark Balaguer, *Platonism and Anti-Platonism in Mathematics* (Oxford, England: Oxford University Press, 1998)。
23. Plato, *Seventh Letter*, 136 (see chap. 1, n. 41).
24. Paul Bernays, "Über den Platonismus in der Mathematik," in his *Abhandlungen zur Philosophie der Mathematik* (Darmsstadt: Wissenschaftliche Buchgesellschaft, 1976), 62–78.
25. Peter van Inwagen, "The Nature of Metaphysics," in *Contemporary Readings in the Foundations of Metaphysics*, ed. Stephen Laurence and Cynthia Macdonald (Oxford: Blackwell, 1998), 11–21.
26. Bertrand Russell, "Reflections on my Eightieth Birthday" (1952), in his *Portraits from Memory and Other Essays* (London: George Allen and Unwin, 1956), 53.
27. Peter Renz, "Mathematical Proof: What it Is and What it Ought To Be," *The Two-Year College Mathematical Journal* 12, no. 2 (1981), 83–103.
28. 戴维斯继续写道:"这并不令人吃惊, 因为柏拉图主义是从毕达哥拉斯神秘主义发展而来的, 数学在其中扮演了关键角色。" 见E. Brian Davies, "Let Platonism Die," *European Mathematical Society Newsletter* 64 (June 2007), 24–25。
29. 有关抽象对象本体论的文献综述, 见Harty Field, "Mathematical Objectivity and Mathematical Objects," in *Foundations of Metaphysics*, ed. Laurence and Macdonald 387–403。
30. David Corfield, *Towards a Philosophy of Real Mathematics* (Cambridge, England: Cambridge University Press, 2003).
31. Johann Friedrich Herbart, *Über philosophisches Studium* (1807), in Herbart, *Sämtliche Werke* (Leipzig: Leopold Voss, 1850), 2:373–463.
32. 黎曼有关赫尔巴特哲学的大量笔记, 包括对赫尔巴特的*Über philosophisches Studium* (1807) 的总结, 保存在Riemann Archive at Göttingen ; Erhard Scholtz, "Herbart's Influence on Bernhard Riemann," *Historia Mathematica* 9 (1982), 413–40。有关黎曼对赫尔巴特的兴趣, 见Detlef Laugwitz, "The Role of Herbart's Philosophy," in Laugwitz, *Bernhard Riemann, 1826–1866: Turning Points in the Conception of Mathematics*, trans. Abe Shenitzer (Basel: Birkhäuser, 1999), 287–92, and Jeremy Grey, *Plato's Ghosts: The Modernist Transformation of Mathematics* (Princeton, NJ: Princeton University Press, 2008), 83–86 and 91–93。
33. 在他的开创性著作*Grundlagen der Geometrie* (Foundations of geometry; 1899)的题词页上, 希尔伯特选择了伊曼努尔·康德的一句话:"一切人类知识始于直觉, 传于概念, 终于观念。"
34. 康德将一切(美学的、伦理学的)价值判定描述为主观判定:"有两事充盈心灵, 思之越频, 念之越密, 则越觉惊叹日新, 敬畏月益: 头顶之天上繁星, 心中之道德律令. 我不需要寻找它们, 它们好像就隐藏在黑暗中, 或是在我视界之外的超越的区域; 我能看到它们在我眼前, 我能立即将它们与我存在的意识联系。" 见Immanuel Kant, *Critique of Practical Reason* (1788), trans. Mary Gregor (Cambridge, UK: Cambridge University Press, 1997), 133。
35. 希尔伯特于1900年在巴黎的国际数学大会上讲了这段话, 激励数学家在未来的一个世纪中解决23项关键问题, 见David Hilbert, "Mathematical Problems" (1901), trans. Mary Winston Newsom, *Bulletin of the American Mathematical Society* 8, (July 1902), 437–79。
36. Ibid., 479.
37. Johann Friedrich Herbart, *Kurze Encyklopädie der Philosophie aus praktischen Gesichtspunkten entworfen* (Halle: Schwetschke, 1831), sec. 72, 124–25.
38. Hermann von Helmholtz, "On the Physiological Causes of Harmony in Music" (1857), in his *Popular Lectures on Scientific Subjects*, trans. E. Atkinson (London: Longmans, and Green, 1893/rpt.1904), 53–93.
39. 希尔伯特说:"认为证明中的严格是简洁的敌人, 这种想法是错误的。与此相反, 我们发现, 许多例子证实, 严格的方法同时更为简洁、更易于理解。" 见Hilbert, "Mathematical problems," 441。的确, 在1900年为20世纪构想的23个关键问题中, 希尔伯特本来还有关于简洁的第24个问题, 即找出确定某个证明是其最简单的形式, 但在讲话和发表的清单中略去了这个问题。这个问题一直无人知道, 直到数学史学家Rüdiger Thiele最近才在希尔伯特的笔记中找到, 见Rüdiger Thiele, "Hilbert's Twenty-fourth Problem," *American Mathematical Monthly* 110 (Jan. 2003), 1–24。
40. Alexander Vucinich, "Probability Theory," in his *Science in Russian Culture*, 2:336–43.
41. 有关19世纪生物进化和语言"进化"的对比, 见Stephen G. Alter, *Darwinism and the Linguistic Image: Language, Race, and Natural Theology in the Nineteenth Century* (Baltimore: Johns Hopkins University Press, 1999)。
42. 今天提供词源的字典对从印欧语系母语中重建的词加了星号。
43. 博杜恩写道:"可以把语音定律与应用于气象学概论的那些定律进行比较。" 见"Phonetic Laws" (1910), trans. Edward Stankiewicz, in *A Baudouin de Courtenay Anthology: the Beginnings of Structural Linguistics* (Bloomington, IN: Indiana University Press, 1972), 276。
44. 正是克鲁乔内赫杜撰的词让博杜恩特别感兴趣; Gerald Janecek, "Baudouin de Courtenay versus Kruchenykh," *Russian Literature* 10 (1981) 17–30。
45. Andrey Bely, "Lyrical Poetry and Experiment" (1909), in *Selected Essays of Andrey Bely*, trans. Steven Cassedy (Berkeley: University of California Press, 1985), 222–73. 这一文集中的所有论文都选入了别雷于1910年出版的*Symbolism*一书。别雷称这些图解既是几何图形, 也是"统计数字"。
46. 有关统计学按别雷的惯例应用于诗歌的历史, 见捷克批评家Jií. Levý, "Mathematical Aspects of the Theory of Verse" (1969) in *Statistics and Style*, ed. Lubomír Dolezel and Richard Bailey (New York: American Elsevier Publishing Company, 1969), 95–112。
47. 韦利米尔·赫列勃尼科夫给"Artists of the world!" (1919)一文的题词, in *Collected Works of Velimir Khlebnikov*, trans. Paul Schmidt (Cambridge, MA: Harvard University Press, 1987), 1:364。
48. Khlebnikov, *Collected Works*, 1:365.
49. Ibid., 1:365, 367.
50. Velimir Khlebnikov, *The Burial Mound of Sviatagor* (1908), in *Collected Works*, 1:234. Sviatagor是俄罗斯的一位神话英雄。我无法找到俄语原文中的出处; 但在译者用了"geomeasure"的地方, 赫列勃尼科夫说的肯定是"geometry"(几何)。有关赫列勃尼科夫用罗巴切夫斯基几何作为神秘符号的讨论, 见Henryk Baran, "Xlebnikov's Poetic Logic and Poetic Illogic," in *Velimir Chlebnikov*, ed. Nils Åke Nilsson (Stockholm: Almqvist and Wiksell, 1985), 7–25。在1917年10月和"一战"之后, 通过使用更合规矩的词语("诗的逻辑"), Baran减少了赫列勃尼科夫早期对于意义相反的反义词("诗中允许的违格")的使用。
51. 有关塔特林和罗德琴科艺术的广泛研究, 见Christina Lodder, *Russian Constructivism* (New Haven, CT: Yale University Press, 1983)。
52. David Burliuk, "Cubism (Surface-Plane)" (1912), in *Russian Art of the Avant Garde: Theory and Criticism, 1902–1934*, trans. John Bowlt (New York: Viking, 1976), 70.
53. Ibid., 70, 73.
54. Ibid., 77.
55. 有关塔特林反浮雕的详细目录, 见*Vladimir Tatlin: Retrospektive, ed. Anatolij Strigalev and Jürgen Harten* (Cologne: DuMont, 1993), inv. nos. 340–62 on 245–553, and inv. nos. 391–92 on 257–58。
56. Viktor Shklovskii, "On Faktura and Counter-Reliefs" (1920), trans. Eugenia Lockwood, in *Tatlin*, ed. Larissa Alekseevna Zhadova (New York: Rizzoli, 1988), 341–42. 有关"faktura", 可参阅Benjamin H. D. Buchloh, "From Faktura to Fac tography," *October* 30 (Autumn, 1984), 82–119, esp. 85–95; and Maria Gough, "Faktura: The making of the Russian Avant-Garde," *RES: Anthropology and Aesthetics* 36 (Autumn 1999), 32–59。

57. Sergei K. Isakov, "On Tatlin's Counter-Reliefs" (1915), trans. Eugenia Lockwood, in *Tatlin*, ed. Zhadova, 333–35；这段引文在第334页。

58. 有关罗德琴科职业生涯的综述，见Magdalena Dabrowski, "Aleksandr Rodchenko: Innovation and Experiment," in *Aleksandr Rodchenko*, ed. Magdalena Dabrowski, Leah Dickerman, and Peter Galassi (New York: Museum of Modern Art, 1998), 18–49。

59. 有关这一辩论的内容，见Christina Lodder, "Towards a Theoretical Basis: Fusing the Formal and Utilitarian" in her *Russian Constructivism*, 73–108。1919年时，罗德琴科已经是革命组织"Zhivskul'ptarkh"的活跃成员，这个组织的名字由"zhivopis"（绘画）、"skulptura"（雕塑）、"arkhitektura"（建筑）三个词合成；他为这个组织设计了一个信息亭，并取名为"未来是我们的唯一目标"（1919）。有关"绘画雕塑建筑"的描述，见Kestutis Paul Zygas, *Form Follows Form: Source Imagery of Constructivist Architecture, 1917–25* (Ann Arbor, MI: UMI Research Press, 1981), 14–23。有关罗德琴科的信息亭，见Victor Margolin, *The Struggle for Utopia: Rodchenko, Lissitzky, Moholy-Nagy, 1917–1946* (Chicago: University of Chicago Press, 1997), 16–20。

60. Aleksandr Rodchenko, "The Famous Theorem of Cantor" (1920) in *Aleksandr Rodchenko: Experiments for the Future: Diaries, Essays, Letters, and Other Writings*, trans. Jamey Gambrell, ed. Alexander N. Lavrentiev (New York: Museum of Modern Art, 2005), 102.罗德琴科称他援引的康托尔定理来自A. Solonovich, "Equation of the World Revolution," *Klich*, no. 3 (Moscow, 1917)。行星、恒星和星系是不同的物理对象，因此，尽管这些对象数目很大，但却能数清楚。罗德琴科似乎不知道一条线段上的点多得无法计数。

61. Malevich, *Non-Objective World*, 68.

62. 罗德琴科的许多"空间构造"作品都不复存在了，但在20世纪20年代，他为这些作品或是拍了照片，或是绘制了图片，见*Alexander Rodchenko: Spatial Constructions/Raumkonstruktionen*, trans. Michael Eldred and Gerlinde WeberNiesta, ed. Krystyna Gmurzynska and Mahias Rastorfer, (Ostfildern: Hatje Cantz, 2002)，这是在杜伊斯堡威廉·列姆布鲁克博物馆举办的"罗德琴科空间构造作品展"的目录。得到罗德琴科基金会的允许之后，人们在2002年限量制作了原版作品的复制品，本书的插图即是这些复制品。

63. 在论文"The Primary Colors for the Second Time: A Paradigm Repetition of the Neo-Avant-Garde," *October* 27 (Summer 1986), 41–52中，本杰明·布赫洛错误地将罗德琴科的三幅单色绘画（《红》《蓝》《黄》）描述为三联画。James Meyer在他的*Minimalism* (London: Phaidon, 2000), 19中，介绍了罗德琴科的"单色三联画《纯色：红色、蓝色和黄色》"，也犯了同样的错误。如果我们假定罗德琴科的目标是将绘画简化到最简单的形式，那他的终点便不可能是三联画，因为那样作品就有三部分了。他首先于1921年在莫斯科举办的展览"5 × 5 = 25"中展出了他的三幅单色画，这次展览中展出了5名艺术家各5幅作品，总共为25幅。罗德琴科的5幅作品分别是《红》（1921）、《黄》（1921）、《蓝》（1921）、《直线》（1920）、《正方形》（1921）。原版俄罗斯展览的目录（未注明日期）是分别装订的，后由John Milner整理成集，*The Exhibition 5 x 5 = 25: Its Background and Significance* (Budapest: Helikon, 1992)。有关罗德琴科1921年单色画引出的单色画历史，见Thierry de Duve, "The Monochrome and the Blank Canvas," in his *Kant after Duchamp* (Cambridge, MA: MIT Press, 1996), 199–279。

64. 有关1921年的单色画作，罗德琴科在1940年为纪念马雅可夫斯基去世10周年撰写的回忆文章"Working with Mayakovsky"中有过介绍，见Rodchenko, *Experiments for the Future*, 214–30。

65. Nikolai Tarabukin, *Ot mol'beria k mashine* (1923), trans. Christina Lodder in *Modern Art and Modernism: A Critical Anthology*, ed. Francis Frascina and Charles Harrison (New York: Harper & Row, 1982), 139.塔拉布金的这篇论文与另外四篇论文（包括写于1916年、发表于1923年的"Pour une théorie de la peinture"）有法文译本，见Gérard Conio, *Dépassements constructivistes: Taraboukine, Axionov, Eisenstein* (Lausanne: L'âge d'homme, 2011)。

66. 1919年，罗德琴科写了一篇相当阴郁的艺术家陈述："所有的'主义'都在绘画中崩溃了，这是我崛起的开始。作为颜色主义绘画的丧钟，最后一个'主义'在这里永恒长眠，最后的希望与爱坍塌了，我离开了那座死亡的真理的房屋。"见"Rodchenko's System," in the catalogue of the 10th *State Exhibition: Non-Objective Creation and Suprematism* (Moscow, 1919), in *Rodchenko, Experiments for the Future*, 84。同样，对于基础的挖掘会导致摧毁，从而创建一个负面的氛围，就像塔拉布金指出的那样："当印象派鼻祖马奈的油画60年前第一次出现在巴黎画展上，启发了当时巴黎艺术界的彻底革命时，绘画的基础被人拆掉了第一块基石。直到最近，我们仍然倾向于将其后整个绘画形式的发展视为走向形式完美的进步过程。根据最新的发展，我们现在意识到，一方面这是绘画机体变成其组成元素的逐步崩溃，而另一方面是绘画作为典型形式的逐步退化。"见Tarabukin, "Easel to machine," 135。

67. 有关斯特泽敏斯基和科布罗对于统一主义的追寻，见法国历史学家Yve Alain Bois, "Strzeminski and Kobro: In Search of Motivation," in his *Painting as Model* (Cambridge, MA: MIT Press, 1990), 123–55。Bois将他们的动机描述为对统一主义的追寻，让他们不可避免地犯下了现代主义的原罪——本质先于存在。波兰历史学家Andrzej Turowski反对这种说法，并捍卫了二人，尤其是科布罗，见"Theoretical Rhythmology, or the Fantastic World of Katarzyna Kobro," trans. Alina Kwiatkowska, in *Katarzyna Kobro, 1898–1951* (Lód: Museum Sztuki and Leeds: Henry Moore Institute, 1998), 83–88。

68. Wladyslaw Strzeminski, "L'art moderne en Pologne" (1934), trans. Antoine Budin, in *Wladyslaw Strzeminski and Katarzyna Kobro, L'Espace uniste: Écrits du constructivisme polonaise* (Lausanne: L'âge d'homme, 1977), 148.

69. 这一自然段中的所有引文都来自斯特泽敏斯基，"B = 2; to read . . ." (1924), trans. Joanna Holzman, Piotr Graff, and Michael Trevelyans in *Constructivism in Poland, 1923 to 1936* (Cambridge: The Kettle's Yard Gallery, 1973), 33–36。

70. 庞加莱对希尔伯特的*Grundlagen der Geometrie* (1899)的评价，见*Bulletin des Sciences Mathématiques* 26 (1902), 249–72。

71. Freeman Dyson, *The Scientist as Rebel* (New York: New York Review Book, 2006), 9.

72. 在1990年一份有关数学如何影响了现代文化的研究报告中，数学史学家Herbert Mehrtens将希尔伯特描述为一位纯形式主义者，见*Modern-Sprache-Mathematik: Eine Geschichte des Streits um die Grundlagen der Disziplin und des Subjekts formaler Systeme* (Frankfurt am Main: Suhrkamp, 1990)。在他看来，现代数学诞生于两派的冲突之中，一派是以希尔伯特为代表的现代派，对于他们来说，数学是一种意义待定的语言，而另一派是以费利克斯·克莱因为代表的反现代派，对于他们来说，数学是关于理想和绝对对象的。最后，这场战役以现代派的胜利告终。我认为，希尔伯特既是他所说的现代派（研究基础题材时），但也是反现代派，因为希尔伯特是一个固执的柏拉图主义者，就像我们已经看到的那样，对他来说，一致性就意味着抽象对象的存在。

73. 希尔伯特对数学物理的贡献，见Lewis Pyenson, "Physics in the Shadow of Mathematics: The Göttingen Electron-Theory Seminar of 1905," *Archive for History of Exact Sciences* 21, no. 1 (1979), 55–89, and Leo Corry, *David Hilbert and the Axiomatization of Physics (1898–1918): From Grundlagen der Geometrie to Grundlagen Der Physik* (Dordrecht: Kluwer, 2004)。Corry这本书主要关注的是希尔伯特在分离出物理学中的数学内容上的兴趣，以及避免理论物理学发生矛盾的兴趣。

74. 有关俄罗斯批评家在20世纪20年代对罗德琴科在"5 × 5 = 25"展览中展出作品的负面批评，见Aleksandr Lavrent'ev, "On Priorities and Patents," in *Rodchenko*, ed. Dabrowski, et al., 58 (see n. 56)。

75. 有关1920—1926年间理论与实践在莫斯科的结合，见Maria Gough, *The Artist as Producer: Russian Constructivism in Revolution* (Berkeley: University of California Press, 2005)。Gough详细将理论与时间的结合描述为了一个"形式主义、功能主义和失败"的故事。

76. 罗德琴科1925年5月4日致斯捷潘诺娃的信，*Rodchenko, Experiments for the Future*, 168–69。亦可参阅Christina Kiaer, "Rodchenko in Paris," in her *Imagine No Possessions: the Socialist Objects of Russian Constructivism* (Cambridge, MA: MIT Press, 2005), 198–240。

77. 有关塔特林的概念与设计，见Norbert Lynton, *Tatlin's Tower: Monument to Revolution* (New Haven, CT: Yale University Press, 2009), 81–106。有关螺旋在俄罗斯文化中的象征意义，以及塔特林在赫列勃尼科夫的命理学方面——时间韵律——的可能源头，见Christina Lodder, "Tatlin's Monument to the Third International as a Symbol of Revolution," in *The Documented Image:*

Visions in Art History, ed. Gabriel Weisberg and Laurinda Dixon (Syracuse, NY: Syracuse University Press, 1987), 275–88。

78. Nikolai Punin, *Pamyatnik tret'ego internatsionala* (Petrograd: Otdela Izobrazitel' nylch Iskusstv, N.K.P., 1920), trans. Christina Lodder, in her essay, "Tatlin's Monument," 279.
79. Charlotte Douglas, "Kazimir Malevich," in *Kazimir Malevich*, ed. Phyllis Freeman (New York: Abrams, 1994), 34.
80. Paul Bernays, "On Platonism in Mathematics" (1935) in *Philosophy of Mathematics: Selected Reading*, ed. Paul Benacerraf and Hilary Putnam (Englewood Cliffs, NJ: Prentice Hall, 1964), 274–86.
81. 卡尔纳普在讨论数学家和物理学家对抽象实体的看法时，将他们描述为"就像一个人，在日常生活中做了许多跟他在星期日宣誓的那种高尚道德原则不符的事情"，见"Empiricism, Semantics, and Ontology" (1950), in *Philosophy of Mathematics: Selected Reading*, ed. Paul Benacerraf and Hilary Putnam (Englewood Cliffs, NJ: Prentice Hall, 1964), 214。在同一篇文章中，尽管卡尔纳普承认抽象对象的存在，但对蒯因称他为"柏拉图现实主义者"而非常愤怒，因为这意味着他接受了"柏拉图关于宇宙的形而上思想"。
82. David Hilbert, "Über das Unendliche" (On the infinite), *Mathematische Annalen* 95, no. 1 (1926), 161–90.

第五章 逻辑主义

1. Plato, *Cratylus* (ca. 380–67 BC), in Dialogues, trans. 2:260.
2. Ibid., 2:265–67.
3. Aristotle, *Metaphysica*, 8:9 (see chap. 1, n. 30).
4. 莱布尼茨收集了大批分类数据，计划将它们编成多卷本百科全书。他在几十年中断断续续地从事这项工作，试图让知识界对此提出专家级建议，让君主们为这部百科全书的编写出资，但都毫无效果，所以这项任务到他1716年去世时也未能完成。有关莱布尼茨的百科全书，见Maria Antognazza, *Leibniz: An Intellectual Biography* (Cambridge, England: Cambridge University Press, 2009), 92–100, 233–62, and 529–31。
5. 莱布尼茨在1677年致法国学者Jean Gallois的信中使用了这个拉丁文短语，信的一部分内容见Louis Courturat, *La Logique de Leibniz* (Hildesheim: Georg Olms, 1901/rpt.1961), 90, n. 3。
6. Lewis Carroll, *The Game of Logic* (London: Macmillan, 1887), xiii. 这个棋盘游戏由一张约4英寸×6英寸的小卡片、一些红色与灰色的筹码（直径½英寸的圆纸片）组成，放在一个信封中，上面印着与书名相同的标题，但标记的年份是1896年。这个游戏与书放在一起（装有游戏物品的信封插在书的封底）。关于这一游戏的示意图，见Robin Wilson, *Lewis Carroll in Numberland: his Fantastical, Mathematical, Logical Life* (New York: Norton, 2008), 175–83。
7. 弗雷格把自己的符号论称为"概念符号"，但其他逻辑学家并没有采用。我在本书中使用了皮亚诺发明的符号，罗素和怀特海德在《数学原理》中使用过后，这些符号成了所有后来者使用的基础。
8. 有关"哲学问题是有关语言的问题"这一主题，见Richard M. Rorty, "*Metaphysica*l Difficulties of Linguistic Philosophy," in *The Linguistic Turn: Recent Essays in Philosophical Method*, ed. Richard M. Rorty (Chicago: University of Chicago Press, 1967), 1–39。
9. 罗素于1902年致弗雷格的信，见*From Frege to Gödel: A Source Book in Mathematical Logic*, 1879–1931, ed. Jean van Heijenoort (Cambridge, MA: Harvard University Press, 1967), 124–25。
10. 弗雷格将这一经过更改的公理作为*Grundgesetze der Arithmetik* (Basic laws of arithmetic; Jena: H. Pohle, 1903) 卷2的附录发表。尽管罗素证明了弗雷格的体系不一致，但弗雷格在证明算术可以简化为逻辑时，并没有使用这条有瑕疵的公理，因此未受影响。
11. 有关罗素试图把数学建立在逻辑基础上的尝试，见C. W. Kilmister, "A Certain Knowledge? Russell's Mathematics and Logical Analysis," in *Bertrand Russell and the Origins of Analytical Philosophy*, ed. Ray Monk and Anthony Palmer (Bristol, England: Thoemmes Press, 1996), 269–86。
12. G. E. Moore, *Principia Ethica* (Cambridge, England: Cambridge University Press, 1903/rpt.1929), 188.
13. 本着这个时代的简化精神，美国逻辑学家亨利·谢费尔证明了可以将"或"与"非"的原始概念简化为"或非"（记为 | ，读作"谢费尔竖线"），而法国逻辑学家Jean Nicod 则证明了可以只用一条规则和一个公理书写逻辑运算，且都可以通过谢费尔竖线表达，见H. M. Sheffer, "A Set of Five Independent Postulates for Boolean Algebras, with Application to Logical Constants," *Transactions of the American Mathematical Society* 14 (1913), 481–88, and Jean Nicod, "A Reduction in the Number of Primitive Propositions of Logic," *Proceedings of the Cambridge Philosophical Society* 19 (1916–19), 32–41。
14. 有关这三项公理不是纯逻辑公理的论证，见Rudolf Carnap, "The Logistic Foundations of Mathematics" (1931), in *The Philosophy of Mathematics; Selected Reading*, ed. Paul Benacceraf and Hilary Putnam (Cambridge, England: Cambridge University Press, 1983), 41–52。
15. 有关这种方法的详情，见David Bostock, *Russell's Logical Atomism* (Oxford: Oxford University Press, 2012)。
16. 有关弗里与法国的关系，见Mary Ann Caws and Sarah Bird Wright, "Roger Fry's France," in *Bloomsbury and France: Art and Friends* (New York: Oxford University Press, 2000), 303–25。
17. 见罗素在*The Autobiography of Bertrand Russell* (Boston: Little, Brown, and Company, 1967–6 9), 1:84中有关弗莱和使徒社的介绍。弗莱给使徒社发去了一篇题为"Do We Exist?"的论文，批评了麦克塔格特等理想主义者自认为他们的想法不会有错。因此，"除了与他们自己有关的那部分之外"，人们无法获得知识，对此弗莱插了一句，说"我想伯蒂（伯特兰·罗素）曾经是一个"，接着继续表达了自己的观点："事实上，在我看来，把自我看作感觉和记忆的一种结构似乎更合理，自我并不比分子中原子的结构更坚固和连贯。"弗莱借用了罗素有关原子的比喻，认同罗素/莫尔的观点，即知识是建立在感觉数据之上的（是"感知的结构"）。Christopher Green 曾在他主编的*Art Made Modern: Roger Fry's Vision of Art*(London: Courtauld Institute of Art, 1999)的"前言"中提到弗莱未发表的手稿，称其为"他的使徒社论文之一"。这篇未注明日期的手稿现藏于剑桥大学国王学院档案馆（"Papers for the Apostles, 1887–89," inv. no. "Fry AI"；据Green在2004年5月1日给作者的信），但这篇文章的写作时间一定晚于1887—1889年，因为弗莱在1890年才了解到罗素的研究；因此，这篇文章最可能的写作年份是19世纪90年代后期，当时罗素与莫尔正在热烈探讨逻辑原子论，或者在1903年9月18日《泰晤士文学增刊》评论了《数学原理》之后不久。
18. 19世纪90年代，弗莱曾为艾丽斯设计了一套衣服 (Russell, *Autobiography*, 1:115)。尽管艾丽斯开始时反对姐姐的婚姻，但到了1903年，贝伦森已经在研读罗素的哲学著作了（贝伦森1903年3月22日致罗素的信，Russell, *Autobiography*, 1:291)。1904年，贝伦森夫妇去罗素家中做客（罗素1904年7月20日致Lowes Dickenson的信，见Russell, *Autobiography*, 1:289)。1905年，罗素夫妇前往弗莱夫妇家中做客（Russell, Autobiography, 1:272）。婚姻崩溃之后，弗莱与罗素仍然在同一个社交圈子中，并在1910—1911年间同时与英国政治家 Philip Morrell 的妻子Ottoline Morrell有染，见 Frances Spaulding, *Roger Fry: Art and Life* (Berkeley: University of California Press, 1980)；在20世纪20年代初，弗莱还曾为罗素画过肖像（*Portrait of Bertrand Russell, Earl Russell*, ca. 1923, National Portrait Gallery, London）。
19. 关于弗莱与这家杂志的长期关系，见Caroline Elam, "'A More and More Important Work': Roger Fry and *The Burlington Magazine*," *The Burlington Magazine* 145, no. 1200 (2003), 142–52。
20. 伍尔夫在1908年8月3日致克莱夫·贝尔的信中，描述了她要看懂《伦理学原理》的决心："我正在像一只勤勉的昆虫那样攀爬摩尔这座高山，因为他决心在一座大教堂的尖塔顶端建造鸟巢。"见Virginia Woolf, *The Letters of Virginia Woolf*, ed. Nigel Nicolson (New York and London: Harcourt Brace Jovaovich, 1975), 1:340。伍尔夫认识罗素，曾在1908年8月12日致贝尔妻子的信中描述了她如何谢绝了访问"伯蒂夫妇"的邀请，因为他们"身上有过多的旧式优雅，不合我的口味"。
21. Anon., "The New Symbolic Logic," *Times Literary Supplement* (Sept. 7, 1911), 321.
22. Bertrand Russell, "Mysticism and Logic" (1901) in *Mysticism and Logic*,

1-32 (see chap. 3, n. 8).

23. 关于拉斯金与弗莱之间的比较，见Jacqueline V. Falkenheim, *Roger Fry and the Beginnings of Formalist Art Criticism* (Ann Arbor, MI: UMI Research Press, 1980), 52–54。Falkenheim将她有关英国“形式主义艺术批评”起源的讨论限定在艺术界之内，且并没有提及罗素和怀特海德对逻辑的贡献。

24. Roger Fry, “An Essay in Aesthetics” (1909), in his *Vision and Design* (London: William Clowes, 1920), 11-25.

25. Roger Fry, “Mantegna as a Mystic,” *The Burlington Magazine* 8, no. 32 (1905), 87–98.

26. Ibid., 98.

27. Roger Fry, “The Post-Impressionists,” *Manet and the Post-Impressionists* (1910), in *A Roger Fry Reader*, ed. Christopher Reed (Chicago: University of Chicago Press, 1996), 81–85. 有关弗莱探讨塞尚时采取的形式主义与神秘主义结合的途径，见Maud Lavin, “Roger Fry, Cézanne, and Mysticism,” *Arts Magazine* 58 (Sept. 1983) 98–101。有关弗莱与英国社会主义者、印度神秘主义信奉者Edward Carpenter的结盟，见Linda Dalrymple Henderson, “Mysticism as the ‘Tie that Binds’: The case of Edward Carpenter and Modernism,” *Art Journal* 46, no. 1 (1987), 29–37。

28. Roger Fry, “An Essay in Aesthetics” (1909), in *Vision and Design*, 11–25. 英国分析哲学家Richard Wollheim曾论证说，按照弗莱描述“形式”的方式，似乎是在说艺术品的客观性质。但他认为这会造成不一致，因为弗莱发现“形式”对于他而言是一种主观经验。因此，弗莱的“形式”无法成为其客观艺术批评的基础，见“On Formalism and Pictorial Organization,” *Journal of Aesthetics and Art Criticism* 59, no. 2 (2001), 127–37。

29. Roger Fry, *Second Post-Impressionist Exhibition* (London: Ballantyne, 1912), 14.

30. Roger Fry, “An Essay in Aesthetics” (1909).

31. Clive Bell, *Art* (London: Chatto and Windus, 1914), 8.

32. Ibid., 25.

33. 弗莱对克莱夫·贝尔一书的书评，见*A Roger Fry Reader*, ed. Reed, 128。

34. William James, “The stream of thought,” *The Principles of Psychology* (New York: H. Holt, 1890), 1, 224-90.

35. 弗洛伊德在1905年写道：“于是，任何试图想让他恢复的人都会吃惊地发现，这种企图遭到了顽强的抗拒，这就让医生知道，病人想要消除病患的愿望并不完全像表面看上去那么强烈。Arthur Schnitzler是一位作家，刚好也是内科医师，他在他的著作中非常正确地表达了这一知识。”见“Fragment of an Analysis of a Case of Hysteria” (1905), *Standard Edition of the Complete Psychological Works of Sigmund Freud*, trans. James Strachey (London: Hogarth Press, 1953–74), 7:44。

36. 有关伍尔夫和英国分析哲学的文献包括: S. P. Rosenbaum, “The Philosophical Realism of Virginia Woolf” (1971) in *English Literature and British Philosophy*, ed. S. P. Rosenbaum (Chicago: University of Chicago Press, 1971), 316–56; Jaakko Hintikka, “Virginia Woolf and Our Knowledge of the External World,” *Journal of Aesthetics and Art Criticism* 38 (Fall 1978–80), 5-14; Deborah Esch, “'Think of a kitchen table': Hume, Woolf, and the Translation of an Example,” in *Literature as Philosophy: Philosophy as Literature*, ed. Donald G. Marshall (Iowa City, IA: University of Iowa Press, 1987), 272–76; Ann Banfield, *The Phantom Table: Woolf, Fry, Russell and the Epistemology of Modernism* (New York: Cambridge University Press, 2000)。

37. Virginia Woolf, *To The Lighthouse* (1927; New York: Harcourt, Brace and World, 1955), 125.

38. Ibid., 127.

39. Ibid., 128.

40. James Johnson Sweeney对摩尔的采访，“Henry Moore,” *Partisan Review* 14, no. 2 (1947) 180–85。

41. 摩尔一份未注明日期的笔记，或许写于20世纪50年代末，见*Henry Moore: Writings and Conversations,* ed. Alan Wilkinson (London: Lund, Humphries, Aldershot, 2002), 114。

42. Henry Moore, “Contemporary English Sculptors: Henry Moore,” *Architectural Association Journal* (1930), in *Henry Moore on Sculpture: A Collection of the Sculptor's Writings and Spoken Words*, ed. Philip James (London: Macdonald, 1966), 57.

43. A. M. Hammacher, *The Sculpture of Barbara Hepworth*, trans. from Dutch by James Brockway (New York: Abrams, 1968), 15.

44. Christa Lichtenstern, *Henry Moore: Work, Theory, Impact*, trans. from German by Fiona Elliot and Michael Foster (London: Royal Academy of Arts, 2008), 286–402.

45. Alan G. Wilkinson, “The 1930s: Constructive Forms and Poetic Structures,” in *Barbara Hepworth: A Retrospective, ed. Penelope Curtis and Alan G. Wilkinson* (London: Tate Gallery Publications, 1994), 31–77, and Norbert Lynton, “The 1930s: London,” in his *Ben Nicholson* (London: Phaidon Press, 1993), 76–171.

46. Theo van Doesburg, “Vers la peinture blanche” (1929), in *Art Concret* (Apr. 1930), 11。在1934年的艺术家自述中，尼克尔森在开头引用了英国物理学家亚瑟·爱丁顿的说法，声称自然界取决于思维：“我们生活的宇宙是我们用思想的创造……如果我们想要了解大自然，就必须通过某种宗教体验来实现。”此外，他还补充道：“正如我见到的那样，绘画与宗教经验是同一事物，而我们都在寻找对无限的理解与意识，这个想法是不完整的，没有开始，没有结束，因此可以在任何时候给出一切。”见*Unit 1: The Modern Movement in English Architecture, Painting, and Sculpture*, ed. Herbert Read (London: Cassell, 1934), 89。

47. 里德最先把沃林格的*Formproblem der Gotik* (1912) 译成了英文，英译本名称为*Form in Gothic* (1927)，其主题为中世纪时期的战争与饥馑期间的抽象。

48. Herbert Read, *The Meaning of Art* (London: Faber and Faber, 1931), 148–53.

49. 弗莱针评里德的Art Now，*Burlington Magazine* 64 (1934), 242, 245。

50. 艾略特记录了1914年圣诞节假期阅读罗素《数学原理》的情况，见Robert Sencourt, *T.S. Eliot: A Memoir* (London: Garnstone Press, 1971), 49。

51. Russell, *Autobiography*, 2:9–10 (see n. 17).

52. 艾略特论证了“爱”这类抽象的想法也和有形事物（如苹果和柑橘）一样真实，并援引了罗素的话：“如果我们可以接受帕斯卡和罗素先生有关数学的某些评论，我们相信数学家处理的是实物——如果他允许我们称其为实物的话——直接影响了他的情感。”“The Perfect Critic,” in Eliot, *The Sacred Wood: Essays on Poetry and Criticism* (London: Methuen and Co., 1920/rpt.1950), 9. 在艾略特对罗素的Mysticism and Logic: and Other Essays (1917) 所作的书评中，诗人赞扬了罗素“对于逻辑观点奇迹般清晰的介绍”。见“Style and thought,” *The Nation* (Mar. 23, 1918), 768–70。

53. T. S. Eliot, “Hamlet and his Problems,” in *Sacred Wood*, 95–103.

54. T. S. Eliot, “Commentary,” *The Criterion* 6 (1927), 291.

55. 文学史学家Robert H. Bell记录了这段友谊的结束：1917年，罗素多次接近薇薇安·艾略特，并在致爱尔兰演员Miles Malleson之妻Colette O'Neil的信中描述了他的这些行为；与薇薇安不同的是，后者接受了罗素的示爱，与他有染。到了1919年年初，T. S. 艾略特和薇薇安写信给罗素，要求他不再与他们联系，见“Bertrand Russell and the Eliots,” *American Scholar* 52 (1983), 309–25。

56. Keith Green, “'These fragments I have shored against my ruins': Russell and Modernism,” in his *Bertrand Russell, Language and Linguistic Theory* (London: Continuum, 2007), 144–61.

57. 1962年，Hugh Kenner指出，19世纪后期至20世纪初期的文学史“与同期的数学史极为相似”，见“Art in a Closed Field” (1962) in *Learners and Discerners: A Newer Criticism*, ed. Robert Sholes (Charlottesville: University Press of Virginia, 1964), 110–33。Kenner描述了乔伊斯的《尤利西斯》，称其为“从封闭集合中选取元素，然后在封闭场中安排这些元素的艺术品”。此外，他还指出：“近代占统治地位的知识类比可以在一般数论中……做出。”在这些一般评论之外，Kenner并没有说他指的是在“数论”（算术）上的什么发展，或许他指的是戈特洛布·弗雷格对算术的公理化。

58. James Joyce, *A Portrait of the Artist as a Young Man* (New York: B. W. Huebsch, 1916), 241.

59. 在给编辑的一封信中，乔伊斯用“镶嵌”描述了他的校样。乔伊斯1921年10月7日致韦弗的信，见*Letters of James Joyce*, ed. Stuart Gilbert (New York: Viking,

1957), 172。

60. 乔伊斯在笔记中提到了罗巴切夫斯基和黎曼，表现了他对于公理化（非欧几何）数学的兴趣；*Joyce's Ulysses Notesheets in the British Museum*, ed. Phillip E. Herring (Charlottesville, VA: University Press of Virginia, 1972), 474, notesheet "Ithac – 13," lines 87–88。
61. 乔伊斯在笔记中援引了伯特兰·罗素的*Introduction to Mathematics* (1919)，见 *Joyce's Notes and Early Draft for Ulysses: Selections from the Buffalo Collection*, ed. Phillip E. Herring (Charlottesville: University Press of Virginia, 1977), 109–11。有关《尤利西斯》中的数学有大量的专业文献，包括：Richard E. Madtes, *The "Ithaca" Chapter of Joyce's Ulysses* (Ann Arbor, MI: UMI Research Press, 1983), esp. chap. 2, "The Rough Notes"；Patrick A. McCarthy, "Joyce's Unreliable Catechist: Mathematics and the narration of 'Ithaca,'" *English Literary History* 51, no. 3 (1984), 605–18; Joan Parisi Wilcox, "Joyce, Euclid, and 'Ithaca,'" *James Joyce Quarterly* 28, no. 3 (1991), 643–49; Mario Salvadori and Myron Schwartzman, "Musemathematics: The Literary use of Science and Mathematics in Joyce's *Ulysses*," *James Joyce Quarterly* 29, no.2 (1992), 339–55。有关这一题材的文献总结，见T. J. Rice, "Appendix A: Joyce, Mathematics, and Science" in *Joyce, Chaos and Complexity*, ed. T. J. Rice (Urbana and Chicago: University of Illinois Press, 1997), 141–44。
62. James Joyce, *Ulysses* (1922; Paris: Shakespeare and Co., 1926), 660.

第六章 直觉主义

1. Ralph Waldo Emerson, "The Transcendentalist," 1841 lecture in Boston; in *The Collected Works of Ralph Waldo Emerson*, ed. Robert E. Spiller and Alfred R. Ferguson (Cambridge, MA: Belknap Press, 1971) 1:201 and 207.
2. Frederik van Eeden, "The Theory of Psycho-Therapeutics," *The Medical Magazine* 1, no. 3 (1892), 232–57. 据凡·伊登叙述，他和范兰特翰使用了同样的技巧，但这位荷兰人把他们的方法称为"暗示心理疗法"，不想用"催眠术"的说法，因为这个词会让人联想到马戏团中的表演。凡·伊登将他们的方法描述为"按照简单清晰的原则，在持续睡眠状态下，通过暗示的影响，引导病人的意识来痊愈他自己"。
3. Albert Willem van Renterghem, "L'Evolution de la psychothérapie en Hollande," *Deuxième Congrès Internationale de L'Hypnotisme*, Paris, 1900, ed. Edgar Bérillon and Paul Farez (Paris: Vigot, 1902), 54–62. 在意识到荷兰有许多医生使用南锡学派的方法之后，范兰特翰预测，南锡学派将成为"我国的正式科学"。
4. Henri F. Ellenberger, *The Discovery of the Unconscious; the History and Evolution of Dynamic Psychiatry* (New York: Basic Books, 1970), 758–61.
5. 一位美国记者在报告中称，马奈"不像其他印象派疯狂艺术家那么疯狂"，见Anon., *Art Journal* 6 (1880), 189。
6. Fredrick van Eeden, "Vincent van Gogh (November 1890)," in his *Studies* (Amsterdam: W. Versluys, 1894-97), 2:100–8. 20年后，凡·伊登提到梵高的艺术作品时仍然称其为病态表现，如"像梵高和法国人那样的颓废分子"，见van Eeden, entry of Jan. 8, 1909, *Dagboek: 1878–1923*, ed. H. W. van Tri (Culomborg: Tjeenk Willink-Noorduijn, 1971) 2:952。
7. Frederik van Eeden, "A Study of Dreams," *Proceeding of the Society for Psychical Research* 67, no. 26 (1913), 413–61.
8. Frederik van Eeden, *Happy Humanity* (Garden City, NY: Doubleday, Page, 1912), 89. 在19世纪90年代中期在美国做了巡回演讲后，凡·伊登用英文为美国读者写了这本书。
9. 曼诺利使用的数学方法是学生布劳威尔用过的二手方法，见 Walter P. van Stigt, *Brouwer's Intuitionism* (Amsterdam: Elsevier, 1990), esp. "Brower's Philosophy," 147–92, and van Dalen, *Life of L.E.J. Brouwer*, esp. "Mathematics and mysticism," 41–79。
10. L.E.J. Brouwer, *Life, Art, and Mysticism* (1905) in L.E.J. Brouwer, *Collected Works*, ed. A. Heyting (Amsterdam: North Holland, 1975), 1:6.
11. Frederik van Eeden, *Redekunstige grondslag van verstandhouding (*1897) in his *Studies*, 3:5–84.
12. 布劳威尔就凡·伊登的书 *The Joyous World*写过书评，他的传记作家van Dalen在*Life of L.E.J. Brouwer*中引用了。
13. 布劳威尔的传记作家一致同意，他撰写*Life, Art, and Mysticism*时参考了波墨、埃克哈特的著作，见Walter P. Stigt, *Brouwer's Intuitionism* (Amsterdam: North Holland, 1990), and van Dalen, *Life of L.E.J.Brouwer*。尽管他并没有在书中提到二人，但用词却反映了他们的神秘主义传统；这一点在*Life, Art, and Mysticism*的文章"Transcendent Truth"中表现得尤为明显，见Brouwer, *Collected Works*, 1:89。在1905年的著述中，布劳威尔提到他的精神自我时也使用了"因果报应"的说法，几十年后在一次关于如何获得智慧的讨论中，他又引用了印度的秘密文字薄伽梵歌（约公元前800年）; L.E.J. Brouwer, "Consciousness, Philosophy and Mathematics" (1948)，见 L.E.J. Brouwer, *Collected Works*, 1:486。
14. L.E.J. Brouwer, "Consciousness, Philosophy, and Mathematics" (1948), in Brouwer, *Collected Works*, 1:480–84.
15. Ibid., 48. 有关布劳威尔相信对于时间的感知是直觉主义数学的基石，见Grattan-Guinness, "Psychology in the Foundations of Logic and Mathematics," 43–46 (see chap. 3, n. 21)。
16. 凡·伊登在*De Amsterdammer* (Jan. 17, 1915) 上发表了给弗洛伊德的信，在Freud, *Standard Edition*,14:301–2 (see chap. 5, n. 35) 中有这封信的英译。弗洛伊德1915年的论文"Thoughts for the Times on War and Death"，见*Standard Edition*, 14:274–300。
17. 1892年，凡·伊登去英国参加一次精神病学会议时会见了韦尔比 (van Eeden, *Dagboek*, 1:500; see n. 6)。二人对符号的三元结构充满了兴趣，直到韦尔比1912年去世前，他们都一直在通信讨论这个问题。有关凡·伊登关于韦尔比的看法，见*Happy Humanity*, 84–87 (see n. 8)。
18. *Semiotic and Significs: The Correspondence between Charles S. Peirce and Lady Victoria Welby*, ed. Charles S. Hardwick and James Cook (Bloomington, IN: Indiana University Press, 1977).
19. 凡·伊登于1904年会见了舍恩马克尔斯，见entry of July 3, 1904, *Dagboek*, 2:592。1905年，凡·伊登撰写了一篇有关舍恩马克尔斯著作的论文 (见entry of Sept. 27, 1905, *Dagboek*, 2:625)，后同他见面并进行了交流。凡·伊登十分赞赏舍恩马克尔斯善于提问的头脑（见entry of Mar. 14, 1906, *Dagboek*, 2:647)。与凡·伊登的第一次接触之后，1911—1912 年，舍恩马克尔斯到宾夕法尼亚州的米德威尔一神论神学院注册学习。之后，他回到荷兰，在距离凡·伊登居住的瓦尔登和布劳威尔的小屋不远的拉伦定居，并加入了凡·伊登的圈子 (见entry of July 5, 1915, *Dagboek*, 3:1145)。
20. Van Eeden, entries of Oct. 22 and Nov. 27, 1915, *Dagboek*, 3:1466 and 1471.
21. 为凡·伊登1918年3月13日讲演所做的介绍，L.E.J. Brouwer, "Intuitive Significs," trans. Walter P. van Stigt; appendix 4 in van Stigt, *Brouwer's Intuitionism*, 416–17。
22. Van Eeden, entry of July 27, 1915, *Dagboek*, 3:1451.
23. Ibid., entry of July 5, 1915, *Dagboek*, 3:1450.
24. Ibid., entry of Dec. 12, 1893, *Dagboek*, 1:264.
25. Robert P. Welsh认为，《受难花》（约 1901年）这件作品可能在1909年的Spoor-Mondrian-Sluyters 展览会上展出过，见Welsh, *Catalogue raisonné of the naturalistic works (until early 1911), vol. 1 of Piet Mondrian: catalogue raisonné* (Munich: Prestel, 1998), 1: 213–14。
26. 根据 Robert P. Welsh的叙述，《虔诚》肯定在Spoor-Mondrian-Sluyters 1909 exhibition上展出过，见*Catalogue raisonné of the naturalistic works (until early 1911), vol. 1 of Piet Mondrian: catalogue raisonné* (Munich: Prestel, 1998), 1: 418–19。
27. C. L. Dake, "Schilderkunst: drie avonturiers in het Stedelijk Museum," *De Telegraaf* (Jan. 8, 1909), trans. Hans Janssen and Joop M. Joosten in "1908–1910," in *Mondrian 1892–1914: The Path to Abstraction*, ed. Hans Janssen (Fort Worth, Texas: Kimbell Art Museum, 2002), 128–38.
28. Van Eeden, entry of Jan. 8, 1909, *Dagboek* (1971) 2:952 (see n. 6).
29. "蒙德里安就是地位急剧下降的清楚例子"，见Fredrik van Eeden, "Gezondheid en Verval in Kunst," *Op de Hoogte: Maandschrift voor de Huiskammer* 6,

no. 2 (Feb. 1909), 79–85。有关凡·伊登对现代艺术的看法，见Michael White, "'Dreaming in the Abstract': Mondrian, Psychoanalysis and Abstract Art in the Netherlands," *The Burlington Magazine* 148, no. 1235 (2006), 98–106。迈克尔·怀特认为，凡·伊登有关现代艺术是病态的观点来源于德国政治作家Max Nordau 1892年的著作*Entartung*，我不同意这一观点。我认为，凡·伊登富有经验，不会随意接受Nordau思想狭隘的反理智主义，而一切历史证据都说明，和Nordau一样，凡·伊登也是龙勃罗梭那本畅销书的忠实读者，且于1889年在巴黎的世界博览会上相遇过。龙勃罗梭是凡·伊登团体中值得尊敬的重要人物，曾在都灵大学担任精神病学和法医学教授二十余年之久，但凡·伊登的伙伴（包括西格蒙德·弗洛伊德和威廉·詹姆斯）对Nordau的评价却不高。弗洛伊德1886年在巴黎短暂逗留期间，有人为这位青年神经病专家写信，介绍他去见Nordau，但在会见期间"弗洛伊德发现他自负而且愚蠢，因此没有进一步发展关系"; Ernest Jones, *The Life and Work of Sigmund Freud* (New York: Basic Books, 1953), 1:188。詹姆斯将Nordau描述为龙勃罗梭的追随者，并将自己导师的中心思想推向了极端："确实，这个学派的一位门徒从医学角度全面抨击天才作品的价值（大量他无法欣赏的当代艺术作品）。"詹姆斯对此加了一个脚注："即出过一本大部头著作的Max Nordau。"见William James, *The Varieties of Religious Experience: a Study in Human Nature* (1902) in his *Writings 1902–1910* (New York: The Library of America, 1987), 24。除了龙勃罗梭外，凡·伊登也受到美国人约翰·拉斯金的启发，所以十分赞同拉斯金的如下观点：如果一位艺术家没有准确地复制自然的颜色，这就是颓废迹象和显而易见的衰退，见van Eeden, entry of Jan. 8, 1909, *Dagboek* 2:952。

30. 有关荷兰艺术家迅速接受了法国与奥地利心理分析的介绍，见Ilse N. Bulhof, "Psychoanalysis in the Netherlands," *Comparative Studies in Society and History* 24, no. 4 (1982), 572–88。"皈依"弗洛伊德的美学之后，凡·伊登再也没有评论过蒙德里安的作品；有关从心理分析角度对蒙德里安的讨论，见Peter Gay, *Art and Act: On Causes in History - Manet, Gropius, Mondrian* (New York: Harper & Row, 1976)。在这部书中，作者提出了"历史原因"之一是艺术家的个人生活，特别是他或者她的性生活，或者就蒙德里安的情况而言，是缺乏性生活。于是，按照他的观点，蒙德里安以斜靠/水平代表女性的线条和勃起/竖直代表男性的线条，是在表达他受压抑的性能力。有关另一种心理分析观点，见 Pieter van der Berg, "Mondrian: Splitting of Reality and Emotion," in *Dutch Art and Character: Psychoanalytic Perspectives on Bosch, Breughel, Rembrandt, Van Gogh, Mondrian*, ed. Joost Baneke et al. (Amsterdam: Swets and Zeitlinger, 1993), 117–20。艺术史学家Donald Kuspit讨论过相反性格的荷兰艺术家——梵高和蒙德里安，在比较两种观点时用他们作为例子，其一是弗洛伊德认为艺术是升华了的性本能的观点；其二是英国儿科医生唐纳德·温尼科特认为艺术是一种过渡对象的观点，见Kuspit, "Art: Sublimated Expression or Transitional Expression? The examples of Van Gogh and Mondrian," *Art Criticism* 9, no. 2 (1994), 64–80。
31. Michel Seuphor [pseud. of F. L. Berckelaers], *Piet Mondrian: Life and Work* (New York: Abrams, 1956), 53. 在实现了作品风格化并反映在他的职业上之后，蒙德里安写道："我是由于作品而成了我，但举例来说，与伟大的开创者相比，我一无是处。"
32. Rudolf Steiner, *Theosophy* (1909), trans. Elizabeth Douglas Shields (Chicago and New York: Rand McNally, 1910), 211–12.
33. 蒙德里安有一本演讲的整理稿，且一直都留在身边。不过，这个讲稿的扉页缺失了，在文献中有多种称呼，其中之一是《荷兰演讲》，见R. P. Welsh, "Mondrian and Theosophy," in *Piet Mondrian: 1872–1944* (New York: Guggenheim Museum, 1971), 39。蒙德里安拥有的这一整理稿版本，或许是 Rudolf Steine的*Theosofie* (Amsterdam: Theosofische Uitgevers Maatschappij, 1909)。
34. Steiner, *Theosophy*, 178–94.
35. Seuphor, *Mondrian*, 54–58.
36. Helena Petrovna Blavatsky, *Isis Unveiled: A Master-Key to the Mysteries of Ancient and Modern Science and Theology* (New York: Bouton, 1877), 2:270.
37. 蒙德里安写道："尽管它（立体派）因为其创作具有有力的造型表达而取得了比旧有艺术更大的统一性，但立体派也因遵循自然面貌的片段性质而失去了统一性……（而就我而言），通过越来越纯粹地感知自然，我的画作逐步抽象了。"见"Neo-plasticism in Painting," *De Stijl* 1 (1917), 3, in *De Stijl: Extracts from the Magazine*, trans. R. R. Symonds, ed. Hans L. C. Jaffé (London: Thames and Hudson, 1970), 54, 88。
38. 蒙德里安在速写簿上写下了这句话。蒙德里安基金会的执行人Harry Holtzman在1952年得到了这本及另一本速写簿，后以*Two Mondrian Sketchbooks 1912–1944*为名出版，ed. Robert P. Welsh and J. M. Joosten (Amsterdam: Meulenhoff, 1969)。
39. James Clerk Maxwell, "On Faraday's Lines of Force" (1856), *Transactions of the Cambridge Philosophical Society* 10 (1864), 30.
40. Van Eeden, entry of July 15, 1915, *Dagboek*, 3:1445.
41. M.H.J. Schoenmaekers, *Beginselen der Beeldenden Wiskunde* (Bussum: van Dishoek, 1916), 56.
42. 1914年，神智学杂志 *Theosophia* 拒绝发表论文"Neo-plasticism in Painting"的早期版本，见Carel Blotkamp, *Mondrian: Art of Destruction* (London: Reaktion Books, 1995), 107。
43. Piet Mondrian, "A Dialogue on Neo-plasticism," *De Stijl* 2, no. 5 (1919), in *De Stijl: Extracts*, ed. Jaffé, 124.
44. Theo van Doesburg, "Kunst-kritiek," Eenheid (Nov. 6, 1915), quoted in *DeStijl: The Formative Years, 1917–1922*, trans. Charlotte I. Loab and Arthur L. Loab, ed. Carel Blotkamp et al. (Cambridge, MA: MIT Press, 1986), 8.
45. 凡·杜斯伯格1916年2月7日致安东尼·科克的信，*Theo van Doesburg. 1883–1931*, ed. Evert van Straaten (Hague: Staatsuitgeverij, 1983), 56。
46. 有关凡·杜斯伯格论文内容的讨论，见White, "Mondrian, Psychoanalysis," 103–4。
47. 凡·杜斯伯格1916年2月7日致安东尼·科克的信，trans. Michael White, "Mondrian, Psychoanalysis," 104。
48. 蒙德里安 1921年2月23日致施泰纳的信，用法文书写，后被译为德文，并收入 *Rudolf Steiner, Wenn die Erde Mond wird: Wandtafelzeichnungen zu Vorträgen 1919–1924*, ed. Walter Kugler (Köln: DuMont, 1992), 151。
49. 蒙德里安 1917年春致凡·杜斯伯格的信，trans. Carla van Spluntren, quoted in Rudolf W. D. Oxenaar, "Van der Leck and De Stijl: 1916–1920," *De Stijl 1917–1933: Visions of Utopia*, ed. Mildred Friedman (Oxford: Phaidon, 1982), 73。
50. 奥德的一篇文章出现在《风格》的创刊号里，见J.J.P. Oud, "The monumental townscape," *De Stijl* 1, no. 1 (1917), in *De Stijl: Extracts*, ed. Jaffé, 95–96 (see n. 37)。
51. Vilmos Huszár, "Iets over Die Farbenfibel van W. Ostwald," *De Stijl* 1, no. 10 (1918), 113–18. 由*De Stijl*编辑推荐的书籍包括 W. Ostwald的三部书：*Die Farbenfibel* (1917) , *Die Harmonie der Farben* (1918); *De Stijl* 2, no. 6 (1919), 72; *Mathematische Farbenlehre* (1918): *De Stijl* 3, no. 1, (1919), 12。
52. Wilhelm Ostwald, "Die Harmonie der Farben," *De Stijl* 3, 7 (1920), 60–62.
53. Piet Mondrian, "Neo-plasticism in painting," *De Stijl* 1, no. 3 (1917), 29–30, in *De Stijl: Extracts*, ed. Jaffé, 55.
54. 奥斯特瓦尔德的体系只被设计师用了大约十年，在他1932年去世后便被抛弃了。事实证明，他的体系过于狭窄，只为黑白色调的混合分类，没有包括其他色调。
55. Gino Severini, "La peinture de l'avant garde," *De Stijl* 1 (1917).
56. 凡·杜斯伯格1918年6月22日致安东尼·科克的信，*DeStijl: The Formative Years*, ed. Blotkamp et al., 30。
57. Ibid.
58. Piet Mondrian, "Neo-plasticism in Painting," *De Stijl* 1 (1917), 29. 舍恩马克尔斯著作的标题是 *Beginselen der Beeldenden Wiskunde*，通常被译为《造型数学》。
59. 在有关宗教心理学的早期论文"Obsessive Actions and Religious Practices" (1907; Dutch translation, 1914) 中，弗洛伊德将重复性宗教仪式描述为"普遍性强迫性神经官能症"的一个症状，把面对死亡时不去幻想永生的科学精神视为恬淡寡欲的成熟表现。但凡·伊登却将之视为愤世嫉俗，在*Dagboek* 中记录了有关弗洛伊德的许多意见。早在1910年7月31日，凡·伊登便抱怨过弗洛伊德，说他对病人极为缺乏"更高尚或者更细致的感情"，或者说没有考虑他们的宗教信仰。
60. Luc Bergmans, "Science and the House of God in the City of Light," in *Utopianism and the Sciences: 1880–1930*, ed. M. G. Kemperink and

Leonicke Vermeer (Leuven: Peeters, 2010), 144–57.

61. Van Eeden, entries of May 22, 1918, and July 24, 1918, *Dagboek*, 4:1671–72 and 4:1689–90.

62. 凡·伊登和布劳威尔在1926年放弃了这个项目，但曼诺利仍然坚持，见Luc Bergmans, "Gerrit Mannoury and his fellow Significians on Mathematics and Mysticism," in *Mathematics and the Divine: A Historical Study*, ed. Teun Koetsier and Luc Bergmans (Amersterdam: Elsevier, 2005), 550–68。

63. 有关当下直觉主义的状况，见*One Hundred Years of Intuitionism: 1907–2007*, ed. Markus van Atten (Basel: Birkhäuser, 2008)。

第七章 对称

1. 时间膨胀意味着质量接近光速时，其"固有时间"（个人时钟的嘀嗒）变慢了。

2. 在爱因斯坦的时代，科学家们相信引力是一种只吸引的力，电磁力则既吸引也排斥。但天文学家在1998年检测到了一些未知的反重力效应，即所谓暗力，似乎在加速宇宙的膨胀，这说明引力也可以排斥。

3. 有关施派泽与外尔之相关工作的讨论，见Patricia Radelet-de Grave, "Andreas Speiser (1885–1970) et Hermann Weyl (1885–1955), scientifiques, historiens et philosophes des sciences," *Revue philosophique de Louvain* 94, no. 3 (Aug. 1996), 502–35。

4. 这段和下段中有关施派泽的生活信息来自作者对他的侄子、数学家、物理学家戴维·施派泽的访谈，他主要研究群论与基本粒子理论，他的妻子是外尔的女儿。

5. 艺术同情与移情作用的想法是Robert Vischer 在 *On the Optical Sense of Form: A Contribution to Aesthetics* (1873)中首先提出的，并由Theodor Lipps加以发展，后者于1894年在慕尼黑创办了一座实验心理学研究所，见Harry Francis Mallgrave and Eleftheries Ikonomou, "The Psychology of Form and Style Transformations: Heinrich Wölfflin and Adolf Göller," in *Empathy, Form, and Space: Problems in German Aesthetics 1873–1893*, trans. Harry Francis Mallgrave (Santa Monica, CA: Getty Center for the History of Art, 1994), 39–56。

6. 沃尔夫林在1942年的一份个人陈述中写下了这句话，现存于Österreichische Akademie der Wissenschaften, Vienna。这句话由佚名译者译为法语，见Relire Wölfflin, ed. Joan Hart (Paris: Musée du Louvre, 1995), 148。有关沃尔夫林与格式塔心理学的关系，见Friedrich Sander, "Gestaltpsychologie und Kunsttheorie," in *Ganzheitspsychologie: Grundlagen, Ergebnisse, Anwendungen*, ed. Friedrich Sander and Hans Volkelt (Munich: C. H. Beck'sche, 1962), 383–403。

7. 施派泽回想了"那些我和大家一起……听沃尔夫林讲课的时光，我会不时看看时钟是几点了，并不是不耐烦了，而是希望时间不要像我担心的那样很快就到了"；Andreas Speiser, *Die mathematische Denkweise* (Zurich: Rascher, 1932), 96。

8. 克劳斯注意到了沃尔夫林的方法与对称系统分析之间的类似性，尽管她并没有把沃尔夫林的艺术史方法论与数学中的群论联系起来："如果认为沃尔夫林是艺术历史结构主义之父，那么他的'艺术史原理'就相当于一种编码。一套两极相对的相反事物构成的形式语言或者系统，艺术本身由此写成了自己的历史。正是这些对立事物：线/点、关闭/打开、平面化/凹进、统一/多样性、清楚/模糊等，组成了这个编码，通过与它的关系，风格可以清楚地表现，或者让人感觉得到。"见Krauss, "Representing Picasso," *Art in America* 68, no. 10 (Dec. 1980), 90–96。

9. Weyl, *Symmetry* (Baltimore: Washington Academy of Sciences, 1938).

10. 通过继续进行穆勒的分析，西班牙数学家José María Montesinos在1987年确定了阿尔罕布拉宫所有可能的17种二维平面密铺模式，见Montesinos, *Classical Tessellation and Three-fold Manifolds* (Berlin: Springer, 1987)。

11. 有关埃舍尔对密铺模式的解释，见Doris Schattschneider, *M. C. Escher: Visions of Symmetry* (New York: Abrams, 2004), esp. 44–52 and 342–46。

12. Max Wertheimer, "Untersuchungen zur Lehre von der Gestalt," *Psychologie Forschung* 4 (1923), 301–50. 这篇论文的摘要版本由Willis D. Ellis 翻译成英文，题为"Laws of Organization in Perceptual Forms"，见*A Source Book of Gestalt Psychology* (London: Kegal Paul, Trench, Trubner and Co., 1938), 71–88。

13. 皮亚杰的自述，见*History of Psychology as Autobiography*, ed. Edwin G. Boring et al. (Worcester, MA: Clark University Press, 1952), 4: 242–43。

14. Arthur I. Miller, "Albert Einstein and Max Wertheimer: A Gestalt Psychologist's View of the Genesis of Special Relativity Theory," *History of Science* 13, no. 2 (1975), 75–103.

15. John H. Flavell 在 *The Developmental Psychology of Jean Piaget* (Princeton, NJ: Van Nostrand, 1963)中描述了他们的交流。

16. Jean Piaget, *Le développement de la notion de temps chez l'enfant* (Paris: Presses Universitaires de France, 1946) and *Les notions de mouvement et de vitesse chez l'enfant* (Paris: Presses Universitaires de France, 1946).

17. Harry Beilin 总结了皮亚杰的遗产，见"Piaget's Enduring Contribution to *Developmental Psychology*," *Developmental Psychology* 28 (1992), 191–204。John H. Flavell也做过类似的总结，可参见"Piaget's Legacy," Psychological Science 7, no. 4 (July 1996), 200–3。有关皮亚杰的研究工作对理解数学认知的重要性，可参见Gisele Lemoyne and Mireille Favreau, "Piaget's Concept of Number Development: Its Relevance to Mathematics Learning," *Journal for Research in Mathematical Learning* 12, no. 3 (1981), 179–96。

18. Rudolf Koella, "El grupo de artistas Allianz y los Concretos de Zurich," in *Suiza Constructiva*, ed. Patricia Molins (Madrid: Museo Nacional Reina Sofía, 2003), 54–57.

19. Richard Hollis, *Swiss Graphic Design: The Origins and Growth of an International Style, 1920–1965* (New Haven, CT: Yale University Press, 2006). *Richard Paul Lohse Konstruktive Gebrauchsgrafik,* ed. Richard Paul Lohse Foundation with Christof Bignens and Jörg Stürtzebecher (Ostfildern-Ruit, Germany: Hatje Cantz, 1999).

20. Jakob Bill, *Max Bill am Bauhaus* (Bern: Benteli, 2008).

21. Gerald Holton, "Einstein's Influence on Our Culture," in *Einstein, History, and Other Passions* (Woodbury, NY: American Institute of Physics, 1995), 3–21.

22. 格式塔心理学课程由莱比锡的Karlfried von Dürckheim讲授。Hannes Meyer于1930年8月16日致Mayor Hesse of Dessau的信，见Hans M. Wingler, *The Bauhaus: Weimar, Dessau, Berlin, Chicago* (Cambridge, Mass.: MIT Press, 1969), 163–65。

23. 法国历史学家Mars Ducourant曾说，比尔使用施派泽的群论可以追溯到1946年，但没有给出历史证据，见"Art, sciences et mathématiques: de la Section d'Or à l'*Art Concret*," in *Art Concret* (Paris: Espace de l'*Art Concret*, 2000), 45–54。根据我在文中给出的证据，比尔使用群论要早十年。

24. La Roche的收藏构成了今天巴塞尔艺术博物馆现代艺术藏品的主要部分。

25. 施派泽回忆了他与布拉克的一次谈话："布拉克曾说他在年轻时观察到，透视画总把注意力吸引到背景上，远离了观察者，所以他产生了逆向使用透视法的想法，即朝着观察者的方向使用透视法。早在1905年，他就在自己的画作中用了这种效果，并通过与毕加索的合作，创立了所谓的立体主义。这显然是一个数学原理，而且是个富有成效的数学原理。" Andreas Speiser, "Symmetry in Science and Art," *Daedalus* (Winter 1960), 191–98。

26. 勒·柯布西耶被授予学位时，收到的评语是"他是现代建筑学中空间形式和数学定律的辉煌创造者与设计者"，见*Universität Zürich: Bericht über das akademische Jahr 1932-33* (Zurich: Orell Füssli, 1933), 63。尽管施派泽鼓励勒·柯布西耶研究理想比例，但不鼓励这位建筑师在黄金分割方面的兴趣。当勒·柯布西耶猜测黄金分割体现在行星的螺旋轨道上时，施派泽告诉他，约翰尼斯·开普勒已经确认了行星的运行轨道是椭圆；施派泽1954年6月13日致勒·柯布西耶的信，见Foundation Le Corbusier, Paris。

27. 勒·柯布西耶与施派泽之间的通信从1928年一直持续到20世纪50年代，但无论是在这些通信中，还是在文字著作中，他都从未表达过对群论的兴趣，见Foundation Le Corbusier, Paris。

28. 从20世纪30年代起，蒂雷尔一直都是比尔的密友和知识伙伴。比尔在1936年的苏黎世展览会中展出了蒂雷尔的内弟、青年雕刻家Hanns Welthi的一幅作品，见*Zeitprobleme in der Schweizer Malerei und Plastik*, catalogue of an exhibition held June 13–July 22, 1936 (Zurich: Kunsthaus, 1936), 40。蒂雷尔

一直与施派泽通信，并阅读了施派泽的*Die mathematische Denkweise*中关于装饰性图案的部分；蒂雷尔于1949年11月28日致施派泽的信，见Adrien Turel Stiftung, Zurich, MS 25。蒂雷尔的信是施派泽这本书1945年发行第二版时所写，但在这封信和之后的信中，蒂雷尔都表达了对施派泽相关想法的兴趣；见蒂雷尔1952年6月27日和1955年3月20日致施派泽的信。施派泽有关数学的历史与哲学方面的见解是蒂雷尔知识追求的核心。

29. 作者2008年3月9日对戴维·施派泽的访谈。
30. Speiser, *Die mathematische Denkweise*,16 (see n. 7).
31. Ibid., 21.
32. Max Bill, "Konkrete Gestaltung," *Zeitprobleme in der Schweizer Malerei und Plastik* (Zurich: Kunsthaus, 1936), 9.
33. 施密特的评论见*Abstrakt/Konkret* 1 (1944),n.p.
34. 比尔既是某广告设计公司的经理，也是施密特的同事，经常雇用他撰写广告文案；作者2008年3月10日在苏黎世采访了马克斯·比尔的儿子雅各布·比尔。施密特的兄弟、建筑师汉斯·施密特是包豪斯设计学校的毕业生，也是比尔的朋友。
35. 格雷塞尔的演算方法表现在许多画作和未完成的画作草图上，见*Camille Graeser: Vom Entwurf zum Bild: Entwurfszeichnungen und Ideenskizzen 1938–1978*, ed. Richard W. Gassen and Vera Hausdorff (Cologne: Wienand, 2009)。
36. 作者2008年3月11日在苏黎世对卡米尔·格雷塞尔基金会管理员Vera Hausdorff的采访。
37. 有关洛斯实现所需颜色与形式所用的技巧（除了用群论），见Hans Joachim Albrecht, "Farbensinn und konstruktive Logik: Color Sense and Constructive Logic," trans. Maureen Oberli-Turner, in *Richard Paul Lohse: Drucke: Dokumentation und Werkverzeichnis/Prints: Documentation and catalogue raisonné*, ed. Johanna Lohse James and Felix Wiedler (Ostfildern, Germany: Hatje Cantz, 2009), 34–45。
38. Richard Paul Lohse, "Standard, Series, Module: New Problems and Tasks of Painting," in *Module, Proportion, Symmetry, Rhythm*, ed. Gyorgy Kepes (New York: George Braziller, 1966), 142.
39. 这一点可以从洛斯制作的展览分类目录的布局中看出，*Lohse: Konstruktive Gebrauchsgraphik*。目录开篇的对开页上印着洛斯六对精巧的图形艺术品，包括《具体事物1》(12) 和他为吉提翁-韦尔克的双语诗选设计的封面，展示了它们的相似性。

第八章“一战”后的乌托邦愿景

1. Felix Klein, "Festrede zum 20 Stiftungstage der Göttinger Vereinigung zur Förderung der angewandten Physik und Mathematik," *Jahresbericht der Deutschen Mathematiker-Vereinigung* 27 (1918), 217–28.
2. Oswald Spengler, *The Decline of the West* (1918), trans. Charles Francis Atkinson (New York: Knopf, 1957), 1:21.
3. Ibid., 1:85.
4. Ibid., 1:88.
5. 通过着眼更美好未来的观点来诠释当前的生活，有关在这个意义上不断改变的“乌托邦”愿景，见Fredric Jameson, "Utopia as Method, or the Uses of the Future," in *Utopia/Dystopia: Conditions of Historical Possibility*, ed. Michael D. Gordin, Helen Tilley, and Gyan Prakash (Princeton, NJ: Princeton University Press, 2010), 21–44。
6. 弗雷格对胡塞尔的*Philosophie der Arithmetik* (1891) 的评论，见*Zeitschrift für Philosophie und philosophische Kritik* 103 (1894) 313–32; trans. Hans Kaal, "Review of E. G. Husserl, Philosophie der Arithmetik I," *Collected Papers on Mathematics, Logic, and Philosophy, ed. Brian McGuinness* (New York: Basil Blackwell, 1984), 195–209。
7. 由于胡塞尔的思想有这个特点，所以勒内·马格里特非常喜欢他，见Caroline Joan S. Picart, "Memory, Pictoriality, and Mystery: (Re)presenting Husserl via Magritte and Escher:," *Philosophy Today* 41 (1997), 118–126。
8. 克尔凯郭尔对于黑格尔的批判，见David L. Rozema, "Hegel and Kierkegaard on Conceiving the Absolute," *History of Philosophy Quarterly* 9, no. 2 (1992), 207–24。
9. 尼采对孔特的批判，见Patrik Aspers, "Nietzsche's Sociology," *Sociological Forum* 22, no. 4 (2007), 474–99。
10. 有关德国学术界这种气氛的描述，见Fritz K. Ringer, *The Decline of the German Mandarins: The German Academic Community, 1890–1933* (Cambridge, MA: Harvard University Press, 1969)。
11. 布劳威尔有关这一问题的论文与回答，见*From Brouwer to Hilbert: The Debate on the Foundations of Mathematics in the 1920s*, ed. Paolo Mancosu (New York: Oxford University Press, 1998)。
12. 外尔写道：“在任何情况下，这种证实的过程（而不是证明）依然是知识获得其权威性的终极来源；这是真理的必由之路。”见Weyl, *Das Kontinuum* (1918), English translation by Stephen Pollard and Thomas Bole as *The Continuum* (Kirksville, MO: Thomas Jefferson University Press, 1987), 119。
13. 赫尔曼·外尔后来回顾了他的精神之旅，见“Erkenntnis und Besinnung (ein Lebensrückblick)” (1954) in *Gesammelte Abhandlungen*, ed. Komaravolu Chandrasekharan (Berlin: Springer, 1968), 4:631–49, trans. as "Insight and reflection (a review of my life)" (1954), by T. L. Saaty and F. J. Weyl, in *The Spirit and Uses of the Mathematical Sciences* (New York: McGraw-Hill, 1955), 281–301。在这篇论文的别处，外尔写道：“在一切精神之旅中，给我带来最大幸福的还是1905年时学习研究的希尔伯特那篇非凡的《代数理论报告》，以及1922年读到的艾克哈特的著作……我在那里发现了让我跨入宗教世界的入口。”
14. Hermann Weyl, *Raum, Zeit, Materie: Vorlesungen über allgemeine Relativitätstheorie* (1918), 2nd ed. (Berlin: Springer, 1919), 227.
15. David Hilbert, "Neubegründung der Mathematik" (New foundation of mathematics) (1922), in Hilbert, *Gesammelte Abhandlungen*, 3:157–77. 有关魏玛时期的德国人对布劳威尔态度转变的介绍，见Dennis E. Hesseling, *Gnomes in the Fog: the Reception of Brouwer's Intuitionism in the 1920s* (Basel: Birkhäuser, 2003)，尤其是222—224页有关布劳威尔与外尔的关系。
16. Hermann Weyl, "The Current Epistemological Situation in Mathematics" (1925–27), trans. Benito Müller, in *From Brower to Hilbert*, ed. Mancosu, 140.
17. David Hilbert, "Die Grundlagen der Mathematik" (1927), in *From Frege to Gödel*, ed. van Heijenoort, 475 (see chap. 5, n. 9).
18. Rudolf Carnap, *Der Raum: Ein Beitrag zur Wissenschaftslehre* (Space: A contribution to scientific theory), 1922.
19. Moritz Schlick, "Meaning and Verification," *The Philosophical Review* 44 (1936), reproduced in Schlick's Gesammelte Aufsätze: 1926–1936 (Vienna: Gerold, 1938), 341.
20. Rudolf Carnap, *Hans Hahn, and Otto Neurath, Wissenschaftliche Weltauffassung: Der Wiener Kreis* (1929), n.t., in Otto Neurath, Empiricism and Sociology (Dordrecht: Reidel, 1973), 299–318.
21. Max Jammer, *The Conceptual Development of Quantum Mechanics* (New York: McGraw-Hill, 1966), esp. 166–80, and T*he Philosophy of Quantum Mechanics: The Interpretations of Quantum Mechanics in Historical Perspective* (New York: Wiley, 1974).
22. Paul Forman, "Weimar Culture, Causality, and Quantum Theory, 1918–1927: Adaptation by German Physicists and Mathematicians to a Hostile Intellectual Environment," *Historical Studies in the Physical Sciences* 3 (1971), 1–115, and Forman, "Kausalität, Anschaulichkeit, and Individualität, or How Cultural Values Prescribed the Character and Lessons Ascribed to Quantum Mechanics," in *Society and Knowledge*, ed. Nico Stehr and Volker Meja (New Brunswick, NJ: Transaction Books, 1984), 333–47.
23. 哈拉尔德·霍夫丁也是玻尔父亲克里斯蒂安·玻尔的密友、大学里的一位生理学教授。有关玻尔与克尔凯郭尔的知识的详情，见Jammer, *Conceptual Development of Quantum Mechanics*, 172–76。
24. 但克尔凯郭尔认为，人们能够将抽象（数学）逻辑系统构成一个整体。有关克尔凯郭尔关于数学和科学知识之间的差别，见Harald Høffding, *Søren Kierkegaard som filosof* (1892)，德文名为*Søren Kierkegaard als Philosoph by Albert*

Dorner und Christof Schrempf (Stuttgart: Frommann, 1896), 67, and Harald Høffding, “Søren Kierkegaard,” in his *A History of Modern Philosophy*, trans. B. E. Meyer (London: Macmillan, 1908), 2:285–89, esp. 2:287。

25. “An das System könnte man erst denken, wenn man auf die abgeschlossene Existenz zurückblicken könnte— das würde aber voraussetzen, daß man nicht mehr existierte!” Høffding in *Kierkegaard som filosof*, 69.
26. 玻尔1962年接受采访时回忆过这件事，Gerald Holton对此做了详细引用，见“The Roots of Complementarity,” *Daedalus* 99 (Fall 1970), 1015–55；引文在1034–35页。有关玻尔对詹姆斯的了解，见Jammer, *Conceptual Development of Quantum Mechanics*, 176–79。
27. 詹姆斯1904年10月26日致席勒的信，见*The Letters of William James*, ed. Henry James (Boston: Atlantic Monthly Press, 1920) 2:216。詹姆斯为霍夫丁的*The Problems of Philosophy* (1905)撰写了序言，这是霍夫丁所著*Filosofiske problemer* (1902)的英译本，译者是Galen M. Fisher。
28. Erwin Schrödinger, “The present situation in quantum mechanics” (1935), trans. John D. Trimmer, in *Quantum Theory and Measurement*, ed. John Wheeler and Woyciech Hubert Zurek (Princeton, N.J: Princeton University Press, 1983), 152–67.薛定谔为了描述随时间变化的物质波而给出了他的薛定谔方程，这个物质波是自然外在世界中的物理对象。但玻尔认为，这个方程描述的是概率分布，是数学外在世界中的抽象对象。今天的物理学家和科学哲学家则再次将薛定谔物质波描述为自然界中的实体。见*The Wave Function: Essays on the Metaphysics of Quantum Mechanics*, ed. Alyssa Ney and David Z. Albert (Oxford: Oxford University Press, 2013)。
29. Niels Bohr, “The Quantum Postulate and the Recent Developments in Atomic Theory” (1927), n.t., *Nature* 121, no. 3050, (1928), 580–90, reprinted in *Bohr, Atomic Theory and the Description of Nature* (Cambridge, England: Cambridge University Press, 1934), 52–91.
30. Forman, “Weimar Culture,” 1–115, and Forman, “Kausalität, Anschaulichkeit, and Individualität,” 333–47.福曼曾写道：“出乎意料的是，德国数学界突然开始感觉到整个数学分析体系赖以建立的基础竟然如此不牢靠，建立这一体系的方法竟然如此可疑。现在，相当多的德国数学家带着近乎宗教的热情团结在布劳威尔的旗帜下，呼吁彻底重建数学，重新定义这项事业，并将其恰如其分地称为直觉主义。”见Forman, “Weimar Culture,” 60。
31. Hermann Weyl, *Raum, Zeit, Materie: Vorlesungen über allgemeine Relativitätstheorie* (1918), 4th ed. (Berlin: Springer, 1921), 283.外尔以浪漫主义的笔调结束了这本书的1921年版：“任何回首凝望我们刚刚穿过的这片土地的人……一定会为赢得自由的感觉所征服：心灵已经甩掉了束缚的镣铐。他必定会感到重新灌注的一个信念：理性不仅仅是人类在生存斗争中的权宜之计，尽管有过种种失望与错误，但理性仍旧追随着构想出这个世界的绝对智慧，我们每个人的意识都是神灵的光芒和真理的生命在现象中理解它本身的中心。我们的耳朵听到了毕达哥拉斯和开普勒曾经梦想过的球体和谐的基本和弦。”福曼则这样描述外尔：“外尔认为，量子理论是对某种状况的事后合理化，他接受了这一理论，就代表着他的思想/情感倾向通过接触与之对应的时代精神之后的自我实现。”见*Weimar Culture and Quantum Mechanics*, ed. Cathyrn Carson, Alexei Kojevnikov, and Helmuth Trischler (London: Imperial College Press, 2011), 221–60。
32. 有关克尔凯郭尔辩证知识的概念，见Høffding, “Søren Kierkegaard,” 2:28。有关玻尔在克尔凯郭尔那里的源头，见Jammer, *Conceptual Development of Quantum Mechanics*, 172–76。在他对“互补原理”源头的详细研究中，历史学家Gerald Holton与雅默达成了一致：“现在，试图证明克尔凯郭尔的理念已经被玻尔直接、详尽地从神学与哲学领域转移到物理学领域，已经是既荒唐也没有必要的事情了。当然，这样的转移并不存在。人们应该做的不过是敞开自己的思想，通过本质上作为物理学家的眼睛来阅读霍夫丁和克尔凯郭尔的著作，就像玻尔那样艰苦地尝试，如他1912—1913年间第一次关于原子模型的研究，以及1927年第二次研究那样”，见Holton, “Roots of Complementarity,” 1042。
33. 玻尔的互补原理这个术语，是量子力学中许多哲学谜团的来源。接受了哥本哈根解释的物理学家到今天还在论证这些问题。观察当前僵局的一种方法是：这是有关词语的哲学分歧，必须用与描述宏观领域不同的方法来描述亚原子领域，而这一点并没有逻辑上的原因，正如1979年诺贝尔物理学奖金得主温博格所写的那样：“量子力学的哲学与它的应用之间实在没有多大关系，这甚至开始让人猜疑，所有这些有关测量意义的深奥问题都实在空洞，是通过语言强加给我们的，是一种在受到非常接近经典物理定律控制的世界中演变而来的语言。”见*Dreams of a Final Theory: The Search for the Fundamental Laws of Physics* (New York: Pantheon Books, 1992), 84。
34. 这是福曼的描绘：“我的结论是，量子力学和放在它身上的哲学结构之间差不多没有关系，或者说和通过它得出的哲学构成之间差不多没有关系。物理学家允许自己（也得到了别人的允许）创造任何我们想要的更好的理论，任何他们所处的环境迫使他们想要的更好的理论。”见Forman, “Kausalität, Anschaulichkeit, and Individualität,” 344。
35. Bohr, “Quantum Postulate”，引言分别在580和54页。有关海森堡改变了对客观性的态度，见Cathyrn Carson, “Objectivity and the Scientist: Heisenberg Rethinks,” *Science in Context* 16, nos. 1–2 (2003), 243–69; esp. 247–49。
36. Max Jammer, *Conceptual Development of Quantum Mechanics*, 198.
37. “以永恒的观点对世界的沉思是对它的有限整体的沉思”，见Wittgenstein, *Tractatus Logico-Philosophicus* (6.45), trans. C. K. Ogden (London: Kegan Paul, Trench, Truber, 1922), 187。
38. 这是马克斯·雅默在*Conceptual Development of Quantum Mechanics*, 180 and 197–200中的假说。
39. 海森堡最初在1927年的论文中引入了这个术语，但在文中主要使用的是“Ungenauigkeit”（不可测性），只是在附录中才引入了“Unsicherheit”（不确定性）这个术语。Carl Eckart和Frank C. Hoyt 翻译海森堡的教科书*The Physical Principles of the Quantum Theory*(1930)时，把二者都译成了“uncertainty”，使之成了英语中的标准术语。
40. Heisenberg, “Über den Inhalt der quantentheoretischen Mechanik,” 197, John A. Wheeler 和 W. H. Zurek 英译标题为“The Physical Content of Quantum Kinematics and Mechanics”, in *Quantum Theory and Measurement*, ed. Wheeler and Zurek, 62–86。
41. 有关物理学因果决定论的综述，见John Earman, *Primer on Determinism* (Dortrecht: Reidel, 1986)，以及他最近的更新“Aspects of Determinism in Modern Physics,” in *Philosophy of Physics*, ed. Jeremy Butterfield and John Earman (Amsterdam: North-Holland, 2007) 2: 1369–1434。哥本哈根学派有些成员曾经认为经典力学中的掷硬币是独立事件，而量子力学中的电子路径则是相关事件。但在20世纪50年代，如同爱因斯坦预测的那样，德布罗意-玻姆解释表明，这两个领域都遵守同样的概率法则，在爱因斯坦看来，“假定这一努力将（为量子力学）建立一个完整的描述，则在未来的物理学框架内，统计量子理论将采取基本上与经典力学中的统计力学对应的立场”，见Einstein, “Reply to Criticisms” (1949), in *Albert Einstein: Philosopher Scientist*, ed. Paul Arthur Schilpp (LaSalle, Ill.: Open Court, 1949/rpt. 1970), 672。
42. Høffding, “Kierkegaard,” 2:287 (see n. 24).
43. Ibid., 2:286–87.
44. Ibid., 2:287.雅默曾指出：“霍夫丁有关知识问题的讨论似乎预示了后来量子力学中的某些概念性特点。”见Jammer, *Conceptual Development of Quantum Mechanics*, 173。
45. Bohr, “Quantum Postulate”, 53-54, and 580.
46. Niels Bohr, “The Quantum of Action and the Description of Nature” (1929), in Bohr, *Atomic Theory*, 92–101.玻尔也向笃信物理学的人士保证，物理学能够应用到生物学上，而且量子力学让人们不可能对生命的起源做出生理化学的解释：“然而，就更深刻的生物学问题来讲，我们关注的是有机体在面对外界刺激时的自由度和适应能力，但我们发现在同样的条件……决定了原子现象因果模式的局限性，但这也意味着生者与死者之间的区别这个问题无法理解。”见Niels Bohr, “The Atomic Theory and the Fundamental Principles Underlying the Description of Nature” (1929), in Bohr, *Atomic Theory*, 102–19。在这里，玻尔附和了马赫的观点：“人们深信，整个科学的基础，尤其是物理学，正在等待着生物学的下一个伟大阐释。”
47. Max Born, “Gibt es physikalische Kausalität?” *Vossische Zeitung* (Apr. 12, 1928), 9.
48. Bernard Harrison, “Category Mistakes and Rules of Language,” *Mind* 74, no. 295 (1965), 309–25.
49. 爱因斯坦1924年4月29日致马克斯·玻恩的信，in *The Born-Einstein Letters:*

Correspondence between Albert Einstein and Max and Hedwig Born from 1916 to 1955, trans. Irene Born (London: Macmillan, 1971), 82。今天，尽管哥本哈根学派已经不再一家独大，但不确定性与自由意志的联系已然是数学研究的一个严肃课题。英国数学家John Conway 和比利时同事Simon B. Kochen在2006年用"如果人类具有自由意志，则某些基本粒子的位置必定是不可确知的"这个观点清楚证明了上述说法。他们说："如果确实有少量说明自由意志存在的实验，则基本粒子必定也同样拥有这种珍贵的性质。"见John Conway and Simon B. Kochen, "The Free Will Theorem," *Foundations of Physics* 36, no. 10 (2006), 1441–73。这一自由意志定理引起了思维数学家和物理学家组成的团队的反驳，他们认为，Conway和Kochen的定理只能用于确定世界的模型，见Sheldon Goldstein, Daniel V. Tausk, Roderich Tumulka, and Nino Zanghi, "What does the Free Will Theorem actually Prove?" *Notices of the American Mathematical Association* (Dec. 2010), 1451–53。

50. 有关玻尔与爱因斯坦之间的辩论，见David Lindley, *Uncertainty: Einstein, Heisenberg, Bohr, and the Struggle for the Soul of Science* (New York: Doubleday, 2007), and Manjit Kumar, *Quantum: Einstein, Bohr, and the Great Debate about the Nature of Reality* (New York: Norton, 2008)。有关哲学家对玻尔科学哲学的讨论，见*Niels Bohr and Contemporary Philosophy*, ed. Jan Faye and Henry J. Folse (Dordrecht: Kluwer, 1994)，尤其可参阅Don Howard的论文"What Makes a Classical Concept Classical? Toward a Reconstruction of Niels Bohr's Philosophy of Physics" (201–29)。他在其中写道："不久以前，尼尔斯·玻尔作为物理学哲学家的影响与地位可以与他作为物理学家的地位相比。但现在，特别是在1985年玻尔诞辰百年之际，人们越来越绝望地感到无法从他的哲学观点中得到任何有道理的东西。"
51. Erwin Schrödinger, "The Fundamental Idea of Wave Mechanics," Nobel Lecture, Dec. 12, 1933, in *Nobel Lectures, Physics 1922–1941* (Amsterdam: Elsevier, 1965), 305–16.
52. 有关德布罗意在索尔维会议上发表讲话的情况和泡利的回应，见Guido Bacciagaluppi and Antony Valentini, *Quantum Theory at the Crossroads: Reconsidering the 1927 Solvay Conference* (Cambridge, England: Cambridge Univ. Press, 2009)。两位作者认为，泡利对于德布罗意理论的反对不正确。
53. John von Neumann, *Mathematical Foundations of Quantum Mechanics* (1932), trans. Robert T. Beyer (Princeton, NJ: Princeton University Press, 1955), 325.
54. Forman, "A Causal Quantum Mechanics," 221–60.
55. James T. Cushing, *Quantum Mechanics: Historical Contingency and the Copenhagen Hegemony* (Chicago: University of Chicago Press, 1994), 42–75, and David Z. Albert, Quantum Mechanics and Experience (Cambridge, MA: Harvard University Press, 1994), 134–79.
56. "Remarques sur le problème des paramètres caché dans la méchanique quantique et sur la théorie de l'onde pilote" (1952) in *Louis de Broglie: Physicien et Penseur* (Paris: Michel, 1953), 33–42.
57. 见荣格与泡利联名发表的著作*Naturerklärung und Psyche*（《对于自然与精神的解释》，1952）被译为英文后使用了较为谦虚的标题《试解释自然与精神》，并收录了荣格的"Synchronicity: An Acausal Connecting Principle," trans. R.F.C. Hall，以及泡利的"The Influence of Archetypal Ideas on the Scientific Theories of Kepler," trans. Priscilla Silz (London: Routledge and Kegan Paul, 1955)。泡利和荣格的通信记录下了二人的关系，见*Wolfgang Pauli und C.G. Jung: ein Briefwechsel, 1932–1958*, ed. C. A. Meier (Berlin: Springer, 1992)。直到1958年去世，泡利都一直对荣格的思想保持着兴趣；泡利是马克斯·比尔在苏黎世的邻居，他在20世纪40年代后期和50年代常去这位艺术家的家中拜访，其间谈起过荣格。作者2008年3月10日在苏黎世对雅各布·比尔的采访。
58. Wolfgang Pauli, "Das Ganzheitsstreben in der Physik" (1953)，这是泡利在1953年年初给瑞士物理学家Markus Fierz (1912—2006，巴塞尔大学物理学教授）的信中所附的一篇论文 (Pauli Letter Collection at CERN, Geneva, inv. no. PLC 0092107)，见Kalervo Vihtori Laurikainen, *Beyond the Atom: the Philosophical Thought of Wolfgang Pauli*, trans. from Finnish by Carol Westerlund (Berlin: Springer, 1988)。
59. Pauli, "Remarques," 42.
60. Wolfgang Pauli, "Wissenschaft und das abendländische Denken" (1955) in *Laurikainen, Wolfgang Pauli*, 96–103.
61. 巴西物理学家Jayme Tiomno曾于1950年在普林斯顿大学获得物理学的博士学位，当时的导师是玻姆和John Wheeler。在他的帮助下下，玻姆在圣保罗大学获得了一个教职，便于1951年10月前往巴西，但在到达圣保罗机场时被美国当局没收了护照。大受打击的玻姆加入了巴西国籍，研究上得到支持，享受了欢迎的气氛。有关玻姆的生平，见F. David Peat, *Infinite Potential: The Life and Times of David Bohm* (Reading, MA: Helix, 1997)。
62. 雅默写道："20世纪50年代初，哥本哈根学派在量子力学方面享有无可争议的统治地位"，见Jammer, *Philosophy of Quantum Mechanics*, 250。有关玻姆因科学政治受到排斥，见Olival Freire Jr., "Science and Exile: David Bohm, the Cold War, and a New Interpretation of Quantum Mechanics," *Historical Studies in the Physical and Biological Sciences* 36, no. 1 (2005), 1–34。有关少数人认为玻姆受排斥是源于麦卡锡主义氛围的观点，见Russell Olwell, "Physical Isolation and Marginalization in Physics: David Bohm's Cold War Exile," *Isis* 90, no. 4 (1999), 738–56。
63. John Stewart Bell, *Speakable and Unspeakable in Quantum Mechanics* (Cambridge, England: Cambridge University Press, 1987), 160.
64. 有关对福曼论文的最新观点，见*Weimar Culture and Quantum Mechanics*, ed. Carson et al.。
65. 有关玻尔和爱因斯坦哲学辩论的介绍，见Jammer, *Philosophy of Quantum Mechanics*, esp. 109–58。
66. Erwin Schrödinger, "Die gegenwärtige Situation in der Quantenmechanik," *Naturwissenschaften* 23 (Nov. 1935), 807–12. 在Trimmer的英译本中题为"The Present Situation in Quantum Mechanics," in *Quantum Theory and Measurement*, ed, Wheeler and Zurek (see n. 28)。
67. George Johnson, *A Shortcut through Time: the Path to the Quantum Computer* (New York: Knopf, 2003), esp. 42–50 and 141–54.
68. 有关利西茨基对犹太人风格的探讨，见John Bowlt, "From the Pale of Settlement to the Reconstruction of the World," and Ruth ApterGabriel, "El Lissitzky's Jewish Works," in *Tradition and Revolution: The Jewish Renaissance in Russian Avant-Garde Art, 1912–1928*, ed. Ruth Apter-Gabriel (Jerusalem: Israel Museum, 1987), 43–60, and 101–24; Margolin, *Struggle for Utopia*, 22–37 (see chap. 4, n. 59)。
69. John Bowlt, "Malevich and his Students," *Soviet Union* 5, part 2 (1978), 258–59.
70. 有关学生佩戴黑色正方形标记的照片，见Aleksandra Shatskikh, *Vitebsk: the Life of Art*, trans. Katherine Foshko Tsan (New Haven, CT: Yale University Press, 2007), 138, fig. 111。有关马列维奇在维特伯斯克的小组，见Christina Lodder, "International Constructivism and the Legacy of UNOVIS in the 1920s: El Lissitzky, Katarzyna Kobro and Wladyslaw Strzeminski" (2003), in *Constructivist Strands in Russian Art 1914–1937* (London: Pindar Press, 2005), 537–58。
71. 夏卡尔离去的详情，见Shatskikh在*Vitebsk*, 108–47。
72. El Lissitzky, "Suprematism in World Construction," *UNOVIS* 1 (1920), Sophie Lissitzky-Küppers, *El Lissitzky: Life, Letters, Text* (London: Thames and Hudson, 1968/rev.ed.1980), 331.
73. 这一儿童书籍有一个摹本版，El Lissitzky, *Pro dva kvadrata* (1922; Cambridge, MA: MIT Press, 1991)，由Christiana van Manen译为英文，以牛皮纸印刷，覆盖在故事书的纸张上。有关俄罗斯先锋派的其他儿童读物，见Eveny Steiner, *Stories for Little Comrades: Revolutionary Artists and the Making of Early Soviet Children's Books*, trans., Jane Ann Miller (Seattle: University of Washington Press, 1999)，其中的插图包括埃尔·利西茨基1928年未发表的关于素数的素描，见*Four Arithmetic Operations* (34–39)。
74. El Lissitzky, "Proun" (1920–21), *De Stijl* 5–6 (1922), trans. John E. Bowlt, reprinted in *El Lissitzky: Ausstellung* (Cologne: Galerie Gmurzynska, 1976), 63.这些文字写于1920—1921年间，曾据此于1924年10月23日在莫斯科艺术文化研究所发表演讲。有关利西茨基作品中的数学，见 Yve Alain Bois, "Lissitzky,

Malevich, et la question de l'éspace," in *Suprematisme* (Paris: Galerie Jean Chauvelin, 1977), 29–46; and Esther Levinger, "El Lissitzky's Art Games," *Neohelicon*, 14, no. 1 (Dec., 1987), 177–191。

75. 有关利西茨基"K. und Pangeometrie"的讨论，见Alan C. Birnholz, "Time and Space in the Art and Thought of El Lissizsky," *The Structurist*, no. 15–16 (1975–76), 89–96; and Yve-Alain Bois, "From ¬∞ to 0 to +∞ : Axonometry, or Lissitzsky's Mathematical Paradigm," in *El Lissitzky, 1890–1941: Architect, Painter, Photographer, Typographer*, ed. Caroline de Bie et al. (Eindhoven: Municipal van Abbemuseum, 1990), 27–33。

76. 许多俄罗斯知识分子因为斯宾格勒的右翼政治观点而与他保持距离；尽管如此，他在俄罗斯还是很受欢迎。有关俄罗斯艺术批评家塔拉布金对斯宾格勒的爱恨情结，见Maria Gough, "Tarabukin, Spengler, and the Art of Production," *October* 93 (Summer 2000), 78–108。

77. El Lissitzky, "Proun" (1920–21), 67 (see n. 74).

78. Ibid., 67 and 70.

79. "El Lissitzky and the Export of Constructivism," in *Situating El Lissitzky: Vitebsk, Berlin, Moscow*, ed. Nancy Perloff and Brian Reed (Los Angeles: Getty Research Institute, 2003), 27–46. Christina Lodder在其中描述了埃尔·利西茨基的政治使命。

80. 见El Lissitzky and Ilya Ehrenburg, "The Blockade of Russia moves towards its End" (1922), in *The Tradition of Constructivism*, ed. Stephen Bann (New York: Viking, 1974), 53–57。有关在现代艺术中使用"constructivism"这个词的历史，见Bann为这本书写的前言。有关构成主义的国际化，见*Von Kandinsky bis Tatlin/From Kandinsky to Tatlin, Constructivism in Europe*, ed. Kornelia von Berswordt-Wallrabe (Schwerin: Staatliches Museum, 2006)。

81. Theo van Doesburg, "Elementarism: Fragment of a Manifesto," *De Stijl* 7, no. 78 (1926–27) in *De Stijl: Extracts*, ed. Jaffé, 213–16.

82. Ibid.

83. Doris Wintgens Hötte, "Van Doesburg tackles the Continent: Passion, Drive, and Calculation," in *Van Doesburg and the International Avant-Garde: Constructing a New World*, ed. Gladys Fabre and Doris Wintgens Hötte (London: Tate Publishing, 2009), 10–19. 有关《风格》杂志在凡·杜斯伯格的国际野心中的作用，见Krisztina Passuth, "*De Stijl* and the East-West Avant-Garde: Magazines and the Formation of International Networks," *Van Doesburg* (2009), 20–27。

84. László Moholy-Nagy, *The New Vision: Abstract of an Artist* (New York: Wittenborn, 1946), 70.

85. 有关两次世界大战之间的几个"乌托邦"概念，见*Central European Avant-Gardes: Exchange and Transformation 1910–1930*, ed. Timothy Benson (Los Angeles: Los Angeles County Museum of Art, 2002), and *Modernism 1914–1939: Designing a New World*, ed. Christopher Wilk (London: Victoria and Albert Museum, 2006)。

86. Bruno Taut, *Die Stadtkrone* (Jena: E. Diederichs, 1919), 68.

87. 有关俄罗斯和魏玛共和国的艺术教育，见Christina Lodder, "The VKhUTEMAS and the Bauhaus," in *The Avant-Garde Frontier: Russia meets the West 1910–1930*, ed. Gail Harrison Roman and Virginia Hagelstein Marquardt (Gainesville, FL: University Press of Florida, 1992), 196–240。

88. 有关凡·杜斯伯格在德国的旅居，见Sjarel Ex, "'DeStijl' und Deutschland: 1918–1922: die Ersten Kontakte," in *Konstruktivistische Internationale Schöpferische Arbeitsgemeinschaft, 1922–1927: Utopien für eine, ed. Bernd Finkeldey et al.* (Stuttgart: G. Hatje, 1992), 73–80。尤其是凡·杜斯伯格给安东尼·科克的一张明信片，上面的图片是魏玛国立美术学院的亨利·范德维尔德大楼，1919年格罗皮乌斯创建包豪斯设计学校的地点。凡·杜斯伯格在明信片上美术学院大楼的正面写下了"风格派"几个字，象征性地重新命名了这座建筑物。

89. Theo van Doesburg, "Towards a Newly Shaped World," in *Joost Balijeu, Theo van Doesburg* (New York: Macmillian, 1974) 113–14.

90. 格罗皮乌斯1952年11月3日致意大利建筑师Bruno Zevi的信，见*Bruno Zevi, Poetica dell'architettura neo-platica* (Turin: Einaudi, 1953/rpt. 1974) 229–30；英文译文见Balijeu, Theo van Doesburg, 41。

91. Magdalena Droste, *The Bauhaus 1919–1933: Reform and Avant-Garde* (Cologne: Taschen, 2006), 25, and Éva Forgács, *The Bauhaus Idea and Bauhaus Politics*, trans. John Bátki (Budapest: Central European University Press, 1995), 51.

92. 有关包豪斯早年的表现主义和构成主义倾向，见Magdalena Droste, "Aneignung und Abstoßung: Expressive und Konstruktive Tendenzen am Weimar Bauhaus," in *Bauhaus-Ideen um Itten, Feininger, Klee, Kandinsky: vom Expressiven zum Konstruktiven*, ed. Brigitte Salmen (Murnau, Germany: Schlossmuseum Murnau, 2007), 11–31。有关格罗皮乌斯用实践平衡他的乌托邦观点的意图，见Peter Müller, "Mental Space in a Material World: Idealized Reality in the Weimar Director's Office," in *Bauhaus: A Conceptual Model, ed. Bauhaus Archiv Berlin, Stiftung Bauhaus Dessau, and Klassik Stiftung Weimar*, n. t. (Ostfildern-Ruit, Germany: Hatje Cantz, 2009), 153–56。

93. Brigid Doherty, "László MoholyNagy's Constructions in Enamel, 1923," in *Bauhaus 1919–1933: Workshops for Modernity*, ed. Leah Dickerman and Barry Bergdoll (New York: Museum of Modern Art, 2009), 130–33.

94. 20世纪20年代，俄罗斯艺术家利西茨基和瑙姆·加博也流利掌握了弗朗西的生物技术语汇。在阅读了弗朗西的*Bios: die Gesetze der Welt* (1923) 之后，利西茨基想要给作者写信安排会见；利西茨基于1924年3月10 日致Sophie Lissitzky-Küppers的信，见*Lissitzky-Küppers, El Lissitzky*, 46。加博也表达了对弗朗西和Ernst Kállai的生物形态著作的兴趣；见Martin Hammer and Christina Lodder, *Constructing Modernity: the Art and Career of Naum Gabo* (New Haven, CT: Yale University Press, 2000), 282–83。

95. Oliver Botar, "László Moholy-Nagy's New Vision and the Aestheticization of Scientific Photography in Weimar Germany," *Science in Context* 17, no. 4 (2004), 525–56.

96. Christopher Short, "The Role of Mathematical Structure, Natural Form, and Pattern in the Art Theory of Wassily Kandinsky: The Quest for Order and Unity," in *Meanings of Abstract Art: Between Nature and Theory*, ed. Paul Crowther and Isabel Wünsche (New York: Routledge, 2012), 64–80.

97. Boris Groys, *The Total Art of Stalinism: Avant-Garde, Aesthetic Dictatorship, and Beyond*, trans. Charles Rougle (Princeton, NJ: Princeton University Press, 1992)，另见Margarita Tupitsyn, *El Lissitzky: Beyond the Abstract Cabinet: Photography, Design, Collaboration* (New Haven, CT: Yale University Press, 1999)。Yve-Alain Bois曾提出是在不断变化的政治风向让埃尔·利西茨基在早期与晚期作品中呈现出了不同的空间；早期的利西茨基是至上主义者，在其Proun中运用了缺乏独特视点的测轴透视法，但晚期的利西茨基则接受了幻想，拍摄了一些宣传用的蒙太奇照片，见"El Lissitzky: Radical Reversibility," *Art in America* 76, no. 4 (1988), 161–81。

98. *Russian and Soviet Views of Modern Western Art: 1890s to Mid-1930s*, trans., Charles Rougle, ed. Ilia Dorontchenkov (Berkeley: University of California Press, 2009), esp. 305–7 .

99. Walter Gropius, *Program of the Staatliche Bauhaus in Weimer* (1919), trans Wolfgang Jabs and Basil Gilbert, in Wingler, Bauhaus, 31 (see chap. 7, n. 22).

100. Hannes Meyer, *Bauhaus: Zeitschrift für Bau und Gestaltung Schriftleitung* (Dessau: Bauhaus, 1928), 4:12–13.

101. Rudolf Carnap, "Wissenschaft und Leben"，1929年10月15日在德邵包豪斯设计学校发表的演讲。卡尔普纳为这次演讲手写的笔记保留在匹兹堡大学科学哲学档案馆的鲁道夫·卡尔普纳文件汇编中（RC 110-07-49）。

102. 有关迈耶的包豪斯和卡尔普纳的维也纳圈子的关系，见Peter Galison, "Aufbau/Bauhaus: Logical Positivism and Architectural Modernism," *Critical Inquiry* 16 (Summer 1990), 709–52。Galison 认为这两个团体有着类似的目标（不包括形而上学的逻辑，不包括装饰的建筑学），但到了1929年，在先锋派的建筑风格中，装饰早已荡然无存；卡尔普纳和迈耶有着共同的目标：扫除形而上学。

103. Naum Gabo and Antoine Pevsner, The Realist Manifesto (1920), in *Herbert Read and Leslie Martin, Gabo: Constructions, Sculpture, Paintings, Drawings, Engravings* (Cambridge, MA: Harvard University Press, 1957)，其中包括加博的俄语原文和英文翻译，以及"Constructive art: An Exchange of

Letters between Naum Gabo and Herbert Read," *Horizon* 10, no. 55 (1944), 60–61。

104. Jane Beckett, "Circle: The Theory and Patronage of Constructivist art of the Thirties," in *Circle: Constructive Art in Britain 1934–40*, ed. Jeremy Lewison (Cambridge, England: Kettle's Yard Gallery, 1982), 11–19.
105. Christian Zervos, "Mathématiques et l'art abstrait" (Mathematics and abstract art), *Cahiers d'art* (1936), 4–20.
106. Ibid., 6.
107. Charles Morris, "Science, Art, and Technology," *The Kenyon Review* 1, no. 4 (1939), 409–23.

第九章 数学的不完备性

1. 同年，铁业巨头卡尔·维特根斯坦去世，给儿子路德维希留下了庞大的家产。青年维特根斯坦更喜欢简朴的生活，把这些财产全都送给了别人。
2. 维特根斯坦著作的德文第一版标题是*Logisch-Philosophische Abhandlung*, ed. Wilhelm Ostwald, Annalen der Naturphilosophie 14 (1921)。这本书的第一个英文译本由C. K. Ogden完成，采用原文与译文对照形式，标题用的是*Tractatus Logico-Philosophicus* (London: Kegan Paul, Trench, Truber, 1922)，反映了英国人使用拉丁文标题的爱好。
3. 1918—1919年间，罗素本人发表了系列论文"Philosophy of Logical Atomism"，在其中承认他从维特根斯坦那里获益不少，但事实证明，维特根斯坦自己版本的语言图形理论更有影响力。
4. 见Ludwig Wittgenstein, *Tractatus Logico-Philosophicus* (6.522), trans. 187。1901年，罗素发表了一篇关于神秘主义的论文，在其中描述了数学家如何通过神秘直觉或者说纯粹的感知来了解真实的终极秩序；见"Mysticism and Logic" (1901), in *Mysticism and Logic*, 1-32。我们不知道维特根斯坦在写《逻辑哲学论》之前是否读过罗素的论文。有关罗素和维特根斯坦在这一题材上使用的方法，见Brian McGuiness, "The Mysticism of the Tractatus," *Philosophical Review* 75 (1966), 305–28。
5. Wittgenstein, *Tractatus Logico-Philosophicus* (6.21 and 6.3), trans. 151.
6. Ibid. (6.545), trans. 187.
7. Ibid. (7), trans. 89.
8. Ludwig Wittgenstein, "A Lecture on Ethics" (1929–30), *Philosophical Review* 74, no. 1 (1965), 3–12.
9. Wittgenstein, *Tractatus* (6.4311), 185.
10. 有关维特根斯坦面对实证主义者的攻击为形而上学辩护，见Christopher Hoyt, "Wittgenstein and Religious Dogma," *International Journal for Philosophy of Religion* 61, no. 1 (2007), 39–49。
11. Mathieu Marion, "Wittgenstein and Brouwer," *Synthese* 137, no. 1/2, (2003), 103–27. Hesseling, *Gnomes in the Fog*, esp. 190–98.
12. 有关维特根斯坦在德国浪漫主义中的根源，见M. W. Rowe, "Wittgenstein's Romantic Inheritance," *Philosophy* 69, no. 269 (1994), 327–51。尽管没有证据说明维特根斯坦读过黑格尔与谢林的著作，但他的确读过歌德的著作，其中表达了他们的浪漫主义哲学。见M. W. Rowe, "Goethe and Wittgenstein," *Philosophy* 66, no. 257 (1991), 283–30。
13. Ludwig Wittgenstein, *Philosophische Untersuchungen/Philosophical Investigations* (1953), trans. G.E.M. Anscombe (Oxford, England: Blackwell, 2nd ed. 1958/rpt. 1998), n.p. 维特根斯坦在这本书的开头援引了圣奥古斯丁在《忏悔录》中一段关于语言本质的话。
14. 从人们在他死后搜集并发表的笔记中可以看出，维特根斯坦经常援引生命哲学家的文字，见 Wittgenstein, *Vermischte Bemerkungen: Culture and Value*, trans. Peter Winch, ed. G. H. von Wright (Oxford: Blackwell, 1980/2nd ed.1997)。
15. Wittgenstein, *Culture and Value*, 56e.
16. Rudolf Carnap, *The Logical Syntax of Language* (1934), trans. Amethe Smeaton (New York: Harcourt, Brace, 1937), 222.
17. Paul Bernays, "Axiomatische Untersuchung des Aussagen-Kalküls der Principia Mathematica," *Mathematische Zeitschrift* 25 (1926), 305–20; Emil L. Post, "Introduction to a General Theory of Elementary Propositions," *American Journal of Mathematics* 43 (1921), 163–85.
18. Ernst Nagel and James R. Newman, *Gödel's Proof* (New York: New York University Press, 1958). John W. Dawson, *Logical Dilemmas: The Life and Work of Kurt Gödel* (Wellesley, MA: A. K. Peters, 1997).
19. Lynn Gamwell, "Looking Inward: Art and the Human Mind," in *Gamwell, Exploring the Invisible*, 129–47.
20. 塞尚1904年4月15日致伯纳德的信，见*Paul Cézanne, Correspondance*, ed. John Rewald (Paris: B. Grasset, 1978), 296。
21. 有关数学和艺术中的自参照，这个主题是Douglas Hofstader 如下著作的前提：*Gödel, Escher, Bach: An Eternal Golden Braid* (New York: Basic Books, 1979)。如果有人想要从历史的角度探讨这一题材，并以特定的时间与地点（20世纪初的日耳曼文化）代替非历史性的"永恒金色编织"，则三大巨头将会是哥德尔、马格里特和叔本华。
22. 德·基里科研读过Giovanni Papini的*Il crepuscolo dei filosofi: Kant, Hegel, Schopenhauer, Comte, Spencer, Nietzsche* (Milan: Società editrice Lombarda, 1906)。帕皮尼是艺术与文学方面的青年作家，几年后为先锋派杂志*Lacerba* 撰写了有关未来派的文章。
23. Friedrich Nietzsche, *Ecce Homo* (1888), in *Basic Writings of Nietzsche*, trans. Walter Kaufmann (New York: The Modern Library, 1968), 764.
24. 有关德·基里科和安德里亚·德·基里科（1909年改名为Alberto Salvinio）在艺术和文学上的不解之谜这个题材，见Keala Jewell, *The Art of Enigma: The De Chirico Brothers and the Politics of Modernism* (University Park, PA: Pennsylvania State University Press, 2004)。
25. 这一行出现在尼采的诗作"Ariadne's Lament" (1889) 中，见 *The Portable Nietzsche*, trans. Walter Kaufmann (New York: Penguin Books, 1968), 345。
26. 尼采写道："在我的思想中，人（在此的含义是'人类'；他在这里指的是阿里阿德涅）是地球上无与伦比的和蔼可亲、勇敢、富于创造性的生物；他能在迷宫中找到出路。" 见 Friedrich Nietzsche, *Beyond Good and Evil* (1886), in *Basic Writings of Nietzsche*, trans. Kaufmann, 426。
27. 德·基里科关于阿里阿德涅的系列作品，见Michael R. Taylor, *Giorgio de Chirico and the Myth of Ariadne* (London: Merrell, 2002) 。
28. 有关马格里特的早期生活对于他艺术的影响，见Ellen Handler Spitz, "Testimony through Painting," in *Museums of the Mind: Magritte's Labyrinth and Other Essays* (New Haven, CT: Yale University Press, 1994), 26–36，以及法国心理分析学家Jacques Roisin, *Ceci n'est pas une biographie de Magritte* (Brussels: Alice éditions, 1998), esp. "Les Eaux profondes" (Deep waters), 56–76。
29. 马格里特阅读过Elie Faure的*Les constructeurs* (Paris: G. Crès, 1914) 当中有关陀思妥耶夫斯基、尼采、塞尚的内容。
30. 马格里特和批评家Louis Jean Scutenaire 在合写的论文中讨论了黑格尔、尼采、弗洛伊德，见 "L'Art Bourgeois," *London Bulletin*, no. 12 (Mar. 15, 1939), 13–14。
31. *René Magritte: Catalogue Raisonné*, ed. David Sylvester (London, 1992), 1:39.
32. 马格里特得到的小册子*12 opere di Giorgio de Chirico* (Rome: Valori plastici, 1919) 中有一些作家，包括对Guillaume Apollinaire、Carlo Carrà、Maurice Raynal、André Salmon、Ardengo Soffici、Louis Vauxcelles的简单评论。按照他的评论，索菲西将德·基里科对于几何的使用与15世纪直线透视方法大师Paolo Uccello相比。
33. Jean Clair, "Seven Prolegomenae to a brief treatise on Magrittian Tropes," October 8 (Spring, 1979), 89–110.
34. 马格里特于1966年5月23日致福柯的信，in *René Magritte, Écrits Completes, ed. André Blavier* (Paris: Flammarion, 1979), 639–40。
35. Michel Foucault, Ceci n'est pas une pipe (1968; Montpellier: Fata Morgana, 1973). 关于其他从现象学/存在主义观点出发对马格里特的讨论，见Martin Jay, "In the Empire of the Gaze: Foucault and the Denigration of Vision in Contemporary French Thought," *Foucault: A Critical Reader*, ed. David Couzens Hoy (Oxford: Blackwell, 1986), 175–204，其中Jay质疑了福柯在相

似与对应的差别方面对马格里特的解释；另见Gary Shapiro, "Pipe Dreams: Eternal Recurrence and Simulacrum in Foucault's ekphrasis of Magritte," *Word and Image* 13, no. 1 (1997), 69–76。有关从符号学创始人Charles Sanders Peirce (1839–1914)的角度看待马格里特，见André de Tienne, "Ceci n'est-il pas un signe? Magritte sous le regard de Peirce," in *Magritte au Risque de la Sémiotique*, ed. Nicole Everaert-Desmedt (Brussels: Facultés universitaires Saint-Louis, 1999)。关于以英国分析哲学特别是后维特根斯坦的分析哲学方法对马格里特的讨论，见Suzi Gablik, *Magritte* (Greenwich, CT: New York Graphic Society, 1970)。

36. 美国数学家William Goldbloom Bloch 曾在 *The Unimaginable Mathematics of Borges' Library of Babel* (Oxford and New York: Oxford University Press, 2008) 中描述了博尔赫斯作品背后的数学。
37. H.S.M. Coxeter, "Crystal Symmetry and its Generalization," *Transactions of the Royal Society of Canada Section III Third series* 51 (1957), 1–13.
38. Doris Schattschneider, "Coxeter and the Artists: A Two-Way Inspiration," in *The Coxeter Legacy*, ed. C. Davis and E. Eller (Province, RI: American Mathematical Society/Fields Institute, 2006), 255–80.
39. 埃舍尔1960年5月28日致儿子乔治的信，见F. H. Bool, J. B. Kist, J. L. Locher, F. Wierda, *M. C. Escher: His Life and Complete Graphic Work* (New York: Abrams, 1982), 100–1。
40. 埃舍尔1958年12月5日致考克斯特的信，见"The non-Euclidean Symmetry of Escher's picture Circle Limit III," *Leonardo* 12 (1979)。
41. Coxeter, "Escher's Circle Limit III," 19–25, and 32.
42. Edmund Husserl, *Ideen zu einer reinen Phänomenologie und phänomenologischen Philosophie* (Halle: Max Niemeyer, 1913/rpt.1922), 211. 戴维·特尼斯为他的赞助人 Leopold Wilhelm 大公爵的画廊创作了10幅画作，记录了他的艺术收藏，后者是荷兰南部地区（今比利时境内）的总督。除了这些画作之外，特尼斯也为Leopold Wilhelm的全部1300份文艺复兴时期和巴洛克艺术作品中的243幅最有价值的作品创造了一份雕刻的图解目录，*Theatrum Pictorium*（《绘画舞台》），这是今天维也纳艺术历史博物馆藏品的核心。据我所知，当胡塞尔撰写他那本著作时，德累斯顿图片库中还没有特尼斯画作的画廊，因此他看到的一定是从另一个欧洲收藏地借来的一幅作品，那里是特尼斯所有画作的画廊所在地。有关特尼斯为Leopold Wilhelm 藏品做记录的历史，见*Ernst Vegelin van Claerbergen, ed., David Teniers and the Theater of Painting* (London: Courtauld Institute Art Gallery, 2006)。
43. 听过布劳威尔1928年的讲演之后，维特根斯坦在1929年至1944年撰写了大量有关数学哲学的论述。哲学家普遍认为维特根斯坦采纳了布劳威尔1928年的反柏拉图主义立场，但学术界最近又将他归入柏拉图主义者的阵营，见Hilary Putnam, "Was Wittgenstein really an Anti-Realist about Mathematics?" in *Wittgenstein in America*, ed. Timothy McCarthy and Sean C. Stidd (Oxford: Clarendon Press, 2001), 140–94。
44. Wittgenstein, *Philosophical Investigations*, 6.
45. Ibid., 36.
46. Giorgio Israel and Ana Millán Gasca, "The Theory of Games: A New Mathematics for the Social Sciences," in *The World as a Mathematical Game: John von Neumann and Twentieth Century Science*, trans. from Italian by Ian McGilvay (Basel: Birkhäuser, 2009), 128–33. Avinash K. Dixit, Susan Skeath, and David H. Reiley Jr., *Games of Strategy*, 3rd ed. (New York: Norton, 2009).
47. Wittgenstein, *Philosophical Investigations* (sec. 133), 57.
48. Peter Higginson, "Jasper's Nondilemma: AWittgensteinian Approach," *New Lugano Review* 10 (1976), 53–60. Esther Levinger, "Jasper Johns' Painted Words," *Visible Language* 23, no. 2–3 (1989), 280–95, and Harry Cooper, "Speak, Painting: Word and Device in Early Johns," *October* 127 (Winter, 2009), 49–76.
49. Roberta Bernstein, "Numbers," in *Jasper Johns: Seeing with the Mind's Eye* (San Francisco: San Francisco Museum of Modern Art, 2012), 44–55.
50. 艺术与语言史学家Charles Harrison and Fred Orton的观点，见*A Provisional History of Art & Language* (Paris: Éditions E. Fabre, 1981), 20。
51. Ibid., 22.
52. Ibid., 21.
53. 拉姆斯登和伯恩对理论艺术与分析学会会议做了记录，见*Art-Language* 1, no. 3 (June 1970), 1。
54. 科苏斯在论文中广泛引用了艾尔著作的1950年版本，见"Art after Philosophy," *Studio International* 178, no. 915 (Oct. 1969), 134–37; 178 ; no. 916 (Nov. 1969), 160–61。
55. 除了艾尔之外，科苏斯的另一个引用来源是杜尚，他曾在1967年的一次采访中声称"每件事物都是重言式"："维也纳逻辑学家们创造了一种体系，按照我的理解，其中每个事物都是重言式，即对前提的重复。在数学中，这是从非常简单的定理走向非常复杂的定理的过程，但一切都存在于第一个定理中。因此，形而上学是重言式；宗教是重言式；每一个事物都是重言式，除了黑咖啡，因为感觉起控制作用！"见Pierre Cabanne, *Entretiens avec Marcel Duchamp* (Paris: Belfond, 1967), 204。
56. Joseph Kosuth, "Art after Philosophy," *Studio International* 178, no. 915 (Oct. 1969), 134–37 and *Studio International* 178, no. 916 (Nov. 1969), 160–61. 哈里森是*Studio International* 的助理编辑，安排科苏斯使用这个出版平台，并由此成为概念艺术的代言人。
57. "艺术与语言"这个组织依然存在，其中包括Charles Harrison、Michael Baldwin和Mel Ramsden；他们最近一篇论文详述了他们与"十月"组织的内部争吵，见*Art & Language*, "Voices Off: Reflections on Conceptual Art," *Critical Inquiry* 33, no. 1 (2006), 113–35。
58. Geijutsu Kurabu, no 8 (Apr. 1974), 42–67; Reiko Tomii, "Concerning the Institutionalism of Art: Conceptualism in Japan," *Global Conceptualism: Points of Origin, 1950s–1980s*, ed. Luis Camnitzer, Jane Farver, and Rachel Weiss (New York: Queens Museum of Art, 1999), 16, 27, n. 6 and n. 10.
59. Eric Hayot, "Bertrand Russell's Chinese eyes," *Modern Chinese Literature and Culture* 18, no. 1 (2006) 132–39.
60. Simon Leung and Janet Kaplan, "Pseudo-Languages: A conversation with Wenda Gu, Xu Bing, and Jonathan Hay," *Art Journal* 58, no. 3 (Fall 1999), 90.
61. Ibid. 62. Gao Minglu, "Seeking a Model of Universalism: The United Nations series and other works," in *Wenda Gu: Art from Middle Kingdom to Biological Millennium*, ed. Mark H. C. Bessire (Cambridge, MA: MIT Press, 2003), 20–29.
62. Liu Yuedi, "Calligraphic Expression and Contemporary Chinese art: Xu Bing's Pioneer Experiment," in *Subversive Strategies in Contemporary Chinese Art*, ed. Mary Bittner Wiseman and Liu Yuedi (Leiden: Brill, 2011), 87–108.
63. 徐冰对汉语的使用，见 Liu Yuedi, "Calligraphic Expression and Contemporary Chinese art: Xu Bing' s Pioneer Experiment," in *Subversive Strategies in Contemporary Chinese Art*, ed. Mary Bittner Wiseman and Liu Yuedi (Leiden: Brill, 2011), 87– 108.

第十章 计算

1. 1954年，图灵因同性性行为被英国法庭定罪后自杀，职业生涯戛然而止。英国政府曾让图灵选择入狱服刑或者注射雌激素实施化学阉割，他选择了注射，但这给他的身体带来了可怕的副作用。两年后，图灵死于氰化物中毒。1967年英国社会将同性恋非罪化，但2013年才最终赦免图灵。有关图灵的生平与去世，见牛津大学数学教授、20世纪70年代同性恋解放运动中涌现出的公民权利斗士 Andrew Hodges 为他撰写的传记*Alan Turing: the Enigma* (New York: Simon and Schuster, 1983)，后来Morten Tyldum 以此为蓝本，执导了影片*The Imitation Game* (2014)。有关艺术家对图灵充满讽刺的人生——被他拯救的国家所毁灭——的评价，见Michael Olinick, "Artists respond to Alan Turing," *Math Horizons* 19, no. 4 (Apr. 2012), 5–9。
2. Martin Davis在他撰写的计算机在数学方面（而非技术方面）的历史著作的后记中强调了这一点，见*The Universal Computer: The Road from Leibniz to Turing* (New York: Norton, 2000), 209。

3. Arnold Schoenberg, "Composition with Twelve Tones (I)" (1941), in *Style and Idea: Selected Writings of Arnold Schoenberg*, trans. Leo Black, ed. Leonard Stein (London: Faber and Faber, 1941/rpt. 1975), 214–25.
4. 曾在普林斯顿大学音乐系（1938年始）与数学系（1943年始）任教的美国作曲家Milton Babbitt（1916—2011）曾用集合论分析过其他人创作的十二音乐曲，并创作了他自己的曲调。Milton Babbitt, "Some Aspects of Twelve-Tone Composition," *The Score* 12 (June 1955), 53–61.
5. Schoenberg, "Composition with Twelve Tones," 220.
6. Rudolf Stephan, "Schoenberg and Bach," trans. *Walter Frisch in Schoenberg and His World*, ed. Walter Frisch (Princeton, NJ: Princeton University Press, 1999), 126–40.
7. Edward Rothstein, *Emblems of Mind: The Inner Life of Music and Mathematics* (New York: Random House, 1995).
8. Joan Allan Smith, *Schoenberg and his Circle* (London: Collier Macmillan, 1986), 174, and Allen Shawn, *Arnold Schoenberg's Journey* (New York: Farrar, Straus, and Giroux, 2002), 44–47, 93. Shawn写道："在这一章中，结合上流社会的生活与体现在他音乐作品中的独特文学题材，以此考虑勋伯格1909—1913年间的个人生活便不困难了。"
9. Arnold Schoenberg, *das bildnerische Werk/Arnold Schoenberg, Paintings and Drawings*, ed. Thomas Zaunschirm (Klagenfurt: Ritter, 1991).
10. Theodor Adorno, *Philosophy of New Music* (1949), trans. Robert Hullot Kentor (Minneapolis: University of Minnesota Press, 2006), 35. 阿多诺也曾写道："艾尔沃顿笔下的女主角独白的时刻，正是那女子在夜间被一切恐怖摧残后，寻找爱人却发现他已被谋杀之时。她的一切都依靠音乐表达，就像一位心理分析病人依靠长沙发一样。"见Lewis Wickes, "Schoenberg, Erwartung, and the Reception of Psychoanalysis in Musical Circles in Vienna until 1910–1911," *Studies in Music* 23 (1989), 88–106, and Alexander Carpenter, "Schoenberg's Vienna, Freud's Vienna: Re-examining the Connections between the Monodrama Erwartung and the early history of Psychoanalysis," *The Musical Quarterly* 93, no. 1 (2010), 144–81。
11. Kenneth H. Marcus, "Judaism Revisited: Arnold Schoenberg in Los Angeles," *Southern California Quarterly* 89, no. 3 (2007), 307–25.
12. 1927年，苏联政府委托施林格创作一个以《十月》为题的作品，纪念俄罗斯十月革命十周年。
13. 有关施林格将科学、数学、艺术等方面融合在一起，见Warren Brodsky, "Joseph Schillinger (1895–1943): Music Science Promethean," *American Music* 21, no. 1 (Spring 2003), 45–73。施林格去世后，他的教学笔记以*The Mathematical Basis of the Arts* (New York: Philosophical Library, 1948) 为题出版。
14. Albert Glinsky, *Theremin: Ether Music and Espionage* (Urbana, IL: University of Illinois Press, 2000), 28–31.
15. Paul Nauert, "Theory and Practice in Porgy and Bess: The Gershwin-Schillinger Connection," *The Musical Quarterly* 78, no. 1 (1994), 9–33.
16. 有关泰勒明古怪而又富于戏剧性的人生，见Glinsky, *Theremin*。
17. 海纳·弗里德里希是纽约迪亚基金会的创办会长，提出赞助扬在纽约苏豪区哈里森街6号的建筑物内的长期演出。迪亚基金会翻修了这座建筑物，将其命名为"梦之宫"，并慷慨出资将之改造成扬和情侣玛丽安·扎奇拉于1979—1985年间的住处和演出地点。当迪亚背后的石油公司股值大跌之后，基金会撤回了财政赞助，这里的音乐声也就此停止。见Phoebe Hoban, "Medicis for a Moment," *New York Magazine* 18, no. 46 (1985), 56–57。
18. James Harley, *Xenakis: His Life in Music* (New York: Routledge, 2004).
19. Barbara Nierhoff-Wielk, "Ex machina—the Encounter of Computer and Art: A look back," in *Ex Machina—Frühe Computergrafik bis 1979* (Bremen: Kunsthalle Bremen, 2007), 20–57.
20. Grant Taylor, "Soulless Usurper: Reception and Criticism of Early Computer Art," in *Mainframe Experimentalism: Early Computing and the Foundations of Digital Arts*, ed. Hannah B. Higgins and Douglas Kahn (Berkeley, CA: University of California Press, 2012), 17–37.
21. Christof Klütsch, "Information Aesthetics and the Stuttgart School," in *Mainframe Experimentalism*, ed.Higgins and Kahn (Berkeley, CA: University of California Press, 2012), 65–89. 本泽还向语言学领域借鉴了一些理念——到20世纪50年代时，语言学已经在采用语言的计算机模型。1957年，美国人诺姆·乔姆斯基提出假设，认为语言之所以具有结构（或者说语法），是因为人类天生就有一套生成语言的算法，一种通用语法（*Syntactic Structures*, 1957）。本泽将乔姆斯基的生成语法理论转化为了所谓的"生成美学"，乔姆斯基和麻省理工学院的学生研究先天语言算法（取得了相当大的成功）时，本泽和斯图加特的学生则在试图找到先天美学算法（几乎没有成功）。有关本泽"信息美学"在德国的命运，见Claus Pias, "Hollerith 'Feathered Crystal': Art, Science, and Computing in the Era of Cybernetics," trans. Peter Krapp, *Grey Room* 29 (Fall, 2007), 110–33。1970年，对科技极富热情的本泽接受了"为美好而编程"这样的乐观口号，而与他截然相反的约瑟夫·博伊斯则把用艺术帮助医治德国社会在"二战"期间遭受的创伤作为自己孤寂的使命，结果两人当面吵了起来，这篇论文也包括了那次争吵的文字记录。
22. Georg Nees, "Künstliche Kunst: Wie man sie verstehen kann" (Artificial art: How one can understand it), in Georg Nees, *Künstliche Kunst: Die Anfänge* (Bremen: Kunsthalle Bremen, 2005), n.p.; quote in *Ex Machina: Frühe Computergrafik bis 1979* (Munich: Deutscher Kunstverlag, 2007), 428.
23. 最近，一场受本泽启发的当代艺术家的作品展让人感到，他对当今德国艺术家圈子仍然有着巨大影响，见*Bense und die Künste* (Karlsruhe, Germany: Zentrum für Kunst und Medientechnologie, 2010)。
24. Anne Collins Goodyear, "Gyorgy Kepes, Billy Klüver, and American Art of the 1960s: Defining Attitudes towards Science and Technology," *Science in Context* 17, no. 4 (2004), 611–35.
25. Margit Rosen, ed., *A Little-known Story about a Movement, a Magazine, and the Computer's Arrival in Art: New Tendencies and Bit International, 1961–1973* (Cambridge, MA: MIT Press, 2011).
26. *Cybernetic Serendipity: The Computer and the Arts*, curated by Jasia Reichardt (London: Institute of Contemporary Art, 1968); *White Heat Cold Logic: British Computer Art, 1960–1980*, ed. Paul Brown, Charlie Gere, Nicholas Lambert, and Catherine Mason (Cambridge, MA: MIT Press, 2009). 本泽在1969年主持了*Computerkunst—On the Eve of Tomorrow for Kubus in Hanover*展览。
27. Christiane Paul, *Digital Art* (London: Thames and Hudson, 2003), Rachel Greene, *Internet Art* (London: Thames and Hudson, 2004), and Wolf Lieser, *Digital Art: Neue Wege in der Kunst* (Potsdam: H. F. Ullmann, 2010).
28. Allan Watts, "Square Zen, Beat Zen, and Zen," *Chicago Review* 12, no. 2 (1958), 3–11.
29. 松泽宥向前来参观Han Bunmei Ten (1965) 的人散发了《尸体》小册子，trans. from Japanese by Reiko Tomii, in *Global Conceptualism*, ed. Camnitzer, Farver, and Weiss, 19。
30. Ibid.
31. Ibid.
32. 有关莱因哈特的政治观点，见这位艺术家在*Ad Reinhardt, Art as Art: the Selected Writings of Ad Reinhardt* 的"Art and Politics"部分中未注明日期的笔记，ed. Barbara Rose (New York: Viking, 1975), 171–81。
33. 有关否定神学与世俗社会之间的相关性，见比利时天主教神学家Louis Dupré, "Spiritual Life in a Secular Age," *Daedalus* 111 (1982), 21–31。
34. 默 顿 在"Wisdom in Emptiness: A Dialogue by Daisetz T. Suzuki and Thomas Merton," in Merton, *Zen and the Birds of Appetite* (New York: New Directions, 1968), 99–138中描述了他们的关系。
35. 阿德·莱因哈特在*Art as Art: The Selected Writings of Ad Reinhardt, ed. Barbara Rose* (New York: Viking Press, 1975)所作的笔记，日期不明。在另一页上，莱因哈特记下了有关"黑色"的笔记，如"窈兮冥兮"（老子）、"神圣黑暗"（艾克哈特大师）和"灵魂的黑暗之夜"（圣十字架的约翰）。
36. 默顿1957年11月23日致莱因哈特的信，现藏于Thomas Merton Study Center, Bellarmine College, Louisville, Kentucky。这封信以及其他信的内容，见Joseph Mashek, "Five Unpublished Letters from Ad Reinhardt to Thomas Merton and Two in Return," *Artforum* 17 (Dec. 1978), 23–27。
37. Ad Reinhardt, "The Black Square Paintings" (1961), in *Art-as-Art*, 82–83. 有

关莱因哈特的艺术的意义，见Yve Alain Bois, "The Limit of Almost," in *Ad Reinhardt* (New York: Rizzoli, 1991) 11–33。有关莱因哈特对宗教的态度，见Michael Corris, "Neither Sacred nor Secular," in *Ad Reinhardt* (London: Reaktion, 2008), 86–91。

38. Bert Winter-Tamaki, "The Asian Dimensions of post-war Abstract Art: Calligraphy and Metaphysics," 145–97, and Alexandra Monroe, "Buddhism and the Neo-Avant-Garde: Cage Zen, Beat Zen, and Zen," 199–273, in *The Third Mind: American Artists contemplate Asia*, ed. Alexandra Monroe (New York: Guggenheim Museum, 2009).
39. James Breslin在*Mark Rothko: A Biography* (Chicago: University of Chicago Press, 1993)中重新发表了罗斯科在"草算本"上的诗，原本存于Mark Rothko Archives。Breslin也在回忆中说，罗斯科的朋友Sally Avery 还记得他经常在20世纪30年代引用柏拉图的著作。David Anfam 也搜集到类似的内容，Buffie Anderson 曾说到罗斯科在20世纪40年代对柏拉图颇有兴趣；David Anfam, *Mark Rothko: The Works on Canvas: Catalogue raisonné* (New Haven, CT: Yale University Press, 1998), 98。
40. John Cage, "Composition as Process" (1958), *Silence: Lectures and Writings* (Middletown, CT: Wesleyan University Press, 1961), 18–57.
41. Astrit Schmidt-Burkhardt, "Mapping Art History," in *Maciunas' Learning Machines: From Art History to a Chronology of Fluxus* (Berlin: Vice Versa, 2003), 13–15, and plate 13 on 85–113. 这种图解的一个较早例子是Alfred J. Barr的"Diagram of Stylistic Evolution from 1890 to 1935"，这是*Cubism and Abstract Art* (New York: Museum of Modern Art, 1935) 一书的封面。
42. 德·玛利亚是艺术品赞助人海纳·弗里德里希的"选定者"之一，而《闪电场》的安装是由迪亚基金会赞助的；见Hoban, "Medicis for a Moment," 56。
43. 有关20世纪二三十年代德国物理学家对1945年后科普新闻表达的态度，见Cathryn Carson, "Who wants a Postmodern Physics?" in *Science in Context* 8, no. 4 (1995) 635–55, esp. 644ff)。
44. 海森堡曾写道："所有反对哥本哈根诠释的人都同意一点，在他们看来，回到经典物理学的实在概念（或者用更一般的哲学术语来说，回到唯物主义的本体论），是完全可取的。他们更愿意回到客观现实世界的观念，其中最小的部分也客观存在，就像石头和树木一样，它们的存在与我们是否观察它们无关。然而因为原子现象的性质，这是不可能的，或者至少不是完全可能的。"见*Physics and Philosophy: the Revolution in Modern Science* (London: George Allen and Unwin, 1959), 115，这本书收录了海森堡于1955年年末至1956年初在苏格兰圣安德鲁斯大学所做的物理学思想史英文演讲。
45. 有关神智学与新时代运动之间的联系，见Olav Hammer, *Claiming Knowledge: Strategies of Epistemology from Theosophy to the New Age* (Leiden: Brill, 2001)。早在20世纪20年代，普朗克便曾抱怨神秘主义的崛起："我们的时代发生了这么多促进进步的事，可尽管科学界顽强保卫自己的阵地，但对于神秘主义、唯灵论、神智学以及各种以类似名目包装的奇迹信仰，却前所未有地渗透到了受过教育或未受过教育的公众当中。" Max Planck, "Kausalgesetz und Willensfreiheit" (1923), in *Vorträge und Erinnerungen* (Darmstadt, Wissenschaftliche Buchgesellschaft, 1949/rpt.1975), 139-68. "一战"后的神智学者追随着神智学创始人布拉瓦茨基的脚步，寻找支持这个神秘主义派别的科学权威。奥地利神智学者鲁道夫·斯坦纳便曾呼吁每个德国人要从灵魂中释放动态生命力（*Appeal to the German People and the Civilized World*, 1919），结果引来了德国物理学家Max van Laue 的抱怨，说斯坦纳正在进行"科学的唯心化布道"，见Max van Laue, "Steiner und die Naturwissenschaft," *Deutsche Revue* 47 (1922) 41–49。1922年，在一部名字听上去很有科学意味的书（*Consciousness of the Atom*, New York: Lucifer Press）中，美国神智学者Alice Bailey 郑重承诺，要将"证明物质与意识之间关系的科学证词呈现在公众面前"。后来，她在"二战"期间发起了新时代运动（*Discipleship in the New Age*, 1944）。
46. Victor J. Stenger, *Physics and Psychics: The Search for a World Beyond the Senses* (Amherst, NY: Prometheus Books, 1990), and *The Unconscious Quantum: Metaphysics in Modern Physics and Cosmology* (Amherst, NY: Prometheus Books, 1995).
47. 1937年，玻尔写道："与考虑习惯性理想化（这一理想化是针对记录观测结果的观察者与被观测事件本身的不同）有限应用的原子理论的课程类似，事实上，当我们试图协调我们作为这出宏大剧目中的观众与演员的角色时，必须求助不同的科学分支，如心理学，或者甚至转向那种释迦牟尼和老子等思想家已经遭遇过的认识论问题。"见Niels Bohr, "Biology and Atomic Physics" (1937), in *Niels Bohr: Collected Works*, ed. Finn Aaerud (Amsterdam: Elsevier, 1999), 10:49–62。神秘主义成员肯定会忽略玻尔紧随其后的补充："尽管可以认识到各个问题的纯粹逻辑性质的类似性，而且这些问题在人类兴趣如此不同的广大领域中出现，但这完全不意味着我们应该在原子物理学中接受与真正科学精神有抵触的神秘主义想法。"
48. 1947年，为表示对玻尔的敬重，丹麦政府授予他爵士身份，而玻尔也为此设计了一面盾形纹章，选择的图案是阴阳符号，辅以拉丁文格言contraria sunt complementa（对立面互补），以此象征亚原子粒子的波粒二相性。玻尔的传记作家Abraham Pais 曾写道，在玻尔20世纪二三十年代研究过互补性之后，在晚年开始追求自己在哲学上的兴趣，但他在原子论方面的工作并没有受到哲学（无论东方或西方的）的影响；见Pais, *Niels Bohr's Times, in Physics, Philosophy, and Polity* (Oxford: Clarendon Press, 1991), 424。
49. 卡普拉在*The Tao of Physics: An Exploration of the Parallels between Modern Physics and Eastern Mysticism* (Berkeley: Shambhala 1975)中翻印了玻尔的盾形徽章。
50. 卡普拉在*Tao of Physics* 全书中大量引用了海森堡的著作。
51. David Kaiser, *How the Hippies Saved Physics: Science, Counterculture, and the Quantum Revival* (New York: Norton, 2011).
52. Deepak Chopra, *Ageless Body, Timeless Mind: The Quantum Alternative to Growing Old* (New York: Random House, 1993), 5.
53. N. Katherine Hayles, *The Cosmic Web: Scientific Field Models and Literary Strategies in the Twentieth Century* (Ithaca, NY: Cornell University Press, 1984), 84. 有关哥本哈根解释对于文学的冲击，见Susan Strehle, *Fiction in the Quantum Universe* (Chapel Hill, NC: University of North Carolina Press, 1992); Maureen DiLonardo Troiano, New Physics and the Modern French Novel (New York: P. Lang, 1995); and Elisabeth Emter, *Literatur und Quantentheorie: die Rezeption der modernen Physik in Schriften zur Literatur und Philosophie deutschsprachiger Autoren, 1925-1970* (Berlin: Walter de Gruyter, 1995)。20世纪50年代，马丁·海德格尔曾大力宣扬过哥本哈根解释，所以冷战期间，许多文学家都受到了这个解释的启发。海德格尔自1927年开始便密切关注物理学的发展，次年他的著作《存在与时间》在德国发行的同时，海森堡也发表了他的不确定原理。1935年，海德格尔在托特瑙堡的居所同海森堡进行了长时间的讨论。有关海德格尔与海森堡之间的关系，见Cathyrn Carson, "Modern or Anti-modern Science? Weimar culture, Natural Science, and the Heidegger-Heisenberg Exchange," in *Weimar Culture and Quantum Mechanics*, ed. Carson et al., 523–42 (see chap. 8, n. 31)。当年晚些时，海德格尔在一篇演讲中盛赞这位科学上的新灵魂伴侣在哲学方面的学识："今天的原子物理界的领军人物尼尔斯·玻尔和海森堡都在反复考虑哲学问题，而且出于这个原因，他们创造了提问题的新方法，尤其在受到质疑的领域坚持着自己的看法。"见Martin Heidegger, *Die Frage nach dem Ding; zu Kants Lehre von den transzendentalen Grundsätzen* (Tübingen: Max Niemeyer, 1962), 51。在整个50年代，海德格尔因为纳粹倾向，职业生涯受到了一定影响，但依然是存在主义的领袖人物，见*The Heidegger Case: On Philosophy and Politics*, ed. Tom Rockmore and Joseph Margolis (Philadelphia: Temple University Press, 1992)。在诸如《科技问题》(1953) 等公开演讲中，海德格尔把海森堡树立为科学与数学的代言人，并介绍给了冷战一代。在此次活动中，海森堡也发表了演讲，题为《自然在现代物理学中的图像》。有关活动的情况，见Cathryn Carson, "Science as Instrumental Reason: Heidegger, Habermas, Heisenberg", *Continental Philosophy Review* 42, no. 4 (2010): 483–509。
54. Thomas Pynchon, *Gravity's Rainbow* (New York: Viking, 1973), 391.
55. 但也不完全是。最近一次把量子神秘主义当作事实来探讨的事件，是2004年由William Arntz、Betsy Chasse和Mark Vicente 执导的纪实风格影片 *What the Bleep Do We Know?*，该片获得了1500万美元的票房。物理学家Lisa Randall 曾将量子神秘现象描述为"科学家的灾星"，见*Knocking on Heaven's Door: How Physics and Scientific Thinking Illuminate the Universe and the Modern World* (New York: Ecco, 2011), 10。

第十一章“二战”后的几何抽象艺术

1. 洛斯将他的作品描述为“民主”，因为它们是用相等单位以无等级划分的顺序创作的：“串行原理是一种相当激进的原理。”见Hans Joachim Albrecht et al., *Richard Paul Lohse: Modulare und serielle Ordnungen 1943–84/Ordes modulaires et sériels 1943–84/Modular and Serial Orders 1943–84* (Zurich: Waser, 1984), 142。洛斯的反法西斯情绪因为他与德国画家Irmgard Burchard在 1936—1939年的婚姻而更为高涨，后者于1934年逃离到了苏黎世。为回应纳粹1937年在慕尼黑举办的题为*Entartete Kunst*（《颓废艺术》）的现代艺术展览，Burchard于1938年在伦敦伯灵顿画廊举办了20世纪德国艺术展。洛斯支持妻子的政治活动，并为展览设计了一幅通告，但后来没有付印，只作为草图留了下来。作者与艺术家的女儿、洛斯基金会主席Johanna Lohse James在苏黎世的谈话（2008年3月12日）。有关洛斯版画的社会意义，见Felix Wiedler, “Die soziale Substanz innerhalb des Multiplikativen/The Social Substance within the Multiplicative Aspect,” trans. Jane Thorley Wiedler, in *Lohse: Drucke*, 46–62 (see chap. 7, n. 37)。
2. Max Bill, *Form: eine Bilanz über die Formentwicklung um die Mitte des XX. Jahrhunderts/A Balance Sheet of Mid-Twentieth-Century Trends in Design/Un bilan de l'volution de la forme au milieu du XXe siècle* (Basel: Karl Werner, 1952), 11.
3. 马克斯·韦特海默引入了“gute Gestalt”（好格式塔）这个术语，见“Untersuchungen zur Lehre von der Gestalt,” *Psychologische Forschung*, ed. K. Koffka, W. Köhler, M. Wertheimer et al. (Berlin: Springer, 1923), 4:326。
4. 1949年，设计杂志*Werk*的编辑将某期主题定为了“good form”，马克斯·比尔发表了“Schönheit aus Funktion und als Funktion”一文，见*Werk* 36, no. 8 (1949), 272–74。同年，比尔组织了展览*Die gute Form* (Zurich: Kunstgewerbemuseum)，见Claude Lichtenstein, “Theorie und Praxis der guten Form: Max Bill und das Design,” in *Max Bill: Aspekte seines Werkes* (Sulgen, Switzerland: Niggli, 2008), 144–57。
5. Herbert Lindinger, “Ulm: Legend and Living Idea,” in *Ulm Design: 1953–1968, the Morality of Objects*, trans. David Britt, ed. Herbert Lindinger (Cambridge, MA: MIT Press, 1990), 9–13. 乌尔姆的学生大约有一半为外国人，在这一时期的其他学院中，外国学生只占大约10%。乌尔姆的学生来自阿尔及利亚、阿根廷、奥地利、比利时、巴西、加拿大、智利、哥伦比亚、芬兰、法国、英国、希腊、匈牙利、印度、印度尼西亚、以色列、日本、墨西哥、荷兰、新西兰、挪威、秘鲁、波兰、南非、韩国、瑞典、瑞士、泰国、特立尼达、土耳其、美国、委内瑞拉、南斯拉夫。
6. 乌尔姆学校在把学校同工业界联系到一起的问题上只取得了少量成功。1968年5月，法国工人和学生开始罢工罢课，类似活动旋即席卷欧洲。学校在应对学生的要求和资金方面无以为继，最终于1968年关闭。
7. 蒂雷尔1949年11月28日致施派泽的信，见Adrien Turel Stiftung, Zentralbibliothek Zürich, MS 25。
8. Max Bill, “*Die mathematische Denkweise* in der Kunst unserer Zeit”, in *Antoine Pevsner, Georges Vantongerloo, Max Bill* (Zurich: Kunsthaus, 1949), n.p；这篇文章后来也发表在了*Werk* 36, no. 3, (1949)上。
9. Ibid.
10. Ibid.
11. Ibid.
12. Ibid.
13. 这次会议召开的同时，一场有关比例历史的重要展览也拉开了帷幕，展出了从阿尔伯蒂的《建筑十书》到勒·柯布西耶的“模度”等数学图解，见Marzoli, *Studi sulle proporzioni*。
14. 比尔的第二任妻子Angela Thomas 回忆过这一事件，见她主持的一次展览的目录，见*Max Bill* (Studen, Switzerland: Fondation Saner, 1993), 36。瑞士艺术史学家Margaret Staber也曾回忆说，20世纪50年代后期她在乌尔姆跟随比尔学习时，比尔曾送给她一部关于爱因斯坦和弗洛伊德的小书，*Ein Briefwechsel A.Einstein— Sigmund Freud, Warum Krieg?* (Paris: Internationales Institut für geistige Zusammenarbeit, 1933)。作者2008年3月12日在苏黎世对Staber的采访。
15. *Der Geist der Farbe: Karl Gerstner und seine Kunst*, ed. Henri Stierlin (Stuttgart: DVA, 1981)，本书的英译本为*The Spirit of Colors: The Art of Karl Gerstner*, trans. by Dennis Q. Stephenson, ed. Henri Stierlin (Cambridge, MA: MIT Press, 1981)。与老一辈艺术家一样，格斯特纳也是图形设计师，见*Karl Gerstner: Rückblick auf 5 × 10 Jahre Graphik Design*, ed. Manfred Kröplien (Ostilden-Ruit, Germany: Hatje Cantz, 2001)，本书的英译本为*Karl Gerstner: Review of 5 × 10 Years of Graphic Design*, trans. Tas Skorupa and John St. Southward, ed. Manfred Kröplien (Ostilden-Ruit, Germany: Hatje Cantz, 2001)。
16. 作者2008年3月8日在瑞士舍嫩布赫对卡尔·格斯特纳的采访。
17. Karl Gerstner, “Sketches for the Color Lines,” *24 Facsimile Pages from a Sketchbook* (Zurich: Editions Pablo Stähli, 1978), n.p.
18. 洛斯把他在图11-17中画作的创作日期标注为1943—1970年，并声称他在此前几十年便开始使用颜色渐进法了。换言之，他使用此法还在格斯特纳之前；26年的创作时间长得异乎寻常，这是因为洛斯将他第一次有了创作这一作品的想法之日作为开始，二十余年后画作完成之日作为终结。由于我只能检视文件而没有读心术，因此也只能将洛斯画作的日期定为他的完成之日。具体说来就是，我将洛斯开始使用颜色渐进法的日期定为他用该法完成画作的日期，而这一日期一定不会早于20世纪60年代中期。在他有生之年出展的画作目录中，如涵盖了他1942年至1967年职业生涯大约30部画作的1967年巡展，就没有展示使用颜色渐变法的作品，见*Richard Paul Lohse*, exhibition at Galerie Denise René, Paris, Nov. 4–Dec. 4, 1967。20世纪60年代中期断代定位的进一步证据来自洛斯的图形艺术（他在其中持续使用与他在美术中使用的同样的颜色与形式模式）。颜色渐进法并未出现在洛斯20世纪60年代中期之前的图形艺术中，见*Richard Paul Lohse: catalogue raisonné* (Ostfildern-Ruit, Germany: Hatje Cantz, 1999), vol. 1 (graphic art)。洛斯确实在一些画作中使用了颜色渐进法，且为所写的创作日期其实要远早于真正的完成之日，但这些作品直到1985年才出展，此后三年这位艺术家离世。因此，没有任何方法能够独立证明他给这些画作写下的早于1960年的创作日期，见*Richard Paul Lohse, Zeichnungen: Dessins, 1935–1985: Hans-Peter Riese, Friedrich W. Heckmanns, Richard Paul Lohse* (Baden: LIT, 1986)。
19. 庞加莱的几部科普作品在20世纪初的巴黎十分流行，包括*La science et l'hypothèse* (1902)、Science et mèthode (1904)、La Valeur de la science (1908)。有关杜尚与庞加莱，见Craig Adcock, “Conventionalism in Henri Poincaré and Marcel Duchamp,” *Art Journal* 44, no. 3 (1984), 249–58。杜尚是个愤世嫉俗之人，曾开玩笑似的歪曲了科学与数学符号，创作了一幅荒谬的难解之谜的作品；见Craig Adcock, *Marcel Duchamp's Notes from the Large Glass: An N-Dimensional Analysis* (Ann Arbor, MI: UMI Research Press, 1983), and Linda Dalrymple Henderson, *Duchamp in Context: Science and Technology in the Large Glass and Related Works* (Princeton, NJ: Princeton University Press, 1998)。
20. 有关杜尚作品《你……我》的绘画习惯的分析，见卡尔·格斯特纳对这幅图的关键组成部分的图解，Gerstner, *Marcel Duchamp: Tu m'*, trans. John S. Southard (Ostilden-Ruit, Germany: Hatje Cantz, 2001)。
21. 有关布尔巴基在希尔伯特那里的根源，见Leo Corry, *Modern Algebra and the Rise of Mathematical Structure* (Basel; Birkhäuser, 1996)。Corry描述了希尔伯特的形式主义计划及其对布尔巴基有关数学作为结构主义多层次结构的本质元数学观点的影响，在此之后，他做出论证，说布尔巴基并未推行该组织实际设计的对公理体系的想象。数学史学家J. S. Bell 则提出，布尔巴基的结构主义起源并非来自希尔伯特，而是来自法国的结构主义语言学，但他并未给出支持这个说法的历史证据，见Bell, “Category Theory and the Foundations of Mathematics,” *British Journal of the Philosophy of Science* 32 (1981), 349–58。
22. 有关希尔伯特和布尔巴基现代公理方法观念之间的差异，见Leo Corry, “The Origins of Eternal Truth in Modern Mathematics: Hilbert to Bourbaki and Beyond,” *Science in Context* 10, no. 2 (1997), 253–96。
23. Maurice Mashaal, *Bourbaki: A Secret Society of Mathematicians, trans. from French by Anna Pierrehumbert* (Providence, RI: American Mathematical Society, 2006).
24. 有关这一普遍说法的历史基础，见David Aubin, “The Withering Immortality

of Nicolas Bourbaki: A Cultural Connector at the Confluence of Mathematics, Structuralism, and the Oulipo," *Science in Context* 10, no. 2 (1997), 297–342。Aubin并没有声称布尔巴基直接影响了语言结构主义，或者受到了其影响，而是引进了“文化联系”这一理念，用以描述布尔巴基在法国文化中扮演的角色。尽管如此，法国数学家、历史学家Jean-Michel Kantor 还是激烈驳斥了列维-斯特劳斯的语言结构主义与布尔巴基之间存在任何历史联系的说法，声称列维-斯特劳斯和他圈子里的知识分子提到布尔巴基，只不过是为了给他们的社会科学一个数学家谱而已；见Kantor, "Bourbaki's Structures and Structuralism," *The Mathematical Intelligencer* 33, no. 1 (2011), 1。

25. 有关乌里波的创立，见Warren Motte为*Oulipo: A Primer of Potential Literature*, trans. and ed. Warren Motte (Lincoln, NE: University of Nebraska Press, 1986)一书撰写的序言。勒·利奥内和格诺创立乌里波时，将其定为了超然科学学院的下属委员会，后者是一个由艺术家和作家组成的大型团体，其中包括马塞尔·杜尚、马克斯·恩斯特、卢齐欧·封塔纳、胡安·米罗等，他们都是超然科学的创始人、讽刺作家阿尔弗雷德·贾利的追随者。1898年，贾利将“超然科学”定义为“想象中的解决方法的科学”，强调科学家无力完全通过理性对现实进行彻底的物理解释。贾利视古代原子论者卢克莱修的“偏斜”为诗歌创作的基本方面。有关贾利来自卢克莱修的根源，见Andrew Hugill, *Pataphysics: A Useless Guide* (Cambridge, MA: MIT Press, 2012), 15–16, and Steve McCaffery, *Prior to Meaning: The Protosemantic and Poetics* (Chicago: Northwestern University Press, 2001)，作者在其中写道：“贾利的超然科学战略涉及了偏斜方法，但没有包含原子本体论。”
26. 格诺的*Les fondements de la littérature d'après David Hilbert* (1976)被作为分册三收录在了*La bibliothèque oulipienne* (Paris: Éditions Seghers, 1990)当中。
27. 1915年至1918年，彼得·邬斯宾斯基曾在俄罗斯跟随葛吉夫学习，但革命之后，灵性教学遇到了一定阻碍，所以葛吉夫便去了枫丹白露-雅芳，在1923年创办了人类和谐发展研究所，最终定居巴黎，并在那里执教至1949年去世。莫瑞雷十分赞同葛吉夫的一个观点（由学生邬斯宾斯基记录），即艺术家应该在作品中采取数学手段，而其目的是影响观察者的思想与灵魂。见Peter Ouspensky, *In Search of the Miraculous*, n.t. (New York: Harcourt, Brace, 1949), 27。
28. François Morellet, "Discours de la méthode," in *François Morellet: Discours de la méthode* (Mayence: Galerie Dorothea van der Koelen, 1996), 6.
29. Thierry Lenain and Thomas McEvilley, *Bernar Venet* (Paris: Flammarion, 2007).
30. 有关布尔巴基和结构主义之间的联系以及二者的消亡，见Aubin, "Bourbaki: A Cultural Connector," 297–342。
31. 法国出现了各种后结构主义论断，宣称科学与客观实际无关，见Alan Sokal and Jean Bricmont, *Impostures intellectuelles* (Paris: Odile Jacob, 1997), 英译本名为*Fashionable Nonsense: Postmodern Philosophers' Abuse of Science* (London: Profile Books, 1998), and Steven Weinberg, *Facing up: Science and its Cultural Adversaries* (Cambridge, MA: Harvard University Press, 2001)。有关法国后现代主义和现代数学史之间关系的研究，见Vladimir Tasi, *Mathematics and the Roots of Postmodern Thought* (Oxford: Oxford University Press, 2001)。有关塞尔维亚小说家塔西对于晦涩难明的论证的清晰解释，见美国数学家Michael Harris的评论。他以巴黎大学数学系教师的视角，追踪了后结构主义的论证，*Notices of the American Mathematical Society* 50, no. 4 (Aug. 2003), 790–99。
32. 自1961年起便在纽约生活的英国艺术批评家Lawrence Alloway于1966年提出了“系统艺术”这一术语，用来指代人们在纽约进行的艺术创作。Lawrence Alloway, "Introduction," in *Systemic Painting* (New York: Solomon R. Guggenheim Museum, 1966), 11–21.
33. 莱利的《流》(图 11-31) 出现在了*The Responsive Eye* (New York: Museum of Modern Art, 1965) 展览目录封面，该展览由William C. Seitz组织。有关莱利的作品被1965年的这次展览会接受，以及参观者在观看《流》时的情况，见Pamela M. Lee, "Bridget Riley's Eye/body Problem," in *Chronophobia: On Time in the Art of the 1960s* (Cambridge, MA: MIT Press, 2004), 154–214。
34. 凡·杜斯伯格因为格罗皮乌斯没有雇用他，负气离开了德国，1928年见到托雷斯·加西亚时，他正在指导法国的非客观艺术家组织“系统艺术”。这位任性的荷兰人与他的乌拉圭门徒发生了冲突，二人在1930年分道扬镳后，托雷斯·加西亚协助创建了与系统艺术竞争的巴黎非客观艺术家组织“圆与方”，见*Antagonistic Link: Joaquín Torres García, Theo van Doesburg*, ed. Jorge Castillo (Amsterdam: Institute of Contemporary Art, 1991)。
35. *Joaquín Torres-García, La tradición del hombre abstracto: doctrina Constructivista* (Montevideo: [n.p.], 1938) ; Spencer Collection, Rare Books and Manuscripts, New York Public Library.
36. Almir Mavignier（巴西人，生于1925年，1953—1957年间在乌尔姆学习）、Mary Vieira（巴西人，1927—2001，1952—1954年间在乌尔姆学习）、Geraldo de Barros（巴西人，1924—1998，20世纪50年代在乌尔姆学习）。有关巴西的构成主义艺术，见*Arte Constructiva no Brazil/Constructive Art in Brazil*, ed. Aracy Amaral (São Paulo: DBA Melhoramentos, 1998)。有关马克斯·比尔在拉丁美洲，见María Amalia García, "Max Bill and the Map of Argentine: Brazilian Concrete Art," in *Building on a Construct: The Adolpho Leirner collection of Brazilian Constructive Art*, ed. Héctor Elea and Mari Carmen Ramirez (Houston: Museum of Fine Arts, 2009), 53–68。
37. Héctor Elea, "Waldemar Cordeiro: From Visible Ideas to the Invisible Work," in *Building on a Construct*, ed. Elea and Ramirez, 128–55.
38. Guilherme Wisnik, "Brasília: die Stadt als Skulptur/Brasília: the City as Sculpture," in *Das Verlangen nach Form: Neoconcretismo und zeitgenössische Kunst aus Brasilien* (Berlin: Akademie der Künste, 2010), 77–83. 尽管马克斯·比尔的具体艺术是尼迈耶几何形式语汇的来源之一，但比尔认为尼迈耶的建筑学清冷、缺乏人性，具有“反社会的野蛮”。
39. Manifesto neoconcreto (1959), quoted in *Ferreira Gullar, Etapas da arte contemporânea: do cubismo ao neoconcretismo* (São Paulo: Nobel, 1985), 242–43.
40. Lewis Pyenson, *Cultural Imperialism: German Expansion Overseas, 1900–1930* (New York: P. Lang, 1985), 139–246.
41. Jorge J. E. Gracia, "Philosophical Analysis in Latin America," *History of Philosophy Quarterly* 1, no. 1 (1984), 111–22.
42. Gyula Kosice, "Del manifesto de la escuela," *Arte madí universal*(1947), n. p.
43. Tomás Maldonado, "Lo abstracto y lo concreto en el arte moderno," *Arte Concreto* 1 (1946), 5–7. 有关马尔多纳多对阿根廷几何艺术的看法，见Omar Calabrese, "Tomás Maldonado, le arti e la cultura come totalità/Tomás Maldonado, the Arts and Culture as a Totality," English trans. Dominique Ronayne, in *Tomás Maldonado* (Milan: Skira, 2009), 12–31。
44. Rhod Rothfuss, "El marco: un problema de la plástica actual", *Arturo* 1, no.1 (1944), n. p.
45. 有关马尔多纳多对乌尔姆设计学校课程设置的贡献，见William S. Huff, "Albers, Bill, e Maldonado, il corso fondamentale della scuola di design di Ulm (HfG)/Albers, Bill, and Maldonado, the Basic Course of the Ulm School of Design (HfG)," English to Italian trans. Language Consulting Congressi, Milan, in *Tomás Maldonado* (Milan: Skira, 2009), 104–21。
46. 塞萨尔·帕滕莫斯托曾认为，古代安第斯文化具有抽象视界，这可以从他们的石器艺术与纺织品中看出，而西方抽象只是这种视界的新近表达。见Paternosto, *Piedra abstracta: la escultura inca, una visíon contemporánea* (1989)。
47. 委内瑞拉当代艺术家Alessandro Balteo在加拉加斯针对20世纪50年代这一几何抽象的制度化进行了创作，见Kaira M. Cabañas, "If the Grid is the New Palm Tree of Latin American Art," *Oxford Art Journal* 33, no. 3 (2010), 365–83。
48. Francine Birbragher-Rozencwaig, "La pintura abstracta en Venezuela 1945–1965," in *Embracing Modernity: Venezuelan Geometric Abstraction*, ed. Francine Birbragher-Rozencwaig and Maria Carlota Perez (Miami: Frost Art Museum, 2010), 9–14. 有关索托在这一领域的作用，见*Soto: Paris and Beyond 1950–1970*, ed. Estrellita B. Brodsky (New York: Grey Art Gallery, New York University, 2012)。
49. Nana Last发现了类似的差别，认为尽管算法途径会向数不清的方向分叉，但简化主义路径只有一个终点，我也赞同她的说法，具体可参见Last, "Systematic

Inexhaustion," *Art Journal* 64, no. 4 (2005), 110–21。

50. David Bohm and Charles Biederman, *Bohm-Biederman Correspondence: Creativity in Art and Science*, ed. Paavo Pylkkanen (New York: Routledge, 1999).

51. Olival Freire Jr. 认为，玻姆在致彼德曼的信中留下了他关于物理学思想在20世纪60年代演变的最佳记录，见 Friere, "Causality in Physics and in the History of Physics: A Comparison of Bohm's and Forman's Paper," in *Weimar Culture and Quantum Mechanics*, ed. Carson et al., 397–411; esp. 404–9。在未曾得到玻姆鼓励的情况下，新时代运动的成员出于他们自己的目的而使用了玻姆有关整体的著作，如"尽管如此，一切东方宗教（心理学）都以一种非常基础的方式与玻姆的物理学与哲学兼容，全都以纯粹的、未分化的现实为基础，即其本身的形式"。见Gary Zukav, *Dancing with Wu Li Master: An Overview of the New Physics* (London: Rider/Hutchison, 1979), 326。

52. 有关凯利对偶然性的使用，见Yve-Alain Bois, "Kelly in France: Anticomposition in the Many Guises," in *Ellsworth Kelly: The Years in France, 1948–1954*, ed. Mary Yakush (Washington, DC: National Gallery of Art, 1992), 9–36, esp. 23–26。

53. 有关斯特拉黑色系列的标题，见Brenda Richardson, "Titles," in Frank Stella: *The Black Paintings* (Baltimore: Baltimore Museum or Art, 1976), 3–11。亦可参阅 Anna C. Chave, "Minimalism and the Rhetoric of Power," *Arts Magazine* 64, no. 5 (1990), 44–63。

54. Sol LeWitt, "Paragraphs on Conceptual Art," *Artforum* 5, no. 10 (1967), 79–83.

55. Ibid.

56. Sol Lewitt, "Sentences on Conceptual Art," *Art-Language* 1, no. 1 (1969), 11.

57. "串行次序是一种方法，不是一种风格"，梅尔·波切内尔这样开始了他的论文 "The Serial Attitude," *Artforum* (Dec. 1967), 73–77。在他旁征博引回顾串行态度的历史时，波切内尔图解说明了在丢勒的《忧郁 1》中的四阶幻方（1514；如第二张图2-15背景中所示），并加入了来自美国哲学家Josiah Royce（1855—1916）、美国心理学家J. J. Gibson（1904—1979）以及勋伯格、维特根斯坦、索尔·勒维特的引文。历史学家Peter Lowe曾提出，在创作《算术构图》时，凡·杜斯伯格也曾采用过串行态度（图6-24），见"La composition arithmétique-un pas vers la composition sérielle dans la peinture de Théo van Doesburg," in *Théo van Doesburg*, ed. Serge Lemoine (Paris: Philippe Sers, 1990), 228–33。有关波切内尔作品中的数学主题，见*Mel Bochner: Thought Made Visible*, ed. Richard Field (New Haven, CT: Yale University Art Gallery, 1995), 75–106。

58. 有关受到同美苏太空竞赛无关的发展所启发的美国以外的大地艺术，见Mel Gooding, *Song of the Earth* (London: Thames and Hudson, 2002), and *Ends of the Earth: Land Art to 1974*, ed. Philipp Kaiser and Miwon Kwon (Los Angeles: Los Angeles Museum of Contemporary Art, 2012)，该书着重介绍了英国、德国、荷兰、冰岛、日本的大地艺术。

59. *Nancy Holt: Sightlines*, ed. Alena J. Williams (Berkeley, CA: University of California Press, 2011).

60. Thomas McEvilley and Klaus Ottmann, *Charles Ross: The Substance of Light* (Santa Fe, NM: Radius Books, 2012).

61. 一个例子是Henry M. Sheffer和Jean Nicod对逻辑符号的简化。

62. 1945年后对罗德琴科和其他人的艺术再利用的关键文本是*Theory of the Avant-Garde* (1974)，德国文学批评家Peter Bürger 论证认为，20世纪"历史上的先锋派"艺术提出了独创性的观点，例如俄罗斯的构成主义者断言，颜色和形式是视觉艺术的物质精髓，但1950年后的"新先锋派"运动（如极简艺术）却是多余的："在这里使用历史上的先锋派运动概念主要应用于达达主义和早期至上主义，但也同样可以应用于十月革命后的俄罗斯先锋派。它们之间尽管也有一些重要差别，但所有这些运动的共同特点是并非否定较早艺术的个别手法，而是全盘否定这种艺术，于是造成了对于传统的激进背离。"见Peter Bürger, *Theory of the Avant-Garde* (1974), trans. Michael Shaw (Minneapolis: University of Minnesota Press, 1984), 109。Bürger 认为，某种风格之所以成为"先锋"，完全是因为"激进背离"了过去，但这种事情只能干一次。艺术史学家Benjamin H. D. Buchloh则反驳道，新先锋艺术家生活在另一个时空中，因此他们并没有重复，而是表现了另一个时代的创造性再利用这一观点。因此，Buchloh 认为，Yves Klein 大约在1951年创作的《红、蓝、黄》并不是罗德琴科1921年《红、蓝、黄》的老调重弹，见Buchloh, "Primary Colors for the Second Time"。尽管Buchloh的驳论在某些例子上说得过去（我不会在 Yves Klein 身上下注），但当人们考虑到，无论是希尔伯特计划还是俄罗斯构成主义，任何简化主义的议程都只有一个终点，因此Bürger 在这一点上是切中要害的。简化主义者引人入胜的目标是找到这个终点。

63. 詹姆斯·迈耶在*Minimalism: Art and Polemics in the Sixties* (New Haven, CT: Yale University Press, 2001) 中介绍了这个时期的历史，对于艺术、展览会和批评辩论逐年给出了详细叙述。

64. 在"Back to Square One"这篇论文中，作者James Lawrence将极简艺术意义虚无与俄罗斯先锋派的复杂内容作了对比，见*Rethinking Malevich*, ed. Charlotte Douglas and Christina Lodder (London: Pindar, 2007), 294–313。

65. Meyer, *Minimalism*, 184.

66. Ibid., 185.

67. Ibid., 187.

68. 有关意义理论的综述，见David Lewis, "General Semantics," *Synthese* 22, nos. 1–2 (1970), 18–67。在这篇论文中，身为语言哲学家的Lewis对这一课题的引入，是通过叙述组成意义理论的两大题材实现的："第一，通过符号对于可能的语言或者语法作为抽象语义学体系的描述是与世界的各个方面结合的；第二，通过这些抽象语义学体系中对心理学和社会学事实的特定描述，是某个人或者某一批人使用的。"

69. Bruce Glaser, "Questions to Stella and Judd" (1964)，这是1964年2月在纽约WBAI广播电台播出的对 弗兰克·斯特拉和唐纳德·贾德的采访，经Lucy Lippard编辑后发表于*Art News* 65 (Sept. 1966), 55–61。

70. "在一件作品中有许多东西可看，可以比较，可以一个个地分析，可供思考，这些并非必要。令人感兴趣的是作为整体的事物，是作为整体的特质。"见Donald Judd, "Specific Objects," *Arts Yearbook* 8, 1965 in *Donald Judd, Complete Writings, 1959–1975* (Halifax: Nova Scotia College of Art and Design, 1975), 181–89。

71. "在相对简单的正多面体，如立方体和正四面体中，我们不需要转动物体也能感觉到其整体（格式塔）是如何发生的。一旦我们看到了这个物体便会立即'相信'在我们的头脑中的图案反映了这个物体的存在性事实。"见Robert Morris, "Notes on Sculpture: Part I," *Artforum* 4, no. 6 (Feb. 1966), 42–44。写下这段话时，莫里斯正在亨特学院完成他以布朗库西为主题的文学硕士论文，这或许能够解释他的学术基调。

72. 有关梅洛-庞蒂对极简抽象艺术的影响，见Alex Potts, "The Phenomenological Turn," in *The Sculptural Imagination* (New Haven, CT: Yale University Press, 2000), 207–34。有关梅洛-庞蒂在近代艺术史上的地位，见Brendan Prendeville, "Merleau-Ponty, Realism, and Painting: Psychophysical Space and the Space of Exchange," *Art History* 22 (Sept. 1999), 364–88, and Amelia Jones, "Meaning, Identity, Embodiment: The Uses of Merleau-Ponty's Phenomenology in Art History," in *Art and Thought* (Oxford: Blackwell, 2003), 71–90。

73. Morris, "Notes on Sculpture: Part I," 44；"形状的恒定性"和"简单的倾向性"这两个术语来自格式塔心理学家沃尔夫冈·科勒。

74. 1927—1928年间在莫斯科旅游过之后，巴尔对俄罗斯有了浓厚的兴趣。在1935年得到马列维奇的《白上白》之后，他把这幅作品作为他里程碑式展览*Cubism and Abstract Art* (Mar. 2–Apr. 19, 1936) 的核心展品。有关他取得与展出这幅画作的详情，见Sybil Gordon Kantor, *Alfred H. Barr, Jr. and the Intellectual Origins of the Museum of Modern Art* (Cambridge, MA: MIT Press, 2002), 181–83。1980年，斯特拉承认，马列维奇的《白上白》是"一座明确无误的里程碑"，"像思想的焦点一样，让我们一直向前"，见Maurice Tuchman 对斯特拉的采访，见"The Russian Avant-Garde and the Contemporary Artist" in *The Avant-Garde in Russia, 1910-30* (Los Angeles: Los Angeles County Museum of Art, 1980), 120。

75. 构成主义这时尚未广为人知，因为无论在苏联或者美国，它都处于受压制的地位。Buchloh用"二战"前后，俄罗斯出生的瑙姆·加博在祖国和西方的遭遇说明了这一点，见"Cold War Constructivism," in *Reconstructing Modernism: Art in New York, Paris, and Montreal, 1945–1964*, ed. Serge Guilbaut (Cambridge, MA: MIT Press, 1990), 85–112。

76. Morris, "Notes on Sculpture: Part I," 43. 其他对俄罗斯传统表达了兴趣的极简抽象派艺术家包括卡尔·安德烈，他的想法是："弗兰克·斯特拉是一位构成主义者，通过将相同的离散单元结合在一起来创作。"见Carl Andre and Hollis Frampton, *12 Dialogues, 1962–63*, ed. Benjamin H. D. Buchloh (Halifax: Nova Scotia College of Art and Design, 1980), 37。艺术史学家Maria Gough曾在她关于斯特拉和安德烈早期（1958—1962）的"直译"作品的论文中扩展了这一观点，见"Frank Stella is a Constructivist," *October* 119 (Winter 2007), 94–120。安德烈认为，罗德琴科和塔特林的构成主义雕塑是"对20世纪50年代半至上主义作品的重大替代选择。这些半至上主义作品包括了贾科梅蒂的作品和戴维·史密斯的后期作品"，见Tuchman 对安德烈的采访，"Russian Avant-Garde and the Contemporary Artist," 120。有关构成主义与极简抽象艺术的关系，见Hal Foster, "Some Uses and Abuses of Russian Constructivism," in *Art into Life: Russian Constructivism 1914–1932*, ed. Richard Andrews (New York: Rizzoli, 1990), 241–53。勒维特回忆道："如果你一定需要找到一个历史先例，就必须回到俄罗斯人那里……俄罗斯人与美国人在20世纪60年代的主要融合领域是寻找最基本的形式。"Tuchman对勒维特的采访，"Russian Avant-garde and the Contemporary Artist," 119。

77. Elisabeth C. Baker, "Judd the Obscure," *Artnews* 67, no. 2 (1968), 45.

78. Glaser, "Questions to Stella and Judd," 58 .

79. Ibid., 55.

80. Ibid., 56. 十年后贾德仍然对俄罗斯人不屑一顾，见"On Russian Art and its Relation to my Work," in *Judd, Complete Writings*, 114–18。

81. Eugene Goossen, *The Art of the Real: USA 1948–1968* (New York: Museum of Modern Art, 1968), 7 and 11.

82. 尽管《真正的艺术》的展览目录中包括一份很长的文献目录，《艺术论坛》的总编辑仍然抱怨，并认为古森的论文"读起来就像他完全没有读过文献目录中的任何一篇就写出来的一样"，见Leider, "Review of The Art of the Real, Museum of Modern Art," *Artforum* 7, no. 1 (Sept. 1968), 65。在巴黎，*Tel Quel* 的编辑Marcelin Pleynet描述了威胁极简抽象艺术程序的复杂哲学问题，其微妙之处没有被贾德注意到，特别是极简抽象艺术家们避免事物含义的"天真尝试"，见"Peinture et 'réalité,'" *L'Enseignement de la peinture* (Paris: Seuil, 1971), 163–85。而且，许多历史学家指出，"极简抽象主义"（简化主义）倾向并非20世纪60年代的美国独有，可以参阅*Minimalism in Germany: The Sixties/ Minimalismus in Deutschland: die 1960er Jahre*, ed. Renate Wiehager (Ostfildern: Hatje Cantz, 2012)。古森的沙文主义激起了人们的抱怨，认为纽约现代美术馆的富豪利用展览为政治目的服务，见Michael Kimmelman, "Revisiting the Revisionists: The Modern, its Critics, and the Cold War," *The Museum of Modern Art at Mid-Century: At Home and Abroad*, ed. John Szarkowski (New York: Museum of Modern Art, 1994), 38–55。

83. Ibid., 7–8.

84. 据我所知，格林伯格在著述中从未援引过雅各布森或者索绪尔，但在*Collected Essays and Criticism* (Chicago: University of Chicago Press, 1986–1995) 中多次讨论过弗莱，包括"Review of an Exhibi-tion of Hans Hofmann and a Reconsideration of Mondrian's Theories" (1945), in 2:18; "Review of Eugène Delacroix: His Life and Work by CharlesBaudelaire" (1947), 2:156; "T. S. Eliot: The Criticism, the Poetry" (1950), 3: 66; "Cézanne and the Unity of Modern Art" (1951), 3: 84; "The Early Flemish Masters" (1960), 4:102。格林伯格的意见经常与弗莱相左，但"甚至在他最武断的情况下，弗莱在有些地方通常也能把握真相"。格林伯格并不总能分辨忧虑且自我怀疑的弗莱与言过其实的克利夫·贝尔，这是阅读英国批评家的读者通常会疏忽的地方。例如Victor Burgin 和Charles Harrison就认为弗莱和贝尔的观点一致，因此把他们一起扫进了艺术史的垃圾堆，见Frances Spalding, "Roger Fry and his Critics in a Postmodernist Age," *Burlington Magazine*, 128, no. 1000 (1986), 490。

85. Bell, *Art*, 8 (see chap. 5, n. 31).

86. Clement Greenberg, "Recentness of sculpture," in *American Sculpture of the Sixties*, ed. Maurice Tuchman (Los Angeles: Los Angeles County Museum of Art, 1967) 24–26. 有关格林伯格对1945年后美国多变的政治风向的反应，见Francis Frascina, "Institutions, Culture, and America's Cold War Years: The Making of Greenberg's Modernist Painting," *Oxford Art Journal* 26, no. 1 (2003), 71–97。

87. Barbara Rose, "ABC Art," *Art in America* 53, no. 5 (1965), 57–69. 许多批评家和历史学家接受了她对极简抽象艺术的精神解释，甚至小心翼翼接受直译主义者言辞的詹姆斯·迈耶也附和了罗斯的观点："极简抽象艺术正是在'没有交流'的状况下交流的。"见Meyer, *Minimalism*, 187。迈耶在这里援引了西奥多·阿多诺的话，认为沉默可以说明大量问题，见*Aesthetic Theory*, trans. C. Lenhardt (London and New York: Routledge and Kegan Paul, 1984), 7。在一篇为日本极简抽象艺术展览撰写的文章中，Lucy Lippard 区分了（无意识沉思型的）亚洲艺术和（清教徒说教型的）纽约极简抽象艺术，见"The Cult of the Direct and the Difficult," *Two Decades of American Painting* (Tokyo: National Museum of Modern Art, 1966), 10–12 (in Japanese translation); reprinted in Lippard, *Changing: Essays in Art Criticism* (New York: Dutton, 1971), 112–19。

88. Rosalind Krauss, "Allusion and Illusion in Donald Judd," *Artforum* 4, no. 9 (May 1966), 25–26.

89. Ibid., 26.

90. "活生生的视角或者说我们积极感知的视角，不是几何的或摄影的梅洛-庞蒂视角"，见"Cézanne's Doubt", in *Sense and Nonsense*, trans. Hubert L. Dreyfus and Patricia Allen Dreyfus (Evanston, IL: Northwestern University Press, 1964), 9–25。1964年，文学批评家桑塔格曾指出，艺术家或者作者做出有关事实的真正陈述时，人们不应该对这种陈述加以解释，因为这样做并不能符合作者的意图："评论的功能不应该是告诉人们为什么某件事物是这种情况，即使它真的是这种情况也不应该如此，而是要告诉人们这件事物说的是什么。"见Sontag, "Against Interpretation" (1964) in *Against Interpretation and Other Essays* (New York: Farrar, Straus, and Giroux, 1966), 3–14。

91. Krauss, "Allusion and Illusion," 26.

92. Ibid., 26. 与此类似，艺术家罗伯特·史密森也将贾德的艺术作品描述为了充满幻想，见"Donald Judd," *Writings of Robert Smithson*, ed. Nancy Holt (New York: New York University Press, 1979), 21–23。史密森说："一种固有的离奇表面物质吞吃了基本结构……重要的现象是，事实的核心总是缺少结构。人们越是试图抓住表面张力，所以情况就更令人困惑了。"另一位觉得贾德的工作很虚幻的批评家是Elisabeth C. Baker，认为那只是"来自表面的滑溜溜的反射"，并指出"即使数学图解也如此简单，一旦你知道了它们是什么便显得空无一物。而另一方面，作品却显示了一些不解之谜"，见"Judd the Obscure," 45。

93. 有关极简抽象艺术主要赞助人的精神视野，包括海纳·弗里德里希、费丽帕·德·梅尼尔、Giuseppe Panza, 见Anna C. Chave, "Revaluing Minimalism: Patronage, Aura, and Place," *The Art Bulletin* 90, no. 3 (2008), 466–86。

94. Chave, "Minimalism and the rhetoric of power," 44–63.

95. 比如1967年10月7日至1968年1月7日在Corcoran Gallery of Art举行的*Scale as Content: Ronald Bladen, Barnett Newman, Tony Smith* 展览，其中重点展出了Ronald Bladen的"X"形黑色铝件喷漆雕塑（1967—1968，高22英尺、宽24英尺）、Barnett Newman的《尖方塔》（1967，26英尺）、Tony Smith的《烟》（1967，24 英尺×48英尺 × 34英尺）。见Lucy Lippard, "Escalation in Washington," *Art International* 12, no. 1 (1968), reprinted in Lippard, *Changing*, 237–54。

96. Phoebe Hoban对海纳的采访，"Medicis for a Moment," 54。

97. 来自Michael Kimmelman的一次采访，"The Dia Generation," *New York Times Magazine*, Apr. 6, 2003。

98. Hoban, "Medicis for a Moment," 57–58, and Marianne Stockebrand, *Chianti: the Vision of Donald Judd* (Marfa, TX: Chianti Foundation, in association with Yale University Press, 2010).

99. 弗里德里希和费丽帕·德·梅尼尔就是委托艺术家创作带有大教堂光晕艺术品的两位富豪赞助人。他们于1979年在一场穆斯林苏菲派的仪式上结婚，并为纽约州北部的苏菲社区提供支持。另一位支持极简抽象艺术的重要赞助人是意大利人Giuseppe Panza，他接受了弗里德里希的建议，具有旧世界的宗教抱负。见Anna C. Chave, "Revaluing Minimalism"。有关迪亚基金会和Panza的收藏，见 Rosalind Krauss, "The Cultural Logic of the Late Capitalist Museum," *October* 54 (Fall 1990), 3–17。

100. 弗莱文幼年接受天主教教育，在教区学校读书。1961年，他把电灯泡灯丝接到了普通物体上，自此开始了雕塑"象征物"，他描述说："我的象征物和拜占庭基督拥有的那种威严的象征物不同，是哑的、无名的、朴实无华的。”1962年8月9日的笔记，这个笔记本的内容只能通过弗莱文后来的引文来了解，见*Dan Flavin: Three Installations in Fluorescent Light* (Cologne: Kunsthalle Köln, 1973)。被弗里德里希选中并受Panza资助之后，弗莱文创作了一些五彩缤纷的霓虹灯装置作品，十分符合迪亚基金会和Panza的意大利维拉瓦雷泽基金会洞穴空间收藏者的精神渴望。维拉瓦雷泽基金会收藏了弗莱文的大量作品，见*Dan Flavin: The Complete Lights, 1961–1996*, ed. Michael Govan and Tiffany Bell (New York: Dia Art Foundation, 2004)。如前所述，Anna C. Chave 曾经论证，是赞助人把光同精神追求联系到一起的，不是艺术家自己；“Revaluing Minimalism”。

101. Phoebe Hoban对贾德的采访，“Medicis for a Moment,” 58。
102. 这一解决方案以非营利的Chianti Foundation的形式达成，该基金会由唐纳德·贾德担任董事长，见贾德的讣文，*New York Times*, Feb. 13, 1994，以及Kimmelman, “Dia Generation”。
103. 贾德1953年在哥伦比亚大学获得了哲学的文学学士学位，上过有关形而上学、认识论、柏拉图、笛卡尔、斯宾诺莎、逻辑实证主义方面的课程，见*Donald Judd*, ed.Nicholas Serota (New York: D.A.P., 2004), 247, and David Raskin, *Donald Judd* (New Haven, CT: Yale University Press, 2012) 130。
104. 有关琼斯阅读维特根斯坦的著作，见第九章注释49。梅尔·布切内尔的*On Certainty: The Wittgenstein Illustrations* (1991) 是这位艺术家受到维特根斯坦启发的几件艺术品中的一个。
105. Arthur Danto 虽然曾在1949—1950年间在巴黎跟随梅洛-庞蒂学习，后在1951年加入了哥伦比亚大学的哲学系，当时贾德正在这里读本科，但并没学过现象学。
106. 克劳斯说：“现代雕塑的历史同现象学与结构语言学这两个思想体系的发展正好重合；前者认为，意义取决于任何存在形式包含其对立面的潜在经验的形式；后者认为，同步性永远包含着一种隐晦的顺序经验。”见Rosalind Krauss, *Passages in Modern Sculpture* (Cambridge, MA: MIT Press, 1977), 4–5。接着，克劳斯继续在文字中将这两种方式结合，见David Carrier为她撰写的思想史，*Rosalind Krauss and American Philosophical Art Criticism: from Formalism to Beyond Postmodernism* (Westport, CT: Praeger, 2002)。
107. Diarmuid Costello, “Greenberg's Kant and the Fate of Aesthetics in Contemporary Art Theory,” *Journal of Aesthetics and Art Criticism* 65, no. 2 (2007), 217–28. 在另一篇论文中，Costello 曾呼吁人们要重新思考康德的艺术哲学，见Costello, “Kant after LeWitt; Towards an Aesthetics of Conceptual Art,” *Philosophy and Conceptual Art*, ed. Peter Goldie and Elisabeth Schellekens (Oxford: Clarendon Press, 2007), 92–115。有关对格林伯格的同情性评价以及对康德“纯粹美学判断”的正面看法（将康德过时的启蒙式判断“这是美丽的”更新为了“这是艺术的”），见Thierry de Duve, *Clement Greenberg entre les Lignes* (Paris: Éditions Dis Voir, 1996)。
108. Annette Michelson, Douglas Crimp andJoan Copec, in their introduction to October: The First Decade, 1976–86 (Cambridge, MA: MIT Press, 1987).
109. 列维-斯特劳斯曾用群论分析人类学的意义，立陶宛语言学家阿尔吉达斯·格雷马斯追随他的脚步，也接受了克莱因四元群，并将它作为分析语言学意义的工具，具体可见*Sémantique structurale: recherche de méthode* (Paris: Presses universitaires de France, 1966); Engl. trans., *Structural Semantics: An Attempt at a Method* (Lincoln, NE: University of Nebraska Press, 1984)。1968年，格雷马斯与 Francis Rastier 进一步探究了正方形，并声称符号论正方形“让我们有可能比较（语言学）模型……与数学中叫克莱因群和心理学中叫皮亚杰群的结构”，结果暴露了他们对这一图解的历史一无无知；“The Interaction of Semiotic Constraints,” *Yale French Studies* 41 (1968), reprinted in *On Meaning: Selected Writings in Semiotic Theory* (Minneapolis: University of Minnesota Press, 1987), 49–50。确实，符号论正方形在克莱因四元群中的起源基本上已经在后结构主义文献中消失了，这类文献包括标准的原始资料，如*Semiotics: The Basics* (London: Routledge, 2007)，作者Daniel Chandler 在其中（不正确地）宣称：“符号学正方形是从与学院哲学对立的‘逻辑’正方形改编而来的。”在这本307页的大学语言学教科书中，学生无法在任何地方学到关于克莱因或者群论的知识。
110. Paul Cummings 对罗伯特·史密森的采访，以“Interview with Smithson for the Archives of American Art/Smithsonian Institution”为题于1972年发表于*Writings of Smithson*, ed. Nancy Holt, 148。
111. 史密森拥有加德纳的*Ambidextrous Universe* (New York: Basic Books, 1964), 见“Catalogue of Robert Smithson's library: Books, Magazines, Records,” in *Robert Smithson* (Los Angeles: Museum of Contemporary Art, 2004), 249–63。几位艺术史学家都认为加德纳的这本著作是让史密森发展的催化剂，见Ann Reynolds, *Robert Smithson: Learning from New Jersey and Elsewhere* (Cambridge, MA: MIT Press), 252, fn. 111; Jennifer L. Roberts, *Mirror-Travels: Robert Smithson and History* (New Haven, CT: Yale University Press, 2004), 52–53; Thomas Crow, “Cosmic Exile: Prophetic Turns in the Life and Art of Robert Smithson,” in *Robert Smithson* (Los Angeles: the Museum of Contemporary Art, 2004), 52; Linda Dalrymple Henderson, “Space, Time, and Space-time: Changing Identities of the Fourth Dimension in Twentieth-Century Art,” in *Measure of Time*, ed. Lucinda Barnes (Berkeley, CA: University of California, 2007), 87–101。
112. Larisa Dryansky, “La carte cristalline: cartes et cristaux dans l'oeuvre de Robert Smithson,” *Les cahiers du musée national d'art moderne* 110 (2009–2010), 62–85.
113. Anton Ehrenzweig, *The Hidden Order of Art: A Study in the Psychology of Artistic Expression* (Berkeley, CA: University of California Press, 1967), 128–29.
114. Ibid.
115. 1972年7月14日到19日对罗伯特·史密森的口述史采访，Archives of American Art, Smithsonian Institution。
116. Dennis Wheeler 对史密森的采访，见Smithson Papers, Archives of American Art, New York (1969), interview 2, reel 3833, frame 1132; *Robert Smithson: The Collected Writings*, ed. Jack Flam (Berkeley,CA: University of California Press, 1996), 210–11。
117. 史密森拥有康托尔论文“Contributions to the Theory of the Transfinite” (1887) 的重印版，见“Catalogue of Smithson's library”。
118. Edwin Hubble, *The Realm of the Nebula* (New Haven, CT: Yale University Press, 1936). 史密森拥有这本著作的1958 年版，见“Catalogue of Smithson's library”。
119. 在一次有关“复视”的讨论中，艺术史学家詹妮弗·罗伯茨对史密森的尤卡坦半岛镜子替换系列作品也做过类似评论：“有关这些镜子的惊人之处，是史密森在安装每一面镜子时的细心，他会让每面镜子都与其他镜子的平面平行，好像整个阵列就是一台精密仪器，已经调试停当，正准备接收某个特定频率或者观察天宇中的某个特定象限。”见Jennifer L. Roberts, “Landscapes of Indifference: Robert Smithson and John Lloyd Stephens in Yucatán,” *Burlington Magazine*, 82, no. 3 (2000), 556。但我认为，史密森在安装这些镜子时并不是认为“好像整个阵列就是一台精密仪器”，而是这种安装本身是一台精密仪器。
120. Dennis Wheeler对史密森的采访，见Smithson Papers, Archives of American Art, New York (1970), interview 4, reel 3833, frame 1177; in *Smithson: Writings*, ed. Flam, 230。
121. Tsung-Dao Lee and Chen Ning Yang, “Question of Parity Conservation in weak Interactions,” *The Physical Review* 104 (1956), 254–58.
122. Gardner, “The fall of parity,” *Ambidextrous Universe*, 237–53 (see n. 107).
123. Paul Cummings 对 史 密 森 的 采 访，以“Interview with Smithson for the Archives of American Art/Smithsonian Institution” (1972) 为 题 发 表 于 *Writings of Smithson*, ed. Nancy Holt, 290。
124. Robert Smithson, “The Quasi-Infinities and the Waning of Space,” *Arts Magazine* 41, no. 1 (Nov. 1966), 29.
125. Ehrenzweig, *Hidden Order of Art*, 128–29.
126. 罗伯茨说：“神秘空间的第四维度能为史密森做的，是让他领会到了一个拟人化的感知之外冰冷、僵硬的空间。我们在他的宗教画作中探索的那种看上去致命的矛盾和悖论，或许可以在这个空间内解决。”见*Mirror-Travels: Robert Smithson and History*, 56 。2007年的时候，*The Fourth Dimension and Non-Euclidean Geometry in Modern Art* (1983) 一书的作者Linda Dalrymple Henderson对罗伯茨给出的《螺旋码头》解释给予了支持，见Henderson, “Space, Time, and Space-Time,” 98–99。
127. 史密森和邬斯宾斯基之间横亘着半个世纪的神经科学的进步和神智学的加速衰

落（第三章“绝对的终结”）。说史密森把他的艺术建立在这种老式思想的基础之上，这种观点有何证据呢？罗伯茨认为：“尽管我们没有史密森曾经阅读过邬斯宾斯基著作的证据，但通过阅读关于这一题材的其他材料，他应该很熟悉邬斯宾斯基的想法。他当然读过马列维奇的著作，而后者受到了邬斯宾斯基的深刻影响……”（*Mirror-Travels*, 54）史密森阅读的“其他材料”包括加德纳的*Ambidextrous Universe*中有关第四维度的一章，而据罗伯茨说，这章激起了这位艺术家对一个“不对称或许已经得到了解决超越世界的兴趣”（*Mirror-Travels*, 52）。但史密森读过这一章，并不足以说明他相信神秘教派的超空间；的确，有证据指向了完全相反的结论。作为一个科学记者，加德纳是反伪科学斗士，戳穿了神秘学的面具。他的“第四维度”章节讲的是科学中的n-维空间。加德纳也提到了（但并不赞同）神秘学对四维空间的解释，即“人死后灵魂居住在更高空间内的理念”（*Ambidextrous Universe*, 173），还提到了相信自己能与神秘四维世界接触的有趣人物——“德国天文学家、物理学家Johann Carl Zöllner，一个奇蠢无比的家伙”(Gardner, 173)。如果我们假定史密森相信加德纳直言不讳的表达，那这位艺术家当然知道科学与伪科学的差别；但当罗伯茨说“史密森接受了马丁·加德纳所谓的‘4-空间’概念时”，她实际上模糊了这个区别（*Mirror-Travels*, 53）。加德纳描述的四维空间是一个数学对象（科学题材），但在罗伯茨的语境下，她用“4-空间”这个术语时指的是神秘教派文献中的“超空间论述”（伪科学题材）。加德纳关于邬斯宾斯基有何想法？他在1952年的著作*Fads and Fallacies in the Name of Science*(New York: Dover, 1952/1957)中，没有将中学都没念完的邬斯宾斯基称为“俄罗斯数学家”（罗伯茨用语），而是说他是俄罗斯神智学者George Burdjieff的门徒，他的著作“几乎和布拉瓦茨基女士的文章一样无法阅读”。邬斯宾斯基的著作是否更有一点长进？罗伯茨将邬斯宾斯基称为一位“口才流利的超空间辩护者”，说他那本“关于第四维度的小册子极富影响力”（*Mirror-Travels*, 54）。读者或许在阅读罗伯茨引用的大段邬斯宾斯基的引文而感到困惑，但读到头脑清醒的加德纳引用泡利的话说这位神智学者的推测“连错都算不上”时，应该可以松一口气了。正如加德纳所说的那样：“邬斯宾斯基的猜测中有太多深奥的启示，而且与科学相去太遥远了，我根本没法放在本书里来讨论。”

128. Martin Gardner, *The Whys of a Philosophical Scrivener* (New York: W. Morrow, 1983), 330, 326–42.

第十二章 数学与艺术中的计算机

1. 美国哲学家Thomas Tymoczko曾抱怨说，四色定理的计算机辅助证明“向数学中引入了经验实验，（而且）……为哲学提出了把数学从自然科学中分离出来的问题”，见Tymoczko，“The Four-Color Theorem and its Philosophical Significance,” *Journal of Philosophy* 76, no. 2 (1979), 57–83。
2. Robin Wilson, *Four Colors Suffice: How the Map Problem was Solved* (Princeton, NJ: Princeton University Press, 2002).
3. 有关电子媒介对证明理论的冲击，见Arthur Jaffe, “Proof and the Evolution of Mathematics,” *Synthese* 111 (1997), 133–46。
4. Robert MacPherson于2003年的报告，发布于Flyspeck Fact Sheet: http://code.google.com/p/flyspeck/wiki/FlyspeckFactSheet (Aug. 8, 2010)。
5. Thomas C. Hales, “Historical Overview of the Kepler Conjecture,” *Discrete and Computational Geometry* 36, no. 1 (2006), 5–20, and Tomaso Aste and Denis Weaire, *The Pursuit of Perfect Packing* (Bristol, Penn.: Institute of Physics, 2000).
6. 蛋白质由氨基酸的链组成。氨基酸共有20种，所以在一条由5种氨基酸组成的链上，5个位置上的每一个都有20种可能性，因此，5种氨基酸可能形成20^5=3200000种蛋白质，而所有这5种氨基酸蛋白质中的每一个都是独立体系，具有可以独立变化的参数。例如，相对于相邻的氨基酸，链中5种氨基酸中的每一种都有大约300种可能的旋转，每个都有一个侧链，可以以大约150种不同的角度成键。这些参数指数式地扩大了一个蛋白质的可能交叠。见Lila M. Gierasch and Jonathan King, ed., *Protein Folding: Deciphering the Second Half of the Genetic Code* (Washington, DC: American Association for the Advancement of Science, 1990)。
7. Jane S. Richardson and David C. Richardson, “The Origami of Proteins,” in Gierasch and King, *Protein Folding*, ed. 5–16.
8. Quoted by Margaret Wertheim “Scientist at Work: Erik Demaine, Origami as the Shape of Things to Come,” in the Science Times section, *New York Times*, Feb. 15, 2005.
9. Georg Cantor, “Über unendliche, lineare Punktmannigfaltigkeiten,” *Mathematische Annalen* 21 (1883), 545–91.
10. 有关数学与爱欲关系的研究不多，令人遗憾，见H. von Hug-Hellmuth, “Einige Beziehungen zwischen Erotik und Mathematik (Some relationships between eroticism and mathematics)”, *Imago* 4 (1915), 52–68。Von Hug-Hellmuth是维也纳的一位心理分析家，他在*Imago*的编辑是弗洛伊德，Von Hug-Hellmuth在文章开头评论道，爱欲可以升华为多种形式，接着又继续讨论了毕达哥拉斯派和柏拉图宇宙学中数字和形式的象征主义。有关物理学对恩斯特的影响，见Gavin Parkinson, “Quantum Mechanics and Particle Physics: Matta, Wolfgang Paalen, Max Ernst,” in his *Surrealism, Art, and Modern Science: Relativity, Quantum Mechanics, Epistemology* (New Haven, Conn. CT: Yale University Press, 2008), 145–76, especially 168–72。
11. Konrad Zuse, *Rechnender Raum: Schriften zur Datenverarbeitung* (Braunschweig: Vieweg, 1969), trans. as Calculating Space (MIT Technical Translation AZT-70-164-GEMIT) (Cambridge, MA: MIT, 1970), and Edward Fredkin, “Digital Mechanics,” *Physica D. Nonlinear phenomena* 45 (1990), 254–70.
12. 对罗杰·彭罗斯的采访，见*Omni* 8 (June 1986), 67–73。
13. “与欧几里得相比……自然并没有简单表现为更高的层次，而是一种完全不同的复杂程度。对于任何实际目的来说，自然模式不同长度的尺度数目是无限的。这些模式的存在激励着我们去研究那些被欧几里得认为无形式而搁置到一边的形式，去研究无定形中的形态。”见Mandelbrot, *Fractal Geometry*, 1。
14. 美国物理学家Leo P. Kadanoff曾抱怨，曼德勃罗的分形几何缺乏可靠的理论基础；没有这个基础，“在分形上的许多工作似乎多少有些肤浅，甚至略微有点不得要领”，见Kadanoff, “Fractals: Where's the Physics?” *Physics Today* 39, no. 2 (1986), 6–7。美国数学家Steven G. Krantz则写道：“说到有些人的论断，说这些分形图像让人得以一瞥新科学的真容或者提供了发展自然新分析方法的语言，我则认为，分形理论在这个方向已经做出的任何贡献都是偶然的。简言之，皇帝没有穿衣服。”见Krantz, “Fractal Geometry,” *Mathematical Intelligencer* 11, no. 4 (1989), 12–16，曼德勃罗的回答见该杂志的同一期。
15. Mandelbrot, *Fractal Geometry*. 公众对这本书的反应，包括出现在*Scientific American* 253, no. 2 (Aug. 1985)封面上的一个分形图案，以及一起刊登的A. K. Dewdney的文章，其中写道：“计算机显微镜不断放大数学中最复杂的对象，让我们得以仔细观察。”1984年，不来梅大学的两位教授、数学家Heinz-Otto Peitgen和物理学家Peter Richter出版了图文并茂的*The Beauty of Fractals* (Berlin: Springer, 1986)；1987年，科学记者James Gleick出版了畅销书*Chaos: Making a New Science* (New York: Viking, 1987)。
16. “后现代科学在关注不确定的事物、精确控制的局限性、量子、不完整信息的冲突、碎片、灾难和实用主义悖论时，等于把自己的进化描述为了不连续的、灾难性的、不可纠正的、悖论的”；Jean-François Lyotard, *La condition postmoderne: rapport sur le savoir* (Paris: Éditions de Minuit, 1979), 97。
17. 对于Lyotard向“后现代科学”发起的猛烈批评，见Jacques Bouveresse, *Rationalité et cynisme* (Paris: Minuit, 1984), 125–30, and Alan Sokal and Jean Bricmont, *Impostures intellectuelles* (Paris: Odile Jacob, 1997), 123–26。关于想让“后现代科学”变得有道理的尝试，见Amy Dahan Dalmedico, “Chaos, Disorder, and Mixing: A New fin-de-siècle Image of Science?” in *Growing Explanations: Historical Perspectives on Recent Science*, ed. M. Norton Wise (Durham: Duke University Press, 2004), 67–94。
18. Raffi Karshafian, Peter N. Burns, and Mark R. Henkelman, “Transit Time Kinetics in Ordered and Disordered Vascular Trees,” *Physics and Medicine and Biology* 48 (2003), 3225–37.
19. Nathan Cohen and Robert G. Hohlfeld, “Self-Similarity and the Geometric Requirements for Frequency Independence in Antennae,” *Fractals* 7, no.1 (1999), 79–84.
20. 有关从20世纪50年代至2008年计算机印刷图像作为艺术品的历史综述，见Debora Wood, *Imaging by Numbers: A Historical View of the Computer

Print (Evanston, IL: Mary and Leigh Block Museum of Art, 2008)。

21. 1999年计算出现了与艺术有关的另一项发展。美国物理学家Richard P. Taylor在科学期刊上发表了两篇经同行评议的论文，他作为主要作者在文中报告说，他已经发现了在杰克逊·波洛克滴色绘画中的分形模式，而创作方式就是把颜料泼到铺在地上的画布上。据泰勒称，这些分形模式为波洛克的滴色画所独有，可以用来确定作品真伪，见Richard P. Taylor, Adam P. Micolich, David Jonas, "Fractal Analysis of Pollock's Drip Paintings," *Nature* 399, no. 6735 (June 3, 1999), 422, and Richard P. Taylor, Adam P. Micolich, David Jonas, "Fractal Expressionism," *Physics World* 12 (Oct. 1999), 25–28。直到2006年之前，艺术界对泰勒的说法一直嗤之以鼻，但那一年波洛克/克拉斯诺基金会雇用他通过分形分析确定某些作品的真伪，由此引发了一场有关鉴别与鉴赏的精细美术方法的激烈辩论。Claude Cernuschi, Andrzej Herczynski和David Martin对此做了总结，见"Abstract Expressionism and Fractal Geometry," in *Pollock Matters*, ed. Ellen G. Landau and Claude Cernuschi (Chestnut Hill, MA: McMullen Museum of Art, 2007) 91–104。正如这些作者所说，多数艺术专业人士对泰勒宣称的发现持否定态度，但在文章最后对分形模式的研究前景却保持了乐观："艺术史学家或许会受到鼓舞而利用这个学术成就。"
22. Yoichiro Kawaguchi, "A Morphological Study of the Form of Nature," *Computer Graphics* 16 (1982) 223–42.

第十三章 后现代柏拉图主义

1. 按文化史学家的做法，我用"现代"这个说法指文艺复兴古典主义观的复活，其基础是对人类能够识别自然模式的信念，以及伽利略和开普勒将数学应用于自然，从而激发了牛顿的启蒙思想和康德、黑格尔的德国唯心主义。而使用"后现代"这个说法时，我指的则是二次大战之后古典主义观已经消失的时期。
2. Theodor W. Adorno and Max Horkheimer, *Dialectic of Enlightenment: Philosophical Fragments* (1947), trans. Edmund Jephcott, ed. Gunzelin Schmid Noerr (Palo Alto, CA: Stanford University Press, 2002), 1. Jay Bernstein, "Adorno on Disenchantment: The Skepticism of Enlightenment Reason," in *German Philosophy since Kant*, ed. Anthony O'Hear (Cambridge, England: Cambridge University Press, 1999), 305–28.
3. 对大多数物理学家而言，将亚原子粒子分为八位组就是通常所说的标准模型，但因为在发明这一图解中有所贡献而获得1969年诺贝尔物理学奖的盖尔曼却判断失当，称这一图解为"八重法"，结果鼓励了"量子神秘主义"，让人们联想到佛教的八正道，但那是开悟的一个途径，身为犹太人的盖尔曼从未遵循过。见Murray Gell-Mann and Yuval Ne'eman, *The Eightfold Way* (New York: W. A. Benjamin, 1964)，这部论文集收录了他的"The Eightfold Way: A Theory of Strong Interaction Symmetry," *California Institute of Technology Synchrotron Laboratory Report CTSL-20* (1961), 11–57。
4. 有关整个20世纪70年代对于量子力学的其他解释，见Olival Freire Jr., "The Historical Roots of '*Foundations of Physics*'as Fields of Research, 1950–1970," *Foundations of Physics* 34, no. 11 (2004) 1741–60。
5. 有关2000年前后对于量子力学的其他解释，见Brian Greene, *The Fabric of the Cosmos: Space, Time, and the Structure of Reality* (New York: Vintage, 2004), 202–16。有关玻姆力学的讨论，见*Bohmian Mechanics and Quantum Theory*, ed. James Cushing, Arthur Fine, and Sheldon Goldstein (Dortrecht: Kluwer, 1996), and Detlef Dürr, Sheldon Goldstein, and Nino Zanghi, *Quantum Physics without Quantum Philosophy* (New York: Springer, 2013)。
6. 这一不寻常的情况让Arthur Jaffe 和 Frank Quinn 两位美国数学家提出了把数学与理论物理合并的主张，例如可以改变在数学期刊发表文章的那种公认的严格准则，让物理学家也可以在上面发文，虽然他们的风格通常不会那么正式。Jaffe和Quinn也建议数学家学习一下物理研究中的分工，把工作分为理论数学（数学发现最初的猜测阶段）和实验数学（以严格的证明证实猜测）。见Arthur Jaffe and Frank Quinn, "Theoretical Mathematics: Towards a Cultural Synthesis of Mathematics and Theoretical Physics," *Bulletin of the American Mathematical Society* 29, no. 1 (1993) 1–13。二人的建议启发了Israel Kleiner和 Nitsa Movshowitz-Hadar，让他们把数学与物理放到了更广泛的历史视角下进行反思，见"Proof: A Many-Splendored Thing," *Mathematical Intelligencer* 19, no. 3 (1997), 16–26。
7. Albert Einstein, "Religion and Science," *The New York Times Magazine*, Nov. 9, 1930, section, 6.
8. 弗洛伊德用这一比喻来描述驾驭本我力量的自我："自我功能的重要性体现在它通常能够控制转交给它的能动性途径这一事实上。于是，自我与本我之间的关系就像骑在马背上的骑手，他必须控制马的超绝力量；但有一点不同的是，骑手是以他自己的力量这样做的，而自我用的则是借用的力量；正是以同样的方式，自我习惯于将本我的意志转变为行动，好像这是它自己的意志。"见Freud, "The Ego and the Id" (1923), in *Standard Edition*, 19:25。
9. "此时此地，人们相信进化的史诗对应的定律，但却无法确定无疑地证明这些定律能够形成从物理学到社会科学，从这一世界到可观察宇宙的其他世界，并穿越时间回到宇宙之初的因果律连续统一体，在这种意义上，进化的史诗是个神话……进化的史诗很可能是我们能够得到的最好的神话。"见E. O. Wilson, *On Human Nature* (Cambridge, MA: Harvard University Press, 1978), 192 and 201。
10. 首次成功的大规模核聚变试验是1952年11月1日的一次百万吨级当量氢弹爆炸。
11. Martin Gardner, *Philosophical Scrivener*, 300; see also 326–42 (see chap. 11, n. 124).
12. Morris Kline, *Mathematics: The Loss of Certainty* (New York: Oxford University Press, 1980), 6.
13. Ibid. 有关数学研究的相对主义方法例子，见*New Directions in the Philosophy of Mathematics*, ed. Thomas Tymoczko (Boston: Birkhäuser, 1986)。该书的编者（一位哲学家）在前言中称，他选择的这些论文都专注于数学作为一直变化和交流的知识整体，其方式是他所说的"准经验型"。有关另一种相对主义观点，可参见Philip Kitcher, "Mathematical Naturalism" (1988), in *History and Philosophy of Modern Mathematics*, ed. William Aspray and Philip Kitcher (Minnesota Studies in the Philosophy of Science 11; Minneapolis: University of Minnesota Press, 1988), 293–325。
14. Philip J. Davis and Reuben Hersh, *The Mathematical Experience* (Boston: Birkhäuser, 1998), 410.
15. Doron Zeilberger, "Theorems for a Price: Tomorrow's Semi-rigorous Mathematical Culture," *Mathematical Intelligencer* 4, no. 4 (1994), 11–14.
16. George E. Andrews, 1994. "The Death of Proof? Semi-rigorous Mathematics? You've got to be Kidding!" *Mathematical Intelligencer* 4, no. 4 (1994), 16–18. 尽管如此，苏格兰数学家Jonathan Borwein指出，所谓"实验数学"的方法已经接受高概率结果了，见Borwein et al., "Making Sense of Experimental Mathematics," *Mathematical Intelligencer* 18, no. 4 (1996), 12–18。
17. 牛顿的引语转引自David Brewster (1781–1868), *Memoirs of the Life, Writings, and Discoveries of Sir Isaac Newton* (Edinburgh: T. Constable, 1855), 2:407。

版权归属

图片来源

缩写说明

ArtRes	Art Resource, New York
Bridgeman	Bridgeman Images
CF	Chris Focht
Escher	www.mcescher.com
Met	Metropolitan Museum of Art, New York
MOMA	Museum of Modern Art/Scala/Art Resource, New York
Tate	Tate, London
Vatican	Photographic Archives of the Vatican Museums

翻印插图使用已获得上述所有者或来源的许可，参见图下文字说明。其他图片来源如下（粗体数字表示图片序号）：

1-7 Bridgeman; **1-5** Asia Society, New York; **1-9** Met/ArtRes; **1-12** ©Sandro Vannini/Corbis; **1-17** Scala/ArtRes; **1-20** Michael Christoph; **1-23**, **1-30** CF; **1-31** Zev Radovan, Jerusalem; **1-41** Scala/ArtRes; **1-50** Norihiro Ueno; **1-54**, **1-55** Achim Bednorz, Cologne; **1-57** Sonia Halliday; **1-52**, **1-59** Achim Bednorz, Cologne; **1-60** P. Zigrossi, Vatican; **1-67** Alinari/ArtRes; **1-79** Achim Bednorz, Cologne; **2-1** Scala/ArtRes; **2-3** René-Gabriel Ojéda ©RMN-Grand Palais/ArtRes; **2-9** Scala/ArtRes; **2-10** Scala/Ministero per i Beni e le Attività culturali/ArtRes; **2-12** Stapleton Collection/Bridgeman; **2-14** ©National Gallery, London/ArtRes; **2-17** Ari Magg, Reykjavik; **2-15** Bridgeman; **2-31** Adélaïde Beaudoin ©RMN-Grand Palais/ArtRes; **2-33** National Gallery of Art, Washington, DC; **2-34** Olivier Martin-Gambier; **2-39** Eija Hartemaa; **2-40** ©Tate; **2-41** ©Tim Fitzharris/Minden Pictures/Corbis; **2-42** ©145/Burazin/Ocean/Corbis; **2-43** Spencer Hansen, Bryan Tarnowski; **3-1** Tom Loonan; **3-35** ©Malcolm Lightner/Corbis; **3-36** ©Mike ver Sprill; **4-5** Dagli Orti/ArtRes; **4-9**, **4-10** MOMA; **4-20** Tom Van Eynde; **4-23** CF; **4-27** ©Tate; **4-28**, **4-32** MOMA; **5-2** Alfredo Dagli Orti/ArtRes; **5-11** Courtesy of the Getty's Open Content Program; **5-14** Biff Henrich; **5-15**, **5-18** ©Tate; **6-4** CF; **6-12** MOMA; **6-18**, **6-19**, **6-20** CF; **6-23** Erich Lessing/ArtRes; **6-25**, **7-6** CF; **7-11** Escher; **7-12**, **7-13**, **7-16** CF; **8-3** Joerg P. Anders/bpk Berlin/ArtRes; **8-2** Jean-Claude Planchet ©CNAC/MNAM/Dist. RMN-Grand Palais/ArtRes; **8-5**, **8-7** Stephen White, London; **8-10** MOMA; **8-13** Åsa Lundén; **8-14** MOMA; **8-27** ©Tate; **9-4** Museum Associates/LACMA/ArtRes; **9-5** Met/ArtRes; **9-6** Scala/ArtRes; **9-8** Escher; **9-10** Klassik Stiftung Weimar; **9-11** ©National Gallery, London/ArtRes; **9-13** ©Vatican; **9-15** Herscovici/ArtRes; **9-14** MOMA; **9-17** ADAGP/ArtRes; **9-19**, **9-20** Escher; **9-21** Erich Lessing/ArtRes; **9-22**, **9-23**, **9-24** Escher; **9-30** Tom Van Eynde; 9-29 bpk, Berlin/ArtRes; 9-31 Erich Lessing/ArtRes; **9-32** Biff Henrich; **9-33** Jennie Carter; **9-36**, **9-37** Graham S. Haber; **10-13** Ralph Alberto; **10-16** CF; **10-21** Bridgeman; **10-24** Shigeo Anzai; **10-26** Robert Bayer, Basel; **10-27** Tord Lund; **10-28** John Cliett; **11-2** ©Anne Gold, Aachen; **11-3** Museum für Gestaltung Zürich, Designsammlung, Jaggy and U. Romito, ©ZHdk; **11-4** Museum für Gestaltung Zürich, Plakatsammlung, ©ZHdk; **11-5** Nadja Wollinsky/Stadtarchiv Ulm; **11-23** CF; **11-26** Bridgeman; **11-28** Archives Bernar Venet, New York; **11-31** MOMA; **11-34** Philippe Migeat ©CNAC/MNAM/Dist. RMN-Grand Palais/ArtRes; **11-36** Mark Morosse; **11-37** De Agostini Picture Library/Bridgeman; **11-46** Rick Hall; **11-48** Minneapolis Institute of Arts; **11-49** MOMA; **11-50** ©Whitney Museum of American Art; **11-51** Ellen Page Wilson; **11-52** R. J. Phil; **11-58** Rudolf Burckhardt ©The Jewish Museum, New York/ArtRes; **11-57** Florian Holzherr, 2002; **11-62**, **11-63**, **11-64** CF; **11-65** ©Christie's Images/Bridgeman; **11-73** Gianfranco Gorgoni; **12-2** www.davidrumsey.com; **12-6** Eric Gregory Powell; **12-10** Gary Urton; **12-12** MOMA; **12-17** John Baggen; **12-23** Andreas von Lintel; **12-41**, **12-42** James Ewing; **13-3** Tom Van Eynde; **13-4** Jeremy Lawson.

图示来源

数学图示的来源如下（粗体数字表示图片序号，SB表示小版块）：

6–7, **12–56**: Chris Lindo; SB on 29, **1–44**, **1–45**, **1–63**, **1–65**, **1–71**, **2–6**, **3–2**, **3–3**, **3–6**, **3–7**, SB on 114, SB on 116, SB on 117, **3–8**, **3–18**, **3–23**, SB on 155, **5–4**, **5–5**, **5–8**, **6–5**, SB on 251, **7–4**, **7–5**, **7–14**, SB on 274, **8–30**, **8–33**, SB on 331, **9–25**, **9–26**, **9–27**, SB on 356, SB on 359, **10–14**, **11–70**, **12–40**, **12–53**, **13–5**: Princeton University Press; **1–11**, **1–13**, **1–14**, **1–19**, **1–22**, **1–24**, **1–25**, **1–26**, **1–27**, **1–28**, **1–29**, **1–32**, **1–36**, **1–37**, SB on 39, **1–48**, **1–58**, **1–72**, SB on 63, **1–73**, **1–74**, **1–78**, SB on 78–79, SB on 88, **2–24**, **2–25**, SB on 102, **2–41**, **2–42**, **3–5**, **3–12**, **3–13**, **3–14**, **3–15**, **3–17**, **4–3**, SB on 207, SB on 253, SB on 294, **9–3**, **9–7**, **12–31**, **12–32**, **12–33**, **12–35**, **12–46**, **12–47**, **12–48**: Umbra Studio, New York.

歌词来源

小版块中的歌词版权来源如下：

380: "Imagine," words and music by John Lennon ©1971 (renewed) Lenono Music, All Rights Administered by Downtown DMP Songs/Downtown Music Publishing LLC, All Rights Reserved, Used by Permission, Reprinted by permission of Hal Leonard Corporation; 366: "Good Vibrations," words and music by Brian Wilson and Mike Love, ©1966 Irving Music, Inc., Copyright renewed, All Rights Reserved, Used by Permission, Reprinted by permission of Hal Leonard Corporation; 403: "New Math," words and music by Tom Lehrer, who gave permission for eternity in the known and unknown universes, courtesy of Maelstrom Music; 507: "Woodstock," words and music by Joni Mitchell, ©1969 (renewed) Crazy Crow Music, All Rights Administered by SONY/ATV Music Publishing, 8 Music Square West, Nashville, TN 37203, All Rights Reserved.

卡尔·格斯特纳（瑞士人，1930—2017），《色彩分型6.10：自我指代黑与白》，1984—1990年。铝上丙烯酸，50厘米×150厘米。图片由艺术家提供。

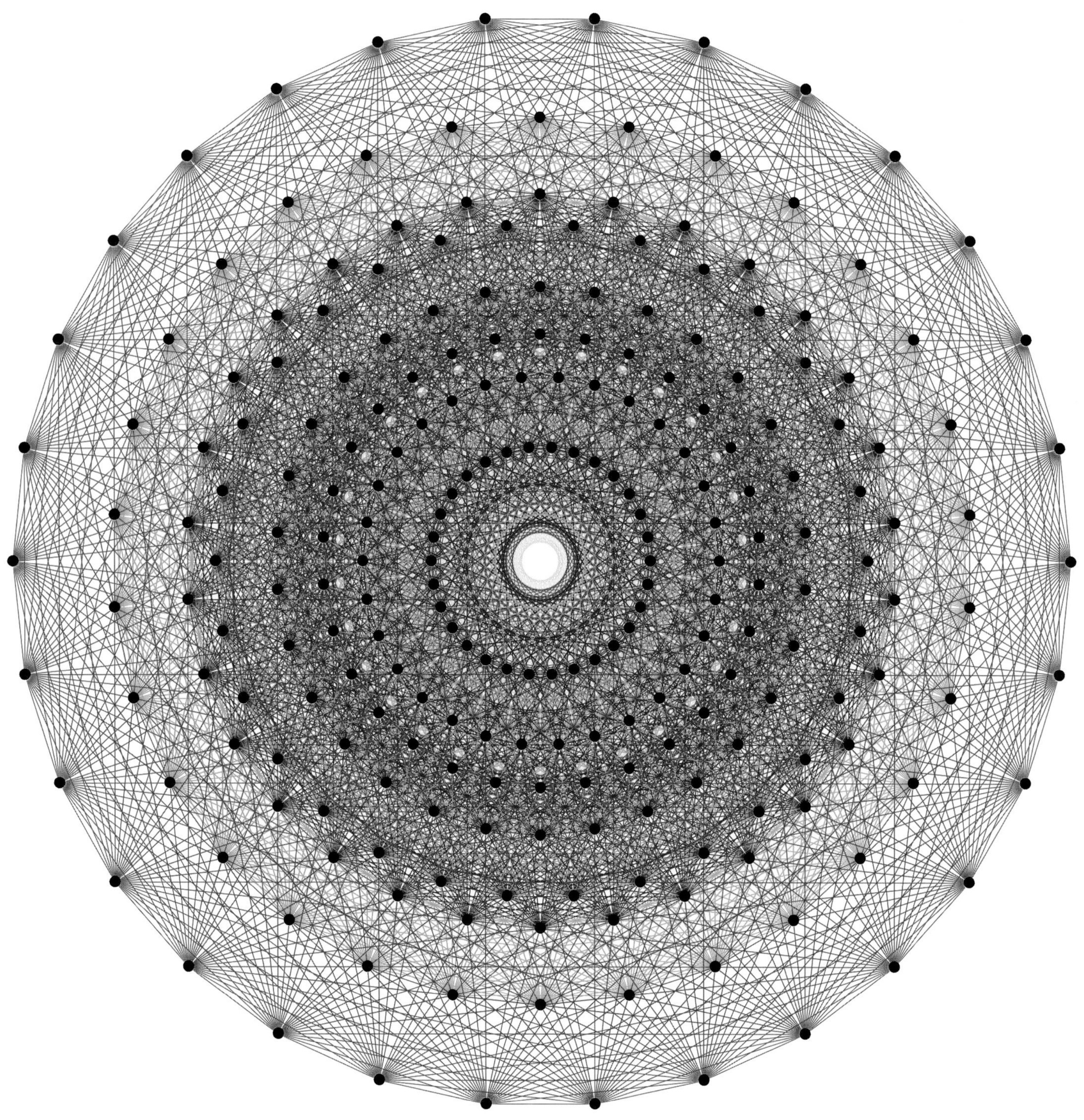

0-6.对称群E-8的根系的计算机生成图像，2007年。

E-8是一个57维物体的248维对称群。2007年3月，一个数学家团队宣布他们计算出了E-8作为对称群的所有运动方式。对称群E-8因为能应用在弦理论中，所以最近又引起了注意。人们希望E-8能提供一种将标准模型同弦理论结合到一起的方法。数学家通常独立工作或者与同事合作，但因为这个计算无比复杂，所以该团队的18位数学家共花了四年时间，让一台超级计算机一共计算了77个小时才完成。团队的核心成员包括马里兰大学的杰弗里·亚当斯、康奈尔大学的丹·巴尔巴施、里昂大学的福科·杜克洛、普瓦捷大学的马克·范莱文、芝加哥大学的约翰·斯坦布里奇、犹他大学的彼得·特拉帕、麻省理工学院的戴维·沃甘。

致谢

2002年，普林斯顿大学出版社出版了我撰写的一本探讨艺术与科学的书（《科学与艺术》），出版社的数学执行编辑薇琪·卡恩建议我再写一本介绍数学与艺术的书。我感谢她不但给我出了这样一个好主意，还在本书的写作过程中一直给予我支持。由于我学的是美术，所以与数学有关的内容必须自学，所幸我得到了本书数学编辑彼得·伦茨的指点。思维敏锐的苏珊娜·科茨是我上一本书的编辑，这次担任了本书的艺术编辑。

出版社招募了五位匿名读者，我也请来了四位读者，他们对手稿给出的批评与意见使我受益匪浅：有关艺术史的评论来自让·贝克尔，有关神学的来自罗尔夫·沃尔特·贝克，有关物理学的来自罗伯特·蓬皮，有关逻辑的来自约翰·M.维克斯。此外，我还从彼得·格尔克、玛丽·杰恩·哈里斯、安·雷曼·卡兹、霍华德·卡兹、埃德·马昆德、伊丽莎白·梅里曼、罗伯特·西蒙那里得到了大量有益的建议。

为了研究群论和具体艺术，我亲自去了苏黎世，与许多书中提及的人物或者其亲属友人交流，这给了我很大的帮助；他们是安德里亚斯·施派泽的侄子戴维·施派泽和侄媳妇、赫尔曼·外尔的女儿露丝·施派泽，马克斯·比尔的儿子雅各布·比尔和儿媳尚塔尔·比尔，理查德·保罗·罗斯的女儿约翰娜·罗斯·詹姆斯，卡米尔·格雷塞尔档案馆主任维拉·豪斯多夫，卡尔·格斯特纳，艺术史学家玛格丽特·施塔贝尔。此外，我还想对维克托·贝利亚科夫对我在莫斯科期间的协助表示感谢。

许多图书馆馆员帮助了我，尤其是纽约公共图书馆和苏黎世中心图书馆的研究团队成员，纽约博物馆现代艺术图书馆的詹尼弗·托比亚斯，巴黎勒·柯布西耶基金会的阿诺·德塞勒斯，西班牙萨尔瓦多·多利基金会的卡梅·鲁伊斯。

本书涉及的拉丁文内容由乔纳森·坎宁翻译，俄文和波兰文内容由西尔维亚·瓦斯勒娃-伊万诺瓦翻译，荷兰文由玻尔特·范梅南翻译，中文由黄新文、金红梅、欧阳慧晨、张丽思翻译，日文由户松遥翻译。我负责了法文、西班牙文、德文的翻译，其中西尔维亚·瓦斯勒娃-伊万诺瓦还在我翻译德文时提供了很多帮助。

在为本书收集图片的过程中，我得到了许多人热情与慷慨的帮助，在此要特别感谢科隆的建筑摄影师阿希姆·贝德诺兹，他曾远赴法国沙特尔，为本书拍摄装饰在大教堂正面的毕达哥拉斯、欧几里得、亚里士多德的塑像；感谢亚历山大·拉乌伦特弗，为我提供了外祖父亚历山大·罗德琴科的作品老照片。

我还想向以下各位表示感谢，他们是：拉兹洛·莫霍利-纳吉的女儿哈图拉·莫霍利-纳吉、阿诺德·勋伯格的儿子劳伦斯·勋伯格、松泽宥的孙女松泽丰、莫斯科考古研究所的玛丽亚·科兹洛夫斯卡娅和玛丽亚·米德尼科娃、俄罗斯档案馆的安娜·凯诺尼斯、柏林包豪斯档案馆的温克·克劳斯尼茨-帕斯霍尔德、德国波隆圣本笃会修道院的桑多·维塞莱、威斯巴登的蒂洛·冯·德布斯茨、斯图加特安格莉卡·哈尔汗画廊的主任安格莉卡·哈尔汗、丹麦洪姆里贝克路易斯安娜现代艺术博物馆的希瑟·巴克、法国香榭丽舍河畔马恩国立桥路学校的约翰娜·德斯彻、克里特岛卡佩拉天文台的斯特范宾尼维斯和约瑟夫·珀普瑟尔、中国台北故宫博物院的黄汉斯、日本神户兵库县立美术馆的陵井真一郎、东京大学川口洋一郎实验室的千秋川比、英国剑桥李约瑟研究所的约翰·莫菲特、美国宾夕法尼亚大学的约翰·波拉克、肯塔基州盖特塞马尼特拉比斯特修道院的伊莱亚斯·迪兹院长、哈佛大学物理系的埃里克·海勒、加州伯班克华纳兄弟公司的朱莉·希斯、加州伯班克迪士尼公司的玛格丽特·阿达米克、纽约艺术资源的罗比·西格尔、纽约美国自然历史博物馆海登天文馆的布莱恩·阿伯特、纽约的计算机卡通绘图员克里斯·安妮·林多、纽约州立大学伯明翰分校的克里斯·福赫特、纽约安德里亚·罗森画廊的蕾妮·雷耶斯、纽约佩斯画廊的希瑟·莫纳汉。

最后，我想感谢纽约西奈山医院科琳·戈德史密斯·迪金森多发性硬化症中心的医护人员，如果没有他们的帮助，我就可能无法为这个项目东奔西走了。

这本书如今看起来这样典雅庄重，要感谢图形艺术家詹森·斯奈德的设计。本书的出版是普林斯顿大学出版社员工精湛技艺的结晶，特别要感谢制作编辑凯伦·卡特、艾伦·福斯和阿里·帕林顿一丝不苟的监督。

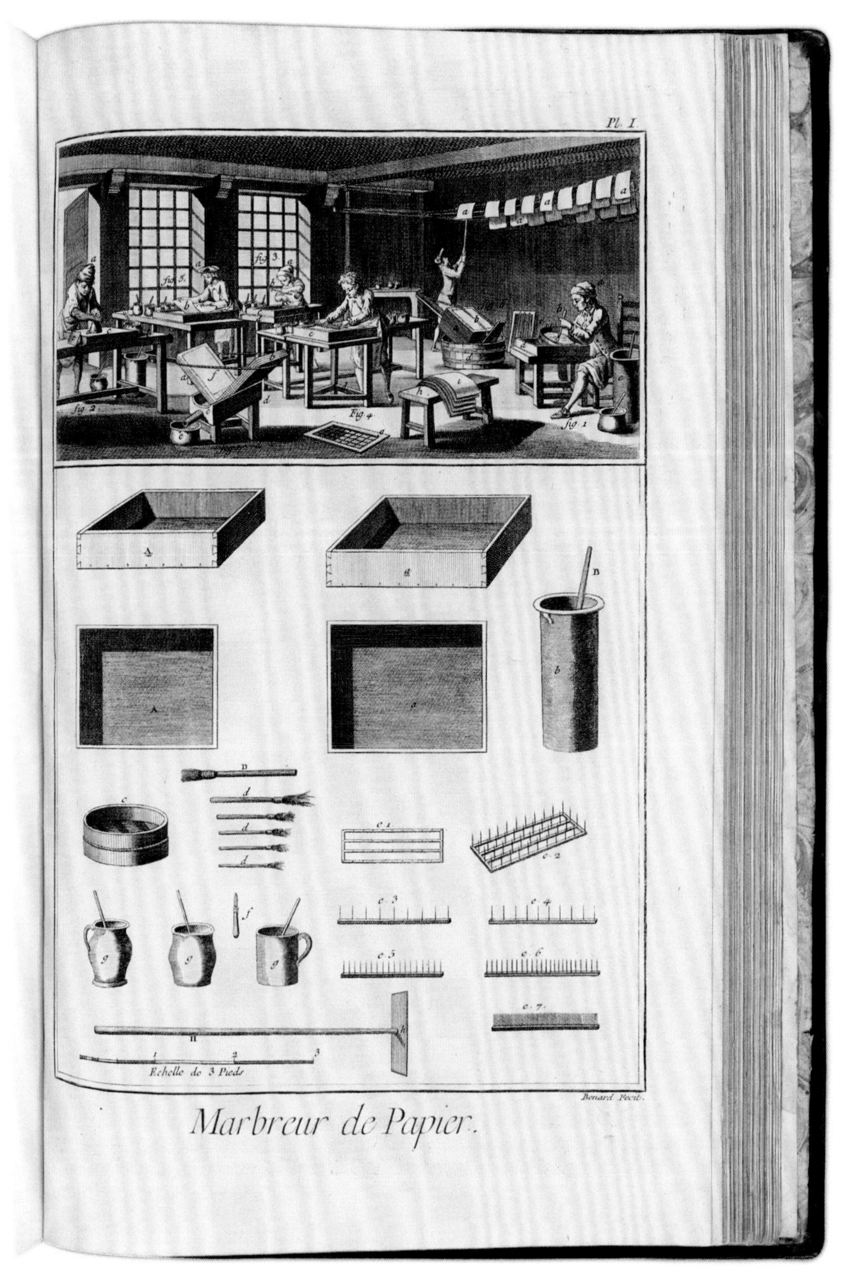

环衬页

雷纳托·克雷帕尔迪（巴西人，1973— ），《灰色法式贝壳》，2015年。

水波纹纸。经许可后使用。

本书环衬是当代艺术家雷纳托·克雷帕尔迪制作的水波纹纸的照片图样。克雷帕尔迪采用了18世纪用雕版印刷的《百科全书》中展示的传统方法——该书由德尼·狄德罗和数学家让·勒隆·达朗贝尔合编，达朗贝尔以研究规则、重复的波浪模式而闻名（达朗贝尔方程，1747）。长期以来，人们一直认为克雷帕尔迪创作的这种不规则、不重复（但自相似）的形状过于复杂，无法进行数学分析。但随着计算机和分形几何学的发明，数学家如今可以研究流动液体在水波纹纸上形成的图案。

上图

水波纹纸的制作，出自德尼·狄德罗和数学家让·勒隆·达朗贝尔合编的《百科全书》，1768年，4:275。耶鲁大学贝内克珍本图书馆。

水波纹纸是一种将颜料涂抹在湿表面，从而制作出花纹的方法。这类指看起来像切割和抛光过的大理石，故而也被称作大理石纹纸。在制作时，工匠会先将水倒入浅木盘中，将彩色颜料混合成稀薄、黏稠状的水粉或不透明水彩，然后用掸帚（水平摆放的那六小捆草扫帚）将颜料涂在水面之上。克雷帕尔迪在制作本书环衬的纹样时，用掸帚将颜料快速抖落，从而呈现出了石子散落的效果。工匠还会通过梳理漂浮的颜料（用上图右下方的各种耙子和梳子）或用筛子（上图掸帚左边）撒粉来创造其他图案。获得所需的效果后，工匠就在表面铺上一张吸水纸，把漂在水面上的图案“吸”上来。所以，每张水波纹纸都是独一无二的。

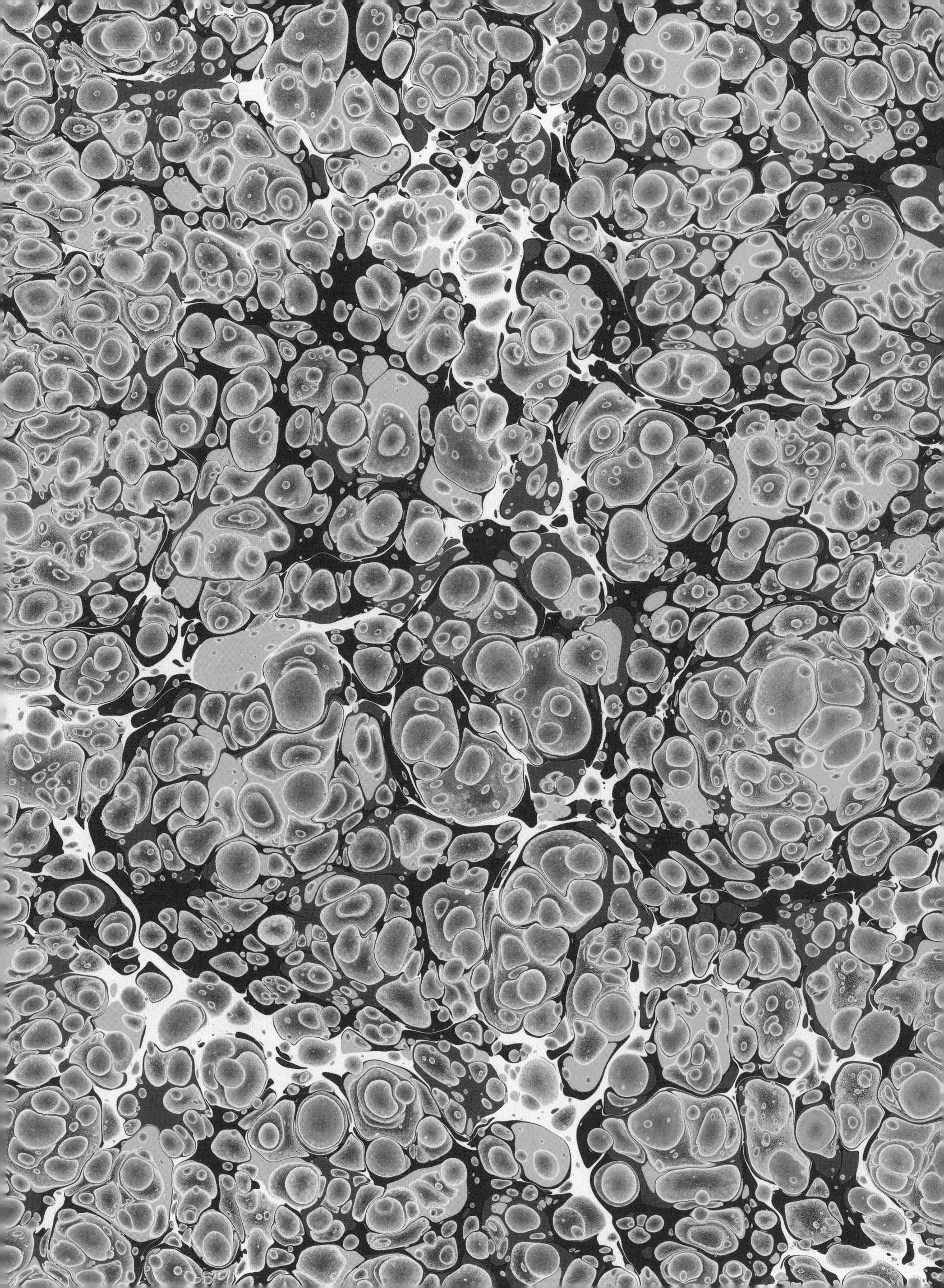